U0274378

航天科技图书出版基金资助出版

空间材料手册

（第1卷）

空间环境物理状态

何世禹　杨德庄　焦正宽　主编

中国宇航出版社
·北京·

内 容 简 介

《空间环境物理状态》作为《空间材料手册》(共 10 卷) 的第 1 卷，基于国内外已出版和发表的有关空间环境的专著和相关资料，以太阳系环境为重点，按照太阳、地球、月球、火星等顺序，分别论述了太阳及各行星及其卫星环境的特点、变化规律、物理本质及相关数据等内容，可供航天科技人员、工程管理人员以及高等院校师生参考。

图书在版编目(CIP)数据

空间环境物理状态 / 何世禹，杨德庄，焦正宽主编
--北京：中国宇航出版社，2012.11
(空间材料手册 ；1)
ISBN 978 - 7 - 5159 - 0284 - 5

Ⅰ.①空… Ⅱ.①何… ②杨… ③焦… Ⅲ.①宇宙环境影响—航天材料—研究 Ⅳ.①X820.3②V25

中国版本图书馆 CIP 数据核字(2012)第 212423 号

责任编辑 阎 列 **责任校对** 祝延萍 **封面设计** 文道思

出 版 发 行 中国宇航出版社

社 址 北京市阜成路 8 号 **邮 编** 100830
(010)68768548
网 址 www.caphbook.com
经 销 新华书店
发行部 (010)68371900 (010)88530478(传真)
(010)68768541 (010)68767294(传真)
零售店 读者服务部 北京宇航文苑
(010)68371105 (010)62529336
承 印 北京画中画印刷有限公司

版 次 2012 年 11 月第 1 版
2012 年 11 月第 1 次印刷
规 格 787×1092
开 本 1/16
印 张 41 彩 插 4 面
字 数 966 千字
书 号 ISBN 978 - 7 - 5159 - 0284 - 5
定 价 360.00 元

航天科技图书出版基金简介

航天科技图书出版基金是由中国航天科技集团公司于2007年设立的，旨在鼓励航天科技人员著书立说，不断积累和传承航天科技知识，为航天事业提供知识储备和技术支持，繁荣航天科技图书出版工作，促进航天事业又好又快地发展。基金资助项目由航天科技图书出版基金评审委员会审定，由中国宇航出版社出版。

申请出版基金资助的项目包括航天基础理论著作，航天工程技术著作，航天科技工具书，航天型号管理经验与管理思想集萃，世界航天各学科前沿技术发展译著以及有代表性的科研生产、经营管理译著，向社会公众普及航天知识、宣传航天文化的优秀读物等。出版基金每年评审1～2次，资助10～20项。

欢迎广大作者积极申请航天科技图书出版基金。可以登录中国宇航出版社网站，点击“出版基金”专栏查询详情并下载基金申请表；也可以通过电话、信函索取申报指南和基金申请表。

网址：http：//www.caphbook.com

电话：(010) 68767205，68768904

序

空间环境是影响航天器在轨可靠性及寿命的最基本、最主要的因素之一。绝大多数航天器不具备入轨后维修功能，虽然在国际空间站、哈勃望远镜等航天器上成功实施过航天员在轨维修试验，但这种方法运行成本高、实施风险大、操作条件苛刻，很难广泛应用于所有航天器在轨故障修复。目前，航天器在轨故障最有效的解决方法还是在航天器设计、研制、生产以及地面测试阶段，充分采用各种技术手段发现、预防、避免航天器在轨故障的发生，这就要求我们对空间环境影响航天器可靠性及寿命的问题有深刻的认识和深入的研究。在这个研究领域中，“空间环境与材料相互作用科学与技术”是其中最关键的环节之一。

中国的航天事业经过50多年的发展，铸就了“两弹一星”、载人航天、月球探测三座里程碑，取得了举世瞩目的成就。在航天事业发展历程中，广大航天科技工作者一直特别注重对空间环境影响航天器可靠性及寿命问题的研究，通过空间环境地面模拟试验、计算机数值仿真以及空间搭载等方法，结合对大量航天器在轨运行状态和在轨故障问题的深入分析研究，在“空间环境与材料相互作用科学与技术”环节取得了显著的成就，获得了宝贵的经验数据和研究成果，为推动我国航天科学技术发展奠定了良好基础。

在科技部、总装备部、国防科工局及外国专家局等上级机关的大力支持下，哈尔滨工业大学与中国航天科技集团公司密切合作，把近20年来已在空间环境与材料相互作用方面取得的丰硕研究成果，编纂成十卷本《空间材料手册》，由中国宇航出版社出版。这套手册是目前空间材料领域最权威、最全面、最有价值的工具书，可为航天器设计、寿命预测、故障诊断与防护以及航天新材料研制等提供必要的理论指导和技术支撑，对促进和发展我国航天事业有着重要的意义。

当前，中国航天事业的发展正面临难得的历史机遇和新的挑战，希望《空间材料手册》能够为航天工程管理者和航天科技工作者提供有效的帮助和支撑，也希望在各个领域自强不息、默默奉献的航天人，能够秉承航天精神，携手共进，再接再厉，为推动我国从航天大国迈向航天强国作出新的更大的贡献。

马兴瑞

2012年5月

前　言

当今，人类已清醒地认识到，作为人类生存基本环境的地球，总有一天其资源、能源会耗尽。探索、开发和利用太空是人类寻求继续生存和发展的最宏伟、最伟大的科学活动之一。半个多世纪以来，人类已创立了当代航天科学技术研究领域，并广泛应用于科学研究、国防建设、国民经济和社会生活的各个方面，对人类的文明与进步产生了重大而深远的影响。

航天器是人类实现航天活动的主要装备。随着航天活动的不断深入与扩展，航天器的种类越来越多，包括各种应用卫星、载人飞船、空间站、航天飞机以及空间探测器等。人类航天活动成功与否与航天器的在轨寿命和可靠性密切相关。因此，提高航天器的在轨寿命和可靠性是航天技术发展的关键，也是航天科学技术发展水平的集中体现。

航天活动的实践表明，世界各国已发射航天器出现的各种故障大约50%是由空间环境引起的。空间环境是影响航天器在轨寿命的最主要、最基本的因素之一。世界各国均将空间环境与航天器相互作用作为航天活动长期、重要的研究领域。空间环境泛指太阳系环境，以及更为浩瀚的宇宙空间环境。目前，又因着眼于空间环境状态的变化及其所产生的巨大影响而称为空间天气。

在相当长的时期内，太阳系仍将是人类探索、开发和利用空间资源的主要领域。太阳系环境是由太阳本身环境与各行星环境耦合构成的，包括自然环境和人工环境两类。自然环境包括：冷等离子体、热等离子体、地球辐射带电子和质子、太阳宇宙射线、太阳风、太阳电磁辐射、银河宇宙射线、微流星体、月尘、火星沙尘暴、地球高层大气（原子氧）、火星大气、真空、温度场、磁场、重力场及电场等。人工环境包括航天器出气、羽流及空间碎片等。从物理学角度可进一步将太阳系环境概括为是由空间粒子（电子、质子、重离子、中子、光子、原子、分子、月尘、火星沙尘、微流星体及空间碎片等）与空间物理场（温度场、磁场、引力场、电场及真空等）组成的。

空间环境与航天器相互作用会产生两大类效应。一类效应是空间环境使航天器的材料及器件在轨服役性能不断退化，当航天器的材料及器件性能退化到低于设计指标时，航天器就会出现功能失效并终止服役。另一类效应是空间环境使航天器出现各种突发性故障或事故，也能使航天器终止服役，即航天器可靠性问题也成为影响航天器在轨寿命的重要因素。航天器寿命是由航天器所用材料和器件的性能退化与可靠性决定的，材料和器件是制造航天器的基础。航天活动的实践表明，大部分航天器失效都是由关键材料和器件失效造成的。

建立航天器材料和器件在轨性能退化和可靠性的理论、方法及技术规范，已成为航天科学技术的重要组成部分。通过开展空间环境与航天器相互作用的研究，可以揭示在空间环境作用下材料及器件的动态行为与物理本质，包括所产生的各种效应及机理、性能退化与可靠性问题出现的规律、预测理论和方法以及试验方法与规范等。空间环境与航天器的相互作用理论与技术可为航天器的设计选材、故障诊断与防护、性能退化预测以及新材料研究提供理论与技术支撑。

通常，航天器一旦发射就具有不可修复性，绝大多数不能返回地球。空间环境与航天器的作用发生在太空，直接在太空研究相当困难且耗资巨大。为了解决这一问题，人类在半个多世纪中，建立了开展空间环境与航天器相互作用研究的3种基本途径。第1种途径是在探索空间环境过程中获得大量信息的基础上，建立表征空间环境与效应的模式和仿真软件，用以计算轨道环境参数和所产生的效应。这是研究空间环境与航天器相互作用的前提条件，也是航天器优化设计和选材的必要依据。第2种途径是空间环境效应地面模拟实验，用于在地面上系统研究空间环境与航天器相互作用所涉及的各种学科问题，揭示在空间环境作用下航天器关键材料和器件的动态行为与物理本质，这也是验证航天器完成设计后其材料、器件及分系统等能否满足设计指标要求的最基本途径。然而，空间环境极其复杂，呈动态变化特征，难于在地面上全面再现，使得上述两种研究途径形成的结果与空间实际情况会有差异。空间飞行或搭载实验可提供反映空间实际的最真实、最可靠信息，已成为开展空间环境与航天器相互作用研究的第3种途径。

由于空间环境与航天器相互作用的复杂性、特殊性，目前尚不能单独用一种途径的研究成果作为评价依据。只有将这3种途径正确结合，获得空间环境与航天器材料及器件相互作用的理论、实验方法和规范以及性能退化规律和数据库等科研成果，才能成为航天器设计选材的依据；否则，测试得到的数据无法有效地应用于航天器设计。如果单凭经验进行航天器设计而忽视这些成果，所设计的航天器不可避免地会存在各种薄弱环节，导致出现各种故障或事故。上述3种途径的建立，需要解决一系列理论与方法问题，如地面等效模拟原理与方法、加速实验原理与方法等。俄罗斯和美国等航天大国已在空间环境与航天器相互作用领域进行了大量系统的研究，形成了空间环境与材料相互作用科学与技术，为设计高水平、长寿命航天器提供了系统的理论依据及丰富的数据支撑。

我国的航天事业已取得举世瞩目的成就，正在向航天强国的目标快速迈进。这种发展机遇与挑战，对深入开展空间环境与航天器相互作用的基础研究提出了越来越高的要求。1996 年，哈尔滨工业大学建立了我国首个从事空间环境与材料及器件相互作用基础研究的实验室。十几年来，在国家国防科工局、总装备部、科技部和外国专家局的大力支持，以及国内相关单位的密切合作下，实验室在空间环境与材料及器件相互作用的基础理论及性能退化规律等方面进行了较为系统的研究。

根据取得的研究成果和积累的大量数据编写出《空间材料手册》，旨在为航天器设计提供有关材料和器件的空间环境效应与性能演化规律的基本信息和数据。《空间材料手册》分为 10 卷：第 1 卷，空间环境物理状态；第 2 卷，空间环境与效应计算及模拟试验方法；第 3 卷，空间热控涂层；第 4 卷，空间摩擦材料与活动件；第 5 卷，空间光学材料及器件；第 6 卷，空间太阳能电池；第 7 卷，空间金属结构材料；第 8 卷，空间非金属结构材料；第 9 卷，空间电子材料及器件；第 10 卷，载人系统材料。

《空间材料手册》的出版，可为我国航天器优化设计、性能退化预测、故障诊断与防护以及新材料研究提供丰富的信息和资料，希望能够对提高航天器的在轨寿命提供必要的理论、方法及数据支撑。

在研究和确定《空间材料手册》内容的过程中，得到了以孙家栋院士为首的众多专家的大力支持、指导与帮助，他们为手册的问世作出了重要贡献，在此表示衷心的感谢。

由于研究内容繁多，涉及问题复杂，手册中错误及不足之处在所难免，敬请读者批评指正。

编 者

2012 年 4 月

目 录

第 1 章　太阳的基本特征

1.1　引言

人类居住的地球属于太阳系。太阳是太阳系的中心星体，也是与地球最近的恒星，其质量 $M_{\odot} \approx 1.99 \times 10^{30}$ kg，占整个太阳系质量的 99.8%。太阳质量是地球质量 M_e（$M_e \approx 6 \times 10^{24}$ kg）的 3.3×10^5 倍，并是太阳系最大行星——木星的千余倍。因此，太阳主导着太阳系天体间的引力作用。

太阳与地球的平均距离约 1.5 亿千米。以每秒约 30 万千米的光速计算，从太阳发出的光到达地球约需 8 min。习惯上将地球绕太阳公转轨道的半长轴作为度量天体间距离的基本单位，并称其为天文单位，记作 AU 或 ua（1 AU$=1.496 \times 10^8$ km）。

太阳属于银河系，位于距银心约 8.5 kpc 的旋臂内（pc 为秒差距，即从某天体看太阳系时，1 AU 所张角度为 1 角秒的距离；1 pc＝206 265 AU＝3.261 633 l. y＝$3.085\ 678 \times 10^{16}$ m；l. y 表示光年，即光一年走的距离，1 l. y＝9.46×10^{15} m），距银面以北约 8 pc。太阳一方面和旋臂内的恒星一起绕银心运动，又相对于周围的恒星所规定的本地静止标准作 19.7 km·s^{-1}的本动。所谓本地静止标准（local stantard of rest）是在研究恒星系运动时建立的基本参考系。恒星相对于该标准的运动称为本动。

太阳的光谱型为 G2V，属主序星，位于表征恒星光谱类型和光度关系的赫罗图的中部。银河系有 10^{11}颗相似的主序星。在已观测到的宇宙空间内大约有 10^{20}颗主序星。

太阳系是一个大家族，由八大行星、数千颗小行星、众多颗卫星以及彗星等组成。八大行星绕日公转是太阳系的标志性特征（图 1－1）。依与太阳的平均距离从近至远为序，分别为水星、金星、地球、火星、木星、土星、天王星和海王星。火星以内的行星叫内行星或类地行星（Terrestrial），主要由石质或铁质构成，其体积和质量较小，但密度较大，离太阳较近。木星以外的行星叫外行星或类木行星（Jovian），主要由氢、氦、冰、甲烷和氨构成，其体积和质量大，而密度小。

历史上，曾有九大行星之说，其中还包括冥王星。在九大行星中冥王星有些“异类”。已知冥王星卫星的直径为 1 200 km，与冥王星直径 2 400 km 之比约为 1∶2，是和所属行星体积比值最大的卫星。有人认为，冥王星可能不是在太阳系内形成的天体，而是被太阳引力俘获的原来是太阳系外的一个小天体；也有人认为冥王星原为海王星的卫星，因引力扰动脱离海王星而成为行星。冥王星的降级源于迈克·布朗对太阳系外围柯伊伯带的观测探索。柯伊伯带在海王星轨道之外，内有冰及岩石物质，是原始星云的残留物。布朗发现了一些较大的天体，其中阋神星比冥王星还大。因此，就出现了这样的问题：阋神星能否成为太阳系的第十大行星？如果不能，冥王星还能是太阳的行星吗？国际天文学联合会2006年8月在布拉格召开会议，就这一问题进行激烈的辩论，最终作出决定，将冥王星从太阳系行星中除名，并将阋神星和冥王星划为新的一类星体——矮行星。从此，太阳系九大行星之说成为历史。

图1—1　太阳系的八大行星示意图

大行星的公转轨道扁率大多数很小，这一特征被称为轨道“近圆性”；轨道平面间的夹角不大，具有轨道“共面性”；而且公转轨道方向一致，具有“同向性”。

通过对地球和月球岩石及多种陨石化学成分的测定，并与太阳大气成分相对比，可以得出结论：地球、月球和太阳的化学成分相类似。基于原子衰变效应对岩石年代的测定，得出地球、月球的年龄约为40～47亿年，正处于壮年期。太阳系也应具有大致相同的年龄。

关于太阳系的起源和演化还是正在研究的课题，认为太阳及其行星都是由同一原始气体云团凝缩而成的所谓“一元化”理论是当今的主流观点。近几年来，随着观测手段的不断发展及研究工作的深入，长期以来一直认为太阳是一颗普通的恒星、是黄矮星代表的观点，不断受到挑战。黄矮星的质量通常较小，而太阳却并非如此。恒星的亮度总会有些变化，黄矮星亮度变化范围约为1%～2%，其变化周期为几小时。但观测表明，太阳亮度变化小于0.15%，其变化周期却比一般的黄矮星长几十倍；黄矮星的自转速度，在其青壮年期约为5 $km \cdot s^{-1}$，但太阳只有2 $km \cdot s^{-1}$。恒星的活动性与自转速度密切相关，自转速度越大，其活动性越强。太阳活动周期大约11 a，而黄矮星只有8～10 a。所以有人发出这样的感叹：太阳还能算是普通的恒星吗？这有待于进一步研究。

不管结果如何，人类都有太多的理由对太阳给予更多的关注！关注太阳说到底是关注人类自己。人类的生存状态和太阳活动与演化息息相关。昼夜交替、四季轮回、风云变化、生物进化等无一不是太阳作用的结果。

由于太阳电磁和能量粒子辐射（radiation），太阳的常态和非常态活动以及磁场、电场等对日地关系和空间环境产生的扰动，诱发一系列重要的地球物理、天体物理现象，如太阳质子事件（SPE）、地磁层扰动和磁暴、平流层增温以及能量粒子辐射增强等。这将导致结构材料和元器件等受到辐射损伤（radiation damage），从而影响航天器寿命和空间飞行的安全。

结构和功能材料在高能粒子的辐照下，产生位移和电离效应。入射粒子和晶格原子发生交互作用，可形成大量不同形态和尺度的缺陷，如空位、间隙原子、离位峰、热峰和碰撞级联等原子位移型缺陷。辐照缺陷的迁移和积累等动态过程，导致有序－无序和结构相变以及非晶化；辐照缺陷和微观结构在应力场下与位错相互作用使一系列力学性能发生显著的变化，如辐照蠕变、硬化、脆化和疲劳等；在电场和晶格场与电声子交互作用下，导致一系列物性变化，如色心浓度增加、电导率下降等。这些变化所引起的材料宏观性质改变称为辐照效应，其中导致性能恶化的称为辐照损伤。

航天器大约有40％的故障源于电子元器件在空间环境下的失效。对于互补型金属氧化物半导体（CMOS）器件，辐射电离效应在绝缘层中产生缺陷形成空间电荷累积，导致CMOS器件开启电压降低，加大其抑制电压，改变线路功能和传输状态，以致产生造成失效的总剂量效应。对于逻辑电路，高能粒子引起的单粒子事件（如翻转和锁定等）将造成航天器出现控制失效（如姿态控制失效）等严重故障。

真空、微重力和原子氧等环境因素会使摩擦（活动）部件、热控涂层和光学器件呈现与常态下相去甚远的性能变化。太阳电池阵的充放电效应可能导致航天器供电系统出现灾难性故障。

太阳影响空间环境的四个重要因素是发射中性粒子、电磁辐射、高能粒子和等离子体（plasma）。从太阳不断辐射的能量以电磁波的形式（如可见光、紫外光和红外光）发射至地球大气层。太阳电磁辐射决定了地球大气的结构，并形成电离层。与此同时，太阳大气极高的温度产生电离气体流，后者由等电荷的离子和电子构成，称为等离子体。向外流动的等离子体充满太阳周围所有空间区域，这种等离子体流称为太阳风（solar wind），它将地磁场闭合在有限的空间即地磁层内。太阳风的一部分能量传递到地磁层内，并驱动着其中的动力学过程诱发磁暴和磁层亚暴等。太阳还以太阳耀斑和日冕物质抛射（Coronal Mass Ejection，CME）等爆发形式暂态地辐射能量，这些偶发事件将急剧地改变空间环境。空间环境扰动或空间天气变化的驱动力和触发者主要是太阳。

1.2　太阳的基本参量

1.2.1　太阳质量

基于万有引力或开普勒（Kepler）第三定律可求出地球绕日－地质心运行周期 T 为

$$T=\frac{2\pi a^{\frac{3}{2}}}{G}\sqrt{M_{\odot}+M_{e}} \tag{1-1}$$

式中　a——地球轨道半长轴；

$M_{\odot}$，M_{e}——太阳及地球质量；

G——万有引力常数。

T 和 G 可在地球上测量。经推算，$a=1.496\times10^{8}$ km，$M_{\odot}/M_{e}=332\ 488$。

由地面重力加速度求出 $M_{e}=5.975\times10^{24}$ kg，代入式（1－1）可得

$$M_{\odot}=1.989\times10^{30}\ \text{kg}$$

太阳质量约为地球的 3.3×10^{5} 倍，其平均密度 $\rho_{\odot}=1.408\ \text{g}\cdot\text{cm}^{-3}$，是地球的 0.256 倍。不同恒星的质量相差很大，小的只有太阳质量的百分之几，大的可达太阳质量的数百倍。

太阳表面的重力加速度 $g_{\odot}=273.8\ \text{m}\cdot\text{s}^{-2}$，约为地球的 28 倍；在太阳表面克服万有引力的逃逸速度约为 $617.7\ \text{km}\cdot\text{s}^{-1}$。

1.2.2　太阳半径

由地球轨道半长轴 a 和地球上测出的太阳角直径 $\theta=31'59''$，可求出太阳半径

$$R_{\odot}=6.963\times10^{8}\ (\text{m})$$

当今已知最大的恒星直径约为太阳的 2 000 倍；最小的中子星直径约为 10 km，为太阳的十几万分之一。

1.2.3　太阳常数

在日地平均距离处，单位时间垂直入射到地球大气外单位面积上的能量定义为太阳常数（solar constant），以 f 表示

$$f=1.367\times10^{3}\ \text{W}\cdot\text{m}^{-2}\approx1.95\ \text{cal}\cdot\text{cm}^{-2}\cdot\text{min}^{-1}$$

其测量精度约为 0.15%。

由于计算地球上大气层能量吸收和耗散的客观困难，太阳常数的地面测量精度较低，可通过在轨测量提高精度。近代观测表明，太阳常数的长期变化约为 0.1%。在太阳活动高年期 f 值增大，低年期 f 值减小。短时变化特征时间为几昼夜，变化幅度为＋0.2%～－0.4%。关于太阳常数是否变化曾长期存在争议。原因在于受以往测量精度所限，无法判明所测得的不同结果是太阳本身的变化还是测量系统误差所致。太阳瞬时爆发引起的辐射增强比太阳总辐射强度小 4 个数量级以上，可以忽略。太阳常数变化是指比太阳耀斑时标（$10^{2}\sim10^{3}$ s）长得多的缓慢变化。太阳观测卫星 SMM 的高精度测量表明，太阳总辐射强度变化与太阳黑子数之间存在相关性，变化幅度在 0.1%左右。从辐射通量随时间的变化看，各测量结果相似，但绝对值有明显差异（如图 1－2 所示）[1]。

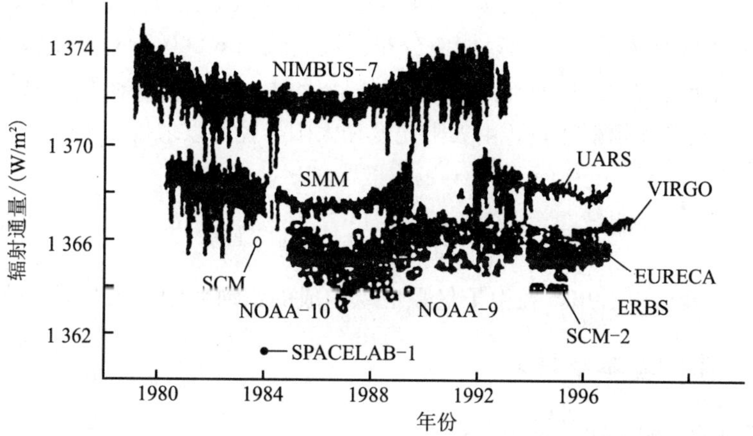

（a）在第21和第22太阳活动周期不同人造地球卫星上测出的太阳辐射通量

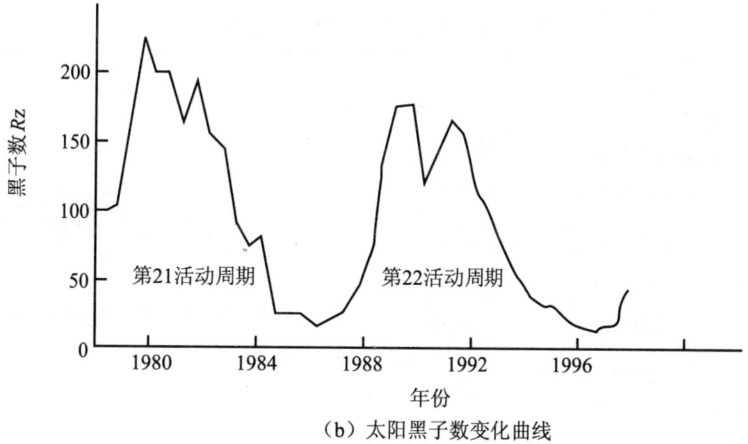

（b）太阳黑子数变化曲线

图 1—2　太阳总辐射强度与太阳黑子数之间的相关性

1.2.4　太阳光度

恒星的光度差异很大，太阳属中等光度的恒星。如果将太阳常数 f 乘以日地平均距离 r 为半径的球面面积，可得太阳的总辐射功率，即太阳光度

$$L_{\odot}=4\pi r^2\cdot f\approx 3.845\times 10^{26}\ (\mathrm{W})\approx 3.845\times 10^{33}\ (\mathrm{erg}\cdot \mathrm{s}^{-1})^{①} \tag{1—2}$$

式中，$r=1$ AU。

应该指出，太阳辐射出如此巨大的能量，地球上只接收到其中的 22 亿分之一，但这相当于每年发电 100 亿亿度，是世界上总发电量的几十万倍。

1.2.5　太阳有效温度

所谓有效温度是指由天体的表面积与光度求得的温度。基于天体单位面积发射的总辐射

---

①　1 erg$=10^{-7}$ J。

功率只与其温度有关的假定，可按式 $L=4\pi R^2\sigma T_e^{\ 4}$ 求出有效温度 T_e。其中，R 为天体半径，σ 为斯忒藩一玻耳兹曼常数。太阳辐射能谱分布曲线大致与 6 000 K 的黑体辐射相一致。黑体是指可将入射的所有辐射完全吸收而不产生任何反射，其吸收率和发射率都等于 1 的物体。将辐射总能量与黑体辐射比较，由太阳光度和太阳半径可以求得太阳的有效温度 T_e

$$L_\odot=4\pi R_\odot^{\ 2}\cdot\sigma T_e^{\ 4} \tag{1-3}$$

$$T_e=\left(\frac{L_\odot}{\sigma 4\pi R_\odot^{\ 2}}\right)^{1/4}\approx 5\ 800\ (\mathrm{K}) \tag{1-4}$$

从上述物理要素可以看出，在由千亿颗恒星构成的银河系中，太阳只是普通一员。

1.2.6　宁静太阳的基本参量表

表 1—1 列出了宁静太阳的基本参量[2]。

表 1—1　宁静太阳的基本参量表

1）总体情况	
日地平均距离/cm	$A=1.496\times10^{13}\approx 1.5\times10^{13}\approx215R$
最近距离/cm	$A_1=1.471\times10^{13}$
最远距离/cm	$A_2=1.521\times10^{13}$
半径/cm	$R=6.963\times10^{10}\approx7\times10^{10}$
平均角半径	$\theta=960''=16'$
质量/g	$M=1.989\times10^{33}\approx2.0\times10^{33}$
体积/cm^3	$V=1.412\times10^{33}$
表面重力加速度/（$\mathrm{cm\cdot s^{-2}}$）	$g_0=2.74\times10^4$
表面逃逸速度/（$\mathrm{km\cdot s^{-1}}$）	$v_0=617.7$
表面压力	$P_0=0.01$ atm$=1.013\ 25\times10^3$ Pa
2）密度	
平均密度/（$\mathrm{g\cdot cm^{-3}}$）	$\rho=1.408\approx 1.4$
内部（中心）/（$\mathrm{g\cdot cm^{-3}}$）	约 150
表面（光球）/（$\mathrm{g\cdot cm^{-3}}$）	约 10^{-9}
色球/（$\mathrm{g\cdot cm^{-3}}$）	约 10^{-12}
日冕低层/（$\mathrm{g\cdot cm^{-3}}$）	约 10^{-14}
地球海平面/（$\mathrm{g\cdot cm^{-3}}$）	约 10^{-3}
3）温度	
内部（中心）/K	约 1.6×10^7
表面（光球）/K	约 6 000
黑子本影/K	约 4 200
黑子半影/K	约 5 700
色球/K	约 4 300～50 000
日冕/K	约 $8\times10^5\sim3\times10^6$

续表

4）辐射能		
太阳常数/（$W \cdot m^{-2}$）		$f=1\ 367$
总辐射功率/（$erg \cdot s^{-1}$）		$L=3.845\times10^{33}$
表面发射率/（$erg \cdot s^{-1} \cdot cm^{-2}$）		$\alpha=6.311\times10^{10}$
5）自转	自转周期/d	会合周期（从地球看）/d
太阳赤道（$\varphi=0$）	25.0	26.8
其他纬度：$\varphi=30°$	26.2	28.2
$\varphi=60°$	28.4	30.8
$\varphi=75°$	29.3	31.8
6）磁场强度		
黑子/Gs		约 1 000～4 000
极区/Gs		约 1～2
宁静区网络/Gs		约 20
谱斑区/Gs		约 100～200
日珥/Gs		约 10～100
（地球极区）/Gs		约 0.7
7）太阳的化学成分（质量百分比）/%		
H：71.0，He：27.0，C：0.3，N：0.2，O：0.8		
Ne：0.2，Na：0.003，Mg：0.015，Al：0.006，Si：0.06		
S：0.04，Ar：0.006，Ca：0.009，Fe：0.04，Ni：0.2		

注：1 Gs=10^{-4} T。

1.3　太阳的分层结构

太阳本质上是一团炽热的高温气体星球，其化学组成除中心区域略有不同外，大体上是相同的，见表 1−2[3]。人们通常按物理状态的显著差异，将太阳沿径向（深度）方向划分成几个不同的区域，如图 1−3（a）所示[4]。实际上，不同区域并无明显的界限。各区域的能量外释模式见图 1−3（b）[5]。

表 1−2　太阳的化学组成

原子序数	元素	$\lg A_i$	备注	原子序数	元素	$\lg A_i$	备注
1	H	12.0	R	7	N	7.9	P，C
2	He	10.9	PR，F，W	8	O	8.8	P，C
3	Li	1.0	P，SS	9	F	4.6	SS
4	Be	1.1	P	10	Ne	7.1	C
5	B	2.3	P	11	Na	6.3	P，C
6	C	8.7	P	12	Mg	7.6	P，C

续表

原子序数	元素	$\lg A_i$	备注	原子序数	元素	$\lg A_i$	备注
13	Al	6.4	P，C	53	I		NL
14	Si	7.6	P，C	54	Xe		NL
15	P	5.5	P，C	55	Cs	<2.1	SS
16	S	7.2	P，C	56	Ba	2.1	P，CH，SS
17	CI	5.5	P，SS	57	La	1.1	P，SS
18	Ar	6.0	C	58	Ce	1.6	P
19	K	5.2	P	59	Pr	0.8	P
20	Ca	6.3	P，C	60	Nd	1.2	P
21	Sc	3.1	P	61	Pm		RA
22	Ti	5.0	P	62	Sm	0.7	P
23	V	4.1	P	63	Eu	0.7	P
24	Cr	5.7	P	64	Gd	1.1	P
25	Mn	5.4	P	65	Tb		Nf
26	Fe	7.6	P，C	66	Dy	1.1	P
27	Co	5.0	P，C	67	Ho		Nf
28	Ni	6.3	P，C	68	Er	0.8	P
29	Cu	4.1	P，C	69	Tm	0.3	P
30	Zn	4.4	P，C	70	Yb	0.2	P
31	Ga	2.8	P，SS	71	Lu	0.8	P
32	Ge	3.4	P，SS	72	Hf	0.9	P
33	As		NL	73	Ta		NL
34	Se		NL	74	W	0.8	P
35	Br		NL	75	Re	<−0.3	P
36	Kr		NL	76	Os	0.7	P
37	Rb	2.6	P，SS	77	Ir	0.8	P
38	Sr	2.9	P，CH	78	Pt	1.8	P
39	Y	2.1	P	79	Au	0.8	P
40	Zr	2.8	P	80	Hg	<2.1	P
41	Nb	2.0	P	81	T1	0.9	SS
42	Mo	2.2	P	82	Pb	1.9	P
43	Tc		RA	83	Bi	<1.9	P
44	Ru	1.9	P	84	Po		NL
45	Rh	1.5	P	85	At		NL
46	Pd	1.5	P	86	Rn		NL
47	Ag	0.9	P	87	Fr		NL
48	Cd	2.0	P	88	Ra		NL
49	In	1.7	P，SS	89	Ac		NL
50	Sn	2.0	P	90	Th	0.2	P
51	Sb	1.0	P	91	Pa		NL
52	Te		NL	92	U	<0.6	P

注：1. 太阳化学组成用各元素的原子数密度 n_i 相对于氢原子数密度 n_H 表示，即 n_i/n_H，称为 i 元素的相对丰度，并通常用对数形式写成：$\lg A_i=12+n_i/n_H$，A_i 称为相对体积氢原子数 $n_H=10^{12}$ 的 i 元素的相对丰度；

2. 备注为元素丰度的数据来源，其中 R 为参考元素，P 为光球吸收线，CH 为色球谱线，C 为日冕谱线，SS 为黑子谱线，PR 为日珥谱线，F 为耀斑谱线，W 为从高能粒子流中直接测量值，RA 为放射性，NL 为无谱线，Nf 为无 f 值。

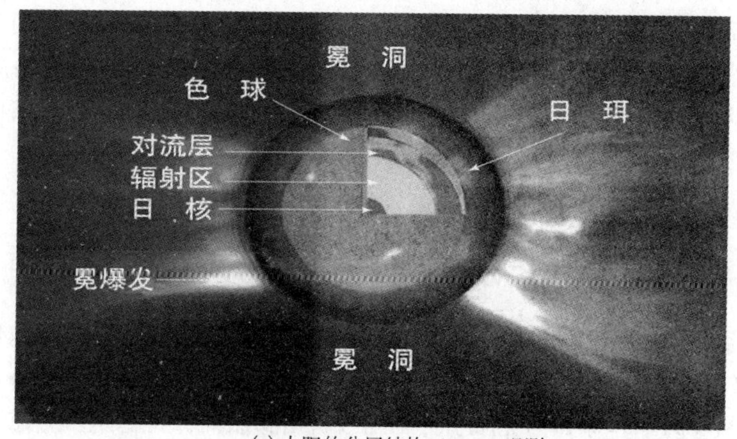

(a) 太阳的分层结构（SOHO观测）

日冕

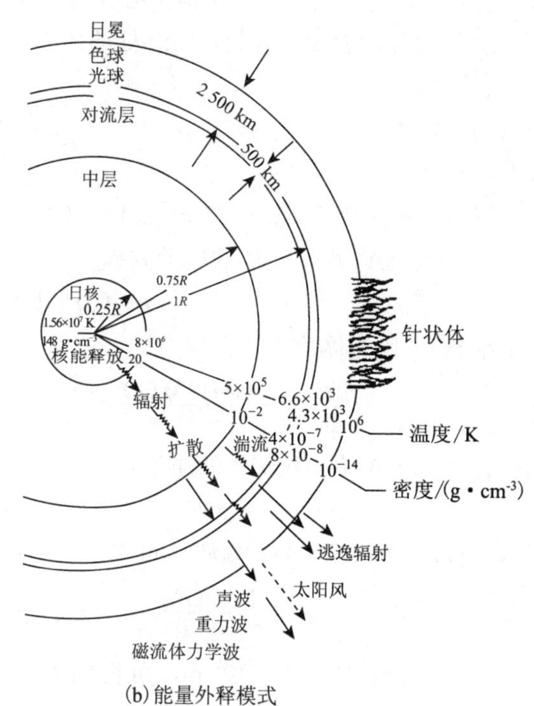

(b) 能量外释模式

图 1－3　太阳结构示意图

1.3.1　太阳内部

太阳大气将太阳内部发射的光几乎完全吸收，无法直接观测到内部结构。为了揭示太阳内部深层的物理状态，只能求助于理论间接推测。太阳内部光量子的平均自由程只有几厘米，到达光球表面要经历 10^{21} 次碰撞。正在发射的光量子已是万余年前的产物。经推导，太阳中心的密度 $\rho_c=150\ \mathrm{g\cdot cm^{-3}}$，温度为 1.5×10^7 K，压力为 2.5×10^{16} Pa（约 250×10^9 atm）。在如此极端条件下，太阳内部是高度不透明的。

在太阳内部的每一点，应满足流体静力学平衡条件，任一体积元内物质受到的向外的浮力被向内的引力所平衡。基于理想气体的状态方程，并假定太阳内部物质成分均匀分布，便可以得到太阳物质的温度、密度及压力沿径向的分布。“均匀”太阳模型可以较好地描述在 $R_\odot/2$ 处的状态，并得到

$$P_{ave}=6.6\times10^{13}\ \text{Pa}\ (7.1\times10^{13}\ \text{Pa})$$

$$T_{ave}=2.8\times10^{6}\ \text{K}\ (3.8\times10^{6}\ \text{K})$$

$$\rho_{ave}=1.4\ \text{g}\cdot\text{cm}^{-3}\ (1.34\ \text{g}\cdot\text{cm}^{-3})$$

式中，P_{ave}，T_{ave} 和 ρ_{ave} 分别为平均压力、平均温度和平均密度；括号内的数值是计及物质分布不均匀性的计算值。

一个气体和等离子体球如何克服引力坍缩或自由膨胀而保持稳定？考虑质量为 M，半径为 R 的球体，在大多数场合下，它所经受的力为重力（向内作用）和压力（向外作用）。

对于一恒星的内壳层而言，若其内边界从星体中心算起位于 r 处，而外边界为 $r+\Delta r$。ΔA 为表面元，且 P_{inner} 和 P_{outer} 分别表示在 r 和 $r+\Delta r$ 处的压力，则作用在壳层上的净力为

$$F_{net}=F_{grav}-F_{p} \tag{1—5}$$

式中，$F_p=(P_{outer}-P_{inner})\Delta A$。

由式（1—5）可得

$$F_p=[P(r)+(\mathrm{d}P/\mathrm{d}r)\Delta r-P(r)]\Delta A=(\mathrm{d}P/\mathrm{d}r)\Delta r\Delta A \tag{1—6}$$

净力 F_{net} 除以 $-\Delta m=-\rho(r)\Delta r\Delta A$，得出壳层的运动方程

$$-\mathrm{d}^2r/\mathrm{d}t^2=g(r)+[1/\rho(r)](\mathrm{d}P/\mathrm{d}r) \tag{1—7}$$

设加速度为零（处于平衡态），则流体静力学方程为

$$\frac{\mathrm{d}P}{\mathrm{d}r}=-\frac{GM(r)\rho(r)}{r^2} \tag{1—8}$$

在深度 h 处，压力为该深度以上单位面积流体的质量，即

$$P=g\rho h \tag{1—9}$$

在中心处，$h=R$；由 $g=GM/R^2$ 及 $\rho=3M/4\pi R^3$，可求出中心压力 P_c 为

$$P_c==\frac{3}{4\pi}\frac{GM^2}{R^4} \tag{1—10}$$

对于太阳，$M_\odot=2\times10^{30}$ kg，$R_\odot=7\times10^{8}$ m，可得到 $P_c=3\times10^{14}\ \text{N}\cdot\text{m}^{-2}$。相比之下，地球海平面的大气压力为 $10^5\ \text{N}\cdot\text{m}^{-2}$。这只是一种高度上的近似，因为密度 ρ 实际上随深度而增大，真实的太阳中心压力比估计值大 100 倍。当流体动力学平衡态尚未建立且星体收缩时，根据维里定理（Virial theorem），若一个天体系统的成员之间相对运动总动能为 T，引力势能为 Ω，则系统处于稳定态或只是线性膨胀或收缩时，便有 $2T+\Omega=0$，即一半的引力能向外辐射，另一半用于加热星体。

在星体演化的大多数时间内，星球的结构由以下 5 个一阶微分方程的解描述。

1）流体静力学方程

$$\frac{\mathrm{d}P}{\mathrm{d}r}=-\frac{GM_r\rho}{r^2} \tag{1—11}$$

2）质量连续性方程

$$\frac{\mathrm{d}M_r}{\mathrm{d}r}=4\pi r^2\rho \tag{1-12}$$

3）能量平衡（亮度梯度）方程

$$\frac{\mathrm{d}L_r}{\mathrm{d}r}=4\pi r^2\rho\varepsilon \tag{1-13}$$

4）能量转移（温度梯度）方程

$$\begin{cases}\dfrac{\mathrm{d}T}{\mathrm{d}r}-\dfrac{-3L_r\kappa P}{16\sigma T^3 4\pi r^2} & \text{（辐射传能）}\\ \dfrac{\mathrm{d}T}{\mathrm{d}r}=\left(1-\dfrac{1}{\gamma}\right)\dfrac{T}{P}\dfrac{\mathrm{d}P}{\mathrm{d}r} & \text{（对流传能）}\end{cases} \tag{1-14}$$

5）物态方程

$$P=\frac{k}{\mu m_{\mathrm{H}}}\rho T+\frac{1}{3}aT^4+\Delta P \tag{1-15}$$

式中　P，κ，ε——取决于密度 ρ、温度 T 和组分；

ΔP——非理想气体压力改正项；

κ——不透明度或阻光度（opacity），即吸收系数，表征材料对能量输运的阻力；

M_r——半径为 r 的气体球质量；

m_{H}——氢原子质量；

ε——产能率（即单位质量、单位时间的产能）；

G——万有引力常数；

μ——平均原子量（以氢原子质量为单位）；

L_r——辐射能流；

a——辐射密度常量（$a=4\sigma/c$，σ 为斯忒藩一玻耳兹曼常量，c 为光速）；

γ——比热比（$\gamma=C_p/C_V$）。

太阳内部包括3层，即日核（solar core）、中层和对流层。

1.3.1.1　日核

从日心至太阳半径约1/4处为日核，其体积约占太阳体积的1/64，质量约占太阳质量的1/2以上。日核的密度很大（约等于 160 g·cm^{-3}），温度可达 15×10^6 K，压力 $P\approx 250\times10^9$ atm（1 atm=101.325 kPa）。如此高温、高压和高密度条件满足热核聚变（thermonuclear fusion）的临界条件，不断进行着诸如由4个氢核形成1个氦核的聚变反应。反应前后质量减小（约0.7%），并依 $\Delta E=Mc^2$ 规律转换成能量（约为 25 MeV）。所以，日核是太阳的心脏和产能区。

1.3.1.2　中层

中层（intermediate interior）亦称中介层或辐射层，其范围在（0.25～0.75）$R_\odot$ 之间，占太阳体积的绝大部分。随着与日心的偏离，中层的温度、密度和压力急剧降低。在距日心大于 $0.3R_\odot$ 处，温度已降至小于 8×10^6 K，密度也显著降低，核聚变过程已不复存在（见图1—4）。在中层的外部，由于辐射的面积与太阳半径平方成正比，单位面积上的能量通量下降。平均而言，太阳中层的温度 T 与$\sqrt{r}$成反比。

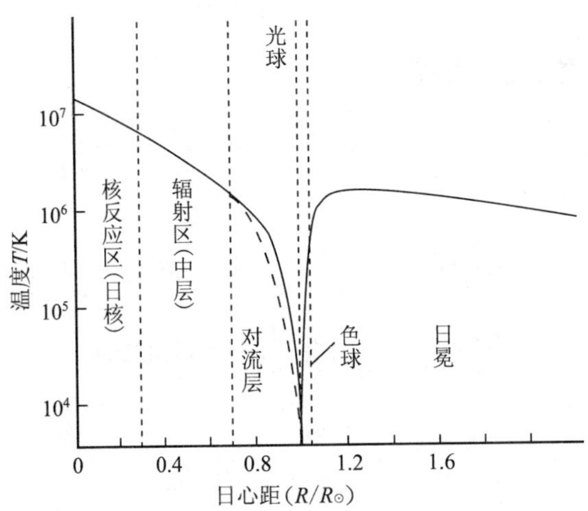

图 1—4　太阳内部及大气层温度随日心距的变化[1]

－－－无对流时的温度变化

太阳内部的辐射场与温度相对应，并由 Planck 辐射定律所给定。基于斯忒藩一玻耳兹曼辐射定律，辐射的积分通量与 σT^4 成比例。在距日心 r 处的太阳内部，乘积 $4\pi\sigma r^2 T^4$ 为常量。因此，根据维恩（Wien）位移定律，光谱辐射极大值随深度减小而向波长更长的方向位移——红移。

1.3.1.3　对流层

从 $0.75R_\odot$ 至肉眼可见的太阳“表面”，称作对流层（convection zone）。从日心产生的能量以辐射方式向外传输。由于层内气体具有高密度，在此过程中辐射被强烈吸收并多次再发射。从日心开始的辐射是以高能γ射线的形式向外传递能量，经过不断吸收和多次再发射后，最后在太阳表面处成为可见光。在此过程中辐射并非是唯一的能量传递方式。随着太阳大气温度的下降，自由电子可能被原子所俘获，成为束缚态，从而使透明度降低，导致辐射传输能量方式的有效性减小。这样一来，会形成较大的温度梯度，使得对流成为主要的能量传递方式。直到太阳表面气体变得十分稀薄，气体可能逃逸至外空间，辐射重新成为主要的能量传输方式。

对流层内的物质处于剧烈的对流状态，性质发生很大的变化，并变得很不稳定。对流层是太阳内部的最外层，发挥将太阳内外关联起来的作用。在对流层内，对流传输起主导作用。对流的主要形式是湍流，它导致急剧的扰动，使对流层始终具有相同的化学成分。位于光球层下方的湍流区大约有 $2\times10^5\sim3\times10^5$ km 的深度。

对流层是靠近光球层“较冷”的一层，可由下述原因使物理条件发生强烈的变化。

1）由于太阳大气不断向外辐射能量，内部气体急剧变冷。随距日心距离的增加，温度下降速率增大（$T\propto r^{-\frac{1}{2}}$），从而建立起较大的温度梯度。

2）由于温度下降，导致气体电离度减小，使其成为部分电离状态。这样会引起气体的绝热性增高，导致温度变化速率加大并易使电离能转换为热能。

3）因为中性原子态的吸收系数大于电离态，电离过程的弱化导致气体更加不透明。

上述因素促进气体急剧运动形成湍流，并最终使其成为最有效的能量转移方式。由于随机涨落，可能在气体介质内引起温度和密度的不均匀性，其最可能发生在介质不均匀性的自然尺度上。在球对称的对流层内，该参量是大气标高 H_0，即大气压力降低至初始值的 1/e 时所经历的高度差。在 2×10^5 km 深度上，H_0 为 10^5 km 量级，即与深度相当。由此得出，在对流层中位置越高，不均匀性元的尺度越大。这已被观测所证实：太阳大气不均匀结构的尺度处于几百至几十万千米的范围内。

假如不均匀性元的温度高于周围的温度，其中的压力将增大。基于阿基米德原理，它将膨胀并开始上浮。由于上述 2）和 3）两方面因素，不均匀性应力图保持热量过剩，并在一段时间内比周围介质更热。但由于因素 1)，其中的温度将很快下降。假定对流元的尺度和标高相当，按标高的概念，对流元将沉降至与自身温度和密度显著不同的周围介质内。

基于能量转移规律可以推导出，当绝热温度梯度与辐射场梯度之间满足

$$\left|\frac{\mathrm{d}T}{\mathrm{d}r}\right|_{\mathrm{ad}}<\left|\frac{\mathrm{d}T}{\mathrm{d}r}\right|_{\mathrm{rd}} \tag{1-16}$$

时，受扰上浮的气团将不断上升；受扰向下的气团因密度比周围介质大而不断下降。式(1—16）称为 Schwarzchild 对流判据。计算表明，在 $r=0.75R_\odot$ 处开始满足此判据。随着 r 值增大，对流传能比率增大。自 $0.94R_\odot$ 处至太阳表面附近，完全为对流传能[3]。

上述理论分析，可由呈现在空间拍摄的白光照片上的米粒组织所证实（见图 1—5)。米粒组织是太阳内部对流气团冲击光球形成的结构。超米粒组织是更大尺度对流元沿日面水平方向运动产生的。对流层内等离子体流的结构如图 1—6 所示。

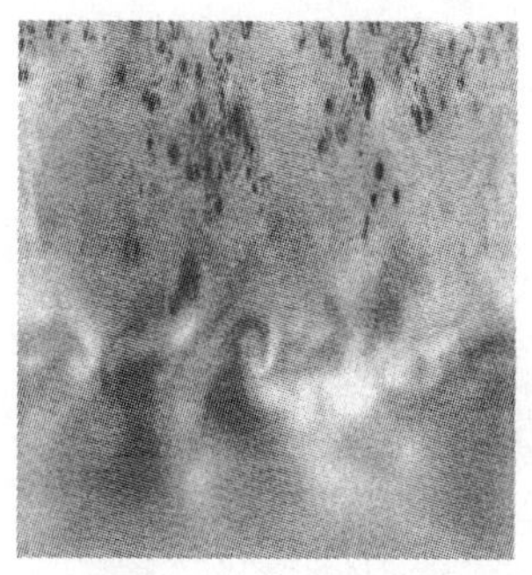

图 1—5　对流层米粒组织的白光照片

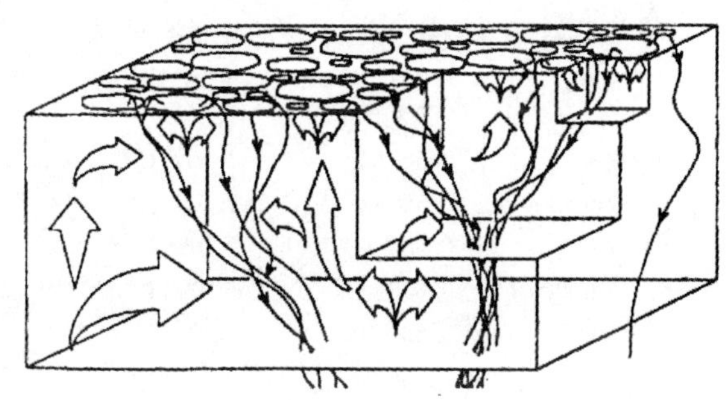

图 1—6　等离子体流的结构

对流层对太阳大气会产生极大的影响，它形成了太阳大气的上层，并决定其基本结构与动力学过程。对流和涡旋运动形成不同类型的波，传播至太阳大气上层，并部分地转换为机械能和磁能，从而使太阳大气上层加热。

由于太阳的自转和涡旋对流的相互作用，导致两个重要的后果：一是在对流层和太阳大气内，太阳自转呈现较差特性；二是伴随磁通量的不断增强，主要在具有较大磁场强度的太阳磁层形成对流区，最后导致太阳活动区的形成，从而强烈影响地球及其周围的空间环境。

1.3.1.4 标准太阳模型

基于质量、流体静力学平衡、能量平衡、能量转移方程和状态方程以及太阳中心和表面的边界条件，可以研究太阳内部结构并给出有关太阳的标准模型（standard model）。表1—3为一种太阳的标准模型[6]。

表1—3 太阳标准模型之一

r/R	M_r/M	T/K	ρ/（g·cm^{-3}）	L_r/L	X
0.000 0	0.000 00	1.56×10^7	1.48×10^2	0.000	0.341 11
0.003 9	0.000 01	1.56×10^7	1.48×10^2	0.000	0.341 03
0.008 3	0.000 05	1.56×10^7	1.47×10^2	0.000	0.343 17
0.012 0	0.000 17	1.56×10^7	1.46×10^2	0.001	0.345 46
0.015 8	0.000 40	1.56×10^7	1.45×10^2	0.003	0.348 85
0.019 7	0.000 78	1.55×10^7	1.44×10^2	0.007	0.353 28
0.023 7	0.001 35	1.55×10^7	1.42×10^2	0.012	0.358 68
0.027 7	0.002 14	1.54×10^7	1.40×10^2	0.018	0.364 99
0.031 7	0.003 20	1.53×10^7	1.37×10^2	0.027	0.372 17
0.040 0	0.006 25	1.51×10^7	1.32×10^2	0.051	0.388 90
0.048 4	0.010 80	1.49×10^7	1.26×10^2	0.085	0.408 39
0.070 8	0.030 71	1.42×10^7	1.08×10^2	0.217	0.466 72
0.085 3	0.050 00	1.37×10^7	9.70×10^1	0.325	0.505 36
0.114 7	0.103 85	1.25×10^7	7.64×10^1	0.553	0.576 59
0.134 6	0.150 00	1.17×10^7	6.45×10^1	0.688	0.615 49
0.155 1	0.204 00	1.09×10^7	5.40×10^1	0.798	0.646 46
0.171 9	0.252 00	1.03×10^7	4.64×10^1	0.865	0.665 50
0.188 1	0.300 00	9.74×10^6	3.99×10^1	0.912	0.679 02
0.204 7	0.350 00	9.20×10^6	3.40×10^1	0.945	0.688 85
0.221 2	0.400 00	8.70×10^6	2.88×10^1	0.966	0.695 63
0.238 1	0.450 00	8.22×10^6	2.42×10^1	0.981	0.700 24
0.255 5	0.500 00	7.76×10^6	2.01×10^1	0.990	0.703 24
0.262 8	0.520 00	7.58×10^6	1.86×10^1	0.993	0.704 09
0.273 9	0.550 00	7.32×10^6	1.65×10^1	0.996	0.705 12
0.287 6	0.585 00	7.01×10^6	1.42×10^1	0.998	0.706 21
0.317 6	0.655 00	6.39×10^6	1.01×10^1	1.000	0.708 06
0.334 4	0.690 00	6.08×10^6	8.34×10^0	1.000	0.708 66
0.373 7	0.760 00	5.44×10^6	5.32×10^0	1.000	0.709 34
0.397 5	0.795 00	5.09×10^6	4.06×10^0	1.000	0.709 52
0.459 7	0.865 00	4.33×10^6	2.03×10^0	1.000	0.709 67
0.503 8	0.900 00	3.88×10^6	1.27×10^0	1.000	0.709 70
0.655 9	0.966 16	2.64×10^6	9.94×10^{-1}	1.000	0.709 70
0.801 5	0.991 27	1.36×10^6	1.44×10^{-1}	1.000	0.709 70
0.857 3	0.996 12	9.04×10^5	5.12×10^{-2}	1.000	0.709 70
0.909 3	0.998 69	5.25×10^5	1.29×10^{-2}	1.000	0.709 70
1.000 0	1.000 00	5.77×10^3	0.000 0	1.000	0.709 70

注：M_r 表示半径为 r 的气体球质量；L_r 为半径为 r 的气体球向外发射的总能量；X 为太阳氢含量占太阳总质量的百分比（丰度）。

1.3.2　太阳大气

太阳内部（日核、中层和对流层）的辐射被覆盖在其上面的极厚的大气物质所吸收，而无法从地球上看到太阳本体的真面目。通常将太阳辐射可以到达地球，并可直接观测且物理状态迥异的3个层次（光球、色球和日冕）统称为太阳大气（solar atmosphere）。在色球和日冕之间还划出一个过渡区域。太阳整个是一团气态物质，在太阳内部和大气之间并不存在严格的边界，只有一个明确的光学边界，在此边界以下无法观测；在此边界以上是可见的太阳表面。太阳温度从里向外一直下降，直至太阳表面以上约400 km处达到最低，再向上温度又开始增加。可以认为，太阳处于相对稳定的分层状态。对太阳进行观测的目的之一是确定其辐射强度与表面位置、大气层深度及时间的关系，从而确定不同位置的物理状态及其随时间的变化。

1.3.2.1　光球

光球（photosphere）层紧贴着太阳内部最外层的对流层，是太阳大气的最底层。太阳在可见光波段上的辐射几乎都是从光球层发射到宇宙空间的。人们所看到的明亮日轮就是光球。太阳表面也是以光球为边界加以定义的。所谓太阳辐射、太阳光谱及太阳参量（如半径、表面重力加速度等）都是光球表面的相应值。

光球是较薄的一层，其厚度只有几百千米，却是极其重要的一层。如果假定太阳的光辐射处于平衡状态，则光球辐射层的有效温度 $T_e \approx 5\ 800$ K。光球上部的最低温度 $T_{min} \approx 4\ 300$ K，存在于只有约100 km的薄层内，这里的元素镁、硅、铁、钙、铝和钠（电离势为几eV）可以认为是一次电离化的产物，而氢是处于中性态。光球是氢（电离势为13.6 eV）仍然处于原子态的唯一一个太阳层。光球与其周围的太阳结构处于局域热力学和辐射平衡态。光球密度为 $10^{-8} \sim 10^{-9}$ g · cm^{-3}，粒子数密度为 $10^{15} \sim 10^{16}$ cm^{-3}，气压约0.1 atm，到处充满着自由电子。

光球的温度之所以较低是两种效应相反的因素竞相作用的结果：一是由于能量向外辐射的冷却效应，导致从下至上温度的下降；二是由于吸收来自对流层的动能而导致温度升高。在光球较低区域温度高于7 000 K，光球表面的平均温度为6 000 K，沿光球表面温度也是变化的。

光球的直径通常被认为就是太阳的直径，约为 1.391×10^6 km。太阳全部的质量几乎都包含在光球半径的区域内。

对光球辐射光谱的分析表明，太阳光谱是连续谱。在连续光谱上叠加有数万条较暗的吸收谱线，称作夫琅和费谱线（Fraunhofer line）。通过对太阳光谱的定量分析，可以给出太阳化学成分的信息。已知太阳有92种元素，其中氢含量最高（占71%），氦次之（占27%），如表1－2所示。

太阳辐射谱基本上与6 000 K黑体辐射相符，其辐射强度变化范围为26个数量级，辐射功率主要集中在可见光和近红外区（如图2－3所示）。不同波段的辐射源于物理性质各异的太阳大气层。图1－7所示为地球大气外太阳辐射强度随波长的变化，即太阳活动不同状态下的电磁辐射谱。

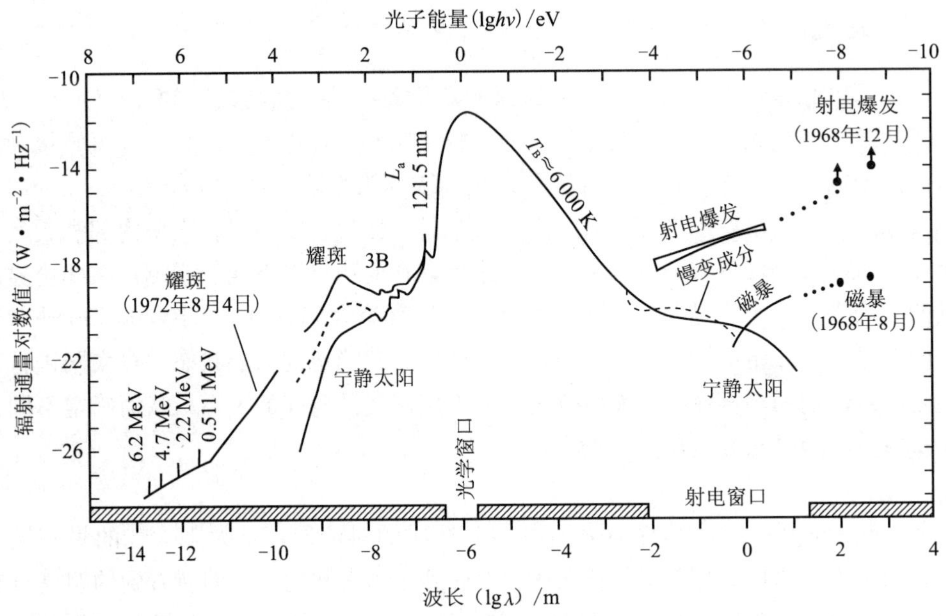

图1—7　太阳活动不同状态下的电磁辐射谱

如上所述，基于少数可观测参量如太阳半径、光度、质量和化学成分等的边界和初始条件，可由质量、压力平衡方程、能量守恒、能量输运和状态方程等，从理论上推测出太阳内部的结构。同样，也可以从理论上建立太阳表面的辐射强度与光球物理参量的关系，并将其与观测结果进行比较，从而推测光球的结构并建立相应的模型。

表征光球特征的3个重要物理量是辐射强度、光子平均自由程和大气标高。

辐射强度是辐射场中某点与某方向相垂直的单位面积上，在单位时间、单位立体角和单位波长间隔的辐射能量，其单位为 $\mathrm{erg \cdot cm^{-2} \cdot s^{-1} \cdot \mu m^{-1} \cdot sr^{-1}}$。谱辐射强度 I_λ 可以表示为

$$I_\lambda = I_\lambda^0 \mathrm{e}^{-k_\lambda \rho s} \tag{1-17}$$

式中　I_λ^0——初始强度；

k_λ——单位质量的吸收系数或不透明度（opacity），亦即单位质量物质的吸收截面（$\mathrm{cm^2 \cdot g^{-1}}$）；

ρ——介质密度；

λ——波长；

s——光子平均自由程。

式（1—17）中平均自由程的物理意义是光子经与空间介质的原子等相互作用，因吸收和再发射而导致辐射强度减弱至初始值的 1/e 时所走过的路程。由式（1—17）可见，当 $I_\lambda = I_\lambda^0/\mathrm{e}$ 时，$s = \dfrac{1}{k_\lambda \rho}$。

大气标高具有重要的物理意义，可将光子平均自由程与大气高度相比较。基于重力场中大气平衡方程，并假定大气为理想气体，则大气压力可表示为

$$P=P_0\exp\left[\Delta r/\left(kT/\mu m_{\mathrm{H}}g\right)\right] \tag{1-18}$$

并且，定义压力降低至初始值（P_0）的 1/e 时所经历的高度差 $H_0=kT/\mu m_{\mathrm{H}}g$ 为大气标高。当 $1/k_\lambda\rho\ll H_0$ 时，意味着光子经过一个标高时要经受与原子多次碰撞，导致大气极不透明；反之，当 $1/k_\lambda\rho\gg H_0$ 时，大气对光子基本上透明。从 $1/k_\lambda\rho\ll H_0$ 渡越至 $1/k_\lambda\rho\gg H_0$ 的这一层高度与 H_0 是可比的。这一有效辐射薄层就是光球。连续谱辐射正是源于由完全不透明渡越至完全透明的过渡层（transition zone），对于可见光，该层只有 100～200 km 的厚度；对于计及所有太阳重要辐射波段的辐射，过渡层厚约 500～600 km。太阳表面更为精确的定义是相当于 λ—500 nm 的光学深度 τ_{500} 所对应的薄层，此处的几何高度 $h=0$。

太阳大气的不透明性是由于光球正下方存在一层低浓度的负氢离子（H^-）层。它吸收很宽波段的来自太阳深处的大部分辐射，导致热能在其中积累，建立对流系，并将过剩能量传输至日球（heliosphere）上较透明的气体层，然后释放至空间。对流元穿透至光球内，产生米粒（granules）组织。

（1）光球模型和临边昏暗

假定太阳表面是均匀和平静的，即辐射不随时间而变。这意味着忽略了米粒组织和太阳表面活动现象，而认为从地球上看到的太阳辐射强度只是波长和日心角距的函数。从太阳白光照片上可以看出太阳边缘比中心部分稍暗些，称为临边昏暗（limb darkening）现象，如图 1—8 所示[7]。

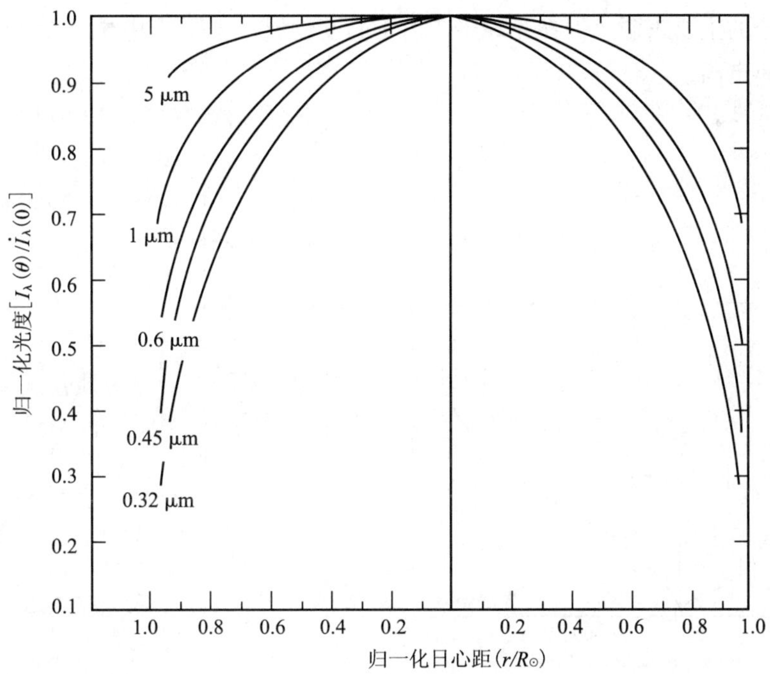

图 1—8　不同波长下的太阳临边昏暗效应

在波长约 0.17～200 μm 范围内，用单色光观测太阳时便会产生临边昏暗效应。来自光球中心的辐射温度较高，辐射较强，显得较亮；在日面边缘，温度较低，辐射较弱，显得较暗。临边昏暗效应是光球温度从里向外降低的结果。反之，当辐射波长小于 0.17 μm 及大于200 μm时，将产生临边增亮效应。通过观测临边昏暗向临边增亮渡越的方法，可以确定光球温度最低层的位置，并推测光球温度随光学深度的变化，即 T（τ_λ）。光学深度 τ_λ，由 $\mathrm{d}\tau_\lambda=-k_\lambda\rho\mathrm{d}r$ 定义，其中，dr 为太阳径向路径微元；负号表示 r 增大时，τ_λ减小；k_λ为单位质量吸收系数（或吸收截面，单位为 $\mathrm{cm}^2\cdot\mathrm{g}^{-1}$）。从理论上可建立 k_λ 与温度 T、密度 ρ、压力 P 和电子压力 P_e 的依赖关系，得到光球参量模型。这种基于观测得到的临边昏暗规律，并结合理论计算 k_λ给出的太阳光球模型是半经验的。在众多太阳光球模型中使用最多的是简化的单流体模型。它假定光球为静态和球对称的，不计及水平方向的非均匀性，物理参量只是深度的函数，并认为光球是处于局域热运动平衡态和辐射平衡态，辐射传能占主导地位。简化的单流体模型包括 BCA 模式[8]和 HSRA 模式[9]。

图 1—9 是基于 HSRA 模式计算的太阳大气参数随高度的变化。在 HSRA 模式中，把波长λ=0.5 μm（500 nm)时的光学深度 $\tau_{0.5}=1$ 处定义为光球底部，亦即零高度（$h=0$）；将温度极小层（h=550 km）定义为光球顶部。在该模型中，从 h=－50 km 至 h=50 km 的这一很薄（100 km）有效辐射层内，发射太阳光和热的 99%。光球是太阳大气层的最低区域，从底部（光波长 λ=500 nm 的光深）扩展到温度极小值 T_min的高度（约 550 km）。光球基本上作为黑体发射连续光谱，其有效温度约为 5 762 K。图 1—9（b）中，P_total、ρ、P_e和 $N_{\mathrm{H\,II}}/N_{\mathrm{H\,I}}$ 分别为太阳大气的总压力、密度、电子压力和氢的电离度。可见，在光球下面和色球中，氢的电离度 $N_{\mathrm{H\,II}}/N_{\mathrm{H\,I}}$ 均很大，这源于这两个区域的高温导致了氢的电离，成为自由电子的主要来源。但在光球中，由于温度较低，氢原子基本上未电离，自由电子主要来自金属电离。

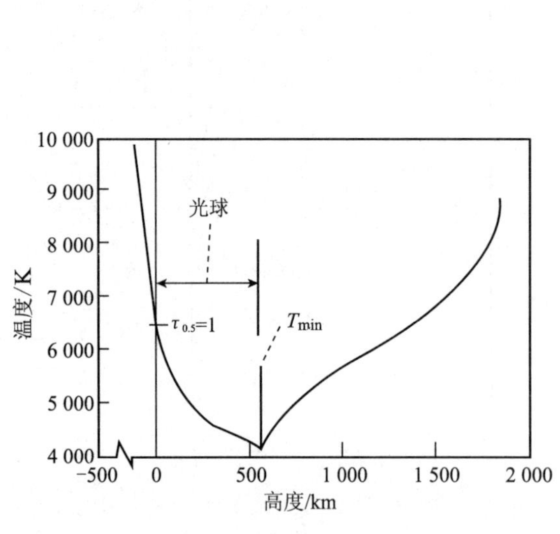

(a) 温度和高度的关系

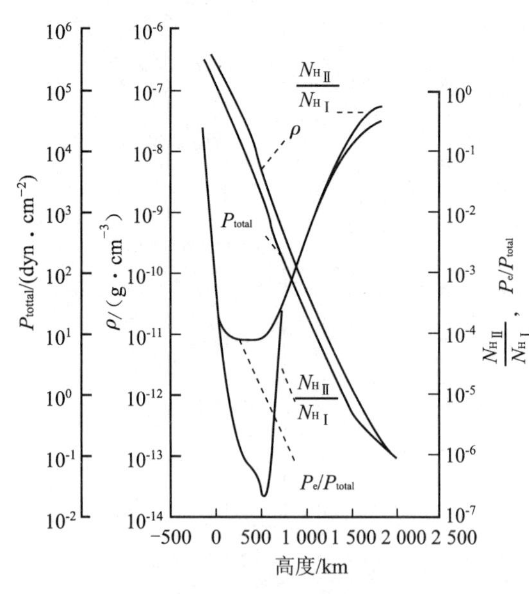

(b) 总压力 P_total、密度 ρ、电子压力 P_e和氢电离度（$N_{\mathrm{H\,II}}/N_{\mathrm{H\,I}}$）随高度的变化

图 1—9　基于 HSRA 模式计算的太阳大气参数随高度的变化

1 dyn=10^{-5} N

表 1—4 为宁静太阳低层大气模式，可描述大气基本参数随高度的变化[10]。

表 1—4　宁静太阳低层大气模式

h/km	τ_{500}	T/K	ξ_t/（km·s^{-1}）	n_H/m^{-3}	n_e/m^{-3}	P/Pa	ρ/（kg·m^{-3}）
2 543	0	447 000	11.3	1.01×10^{15}	1.21×10^{15}	1.44×10^{-2}	2.35×10^{-12}
2 298	3.71×10^{-8}	141 000	9.9	3.21×10^{15}	3.84×10^{15}	1.47×10^{-2}	7.49×10^{-12}
2 290	3.97×10^{-8}	89 100	9.8	5.04×10^{15}	5.96×10^{15}	1.47×10^{-2}	1.18×10^{-11}
2 280	4.49×10^{-8}	50 000	9.8	9.04×10^{15}	9.99×10^{15}	1.48×10^{-2}	2.11×10^{-11}
2 274	4.95×10^{-8}	37 000	9.7	1.20×10^{16}	1.32×10^{16}	1.48×10^{-2}	2.81×10^{-11}
2 271	5.23×10^{-8}	32 000	9.7	1.38×10^{16}	1.50×10^{16}	1.48×10^{-2}	3.22×10^{-11}
2 267	5.66×10^{-8}	28 000	9.7	1.57×10^{16}	1.68×10^{16}	1.49×10^{-2}	3.67×10^{-11}
2 263	6.12×10^{-8}	25 500	9.7	1.72×10^{16}	1.81×10^{16}	1.49×10^{-2}	4.02×10^{-11}
2 255	7.11×10^{-8}	24 500	9.6	1.80×10^{16}	1.88×10^{16}	1.50×10^{-2}	4.20×10^{-11}
2 230	1.30×10^{-7}	24 200	9.5	1.86×10^{16}	1.94×10^{16}	1.53×10^{-2}	4.36×10^{-11}
2 200	1.43×10^{-7}	24 000	9.3	1.93×10^{16}	2.01×10^{16}	1.57×10^{-2}	4.52×10^{-11}
2 160	1.98×10^{-7}	23 500	9.1	2.05×10^{16}	2.12×10^{16}	1.62×10^{-2}	4.80×10^{-11}
2 129	2.43×10^{-7}	23 000	8.9	2.16×10^{16}	2.22×10^{16}	1.66×10^{-2}	5.06×10^{-11}
2 120	2.56×10^{-7}	22 500	8.8	2.23×10^{16}	2.28×10^{16}	1.67×10^{-2}	5.22×10^{-11}
2 115	2.64×10^{-7}	21 000	8.8	2.40×10^{16}	2.40×10^{16}	1.68×10^{-2}	5.62×10^{-11}
2 113	2.67×10^{-7}	18 500	8.8	2.73×10^{16}	2.62×10^{16}	1.68×10^{-2}	6.39×10^{-11}
2 109	2.75×10^{-7}	12 300	8.7	4.09×10^{16}	3.31×10^{16}	1.69×10^{-2}	9.57×10^{-11}
2 107	2.80×10^{-7}	10 700	8.7	4.67×10^{16}	3.54×10^{16}	1.70×10^{-2}	1.09×10^{-10}
2 104	2.88×10^{-7}	9 500	8.7	5.24×10^{16}	3.71×10^{16}	1.71×10^{-2}	1.23×10^{-10}
2 090	3.24×10^{-7}	8 440	8.6	6.13×10^{16}	3.80×10^{16}	1.76×10^{-2}	1.43×10^{-10}
2 080	3.51×10^{-7}	8 180	8.6	6.54×10^{16}	3.78×10^{16}	1.80×10^{-2}	1.53×10^{-10}
2 070	3.77×10^{-7}	7 940	8.5	6.96×10^{16}	3.78×10^{16}	1.84×10^{-2}	1.63×10^{-10}
2 050	4.30×10^{-7}	7 660	8.4	7.71×10^{16}	3.79×10^{16}	1.94×10^{-2}	1.80×10^{-10}
2 016	5.20×10^{-7}	7 360	8.2	9.08×10^{16}	3.81×10^{16}	2.12×10^{-2}	2.12×10^{-10}
1 990	5.90×10^{-7}	7 160	8.0	1.03×10^{17}	3.86×10^{16}	2.28×10^{-2}	2.42×10^{-10}
1 925	7.72×10^{-7}	6 940	7.6	1.38×10^{17}	4.03×10^{16}	2.78×10^{-2}	3.23×10^{-10}
1 785	1.21×10^{-6}	6 630	6.9	2.60×10^{17}	4.77×10^{16}	4.51×10^{-2}	6.08×10^{-10}
1 605	1.96×10^{-6}	6 440	5.9	6.39×10^{17}	6.01×10^{16}	9.33×10^{-2}	1.49×10^{-9}
1 515	2.42×10^{-6}	6 370	5.3	1.05×10^{18}	6.46×10^{16}	1.41×10^{-1}	2.45×10^{-9}
1 380	3.29×10^{-6}	6 280	4.5	2.27×10^{18}	7.60×10^{16}	2.77×10^{-1}	5.32×10^{-9}
1 280	4.08×10^{-6}	6 220	3.9	4.20×10^{18}	7.49×10^{16}	4.79×10^{-1}	9.82×10^{-9}
1 180	5.08×10^{-6}	6 150	3.5	7.87×10^{18}	8.11×10^{16}	8.53×10^{-1}	1.84×10^{-8}
1 065	6.86×10^{-6}	6 040	2.7	1.71×10^{19}	9.35×10^{16}	1.73×10^{0}	4.00×10^{-8}
980	9.15×10^{-6}	5 925	2.1	3.15×10^{19}	1.04×10^{17}	3.01×10^{0}	7.36×10^{-8}

续表

h/km	τ_{500}	T/K	ξ_t/（km·s^{-1}）	n_H/m^{-3}	n_e/m^{-3}	P/Pa	ρ/（kg·m^{-3}）
905	1.24×10^{-5}	5 755	1.7	5.55×10^{19}	1.05×10^{17}	5.04×10^{0}	1.30×10^{-7}
855	1.55×10^{-5}	5 650	1.5	8.14×10^{19}	1.06×10^{17}	7.21×10^{0}	1.90×10^{-7}
755	2.54×10^{-5}	5 280	1.2	1.86×10^{20}	8.84×10^{16}	1.53×10^{1}	4.36×10^{-7}
705	3.29×10^{-5}	5 030	1.1	2.94×10^{20}	7.66×10^{16}	2.28×10^{1}	6.86×10^{-7}
655	4.45×10^{-5}	4 730	1.0	4.79×10^{20}	8.09×10^{16}	3.50×10^{1}	1.12×10^{-6}
605	7.02×10^{-5}	4 420	0.8	8.12×10^{20}	1.11×10^{17}	5.52×10^{1}	1.90×10^{-6}
555	1.46×10^{-4}	4 230	0.7	1.38×10^{21}	1.73×10^{17}	8.96×10^{1}	3.23×10^{-6}
515	3.01×10^{-4}	4 170	0.6	2.10×10^{21}	2.50×10^{17}	1.34×10^{2}	4.90×10^{-6}
450	1.02×10^{-3}	4 220	0.5	3.99×10^{21}	4.52×10^{17}	2.57×10^{2}	9.33×10^{-6}
350	5.63×10^{-3}	4 465	0.5	9.98×10^{21}	1.11×10^{18}	6.80×10^{2}	2.33×10^{-5}
250	2.67×10^{-2}	4 780	0.6	2.32×10^{22}	2.67×10^{18}	1.69×10^{3}	5.41×10^{-5}
150	1.12×10^{-1}	5 180	1.0	4.92×10^{22}	6.48×10^{18}	3.93×10^{3}	1.15×10^{-4}
100	2.20×10^{-1}	5 455	1.2	6.87×10^{22}	1.07×10^{19}	5.80×10^{3}	1.61×10^{-4}
50	4.40×10^{-1}	5 840	1.4	9.20×10^{22}	2.12×10^{19}	8.27×10^{3}	2.15×10^{-4}
0	9.95×10^{-1}	6 420	1.6	1.17×10^{23}	6.43×10^{19}	1.17×10^{4}	2.73×10^{-4}
−25	1.68	6 910	1.7	1.26×10^{23}	1.55×10^{20}	1.37×10^{4}	2.95×10^{-4}
−50	3.34	7 610	1.8	1.32×10^{23}	4.65×10^{20}	1.58×10^{4}	3.08×10^{-4}
−75	7.45	8 320	1.8	1.37×10^{23}	1.20×10^{21}	1.79×10^{4}	3.19×10^{-4}

注：表中 h 为高度，τ_{500} 为 $\lambda=500$ nm 的光深（在此太阳光球模型中除使用几何深度 r 外，要用某种波长 λ 的光学深度。此波长接近于光球辐射强度极大区，有明确的连续谱强度），T 为温度，ξ_t 为湍流密度，n_H 为氢原子数密度，n_e 为自由电子密度，P 为压力，ρ 为质量密度。

（2）米粒组织

上述的光球模型是基于太阳表面是均匀的，且辐射不随时间而变化的假定建立的。这当然只是近似的，忽略了米粒组织和太阳活动区的存在。实际上，当观测宁静太阳表面时，可以明显地观测到米粒状结构。米粒是多边形胞状结构，平均直径约 10^3 km，相邻间距约 1.4×10^3 km[11]。在相邻米粒之间的亮度反差为10%～20%，称为米粒间暗径。米粒间暗径宽度多为200～300 km，且是相互连通的。米粒寿命在1～10 min不等，持续时间越长，米粒尺度越大。米粒平均寿命约8.6 min。

米粒组织通常位于对流区上部与光球层之间的区域。米粒组织与太阳内部对流传能息息相关。当太阳内部力失衡时，扰动将诱发巨大的传质运动。太阳表面米粒组织其实是太阳内部对流气团冲击光球形成的图样（pattern）。米粒组织还与太阳振动密切相关，而与日心距以及太阳活动周期相位无关。

在光球中还存在尺度和时标都比米粒组织更大的对流速度场，称为超米粒组织（supergranulation）。整个日面呈现许多明暗相间的网状结构单元，其平均尺度约为 3.2×10^4 km，寿命约1 d。由超米粒中心向边界的水平流速为0.3～0.5 km·s^{-1}[12]，超米粒中心向上流动速度<0.02 km/s，元胞边界向下的速度约 0.1 km/s。超米粒组织将光球的网络磁场、色球网络结构以及针状体关联起来。图 1—10 和图1—11分别为米粒组织和超米粒组织的图像。

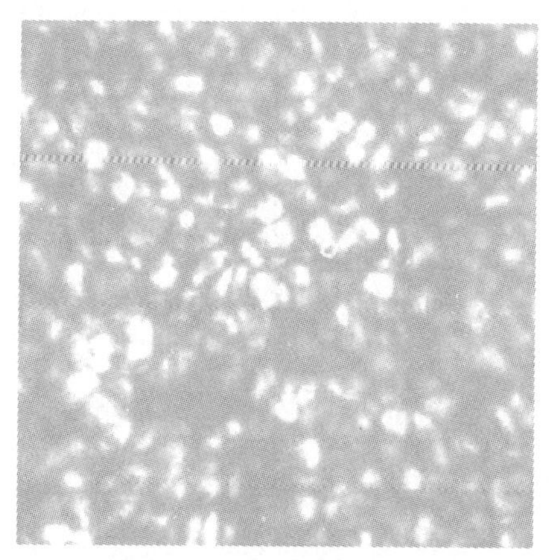

图 1—10　光球米粒组织[4]
照片边长约 24 000 km

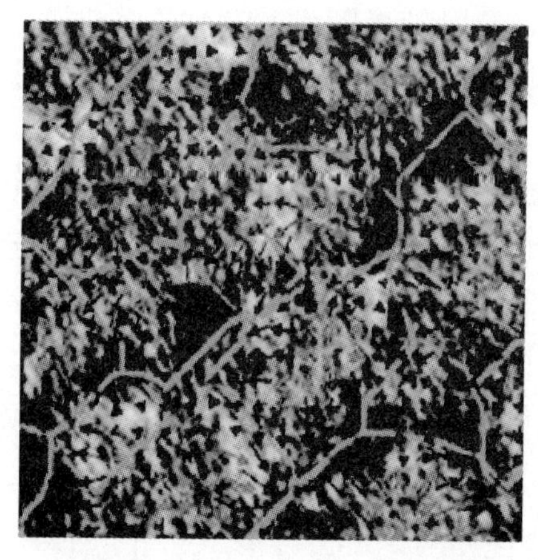

图 1—11　超米粒网状组织[4]
照片边长约 120 000 km；箭头表示上升流动方向

此外，还观测到尺度介于米粒和超米粒组织之间的中米粒组织（mesogranulation），其平均尺度为 7 000 km，以沿日面水平方向流动为主，寿命约 2 h。可以认为，与中米粒组织对应的对流机制是氦的电离和复合过程。有人提出，在超米粒组织下方可能存在尺度更大（10^5 km 数量级）的对流体系，称为巨米粒组织（giant granulation），可扩展至整个对流层深度。除了上述不均匀结构米粒组织外，在光球层还观测到某些非稳定结构，如光斑、黑子以及日震效应，其中有的对传统的太阳结构观念提出了挑战。

1.3.2.2　色球

1.3.2.2.1　色球基本特征

色球（chromosphere）位于光球之上，是几千千米厚的透明而稀薄的气体层。由于地球大气中水分和尘埃粒子将强烈的太阳辐射散射成蓝天，从地面上观测时，色球完全淹没在蓝天之中，人们肉眼很难观测到色球。

一般认为，太阳色球厚度约为 1 500 km 左右。若从 $\tau_{0.5}=1$（$\lambda=0.5\ \mu$m）算起，对应于$h\approx500$ km至 $h\approx2\ 000$ km 的范围。色球粒子数密度低于光球，并且随高度增加从 10^{14} cm^{-3}降低至 10^{10} cm^{-3}。色球温度随高度的增加速率是非均匀的：在低层增加较慢，而在中、高层较快。在色球底部温度约4 500～4 800 K，而在色球与日冕的边界即过渡层可急剧增至约10^6 K。宁静太阳色球、过渡层和日冕内，质量密度和温度随光球以上高度的变化如图 1—12 所示。

色球最早是在日全蚀期间观察到的，发现在太阳周围呈薄薄一层玫瑰色的月牙状辉光。色球望远镜的出现，使得对色球长期观测成为可能。色球谱线类似于太阳未现日蚀时光球的夫琅和费谱线，其中辐射线大多被吸收线取代，几乎不存在连续谱。但是，由于色

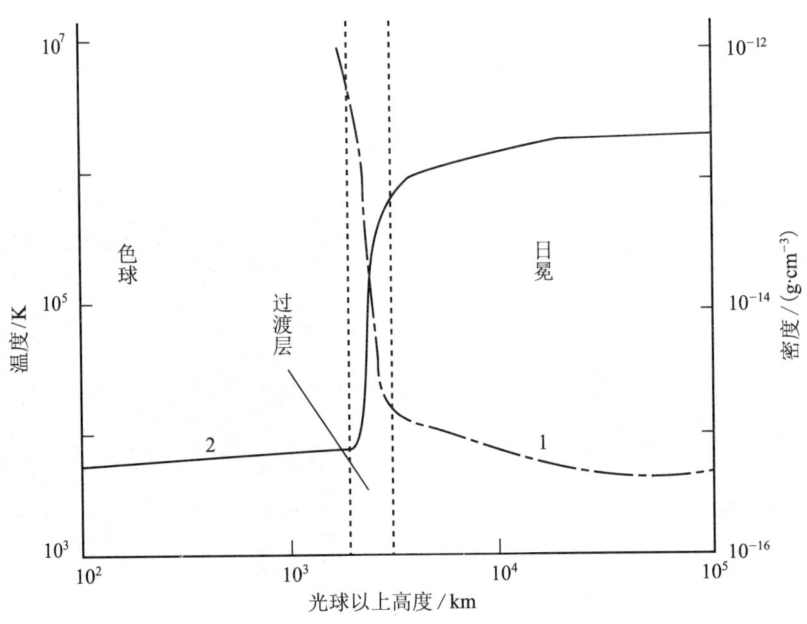

图1－12　在光球以上宁静太阳色球、过渡层和日冕内，密度和温度随光球以上高度的变化[1]

1—密度；2—温度

球比光球的温度更高并更加稀薄，原子的电离度更大，可在日面上发现有较强的氦谱线，从而比地球上更早地发现了氦元素的存在。在研究色球光谱时，首先注意到其不均匀组织比光球中的米粒组织表现得更加明显。

太阳色球中充满着形影相随的等离子体和磁场，从而使色球处于不稳定状态，诱发一系列不稳定的生成物。色球内最小的生成物叫针状体（spicule）。在观测宁静太阳的色球外缘时，从色球底1 000～1 500 km的高度开始向上延伸约5 000 km，会看到在色球上层存在大量的针状体，呈鬃状结构，主要出现在接近径向的方向上。其长度为数千千米，厚度约1 000 km，存活期10～15 min。针状体是动态形成的，以每秒几十千米的速度从色球上升至日冕，并在日冕内瓦解。因此，在色球和日冕之间通过针状体进行物质的转移交换。针状体实质上是向上喷射的高温气体，因其运动速度低于逃逸速度，喷射物将回流至日面。针状体还存在更大的结构称为日冕胞状结构，或称巨针状体（macrospicule），由尺度为$(3\sim6)\times10^4$ km的元胞构成，可延伸至4×10^4 km的高度。

在色球层活动区还经常观测到存在纤维状结构。它反映从下面光球向色球对流的磁场特性，与太阳表面磁场相关联。纤维结构的激烈出现，常是太阳出现新活动区（如谱斑、耀斑）的先兆。在色球单色光照片上，可以看到明亮的块状区域。它与下面光球中黑子和光斑相对应，称作谱斑，其总面积与黑子数目有关，可作为太阳活动强度的指标。黑子多时，谱斑总面积可占太阳可见半球面积的20％～30％。谱斑周围呈现短纤维结构。

宁静区色球上存在明暗相间、尺度约为1 000 km的日芒（mottle）。散布于色球网络上的日芒有亮、暗之分。暗日芒呈草丛状结构，见图1－13（a）[13]。暗日芒实际上是针状体在日面的投影。暗日芒根部的小亮斑称为亮日芒。十几个日芒还可能构成大日芒，分布在色球的上方，形成网络状结构（即色球网络），寿命约为 17～20 h。色球网络和光球的超米粒组织边界及网络磁场的位置相符合，实际上是光球超米粒和网络磁场在色球中的延伸。日芒在网络上出现与该处磁流管比周围密集有关。如图 1－13（b）所示，在色球网络上，根部的磁力线方向近于太阳径向，这些地方与亮日芒对应；高度增加时，磁力线逐渐偏离径向，与日面倾斜的暗日芒就出现在这种部位。渐呈水平取向的磁力线与谱斑周围的短纤维相对应。在日全蚀时，色球上还可观测到巨大的红色喷发物——日珥（prominence），高度可达几万至几十万千米。日珥在日面边缘呈暗条状，故亦称色球暗条。通常，暗条出现在黑子区域，形状呈弯曲状，反映出局域磁场的复杂程度。

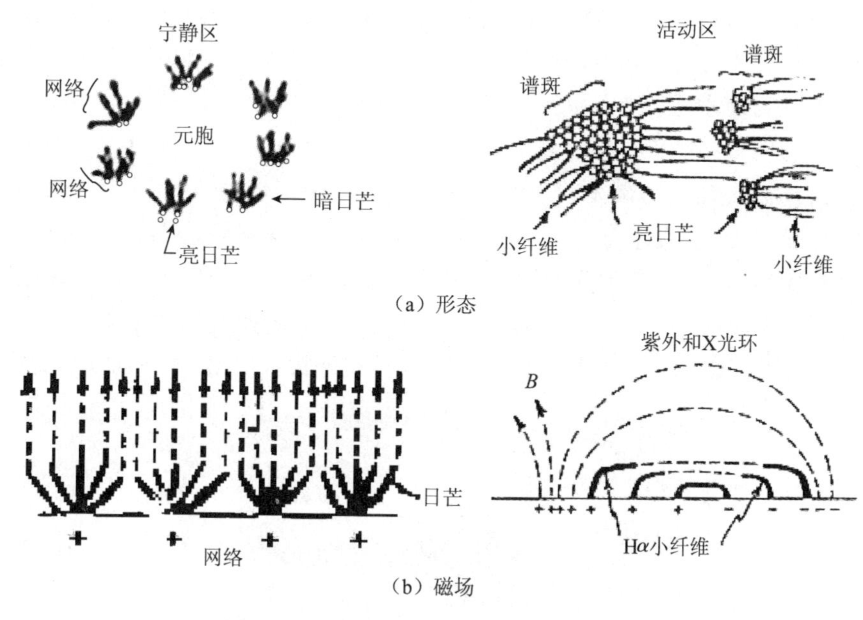

（a）形态

（b）磁场

图 1－13　色球非均匀结构与磁场的关联

色球存在两个区域，从色球底层（$h \approx 500$ km）至 $h \approx 1\ 000$ km 温度迅速增加；在 1 000～2 000 km 之间呈温度平台（T 为 6×10^3～7×10^3 K），然后剧增至日冕温度。色球层可视为呈球对称性，其粒子数密度随半径或高度增加由 10^{15} cm^{-3}降低至 10^{11} cm^{-3}。

1.3.2.2.2　色球过渡层

从色球顶部即光球温度极低区之上大约 1.7×10^3 km 的地方，温度开始急剧增加至近日冕温度。在随后的几千千米范围内，太阳大气温度继续升高至 2×10^6 K。在色球与日冕边界太阳大气温度急剧升高的区域，称为色球－日冕过渡层，其密度从 10^{-12} g·cm^{-3}变化至 10^{-15} g·cm^{-3}（粒子数密度为 10^{12} cm^{-3}至 10^9 cm^{-3}），温度为 10^4 K 至 10^6 K。过渡层很窄，难于精确测量其物理高度的边界，其发射谱大部分处于极紫外（EUV）波段，地面很难看到，只能进行空间观测。过渡层网络结构实际上是色球网络向外延伸的结果。

1.3.2.3　日冕

太阳大气的最外层为日冕（corona），其本质是完全电离的稀薄等离子体，辐射能量很低。日冕在太阳边缘的亮度只有 $10^{-6}I_{\circ}$。（$I_{\circ}$为日面中心的辐射强度），远低于地球海平面白天天空亮度（$10^{-2}\sim10^{-3}$）$I_{\circ}$，平时是看不到的。在日全蚀时日冕呈带银白色光芒的羽毛状，蔚为壮观。日冕向外延伸至几个太阳半径（即几百万千米）的遥远行星际空间(interpanetary space)。日冕主要成分为电子、质子和各种高次电离化的离子。广义而言，日冕还包括太阳风。

在色球的上层，密度降低至 $10^{-14}\sim10^{-15}$ g·cm^{-3}，而温度却增加 8 倍，由此进入日冕层。日冕被加热的机理尚未完全了解，可能是由于来自下面光球的强烈涡动对流的扰动而诱发声波，导致稀薄气体被急剧加热。通过对来自光球的声波和磁声波的吸收过程，引起能量的输运和耗散。随着波在低密度介质中的传播，其波幅逐渐增大，直至发展为激波。在激波前沿，一部分能量直接传递给单个粒子，造成无规的热运动加剧。磁场遍布在太阳大气内，并对波的加热和传播过程产生复杂的影响。因此，日冕处于非稳定态。

日冕区可以大致分成 3 个区域：内层（$r\leqslant1.3R_{\odot}$）、中层（$1.3R_{\odot}<r\leqslant2.5R_{\odot}$）和外层（$r>2.5R_{\odot}$）。日冕的平均温度约 1.5×10^{6} K，随高度变化不大。在太阳活动高年，赤道上方比极区的温度高，强爆发时可高达 4×10^{6} K。在 $3R_{\odot}$ 的距离上，密度降低至 $\rho=6\times10^{-19}$ g·cm^{-3}（粒子数密度为 4×10^{5} cm^{-3}）。日冕的化学成分与光球相似，α 粒子与质子的数密度比约为 0.1。氢和元素周期表中第 2 周期各元素原子的电子几乎被完全剥离，表明日冕是充分电离的等离子体。日冕没有明显的轮廓，随时间发生强烈变化。日冕在太阳活动高年大体上呈球形，而在低年沿赤道方向呈扁球状（如图 1—14 所示）。

（a）摄于1981年7月31日

（b）摄于太阳活动高年(1980年)

（c）摄于太阳活动低年（1985年）

图 1—14　日冕图像

日冕亮度约为光球亮度的百万分之一，需借助日冕望远镜进行全天候观测，靠肉眼只能在日全蚀期间进行观测。日冕亮度从太阳边缘沿径向向外逐渐降低；在 $R_\odot/7$ 距离处，亮度降至边缘的 1/2.7。随着地球大气层外观测技术的发展，可以直接观测从可见光到 X 射线波段日冕的辐射活动。习惯上简单地将日冕最亮的部分即离太阳外缘（0.2～0.3）$R_\odot$ 的区域，称为内日冕；其余向外延伸的部分称为外日冕。日冕重要的特征之一是在活动区上空呈现向外延伸的辐射结构，称为冕流（coronal streamer）。冕流是日冕磁场不均匀分布的结果。

在光学波段观测的日冕辐射包含 3 种成分（K 冕、F 冕及 E 冕），并通过远紫外波段谱线和软 X 光成像可观测到冕洞。

1）K 冕是日冕本身的高温电子对光球辐射的散射，故亦称电子日冕。K 冕辐射主要集中在 $r\leqslant 1.3R_\odot$ 的区域，呈连续谱。由于在 10^6 K 数量级的高温下，高速运动的电子导致多普勒增宽，使各谱线相互重叠而使谱线模糊化。K 冕光谱中无夫琅和费谱线，辐射光为偏振光，偏振度约为 20%～70%。

日冕电子散射的强度与受光球照射的电子数成正比。基于 K 冕亮度与日心距关系的数据，可以在球对称的假定下，得出日冕电子数密度随日心距的变化规律，并由后者提供与太阳活动相关的信息。在内冕的连续谱背景上，可观察到明亮的发射线，其强度随与太阳的距离增大而下降，其中大多数谱线在实验室光谱内无法看到。在外冕内看到的太阳光谱的夫琅和费线与光球的其余谱线有很大的差异。日冕辐射是偏振光。在日轮外缘至 $0.5R_\odot$ 距离范围内，其偏振度通常增大至 50%，而在更大的距离上，又开始下降。日冕连续谱的能量分布与光球相似，意味着日冕辐射是光球的散射光。从辐射的偏振度可以确定参与散射的粒子本质，只有自由电子可以产生偏振。已知在自由电子上呈 90°散射的射线是完全偏振的。在外冕内辐射的偏振度将变小，表明存在着非偏振区，其相对比率随高度而增大。

基于日冕自由电子散射光球发射的光所引起的辐射偏振度的角度依赖关系，可以算出距太阳不同距离上散射粒子的数目，从而求出日冕内物质密度的分布。实际上，日冕每点的亮度正比于视向自由电子的数目。一个自由电子通常散射来自光球的通过 1 cm^2 面积辐射量的 10^{24} 分之一。因为日冕亮度的 10^{-6} 来自光球，则沿视向截面为 1 cm^2 的日冕光柱内应有 $10^{-6}/10^{-24}=10^{18}$ 个自由电子。在标高 $H_0=10^{10}$ cm 处，平均每 1 cm^3 体积内的日冕物质有 10^8 个自由电子。

自由电子是物质电离的产物。电离气体（等离子体）整体上呈中性，因此离子数密度也应为 $10^8\ cm^{-3}$ 数量级。大部分自由电子和离子源于太阳最丰富的组成元素氢的原子的电离。因而，日冕内粒子总数密度为 $2\times10^8\ cm^{-3}$。

2）F 冕是源于行星际尘埃对光球辐射的散射，可延伸至很远的空间。在 $r<2R_\odot$ 范围，其亮度超过 K 冕；在 $r\gg R_\odot$ 处，F 冕则来自尘埃对光球辐射的反射。由于尘埃的运动速度远低于高温自由电子，故多普勒增宽可以忽略不计，仍可看到夫琅和费谱。这是正常强度的连续谱，相对于日心呈球对称，在距日心的远处为黄道光。黄道光是由行星际尘埃散射太阳光形成的，肉眼可见自太阳沿黄道方向延伸的微弱光锥。通过对黄道光观测可以判断行星际尘埃的性质和分布。尘粒的数密度 $n(r)$ 与日心距 r 大致呈 $n(r)\propto r^{-1.3}$ 关系。

在内冕区 K 冕占绝对优势，中冕区 K 冕略占优势，而在外冕区 F 冕占优势。外冕辐射与在自由电子上发生的散射无关，具有另外的属性。这种性质导致在外冕上形成夫琅和费谱，故外冕也被称为夫琅和费日冕。夫琅和费日冕不属于太阳大气，而是由分布于太阳周围空间内行星际尘埃散射引起的太阳光。尘埃散射光的偏振度很小，可将入射光大部分散射掉并与入射光形成很小的角度，如图1－15所示。

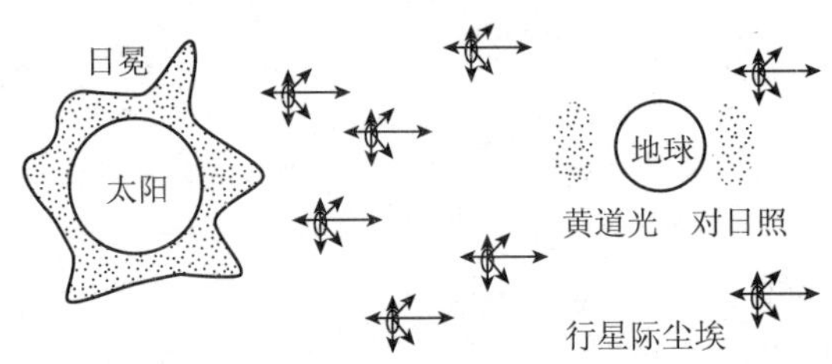

图1－15　夫琅和费日冕的形成

在尘埃上的散射光最大观测强度出现在日地空间内，形成“虚假日冕”。这类辉光甚至在距太阳很远处能够以黄道光带的形式被观测到，在南半球的春、秋昏暗的夜晚或黄昏之际、黎明之前出现。在正背着太阳方向的空间区域，黄道光亮度稍许增大，形成椭圆形的模糊斑点，被称为对日照（counterglow）。对日照是黄道光延续中的较亮部分，主要由尘粒散射和反射的性质决定，而不是由尘粒的多少决定。日冕的射电辐射可以分成恒定的和变化的两部分，前者为宁静太阳的射电辐射，对应于记录到的极小强度；后者为受扰太阳的射电辐射。

3）E冕是日冕等离子体在光学波段的辐射，主要集中在$r<2R_{\odot}$的范围。它含有高次电离的离子b－b跃迁发射的谱线，以及日冕中电子－质子或各原子核相互碰撞导致的f－f跃迁和f－b跃迁产生的谱线，故E冕亦称为发射日冕。日冕发射线位于可见光和近红外波段，源于通常的化学元素，但具有很高的电离度。最强的谱线为Fe XIV离子发射的绿线，波长为530.3 nm。红色的强谱线是Fe X离子发射的（λ＝637.4 nm）。此外，还有Fe XI、Fe XIII、Ni XIII、Ni XV、Ni XVI、Ca XII、Ca XV、Ar X等的离子发射线。日冕温度≈10^6 K，自由电子的能量约为数百eV，足以使上述原子电离（例如Fe X的电离势为233 eV，Fe XIV为335 eV，Ca XV为814 eV）。相比之下，从氢原子剥离一个电子需要的能量较低，为13.6 eV。

日冕光谱具有一系列重要的特性，其基本特征是具有弱的背景谱，能量分布与太阳连续谱相当一致。日冕对可见光是透明的，而对射电辐射产生强吸收，甚至折射。通过测量射电辐射的亮度温度（brightness temperature）可以确定冕温。亮度温度T_b用来取代辐射强度I_λ。定义$I_\lambda = B_\lambda(T_b)$，即当黑体辐射强度等于波长为$\lambda$的辐射强度$I_\lambda$时，该黑体的温度$T_b$称为辐射的亮度温度。在米波段，日冕亮度温度可高达$10^6$ K。在较长波长下，亮度温度将降低。这是由于日冕辐射频率（单位MHz）甚至可能高于由下式给定的局域等离子体频率ν_0（单位MHz）所致

$$\nu_0=\sqrt{\frac{e^2 n_e}{\pi m}}=8.98\times10^{-3}\sqrt{n_e} \tag{1-19}$$

式中　n_e——电子密度；

e，m——电子电荷和质量。

厘米波辐射可以无阻地从外冕释放，而毫米波可以从中、低层冕区发射。射电天文观测是研究日冕大距离辐射特性的有效手段。日冕存在许多不均匀性精细结构，如呈盔状的冕流称为冕盔；从太阳南、北极发射的细长形冕流，称为极羽。在日冕活动区还会看到凝聚块（电子密度明显高于周围区域）。所以，无结构的平均日冕和球对称的假定，只是一种近似描述。日冕结构的不均匀性反映磁场在日冕内的分布形态。

4）冕洞（coronal hole）。在X射线或紫外线日冕照片上经常可以看到日冕辉光的亮区附近存在宽的暗区，这些区域称为冕洞。冕洞是日冕中密度较低（平均密度为一般宁静区的1/3，在冕洞中心为1/10），且温度较低［日冕温度为（1.5～2.0）$\times 10^6$ K，而冕洞为10^6 K］的暗洞，如图1—16所示。冕洞分极区冕洞（常年存在于太阳两极）、孤立冕洞（位于低纬区，面积较小）和延伸冕洞（呈长条形，从南极和北极一直延伸至赤道）。关于冕洞的产生、扩大、缩小和消亡等问题，目前仍未形成共识。长寿命的赤道冕洞是太阳风的风源（即M区），产生周期为27 d的重现性的磁扰动。

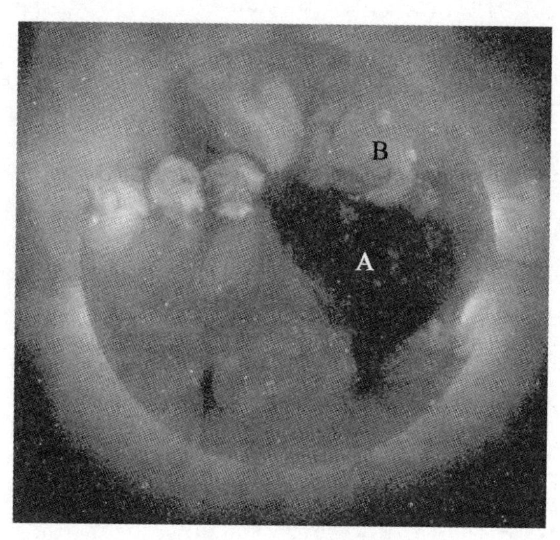

图1—16　冕洞照片[4]

A区—冕洞；B区—冕环

冕洞与太阳大气的局域磁场状态有关。它只存在于大的单极磁区，其中的磁力线并不形成环状，而是沿太阳径向方向伸向行星际空间。在冕洞处，太阳风等离子体流明显增强，会对地球物理现象产生重要影响。大冕洞的寿命较长，是相对稳定的结构，可存在5～10个太阳自转周期（一个太阳自转周期约为地球上的27 d）。小冕洞只存在20～30 d，大致相当于一个太阳自转周期。冕洞面积增大和缩小的速度比较平稳，且大体相同。

1973年，天空实验室（Skylab）探测器对太阳进行了全面观测，发现冕洞总的可视面积达到太阳的20%以上，其中大冕洞可达太阳面积的5%左右。太阳两极冕洞面积之和大体不变，约占太阳可视半球面积的15%左右。这意味着一个极的冕洞面积增大，另一个极的冕洞面积就会缩小。对此现象至今还无法解释。

尽管冕洞是太阳上比较稳定的结构，但空间观测发现它存在瞬变现象，可在短时间内发生突如其来的、极其猛烈的物质抛射。大量物质从冕洞向外倾泄，使附近的日冕区域发生急剧变化。瞬变现象可持续几分钟，甚至1～2 h。被抛射的物质少则数十亿吨，多则千亿吨。抛射速度平均可达500 km · s^{-1}。冕洞的分布范围广，且南北半球的冕洞相关联。冕洞旋转不遵从较差自转规律，而类似于刚体转动。冕洞常出现在强而只有单极的磁场区域。磁场对冕洞的出现和存在不起主导作用。

5）太阳风（solar wind）是从太阳向行星际空间不断发射的粒子流。它具有超声速的速度（每秒几百千米），一直扩展至距太阳100 AU的空间。这种从太阳向行星际空间不断发射的粒子流称为太阳风。

日冕能够处于准静力平衡态，是其高温气体的热动能与太阳重力势能竞相作用的结果。重力抑制了日冕气体在压力梯度力（gradient force）作用下的无限膨胀。例如，假定日冕气体由电子和质子组成，在$r=R_{\odot}$和$T=10^6$ K时，每个粒子的动能平均为0.8 keV，而该处每个粒子的重力势能为2.0 keV，故气体不会向外逃逸。随着高度的增加，重力势能不断下降，最终导致粒子动能大于重力势能，从而日冕气体受到源于光球的非辐射能流的作用而向外抛射，便形成了太阳风。但是，太阳风到底是日冕整体膨胀的结果，还是由离散的喷口吹出来的，目前还有争议。按总体扩张理论，大约需有一半的太阳表面参与膨胀过程。日冕向外发射的能流相当于辐射能流的几分之一，并与从色球吸收的能量相平衡。太阳每年的质量损失约为$10^{-14}M_{\odot}$。

太阳的粒子辐射包含以下3种组分：

1）连续由宁静太阳膨胀产生的等离子体流，即宁静太阳风或背景太阳风；

2）由磁扰动或冕洞的缓慢变化引起的太阳高速粒子流，称为扰动太阳风；

3）由太阳耀斑或日冕瞬变扰动引起的偶发性高能粒子流。

1.4 太阳磁场

1.4.1 太阳总磁场、极向磁场和环形磁场

太阳磁场遍布于太阳大气之中，并在一系列太阳物理过程中起着主要、有时是决定性的作用。行星际磁场是太阳磁场被太阳风等离子体携带至行星际空间的，太阳磁场是行星际磁场的源。后者虽然不很强，却对空间状态起着调制作用。

日冕中的不均匀性精细结构和色球中的薄层结构，间接地表明存在着太阳总磁场。高分辨率（0.3 Gs）的磁强计可对太阳磁场进行直接测量。天体磁场的测量主要是基于谱线在磁场下的分裂，即塞曼效应。不同类型的磁像仪用于日面局域磁场、太阳整体磁场和活动区磁场等的测量。这类磁场测量无须后处理或理论外推，可以用实时显示的视频磁像仪（磁场望远镜）进行测量。对太阳内部磁场，目前还不能直接测量，只能基于理论估算。整个太阳的磁场分布极其错综复杂。在太阳大气的不同区域，起源迥异的磁场线纵横交错，具有不同的分量和位形。太阳磁场的统一图像和演化过程，至今尚未建立。

太阳总磁场是极向（或角向）磁场（poloidal magnetic field），磁场沿太阳子午线方向

延伸，类似于偶极场（dipole field），如图 1－17 所示。在光球内场强为 1～2 Gs。测量表明，总磁场由众多不同极性和尺度的磁结构元组成。单个的磁结构元内场强可高达 10～20 Gs。在大尺度上取平均时，通常可以观测到单一符号的弱场。太阳总磁场的极性每 11 a 变化一次（周期 11 a），变换为相反的极性。所以，太阳活动的磁周期应该为 22 a，即经过 22 a 后，又回到原来的总磁场方向。

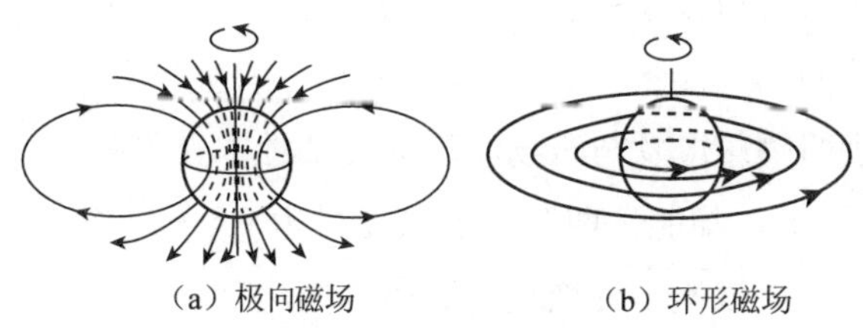

（a）极向磁场　　（b）环形磁场

图 1－17　太阳磁场

在不同纬度上太阳磁场不同。在极区（$|\varphi|>55°$）磁场沿太阳子午线方向取向，场强为 1～2 Gs；南北极极性相反。太阳总磁场与偶极场相似，但又与严格意义上的偶极场不同，它无确定的轴取向和对称性，并且是变化着的磁场。在太阳活动极大年附近发生极性改变，且这种规律是长期性的。如 1955 年，在北极为正，南极为负（与地磁场相反）。观测发现，在 1957～1958 年间太阳极区的磁场经历了符号变化，南极上方的磁场由 S 极变为 N 极；而一年半之后，又从 N 极变为 S 极。太阳磁极的转换曾发生在 1969 年中期，至 1971 年结束，极性又回到反向于地磁场的方向。

在低纬度（$|\varphi|<5°$）区存在环形背景磁场（toroidal background field），沿太阳自转方向延伸。这基本上是太阳活动生成物的局域场。

根据太阳活动的强弱，还可以将磁场分为活动区磁场和宁静区磁场。

1.4.2　活动区磁场

太阳较强的磁场出现在以黑子为中心的活动区内，其场强为 500～4 000 Gs，具有多种极性，但多数为双极结构。在活动区内存在大尺度双极（BM）和单极（UM）区。BM 区场强为 0.1 高斯到几百高斯。在这些区域的不同部位，磁场的极性不同。由于磁场线沿东－西方向延伸，可以区分出先导（p）和后随（f）的极性。双极区极性在南北半球不同，并且在每个新的 11 a 周期开始，分别改变其极性。

与 BM 区相比，UM 区的分布更接近于极区，具有较低的场强，并且其面积更大，寿命 t 也更长。UM 区的几个特征值为：$B\leqslant 2$ Gs，$r\approx 0.1R_{\odot}$，t 为 5～7 太阳自转周期。BM 和 UM 的发展是先于活动区出现，并晚于活动区消失。通过高分辨率观测发现，事实上 BM 区和 UM 区具有多极结构，所涉及的小尺度磁场与上述米粒组织、谱斑、冕洞、小黑子以及其他较小的生成物有关。太阳黑子出现的频度和纬度是不断变化的，周期约为 11 a。黑子一般成对出现，磁场极性依黑子在一对黑子中是前导部分还是后随部分而定。

在南北半球中两者符号相反。

黑子附近的谱斑中磁场强度约为几百高斯，是黑子磁场向外延伸的结果，其极性由黑子群决定。活动区上空的日珥和日冕中的磁场约比谱斑磁场低一个数量级。因其出现在日面的局域区，故称为局域磁场。这种局域磁场可延伸至几百千米至几十万千米的范围，主要出现在中低纬度带内。活动区的数目和总磁流（即磁通量）均以 11 a 为周期发生变化。

耀斑是最强烈的太阳活动现象。活动区内场强为几百高斯的磁场一旦湮没，就可以提供一次大耀斑爆发释放的巨大能量（10^{30}～10^{33} erg）。在耀斑爆发后原本结构复杂的磁场会变得比较简单，这表明耀斑爆发与磁场湮没存在某种内在关联。

日珥的温度约为 10^4 K，却能长期存在于温度高达（1～2）$\times 10^6$ K 的日冕内，既不迅速瓦解也不落至日面，主要依赖于磁绝热的支撑作用。宁静日珥 $B\approx 10$ Gs，活动日珥 $B\approx 200$ Gs。前者磁场线平行日面，后者磁场结构较为复杂。

基于太阳活动理论，活动区磁场是极区磁场与太阳较差自转相互作用的结果，而极区磁场又是由活动区磁场的演化和叠加而形成的，故两者密切相关。

1.4.3 宁静区磁场

太阳活动区以外的地方，磁场并不为零，仍有较弱的磁场并形成网络结构，称为网络磁场（network magnetic field）。网络尺度为 3×10^4 km，大约与超米粒组织和色球网络相对应，场强约为 20～200 Gs，寿命可大于 1 d。网络内部的场强也不为零，形成众多分散的小磁岛，称为网络内磁场（intranetwork magnetic field），其场强约为 5～25 Gs，最大尺度只有几百千米，寿命从几分钟至几十分钟。在冕洞内某种极性可能占优势，称为主导极性。观测表明，网络磁场主要是由活动区磁场瓦解形成的，而网络内磁场是以混合极性从网络内部浮现出来的。

基于磁场与等离子体（良导体）间的交互作用，可以将太阳内部看成是一台巨大的磁流体（MHD）发电机，由于等离子体穿过磁场运动产生电流，而电流又反过来形成磁场（自激发电机原理）。活动区的许多物理现象都可以由此得到合理的解释。

1.4.4 行星际磁场

太阳以一定角速度自转。太阳风等离子体和磁场联系在一起，形影相随。当太阳风向外膨胀，磁场线弯曲成螺线状。日面上有整体磁场，相邻磁区的极性相反。对日地空间观测时发现，在这些因素的共同作用下，行星际磁场在地球轨道面（黄道面）上呈扇形结构。在某些太阳经度范围内，磁场指向太阳；在其他的太阳经度范围内又背向太阳，如图 1－18 所示。各扇形区具有几乎相同的磁性，并与太阳整体磁场密切相关。行星际磁场伴随太阳整体磁场的极性转换而转换。

随着太阳磁场的扩张，其场强逐渐变弱。在地球外围空间 $B\leqslant 10^{-4}$ Gs，但由于此空间空气极其稀薄，如此弱的磁场仍对粒子运动具有支配作用。地磁场在太阳风作用下被压缩在地磁层内，无法向外延伸。

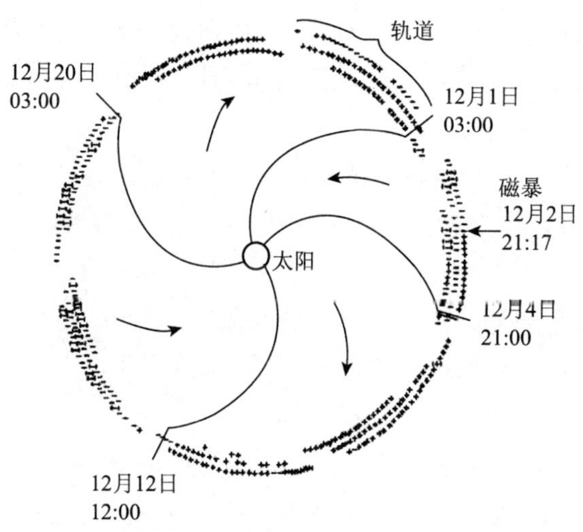

图 1—18　行星际磁场的扇形分布

IMP 卫星观测结果

每一扇形区内磁场极性相同，相邻扇形区的极性相反。磁场线形同阿基米德螺旋线，这一分布每隔 27 d 扫过地球一次，边界厚度小于 1.5×10^5 km。观测表明，扇形结构也是变化不定的，其扇瓣数目由电流片与黄道面交线数目而定。

表 1—5 列出了太阳不同区域在给定方向上的磁场能量密度（$B^2/8\pi$）和气体动能密度（$W=nkT$）。可以看出，在日冕内磁场能量密度远大于气体动能密度，说明磁场能量起主导作用。

表 1—5　太阳不同区域的磁场能量密度和气体动能密度的比较[1]

太阳区域	n/cm^{-3}	T/K	B/Gs	W/（erg · cm^{-3}）	（B^2/ 8π）/（erg · cm^{-3}）
光球					
宁静期	10^{15}	6×10^3	1	800	0.04
扰动期	10^{15}	6×10^3	50	800	100
色球					
宁静期	10^{13}	7×10^3	1	10	0.04
扰动期	10^{13}	2×10^4	50	30	100
日冕	$10^8\sim10^9$	10^6	50	0.14	100

注：n 为粒子数密度；T 为温度；B 为磁场强度；W 为气体动能密度；$B^2/8\pi$ 为磁场能量密度。

1.5　太阳自转和日面坐标系

太阳像其他天体一样，不停地绕轴自转。人们用望远镜连续观测日面上同一黑子群时，发现其位置每天向西移动约 14°日心张角，证实太阳在自转。然而，太阳作为一巨大气体的球，不可能像地球一样作刚体自转。经长期观察发现，日面不同纬度自转速度并不相同，这就是所谓的较差自转（differential rotation）。较差自转角速度 ω 随纬度的变化可以表示为

$$\omega = A + B\sin^2\varphi + C\sin^4\varphi \tag{1-20}$$

式中 ω——自转角速度；

φ——纬度；

A，B，C——太阳表面纬向较差自转系数，[（°）·d^{-1}]。

不同天文台的观测数据不尽相同，例如，A、B 和 C 值可为

$$A = (14.713 \pm 0.049)[(°)\cdot d^{-1}]$$

$$B = (-2.396 \pm 0.188)[(°)\cdot d^{-1}]$$

$$C = (-1.787 \pm 0.253)[(°)\cdot d^{-1}]$$

太阳赤道部分自转速度最快，自转周期最短，约 25 d；纬度 40°处约 27 d；纬度 75°处约 33 d。日面纬度 17°处的太阳自转周期是 25.38 d，称作太阳自转的恒星周期。由于地球绕太阳公转，从地球上观测黑子得出的太阳自转周期是 27.275 d，其中包含了地球公转的影响，亦称太阳自转的会合周期（synodic period）。太阳自转随深度也有变化，称作径向较差自转。

为了描述太阳表面上每一点的位置，定义了与地球经度、纬度相似的日面坐标系。它是以日心为原点，以太阳自转轴为极轴的球面极坐标系。日面（太阳球面）上每一点的位置可由日面纬度 B 和经度 L 表示。B 为该点与太阳赤道之间的日心角距，自赤道向两极量度从 0°～90°变化，并规定北半球 B 值为正，南半球为负；L 值规定为通过该点的日面经圈与本初子午圈间的交角，从本初经圈向西量度，自 0°～360°变化。本初经圈定义为 1854 年 1 月 1 日格林尼治平午时（儒略日 2 398 220.0）通过太阳赤道对黄道升交点的经圈，见图 1－19（a）。所谓格林尼治平午时（Greenwich Mean Time，GMT）亦称世界时（Universal Time，UT），它是以格林尼治子午线与平太阳（假想的匀速运动的太阳）所在的赤经圈之间的夹角来度量的时间计量系统。由平太阳过格林尼治子午线起算，下中天（即半夜）为零时，上中天为 12 时。这个坐标系是随太阳一同旋转的。从地球上看，其自转周期（会合周期）为 27.275 3 d，称为一个太阳自转周。卡林顿经度（Carrington longitude）就是由这样一种坐标系所确定的经度；由此确定的太阳自转周称为卡林顿自转周（Carrington rotation）。

人们看到的日轮（the sun）是面对地球的太阳半球在天平面（日轮平面）上的投影。日轮平面和太阳球面上的点呈一一对应。这个坐标系不随太阳转动，只和当时太阳表面上的点对应。通常用二维极坐标，即通过与日轮中心的距离 r 和相对于某一参考方向的方位角 θ 来确定日轮平面上每一点的平面坐标，如图 1－19（b）所示。通过公式和观测者看到的太阳球面坐标网在日轮平面上的投影，可将某一时刻 t 观测到的日轮某一点的位置（r，θ）换算成太阳的球面坐标（L，B）（详见参考文献［2］）。

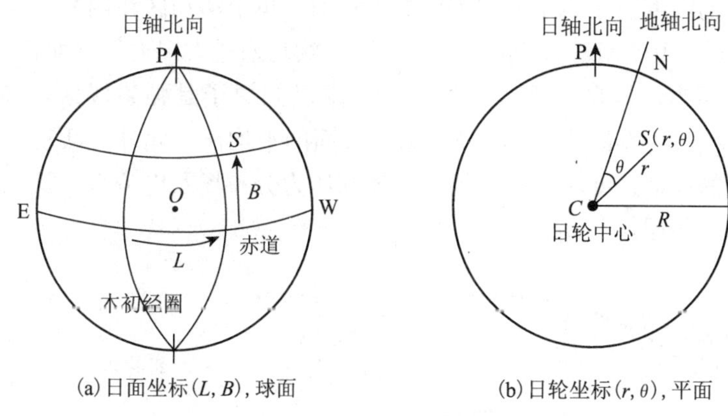

图1—19　日面坐标和日轮坐标

1.6　太阳活动

1.6.1　引言

太阳活动（solar activity）是指太阳大气中发生的各种非稳定态现象，各层大气物理性质显著改变，以及出现一系列结构迥异的非均匀区等的总称，其中包括太阳黑子、光斑、日珥、谱斑、耀斑等。除了太阳辐射作用外，大多数由太阳导致的地球效应皆源于太阳活动。这些活动现象伴随着太阳能流的显著变化，例如，紫外线光度在11 a活动周期内平均变化2倍，X射线强度呈数量级变化，而射电及粒子辐射强度在出现耀斑期间可能增加几个数量级。

在宁静太阳表面，只能观测到有规律的结构，如光球中的米粒组织、色球中的网络以及对称的日冕结构等。但是在太阳活动期间，会不时地出现快速变化着的各种活动生成物，例如，光球中的黑子、光斑，色球中的谱斑、针状体以及日冕中的日珥、凝聚块，如图1—20所示。

各种活动现象之间存在着密切的联系，磁场在其中起着决定性作用。太阳黑子周围的光亮部位是光斑，太阳辐射在此得到加强和发展。谱斑是色球中的活动现象，位于光球光斑上方的色球内，是光斑在色球的延伸；谱斑与黑子也密切关联，谱斑经常出现在大黑子和黑子群附近；耀斑常出现在黑子上空或附近。

太阳黑子多的时候，其他各种活动也频现。在太阳大气从低至高范围内，以强磁场的黑子为中心并以磁场为纽带形成密切关联的区域，统称为活动区。在日面上，黑子群出现的频度及黑子数量的多少，是某一时间太阳活动强度的重要指标。局域磁场的产生和演化常伴随着活动区的出现，以及太阳大气物理性质的显著变化，并且对空间环境带来重要影响。

活动区的出现是在非扰动太阳大气不同高度上各种结构发展的结果，涉及磁场结构元、光球米粒组织、色球网络元胞以及日冕内等离子体凝聚块等。对流结构元发生在介质固有的不均匀性尺度上，其度量单位为局地标高 H_0，后者与动理温度（kinetic temperature）成比例。活动区可以理解为是与磁场的发生、发展及衰减相关的各种现象的集合体。活动区的磁场强度明显高于太阳表面的平均值。单个活动区在约 2×10^{20} cm^2 的面积上的磁通量约为 $10^{21}\sim10^{23}$ M_X（1 $M_X=10^{-8}$ Wb），约与通过太阳大气（面积约 6×10^{22} cm^2）的平均总磁通量相当。早在发现太阳黑子时，就已知黑子是强磁场区，场强高达 500～4 000 Gs；其他活动区的磁场强度也高于太阳表面的平均值。此外，活动区还包含具有复杂精细结构物质的运动速度场、辐射场、密度和压力分布场及电流系。活动区遍布从光球至日冕的太阳大气各层。

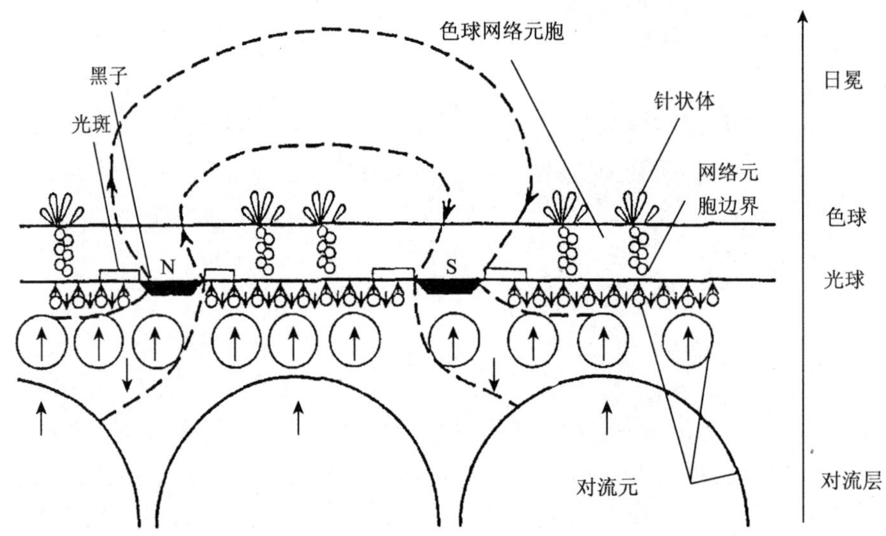

图 1－20　具有双极（N－S）磁场的太阳外层结构示意[1]

太阳磁场的发生和演化是当今太阳物理学研究的热点课题。

1.6.2　太阳黑子

太阳黑子（sunspot）是太阳表面的暗区，呈黑斑状，肉眼易观测到。黑子由本影（umbra）和半影（penumbra）构成。本影区域的温度明显低于光球，其表面有效温度约为 4 100 K，比周围光球约低 1 700 K。黑子单位面积发射的能量约为光球的 1/4，故呈黑色。在本影区有明显的米粒组织，而半影区呈现放射状纤维结构。本影分布于光球底部，半影形同弹坑（其有效温度约为 5 380 K）。从太阳黑子流出的气体以 2 $km\cdot s^{-1}$ 的速度运动至半影区边缘，速度随高度增大而降低，并在光球范围内改变方向，气体又流向黑子中心。在半影周围有明亮的光环，其亮度比光球约高 3%～4%。太阳黑子的直径大约在几百至数万千米之间。没有半影的小黑斑称为小黑子，占太阳黑子总数的一大半。

太阳黑子具有一系列独特的观测特性。

1）黑子很少单个出现，倾向于成群存在，在日面上形成黑子群。每个黑子群中可有几个多至数十个黑子。黑子群大多由与太阳赤道平行排列的两部分黑子构成。由于太阳自转，位于西部的黑子总在前面，称为前导黑子；位于东部的为后随黑子。前导黑子往往较大，分布较密集，寿命较长。它先出现而后又晚消失，并且所在的纬度一般比后随黑子低。黑子群常出现在赤道两边±40°之间的区域。

2）基于黑子极性可将黑子群分成4类：α、β、γ和δ黑子群。α类黑子群是单极的，约占黑子群的10%。有人认为单极黑子群是双极黑子群生命终结的产物，即黑子的一极消失。β类黑子群是双极的，通常认为双极黑子群源于光球磁流管的深处，磁流管弯曲为弧形。β类约占黑子群的90%，由具有相反极性的前导黑子和后随黑子组成。γ类黑子群只占1%以下，由具有各种极性的黑子无规分布组成。δ类黑子群内存在极性相反且复杂交错的磁场，无法区分黑子群的极性；它数量较少，但出现在大型的强活动区内。

3）黑子中的流动和振动：观测表明，对于太阳边缘附近的黑子，靠近日面边缘的半影区中暗区光谱呈红移，而日心方向的半影中暗区光谱呈蓝移（Evershed效应）。这表明黑子中存在本影—半影边界向半影—光球边界的水平流动。流动速度随高度增大而降低，并在光球表面趋于零，甚至反向流动（逆Evershed流动）。有人认为，这种流动过程是源于磁流管的虹吸效应。此外，在黑子大气中还存在振荡和波动效应，如本影振荡、半影行波等。

4）黑子群的演化通常经历从简单到复杂，再转变到简单的过程。典型的黑子群始于米粒之间的暗点，并扩展为几个米粒大小的暗斑，称为细孔（pore），即无半影的小黑子。一部分小黑子只存在几个小时或一天左右；另一些发展成大黑子或黑子群，磁场相应增强。经过2～3周后，黑子群发展至最大范围，随后开始崩塌。最先是尾斑（tail spot）和众多细小的黑子消失，形成单极的黑子群；大的黑子直径一直扩展到30 000～45 000 km时，将急剧崩塌。大的黑子群在几小时至几个月内之间消失。

黑子本质上是太阳表面的局域强磁场区。本影中心的磁场线几乎是垂直取向，场强开始为200 Gs左右，并随时间增强至2 000～4 000 Gs；半影区的磁场线呈倾斜至水平取向，在边缘处场强约300 Gs。太阳黑子通常发生在从对流层流出的磁流管到达光球的出口处。图1—21为黑子群及黑子半影图像。

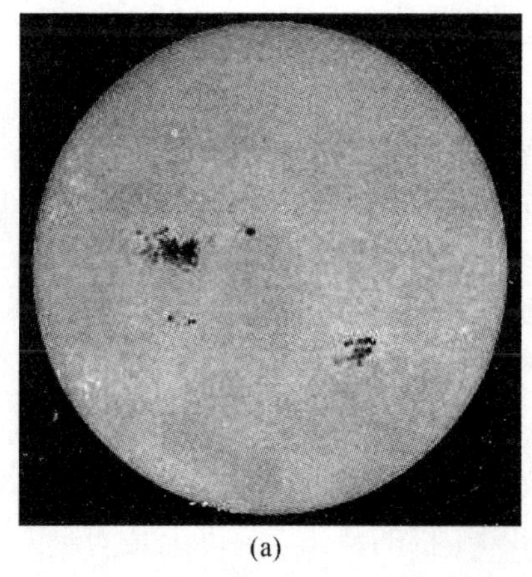

(a)

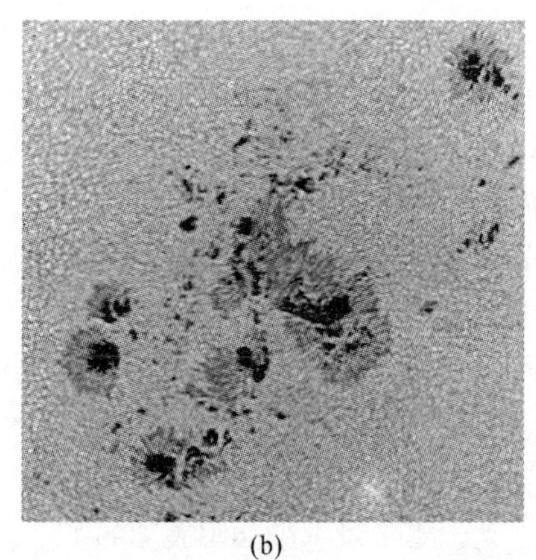

(b)

图1—21　黑子群和耀斑区（a）及具有半影的黑子（b）[4]

图1—22所示为黑子群依形态进行的Zürich分型[14]，许多寿命较短的黑子群只经历其中的部分阶段后就消失。除此之外，还有其他的分类法。

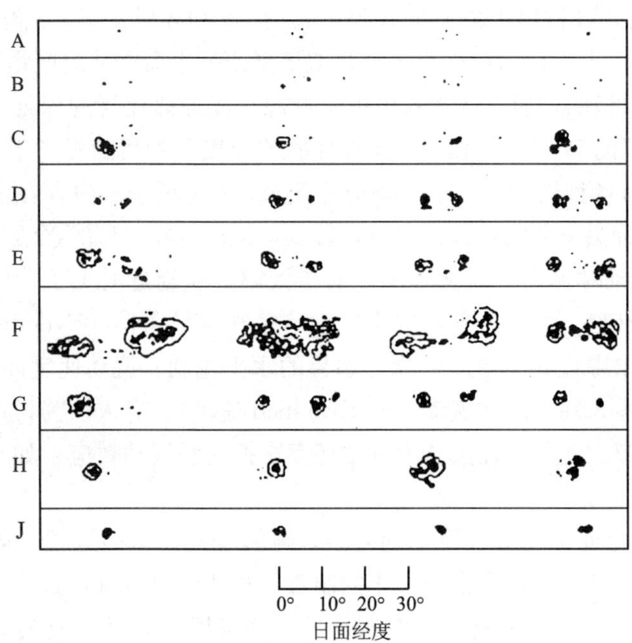

图 1－22　黑子群的 Zürich 分型（每型举 4 例）

A—无半影的小黑子，或未显示双极结构的小黑子群；

B—无半影的双极群；C—双极群，其中一个黑子有半影；

D—双极群，两个主要黑子都有半影，至少有一个黑子为简单结构，日面经度延伸小于 10°；

E—大双极群，结构复杂，两个主要黑子均有半影，它们之间还有些小黑子，日面经度延伸大于 10°；

F—非常大而复杂的双极群，日面经度延伸大于 15°；

G—大双极群，只有几个大黑子，无小黑子，日面经度延伸大于 10°；

H—有半影的单极群，直径大于 2.5°；J—有半影的单极群，直径小于 2.5°

对太阳黑子的观测特性已有相当的认识，但有关黑子的两个最基本问题至今尚未取得共识：它们为什么会存在？它们为什么是暗黑的？

可以想象，黑子呈暗黑状可能是由于它们的温度比周围物质更低。如上所述，黑子本影表面温度比周围光球约低 1 700 K。至于它们为什么要变冷，人们自然会想到是由于磁场引起的。黑子的强磁场能够有效俘获等离子体物质，从而抑制了对流作用，使得太阳表面光球能量难于靠对流传输。有人认为，黑子磁场可将绝大部分磁能转换为磁流体动力学波，即阿尔芬（Alfvén）波。后者沿磁场传播并将能量从本影区带走，导致黑子被冷却。

通过测量黑子本影辐射及其临边昏暗规律，可以推算出本影大气温度、密度和压力等物理参量随高度的变化，建立黑子本影模型。与光球模型比较可以得出，黑子的几何深度比光球更大，黑子对应于太阳表面的下陷。黑子和黑子群的演化，实际上是太阳大气局域磁场的演化过程。本影可以看成是细磁流管的集合体。磁能通过转换成热能或物质运动的动能而耗散，这正是黑子磁场的主要衰减机制。

1.6.3　光斑

在光球内通常可观察到太阳黑子附近伴生着比背景稍为明亮的浮云状小片区域，称为光斑（facula）。光斑在磁场较弱区出现，场强约为几十至几百高斯。它的寿命比黑子长许多，先于黑子出现，晚于黑子消失，可作为黑子出现的预兆，也可存在于无黑子的场合下。光斑更容易在日边被观测到，在该处与宁静光球背景的反差较大（约 20%），而在日面中心不明显。光斑的温度比相邻的非扰动区要高 200～300 K。光斑基本上位于非扰动光球的稍上方。正如黑子一样，光斑的出现也和磁场的性质有关。磁场不利于电离物质穿越，但与黑子的强磁场不同，光斑磁场不能限制源于深处能量的对流交换，只能通过挤压湍动的涡旋运动，对对流起一定阻尼作用。结果与强磁场的黑子区有所不同，弱场光斑区对流增强，气体被加热升至更高处而交换能量。

光斑是相当稳定的活动生成物，在几周甚至数月内不发生显著变化，占据着光球总面积相当大的比例。光斑可向色球延伸，导致在上方的色球层出现经常可观测到的比周围明亮的大片区域（称为谱斑）。在低分辨率照片上的片状光斑实际上由大量的亮元构成，每个亮元可能对应于磁流管的端部。亮元可形成光球网络并与光球磁场网络相对应。图 1－23所示为光斑的典型形态。

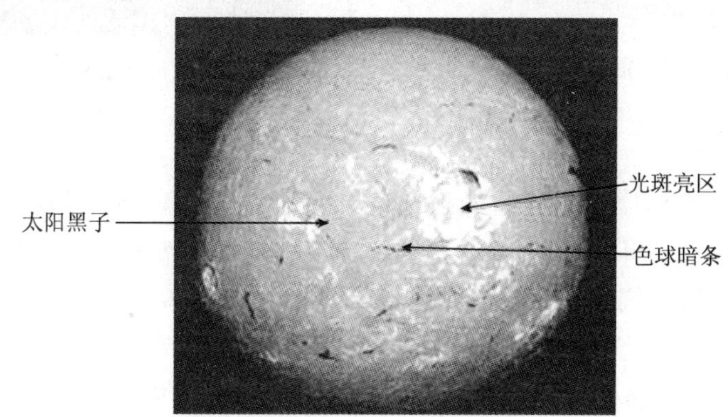

图 1－23　光斑的典型形态[4]

1.6.4　日珥

日珥（prominence）是在色球和日冕内用 H_α 谱线观测到的活动生成物。在日全食或在色球望远镜中，可观测到突出于太阳边缘、位于色球之上的火焰状物体。日珥的形态多姿多彩，有的如浮云，有的似喷泉，有的恰似拱桥。日珥是较冷（$T=10^4$ K）和较致密（$n=10^{10}\sim10^{11}$ cm^{-3}）的色球物质。日珥是大尺度的活动生成物，其底部位于色球，而顶部向日冕内延伸至数十万千米。通过日珥可在色球和日冕间进行物质交换。日珥在日轮上的投影形成暗条（filament），是日冕吸收物的外观表现。日珥内呈现长条状的纤维精细结构，纤维中的亮点称为节点。一次日珥活动要经历几小时到几十天。日珥分布的纬度范围比黑子广，除了中纬和低纬的黑子带日珥外，还有纬度超过 40°的极区日珥。前者出现的规律与黑子相近，呈现 11 年周期；后者则在黑子数极大值呈现 3 年后才开始出现，持续到黑子极小期。

基于日珥的形态和运动特性，可以将日珥分成3类：宁静日珥，其形状相对稳定，体积较大，寿命可达2～3个太阳自转周；活动日珥，也称黑子日珥，常出现在黑子群附近，形状多变，物质在其中缓慢运动；爆发日珥，表现为日珥发生急剧的膨胀并伴生大量物质抛射，抛射速度可达每秒几百千米，高度可达0.3～0.5$R_\odot$，甚至大于1$R_\odot$。当抛射速度大于逃逸速度时，抛射物质将进入星际空间，否则将回落至日面。爆发日珥也常归类为活动日珥的一种形式。宁静日珥和爆发日珥的形貌如图1－24所示[15]。

(a) 宁静日珥　　(b) 爆发日珥

图1－24　日珥形貌

日珥光谱与色球相似，主要为发射谱线。在可见光区，有较弱的氢 Balmer 谱系。1868年日全食时拍到日珥的587.6 nm谱线，称为helium（希腊文太阳之意）线，但直到1895年才在地球上发现氦元素。日珥谱线通常呈不对称轮廓，这是由于日珥内物质运动和源函数（$S_\lambda=j_\lambda/k_\lambda$，$j_\lambda$为发射系数，单位为erg·g^{-1}·μm^{-1}·sr^{-1}）与深度有关导致的[16,17]。日珥磁场强度通常为100～200 Gs。宁静日珥可以看成是处于磁流体静力平衡态，在此平衡态下，必须计及电磁力和阿尔芬波压力。日珥的激活、消失和爆发可以基于这种平衡被破坏加以解释。

1.6.5 太阳耀斑

1.6.5.1 耀斑特性

太阳物理学是天体物理学中最精彩的篇章，耀斑又是太阳物理学中最重要和最令人感兴趣的部分，它是太阳上最为激烈的活动现象，也是对地球影响程度最大的日面现象，还是当代物理学最难理解的课题。

在色球和日冕之间，有时会出现亮度剧增，使某些局部区域变得比周围更加明亮；与此同时，伴随着Hα谱线增亮还会出现全频谱，亦即从$\lambda<0.1$ nm的γ射线和X光直到波长可达数千米的射电波段的增强效应，以及发射能量从10^3～10^{11} eV量级的各类粒子流和发生大尺度的物质运动及其相关的物质抛射现象。这种发生在太阳大气局部区域中，能量

和物质的突然和大规模释放、运动的现象称为太阳耀斑（flare），如图 1－25 所示。当耀斑发生（或伴生日冕物质抛射）时，在日面上呈现日震波，1 h 内波及至 10 R_e的范围。

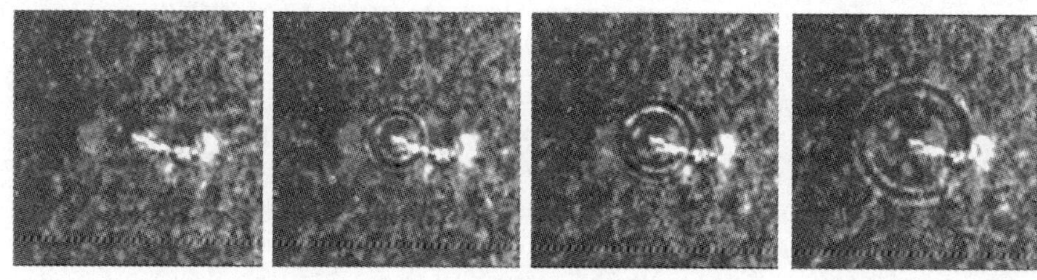

图 1－25　太阳耀斑爆发时拍摄的照片

1996 年 7 月 9 日 SOHO/MDI 观测

历史上太阳耀斑被定义为色球内用 Hα 单色光能观测到的谱斑突然增亮的现象，故亦称色球爆发。随着研究工作的深入，发现的耀斑类型不断增多。例如，发射可见光辐射增强，并可用 Hα 单色光测到的耀斑称为光学耀斑；用 X 射线能观测到的耀斑称为 X 射线耀斑；发射完整连续光谱，并在白光照片上能看到的耀斑称为白光耀斑；发射高能质子流而产生太阳质子事件的耀斑称为质子耀斑；发射宇宙线高能粒子流的称为宇宙线耀斑等。

在大耀斑爆发时，在 10^3 s 内释放的能量 E 高达 $10^{32} \sim 10^{33}$ erg（$10^{25} \sim 10^{26}$ J），这对应于平均释放功率为 10^{30} erg · s^{-1}（10^{22} J · s^{-1}），相当于（10～100）万次强火山爆发的能量之和。但是，所释放的平均功率只占太阳总辐射的 $10^{-4} \sim 10^{-5}$（太阳总光度 $L_\odot = 3.9 \times 10^{33}$ erg · s^{-1}）。其中，电磁辐射占 1/4，主要在可见光波段；高能粒子和等离子体动能（以速度为 1 500 km · s^{-1}的等离子体云抛射为主）占 3/4。各类组分的能量分布大致为：太阳等离子体云为 2×10^{32} erg，诱发地磁暴；快速电子为 5×10^{31} erg，产生硬 X 射线（HXR）；相对论性粒子为 3×10^{31} erg，产生地面粒子事件（GLE）；亚相对论性粒子为 2×10^{31} erg，产生极盖吸收（PCA）；其他粒子为 10^{30} erg。相对论性粒子（relativistic particle）是运动速度很高的粒子，其相对论性质量 $m = m_0 / (1 - v^2/c^2)^{1/2}$ 超过静止质量 m_0的部分在所讨论的问题中已不能忽略（式中 v 为粒子速度；c 为光速）。宇宙线中的高能粒子属于相对论性粒子。

1.6.5.2　耀斑分类

基于释放能量的大小进行耀斑分类，如表 1－6 所示。

表 1－6　耀斑按释放能量的分类

耀斑规模	纤耀斑 (nanoflare)	微耀斑 (microflare)	亚耀斑 (subflare)	中等耀斑 (middle flare)	大型耀斑 (large flare)
释放能量/erg	$\leqslant 10^{25}$	$10^{26} \sim 10^{27}$	$10^{28} \sim 10^{29}$	$10^{30} \sim 10^{31}$	$\geqslant 10^{32}$

太阳耀斑的电磁辐射能量和粒子动能分别源于太阳大气的两个不同区域，包括色球低温耀斑区（光学耀斑区，$T_e \approx 10^4$ K，$n_e \approx 3 \times 10^{13}$ cm^{-3}）和经过渡区至日冕中的高温耀斑区（$T_e \approx 10^7 \sim 10^9$ K，$n_e \approx 10^{10}$ cm^{-3}），如图 1－26 所示。不同耀斑辐射所在高度不同。光学耀斑区的高度从色球底算起可达 15 000 km，而高温耀斑区有时可以贯穿至色球层。

高温耀斑是耀斑的主体，而光学耀斑是能量较低的次级效应。耀斑的耀度（brilliance）通常在两个频带，即光学和 X 射线上测量。

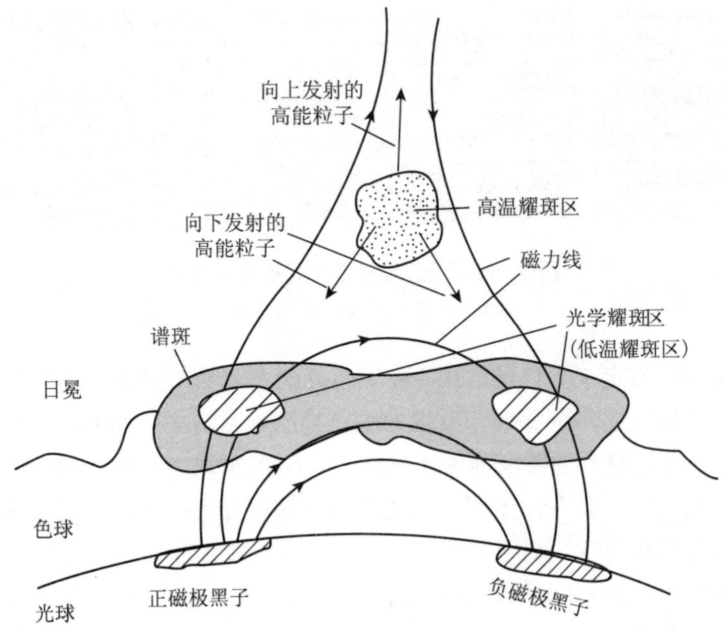

图 1－26　不同能量耀斑区在太阳大气内的相对位置示意图[2]

（1）太阳耀斑的光学分级

耀斑面积的大小是耀斑辐射规模的重要指数。习惯上，将增亮面积大于 $3\times10^8\ m^2$ 的称为耀斑，较小的称为亚耀斑。耀斑光度（luminosity）达到极大值时的面积可作为耀斑分类级别的重要依据。耀斑亮度分为 4 级，以 1、2、3、4 表示。有时在数字后面加上字母 f、n 和 b，分别表示弱（faint，较暗），正常（normal，中等）和亮（brilliant）3 种情况。这种分类称为耀斑光学分类。观测 Hα 耀斑时，先在照片或电荷耦合器件（CCD）图像上测出面积 S_d，再将太阳球面投影变换到相当于耀斑处于日面中心时的面积 S_p（单位为 10^{-6} 太阳半球面），根据表 1－7 进行分类[18]。例如，经投影变换后的耀斑面积为 $S_p=1\,000\times10^{-6}$ 太阳半球面时，亮度为中等，则该耀斑定为 3n 级。

表 1－7　太阳耀斑的光学分级标准

级　别		变换至日面中心的耀斑面积/		释放能量/erg
1966 年 1 月 1 日以前	1966 年 1 月 1 日以后	10^{-6} 太阳半球面	平方度	
1^-	S	<100	<2.06	10^{28}
1	1	100～250	2.06～5.15	10^{29}
2	2	250～600	5.15～12.4	10^{30}
3	3	600～1 200	12.4～24.7	10^{31}
3^+	4	>1 200	>24.7	10^{32}

注：S 表示亚耀斑；1 平方度相等于太阳表面 $1.467\times10^8\ km^2$。

（2）耀斑按软 X 射线辐射强度分级

这是基于地球轨道卫星（GOES）对 0.1～0.8 nm 波段软 X 射线（SXR）辐射强度的观测结果定级。耀斑的强度大小由发射软 X 射线的峰值能量通量（以 $W \cdot m^{-2}$ 或 $erg \cdot cm^{-2} \cdot s^{-1}$ 为单位）评定，通常表示成以 10 为底的对数值作为峰值强度的指数，如表 1－8 所示[19]。每 1 个大级可再细分为 9 个小级，例如表 1－8 中的 B5 级耀斑的峰值能量通量为 5×10^{-7} $W \cdot m^{-2}$（5×10^{-7} $J \cdot m^{-2} \cdot s^{-1}$）。小于 C1 级的耀斑只能在太阳极小年（X 射线背底小）时才能被探测到。有时耀斑强度也有大于 X9 级的，可简单地用 X10，X11，…表示。

表 1－8　太阳耀斑的软 X 射线辐射峰值强度分级

级 别	在 0.1～0.8 nm 波段软 X 射线的峰值强度指数（能量通量以 10 为底的对数值）
A	－8
B	－7
C	－6
M	－5
X	－4

（3）太阳耀斑的时间尺度划分

基于耀斑的时间演化特性可将其发展阶段分成脉冲相（impulsive phase）和缓变相（gradual phase）。通常，大耀斑开始时，γ射线、硬 X 射线和射电厘米波呈明显的脉冲增强，称脉冲相；而软 X 射线、可见光（Hα）和分米射电辐射有持续数分钟的增强，称为闪相（flash phase）。闪相之后辐射缓慢弱化，称为下降相（或后续相）。闪相与下降相统称为缓变相。在一个充分发展的耀斑内，脉冲相总是伴随着随后的缓变相。当耀斑进入后续相时，可以清楚地看到多重的与双带耀斑相接的环状结构。设想这是由大量磁环堆积而成，磁力线的每一端置于亮耀斑带上，形成拱形结构。两带间的磁力线垂直分量为零，称为中性线。所以这种基于时间尺度的太阳耀斑的分类实际上是对耀斑磁拓扑的表征。

1.6.5.3　*耀斑发展过程*

持续时间很长的耀斑与后面将涉及的日冕物质抛射密切相关。某些短时耀斑也可能伴随日冕物质抛射。复杂的日冕物质抛射以高达 2 000 $km \cdot s^{-1}$ 的速度离开太阳，并且涉及到几个活动区，形成一定的跨越角度。简单的耀斑事件局限于单一的活动区，称为约束型耀斑（confined flare）。在耀斑爆发过程中，磁场线是开放的。对于爆发型耀斑（eruptive flare），其能量释放过程可持续数小时，然后终结或重联。重新形成的耀斑环与太阳表面相交，从而在 Hα 单色光下观测到两条平行的双带结构。爆发型耀斑是很重要的事件，它和地磁暴相关。10^{24} J 量级的脉冲耀斑，可发生在数 10^{14} m^2 的面积上。约束型耀斑和爆发型耀斑的强度具有数量级的差异。

观测发现，耀斑与射电爆发在很宽的频段（mm～km）上相关联。通过以时间 t 为 x 轴和以射电辐射频率 f 为 y 轴的动态谱，分析频率随高度的变化和耀斑射电辐射在日冕高度上的传播。基于动态谱的形态不同，可以对耀斑分级，如表 1－9 所示。有关射电爆发的类型，见 2.4.2 节。

表 1—9　太阳耀斑的分级[19]

耀斑类型	约束型耀斑	爆发型耀斑
射电爆发	Ⅲ/Ⅴ	Ⅱ/Ⅳ
软X射线持续时间/h	<1	>1
日冕物质抛射	—	有
行星际激波	—	有
事件/a	约1 000	约10

耀斑的出现一般与磁场重构相关联，经常发生在光球内磁场旋度（$\nabla\times\boldsymbol{B}=\mu_0 J+\mu_0\varepsilon_0\frac{\partial E}{\partial t}$，式中$J$为电流密度，$\mu_0$和$\varepsilon_0$分别为真空磁导率和介电常数）极大处，即电流极大值的区域。绝大部分耀斑发生在黑子或黑子群所在的区域。耀斑的出现常常是有先兆的，太阳表面会形成各种形态的前驱体（precursor），由此可以对耀斑的出现进行预报。耀斑前驱体包括以下几种类型。

（1）同系耀斑

一些较大的活动区有时会几天内在相同的位置发生多次耀斑，即形成同系耀斑（homologous flares）。这些耀斑具有相似的外部形态和特征，也称相似耀斑。该类耀斑是早期耀斑，经常出现在耀斑活动频发期，其重现率从每小时数次至数天一次。

（2）和应耀斑

和应耀斑（sympathetic flare）是以不同位置上早期出现的耀斑作为前驱体，在爆发时间上具有近同期性。基于Hα观测表明，耀斑可能发射MHD波，可传播（50～60）万千米。在传播路径上，若遇到暗条，将激发暗条垂直振动多次。当波前传播到另一活动区时，有可能诱发耀斑事件。这表明即使在相距遥远的活动区之间也存在着耦合效应。这种由其他耀斑触发的耀斑称为和应（或感生）耀斑。

（3）软X射线辐射前驱体

该类前驱体呈现软X射线辐射的瞬态增强效应，持续数分钟。它出现在磁环或未瓦解的核内，接近耀斑区。当日冕物质抛射开始时，在脉冲相开始前的数十分钟，常可以观测到弱软X射线爆发。

（4）射电辐射前驱体

射电辐射前驱体常出现在耀斑爆发前的数十分钟。在微波段可观测到辐射强度和极性的变化，但与耀斑并不存在严格的关联。

（5）紫外辐射前驱体

紫外辐射前驱体的特点是在活动区呈现小尺度瞬态增亮现象，其中某些紫外辐射亮核与随后出现的耀斑相重合。

（6）日浪拱

耀斑发生的前兆现象主要是谱斑增亮，与耀斑区的预热过程有关。有一部分耀斑发生前数分钟至几十分钟期间，活动区中位于中性线上的宁静日珥（暗条）受到激活而被瓦解，或沉降到色球中消失。这表明活动区的磁场正在发生变化。有些暗条爆发时，紧接着发生耀斑，有时还出现日浪等物质抛射现象。日浪是指高密度等离子体（Hα 亮物质）从太阳表面的抛射和回落，速度低于日面逃逸速度（670 km · s^{-1}）。抛射高度可达几万至十几万千米，且可在同一位置重复出现，持续数分钟至十几分钟。日浪的拱形生成物称为日浪拱。日浪拱具有瞬态的吸收特性，可同时观测到红移和蓝移。日浪拱的形成在时间上与耀斑爆发相关联。

（7）日珥爆发

日珥爆发（prominence eruption）是突然剧烈增强的物质运动，经常先于双带耀斑出现。在日珥爆发和耀斑脉冲相之间可延迟约数分钟，而日珥缓慢升起及磁流管扭绞要比主耀斑早数小时。

将上述各类耀斑的前驱体或前兆与电磁辐射谱的观测结合起来，对认识耀斑的发展过程和预报十分必要。Hα 单色光观测一般只能给出光学耀斑的形态、分级、辐射强度以及某些活动现象的相关信息。光学耀斑的许多物理参量主要基于可见光光谱求得。这类光谱在可见光区主要为发射线，最强的为氢的 Balmer 线系，它具有很宽的谱线（如 Hα 线）。基于 Balmer 谱线的半宽和强度，可以求出耀斑的电子密度和温度。经推算，求得日面耀斑电子密度为 $n_e \approx 6\times10^{12} \sim 4\times10^{13}$（$cm^{-3}$），边缘耀斑 n_e 大多小于 6×10^{12} cm^{-3}；日面耀斑温度 T_e 大多在 7 000～10 000 K 之间，边缘耀斑 $T_e \approx$ 10 000～20 000（K）。此外，还可以获得不同谱线的光学厚度和氢原子在各能态的分布等物理参量。

白光耀斑是通过白光望远镜目视可以看到并在可见光波段相当强的连续辐射。它出现的频度很低，主要发生在黑子面积较大和结构复杂的活动区中，一般持续几分钟。白光耀斑具有比一般耀斑更高的发射功率，峰值功率可高达 10^{28} erg · s^{-1}，激发的大气深度更深，是一类更加急剧的耀斑。

在日冕中的高温耀斑区，温度可达 $10^7 \sim 10^8$ K，其辐射集中于 X 射线波段。同时，在重联区加速的非热电子通过轫致辐射（bremsstrahlung radiation）诱导 X 光爆发，并通过磁回旋辐射机制产生多种射电爆发。

太阳耀斑发射的 X 射线通常分为波长为 0.1～10 nm 的软 X 射线（相应于产生辐射的电子能量约为 0.1～10 keV），以及波长为 0.000 25～0.1 nm 的硬 X 射线（相应的电子能量约为 10～500 keV）。太阳 X 射线无法透过地球电离层，因此只能进行电离层以上的空间观测。

射电爆发是与耀斑有关的太阳射电辐射增强效应，具有多种类型并源于不同机制，包括微波爆发、Ⅱ型、Ⅲ型和Ⅳ型爆发等类型（将在第 2 章讨论）。

耀斑发射的粒子能量主要处于 $10^0 \sim 10^6$ keV 之间，速度可由 1 500 km · s^{-1} 直至相对论速度，其成分主要为电子、质子及 α 粒子等。不同耀斑发射的粒子能量和通量相差很大，并与多种因素如探测仪器灵敏度、耀斑所处日面位置以及粒子在日地空间的传播效应有关。当探测到 $E \geqslant 10$ MeV 的质子通量超过无耀斑宁静背景通量的 10 倍以上时，称为质子事件，其源耀斑称为质子耀斑。质子事件是一类相当强的太阳粒子事件，并伴生强度很大的 X 光发射，对空间环境和地球物理效应有强烈影响，如地球大气电离层扰动和地磁扰动等。太阳质子事件的定级标准如表 1—10 所示[20]。

表 1—10　太阳质子事件的定级标准

指数	人造卫星测量 $E\geqslant 10$ MeV 质子通量/（$cm^{-2}\cdot s^{-1}\cdot sr^{-1}$）	地球极区白天电离层吸收仪（Riometer）测定值/dB	海平面中子堆计数增长率/%
−3	$10^{-3}\sim10^{-2}$		
−2	$10^{-2}\sim10^{-1}$		
−1	$10^{-1}\sim10^{0}$		
0	$10^{0}\sim10^{1}$	无可测变化	无可测增值
1	$10^{1}\sim10^{2}$	<1.5	<3
2	$10^{2}\sim10^{3}$	1.5～4.6	3～10
3	$10^{3}\sim10^{4}$	4.6～15	10～100
4	$>10^{4}$	>15	>100

当太阳耀斑发射粒子的能量为 0.1～100 MeV 时，其粒子属于亚相对论性粒子。若其通量足够大，这些亚相对论性粒子可沿地磁场线在南北极之间往复运动，导致两极地区上空出现太阳粒子密度急剧增大和宇宙射电噪声突然降低现象，称为极盖吸收。极少数的特大耀斑有时会发射能量大于 500 MeV 的粒子，它们会贯穿地磁场的屏蔽而被地面探测器记录，产生地面粒子事件（Ground Level Event，GLE），其源耀斑称为宇宙线耀斑。

大耀斑爆发过程中各种电磁辐射强度随时间的变化，如图 1—27 所示。

高温耀斑涉及磁力线重联过程，附近区域的温度可高达 $10^{7}\sim10^{8}$ K，辐射集中在 X 射线波段。在重联区加速的非热电子可通过轫致辐射及磁回旋辐射机制，产生一系列高能现象。太阳是地球的能量源，发生在太阳上的耀斑爆发事件，必然对地球造成强烈的影响。耀斑发射出强烈的短波辐射将严重地干扰地球的电离层，导致短波无线电波在穿过电离层时遭到强烈吸收，从而使短波通信中断；耀斑发射的带电粒子流与地球高层大气作用，产生极光，并引起磁暴；耀斑产生的高能粒子对航天器及其各种元器件产生辐射损伤，甚至对航天员造成致命性的威胁。近年来，科学家还将地球演变、地震、火山爆发、气候变迁，乃至心脏病的发生率、交通事故的发生等与耀斑爆发联系起来。

人们正在致力于耀斑预报的研究，这是非常有意义的工作。但是，由于至今对耀斑产生的规律和机理的了解相当有限，难于准确预报在日面哪些区域可能出现耀斑，更不要说预报在什么时候会发生耀斑。不过有观测发现，在耀斑爆发前数小时，日面磁图上会呈现红移效应，反映出物质有向下沉降的倾向，这可能是耀斑出现的前兆。随着研究的深入，有关类似的前兆效应信息不断积累，也许有一天预报耀斑爆发会成为可能。对太阳耀斑的研究还具有重大的理论意义，如对于认识日地关系，了解其他相关恒星和星系，解释各种天体物理现象如耀星、射电星系、γ 射线爆发等，都有重要的借鉴作用。

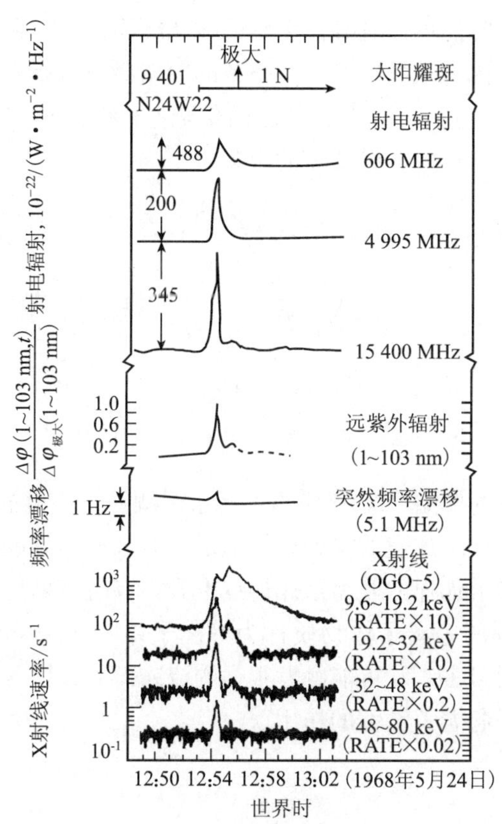

图 1－27　典型大耀斑时各种电磁辐射强度随时间的变化

RATE—速率

1.6.5.4　*耀斑机理*

所谓耀斑机理是描述耀斑爆发的原因及其在发展过程中能量释放的物理过程。针对耀斑机理至今已提出了上百种模型，部分有所共识，更多的还存有异议。太阳耀斑是由于在太阳大气的某些局部区域上，能量突然和大规模释放引起的。现在已有共识的是该能量来自耀斑活动区可供释放的自由磁能。计算表明，太阳大气中的非磁能如重力能、波能和气体动能等不足以提供太阳耀斑时 10^{32} erg 量级的能量，而磁能（$W=B^2/8\pi \cdot V$）却不然。假定体积 $V\approx 10^{29}$ cm^3，活动区磁场强度 $B\approx 10^3$ Gs，则当场强从 500 Gs 下降至 400 Gs 时，就足以释放 10^{32} erg 量级的能量。可供释放的磁能是指超过势场的能量，即自由磁能。在耀斑活动区，自由磁能是以电流系的磁能形式被集聚和储存起来的。电流系是等离子体对流交换的结果，形成于太阳大气中。

太阳物理学家所面临的最大难题之一，是如何解释通过耀斑形成将储存在磁场中的巨大能量突然释放出来。对此，已提出多种模型，其主流观点认为色球暗条（日珥）的向上运动是能量释放的“触发者”。图 1－28（a）表示活动区开始时的磁场结构；图 1－28（b）为磁力线发生剪切导致一次耀斑；图 1－28（c）表示剪切磁力线在耀斑之后的松弛。色球暗条是出现在剪切磁场得到发展区域内的一种结构，并以扭曲的磁力线束的形式存在。在该区域冷凝气体的温度低于周围区域。当用 Hα 单色光观测日轮面时，暗条呈暗色的绳状结构。此外，观测时还可以看到许多细的线状结构，将其称为小纤维（fibrils）。小纤维是色球内的结构，大体与磁场平行。当暗条的剪切磁力线得到充分发展时，它们将变得不稳定并开始向上运动。这将向上推动位于暗条之上的磁环，导致磁环被拉长和磁重联，从而引起所储存磁能的释放，即耀斑的出现。

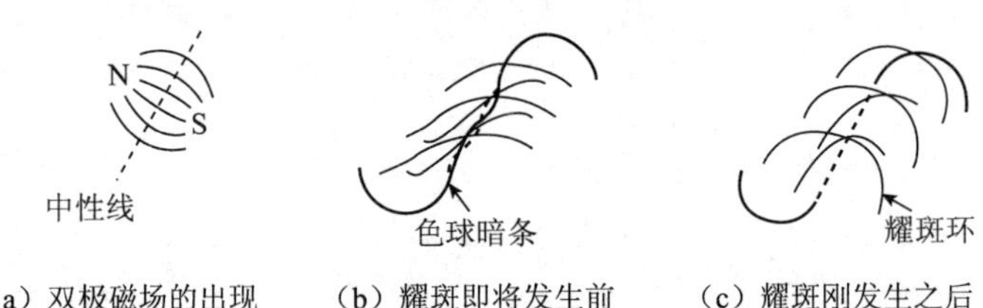

（a）双极磁场的出现　（b）耀斑即将发生前　（c）耀斑刚发生之后

图 1—28　太阳耀斑出现前后磁场的变化

图 1—29 为耀斑形成的模型[21]。该模型考虑了观测结果，可描述等离子体从磁重联区向上和向下的加速过程。向下加速的等离子体形成激波，产生高能电子，反过来导致磁环底部的等离子体加热。向上加速的等离子体连续上升，有时被抛射至日冕外，并运动至行星际空间。这些包含磁场的等离子体物质称为等离子体团（plasmoid），可运动至行星际空间。一旦等离子团抛射出去，就可能触发很强的流入而导致快速重联。这说明等离子体团抛射对触发耀斑磁重联起着关键性的作用。

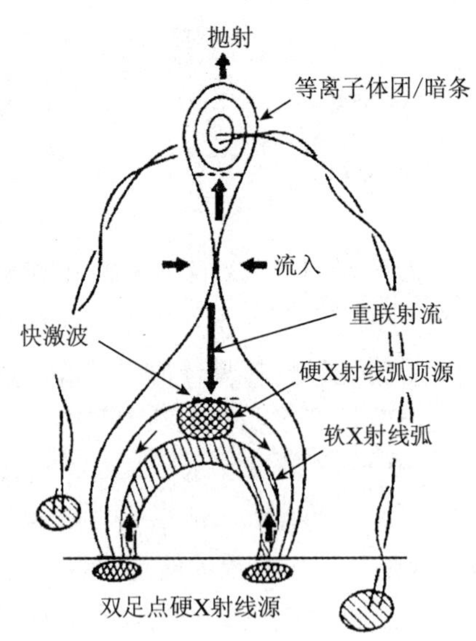

图 1—29　耀斑形成模型

用于解释磁重联和等离子体团的形成

计算耀斑释放的总能量并非易事。表 1—11 给出了 1972 年 8 月 7 日发生的大型耀斑的释能估值[22]。尽管计算误差很大（有时高达数倍），但仍可以看出太阳风以过剩动能形式（行星际激波）所释放的能量占最大部分。

表 1－11　太阳耀斑所包含的几种形式能量估值　J

能量粒子	
电子　产生于太阳（硬 X 射线）	6×10^{24}
>20 keV 流入行星际空间	6×10^{20}
质子　产生于太阳	$>1\times10^{21}$
>10 MeV 辐射至行星际空间	3×10^{22}
从源耀斑区辐射的能量	
热等离子体产生（软 X 射线）	1.5×10^{24}
动能（行星际激波）	3.8×10^{25}
（总能量）	4×10^{25}
二次能量辐射	
白光	5×10^{22}
Hα 谱线	1×10^{23}
在可见光内所有的发射谱线	2.5×10^{24}
紫外线	1×10^{24}
极紫外线	1×10^{24}
（总能量）	5×10^{24}

注：太阳耀斑为 1972 年 8 月 7 日发生的大型耀斑。

耀斑释放的能量导致高能电子的产生，可以从 X 射线谱估算能量电子谱。如表 1－11 所示，电子总能量比太阳风动能小 1 个数量级。如果将 X 射线测量结果外推至 5 keV，电子总能量大致与耀斑释放至太阳风的能量相等。因此，可合理地认为日冕物质抛射是与太阳耀斑同时发生的，太阳风能量的增加由日冕物质抛射提供。

1.6.6　日冕瞬变与日冕物质抛射

通过日冕仪的空间观测，发现日冕中存在频发的瞬变（coronal transient）现象。其特征是某些日冕结构（如拱弧、日冕射流等）发生急剧的变化，并出现新的动力学结构，以日冕云团和凝聚块的形式从太阳内快速运动出来。日冕等离子体凝聚块形成的基本原因是瞬变的热不稳定性，导致局域等离子体密度急剧增加。所有这些现象都与日珥和耀斑爆发有关（当然还有其他的起源）。其中最重要的是日冕物质抛射（见图 1－30），可在几分钟至几小时内以每秒几百至上千千米的速度将 $10^{15}\sim10^{16}$ g 的巨大物质质量抛射至(1～5) $R_{\odot}$ 的高度上，从而使日轮巨大面积受到扰动。日冕物质抛射本质上是日冕大尺度磁场平衡的失稳产物。瞬变效应的能量有时高达 $10^{31}\sim10^{33}$ erg，可与大型耀斑释放的能量相当，甚至还要大 1 倍多。当这些瞬变产物运动在太阳风内时，将产生激波，从而与地磁层发生交互作用而导致地磁暴，并对电离层造成极大的扰动，引起无线电通信的中断。日冕物质抛射和耀斑不同，主要通过高速等离子体流影响空间环境和航天器。日冕物质抛射对日地空间和地球物理造成的影响，有时不亚于耀斑。图 1－31 为通过卫星观测的日冕物质抛射在 8 h 期间连续变化的过程。

日冕物质抛射经常呈现 3 部分结构：亮的前端，暗的空腔或洞，以及核心部分（通常具有亮的结构）。当日冕物质抛射爆发靠近太阳外缘时，可以清晰地看到这样的结构。当地球向着日冕物质抛射时，呈现在太阳周围的是向外流出和膨胀的亮区，称为日冕物质抛射晕（halo CME），它对空间天气预报有重要意义。

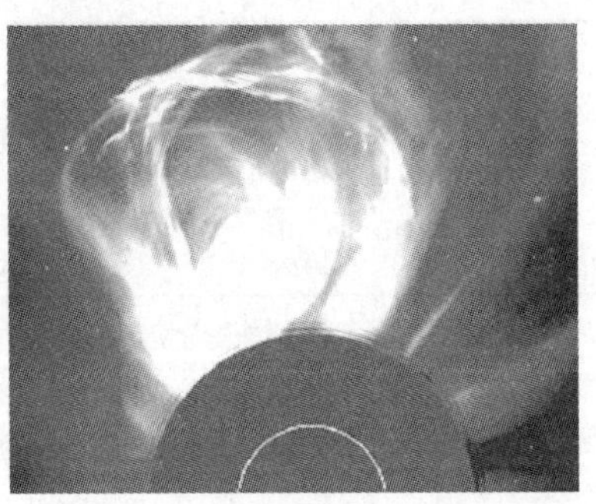

图1－30　日冕物质抛射（SOHO观测）

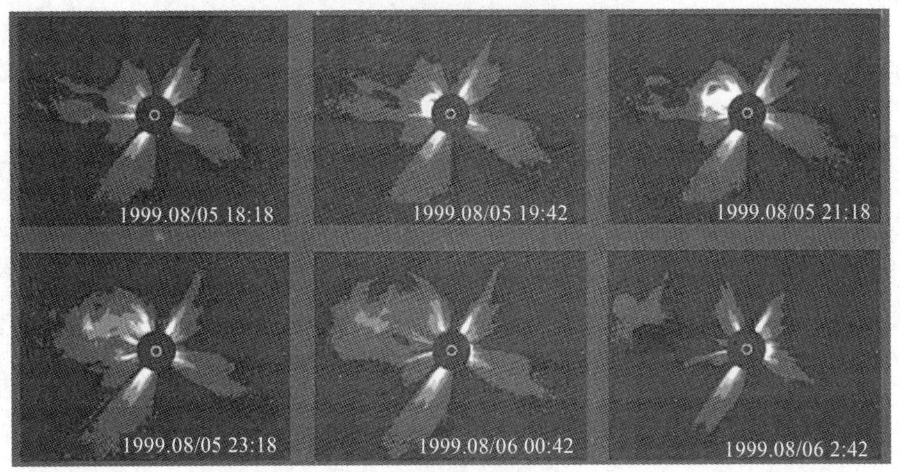

图1－31　在轨卫星观测（卫星LASCOC3，1999年8月5日～6日）的日冕物质抛射在8 h期间的连续变化过程

白圆圈—太阳的尺度和位置

日冕物质抛射可以在白光下进行观测。在白光下可以看到日冕自由电子散射的光球辐射。所形成的辐射结构亮度越大，日冕物质抛射的规模越大，但亮度并非等同温度。日冕物质抛射也可以在其他的波段上观测，如Hα、He 1 083 nm、极紫外波段、X射线及微波至射电波段。

观测表明，日冕物质抛射出现的频度在太阳活动极小年约0.5次/d；在太阳活动极大年约4.5次/d。日冕物质抛射的质量与太阳活动周无关，但活动周影响日冕物质抛射的纬度分布：在极小年日冕物质抛射源于赤道附近；在极大年，日冕物质抛射源于很宽的纬度范围。

有两类日冕物质抛射：与耀斑相关的日冕物质抛射和与色球暗条（日珥）相关的日冕物质抛射。与耀斑相关的日冕物质抛射速度较大（平均为700 $km \cdot s^{-1}$），一般比与色球暗条爆发相关而无耀斑的日冕物质抛射速度（平均速度510 $km \cdot s^{-1}$）大。在日冕物质抛射的核心区温度约8 000 K，而在前端和空腔内温度大于2×10^6 K。大量的观测表明，日冕物质抛射和耀斑一样，其强度与时间遵从幂律关系，意味着这两种现象有可能是同一物理过程的不同体现。日冕物质抛射和耀斑的关系是一颇为复杂的问题，至今尚存争议。如

图 1—32所示，日冕物质抛射是耀斑引起的观点不尽合理[23]。从时间和位置上看，耀斑不可能是诱发日冕物质抛射的原因。图中表明耀斑部位有时是在日冕物质抛射爆发后出现于其一个足根附近。日冕物质抛射往往在 X 光耀斑增亮之前开始。

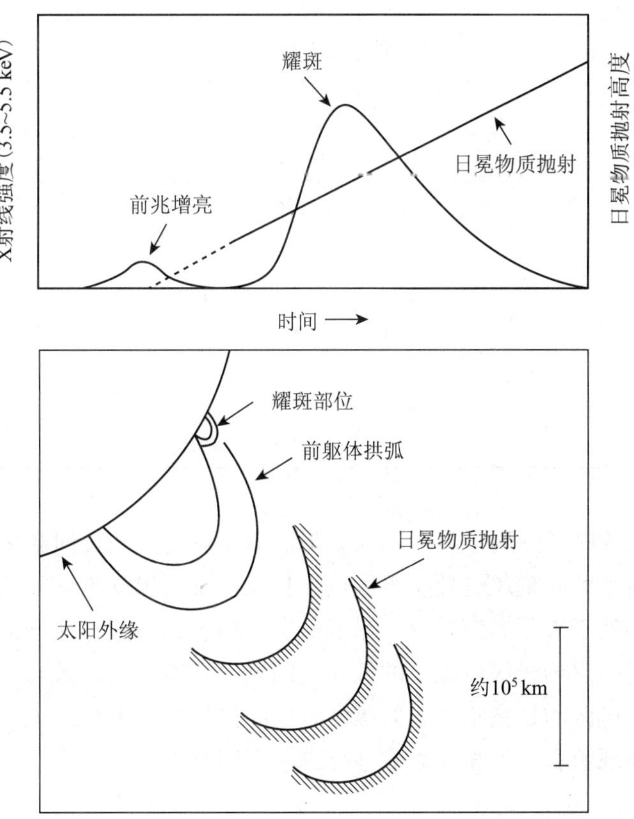

图 1—32　日冕物质抛射与太阳耀斑的时间和空间相关性

太阳耀斑伴随着某些活动现象，如日珥爆发及射电波、X 射线的发射。基于卫星观测，表 1—12 归纳了与日冕物质抛射同时观测到的各类太阳活动[24]。从表中可以看出，在日珥爆发和日冕物质抛射之间存在高度的关联性。尽管也出现 X 射线与/或射电爆发，但是伴随着 Hα 耀斑的日冕物质抛射却很少见。当发生 Hα 耀斑时，一般可同时观测到日珥爆发。这表明太阳耀斑和日冕物质抛射之间的关系比较复杂，而日珥爆发和日冕物质抛射之间关系较为密切。耀斑与日冕物质抛射或许是相互耦合的过程，可能是磁场失稳同一过程在不同层次的体现，均可成为造成灾难性空间天气的主要因素。

表 1—12　与日冕物质抛射同时观测到的其他太阳活动

日珥爆发与 Hα 耀斑	X 射线辐射与 II、IV 型射电爆发				总数
	只有 X 射线	两者都有	只有射电	无	
	日冕物质抛射和相伴随的活动（Skylab 观测）				
只有日珥爆发	5	2	4	10	21

续表

日珥爆发与 Hα 耀斑	X 射线辐射与 II、IV 型射电爆发				总数
	只有 X 射线	两者都有	只有射电	无	
两者都有	3	5	0	2	10
只有 Hα 耀斑	0	1	2	0	3
无	0	0	0	43	43
总数	8	8	6	55	77
	日冕物质抛射和相伴随的活动（SMM 观测）				
只有日珥爆发	8	1	1	10	20
两者都有	3	12	0	2	17
只有 Hα 耀斑	0	1	0	0	1
无	6	2	1	13	22
总数	17	16	2	25	60

图 1—33 给出的蝴蝶图用于显示不同太阳活动在纬度上的长期变化[25]。黑子趋于集中在低纬区，并且活动区和耀斑也处于该区域。相反，日珥出现于较宽的纬度区；仅有少数日珥在太阳极小年处于太阳赤道附近。冕盔的发生纬度和时间演化图形类似于日冕物质抛射。冕盔是从封闭的磁场线区域流出的低速太阳风，它所处的区域与日冕物质抛射易于发生的区域相同。耀斑区和日冕物质抛射源区有较明显的统计差异，但两者在纬度上有相当大的重叠。这两种现象有可能相互影响并导致它们同时出现。

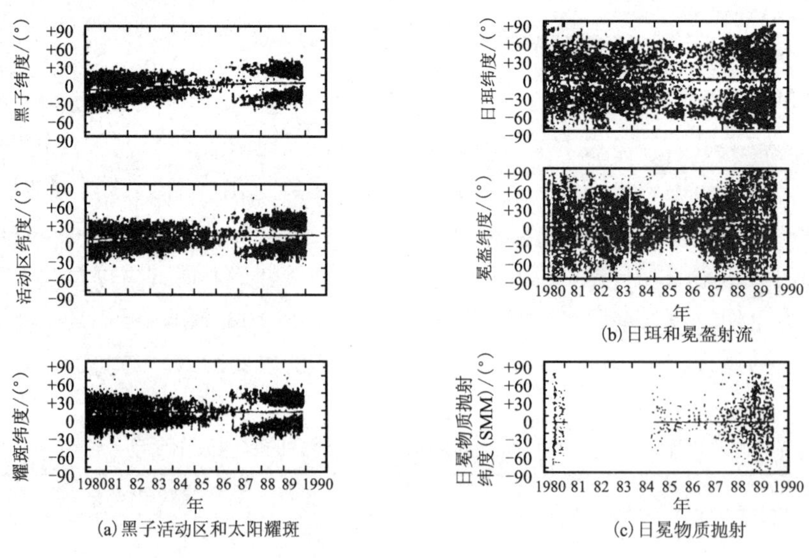

图 1—33　各种太阳活动区长期变化的蝴蝶图

1.7　太阳活动周期

1.7.1　黑子相对数与太阳活动周

太阳活动区包含某些黑子，其周围被背景磁场所包围。黑子出现具有周期性。为了度量太阳活动性，1848年沃尔夫（Wolf）首先引入定量指数，并且为模糊太阳转动的影响，采用月平均的黑子相对数（亦称 Wolf 相对数）来表征可见太阳半球黑子数目的多少。Wolf 数的定义为

$$R=K(10g+f) \tag{1-21}$$

式中　g，f——当天观测到的黑子群数和单个黑子总数；

K——修正（或换算）因子。

沃尔夫相对数（Wolf number）随观测者的观测技术、方法、所用仪器和大气能见度而变。观测者用其观测值同瑞士苏黎世天文台同期的观测值比较可得出

$$K=R_Z/(10g+f)$$

式中　R_Z——苏黎世（Zürich）的黑子相对数。

规定瑞士苏黎世天文台的 $K=1$，其他天文台的 K 值由其观测结果与同一天的 R_Z 值比对来确定。基于对长期黑子观测记录所作的分析发现，每天黑子相对数的年平均值存在明显的周期性，周期约为 11 a（见图 1—34）。

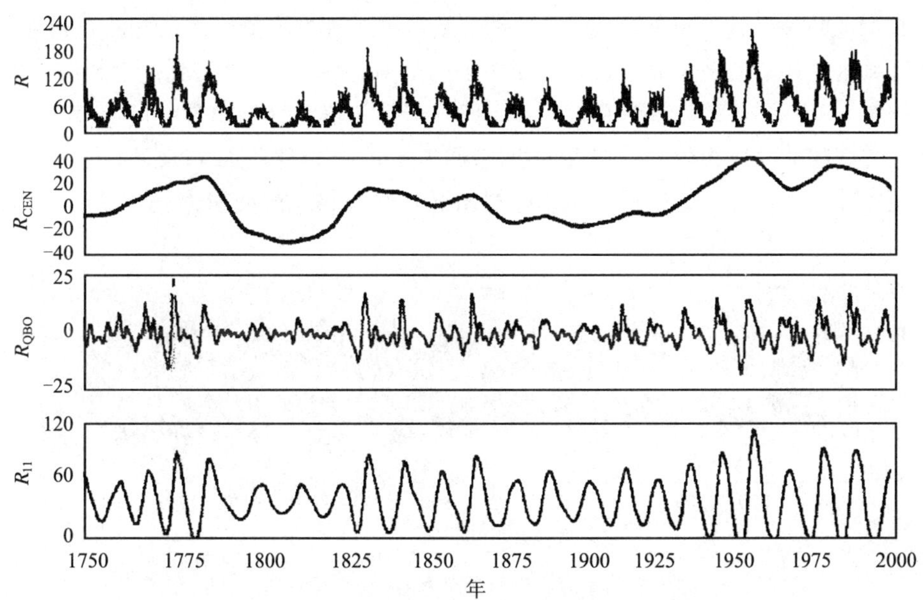

图 1—34　太阳活动的周期性

R—沃尔夫数；R_{CEN}—在 80～130 a（世纪）周期内各年的沃尔夫数平均波动幅度值；R_{QBD}—准 200 a 周期内各年沃尔夫数平均波动幅度值；R_{11}—11 a 周期内各年的沃尔夫数平均波动幅度值

黑子相对数年平均值的极大和极小年份，分别称为太阳活动的极大年和极小年，相邻两次极小年之间称为一个太阳活动周（期）（solar activity cycle）。人为规定以1755年极小年起算的活动周为第1周，现在正处于第24活动周。每个活动周之间演化特性不尽相同。

在活动周的初始阶段，活动中心的黑子数目不多，然后达到极大值（活动极大期）；随后活动区的黑子数目减少，进入活动极小期。太阳活动区的发展可分为以下几个阶段。

1）第1阶段，出现“磁岛”、不大的光斑和谱斑，以及弱的单极磁场和复杂的小尺度磁场。单个的光斑逐渐增亮，出现小黑子，并进一步发展为较大黑子。黑子区面积增大，逐渐成为双极的活动区。在这些区域上方的日冕内，形成凝聚块。这一阶段将持续几天。

2）第2阶段是活动阶段，其特点是谱斑快速发展，持续时间为几周；双极生成物的面积和亮度达到极大值；光斑和谱斑数目增多，出现活动的米粒组织和耀斑；日冕内可能发生瞬变现象。在此阶段结束后，黑子群开始瓦解，日冕效应减弱。

3）第3阶段可能持续几个太阳自转周。活动区逐渐失去亮的双极结构，成为亮的单极区；黑子不断消失；光斑、谱斑弱化，出现宁静米粒组织。

4）最后阶段，可能持续几个月。米粒组织消失；整个活动区成为单极结构，并在这一阶段结束时而消散。因此，活动区随时间的演化行为呈不对称性。如果用一对数曲线加以描述，呈现快速增长和缓慢衰减的特征。

1.7.2 纬度迁移与极性变化

1.7.2.1 Spörer 定律和 Maunder 蝴蝶图

黑子在日轮上的位置随活动周的相位发生变化。在活动周开始阶段，黑子群主要出现在南、北半球的纬度 $\varphi=\pm(35°\sim40°)$ 一带。随着活动周的发展，黑子出现的纬度逐渐向赤道附近靠近。在活动极大期附近，黑子主要分布在 $\varphi=\pm15°$ 的区域；而到活动周末期，黑子集中在 $\varphi=\pm(5°\sim8°)$ 的赤道附近。一部分新黑子群又开始出现在高纬度区。日面黑子的平均纬度随活动周相位的这种变迁规律称为 Spörer 定律。如果以时间为 x 轴，以黑子群出现的纬度为 y 轴，可以得到一串蝴蝶图样，称为 Maunder 蝴蝶图（见图1—35）[26]。

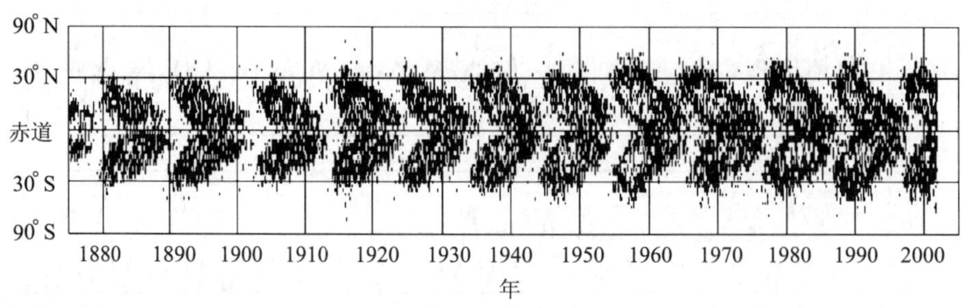

图1—35 太阳黑子出现的纬度随活动周相位变化的 Maunder 蝴蝶图

黑子面积与所在纬度区面积之比：■>0.0% ■>0.1% ■>1.0%

1.7.2.2 Hale 极性定律

双极黑子群磁场极性分布随太阳活动周的变化遵从 Hale 极性定律。在同一太阳活动周，北半球双极黑子群的前导黑子的极性与南半球的后随黑子相同；北半球的后随黑子的极性与南半球前导黑子相同。但在下一个活动周，北、南半球双极黑子群中的极性顺序发生变换。如前所述，太阳黑子的活动周期如果依磁场变化来计算，应是 22 a。这称为太阳磁性周期，它具有更本质上的物理意义。

1.7.3　活动期其他特性的周期变化

应该指出，Wolf 数并非是表征太阳活动的唯一参量。在太阳活动周期内，许多特性都会发生变化。在活动极大年前后，极区磁场的极性、光斑数目和日珥的平均纬度以及黑子总面积也随活动周相位发生相应的变化。黑子的亮度、米粒组织的密度、太阳大气温度梯度、大气振动 P 模（在距震源的远处，波阵面分成两种模式。一是胀缩波，传播较快，波阵面上质点位移与传播方向一致，称为纵波，即 P 模；二是横波，称为 S 模）的本征频率以及冕洞面积和存在纬度等都发生相应的变化。这再次证明，太阳活动是多种相互关联活动的综合发展过程。几乎所有的太阳活动都和黑子及其磁活动性有关。

观测发现，在太阳活动从极小年到极大年期间，各类电磁辐射和粒子辐射也会发生明显的变化，如图 1－36 所示。从图 1－36 中可见，在第 21 和 22 周期内 R_z 值近似相等，但所记录到的质子事件次数却约相差 1 倍。这表明太阳耀斑的出现，并非发生在 Wolf 数极大年，而是出现在太阳活动的上升和衰减阶段。特别是，还观测到 11 a 周期的双峰效应，意味着存在更精细的结构。

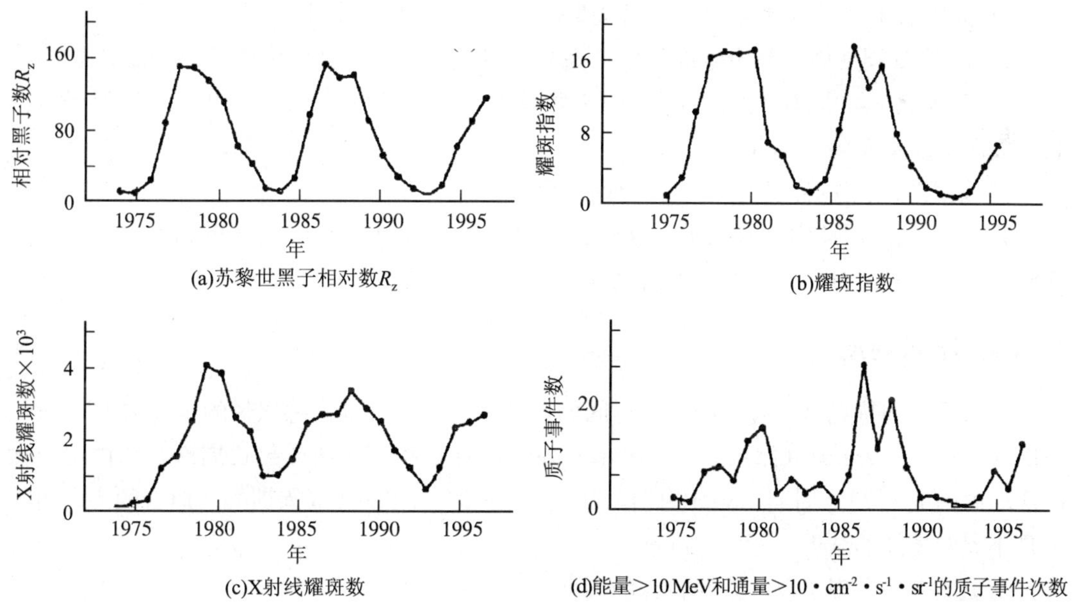

图 1－36　太阳活动的各种年平均特性[1]

各种活动周期的持续时间是不相同的，变化在 7～17 a 之间，其平均值为 11.2 a。活动周期呈不对称性，从极小年至极大年的上升阶段为 4.6 a，而衰减阶段平均为 6.7 a。

在南北半球上黑子数目也呈非对称分布。这种差异可保持几年时间，甚至南北半球黑子数目极大值出现的时间也相差1～2 a，如图1—37所示。这种南北半球太阳活动的非对称性可能与日核移动有关。

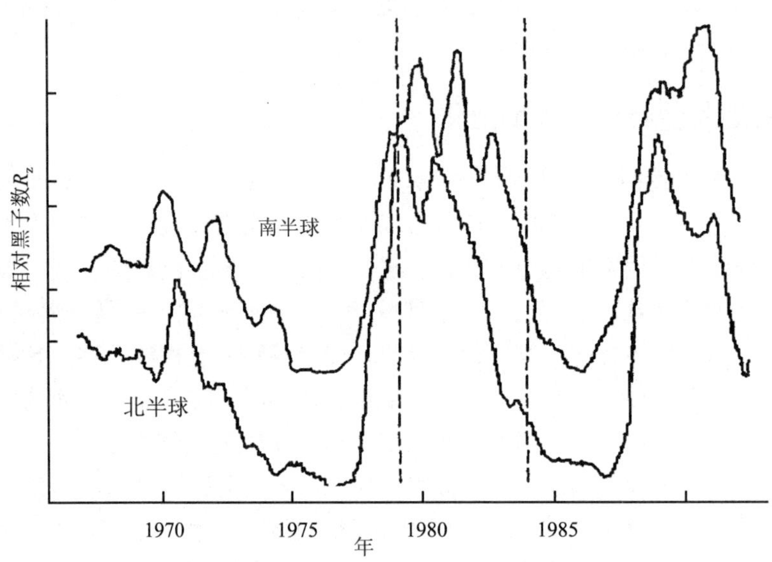

图1—37　第20～22周期南、北半球的R_z值变化[1]

归纳起来，太阳磁场活动具有以下特征：

1）太阳黑子相对数具有11 a活动周期（Shwabe—Wolf定律）；

2）在11 a周期内，黑子生成部位从高纬度向低纬度（赤道）转移（Spörer定律）；

3）双极黑子群中前导和后随黑子具有相反的极性，每经过11 a周期，双极黑子群内黑子极性将发生变化（Hale定律）；

4）太阳总磁场的磁极性呈22 a周期变化；

5）在磁活动周期内，有两类活动性：一是极区活动性，与极区光斑和冕洞有关，并开始于磁场变号之时；二是低纬度活动性，与太阳黑子有关。

1.7.4　超长周期

太阳活动的特点是具有不同持续时间的周期性。除了最令人感兴趣的11 a周期和世纪周期（century period）（如图1—34所示）外，还有一些长周期或超长周期，如由7个太阳活动周构成的78 a周期、80 a周期，甚至160～200 a和600 a周期等。但有的周期可能只是小周期叠加的结果，不一定准确。

历史上，还发现了以下某些特殊的周期。

1）1645～1715年：在60余年的期间内，太阳几乎无黑子出现，称为Maunder极小期。

2）1410～1510年：Spörer极小期。

3）1120～1280年：长期平均极大期。

随着太阳活动极小期的演化，在地球生物圈和历史上人类社会曾出现过某些灾难。Maunder极小期伴随着太阳总磁场的弱化乃至消失等异常现象。

1.8 太阳活动的机理

通过几十年的深入研究已认识到，太阳活动是一个极其复杂的过程，并源于太阳内磁场、对流、径向环流和太阳较差自转间的相互作用。对流区如同巨大的热机一样，将一部分热流转换为对流运动，而对流运动与磁场间的相互作用导致黑子和光斑出现。太阳较差自转在磁场的产生和增强过程中，可能起着重要的作用。

太阳表面的活动区（如黑子）大多是强磁场区。太阳活动机理应回答太阳表面的强场区如何产生和演变问题。基于直接观测，1961 年美国天文学家 H·巴布科克（H. Babcock）提出一经验模型，其基本点可归纳如下[27]。

基于 H·巴布科克的假说，在极区附近，太阳总磁场与偶极场类似；磁力线只在纬度 $\varphi \geqslant 55°$的区域穿出太阳表面，其余部分则埋于光球下方不太厚（约 $0.1R_{\odot}$）的表层内。起初太阳磁场被认为是角向的，分布于对流层底部，磁力线分布于经线平面内。由于较差自转效应和磁场被俘获在太阳等离子体物质上，磁力线将沿纬度取向，在南北半球形成反向的环形场，并被局域的不均匀性所畸变。由于磁场随纬度逐渐增强，当达到某一临界值（约 260 Gs）时，便获得净上浮力，从而以磁流环的形式穿出表层，并在表面处形成双极区和太阳黑子，如图 1－38 所示。

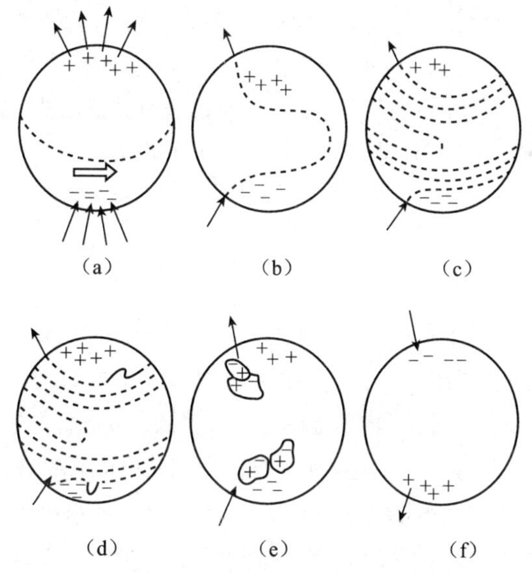

图1－38　基于 H·巴布科克模型的太阳环形场和磁区形成示意图

假定对应于太阳活动极小期的某一时刻，太阳总磁场具有双极特性，并且磁场只存在于极区附近，如图 1－38（a）所示。磁力线只在纬度 $\varphi \geqslant 55°$的区域穿出太阳表面，而在其他区域埋于表面下方的对流层，埋藏深度随纬度增加而增大。如果假定某一活动周内南极为负极（S 极），磁力线由 S 极区进入太阳，在 N 极区离开太阳并在远处闭合。磁力线埋于太阳表面附近的假定是合理的，如果磁力线埋藏得太深，表面磁场的变换时将超过 22 a 磁周期。

由于磁力线被“冻结”在对流层等离子体内且太阳具有较差自转效应，导致偶极径向磁力线沿赤道方向被拉长，如图1—38（b）和（c）所示。磁场由于对流运动会聚成磁流管，管内磁力线密集。一旦在过渡区形成了磁流管，它将由于磁浮力而上升。随着活动周的发展，磁场将不断增强。磁场强度 B 随活动周（n 值表示活动周期中的年份，取极小年 $n=0$）和纬度 φ 的变化，可以表达为

$$B = 35.2(n+3)B_0\sin\varphi \tag{1-22}$$

此外，磁流管的上浮力随 B^2 而增大，磁力线将被扭绞在一起。当达到某一临界场强 B_c 时，磁流管将上浮至光球表面。B_c 和 n、φ 有关。φ 与 n 的关系式 $\sin\varphi=1.5/(n+3)$ 的图形化正是 Maunder 蝴蝶图。

上浮至光球表面的磁流管会在两端形成一对极性相反的黑子，见图1—38（d）和（e）。然后，形成双极黑子群的磁环瓦解，后随黑子趋向极区扩散，而前导黑子趋向赤道区。黑子群磁场由于等离子体的对流运动而消散，逐渐成为背景磁场。在每个太阳活动周的前半周，后随黑子的极性与所在半球极区磁场的极性相反，从而导致极区磁场在极大年附近被中和，开始转变为相反的极性；前导黑子则与更低纬度其他双极群的后随黑子相中和，形成如图1—38（e）和（f）的形态。不同极性黑子中和时，磁力线重联与切断，形成的闭合磁流环被抛向空间。极性反向后，总磁场逐渐增强。在太阳活动进入下半周极小期（$n=8$）时，磁场回到初始态，但磁场极性已发生了变化。H·巴布科克经验模型合理地解释了极区场极性反向和 Hale 极性定律，以及 Wolf 数的周期变化等重要黑子特性。

莱顿（Leighton）引入超米粒运动导致磁力线湍流扩散的机制，并对弛豫相位进行数值模拟，对极区场反向进行了半经验的理论分析[28]。后来，人们又提出了太阳发电机理论，认为导致周期性太阳活动的物理机制如同自激发电机原理。太阳等离子体作为良导体，其运动感生磁场的周期活动决定了太阳活动的周期行为。

1.9 太阳振动

莱顿等人[29]基于物理学上的多普勒效应，发现太阳大气发生有规律的上下振动，其周期为（296±3）s，称为太阳的“5分钟振动”现象。它是光球下面 10^7 个以上不同模式共振声波在太阳表面的叠加，属于声波振荡的P模式。后来又发现了太阳的160 min振动，属于内重力波振荡模式（g模），是俘获在日核内的共振模式。在该模式下，气体物质上下起伏的幅度达数十千米，平均速度约为0.5～1.0 km·s^{-1}。在水平方向上，大约有（0.1～50）万千米范围的气体物质连成一片，同起同落，并且每时每刻在2/3日面区域振荡。

尽管太阳是一团气体球，但日心处由于处于超高压力下，其密度比铅还大，只在外层密度较小。在上述多变的物质运动条件下，必然产生不同形态的波，如驻声波、重力波和阿尔芬波。这些波还会相互耦合形成磁声波、声重力波和磁重力波，甚至三者耦合起来形成磁声重力波。通常，太阳内部在气体压力、重力和磁力之间建立起平衡态。但是，如果某一区域在内外条件的扰动下，如陨石撞击、耀斑爆发等，将诱发日震并以波的形式表现出来。这会在太阳表面产生一幅幅错综复杂、蔚然壮观的图像，其复杂性取决于扰动的初始状态及周围介质的性质。

通过观测和研究太阳的振动特征，来推测太阳内部结构的科学称为日震学（helioseismology），是当代太阳物理学的重要分支。太阳的内部结构决定了本征振动的类型和频率，反过来可以从本征谱来推测太阳内部的结构，这是日震学的理论基础。通过对太阳各种振荡模式的频率和振幅的观测结果所作的理论分析，并与太阳标准理论模型的计算结果进行比较，获得了许多有关太阳内部结构的新信息。例如，确定了对流层的位置；发现太阳对流层的厚度比以前估计的要大，约为$\frac{1}{3}R_{\odot}$；发现太阳深层的自转速度比表面可能要快；太阳表面下面可能有环流，速度约为 100 m · s^{-1}，从赤道流向两极；在（0.2～0.98）$R_{\odot}$ 范围内，建立了声速与距日心距离的关系等。同时，在有关太阳化学成分、物态方程、内部混合以及自转特性随深度变化等方面，都取得了一些重要结果。

1.10　太阳能源

太阳连续向外发射 3.845×10^{33} erg · s^{-1}的辐射功率，如此巨大的能量如何产生？历史上曾提出各种设想，如通过碰撞、化学、放射性和收缩等机制产生能量。但是这些机制产生的能量不足于维持太阳年龄（约 4.6×10^{9} 年量级）。

对已知能源所作的分析表明，只有热核聚变反应可能提供长久、巨大的太阳辐射能量。原则上，恒星体内可能存在不同的产能过程。在星际云内的原恒星（protostar）形成和收缩过程中，无核反应发生，其中释放的引力能一半向外辐射，另一半用于星核的升温。为了在理想循环的脉冲聚变堆中维持能量平衡，等离子体密度 n 与约束时间 τ 的乘积和温度 T 所必须满足的条件称为劳森判据（Lawson criterion）。对于氘一氘反应，$n\tau$ 的最小阈值为 $n\tau=10^{21}$ s · m^{-3}，$T=100$ keV；对于氘一氚反应，$n\tau$ 的最小阈值 $n\tau=10^{19}$ s · m^{-3}，$T=25$ keV（1 eV$=10^{4}$ K）。一旦中心温度超过约 10^{8} K，热核聚变反应将启动，即将 2 个轻粒子聚变为 1 个较重的粒子。由于反应后的质量小于反应前，质量的亏量 ΔM 将遵从$E=\Delta Mc^{2}$ 质能转换律而转化为能量。

讨论由氢聚变为氦的反应。4 个氢原子的质量为 $4\times1.008\ 145$ AMU（原子质量单位），产生的氦原子的质量为 4.003 87 AMU。反应前后的质量差 $\Delta M\approx0.028\ 71$ AMU$\approx4.768\times10^{-29}$ g，产生的能量 $E\approx4.288\times10^{12}$ J$\approx$26.72 MeV。

假如，太阳所含氢的 0.7%质量（m）转化为能量，则由爱因斯坦关系式算出太阳可能产生的总能量为

$$E=0.007mc^{2}\approx 1.27\times10^{45}\ \mathrm{J}$$

为了维持太阳目前的光度 $L_{\odot}=3.845\times10^{26}$ J · s^{-1}，热核聚变将为太阳提供 10^{11} a 数量级的能量，这大于太阳的年龄。表 1－13 列出 pp 链的主要核聚变反应。由 pp 链支配着具有较低核心温度［(5～15) $\times10^{7}$ K，如太阳］的恒星能量，而 CN 循环决定具有较高核心温度的恒星能量。在 CN 循环中，碳和氮作为催化剂将氢转化为氦。pp 循环的能量产率

ε 强烈取决于温度，即 $\varepsilon \propto \rho T^5$。CN 循环如表 1－14 所示。

表 1－13　pp 链的主要核聚变反应[2]

核反应	电磁辐射能 Q'/MeV	中微子能量 Q_ν/MeV
ppⅠ：p（p，$e^+\nu$）d（称为 pp 反应）	1.192	0.250
α（p，γ）^{3}He	5.494	
^{3}He（^{3}He，2p）α（另一分支为 ppⅡ）	12.860	
ppⅡ：^{3}He（α，γ）^{7}Be	1.586	
^{7}Be（e^-，ν）^{7}Li（另一分支为 ppⅢ）	0.049	0.813
^{7}Li（p，α）α	17.348	
ppⅢ：^{7}Be（p，γ）^{8}B	0.137	
^{8}B（，$e^+\nu$）^{8}Be*	7.9	7.2
^{8}Be*（，α）α	2.995	

表 1－14　CN 循环[2]

核反应	电磁辐射能 Q'/MeV	中微子能量 Q_ν/MeV
^{12}C（p，γ）^{13}N	1.944	
^{13}N（，$e^+\nu$）^{13}C	1.510	0.71
^{13}C（p，γ）^{14}N	7.551	
^{14}N（p，γ）^{15}O	7.298	
^{15}O（，$e^+\nu$）^{15}N	1.752	1.00
^{15}N（p，α）^{12}C	4.966	

表 1－13 和表 1－14 采用核物理学通用的反应式 x(a，b)y。其中，x 为靶核，a 为入射粒子，b 为发射粒子，y 为生成的产物；逗号将反应前后的状态分开。氢核（^{1}H）即质子，记作 p；氘核（^{2}H）记为 d；氦核为^{2}He 或 α，^{3}He 为同位素氦；e^+ 为正电子，e^- 为电子，γ 为光子，ν 为中微子。用 * 表示核处于激发态。反应产能为 $Q=Q'+Q_\nu$，其中 Q'为电磁辐射能，Q_ν为中微子能量。太阳能量主要由 pp 反应链和 CN 循环产生，分别给出 99％和 1％的太阳能量。

由表 1－13 可见，pp 反应链中有两个反应分支，ppⅡ是 ppⅠ三步反应中的第 3 步分支；而 ppⅢ是 ppⅡ三步反应中第 2 步的另一分支。表 1－14 所列的反应中，最终产物^{12}C 又参与第 1 步反应，而元素 C 和 N 只起触媒作用，故称为 CN 循环。

表 1－13 中 ppⅠ的第 1 步称为 pp 反应，也有两个分支，其一为 3 个粒子参与的 pep 反应，即 p(pe,ν)d，$Q'=Q_\nu=1.442$ MeV，只对太阳中微子流有重要贡献；另一分支为 Hep 反应，即^{3}He（p，$e^+\nu$）α 发生概率很小，对太阳辐射的贡献可忽略。CN 循环最后一步，即^{15}N 也可以经（p，α）反应产生更重的元素，如^{16}O 和^{17}O，再参与主要的 CN 循环。其完整循环也称为 CNO 循环，但发生概率小于 10^{-3}，产生的能量只占 CN 主循环总产能的 1％。

日核的产能主要以 γ 射线和中微子形式释放。γ 光子通过与太阳物质的相互作用（吸收和再发射）向外扩散，并经光球发射至空间。在扩散过程中，能流密度不断下降，辐射的波长逐渐增大，从而相继形成 X 射线、紫外光、可见光和红外光。中微子几乎不与太阳物质相互作用，可由日核区直接逃离太阳而带走部分能量。

图1—39为太阳能量的产生和释放示意图[30]。

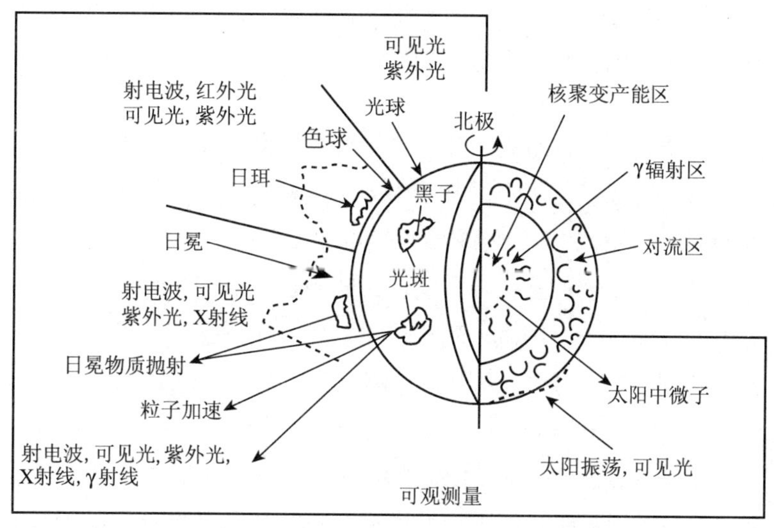

图1—39　太阳能量的产生和释放示意图

1.11　太阳中微子

如上所述，在日核产能的pp链和CN循环中，有多种反应产生中微子（neutrino）。其中pp链的产额最大，占绝大部分。基于太阳标准模型，地球上的中微子流应为3.5×10^{16}中微子·$m^{-2}\cdot s^{-1}$。中微子具有超强的物质穿透能力，但对人体并无伤害。

图1—40为太阳中微子计算能谱[31]，图中还标出了每条曲线强度误差范围，给出的能量通量值通常为标准太阳模型的期望值。

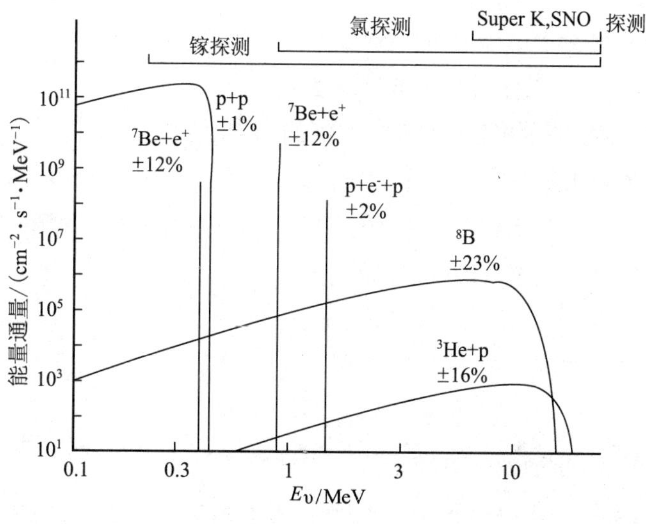

图1—40　太阳中微子能谱

理论上预期，^8B 产生的中微子流大约为（7.9±2.6）SNU（1 SNU＝10^{-36}中微子·秒$^{-1}$·靶原子$^{-1}$），但实际测到的中微子流的上限只为（2.1±0.3）SNU，即实测值约为理论值的1/3。这便是著名的中微子失踪或中微子亏缺问题，成为当今天体物理学的热点问题。

为了捕捉到中微子，世界各地先后建造了十余台中微子探测装置。它们大多建在深层地下，如废弃的矿山、湖底或河床下。基于中微子与氯和镓具有较大的散射截面，在探测器中装有大容量的C_2Cl_4或金属镓，与中微子发生如下反应

$$\nu_e + {}^{37}Cl \rightarrow e^- + {}^{37}Ar;\ \nu_e + {}^{71}Ga \rightarrow e^- + {}^{71}Ge \quad (1-23)$$

按照现代对中微子的分类，中微子属于轻子（lepton），呈弱相互作用。存在3类带电的轻子（e电子、μ介子和τ介子）以及3种中性轻子（电子中微子ν_e、μ介子中微子ν_μ和τ介子中微子ν_τ）。

研究发现，中微子存在振荡（oscillation）现象，即一种中微子可以转变为另一种中微子，如$\nu_1 \rightarrow \nu_2$。这一发现表明，首先标准模型存在边界；其次，中微子具有质量。振荡源于给定类型的中微子（ν_e、ν_μ）处于混合态（ν_1，ν_2），且ν_1和ν_2具有确定的和不相等的质量（m_1，m_2），则

$$\nu_e = \cos\theta\nu_1 + \sin\theta\nu_2;\ \nu_\mu = -\sin\theta\nu_1 + \cos\theta\nu_2 \quad (1-24)$$

式中 θ——混合角。

散射后从ν_e转变为ν_μ的概率与θ、m_1、m_2和中微子能量E有关，并呈周期性变化

$$p\ (\nu_e \rightarrow \nu_\mu) = \sin^2 2\theta \sin^2\left(\frac{{m_2}^2 - m_1^2}{4E}\right)x \quad (1-25)$$

如果假定不存在振荡效应，则太阳中微子流内只存在ν_e。在这种情况下，根据日本神冈Super－Kamio kande（简称Super K）探测站的数据，可建立如下关系

$$\Phi_{SK}\ (\nu_e) = [2.32 \pm 0.03\ (stat.) \pm 0.06\ (system.)] \times 10^6 \quad (1-26)$$

式中 Φ_{SK}（ν_e）——电子中微子通量（$cm^{-2} \cdot s^{-1}$）；

stat.，system.——统计误差和系统误差。

式（1－26）给出的中微子流为标准模型值的0.45倍。

在Sudbury中微子观测站（Sudbury Neutrino Observatory，SNO）探测装置内充满1 000 t重水，通过散射电子产生的切伦科夫（Cerenkov）辐射来检测中微子。探测器的能量阈值约5 MeV。中微子同氘（d）的反应式为

$$\nu_e + d \rightarrow p + p + e^+\ (CC) \quad (1-27)$$

$$\nu_e + d \rightarrow n + p + \nu_e\ (NC) \quad (1-28)$$

$$\nu_x + e^- \rightarrow \nu_x + e^-\ (ES) \quad (1-29)$$

式中，CC、NC和ES分别表示带电粒子流、中性粒子流和弹性散射；ν_x表示ν_e，ν_μ或ν_τ。基于对SNO实验结果的分析，得到图1－41[32]所示结果。其横坐标Φ_e为电子中微子通量，纵坐标为μ介子和τ介子通量之和$\Phi_{\mu\tau}$。通过对中微子事件的分析，各类中微子的总通

量（单位 $cm^{-2} \cdot s^{-1}$）为

$$\Phi_{SNO}(\nu_x，NC) = [5.09 \pm 0.44\ (stat.)\ \pm 0.45\ (system.)] \times 10^6 \qquad (1-30)$$

图1—41中的实线倾斜宽带表示探测试验误差范围。由该图可见，Φ_{SNO}(NC) 值与由虚线带表示的标准太阳模型 Φ_{SSM} 值符合得相当好。因此，可以得出电子中微子通量 Φ_{SNO} (ν_e,CC) 与 μ 介子和 τ 介子通量和 $\Phi_{SNO}(\nu_\mu,\nu_\tau)$ 分别为

$$\Phi_{SNO}(\nu_e,CC) = [1.76 \pm 0.05\ (stat.)\ \pm 0.09\ (system.)] \times 10^6 \qquad (1-31)$$

$$\Phi_{SNO}(\nu_\mu,\nu_\tau) = [3.41 \pm 0.45\ (stat.)\ \pm 0.46\ (sytem.)] \times 10^6 \qquad (1-32)$$

上述各式中通量的单位均为 $cm^{-2} \cdot s^{-1}$ 可以看出，在太阳中微子流中存在非电子中微子，这意味着存在中微子振荡效应。此外，证实了中微子流的实测值与太阳标准模型期望值基本一致。

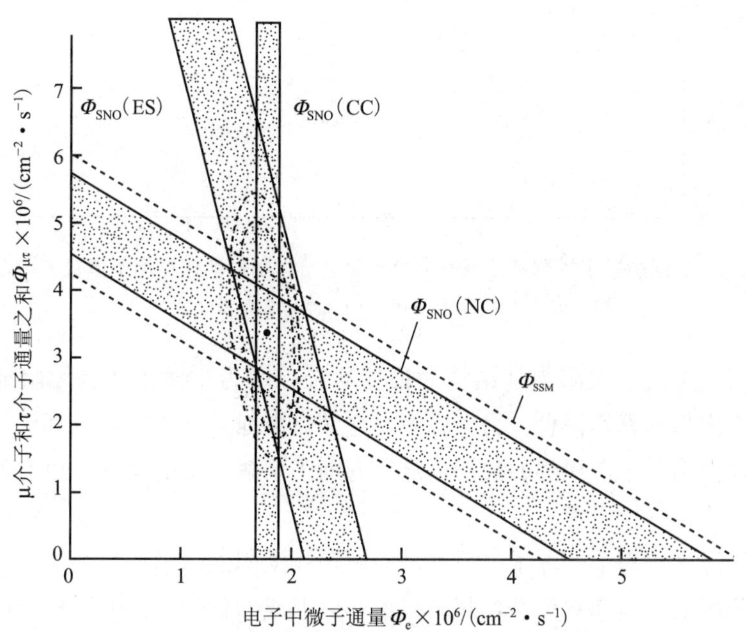

图1—41　从SNO探测装置获得的 ν_e、ν_τ 及 ν_μ 通量

ES—弹性散射；CC—带电粒子；NC—中性粒子；SSM—标准太阳模型（虚线带）

日本Kam LAND的实验证实，在电子中微子和 μ 介子中微子之间存在振荡效应[33]，并记录到了反中微子（antineutrino）。经对各种实验数据的分析，求出振荡参量值为

$$\Delta m^2_{1,2} = (7.1 + 1.2 - 0.6) \times 10^{-5}\ eV，\theta_{1,2} \approx 33^\circ \qquad (1-33)$$

图1—42表明[34]，计及各种实验结果给出振荡参量时，实验值与太阳标准模型的期望值是一致的。这种一致性可能是由于考虑了太阳物质对振荡效应的影响。这意味着太阳核心区产生的电子中微子在传播到地球的过程中，已有相当多的部分转化为 μ 中微子和 τ 中微子，故误以为中微子“失踪”了，其实不然。

太阳中微子研究已取得了重要进展。2002年10月，美国科学家R·戴维斯

(R. Davis）和日本科学家小柴昌俊由于在这一领域作出的突出贡献，获得了诺贝尔物理学奖。中国物理学家最近在这一领域也取得了令世界瞩目的成果。

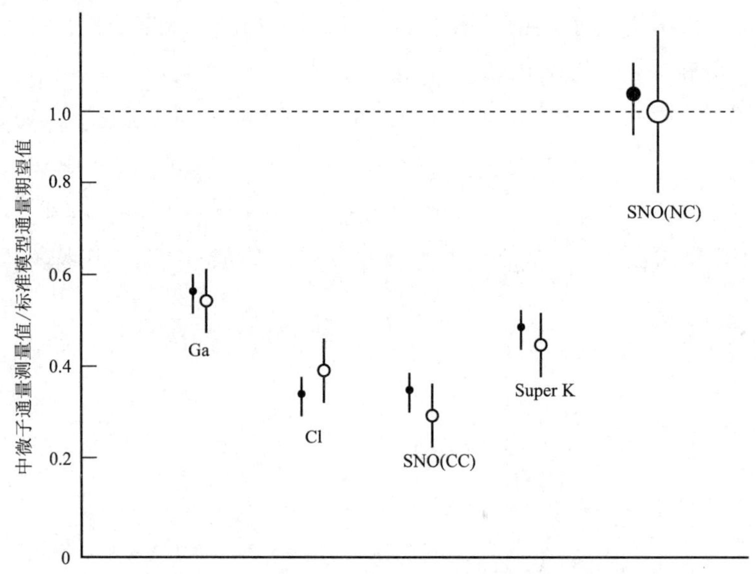

图 1—42　不同中微子探测站记录的中微子通量与太阳标准模型期望值（•）之比，空心圆（○）为计及中微子振荡效应的计算值

中微子的研究是揭示太阳内部结构的最佳途径，因为中微子几乎无阻地来自太阳深处，可带来太阳内部的真实信息。另一方面，它又自由地穿行于宇宙空间、星际和行星际之间，可传递新星系及宇宙深处的独特信息，有助于了解宇宙的奥秘，也有助于对太阳标准模型的正确性作进一步思考。

当今中微子天文物理学开辟了一系列前沿课题：太阳内部结构研究，大质量星体的引力坍陷，宇宙膨胀的加速和双星系，超新星爆炸后形成的星云，银河系核反应和 γ 射线暴的起源等。借助于中微子还可以研究暗物质；通过对中微子振荡效应研究，了解大气中微子和太阳中微子的起源；寻找地球中微子；根据引力坍陷形成的扩散中微子流，研究早期阶段大质量星体的形成速度等。

1.12　太阳的演化

同任何事物一样，太阳也会经历从发生到发展直至最后消亡的演化过程。太阳演化决定于其能源的演变过程。一般认为，太阳是源于原始星系云。其中存在由于热运动而产生的向外的压力（斥力）；同时还存在自身的引力，并与斥力相平衡。在受到某种扰动时，这种平衡可能被破坏，满足所谓的 Jeans 质量判据

$$\frac{Gm_c}{r}>\frac{RT}{\mu} \tag{1—34}$$

式中　R——气体常量；

　　μ，T，m_c，r——星云的平均分子量、温度、质量和半径。

当引力大于气体的热压力时会发生引力坍陷，将气体分子的势能转换为动能，从而使其密度、压力和温度增加，导致大星云（如质量为 $10^4 M_\odot$，$M_\odot$ 为太阳质量）分裂为大量的（$10^3 \sim 10^4$个）小星云。若其中有一个仍满足 Jeans 判据的小星云，就形成了太阳系。这个过程大约经历了 3×10^7 a。一个处于静力平衡态的冷星体称为原太阳（Protosun）。有效温度约 3 000 K，半径为目前太阳的 4 倍，中心温度约为 10^6 K，尚不满足核聚变发生的条件。由于不断地慢收缩，其温度不断升高。当中心温度 T 和密度 ρ 分别达到 $T=7\times10^7$ K 和 $\rho=20\ \mathrm{g\cdot cm^{-3}}$时，便会发生核聚变反应，并逐步步入主星序。由于氢的燃烧过程极为稳定，一般认为，这一过程大约可以持续近 100 亿年。现在太阳存在还不到 50 亿年，正处于中年期。

但是，随着由氢聚变为氦的过程的进行，中心区的氢终将耗尽，并使日核成为主要由氦组成的核心。在这种情况下，太阳内部结构会发生很大的变化。其中，温度可能降至 1.5×10^7 K，密度约为 $100\ \mathrm{g\cdot cm^{-3}}$，已达不到氦核聚变的条件，中心成为非产能区。斥力和引力平衡被破坏，核心部分在引力作用下收缩，并释放大量的能量，导致外层大气加热膨胀。当热量增加速率小于表面积的增大速率时，太阳表面温度将降低。届时，太阳将成为一颗表面温度较低、颜色偏红、体积很大、密度很小且光度较高的星体，称作红巨星。地球的温度将升高到人类无法生存的程度。红巨星、白矮星、主序星和太阳在赫罗图上的分布，如图 1—43 所示。赫罗图是以恒星光度（$L/L_\odot$，$L_\odot$ 为太阳光度）为纵坐标，以有效温度为横坐标的统计关系图，它显示出恒星是按一定序列分布的，可用于恒星演化的研究。

在此过程中，随着氦核的收缩，日核温度不断升高，密度越来越大。当 $T=1\times10^8$ K 和 $\rho=1.0\times10^5\ \mathrm{g\cdot cm^{-3}}$时，氦核发生聚变，重新放出巨大的能量。红巨星大约可维持 10 亿年。随后依次经历氦核—碳核—氖核—铁核的核聚变过程，温度不断升温，密度不断增大，维持时间越来越短，并更加不稳定。最后，当中心温度达到 6×10^9 K 时，内部将产生大量中微子，带走大量能量，并在 1 000 s 时间内耗尽能量。此时，太阳可能发生灾难性的巨变，内部将急剧坍陷，产生的激波可将外壳猛烈地抛向星际空间，从而使太阳变成体积很小、密度很大、温度很高的发白光的天体，称为白矮星。大约再经过 10 亿年，能量完全用尽，太阳最终将成为不发光、寒冷的小黑矮星。

黑矮星的归宿如何，天文学家猜测有两种可能：一是粉身碎骨，成为星际物质；二是它吸积周围的星际物质，重新燃烧起来。但这个问题是无人能准确预测的事情。

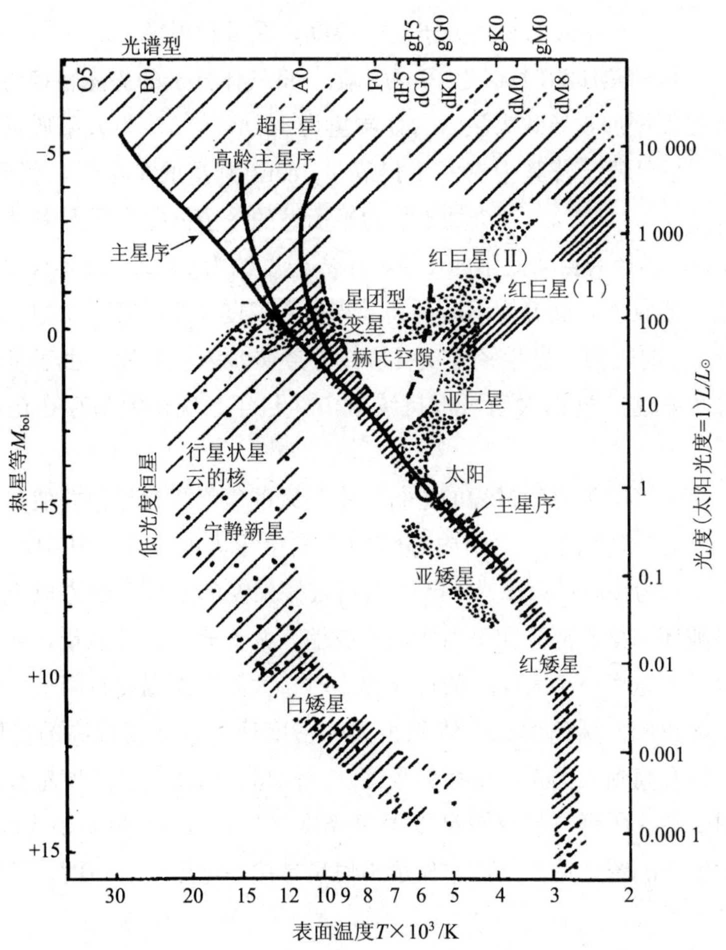

图 1－43　各类恒星系在赫罗图上的分布

星族Ⅰ；星族Ⅱ；——零龄主星序

注：1. 热星等（bolometric magnitude）：基于热辐射测量得到的亮度计算出的热星等（符号为 m_b 或 M_{bol}），用来表征天体在整个辐射波段内的辐射总量。

2. 恒星光谱型：在天文学中，将恒星按其光球温度进行分类。不同温度的恒星发射不同类型的光谱，故可通过恒星光谱特性对其分类。现在通用的为哈佛系统，将恒星光谱分成 7 类，即 O、B、A、F、G、K 和 M 型。光谱型不同，其性质相差很大。如太阳属 G2V 光谱型，有效温度 5 770 K。观测恒星光谱，可研究恒星的组成、结构发生变化的物理过程，确定恒星间距离，以及研究其在空间的运动规律等

参考文献

[1] Кононович Э В，Красоткин С А，и др. Солнце и солнечная активность. Модель Космоса，Восьмое издание，Том I：Физические Условия в Космическом Пространстве，Под ред. М. И. Панасюка. Москва：Издательство 《КДУ》，2007：219－271.

[2] 林元章．太阳物理导论．北京：科学出版社，2000：2－26；87－127.

[3] Engvold O. The solar chemical composition. Phys. Scripta，1977，16：48－50.

[4] Lilensten J，Bornarel J. Space weather，environment and societies. Springer，2006：12－38.

[5] Gibson E G. The quiet sun. NASA SP－303，NASA，U. S. GPO，Washington D. C.，1973.

[6] Bahcall J N，Ulrich R K. Solar models，neutrino experiments，and helioseismology. Rev. Mod. Phys.，1988，60：297－372.

[7] Foukal P V. Solar astrophysics. New York：John Wiley and Sons，Inc.，1990.

[8] Gingerich O，De Jager C. The Bilderberg model of the photosphere and low chromosphere. Solar Phys.，1968，3：5－25.

[9] Gingerich O，Noyes R W，Kalkofen W. The Harvard－Smithsonian reference atmosphere. Sol. Phys.，1971，18：347－365.

[10] Vernazza J E，Avrett E H，Loeser R. Structure of the solar chromosphere. III － Models of the EUV brightness components of the quiet－sun. Astrophys. J. Suppl.，1981，45：635－725.

[11] Bray R L，Loughhead R E. A new determination of the granule/intergranule contrast. Solar Phys.，1977，54：319－326.

[12] Küveler G. Velocity fields of individual supergranules. Solar Phys.，1983，88：13－29.

[13] Foukal P V. Solar astrophysics. New York：John Wiley and Sons，Inc.，1990.

[14] Waldmeier M. Publ. Zürich Obs.，1947，9：1.（转引自［2］第402页）.

[15] Aschwanden M J. Phsysics of the solar corona：an introduction with problems and solutions. Springer，2007：271；715.

[16] 陈建，林元章．天体物理学报，1987，7：207.

[17] 陈建，林元章．天体物理学报，1987，7：287.

[18] Svestka Z. Solar flares. Dordrecht：Reidel，1976.

[19] Hanslmeier A. The sun and space weather，Second edition. Springer，2007：71－75.

[20] Smart D F，Shea M A. Solar proton event classification system. Solar Phys.，1971，16：484－487.

[21] Shibata K. New observational facts about solar flares from YOHKOH studies－Evidence of magnetic reconnection and a unified model of flares. Adv. Space Res. 1996，17 (4/5)：9－18.

[22] Lin R P，Hudson H S. Non－thermal processes in large solar flares. Solar Phys.，1976，50：153－178.

[23] Harrison R A. Solar Coronal mass ejections and flares. Astron. Astrophys. 1986，162：283－291.

[24] Webb D F，Handhausen A J. Activity associated with the solar origin of coronal mass ejections. Solar Phys.，1987，108：383－401.

[25] Hundhausen A J. Sizes and locations of coronal mass ejections：SMM observations from 1980 and 1984－1989. J. Geophys. Res.，1993，98：13177.

[26] Maunder E W. The sun and sunspots 1820－1920. Mon. Not. Roy. Astron. Soc.，1922，82：534－544.

[27] Babcock H W. The topology of the Sun's magnetic field and the 22－yr cycle. Astrophys. J.，1961，

133：572—587.

[28] Leighton R B. A magneto—kinematic model of the solar cycle. Astrophys. J.，1969，156：1—41.

[29] Leighton R B. Noyes R W. Simon G W. Velocity fields in the solar atmosphere. I. Preliminary Report. Ap. J.，1962，135：474—499.

[30] Ondoh T，Marubashi K. Science of space environment. Tokyo：Ohmsha Ltd. 2000：29—30.

[31] Bahcall J N，Pinsonneault M H，Basu S. Solar models：current epoch and time dependences，neutrinos，and helioseismological properties. Astrophys. J.，2001，555：990—1012.

[32] Ahmad Q R，et al. Measurement of day and night neutrino energy spectra at SNO and constraints on neutrino mixing parameters. Phys. Rev. Lett.，2002，89：011302.

[33] Ahmed S N，et al. Measurement of the total active B—8 solar neutrino flux at the Sudbury Neutrino Observatory with enhanced neutral current sensivity. nucl. —ex/0309004，2003.

[34] McKeon R，Vogel P. Neutrino mass and oscillation：triumphs and challenges. hep—ph/0402025，2004.

第 2 章　太阳电磁辐射

2.1　概述

太阳内核通过核聚变产生的巨大能量，以电磁波、粒子流（太阳风和能量粒子流）、中微子和各种形式的波向外辐射。其中电磁波占主要能量份额，远大于其他形式的能流。电磁辐射覆盖着很宽的波长范围，从 0.1 nm 左右一直到数十米以外，形成 X 射线、紫外线、可见光、红外线（IR）和射电波（如表 2－1 和表 2－3 所示）。

太阳电磁辐射按其性质可分为热辐射和非热辐射。辐射能量分布遵从斯忒藩－玻耳兹曼分布定律（Stefan－Boltzmann law）的辐射称为热辐射；与上述分布定律相差较大的辐射称为非热辐射。主要源于光球的可见光和红外辐射光属热辐射，占太阳辐射能流的大部分，其辐射强度稳定；波长 $\lambda<0.28\ \mu m$ 的紫外线、X 射线以及 γ 射线和波长 $\lambda>1\ 000\ \mu m$ 的射电波主要源于高温日冕，属非热辐射。后者的辐射功率小，辐射能量占太阳总辐射能量很小的份额，但可发生显著变化，甚至产生多种形式的爆发事件。

太阳电磁辐射是一种重要的空间环境因素。它与太阳活动特别是耀斑爆发密切关联，并对人类的空间活动造成一系列影响。通过对太阳电磁辐射的研究，可获得许多发生在太阳上的物理过程的重要信息，并已发展成为天体物理学的重要分支。表 2－1 为地球大气外太阳各种电磁辐射的波长及能量范围。

表 2－1　地球大气外太阳电磁辐射谱

波段	波长范围	能量范围
γ 射线	$\lambda<2.5$ pm	$E>500$ keV
硬 X 光	0.002 5 nm$\leqslant\lambda<$0.1 nm	12.4 keV$<E\leqslant$500 keV
软 X 光	0.1 nm$\leqslant\lambda<$10 nm	0.124 keV$<E\leqslant$12.4 keV
极紫外	10 nm$\leqslant\lambda<$150 nm	8.24 eV$<E\leqslant$124 eV
紫外	150 nm$\leqslant\lambda<$300 nm	4.13 eV$<E\leqslant$8.24 eV
可见区	300 nm$\leqslant\lambda<$750 nm	1.65 eV$<E\leqslant$4.13 eV
红外	0.75 μm$\leqslant\lambda<$1 000 μm	0.001 24 eV$<E\leqslant$1.65 eV
射电	$\lambda\geqslant$1 mm	$E\leqslant$0.001 24 eV

紫外辐射（ultraviolet radiation）是波长在 400～10 nm 之间的电磁辐射，对应的频率为 $8\times10^{14}\sim3.2\times10^{17}$ Hz，光子能量 $E=3.10\sim124$ eV，可进一步分成不同的子波段，但不同的领域常采用不同的分段标准。根据国际标准化组织（ISO）标准（草案）（ISO－DIS－21348），将太阳紫外光谱分成 10 个波段，其中在空间科学中常用的有：近紫外（NUV）$\lambda=400\sim300$ nm（$E=3.10\sim4.13$ eV）；中紫外（MUV）$\lambda=300\sim200$ nm（$E=4.13\sim6.20$ eV）；远紫外（FUV）$\lambda=200\sim122$ nm（$E=6.20\sim10.20$ eV）；真空紫

外（VUV）$\lambda=200\sim100$ nm（$E=6.20\sim12.40$ eV）；极紫外（EUV）$\lambda=121\sim10$ nm（$E=10.20\sim124$ eV）等。

由于大气层的吸收、散射和反射效应，某些波段的太阳电磁辐射将无法到达地面，或发生严重的畸变，只能进行高空在轨测量。太阳电磁辐射能够到达地球的只有可见光和红外辐射“窗口”，但却占太阳电磁辐射能流的绝大部分。随着将探测器送入空间的运载器的出现，不断深化了对太阳电磁辐射的认识。

2.1.1 地球大气外太阳电磁辐射谱

将辐射至地球的太阳电磁辐射看成平行光是很好的近似方法。从日心和太阳边缘发出的射线间夹角只有约$\left(\frac{1}{4}\right)^{\circ}$。

地球大气层外的太阳辐射在单位时间通过与太阳射线相垂直的单位表面积的辐射能量，称为太阳辐射通量或辐照度 ϕ_S^E（单位为 W・cm^{-2}），即

$$\phi_S^E=\frac{E}{At} \tag{2-1}$$

式中 A——与入射光线相垂直的横截面积；

t——时间；

E——入射能量。

式（2-1）是基于辐射场在空间上是均匀的、时间上是恒定的假定。因为这种时间不变性，ϕ_S^E称为太阳常数，其值为：（$1.367\pm0.2\%$）kW・m^{-2}。每秒通过以 1 AU 为半径的球面的总辐射能称为太阳发光度（luminosity），其值为

$$L_s=\phi_s^E 4\pi\ (1\ \text{AU})^2=3.86\times10^{26}\ \text{W}$$

在许多情况下，人们不关心入射的总能量通量，而只是关心在某一波段上的能量通量，从而引入谱或分光能量通量（spectral energy flux）

$$S^E(\lambda)=\frac{d\phi^E(\lambda)}{d\lambda}=\frac{dE}{At\,d\lambda} \tag{2-2}$$

基于定义，$S^E(\lambda)$ 是描述地球轨道上波长区间 $d\lambda$ 的能量通量，又称为谱能量通量或谱辐照强度。有时为方便起见，将波长 λ 转化为频率 $\nu(\nu=c_0/\lambda)$，这时

$$S^E(\nu)=\left|\frac{d\phi^E(\nu)}{d\nu}\right|=\frac{d\phi^E(\nu=c_0/\lambda)}{d\lambda}\frac{\lambda^2}{c_0}=\left[S^E(\lambda)\frac{\lambda^2}{c_0}\right]_{\lambda=c_0/\nu} \tag{2-3}$$

式中 c_0——真空中光速。

将谱能量通量表示成 λ 或 ν 的函数，便可得到太阳电磁辐射谱（radiation spectrum），如图 2-1 所示[1]。该图取双对数坐标，给出覆盖 11 个数量级波长和 24 个数量级谱能量通量的太阳辐射谱的特征。由图 2-1 可以估算不同波段的相对辐射强度，图 2-1（a）中阴影区表示可见光和部分射电波。这些波段的太阳辐射电磁波可以通过大气层入射到地球表面。其他波段的太阳电磁辐射波被地球不同高度的大气吸收。

图 2-1 表明太阳谱能量通量的极大值出现在可见光波段，其值稍大于 1 kW・m^{-2}・μm^{-1}，并且在更长和更短波长下，谱能量通量急剧降低。但在紫外线和 X 射线波段这一下降发生明显中断，约在两个量级波段上，谱能量通量大体上为常数，而且在这些区域辐射呈现明显的时间效应。这类准规律的变化范围用点线的区域表示；短期辐射爆发的幅值以虚线表示。这些变化对太阳总辐射能量通量（太阳常数）的影响不大，因为其谱能量通

量比可见光区的极大值低 4～5 个数量级。相类似地，在射电波段也观测到不太明显的谱能量通量的衰减和与极紫外波段相同量级的准规律的时间效应。

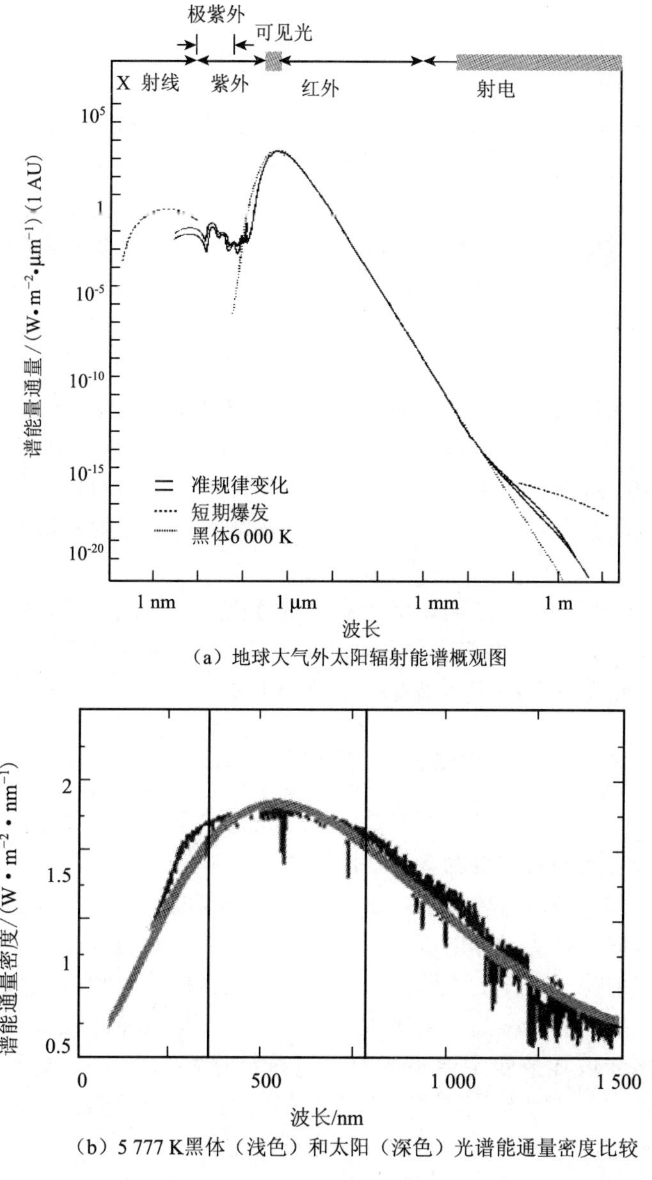

（a）地球大气外太阳辐射能谱概观图

（b）5 777 K黑体（浅色）和太阳（深色）光谱能通量密度比较

图 2—1　太阳电磁辐射谱

从图 2—1 可以看出，在很宽的谱范围上，太阳辐射谱可以很好地近似描述为黑体辐射谱。当辐射能量入射到物体表面上，将被表面反射、吸收和透过。相应部分的能量与入射能量之比，分别称为反射率 R，吸收率 A 和透过率 τ（其和为 1）。所谓黑体（black body）是指在辐射平衡态下，具有理想的吸收和发射特征，即 $A=1$ 的物体。基于普朗克辐射定律，从黑体表面发射的辐射谱具有以下的形式[2]

$$S_{BB}^{E}(\lambda)=2\pi h_{p}c_{0}^{2}\lambda^{-5}\frac{1}{\exp(h_{p}c_{0}/\lambda kT)-1} \tag{2—4}$$

式中 h_p——普朗克常量；

c_0——光速；

λ——波长；

k——玻耳兹曼常量；

T——黑体温度；

S_{BB}^{E}（λ）——每秒通过1 m^2表面元、在波长间距 dλ（m）上辐射的能量（J）。

在地球上观测到太阳呈现很强的辐射谱能量通量密度，而从黑体（太阳）表面元发射的能量是从各个方向向外辐射的，实际上只有很小一部分的能量能够到达地球。太阳每个未受阻表面元的辐射均可贡献于地球上的能量通量，所有从太阳表面辐射的能量势必通过半径为1 AU的中心球，故 $S_{BB}^{E}(\lambda)4\pi R_{\odot}^{2}=[S_{BB}^{E}(\lambda)_{1\,AU}4\pi(1\,AU)^2]$。采用谱能量通量密度的单位为 $W\cdot m^{-2}\cdot \mu m^{-1}$，可得

$$S_{BB}^{E}(\lambda)_{1\,AU}=10^{-6}(R_{\odot}/1\,AU)^2S_{BB}^{E}(\lambda) \tag{2-5}$$

由式（2－4）所描述的理论谱包含的自由参量为黑体温度，该温度可以通过式（2－5）与观测的太阳辐射能谱相拟合求出。例如，使理论谱与观测谱在相同的波长 λ_{max} 下达到极大值，便可以唯一地求出自由参量 T。为了确定该极大值所对应的波长，可将普朗克能谱对 λ 求导，并设导数为零。这给出一隐方程，该方程的数值解便是维恩位移定理

$$\lambda_{max}=a_w/T \tag{2-6}$$

式中，a_w＝0.002 898 km。这表明，随着温度的增高，最大辐射波长将移向更低的值（蓝移）。对应于观测到的太阳辐射极大波长 $\lambda_{max}\approx0.45\ \mu m$，可求出黑体温度为6 400 K。

将式（2－4）给定的普朗克能谱在整个波长上积分，可以得到斯忒藩－玻耳兹曼定律

$$\phi_{BB}^{E}=\int_0^{\infty}S_{BB}^{E}d\lambda=a_{SB}T^4 \tag{2-7}$$

式中，$a_{SB}=5.67\times10^{-8}\ W\cdot m^{-2}\cdot K^{-4}$。令该关系式等于太阳的发光度，除以太阳的表面积，可以求出太阳有效辐射温度为5 780 K。

将黑体辐射谱和观测谱进行比较，证实了某些早期的认识。红外和可见光波段的理论谱和观测谱符合很好，证实光球的确具有约6 000 K的有效温度。在近紫外和远紫外区辐射的弱化意味着辐射源于较冷的太阳大气层。相反，在极紫外和X射线波段的辐射显著增强，意味着它们发射自温度很高的太阳大气层。但是这层气体比较稀薄，不能用黑体辐射描述，故与斯忒藩－玻耳兹曼定律不相符。这些结论都与先前有关日冕的概念一致。此外，已查明极紫外和X射线辐射可能归结于日冕的贡献，而光球的贡献可以忽略。由此可以看出，在太阳辐射谱内包含着丰富的太阳电磁辐射信息。

详细的分析指出[3]，在地球大气外不同波段的电磁辐射实际上源于太阳的不同层次，反映不同的物理过程。如0.2～10.0 μm波段呈现连续发射谱，其中还叠加2万多条吸收线（夫琅和费谱线）。这一波段的辐射基本上源于太阳光球，其能谱与温度6 000 K的黑体辐射大体相对应；而夫琅和费谱线波长对应于中性和电离原子及分子的能级间跃迁，常出现吸收线。其中特别强的吸收线，如氢原子的Hα（656.2 nm），源于色球层；波长 $\lambda<0.15\ \mu m$ 时，呈现弱连续谱叠加较强的发射线，主要源于色球和日冕；波长 λ 约为0.15～0.2 μm时，太阳光谱是在连续谱上同时叠加吸收线和发射线，主要源于光球，是一独特的过渡波段。在波长10 μm～1 mm波段，连续谱强度降低至 $10^2\ erg\cdot cm^{-2}\cdot s^{-1}\cdot \mu m^{-1}$ 以下，已无吸收线，只有一些弱发射线，连续谱线源于光球上层接近于温度极小区；波长

大于 1 mm 的射电波段，其连续谱已明显偏离 6 000 K 的黑体辐射。来自色球的毫米波和厘米波连续谱大致对应于 10^4～10^5 K 的黑体辐射；而来自日冕的分米波和米波辐射，相当于 10^6 K 的黑体辐射。

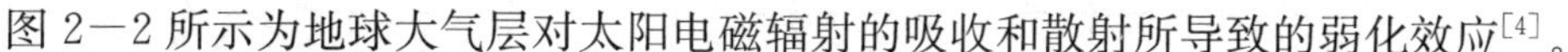

图 2－2 所示为地球大气层对太阳电磁辐射的吸收和散射所导致的弱化效应[4]。

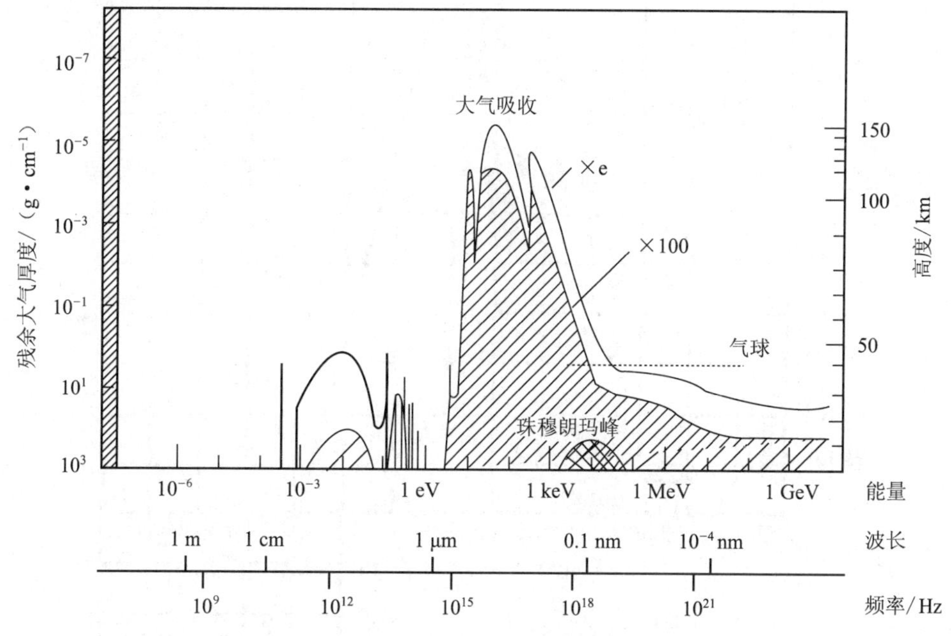

图 2－2　地球大气层对太阳电磁辐射的弱化效应

×e—弱化至初始值的 1/e；×100—弱化至初始值的 1/100

图 2－3 为宁静太阳的谱辐照度与波长的关系及其在太阳耀斑出现时的变化，从图中可以看出太阳电磁辐射的总貌。

宁静太阳总能谱的基本特征，可以基于简单的理论框架得到解释：太阳光球是黑体辐射的主要贡献者；日冕决定 X 射线和射电辐射（$\lambda>1$ cm）波段的强度，而色球主要影响谱的精细结构，如发射吸收谱线及在紫外、红外和亚毫米波段导致亮度温度的变化等。

研究某一特定波段的辐射通量在太阳表面的分布，可以获得比太阳总谱更多的信息，这种分布图称为日光图，由其可以看出太阳表面的某些区域具有较高的辐射功率。在大多数情况下，太阳总辐射随时间的变化与活动区的出现有关。耀斑的出现及其诱发的相关效应，将对太阳辐射产生一系列影响。

实际上，宁静太阳的辐射能量主要集中在可见光和红外波段。通过大气层外和射电天文测量手段，可以测量在极宽波段上（波长 150 nm～1 km）的太阳辐射强度分布。从图 2－3 可见，γ 射线至射电米波段的太阳辐射强度变化范围为 26 个数量级，最强的可见光区的辐射强度为 10^6 erg·cm^{-2}·s^{-1}·μm^{-1}，最弱的射电米波段为 10^{-20} erg·cm^{-2}·s^{-1}·μm^{-1}。太阳辐射功率主要出现在可见光和近红外区，峰值波长约为 0.5 μm。波长 0.2～10.0 μm 之间的辐射能已占太阳常数的 99%。其中，0.38～0.70 μm 波段的可见光约占总量的 40%，而大于 0.7 μm 波长的红外波段约占 53%。

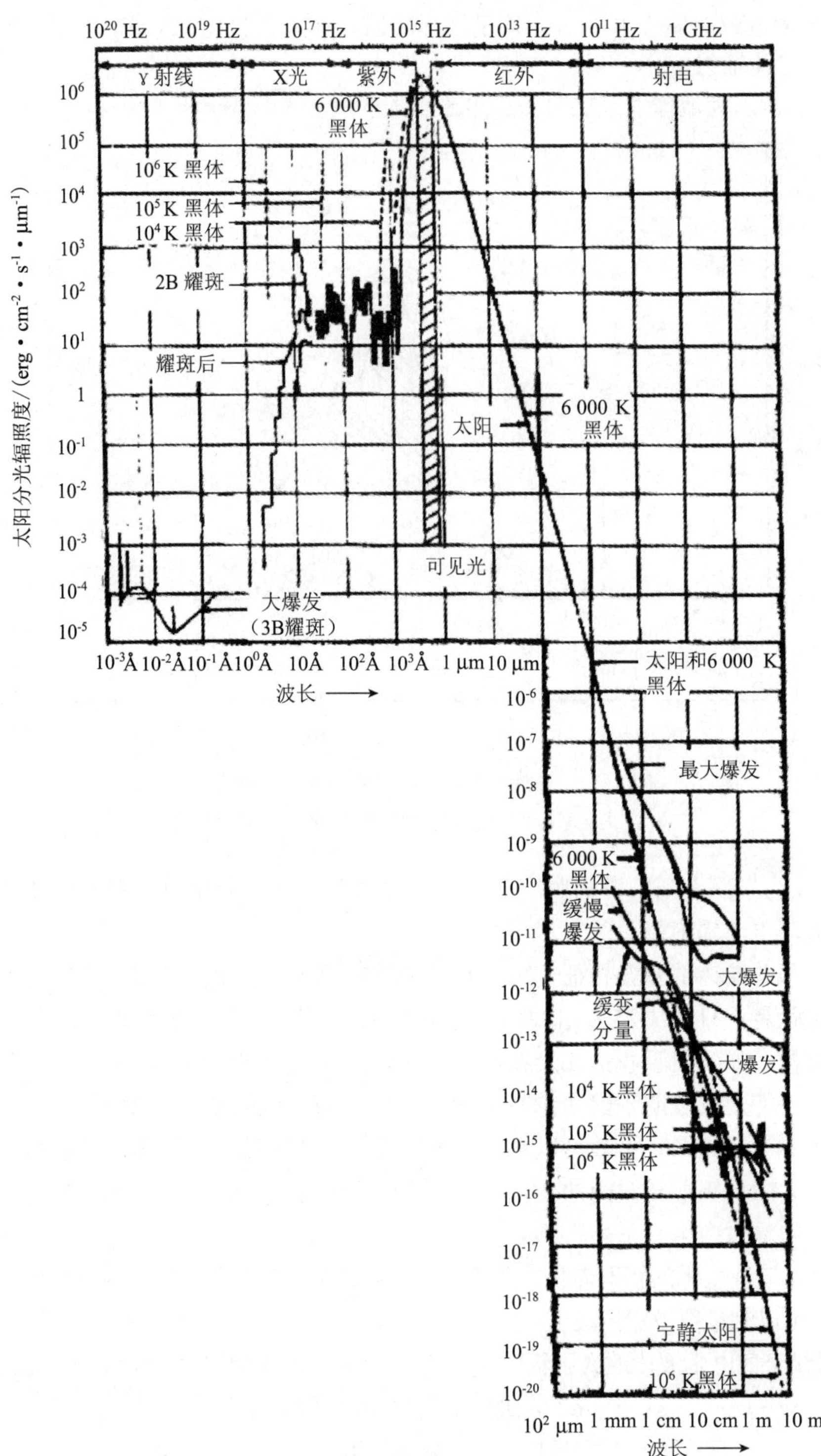

图 2—3　地球大气外太阳的分光辐照度随波长的变化

引自 J. M. Pasachoff 和 M. T. Kutner1978 年所著的 University Astronomy

下面讨论地球大气对太阳辐射的吸收。

地球大气层的吸收和散射将导致太阳电磁辐射的弱化，如图 2－2 所示。某些波段的电磁辐射，如 X 射线、γ 射线，以及波长 $\lambda \geqslant 30$ m 的射电波完全无法穿过大气层；或者，由于大气层引起的吸收和散射而导致严重畸变，如紫外、红外、亚毫米和毫米波辐射。所以，无法对太阳电磁辐射进行全波段的地面观测，能够到达地面的只有可见光、红外波段以及大部分射电波段，而紫外线、X 射线和 γ 射线只能在高空测量。

图 2－4 所示为地球大气中气体对太阳辐射吸收的基本情况[5]。曲线 1 是地球大气层外（1 AU 处）的太阳光谱辐照度分布；曲线 2 是计及大气分子对太阳光散射时到达地面的太阳辐照光谱。在较宽的波段内存在大气对太阳辐射的吸收，称为吸收带。水汽的吸收带主要出现在红外区；臭氧的吸收带主要在紫外和可见光区；氧在可见光区形成吸收带；二氧化碳在红外区呈现吸收带。吸收带的形成导致太阳辐照光谱的总辐照度从地球大气层外的 0.137 1 W · cm^{-2} 降至海平面上的 0.111 1 W · cm^{-2}。大气层散射将主要使可见光区的辐照度明显下降。

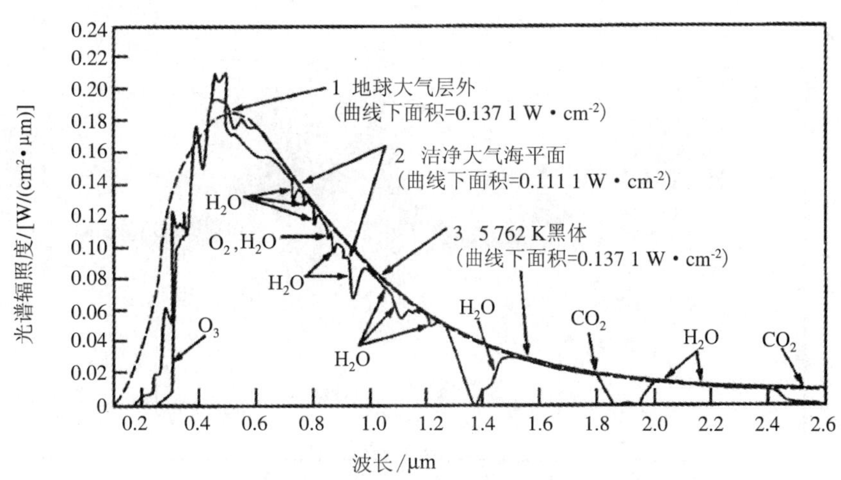

图 2－4　太阳光谱辐照度的分布

1—地球大气层外；2—地球海平面；3—5 762 K 黑体（虚线）

2.1.2　太阳活动对太阳电磁辐射的影响

在大多数情况下，太阳总辐射强度随时间的变化与活动区（如黑子和耀斑等）的出现相关联。在太阳耀斑爆发时，源于高温日冕区的非热辐射如紫外线、X 射线和 γ 射线以及射电波等的辐射强度有可能成倍或几十倍的增加，其特征持续时间为零点几秒至 1 小时。图 2－3 所示的太阳辐射谱考虑了太阳活动及其演化周期的影响。

多年来，一直认为通过单位面积、单位时间的太阳电磁辐射能量值是恒定的，故称为太阳常数（为 1.367 kW · m^{-2}）。但是，1980 年在轨卫星（SMM）的精确测量表明，太阳表面出现大型黑子群时，太阳常数相应地降低了 0.1%～0.3%。随后的长期观测又进一步发现，在 11 a 的太阳活动周期内，随着太阳活动水平的变化，太阳辐照度（solar irradiance）变化约 0.2%。图 2－5 所示为太阳辐照度的长期变化，尖峰表示由于黑子群的出现而引起的快速涨落，而总体上的慢变化是表示在太阳活动周期内的演化[6]。

从图 2—5 可见，伴随黑子群的出现，短期内太阳总辐照度降低；但在长时期内，随着太阳活动的增强，太阳上呈现许多黑子群时辐照度却有所增大。这表明虽然太阳总辐照度随着用黑子数目表征的太阳活动性的变化是很重要的特性，但随着太阳长期活动（除 11 a周期外，还有 80 a 周期等）的演化，太阳电磁辐射能到底会发生多大变化尚不清楚。在 1645～1715 年的 70 a 周期内几乎完全不存在黑子（Maunder 极小期），欧洲大陆经历了极冷的年代，称为小冰川期（Little Ice Age）。研究太阳长期活动对太阳常数的影响，对理解地球气候的长期变化有益。

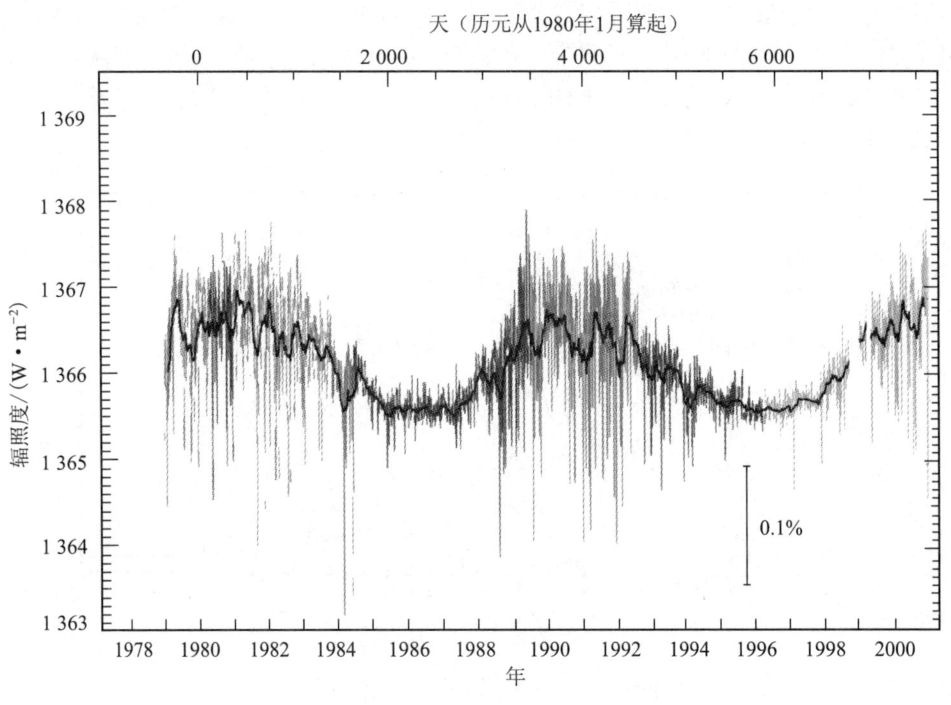

图 2—5　太阳辐照度的长期变化

1981 年，世界气象组织的仪器与观测委员会建议，以世界辐射测量基准（WRR）为标尺，基于 1969 年～1980 年的观测结果，将地球大气层外日地平均距离处，太阳辐照度的平均值确定为 1 367 W·m^{-2}，并公布了如表 2—2 所示的地外太阳光谱辐照度（spectrum irradiance）[7]，表征太阳在某一波长（或波段上）的光辐射经过大气的吸收、散射和反射后到达地球大气上边界时单位面积、单位时间的能通量。

表 2—2　在 250～25 000 nm 波段上太阳光谱辐照度分布

λ	IR	λ	IR	λ	IR	λ	IR	λ	IR	λ	IR	λ	IR
250	251 369	392	135 593	534	191 707	676	149 683	890	475 038	1 600	123 789	3 240	37 735
251	6 992	393	96 770	535	190 310	677	147 300	895	469 612	1 605	122 780	3 260	36 894
252	5 655	394	51 918	536	201 246	678	150 134	900	461 964	1 610	122 039	3 280	36 063

续表

λ	IR	λ	IR	λ	IR	λ	IR	λ	IR	λ	IR	λ	IR
253	5 415	395	116 506	537	188 985	679	146 307	905	451 286	1 615	122 282	3 300	35 277
254	6 496	396	136 058	538	191 722	680	147 857	910	438 679	1 620	121 298	3 320	34 496
255	7 485	397	73 157	539	193 188	681	148 219	915	436 772	1 625	121 543	3 340	33 745
256	9 759	398	98 892	540	183 170	682	146 852	920	427 664	1 630	121 786	3 360	33 003
257	12 463	399	155 885	541	181 955	683	146 116	925	413 519	1 635	120 064	3 380	32 282
258	14 702	400	165 557	542	185 358	684	146 830	930	415 959	1 640	118 096	3 400	31 586
259	14 837	401	174 765	543	189 407	685	144 300	935	413 721	1 645	117 357	3 420	30 920
260	12 267	402	185 464	544	188 832	686	144 913	940	403 069	1 650	117 355	3 440	30 264
261	10 629	403	169 945	545	193 473	687	141 410	945	397 737	1 655	117 107	3 460	29 623
262	11 230	404	166 177	546	187 116	688	137 581	950	392 912	1 660	116 859	3 480	29 003
263	12 632	405	161 197	547	191 547	689	138 104	955	385 118	1 665	115 627	3 500	28 387
264	19 431	406	166 262	548	184 846	690	141 801	960	386 656	1 670	114 395	3 520	27 796
265	28 081	407	160 358	549	190 540	691	144 080	965	383 984	1 675	112 177	3 540	27 220
266	29 209	408	164 855	550	193 179	692	141 664	970	384 045	1 680	110 455	3 560	26 654
267	28 227	409	170 336	551	186 042	693	141 952	975	380 245	1 685	110 207	3 580	26 133
268	28 459	410	168 896	552	190 498	694	143 486	980	384 504	1 690	109 711	3 600	25 593
269	27 532	411	160 548	553	184 554	695	146 484	985	384 833	1 695	108 482	3 620	25 067
270	27 652	412	184 721	554	192 922	696	145 109	990	381 926	1 700	107 989	3 640	24 591
271	30 166	413	178 972	555	190 149	697	143 771	995	379 626	1 705	107 498	3 660	24 080
272	24 674	414	172 855	556	191 617	698	147 849	1 000	372 852	1 710	104 053	3 680	23 610
273	23 353	415	175 825	557	184 785	699	146 310	1 005	371 518	1 715	104 050	3 700	23 139
274	21 112	416	169 074	558	182 223	700	140 560	1 010	368 679	1 720	104 541	3 720	22 693
275	15 652	417	195 848	559	182 068	701	142 990	1 015	364 688	1 725	100 603	3 740	22 243
276	21 274	418	160 288	560	185 019	702	141 241	1 020	357 139	1 730	96 915	3 760	21 817
277	27 124	419	158 521	561	186 677	703	139 298	1 025	353 842	1 735	95 192	3 780	21 391
278	24 958	420	173 008	562	182 558	704	141 918	1 030	349 964	1 740	95 438	3 800	20 976
279	17 168	421	173 978	563	188 301	705	142 790	1 035	345 900	1 745	94 451	3 820	20 575
280	10 385	422	193 380	564	187 654	706	139 827	1 040	344 123	1 750	93 462	3 840	20 175
281	13 202	423	162 314	565	184 641	707	137 736	1 045	342 433	1 755	94 446	3 860	19 804
282	24 273	424	166 385	566	182 646	708	138 033	1 050	337 350	1 760	93 708	3 880	19 424
283	32 759	425	183 233	567	184 184	709	136 238	1 055	328 527	1 765	91 983	3 900	19 053
284	34 419	426	167 122	568	185 804	710	141 192	1 060	323 810	1 770	90 015	3 920	18 707
285	24 310	427	168 954	569	181 645	711	144 352	1 065	322 118	1 775	87 554	3 940	18 357
286	20 862	428	155 855	570	188 340	712	140 101	1 070	321 144	1 780	86 076	3 960	18 026
287	36 138	429	161 524	571	175 498	713	139 009	1 075	317 982	1 785	85 340	3 980	17 686
288	36 223	430	143 179	572	181 549	714	138 806	1 080	313 585	1 790	84 847	4 000	17 376
289	37 398	431	118 114	573	191 009	715	137 511	1 085	309 417	1 795	85 581	4 020	17 060
290	52 521	432	173 931	574	183 439	716	137 792	1 090	307 248	1 800	85 581	4 040	16 700
291	63 478	433	159 093	575	185 126	717	136 779	1 095	303 573	1 805	84 351	4 060	16 364
292	60 710	434	171 971	576	187 205	718	136 953	1 100	302 659	1 810	82 136	4 080	16 039
293	55 761	435	170 941	577	183 666	719	136 114	1 105	303 248	1 815	80 168	4 100	15 718

续表

λ	IR	λ	IR	λ	IR	λ	IR	λ	IR	λ	IR	λ	IR
294	56 829	436	183 281	578	177 838	720	134 807	1 110	301 826	1 820	79 920	4 120	15 403
295	54 323	437	194 545	579	182 467	721	132 661	1 115	298 648	1 825	78 933	4 140	15 107
296	59 232	438	175 646	580	181 983	722	138 057	1 120	292 710	1 830	78 195	4 160	14 807
297	52 618	439	160 128	581	184 871	723	141 306	1 125	287 770	1 835	76 718	4 180	14 526
298	54 290	440	178 344	582	186 959	724	139 403	1 130	284 585	1 840	75 977	4 200	14 231
299	49 424	441	172 818	583	184 148	725	140 749	1 135	283 161	1 845	76 222	4 220	13 950
300	49 927	442	190 977	584	184 870	726	138 325	1 140	280 977	1 850	74 995	4 240	13 695
301	50 544	443	197 709	585	184 529	727	137 247	1 145	279 045	1 855	73 520	4 260	13 430
302	61 720	444	192 663	586	177 402	728	135 997	1 150	275 855	1 860	72 289	4 280	13 174
303	50 060	445	197 037	587	179 763	729	133 668	1 155	275 429	1 865	71 795	4 300	12 924
304	56 413	446	181 465	588	181 230	730	136 291	1 160	274 250	1 870	69 827	4 320	12 679
305	51 899	447	192 336	589	173 918	731	136 585	1 165	268 286	1 875	67 860	4 340	12 448
306	56 630	448	199 823	590	160 829	732	135 922	1 170	266 601	1 880	69 089	4 360	12 213
307	54 720	449	200 552	591	182 231	733	135 552	1 175	265 420	1 885	69 825	4 380	11 978
308	67 086	450	202 552	592	179 407	734	135 677	1 180	260 708	1 890	69 084	4 400	11 762
309	59 188	451	222 018	593	177 442	735	135 433	1 185	257 288	1 895	69 081	4 420	11 547
310	50 548	452	214 598	594	176 196	736	136 049	1 190	256 496	1 900	68 097	4 440	11 322
311	58 104	453	192 493	595	180 773	737	136 420	1 195	254 010	1 905	67 607	4 460	11 116
312	72 524	454	196 426	596	176 154	738	132 839	1 200	250 255	1 910	68 836	4 480	10 921
313	66 662	455	202 841	597	183 835	739	129 629	1 205	248 264	1 915	68 836	4 500	10 721
314	69 629	456	203 657	598	175 866	740	131 036	1 210	246 524	1 920	67 852	4 520	10 525
315	69 875	457	207 690	599	172 688	741	129 234	1 215	248 077	1 925	66 866	4 540	10 330
316	71 710	458	205 302	600	171 290	742	129 336	1 220	246 066	1 930	66 372	4 560	10 150
317	62 832	459	198 629	601	175 060	743	127 635	1 225	241 267	1 935	66 127	4 580	9 965
318	80 912	460	199 193	602	169 186	744	129 319	1 230	241 800	1 940	65 388	4 600	9 784
319	68 167	461	205 107	603	174 145	745	129 302	1 235	240 869	1 945	64 402	4 620	9 624
320	74 435	462	209 523	604	180 630	746	128 984	1 240	239 271	1 950	63 663	4 640	9 444
321	82 054	463	211 132	605	171 831	747	128 650	1 245	236 347	1 955	62 191	4 660	9 279
322	74 378	464	205 647	606	174 974	748	128 946	1 250	235 491	1 960	61 948	4 680	9 113
323	74 378	465	196 616	607	173 555	749	128 908	1 255	234 947	1 965	62 930	4 700	8 958
324	61 387	466	199 046	608	178 557	750	127 698	1 260	227 449	1 970	62 682	4 720	8 798
325	64 021	467	192 453	609	166 239	751	126 451	1 265	220 982	1 975	63 663	4 740	8 653
326	74 511	468	199 016	610	172 421	752	126 015	1 270	219 665	1 980	63 661	4 760	8 512
327	108 882	469	201 253	611	174 206	753	124 331	1 275	223 501	1 985	61 938	4 780	8 357
328	103 023	470	200 753	612	172 727	754	125 518	1 280	222 702	1 990	60 954	4 800	8 222
329	92 378	471	189 753	613	173 872	755	125 022	1 285	218 811	1 995	60 954	4 820	8 077
330	106 780	472	200 717	614	168 130	756	124 716	1 290	220 586	2 000	59 725	4 840	7 947
331	105 837	473	203 415	615	173 164	757	123 914	1 295	220 817	2 020	22 5371	4 860	7 801
332	94 620	474	200 207	616	169 330	758	123 696	1 300	219 728	2 040	22 0196	4 880	7 671
333	96 663	475	203 169	617	164 209	759	122 675	1 305	217 289	2 060	209 129	4 900	7 556
334	93 237	476	200 328	618	171 626	760	122 332	1 310	212 504	2 080	197 332	4 920	7 431

续表

λ	IR	λ	IR	λ	IR	λ	IR	λ	IR	λ	IR	λ	IR
335	92 177	477	197 211	619	173 019	761	120 968	1 315	209 267	2 100	190 680	4 940	7 296
336	94 669	478	205 672	620	175 682	762	122 714	1 320	208 599	2 120	18 0843	4 960	7 186
337	77 820	479	202 674	621	167 615	763	123 097	1 325	207 422	2 140	174 686	4 980	7 055
338	83 161	480	209 844	622	168 940	764	121 247	1 330	204 455	2 160	165 085	5 000	6 965
339	93 752	481	202 201	623	168 857	765	119 780	1 335	201 744	2 180	159 920	5 100	33 374
340	96 269	482	207 663	624	168 983	766	121 086	1 340	200 061	2 200	146 643	5 200	30 925
341	101 743	483	200 383	625	161 401	767	120 924	1 345	198 037	2 220	153 018	5 300	28 697
342	92 445	484	200 703	626	162 812	768	119 784	1 350	195 935	2 240	142 464	5 400	26 694
343	95 317	485	200 517	627	171 263	769	118 482	1 355	192 728	2 260	144 179	5 500	24 821
344	93 273	486	182 825	628	169 006	770	119 155	1 360	190 545	2 280	135 071	5 600	23 119
345	69 647	487	165 586	629	167 118	771	118 526	1 365	187 598	2 300	131 874	5 700	21 577
346	96 477	488	188 769	630	165 151	772	118 492	1 370	185 167	2 320	121 063	5 800	20 140
347	87 770	489	186 863	631	160 537	773	117 829	1 375	184 776	2 340	112 220	5 900	18 843
348	93 721	490	201 005	632	162 718	774	118 553	1 380	183 622	2 360	122 515	6 000	17 641
349	89 630	491	197 188	633	170 191	775	118 614	1 385	182 473	2 380	119 330	6 100	16 529
350	90 599	492	182 987	634	162 610	776	116 775	1 390	181 071	2 400	115 632	6 200	15 553
351	106 738	493	186 509	635	167 492	777	114 998	1 395	179 413	2 420	109 744	6 300	14 596
352	94 835	494	197 487	636	164 827	778	118 794	1 400	178 009	2 440	109 984	6 400	13 690
353	93 729	495	206 915	637	167 149	779	120 813	1 405	176 101	2 460	99 909	6 500	12 899
354	110 298	496	188 415	638	164 694	780	119 116	1 410	174 454	2 480	101 619	6 600	12 158
355	119 326	497	196 528	639	167 531	781	119 437	1 415	173 062	2 500	98 254	6 700	11 432
356	107 914	498	201 008	640	163 895	782	118 221	1 420	172 175	2 520	95 377	6 800	10 846
357	92 873	499	188 115	641	158 633	783	117 325	1 425	173 057	2 540	92 633	6 900	10 160
358	85 466	500	193 810	642	159 696	784	117 970	1 430	171 667	2 560	89 997	7 000	9 659
359	64 928	501	181 488	643	164 789	785	117 720	1 435	167 501	2 580	87 431	7 100	9 138
360	107 420	502	181 978	644	162 888	786	117 273	1 440	164 852	2 600	84 980	7 200	8 668
361	107 451	503	193 792	645	162 074	787	116 576	1 445	161 710	2 620	82 621	7 300	8 157
362	96 457	504	189 776	646	163 982	788	116 280	1 450	160 836	2 640	80 325	7 400	7 746
363	113 020	505	192 417	647	159 591	789	115 286	1 455	157 949	2 660	78 120	7 500	7 411
364	103 171	506	200 576	648	160 442	790	114 973	1 460	156 319	2 680	75 994	7 600	6 975
365	94 159	507	193 144	649	160 644	791	113 666	1 465	157 459	2 700	73 934	7 700	6 590
366	124 442	508	191 922	650	153 595	792	113 051	1 470	156 084	2 720	71 951	7 800	6 344
367	129 568	509	192 814	651	163 040	793	111 129	1 475	154 965	2 740	70 035	7 900	6 014
368	116 056	510	195 217	652	161 729	794	115 308	1 480	152 847	2 760	68 188	8 000	5 723
369	111 109	511	194 355	653	157 986	795	117 566	1 485	150 731	2 780	66 405	8 100	5 443
370	123 693	512	198 578	654	162 637	796	115 412	1 490	150 869	2 800	64 675	8 200	5 243
371	110 971	513	186 534	655	154 562	797	115 517	1 495	151 255	2 820	63 002	8 300	4 917
372	119 835	514	187 383	656	142 139	798	115 026	1 500	149 392	2 840	61 378	8 400	4 697
373	104 017	515	185 825	657	132 164	799	114 639	1 505	148 030	2 860	59 805	8 500	4 477
374	85 347	516	190 975	658	149 228	800	114 525	1 510	146 670	2 880	58 281	8 600	4 266
375	91 977	517	163 891	659	153 194	805	572 199	1 515	145 564	2 900	56 821	8 700	4 111

续表

λ	IR	λ	IR	λ	IR	λ	IR	λ	IR	λ	IR	λ	IR
376	114 902	518	175 840	660	153 724	810	561 305	1 520	144 457	2 920	55 401	8 800	3 986
377	124 686	519	165 066	661	157 011	815	552 502	1 525	144 347	2 940	54 014	8 900	3 816
378	137 788	520	180 397	662	157 889	820	538 867	1 530	143 248	2 960	52 680	9 000	3 650
379	142 018	521	187 583	663	157 047	825	530 549	1 535	139 415	2 980	51 398	9 100	3 475
380	109 391	522	188 478	664	158 544	830	525 912	1 540	137 815	3 000	50 144	9 200	3 275
381	126 323	523	190 316	665	155 345	835	515 348	1 545	137 710	3 020	48 922	9 300	3 085
382	106 938	524	193 306	666	157 673	840	512 503	1 550	137 111	3 040	47 740	9 400	2 959
383	72 384	525	195 513	667	152 621	845	508 209	1 555	136 510	3 060	46 598	9 500	2 904
384	71 553	526	192 169	668	154 030	850	510 683	1 560	135 664	3 080	45 502	9 600	2 814
385	103 205	527	170 982	669	151 527	855	482 633	1 565	133 581	3 100	44 415	9 700	2 689
386	100 866	528	185 343	670	152 216	860	506 243	1 570	131 253	3 120	43 384	9 800	2 589
387	89 680	529	193 233	671	151 041	865	495 842	1 575	130 169	3 140	42 377	9 900	2 479
388	103 225	530	190 818	672	147 113	870	480 462	1 580	128 837	3 160	41 401	10 000	2 389
389	95 946	531	200 163	673	144 037	875	491 975	1 585	127 011	3 180	40 454	25 000	72 506
390	127 662	532	195 080	674	148 491	880	485 967	1 590	124 698	3 200	39 528		
391	120 391	533	183 936	675	153 461	885	479 674	1 595	123 369	3 220	38 612		

注：λ为波长，单位为nm；IR为光谱辐照度，单位为10^{-5} W·m^{-2}。

2.2 太阳可见光和红外辐射

从光球表面辐射出的太阳光，大部分是以连续谱形式出现，并在此连续谱上叠加数万条夫琅和费吸收谱线。从太阳内部深处产生的高能X射线通过太阳大气层时，会发生多次能量交换过程，经历光子的辐射和吸收而形成宽频波段的连续辐射光谱。

可见光（λ=380～780 nm）约占太阳辐射能量的40％。

日轮中心的辐射强度明显高于边缘区，并且波长越短，边缘区亮度越小，即形成第1章所提到的临边昏暗现象。光球物质具有较大的吸收系数k_λ，实际上，在300～400 km的深度上，光球就变得不透明。色球对光球连续谱辐射的吸收贡献较小。夫琅和费吸收谱线主要形成于色球内和光球的上层。全部谱线的73％已被鉴别，并发现太阳存在有63种化学元素。吸收线明显地改变太阳辐射能谱。有13种化学元素各含有100余条吸收谱线，钛和铬有1 000余条吸收谱线，而铁的吸收谱线多于3 000条。由于多普勒效应和其他阻尼效应共同作用的结果，使观测到的夫琅和费谱线变得不够清晰。表2—3列出了可见光区最强的夫琅和费谱线。

表2—3　可见光区最强的夫琅和费谱线[4]

λ/nm	谱线	原子或离子	λ/nm	谱线	原子	λ/nm	谱线	原子
382.044	L	Fe	422.674	g	Ca	517.270	b_2	Mg
393.368	K	Ca^+	434.048	G（H_γ）	H	518.362	b_1	Mg
396.849	H	Ca^+	438.356	d	Fe	588.997	D_2	Na
404.582		Fe	486.134	F（H_β）	H	589.594	D_1	Na
410.175	h（H_δ）	H	516.733	b_4	Mg	656.281	C（H_α）	H

在可见光区辐射强度几乎不变，而在紫外和射电频段辐射强度会发生显著变化，其变化周期为 11 a。在耀斑爆发期间，可见光能流呈急剧局域增加，导致 Hα 和 Ca 谱线增强，并使太阳某些表面区域增亮（亮度温度增加）。

地球大气使大部分辐射线无法通过，导致太阳光谱以消光（光谱总体上的弱化）、形成大气谱线以及分子吸收带的形式发生畸变（见图 2－4）。波长大于 2 500 nm 直至毫米波段的射电辐射，实际上在地面是观测不到的，而这一波段的连续谱却包含着有关太阳外层结构（光球以上）的许多重要信息。在红外和亚毫米波段的太阳大气吸收系数随波长增加而急剧增大；等离子体密度随与日面距离的增加而单调减小。所以，观测到的每一条红外辐射谱线的波长，都与产生该谱线的相应太阳大气层对应。例如，λ＝1 000 nm 时辐射源为光球，而当 $\lambda\approx$100 μm 量级时，已涉及色球或日冕底部。图 2－6 为在地球大气层外测量红外和亚毫米波段辐射时，太阳亮度温度与波长的关系[8]。可见，在 λ＝100 μm 量级波段，亮度温度存在极小值，它对应于色球的底部。

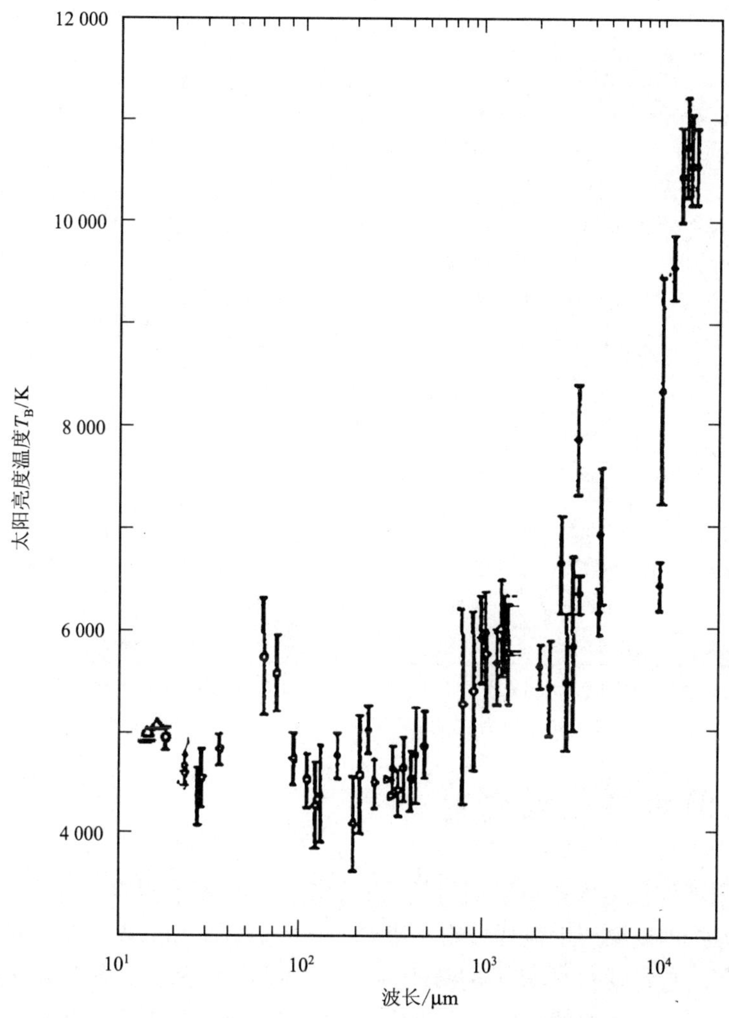

图 2－6　红外和亚毫米波段太阳亮度温度的分布

太阳常数和地球外太阳光谱辐照度的测量，不仅对建立光球模型有重要的理论意义，而且是研究地球大气层的热平衡、高层大气结构、航天器的热平衡、太阳紫外辐射导致的航天器表面剥蚀、太阳电池功率退化、相机性能退化以及卫星寿命预测等工程应用的基本数据。表2—4列出了波段在0.115～50 μm范围的太阳分光辐照度 f_λ（W · m^{-2} · μm^{-1}）[9]。

表2—4　地球大气外太阳分光辐照度

λ	f_λ	P	λ	f_λ	P	λ	f_λ	P
0.115	0.007	1×10^{-4}	0.43	1 639	12.47	0.90	891	63.37
0.14	0.03	5×10^{-4}	0.44	1 810	13.73	1.00	748	69.49
0.16	0.23	6×10^{-4}	0.45	2 006	15.14	1.2	485	78.40
0.18	1.25	1.6×10^{-4}	0.46	2 006	16.65	1.4	337	84.33
0.20	10.7	8.1×10^{-4}	0.47	2 633	18.17	1.6	245	88.61
0.22	57.5	0.05	0.48	2 074	19.68	1.8	159	91.59
0.23	66.7	0.10	0.49	1 950	21.15	2.0	103	93.49
0.24	63.0	0.14	0.50	1 942	22.60	2.2	79	94.83
0.25	70.9	0.19	0.51	1 882	24.01	2.4	62	95.86
0.26	130	0.27	0.52	1 833	25.38	2.6	48	96.67
0.27	232	0.41	0.53	1 842	26.74	2.8	39	97.31
0.28	222	0.56	0.54	1 783	28.08	3.0	31	97.83
0.29	482	0.81	0.55	1 725	29.38	3.2	22.6	98.22
0.32	830	2.22	0.58	1 715	33.18	3.8	11.1	98.91
0.33	1 059	2.93	0.59	1 700	34.34	4.0	9.5	99.06
0.34	1 074	3.72	0.60	1 666	35.68	4.5	5.9	99.34
0.35	1 093	4.52	0.62	1 602	38.10	5.0	3.8	99.51
0.36	1 068	5.32	0.64	1 544	40.42	6.0	1.8	99.72
0.37	1 181	6.15	0.66	1 486	42.66	7.0	1.0	99.82
0.38	1 120	7.00	0.68	1 427	44.81	8.0	0.59	99.88
0.39	1 098	7.82	0.70	1 369	46.88	10.0	0.24	99.94
0.40	1 429	8.73	0.72	1 314	46.86	15.0	4.8×10^{-2}	99.98
0.41	1 751	9.92	0.75	1 235	51.69	20.0	1.5×10^{-2}	99.99
0.42	1 747	11.11	0.80	1 109	56.02	50.0	3.9×10^{-2}	100.00

注：λ 为波长，单位为 μm；f_λ 为太阳分光辐照度，单位为 W · m^{-2} · μm^{-1}；P 为波长短于 λ 的总辐射能占太阳常数的百分比。

2.3　太阳的短波电磁辐射

紫外和X射线波段的太阳电磁辐射是重要的空间环境影响因素，对发生在行星及行星际空间的一系列物理现象产生强烈影响。特别是波长 $\lambda<300$ nm 的太阳短波辐射，对地球大气有显著作用。它将使气体分子离解为原子，并通过光化学反应形成新的分子。事实上，正是这类辐射左右着地球高层大气的组分、密度及温度分布和变化范围，从而影响大气低层的热流量及地球的气候。与此同时，太阳短波电磁辐射将使地球高层大气的原子电

离，形成电离层，影响无线电波的传播状态。图 2－2 示出了太阳短波辐射在大气层内复杂的吸收特性，以及使辐射强度降至初始值 1/e 和 1/100 的高度。在 300～200 nm 的波段，辐射被位于海拔 20～70 km 的臭氧层吸收。λ<200 nm 的辐射主要被分子氧吸收。分子氮决定 λ<100 nm 波段辐射的吸收，而 X 射线被原子氮和原子氧吸收。

2.3.1 宁静太阳的短波辐射

λ<300 nm 的太阳短波辐射源于色球、过渡层和日冕。当 $\lambda\approx$300 nm 时，辐射发生在色球底层和光球内。在 λ=300～207.5 nm 的紫外区，连续谱背景上叠加夫琅和费吸收线。但是，始于 λ=290 nm 的太阳边缘谱呈明显的辐射线特征，并且随着向更短波段的渡越，其强度增大。

在 λ=210～208.5 nm 波段，光谱明显发生变化，强度在仅 2.5 nm 的波长范围急剧下降 4 倍。相应地，亮度温度大约从 5 500 K 降至 5 000 K。这是由于 Al (207.6 nm)、Ca 和 SiV (200 nm) 以及 FeV (186.5 nm) 的强吸收造成的。当 λ<208.5 nm，尽管仍存在吸收谱线，但已明显弱化。理论分析指出，存在吸收谱线的连续光谱应发生在光球的较深层，原因是由此向外温度下降，否则不可能形成吸收谱线。

在 $\lambda\approx$152.5～168.2 nm 波段，辐射体现太阳大气低温度区域对紫外光谱的贡献。该温度源于光球至色球的过渡区，降至（4 670±100）K，对应于硅系的强吸收。硅的吸收系数在 λ=152.5 nm 处增加 15 倍，而在 168.2 nm 处增加 40 倍。在温度极小值区，从日面中心至日面边缘在连续谱上辐射强度未发生变化。在 λ<168.2 nm 的辐射区，观测到从吸收谱向发射谱的渡越。除了 154 nm 附近的吸收带外，吸收谱线均已消失。

太阳的线状发射谱是由处于电离中间阶段的离子辐射线组成的，它源于从 10^4 K（色球）至 10^6 K（日冕）的极宽温区。在 λ<150 nm 的谱区，辐射主要来自色球和日冕的贡献；λ<30 nm 波段的辐射源于日冕。在 $\lambda\leqslant$121.5 nm（Lα 谱线）波段，已经观测到数百条谱线。

氢的发射线 Lα 是太阳光谱中最强的谱线，其宽度约为 0.1 nm。这一谱线形成于色球的扰动区。在 X 射线频区波长直至 0.8～1.0 nm 时，谱线是由于高度电离的原子形成的，连续辐射的贡献很小。在波长更短的谱段上，连续谱起主导作用，曾记录到能量至 5 keV 的谱区。

在对太阳短波辐射线状谱（line spectrum）进行分析时，引入了总发射量的概念，并以式 $\int n_e^{\,2} T_e^{-\frac{3}{2}} \mathrm{d}h$ 表征(式中，n_e 为电子密度，T_e 为电子温度，而 h 为太阳大气高度)。该式表征了太阳大气的辐射本领。基于实验数据，可以对色球和日冕之间的太阳大气建模。表2－5 列出了有关太阳短波辐射能谱的实验数据[10]。

表 2－5 太阳短波辐射能谱的实验数据

λ_2～λ_1或 λ/nm	谱线鉴别	F/（erg · cm^{-2} · s^{-1}）
121.57	HⅠ，Lα	4.4
120.65	SiⅢ	0.071
122～120（无 Lα 和 SiⅢ）		0.121

续表

$\lambda_2 \sim \lambda_1$ 或 λ/nm	谱线鉴别	F/（$erg \cdot cm^{-2} \cdot s^{-1}$）
120～118		0.092
117.57	CⅢ	0.042
118～113（无 CⅢ）		0.100
113～109		0.079
108.57	NⅡ	0.009
109～104（无 NⅡ）		0.078
103.76	OⅥ	0.025
103.19	OⅥ	0.036
104～102.7（无 OⅥ）		0.013
121.57～102.7		5.066
102.57	HI，L_β	0.045
102.7～99（无 L_β）		0.056
99.7	CIII	0.081
97.25	H1，L_γ	0.011
99～95（无 CIII，L_γ）		0.021
95～92		0.031
92－91.1		0.028
102.57～91.1		0.273
91.1～89	莱曼（Lyman）连续谱系	0.089
89～86		0.096
86～84		0.047
83.5～83.2	OII，OIII	0.013
84～81（无 OII，OIII）		0.048
81～79.6		0.017
91.1～79.6		0.310
79.6	OIV	0.003
78.77	OIV	0.008
78.03	NeⅧ	0.004
76.51	NⅣ	0.006
78～76（无 NeⅧ，NⅣ）		0.019
76～74		0.003
74～73.2		0.003
70.38	OⅢ	0.007
73.2～70（无 OⅢ）		0.015
70～66.5		0.020
66.5～63		0.017

续表

$\lambda_2 \sim \lambda_1$或λ/nm	谱线鉴别	$F/(\mathrm{erg \cdot cm^{-2} \cdot s^{-1}})$
79.6 ～ 63		0.105
62.97；62.5	OⅤ，MgX	0.056
63 ～ 60（无 OV，MgX）		0.039
58.43	HeI	0.053
60～ 58（无 HeI）		0.013
58 ～ 54		0.050
54 ～ 51		0.018
51 ～ 50		0.041
50～ 48		0.042
48 ～ 46		0.030
63 ～ 46		0.342
46 ～ 43.5		0.022
43.5 ～ 40		0.047
40 ～ 37		0.029
46 ～ 37		0.098
36.81	MgIX	0.031
37 ～ 35.5（无 MgIX）		0.050
35.5 ～ 34		0.044
34 ～ 32.5		0.045
32.5 ～ 31	HeII	0.047
30.38		0.25
31 ～ 28（无 HeII）		0.113
37 ～ 28		0.580
28 ～ 26		0.062
25.7；25.6	无 Si X，HeII	0.023
26 ～ 24（无 Si X，HeII）		0.064
24 ～ 22		0.081
22 ～ 20.5		0.059
28 ～ 20.5		0.289
20.5 ～ 19		0.163
19 ～ 18		0.250

续表

$\lambda_2 \sim \lambda_1$ 或 λ/nm	谱线鉴别	F/（erg · cm^{-2} · s^{-1}）
18 ～ 16.5		0.371
20.5 ～ 16.5		0.784
16.5 ～ 13.8		0.092
13.8 ～ 10.3		0.099
10.3 ～ 8.3		0.149
8.3 ～ 6.2		0.137
6.2 ～ 4.1		0.135
4.1 ～ 3.1		0.083
3.1 ～ 2.28		0.004
2.28 ～ 1.5		0.003
1.5 ～ 1		0.001
1 ～ 0.5		0.001
0.5 ～ 0.3		10^{-5}
0.3 ～ 0.1		10^{-7}
16.5 ～ 0.1		0.704
122 ～ 0.1（无 Lα）		4.2

太阳短波辐射能通量随太阳活动周发生相应的变化，并存在周期 27 d 的演化过程。这是由于太阳活动区的明显迁移引起的。不同波段的短波辐射变化不同。在光球和色球的过渡层（$\lambda_{eff} \approx 175$ nm），亮度温度随太阳活动相位变化约为 5%。在更长的波段（$\lambda_{eff} \approx 295$ nm），辐射强度（温度）的变化幅度小得多。对氢 Lα 谱线，在太阳活动极大期，辐射能通量为(6.1±0.45) erg · cm^{-2} · s^{-1}；而在活动极小期为（4.3±0.35） erg · cm^{-2} · s^{-1}[11]。在太阳 11 年活动周期内，$\lambda < 102.7$ nm 的有效辐射能通量变化可达 3 倍。在 27 d 的太阳自转周期内，辐射能通量可能变化 1.5～2.0 倍。

在太阳 11 a 活动周期内，X 射线辐射能通量变化更加显著：在 4～6 nm 波段，辐射能通量变化 5～7 倍；在 1～2 nm 波段，辐射能通量变化近 100 倍。在 27 d 周期内，辐射能通量变化数十倍。在此波段，高度电离化的原子谱线对辐射能通量的贡献比连续谱高数倍。波长 $\lambda < 1$ nm 的辐射能通量可能变化 2 个数量级。太阳辐射能通量的变化，主要和活动区的形成和运动有关。

日光仪分析表明，随着辐射离子电离势的增加，位于 Ca 谱斑之上的活动区反差增大，将产生 cm 和 dm 波段的强辐射。与其他日冕辐射相比，其电子温度 T_e 和密度 n_e 值较高。该高温、高密度区可扩展至日轮之外，直至 $\geqslant 5 \times 10^4$ km 的高度。

图 2—7 示出太阳宁静期和活动期时，波长处于 63.5～28 nm 的谱线。可见，活动期所有谱线都明显增强，并且在活动期的光谱上，发现一些在太阳宁静谱从未观察到的高扰动谱线。

另外，观测到太阳短波辐射能通量的随机增大，持续时间为几小时。特别发现，软 X 射线辐射能通量的增大与日珥的出现相对应。基于 X 射线辐射谱可求出，炽热区的温度高达 13.5×10^6 K，电子密度 $n_e=2\times10^{10}\sim10^{11}$ cm^{-3}。因此，会导致这些区域的失稳，这种不稳定性的发展最终引起太阳耀斑爆发。

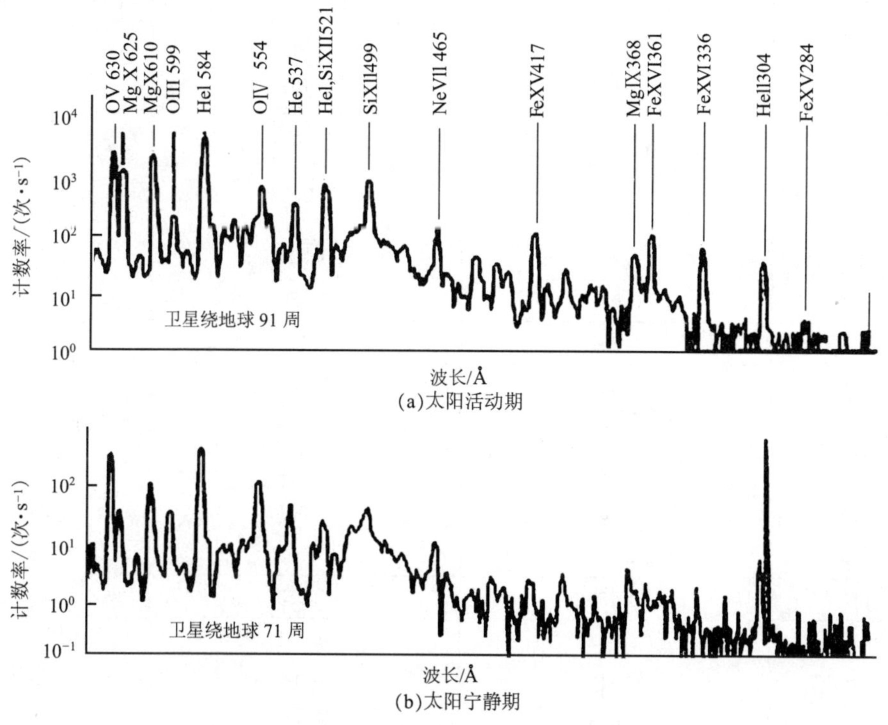

图 2－7　在 OSO－6 卫星上获得的波长处于 63.0～28.4 nm 的太阳谱线[9]

太阳紫外辐射是一个重要的波段。波长 200～300 nm 的太阳辐射入射到地球大气时，可被平流层中的臭氧所吸收。在波长 255 nm 附近，吸收率呈极大值；在极大值两侧吸收率呈对称性下降。在此波段的辐射吸收可为平流层光化反应提供能量，是热量输入的主要贡献者，并在平流层产生局域温度极值。

表 2－6 列出了 1 AU 处，地球大气外太阳短波辐射在不同波段的光子通量、光谱辐照度及累积辐照度[12]。基于该表可以画出如图 2－8 所示的太阳辐照度与波长的关系曲线(波长间隔为 2 nm)。从图 2－8 可见，在 0.1～150 nm 波段的某些波长上呈现太阳辐照度的明显增强，其源于太阳丰度较大元素的发射谱线。在 30～32 nm 和 120～122 nm 波长间隔上，出现辐照度较大的谱线，分别源于 HeII (30.378 nm) 和 H Ly－α (121.567 nm) 的发射谱线。在大于波长 150 nm 时，基本上是连续吸收的太阳光谱。

表 2－6　地球大气上边界在宁静太阳时的光子通量、光谱辐照度及累积辐照度比

波长间隔/nm	$\phi_{\triangle\lambda}$/ (10^9光子・cm^{-2}・s^{-1})	$S_{\triangle\lambda}$/ (mW・m^{-2})	$\left(\sum_0^\lambda S_{\Delta\lambda}/S\right)$/%
0.1～1.0	0.000 5	0.002	0.15×10^{-6}
1.0～2.0	0.001 4	0.002	0.29×10^{-6}
2.0～3.0	0.007 6	0.006	0.73×10^{-6}
3.0～4.0	0.088	0.050	4.4×10^{-6}

续表

波长间隔/nm	$\phi_{\triangle\lambda}$/（10^9光子·cm^{-2}·s^{-1}）	$S_{\triangle\lambda}$/（$mW \cdot m^{-2}$）	$\left(\sum_0^{\lambda} S_{\Delta\lambda}/S\right)$/%
4.0～5.0	0.095	0.042	7.4×10^{-6}
0.1～5.0	0.193	0.102	
5.0～6.0	0.055	0.020	8.9×10^{-6}
6.0～7.0	0.069	0.021	1.0×10^{-5}
7.0～8.0	0.073	0.019	1.2×10^{-5}
8.0～9.0	0.106	0.025	1.4×10^{-5}
9.0～10	0.094	0.020	1.5×10^{-5}
5.0～10	0.397	0.105	
10～11	0.048	0.009	1.6×10^{-5}
11～12	0.017	0.003	1.6×10^{-5}
12～13	0.014	0.002	1.6×10^{-5}
13～14	0.009	0.001	1.6×10^{-5}
14～15	0.062	0.008	1.7×10^{-5}
10～15	0.150	0.023	
15～16	0.082	0.011	1.8×10^{-5}
16～17	0.115	0.14	1.9×10^{-5}
17～18	0.782	0.089	2.5×10^{-5}
18～19	0.787	0.085	3.1×10^{-5}
19～20	0.602	0.062	3.6×10^{-5}
15～20	2.37	0.261	
20～21	0.292	0.029	3.8×10^{-5}
21～22	0.266	0.024	4.0×10^{-5}
22～23	0.268	0.024	4.1×10^{-5}
23～24	0.206	0.017	4.3×10^{-5}
24～25	0.531	0.043	4.6×10^{-5}
20～25	1.56	0.137	
25～26	1.233	0.095	5.3×10^{-5}
26～27	0.204	0.015	5.4×10^{-5}
27～28	0.426	0.031	5.6×10^{-5}
28～29	0.262	0.018	5.7×10^{-5}
29～30	0.225	0.015	5.8×10^{-5}
25～30	2.35	0.174	
30～31	7.700	0.504	9.5×10^{-5}
31～32	0.375	0.023	9.7×10^{-5}
32～33	0.020	0.001	9.7×10^{-5}

续表

波长间隔/nm	$\phi_{\triangle\lambda}$/（10^9光子·cm^{-2}·s^{-1}）	$S_{\triangle\lambda}$/（$mW \cdot m^{-2}$）	$\left(\sum_0^\lambda S_{\Delta\lambda}/S\right)$/%
33～34	0.140	0.008	9.8×10^{-5}
34～35	0.430	0.025	9.9×10^{-5}
30～35	8.67	0.561	
35～36	0.110	0.006	1.0×10^{-4}
36～37	0.840	0.045	1.0×10^{-4}
37～38	0.000	0.000	1.0×10^{-4}
38～39	0.000	0.000	1.0×10^{-4}
39～40	0.014	0.001	1.0×10^{-4}
35～40	0.964	0.052	
40～41	0.161	0.008	1.0×10^{-4}
41～42	0.027	0.001	1.0×10^{-4}
42～43	0.002	0.000	1.0×10^{-4}
43～44	0.187	0.009	1.0×10^{-4}
44～45	0.005	0.000	1.0×10^{-4}
40～45	0.382	0.018	
45～46	0.009	0.000	1.0×10^{-4}
46～47	0.305	0.013	1.1×10^{-4}
47～48	0.026	0.001	1.1×10^{-4}
48～49	0.053	0.002	1.1×10^{-4}
49～50	0.173	0.007	1.1×10^{-4}
45—50	0.566	0.023	
50～51	0.163	0.006	1.1×10^{-4}
51～52	0.025	0.001	1.1×10^{-4}
52～53	0.111	0.004	1.1×10^{-4}
53～54	0.120	0.004	1.1×10^{-4}
54～55	0.021	0.001	1.1×10^{-4}
50～55	0.440	0.016	
55～56	0.786	0.028	1.1×10^{-4}
56～57	0.093	0.003	1.1×10^{-4}
57～58	0.031	0.001	1.1×10^{-4}
58～59	1.270	0.043	1.1×10^{-4}
59～60	0.155	0.005	1.1×10^{-4}
55～60	2.34	0.080	
60～61	0.530	0.017	1.1×10^{-4}
61～62	0.017	0.001	1.1×10^{-4}

续表

波长间隔/nm	$\phi_{\triangle\lambda}$/（10^9光子·cm^{-2}·s^{-1}）	$S_{\triangle\lambda}$/（$mW·m^{-2}$）	$\left(\sum_0^\lambda S_{\Delta\lambda}/S\right)$/%
62～63	1.832	0.058	1.2×10^{-4}
63～64	0.021	0.001	1.2×10^{-4}
64～65	0.062	0.002	1.2×10^{-4}
60～65	2.46	0.079	
65～66	0.026	0.001	1.2×10^{-4}
66～67	0.014	0.000	1.2×10^{-4}
67～68	0.014	0.000	1.2×10^{-4}
68～69	0.131	0.004	1.2×10^{-4}
69～70	0.044	0.001	1.2×10^{-4}
65～70	0.229	0.006	
70～71	0.369	0.010	1.2×10^{-4}
71～70	0.072	0.002	1.2×10^{-4}
72～73	0.015	0.000	1.2×10^{-4}
73～74	0.019	0.001	1.2×10^{-4}
74～75	0.024	0.001	1.2×10^{-4}
70～75	0.499	0.014	
75～76	0.117	0.003	1.2×10^{-4}
76～77	0.340	0.009	1.2×10^{-4}
77～78	0.323	0.008	1.2×10^{-4}
78～79	0.587	0.015	1.2×10^{-4}
79～80	0.516	0.013	1.2×10^{-4}
75～80	1.88	0.048	
80～81	0.111	0.003	1.2×10^{-4}
81～82	0.143	0.003	1.2×10^{-4}
82～83	0.184	0.004	1.2×10^{-4}
83～84	0.857	0.020	1.3×10^{-4}
84～85	0.305	0.007	1.3×10^{-4}
80～85	1.60	0.037	
85～86	0.392	0.009	1.3×10^{-4}
86～87	0.504	0.012	1.3×10^{-4}
87～88	0.643	0.015	1.3×10^{-4}
88～89	0.833	0.019	1.3×10^{-4}
89～90	1.071	0.024	1.3×10^{-4}
85～90	3.44	0.079	
90～91	1.487	0.033	1.3×10^{-4}

续表

波长间隔/nm	$\phi_{\triangle\lambda}$/（10^9光子·cm^{-2}·s^{-1}）	$S_{\triangle\lambda}$/（mW·m^{-2}）	$\left(\sum_0^{\lambda} S_{\Delta\lambda}/S\right)$/%
91～92	0.502	0.011	1.4×10^{-4}
92～93	0.274	0.006	1.4×10^{-4}
93～94	0.447	0.009	1.4×10^{-4}
94～95	0.408	0.009	1.4×10^{-4}
90～95	3.12	0.068	
95～96	0.048	0.001	1.4×10^{-4}
96～97	0.058	0.001	1.4×10^{-4}
97～98	5.069	0.103	1.5×10^{-4}
98～99	0.253	0.005	1.5×10^{-4}
99～100	0.439	0.009	1.5×10^{-4}
95～100	5.87	0.119	
100～101	0.119	0.002	1.5×10^{-4}
101～102	0.222	0.004	1.5×10^{-4}
102～103	3.671	0. 071	1.5×10^{-4}
103～104	3.794	0. 073	1.5×10^{-4}
104～105	0.244	0. 005	1.6×10^{-4}
100～105	8.05	0.155	
105～106	0.292	0.006	1.6×10^{-4}
106～107	0.405	0.008	1.6×10^{-4}
107～108	0.528	0.010	1.6×10^{-4}
108～109	1.021	0.019	1.6×10^{-4}
109～110	0.599	0.011	1.6×10^{-4}
105～110	2.85	0.054	
110～111	0.083	0.001	1.6×10^{-4}
111～112	0.022	0.000	1.6×10^{-4}
112～113.0	0.679	0.012	1.6×10^{-4}
113～114	0.045	0.001	1.6×10^{-4}
114～115	0.077	0.001	1.6×10^{-4}
110～115	0.906	0.015	
115～116	0.129	0.002	1.6×10^{-4}
116～117	0.219	0.004	1.6×10^{-4}
117～118	2.872	0.049	1.7×10^{-4}
118～119	0.493	0.008	1.7×10^{-4}
119～120	0.675	0.011	1.7×10^{-4}
115～120	4.39	0.074	

续表

波长间隔/nm	$\phi_{\triangle\lambda}$/（10^9光子·cm^{-2}·s^{-1}）	$S_{\triangle\lambda}$/（mW·m^{-2}）	$\left(\sum_0^\lambda S_{\Delta\lambda}/S\right)$/%
120～121	4.855	0.080	1.7×10^{-4}
121～122	251.774	4.114	4.7×10^{-4}
122.0～123	0.636	0.010	4.7×10^{-4}
123.0～124	1.480	0.024	4.8×10^{-4}
124～125	0.640	0.010	4.8×10^{-4}
120～125	259.39	4.24	
125～126	1.080	0.017	4.8×10^{-4}
126～127	0.930	0.015	4.8×10^{-4}
127.～128	0.750	0.012	4.8×10^{-4}
128～129	0.500	0.008	4.8×10^{-4}
129～130	0.860	0.013	4.8×10^{-4}
125～130	4.12	0.065	
130～131	4.585	0.070	4.9×10^{-4}
131～132	0.780	0.012	4.9×10^{-4}
132～133	0.780	0.012	4.9×10^{-4}
133～134	5.300	0.079	4.9×10^{-4}
134～135	0.920	0.014	4.9×10^{-4}
130～135	12.37	0.187	
135～136	1.47	0.022	5.0×10^{-4}
136～137	1.05	0.015	5.0×10^{-4}
137～138	1.13	0.016	5.0×10^{-4}
138～139	1.04	0.015	5.0×10^{-4}
139～140	2.70	0.038	5.0×10^{-4}
135～140	7.39	0.106	
140～141	2.70	0.038	5.1×10^{-4}
141～142	1.59	0.022	5.1×10^{-4}
142～143	1.90	0.026	5.1×10^{-4}
143～144	2.10	0.029	5.1×10^{-4}
144～145	2.10	0.029	5.1×10^{-4}
140～145	10.39	0.144	
145～146	2.30	0.031	5.2×10^{-4}
146～147	3.00	0.041	5.2×10^{-4}
147～148	3.80	0.051	5.2×10^{-4}
148～149	3.70	0.049	5.3×10^{-4}
149～150	3.40	0.045	5.3×10^{-4}

续表

波长间隔/nm	$\phi_{\triangle\lambda}$/（10^9光子·cm^{-2}·s^{-1}）	$S_{\triangle\lambda}$/（$mW\cdot m^{-2}$）	$\left(\sum_0^\lambda S_{\Delta\lambda}/S\right)$/%
145～150	16.20	0.217	
150～151	3.90	0.051	5.3×10^{-4}
151～152	4.50	0.059	5.4×10^{-4}
152～153	5.50	0.072	5.4×10^{-4}
153～154	5.90	0.076	5.5×10^{-4}
154～155	9.50	0.122	5.6×10^{-4}
150～155	29.30	0.380	
155～156	8.80	0.113	5.6×10^{-4}
156～157	9.00	0.114	5.7×10^{-4}
157～158	7.70	0.097	5.8×10^{-4}
158～159	7.10	0.089	5.9×10^{-4}
159～160	7.20	0.090	5.9×10^{-4}
155～160	39.80	0.503	
160～161	7.90	0.098	6.0×10^{-4}
161～162	9.40	0.116	6.1×10^{-4}
162～163	11.10	0.136	6.2×10^{-4}
163～164	12.00	0.146	6.3×10^{-4}
164～165	15.30	0.185	6.4×10^{-4}
160～165	55.70	0.681	
165～166	25.00	0.300	6.6×10^{-4}
166～167	18.40	0.220	6.8×10^{-4}
167～168	23.00	0.273	7.0×10^{-4}
168～169	26.99	0.318	7.2×10^{-4}
169～170	37.02	0.434	7.6×10^{-4}
165～170	130.41	1.55	
170～171	43.00	0.501	7.9×10^{-4}
171～172	43.99	0.510	8.3×10^{-4}
172～173	45.98	0.530	8.7×10^{-4}
173～174	41.99	0.481	9.0×10^{-4}
174～175	50.02	0.569	9.4×10^{-4}
170～175	224.98	2.59	
175～176	56.99	0.645	9.9×10^{-4}
176～177	61.97	0.698	1.0×10^{-3}
177～178	74.02	0.828	1.1×10^{-3}
178～179	80.99	0.901	1.2×10^{-3}

续表

波长间隔/nm	$\phi_{\triangle\lambda}$/（10^9光子·cm^{-2}·s^{-1}）	$S_{\triangle\lambda}$/（$mW\cdot m^{-2}$）	$\left(\sum_0^\lambda S_{\Delta\lambda}/S\right)$/%
179～180	82.96	0.908	1.2×10^{-3}
175～180	356.93	3.99	
180～181	103.00	1.13	1.3×10^{-3}
181～182	126.00	1.38	1.4×10^{-3}
182～183	132.02	1.44	1.5×10^{-3}
183～184	131.96	1.43	1.7×10^{-3}
184～185	110.95	1.20	1.7×10^{-3}
180～185	603.93	6.57	
185～186	190.51	2.04	1.9×10^{-3}
186～187	237.55	2.53	2.1×10^{-3}
187～188	265.25	2.81	2.3×10^{-3}
188～189	279.95	2.95	2.5×10^{-3}
189～190	293.84	3.08	2.7×10^{-3}
185～190	1 267.10	13.41	
190～191	293.48	3.06	2.9×10^{-3}
191～192	332.62	3.45	3.2×10^{-3}
192～193	347.92	3.59	3.4×10^{-3}
193～194	254.26	2.61	3.6×10^{-3}
194～195	446.52	4.56	4.0×10^{-3}
190～195	1 674.80	17.27	
195～196	427.16	4.34	4.3×10^{-3}
196～197	485.73	4.91	4.6×10^{-3}
197～198	487.21	4.90	5.0×10^{-3}
198～199	492.68	4.93	5.3×10^{-3}
199～200	552.41	5.50	5.7×10^{-3}
195～200	2 445.19	24.58	
200～201	624.83	6.19	6.2×10^{-3}
201～202	629.98	6.21	6.8×10^{-3}
202～203	642.27	6.30	7.1×10^{-3}
203～204	763.27	7.45	7.6×10^{-3}
204～205	895.71	8.70	8.3×10^{-3}
200～205	3 556.06	34.85	
205～206	919.75	8.89	8.9×10^{-3}
206～207	964.77	9.28	9.6×10^{-3}
207～208	1 128.23	10.80	1.0×10^{-2}

续表

波长间隔/nm	$\phi_{\triangle\lambda}$/（10^9光子·cm^{-2}·s^{-1}）	$S_{\triangle\lambda}$/（$mW \cdot m^{-2}$）	$\left(\sum_0^\lambda S_{\Delta\lambda}/S\right)$/%
208～209	1 270.13	12.10	1.1×10^{-2}
209～210	2 562.98	24.30	1.3×10^{-2}
205～210	6 845.86	65.37×10^{-2}	
210～211	2.72×10^3	25.6	1.5×10^{-2}
211～212	3.52×10^3	33.1	1.7×10^{-2}
212～213	2.92×10^3	27.3	1.9×10^{-2}
213～214	3.81×10^3	35.4	2.2×10^{-2}
214～215	4.81×10^3	44.5	2.5×10^{-2}
210～215	17.78×10^3	165.90	
215～216	3.74×10^3	34.5	2.8×10^{-2}
216～217	3.48×10^3	31.9	3.0×10^{-2}
217～218	3.72×10^3	34.0	3.2×10^{-2}
218～219	5.07×10^3	46.1	3.6×10^{-2}
219～220	5.60×10^3	50.7	3.9×10^{-2}
215～220	21.61×10^3	197.2	
220～221	5.42×10^3	48.8	4.3×10^{-2}
221～222	4.19×10^3	37.6	4.6×10^{-2}
222～223	5.80×10^3	51.8	5.0×10^{-2}
223～224	7.96×10^3	70.7	5.5×10^{-2}
224～225	7.17×10^3	63.4	5.9×10^{-2}
220～225	30.54×10^3	272.3	
225～226	6.95×10^3	61.2	6.4×10^{-2}
226～227	5.34×10^3	46.8	6.7×10^{-2}
227～228	5.50×10^3	48.0	7.1×10^{-2}
228～229	8.88×10^3	77.2	7.6×10^{-2}
229～230	7.18×10^3	62.1	8.1×10^{-2}
225～230	33.85×10^3	295.3	
230～231	6.88×10^3	59.3	8.5×10^{-2}
231～232	5.94×10^3	51.0	8.9×10^{-2}
232～233	6.54×10^3	55.9	9.3×10^{-2}
233～234	5.42×10^3	46.1	9.6×10^{-2}
234～235	4.87×10^3	41.3	9.9×10^{-2}
230～235	29.65×10^3	253.6	
235～236	6.78×10^3	57.2	1.0×10^{-1}
236～237	6.18×10^3	51.9	1.1×10^{-1}

续表

波长间隔/nm	$\phi_{\triangle\lambda}$/（10^9光子·cm^{-2}·s^{-1}）	$S_{\triangle\lambda}$/（mW·m^{-2}）	$\left(\sum_0^\lambda S_{\Delta\lambda}/S\right)$/%
237～258	6.15×10^3	51.4	1.1×10^{-1}
238～239	5.36×10^3	44.6	1.1×10^{-1}
239～240	5.85×10^3	48.5	1.2×10^{-1}
235～240	30.32×10^3	253.6	
240～241	5.10×10^3	42.1	1.2×10^{-1}
241～242	7.00×10^3	57.6	1.3×10^{-1}
242～243	9.39×10^3	76.9	1.3×10^{-1}
243～244	8.49×10^3	69.3	1.4×10^{-1}
244～245	7.73×10^3	62.8	1.4×10^{-1}
240～245	37.71×10^3	308.7	
245～246	6.46×10^3	52.3	1.4×10^{-1}
246～247	6.79×10^3	54.7	1.5×10^{-1}
247～248	7.50×10^3	60.2	1.5×10^{-1}
248～249	5.43×10^3	43.4	1.6×10^{-1}
249～250	8.18×10^3	65.1	1.6×10^{-1}
245～250	34.36×10^3	275.7	
250～251	7.66×10^3	60.7	1.6×10^{-1}
251～252	5.69×10^3	44.9	1.7×10^{-1}
252～253	5.55×10^3	43.7	1.7×10^{-1}
253～254	7.16×10^3	56.1	1.8×10^{-1}
254～255	8.17×10^3	63.8	1.8×10^{-1}
250～255	34.23×10^3	269.2	
255～256	11.2×10^3	87.1	1.9×10^{-1}
256～257	14.6×10^3	113	1.9×10^{-1}
257～258	16.9×10^3	130	2.0×10^{-1}
258～259	16.1×10^3	124	2.1×10^{-1}
259～260	12.0×10^3	91.9	2.2×10^{-1}
255～260	70.8×10^3	546	
260～261	11.9×10^3	90.7	2.3×10^{-1}
261～262	12.9×10^3	98.0	2.3×10^{-1}
262～263	13.5×10^3	102	2.4×10^{-1}
263～264	25.1×10^3	189	2.5×10^{-1}
264～265	32.4×10^3	243	2.7×10^{-1}
260～265	95.8×10^3	723	
265～266	34.2×10^3	256	2.9×10^{-1}

续表

波长间隔/nm	$\phi_{\Delta\lambda}$/（10^9光子·cm^{-2}·s^{-1}）	$S_{\Delta\lambda}$/（$mW \cdot m^{-2}$）	$\left(\sum_0^\lambda S_{\Delta\lambda}/S\right)$/%
266～267	31.7×10^3	236	3.1×10^{-1}
267～268	33.0×10^3	245	3.3×10^{-1}
268～269	31.8×10^3	235	3.4×10^{-1}
269～270	32.4×10^3	238	3.6×10^{-1}
265～270	163×10^3	1 210	
270～271	35.7×10^3	262	3.8×10^{-1}
271～272	29.3×10^3	214	4.0×10^{-1}
272～273	26.0×10^3	190	4.1×10^{-1}
273～274	28.6×10^3	208	4.2×10^{-1}
274～275	18.2×10^3	132	4.3×10^{-1}
270～275	138×10^3	1 006	
275～276	21.2×10^3	153	4.4×10^{-1}
276～277	32.1×10^3	231	4.6×10^{-1}
277～278	34.6×10^3	248	4.8×10^{-1}
278～279	24.9×10^3	178	4.9×10^{-1}
279～280	13.3×10^3	95	5.0×10^{-1}
275～280	126×10^3	905	
280～281	13.1×10^3	92.8	5.1×10^{-1}
281～282	28.9×10^3	204	5.2×10^{-1}
282～283	40.1×10^3	282	5.4×10^{-1}
283～284	44.0×10^3	308	5.6×10^{-1}
284～285	33.9×10^3	237	5.8×10^{-1}
280～285	160×10^3	1 124	
285～286	22.6×10^3	157	5.9×10^{-1}
286～287	46.9×10^3	325	6.2×10^{-1}
287～288	45.7×10^3	316	6.4×10^{-1}
288～289	44.4×10^3	306	6.6×10^{-1}
289～290	63.9×10^3	438	7.0×10^{-1}
285～290	224×10^3	1 542	
290～291	81.6×10^3	558	7.3×10^{-1}
291～292	77.1×10^3	525	7.7×10^{-1}
292～293	68.3×10^3	464	8.1×10^{-1}

续表

波长间隔/nm	$\phi_{\triangle\lambda}$/（10^9光子·cm^{-2}·s^{-1}）	$S_{\triangle\lambda}$/（$mW\cdot m^{-2}$）	$\left(\sum_0^\lambda S_{\Delta\lambda}/S\right)$/%
293～294	73.9×10^3	500	8.4×10^{-1}
294～295	69.2×10^3	467	8.8×10^{-1}
290～295	370×10^3	2 514	
295～296	68.1×10^3	458	9.1×10^{-1}
296～297	73.6×10^3	493	9.5×10^{-1}
297～298	61.1×10^3	408	9.8×10^{-1}
298～299	64.0×10^3	426	1.0×10^0
299～300	64.4×10^3	427	1.0×10^0
295～300	331×10^3	2 212	
300～301	50.8×10^3	336	1.1×10^0
301～302	59.3×10^3	391	1.1×10^0
302～303	63.5×10^3	417	1.1×10^0
303～304	77.7×10^3	509	1.2×10^0
304～305	74.9×10^3	489	1.2×10^0
300～305	326×10^3	2 142	
305～306	73.5×10^3	478	1.2×10^0
306～307	71.9×10^3	466	1.3×10^0
307～308	79.0×10^3	510	1.3×10^0
308～309	76.4×10^3	492	1.3×10^0
309～310	58.5×10^3	375	1.4×10^0
305～310	359×10^3	2 321	
310～311	78.5×10^3	502	1.4×10^0
311～312	87.9×10^3	561	1.4×10^0
312～313	78.9×10^3	502	1.5×10^0
313～314	85.3×10^3	540	1.5×10^0
314～315	74.6×10^3	471	1.6×10^0
310～315	405.2×10^3	2 576	
315～316	66.5×10^3	419	1.6×10^0
316～317	77.8×10^3	488	1.6×10^0
317～318	105×10^3	657	1.7×10^0

注：$\phi_{\Delta\lambda}$为光子通量；$S_{\Delta\lambda}$为光谱辐照度；$\sum_0^\lambda S_{\Delta\lambda}/S$为累积辐照度比（%）。太阳常数取1 373 $W\cdot m^{-2}$（1 $mW\cdot m^{-2}$=1 $erg\cdot cm^{-2}\cdot s^{-1}$）。

在 300～130 nm 波段的太阳辐射主要源于光球上部和色球低层。其主要特征是在 130 nm后变为连续谱，且随着波长增加其强度增大，如图 2－8 所示。在连续谱上叠加有大量的发射和吸收谱线。在 λ<130 nm 波段，呈现许多锐利的发射谱线，源于从色球至日冕的很宽温度范围内多重电离的原子跃迁。作为实例，图 2－9 给出了 130～27 nm 波段的紫外辐射谱[13]。

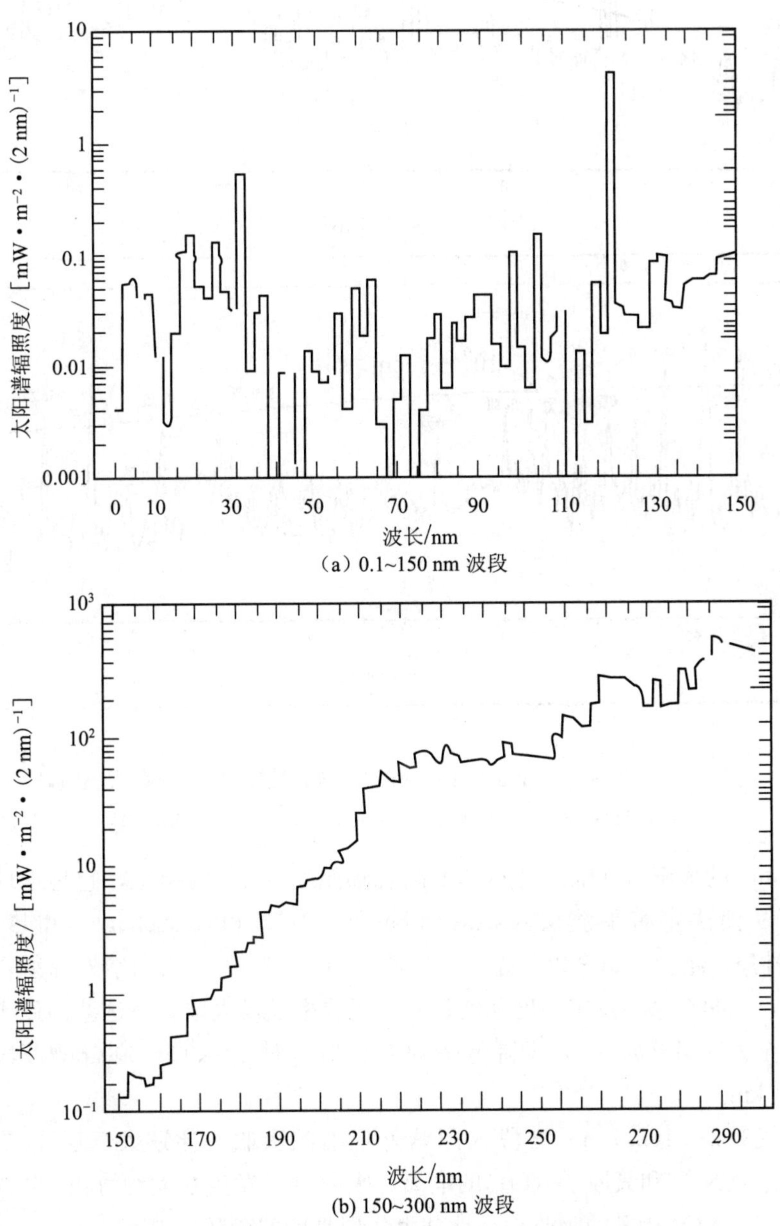

图 2－8　太阳宁静期地球大气外不同波段的太阳光谱辐照度

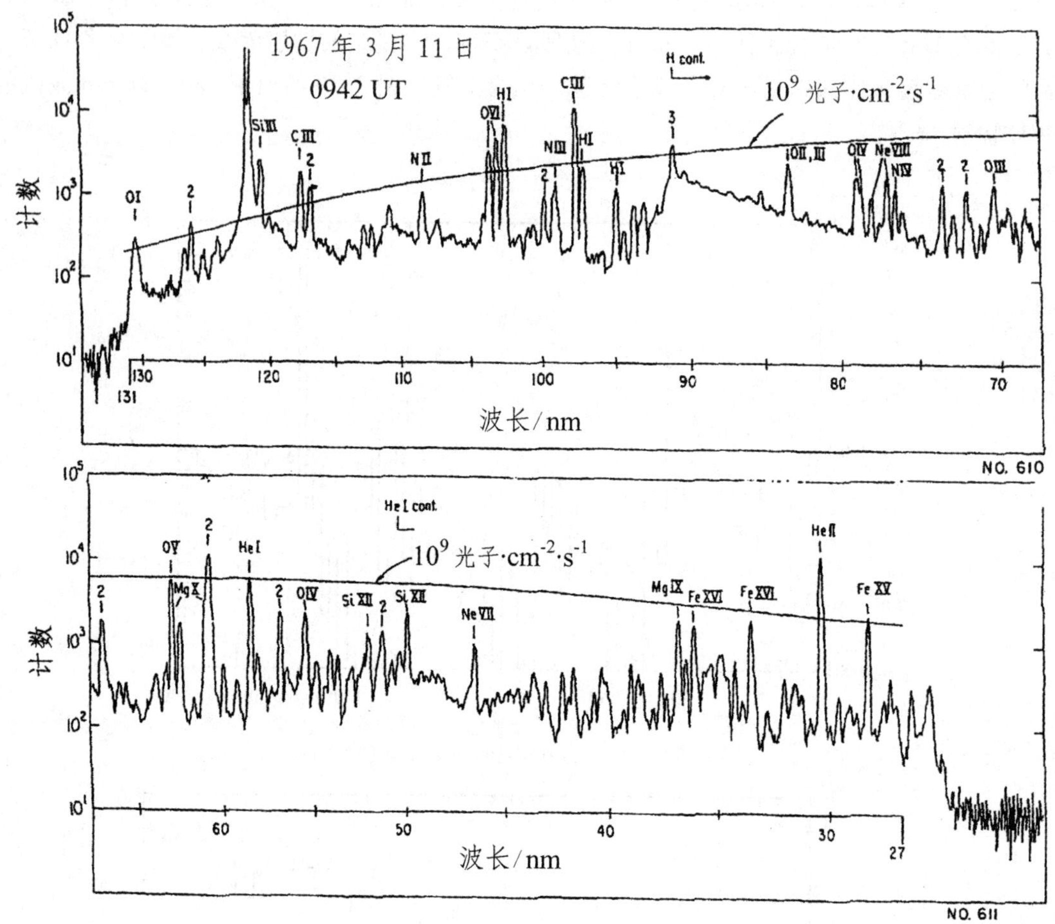

图 2—9　在 130～27 nm 波段的太阳紫外辐射谱（卫星 OSO 观测结果）

为对比，图中示出了通量为 10^9 光子 · cm^{-2} · s^{-1}的参照谱线

λ＜320 nm 的太阳紫外辐照度不到太阳总辐照度的 2%。但是，它是地球高层大气的主要能源，从而决定着平流层（stratosphere）、中层（mesosphere）和热层（thermosphere）的性质、组分、温度以及光化学性质。图 2—10 给出太阳紫外辐射在地球大气层的吸收曲线，表明在某些特定高度和波长下，吸收率呈极大值。在这些高度上，太阳紫外辐照度降低至大气层外的 e^{-1}，即降低率约为 0.37。对 λ＝200～300 nm 波段，相应的高度为 30～40 km。

地球大气对 λ＜102.7 nm 波段太阳紫外辐射的吸收，导致大气层主要组分氧分子（O_2）、氮分子（N_2）和氧原子（O）的电离。吸收过程发生在大约海拔 100 km 以上的高度。O_2^+、N_2^+和 O^+离子的吸收率是地球大气层高度的函数。

图 2—11 给出 O_3、O_2、O、N_2及 N 对紫外辐射的吸收截面随波长的变化[14]。

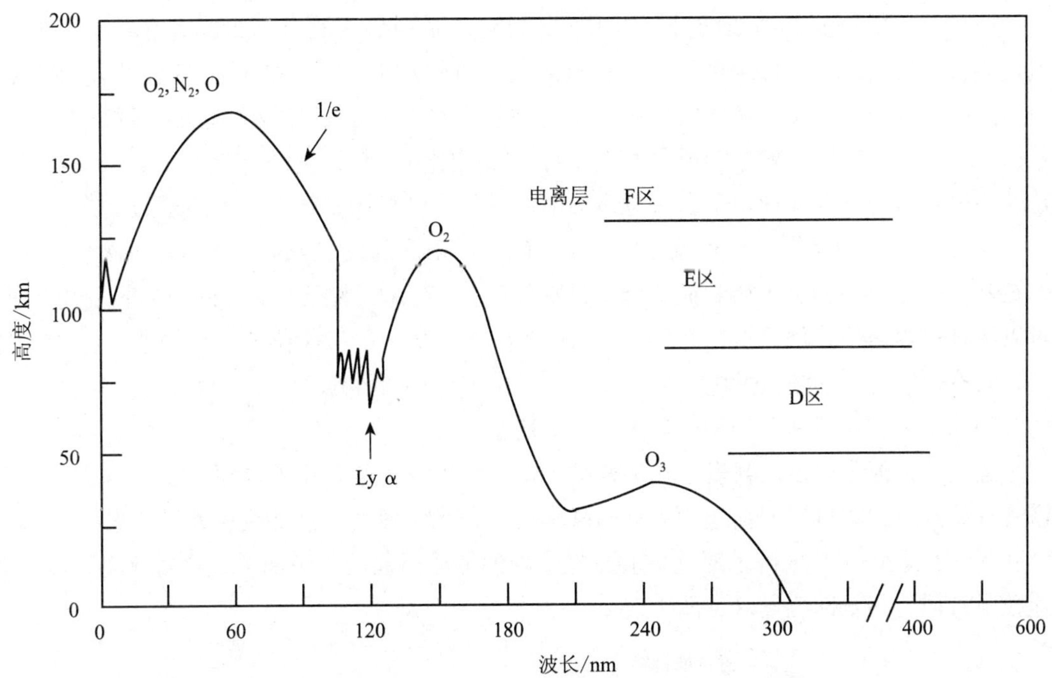

图 2—10　地球大气层对太阳紫外辐射吸收率呈极大值的高度及对不同波段辐射产生吸收的主要大气组分

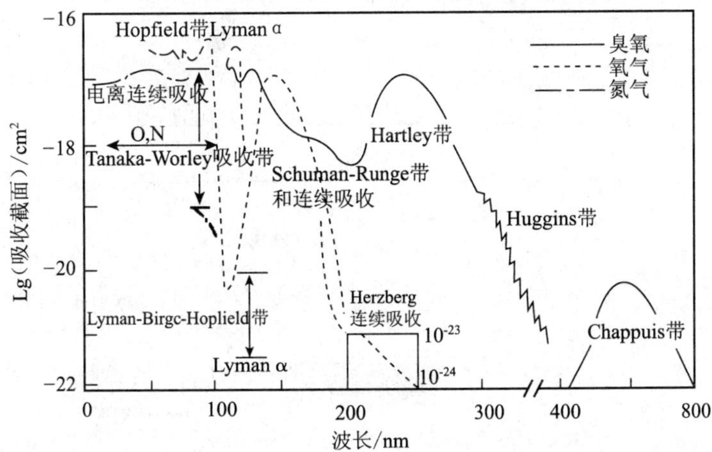

图 2—11　O_3、O_2、O、N_2及 N 对紫外辐射的吸收截面随波长的变化

2.3.2　太阳耀斑的短波辐射

太阳耀斑爆发时将观测到来自太阳的极强烈的电磁辐射，其辐射光谱覆盖从几千米（射电辐射）至 2×10^{-5} nm（光子能量为 $\varepsilon_{ph}>100$ MeV 的硬γ射线）的极宽波段。尽管电磁辐射占整个耀斑能量的份额并不大（0.1～0.01），但是对耀斑电磁辐射的研究仍具有重

要意义。

一方面，紫外和 X 射线的直接作用可能引起一系列负面效应，如造成电离层的扰动、航天器材料的电离等。耀斑爆发时，在航天器飞行轨道上，短波辐射携带着极大的能流。另一方面，耀斑是发生在太阳大气中的活动事件，其初始能量释放和电磁辐射很难观测。然而，太阳短波辐射、射电辐射爆发以及行星际空间带电粒子流的增强，正是太阳耀斑事件同一过程的多方面体现，包含着耀斑的活动过程物理机制和初始状态参量的重要信息。

如图 2－12 所示[15]，各种电磁辐射源于磁环的不同部位。被记录到的耀斑次生效应发生在其他区域，并相对于初始能量释放常常延迟 0.1～10 s 量级。储存的磁场能量耗散时，可以使日冕等离子体加热至$>10^7$ K，从而使电子、质子和重核粒子脉冲加速至很大的能量，向空间辐射不同波段的电磁波。在耀斑爆发过程中，伴随着不同的物理过程，所产生的各种电磁辐射在时间上的相位如图 2－13 所示。

耀斑的一部分电磁辐射发生在加速粒子向周围大气损失其全部能量之前。这类辐射携带着有关粒子在耀斑期间加速和运动的基本信息。光学辐射、紫外线和光子能量<20 keV 的软 X 射线是由于热波阵前对光球和日冕低层的加热引起的。正如韧致辐射效应一样，加速粒子将损失其全部能量（见图 2－12）。

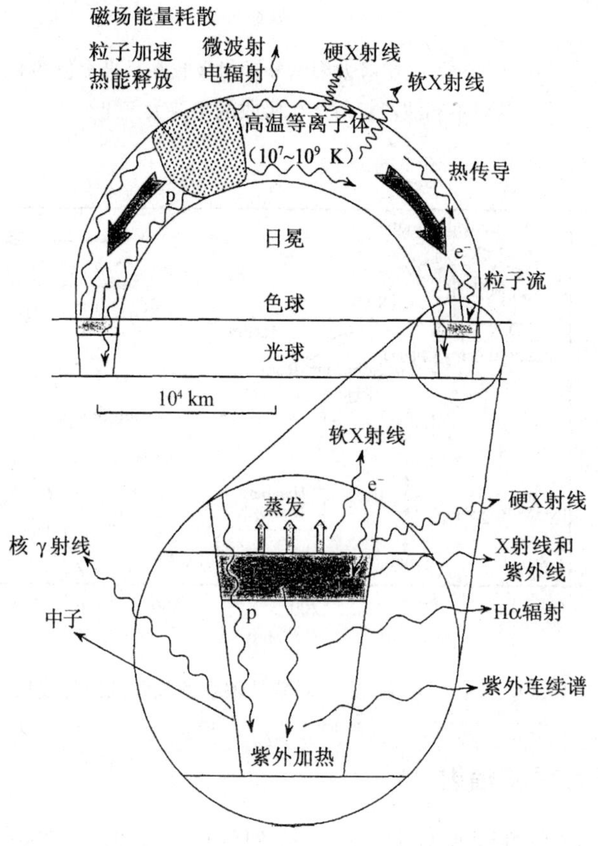

图 2－12　在耀斑事件中各种电磁辐射发生区域示意图

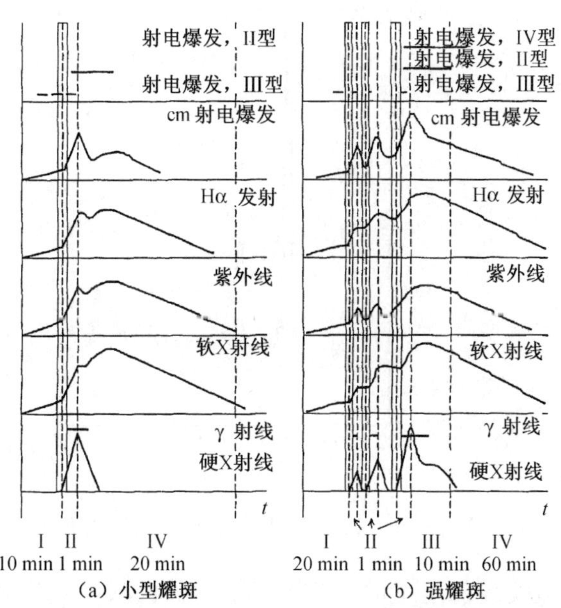

图2－13　耀斑及其伴生的电磁辐射随时间的发展过程[3]

I—开始阶段；II—脉冲期；III—爆发期；IV—加热期

图 2－14 给出了耀斑爆发时不同能量（波长）的 X 射线辐射强度随时间的变化。在远紫外区的爆发也具有相似的特征。耀斑诱导的短波 X 射线辐射分为线状谱和连续谱，短波辐射主要集中在连续谱上。图 2－15 为耀斑爆发诱发的 X 射线线状谱[16]。

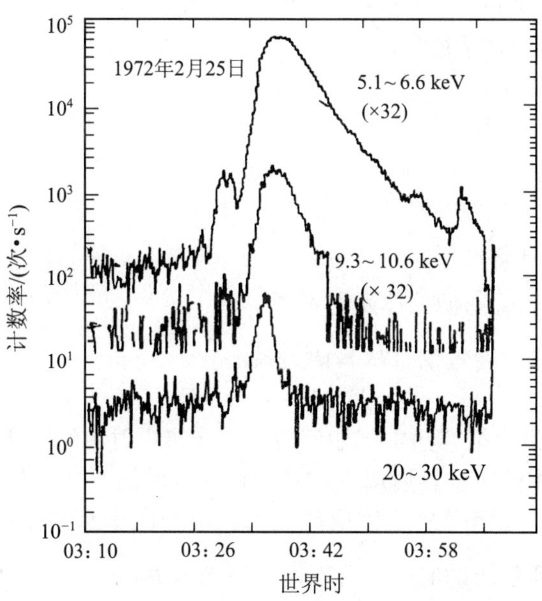

图 2－14　在耀斑爆发期间不同能量（波长）的 X 射线强度（计数率）随时间的变化[4]

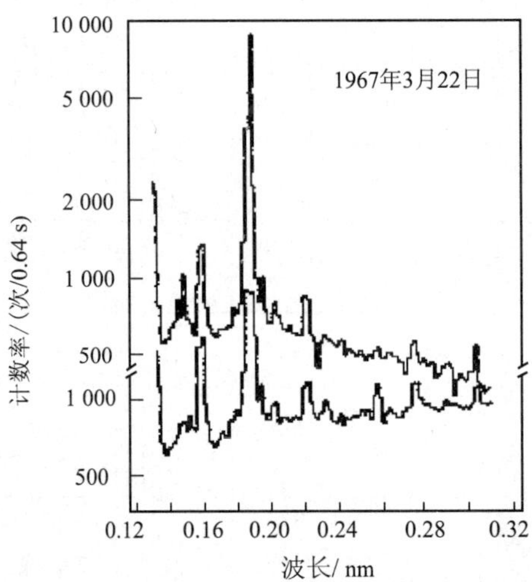

图 2－15　太阳耀斑爆发期的 X 射线线谱

太阳耀斑诱发的短波辐射连续谱，源于以下两种机制：一是由于电子的自由－自由（f－f）和自由－束缚（f－b）带间跃迁引起的，电子和等离子体处于热力学平衡态，并且其速度分布遵从麦克斯韦定律，这类辐射称为热辐射；二是非平衡电子的轫致辐射，电子从加速源被注入至耀斑区，尚来不及被阻尼达到热速度（thermal velocity），这类辐射称为非热辐射。

地球附近的热辐射通量可以表述为[17－18]

$$F_t(E_X) = a \times 10^{-40} T^{-\frac{1}{2}} \int_V n_e n_i \mathrm{d}V \frac{\exp(-E_X/kT)}{E_X} \tag{2-8}$$

式中　F_t—— 热辐射通量[光量子 • cm^{-2} • s^{-1} • $(keV)^{-1}$]；

E_X——X 射线光量子能量(keV)；

k—— 玻耳兹曼常数；

n_e, n_i—— 电子和离子的密度；

T—— 温度；

a—— 数量级为 1 的系数，与 E_X 和 T 弱相关；

V—— 辐射区体积。

积分式 $\int_V n_e n_i \mathrm{d}V$ 称为热辐射源的体发射本领。

耀斑引起的非热辐射通量谱遵从幂律关系

$$F_{ht}\ (E_X)\ = AE_X^{-\gamma} \tag{2-9}$$

式中的参量 γ 和 A 分别表征非热电子能谱指数和非热辐射源的等离子体密度。

热和非热机制产生的短波辐射爆发的时间特性（增强、衰减和持续时间）具有明显差异。在非热电子瞬态向稠密等离子体层注入时，由于电子和离子间的碰撞，电子能量 E_e 降低至其初始值的 $\frac{1}{e}$ 所经历的时间 τ 可以近似地表示为

$$\tau = \frac{10^8}{n_i} E^{3/2} \tag{2-10}$$

式中　E——能量（keV）；

τ——时间（s）；

n_i——离子密度（cm^{-3}）。

例如，当非热电子能量为 100 keV 及 $n_i=10^{10}\ cm^{-3}$时，$\tau=10$ s。相比之下，热电子在炽热区存在的时间，取决于与外界的绝热程度，有时可长达数小时。

卫星在轨观测的结果表明，热和非热机制引发的短波辐射爆发，是同一过程的两个阶段。非热阶段通常具有脉冲特征，并在时间上与热阶段的始点相衔接。例如，光量子能量为40 keV的非热阶段的特征上升时间为 $\tau_R\approx 2\sim5$ s，下降时间 $\tau_D\approx 3\sim10$ s。辐射强度 I 随时间 t 的变化，遵从如下关系

$$I(t)=I_0\left[\exp\left(-\frac{t}{\tau_D}\right)-\exp\left(-\frac{t}{\tau_R}\right)\right] \tag{2-11}$$

在幂律近似下，10～100 keV 能区的幂指数 γ 为 2.7～4.5。在某些短波辐射爆发时，脉冲成分呈几个峰值，并具有准周期性。能量大于 100 keV 的脉冲谱急剧衰减，标志着辐射源非热电子谱的截止。相反，热阶段呈软能谱特征，其增强和衰减时间较长。观测表明，当辐射源等离子体温度为（1～5）$\times10^7$ K 时，体发射本领可达 $10^{50}\ cm^{-3}$。

在上述各种由耀斑爆发诱发的短波辐射之间，存在着密切的关联。如图 2－13 所示，它们是同一过程的多种体现。例如软、硬 X 射线之间，以及 X 射线与紫外、γ 射线、电离层扰动、Hα 谱增强、射电爆发、行星际空间带电粒子通量增加及光学爆发之间等都紧密关联。对这些复杂关联效应的深入研究具有重要的理论和实用意义，有助于深化对耀斑形成和粒子加速机理的理解。太阳短波电磁辐射是造成航天器损伤和危及人类生态活动的重要因素。

硬 X 射线和 γ 辐射是太阳短波辐射的两个主要波段。诱发硬 X 射线和 γ 辐射的机制见图 2－16。在耀斑活动期，$E_e>30\sim40$ keV 的能量电子总会源于某种加速机制而产生。能量电子由于同周围物质的相互作用，将损失自身的能量，并在此过程中产生硬 X 射线，称为轫致 X 射线辐射。当日冕耀斑区产生的能量电子向下进入数密度 $n=10^{11}\sim12^{12}\ cm^{-3}$ 的色球层时，可在约 0.1～2 s 的时间内急剧地损失掉其全部能量。这时辐射的光量子能量处于很宽的范围。在 20～1 000 keV 能量范围内，硬 X 射线的强度与时间的关系曲线具有复杂的形状。硬 X 射线爆发的持续时间从几秒至几十分钟不等。

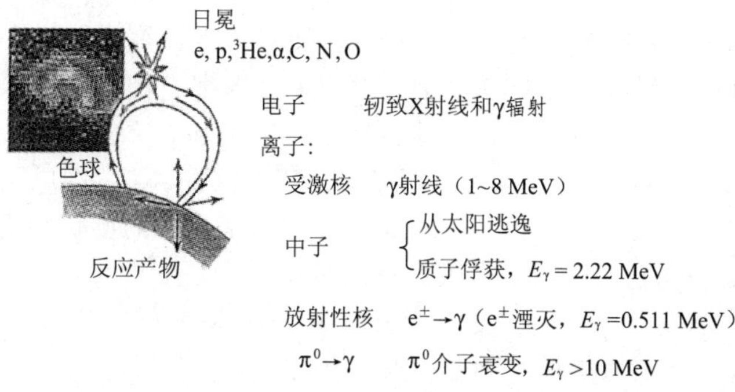

图 2－16　太阳耀斑爆发诱发硬 X 射线和 γ 辐射机制示意图[3]

基于硬 X 射线强度曲线分析，可以看出耀斑过程的许多特性。例如，从硬 X 射线强度变化可以确定加速活动的持续时间；还观测到加速过程的脉冲序列，脉冲持续时间为 1～4 s（见图 2－17）。在每一序列内可以分辨出单一的短脉冲，持续几十微秒。这类加速“元活动”

的最短持续时间为30～100 μs，甚至可以加速至超相对论性能量。

硬X射线的短时爆发属于脉冲事件（至几分钟），而渐变事件持续几分钟至数十分钟。短时爆发与小耀斑区活动有关。渐变事件是由于较大范围的活动区引起的。在活动区生成的拱形磁弧可达到光球层以上(0.1～0.3) $R_\odot$ 的高度（$R_\odot$ 为太阳半径），已进入日冕内。基于对试验结果的综合分析得出，在脉冲事件中，粒子加速区可达到光球之上(3～10)×10^9 cm的高度，而在长爆发事件中，可达(3～6)×10^{10} cm高度。大耀斑时硬X射线爆发的典型持续时间为 $\Delta t \approx 10^3$ s，而小脉冲事件时 $\Delta t \approx 5$～20 s（见图2—17）。强耀斑过程中硬X射线光子通量有时随时间增强，并且在零点几秒内达到最大通量 $J_x \approx 10^5$ 光子·cm^{-2}·s^{-1}。这比同一波段宁静太阳的背底值高出几个数量级。

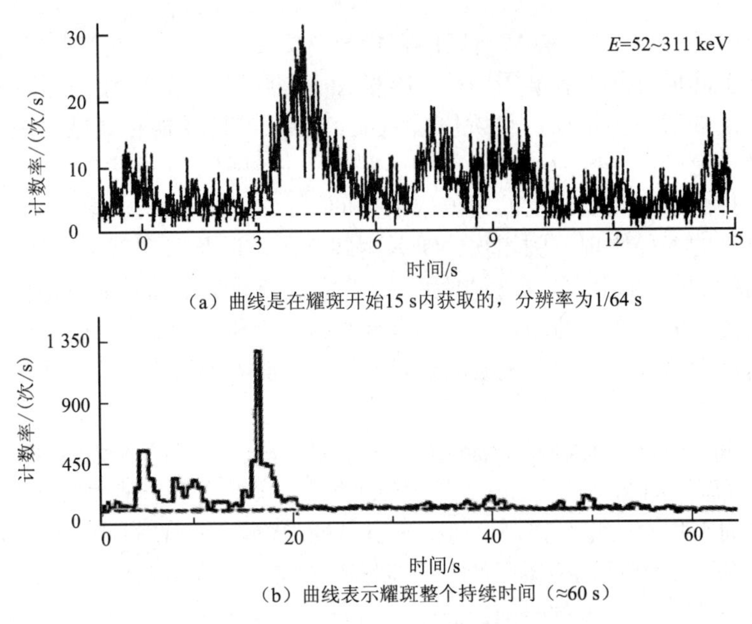

图2—17 硬X射线计数率与时间的关系曲线[3]

《Венера—14》(苏)，1982年11月22日，脉冲耀斑期的观测结果

某种事件的粒子数目按能量的分布函数 $dn/dE=f(E)$ 称为能谱。X射线爆发能谱的形状亦即光子数目按能量的分布与源电子能谱相关。通常，在X射线爆发过程中，能谱的形状在20～300 keV能量范围内，近似地遵从幂律关系 $dn/dE_X=E_X^{-\nu}$。幂指数 ν 在5（软谱）至2.3（硬谱）之间。具有大幅值的事件的谱特性为 $\nu<3$，即属于较硬的谱，表明加速机制具有较大的有效性。最可能出现的是 $\nu \approx 3.8$。基于谱的形状和谱的动力学特征，可以确定X射线在某一能量区间内所携带的总能量。

耀斑软X射线爆发，出现的频度同能量为20～40 keV的硬X射线爆发的频度和光学耀斑的频度相符合，并在太阳活动周期内发生变化。

窄带或线型γ射线是由于加速至10～30 MeV/核子能量的粒子与太阳大气作用产生核反应引起的。所涉及的粒子包括质子、α粒子以及其他的重核离子。γ射线的光子能量处于0.15～17 MeV的能区。最强的γ射线发生在 ^{12}C核的扰动态（能量为4.438 MeV）和能量为6.129 MeV的 ^{16}O核的扰动态（见图2—18～图2—20）。图2—18示出不同能量区间γ辐射计数率与时间的关系。在7～15 MeV能量区间的计数率—时间轮廓线，反映出电子轫致辐射的行为。在 4.4～6.1 MeV 能量区间，计数率一时间轮廓线是最强的^{12}C 核谱线（4.4 MeV）和^{16}O（6.1 MeV）谱线的叠加（扣除在这一波段的连续谱）。垂直的虚线将耀斑划分为 A、B、C 3 个相位阶段，相应的辐射强度和谱的成分发生变化。这 3 个阶段分别对应于 11：00 UT 后的 133～208 s，208～403 s 和 403～853 s。

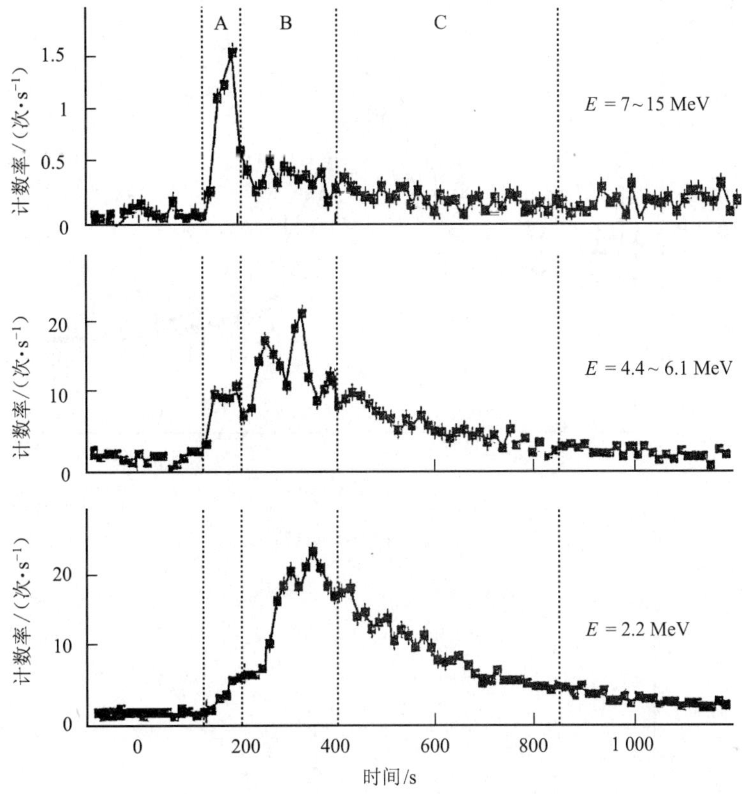

图 2－18　不同能量区间按 15 s 取平均的γ辐射计数率与时间的关系[3]

（2003 年 10 月 28 日耀斑出现期间）

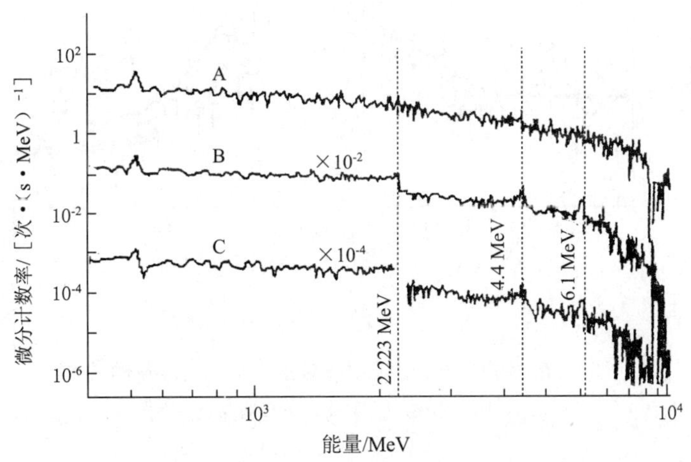

图 2－19　在 A、B、C 相位间隔内的γ辐射能谱[3]

虚垂线相应的名义能量为 2.223 MeV、4.4 MeV 和 6.1 MeV

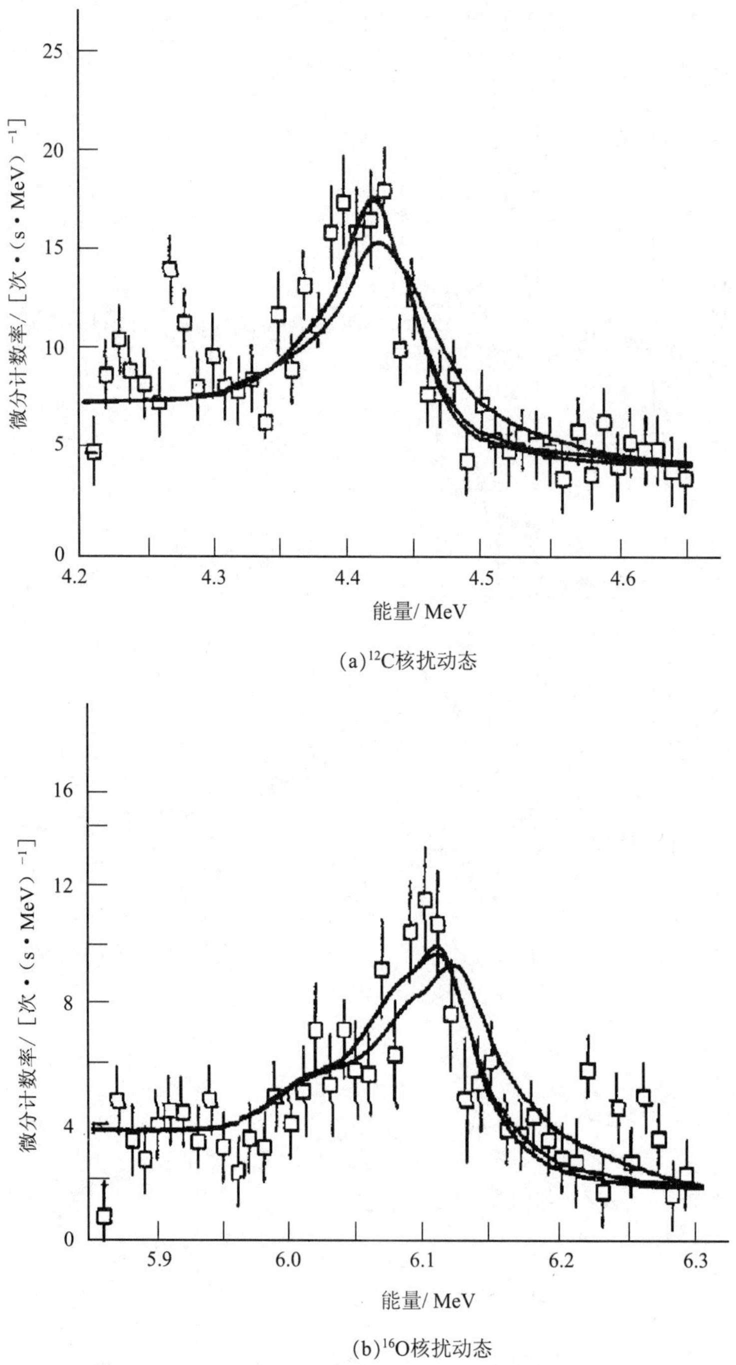

(a) ^{12}C核扰动态

(b) ^{16}O核扰动态

图 2－20　在B和C相位间隔内γ辐射线形状与能量的关系[3]

假定不同的质子角分布算出的分布曲线差异不大

表 2—7 列出了线型γ射线的系列及标识等相关数据[19]。

表 2—7　线型γ射线系列及谱线标识

能量/MeV	谱线半宽/keV	谱线标识（能量/MeV）
	—	^{59}Ni (0.339)
0.452 ± 0.003	17 ± 2	^{7}Be, ^{7}Li (0.429，0.478)
0.513 ± 0.002	< 2	e^+e^- — 湮没 (0.511)
~ 0.841	—	^{56}Fe (0.847)
0.937	—	^{18}F (0.937)
1.03 ± 0.01	7 ± 3	^{18}F, ^{58}Co, ^{58}Ni, ^{59}Ni (1.00，1.04，1.05，1.08)
1.234	—	^{56}Fe (1.238)
1.317	—	^{55}Fe (1.317)
1.371 ± 0.005	1.9 ± 2.0	^{24}Mg (1.369)
1.630 ± 0.002	2.8 ± 0.5	^{20}Ne (1.633)
1.781 ± 0.005	3.0 ± 1.4	^{28}Si (1.779)
2.221 ± 0.001	< 1.5	中子被 H 原子俘获 (2.223)
2.27	—	^{14}N, ^{32}S (2.313，2.230)
3.332	—	^{20}Ne (3.334)
4.429 ± 0.003	3.5 ± 0.3	^{12}C (4.439)
5.300	—	^{14}N, ^{15}N, ^{15}O
6.134 ± 0.005	2.3 ± 0.3	^{16}O (6.130)
6.43	—	^{11}C (6.337，6.476)
6.981 ± 0.012	4.1 ± 0.4	^{14}N, ^{16}O (7.082，6.919)

耀斑加速离子同太阳大气产生核反应，可生成中子与γ射线。其中最主要的反应是质子同^2He核作用，所形成的中子被质子俘获，产生γ射线（$E_\gamma = 2.22$ MeV）。高能质子与^{14}N或者α粒子与^{12}C发生反应形成的正电子与电子湮灭，会产生 0.511 MeV 的γ射线。π^0 介子的衰变也可以产生γ辐射。图 2—21 给出了能量大于 1 keV 的太阳耀斑短波辐射计算合成谱。

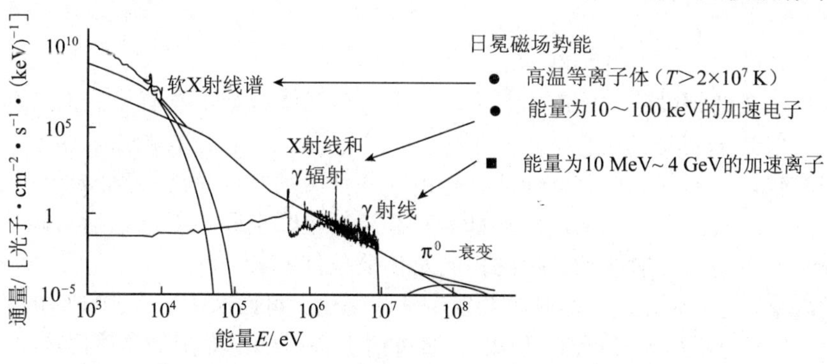

图 2—21　太阳耀斑短波辐射的合成谱[3]

2.4 太阳射电辐射

2.4.1 太阳射电辐射的一般特征

太阳扰动诱导的射电辐射并不引起辐照损伤，但对理解扰动现象的特性却有重要的意义。日冕射电辐射具有不同的时间变化特征，可以按记录到的最低功率将射电辐射分成两部分：恒定的和可变的。前者称为宁静太阳的射电辐射（B组分）；后者为扰动太阳的射电辐射（S组分），主要与耀斑相关联。此外，还有与太阳上各种快活动过程（偶发的或快速的组分变化）相伴生的各类射电爆发（见表2—8）。

太阳射电辐射占据太阳电磁辐射波谱的低频区（频率 $\nu \approx 10^3 \sim 10^{11}$ Hz，见图2—3）。只有在“透明射电窗口”亦即高于 $10^6 \sim 10^7$ Hz，才能被地面设备观测到。它截止于地球大气电离层的临界频率。但是在 10^{11} Hz 以下，地球大气层氧分子和水蒸气的旋转光谱（rotational spectrum）上，开始出现射电辐射的吸收和散射谱线。

习惯上，射电辐射又细分为微波（$\nu > 1$ GHz）和米波（频率 $\nu \leqslant 100$ MHz 量级）辐射，以及依10进制进一步细分的不同的波段，如mm波（10～100 GHz）、cm波（1～10 GHz）、dm波（0.1～1 GHz）、m波（10～100 MHz）以及10 m波（1～10 MHz）等。为度量太阳辐射通量 F，通常采用非标准单位制的“太阳”通量单位（1 SFU$=10^{-22}$ W·m^{-2}·Hz^{-1}），以及以黑体辐射的等效（亮度）温度 T 为单位。基于普朗克黑体辐射定律，得出辐射通量为

$$F=\frac{2h\nu^3\Omega}{c^2}/\exp\left(\frac{h\nu}{kT}-1\right) \tag{2—12}$$

式中　$k=1.38\times10^{-23}$ J·K^{-1}——玻耳兹曼常量；

T——温度（K）；

λ——波长（m）；

ν——频率（Hz）；

c——光速，3×10^8 m·s^{-1}；

$h=6.62\times10^{-34}$ J·s——普朗克常量；

F——辐射通量（W·m^{-2}·Hz^{-1}）；

Ω——辐射源立体角（sr）。

对于绝对黑体辐射，在长波近似（$h\nu \ll kT$）下，$F=2kT^{\Omega}/\lambda^2$。辐射源直线距离以太阳半径为单位表示，即 $R=4.4\times10^7$ m$=0.063R_{\odot}$。

射电辐射的最高频段（mm波）主要是源于炽热气体区域，具有慢变的参量。非热同步辐射和热辐射处于微波（主要为cm波段）区。尽管与其他的电磁辐射相比，太阳射电辐射是最弱的辐射，但其大部分物理信息是由对各种活动过程高度敏感的事件引起的，这些活动过程发生在太阳大气（从色球到日冕）甚至行星际空间。射电辐射与磁场结构密切相关，磁场决定着射电辐射扰动产生的机制及传播条件。

太阳的内禀属性是恒定的，尽管也会发生某些变化。可以认为，太阳辐射的热成分主要是由于电子在离子电场的f—f跃迁产生的。通过射电辐射确定太阳的亮度温度（T_B）表明，亮度温度 T_B 与所采用的波长有关。在m波段 T_B 接近 10^6 K；而在cm波段，$T_B<10^4$ K。由

此可以得出，太阳的短波辐射源于色球低层以下的深处，而长波辐射源于日冕。

图 2—22 给出了太阳耀斑引发的各种电磁辐射所处的相对高度（光球之上）[20]。

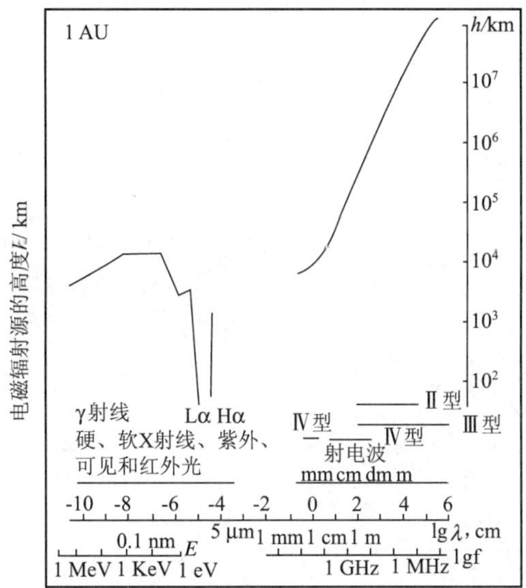

图 2—22　太阳耀斑期各种电磁辐射有效发生的相对高度（光球之上）

射电波在等离子体内的传播理论指出，其折射率 K 可由下式计算

$$K=\left(1-\frac{\nu_0^2}{\nu^2}\right)^{\frac{1}{2}} \tag{2—13}$$

式中　ν——射电波频率；

ν_0——等离子体振荡的固有频率（阿尔芬频率，MHz），决定于其密度。

在单位为 MHz 时，ν_0可由下式给出

$$\nu_0=\left(\frac{e^2 n_e}{\pi m_e}\right)^{\frac{1}{2}}=8.98\times10^{-3}\sqrt{n_e} \tag{2—14}$$

式中　n_e——电子密度；

m_e，e——电子的质量和电荷。

当 $\nu<\nu_0$，无辐射发生，表明折射率 K 在这一波段呈极小值。

折射率 K 过零的区域在大气层中越高，则波长 λ 越长或频率越小。对于 $K=0$ 的层，$\nu\leqslant\nu_0$的波不管从外部还是从内部都不能传播。因为随 n_e的增大，折射率成为极小值。当频率接近于 ν_0时，吸收率变得很大，原因是吸收率 χ 与折射率 K 成反比

$$\chi\approx\frac{{n_e}^2}{K\nu^2 {T_e}^{3/2}} \tag{2—15}$$

式中　T_e——电子温度。

由式（2—15）可以得出，$\lambda=1$ m 的射电波，无法通过 $n_e>10^9$ cm^{-3}的等离子体；$\lambda=10$ cm 的波，无法通过 $n_e>10^{11}$ cm^{-3}的等离子体。该数量级的电子密度存在于色球过渡层。若 $\lambda=3$ m（$\nu=100$ MHz）时，n_e的临界值等于 10^8 cm^{-3}，对应于内日冕的典型 n_e值。由式（2—15）还可以看出，在高温的日冕内，吸收率降低。除了频率接近临界值外，电子密度的降低导致吸收系数随日冕高度增加而急剧减小。

与太阳耀斑相关的射电辐射增强称为射电爆发。这种现象是由于日珥形成、高温等离

子体运动以及能量粒子在磁场中的运动引起的。耀斑射电辐射呈多样性，能够形成具有不同持续时间和幅度的复杂射电爆发频谱。dm、10 m 和 km 波段的射电爆发，只能发生在日冕高层或太阳风内，而微波和 mm 波段射电爆发在低日冕区。最近还观测到强耀斑爆发后产生的亚毫米波段的爆发。有关这些爆发的本质至今尚不十分清楚，已提出多种有关射电辐射发生及其传播的模型。基于不同频段射电辐射的行为随时间的变化（动态谱类型），可以对射电爆发进行分类，如图2－23 所示。图 2－23 给出了射电辐射波长随时间的变化，或在不同频率下射电爆发类型随时间的变化。

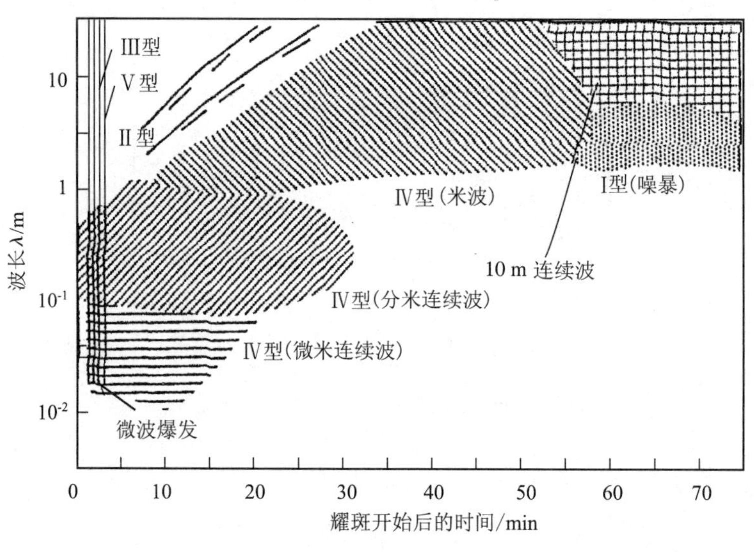

图 2－23　太阳耀斑射电辐射的动力学谱示意[3]

2.4.2　太阳射电爆发分类

下面对各类射电爆发的特性和扰动机制以出现的时间为序，作一简要的描述。

1）Ⅲ型射电爆发。这是太阳最典型的射电辐射脉冲现象，强度随时间呈指数衰减，其动力学谱发生快速频移。辐射爆发传播速度为 10^{10} cm · s^{-1}，并伴随着由运动于日冕内的电子束形成的频率窄带。爆发频率随着电子束流运动至更稀薄的日冕区而变得越来越低。

Ⅲ型爆发与电子沿开放磁场线释放和向行星际空间逃逸密切相关。在一定的条件下，电子束流一直保持到 1 AU 的距离上，并在Ⅲ型爆发的运动过程中不断发生扰动。因此，有时可以出现 U 形和 J 形扰动（根据动力学谱上的扰动形状命名）。在这种场合下，产生爆发的电子束流沿耀斑磁环运动。在 U 形爆发下，电子的行程与裸露在上面的磁环长度是可比的。J 形爆发在电子束流结束行程后很快衰减。

通常认为，Ⅲ型爆发是由能量高至 100 keV 的非热电子沿着开放的磁场线传播时激发局地等离子体振荡形成的。这些非热电子是在磁重联过程中加速的。Ⅲ型爆发的频率从几百 MHz 一直延伸到几十千 Hz。频率漂移速率随频率减小而降低，在 200 MHz 附近约为 150 MHz/s，在 100 MHz 附近约为 20 MHz/s。到达地球轨道上的通量，在 40～60 kHz 频段约为 3×10^{-17} W · m^{-2} · Hz^{-1}。辐射源亮度温度约为 10^{11} K。Ⅲ型爆发一般无偏振，有时呈现弱圆偏振。

2）Ⅴ型爆发。该类爆发与加速电子束流部分被俘获在日冕磁场拱弧内有关，在冕拱内被约束的电子双向运动激发等离子体辐射。通常与Ⅲ型爆发同时或紧随发生，相对于后者有不长的延迟。Ⅴ型爆发的持续时间可达分钟量级；而在相同的频段，Ⅲ型爆发的持续时间为几秒，有时为零点几秒。Ⅴ型爆发是 $\nu<150$ MHz 的宽频带连续谱。在 43 MHz 下，其亮度温度具有 $10^{10}\sim10^{11}$ K 的极大值；在 80 MHz 下平均为 5×10^7 K。Ⅴ型和Ⅲ型爆发发生的机制不同，但具有相似的行为。

3）Ⅱ型爆发。该类爆发具有小的频移速率（约 0.1～1.0 MHz · s^{-1}），扰动传播速度为 400～2 000 km · s^{-1}。直到地球轨道附近，都可以发现其踪迹。在日冕中存在的长时连续扰动（Ⅳ型爆发）与这种型式的爆发相关联。Ⅱ型爆发的持续时间为 2～10 min，有时可长达 20～30 min。这类爆发总是发生在强烈的色球爆发之后，是比Ⅲ型爆发更为强烈的罕见事件，并伴随着质子耀斑。这类爆发与激波在日冕及太阳风内的传播有关。通常认为，Ⅱ型爆发是由在激波波前加速的电子流产生的。

4）Ⅳ型爆发。该类爆发具有复杂的多种结构，大多与Ⅱ型爆发密切关联（一般紧随Ⅱ型爆发之后）。爆发源可以约 300 km · s^{-1} 的速度运动（运动型），也有不发生运动的（静止型）。爆发持续时间从几十秒至几小时，具有不同的连续谱段（微米、分米、米及 10 米波段）。通常认为，长时爆发是由于快速电子被俘陷在稳定的磁阱内所引起的，从而使其不发生运动或者运动速度很小。Ⅳ型爆发的辐射机制是源于同步加速的电子，俘陷电子的能量不低于几百 keV。Ⅳ型爆发通常与强耀斑相关，爆发发生后在行星际空间内可记录到能量电子和质子。此外认为，在强耀斑过程中形成的激波波前，质子和电子的直接加速也是重要的因素。

5）Ⅰ型爆发和微波爆发。常见的Ⅰ型爆发称为噪暴，总是出现在耀斑发生之后数小时的期间内，持续时间长（几小时至数天），伴随着米波段连续波。大多数微波爆发发生在 $\nu>10^9$ Hz 频段，通常与硬 X 射线爆发同时发生，持续时间可为几分钟至十几分钟。微波爆发机制涉及在耀斑区气体被加热至高温引起辐射（热电子轫致辐射），以及非热电子在磁场内高速运动（磁轫致辐射）等。

太阳射电辐射的分类示于表 2－8[21]。

表 2－8　太阳射电辐射的分类

类型	持续时间	带宽	漂移速率/（MHz · s^{-1}）	偏振	辐射机制	温度/K
宁静太阳辐射（源于太阳表面）	常量（或 11 年周期）	连续谱	—	偶有偏振	热辐射、轫致辐射	10^6
慢变化组分（源于太阳活动区）	几天或几个月	连续谱	—	偶有偏振（在厘米波段上圆偏振）	热辐射、轫致辐射、回旋辐射	$<2\times10^8$
快变化组分（耀斑后第一相位）：						
III 型	几秒	约 5 MHz	>20	偶有偏振	等离子体辐射	$>10^{11}$
V 型	几分钟	连续谱		弱圆偏振	等离子体辐射	10^{11}

续表

类型	持续时间	带宽	漂移速率/（MHz·s⁻¹）	偏振	辐射机制	温度/K
快变化组分（耀斑后第二相位）：					Ⅱ型：等离子体辐射	$<10^{11}$
Ⅱ型	几分钟	50 MHz	0.1～1.0	偶有偏振	Ⅳ型：同步加速辐射和等离子体辐射	
Ⅳ型	几分钟至几小时	连续谱	—	偶有偏振		10^{11}
微波爆发	几分钟至十几分钟	连续谱	—	—	轫致及磁轫致辐射	10^9
噪暴Ⅰ型	几小时或几天	连续谱	—	强偏振	等离子体辐射或磁轫致辐射	10^9

2.4.3　10.7 cm射电辐射通量及其变化

如上所述，太阳极紫外辐照度的变化，将对地球高层大气的电离、光化学反应过程以及热层大气的动理学温度产生显著影响。太阳大气上界的极紫外辐照度随大气活动的变化，可以基于地面或卫星观测的某些物理量作为指标进行表征。例如，常用的指标为10.7 cm射电辐射通量 $F_{10.7}$ 及其81天的平均值 F_{81}，单位为 10^{-23} W·m^{-2}·Hz^{-1}。

图2－24是1974年太阳10.7 cm射电辐射通量与卫星观测太阳极紫外不同波段辐照度30天的变化[22]。由图可见，太阳极紫外波段的辐照度与 $F_{10.7}$ 变化发生正关联。

对于指标 $F_{10.7}$ 和 F_{81}，可取 $P=0.5\times(F_{10.7}+F_{81})$ 进行综合表征。$P=80$（表征宁静太阳）及 $P=350$（表征耀斑爆发）时，地外太阳极紫外各波段辐照度的模拟值如表2－9所列[23]。

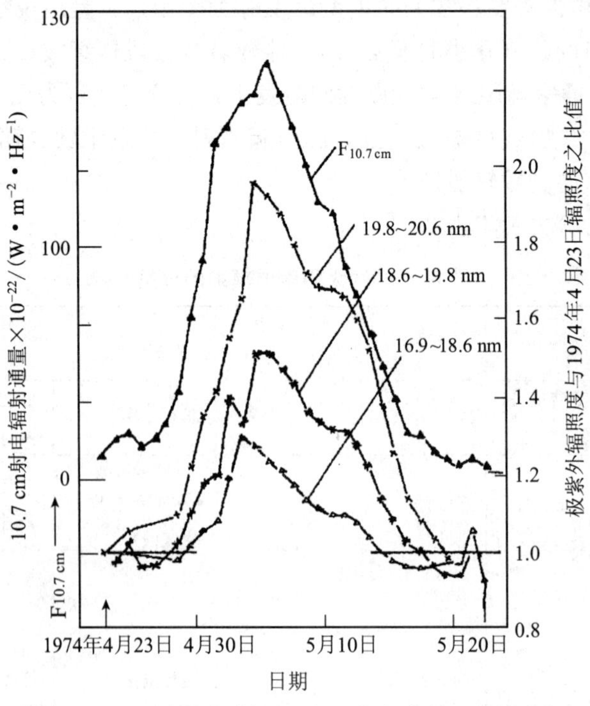

图2－24　太阳10.7 cm射电辐射通量 $F_{10.7}$ 与极紫外一些波段辐照度的变化

表 2—9　不同 10.7 cm 射电辐射条件下各波段地外太阳极紫外辐照度的模拟值

波段/nm	P=80	P=350	波段/nm	P=80	P=350	波段/nm	P=80	P=350
5～10	317.8	1 177	40～45	17.90	53.71	75～80	19.43	44.43
10～15	71.51	209.1	45～50	11.92	77.01	80～85	39.13	90.01
15～20	544.9	2 513	50～55	17.10	57.55	85～90	80.30	203.3
20～25	273.7	1 711	55～60	12.33	24.52	90～95	64.43	151.1
25～30	121.3	998.0	60～65	10.87	45.50	95～100	30.05	65.89
30～35	58.98	416.5	65～70	6.769	14.57	100～105	17.81	104.3
35～40	16.63	180.7	70～75	3.863	8.818			

注：$P=0.5\ (F_{10.7}+F_{81})\times10^{-2}\ \mathrm{W\cdot m^{-2}\cdot Hz^{-1}}$；辐照度单位为 $10^{-6}\ \mathrm{W\cdot m^{-2}}$。

参考文献

[1] Malitson H H. The solar energy spectrum. Sky and Telescope, 1965, 29: 162—164.

[2] Prölss G W. Physics of the earth's space environment. Springer, 2004: 93—98.

[3] Курт В Г. Солнечные вспышки. Модель Космоса, Восьмое издание, ТомI: Физические Условия в Космическом Пространстве, Под ред. М. И. Панасюка. Москва: Издательство《КДУ》, 2007: 272—293.

[4] Вернов С Н (Ред.). Модель космического пространства (Модель Космоса—82), Том Ⅰ. Москва: Издательство Московского Университета, 1983: 101—147.

[5] ASTM standard E—490—73a: Standard solar constant and air zero solar spectral irradiance table. American Society for Testing and Materials, West Conshohocken, PA, 1992.

[6] Fröhlich C. Observations of irradiance variations. Space Sci. Rev., 2000, 94 (1—2): 15—24.

[7] 王炳忠．太阳辐射能的测量与标准．北京：科学出版社，1988.

[8] Jager C De. The sun in the far infrared and sub—mm region. Space Sci. Rev., 1975, 17 (5): 645—654.

[9] Drummond A, Thekaekara M. The extraterrestrial spectrum. Institute of Environment Sciences, 1973.

[10] Hinteregger H E. Absolute intensity measurements in the extreme ultraviolet spectrum of solar radiation. Space Sci. Rev., 1965, 4: 461—497.

[11] Weeks L H. Lyman—alpha emission from the sun near solar minimum. Astrophys. J., 1967, 147: 1203—1205.

[12] Jursa A S. Handbook of geophysics and the space environment. Air Force Geophysics Laboratory, 1985: 2—5.

[13] Hall L A, Hinteregger H E. Solar radiation in the extreme ultraviolet and its variation with solar rotation. J. Geophys. Res., 1970, 75: 6959—6965.

[14] Friedman B. The Sun's ioniging radiation. Physics of Upper Atmosphere. New York: Academic Press, 1960.

[15] Dennis B R, Schwarz R A. Solar flares: The impulsive phase. Solar Phys., 1989, 121: 75—94.

[16] Ponnds K A. The solar X—radiation below 25 Å. Ann. Geophys., 1970, 26 (2): 555—565.

[17] Kahler S W, Meekins J F, Kreplin R W, Bowyer C S. Temperature and emission—measure profiles of two solar X—ray flares. Astrophys. J., 1970, 162: 293—304.

[18] Kane S R, Anderson K A. Spectral characteristics of impulsive solar flare X—rays≥10 keV. Astrophys. J., 1970, 162: 1003—1018.

[19] Share G H, Murfy R J. Accelerated and ambient He abundances from gamma—ray line measurements of flares. Ap. J., 1998, 508: 876—884.

[20] Svestka Z. Solar flares. Dordrecht: Reidel., 1976.

[21] Краус Дж Д. Радиоастромия. М.: Советское Радио, 1973: 456.

[22] Tobiska W K. Recent solar extreme ultraviolet irradiance observations and modeling: A review. J. Geophys. Res., 1993, 98: 18879—18893.

[23] 王英鉴．太阳电磁辐射和地气辐射．低轨道航天器空间环境手册，北京：国防工业出版社，1996.

第 3 章　太阳风和日球磁场

3.1　引言

太阳大气外层的日冕温度高达 10^6 K 以上，故日冕气体几乎被充分电离为离子和电子。由于正、负电荷间的平衡，太阳大气整体上呈中性，称为等离子体。日冕气体受到重力和粒子动能（导致压力梯度力）的竞相作用，在日冕低层基本上处于静态平衡。克服重力后日冕大气在压力梯度力作用下向外膨胀。随着日心距 r 的增大，由于下层非辐射能流的不断输入，日冕气体被进一步加热至高温，并在数个太阳半径之外的远处维持粒子的高速度。相反，重力（位能）却随着 r 的增大而急剧减小，势必在某一 r 值之后，粒子动能大于势能，导致日冕气体向外逃逸。这种由于高温日冕气体膨胀而连续不断发射的高速等离子体径向流称为太阳风。

太阳风的参量在空间和时间上呈高度可变性。太阳风具有极其复杂的结构，并且其变化与太阳活动密切相关，如产生行星际激波、磁云、瞬变高密度结构以及大尺度结构（如太阳风低速流和高速流）等。

日球（heliosphere）泛指太阳风和同源于太阳的行星际磁场所充斥的整个空间。日球与日冕间无明确的内边界，其外边界为太阳风受星际物质和银河宇宙线（GCR）作用而截止的间断面，故日球也称为行星际空间。但日球包括各行星的磁层，涉及更大的空间范围。日球磁场即行星际磁场。太阳风和日球如图 3－1 所示[1]。

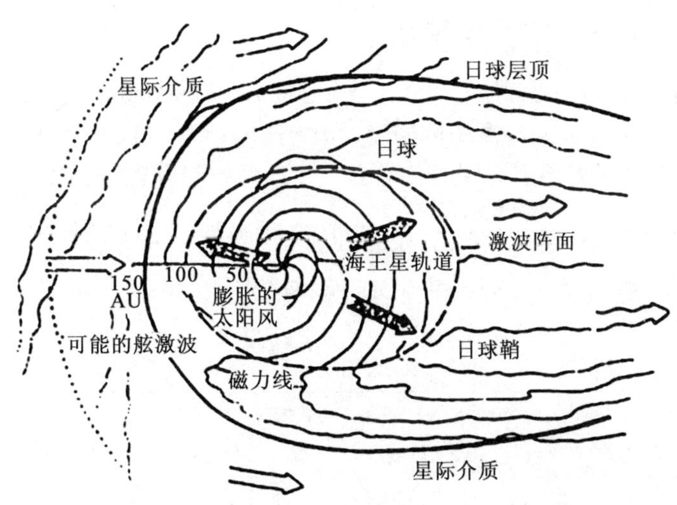

图 3－1　太阳赤道面上日球结构和太阳风示意图

白箭头—星际风；黑箭头—超声速太阳风；波浪白箭头—湍流

太阳的大尺度（或整体）磁场在日冕层已弱化并与具有高电导率的日冕等离子体冻结在一起。当日冕等离子体向外膨胀成太阳风时，日冕磁场也就被裹携至行星际空间。太阳磁场是日球磁场的源，日球磁力线一端固定在太阳等离子体上，另一端随太阳风伸向行星际空间。前者随着太阳自转而旋转，而后者与太阳风一起向外运动。在黄道面上行星际磁场被拉成螺旋线形状，并呈现扇形结构。

尽管太阳风所携带的能量只是太阳电磁辐射能的 10^{-6} 量级，太阳风和其相伴随的日球磁场是重要的空间环境因素，成为近地球空间的各种扰动，特别是地磁层暴和亚暴发生的主要诱因。太阳风与日冕物质抛射或耀斑爆发的高速等离子体流相互作用，可形成各种形态的激波。

早期查普曼（Chapman）[2]估算了地球轨道上的粒子密度。假定日冕温度为 10^6 K 数量级，并认为日冕处于流体静力学平衡态，得出日冕密度分布轮廓和地球轨道附近电子密度为 $10^2 \sim 10^3$ cm^{-3}，以及在较大日球距离上压力为 10^{-5} dyn · cm^{-2}（1 dyn=10^{-5} N）。但是，观测表明，行星际空间的压力只有 10^{-12} 或 10^{-13} dyn · cm^{-2} 数量级。两种结果相差数个数量级，与日球边界条件无法吻合。为此，帕克（Parker）[3]首先提出日冕膨胀会诱发超声速流并连续不断向外流动，即所谓太阳风的概念。他从质量、动量和能量守恒出发，处理了静态球对称的流体问题[4]。帕克还讨论了行星际磁场的扇形位形问题。由于太阳风等离子体的电导率极高，基本上不会发生等离子体横穿磁场的运动，从而行星际磁场被“冻结”（“frozen in”）在粒子流内，即等离子体携带着磁场一起被“吹”向行星际空间。

静态球对称模型尽管过于简化，但得出了许多重要的结论，保留了太阳风的某些基本特征。不过简化模型无法解释太阳风高速流行为及其能源问题。近几年对太阳风动力学研究取得了重要进展，提出了太阳全球性非均匀三维太阳风结构和阿尔芬波将能量从太阳带出并耗散于太阳风、加速和加热太阳风等新概念。

3.2 太阳风和行星际磁场的基本参量

3.2.1 太阳风等离子体的平均特性

表 3－1 列出了慢太阳风的典型参量以及在 1965～1968 年太阳活动增强期地球轨道附近的平均数据[5]。表中，n 为等离子体密度，u 为速度；T_p，T_e 为质子、电子温度；$T_\parallel / T_\perp$ 为沿着和垂直于磁场方向上温度的各向异性；B 为行星际磁场强度；F_e 为沿磁场方向的电子所携带的热通量；$\beta_p = \dfrac{8\pi n T_p}{B^2}$ 为质子的动态压力与磁压力之比；$V_A = (B^2/4\pi n m_p)^{1/2}$ 为阿尔芬速度；$M_A = u/V_A$ 为阿尔芬马赫数。

表 3－1 太阳风典型参量值

物理参量单位	1965～1968 年平均数据			慢太阳风（<350 km · s^{-1}）	
	平均值	均方差	90%的变化范围	平均值	均方差
n/cm^{-3}	7	3.3	3 ～14.7	8.3	3.6
u/（km · s^{-1}）	400	72	305 ～ 550	—	—

续表

物理参量单位	1965～1968 年平均数据			慢太阳风（<350 km · s^{-1}）	
	平均值	均方差	90%的变化范围	平均值	均方差
T_p/K	9.1×10^4	4×10^4	(2～24) ×10^4	4.6×10^4	2.6×10^4
T_e/K	1.4×10^5	0.32×10^5	(0.85～2.1) ×10^5	1.3×10^5	0.27×10^5
$(T_\parallel/T_\perp)_p$	1.9	0.47	1.1～3.7	2.0	1.0
$(T_\parallel/T_\perp)_e$	1.1	0.08	1.01～1.3	1.07	0.57
$B/10^{-5}$ Gs	5.2	4.2	2.2～9.9	4.7	2.2
F_e（erg · cm^{-2} · s^{-1}）	7×10^{-3}	6×10^{-3}	(0.6～20) ×10^{-3}	5×10^{-3}	4.2×10^{-3}
β_p	0.95	0.74	0.09～2.5	0.78	0.69
V_A/（km · s^{-1}）	43	42	18～88	36	16
M_A	10.7	10.1	4.4～20	10.7	5.0

根据表 3－1 的数据，可以推算出太阳风等离子体的平均特性，如表 3－2 所示。表 3－2 中，$\omega_0=(ne^2/\varepsilon_0 m_e)^{1/2}$，为电子等离子体频率；$\omega_{se}=eB/m_e c$，为电子同步回旋频率；$\omega_{sp}$为质子同步回旋频率；$\omega_{h1}=(\omega^2+\omega_{se}{}^2)^{1/2}$，为高次混频（hybrid frequency）；$\omega_{h2}=(\omega_0\cdot\omega_{se})^{1/2}$，为低次混频；$V_{e,p}=(2T_{e,p}/m_{e,p})^{1/2}$，为电子、质子的热速度；$r_{e,p}=V_{e,p}/\omega_{e,p}$，为电子、质子的拉莫尔半径，即在洛伦兹力作用下，带电粒子在磁场中作圆周运动的轨道半径，也叫回旋半径。若 B 为磁感强度，粒子带电量为 q，速度为 v，v 与 B 的夹角为θ，则拉莫尔半径为：$R=mv\sin\theta/qB$；$r_D=(\varepsilon_0 kT_e/ne^2)^{1/2}$为德拜半径（德拜电位被屏蔽的距离）。表中某些参量的定义可参见第 3.3 节。

表 3－2　太阳风等离子体的平均特性

ω_0/s^{-1}	ω_{se}/s^{-1}	ω_{sp}/s^{-1}	ω_{h1}/s^{-1}	ω_{h2}/s^{-1}	V_e/（cm · s^{-1}）	V_p/（cm · s^{-1}）	r_e/cm	r_p/cm	r_D/cm
1.5×10^5	0.9×10^3	0.5	1.5×10^5	20	2.1×10^8	4×10^6	1.8×10^5	7×10^6	10^3

表 3－3 列出了 1965～1967 年间在维拉（VELA）3A 和 3B 卫星上获得的测量结果。表中，Kn 为克努森数（Knudsen number），它等于库仑静电碰撞时间与膨胀时间 r/u（r=1 AU，u 为速度）之比；Ma 为马赫数，即太阳风速与声速之比。

表 3－3　太阳风的某些参量

参量	平均数据（1965～1967 年）			慢太阳风（<350 km · s^{-1}）	
	平均值	均方差	变化范围	平均值	均方差
nu/（cm^{-2} · s^{-1}）	3.0×10^8	1.8×10^8	1.2×10^8～6.5×10^8	2.8×10^8	1.5×10^8
$nm_pu^2/2$/（erg · cm^{-3}）	1.0×10^{-8}	0.73×10^{-8}	0.35×10^{-8}～2.6×10^{-8}	7.8×10^{-9}	4.3×10^{-9}
$\frac{3}{2}nT_p$/（erg · cm^{-3}）	1.2×10^{-10}	1.0×10^{-10}	0.1×10^{-10}～5×10^{-10}	8.2×10^{-11}	6.8×10^{-11}
$nm_pu^3/2$/（erg · cm^{-2} · s^{-1}）	0.42	0.36	0.12～1.1	0.26	0.14
Kn	17		0.7～70		
Ma	9.5	2.6	5.6～14.5	10.4	2.7

由表3－1数据可以看出，太阳风速总是比声速和阿尔芬速度高几倍，即 $Ma>1$ 和 $M_A>1$。阿尔芬波是在磁流体介质中传播的横波。在不可压缩导电流体中，阿尔芬波沿磁力线的传播速度为 $v_A = B_0/\sqrt{4\pi\rho}$，其中 ρ 为介质密度，B_0 为磁场。当 $u=400\ \mathrm{km \cdot s^{-1}}$ 时，等离子体从太阳运动至地球，要经历约4昼夜。克努森数 $Kn>1$，意味着库仑静电碰撞无法使气流完全满足地球轨道附近的流体动力学特性。

在测量误差范围内，电子浓度和离子浓度相等。实际上，太阳风速的矢量方向几乎是径向的。在平均分散度为5°时，与径向方向的偏离可达10°～15°，这可能源于行星际介质的不均匀性和阿尔芬波的贡献。对彗星尾取向的细致分析以及直接测量发现，太阳风速存在一定的的方位角分量（$3\sim10\ \mathrm{km \cdot s^{-1}}$），与太阳旋转方向相一致；子午线分量通常处于测量误差的范围内（$\approx 2\ \mathrm{km \cdot s^{-1}}$）。电子温度通常为质子温度的3～5倍。太阳风的电子温度的波动比质子低得多。

对于低速太阳风，质子平均温度为 4×10^4 K，而电子平均温度为 1.5×10^5 K。图3－2为某次测量的结果[6]。在高速流太阳风中，则正相反，质子温度高于电子温度，即 $T_p>T_e$。电子温度趋于恒定，是由于电子具有较高的热导率，其不均匀性可通过热传导而消失。由于很少发生库仑碰撞，很难在太阳风的电子和质子之间发生热交换，故它们具有不同的温度。

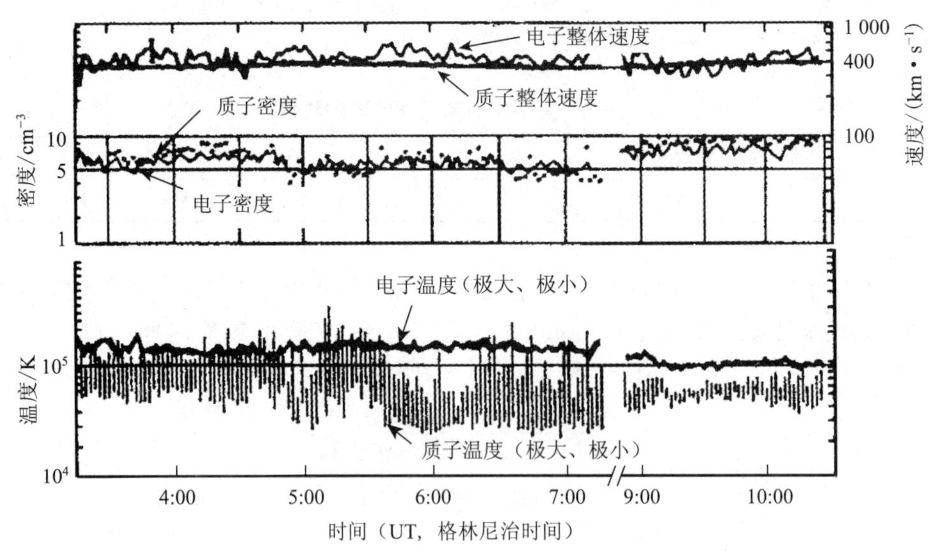

图3－2　1967年5月14日太阳风中的质子和电子的速度、密度和温度

从等离子体单位电荷的能谱分布，可以求出太阳风质子和电子的整体速度。图3－3为某次实测的典型能谱。太阳风速观测结果的直方图如图3－4所示[7]，由图可见，太阳风的平均流速为 $400\ \mathrm{km \cdot s^{-1}}$，并且太阳风速在 $350\ \mathrm{km \cdot s^{-1}}$ 出现的频度最大。

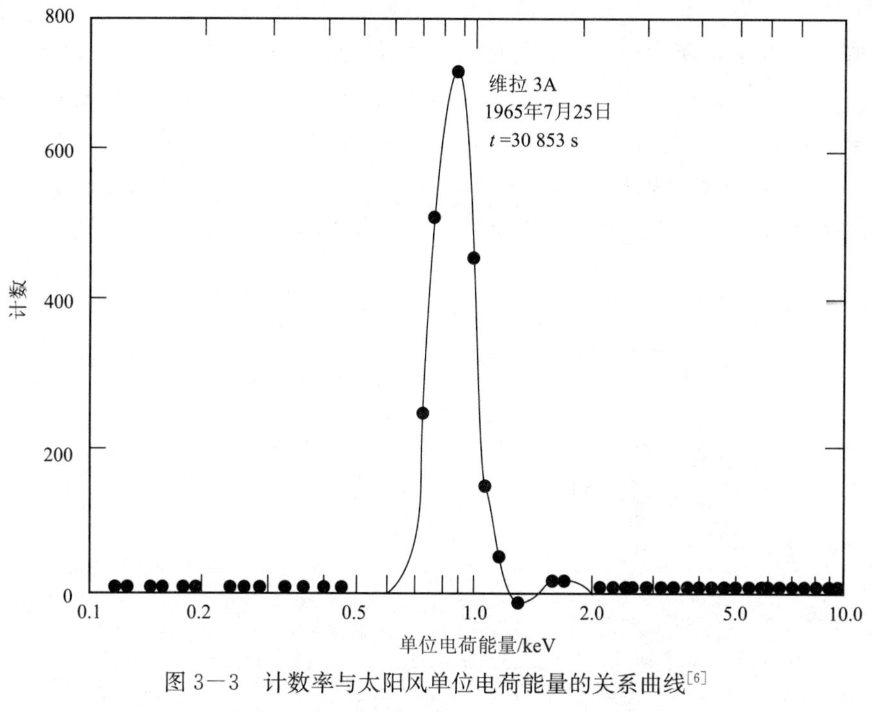

图 3－3　计数率与太阳风单位电荷能量的关系曲线[6]

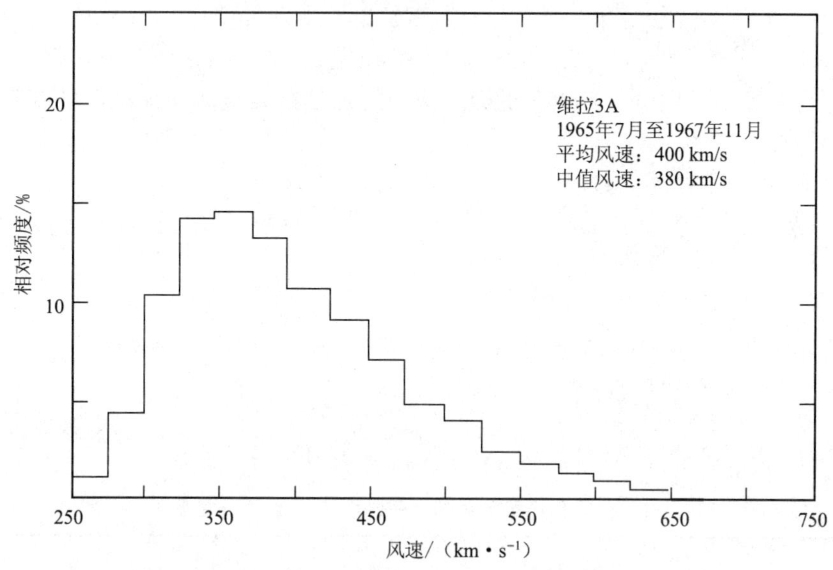

图 3－4　地球轨道附近太阳风风速分布直方图

3.2.2　太阳风的变化特征

太阳风参量发生复杂的时空变化。在太阳 11 年活动周期内，空间某一点的平均参量按确定的规律发生变化，其变化值约为百分之几十量级。通常，将日心距 1 AU 范围内，时间尺度 $t \geqslant 10^2$ h（$\geqslant 10^8$ km）的结构变化称作大尺度变化，如高速流、扇形结构等；10^2 h$>t>$1 h（$10^6 \sim 10^8$ km）的变化，称为小尺度变化，如磁云；$t<$1 h（$\leqslant 10^6$ km）的变化，如阿尔芬涨落称为微尺度变化。

很久以前，太阳风参量是基于对陨石和月球样品分析加以确定的。某些数据表明，在古代太阳风密度似乎比现代高几个数量级。大多数研究者却认为，在过去的数百万年内，太阳风密度并未发生显著变化。太阳风密度和通量随距太阳距离依$\propto r^{-2}$发生变化，而太阳风速度随r的变化不大。电子温度T_e与r呈弱变化关系。在地球轨道附近，质子温度$T_p \propto r^{-0.52}$，与卫星观测结果相一致。磁场与r的弱关联性大体符合帕克模型。电子温度T_e与r的关系为$T_e \propto r^{-0.35}$。图3—5所示为太阳风等离子体数密度随日心距r的变化[8]。

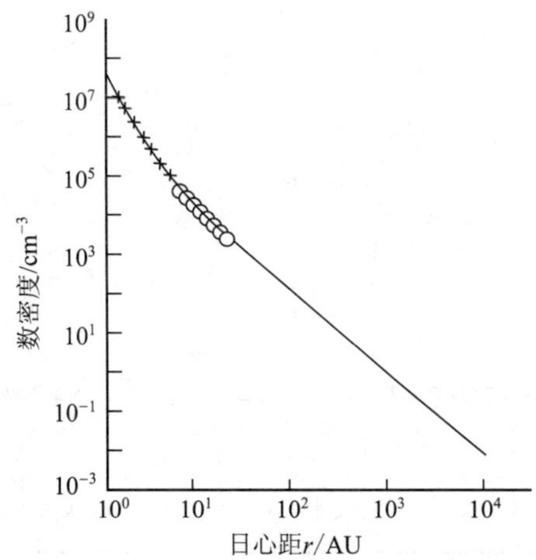

图3—5　太阳风等离子体数密度随日心距r的变化

日冕和行星际空间内电子数密度的数量级，特别是在太阳活动高年，可以基于下面的半经验公式计算

$$n(r)=n_0\left(\frac{R_\odot}{r}\right)^2\exp\left(a\frac{R_\odot}{r}\right) \tag{3—1}$$

式中　$R_\odot$——太阳半径；

r——日心距。

式（3—1）中有关参量n_0和a列于表3—4。

在此情况下，太阳风流速依下面的规律变化

$$u=u_\infty\exp\left(-a\frac{R_\odot}{r}\right) \tag{3—2}$$

表3—4　日冕和行星际内的电子数密度$n(r)$计算参数[5]

参量 / 时空位置	$n_0\times10^5$/cm^{-3}	a	$n(R_\odot)\times10^8$/cm^{-3}	n(1 AU)/cm^{-3}
赤道区，太阳活动高年	5.7	7.46	9.9	12
赤道区，太阳活动低年	9.25	5.35	2.0	20
极区，太阳活动高年	4.28	7.2	5.7	9

基于彗星和射电观测数据得出，太阳风密度随太阳纬度的增大而下降；相反，太阳风速度随纬度的增大而增加。其径向速度有较大的梯度，约为11 km·s^{-1}·（°）$^{-1}$。卫星观测还发现，太阳风参量随季节发生一定的变化（≈10%），这是由于黄道面与太阳赤道之间的倾角为7.3°，以及太阳风沿太阳纬度的分布不均匀性造成的。

从 1990 年至今，在卫星上的连续观测表明太阳风准静态高速流是源于强大的冕洞。冕洞在太阳活动低年，分布于太阳极区附近。近年来，太阳的磁偶极性明显地表现出来。在太阳风形成区域内，日冕的磁位形的基本特征可以基于“偶极性加上赤道平面内的薄电流层”模型加以描述。随着太阳周相位的发展，太阳活动性和涨落增强，偶极场相对于轴的倾斜度也增加，从而高次谐波的贡献急剧增大。其中，最低阶的谐波是四次和八次谐波，两者的贡献在活动极大期附近，将达到甚至超过偶极场在太阳风源表面的贡献。四极谐波以太阳日冕和日球南北不对称的形式呈现。磁场偶（双）极的变号过程，反映了 22 a 磁周期。在太阳活动极大年，太阳的磁轴在其旋转过程中，经过日面图的赤道并与黄道面相交。1999 年 8 月，即太阳活动第 23 周期曾观测到这种现象。因此在此期间，在地球轨道附近，可以明显地看到太阳的磁极及其周围的冕洞。与双极场相叠加时，四极场的作用便明显地表现出来。当太阳旋转 1 周时，可长时间观测到呈现明显的扇形磁场结构。每一扇形区具有单一极性和由相应大型冕洞喷射出来的一股高能粒子流。在活动衰减期，四极及其他次谐波的作用变弱，故主要呈现转动 1 周具有两股高速粒子流的磁场位形。据此可对此期间太阳日冕高速流的大尺度结构做出预报。

太阳风和行星际磁场与太阳经度也密切相关。观测发现，它们之间存在 27～28 d（交会）周期性，这和太阳旋转及太阳上边界条件下的太阳经度非唯一性有关。在个别的太阳宁静期和几个太阳转动周期内，观测到呈现扇形磁场结构。在几天的时间内，磁场指向太阳，随后又离开太阳。扇形结构常由 2 枚、4 枚或 6 枚扇瓣构成，它近似地以太阳转动周期反复运动。在扇形结构内，等离子体参量也会发生变化：速度可变化百分之几十，质子的数密度和温度可变化几倍。图 3—6 是根据卫星观测数据所提供的太阳风等离子体的各种参量。

3.2.3　太阳风高速流和行星际激波

在地球轨道观测到的太阳风速有时会发生很大的变化，并经常观测到高速流，风速约在两天内由 400 km·s^{-1}增至 800 km·s^{-1}，持续数天后又缓慢减小。太阳风高速流的特点是速度高、密度低及质子温度高于电子温度，并常有 27 天重现性。取 3 小时平均时，其速度为 650～700 km·s^{-1}。太阳风高速流的平均特性如表 3—5 所示[9]。若将太阳风速度依太阳自转周呈现，可以观察到如图 3—7 所示的重复性及其与质子温度的关系。

表 3—5　太阳风高速流平均特征参量

最大速度/（km·s^{-1}）	741±49
质子温度/K	（2.3±0.9）×10^{5}
电子温度/K	（0.99±0.8）×10^{5}
质子对流焓通量/（J·m^{-2}·s^{-1}）	（24±5）×10^{-6}
电子热流通量/（J·m^{-2}·s^{-1}）	（2.8±0.9）×10^{-6}
质子通量/（m^{-2}·s^{-1}）	（3.3±0.5）×10^{3}
对流能通量/（J·m^{-2}·s^{-1}）（包括反抗太阳重力场作功）	（2.4±0.4）×10^{-3}
阿尔芬波能流通量/（J·m^{-2}·s^{-1}）	（11.6±4.7）×10^{-5}

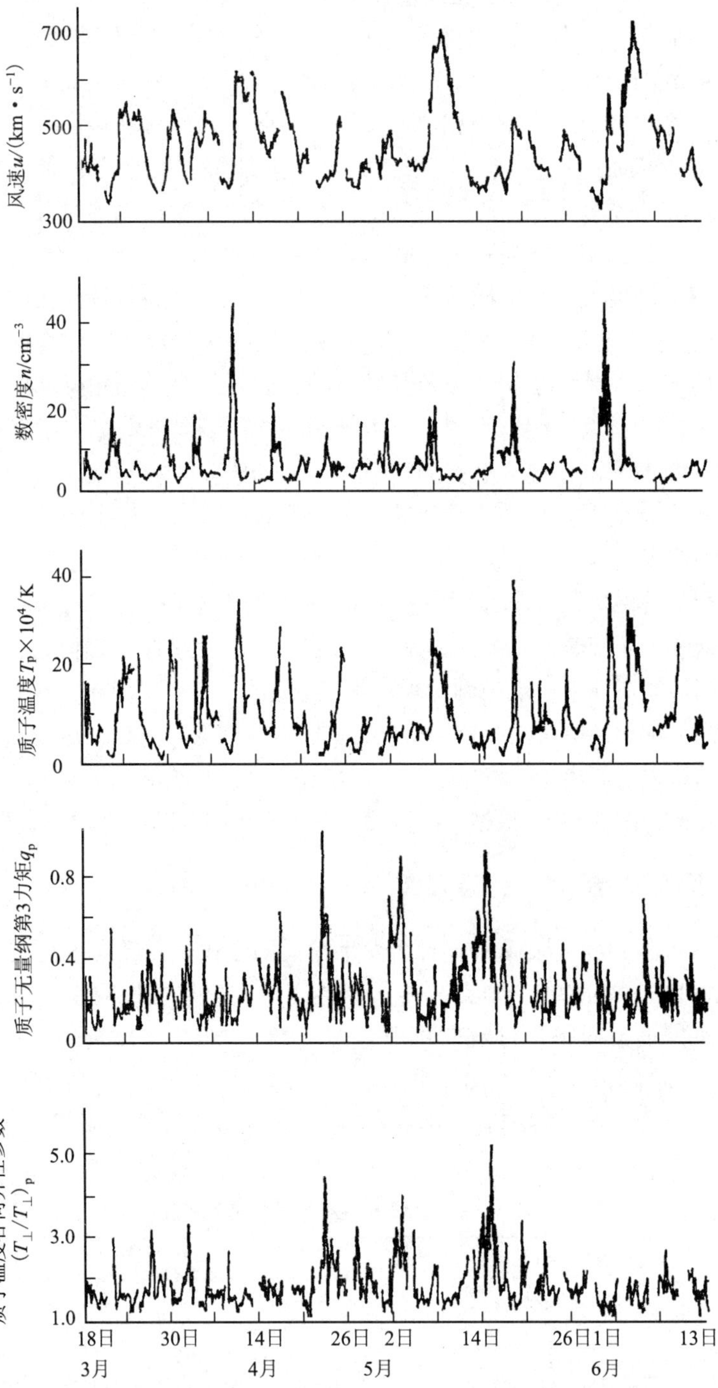

图3－6　3小时平均的太阳风速度 u、数密度 n、质子温度 T_p，质子分布函数的无量纲第3力矩 q_p ［$q_p=Q_p$ (3/2) nT_p $(2T_{p\parallel}/M)^{1/2}$，$Q_p$为第3力矩（热通量）］，以及质子温度的各向异性参数 $(T_\parallel/T_\perp)_p$[5]

卫星IMP－6 1971年的观测数据

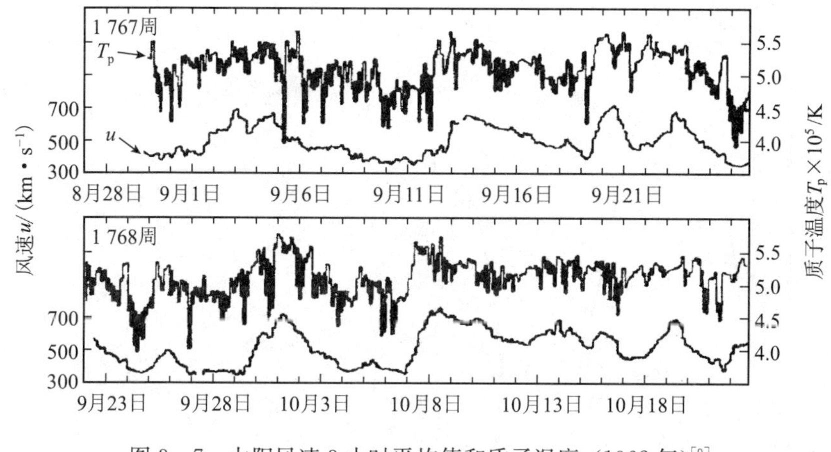

图 3－7　太阳风速 3 小时平均值和质子温度（1962 年）[9]

太阳风高速流与日球磁场位形分布（扇形结构）有密切的关系，并和冕洞相关。靠近太阳赤道的大冕洞都是高速流的源。

直接由太阳强烈扰动所导致的爆发（如耀斑和日冕物质抛射），会在太阳附近产生激波及其在行星际太阳风中的传播。太阳风高速流追赶低速流，或者由于日球磁场磁力线与太阳的共转导致高、低速流耦合以及太阳风等离子体和磁场的时空变化都会引起激波的形成。在行星际空间观测到的激波主要是耀斑或日冕物质抛射诱导的快速等离子体流与太阳风相互作用形成的，故称为耀斑激波；在距离＞1 AU 的远处观测到的激波，主要是太阳风高、低速流交互作用形成的，称为共旋激波（corotation shock wave）。

3.2.4　太阳风的组分

太阳风的基本组分是电子和质子，还有少量的其他离子，其中丰度最大的是氦核（α 粒子）。α 粒子在耀斑扰动下，相对于质子的含量在百分之零点几至 25％间变化；在宁静太阳风中的平均含量为 4％～5％。α 粒子的温度一般高于质子，$T_\alpha/T_p=3\sim5$。在较大的阿尔芬波速度下，α 粒子的质量速度（mass velocity）与质子速度差异不大。此外，在太阳风中还观测到一些较重的多电荷离子。太阳风典型的离子能谱如图 3－8 所示。

在不同粒子相互渗透的太阳风流中，成分明显不同。通常，高速太阳风流中氦离子含量较高。因此，平均比值 T_α/T_p随太阳风速增加而增大。在相互渗透的等离子体流中，质子的速度差大于 α 粒子。

太阳风组分发生较大变化的原因，是由于在重力、电磁场以及日冕内温度梯度力作用下，质量和电荷不同的粒子发生扩散分离过程引起的。这一扩散过程发生在粒子稳态条件下的频繁碰撞以及太阳风内的非稳态运动当中。重离子的分离可在力的作用下发生，如重力、电磁场、离子间的碰撞和惯性力等。这些过程通常不利于不同粒子在动力学过程中的充分混合。为了解释太阳风离子成分的显著变化，已提出多种动力学模型（kinetic model）。但是，应该指出，在所有情况下，质子仍然是太阳风的主要组分。最近几年已获取到大量有关日球内中性粒子组分的信息，它们具有不同的起源，并且携带着有关行星际介质、空间大气层及行星际尘埃等的重要信息。

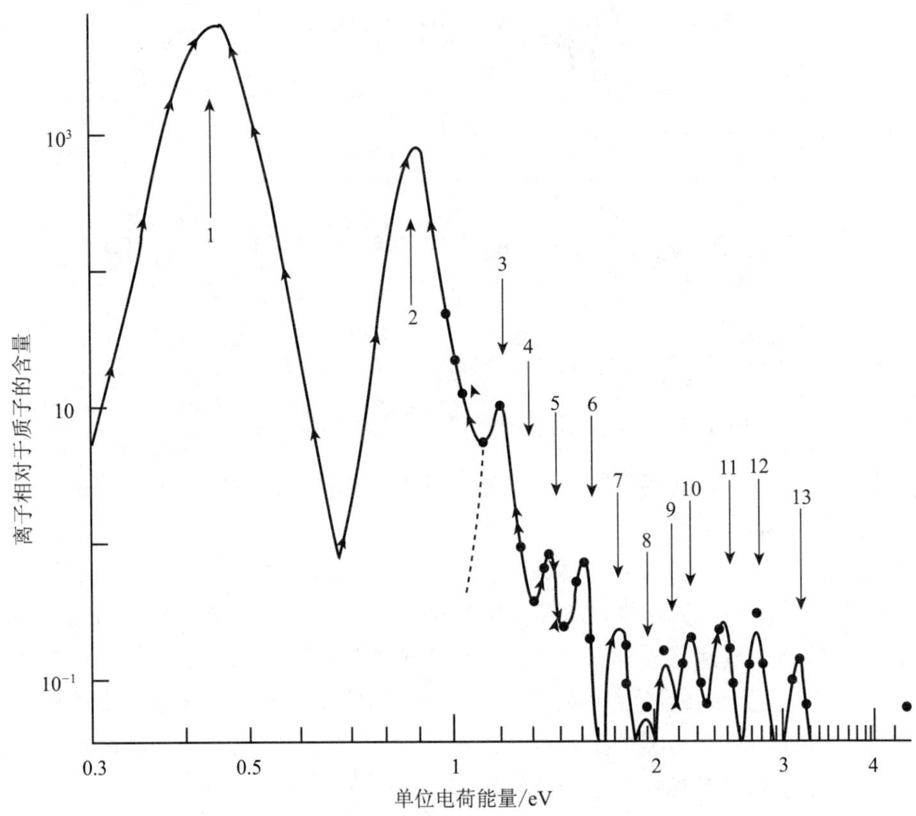

图 3－8　太阳风典型的离子能谱（维拉卫星观测结果）[5]

箭头—产生给定极大值的离子

1—H^+；2—He^{2+}；3—O^{6+}；4—Si^{10+}，N^{3+}；5—Si^{9+}，S^{10+}；6—Si^{8+}，S^{9+}；7—Si^{7+}，He^+，S^{8+}，Fe^{14+}；8—Fe^{13+}；9—Fe^{12+}；10—Fe^{11+}；11—Fe^{10+}；12—Fe^{9+}；13—Fe^{8+}

3.2.5　粒子按速度的分布函数

这里所谓的分布函数（distribution function）是用来描述粒子在相空间体积元出现的概率，从而可以将离散的体系连续函数化，对运动状态进行完整的描述。

太阳风的温度是指动力学温度。对于一质点系，每个质点的质量和速度会有不同，其动能为 $E_K=\sum \frac{1}{2}m_i v_i{}^2$。对于连续分布的物体，有 $E_K=\frac{1}{2}\rho(x,y,z)v_i{}^2 \mathrm{d}x\mathrm{d}y\mathrm{d}z$（式中 ρ 为密度）。通过公式 $E_K=\frac{3}{2}kT_k$，可求出动力学温度 T_k（其中，k 为玻耳兹曼常数）。由于不计及相互碰撞，不同组分粒子可具有不同的温度。太阳风温度由粒子的热速度分布决定。由于热速度呈各向异性（如图 3－9 所示），太阳风温度也应呈各向异性。

太阳风质子的分布函数会发生较大的变化，通常无法用单一麦克斯韦分布律加以描述。图 3－9（a）表示具有单峰，对应于单一的速度和密度的简单分布；图 3－9（b）表示呈现两个强峰，对应于两束不同速度和密度的等离子体粒子流[10]。一般情况是介于这两种极端状态之间。质子温度 $T_{\rm p}=\frac{1}{3}(T_{\parallel}+2T_{\perp})$，其中 $T_{\parallel}$ 和 $T_{\perp}$ 分别为质子沿磁场和垂直磁场方向的温度。$T_{\parallel}/T_{\perp}$ 在较大的范围（0.7～2.8）内变化，平均值约为 1.5。太阳风质子的速度（或温度）较高时，通常其数密度较低。

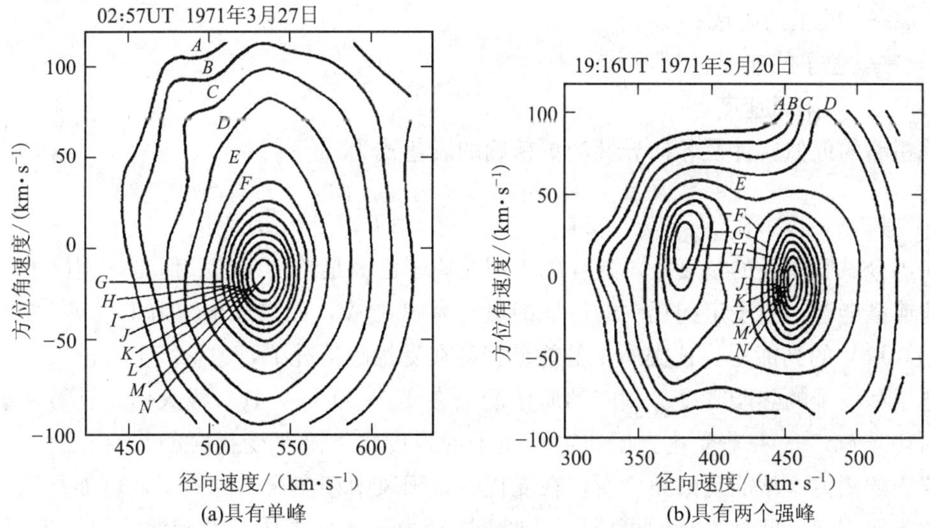

图 3－9　太阳风质子速度的二维分布

等值线 A、B、C 及 D 分别表示数密度为 0.001、0.003 2、0.01 和 0.032 cm^{-3}，而等值线 E～N 对应于数密度 0.1～1.0 cm^{-3}

太阳风中的电子特性难以观测，对电子性质的了解不如质子充分。而且，电子与质子不同，在地球轨道上的速度是亚声速的。电子的通量－速度分布如图 3－10 所示[11]。

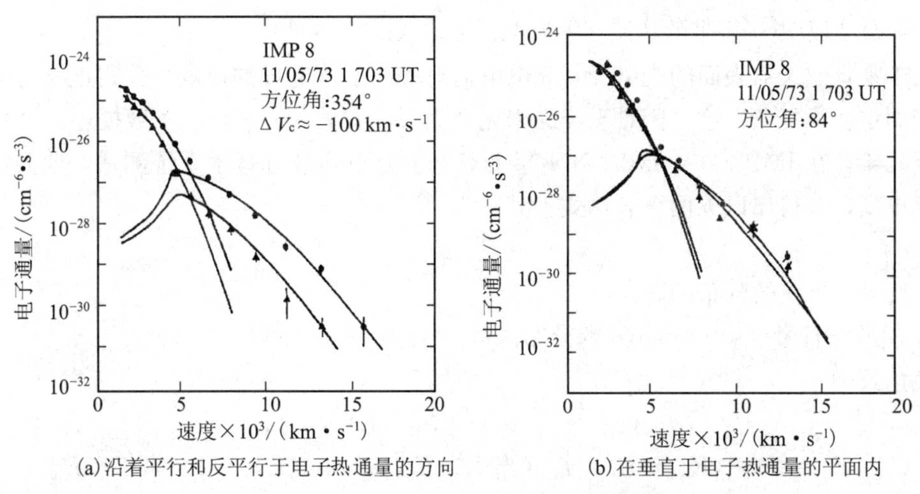

图 3－10　太阳风电子的通量－速度分布曲线

太阳风等离子体并非处于局域热力学平衡态。这体现在 T_e 和 T_p 的不同以及沿磁场方向（∥）和垂直磁场（⊥）方向上，分布函数具有显著的各向异性，且 $T_{\parallel} > T_{\perp}$。相应地，麦克斯韦分布函数为

$$f \propto \exp\left[-\frac{m}{2T}(v-u)^2\right] \tag{3-3}$$

式中 m——粒子的质量；

v——粒子的速度；

u——太阳风速度。

这只是粗略的近似。计及各向异性的更精确的表达式为

$$f \propto \exp\left[-\frac{m}{2T_{\parallel}}(v-u)_{\parallel}^2 - \frac{m}{2T_{\perp}}(v-u)_{\perp}^2\right] \tag{3-4}$$

在当今试验所及的精度下，这样的近似对质子已经足够精确了。但是，相比于图3－8所示的典型能谱，质子定向运动的特征能量约为500 eV，而热涨落约为10 eV，常可观测到5～50 keV的高能尾。这类质子的能量密度在受扰的情况下，数量级上可能大于宁静太阳风电子和质子的热能密度。相应的质子能谱在10～20 keV具有极大值，其数密度约为 $10^{-3} \sim 10^{-2}\ \mathrm{cm^{-3}}$。在非受扰太阳风内，质子的强度将下降至受扰时的数百分之一，低于测量仪表的阈值。从能量的角度看，在受扰的太阳风中存在这样的质子，可能是诱发不稳定性的重要因素。此外，它们可能影响地磁层动力学。这类质子的起源，目前尚不清楚，一般认为它们可能在太阳和行星际介质内被加速。

在高速太阳风流中，可以经常观测到质子分布函数与热力学平衡态间的显著偏离。通常记录到相互渗透的粒子流，其相对运动速度可能大于当地的阿尔芬速度。相互渗透的粒子流是由于等离子体非线性运动的“翻倒”引起的。

在宁静太阳风内，沿磁场方向质子所携带的热通量或热流约为 $10^{-5}\ \mathrm{erg \cdot cm^{-2} \cdot s^{-1}}$，从太阳向外流动。它低于动能流（约为 $0.1 \sim 1.0\ \mathrm{erg \cdot cm^{-2} \cdot s^{-1}}$）、焓流（约为 $10^{-2}\ \mathrm{erg \cdot cm^{-2} \cdot s^{-1}}$）以及电子携带的热流（约为 $10^{-2}\ \mathrm{erg \cdot cm^{-2} \cdot s^{-1}}$）。

由于来自航天器表面的光电子及充电电荷对等离子体电位的影响，使得电子分布函数的直接测定变得复杂。这一困难至今尚未完全克服，有关太阳风的电子数据还不可靠。

近几年，在IMP－7及IMP－8卫星上对电子分布函数进行了系统测量，使其精度有了明显提高，并得出以下两个表达式。其一为

$$f_e(v) = f_c(v) + f_H(E) \tag{3-5}$$

式中 f_c——日核的分布函数；

f_H——日晕（solar halo）的分布函数。

另一表达式为

$$f_e(v) = f_c(v) + C_H(E) f_H(E) \tag{3-6}$$

式中，$C_H(E) = \exp(E_{BA} - E)/T_c$（当 $E > E_{BA}$）；$C_H(E) = 1$（当 $E < E_{BA}$）。这里，f_c 为双麦克斯韦分布函数与 $v_{\parallel}$ 的奇次幂级数之和；f_H 由相对于日核位移 Δu_H 的双麦克斯韦分布函数加以描述；E_{BA} 由 $f_c = f_H$ 定义。

表3－6列出了太阳风和光辐射各参量的比较，可以看出太阳的光辐射所携带的能量、

质量和冲量均明显高于太阳风。

表 3—6　太阳风和光辐射参量在数量级上的比较（r=1 AU）[5]

参数 载体	总能量流量/ (erg · s^{-1})	总冲量流量/ (dyn · s^{-1})	总质量流量/ (g · s^{-1})	能流密度/ (erg · cm^{-2} · s^{-1})	冲量流密度/ (g · cm^{-2} · s^{-1})	能量密度/ (erg · cm^{-3})
光辐射	3.9×10^{33}	1.3×10^{23}	4×10^{12}	1.4×10^{6}	10^{-15}	5×10^{-5}
太阳风	10^{27}	6×10^{19}	10^{12}	0.4	3×10^{-16}	10^{-8}

3.3　等离子体在磁场内的运动

理解太阳风各种平均特性及其变化和粒子速度的理论基础是等离子体在太阳和日球磁场中的运动规律，其中涉及磁矩守恒、磁镜效应（magnetic mirror）、德拜屏蔽，以及等离子体集体（集约）运动（collective motion）所导致的振荡、不稳定性和各种波动过程[12]。

3.3.1　单个带电粒子运动

一个速度为 $\boldsymbol{v}$ 的带电粒子在电场 $\boldsymbol{E}$ 或磁场 $\boldsymbol{B}$ 内运动时，将受到的作用力为

$$\boldsymbol{F}=m\boldsymbol{a}=q(\boldsymbol{E}+\boldsymbol{v}\times\boldsymbol{B}) \tag{3-7}$$

式中　$\boldsymbol{a}$——粒子运动加速度；

m——粒子质量；

q——带电粒子电荷；

$\boldsymbol{v}$——粒子运动速度。

当不存在电场时，如果 $\boldsymbol{v}$ 的任一分量都垂直于 $\boldsymbol{B}$，则该作用力将与 $\boldsymbol{v}$ 和 $\boldsymbol{B}$ 皆成直角。因为该力垂直粒子的迹线，它不能改变 v 的大小只能改变其方向。因此，该作用力为常量，并引起粒子绕磁场作回转运动。如果 $\boldsymbol{B}$ 沿 z 轴方向取向，则 $\boldsymbol{v}$ 将垂直于 $\boldsymbol{B}$，式（3—7）可简化为

$$m\dot{v}_x=qBv_y$$
$$m\dot{v}_y=-qBv_x$$
$$m\dot{v}_z=0 \tag{3-8}$$

若将第 1 个表达式微分并代入第 2 个表达式，得出

$$\ddot{v}_x=-\left(\frac{qB}{m}\right)^2 v_x \tag{3-9}$$

由式（3—9）可定义回旋转动频率（cyclotron gyration frequency），为

$$f_c=\frac{1}{2\pi}\left(\frac{qB}{m}\right) \tag{3-10}$$

这意味着粒子将以式（3—10）给定的频率绕磁场线作回旋运动，即强迫粒子沿圆周运动，且

$$a=\frac{v^2}{r} \tag{3-11}$$

因此，一个带电粒子的回旋转动半径（即拉莫尔半径）为

$$r=\frac{mv}{qB} \tag{3-12}$$

当不存在磁场时，电场可以无限地沿电场方向加速带电粒子。如果同时存在电场和磁场，粒子将受两种作用力的矢量和驱动而作合成运动。图 3－11 所示为一带正电荷的粒子在电场和磁场共同作用下，向右运动的情况。

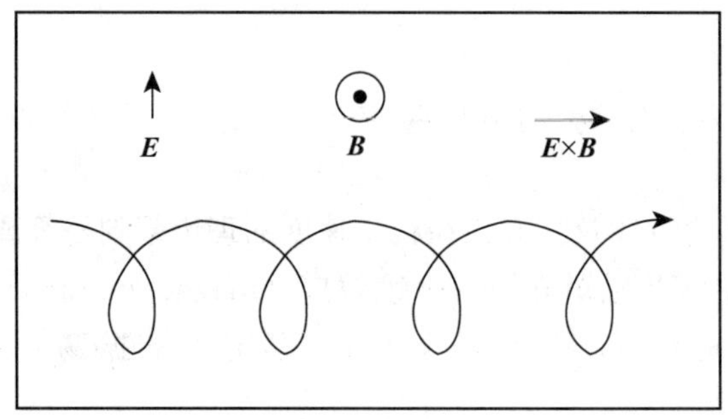

图 3－11　电场 **E** 横越磁场 **B** 时带正电荷粒子的漂移

无电场时，作用力 $\boldsymbol{v}\times\boldsymbol{B}$ 将使粒子绕纸面的法线作顺时针方向回转运动。电场 **E** 将使粒子向下运动的速度减小，并缩小其回转半径。当作用力 $\boldsymbol{v}\times\boldsymbol{B}$ 使粒子运动速度重新向上取向时，电场将增大其速度和回转半径。结果是粒子向上转动的速度远大于向下转动的速度，其净结果将使粒子向右漂移，如图 3－11 箭头所示。在任何情况下，作用在粒子上的力皆不为零。但是，在对多次回转运动取平均时，粒子的加速度和作用力必然为零。因此，式（3－7）简化为

$$0=q\,(\boldsymbol{E}+\boldsymbol{v}_{\mathrm{d}}\times\boldsymbol{B}) \tag{3-13}$$

式中　$\boldsymbol{v}_{\mathrm{d}}$——平均漂移速度。

$\boldsymbol{v}_{\mathrm{d}}$的解为

$$\boldsymbol{v}_{\mathrm{d}}=\frac{\boldsymbol{E}\times\boldsymbol{B}}{B^2} \tag{3-14}$$

上述推导只适用于满足 $\boldsymbol{F}_{\perp}\cdot\boldsymbol{B}=0$ 的情况。对粒子漂移更普适的表达式为

$$\boldsymbol{v}_{\mathrm{d}}=\frac{1}{q}\frac{\boldsymbol{F}_{\perp}\times\boldsymbol{B}}{B^2} \tag{3-15}$$

式中　$\boldsymbol{F}_{\perp}$——垂直于磁场的漂移力分量。

表 3－7 列出了与其他几种附加作用力相关的漂移速度。其中，$v_{\perp}$ 和 $v_{\parallel}$ 分量分别表示垂直和平行于磁场 **B** 的速度 $\boldsymbol{v}$ 的分量；R_{curv} 为磁场的曲率半径。下面考虑带电粒子在 $+z$ 轴方向上强度增大的磁场内（如图 3－12）运动的情况。在圆柱坐标内，任一时刻作用在粒子上的力可由下式给出

$$\begin{aligned} F_r&=qv_{\theta}B_z \\ F_{\theta}&=-q\,(v_rB_z-v_zB_r) \\ F_z&=-qv_{\theta}B_r \end{aligned} \tag{3-16}$$

表 3—7　几种其他类型磁场附加的带电粒子漂移

附加漂移类型	漂移速度方程
梯度磁场漂移	$v_d=\frac{mv_\perp^2}{2qB^3}(B\times\nabla B)$
曲率磁场漂移	$v_d=\frac{mv_\parallel^2}{qBR_{curv}}(\dot{R}_{curv}\times B)$
极化磁场漂移	$v_d=\frac{m}{qB^2}\frac{d}{dt}E$

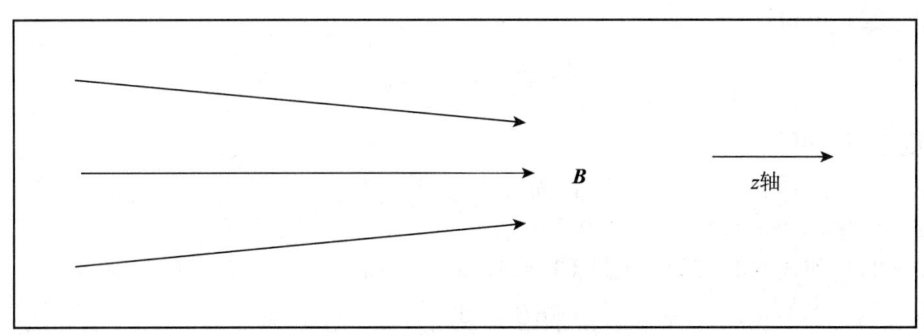

图 3—12　沿 $+z$ 轴方向增强的磁场

假定 $B_\theta=0$。F_θ引起粒子作回转运动，而 F_r引起粒子在径向上漂移。在这种情况下，F_z的表达式十分重要。基于麦克斯韦方程$\nabla\cdot\boldsymbol{B}=0$，在圆柱坐标内可简化为

$$\frac{1}{r}\frac{\partial}{\partial r}(rB_r)+\frac{\partial B_z}{\partial z}=0 \tag{3—17}$$

式（3—17）中，表达式 rB_r为

$$rB_r=-\int_0^r r\frac{\partial B_z}{\partial z}\,dr \tag{3—18}$$

设 $\frac{\partial B}{\partial z}$ 与 r 无关，则

$$B_r=-\frac{1}{2}r\left(\frac{\partial B_z}{\partial z}\right) \tag{3—19}$$

将式（3—19）代入式（3—16），得到

$$F_z=\frac{qv_\theta r}{2}\left(\frac{\partial B_z}{\partial z}\right) \tag{3—20}$$

如果将作用力在一次回转上取平均，可将 r 看成是回转半径［由式（3—12）给出］，则式（3—20）可以改写为

$$F_z=-\frac{mv_\perp^2}{2B}\left(\frac{\partial B_z}{\partial z}\right) \tag{3—21}$$

对正电荷粒子 $v_\theta=v_\perp$，且可将粒子的磁矩 μ 定义为

$$\mu = \frac{1}{2}\frac{mv_{\perp}^2}{B} \tag{3-22}$$

如果粒子运动到较弱或强的磁场区域内，尽管其回转半径发生了变化，磁矩将保持为常量。式（3—21）可重写为

$$m\frac{\mathrm{d}v_z}{\mathrm{d}t} = -\mu\frac{\partial B}{\partial z} \tag{3-23}$$

将式（3—23）左侧乘以 v_z，右端乘以 $\frac{\mathrm{d}z}{\mathrm{d}t}$，则得

$$mv_z\frac{\mathrm{d}v_z}{\mathrm{d}t} = \frac{\mathrm{d}}{\mathrm{d}t}\left(\frac{mv_z^2}{2}\right) = \frac{\mathrm{d}}{\mathrm{d}t}\left(\frac{mv_{\parallel}^2}{2}\right) = -\mu\frac{\partial B}{\partial z}\frac{\mathrm{d}z}{\mathrm{d}t} = -\mu\frac{\mathrm{d}B}{\mathrm{d}t} \tag{3-24}$$

从式（3—22）可得

$$\frac{\mathrm{d}}{\mathrm{d}t}\left(\frac{mv_{\perp}^2}{2}\right) = \frac{\mathrm{d}}{\mathrm{d}t}(\mu B) \tag{3-25}$$

因为能量守恒，可得

$$\frac{\mathrm{d}}{\mathrm{d}t}\left(\frac{mv_{\parallel}^2}{2} + \frac{mv_{\perp}^2}{2}\right) = 0 \tag{3-26}$$

将式（3—24）和式（3—25）与式（3—26）联立，得到

$$-\mu\frac{\mathrm{d}B}{\mathrm{d}t} + \frac{\mathrm{d}}{\mathrm{d}t}(\mu B) = 0 \tag{3-27}$$

因此，可以得出 $\frac{\mathrm{d}\mu}{\mathrm{d}t}=0$ 或 μ 为常量的结论。这可以理解为：当粒子运动到较强的磁场区时，为保持 μ 值为一常量，其 $v_{\perp}$ 必然增大，结果 $v_{\parallel}$ 相应减小。如果 B 达到足够高的值，则 v 的平行分量将趋于零，从而粒子将反射回到其起始方向。这一过程称为磁镜效应，它导致粒子被俘获于较弱的磁场区，正如地球辐射带的形成（图 3—13）。理论上，粒子可以一直停留在较弱的磁场区。实际上，碰撞散射（collisional scattering）可使粒子速度沿磁场取向，从而无磁矩，导致俘获粒子的逃逸。

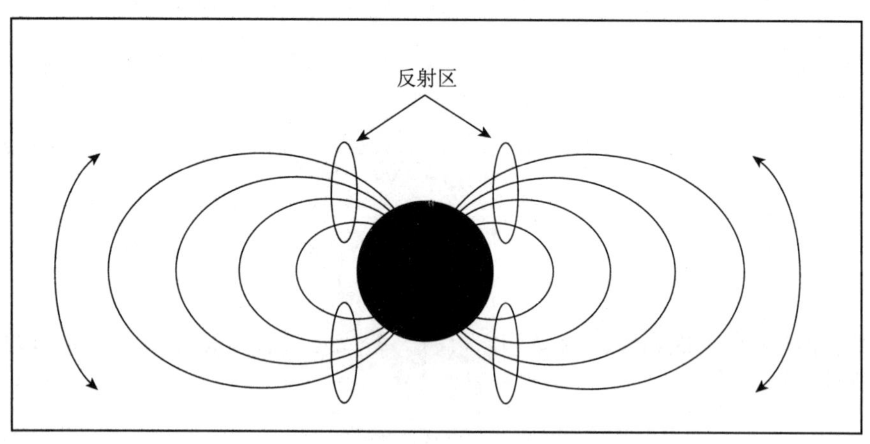

图 3—13　带电粒子沿磁力线的俘获

3.3.2 德拜屏蔽

等离子体有一种力求消除内部静电场的趋势。这种效应是带电粒子通过改变其空间位置的组合而产生的，该效应称为德拜屏蔽效应（Debye shielding effect）。在无等离子体时，距一个带电荷 Q 的物体距离为 r 处产生的电位为

$$V=\frac{1}{4\pi\varepsilon_0}\frac{Q}{r} \tag{3-28}$$

式中 ε_0——真空介电常数。

如果在物体附近存在等离子体，等离子体含有的相反电荷组分将被吸引到物体，从而屏蔽其余等离子体的电位。可以预期，电位将以幂律的形式随 $\frac{1}{r}$ 而衰减。为了定量研究电场分布，建立一个检验电荷或试探电荷（test charge）模型。该电荷满足以下条件：1）其电荷应足够小且带正电，当引入电场时，几乎不改变原来电场的分布；2）其线度应足够小，可看成为点电荷。若将检验电荷置于等离子体内，泊松方程可将电位 $V(r)$ 与电荷密度关联起来。所建立的方程有 3 项分别对应于电子、离子和检验电荷 q_t，即

$$\nabla\cdot E=\nabla^2 V=-\frac{\rho}{\varepsilon_0}=\frac{e}{\varepsilon_0}(n_e-n_i)-\frac{q_t}{\varepsilon_0}\delta(r) \tag{3-29}$$

式中 e——单位电荷（C）；

n_e, n_i——电子和离子数密度（m^{-3}）；

$\delta(r)$——狄拉克函数。

正检验电荷将吸引电子，排斥离子。其结果是增加检验电荷附近的电子密度，降低离子密度。

如果考虑温度为 T 的热力学平衡态等离子体气体，统计物理学表明，在能量为 E_2 和 E_1 的粒子密度之间满足

$$\frac{n(E_2)}{n(E_1)}=\exp\left[\frac{-(E_2-E_1)}{kT}\right] \tag{3-30}$$

当等离子体接近检验电荷时，电子将获得动能而离子将损失等于 $eV(r)$ 的动能。设 n_0 是远离检验电荷的等离子体密度，可定义平均能态，且

$$n_e(r)=n_0\exp\left[-\frac{eV(r)}{kT_e}\right]$$

$$n_i(r)=n_0\exp\left[-\frac{eV(r)}{kT_i}\right] \tag{3-31}$$

式中 k——玻耳兹曼常数；

T_e，T_i——电子和离子温度。

对式（3—31）可进行泰勒级数展开

$$e^{-x}=1-x+\frac{x^2}{2!}-\frac{x^3}{3!}+\cdots \tag{3-32}$$

设 $eV/kT\ll 1$，当离开检验电荷时，式（3—29）可简化为

$$\nabla^2 V=\frac{e^2 n_0}{\varepsilon_0 k}\left(\frac{1}{T_e}+\frac{1}{T_i}\right)V(r) \tag{3-33}$$

电子和离子的德拜长度 $\lambda_{e,i}$ 可由下式定义

$$\lambda_{e,i}=\left(\frac{\varepsilon_0 kT_{e,i}}{n_0 e^2}\right)^{\frac{1}{2}} \tag{3—34}$$

并且，总德拜长度可由下式给出

$$\frac{1}{\lambda_D^2}=\frac{1}{\lambda_e^2}+\frac{1}{\lambda_i^2} \tag{3—35}$$

将式（3—35）代入式（3—33），泊松方程简化为

$$\frac{1}{r^2}\frac{d}{dr}\left(r^2\frac{dV}{dr}\right)=\frac{V(r)}{\lambda_D^2} \tag{3—36}$$

式（3—36）中，$V(r)$ 的解为

$$V(r)\ =\frac{1}{4\pi\varepsilon_0}\frac{Q}{r}\exp\left(-\frac{r}{\lambda_D}\right) \tag{3—37}$$

式（3—37）意味着在偏离检验电荷的几个德拜长度上，其电位被等离子体有效地屏蔽。德拜长度可以近似地表示为

$$\lambda_{e,i}\approx 69\left(\frac{T_{e,i}}{n_0}\right)^{1/2} \tag{3—38}$$

式中，λ、T 和 n_0 的单位分别为 m、K 和 m^{-3}。带电粒子的库仑电场基本上被限制在以德拜长度为半径的球面内，该球面内等离子体的电中性被破坏。

3.3.3　等离子体振荡

等离子体的特性之一是进行所谓的集体（集约）运动。如果等离子体内的某些粒子发生位移，会在其他粒子上产生电作用力，并将引起整个等离子体的集体运动。图3—14所示为厚度为 L 的等离子体层，其中电子相对于离子位移 δ 的距离。由于这种电荷分离的结果，将感生一电场。该电场力图将电子朝后拉向离子（由于离子具有较大的质量，相对而言是不易动的）。结果电子将向后加速，力图趋于平衡位置，但是其动量会引起过冲（o-vershoot），直到向相反方向移动 δ 的距离。等离子体将以这种方式以某一等离子体频率（plasma frequency）即基频发生振荡。

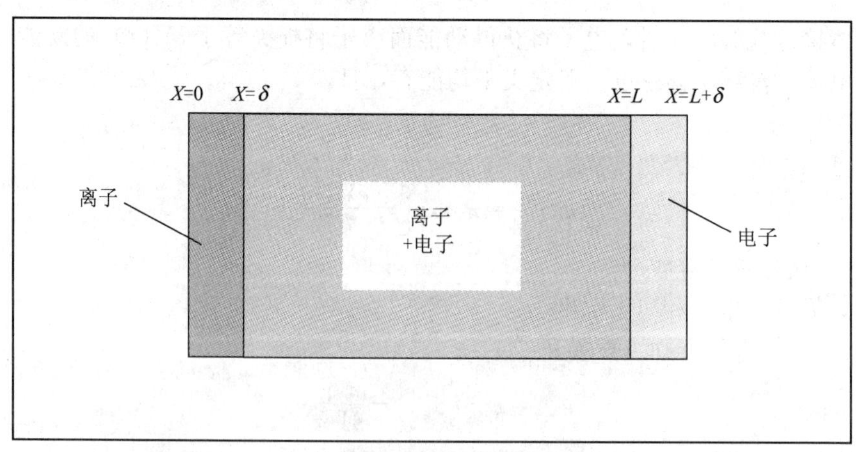

图 3—14　等离子体振荡示意图

在一维近似下，泊松方程可简化为

$$\partial_x E = \frac{\rho}{\varepsilon_0} \tag{3-39}$$

大部分等离子体层的电场与两种电荷间的相对位移 δ 相关，并由下式给出

$$E \approx -\frac{n_0 e\delta}{\varepsilon_0} \tag{3-40}$$

单位面积上的作用力可简单地由电场乘以单位面积上电荷求出，或

$$\frac{F}{A} = \left(-\frac{n_0 e\delta}{\varepsilon_0}\right)(en_0 L) \tag{3-41}$$

基于力的定义，有

$$\left(-\frac{n_0 e\delta}{\varepsilon_0}\right)(en_0 L) = (n_0 m_e L)\ddot{\delta} \tag{3-42}$$

经简化得

$$\left(\frac{n_0 e^2}{\varepsilon_0 m_e}\right)\delta + \ddot{\delta} = 0 \tag{3-43}$$

这是一简谐振荡方程，其基频为

$$f_{p,e} = \frac{1}{2\pi}\left(\frac{n_0 e^2}{\varepsilon_0 m_{p,e}}\right)^{\frac{1}{2}} \tag{3-44}$$

式（3－44）为等离子体频率的表达式。在数值上，等离子体频率可近似地表示为

$$f_{p,e} \approx 9n_0^{\frac{1}{2}}(m_{p,e}{}^{-3}) \tag{3-45}$$

正是等离子体以这种方式对电磁力进行的集体响应，使远距离无线电联系成为可能。如果适当频率的无线电波射入等离子体，等离子体将以相同的频率发生振荡，并且无线电波将被反射至地面。这一原理是电离层探测器（ionosonde）的理论基础，该探测器是地基雷达测量轨道高度上电子密度的一种仪器。

从表 3－8 可见，除等离子体振荡外，等离子体还呈现其他多种形式的波现象。携带电场探测器的轨道航天器，可以在任一时间探测出相关信号。虽然各类等离子体波一般对航天器分系统正常运行的影响较小，但灵敏的通信仪器却可能受到空间环境的影响而产生明显的电磁干扰。

表 3－8　各类等离子体波

波的种类	限制条件
静电波（电子）	
等离子体振荡	$\boldsymbol{B}=0$ 或 $\boldsymbol{v} \parallel \boldsymbol{B}$
高混杂波	$\boldsymbol{v} \perp \boldsymbol{B}$
静电波（离子）	
声波	$\boldsymbol{B}=0$ 或 $\boldsymbol{v} \parallel \boldsymbol{B}$
离子回旋波	$\boldsymbol{v} \perp \boldsymbol{B}$
低混杂波	$\boldsymbol{v} \perp \boldsymbol{B}$

续表

波的种类	限制条件
电磁波（电子）	
光波	$\boldsymbol{B}=0$
O 波	$\boldsymbol{v}\perp\boldsymbol{B}$ 和 $\boldsymbol{E}\parallel\boldsymbol{B}$
X 波	$\boldsymbol{v}\perp\boldsymbol{B}$ 和 $\boldsymbol{E}\perp\boldsymbol{B}$
R 波（啸声）	$\boldsymbol{v}\parallel\boldsymbol{B}$
L 波	$\boldsymbol{v}\parallel\boldsymbol{B}$
电磁波（离子）	
阿尔芬波	$\boldsymbol{v}\parallel\boldsymbol{B}$
磁声波	$\boldsymbol{v}\parallel\boldsymbol{B}$

阿尔芬波是一种磁流体力学波。等离子体在磁场中，由于密度扰动和磁场变化间的交互作用，会激发起阿尔芬波。设磁场 B_0 在 $y-z$ 平面内，磁场变化 B' 的 x 分量 B'_x 满足如下波动方程

$$\frac{\partial^2 B'_x}{\partial t^2}-v_z^2\frac{\partial^2 B'_x}{\partial z^2}=0 \tag{3-46}$$

其中，$v_z^2=\dfrac{B_0^2\cos^2\theta}{4\pi\rho}=v_A^2\cos^2\theta$；而且，速度的 x 分量 v_x 也满足上述波动方程。这种磁流体力学波就是阿尔芬波。当波沿磁场方向传播，则传播速度为阿尔芬速度，即

$$V_A=\frac{B_0}{\sqrt{4\pi\rho}} \tag{3-47}$$

式中 ρ——导电磁流体的质量密度。

3.4 太阳风的定态模型

大多数理论模型都假定，从太阳释放出的超声速等离子体流源于日冕。实际上，这是不全面的。超声速和超阿尔芬速流存在于太阳的各处，且从一个区域向另一区域的物质交换是一动态过程，无法分割出任何恒定的区域。日冕的电离化和高温（$\approx 2\times10^6$ K）是靠动能和电流能量的耗散维持的，与发生在太阳内部的物理过程密切相关。日冕的能量耗散转化为能量通量可比的电磁辐射和粒子辐射能流，约为 10^5 erg · cm^{-2} · s^{-1} 量级。

日冕等离子体的数密度随高度增加而急剧下降：在色球的内边界约为 $10^8\sim10^9$ cm^{-3}，在日面以上 3×10^5 km 的高度约为 10^7 cm^{-3}，而在（2～2.5）$R_\odot$ 的距离上约为 10^6 cm^{-3}。大尺度磁场的场强为 1 Gs 数量级。日冕形状和密度还随太阳活动周期发生变化。当太阳活动弱化时，日冕等离子体数密度可下降至初值的几分之一。

日冕气体的碰撞频率足够高，而平均自由程足够小，可以近似地采用流体动力学方程，至少在低密度区气体运动速度不大的过程是如此。帕克提出了一组最简单的日冕等离子体流方程。

3.4.1 多方模型

理想气体的状态参量满足 $PV^\alpha=$常数的准静态方程。α 为常数，称为多方指数，可取

任何实数。实际过程往往既非绝热也非等温，但均可描述成与绝热过程类似的形式：$PV^{\alpha}=C$。等压时，$\alpha=0$；等温时，$\alpha=1$；绝热过程时，$\alpha=\gamma$。若将式中的 α 推广为可取任一实数，则这样的过程称为多方过程，描述此过程的方程（或模型）称为多方方程（或模型）（polytropic model）。

若不考虑磁场的作用，对球对称的等离子体流体系，可以基于如下的方程组加以描述。

连续性方程

$$nur^2=n_0u_0r_0{}^2=常数 \tag{3-48}$$

运动方程

$$u\frac{\mathrm{d}u}{\mathrm{d}R}+\frac{1}{nM}\frac{\mathrm{d}P}{\mathrm{d}r}+\frac{GM_{\odot}}{r^2}=0 \tag{3-49}$$

状态方程（具有指数为 α 的多方式）

$$\frac{P}{P_0}=\left(\frac{n}{n_0}\right)^{\alpha} \tag{3-50}$$

式中　n——等离子体密度（$n=n_{\mathrm{i}}=n_{\mathrm{e}}$）；

M——质子质量；

u——太阳风径向速度；

$M_{\odot}$——太阳质量；

G——引力常量；

P——压力。

从上述方程组可以得出如下的伯努利方程

$$\frac{1}{2}\ (u-u_0)\ +\frac{\alpha}{\alpha-1}\frac{P_0}{n_0M}\left[\left(\frac{n}{n_0}\right)^{\alpha-1}-1\right]-GM_{\odot}\left(\frac{1}{r}-\frac{1}{r_0}\right)=0 \tag{3-51}$$

如图 3－15 所示，太阳风速与距离间存在 4 组单一参量的方程解，其特点是在 $r=r_{\mathrm{c}}$ 处有临界点。在此临界点处太阳风速度等于局地声速 $u=v_{\mathrm{s}}$。针对实际的太阳风，方程组的解所需满足的物理边界条件应为：$u(0)=0$，且 $u(\infty)\neq 0$。在 4 组方程组解中，只有 B 组方程解合理。按照此临界解，当 $r\rightarrow\infty$时，$u\rightarrow u_{\infty}$，$n\rightarrow 0$ 且 $P\rightarrow 0$。在此场合下，$n\propto r^{-2}$，$P\propto r^{-2\alpha}$。

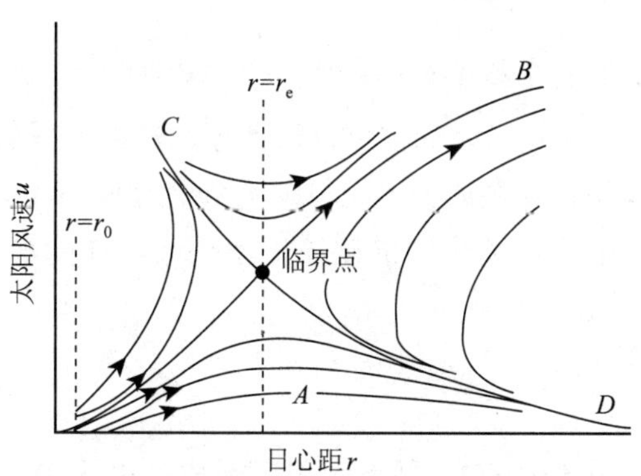

图 3－15　太阳风速与距离依赖关系的一组解[4]

当日冕温度增高时，其膨胀速度增大。在等温膨胀条件下，不同日冕温度时太阳风速与日心距的关系如图 3－16 所示。

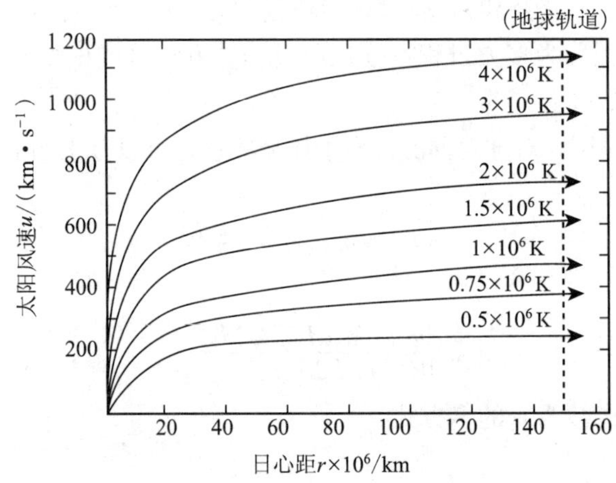

图 3－16　在等温膨胀条件下不同日冕温度时太阳风速与日心距的关系（计算结果）

对具有不同 α 值的理论模型所作的分析表明，有可能偏离球对称的假设。当 $\alpha=1.1\sim1.2$ 时，与观测到的太阳风密度最吻合。

3.4.2　计及热导率和黏度的模型

通过多方模型与试验结果的比较，表明太阳风等离子体流并非处于绝热态，应计及热导率和黏滞性的影响。为此，采用下面的能量转移方程

$$4\pi r^2\left[nu\left(\frac{Mu^2}{2}+5T-\frac{GM_{\odot}M}{r}\right)+F\right]=S=\text{常量} \tag{3-52}$$

式中，F 为热通量和黏滞耗散项，可表示为

$$F=-\chi\frac{\mathrm{d}T}{\mathrm{d}r}-\frac{4}{3}\eta u\left[\frac{\mathrm{d}u}{\mathrm{d}r}-\frac{u}{r}\right] \tag{3-53}$$

式中　χ——热导率；

η——黏滞系数。

若采用电子热导率的库仑系数 $\chi_e=6\times10^{-7}T^{\frac{5}{2}}$（$\mathrm{erg\cdot cm^{-2}\cdot s^{-1}\cdot K^{-1}}$）和离子黏滞系数 $\eta=10^{-16}T^{\frac{5}{2}}$（$\mathrm{g\cdot cm^{-1}\cdot s^{-1}}$），同样可以得到超声速的能量转移解，可定性地描述太阳风行为。但是，这一模型在大距离上未能与试验结果定量一致。在此情况下，流体动力学已不再适用。太阳风的电子和离子间的碰撞概率很小，能量交换效应较弱。这时 $T_e\neq T_p$，需要采用新的模型。

3.4.3　二流体模型

二流体模型（two－fluid model）是将太阳风看成由电子和质子两种流体组成的理论模型。对于球对称的等离子体稳态流，二流体动力学方程具有如下形式。

连续性方程

$$nur^2=\text{常量} \tag{3-54}$$

运动方程

$$nmu\frac{\mathrm{d}u}{\mathrm{d}r}+\frac{GM_{\odot}mn}{r^2}-neE+\frac{\mathrm{d}(nT_e)}{\mathrm{d}r}=0 \tag{3-55}$$

$$nMu\frac{\mathrm{d}u}{\mathrm{d}r}+\frac{GM_{\odot}Mn}{r^2}+neE+\frac{\mathrm{d}(nT_p)}{\mathrm{d}r}=0 \tag{3-56}$$

能量平衡方程

$$\frac{3}{2}nu\frac{\mathrm{d}T_{p,e}}{\mathrm{d}r}-uT_{p,e}\frac{\mathrm{d}n}{\mathrm{d}r}-\frac{1}{r^2}\frac{\mathrm{d}}{\mathrm{d}r}r^2\left(\chi_{p,e}\frac{\mathrm{d}T_{p,e}}{\mathrm{d}r}\right)=\pm\nu n\ (T_p-T_e) \tag{3-57}$$

上述各式假定 $n=n_p=n_e$，即等离子体满足电中性；$u_p=u_e=u$，即太阳风等离子体流的电荷状态是稳态（恒定）的；m 和 M 分别为电子和质子的质量；r 为距离；E 为电场；$\chi_{e,p}$为电子和质子的热导率；$\nu=2\dfrac{m}{M}\nu_e$为电子和质子间有效能量交换频率。电子和质子各自的库仑（静电）碰撞频率分别为

$$\nu_e=\frac{4\ (2\pi)^{\frac{1}{2}}ne^4\ln\Lambda}{3mT_e^{\frac{3}{2}}}$$

$$\nu_p=\frac{m}{M}\nu_e$$

式中，$\ln\Lambda$ 为库仑对数，由 $\ln\Lambda=9.43-1.151\lg n+3.45\lg T_e$给出，$n$ 和 T_e的单位分别为 cm^{-3}及 K。

考虑到$\dfrac{m}{M}<1$，且$\dfrac{\chi_p}{\chi_e}=\left(\dfrac{T_p}{T_e}\right)^{\frac{5}{2}}\left(\dfrac{m}{M}\right)^{\frac{1}{2}}\ll1$，可由运动方程式（3－55）～式（3－56）求出电场为

$$E=\frac{1}{en}\frac{\mathrm{d}T_e}{\mathrm{d}r} \tag{3-58}$$

进一步推导得到

$$nM\frac{\mathrm{d}u}{\mathrm{d}r}=-\frac{\mathrm{d}}{\mathrm{d}r}n(T_e+T_p)-\frac{GM_{\odot}Mn}{r^2} \tag{3-59}$$

通过解二流体动力学方程式（3－57）～式（3－59），可以得出太阳风具有不同的 T_e和 T_p值（图 3－17）。然而，在该模型中$\dfrac{T_e}{T_p}\approx10^3$，远大于在地球轨道上所观测到的值。

为了构建更完善的太阳风二流体模型，尚应考虑以下 3 种情况：

1）计及黏度，从而引入附加的质子加热，使计算的$\dfrac{T_e}{T_p}$降至约等于 3；

2）在模型中引入附加的质子加热源；

3）在等离子体湍流作用下，使热交换系数发生变化。

在第 2 种情况下，可不考虑黏度。加热机制具有以下几种形式：通过小振幅的衰减波或来自日冕的强扰动，以及基于太阳风本身辐射流的某种不稳定性进行加热。有效辅助加热源的位置与具体的加热机制无关，可取为：$r=(2\sim2.5)R_{\odot}$。只有在此条件下，才可以解释质子温度 T_p和太阳风速度 u 之间的下述经验关系式

$$\sqrt{T_p}=(0.036\pm0.003)u-(5.54\pm1.50) \tag{3-60}$$

式中，u 的单位为 $km \cdot s^{-1}$，T_p的单位为 10^3 K。如果质子辅助加热源距太阳较近，则太阳风速将急剧增大，但 T_p增加不多。相反，当该加热源离太阳较远时，亦即超过超声速渡越点之后，速度实际上变化很小，而只是 T_p增高。针对第 3 种情况，可假定受到某种关联程度的扰动，导致电子和离子间能量交换增强，从而使电子热导率显著降低。有几种唯象地改变热交换系数的可能性，将取决于哪种方案得到的等离子体计算参数最接近于试验结果。

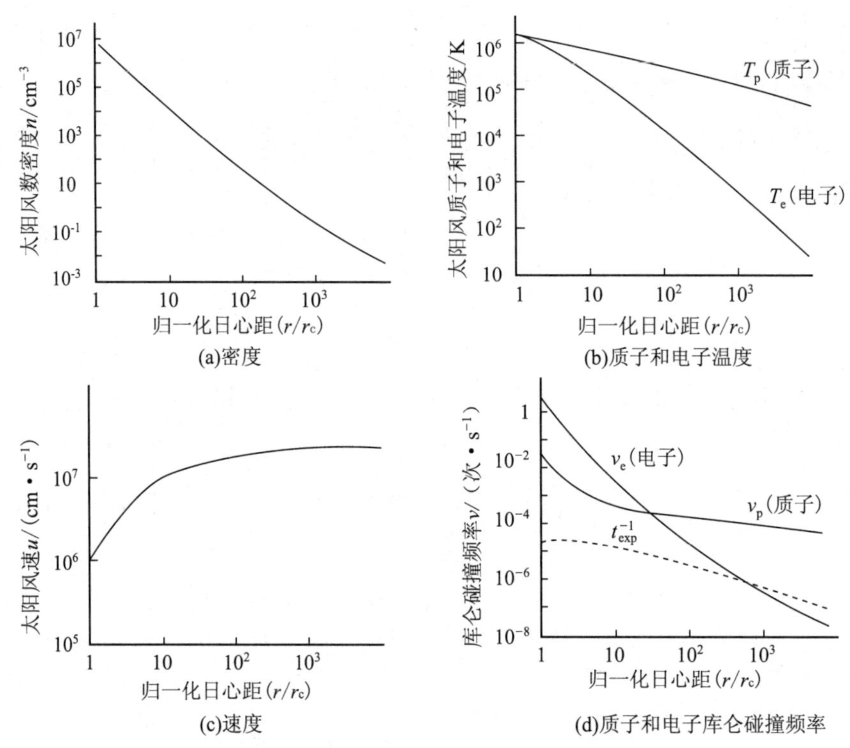

图 3－17　太阳风基于二流体模型的计算结果[5]

$t_{exp}=\frac{r}{u}$—膨胀至给定距离的时间

3.4.4　波的作用

据估计，米粒组织的运动可以使能流密度高达约 10^7 $erg \cdot cm^{-2} \cdot s^{-1}$，近似为日冕内能量耗散的 2 个数量级以上。基于所观测到的光球和色球内的振荡谱推测，周期为 1～10 min 的振荡起着关键作用。特征频率取决于米粒组织的尺度（$\approx 10^3$ km）、色球厚度（$\approx 10^3$ km）以及离子声波的相速度（$\approx 10^6$ $cm \cdot s^{-1}$）。在色球内这种振荡的 $\omega\tau \approx 10^{-7} \sim 10^{-5}$，其振荡频率 ω 远低于碰撞频率 τ^{-1}。在这里，声波的振荡衰减相对较弱，而黏度和热导率在衰减过程中起着基本作用。衰减（阻尼）长度 $\delta \approx v_s\tau(\omega\tau)^{-2} \approx v_s\omega^{-1}(\omega\tau)^{-1}$。

在太阳表面之上约 10^4 km 的高度上，参量 $\omega\tau \approx 1$，且随高度而增加。此时开始进入强耗散区，故发生声波衰减。波长越大，衰减越弱，穿透日冕也越深。当 $\omega\tau\gg1$，在均匀的等温等离子体（$T_e=T_p$）内，衰减长度 δ 与频率无关，且与电子平均自由程 λ 为同一数量级，即 $\delta\approx\lambda\approx(n\sigma_c)^{-1}$，其中 σ_c为库仑截面。

在日冕内 $\beta=8\pi nT/B^2\ll1$，并且低频振荡实际上是作为磁流体动力学波，而不是以声波形式传播。假定衰减于日冕内的波的功率为 10^{28} erg · s^{-1}左右，可使日冕气体加热至约 2×10^6 K。看来在此过程中所释放的大部分能量，又以热流的形式返回到太阳大气层较冷的底层，其余的能量将以辐射的形式传播出去并被太阳风带走。在地球轨道附近，观测到呈阿尔芬波形式的振荡余波，其功率约为 10^{24} erg · s^{-1}量级。

波的作用并非只是导致加热效应，还会以脉冲流的形式从太阳发射出去。在其衰减过程中，该脉冲流的能量将传递给等离子体并引起后者的加热。

计及波的作用将使理论和试验之间符合得更好。

3.4.5　等离子体旋转和磁场

据估计，等离子体随太阳一同旋转的区域位于 $r<(10\sim40)R_\odot$处。假定该区域的边界满足将风速用阿尔芬速度约化时 $M_A=u/v_A=1$。因为这里 $\beta\approx1$，则 $M=u/v_s\approx1$。根据理论计算，在该区域等离子体的方位角速度随距太阳距离而线性增加，并在边界处达到极大值，然后下降。在赤道处，太阳转动的线速度约为 2 km · s^{-1}。太阳风在地球轨道处的方位角速度约为 3～10 km · s^{-1}。帕克预言了在赤道面附近太阳风内的磁场结构。他运用动力学方法来确定磁场。首先，假定磁场被俘获（冻结）在等离子体内。事实上，在日冕和太阳风内，等离子体沿磁场方向具有很大的电导率，即 $\sigma\approx2\times10^7\cdot T^{3/2}$。这意味着磁雷诺数的特征值很大，即 $Re_m\approx Lu\sigma/c^2\gg1$（式中，$L$ 为特征长度）。其次，当超过阿尔芬渡越点之后，在太阳风内的磁压力 $B^2/8\pi$ 变成低于动力学压力 $nMu^2/2$。$(V_A/u)^2$值在地球轨道附近为 10^{-2}。因此，在这一区域作为一级近似，可将磁压力对等离子体的反作用忽略不计。

帕克等人认为，起初当 $r<R_\odot$时，磁场与等离子体冻结在一起，并且磁场线随太阳一同旋转，即磁场在初始表面上是径向的。当 $r>R_\odot$时，磁场被来自太阳的等离子体流拖至行星际空间，并在初始平面旋转作用下，形成阿基米德螺旋线。显然，太阳风速度 u 的扰动将使完美的螺旋线图像发生畸变。

从理论上可研究磁场对等离子体流反作用的机制。首先，处于磁场中的等离子体变成各向异性的介质，横越磁场方向的能量交换系数下降，导致压力张量（tensor）$T_\parallel$ 和 $T_\perp$ 呈各向异性，即 $T_\parallel\neq T_\perp$。计及这一情况，在二流体动力学的理论框架内，考虑压力张量的各向异性，可以建立定性描述地球轨道附近所观测到的质子各向异性的模型。此外，磁场对太阳风形成区域（$M_A<1$，$\beta<1$）的粒子流具有强烈的作用。

在太阳附近（图 3－18 的区域 2），磁压力的作用与等离子体的热压力和流体动力学压力相比，起主导作用。正是磁压力与上述波压力一起决定着日冕不同区域中等离子体的密度和通量。在太阳附近区域大部分磁场线闭合在太阳上并呈拱形结构，这可以通过等离子体在可见光、紫外和软 X 射线波段的光辐射加以观测。此外，还有盔形和扇形的开放结构。通过日冕进行紫外和X射线辐射观测表明，在开放的磁力线区域日冕亮度较低。这种发射日冕的低亮度区域称为冕洞，其温度和密度数倍低于周围日冕。

已建立了计及在日冕内存在上述长久性结构的理论模型，从而可以解释行星际存在低密度的复发性高速等离子体流的原因，并认为冕洞的冷却和密度下降是由于被携带至行星际空间的物质快速膨胀的结果。从冕洞发出太阳风的准稳态等离子体流具有高速度。

3.4.6 动力学模型

测量表明，太阳风内的分布函数偏离平衡状态的麦克斯韦分布函数。流体动力学近似不适于描述太阳风精细结构的性质。构建动力学模型时，不考虑质子的碰撞过程。质子在磁场内的运动遵从绝热不变量，即磁矩 $\mu=MV_{\perp}^{2}/2B=$常量。它与带电粒子绕磁场线的周期运动有关，称为第一绝热不变量（adiabatic invariant）。在螺线状磁场内，磁场强度 B 随距离的增大而降低。同时，横向运动速度也随之降低。因此，可以定性地解释热运动的各向异性。

基于此模型所作的分析，另一个重要结果是在行星际空间内，可能存在着粒子的俘陷和逃逸。太阳风的电子主要是处于1 AU距离上，并频繁地发生库仑碰撞。由于卢瑟福碰撞截面随能量增加而急剧下降，能量较大的粒子处于碰撞较少的状态。为了描述此类粒子的行为，可采用动力学方程。径向运动的炽热电子的有效位势，取决于它的能量和磁场形态。由于受到行星际电势的钊致阻尼作用，电子的有效位势 ϕ 在距太阳的某些距离上具有极小值

$$\phi(r)-\phi(\infty)=\frac{T_{e}}{e}\ln\frac{n(r)}{n(\infty)} \tag{3-61}$$

故可能同时存在俘获电子和逃逸电子。

离子的有效位势主要取决于太阳的钊致重力场和行星际加速电场的共同作用。在大约10个太阳半径量级的距离上，位势形成峰值，对离子起着钉扎作用。通过动力学模型，可以自然地描述相互渗透粒子流的状态及其演化过程，亦即由于粒子流速度差的抹平效应引起不稳定性的发展和质子的加热等。

总之，基于不考虑碰撞即严重偏离流体动力学适用范围的模型，仍然可以获得太阳风向超声速渡越的解。这为流体动力学可以粗略地描述太阳风宏观特性提供了又一论证。

3.5 日球磁场

帕克基于“冻结”近似（介质电导率 $\sigma=\infty$）和动力学理论，对静态日球磁场螺旋状结构的基本特征进行了分析。在帕克模型中假定，日球磁场线随太阳一起转动。在某一初始球体（半径为 r_0）之外的磁场，可以基于球极坐标系（r，θ，λ）并通过下面的简单公式加以描述

$$B_r=B_0\left(\frac{r_0}{r}\right)^2$$

$$B_\theta=0 \tag{3-62}$$

$$B_\lambda=-B_r\frac{\Omega r}{u}\sin\theta$$

式中　r——球心距；

θ——余纬，由球体北极起算；

λ——地理东经，由格林尼治子午线起算；

u——太阳风速；

B（θ，λ）——在某一初始球体（半径为 r_0）上给定的磁场值；

Ω——太阳旋转的角速度，为 2.7×10^{-6} rad · s^{-1}。

在最简单的轴对称场合下，取 $B_0(\theta)=B_0\sin\left(\theta-\frac{\pi}{2}\right)$。

这一模型只能大致地描述在太阳活动低年，磁场的某些总体和高度平均化的图像。在上述坐标系内，太阳赤道附近日球磁场的磁力线具有向太阳转动相反方向扭转的阿基米德螺旋线形状（如图 3－18 所示），即

$$r=r_0-\frac{u}{\Omega}(\lambda-\lambda_0) \tag{3-63}$$

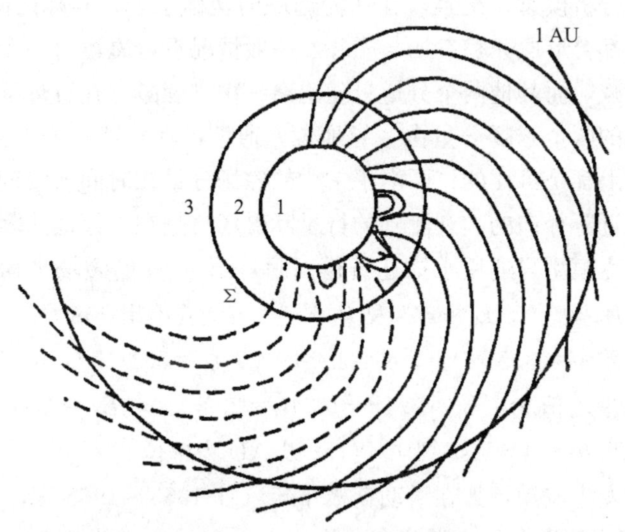

图 3－18　日球磁场结构示意（图中∑表示无限薄的球形薄层）[5]

区域 1—$\beta\gg1$，$M_A\ll1$；区域 2—$\beta<1$，$M_A<1$；区域 3—$\beta\approx1$，$M_A>1$

该螺旋线相对径向方向的倾斜角 ψ 为

$$\psi=\arctan\frac{\Omega(r-r_0)}{u} \tag{3-64}$$

在地球轨道上，有

$$\frac{\Omega r}{u}\approx1$$

故 $u=430$ km · s^{-1}时，$\psi=45°$；$u=300$ km · s^{-1}时，$\psi=56°$。

该模型假定，在与等离子体通量相关的参照系内，不存在电场；而在不动的参照系内，电场为

$$\boldsymbol{E}=-\frac{1}{c}\ [\boldsymbol{u}\times\boldsymbol{B}] \tag{3-65}$$

式中 $\boldsymbol{E}$——电场矢量；

$\boldsymbol{B}$——磁场矢量；

$\boldsymbol{u}$——太阳风速度矢量；

c——光速。

该电场与等离子体流相垂直，其值约为 1 V · km^{-1}，可对低能宇宙线的运动产生明显的影响。

在帕克模型中，所有的磁力线都是位于圆锥角 θ 为常量的螺旋线上，它们始于初始球体，并且另一端延伸至无限远。该模型最重要的拓扑学特征是无闭合的磁力线和磁环（$B_\theta=0$）。这一特征与径向流冻结性和稳态性直接有关。实际上，总是存在着这样的磁环。许多相关的理论模型都基于这一概念。

事实上，在具有有限电导率（$\sigma\neq\infty$）的模型中，可能存在稳态等离子体流和磁环；而在具有闭合磁力线的区域，是不可能存在具有理想导电性（$\sigma=\infty$）的稳态流的。已建立了相应的轴对称分析模型。况且，在任何选取的坐标系上，实际的磁场都不是稳态的。在日球内随时随地都会形成非稳态场与磁环。一般情况下，磁场有三个分量。准稳态的径向场依距离平方衰减，而其他两个分量只随距离一次方衰减。在日球远处，磁场的瞬态图像是垂直于径向场的两个磁场分量占主导地位。通常，在日球各处，甚至在日球的极区，这两个分量在数值上都是可比的；而沿子午线的磁场分量在时间或空间上平均都较弱。在日球内部磁场是接近于径向的。观测到的行星际磁场总是在不停地涨落。

试验表明，帕克模型只适用于描述黄道面附近 $B_\theta\neq 0$ 的磁场平均特性。磁场各分量的变化规律如下：$B_r\approx r^{-n_1}$，$B_\lambda\approx r^{-n_2}$ 及 $B_\theta\approx r^{-n_3}$。试验给出，$n_1\simeq 2$，$n_2>1$。卫星观测数据表明，当均方根差 $\sigma_R=3.5\ r^{-1.34}$，$\sigma_\theta=3.9\ r^{-1.3}$，$\sigma_\lambda=5.1r^{-1.3}$，$\sigma=3.3r^{-1.1}$ 时，磁场在太阳转动一周内的平均值为：$B_r=2.1r^{-2.1}$，$B_\theta=2.9r^{-1.4}$，$B_\lambda=3.9r^{-1.3}$，$B=6.7r^{-1.37}$。这里 B 和 σ 值以 nT（$=10^{-5}$ Gs）为单位，r 以 AU 为单位。

日球磁场经常发生波动，如在活动期极小年（如 1963～1965 年，1975～1976 年）相对降低 10%～15%。lg$B$ 值呈正则分布，均值为 0.76，方差为 0.178。在 1963～1974 年间磁场南一北分量出现均值 $|B_z|(\gamma)$ 的概率 P 为[13]

$$P(|B_z|)=0.5\exp(-0.515\ |B_z|)+0.005\exp(-0.177\ |B_z|) \tag{3-66}$$

上述规律尚无法解释。日球磁场的结构是通过宇宙线演化的方法间接进行研究的，通常是事先假定一种模型，然后再从试验上检验其正确性。

确定的地磁场扰动类型表明，地磁扰动伴随地球从一个扇形区过渡到另一扇形区而发生变化。通过地球磁场的变化，可以给出有关日球磁场的相关信息。人类对地磁场的观测已有很长的历史，并找出了数十年来日球扇形结构的变化规律。同时还确定了在地磁暴期间，日球磁场南一北分量符号的细节，分析了地磁活动指数的特征。相关的物理基础是建立在地磁暴的发展与晨－昏方向行星际电场的强度和分量密切相关的基础之上。用这种方

法可以获得目前还无法直接进行空间测量的部分行星际空间的环境条件。

综上所述，尽管过去几十年来通过各种先进测量手段，对日球磁场进行了大量的观测，并取得了很大的进展，但是有关日球磁场的结构及其动力学行为，尚有许多问题没有解决，再次证明了这一问题的复杂性。

正如韦谢洛夫斯基（Веселовский）[14]所指出，早期对日球磁场的直接测量结果，基于太阳偶极磁场的恒定真空分量和银河磁场相叠加进行解释，其实这是错误的。令人费解的是，当时对明显存在的日球电流竟然没有意识到。这些错误仍然影响着当今对观测到的许多日球现象的解释。

3.6　日球磁场的起源

在日球内所观测到的准稳态磁场是由于太阳上和日球内的电流产生的。大量的实验事实指出，日球和太阳磁场与电流紧密关联。所涉及的电流形成统一的电流体系。它极其复杂并不断发生变化，至今还是人们的研究热点课题。

现今日冕和行星际空间内的磁场模型，是通过对光球磁场图像的研究得出的。为此采用能反映给定时间间隔内，光球上大尺度磁场的位置和强度的“天气”图。在光球高度上，等离子体密度和热压力值满足 $\beta>1$。β 值为磁压强和等离子体热压强之比，表征等离子体在磁场下的稳定性。所以，在图 3－18 所示的区域 1 上，磁场的结构及其变化都是由于物质运动引起的。在光球以上，等离子体密度急剧下降，而磁场能量密度 $B^2/8\pi$ 的衰减却慢得多。因此，正相反，在色球和日冕内的区域 2，满足 $\beta<1$。这意味着在这一区域内，对于磁场的形成来说，等离子体的运动和电流已不重要，磁场只能通过磁势近似计算

$$\mathrm{rot}\boldsymbol{B}=\frac{4\pi}{c}\boldsymbol{J}=0 \tag{3-67}$$

式中　rot——旋度（rotation）；

$\boldsymbol{B}$——磁场强度；

$\boldsymbol{J}$——电流密度；

c——光速。

式（3－67）的物理意义是磁场旋度正比例于电流密度，即 $\mathrm{rot}\boldsymbol{B}\propto\boldsymbol{J}$。所以，$\boldsymbol{B}=\nabla\boldsymbol{A}$，且 $\nabla\boldsymbol{A}=0$（$\boldsymbol{A}$ 为磁势）。而且，光球磁场的空间尺度较小，即 $d_{\theta\varphi}^{\mathrm{B}}\ll R_{\odot}$，则由 $\nabla\boldsymbol{A}=0$ 可以得出，磁场在区域 2 的径向尺度 $d_r^{\mathrm{B}}\ll R_{\odot}$。这里 ∇ 为哈密顿算符。当它直接作用于函数上，表示梯度；$\nabla\cdot\boldsymbol{A}$ 即点乘函数（矢量），表示散度；$\nabla\times\boldsymbol{A}$ 为叉乘函数（矢量），表示旋度。梯度为最大值方向上的导数（如表示速度）；散度指流体运动时单位体积的变化率。对流体来说，其形状虽多变，但由于散度为零，则体积不变。旋度 $\nabla\times\boldsymbol{B}=\mu\boldsymbol{J}$ 的物理意义是变化的磁场感生电流。

显然，在这一范围内，磁能密度随距离增加而降低。同时，在日冕内等离子体的能量密度 $W=nT$ 降低得很慢（$d_r^{\mathrm{w}}\approx R_{\odot}$），故区域 2 存在一临界尺度。当超过此尺度之后，等离子体的能量密度又大于 $B^2/8\pi$，磁场的位形又由等离子体的运动决定。在稳定地处于冻结条件下，唯一可能存在的磁场位形是纯径向场；磁场 $\boldsymbol{B}$ 的切向分量将被等离子体流携带出去。这样一来，存在一过渡区域，其中 $\nabla^2\boldsymbol{A}\neq0$，亦即所承载的电流转化为径向的磁场。在该模型中，这一区域由无限薄的球形薄层 Σ 所取代，它将区域 2 和区域 3 分隔开来（见

图3—18)，其中有表面电流通过，从而导致 $B_{t/\Sigma}=0$。在区域3，磁场在起始面上是径向的，并且随 r 值增加而依帕克定律变化。这样一来求解初始面上的 B 值，就成为在给定的边界条件［内边界处 B_n（θ，λ）和外边界处 $B_t=0$］下，在球形薄层内求解 $\nabla \mathbf{A}=0$ 的静磁学问题。这可在计算机上进行。选取表面 Σ 的相应半径 r_0，作为模型的任意参量，从而获得在1 AU处的扇形场结构。所得结果与实际观测到的太阳宁静期磁场结构极其相近。这对应于太阳宁静期的情况。但是，太阳耀斑将强烈破坏这种磁场结构。

行星际磁场具有时间上的稳定性，特别是在太阳活动极小年期间，其扇瓣数目保持恒定。它们的相对位置和尺度在几个月甚至一年内都变化很小。

关于太阳赤道平面外行星际磁场的行为以及扇形结构的日心纬度范围问题，至今尚未完全搞清楚。如果从上述的磁场模型出发，并认为磁场完全被俘获在等离子体内，则磁力线将缠绕着以日心为顶点的锥体表面。所以在非扰动场下，$B_\lambda \propto \sin\theta$。扇面的日心纬度范围，应该是较大的（约60°），由初始面 $r=R_\odot$ 上扇面范围所决定。然而，这两点结论是基于简化模型得出的，并且现在已受到质疑。在有限电导率的模型内，磁力线分成闭合的和发散的。当投影到赤道面上时，所有的磁力线都具有螺旋线的形状。遗憾的是，现今观测日纬所能达到的范围还不够大（该值由黄道面和太阳赤道面之间的夹角决定，总值为7°），而磁场通常经受强烈的扰动。唯一例外的是先驱者11号（Pioneer—11）号航天器的飞行，它在木星重力场的作用下转弯，从而在继续朝太阳方向运动时偏离约1 AU。1976年的运动轨迹与太阳赤道面向北偏离高达16°。在高于15°的纬度上观测不到扇形结构。这里磁场总是背离太阳的。可以认为，该磁场是太阳极区有规律磁场磁力线的延续。然而，这种诠释并未取得共识，并且有关在行星际空间限定扇形结构的电流层的形状仍然是尚未解决的问题。

太阳神（Helios）1号和2号航天器在距离为1～0.28 AU、日纬为±7.23°范围内所进行的磁测量，某种程度上证实了所描述的上述图像。这些测量和扇形界面与太阳赤道平面的总倾角为10°相一致。这样的界面倾斜度使得在太阳北纬可以观察到4个扇形区，而在南纬只能观察到2个扇形区。

现在已经对在太阳活动周内，电流层相对于太阳旋转轴的倾斜度的变化有了足够的了解。日球磁场的三维结构是极其复杂的动力学问题。在很大程度上，它决定于日球电流层的位置、形状及强度等。

3.7 日球磁场的一种可能模型

图3—19所示为在太阳活动极小年，太阳风形成区域的磁场分析模型。该模型是通过将位于太阳中心的偶极场和位于赤道面由日球薄电流层产生的磁场（图中省略）逐步叠加而建立的。该模型具有一系列独特的性质，反映了磁场在短距离（偶极场）和长距离（与卫星观察结果相符）上的渐进行为。磁场的径向分量实际上与日球纬度无关，并且随日心距的平方而衰减。在模型中有一个分界面，将赤道附近区域的闭合磁场线和极区的开放磁场线分隔开。模型再现了太阳活动极小期内，具有极区冕洞和赤道区冕流的日冕主要观测特征。模型参数基于光球磁场强度和航天器测定的行星际磁场数据进行数值定标，以便分别确定太阳磁矩和扇瓣边界的电流强度。太阳上的闭合磁通量和日球上的开放磁通量可作为模型的直观和等效的特征量。结果表明，在太阳活动极小年，双极磁矩达到极大值。在此期间，行星际磁场衰减至极小值，在太阳活动极大年附近，情况正相反。因此，日冕流

线被展平，具有更大的径向分量。

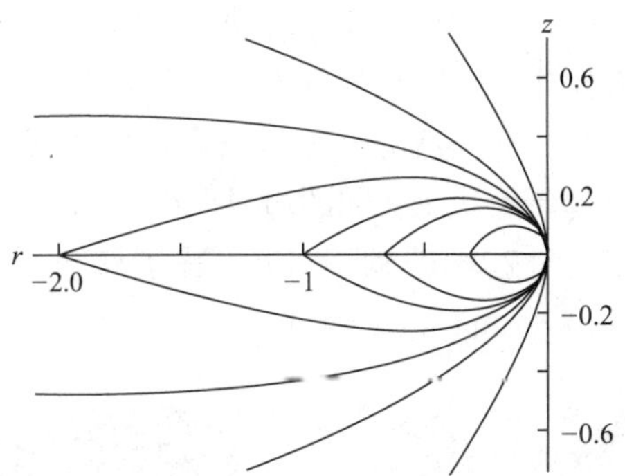

图 3—19 太阳活动极小年时太阳风形成区域的磁场模型[5]
给出“偶极场＋赤道平面薄电流层产生的磁场”模型内围绕太阳的磁场线
横纵坐标为日心距，单位均为 $R_{\odot}$

在太阳活动低年期间，日球电流层的表面形状接近于平面。日球电流层的中间面，位于靠近磁赤道的等离子体内，这里磁场势通常呈极小值。在太阳活动极小年，磁赤道的位置主要由双极磁矩矢量的方向决定，接近于太阳旋转轴的方向。

随着太阳活动期相位的增长，从极小期过渡到极大期时，双极磁矩矢量与太阳旋转轴的取向之间发生较大的偏离。在活动极大年附近，两者之间的偏离角达到 90°（对于第 23 周期，发生在 1999 年 7 月），然后进一步增大至不超过其新的稳定位置（≈180°）。双极场极性的变换（翻转 180°）伴随着在活动极大年其磁场强度的弱化，磁场强度下降至原来的几分之一。此时，双极场轴垂直于太阳转动轴，而电流层占据着“垂直”位置。相应地，磁极区的冕洞面积，在活动极小期呈极大值；相反，在活动极大期呈极小值。在太阳活动极小期，各磁极几乎与日面磁极相重合；而在极大期，它们分布在日面赤道附近，并同太阳一起旋转。在后一种情况下，太阳上形成明显的轴向四极磁场位形，导致日球中靠近太阳南、北极区域出现极区冕洞的规模具有显著的不对称性。

极性变换过程整体上是周期变化的，但并非完全呈单调变化特征。有时会观测到磁场结构的急剧突变，如磁场的多极成分、双极场的取向和数量以及其他特性等。在整个时间尺度上的这种非单调变化，与单一磁场元和活动区的发展变化及寿命等相关联。相应地，太阳日冕形状也发生可见的变化，如其辐射拱形结构、冕洞的位置、日球电流层以及高速和低速太阳风流的结构等都会发生变化。该模型也可以解释日球磁场的双扇形结构特征：在活动极小期，扇瓣之间具有“水平”边界；在活动极大期，具有“垂直”边界。

1994～1995 年和 2000～2001 年期间，KA 尤里西斯（ULYSSES）探测器对极区太阳风和磁场所作的观测结果与上述结论相符合。头两年属于第 22 周期，而后两年属于第 23 周期的极大年和衰减期的开始。第 23 周期相对比较弱，其结束时间较长，双极场的变号发生在 1999～2001 年期间。在较强的周期内，极性变换明显加快。在第 1 种情况下，磁场极性变换所持续的时间，大于太阳风穿过整个日球所经历的时间。当日球尺度 $L\approx100$ AU，而太阳风速 $u\approx400\ \mathrm{km\cdot s^{-1}}$时，穿越时间约为 1 a。第 2 种情况下，磁场极性变换的持续时间近于相反的极端情况。通过无量纲参量斯特鲁哈尔数 $S=L/(ut)$，可将上述两类极性变换方式区别开，分别为 $S<1$ 和 $S>1$。S 值还可区分准稳态和非稳态。

韦谢洛夫斯基等提出了一种日球磁场变号的动力学模型。图 3—20 和图 3—21 分别给出两种可能的磁场极性变换模式下，在直至数十 AU 距离上计算的日球电流层瞬态表面形状。在准稳态情况（图 3—20）下，整个日球磁场位形发生慢变化；而在非稳态情况下，会发生对流不均匀传递，引起新老状态之间的边界向外运动。图 3—21 表示极性变换较快的情况，在 1.5 月内偶极太阳磁场转动了 90°。若了解更详细的情况，可登录网址：http：//dbserv. sinp. msu. ru/～olga/sheet. avi。

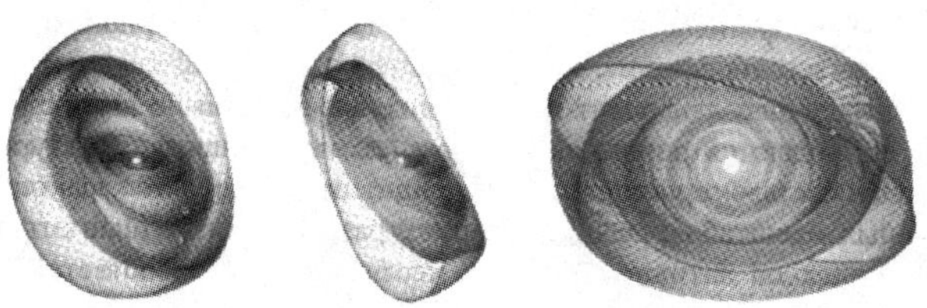

图 3—20　在磁场极性慢变换模式下，日球电流层的表面形状[14]

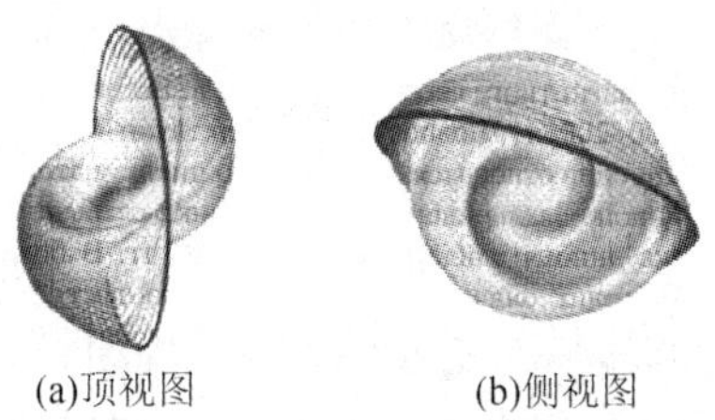

(a)顶视图　　(b)侧视图

图 3—21　在磁场极性快变换模式下，日球电流层的表面形状[14]

3.8　太阳风和日球磁场的扰动

太阳风和日球磁场总是在时间和空间上发生变化的，可以有条件地将此变化分为强变化和弱变化，这取决于所讨论问题的尺度和状态。所谓扰动（perturbance）是对某种理论框架模型的偏离，其中最简单的模型是假定系统是均匀的并处于稳态。但是，在强烈扰动及发生超磁声速涡动（湍流）情况下，这类近似无法对问题作出定性的解释。为了描述所发生的过程，需要在其他的平台上构建理论模型。由于强烈扰动或涡动是复杂的非线性过程，尚无法建立统一的普适模型。

太阳风的涡动性取决于太阳上的边界条件和起始状态，既有空间上的无序性和尺度的多样性，又有时间上的周期和非周期多变性。在令人感兴趣的日冕和整个日球的时间—空间尺度上，太阳风的扰动呈现交替变化的特征；而且，日球磁场具有介质的特性，其中包含涡动性和各向异性。所以，很难在宏观尺度上进行全面的动力学描述，只能采取近似方法。尽管如此，人们仍然可以对确定的区域和某些特性的平均性质进行统计分析，得出一些有意义的结果。

对于不太强的涡动性，可以进行线性近似分析，再计及非线性叠加效应。在此基础上，可对太阳风与日球磁场中的波及对流（耗散）等扰动过程进行研究，并与观测结果进行比较。

3.8.1　涨落谱

通过卫星观测，人们对 10^{-7}～10^{-1} Hz 频段的日球磁场振荡谱进行了研究，所得结果如图 3－22 所示。在低频段（$f<10^{-5}$ Hz）扰动谱是较平滑的，对应于特征尺度 $L>1$ AU 的大尺度扰动。当 $f>10^{-4}$ Hz 时，呈现具有小尺度不均匀性与指数为 1.2 的衰减谱。

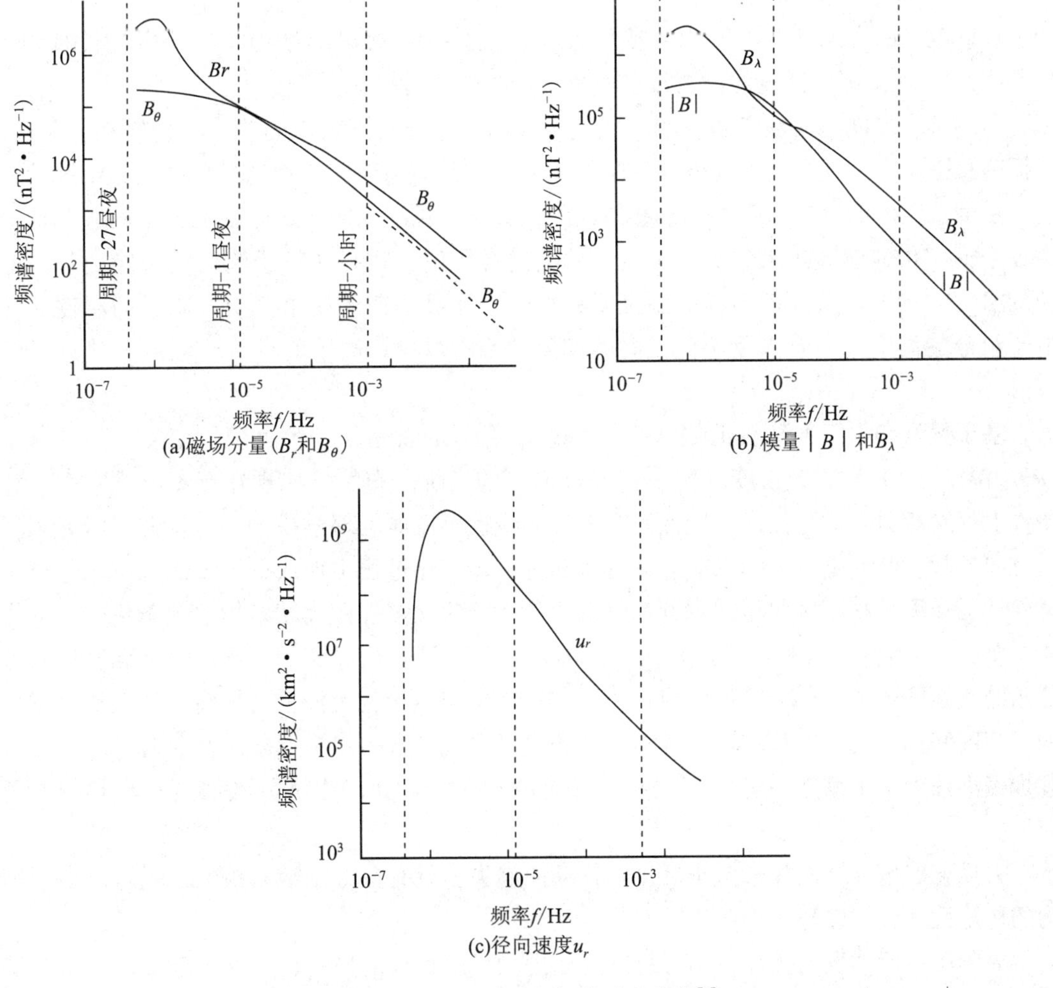

图 3－22　日球磁场振荡动力学谱[5]

—— —取自水手 2 号；······· —取自水手 4 号

基于稳态各向同性湍动模型，计算了由于能量耗散在低频段的能量流入和高频段的能量流出。在中间的"惯性"频段，其斜率约为－1.5，定性地与太阳风在 10^{-5}～10^{-2} Hz 频段的能谱相符合。

对日球磁场涨落的研究要比等离子体涨落更为充分。在太阳活动周期内，日球磁场强度的波动很强烈，可达几倍，甚至高达几个数量级。先驱者 10 号及太阳神 1 号和 2 号等探测器在轨测量表明，日球磁场强度波动大小随距太阳距离依 r^{-3} 规律衰减。在 10^{-4}～

10^{-3} Hz 波段，日球磁场扰动谱的形状随 r 值变化不大。

磁场的扰动谱可以通过间接方式，即基于对银河宇宙线的调制效应加以研究，并且由射电天文观测可以获得非均匀等离子体的平均特性。这两种方法都是建立在对行星际介质一定的模型假设上，其结果并非十分可靠。但是，该方法却给出了有关太阳风参量的重要信息。间接测量的结果在一定程度上与直接测量结果相符合。

3.8.2 大尺度不均匀性

日球磁场的大尺度不均匀性主要涉及两个问题：1）磁扇形结构及与其相关联的高速粒子流；2）太阳爆发诱发的激波波前过后，产生的长时扰动。

第 1 类大尺度扰动是周期（或准周期）性的，它与太阳表面的非均匀性转动相关联。对振荡总强度的贡献是产生几昼夜的附加周期。在此类周期性的扰动过程中，太阳风的速度、密度及温度的变化之间存在某些特征相位关系（见图 3－6）。通常在地球轨道上日球磁场扇形结构的前导边缘附近，可观测到高速粒子流。在高速粒子流的前边缘地带，电子的密度、温度以及日晕的纵向温度都将增大。在极高速的粒子流内，质子的温度、各电子组分的温度各向异性及彼此之间的速度差都将增大；离子的密度、温度及热通量将下降。

基于冕洞和太阳大气较低层状态的信息，还不足以充分了解太阳风密度（n）、速度（u）、温度（T）和磁场强度（$\boldsymbol{B}$），以及波通量的三维分布情况。现在还不能排除在边界条件上存在相关不对称性的可能性。在各种非线性磁流体动理学模型中，都假定沿太阳径向方向的扰动开始是对称的，非对称性是在进一步演化过程中形成的。由于太阳风等离子体的运动速度是超声速和超阿尔芬速度的，速度的演化过程在扰动结构中起着决定性的作用。图3－23 给出了 3 种不同的距太阳距离 r（AU）下，所计算的太阳风速度和密度与方位角的关系。由图 3－23 可见，当距离 $r \geqslant 1$ AU，将发生扰动波前的翻转，然后形成楔形的压缩区和加热区。这些区域由等离子体和磁场宏观参量的突变所限定。此时等离子体显著地偏离热力学平衡态，可观察到相互渗透的粒子流，并产生强烈的涨落和超热的粒子流等。

大尺度的扇形结构并未由于反复的扰动而消失。只有在太阳活动极大期附近，扇形结构的稳定性才会被破坏。

太阳耀斑所诱发的扰动，是行星际空间内大尺度扰动的另一种情况。射电观测对于建立行星际激波和发生在太阳上的扰动之间的关联效应，起着重要的作用。耀斑活动和太阳射电辐射的各类爆发密切相关。这些爆发的性质并不具有唯一性，它们与发生在耀斑中的各种因素相关联。最令人感兴趣的是Ⅱ型爆发。这类辐射在米波段有极大值；爆发的持续时间可达几分钟或数十分钟，其特征是频率极大值向低频端移动。射电辐射是等离子体波以电磁波的形式，在非均匀日冕内传播的结果。同样，等离子体波在日冕内也产生扰动，由耀斑激发的大尺度扰动可随日冕的传播形成激波。等离子体波谱的频率极大值漂移速率由激波在非均匀日冕内的传播速度所决定。日冕的密度随高度的增加而下降。由已知的日冕密度分布函数模型可求出，其速度 $v \geqslant 1\ 000$ km · s^{-1}。采用具有高角度分辨率的现代仪器，可以研究射电爆发在空间和时间上的发展过程。观测表明，激波波前在距太阳不远的距离上，就已经变成准球形了。

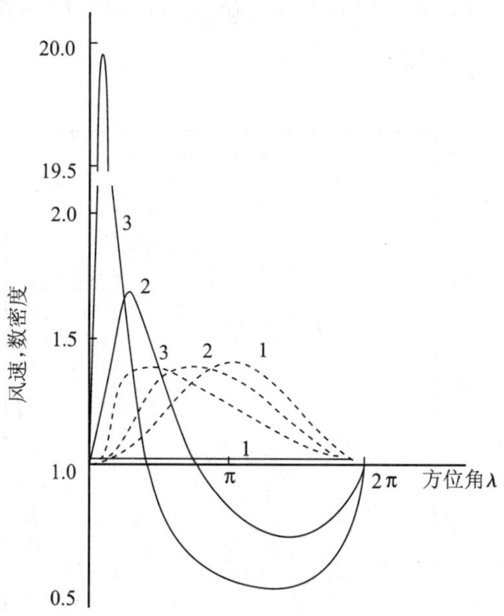

图 3－23　太阳风速度（虚线）和密度（实线）随方位角 λ 和日心距离 r 的变化

1—0 AU；2—0.5 AU；3—1.0 AU[5]

导致激波形成的强扰动在行星际中的传播问题极其复杂。已有的模型都是建立在气体动力学的基础上，通常并未计及磁场对气体运动的影响。从气体动力学模型出发，可获得自动模拟解分别对应于点爆发模型和运动“活塞”模型。如果耀斑的能量释放发生在一有限的体积和短时间内，会在较大的距离上，使排气时间长于能量释放的周期，则气体的运动便与初始体积和能量释放持续时间无关，这称为点爆发。如果与扰动区气体的定向运动速度相比，非扰动太阳风速可以忽略不计，即扰动运动的能量远大于气体的内能，可采用强爆发模型。在这些情况下，应该具有自动模拟解。其中，所有的无量纲量可以由所涉及问题的物理参量构成，它们只与一个自变量（宗量）即波的相位 Z 有关。在激波波前，相位 Z 为常量：$Z=Z_0=F(r,t)$ 。从爆发中心到波前的距离为 $r=r(t,Z_0)$ ，而波前的速度为 $V=\mathrm{d}r(t,Z_0)/\mathrm{d}t$ 。在球对称下，密度为 $\rho(r,0)=\rho_0(r/r_0)^{\beta}$ 的介质内，波前的运动位置由下式给定

$$r \approx E^{1/(5+\beta)} t^{2/(5+\beta)} \tag{3-68}$$

式中　E——爆发释放的能量；

　　　β——幂指数。

对于某些特定的 $\rho_0(r)$ 关系，自动模拟可给出解析形式的全解。在其他情况下，可以对运动方程进行数值积分。例如，图 3－24 为 $\gamma=\dfrac{C_p}{C_V}=\dfrac{5}{3}$ 时，不同 β 值下的等离子体相对密度分布图。可见，粒子流的特征主要取决于等离子体密度的初始分布规律。

式（3－68）表示激波在行星际介质内传播时的慢化规律。强耀斑扰动的传播时间

（从观察到耀斑至磁暴的突然开始）将持续 1～3 d。在许多情况下，扰动将以大于 1 000 km · s^{-1}的平均速度传播。如果扰动具有如此高的速度，应该看成是强激波。但是，在行星际介质内，很少观测到强激波，这使人怀疑强烈的点爆发模型是否适用于定量描述色球爆发后在行星际空间内的传播现象。

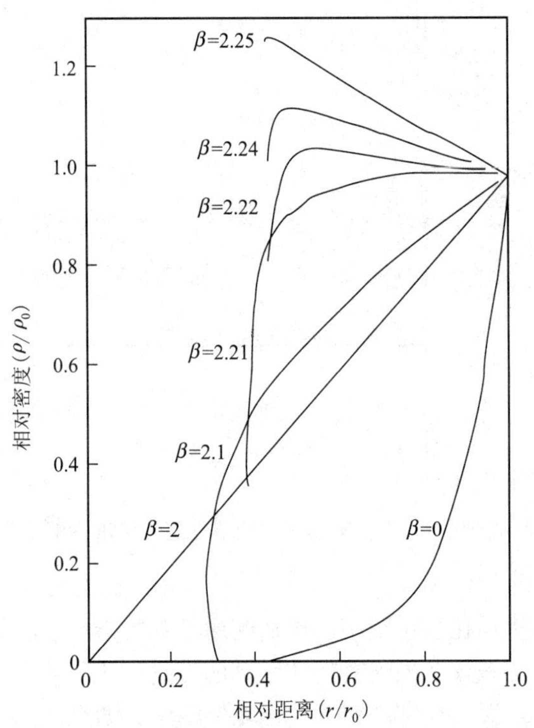

图 3－24　基于等离子体介质中扰动运动自动模拟的相对密度变化[5]

β—式（3－68）的幂指数；r—日心距；r_0—初始球体半径

基于数值计算方法的更为严格的理论计算，在某些情况下可以得到比自动模拟解更符合实际情况的结果。例如，对通常在太阳风内所观测到的中等强度（$Ma \leqslant 5$）激波能量进行计算时，给出 $E \approx 10^{31} \sim 10^{32}$ erg。该值远小于基于式（3－68）的自动模拟解（$\approx 10^{33}$ erg），在数量级上与耀斑的辐射能量相同；所求出的波到达时间约为 60 h，也基本上与实测值相同。

经常观测到在金星和地球轨道之间发生速度几乎不变的激波。通过实际测量波前后面的等离子体速度表明，该速度并没有像在扰动爆发时那样，随着离波前距离的增大而降低，相反却增大。只有假定激波的传播是借助于某种物质的超声速运动驱动，并且这种物质在太阳风的非扰动气体到达之前已被排出，才能得到解释。耀斑爆发释能所加热的日冕气体，可能就是这样的物质，它起着“活塞”的作用。

当处于非扰动状态下，球对称的“活塞”在零压力和零速度气体内的膨胀问题，同样具有自动模拟解。假定“活塞”速度由下式给出

$$V = ct^{\alpha-1}, \frac{2}{5+\beta} < \alpha \leqslant 1 \tag{3-69}$$

可以在不同的α、β及γ值下，构建自动模拟解。

基于数值计算分析可以得出，等离子体流的速度遵从“活塞”膨胀的规律。例如，在$\gamma=\frac{5}{3}$、$\beta=2$及特征α值下，等离子体速度在波前之后几乎为常量，α值处于$0.7<\alpha<0.8$之间。当$\alpha<0.7$，等离子体速度在“活塞”方向上急剧下降，接近于爆发图像$\left(这时\ \alpha=\frac{2}{3}\right)$。当$\alpha>0.8$，等离子体速度显著增大，在$r=r_p$（$r_p$为“活塞”半径）处达到极大值。此外，在某些$\alpha$值下，波前和“活塞”之间气流速度达到极小值。

正如流体动力学理论（在激波管内实验）所指出的，“活塞”内部的气流是爆发式的，从而引起反向的激波，使“活塞”体从其边界往复运动。耀斑在行星际介质内所产生的扰动，有利于形成由正向波和反向波构成的一对激波。经常观测到的地磁场的突然上升（SI^+脉冲）和下降（SI^-脉冲），正是这两类波相继出现的结果。

相应的理论计算指出，在地球轨道上存在着这种激波对，并与初始扰动的持续时间相关。如果扰动持续时间长于激波到达地球的时间T，则在1 AU处存在类似于自动模拟解所预期的波对。但是，如果扰动时间短于$0.45T$，由于太阳上扰动的结束和激波对的不断衰减，会使波的密度稀疏化，从而导致激波对的结构发生强烈的变化。如果该持续时间短于$0.1T$，密度的稀疏化将使反向波遭到破坏，只余下一种激波波前。由此可以断定，只有当太阳上的扰动持续时间约大于5 h时，才能在地球轨道上观测到由正向激波和反向激波构成的激波对。

在某些情况下，在激波波前的后面某些区域内，太阳风等离子体内α粒子的含量急剧增大（从通常5%增至22%）。一般认为，这种富氦的等离子体正是日冕喷射物，成为耀斑爆发形成的“活塞”体。

在上述的各种模型中都假定，源于耀斑的扰动是球对称的。射电天文观测表明，在许多场合下，日冕的扰动涉及很宽的天体角。所以，在1 AU的距离上，球对称的假设还是足够正确的。但是，也并非对所有的耀斑都正确。通过对耀斑激波到达的延迟时间与耀斑日面经度关系的统计分析，可以估计出与球对称假设的偏离程度。基于同样目的，对发生在太阳附近构成一定立体角的扰动进行了二维和三维数值模拟。计算结果表明，扰动传播的角度迅速扩张，并与扰动初始锥体的张角存在弱的依赖关系。在地球轨道上，该角度约达60°。在扰动锥体的外缘，与球对称的偏离变得特别显著；激波波前相对于径向方向成很大的倾斜。

1972年的观测表明，激波的平均速度为2 850 $km \cdot s^{-1}$。激波过后的等离子体速度达1 700 $km \cdot s^{-1}$，离子温度为10^7 K，数密度为100 cm^{-3}。波前的形状是非球形的，沿径向方向延伸。

当耀斑等级高于2级时，产生约为2×10^{16} g物质的强抛射，其速度约为10^3 $km \cdot s^{-1}$，释放的能量约为10^{32} erg。在地球轨道附近，每年可以观测到大约10次这样的事件。它们通常伴随着II型和IV型的射电辐射爆发，产生能量粒子和富氦的等离子体。

更经常出现的是低速的物质抛射。这些抛射在日冕内形成与太阳相连的环状位形，其膨胀速度为$2\times10^2\sim10^3$ $km \cdot s^{-1}$（平均为400 $km \cdot s^{-1}$）。环状位形可能是由于反复出现的磁束流管形成的。抛射物的典型质量约为 4×10^{15} g，能量约为 10^{31} erg，功率约为 8×10^{6} erg·s^{-1}。尽管色球层物质在上升之后经常向下沉降，但在日冕内并没有观测到物质的停留和返回现象。根据天空实验室（Skylab）的观测表明，非稳态运动于日冕中的物质呈单调加速状态。这些抛射物大多数与Ⅱ型和Ⅳ型射电辐射爆发以及Ⅰ级以上耀斑无关。

为了描述非稳态运动的非均匀性，一般利用动力学方程。所涉及的自由程长度与天文单位（AU）是可比的，且过程的特征时间小于自由程对应的时间。通过动力学分析，可以揭示由初始和边界条件给定的各类较大扰动结构和扰动类型之间的相互关系。太阳风流引发的各种扰动及其沿磁场的传播，将导致热运动和初始速度的发散。混合过程导致形成相互渗透的粒子流和重离子的择优加热，即 $T_i \propto m_i$（T_i和 m_i分别为重离子的温度和质量）。

关于周期和非周期（循环）的粒子流与辐射流的形成机制，还有待于深入研究。太阳风的射流结构在地球轨道附近表现得十分明显，但在大距离（>5 AU）上明显弱化。一般认为，这是由于边界失稳及相互渗透粒子流等相互作用引起的。

3.8.3　小尺度不均匀性

在太阳风大尺度结构的背底上，可以观测到时间小于 1 h，且长度≤0.01 AU 的小尺度不均匀性。基于磁流体动力学，可以将小振幅波分成 3 类：阿尔芬波、快磁声波和慢磁声波。

小振幅阿尔芬波呈非正弦振荡，波的能量密度与等离子体的热能和磁能是可比的。磁场扰动相对振幅为$\frac{\delta B}{B_0}\approx10\%\sim30\%$（图 3－25）。

非线性的阿尔芬波产生于太阳及其附近，所观测到的振荡波矢主要是沿磁场方向离开太阳。阿尔芬波在温度较高、密度较低的太阳后缘上的高速粒子流内最显著；在前缘处振荡幅值最大，还可观测到流向太阳的波。在某些情况下，阿尔芬波扰动机制在行星际介质内起主要作用，如在边界层使速度差 $\Delta u > V_A$（阿尔芬－亥姆霍兹不稳定性）或者在相互渗透的等离子体内引起阿尔芬波扰动。此外，当 $\beta_{\parallel} > \beta_{\perp} + 2$ 时，可能出现非周期性的阿尔芬波振荡的腊肠型不稳定性（sausage instability）。这是 Z 颈缩中发生的一类电流不稳定性。等离子体柱表面一旦产生局部颈缩，使会继续发展。轴向电流在柱面上产生的极向场 B_θ与柱半径成正比。该不稳定性发生的条件为 $B_\theta^2 > 2B_z^2$，B_z为柱内纵向磁场。但是，通常在太阳风内并不满足腊肠型不稳定性的判据。

阿尔芬波在传播过程中，当遭遇大尺度的非均匀性时，将被折射和反射，并部分地聚焦于稀薄的区域内。在线性近似和无碰撞条件下，阿尔芬波并不衰减。波的幅值可能受非线性输运和波谱平滑段波的衰减所限定。波的衰减长度正比于波的幅值和周期。因此，很可能在到达地球轨道之前，只有太阳上的米粒和超米粒运动谱的较短波段得以保留下来（$T\leqslant1$ h）。

波的色散导致形成波包（wave packet）（波包是以某波矢为中心，各种不同波矢的波按不同振幅叠加构成的合成波的包络线）。波包使波前扩大并形成间断。通过位于距太阳不同距离的几个航天器的同时测量，观测到行星际空间内间断的形成以及不均匀性的渗散过程，其演化特征由边界条件和初始条件所决定。

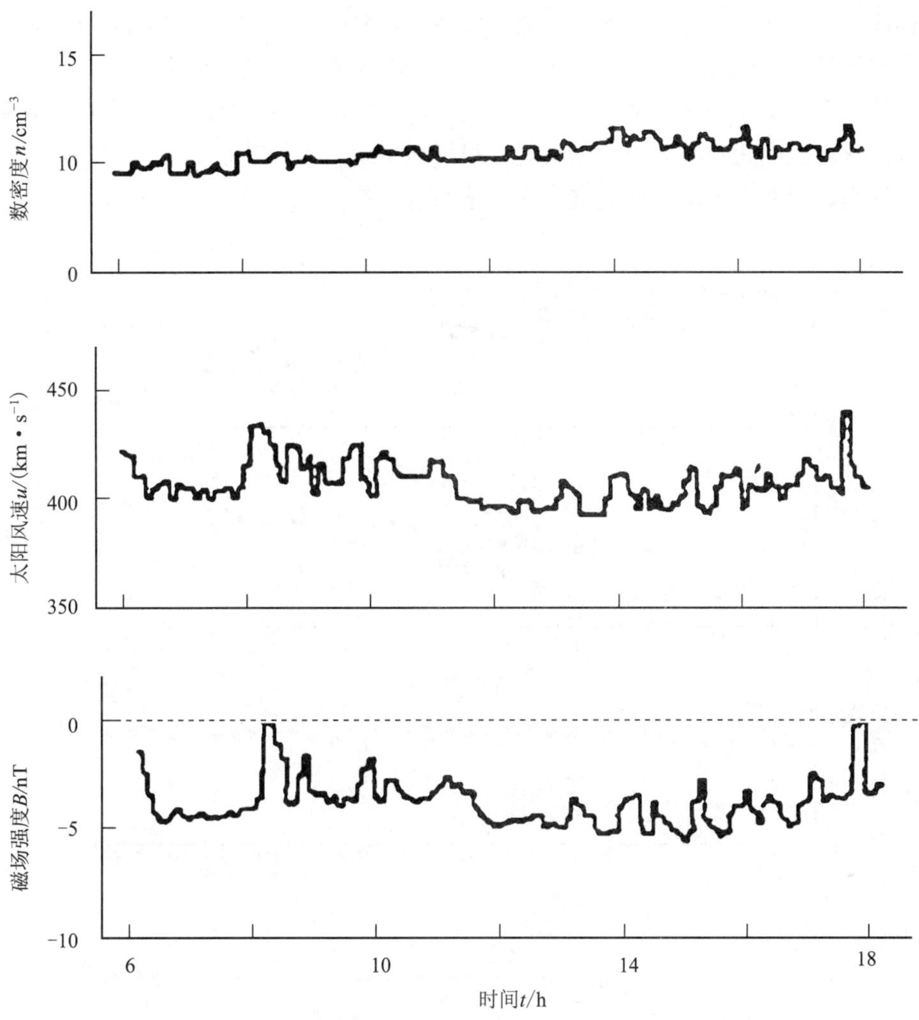

图 3－25　在恒定的密度下磁场和速度径向分量的振荡（阿尔芬波）[5]

由于强的衰减效应，波只能发生于行星际介质内。首先，将波的尺度进行细化，从而使能量从大尺度运动传递至小尺度运动。观测到的能谱特性支持这一论点。其次，不稳定性驱动力（即存储的自由能）的相当大部分包含在电子所携带的热流之中。计算表明，在太阳风的条件下，有利于电子热流磁声振荡的激发。

3.8.4　间断性

太阳风内小尺度的扰动极少呈正弦波形，而通常是不连续的，并呈现一定的间断性(discontinuity)。从观测的角度，间断的概念有些不确定性，它与测量特性的分散性和仪器的时间分辨率有关。间断可以定性地看成是一个区域，在所涉及的区域上磁场和等离子体参数的变化比相邻区域快得多。除了间断性扰动外，还可观测到更平稳的非线性扰动。通常基于平面的稳态磁流体动力学间断术语对间断性进行分类。

切向间断的特点是其磁场的垂直分量等于零，不存在通过间断面的物质流。这种间断性是一种静力学平衡态，在磁压和气压之间保持平衡（图3－26）。类似的间断性在太阳宁静期间更加常见，平均每小时出现一次。统计学分析表明，这类间断出现的频度随磁场跃变幅度的增大而急剧减小。看来在0.8～1.0 AU距离上，间断的统计学性质并无明显的差异，这意味着此类间断都源于太阳附近，很可能平衡结构的其余部分来自日冕。在个别的时间周期内，间断在不均匀性能谱上占有绝对的优势。

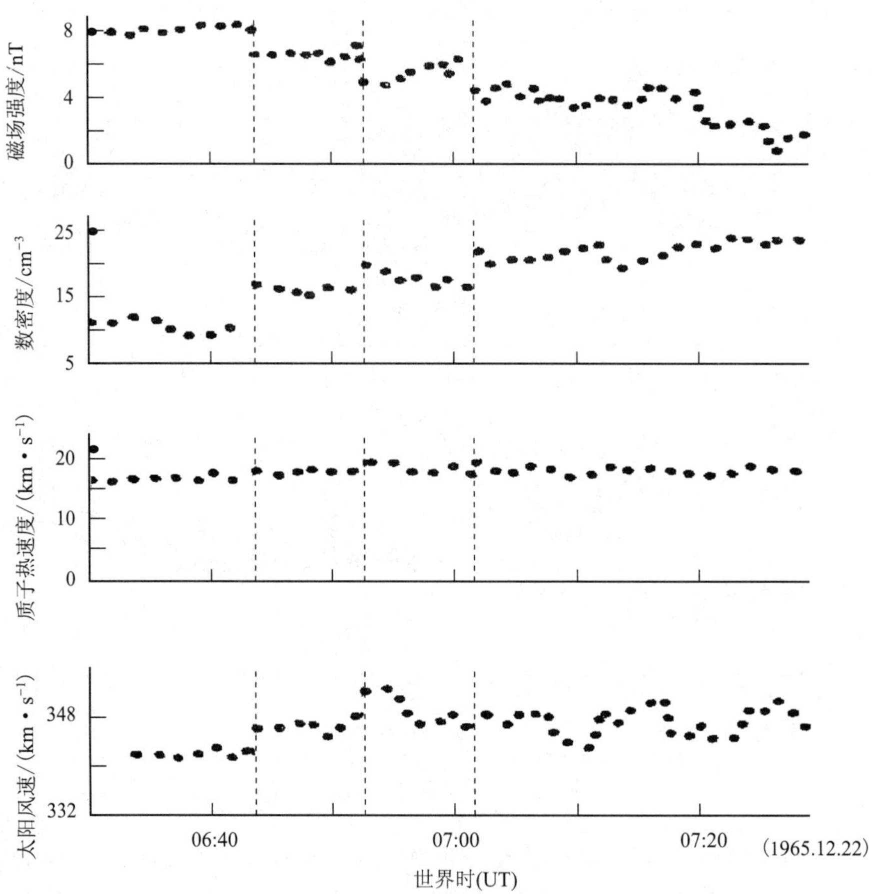

图3－26　太阳风等离子体平衡分布形态切向间断的实例[5]

沿等离子体传播的旋转间断是阿尔芬波扰动的极端情况。在这种间断下，没有密度及磁场模量的跃变。太阳风内很少观测到这种间断形式。

此外，还存在激波波前型跃变，它表现为在几分钟的时间间隔内，太阳风速、密度和磁场强度发生突然的增大。

传播方向和速度是激波的重要特性，对理解激波的发生及其在行星际介质的传播过程具有重要意义。但是，只根据一架航天器观测的数据很难确定波前的取向和速度。间断面两边的磁场矢量差异通常较小，并且磁场发生强烈的涨落。因此，如果在几架航天器上能记录下同一个激波，便可以较精确地确定它的特性。

按照计及压力各向异性的磁流体动力学，间断的分类应有所不同。基于动力学描述时，可能的间断结构类型将会明显增多。在稀薄等离子体内，无碰撞非线性运动呈多样性。在物理上难于对所观测的涨落效应进行诠释，原因是在一点所进行的测量，总是包含着空间一时间的不确定性。这种不确定性一方面与极高的太阳风速有关，它超过动力学扰动（等离子波）所预期的特征相速度，从而导致时间演化可能由太阳风等离子体内携带的静态扰动（平衡的等离子体位形）所限定。另一方面，不稳定性源于磁激发的等离子体内，波的相速度 ω（k）/k 不仅与波矢 k 的模量有关，而且与 k 和 B 间的夹角 θ 有关。因此，在确定太阳风方向上的空间扰动尺度 $\delta L \sim u_0 \delta t$（$\delta t$ 为测量的时间尺度）后，一般无法确定波的频率。

至今，对于接近质子回旋频率的等离子体流振荡进行直接观测尚较少。初步观测表明，其振荡能谱基本上是向高频端扩展。

当出现来自太阳活动区的能量为几十 keV 的电子流时，将在行星际介质内激发热振荡，其频率接近于局域等离子体谱波频率。同样，在太阳上发生的Ⅳ型射电辐射爆发也将出现频移。在行星际介质内，等离子体振荡频率与日心距呈 $\omega \propto r^{-1}$ 关系。基于电子所激发的射电辐射谱线，可以研究等离子体振荡沿磁场螺线从太阳向地球轨道的传播过程，并测出电子的能谱。由于电子激发的射电辐射的快速局部稳定化，等离子体振荡电场的极大振幅 E_{max} 随与太阳距离的增加而急剧衰减。基于观测数据，在 0.3～1 AU 的距离上，满足 $E_{max} \propto r^{-3.5}$。在地球轨道上，典型的静电场振荡幅值约为几百 $\mu V \cdot m^{-1}$，且静电场振荡矢量主要是沿磁场方向。当太阳风与行星和其他物体发生相互作用时，会激发出等离子体噪声。

至今，人们对太阳风的形成区域，以及日球内发生的等离子体动理学和电磁过程研究所得到的信息，还只是一概貌。对许多重要问题尚缺乏深入了解，甚至还存在争议。这主要是由于常常无法在观测到的信息和结构之间，建立基本的无量纲标度关系，从而缺少可靠的数据以提出相应的理论模型。已有的某些模型可能具有片面性并起误导作用，有必要针对基本的无量纲物理参量进行深入分析[15]。

参考文献

［1］ Foukal P V. Solar astrophysics. New York：John Wiley and Sons，Inc.，1990.

［2］ Chapman S. Notes on the solar corona and terrestrial ionosphere. Astrophys. J.，1957，2：1－14.

［3］ Parker E N. Interplanetary dynamical process. New York：Interscience Publishers，John Wily and Sons，1963.

［4］ Parker E N. Dynamics of the interplanetary gas and magnetic fields. Astrophys. J.，1958，128：664－676.

［5］ Веселовский И С. Солнечный ветер и гелиосферное магнитное поле. Модель Космоса，Восьмое издание，Том I：Физические Условия в Космическом Пространстве，Под ред. М. И. Панасюка. Москва：Издательство《КДУ》，2007：314－359.

［6］ Brandt J C. Introduction to the solar wind. San Francisco：Freeman Co.，1970.

［7］ Hundhausen A J. Coronal expansion and solar wind. New York：Springer－Verlag，1972.

［8］ 中国科学院空间科学与应用研究中心．宇航空间环境手册．北京：中国科学技术出版社，2000：75－80.

［9］ 刘振兴，等．太空物理学．哈尔滨：哈尔滨工业大学出版社，2005：33－50.

［10］ Feldman W C，Asbridge J R，Bame S J，Montgomery M D. Interplanetary solar wind streams. Rev. Geophys. Space Phys.，1974，12：715－723.

［11］ Feldman W C，Asbridge J R，Bame S J，Montgomery M D，Gary S P. Solar wind electron. J. Geophys. Res.，1975，80：4181－4196.

［12］ Tribble A C. The space environment. Princeton New Sersey：Princeton University Press，1995：122－128.

［13］ Siscoe G L，Croker N U，Christopher L. Solar cycle variation of the interplanetary magnetic field. Solar Physics，1978，56：449－461.

［14］ Веселовский И С. Гелиосфера и солнечный ветер：некоторые современные концепции и актуальные вопросы. В сб.：Совремнные проблемы механики и физики космоса. М：Физматлит，2003：447－464.

［15］ Veselovsky I S. Turbulence and waves in the solar wind formation region and the heliosphere. Astrophys. and Space Sci.，2001，277（1/2）：219－224.

第 4 章　太阳宇宙线

4.1　引言

太阳宇宙线（solar cosmic rays，SCR）是来自太阳耀斑或日冕物质抛射的加速能量粒子流。太阳能量粒子（solar energetic particles，SEP）的主导成分为质子流，也常称为太阳质子事件（solar proton events，SPE）。太阳宇宙线粒子的能量范围在 0.1 MeV 至几十 GeV 之间，最大通量在 1 MeV 至几百 MeV 能区。能量 $E>0.5$ GeV 时，称为相对论性事件（relativistic events）；$E<0.5$ GeV 时，称为非相对论性事件。

太阳宇宙线除了质子还含有电子、氦核（即 α 粒子，约占 3%～15%）以及少量电荷 $Z>3$的重离子，如 C、N 和 O 离子等。太阳宇宙线的重核离子一般没有达到完全电离状态。每次耀斑爆发产生的太阳宇宙线的组分、通量以及能谱都不尽相同，具有很大的随机性。太阳宇宙线中质子和氦核的丰度比，对不同耀斑及同一耀斑不同发展阶段都有很大不同。

不同能量的粒子从太阳传播到地球的时间不同，可以从几十分钟到几小时。大多数太阳质子事件持续时间为 1～5 d，也有持续几小时或连续一周以上的。不同能量粒子的通量随时间呈现峰值，称为峰值通量。它是表征太阳宇宙线强度的重要参量之一。粒子能量越高，峰值通量出现的时间越早，峰值越低，持续时间越短，如图 4－1 所示[1]。

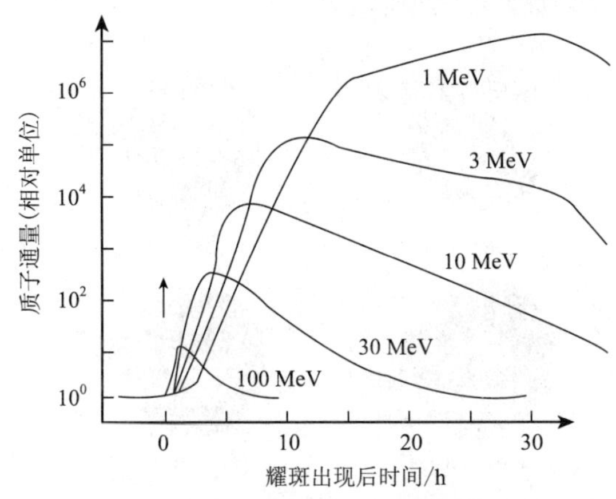

图 4－1　在 1 AU 处不同能量的质子通量随时间变化示意
箭头所示为粒子从太阳离开的时刻

为了区别地面上可以探测到的和只能在大气层以外才能观测到的事件，引入太阳宇宙线地面事件（ground level events，GLE）的术语。太阳宇宙线地面事件主要是涉及相对论性粒子（质子）事件。20 世纪 50 年代发现，地球的极区电离层状态与能量约为 1～50 MeV 的太阳耀斑质子有关。相应地，提出了极盖吸收事件（polar cap absorption，PCA）

的概念，作为太阳质子事件的具体表现形式。由于中子的半衰期只有约 11.7 min，所以绝大部分中子在到达地面之前已衰减，地面上极少能观测到太阳中子。

太阳宇宙线源于粒子在太阳上的加速并逃逸至行星际空间，覆盖着很大的能量区间。在日球内发生复杂动力学过程，导致粒子在空间上和能量上的分布发生变化，从而使太阳宇宙线呈现各种不同的观测特性。对太阳宇宙线的研究已经经历了 50 余年时间。随着空间观测技术的发展，对太阳宇宙线的成分、传播、粒子的分布及其能谱等有了较深入的了解。

加速粒子的运动，不仅取决于太阳活动区的磁场，也和大尺度磁场有关。大部分在耀斑区被加速的带电粒子，在稠密的大气层内，通过与等离子体物质离子和电子的碰撞而丧失自己的能量。当带电粒子落入闭合的磁力线时，在特定的磁势阱内可以停留很久，有时直到能量完全损失。I 型和 IV 型射电爆发源于这样的俘获电子。

当靶物质与电子碰撞时，形成连续衰减谱，所产生的光量子能量总是低于入射电子的能量。这种由入射电子减速运动而产生的辐射称为轫致辐射，其效率$<10^{-3}$。当质子与靶物质作用时，可形成γ射线和中子。如果质子被加速至 200～300 MeV 甚至更高时，由于与物质的碰撞，将产生能量$>$30 MeV 的γ射线，在 60～100 MeV 能区呈现极大值很宽的特征连续谱。

某些强场区的能量粒子可以直接从加速区沿开放的磁力线逃逸至行星际空间，导致粒子被抛射出强场区。俘获粒子（trapped particle）在磁场内漂移时，可与日冕物质相互作用而产生能量损耗（散射），或者在等离子体的湍流区发生散射，而逐渐沉降至开放的磁力线上，最终离开耀斑区。粒子从耀斑区离开，并逃逸至远离太阳处是一个随机（偶发）过程，原因在于能量粒子的运动是发生在起源不同的磁场内。正因为如此，在距太阳 1 AU 距离上观测到的太阳宇宙线通量不仅取决于太阳耀斑的强度，而且与耀斑位置及活动区和日冕磁场的位形有关，如图 4－2 所示[2]。

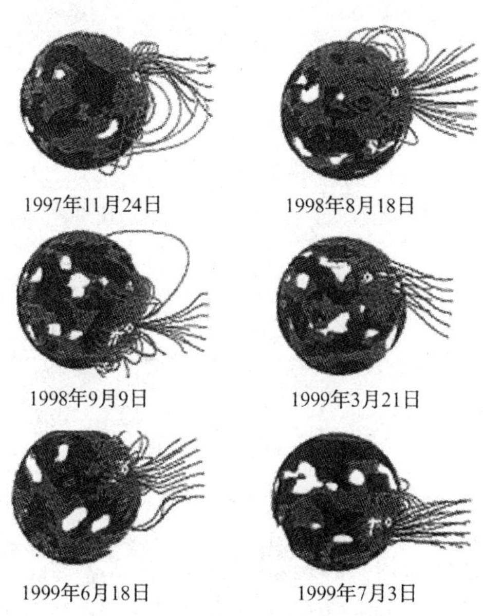

图 4－2　耀斑附近具有开放磁力线的磁场结构

箭头指示带电粒子离开耀斑的方向

4.2 带电粒子在磁场中的运动

在讨论宇宙线粒子在行星际空间的传播过程，以及在地球偶极场中的运动之前，先对带电粒子在磁场中运动的基本规律进行简单的描述，作为以下 3 章有关能量粒子（太阳宇宙线、银河宇宙线和地球辐射带）辐射环境的理论基础[3-4]。这里，将宇宙线的带电粒子（如质子、电子及离子等）视为检验粒子（test particle)，即假定磁场（或电场）及太阳风不受粒子本身的影响。这是一种合理的近似，其原因在于银河宇宙线的能量密度约为 1 eV · cm^{-3}，远小于太阳风的平均动能密度［对于 $r>1$ AU，约为 10^4 （1 AU/r） eV · cm^{-3}］；在 $r<10$ AU 的空间范围，宇宙线能量密度也比太阳风平均热能密度和磁能密度小［$r>1$ AU，约为 10^2 （1 AU/r） eV · cm^{-3}］。因此，除了在日球层顶，太阳风等离子体的平均特性可以认为是不受宇宙线扰动的。另一方面，与行星际空间较强的不规则起伏场相比，宇宙线与太阳风等离子体相互作用激发的波可以忽略。因此，可以将宇宙线粒子看成检验粒子，来讨论它们在太阳风和日球磁场背景上的传播问题。

4.2.1 能量粒子的磁刚度

在不考虑小尺度不规则扰动的条件下，单一带电粒子在均匀磁场中的运动方程为

$$m\frac{\mathrm{d}\boldsymbol{v}}{\mathrm{d}t}=q\ (\boldsymbol{v}\times\boldsymbol{B}) \tag{4-1}$$

而且，非相对论粒子和相对论粒子的动量可以分别给出

$$p=m\boldsymbol{v} \tag{4-2}$$

$$p=\gamma m_0\beta c \tag{4-3}$$

式中　$\boldsymbol{B}$——磁场；

$\boldsymbol{v}$——粒子运动速度；

q——粒子带电电荷；

c——光速度（$c=2.997\ 9\times10^8$ m · s^{-1}）；

m_0——粒子的静止质量；

m——粒子的运动质量，$m=\gamma m_0$；

β，γ——相对论因子和洛仑兹因子。

β，γ 可由下述公式给出

$$\beta=\frac{v}{c} \tag{4-4}$$

$$\gamma=\ (1-\beta^2)^{-1/2} \tag{4-5}$$

粒子总能量为

$$W=E_k+m_0c^2=\gamma m_0c^2 \tag{4-6}$$

式中，$E_k=mc^2-m_0c^2=m_0c^2$（γ—1），为粒子的动能。粒子总能量 W 与动量 p 间具有以下的关系

$$W^2=p^2c^2+m_0^2c^4 \tag{4-7}$$

将式（4－1）两端均以粒子速度矢量 $\boldsymbol{v}$ 点乘，且 $\boldsymbol{v}\cdot(\boldsymbol{v}\times\boldsymbol{B})=0$，则得

$$m\boldsymbol{v}\cdot\frac{\mathrm{d}\boldsymbol{v}}{\mathrm{d}t}=\frac{\mathrm{d}}{\mathrm{d}t}\left(\frac{1}{2}m\boldsymbol{v}^{2}\right)=0 \tag{4-8}$$

由式（4－8）可进一步得到

$$m\boldsymbol{v}^{2}=\mathrm{const} \tag{4-9}$$

由上述各式可以看出，当粒子在静磁场中运动时，其动量、动能和总能量皆保持常数。如果磁场冻结于运动着的等离子体内，粒子能量在同等离子体一起运动的参照系中守恒。以路径元 $\mathrm{d}s=\hat{\boldsymbol{v}}\mathrm{d}t$ 为参数，引入切向单位矢量 $\hat{\boldsymbol{v}}_{\mathrm{t}}=\mathrm{d}x/\mathrm{d}s$，$\hat{\boldsymbol{v}}$ 为常数，基于式（4－1）可得

$$\frac{\mathrm{d}^{2}\boldsymbol{x}}{\mathrm{d}s^{2}}=\frac{1}{R}\left(\frac{\mathrm{d}\boldsymbol{x}}{\mathrm{d}s}\times\boldsymbol{B}\right) \tag{4-10}$$

式中，$R=pc/eZ$，称为磁刚度（magnetic rigidity），以伏特为单位；Z 为原子序数；e 为电子电荷。

由式（4－10）可见，粒子在给定磁场 $B(x)$ 中的轨道 $x(s)$ 只是磁刚度的函数。例如，能量为 3 MeV 的电子和 500 keV 的质子具有近似的 R 值，可具有相近的轨道，但两者的速度相差约为 30 倍，即 $v_{\mathrm{e}}\geqslant v_{\mathrm{p}}$。磁刚度可简化为

$$R=0.938\,\frac{A}{Z}\beta\gamma \tag{4-11}$$

式中 R——粒子的磁刚度（GV）；

A——质量数；

Z——电荷数。

以质子的静止质量 m_{p} 为质量单位及基本电荷 e 为电量单位，对于给定的速度和动能，磁刚度正比于质荷比 A/Z。图 4－3 给出了具有不同动能的电子、质子及 $A=2Z$ 重核的磁刚度及相应的 β 值。

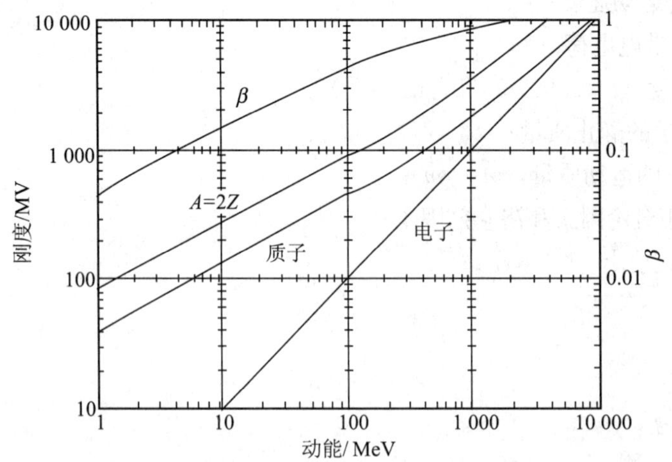

图 4－3 具有不同动能的电子、质子及 $A=2Z$ 重核的磁刚度及相对论因子 β 值

当粒子垂直于均匀磁场 $\boldsymbol{B}$ 运动，由式（4－10）可以求出粒子的加速度

$$\boldsymbol{a}=\frac{\boldsymbol{v}^2}{R}\hat{\boldsymbol{v}}_t\times\boldsymbol{B} \tag{4-12}$$

式（4—12）中，加速度 a 的量值为常数，且与速度的方向垂直，即呈圆周运动。其回旋半径（gyroradius）为

$$\rho_c=\frac{v^2}{a}=\frac{R}{B} \tag{4-13}$$

由式（4—13）可得

$$R=\rho_c B \tag{4-14}$$

这表明磁刚度在数值上等于磁感应强度 B 乘以粒子回旋半径。宇宙线粒子在行星际空间运动时，在离太阳不太远的空间范围，可以将行星际磁场简化为单极及磁场线为径向。在这种情况下，粒子轨迹如图 4—4 所示。

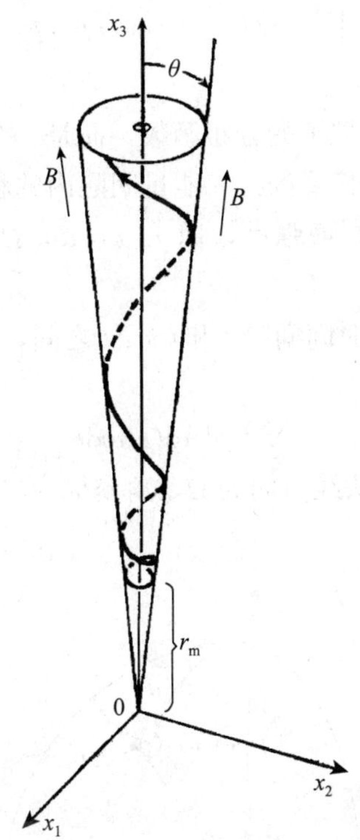

图 4—4　带电粒子在径向磁场中的运动轨迹

由图 4—4 可见，一个由太阳发出的带电粒子，在太阳附近基本上垂直于磁场线运动。当该粒子运动到地球轨道附近时，其运动速度将趋于平行磁场线。计及太阳的自转，磁场线呈阿基米德螺旋线形态。由于宇宙线粒子的散射效应十分显著，不能用单粒子轨道理论描述它们的运动，而只能用统计的方法来表征粒子在不同能量和方向上的分布及其随时间的变化。

4.2.2　粒子群的描述

考虑大量具有相同静止质量的粒子，它们处于不同的运动状态，某个粒子的瞬时特性由其位置矢量和动量描述。粒子的分布函数可写成

$$f\ (x_1,\ x_2,\ x_3;\ p_1,\ p_2,\ p_3;\ t)\ =f\ (x,\ p,\ t) \tag{4-15}$$

式中　x，t——粒子所处的位置和时间；

p——粒子动量。

在 t 时刻，相空间“体积元” $\mathrm{d}^3x\mathrm{d}^3p$ 的粒子数为

$$N_{\mathrm{p}}=f\ (x,\ p,\ t)\ \mathrm{d}^3x\mathrm{d}^3p \tag{4-16}$$

粒子在位置空间中的数密度为

$$n(x_1,x_2,x_3;t)=\iiint_{-\infty}^{+\infty} f(x_1,x_2,x_3;p_1,p_2,p_3;t)\ \mathrm{d}p_1\mathrm{d}p_2\mathrm{d}p_3 \tag{4-17}$$

实际上，通常测量到的不是粒子的分布函数，而是一个指向某一方向单位面积的探测器在单位时间、一有限张角内所接受的某一能量间隔内的粒子数，即粒子的单向微分通量（the directional differential flux）或强度，用 $j\,(x,\ w,\ \Omega,\ t)$ 表示，其单位为粒子数·$\mathrm{cm}^{-2}\cdot\mathrm{sr}^{-1}\cdot\mathrm{keV}^{-1}\cdot\mathrm{s}^{-1}$。

在能量 w 和 $w+\mathrm{d}w$ 之间，时间间隔 t 和 $t+\Delta t$ 之间，沿着面积元 $\mathrm{d}A$ 法线方向在立体角元 $\mathrm{d}\Omega$ 内达到 $\mathrm{d}A$ 的粒子数为

$$N=j\mathrm{d}A\mathrm{d}\Omega\mathrm{d}w\mathrm{d}t \tag{4-18}$$

小面积元 $\mathrm{d}A$ 的空间位置为 x，法线方向为 Ω，角坐标为（θ，λ），如图 4—5 所示。

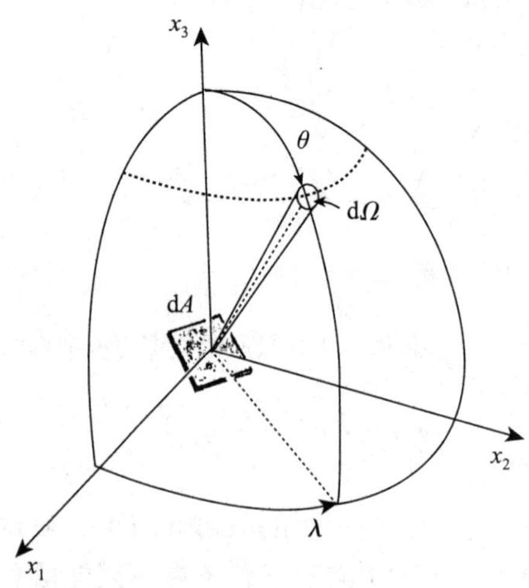

图 4—5　单向微分通量示意

在速度空间小体积元 $p^2\mathrm{d}p\mathrm{d}\Omega$ 内，粒子在时间 $\mathrm{d}t$ 通过 $\mathrm{d}A$ 的数目应等于在 $\mathrm{d}A$ 上接收到的粒子数，如下式所示

$$j\mathrm{d}A\mathrm{d}\Omega\mathrm{d}w\mathrm{d}t=f(x, p, t)\ v\mathrm{d}A\mathrm{d}t(p^2\mathrm{d}p\mathrm{d}\Omega)$$

即

$$j\mathrm{d}w=vfp^2\mathrm{d}p \tag{4-19}$$

在速度 v、动量 p 及总能量 w 之间存在以下关系

$$v=\frac{c^2p}{w} \tag{4-20}$$

$$w=(c^2p^2+m_0^2c^4)^{1/2} \tag{4-21}$$

将式（4—21）进行微分，得到

$$w\mathrm{d}w=c^2p\mathrm{d}p \tag{4-22}$$

将式（4—20）和式（4—22）代入式（4—19），得到

$$j(w, \Omega)=p^2f(p) \tag{4-23}$$

所以，由测量粒子的单向微分通量 j 可以确定粒子的分布函数。

将式（4—23）两边对 Ω 积分，可得到全向微分通量（the omnidirectional differentia flux）

$$J=\int j(w,\Omega)\ \mathrm{d}\Omega \tag{4-24}$$

故全向微分通量是在全空间方向对单向微分通量求立体角积分的结果，其单位为粒子数 · cm^{-2} · keV^{-1} · s^{-1}。

相应地，可以求出以下其他常用的粒子分布参量。

1）单向积分通量。它是在某个能量范围内对单向微分通量求能量积分的结果，表征在某个方向、单位时间内入射到单位立体角和单位面积的粒子数，其单位为粒子数 · cm^{-2} · sr^{-1} · s^{-1}。

2）全向积分通量。它是在全空间方位和某一能量范围内对单向微分通量求能量和立体角积分的结果，其单位为粒子数 · cm^{-2} · s^{-1}。

3）粒子通量（the particle flux）。它是单位时间通过单位面积的粒子数，其单位为粒子数 · cm^{-2} · s^{-1}。

4）粒子累积通量（the particle fluence，也称注量）。它是在一段时间内通过单位面积的粒子数，即时间积分通量，其单位为粒子数 · cm^{-2}。

4.2.3　带电粒子在非均匀磁场中的运动

通常将非均匀磁场以小参量 r_c/l 表征。这里，l 为非均匀性的特征长度；$r_c=v_\perp/\Omega_c$ 称为回转半径；$v_\perp$ 为垂直于磁场矢量的速度分量；Ω_c 为回转频率，其值等于 $|q|B_0/m$。在一次回转过程中，磁场变化很小。在此近似下，非均匀磁场可展开成泰勒级数。这种近似称为轨道理论，涉及如下的主要概念。

（1）磁镜像力

假定磁场为慢变磁场，并沿 z 方向取向。所谓慢变磁场是指回旋半径 r_c 小于磁场变化的特征长度 l。后者定义为

$$\frac{1}{l}=\max_{i=1,3}\left\{\left|\frac{1}{B_i}\nabla B_i\right|\right\} \tag{4-25}$$

式中　B_i——磁场分量。

考虑一绕 z 轴对称的磁场组态，即 $B_z=B_0$（z），$B_r=B_r$（z，r）及 $B_\lambda=0$（B_z、B_r和 B_λ是在圆柱坐标中的磁场分量），且 $|B_0|\gg|B_r|$。并进一步假定，所有方位角方向上的导数皆为零，即 $\partial B/\partial\lambda=0$。在这一磁场非发散性组态下，磁场 z 和 r 分量之间存在如下的耦合关系

$$\frac{1}{r}\frac{\partial}{\partial r}(rB_r)+\frac{\partial B_z}{\partial z}=0 \tag{4-26}$$

假定 $|\partial B_0/\partial z|\gg|\partial B_0/\partial r|$，对式（4—26）积分可得到

$$B_r=-\frac{r}{2}\left(\frac{\partial B_0}{\partial z}\right) \tag{4-27}$$

作用在粒子上的洛仑兹力可以写成如下形式

$$\begin{pmatrix}\dot{v}_z\\ \dot{v}_r\\ \dot{v}_\lambda\end{pmatrix}=\frac{q}{m}\begin{pmatrix}e_z & e_r & e_\lambda\\ v_z & v_r & v_\lambda\\ B_z & B_r & 0\end{pmatrix}=\frac{qB_0}{m}\begin{pmatrix}0\\ v_\lambda\\ -v_r\end{pmatrix}+\frac{1}{2}\frac{q}{m}r\left(\frac{\partial B_0}{\partial z}\right)\begin{pmatrix}v_\lambda\\ 0\\ -v_z\end{pmatrix} \tag{4-28}$$

式（4—28）右侧第 1 项描述粒子绕大尺度磁场（$B_0\boldsymbol{e}_z$）的回转运动，而第 2 项是由于磁场的慢空间变化引起的。

与回转运动相比，粒子漂移是一慢过程。为了求出引起这种慢漂移的作用力，需将式（4—28）描述的加速度沿一次粒子回转取平均。阿尔芬提出的导向中心近似方法，可以较简捷地研究带电粒子在磁场中的运动规律。为简化，考虑一导向中心（guiding center）位于对称轴上的粒子。因为起主导作用的磁场分量是 B_0e_z，对该粒子 $v_r=0$，且 v_λ和 v_z在回转过程中近似为常数，沿磁场取向的速度 $v_z=v_\parallel$，而 $v_\lambda=\mp v_\perp$（取决于电荷的符号）。因为导向中心位于轴向，粒子在 $r=r_c$径向距离上回转时，作用在粒子上的力可以写成

$$\boldsymbol{F}=\mp\frac{1}{2}qr_c v_\perp\frac{\partial B_0}{\partial z}\boldsymbol{e}_z\mp qB_0v_\perp\boldsymbol{e}_r-\frac{1}{2}qr_c v_\parallel\frac{\partial B_0}{\partial z}\boldsymbol{e}_\lambda \tag{4-29}$$

将该作用力沿一次回转取平均，即将式（4—29）沿 λ 角取平均。当粒子回转时，单位矢量 $\boldsymbol{e}_z$保持不变，但 $\boldsymbol{e}_r$和 $\boldsymbol{e}_\lambda$转动 360°。所以，$\langle\boldsymbol{e}_r\rangle_\lambda=0$ 和 $\langle\boldsymbol{e}_\lambda\rangle_\lambda=0$，而作用在粒子上的平均力为

$$\langle\boldsymbol{F}\rangle_\lambda=\mp\frac{1}{2}qr_c v_\perp\frac{\partial B_0}{\partial z}\boldsymbol{e}_z=-\frac{1}{2}\frac{mv_\perp^2}{B_0}\frac{\partial B_0}{\partial z}\boldsymbol{e}_z \tag{4-30}$$

通常，该力作用在慢变磁场矢量的方向，可以写成

$$F_\parallel=m\frac{\mathrm{d}v_\parallel}{\mathrm{d}t}=-\mu_\mathrm{m}\frac{\mathrm{d}B}{\mathrm{d}s} \tag{4-31}$$

其中

$$\mu_\mathrm{m}=\frac{1}{2}\frac{mv_\perp^2}{B} \tag{4-32}$$

$$\frac{\mathrm{d}\boldsymbol{B}}{\mathrm{d}s}=\frac{(\boldsymbol{B}\cdot\nabla)}{B} \tag{4-33}$$

式中 s——沿磁场线的距离；

$\mathrm{d}s$——沿 $\boldsymbol{B}$ 的线元。

通常，$F_{\parallel}$ 称为磁镜像力（magnetic mirror force）。

（2）磁矩和磁镜

从式（4—31）可以得出，μ_{m}是回转粒子的磁矩大小。磁矩的定义为电流环面积 A 和电流 I 之积，即 $\mu_{\mathrm{m}}=AI$。针对回转的带电粒子，$I=q/T_{\mathrm{c}}$，而 $T_{\mathrm{c}}=2\pi/\Omega_{\mathrm{c}}$（$T_{\mathrm{c}}$是粒子的回转周期）；$A=\pi r_{\mathrm{c}}{}^{2}=\pi v_{\perp}{}^{2}/\Omega_{\mathrm{c}}{}^{2}$。因此，磁矩大小为

$$A|I|=\frac{\pi v_{\perp}^{2}}{\Omega_{\mathrm{c}}^{2}}\frac{|q|\Omega_{\mathrm{c}}}{2\pi}=\frac{1}{2}\frac{mv_{\perp}^{2}}{B}=\mu_{\mathrm{m}} \tag{4-34}$$

式（4—31）的另一个重要结果是磁矩守恒，粒子将沿磁场线运动到较强或较弱的磁场区内。将式（4—31）两端乘以 $v_{\parallel}$，且 $v_{\parallel}=\mathrm{d}s/\mathrm{d}t$，则

$$mv_{\parallel}\frac{\mathrm{d}v_{\parallel}}{\mathrm{d}t}=\frac{\mathrm{d}}{\mathrm{d}t}\left(\frac{1}{2}mv_{\parallel}^{2}\right)=-\mu_{\mathrm{m}}\frac{\mathrm{d}B}{\mathrm{d}s}\frac{\mathrm{d}s}{\mathrm{d}t}=-\mu_{\mathrm{m}}\frac{\mathrm{d}B}{\mathrm{d}t} \tag{4-35}$$

当粒子运动在只有磁场的场合下，其运动方程为

$$\frac{\mathrm{d}\boldsymbol{v}}{\mathrm{d}t}=\frac{q}{m}(\boldsymbol{v}\times\boldsymbol{B}) \tag{4-36}$$

取该动量矢量方程的标量积，粒子动量为 mv，则有

$$m\boldsymbol{v}\cdot\frac{\mathrm{d}\boldsymbol{v}}{\mathrm{d}t}=\frac{\mathrm{d}}{\mathrm{d}t}\left(\frac{1}{2}mv^{2}\right)=q\boldsymbol{v}\cdot(\boldsymbol{v}\times\boldsymbol{B})=0 \tag{4-37}$$

从式（4—37）可以得出，当粒子在“纯”磁场中运动时，其动能是守恒的，故得

$$\frac{\mathrm{d}}{\mathrm{d}t}\left(\frac{1}{2}mv_{\parallel}^{2}+\frac{1}{2}mv_{\perp}^{2}\right)=\frac{\mathrm{d}}{\mathrm{d}t}\left(\frac{1}{2}mv_{\parallel}^{2}+\mu_{\mathrm{m}}B\right)=0 \tag{4-38}$$

将式（4—35）代入式（4—38），得

$$-\mu_{\mathrm{m}}\frac{\mathrm{d}B}{\mathrm{d}t}+\frac{\mathrm{d}}{\mathrm{d}t}(\mu_{\mathrm{m}}B)=B\frac{\mathrm{d}\mu_{\mathrm{m}}}{\mathrm{d}t}=0 \tag{4-39}$$

显然，磁场大小不等于零。所以，当粒子沿缓慢收敛或发散的磁场线运动时，粒子的磁矩是守恒的，即

$$\frac{\mathrm{d}\mu_{\mathrm{m}}}{\mathrm{d}t}=0 \tag{4-40}$$

这一结果是空间等离子体物理的重要基础。

当一个回转粒子朝磁场强度增加的区域运动时，其 $v_{\perp}$ 必然增大，以保持磁矩守恒。相应的粒子的总动能也必然守恒，所以 $v_{\parallel}$ 将下降。在一定的磁场强度 B_{m}下，整个粒子动量将转化为垂直分量，以便保持磁矩守恒。为了遵从磁矩守恒，粒子不可能进入强磁场区。在 B_{m}处，粒子无磁场取向的速度，即 $v_{\parallel}=0$。但沿磁场取向的作用力 $F_{\parallel}=-\mu_{\mathrm{m}}\mathrm{d}B/\mathrm{d}s$，指向较弱的磁场区（发散场区）。结果粒子将绕该点转动，并朝弱场区运动。

粒子磁矩守恒意味着磁场强度左右着粒子的投掷角 Θ（pitch angle），即控制粒子的速度 $\boldsymbol{v}$ 矢量和磁场矢量 $\boldsymbol{B}$ 间的取向角的大小。由磁矩 μ_{m}守恒和粒子速度 v 守恒可得

$$\mu_{\mathrm{m}}=\frac{1}{2}\frac{mv_{\perp}^{2}}{B}=\frac{1}{2}mv^{2}\frac{\sin^{2}\Theta}{B}=常量\Rightarrow\frac{\sin^{2}\Theta}{B}=常量 \tag{4-41}$$

假定在参考点磁场为 B_{0}，投掷角为 Θ_{0}。如果粒子朝收敛的磁场线区运动，其投掷角依下式变化

$$\sin^2\Theta = \frac{B}{B_0}\sin^2\Theta_0 \tag{4-42}$$

在镜像点，投掷角 $\Theta_m = \pi/2$；并且，为了反射给定粒子的磁场强度为

$$B_m = \frac{B_0}{\sin^2\Theta_0} \tag{4-43}$$

磁镜几何学和粒子典型的轨迹如图 4－6 所示。

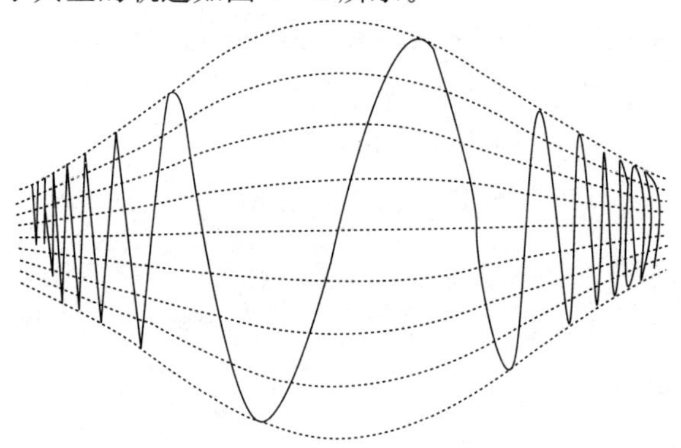

图 4－6 磁镜粒子轨迹示意图

显然，投掷角越小，则在镜像点反射粒子所需要的磁场强度越大。对于给定的磁镜组态，设其磁场强度极大值为 B_{max}，可以定义粒子反射的最小初始投掷角，并有如下关系

$$\sin^2\Theta_{min} = \frac{B_0}{B_{max}} \tag{4-44}$$

式中 Θ_{min}——损失锥角（loss cone angle）。

若 $\Theta_0 < \Theta_{min}$，粒子将从磁镜逃逸。

4.2.4 绝热不变量

粒子的周期运动可以用某些守恒量加以描述，这些量能够通过广义作用积分（general action integral）求出

$$I = \oint p\mathrm{d}Q \tag{4-45}$$

式中 p，Q——与周期运动相关的广义动量和坐标。

运动常量 I 在系统慢变至更高阶精度时是不变的（慢变意味着其变化的特征时间远大于周期运动的周期）。

绝热不变量（adiabatic invariant）在空间物理中是一重要特征量，可以用来解释空间环境中的许多现象。绝热不变量是更近似于守恒的参量，而某些传统的守恒量如动量或能量可能发生变化。例如，在一慢变的磁场中，即使粒子的能量发生了变化，但绝热不变量仍然几乎保持常量。在此情况下，绝热不变量可以用来表征粒子数目。

第一绝热不变量守恒广泛用于理解各种磁场形态下粒子的输运过程。第二和第三绝热不变量主要用于类偶极磁场中粒子的运动。偶极磁场线的结构如图 4－7 所示。

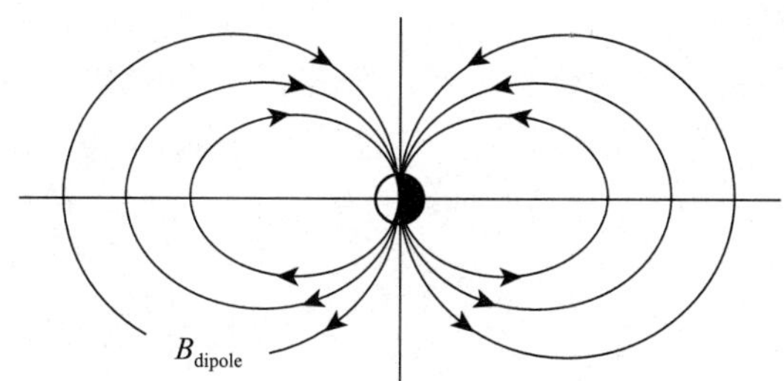

图 4－7　偶极磁场线

偶极磁场在球坐标系（r，φ，λ）可以表示为下式

$$\boldsymbol{B}=\frac{\mu_0 M}{4\pi r^3}(-2\sin\varphi\,\boldsymbol{e}_r+\cos\varphi\,\boldsymbol{e}_\varphi) \tag{4-46}$$

式中　M——磁矩强度（磁矩沿－z 轴取向）；

r——与球心的径向距离；

φ，λ——磁纬度和磁经度。

单位矢量 $\boldsymbol{e}_r$、$\boldsymbol{e}_\varphi$和 $\boldsymbol{e}_\lambda$构成右手坐标系；$\mu_0=4\pi\times10^{-7}$ H/m。

在给定点的磁场强度为

$$B=\frac{\mu_0 M}{4\pi r^3}\sqrt{1+3\sin^2\varphi} \tag{4-47}$$

磁场线（magnetic field line）方程为

$$r=LR_e\cos^2\varphi \tag{4-48}$$

式中　R_e——中心体（central body）的平均半径；

L——磁场线横越赤道交点与球心的距离。

沿磁场线的弧长元可以表示为

$$ds^2=dr^2+r^2d\varphi^2 \tag{4-49}$$

由式（4－48），$ds/d\varphi$ 和 ds/dr 可以表示为

$$\frac{ds}{d\varphi}=LR_e\cos\varphi\sqrt{1+3\sin^2\varphi} \tag{4-50}$$

$$\frac{ds}{dr}=\frac{\sqrt{1+3\sin^2\varphi}}{2\sin\varphi} \tag{4-51}$$

（1）第一绝热不变量

第一绝热不变量即磁矩（μ_m）不变量，与粒子绕磁场线回旋运动（cyclotron motion）相关联。在此场合下，广义周期动量和坐标分别是垂直动量和沿回转路径的径迹长度，即分别为 $p_1=mv_\perp$ 和 $dQ=r_c d\phi$（ϕ 为回旋角）。将两式代入式（4－45），可得到第一绝热不变量

$$I_1=\int_0^{2\pi} mv_\perp\, r_c d\phi=2\pi mv_\perp r_c=\pi\frac{m^2v_\perp^2}{|q|B}=4\pi\frac{m}{|q|}\mu_m \tag{4-52}$$

由此可见，第一绝热不变量(I_1）与回转粒子的磁矩 μ_m 成正比。已知在慢变的磁场下，μ_m沿粒子轨迹是守恒的。因此，I_1和 μ_m对更高阶的小参量（即回转周期与系统变化的特征时间之比）是守恒的。

（2）第二绝热不变量

对于被俘获在两个磁镜之间的粒子，第二绝热不变量即纵向不变量 J，是与粒子沿磁场线的周期或反冲（bouncing）运动有关。对这类周期运动而言，广义动量和坐标分别为 $P_2=mv_{\parallel}$ 和 $\mathrm{d}Q=\mathrm{d}s$，$\mathrm{d}s$ 是导向中心沿磁场线的路径元。因此，可得

$$I_2 = J = \oint mv_{\parallel}\,\mathrm{d}s = 2mv\int_{s_{\min,1}}^{s_{\min,2}}\sqrt{1-\frac{B}{B_0}\sin^2\Theta_0\,\mathrm{d}s} \tag{4-53}$$

式中，B_0 和 Θ_0 分别为在参照点的磁场强度和粒子的投掷角。$s_{\min,1}$ 和 $s_{\min,2}$ 是镜像点在磁场线上的位置。因子2源于在一次完整的反冲过程中，粒子将沿磁场线向后和向前运动。由式（4—53）可以得出，参量 I 与粒子速度无关，并可由下式给出

$$I = \frac{J}{2mv} = \int_{s_{\min,1}}^{s_{\min,2}}\sqrt{1-\frac{B}{B_0}\sin^2\Theta_0\,\mathrm{d}s} \tag{4-54}$$

式（4—54）可用来求出偶极场线，并用磁纬度 φ 作为积分变量。若 Θ_0 和 B_0 分别表示在磁赤道的粒子投掷角和磁感强度，可得到下面的 I 参量表达式

$$I = LR_e\int_{-\varphi_m}^{\varphi_m}\cos\varphi\sqrt{1+3\sin^2\varphi}\sqrt{1-\sin^2\Theta_0\frac{\sqrt{1+3\sin^2\varphi}}{\cos^6\varphi}}\,\mathrm{d}\varphi \tag{4-55}$$

式中 R_e——球体（行星）半径。

镜像点的磁纬度 φ_m 与磁赤道粒子投掷角 Θ_0 间具有以下的关系式［见式（4—42）］

$$\sin^2\Theta_0=\frac{B_0}{B_m}=\frac{\cos^6\varphi_m}{\sqrt{1+3\sin^2\varphi_m}} \tag{4-56}$$

从一个镜像点至另一镜像点的往复时间称为反冲周期（bounce period）。在偶极场的情况下，反冲周期 τ_B 可由以下积分式求出

$$\tau_B = 4\int_0^{\varphi_m}\frac{\mathrm{d}s}{v_{\parallel}} = \frac{4}{v}\int_0^{\varphi_m}\frac{1}{\sqrt{1-\frac{B}{B_0}\sin^2\Theta_0}}\mathrm{d}s \tag{4-57}$$

式(4—57)可以基于磁纬度 φ 表示为

$$S(\Theta_0) = \frac{v\tau_B}{4LR_e} = \int_0^{\varphi_m}\frac{\cos\varphi\sqrt{1+3\sin^2\varphi}}{\sqrt{1-\sin^2\Theta_0\frac{\sqrt{1+3\sin^2\varphi}}{\cos^6\varphi}}}\,\mathrm{d}\varphi \tag{4-58}$$

式中 $S(\Theta_0)$——粒子沿磁场线从赤道至磁镜的输运距离与该磁场线的赤道地心距之比。

$S(\Theta_0)$ 可由下式近似求得

$$S(\Theta_0) \approx 1.38 - 0.32(\sin\Theta_0 + \sin^{1/2}\Theta_0) \tag{4-59}$$

（3）第三绝热不变量

第三绝热不变量是总磁通不变量，它与导向中心在偶极磁场中的周期性漂移相关。磁场梯度—曲率的平均效应导致导向中心的漂移。梯度—曲率漂移（gradient—curvature drift）的方向由 $B\times\nabla B$ 决定。在偶极场情况下，B 和 ∇B 都在相同的子午面内。所以，梯度—曲率漂移速率总是指向方位角方向。漂移方向取决粒子电荷的符号，电子和正离子沿相反的方向漂移。这类由电荷漂移产生的电流称为环电流（ring current）。图4—8所示

为在地球附近接近于偶极磁场内被俘获粒子的漂移运动状态。这种导向中心的慢梯度一曲率漂移是俘获粒子的第三准周期运动。

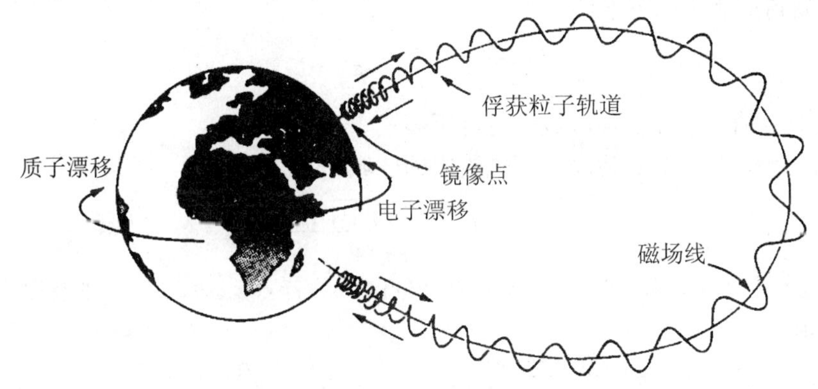

图 4—8　俘获带电粒子在地磁场下的运动

在轴对称磁场（如偶极场）情况下，广义坐标是方位角 λ，粒子位置坐标为径向距离 r 和磁纬度 φ。广义动量的方位角分量 p_3 是相对于对称轴的角动量和通过部分球表面（从粒子位置至偶极场的北极）的磁通量 Φ_B 之和，即

$$p_3 = mr^2\cos^2\varphi\frac{d\lambda}{dt}+\frac{q}{2\pi}\Phi_B \tag{4—60}$$

式中

$$\Phi_B(r,\varphi) = 2\pi r^2\int_{\varphi}^{\pi/2}B_r(r,\varphi')\cos\varphi' d\varphi' \tag{4—61}$$

将式（4—46）代入式（4—61），可得到偶极场函数为

$$\Phi_B(r,\varphi) = -2\pi\frac{\mu_0}{4\pi}\frac{M}{2r}\cos^2\varphi \tag{4—62}$$

并且，广义动量分量变为

$$p_3 = mr^2\cos^2\varphi\left(\frac{d\lambda}{dt}-\frac{q}{m}\frac{\mu_0}{4\pi}\frac{M}{r^3}\right) \tag{4—63}$$

在轴对称的磁场内，当粒子沿其轨道运动时，p_3 保持为常数。$d\lambda/dt$ 可表示为

$$\frac{d\lambda}{dt} = \frac{1}{r^2\cos^2\varphi}\left(\frac{p_3}{m}+\frac{q}{m}\frac{\mu_0}{4\pi}\frac{M}{r}\cos^2\varphi\right) \tag{4—64}$$

三维运动粒子的微分弧长为

$$ds^2 = dr^2 + r^2 d\varphi^2 + r^2\cos^2\varphi d\lambda^2 \tag{4—65}$$

由此可得

$$\left(\frac{d\lambda}{dt}\right)^2 = \left(\frac{d\lambda}{ds}\right)^2\left(\frac{ds}{dt}\right)^2 = v^2\left(\frac{d\lambda}{ds}\right)^2 = \frac{v^2}{r^2\cos^2\varphi}\left[1-\left(\frac{dr}{ds}\right)^2 - r^2\left(\frac{d\varphi}{ds}\right)^2\right] \tag{4—66}$$

$$\left(\frac{dr}{ds}\right)^2 + r^2\left(\frac{d\varphi}{ds}\right)^2 = 1-\left(\frac{r_s}{r}\frac{2\gamma_3}{\cos\varphi}+\frac{r_s^2}{r^2}\cos\varphi\right)^2 \tag{4—67}$$

在式（4—67）中，引入了以下两个常量

$$r_s^2 = \frac{q}{mv}\frac{\mu_0}{4\pi}M \tag{4—68}$$

$$\gamma_3 = \frac{p_3}{2mvr_s} \tag{4-69}$$

所有的粒子轨道应满足如下条件

$$\left(\frac{r_s}{r}\frac{2\gamma_3}{\cos\varphi} + \frac{r_s^2}{r^2}\cos\varphi\right)^2 \leqslant 1 \tag{4-70}$$

因此，取决于 γ_3 值，可在下述区域满足该不等式。

1）若 $\gamma_3 \geqslant 0$，粒子能够运动至下式给定的区域

$$r \geqslant r_s \frac{\gamma_3 + \sqrt{\gamma_3^2 + \cos^3\varphi}}{\cos\varphi} \tag{4-71}$$

2）若 $0 \geqslant \gamma_3 \geqslant -1$，粒子将运动至一复杂的区域。若 $\cos^3\varphi \leqslant {\gamma_3}^2$，则有以下两个可进入的径向区域

$$r_s \frac{\gamma_3 + \sqrt{\gamma_3^2 + \cos^3\varphi}}{\cos\varphi} \leqslant r \leqslant r_s \frac{-\gamma_3 - \sqrt{\gamma_3^2 - \cos^3\varphi}}{\cos\varphi} \tag{4-72}$$

$$r \geqslant r_s \frac{-\gamma_3 + \sqrt{\gamma_3^2 - \cos^3\varphi}}{\cos\varphi} \tag{4-73}$$

若 $\cos^3\varphi > {\gamma_3}^2$，则可进入的径向区域为

$$r \geqslant r_s \frac{\gamma_3 + \sqrt{\gamma_3^2 + \cos^3\varphi}}{\cos\varphi} \tag{4-74}$$

在 $\gamma_3 < -1$ 的情况下，有两个明显不同的粒子可进入的区域。其外部区域由下式给定

$$r \geqslant r_s \frac{-\gamma_3 + \sqrt{\gamma_3^2 - \cos^3\varphi}}{\cos\varphi} \tag{4-75}$$

而另一个区域为粒子可以运动的封闭区域，即为

$$r_s \frac{\gamma_3 + \sqrt{\gamma_3^2 + \cos^3\varphi}}{\cos\varphi} \leqslant r \leqslant r_s \frac{-\gamma_3 - \sqrt{\gamma_3^2 - \cos^3\varphi}}{\cos\varphi} \tag{4-76}$$

当粒子进入该区域时，它将被俘获，并被约束在由式（4－76）给定的狭窄区域内。这一物理现象可以解释在磁层、等离子体层以及范艾伦辐射带内存在的俘获辐射（trapped radiation）效应。图 4－9 示出 $\gamma_3 = -1.5$ 的俘获辐射区。

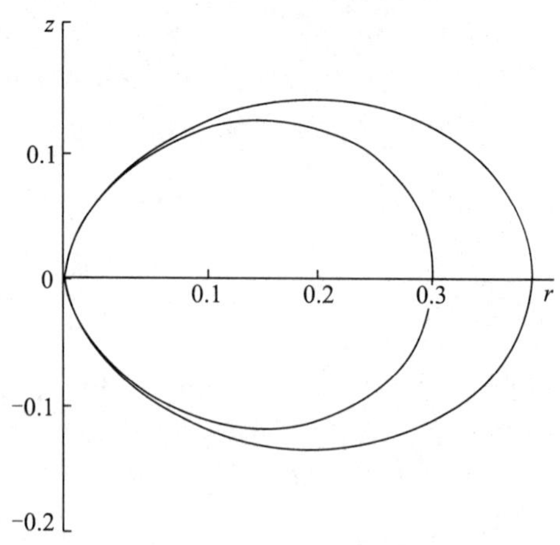

图 4－9 对 $\gamma_3 = -1.5$ 的偶极子午面内的俘获轨道示例

所有距离单位为 r_s，见式（4－68）

对于较大的 $|\gamma_3|$ 值，俘获区的边界可由下式给出

$$r=\frac{r_s}{2|\gamma_3|}\cos^2\varphi \tag{4-77}$$

该方程可用于描述赤道半径为 r_0 的偶极磁场线，如下式所示

$$r_0=\frac{r_s}{2|\gamma_3|}=\left|\frac{q}{p_3}\right|\frac{\mu_0}{4\pi}M \tag{4-78}$$

由式（4－78）给定的磁场线位于 $\gamma_3<-1$ 俘获区内部。

俘获粒子沿偶极型磁场线的回转是最快的周期运动，伴随着沿磁场取向的反冲；而方位角漂移是最慢的周期运动。在每次反冲运动过程中，粒子横越磁赤道两次。当粒子绕磁场线回转时，$\mathrm{d}\lambda/\mathrm{d}t$ 在赤道处（$\varphi=0$）两次为零。这意味着对一俘获粒子，守恒量 p_3 可以表示为

$$p_3=-q\frac{\mu_0}{4\pi}\frac{M}{r}\approx-q\frac{\mu_0}{4\pi}\frac{M}{r_0} \tag{4-79}$$

当一个粒子横越磁赤道时，其径向距离实际上包含粒子导向中心磁场线的赤道半径 r_0。这种粒子在行星际空间的运动轨迹是高度近似的平滑线。基于式（4－79）和回转半径的定义（$r_c=\frac{mv}{|q|B}$），无量纲量 γ_3 可以表示为

$$\gamma_3=-\frac{1}{2}\sqrt{\frac{r_0}{r_c}} \tag{4-80}$$

只要 $\gamma_3<-1$，粒子就将被俘获。因此可以得出结论，偶极磁场内只要粒子的回转半径远小于磁场线的赤道距离，带电粒子就将被俘获。

对于被俘获在地球偶极磁场内的粒子，第三绝热不变量为

$$I_3=\oint \mathrm{d}\lambda p_3=-\oint \mathrm{d}\lambda q\frac{\mu_0}{4\pi}\frac{M}{r}=-2\pi q\frac{\mu_0}{4\pi}\frac{M}{R_e}\frac{1}{L} \tag{4-81}$$

在一次反冲过程中，导向中心是沿由式（4－48）给定的磁场线运动。实际上，第三绝热不变量是表征一系列粒子沿其漂移的磁场线。在偶极磁场情况下，漂移表面包含着具有恒定的赤道中心距离（用无量纲参量 L 表征）的磁场线，该漂移表面称为 L 壳层。所以，第三绝热不变量定义了粒子漂移的 L 磁壳层。

为了计算俘获粒子的漂移周期，应首先计算在一次反冲周期过程中的方位角变化，然后求出绕对称轴一周所需的时间。在偶极场下，梯度－曲率漂移速率为

$$V_{GC}=-3\frac{mv^2}{q}\frac{L^2R_e^2}{M}\left(1-\frac{1}{2}\sin^2\Theta_0\frac{\sqrt{1+3\sin^2\varphi}}{\cos^6\varphi}\right)\frac{\cos^5\varphi(1+\sin^2\varphi)}{(1+3\sin^2\varphi)^2}e_\lambda \tag{4-82}$$

式中　Θ_0——粒子在参考点的投掷角。

由下面的积分式可以求出方位角在反冲周期中的变化

$$\Delta\lambda=4\int_0^{\varphi_m}\frac{\mathrm{d}\lambda}{\mathrm{d}t}\frac{\mathrm{d}t}{\mathrm{d}s}\frac{\mathrm{d}s}{\mathrm{d}\varphi'}\mathrm{d}\varphi' \tag{4-83}$$

式中，$\mathrm{d}t/\mathrm{d}s=1/v_{\parallel}$，$\mathrm{d}s/\mathrm{d}\varphi$ 由式（4－50）给出，而

$$\frac{\mathrm{d}\lambda}{\mathrm{d}t}=\frac{|V_{GC}|}{r\cos\varphi} \tag{4-84}$$

将式（4—84）代入式（4—83），得

$$\Delta\lambda = 12\frac{mv}{q}\frac{4\pi}{\mu_0}\frac{L^2R_e^2}{M}Q(\Theta_0) \tag{4—85}$$

式中

$$Q(\Theta_0) = \int_0^{\varphi_m}\frac{\cos^3\varphi'(1+\sin^2\varphi')}{(1+3\sin^2\varphi')^{3/2}}\frac{1-\frac{1}{2}\sin^2\Theta_0\frac{\sqrt{1+3\sin^2\varphi'}}{\cos^6\varphi'}}{1-\sin^2\Theta_0\frac{\sqrt{1+3\sin^2\varphi'}}{\cos^6\varphi'}}\mathrm{d}\varphi' \tag{4—86}$$

由式（4—86）可以计算平均反冲漂移周期

$$\tau_D = \frac{2\pi}{\Delta\lambda}\tau_B = \frac{2\pi}{3}\frac{q}{mv^2}\frac{\mu_0}{4\pi}\frac{M}{LR_e}\frac{S(\Theta_0)}{Q(\Theta_0)} \tag{4—87}$$

式中　τ_B——反冲周期。

由下式可近似地求出 Q/S 比

$$\frac{Q(\Theta_0)}{S(\Theta_0)} = 0.35 + 0.15\sin\Theta_0 \tag{4—88}$$

因此，可以得到平均反冲漂移周期为

$$\tau_D = \frac{2\pi}{\Delta\lambda}\tau_B = \frac{2\pi}{3}\frac{q}{mv^2}\frac{\mu_0}{4\pi}\frac{M}{LR_e}\frac{1}{0.35+0.15\sin\Theta_0} \tag{4—89}$$

4.3 太阳能量粒子的发生和加速

如上所述，所谓太阳宇宙线事件是能量粒子在行星际空间的增强效应，这种增强源于粒子在日冕和行星际空间的加速。在一次强耀斑爆发期间，将释放出高达 $10^{32}\sim10^{33}$ erg 的巨大能量。这主要源于活动区的磁场湮没。所释放的能量主要用于等离子体加热和粒子的加速。前者占主导部分，以电磁辐射形式表现出来；少量能量传递给带电粒子，形成太阳宇宙线。观测发现，在行星际空间粒子通量的增强和耀斑出现之间存在时间关联；太阳活动水平（如耀斑、亚耀斑数目）和行星际空间的能量粒子通量之间也存在关联。

在太阳耀斑区被加速成高能的粒子，将从太阳逃逸并沿着螺旋状磁场位形输运至行星际空间。在地球上观测到的粒子流强度和能谱特征与太阳耀斑的位置有关，并取决于耀斑发生时行星际介质的状态，故具有多变性和难以预测性。

耀斑区域的太阳物质被加热至 $10^8\sim10^9$ K 的高温，这相当于约 10～100 keV 的电子热能，几乎等于耀斑爆发时所观测到的 X 射线爆发辐射能量。耀斑加热阶段发生在较短的时间（最长 100～1 000 s）内。这就要求磁场所储存的能量快速释放出来，并传递给周围的物质。诱发 X 射线爆发的电子束流具有非热性质。在加热阶段，电子基于某种机制被加速，然后通过与太阳大气物质的相互作用，产生轫致 X 射线辐射。太阳大气物质的加热是发生在磁场重联区域电流片的崩塌过程中。由于太阳物质，即等离子体具有高的电导率，磁场重联区成为耀斑时能量快速耗散的区域。由于等离子体内非热涨落和高能粒子的非热学分布的扰动作用，这一能量耗散过程将以非平衡方式进行。因此，等离子体的磁流体动力学能有效地转换成加速粒子的能量。此外，还有其他的带电粒子加速机制，如电场中加速、爆发主要阶段结束后产生激波引起加速以及塌陷的磁阱内磁暴诱发的加速等。

目前认为，能量粒子的加速发生在两个明显不同的阶段。第 1 阶段是发生在太阳活动区磁场的重构过程中，导致电子、质子和重离子加速至最大能量 E_{max}。E_{max}取决于耀斑爆发的功率。对于质子，通常加速至几十 MeV，有时甚至到 GeV 量级，而电子只加速至 0.1～1.0 MeV。第 2 阶段包括产生激波，并在激波作用下，质子和其他重离子被进一步加速。并非在所有情况下都会产生激波，只有当耀斑功率足够大，即扰动速度大于声速或阿尔芬速度时才会形成激波。若耀斑强度较弱时，粒子的加速过程将在第 1 阶段终止，或者只产生很弱的激波。这种现象可以解释耀斑产生的行星际空间粒子（特别是电子和质子）的组分对不同耀斑是不同的。激波可以认为是大量电离的粒子（等离子体）在空间运动引发 II 型和 IV 型射电爆发而形成的。近期的研究结果表明，激波的作用不仅对带电粒子产生加速作用，而且会影响粒子在日冕中传播以及向行星际空间注入等过程。

在耀斑爆发期间，高能带电粒子与周围太阳大气物质发生相互作用，产生 X 射线和γ射线。这是带电粒子在太阳附近大气中受到加速的体现。对于某些耀斑，已经成功地测量了其在行星际空间的 X 射线谱和电子能谱。许多情况下，X 射线是在加速电子通过太阳稀薄物质时产生的，在此过程中电子实际上不损失能量。所有加速电子几乎无阻地从加速区逃逸至行星际空间（薄靶模型）。另一种极限场合是电子在足够稠密的太阳大气层内被加速，从而在进入行星际空间之前，电子已经损失掉全部或大部分能量（厚靶模型）。最常见的是一种中间情况：一部分加速电子进入行星际空间而无明显的能量损失；其余部分电子运动至太阳一侧日冕时，被完全吸收。这两部分电子的比例，对于不同的耀斑是不同的。

高能质子和电子与太阳大气各类原子核相互作用将导致产生γ射线，其中，最强的为 0.511 MeV，2.23 MeV，4.43 Mev 和 6.14 MeV 的γ射线，分别产生于以下的核反应之中

$$e^{+}+e\rightarrow 2\gamma\ (E_{\gamma}=0.511\ \mathrm{MeV})$$

$$n+p\rightarrow d+\gamma\ (E_{\gamma}=2.23\ \mathrm{MeV})$$

$$p+{}^{12}C\rightarrow p+{}^{12}C^{*}\rightarrow p+{}^{12}C+\gamma\ (E_{\gamma}=4.43\ \mathrm{MeV})$$

$$p+{}^{16}O\rightarrow p+{}^{16}O^{*}\rightarrow p+{}^{16}O+\gamma\ (E_{\gamma}=6.14\ \mathrm{MeV})$$

为了实现上述各核反应，质子能量 E_p必须≥10～30 MeV。如果在耀斑生成期间，被加速的是较重的原子核离子，如 O 原子核和 N 原子核，则可在相对较低的初始能量下（约为 1 MeV /核子）产生 γ 量子。

在耀斑出现的第 1 阶段就已经产生γ射线，意味着在这一阶段重粒子已加速到某一临界能量。对质子而言，该临界能量约为 10～30 MeV；对其他离子而言，约为 1～3 MeV/核子。大量的统计结果表明，耀斑时伴随着Ⅱ型和Ⅳ型射电爆发，行星际空间出现加速质子。这说明在第二阶段激波发展过程中，粒子进一步加速。

带电粒子的加速不仅可以发生在太阳耀斑区域，在适当的条件下也可以发生于行星际空间。如果在太阳上相继出现两次耀斑，而且第 2 次耀斑的爆发强度更大，则后者所产生的激波将追赶上第 1 次耀斑产生的激波，从而使得两者之间的空间区域被压缩。在这种情况下，位于这两次激波之间的粒子很难逃逸，如同粒子在塌陷磁阱内的加速一样。如果此时遵从第二绝热不变量，即 pl=常数（式中，p 为粒子的动量，l 为反射波各点的距离），则粒子能量将增加。

如果粒子在空间发生强烈的散射，可使其与运动的激波发生多重相互作用。在这种情

况下，即使是单一激波存在于行星际空间也可能使粒子加速。这表明在变化着的磁场内，粒子的加速同时体现着等离子体和磁场空间的动态特性。

在太阳耀斑时被加速并向行星际空间辐射的粒子流（离子及其同位素粒子）都具有确定的能谱。这些能谱特性携带着有关太阳能量粒子加速机制、粒子加速区参量以及粒子从加速区逃逸至行星际空间的状态等重要信息。

4.4 太阳能量粒子的传播

太阳能量粒子从太阳耀斑源区向地球的传播过程，可以分成两个阶段（相位）。第1阶段是粒子从耀斑源经过日冕扩散至连接太阳和地球的行星际磁场阿基米德螺旋线的“足点”；第2阶段是在行星际介质内，从太阳沿行星际磁场线传播至地球。图4－10所示为太阳能量粒子传播的概念图[5]。

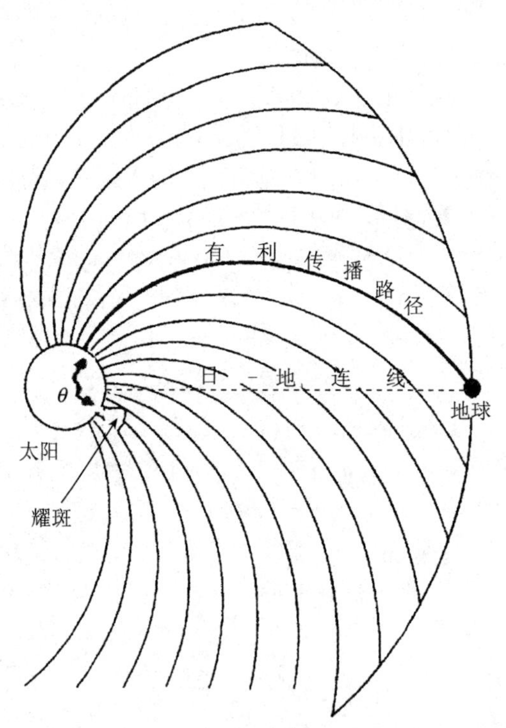

图4－10 太阳能量粒子向地球传播

θ为日冕传播角距离；在行星际空间，粒子沿阿基米德螺旋线从太阳传播至地球

4.4.1 太阳粒子在日冕内的传播

太阳耀斑发生后，加速粒子将充满行星际空间很宽的经度范围，但粒子很难沿横穿行星际磁场线的方向扩散。在开始阶段，粒子的传播只发生在太阳附近，称为日冕传播。由图4－10可以看出，存在一最方便的传播路径，即图中的粗弧线所示。弧的弦正是日－地间连接的行星际磁场线。因此，为了从源处到达地球，源于耀斑的粒子必须先在日冕内通

过一段 θ 角距离，到达有利传播路径的那条阿基米德螺旋线的“足点”。

在日面坐标系（heliographic coordinate system）内，耀斑源的坐标位置由太阳的纬度 φ_F 和日心经度 λ_F 给定（设中央子午线以西 λ_F 为正，以东为负）。如果有利路径阿氏螺线“足点”的日心经度坐标为 λ_P，则从粒子源到阿氏螺线“足点”的日心角距离为 $\theta=|\lambda_P-\lambda_F|$。假定日冕传播是 θ 角距离的函数，则基于扩散理论，粒子传播时间将正比于 θ^2。图 4－11（a）表示日冕中“足点”附近 A 点与较远处 B 点间的日心角距离为 $\Delta\lambda=\lambda_A-\lambda_B$；图 4－11（b）和（c）分别表示“足点”较近（点 A）和较远（点 B）的粒子通量随时间的变化。在点 A 通量很快达到极大值，而在点 B 出现通量极大值的时间滞后。这是由于 B 点粒子必须经历更长的路径，反映了日冕传播的影响。通量极大值的出现是源于耀斑区上方加速粒子通量沿经度的对称衰减。

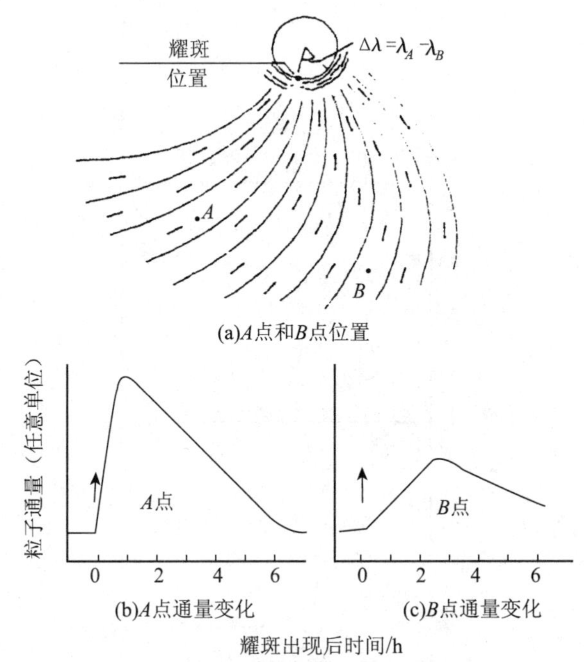

图 4－11　日冕传播对粒子传播特性的影响[1]

通过测试行星际空间多点的太阳能量粒子通量，可以确定日冕传播的特征。对地球附近的观测数据统计分析表明，不同能量的粒子到达地面的延迟（或通量极大值出现）时间，均与日面经度有确定的依赖关系（如图 4－12 所示）[6]。在西经 0°～90°的范围内，亦即在日地连接线的日面经度附近，延迟时间实际上近似为零；而在此范围外，延迟时间随日经角距离增加而增加。这意味着在日冕中存在粒子快速和慢速传播的两个区域，且快速传播的特征直至能量高达 500 MeV 之前均与粒子刚度无关。

粒子的快速传播区可沿太阳的表面延伸至与耀斑处具有相同符号背景磁场的区域，亦即延伸至出现耀斑的所有单极区域。粒子在这一区域的传播是由于耀斑出现时产生激波作用的结果。激波对带电粒子的加速，一般认为是由于粒子在激波引起的磁场不均匀结构中产生梯度或曲率漂移引起的。当粒子的漂移速率平行于电场分量时，粒子便被加速，即漂移加速机制。为了使太阳风中具有 1 keV 的粒子加速到激波伴随粒子事件中的粒子能量（约 1 MeV），需要多次激波加速作用。激波加速后的粒子由于行星际磁场的散射，可返回激波面再次加速，称为扩散激波加速机制。激波的线速度为 300～500 km · s^{-1}，相应的角速度为 0.01(°) · s^{-1} 或 40(°) · h^{-1} 左右。因此，在 1 小时内，激波将使粒子从激波源至±40°的角距离上运动。这相应于 0°～90°的日面经度范围，从而耀斑出现后粒子在日冕中传播时有较短的时间延迟。如果激波在日冕内运动时，需要渡越单极区和异号磁场区之间的中性层，则激波将强烈衰减，导致粒子的迁移变得困难。在这种情况下，观测到粒子到达的明显延迟，而且粒子通量增加的速率变小。

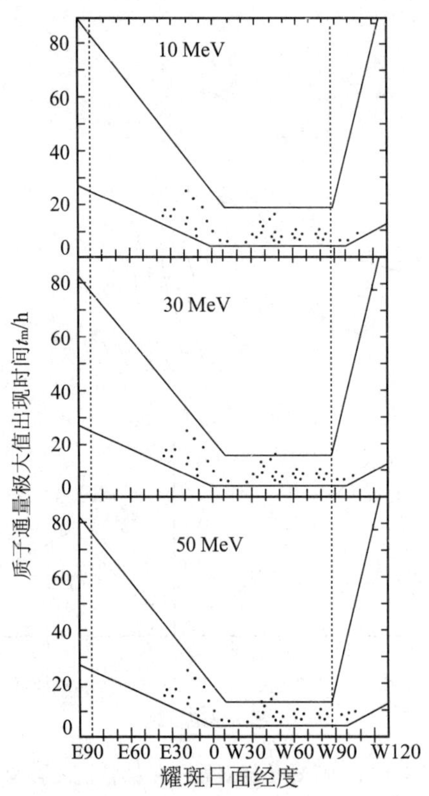

图 4－12　不同能量的质子通量极大值出现时间与太阳耀斑日面经度的关系

t_m从粒子加速的时刻算起，并按 Hα 谱线强度极大值确定；上下两条折线框定出质子可能存在的大致范围

日冕磁场的磁力线结构位形可能阻碍耀斑粒子的逃逸，同时磁力线的“发散”区位于距耀斑很大的经度范围内。图 4－13 作为例证，给出了这样的太阳质子事件。这里记录下的粒子通量数据是通过 5 个不同空间探测器得到的。这些探测器沿太阳经度分散布置，能够以较大的精度确定粒子抛射通量的经度分布。图 4－13 给出了能量约 10 MeV 的质子通量与时间和探测器位置的关系[7]。耀斑出现在太阳的东外缘（N_{12}，E_{90}），并且在 P6 探测器上观测到质子通量最早出现极大值。随后，相继在 P7，P8，E34 及 P9 探测器上记录到最大通量。分析空间探测器相对太阳所处的位置，计及决定不同经度上相应的太阳风速的磁力线形态，便可以画出如图 4－14 所示的不同日面经度上粒子抛射通量随时间的演化过程。

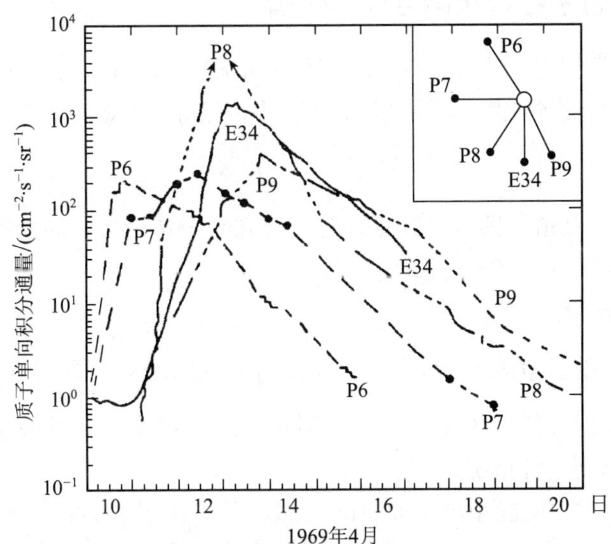

图 4—13　根据 5 个不同的空间探测器测得的 1969 年 4 月出现的耀斑所产生的粒子通量数据

P_6，P_7，P_8和P_9分别表示先驱者 6 号、7 号、8 号和 9 号探测器，E_{34}表示探险者 34 号探测器；

各探测器的空间位置示于右上角的小图

由图 4—14 可以明显地看出，在耀斑出现的第 1 个昼夜，粒子通量分布的极大值在耀斑区的经度附近（日面经度 60°），而在随后的两个昼夜，粒子抛射通量分布的经度发生了变化，通量极大值移至经度 180°。这可以诠释为，耀斑时日冕磁场磁力线的结构位形不利于粒子从太阳上逃逸，导致粒子只能沿太阳表面传播，直到迁移至磁场结构有利于粒子从太阳逃逸的地方，才被抛射至行星际空间。

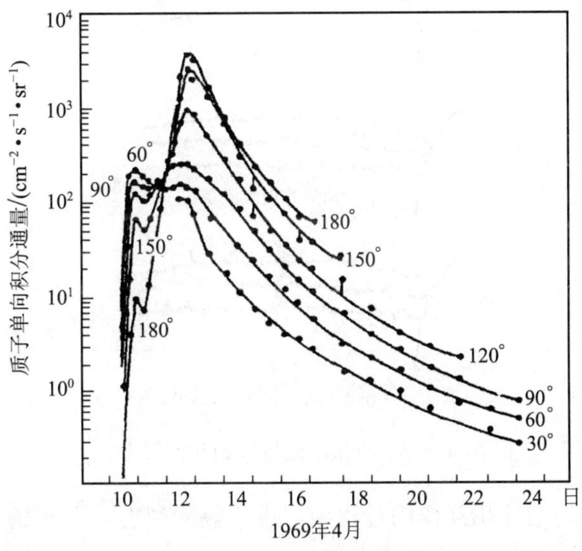

图 4—14　1969 年 4 月 10 日耀斑释放的 10 MeV 质子通量不同日面经度上的分布随时间的演化

图中数字为日面经度（°）

4.4.2 太阳能量粒子在行星际空间的传播

当能量粒子从太阳附近［约（1～5）$R_{\odot}$］逃逸出来后，便进入行星际磁场内。如第4.2.3节所述，粒子在缓慢收敛或发散磁场内的运动过程中，保持磁矩守恒，并满足如下的关系式

$$\frac{\sin^2\alpha(r)}{B(r)} = 常量 \tag{4-90}$$

式中 α——粒子的投掷角，即行星际磁场磁力线和粒子速度矢量间的夹角；

$B(r)$——行星际磁场强度；

r——距太阳距离。

在能量粒子从太阳至地球的运动路径上，行星际磁场强度可降低至初始值的$\frac{1}{100}$以下。这将使粒子在太阳附近以任一角度起飞，当到达地球轨道上时，其投掷角α均趋近于零。实际上，很少能观测到这种情况。

在1 AU距离处对太阳能量粒子通量的观测表明，在很宽的α角度范围上，粒子相对于磁力线的分布呈各向同性。这与粒子从太阳向地球传播过程中的散射效应有关。粒子的散射是由于行星际磁场内的不规则性（不同尺度的不均匀性）引起的。此外，周期性磁场对粒子的作用、磁流体动力学波、太阳风诱发的粒子抛射以及等离子体的涡动性等，都会对粒子在行星际介质内的传播产生强烈的扰动。

图4—10所示的行星际磁场状态是高度理想化的。实际上，行星际磁场总是在时间和空间上发生变化。磁场线的形态会呈现起伏涨落，如图4—15所示。粒子在这样的磁场中运动，将经历两种不同的作用：沿平均调制场〈B（r）〉的准直运动（collimation）和在磁场非均匀性（涡动性）上的散射（scattering）。粒子传播的特征由起主导作用的影响因素决定。

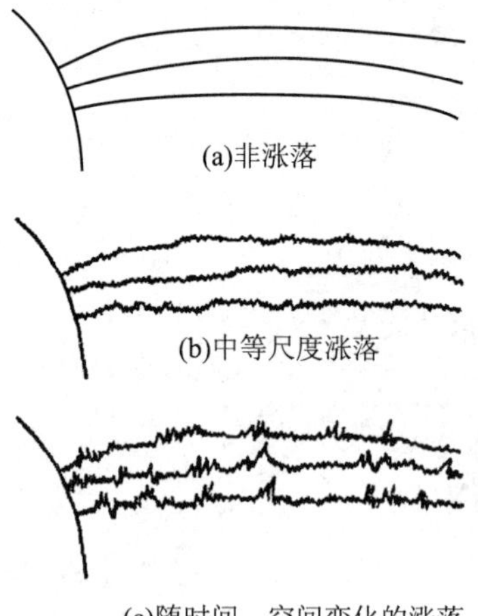

图4—15 行星际磁场线的几何形态[2]

在粒子与磁场不均匀性相互作用过程中，最有效的散射是在磁场不均匀尺度L接近于粒子拉莫尔半径R_L时发生。R_L由下式给出

$$R_L = \frac{cp}{Z\langle B(r)\rangle} \tag{4-91}$$

式中　p——粒子动量；

Z——粒子电荷；

c——光速；

$\langle B(r)\rangle$——调制磁场平均值。

当 $L \ll R_L$，粒子呈小角度散射；$L \gg R_L$，粒子沿呈不均匀性的磁场线运动，散射角也较小。当粒子与大尺度的强磁场发生作用时，甚至会在非均匀界面上发生镜面反射。粒子相对于磁场线的角分布呈轴对称，该轴平行于行星际磁场方向。

参考文献［8］对磁场不均匀性导致带电粒子散射的过程，给予了准线性近似的经典描述，成为人们理解宇宙线在银河和日球内传播的理论基础。其中最简单的模型是认为磁场不均匀性或扰动所导致的散射过程，在太阳宇宙线辐射的初始阶段呈各向同性。在无限介质内及扩散系数 $k(E)$ 与日心距 r 无关的情况下，该模型对能量为 E 的粒子通量随时间的变化，给定能量时峰值通量出现的时间，以及通量随时间的衰减速率等一系列特征给出了正确的描述。通常，这一简化模型只适用于讨论 $E_p \geqslant 100$ MeV 的质子和 $E_e > 40$ keV 的电子的传播过程。对于低能的质子和重核粒子，其通量随时间呈多种形式的变化。这意味着粒子在行星际空间传播过程中，会受到基于多种机制的散射。

太阳能量粒子传播的平均自由程具有多变性，它取决于粒子的能量（刚度）和在行星际介质中散射中心的数目。从大量能量粒子事件得到的平均自由程如图 4－16 所示。在从太阳至地球的传播过程中，MeV 量级粒子的平均自由程为 0.1～0.3 AU。在 1 AU 的径向距离上，垂直于行星际磁场线方向上的传播可以忽略不计。粒子沿行星际磁场的传播速度是粒子能量的函数，基本上沿行星际磁场传播的粒子具有最短传播延迟时间。在此类所谓的无散射传播条件下，粒子从太阳至地球的传播时间等于沿阿氏螺线的传播距离除以粒子速度。

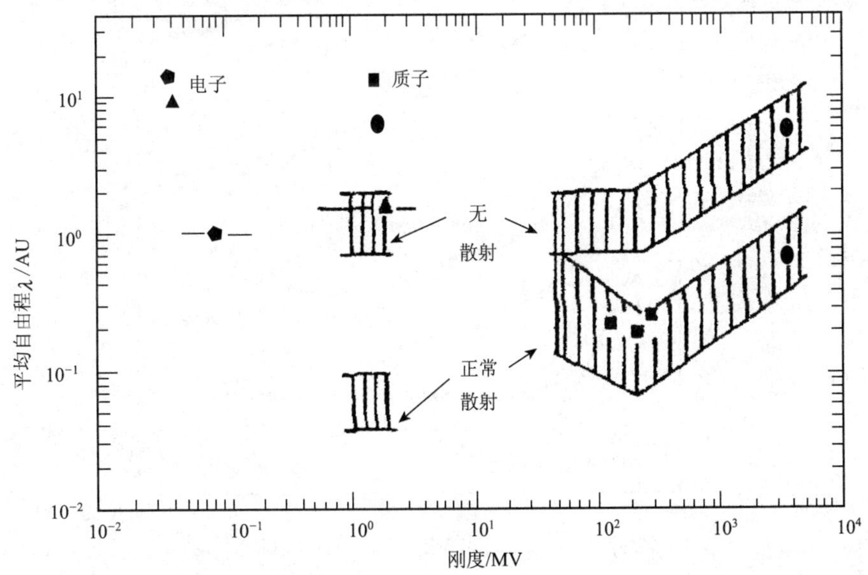

图 4－16　行星际粒子平均自由程与带电粒子刚度的关系[5]

图中的阴影区表示无散射（上）和正常散射（下）范围

基于扩散理论，可以求出太阳能量粒子达到极大强度的时间。各种扩散理论都得出达到通量极大值的时间和传播距离的平方成正比。沿阿氏螺线积分，可以求出传播距离。用地球轨道半径（1 AU）约化时，在日面坐标系内，粒子沿日一地连接阿氏螺线的传播路径距离 D 可以表达为

$$D=\frac{1}{2}\left(\sqrt{\lambda_P^2+1}+\frac{\ln\lambda_P+\sqrt{\lambda_P^2+1}}{\lambda_P}\right) \tag{4-92}$$

式中 λ_P——日一地连接阿氏螺线“足点”的日面经度。

如果太阳风等离子体携带着冻结的磁场，则“足点”的经度为 $\lambda_P=(\omega_s r)/v_{sw}$［式中，$\omega_s$ 为太阳会合自转（synodic rotation）角速率，即 13.3（°）· d^{-1}；$r=1$ AU；v_{sw} 为太阳风到达地球轨道上的速度，km · s^{-1}］。设太阳风名义速度为 404 km · s^{-1} 时，则 $\lambda_P=404/v_{sw}$。

太阳质子的速度为

$$\beta=\left[1-\frac{1}{(E/m_0c^2+1)^2}\right]^{1/2} \tag{4-93}$$

式中 E——粒子动能（MeV）；

β——质子速度（用光速 c 约化）；

m_0c^2——质子静止能量（938.232 MeV）。

质子沿阿氏螺线路径从太阳至地球的最小传播时间为 $0.133D/\beta$（以 h 为单位）。

图 4－17～图 4－19 所示为在 1 AU 处观测到的不同能量粒子通量随时间变化的几个实例，所提供的是扩散波的图像。在每个单一事件中总会某种程度地呈现这类扩散行为，

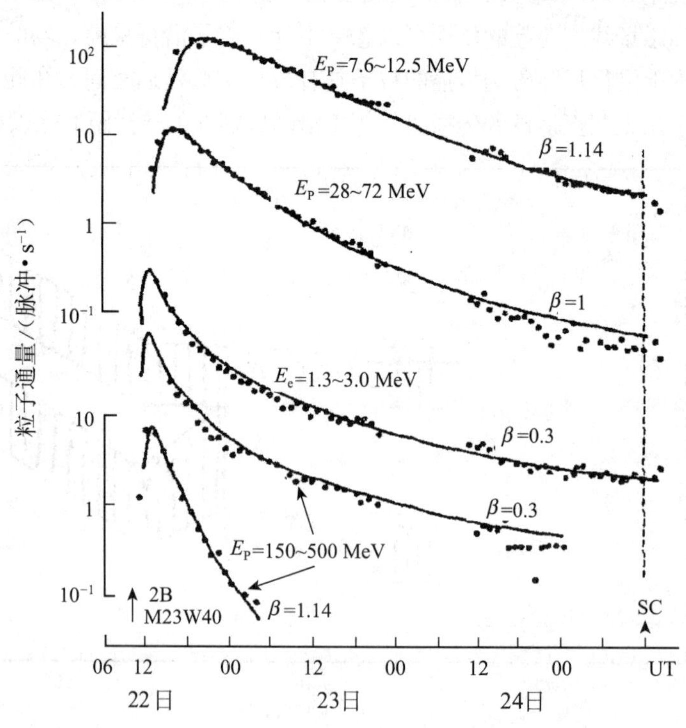

图 4－17 太阳质子和电子通量随时间的变化[2]

1977 年 11 月 22 日一次 2B 级耀斑后的卫星观测结果；系数 β 决定扩散系数与径向距离的依赖关系，即 $K(E, r)\approx K(E)\,r^{-\beta}$

这是基于假设太阳宇宙线源是位于有利传播路径的“足点”附近，但实际上常常并非如此。例如，图 4—20 所示的耀斑位于太阳的东边缘。

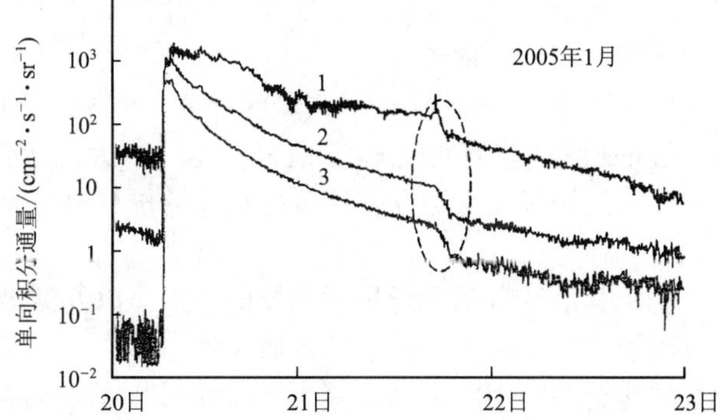

图 4—18　由耀斑 X7.1/2B（14°N，60°W）产生的质子通量扩散增强的实例

1—大于 10 MeV；2—大于 50 MeV；3—大于 100 MeV

虚线椭圆表示激波波前通过该区附近的时间间隔

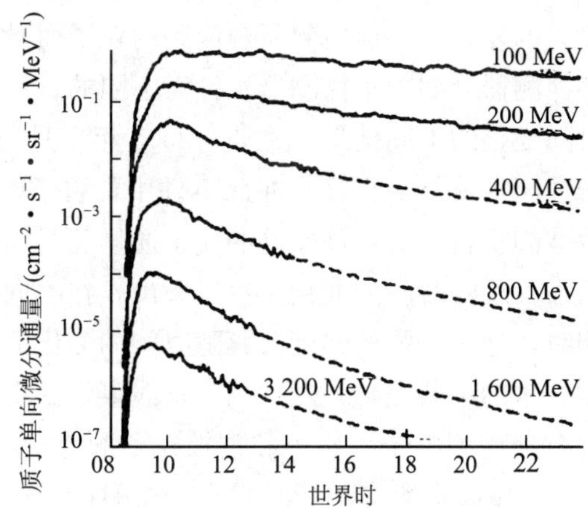

图 4—19　高能质子通量的时间演化行为

1991 年 6 月 15 日一次 3B 级耀斑发生后的卫星观测结果

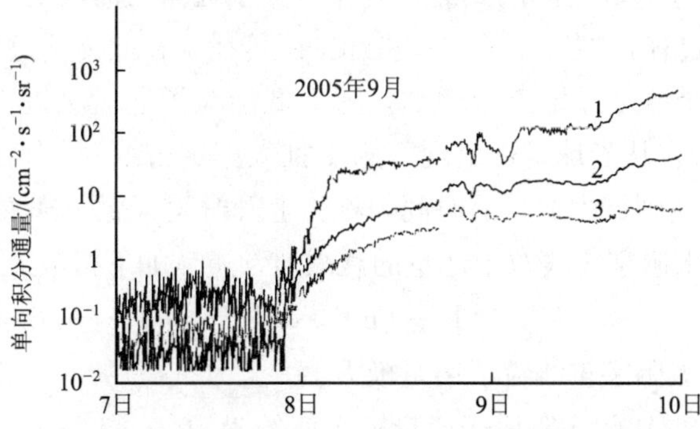

图 4—20　由出现在太阳东边缘的 X17 级耀斑引起的太阳宇宙线增强的实例

1—大于 1 MeV；2—大于 50 MeV；3—大于 100 MeV

内日冕磁场并非是径向的，它左右着 $2.5R_{\odot}$ 以内的带电粒子的运动。如果发生脉冲耀斑事件，并不伴随日冕物质抛射和全球性磁场重构。只有在偶极闭合磁场结构内粒子被加速的情况下，与其相关联的太阳宇宙线才能被记录到。与开放磁场线相关的磁场将太阳和地球关联起来，这样的磁场可能远离耀斑区。

现在已认识到，仅仅根据 H_{α} 谱线还无法对耀斑区定位，也无法还原磁场的基本结构。只有如图 4－2 所示的跟踪观测，才有可能确定耀斑发生后，太阳宇宙线发射区的位置。因为粒子已经沿存在的开放磁场线发生运动，这些磁场线的位形可以真实地还原光球磁场的基本图像。

日冕物质抛射的产生及其沿外日冕和行星际磁场的传播，以及激波的形成，将显著改变能量＜10～30 MeV/核子的质子和重核粒子的传播条件，并导致其进一步加速。在激波作用下，有时可将粒子加速至 50～100 MeV，并且在激波波前的后面粒子发生累积。

总之，在 1 AU 处观测到的太阳宇宙线的基本性质，不仅由太阳事件的次数和加速机制的有效性决定，而且也和活动区、太阳日冕磁场位形以及行星际介质的状态密切相关。已通过观测获得太阳宇宙线特征，包括太阳宇宙线产生的概率与日面经度的关系，将在后面详细讨论。

带电粒子向地磁层穿透的复杂性，会引起所观测到的粒子通量与自由宇宙空间内的通量相比发生变化。同一种探测器（如中子探测器）针对不同的日面位置探测时，有可能给出通量的绝对值以及随时间变化的不同结果。例如，2005 年 1 月 20 日在 X7.1/2B 级的耀斑过后，记录到的地面增强事件就是一实证。在此事件中，质子能量高达 10～15 GeV 以上。图 4－18 给出了在地球静止轨道上，该事件的质子通量随时间的变化。图 4－21 示出不同观测站测出的地面增强程度随时间的变化。可以看出，在不同高度和地磁经度上，对不同方向的辐射进行观测时，地面增强的强度及其随时间的变化都存在一些差异。

近几年来，随着探测技术的不断完善，对太阳宇宙线事件获得了比较充分的信息，包括：在太阳宇宙线事件中单独探测电子、质子和重核粒子的通量；粒子能谱及其角分布；在距日近距离（约 0.5 AU）和远距离（＞10 AU）上探测粒子通量；在太阳径向空间若干分立点，由几个空间探测器同时探测粒子通量。所有这些信息使研究太阳事件中能量粒子及其相互作用成为可能。

图 4－1 给出了在 1 AU 处观测到的不同能量粒子通量与时间的典型关系。可以认为，粒子的注入是一瞬态过程，随后粒子在行星际空间传播。在此传播过程中伴随着粒子的加速扩散，从而导致粒子通量开始急剧增加，随后低能粒子通量又进一步增加（见图 4－1 中 E＝1 MeV 的曲线）。从光球耀斑出现至第 1 批太阳宇宙线粒子到达地球的时间，称为延迟时间（t_0）；随后达到最大通量的时间，称为上升时间（t_R）；从最大通量衰减至其 e^{-1} 所需时间表示为 t_D。太阳宇宙线粒子通量的衰减通常遵从如下指数关系

$$I(t)=I_{max}(E)\exp(-t/t_D) \tag{4-94}$$

式中 $I_{max}(E)$——太阳宇宙线粒子通量极大值。

通常，能量约 1 MeV 的太阳质子通量极大值约为 10^5 $cm^{-2}\cdot s^{-1}\cdot sr^{-1}$。这是假定沿两个球面度（立体角单位）上的通量值。计算表明，耀斑爆发时质子的总数可高达 10^{37}。一部分质子可能并未抛射至行星际空间，而保留在加速区。所以上述的粒子数目只是下限

值。为了保持太阳大气物质本身的电中性态，所辐射的正、负带电粒子数应该相同，即电子总数将等于所有带正电荷的粒子总数（包括质子和其他重核带电粒子）。

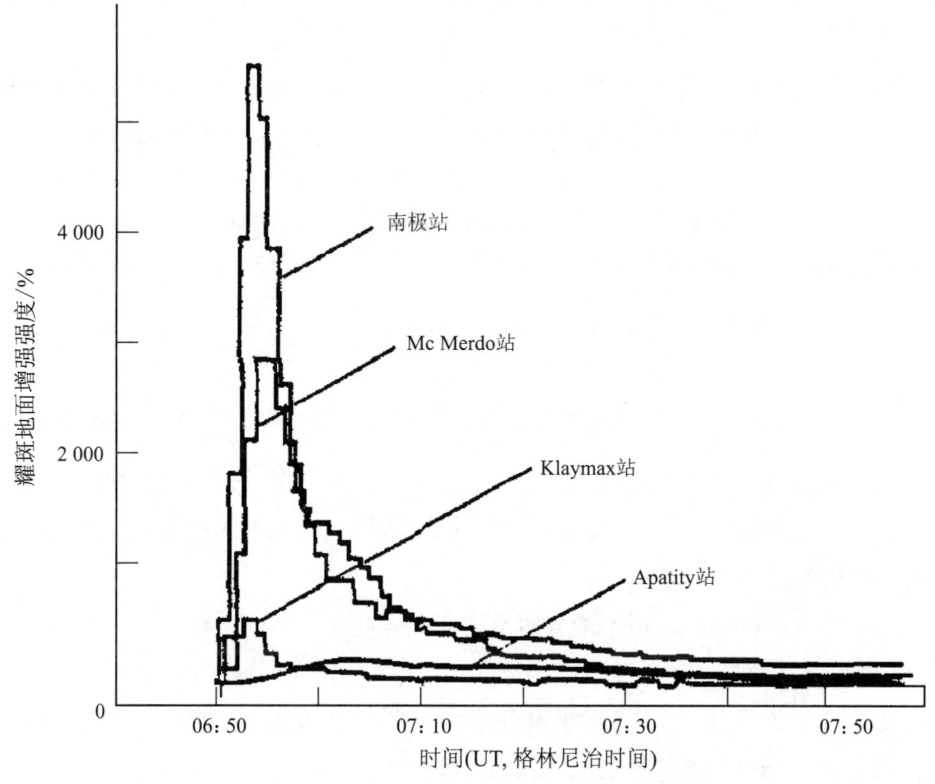

图 4－21　2005 年 1 月 20 日 X7.1/2B 耀斑（14°N，60°W）爆发后不同地面站对太阳宇宙线地面增强事件的测试结果

南极站：纬度 $\phi=-90°$，经度 $\lambda=0°$，$R_{\mathrm{eff}}=0.11$ GV；

Mc Merdo 站：$\phi=77.7°$，$\lambda=166.2°$，$R_{\mathrm{eff}}=0.05$ GV；

Klaymax 站：$\phi=39.37°$，$\lambda=253.2°$，$R_{\mathrm{eff}}=3.03$ GV；

Apatity 站：$\phi=67.55°$，$\lambda=33.43°$，$R_{\mathrm{eff}}=0.64$ GV

由图 4－1 可见，在耀斑出现之后，上升时间 t_R 约为 1～15 h。在 1 AU 处观测到太阳耀斑产生的不同加速粒子通量达到极大值的时间。随着距日距离的增大，通量极大值急剧下降。在扩散特性为各向同性的场合下，$t_R \propto r^2$。所以，在 $r \gg 10$ AU 距离上，$E_p \approx$ 1 MeV的质子通量在耀斑发生后大约 1 个月才达到极大值。粒子扩散传播大体上在扩散系数 D 和距离 r 之间遵从如下关系

$$D=D_0 r^{\beta} \tag{4－95}$$

除了粒子通量随时间的演化外，为了了解粒子传播过程的信息，还应知道粒子的角分布以及粒子通量的各向异性。通常粒子的角分布相对于磁场线呈轴对称，该对称轴沿磁场取向。粒子的角分布可以表示成二维曲线，亦即粒子的空间分布呈绕对称性轴转动的形式。粒子通量的各向异性因子$\overline{A}$可以定义为

$$\overline{A}=\frac{\overline{j}}{j} \tag{4－96}$$

式中 $\bar{j}$——粒子单向通量；

j——粒子通量的角分布。

在测量粒子通量时，只在两个方向上呈现各向异性，故$\bar{A}=\frac{j_+-j_-}{j_++j_-}$。这里，$j_+$表示某一方向（正）的粒子通量；$j_-$表示反方向的粒子通量。据此定义的各向异性因子值在0至1间变化。当$\bar{A}=0$时，对应于各向同性（$j_+=j_-$，$\bar{j}=0$）；$\bar{A}=1$时，粒子流只沿一个方向传播（$j_+=1$，$j_-=0$，$|\bar{j}|=j$）。在大多数场合下，各向异性因子取中间值。

原则上，$\bar{A}=0$的太阳耀斑事件不会发生。太阳宇宙线粒子的传播是在运动的粒子流和太阳风磁场内进行，在不同时期内其速度在250～1 500 km · s^{-1}间变化。沿太阳径向方向粒子流各向异性的对流分量与粒子对流抛射有关。其各向异性的对流分量为$A_{con}=(2+\alpha\gamma)\frac{u}{v}$（式中，$u$为太阳风速度；$v$为粒子速度；$\gamma$为粒子能谱指数；$\alpha=\frac{2m_0c^2+E}{m_0c^2+E}$，其中$E$为粒子动能）。对于非相对论性粒子流，$\alpha=2$；当粒子的运动速度10倍于太阳风速度时，例如能量$E_p\leqslant$50～100 keV的低能质子流，其各向异性因子近似为0.1。相对论性粒子流的各向异性将小到可以忽略不计，即$A_{con}=5\times10^{-3}=0.5\%$。

在太阳宇宙线事件初期，粒子微分通量的各向异性较大，可达到30%～40%，并基本上沿磁场方向；在后期，各向异性弱化至5%～15%，方向变为沿径向向外（时间为1～4 d）。图4－22示出两次太阳宇宙线事件中各向异性矢量值随时间的变化，即矢端图（hodograph）——连接各点矢量端点形成的矢端曲线。

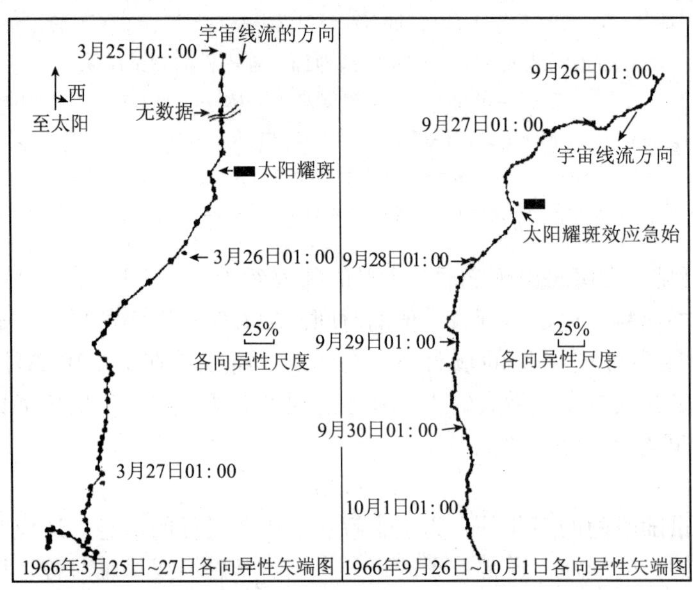

图4－22 两次太阳宇宙线事件各向异性矢端图

图中示出了8小时平均的各向异性矢量

在事件的初期（紧接耀斑之后），两个事件的各向异性矢量均沿着磁场方向，并有较大的数值；

在后期，各向异性下降至较小的数值（10 MeV的粒子为7%），方向为径向向外

从太阳耀斑区发射出的大量高能粒子在行星际空间向外传播时，其中少数高能粒子几乎未受到散射，可沿磁场线最先到达地球，其投掷角很小。因而在耀斑早期，太阳宇宙线粒子有明显的各向异性，称为非平衡各向异性。当太阳宇宙线多数粒子在传播中受到行星际磁场不均匀结构散射时，将主要以扩散形式传播，从各个方向到达观测点，强度也逐渐达到极大值，各向异性开始逐渐变弱，最后呈近各向同性，称为平衡各向异性。

4.5　太阳宇宙线的组分和粒子能谱

4.5.1　太阳宇宙线的组分

太阳宇宙线的组分通常以所含各元素相对于氧的归一化丰度表征。耀斑发生时，加速粒子的组分可反映加速区太阳大气的组成信息。在耀斑区，粒子得以加速的条件通常出现在活动区。太阳活动区内，太阳物质（等离子体）的运动和磁场的变化是一动力学过程。所以，活动区的组分可能明显不同于太阳大气平均状态。在强耀斑发生时，出现大量的能量粒子。通常加速过程涉及太阳大气很大的空间范围，并经常存在激波。在太阳大气的各类不规则性结构即粒子初始加速区附近，加速粒子的组分在很宽的能量范围内，可与太阳大气的平均组分相一致。在脉冲太阳耀斑（impulsive solar flares，发射X射线且持续时间<1 h）爆发时，粒子的加速区位于光球以上（4～10）$\times 10^4$ km的较低高度，甚至在过渡层内。此时，加速粒子的组分若以氧归一化丰度表征时，将明显低于太阳大气的平均值，且其中的物质没有被完全电离。

对于不同的能量粒子及其同位素，加速机制具有不同的效率。某种加速机制对^{3}He和其他重粒子同位素可能更加有效。曾记录到较弱的太阳宇宙线增强效应，其中发生^{3}He和重粒子的富集，并且发现在该次太阳事件中，^{3}He的富集系数$K=\frac{^3\mathrm{He}}{^4\mathrm{He}}\approx 1$，还伴随着其他重元素的富集。几乎所有^{3}He富集事件（能量为$E=1$ MeV/核子量级），都伴随着很弱的耀斑和能量为$E_e\approx$（2～100）keV的太阳电子流。这些事件的各组分之间具有明显的时间关联和相似的能谱形状，证明电子、质子和重核粒子都源于相同的某种加速过程。

在较大的太阳耀斑事件（峰值强度>100 质子·$\mathrm{cm^{-2}\cdot s^{-1}\cdot sr^{-1}\cdot MeV^{-1}}$）中，各种能量≥1 MeV/核子的太阳粒子的氧归一化丰度示于图4－23[9]。

在相继发生的两次耀斑事件之间，甚至在同一事件中，加速粒子的组分都会有明显的波动。对于较大的事件，在观测能量范围内的这种变化并不意味着某一波段粒子被择优加速。在单一的太阳粒子事件和从相同活动区发生的相继事件中，元素组分会发生明显的变化。各元素的加速粒子，除了具有速度分散性外，还有与电荷/质量比相关的达到峰值通量时间t_R的分散性。尽管存在这些波动性，太阳耀斑粒子的基本组分还是大体上与日冕和光球的成分相近，如表4－1所示[10]。并且，小型、中型和大型耀斑发生时，太阳宇宙线粒子流的化学组分基本相似。

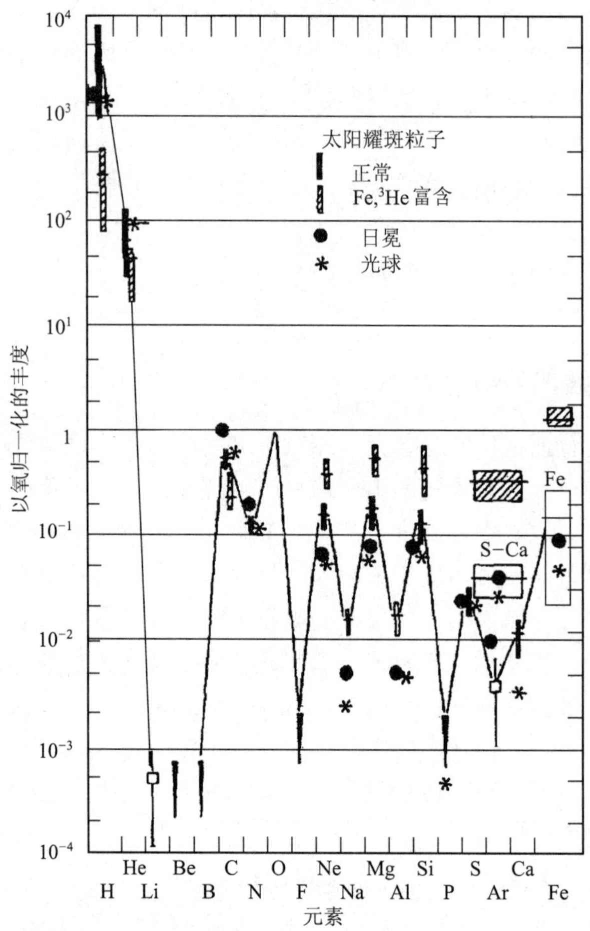

图 4－23　各元素在日冕、光球和太阳耀斑事件中的丰度（以氧归一化）

表 4－1　太阳宇宙线核组分的相对丰度（以氧归一化）

元素	太阳宇宙线	光球	日冕	银河宇宙线
^{1}H	700	1 000	1 000	350
^{2}He	107±14	−100	−100	50
^{3}Li	—	≪0.001	≪0.001	0.3
^{4}Be	<0.02	0.001	≪0.001	0.8
^{5}B	<0.02	≪0.001	≪0.001	0.8
^{6}C	0.59±0.07	0.6	0.3	1.8
^{7}N	0.19±0.04	0.1	0.2	≪0.8
^{8}O	1.0	1.0	1.0	1.0
^{9}F	<0.03	≪0.001	≪0.001	≪0.1
^{10}Ne	0.13±0.02	—	0.40	0.30
^{11}Na	—	0.002	0.001	0.19
^{12}Mg	0.043±0.011	0.027	0.042	0.32

续表

元素	太阳宇宙线	光球	日冕	银河宇宙线
^{13}Al	—	0.002	0.002	0.06
^{14}Si	0.033±0.011	0.035	0.046	0.12
^{15}P～^{21}Sc	0.057±0.017	0.032	0.027	0.13
^{22}Ti～^{28}Ni	≤0.02	0.006	0.030	0.28

4.5.2　太阳宇宙线的粒子能谱

太阳能量粒子的通量按能量的分布函数 f（E）和刚度的分布函数 f（R），分别称为粒子的能谱（energy spectrum）和刚度谱（rigidity spectrum），即

$$\frac{\mathrm{d}N}{\mathrm{d}E} = f(E);\frac{\mathrm{d}N}{\mathrm{d}R} = f(R) \tag{4-97}$$

粒子的刚度用于表征带电粒子在磁场中的行为。刚度在数值上等于粒子的动量与电荷之比，即 $R=p/Z$（式中，p 为粒子动量；Z 为粒子的电荷）。耀斑加速粒子具有衰降谱，即粒子能量越大，粒子数目越少。这几乎是所有自然加速过程的普遍规律，可通过幂律（power－law）或指数函数（exponential function）形式表征。

太阳宇宙线的微分能谱形式可以表示为

$$j(E) = KE^{-\beta} \quad (\text{通常 } 3.5 < \beta < 5) \tag{4-98}$$

相应地，微分刚度谱表示为

$$j(R) = j_0(A,Z,t)\exp\left[\frac{-R}{R_0(A,Z,t)}\right] \tag{4-99}$$

式中　E——能量（MeV）；

R——磁刚度（MV）；

β——谱的指数；

R_0——特征刚度（50 ～ 200 MV）；

K，j_0——尺度参量；

A——原子量；

Z——电荷数；

t——时间。

太阳宇宙线的积分能谱可表示为

$$j(>E) = BE^{-\gamma} \quad (1 \leqslant \gamma \leqslant 4)$$

其积分式为

$$j(>E) = \int_E^\infty j(E)\mathrm{d}E \tag{4-100}$$

相应地，积分刚度谱为

$$j(>R) = G\exp(-\frac{R}{R_0})$$

其积分式为

$$j(>R) = \int_R^{\infty} j(R)\mathrm{d}R \tag{4-101}$$

式中　B，G——尺度参量。

太阳耀斑发生时，不同能量粒子到达观测点的时间不同，并且在传播过程中粒子的能量可能变化，这会导致在传播过程中能谱发生畸变。为了更好地了解粒子加速机理，有必要建立在太阳上被加速的粒子能谱或称注入能谱，即在太阳上位于耀斑区边界的粒子能谱，如图4－24所示。假定所有的粒子瞬时地从太阳上辐射出来，并具有相同的扩散特性。不同能量粒子的扩散曲线在不同的时间内达到极大值。因此，可以通过观测粒子在地球轨道上的通量变化来确定注入能谱，即建立耀斑源处的粒子能谱。这时还必须计及粒子能量在传播过程中的绝热变化，低能区粒子的这种变化特别显著。这一效应将导致质子在能量低于10 MeV的范围发生能谱“截止”效应。另一种建立注入谱的方法是测量整个耀斑观测时间内通过探测器的粒子总数。在这种情况下，粒子总数将反映注入谱的行为，而与粒子的传播特性无关。不过这时应该对粒子传播过程中的能量变化进行修正。

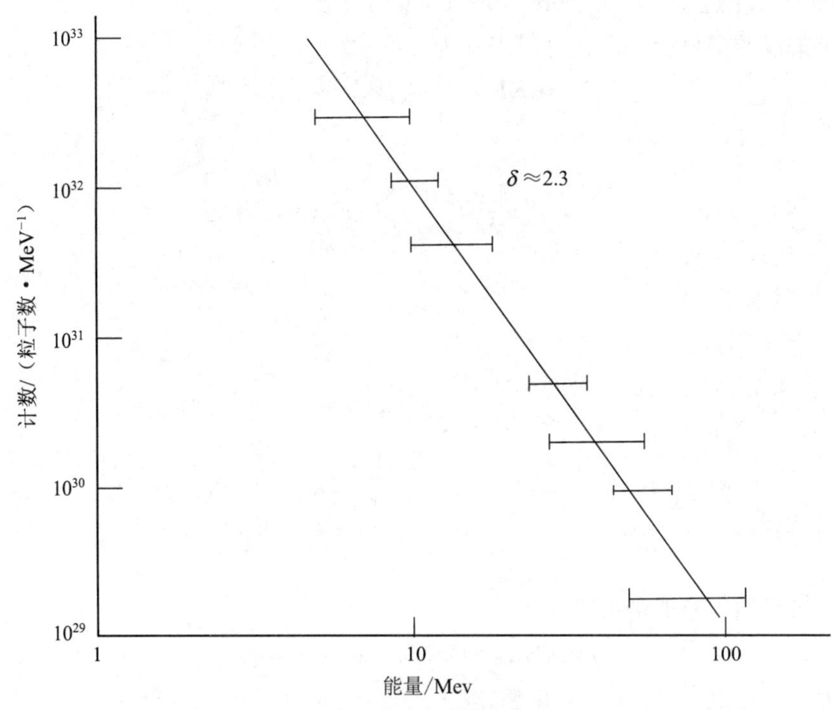

图4－24　质子注入能谱的实例

1981年12月8日的耀斑事件，金星13号探测器的观测结果，δ为谱的幂指数

严格意义上讲，在耀斑源区被加速的粒子能谱，可以通过观测γ光量子和中子（针对重粒子）及 X 射线和射电辐射（针对电子）加以确定。但是，中子和γ射线谱，尤其是能量＞50 MeV的γ连续能谱的测量较困难，至今数据很少。所以，一般采用质子能谱。

从太阳抛射的粒子能谱由不同能量的粒子通量极大值给定，经常按能量的幂律分布加以确定。对质子和重离子，适用的能量范围为 5～100 MeV/核子；对电子在0.03～10 MeV 的能量范围。其中，对大多数耀斑事件，重离子的能量一般加速至 ≤100 MeV，最可能出现几率的幂指数〈δ〉约为 2.5～3。

在极强的耀斑事件中，粒了的能量被加速至 20～500 MeV 以上。图 4－25 示出基于 5 次强耀斑事件的观测结果得出的粒子注入综合能谱。这时粒子的能谱无法基于简单的幂律加以描述。这一事实表明，重核离子在耀斑事件中的加速有时并非源于单一的加速机制。为此，应采用指数函数规律（在刚度分布谱中）或贝塞尔函数（Bessel function）加以描述。

为了分析耀斑发展过程，应将太阳宇宙线的数据和 X 射线、γ射线及γ连续谱的研究结果加以综合。这些电磁辐射是由于耀斑爆发时加速电子的轫致辐射产生的。耀斑中质子最大能量是基于对地面增强效应的测量确定的。所得数据表明，耀斑时质子的最大能量可高达 15～20 GeV。卫星观测结果表明，在太阳宇宙线中的电子能量 E_{emax}≤80 MeV。1991 年 3 月 26 日耀斑爆发时，轫致辐射γ连续谱的最大能量达到 300 MeV。

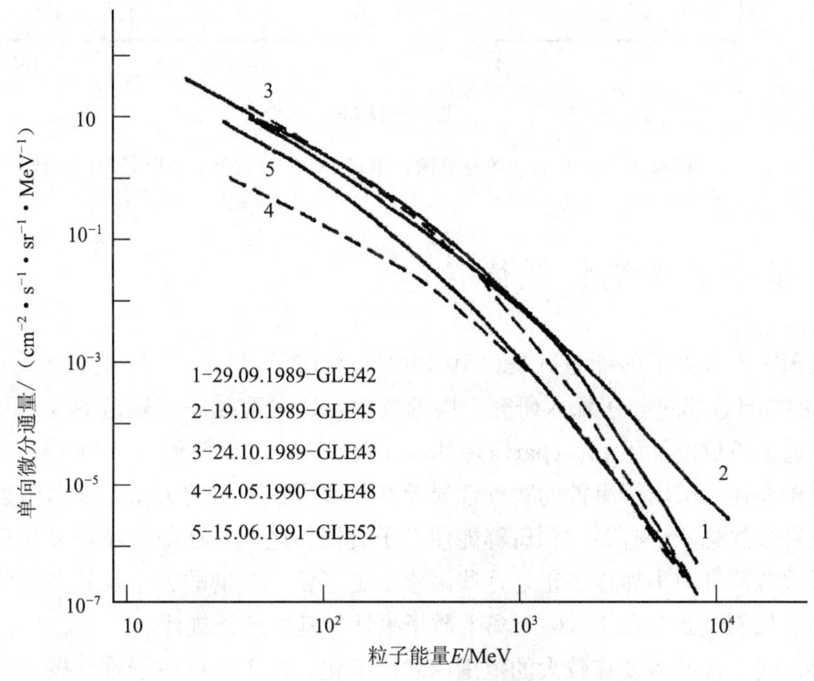

图 4－25　几次强太阳宇宙线事件的质子综合能谱

质子能量 E＞5 GeV，已不能用单一的幂律加以描述总之，综合太阳耀斑时中性粒子和带电粒子辐射的数据，可以得出结论：粒子在零点几秒内加速至相对论性能量；加速电子的最大能量可达数十 MeV，加速质子的最大能量≥15 GeV。图 4－26 给出了行星际空间电子的微分能谱。

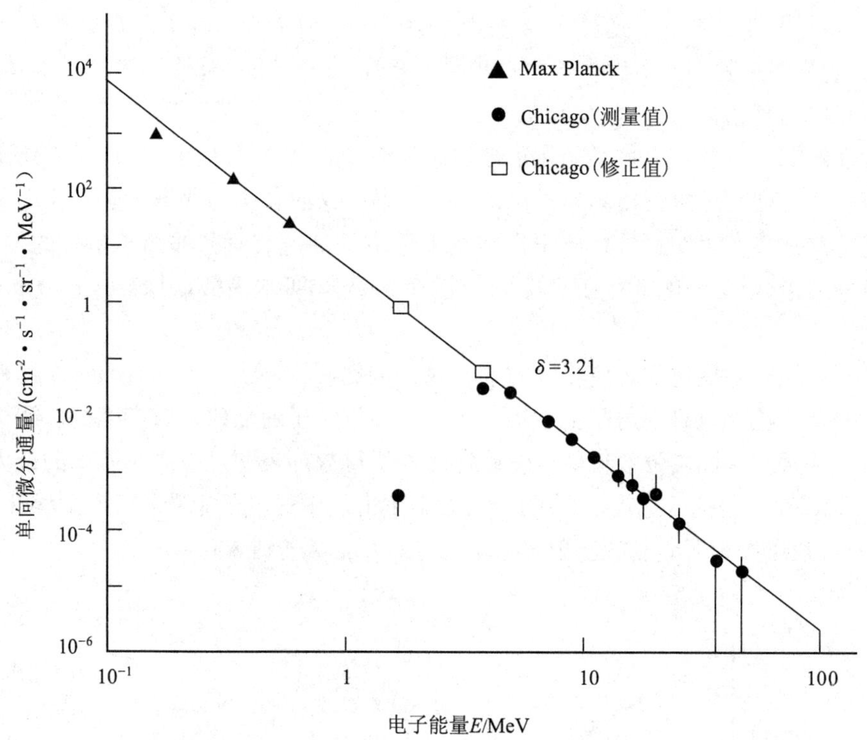

图 4－26　行星际空间的电子微分能谱（卫星 IMP－8 观测，δ 为谱的幂指数）

4.6　太阳宇宙线统计规律

已对太阳宇宙线质子的能量（$E_p>10$ MeV）和通量（$I_p>10$ 粒子数 · cm^{-2} · s^{-1} · sr^{-1}）关系的统计模型进行了深入研究。探测数据是针对地球同步轨道的 5 min 平均观测结果。粒子通量单位也常用 pfu（particle flux unit，1 pfu＝1 粒子 · cm^{-2} · s^{-1} · sr^{-1}）表示，主要用于描述太阳质子事件的物理性质及其与太阳粒子源的关系。地球附近的质子通量与耀斑所释放的总能量有关。耀斑释能使粒子直接加速，并且随后粒子又在日冕和行星际介质的激波波前进一步加速。正是这些因素决定了粒子通量的大小及其在地球附近的能量和角分布，从而可获得在 1 AU 距离上质子事件的基本统计规律。

太阳宇宙线事件的强度在较大的范围内发生变化。基于地面中子堆、极盖吸收和卫星观测结果，事件的强度可分为 8 级，如表 4－2 所示。通常只考虑 1 级以上可能对航天器产生较大影响的太阳宇宙线事件。

表 4—2　太阳宇宙线事件强度的分级

级别	海平面中子堆测量的强度增加率	每日极盖吸收/dB（噪声探测仪）	卫星测量的 $E>10$ MeV 的质子通量/（$cm^{-2}\cdot s^{-1}$）
−3			$10^{-3}\sim10^{-2}$
−2			$10^{-2}\sim10^{-1}$
−1			$10^{-1}\sim10^{0}$
0	测量无变化	测量无变化	$10^{0}\sim10^{1}$
1	<3%	<1.5	$10^{1}\sim10^{2}$
2	3%～10%	1.5～4.6	$10^{2}\sim10^{3}$
3	10%～100%	4.6～15	$10^{3}\sim10^{4}$
4	>100%	>15	$>10^{4}$

太阳宇宙线事件发生的频度也变化很大，通常为每月两次至每年两次不等，并与太阳黑子活动一样也有明显的 11 a 周期性。表 4—3 根据近 40 a 的卫星等航天器观测结果，列出了典型的太阳质子事件数据[11]。可见，太阳质子事件具有明显的偶发性。

表 4—3　典型太阳质子事件

年	起始时间	峰值时间	峰值通量(>10 MeV) /（$cm^{-2}\cdot s^{-1}$）	累积通量（>10 MeV）/cm^{-2}	累积通量(>30 MeV) /cm^{-2}
1956	2 月 23 日	2 月 23 日		1.80E+09	1.00E+09
	8 月 31 日	9 月 1 日		8.00E+07	2.50E+07
	11 月 13 日	11 月 14 日		4.00E+08	1.00E+08
1957	1 月 20 日	1 月 20 日		1.60E+09	3.00E+08
	4 月 3 日	4 月 4 日		2.40E+08	5.00E+07
	4 月 6 日	4 月 6 日			1.50E+08
	6 月 22 日	6 月 24 日		7.30E+08	1.50E+08
	7 月 3 日	7 月 3 日		1.40E+08	2.00E+07
	7 月 24 日	7 月 25 日			7.50E+06
	8 月 9 日	8 月 10 日			1.50E+06
	8 月 29 日	8 月 29 日		1.10E+09	1.12E+08
	8 月 31 日	9 月 1 日		3.90E+08	8.00E+07
	9 月 2 日	9 月 3 日		2.60E+08	5.00E+07
	9 月 26 日	9 月 26 日			1.50E+06
	10 月 20 日	10 月 21 日		1.70E+0.8	5.00E+07

续表

年	起始时间	峰值时间	峰值通量(>10 MeV) / ($cm^{-2}\cdot s^{-1}$)	累积通量 (>10 MeV) /cm^{-2}	累积通量(>30 MeV) / cm^{-2}
	11月5日	11月5日			9.00E+06
1958	2月10日	2月10日			5.00E+06
	3月23日	3月26日		2.00E+09	6.00E+08
	4月10日	4月10日			5.00E+06
	7月7日	7月8日		1.80E+09	2.50E+08
	7月29日	7月29日			8.50E+06
	8月16日	8月16日		4.00E+08	4.00E+07
	8月21日	8月23日		8.00E+08	7.00E+07
	8月26日	8月26日		1.50E+09	1.10E+08
	9月22日	9月23日		9.00E+07	6.00E+06
1959	2月13日	2月13日		1.20E+08	2.80E+07
	5月10日	5月10日		5.50E+09	9.60E+08
	6月13日	6月14日		4.50E+08	8.50E+07
	7月10日	7月11日		4.50E+09	1.00E+09
	7月14日	7月15日		7.50E+09	1.30E+09
	7月16日	7月17日		3.30E+09	9.10E+08
	8月18日	8月18日			1.80E+06
1960	1月12日	1月13日			4.00E+05
	3月30日	3月31日			6.00E+06
	4月1日	4月1日		1.50E+07	5.00E+06
	4月5日	4月5日		1.40E+07	1.10E+05
	4月28日	4月30日		1.30E+07	1.20E+07
	5月4日	5月8日		1.20E+07	1.00E+07
	5月13日	5月13日		1.50E+07	4.00E+06
	9月3日	9月4日		9.00E+07	3.50E+07
	9月26日	9月26日		2.00E+07	2.00E+06
	11月12日	11月13日		3.20E+07	9.00E+06
	11月15日	11月15日		3.20E+10	7.20E+08
	11月21日	11月21日		2.50E+09	4.50E+07
1961	7月11日	7月12日		1.40E+08	3.00E+06
	7月12日	7月13日		1.70E+07	4.00E+07
	7月18日	7月18日		5.00E+08	3.00E+08
	7月20日	7月20日		1.00E+09	5.00E+06
	9月7日	9月11日		5.00E+07	3.00E+06
	9月28日	9月30日		5.00E+07	6.00E+06
	11月10日	11月10日		3.00E+07	
1962	9月21日	9月21日		5.00E+07	
	9月26日	9月26日		2.90E+08	6.00E+07
1965	2月5日	2月6日		1.60E+07	2.50E+06

续表

年	起始时间	峰值时间	峰值通量(>10 MeV)/($cm^{-2}\cdot s^{-1}$)	累积通量(>10 MeV)/cm^{-2}	累积通量(>30 MeV)/cm^{-2}
1966	3 月 24 日	3 月 24 日		1.10E+07	8.70E+05
1966	7 月 7 日	7 月 7 日		6.40E+07	3.70E+06
	9 月 2 日	9 月 2 日		1.00E+09	1.10E+07
1967	1 月 28 日	1 月 28 日		1.10E+09	1.60E+07
	3 月 11 日	3 月 12 日		1.60E+07	2.80E+06
	5 月 23 日	5 月 25 日	1 150	7.80E+08	5.80E+07
	6 月 6 日	6 月 7 日	20	2.40E+07	1.40E+07
	12 月 3 日	12 月 3 日	31	2.50E+07	1.00E+07
1968	6 月 9 日	6 月 10 日	354	2.90E+08	1.40E+07
	7 月 9 日	7 月 13 日	54	4.70E+07	9.90E+06
	9 月 28 日	9 月 29 日	36	7.40E+07	2.10E+07
	10 月 31 日	10 月 31 日	152	2.10E+08	2.10E+07
	11 月 18 日	11 月 18 日	849	1.00E+09	2.10E+08
1969	2 月 25 日	2 月 25 日	88	7.60E+07	2.90E+07
	3 月 30 日	3 月 30 日	26	7.80E+07	3.80E+07
	4 月 11 日	4 月 13 日	1 375	2.20E+09	2.10E+08
	5 月 13 日	5 月 15 日	15		
	6 月 7 日	6 月 8 日	25		
	9 月 25 日	9 月 28 日	11	1.80E+07	4.10E+06
	11 月 2 日	11 月 2 日	1 317	6.40E+09	2.10E+08
1970	1 月 31 日	2 月 1 日	24	2.80E+07	6.90E+07
	3 月 6 日	3 月 8 日	93	6.80E+07	4.50E+07
	3 月 29 日	3 月 29 日	66	9.40E+07	1.90E+07
	5 月 30 日	5 月 30 日	18	1.40E+07	3.50E+06
	6 月 26 日	6 月 26 日	12		
	7 月 24 日	7 月 25 日	206	3.60E+07	4.00E+06
	8 月 12 日	8 月 16 日	183	1.90E+08	1.40E+07
	11 月 5 日	11 月 6 日	42	6.60E+07	8.50E+06
1971	1 月 24 日	1 月 25 日	1 171	1.50E+09	3.50E+08
	4 月 6 日	4 月 6 日	51	3.20E+07	6.80E+06
	5 月 16 日	5 月 16 日	12	1.40E+07	9.90E+06
	9 月 1 日	9 月 2 日	352	3.90E+08	1.80E+08
1972	1 月 20 日	1 月 20 日	21		
	4 月 17 日	4 月 18 日	15		
1972	4 月 18 日	4 月 19 日	34	3.00E+07	7.80E+06

续表

年	起始时间	峰值时间	峰值通量(>10 MeV) /（cm^{-2} • s^{-1}）	累积通量（>10 MeV）/cm^{-2}	累积通量(>30 MeV) / cm^{-2}
	5月28日	5月30日	39	7.60E+07	1.50E+07
	6月8日	6月8日	10		
	6月16日	6月17日	20	4.00E+07	1.80E+07
	7月22日	7月22日	12	5.40E+07	2.40E+07
	8月2日	8月4日	86 000	1.00E+10	5.00E+09
	10月29日	10月31日	46	6.00E+07	1.50E+07
1973	4月29日	4月30日	20	1.60E+07	1.10E+07
1973	9月7日	9月30日	13	1.90E+07	4.40E+06
1974	7月3日	7月5日	329	2.40E+08	2.60E+07
	9月11日	9月20日	127	3.30E+08	4.30E+07
	11月5日	11月5日	11	1.30E+07	3.50E+06
1975	8月22日	8月22日	40	6.60E+06	2.80E+06
1976	4月30日	5月11日	11	1.00E+08	3.00E+07
	8月22日	8月22日	180	1.00E+07	2.50E+06
1977	9月16日	9月19日	200	4.30E+08	9.80E+06
	11月22日	11月22日	446	2.80E+08	6.30E+07
	2月13日	2月14日	1 160	1.50E+09	1.30E+08
1978	4月11日	4月11日	65	7.00E+07	1.80E+07
	4月19日	4月30日	1 486	2.40E+09	2.90E+08
	5月7日	5月7日	216	1.80E+07	2.00E+06
	5月31日	6月2日	19	1.40E+07	
	6月22日	6月24日	36	5.30E+07	4.50E+06
	7月10日	7月13日	20	3.20E+08	3.10E+06
	9月23日	9月24日	2 200	2.90E+09	4.40E+08
	10月9日	10月10日	17	8.60E+06	2.60E+06
	11月10日	11月11日	16	1.80E+07	2.00E+06
1979	2月17日	2月17日	25	1.60E+07	4.50E+06
	4月3日	4月5日	23	2.10E+07	2.20E+06
	6月6日	6月7日	549	2.10E+08	1.50E+07
	7月6日	7月7日	19	2.10E+07	2.20E+06
	8月20日	8月20日	500	6.00E+08	9.50E+07
	9月14日	9月18日	89	3.60E+08	1.20E+08
	11月16日	11月16日	65	3.20E+07	2.70E+06
1980	2月6日	2月6日	12	3.00E+06	1.10E+06
	7月17日	7月18日	119	1.20E+08	1.20E+07

续表

年	起始时间	峰值时间	峰值通量(>10 MeV) / (cm^{-2} • s^{-1})	累积通量 (>10 MeV) /cm^{-2}	累积通量(>30 MeV) / cm^{-2}
	10 月 15 日	10 月 15 日	10	3.00E+07	4.00E+06
1981	3 月 30 日	3 月 30 日	12	2.80E+07	5.60E+06
	4 月 10 日	4 月 10 日	55	8.50E+07	1.90E+07
	4 月 24 日	4 月 24 日	224	1.00E+09	1.40E+08
	7 月 20 日	7 月 20 日	103	8.10E+07	1.20E+07
	8 月 9 日	8 月 10 日	34	1.40E+07	1.40E+06
	10 月 9 日	10 月 13 日	2 000	2.10E+09	4.20E+08
	12 月 10 日	12 月 10 日	107	7.70E+07	5.80E+06
1982	1 月 31 日	1 月 31 日	832	1.10E+09	1.80E+08
	3 月 7 日	3 月 7 日	17	1.10E+07	2.00E+06
	6 月 6 日	6 月 9 日	30	7.00E+07	2.30E+07
	7 月 10 日	7 月 13 日	1 846	8.40E+08	9.10E+07
	7 月 22 日	7 月 23 日	256	1.20E+08	1.30E+07
	9 月 4 日	9 月 6 日	19	1.40E+07	1.60E+06
	11 月 22 日	11 月 26 日	161	2.50E+08	4.60E+07
	12 月 8 日	12 月 8 日	1 000	5.70E+08	1.20E+08
	12 月 17 日	12 月 18 日	130	1.30E+08	3.00E+07
	12 月 25 日	12 月 27 日	201	2.10E+08	2.90E+07
1983	2 月 3 日	2 月 4 日	132	1.00E+08	8.30E+06
	6 月 15 日	6 月 15 日	18	2.10E+07	8.40E+06
1984	2 月 16 日	2 月 16 日	660	1.60E+08	4.20E+07
	3 月 13 日	3 月 14 日	100	2.90E+07	7.10E+06
	4 月 25 日	4 月 26 日	2 500	1.30E+09	3.60E+08
	5 月 24 日	5 月 24 日	31		
	5 月 31 日	5 月 31 日	15		
1985	1 月 22 日	1 月 22 日	14	8.70E+06	2.90E+06
	4 月 26 日	4 月 26 日	160	2.80E+08	1.10E+07
	7 月 9 日	7 月 9 日	140	2.30E+07	6.90E+06
1986	2 月 6 日	2 月 7 日	130	1.00E+08	1.50E+07
	2 月 14 日	2 月 15 日	130	3.10E+08	2.20E+07
	3 月 6 日	3 月 6 日	21		
	5 月 4 日	5 月 4 日	16		
	11 月 7 日	11 月 7 日	110	3.30E+07	1.10E+06
1988	3 月 25 日	3 月 25 日	38	1.30E+06	5.30E+05
	8 月 23 日	8 月 24 日	46	1.60E+07	2.10E+06

续表

年	起始时间	峰值时间	峰值通量(>10 MeV) /（cm^{-2}·s^{-1}）	累积通量（>10 MeV）/cm^{-2}	累积通量(>30 MeV) / cm^{-2}
	9月11日	9月11日	12	4.40E+06	2.10E+06
1989	3月6日	3月6日	3 500	1.20E+09	5.10E+07
	3月17日	3月17日	2 000	1.20E+07	1.50E+06
	4月9日	4月9日	450	2.30E+09	5.10E+06
	5月6日	5月6日	110	4.50E+07	1.20E+06
	6月18日	6月18日	18	3.30E+06	2.30E+06
	7月25日	7月26日	54	1.60E+07	8.10E+06
	8月12日	8月12日	9 200	8.90E+09	1.70E+09
	9月4日	9月4日	44	1.80E+07	9.40E+05
	9月12日	9月12日	57	3.00E+07	2.10E+06
	9月29日	9月29日	4 800	3.90E+09	1.50E+09
	10月6日	10月19日	40 000	2.20E+10	4.80E+09
	11月15日	11月15日	71	1.50E+07	5.90E+06
	11月25日	11月25日	380	6.70E+07	1.50E+06
	11月30日	11月30日	1 300	1.60E+07	2.40E+06
1990	3月19日	3月19日	950	8.00E+08	2.40E+06
	4月11日	4月13日	12	2.20E+07	7.90E+05
	5月21日	5月21日	410	4.00E+08	1.60E+07
	5月28日	5月28日	45	4.00E+07	1.40E+06
	6月12日	6月12日	79	3.60E+07	3.50E+06
	6月17日	6月17日	79	1.80E+08	7.30E+06
	8月1日	8月1日	230	1.00E+08	2.30E+06
1991	1月31日	2月1日	240	1.60E+08	1.00E+06
	3月22日	3月22日	43 000	9.90E+09	1.90E+09
	4月22日	4月22日	52	1.50E+08	2.00E+07
	5月13日	5月13日	350	2.80E+07	3.30E+07
	5月31日	5月31日	22	5.10E+07	2.90E+06
	6月4日	6月4日	220	2.30E+09	2.90E+08
	7月7日	7月7日	3 000	1.20E+09	2.90E+09
	8月25日	8月25日	240	9.10E+06	6.30E+05
	10月30日	10月31日	300	1.90E+07	9.20E+06
1992	2月8日	2月8日	500	5.40E+07	5.50E+05
	3月15日	3月15日	91	8.50E+06	2.00E+06
	5月9日	5月10日	1 200	7.80E+08	1.50E+07

通常，通量为 10^3～10^4 pfu 的太阳质子事件可持续数小时；在较低的通量下，可持续几天。在 11 a 太阳活动周期内，可能观测到 1～3 次总累积通量（或注量）大于 10^{10} cm^{-2} 的太阳质子事件；并且，可能观测到 5 次以上总累积通量大于 10^9 cm^{-2} 的太阳质子事件。大多数太阳质子事件是形成于由太阳日冕物质抛射产生的激波阵面处。激波阵面覆盖着很宽的经度范围。在包含第 19 和第 20 活动周的 21 a 时间内，记录到 3 次大型太阳质子事件。以 10^{10} 质子 • cm^{-2} 为计数单位时，在第 22 活动周内，共记录到强度为 0.1，0.32，0.39，0.76，0.95 和 1.9（$\times10^{10}$）的太阳质子事件，被认为是历史上太阳质子事件最活跃的一次太阳活动周期。图 4－27 示出 1955～1993 年间发生较大型太阳质子事件的次数。可见，从第 19 次太阳活动周以来，尚未观测到粒子计数超过 3×10^{10} 粒子 • cm^{-2} 的太阳质子事件事件。

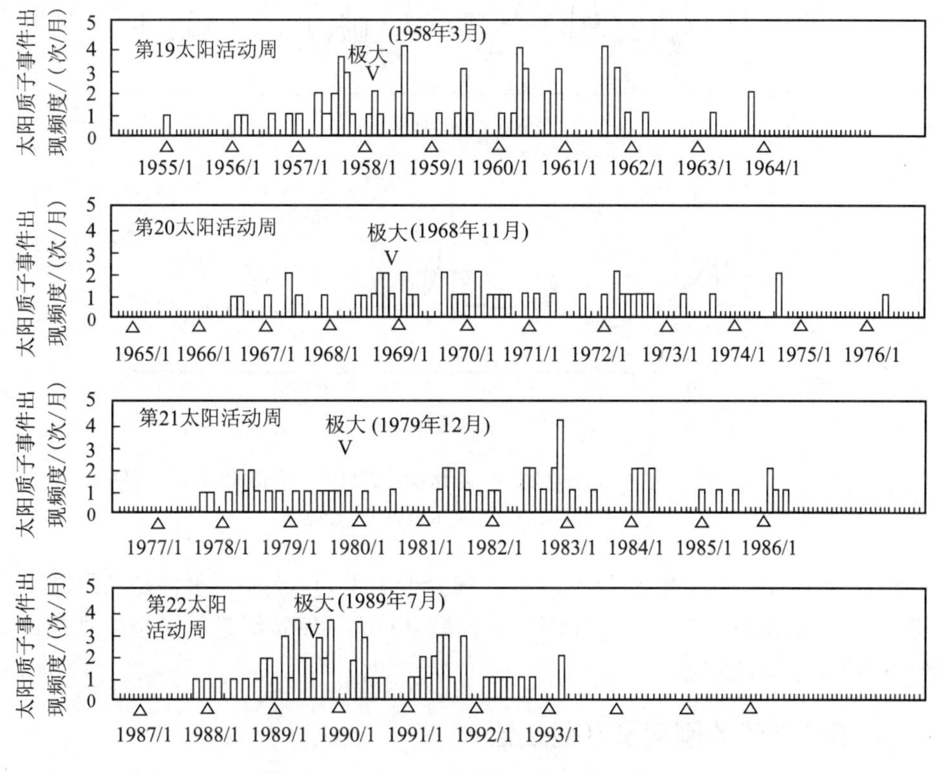

图 4－27　第 19～22 太阳活动周期间太阳质子事件发生的频度

人们一直认为，太阳质子事件是源于太阳耀斑，但最近又提出日冕物质抛射更可能是太阳质子事件的起源。实质上两者都是源于太阳附近磁能的突然释放。图 4－28 给出 1989 年 10 月发生的一次著名太阳宇宙线事件中，质子通量、X 射线通量和质子计数率随时间的变化。从该图可以看出，存在几个质子通量增强源。

从 1942 年至今，已通过地面中子堆记录到 69 次太阳宇宙线事件，称为地面事件(GLE)。装备在卫星上的探测器的灵敏度已达 10^{-3} pfu，可以分辨出给定时间间隔内高于背景值 10^{-2} pfu 的通量。显然，在任一给定时间间隔内，粒子通量可以增强到 10^3 pfu 量级。

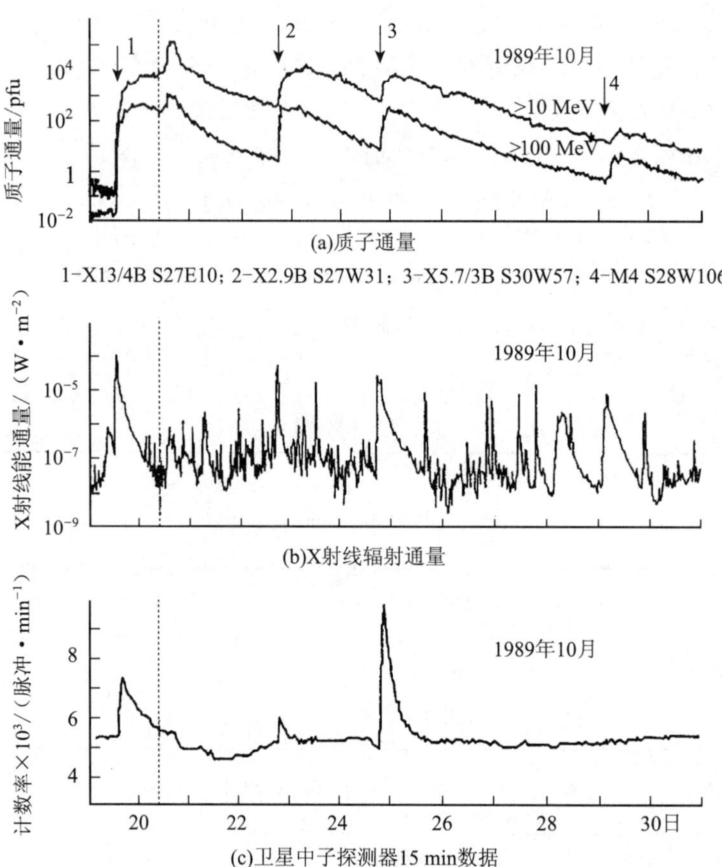

图 4—28　1989 年 10 月发生的与太阳活动区 AR 5747 相关的质子事件

垂直虚线表示激波引起的地磁暴起始时间

别洛夫（Белов）等[12]在 1975～2003 年间分辨出 1 144 次质子事件，其强度 $I_p>10^{-2}$ pfu，能量 $E_p>10$ MeV。GOES 和 IMP—8 卫星也对太阳宇宙线进行了系统观测，为建立统计规律提供了必要的数据。

4.6.1　太阳宇宙线的刚度及其截止值

带电粒子在从行星际空间向地球磁层进入的过程中，将受到磁场的偏转作用，基于电动力学理论可以描述这一运动规律。其中，粒子的特征可以用刚度 R（单位 GV）表征。刚度 R 由下式计算

$$R=\frac{A}{Q}\sqrt{E\ (E+1.876)} \tag{4—102}$$

式中　A，Q，E——粒子的原子量、电荷和能量。

刚度是表征带电粒子抵抗地磁场偏转能力的参量，故也称为磁刚度。带电粒子从某方向进入地磁偶极场的某一点必须有一最小刚度，否则将被阻塞。所以，对近地空间的某一观测点和给定的入射方向，太阳宇宙线能够从远处沿该方向到达该观测点时，其刚度必须

大于某一临界值，该临界值称为截止刚度 R_c（cut－off rigidity）。在偶极场近似下，R_c 由下式给出[13]

$$R_c = (59.6\cos^4\lambda)\, r^{-2}\left[1 + (1 - \cos\theta\cos^3\lambda)^{\frac{1}{2}}\right]^{-2} \tag{4-103}$$

式中　r——从观测点至地心的距离（以地球半径为单位）；

λ——观测点的地磁经度；

θ——入射方向与西向的夹角。

当 $\theta=90°$ 时，地磁垂直截止刚度 $R_{c\perp}$ 为

$$R_{c\perp} = \frac{14.9}{L^2} \tag{4-104}$$

相应的截止能量为

$$E_c = \left[\left(\frac{ZR_c}{A}\right)^2 + E_0^2\right]^{\frac{1}{2}} - E_0 \tag{4-105}$$

式中，$E_0=0.938$ GeV；A 为粒子的原子量；Z 为粒子的电荷数。

截止刚度的大小不仅与粒子所处的坐标位置有关，还受粒子的入射方向和磁场扰动的影响。粒子能量大于 10 MeV 的太阳质子，可进入至地球同步轨道高度；能量大于 30 MeV的太阳质子可进入磁纬度大于 (69±5)° 的高纬区。由式（4－103）可以看出，从东、西方向射入粒子的截止刚度分别为垂直入射的 1/4 和 1/1.5。图 4－29～图 4－31 分别给出西经 35°，西经 100°及东经 105°子午面内太阳质子事件的累积通量等值线图[14]。可见，在低纬、低高度区，可避免大部分质子事件的威胁。

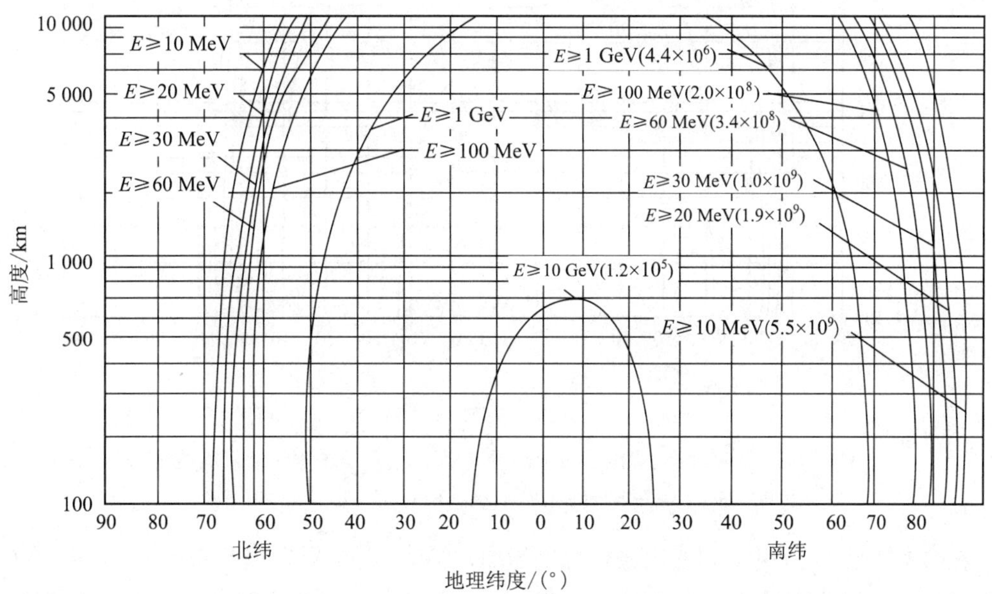

图 4－29　35°W 子午面内（地磁负异常区）太阳质子累积通量等值线图

括号内数字表示累积通量（质子数 · cm^{-2} · 事件$^{-1}$）

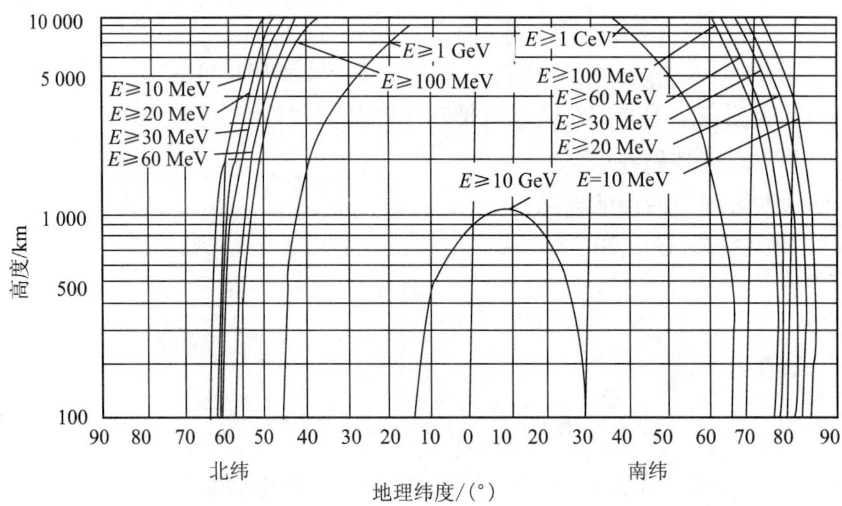

图 4－30　100°W 子午面内（近磁偶极区）太阳质子累积通量等值线图

图中各能量下的累积通量值同图 4－29

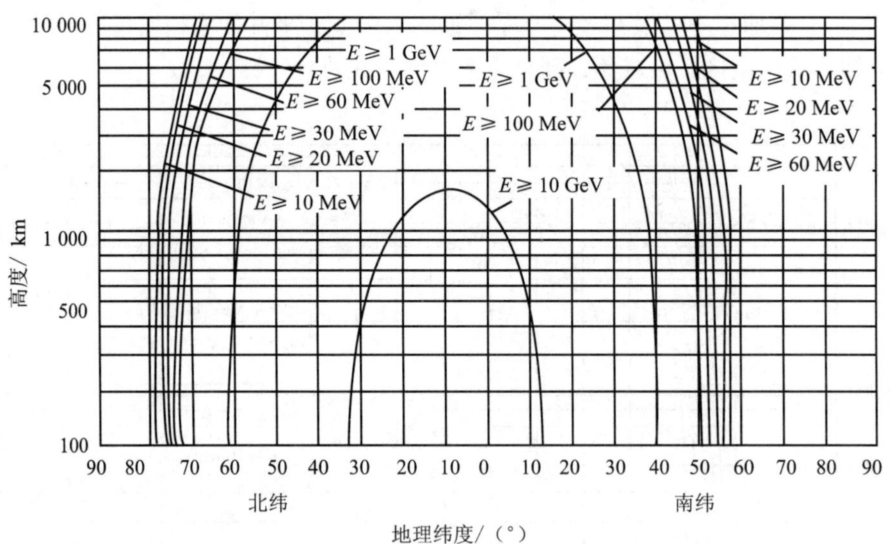

图 4－31　105°E 子午面内（地磁正异常区）太阳质子累积通量等值线图

图中各能量下的累积通量值同图 4－29；单位：质子数 · cm^{-2} · 事件$^{-1}$

在参考文献［11］中，可查出倾角分别为 0°，30°，60°和 90°，以及高度为 200～5 000 km 圆轨道上的不同刚度粒子的透过率（见表 4－4～表 4－7）。透过率表示地球轨道上某种刚度的粒子通量与行星际空间该刚度粒子通量的比值，用于针对不同地球轨道计算太阳宇宙线能谱。

表 4—4　倾角 0°，高度 200～5 000 km 地球圆轨道上各种磁刚度粒子的透过率[13]

磁刚度/GV	轨道高度/km																
	200	300	400	500	600	700	800	900	1 000	1 500	2 000	2 500	3 000	3 500	4 000	4 500	5 000
2.82	0.0000	0.0000	0.0000	0.0000	0.0000	0.0000	0.0000	0.0000	0.0000	0.0000	0.0000	0.0000	0.0000	0.0000	0.0000	0.0000	0.0000
2.90	0.0000	0.0000	0.0000	0.0000	0.0000	0.0000	0.0000	0.0000	0.0000	0.0000	0.0000	0.0000	0.0000	0.0000	0.0000	0.0000	0.001 8
3.00	0.0000	0.0000	0.0000	0.0000	0.0000	0.0000	0.0000	0.0000	0.0000	0.0000	0.0000	0.0000	0.0000	0.0000	0.0000	0.0000	0.008 4
3.10	0.0000	0.0000	0.0000	0.0000	0.0000	0.0000	0.0000	0.0000	0.0000	0.0000	0.0000	0.0000	0.0000	0.0000	0.0000	0.000 2	0.020 6
3.20	0.0000	0.0000	0.0000	0.0000	0.0000	0.0000	0.0000	0.0000	0.0000	0.0000	0.0000	0.0000	0.0000	0.0000	0.0000	0.003 8	0.046 3
3.30	0.0000	0.0000	0.0000	0.0000	0.0000	0.0000	0.0000	0.0000	0.0000	0.0000	0.0000	0.0000	0.0000	0.0000	0.000 1	0.010 6	0.071 2
3.40	0.0000	0.0000	0.0000	0.0000	0.0000	0.0000	0.0000	0.0000	0.0000	0.0000	0.0000	0.0000	0.0000	0.0000	0.003 0	0.24 6	0.097 8
3.50	0.0000	0.0000	0.0000	0.0000	0.0000	0.0000	0.0000	0.0000	0.0000	0.0000	0.0000	0.0000	0.0000	0.0000	0.008 7	0.050 2	0.124 3
3.60	0.0000	0.0000	0.0000	0.0000	0.0000	0.0000	0.0000	0.0000	0.0000	0.0000	0.0000	0.0000	0.0000	0.0000	0.017 8	0.074 6	0.152 0
3.70	0.0000	0.0000	0.0000	0.0000	0.0000	0.0000	0.0000	0.0000	0.0000	0.0000	0.0000	0.0000	0.0000	0.0000	0.038 5	0.098 9	0.188 3
3.80	0.0000	0.0000	0.0000	0.0000	0.0000	0.0000	0.0000	0.0000	0.0000	0.0000	0.0000	0.0000	0.0000	0.000 7	0.058 1	0.123 1	0.231 1
3.90	0.0000	0.0000	0.0000	0.0000	0.0000	0.0000	0.0000	0.0000	0.0000	0.0000	0.0000	0.0000	0.0000	0.005 2	0.079 8	0.147 4	0.265 5
4.00	0.0000	0.0000	0.0000	0.0000	0.0000	0.0000	0.0000	0.0000	0.0000	0.0000	0.0000	0.0000	0.0000	0.010 8	0.100 4	0.177 1	0.299 5
4.10	0.0000	0.0000	0.0000	0.0000	0.0000	0.0000	0.0000	0.0000	0.0000	0.0000	0.0000	0.0000	0.0000	0.022 7	0.122 2	0.213 3	0.321 8
4.20	0.0000	0.0000	0.0000	0.0000	0.0000	0.0000	0.0000	0.0000	0.0000	0.0000	0.0000	0.0000	0.000 7	0.041 8	0.144 3	0.251 6	0.342 7
4.30	0.0000	0.0000	0.0000	0.0000	0.0000	0.0000	0.0000	0.0000	0.0000	0.0000	0.0000	0.0000	0.004 7	0.060 8	0.171 2	0.280 4	0.362 7
4.40	0.0000	0.0000	0.0000	0.0000	0.0000	0.0000	0.0000	0.0000	0.0000	0.0000	0.0000	0.0000	0.009 9	0.079 9	0.203 7	0.304 9	0.384 5
4.50	0.0000	0.0000	0.0000	0.0000	0.0000	0.0000	0.0000	0.0000	0.0000	0.0000	0.0000	0.0000	0.018 0	0.098 0	0.238 5	0.327 3	0.403 2
4.60	0.0000	0.0000	0.0000	0.0000	0.0000	0.0000	0.0000	0.0000	0.0000	0.0000	0.0000	0.0000	0.034 2	0.117 4	0.264 2	0.345 6	0.426 3
4.70	0.0000	0.0000	0.0000	0.0000	0.0000	0.0000	0.0000	0.0000	0.0000	0.0000	0.0000	0.001 1	0.050 2	0.136 3	0.289 1	0.363 5	0.447 8
4.80	0.0000	0.0000	0.0000	0.0000	0.0000	0.0000	0.0000	0.0000	0.0000	0.0000	0.0000	0.005 1	0.068 3	0.157 8	0.310 1	0.382 4	0.470 4
4.90	0.0000	0.0000	0.0000	0.0000	0.0000	0.0000	0.0000	0.0000	0.0000	0.0000	0.0000	0.009 5	0.084 2	0.185 1	0.328 5	0.399 0	0.402 5

续表

磁刚度/GV	轨道高度/km																
	200	300	400	500	600	700	800	900	1 000	1 500	2 000	2 500	3 000	3 500	4 000	4 500	5 000
5.00	0.0000	0.0000	0.0000	0.0000	0.0000	0.0000	0.0000	0.0000	0.0000	0.0000	0.0000	0.016 4	0.099 8	0.217 5	0.345 0	0.418 1	0.515 7
5.10	0.0000	0.0000	0.0000	0.0000	0.0000	0.0000	0.0000	0.0000	0.0000	0.0000	0.0000	0.029 3	0.116 8	0.244 8	0.359 5	0.437 6	0.528 7
5.20	0.0000	0.0000	0.0000	0.0000	0.0000	0.0000	0.0000	0.0000	0.0000	0.0000	0.000 2	0.042 9	0.133 2	0.267 4	0.376 6	0.457 1	0.539 3
5.30	0.0000	0.0000	0.0000	0.0000	0.0000	0.0000	0.0000	0.0000	0.0000	0.0000	0.002 2	0.057 6	0.152 2	0.289 2	0.392 0	0.479 3	0.550 6
5.40	0.0000	0.0000	0.0000	0.0000	0.0000	0.0000	0.0000	0.0000	0.0000	0.0000	0.005 8	0.072 4	0.175 5	0.307 6	0.410 1	0.500 9	0.559 3
5.50	0.0000	0.0000	0.0000	0.0000	0.0000	0.0000	0.0000	0.0000	0.0000	0.0000	0.009 9	0.085 5	0.201 9	0.324 3	0.428 2	0.519 0	0.568 0
5.60	0.0000	0.0000	0.0000	0.0000	0.0000	0.0000	0.0000	0.0000	0.0000	0.0000	0.016 0	0.099 2	0.228 8	0.339 3	0.445 4	0.530 4	0.579 4
5.70	0.0000	0.0000	0.0000	0.0000	0.0000	0.0000	0.0000	0.0000	0.0000	0.0000	0.026 5	0.114 3	0.250 6	0.352 3	0.466 5	0.538 6	0.589 2
5.80	0.0000	0.0000	0.0000	0.0000	0.0000	0.0000	0.0000	0.0000	0.0000	0.0000	0.048 4	0.128 2	0.269 9	0.365 6	0.485 6	0.549 0	0.599 6
5.90	0.0000	0.0000	0.0000	0.0000	0.0000	0.0000	0.0000	0.0000	0.0000	0.000 5	0.050 8	0.164 4	0.304 9	0.394 4	0.515 1	0.564 2	0.626 7
6.00	0.0000	0.0000	0.0000	0.0000	0.0000	0.0000	0.0000	0.0000	0.0000	0.003 5	0.063 6	0.016 4	0.099 8	0.217 5	0.345 0	0.418 1	0.5105 7
6.10	0.0000	0.0000	0.0000	0.0000	0.0000	0.0000	0.0000	0.0000	0.0000	0.006 3	0.075 4	0.186 8	0.319 4	0.409 7	0.524 4	0.574 0	0.642 8
6.20	0.0000	0.0000	0.0000	0.0000	0.0000	0.0000	0.0000	0.0000	0.0000	0.010 6	0.086 4	0.211 1	0.332 5	0.426 0	0.532 2	0.583 7	0.656 8
6.30	0.0000	0.0000	0.0000	0.0000	0.0000	0.0000	0.0000	0.0000	0.0000	0.015 7	0.098 1	0.231 0	0.343 9	0.441 6	0.541 2	0.592 0	0.664 2
6.40	0.0000	0.0000	0.0000	0.0000	0.0000	0.0000	0.0000	0.0000	0.0000	0.024 0	0.110 7	0.0249 0	0.354 8	0.461 3	0.547 9	0.604 0	0.672 6
6.50	0.0000	0.0000	0.0000	0.0000	0.0000	0.0000	0.0000	0.0000	0.0000	0.035 1	0.1227	0.266 2	0.366 8	0.478 6	0.554 8	0.615 3	0.680 6
6.60	0.0000	0.0000	0.0000	0.0000	0.0000	0.0000	0.0000	0.0000	0.0000	0.044 8	0.137 0	0.282 5	0.378 4	0.497 6	0.563 1	0.626 5	0.688 9
6.70	0.0000	0.0000	0.0000	0.0000	0.0000	0.0000	0.0000	0.0000	0.000 4	0.054 4	0.153 3	0.296 8	0.392 9	0.506 9	0.571 8	0.641 1	0.698 4
6.80	0.0000	0.0000	0.0000	0.0000	0.0000	0.0000	0.0000	0.0000	0.003 1	0.065 5	0.171 8	0.309 2	0.407 0	0.516 2	0.579 4	0.653 7	0.706 4
6.90	0.0000	0.0000	0.0000	0.0000	0.0000	0.0000	0.0000	0.000 7	0.006 0	0.074 9	0.193 3	0.321 5	0.421 7	0.522 8	0.587 9	0.660 2	0.713 6
7.00	0.0000	0.0000	0.0000	0.0000	0.0000	0.0000	0.0000	0.003 5	0.008 8	0.084 1	0.211 3	0.332 0	0.435 8	0.530 9	0.599 0	0.667 7	0.719 5
7.10	0.0000	0.0000	0.0000	0.0000	0.0000	0.0000	0.001 0	0.006 3	0.012 0	0.093 1	0.228 3	0.341 2	0.454 7	0.537 9	0.608 7	0.674 6	0.726 0

续表

磁刚度/GV	轨道高度/km																
	200	300	400	500	600	700	800	900	1 000	1 500	2 000	2 500	3 000	3 500	4 000	4 500	5 000
7.20	0.0000	0.0000	0.0000	0.0000	0.0000	0.0000	0.003 9	0.008 8	0.018 5	0.104 0	0.243 2	0.350 3	0.470 7	0.543 7	0.619 8	0.682 0	0.732 7
7.30	0.0000	0.0000	0.0000	0.0000	0.0000	0.0000	0.0000	0.012 2	0.026 6	0.114 1	0.257 3	0.360 8	0.487 7	0.550 3	0.633 3	0.689 4	0.739 8
7.40	0.0000	0.0000	0.0000	0.0000	0.0000	0.004 2	0.008 6	0.018 6	0.035 2	0.124 8	0.272 3	0.372 7	0.496 5	0.557 8	0.644 5	0.697 6	0.746 0
7.50	0.0000	0.0000	0.0000	0.001 1	0.006 4	0.011 9	0.026 0	0.042 9	0.139 2	0.284 5	0.384 8	0.505 3	0.565 3	0.565 3	0.650 5	0.703 8	0.752 0
7.60	0.0000	0.0000	0.0000	0.0000	0.003 8	0.008 6	0.018 1	0.034 0	0.051 1	0.153 1	0.295 9	0.397 3	0.511 1	0.572 0	0.658 0	0.710 1	0.759 0
7.70	0.0000	0.0000	0.0000	0.000 8	0.006 0	0.012 0	0.024 9	0.041 4	0.059 6	0.170 1	0.307 6	0.411 5	0.517 9	0.579 2	0.664 1	0.713 7	0.765 1
7.80	0.0000	0.0000	0.0000	0.003 2	0.007 8	0.018 1	0.032 4	0.048 8	0.067 7	0.187 5	0.316 6	0.423 7	0.524 7	0.588 5	0.671 2	0.720 3	0.772 8
7.90	0.0000	0.0000	0.000 5	0.005 4	0.010 7	0.025 0	0.039 4	0.056 7	0.0751	0.2015	0.325 5	0.440 1	0.530 5	0.595 8	0.676 7	0.727 3	0.778 1
8.00	0.0000	0.0000	0.002 8	0.007 0	0.016 4	0.032 0	0.046 3	0.064 3	0.082 6	0.216 2	0.332 7	0.455 0	0.535 8	0.503 9	0.683 8	0.734 3	0.782 9
8.10	0.0000	0.000 2	0.005 0	0.009 3	0.022 8	0.039 0	0.053 5	0.071 3	0.090 2	0.229 1	0.340 3	0.469 9	0.541 3	0.515 4	0.689 6	0.739 8	0.787 2
8.20	0.0000	0.001 9	0.006 7	0.014 5	0.028 6	0.045 9	0.061 0	0.078 2	0.098 8	0.241 4	0.349 1	0.480 3	0.547 9	0.526 3	0.696 6	0.745 1	0.791 3
8.30	0.0000	0.00 39	0.00 84	0.020 1	0.035 4	0.052 5	0.067 9	0.085 3	0.107 2	0.254 0	0.359 3	0.487 0	0.554 6	0.536 5	0.700 1	0.751 8	0.795 2
8.40	0.001 0	0.00 56	0.012 7	0.025 4	0.042 1	0.059 8	0.074 6	0.093 0	0.115 3	0.265 7	0.370 1	0.495 0	0.559 9	0.542 2	0.703 3	0.758 8	0.798 9
8.50	0.002 9	0.007 1	0.018 0	0.031 4	0.048 3	0.066 4	0.081 4	0.101 0	0.128 0	0.276 0	0.381 0	0.500 3	0.566 1	0.549 0	0.709 3	0.764 5	0.803 5
8.60	0.004 3	0.009 4	0.023 7	0.037 6	0.054 9	0.072 9	0.088 2	0.108 6	0.139 0	0.285 8	0.392 5	0.505 6	0.572 9	0.554 4	0.716 0	0.770 1	0.811 2
8.70	0.005 8	0.014 8	0.028 5	0.043 6	0.061 2	0.079 2	0.096 1	0.119 3	0.152 4	0.295 6	0.404 7	0.511 4	0.580 9	0.561 2	0.721 4	0.774 5	0.816 4
8.80	0.007 2	0.019 7	0.035 0	0.049 1	0.067 5	0.085 7	0.103 6	0.130 5	0.166 4	0.303 7	0.416 8	0.516 3	0.587 0	0.566 1	0.726 6	0.779 0	0.820 9
8.90	0.010 8	0.024 4	0.041 1	0.055 6	0.073 4	0.092 8	0.112 6	0.142 1	0.179 7	0.311 0	0.432 0	0.521 5	0.593 9	0.571 1	0.731 4	0.782 3	0.825 0
9.00	0.015 3	0.028 9	0.046 3	0.061 3	0.079 6	0.099 9	0.123 7	0.155 7	0.190 9	0.317 4	0.445 5	0.525 9	0.603 4	0.575 9	0.738 2	0.785 6	0.827 7
9.10	0.019 9	0.035 1	0.051 6	0.067 3	0.085 6	0.107 2	0.134 1	0.168 9	0.202 8	0.333 4	0.456 7	0.531 6	0.613 3	0.581 3	0.743 6	0.789 0	0.830 3
9.20	0.024 0	0.040 6	0.057 5	0.072 6	0.092 6	0.117 8	0.146 8	0.179 7	0.213 4	0.329 8	0.466 2	0.537 3	0.623 9	0.586 8	0.749 5	0.792 9	0.833 2
9.30	0.028 2	0.045 3	0.063 2	0.078 6	0.099 1	0.127 7	0.159 0	0.190 6	0.224 3	0.338 1	0.472 1	0.542 5	0.630 8	0.590 2	0.755 5	0.797 1	0.836 7

续表

磁刚度/GV	轨道高度/km																
	200	300	400	500	600	700	800	900	1 000	1 500	2 000	2 500	3 000	3 500	4 000	4 500	5 000
9.40	0.033 8	0.050 2	0.068 7	0.084 4	0.107 5	0.139 0	0.170 6	0.202 1	0.234 2	0.346 3	0.479 3	0.547 2	0.636 5	0.693 9	0.759 4	0.800 6	0.840 6
9.50	0.038 8	0.055 6	0.073 9	0.090 9	0.117 6	0.151 3	0.180 8	0.212 0	0.244 1	0.355 3	0.484 4	0.552 5	0.641 9	0.699 7	0.763 3	0.807 4	0.843 3
9.60	0.043 1	0.061 0	0.079 5	0.097 2	0.126 9	0.163 3	0.191 6	0.222 4	0.253 6	0.365 1	0.488 9	0.558 2	0.646 8	0.705 0	0.767 2	0.813 0	0.846 0
9.70	0.047 5	0.066 1	0.084 8	0.106 4	0.138 6	0.173 1	0.201 7	0.231 4	0.262 9	0.374 0	0.493 4	0.565 8	0.652 1	0.708 6	0.770 2	0.818 5	0.849 0
9.80	0.052 6	0.0708	0.0909	0.115 3	0.149 4	0.182 8	0.211 5	0.241 4	0.271 3	0.385 5	0.498 4	0.571 3	0.656 9	0.713 5	0.773 3	0.818 5	0.852 1
9.90	0.057 4	0.076 1	0.097 4	0.124 7	0.160 5	0.193 1	0.221 1	0.250 1	0.279 0	0.396 4	0.502 6	0.576 6	0.660 3	0.718 0	0.776 3	0.821 6	0.855 1
10.00	0.062 2	0.081 0	0.106 1	0.135 9	0.169 6	0.202 5	0.229 7	0.259 4	0.285 8	0.408 9	0.506 7	0.582 5	0.663 8	0.725 1	0.779 6	0.824 4	0.857 8
10.10	0.066 6	0.086 6	0.114 6	0.145 5	0.178 9	0.212 0	0.239 5	0.267 5	0.292 2	0.421 7	0.511 2	0.592 0	0.669 4	0.730 3	0.783 6	0.827 0	0.861 0
10.20	0.071 5	0.092 8	0.124 2	0.156 0	0.188 8	0.220 6	0.247 6	0.274 8	0.297 5	0.431 8	0.516 0	0.599 6	0.673 2	0.735 1	0.786 7	0.830 2	0.862 8
10.30	0.076 1	0.100 7	0.134 8	0.164 6	0.197 9	0.228 9	0.256 9	0.281 3	0.302 6	0.440 7	0.520 7	0.610 1	0.675 9	0.740 2	0.789 7	0.833 1	0.864 7
10.40	0.081 1	0.109 0	0.143 5	0.173 4	0.206 9	0.238 1	0.264 1	0.287 0	0.307 7	0.449 0	0.525 6	0.617 0	0.679 4	0.744 7	0.797 3	0.035 4	0.866 3
10.50	0.087 0	0.117 7	0.153 5	0.182 8	0.214 9	0.245 6	0.270 8	0.292 1	0.312 9	0.454 9	0.529 4	0.622 3	0.684 7	0.748 9	0.801 2	0.837 7	0.868 2
10.60	0.094 3	0.127 6	0.161 4	0.191 6	0.222 8	0.254 4	0.276 9	0.297 0	0.319 7	0.460 7	0.533 7	0.626 6	0.688 6	0.752 7	0.804 8	0.840 6	0.869 9
10.70	0.101 7	0.135 8	0.169 8	0.200 0	0.231 5	0.261 5	0.282 6	0.301 9	0.326 2	0.466 0	0.538 6	0.630 7	0.693 0	0.756 2	0.807 2	0.843 1	0.871 3
10.80	0.109 1	0.145 0	0.178 1	0.207 5	0.239 0	0.267 9	0.287 3	0.307 3	0.333 1	0.470 0	0.542 8	0.635 4	0.697 1	0.759 0	0.809 8	0.845 8	0.872 3
10.90	0.118 7	0.152 5	0.186 7	0.215 3	0.246 7	0.273 6	0.292 3	0.313 4	0.341 2	0.473 8	0.547 7	0.639 7	0.701 0	0.761 9	0.812 1	0.848 3	0.873 4
11.00	0.126 7	0.160 3	0.194 8	0.223 5	0.254 6	0.278 9	0.296 9	0.319 7	0.349 1	0.477 8	0.554 0	0.643 6	0.705 8	0.764 5	0.815 1	0.850 6	0.875 0
11.10	0.134 8	0.167 9	0.201 9	0.231 1	0.260 6	0.283 4	0.302 3	0.326 6	0.357 2	0.481 9	0.558 5	0.646 4	0.711 3	0.767 4	0.819 0	0.853 6	0.877 1
11.20	0.134 8	0.176 2	0.209 2	0.238 0	0.266 3	0.288 2	0.307 9	0.333 8	0.367 2	0.485 1	0.563 2	0.649 5	0.715 7	0.770 6	0.821 0	0.856 1	0.879 4
11.30	0.149 2	0.184 3	0.216 8	0.246 2	0.271 1	0.292 5	0.313 8	0.341 8	0.378 4	0.488 6	0.568 6	0.654 3	0.720 1	0.772 9	0.823 1	0.857 1	0.882 1
11.40	0.156 5	0.190 9	0.224 2	0.251 9	0.275 8	0.297 6	0.320 5	0.349 7	0.388 9	0.493 0	0.576 6	0.657 1	0.724 1	0.775 3	0.825 1	0.858 2	0.884 9
11.50	0.163 9	0.197 5	0.231 0	0.257 5	0.280 3	0.302 8	0.327 8	0.359 1	0.399 6	0.496 7	0.584 6	0.660 1	0.728 6	0.779 1	0.827 6	0.860 2	0.888 0

续表

磁刚度/GV	轨道高度/km																
	200	300	400	500	600	700	800	900	1 000	1 500	2 000	2 500	3 000	3 500	4 000	4 500	5 000
11.60	0.171 8	0.204 8	0.237 8	0.262 1	0.284 6	0.308 3	0.335 0	0.370 2	0.407 6	0.500 7	0.592 7	0.664 0	0.732 0	0.783 8	0.830 3	0.861 9	0.890 5
11.70	0.178 5	0.212 1	0.244 7	0.268 8	0.289 4	0.314 6	0.342 7	0.380 6	0.414 4	0.504 4	0.599 8	0.667 1	0.735 7	0.787 6	0.832 4	0.863 5	0.801 2
11.80	0.184 4	0.218 8	0.249 7	0.270 8	0.294 2	0.320 9	0.351 1	0.391 0	0.421 7	0.508 4	0.604 4	0.669 8	0.740 1	0.791 4	0.834 3	0.864 4	0.891 1
11.90	0.190 9	0.224 7	0.254 7	0.275 5	0.299 2	0.327 7	0.361 9	0.398 6	0.428 7	0.511 7	0.607 7	0.672 5	0.743 3	0.794 3	0.836 2	0.865 4	0.893 2
12.00	0.197 8	0.231 6	0.258 6	0.279 5	0.304 9	0.335 2	0.372 1	0.405 4	0.433 5	0.515 5	0.611 1	0.675 9	0.745 7	0.797 4	0.838 5	0.866 7	0.894 6
12.10	0.204 7	0.237 8	0.263 1	0.284 5	0.311 0	0.343 2	0.382 0	0.412 4	0.439 1	0.519 6	0.615 6	0.680 3	0.748 2	0.799 4	0.841 3	0.868 6	0.894 9
12.20	0.210 5	0.242 3	0.266 9	0.289 0	0.317 2	0.352 2	0.390 0	0.419 2	0.442 8	0.522 8	0.619 3	0.685 4	0.750 6	0.801 7	0.843 6	0.870 6	0.896 5
12.30	0.216 5	0.246 7	0.271 2	0.294 0	0.324 4	0.363 3	0.396 5	0.424 8	0.446 2	0.526 3	0.622 5	0.690 5	0.753 6	0.804 3	0.845 6	0.872 6	0.897 6
12.40	0.222 6	0.250 5	0.275 6	0.299 9	0.331 7	0.373 9	0.402 8	0.430 3	0.449 8	0.531 6	0.626 0	0.694 5	0.755 6	0.806 3	0.846 6	0.875 2	0.898 9
12.50	0.228 2	0.254 6	0.280	0.305 5	0.339 9	0.409 5	0.434 3	0.452 9	0.535 4	0.628 4	0.698 4	0.698 0	0.757 6	0.808 2	0.847 6	0.878 0	0.899 3
12.60	0.232 3	0.258 3	0.284 2	0.311 8	0.350 4	0.388 0	0.415 9	0.437 4	0.455 9	0.538 9	0.631 9	0.700 9	0.759 6	0.810 4	0.849 3	0.880 3	0.899 7
12.70	0.236 4	0.262 9	0.289 2	0.319 1	0.360 4	0.394 1	0.421 3	0.440 9	0.459 1	0.543 1	0.634 3	0.704 0	0.761 9	0.813 5	0.851 2	0.881 3	0.900 6
12.80	0.239 9	0.266 9	0.294 7	0.325 8	0.368 4	0.400 4	0.425 5	0.444 0	0.462 2	0.547 6	0.638 0	0.707 6	0.766 2	0.815 7	0.852 4	0.882 8	0.901 6

表 4—5　倾角 30°，高度 200～5 000 km 地球圆轨道上各种磁刚度粒子的透过率

磁刚度/GV	轨道高度/km																
	200	300	400	500	600	700	800	900	1 000	1 500	2 000	2 500	3 000	3 500	4 000	4 500	5 000
1.12	0.0000	0.0000	0.0000	0.0000	0.0000	0.0000	0.0000	0.0000	0.0000	0.0000	0.0000	0.0000	0.0000	0.0000	0.0000	0.0000	0.0000
1.20	0.0000	0.0000	0.0000	0.0000	0.0000	0.0000	0.0000	0.0000	0.0000	0.0000	0.0000	0.0000	0.0000	0.0000	0.0000	0.000 7	0.000 8
1.30	0.0000	0.0000	0.0000	0.0000	0.0000	0.0000	0.0000	0.0000	0.0000	0.0000	0.0000	0.0000	0.0000	0.0000	0.000 2	0.00 20	0.00 38
1.40	0.0000	0.0000	0.0000	0.0000	0.0000	0.0000	0.0000	0.0000	0.0000	0.0000	0.0000	0.0000	0.0000	0.0000	0.001 1	0.003 8	0.007 7
1.50	0.0000	0.0000	0.0000	0.0000	0.0000	0.0000	0.0000	0.0000	0.0000	0.0000	0.0000	0.0000	0.0000	0.000 9	0.002 6	0.005 5	0.012 2
1.60	0.0000	0.0000	0.0000	0.0000	0.0000	0.0000	0.0000	0.0000	0.0000	0.0000	0.0000	0.0000	0.000 1	0.001 9	0.00 47	0.00 83	0.019 7
1.70	0.0000	0.0000	0.0000	0.0000	0.0000	0.0000	0.0000	0.0000	0.0000	0.0000	0.0000	0.0000	0.000 8	0.003 3	0.007 4	0.013 8	0.030 6
1.80	0.0000	0.0000	0.0000	0.0000	0.0000	0.0000	0.0000	0.0000	0.0000	0.0000	0.0000	0.000 5	0.002 1	0.005 2	0.011 3	0.020 8	0.041 8
1.90	0.0000	0.0000	0.0000	0.0000	0.0000	0.0000	0.0000	0.0000	0.0000	0.0000	0.0000	0.001 0	0.003 9	0.007 2	0.017 0	0.029 1	0.054 5
2.00	0.0000	0.0000	0.0000	0.0000	0.0000	0.0000	0.0000	0.0000	0.0000	0.0000	0.000 1	0.001 8	0.005 6	0.011 0	0.025 0	0.038 8	0.066 0
2.10	0.0000	0.0000	0.0000	0.0000	0.0000	0.0000	0.0000	0.0000	0.0000	0.0000	0.000 7	0.002 5	0.007 6	0.016 2	0.033 4	0.050 6	0.076 8
2.20	0.0000	0.0000	0.0000	0.0000	0.0000	0.0000	0.0000	0.0000	0.0000	0.0000	0.001 3	0.003 7	0.010 4	0.023 6	0.041 8	0.061 1	0.088 0
2.30	0.0000	0.0000	0.0000	0.0000	0.0000	0.0000	0.0000	0.0000	0.0000	0.000 2	0.002 5	0.005 9	0.014 7	0.033 3	0.051 0	0.072 5	0.099 6
2.40	0.0000	0.0000	0.0000	0.0000	0.0000	0.0000	0.0000	0.0000	0.0000	0.000 9	0.003 4	0.008 1	0.020 3	0.041 9	0.060 8	0.084 0	0.112 2
2.50	0.0000	0.0000	0.0000	0.0000	0.0000	0.0000	0.0000	0.0000	0.0000	0.001 5	0.004 5	0.012 3	0.026 2	0.050 9	0.070 9	0.095 5	0.125 7
2.60	0.0000	0.0000	0.0000	0.0000	0.0000	0.0000	0.0000	0.0000	0.000 1	0.002 3	0.005 9	0.017 0	0.032 7	0.060 4	0.081 6	0.108 0	0.139 8
2.70	0.0000	0.0000	0.0000	0.0000	0.0000	0.0000	0.000 1	0.000 3	0.000 6	0.003 3	0.007 9	0.022 4	0.039 8	0.069 9	0.092 5	0.120 8	0.155 9
2.80	0.0000	0.0000	0.0000	0.0000	0.0000	0.000 1	0.000 3	0.000 6	0.001 1	0.004 1	0.011 1	0.028 3	0.047 1	0.079 3	0.102 9	0.134 5	0.173 8
2.90	0.0000	0.0000	0.0000	0.0000	0.000 1	0.000 3	0.000 5	0.001 0	0.001 5	0.004 8	0.015 4	0.034 5	0.054 8	0.089 4	0.113 7	0.148 7	0.193 0
3.00	0.0000	0.0000	0.0000	0.000 1	0.000 4	0.000 6	0.000 9	0.001 6	0.002 3	0.006 2	0.020 2	0.041 2	0.063 6	0.099 0	0.124 9	0.163 1	0.218 2
3.10	0.0000	0.0000	0.000 2	0.000 4	0.000 8	0.001 2	0.001 7	0.002 2	0.003 0	0.008 6	0.025 3	0.047 8	0.072 1	0.109 0	0.136 8	0.179 0	0.244 5
3.20	0.0000	0.000 1	0.000 3	0.000 8	0.000 12	0.001 7	0.002 5	0.003 0	0.003 6	0.011 8	0.030 3	0.053 7	0.080 6	0.119 0	0.149 6	0.199 2	0.273 0
3.30	0.000 1	0.000 4	0.000 5	0.001 1	0.001 6	0.002 2	0.003 1	0.003 9	0.004 2	0.015 5	0.035 8	0.060 2	0.088 9	0.129 1	0.163 4	0.222 1	0.301 5

续表

磁刚度/GV	轨道高度/km																
	200	300	400	500	600	700	800	900	1 000	1 500	2 000	2 500	3 000	3 500	4 000	4 500	5 000
3.40	0.000 4	0.000 7	0.001 0	0.001 6	0.002 3	0.003 1	0.003 8	0.004 7	0.005 7	0.019 6	0.041 7	0.067 3	0.096 9	0.140 1	0.178 1	0.248 0	0.330 3
3.50	0.000 7	0.001 0	0.001 6	0.002 2	0.002 8	0.003 8	0.004 9	0.005 9	0.007 7	0.024 3	0.048 0	0.074 4	0.105 7	0.152 6	0.195 4	0.276 0	0.358 7
3.60	0.000 9	0.001 4	0.002 2	0.002 8	0.003 3	0.004 5	0.006 1	0.007 8	0.010 5	0.029 1	0.053 9	0.081 8	0.114 8	0.165 4	0.214 2	0.302 2	0.389 9
3.70	0.001 2	0.001 9	0.002 7	0.003 4	0.004 2	0.005 6	0.007 8	0.010 2	0.013 3	0.034 0	0.060 1	0.089 0	0.124 4	0.179 6	0.234 8	0.328 4	0.418 2
3.80	0.001 7	0.002 6	0.003 3	0.004 0	0.005 4	0.007 3	0.009 7	0.013 1	0.016 3	0.039 0	0.066 2	0.096 3	0.134 1	0.194 5	0.258 9	0.353 7	0.446 1
3.90	0.002 1	0.003 1	0.004 0	0.005 1	0.007 2	0.009 4	0.012 2	0.016 2	0.020 2	0.044 0	0.072 1	0.104 2	0.144 5	0.210 9	0.282 3	0.380 1	0.472 6
4.00	0.002 7	0.003 5	0.005 0	0.006 8	0.009 4	0.012 1	0.015 2	0.019 7	0.024 4	0.048 9	0.078 3	0.112 7	0.155 3	0.229 1	0.307 1	0.406 4	0.497 8
4.10	0.003 3	0.004 4	0.006 2	0.008 9	0.011 9	0.014 7	0.018 4	0.023 4	0.028 2	0.053 7	0.084 6	0.121 7	0.166 6	0.248 7	0.331 7	0.434 2	0.519 3
4.20	0.004 0	0.005 6	0.007 6	0.011 0	0.014 5	0.017 8	0.021 8	0.027 0	0.032 1	0.058 7	0.091 2	0.131 1	0.178 9	0.269 7	0.354 9	0.459 1	0.540 2
4.30	0.005 1	0.007 2	0.009 6	0.013 2	0.017 7	0.020 8	0.025 8	0.031 1	0.036 2	0.063 7	0.098 0	0.140 3	0.193 3	0.290 1	0.377 4	0.480 4	0.559 3
4.40	0.006 6	0.009 2	0.011 8	0.015 9	0.020 9	0.024 2	0.029 6	0.035 2	0.040 2	0.069 0	0.105 0	0.149 8	0.209 5	0.311 2	0.400 4	0.501 3	0.577 70
4.50	0.008 3	0.011 3	0.014 5	0.018 9	0.024 2	0.027 8	0.033 4	0.039 4	0.044 1	0.074 1	0.111 9	0.159 4	0.226 8	0.332 7	0.425 8	0.520 4	0.593 7
4.60	0.010 2	0.013 6	0.017 3	0.022 0	0.027 3	0.031 3	0.037 0	0.043 7	0.048 4	0.079 8	0.119 4	0.169 6	0.246 9	0.352 8	0.448 4	0.538 5	0.609 7
4.70	0.012 2	0.016 1	0.020 2	0.025 1	0.030 5	0.034 8	0.041 1	0.047 9	0.052 7	0.085 4	0.127 0	0.181 3	0.266 0	0.373 8	0.467 9	0.554 6	0.626 2
4.80	0.014 5	0.019 0	0.023 2	0.028 4	0.034 3	0.038 5	0.045 3	0.052 3	0.057 4	0.091 0	0.134 9	0.193 7	0.284 0	0.394 5	0.485 8	0.570 8	0.641 4
4.90	0.016 7	0.021 9	0.025 9	0.031 7	0.037 9	0.042 2	0.049 6	0.056 7	0.062 1	0.096 9	0.142 9	0.206 9	0.302 1	0.416 4	0.504 8	0.585 8	0.655 3
5.00	0.018 9	0.024 9	0.029 1	0.035 1	0.041 4	0.045 9	0.053 9	0.061 2	0.066 5	0.102 9	0.150 7	0.221 5	0.319 9	0.435 9	0.522 4	0.600 8	0.669 1
5.10	0.021 4	0.027 8	0.032 4	0.038 7	0.045 2	0.049 7	0.058 0	0.065 8	0.071 3	0.108 7	0.159 0	0.237 5	0.337 5	0.454 6	0.537 7	0.616 2	0.681 3
5.20	0.024 2	0.031 0	0.035 6	0.041 9	0.048 9	0.053 6	0.062 0	0.070 3	0.075 7	0.115 0	0.168 2	0.253 0	0.356 06	0.471 9	0.552 7	0.630 4	0.692 0
5.30	0.027 2	0.033 9	0.038 8	0.045 4	0.053 1	0.057 1	0.066 1	0.074 9	0.080 0	0.121 6	0.178 9	0.268 9	0.375 8	0.488 3	0.566 7	0.643 8	0.701 7
5.40	0.030 1	0.036 8	0.042 0	0.049 2	0.057 2	0.060 9	0.069 8	0.079 3	0.084 5	0.128 4	0.190 6	0.285 2	0.395 9	0.504 2	0.579 7	0.656 1	0.710 8
5.50	0.032 9	0.039 8	0.045 3	0.052 8	0.061 1	0.065 0	0.073 9	0.083 4	0.089 2	0.135 6	0.202 7	0.301 7	0.414 9	0.519 4	0.592 7	0.667 8	0.719 8
5.60	0.035 8	0.043 1	0.048 5	0.056 5	0.064 9	0.069 1	0.077 7	0.087 6	0.094 3	0.143 1	0.215 8	0.317 2	0.431 6	0.534 4	0.606 5	0.678 9	0.729 4

续表

磁刚度/GV	轨道高度/km																
	200	300	400	500	600	700	800	900	1 000	1 500	2 000	2 500	3 000	3 500	4 000	4 500	5 000
5.70	0.038 8	0.046 5	0.051 5	0.060 2	0.068 7	0.073 0	0.081 9	0.091 9	0.099 8	0.150 8	0.229 5	0.333 6	0.447 8	0.548 3	0.619 7	0.688 1	0.738 7
5.80	0.041 7	0.049 8	0.054 8	0.063 7	0.072 7	0.077 1	0.086 4	0.096 6	0.105 0	0.158 7	0.242 5	0.349 5	0.462 7	0.560 5	0.631 7	0.697 4	0.747 1
5.90	0.044 6	0.053 2	0.058 2	0.067 2	0.076 7	0.081 1	0.091 0	0.101 4	0.110 4	0.166 8	0.255 2	0.366 2	0.477 8	0.572 1	0.642 4	0.705 5	0.755 6
6.00	0.047 5	0.056 6	0.061 3	0.070 6	0.080 6	0.085 2	0.095 5	0.105 5	0.115 9	0.175 7	0.269 2	0.383 6	0.491 5	0.583 7	0.652 7	0.713 7	0.763 6
6.10	0.050 6	0.060 0	0.064 7	0.074 1	0.084 7	0.089 4	0.100 0	0.111 8	0.121 2	0.184 8	0.283 1	0.400 1	0.504 7	0.594 7	0.663 2	0.722 0	0.771 5
6.20	0.053 8	0.063 3	0.068 1	0.077 5	0.089 1	0.093 9	0.104 8	0.117 0	0.126 8	0.194 7	0.296 4	0.414 9	0.517 0	0.606 2	0.671 9	0.729 8	0.778 5
6.30	0.056 9	0.066 5	0.071 4	0.081 2	0.093 5	0.098 2	0.109 1	0.122 1	0.132 4	0.205 4	0.309 9	0.429 0	0.529 1	0.617 5	0.680 6	0.737 3	0.785 2
6.40	0.060 1	0.069 6	0.074 7	0.085 3	0.097 7	0.102 6	0.113 9	0.127 8	0.138 2	0.217 2	0.323 8	0.442 4	0.540 2	0.629 5	0.688 5	0.745 0	0.790 8
6.50	0.083 0	0.072 8	0.078 4	0.089 3	0.102 0	0.107 1	0.118 7	0.133 2	0.144 3	0.228 2	0.338 1	0.456 2	0.551 0	0.640 2	0.695 9	0.752 4	0.796 0
6.60	0.065 9	0.076 1	0.082 2	0.093 3	0.106 3	0.112 0	0.124 1	0.138 8	0.151 0	0.239 4	0.353 5	0.469 9	0.562 1	0.648 7	0.703 1	0.759 4	0.801 9
6.70	0.068 7	0.079 4	0.085 7	0.097 2	0.110 6	0.116 8	0.129 7	0.144 9	0.157 9	0.251 3	0.368 4	0.483 5	0.572 9	0.656 4	0.710 4	0.766 5	0.807 4
6.80	0.071 6	0.083 0	0.089 3	0.101 5	0.115 1	0.121 8	0.135 4	0.151 3	0.165 3	0.263 0	0.382 1	0.495 0	0.583 6	0.664 1	0.717 3	0.773 6	0.812 4
6.90	0.074 5	0.086 4	0.093 2	0.105 7	0.119 6	0.127 0	0.141 5	0.157 9	0.173 1	0.274 0	0.394 7	0.505 8	0.594 4	0.671 5	0.724 8	0.779 4	0.817 5
7.00	0.077 7	0.090 2	0.097 1	0.110 0	0.124 2	0.132 5	0.147 6	0.165 1	0.181 2	0.285 2	0.407 3	0.516 0	0.604 5	0.678 6	0.732 2	0.784 3	0.822 4
7.10	0.081 1	0.093 9	0.101 2	0.114 3	0.129 2	0.138 2	0.154 4	0.172 5	0.190 0	0.296 5	0.420 0	0.525 9	0.613 8	0.6858 8	0.738 7	0.789 3	0.827 4
7.20	0.084 3	0.097 5	0.105 5	0.118 7	0.134 3	0.144 0	0.161 0	0.180 5	0.199 1	0.308 4	0.432 6	0.535 6	0.622 4	0.692 9	0.745 1	0.794 2	0.831 8
7.30	0.087 5	0.101 5	0.109 5	0.123 3	0.139 4	0.150 4	0.167 9	0.188 7	0.208 3	0.320 2	0.443 5	0.545 3	0.630 6	0.699 7	0.751 3	0.799 0	0.836 1
7.40	0.091 0	0.105 3	0.114 0	0.128 0	0.144 9	0.157 3	0.175 6	0.197 2	0.217 6	0.332 2	0.454 0	0.554 9	0.638 5	0.706 0	0.757 4	0.803 5	0.840 1
7.50	0.094 4	0.109 1	0.118 5	0.132 7	0.151 1	0.164 2	0.183 3	0.206 2	0.226 9	0.344 4	0.464 6	0.564 3	0.645 5	0.711 8	0.763 6	0.807 7	0.843 8
7.60	0.098 0	0.113 2	0.123 0	0.137 8	0.157 9	0.171 4	0.191 3	0.215 1	0.235 7	0.356 7	0.475 1	0.573 8	0.652 0	0.717 5	0.769 3	0.812 3	0.847 1
7.70	0.101 6	0.117 2	0.127 7	0.143 4	0.164 7	0.178 7	0.199 9	0.223 8	0.245 0	0.368 6	0.484 6	0.583 0	0.658 7	0.723 1	0.774 3	0.816 9	0.850 2
7.80	0.105 2	0.121 4	0.132 8	0.149 4	0.171 6	0.186 3	0.208 2	0.232 4	0.254 6	0.379 7	0.494 4	0.591 4	0.665 1	0.728 8	0.778 5	0.821 1	0.853 2
7.90	0.109 0	0.125 7	0.137 9	0.155 3	0.178 6	0.194 2	0.216 9	0.241 3	0.264 0	0.390 4	0.503 9	0.599 6	0.671 5	0.734 5	0.782 7	0.825 4	0.856 0

续表

磁刚度/GV	轨道高度/km																
	200	300	400	500	600	700	800	900	1 000	1 500	2 000	2 500	3 000	3 500	4 000	4 500	5 000
8.00	0.112 8	0.130 3	0.143 5	0.161 9	0.185 7	0.202 0	0.225 1	0.249 9	0.273 3	0.401 1	0.512 8	0.607 2	0.677 8	0.740 3	0.787 1	0.829 6	0.858 8
8.10	0.116 7	0.135 2	0.149 1	0.168 5	0.193 3	0.210 2	0.233 7	0.258 8	0.282 6	0.411 5	0.521 6	0.614 5	0.683 6	0.745 7	0.791 6	0.832 9	0.861 5
8.20	0.121 1	0.140 2	0.155 0	0.175 4	0.200 6	0.218 6	0.242 0	0.268 0	0.292 2	0.421 8	0.530 0	0.621 1	0.689 1	0.750 9	0.795 8	0.836 3	0.864 1
8.30	0.125 5	0.145 6	0.161 0	0.182 4	0.207 9	0.226 7	0.250 2	0.276 7	0.302 0	0.431 8	0.537 8	0.627 7	0.694 4	0.755 7	0.799 6	0.839 4	0.866 6
8.40	0.129 9	0.151 2	0.167 7	0.189 3	0.215 5	0.234 8	0.258 9	0.285 7	0.312 7	0.440 8	0.545 7	0.634 6	0.699 7	0.760 5	0.803 5	0.842 3	0.869 0
8.50	0.134 9	0.156 7	0.174 4	0.196 8	0.223 2	0.242 6	0.267 7	0.295 0	0.323 0	0.449 8	0.553 4	0.640 9	0.705 4	0.764 6	0.807 2	0.845 0	0.871 2
8.60	0.139 9	0.162 5	0.181 0	0.203 9	0.230 5	0.250 7	0.276 4	0.304 8	0.333 3	0.458 5	0.561 0	0.646 8	0.710 3	0.768 8	0.810 5	0.847 6	0.873 4
8.70	0.144 9	0.168 8	0.187 9	0.210 8	0.238 3	0.259 0	0.285 4	0.314 5	0.343 3	0.467 3	0.568 5	0.652 3	0.715 5	0.772 9	0.814 2	0.849 9	0.875 4
8.80	0.150 1	0.175 0	0.194 5	0.217 9	0.246 1	0.267 7	0.294 1	0.324 6	0.352 4	0.475 6	0.576 6	0.657 4	0.720 4	0.777 0	0.817 8	0.852 4	0.877 4
8.90	0.155 4	0.181 3	0.201 2	0.225 1	0.253 8	0.276 6	0.303 0	0.334 2	0.361 7	0.483 4	0.584 2	0.662 1	0.725 3	0.780 6	0.821 1	0.854 6	0.879 1
9.00	0.161 0	0.187 6	0.207 8	0.232 3	0.262 0	0.285 2	0.312 5	0.343 0	0.370 9	0.490 7	0.591 1	0.667 0	0.730 1	0.784 3	0.824 0	0.856 8	0.880 7
9.10	0.166 9	0.194 1	0.214 6	0.239 7	0.270 2	0.293 3	0.322 1	0.352 0	0.379 5	0.497 6	0.596 9	0.671 9	0.734 5	0.787 9	0.826 9	0.859 0	0.882 4
9.20	0.172 4	0.200 2	0.221 6	0.247 0	0.278 4	0.302 0	0.331 2	0.361 0	0.388 0	0.504 2	0.602 7	0.676 8	0.739 2	0.791 4	0.829 7	0.861 0	0.884 2
9.30	0.178 5	0.206 4	0.228 6	0.254 6	0.286 6	0.311 2	0.339 9	0.369 0	0.395 9	0.511 2	0.608 4	0.681 6	0.743 8	0.794 6	0.832 3	0.862 9	0.885 8
9.40	0.184 5	0.212 5	0.235 4	0.262 3	0.295 0	0.320 3	0.348 4	0.377 3	0.403 5	0.518 2	0.613 7	0.686 0	0.747 7	0.797 7	0.834 7	0.864 7	0.887 5
9.50	0.190 2	0.219 0	0.242 4	0.269 8	0.303 8	0.328 8	0.356 4	0.385 5	0.411 0	0.525 3	0.618 8	0.690 3	0.751 9	0.800 8	0.836 9	0.866 7	0.889 1
9.60	0.196 2	0.225 6	0.249 4	0.277 5	0.312 4	0.337 3	0.364 4	0.393 1	0.418 4	0.532 0	0.623 7	0.694 8	0.755 6	0.803 9	0.839 1	0.868 5	0.890 5
9.70	0.202 0	0.232 2	0.256 5	0.285 8	0.320 4	0.345 1	0.372 0	0.400 4	0.426 3	0.538 6	0.628 5	0.699 0	0.758 8	0.806 9	0.841 3	0.870 1	0.891 7
9.80	0.207 7	0.238 4	0.264 0	0.294 0	0.328 1	0.352 9	0.380 0	0.407 6	0.433 9	0.545 2	0.633 4	0.703 3	0.762 1	0.809 6	0.843 6	0.871 6	0.892 8
9.90	0.214 0	0.245 2	0.271 7	0.301 9	0.336 0	0.360 3	0.387 6	0.414 7	0.441 1	0.551 7	0.637 9	0.707 7	0.765 2	0.812 2	0.845 8	0.873 2	0.893 8
10.00	0.220 2	0.251 7	0.279 3	0.309 5	0.343 5	0.367 6	0.394 7	0.422 5	0.447 9	0.558 2	0.642 0	0.712 2	0.768 3	0.814 7	0.847 7	0.874 8	0.894 9
10.10	0.226 2	0.258 5	0.287 2	0.317 1	0.350 9	0.374 9	0.401 8	0.429 4	0.454 4	0.564 8	0.646 6	0.716 4	0.771 4	0.817 3	0.849 5	0.876 2	0.895 9
10.20	0.232 4	0.265 8	0.294 9	0.324 6	0.357 7	0.381 7	0.408 8	0.435 9	0.460 9	0.570 4	0.650 9	0.720 9	0.774 7	0.819 7	0.851 2	0.877 6	0.897 1

续表

磁刚度/GV	轨道高度/km																
	200	300	400	500	600	700	800	900	1 000	1 500	2 000	2 500	3 000	3 500	4 000	4 500	5 000
10.30	0.238 6	0.273 1	0.302 0	0.331 8	0.364 4	0.388 8	0.416 0	0.442 5	0.467 2	0.575 7	0.655 3	0.724 4	0.777 6	0.821 9	0.852 9	0.879 0	0.897 9
10.40	0.244 9	0.280 4	0.309 2	0.338 6	0.371 4	0.395 5	0.423 0	0.448 7	0.472 7	0.580 8	0.659 4	0.728 3	0.780 6	0.824 1	0.854 7	0.880 3	0.898 8
10.50	0.251 4	0.287 6	0.316 2	0.345 2	0.377 9	0.402 4	0.429 2	0.454 6	0.478 4	0.585 9	0.663 5	0.731 9	0.783 8	0.826 2	0.856 4	0.881 7	0.899 5
10.60	0.258 1	0.294 5	0.323 0	0.351 8	0.384 5	0.409 2	0.435 4	0.460 4	0.484 1	0.590 4	0.667 6	0.735 2	0.786 5	0.828 3	0.858 1	0.882 9	0.900 2
10.70	0.265 0	0.301 1	0.329 5	0.358 3	0.391 1	0.415 8	0.441 1	0.466 2	0.490 0	0.594 9	0.671 8	0.738 4	0.789 1	0.830 3	0.859 7	0.884 0	0.900 7
10.80	0.271 4	0.307 7	0.335 7	0.364 7	0.397 6	0.422 2	0.446 6	0.471 5	0.495 5	0.599 5	0.675 7	0.741 5	0.791 8	0.832 3	0.861 3	0.885 0	0.901 2
10.90	0.277 8	0.314 0	0.342 2	0.371 0	0.403 9	0.428 2	0.451 8	0.477 0	0.501 2	0.603 5	0.679 2	0.744 4	0.794 1	0.834 0	0.862 6	0.886 0	0.901 7
11.00	0.284 2	0.320 3	0.348 4	0.377 3	0.410 2	0.433 7	0.457 5	0.482 2	0.506 8	0.607 8	0.682 8	0.747 2	0.796 4	0.835 8	0.863 9	0.886 9	0.902 2
11.10	0.290 2	0.326 3	0.354 2	0.383 8	0.415 9	0.438 8	0.463 2	0.487 6	0.512 3	0.611 4	0.686 4	0.749 8	0.798 8	0.837 4	0.865 2	0.887 9	0.902 8

表4—6　倾角60°,高度200～5 000 km地球圆轨道上各种磁刚度粒子的透过率

磁刚度/GV	轨道高度/km																
	200	300	400	500	600	700	800	900	1 000	1 500	2 000	2 500	3 000	3 500	4 000	4 500	5 000
0.03	0.0000	0.0000	0.0000	0.0000	0.0000	0.0000	0.0000	0.0000	0.0000	0.0000	0.0000	0.0000	0.0000	0.0000	0.0000	0.0000	0.0000
0.10	0.003 8	0.004 4	0.004 7	0.004 0	0.004 7	0.005 8	0.006 0	0.005 7	0.005 2	0.008 9	0.012 4	0.016 0	0.020 2	0.025 0	0.028 2	0.032 1	0.037 0
0.20	0.014 0	0.015 5	0.017 5	0.018 0	0.018 8	0.020 4	0.021 7	0.023 0	0.024 2	0.029 9	0.035 8	0.039 7	0.048 0	0.053 0	0.061 5	0.068 3	0.066 1
0.30	0.024 6	0.025 7	0.027 5	0.029 7	0.031 4	0.033 4	0.034 4	0.035 3	0.037 4	0.044 4	0.053 9	0.060 2	0.071 2	0.074 0	0.084 7	0.086 4	0.100 3
0.40	0.033 3	0.034 7	0.038 1	0.041 1	0.041 9	0.042 2	0.046 3	0.049 5	0.050 8	0.059 8	0.068 8	0.080 9	0.085 9	0.101 8	0.103 1	0.118 0	0.128 5
0.50	0.040 8	0.045 3	0.046 8	0.048 3	0.051 0	0.055 1	0.057 2	0.058 6	0.060 7	0.073 0	0.085 2	0.098 0	0.106 6	0.123 6	0.125 9	0.144 0	0.156 2
0.60	0.048 8	0.052 3	0.054 8	0.057 0	0.061 1	0.064 8	0.065 9	0.067 8	0.070 5	0.086 5	0.100 4	0.112 3	0.127 2	0.144 2	0.154 6	0.171 9	0.186 5
0.70	0.055 5	0.058 0	0.062 4	0.066 4	0.070 7	0.073 0	0.075 5	0.079 6	0.082 4	0.097 9	0.115 9	0.131 0	0.145 6	0.167 6	0.177 9	0.196 6	0.215 0
0.80	0.062 2	0.066 7	0.072 2	0.074 8	0.079 5	0.080 9	0.085 4	0.090 0	0.091 3	0.110 6	0.129 6	0.149 4	0.163 4	0.190 0	0.200 0	0.220 8	0.243 4
0.90	0.068 6	0.075 4	0.079 0	0.081 3	0.086 8	0.089 9	0.095 5	0.099 8	0.100 5	0.123 3	0.142 0	0.165 2	0.180 4	0.211 4	0.222 4	0.243 9	0.266 6
1.00	0.076 2	0.082 7	0.086 0	0.088 5	0.096 1	0.099 5	0.104 6	0.108 8	0.110 1	0.135 2	0.156 5	0.181 3	0.201 7	0.233 0	0.242 7	0.266 2	0.288 1
1.10	0.083 2	0.089 5	0.092 9	0.096 5	0.104 7	0.107 6	0.112 9	0.117 6	0.118 7	0.146 6	0.172 8	0.199 9	0.223 0	0.252 5	0.263 3	0.288 0	0.309 8
1.20	0.089 1	0.095 6	0.099 5	0.104 0	0.112 7	0.115 3	0.121 0	0.126 5	0.128 4	0.160 3	0.189 9	0.217 6	0.241 0	0.269 4	0.283 1	0.307 9	0.330 7
1.30	0.094 8	0.101 8	0.106 9	0.112 4	0.121 4	0.124 7	0.131 1	0.137 5	0.140 5	0.174 3	0.205 6	0.233 9	0.256 8	0.285 3	0.302 0	0.326 9	0.350 5
1.40	0.101 3	0.109 9	0.115 5	0.121 6	0.131 3	0.134 8	0.142 0	0.149 1	0.152 5	0.188 1	0.219 4	0.248 7	0.270 7	0.300 8	0.319 8	0.344 2	0.368 2
1.50	0.108 9	0.118 3	0.124 6	0.130 9	0.140 9	0.144 7	0.152 6	0.160 7	0.164 1	0.201 2	0.231 4	0.262 0	0.283 5	0.316 0	0.335 7	0.360 0	0.384 4
1.60	0.116 6	0.126 9	0.133 0	0.139 4	0.149 9	0.154 7	0.163 3	0.171 2	0.174 9	0.213 0	0.242 5	0.274 3	0.295 6	0.330 5	0.350 5	0.374 9	0.399 0
1.70	0.124 2	0.134 6	0.141 3	0.148 2	0.159 4	0.164 3	0.173 5	0.181 3	0.184 8	0.223 6	0.253 1	0.285 6	0.308 9	0.345 0	0.364 5	0.388 4	0.412 5
1.80	0.131 6	0.142 4	0.149 3	0.156 8	0.168 7	0.174 0	0.182 9	0.190 8	0.194 3	0.233 5	0.263 8	0.297 3	0.322 0	0.358 4	0.377 3	0.401 2	0.425 1
1.90	0.138 8	0.150 5	0.157 3	0.165 4	0.177 7	0.182 7	0.191 8	0.199 7	0.203 5	0.243 2	0.274 6	0.308 9	0.334 5	0.371 1	0.389 6	0.413 2	0.436 9
2.00	0.146 3	0.158 0	0.165 4	0.173 9	0.186 4	0.191 1	0.200 0	0.207 9	0.211 8	0.252 3	0.284 9	0.320 3	0.346 7	0.383 0	0.401 2	0.424 6	0.448 4
2.10	0.153 4	0.165 5	0.173 1	0.181 7	0.194 3	0.198 9	0.207 5	0.216 2	0.220 5	0.261 1	0.295 3	0.331 0	0.358 3	0.393 9	0.412 2	0.435 8	0.459 8

续表

磁刚度/GV	轨道高度/km																
	200	300	400	500	600	700	800	900	1 000	1 500	2 000	2 500	3 000	3 500	4 000	4 500	5 000
2.20	0.160 0	0.172 4	0.180 3	0.189 2	0.201 3	0.205 9	0.215 3	0.223 7	0.228 4	0.269 8	0.305 3	0.341 9	0.369 6	0.404 3	0.422 9	0.446 5	0.470 4
2.30	0.166 2	0.178 9	0.186 9	0.195 7	0.208 3	0.212 9	0.222 6	0.231 5	0.236 3	0.278 7	0.315 0	0.352 0	0.379 6	0.414 5	0.432 7	0.457 1	0.481 2
2.40	0.172 1	0.184 9	0.193 3	0.202 2	0.214 5	0.219 8	0.229 5	0.238 5	0.243 7	0.287 7	0.324 3	0.361 8	0.388 9	0.423 6	0.442 3	0.467 0	0.492 0
2.50	0.174 4	0.190 9	0.199 0	0.208 3	0.221 0	0.226 1	0.236 3	0.245 7	0.250 7	0.296 1	0.333 3	0.371 0	0.397 9	0.432 5	0.451 5	0.476 7	0.502 3
2.60	0.182 9	0.196 5	0.204 9	0.214 0	0.227 1	0.232 7	0.242 8	0.252 4	0.258 0	0.304 5	0.341 8	0.379 6	0.406 2	0.441 1	0.460 2	0.486 8	0.513 1
2.70	0.188 0	0.201 9	0.210 4	0.220 1	0.233 4	0.238 9	0.249 5	0.259 5	0.265 5	0.312 6	0.349 8	0.387 3	0.414 1	0.449 2	0.469 1	0.496 5	0.523 8
2.80	0.193 2	0.207 2	0.216 0	0.225 8	0.239 5	0.245 4	0.256 3	0.266 3	0.272 3	0.320 4	0.357 5	0.395 0	0.421 8	0.457 0	0.477 6	0.506 5	0.534 9
2.90	0.198 0	0.212 4	0.221 2	0.231 5	0.245 7	0.251 6	0.263 0	0.273 1	0.279 4	0.327 9	0.364 7	0.402 2	0.429 0	0.464 9	0.486 2	0.516 3	0.546 7
3.00	0.202 8	0.217 5	0.226 7	0.237 3	0.251 7	0.257 9	0.269 2	0.279 5	0.286 2	0.335 1	0.371 8	0.409 3	0.436 3	0.472 6	0.494 5	0.526 6	0.559 9
3.10	0.207 5	0.222 5	0.232 2	0.243 0	0.257 4	0.264 1	0.275 5	0.286 0	0.292 6	0.342 0	0.378 5	0.415 9	0.443 2	0.480 4	0.503 3	0.537 2	0.574 2
3.20	0.212 1	0.227 7	0.237 6	0.248 5	0.263 4	0.269 9	0.281 4	0.292 2	0.299 1	0.348 7	0.385 2	0.422 6	0.450 2	0.488 0	0.511 9	0.548 4	0.590 2
3.30	0.216 7	0.232 6	0.242 6	0.254 0	0.269 3	0.275 9	0.287 4	0.298 2	0.305 2	0.354 8	0.391 4	0.429 0	0.457 0	0.495 5	0.520 8	0.561 3	0.605 4
3.40	0.221 4	0.237 6	0.247 8	0.259 3	0.274 7	0.281 4	0.293 2	0.304 3	0.311 1	0.360 9	0.397 7	0.435 4	0.463 7	0.503 2	0.530 1	0.575 0	0.620 6
3.50	0.226 1	0.242 6	0.253 1	0.264 9	0.280 2	0.287 0	0.298 9	0.309 9	0.317 1	0.366 6	0.403 4	0.441 3	0.470 4	0.510 8	0.540 1	0.589 5	0.635 0
3.60	0.230 5	0.247 4	0.258 0	0.270 0	0.285 5	0.292 3	0.304 4	0.315 5	0.322 9	0.372 4	0.409 1	0.447 4	0.477 1	0.518 6	0.551 1	0.603 5	0.650 0
3.70	0.235 2	0.252 1	0.263 0	0.275 0	0.290 9	0.297 4	0.309 8	0.321 2	0.328 1	0.377 9	0.414 8	0.453 1	0.483 7	0.526 6	0.562 6	0.616 9	0.665 6
3.80	0.239 8	0.256 9	0.268 0	0.280 1	0.295 9	0.302 7	0.314 9	0.326 1	0.333 4	0.382 7	0.420 1	0.458 9	0.490 5	0.535 1	0.575 5	0.630 2	0.680 5
3.90	0.244 0	0.261 6	0.272 6	0.284 8	0.300 7	0.307 6	0.319 8	0.331 0	0.338 2	0.387 8	0.425 6	0.464 7	0.497 2	0.544 2	0.588 0	0.643 5	0.694 2
4.00	0.248 2	0.266 0	0.276 9	0.289 4	0.305 6	0.312 1	0.324 6	0.335 8	0.343 1	0.393 0	0.430 9	0.470 6	0.504 2	0.554 1	0.600 1	0.657 3	0.705 6
4.10	0.252 5	0.270 2	0.281 5	0.293 9	0.309 7	0.316 8	0.329 0	0.340 5	0.348 0	0.397 7	0.436 1	0.476 3	0.511 4	0.564 7	0.612 0	0.671 6	0.715 9
4.20	0.256 5	0.274 4	0.285 9	0.298 2	0.314 2	0.321 3	0.333 5	0.345 1	0.352 2	0.402 4	0.441 4	0.482 2	0.518 9	0.576 3	0.623 7	0.683 8	0.726 8
4.30	0.260 4	0.278 6	0.289 9	0.302 3	0.318 6	0.325 3	0.338 1	0.349 4	0.356 7	0.407 1	0.446 6	0.488 2	0.527 2	0.587 2	0.635 6	0.694 5	0.736 8
4.40	0.264 2	0.282 3	0.293 7	0.306 4	0.322 7	0.329 6	0.342 2	0.353 6	0.361 0	0.411 7	0.451 7	0.494 2	0.535 7	0.598 0	0.648 0	0.705 0	0.746 2

续表

磁刚度/GV	轨道高度/km																
	200	300	400	500	600	700	800	900	1 000	1 500	2 000	2 500	3 000	3 500	4 000	4 500	5 000
4.50	0.268 0	0.286 2	0.297 7	0.310 4	0.326 4	0.333 8	0.346 3	0.357 7	0.365 3	0.416 1	0.456 9	0.500 3	0.545 2	0.608 9	0.660 4	0.714 6	0.754 3
4.60	0.271 5	0.290 0	0.301 4	0.314 0	0.330 6	0.337 6	0.350 2	0.361 8	0.369 5	0.420 7	0.462 1	0.506 7	0.555 3	0.619 0	0.672 1	0.723 4	0.762 6
4.70	0.274 8	0.293 4	0.305 0	0.318 0	0.334 4	0.341 4	0.354 0	0.365 8	0.373 4	0.425 2	0.467 2	0.513 2	0.565 2	0.629 4	0.682 2	0.731 9	0.771 1
4.80	0.278 2	0.296 7	0.308 7	0.321 5	0.337 8	0.344 9	0.358 1	0.369 6	0.377 5	0.429 3	0.472 3	0.520 2	0.574 8	0.639 4	0.691 5	0.740 5	0.778 5
4.90	0.281 4	0.300 4	0.312 0	0.325 0	0.341 4	0.348 7	0.361 7	0.373 4	0.381 2	0.433 6	0.477 5	0.527 7	0.584 4	0.650 7	0.700 6	0.748 0	0.785 6
5.00	0.284 6	0.303 8	0.315 3	0.328 4	0.344 9	0.352 4	0.365 2	0.377 1	0.385 1	0.438 2	0.482 8	0.535 5	0.593 6	0.661 0	0.709 3	0.755 4	0.792 1
5.10	0.287 9	0.306 9	0.318 6	0.331 7	0.348 6	0.355 9	0.368 9	0.380 9	0.389 0	0.442 3	0.488 1	0.544 1	0.602 5	0.670 6	0.717 2	0.762 7	0.797 5
5.20	0.290 9	0.309 8	0.321 8	0.335 3	0.351 9	0.359 1	0.372 4	0.384 6	0.392 7	0.446 8	0.493 8	0.552 5	0.612 1	0.679 0	0.724 6	0.769 7	0.802 5
5.30	0.293 7	0.313 1	0.325 1	0.338 6	0.355 3	0.362 6	0.375 9	0.388 2	0.396 5	0.451 1	0.498 8	0.561 0	0.621 7	0.687 8	0.731 8	0.776 3	0.807 4
5.40	0.296 6	0.316 3	0.328 2	0.341 7	0.358 4	0.366 1	0.379 4	0.391 5	0.400 1	0.455 6	0.506 1	0.569 2	0.631 9	0.696 3	0.738 8	0.782 1	0.811 8
5.50	0.299 5	0.319 3	0.331 1	0.344 8	0.361 8	0.369 4	0.382 8	0.395 0	0.403 8	0.460 1	0.512 6	0.577 2	0.641 1	0.703 5	0.745 6	0.788 0	0.816 7
5.60	0.302 4	0.322 1	0.334 2	0.347 9	0.364 9	0.372 7	0.386 0	0.398 8	0.407 6	0.464 5	0.519 4	0.585 2	0.650 2	0.710 1	0.752 2	0.793 4	0.821 2
5.70	0.305 2	0.324 9	0.337 2	0.351 0	0.368 1	0.375 8	0.389 4	0.402 2	0.411 1	0.469 0	0.526 8	0.593 0	0.658 7	0.716 2	0.758 6	0.797 9	0.825 7
5.80	0.307 8	0.327 8	0.340 0	0.354 0	0.371 2	0.378 9	0.392 9	0.405 7	0.414 9	0.473 6	0.533 9	0.600 9	0.666 2	0.722 5	0.764 7	0.802 1	0.830 0
5.90	0.310 4	0.330 5	0.342 9	0.357 1	0.374 4	0.382 3	0.396 2	0.409 1	0.418 7	0.478 4	0.541 0	0.609 1	0.673 3	0.728 5	0.770 4	0.805 9	0.834 5
6.00	0.312 9	0.333 3	0.345 8	0.360 0	0.377 5	0.385 5	0.399 5	0.412 7	0.422 4	0.483 8	0.548 2	0.617 8	0.680 2	0.734 6	0.775 5	0.809 8	0.838 8
6.10	0.315 5	0.336 1	0.348 5	0.363 0	0.380 5	0.388 6	0.402 8	0.416 1	0.426 1	0.489 2	0.555 2	0.626 2	0.686 9	0.739 9	0.780 1	0.814 1	0.842 9
6.20	0.318 2	0.338 7	0.351 3	0.365 9	0.383 6	0.392 0	0.406 1	0.419 8	0.429 8	0.494 7	0.562 1	0.633 8	0.692 9	0.746 1	0.784 6	0.817 9	0.846 4
6.30	0.320 6	0.341 4	0.351 4	0.368 8	0.386 6	0.395 1	0.409 4	0.423 3	0.433 7	0.500 4	0.569 1	0.641 5	0.699 3	0.751 9	0.788 3	0.821 6	0.849 7
6.40	0.323 1	0.343 9	0.356 9	0.371 7	0.389 7	0.398 3	0.412 8	0.426 9	0.437 5	0.506 2	0.576 0	0.648 5	0.704 8	0.757 4	0.792 1	0.825 5	0.852 2
6.50	0.325 5	0.346 6	0.359 6	0.374 8	0.392 8	0.401 3	0.416 4	0.430 6	0.441 4	0.512 2	0.582 8	0.655 1	0.710 3	0.762 2	0.795 8	0.829 2	0.854 8
6.60	0.327 9	0.349 3	0.362 4	0.377 8	0.395 6	0.404 7	0.419 7	0.434 2	0.445 5	0.518 6	0.589 9	0.661 6	0.715 7	0.766 6	0.799 6	0.832 7	0.857 4
6.70	0.330 4	0.351 9	365 2	0.380 4	0.398 6	0.408 0	0.423 1	0.438 0	0.449 6	0.524 7	0.597 3	0.667 3	0.720 9	0.770 7	0.803 2	0.836 1	0.860 1

续表

磁刚度/GV	轨道高度/km																
	200	300	400	500	600	700	800	900	1 000	1 500	2 000	2 500	3 000	3 500	4 000	4 500	5 000
6.80	0.332 8	0.354 6	0.367 8	0.383 2	0.402 0	0.411 4	0.426 6	0.441 8	0.454 2	0.530 4	0.604 8	0.673 1	0.726 1	0.774 8	0.806 7	0.839 5	0.862 5
6.90	0.335 2	0.357 1	0.370 6	0.386 2	0.405 1	0.414 8	0.430 3	0.445 9	0.458 7	0.536 2	0.611 5	0.678 6	0.731 3	0.778 6	0.810 0	0.842 2	0.864 9
7.00	0.337 7	0.359 8	0.373 3	0.389 3	0.408 3	0.418 1	0.433 8	0.450 0	0.463 2	0.541 9	0.518 0	0.683 8	0.736 7	0.782 2	0.813 5	0.844 6	0.867 5
7.10	0.340 0	0.362 3	0.376 0	0.392 3	0.411 4	0.421 6	0.437 7	0.454 2	0.468 0	0.547 7	0.624 1	0.688 9	0.741 6	0.785 4	0.816 8	0.846 9	0.869 7
7.20	0.342 5	0.364 9	0.378 9	0.395 3	0.414 5	0.425 0	0.441 6	0.458 8	0.473 1	0.553 6	0.630 1	0.693 9	0.746 0	0.788 3	0.820 0	0.849 3	0.871 8
7.30	0.344 9	0.367 5	0.381 6	0.398 3	0.417 7	0.428 7	0.445 8	0.463 3	0.478 0	0.559 2	0.636 3	0.698 6	0.750 3	0.791 3	0.823 3	0.851 6	0.873 7
7.40	0.347 2	0.370 2	0.384 4	0.401 3	0.421 3	0.432 8	0.449 9	0.458 1	0.483 2	0.565 5	0.641 7	0.703 1	0.754 2	0.794 4	0.826 3	0.853 9	0.875 6
7.50	0.349 6	0.372 8	0.387 3	0.404 3	0.424 8	0.436 7	0.454 4	0.472 8	0.488 2	0.571 6	0.647 2	0.707 6	0.757 9	0.797 1	0.829 2	0.856 1	0.877 3
7.60	0.352 2	0.375 4	0.390 3	0.407 5	0.428 8	0.440 7	0.458 9	0.477 4	0.493 4	0.577 9	0.652 3	0.712 4	0.760 9	0.800 0	0.831 9	0.858 2	0.878 9
7.70	0.354 6	0.378 1	0.393 1	0.410 9	0.432 1	0.445 0	0.463 3	0.482 4	0.498 1	0.583 6	0.657 0	0.716 8	0.784 0	0.803 0	0.834 2	0.860 3	0.880 4
7.80	0.356 9	0.380 9	0.398 0	0.414 4	0.435 8	0.449 4	0.467 8	0.487 3	0.502 8	0.589 3	0.661 5	0.721 2	0.766 9	0.805 8	0.836 3	0.862 4	0.881 8
7.90	0.359 4	0.383 6	0.399 1	0.417 9	0.439 8	0.453 9	0.472 3	0.492 0	0.507 7	0.595 0	0.665 7	0.725 6	0.769 8	0.808 4	0.833 4	0.864 3	0.883 3
8.00	0.362 0	0.386 3	0.402 6	0.421 3	0.444 0	0.458 2	0.447 0	0.496 4	0.512 6	0.600 5	0.669 6	0.729 8	0.772 6	0.811 0	0.840 6	0.866 3	0.884 6
8.10	0.364 5	0.389 3	0.405 9	0.425 1	0.448 0	0.462 6	0.481 5	0.500 9	0.517 6	0.605 8	0.674 0	0.733 4	0.775 4	0.814 1	0.842 7	0.867 8	0.886 0
8.20	0.367 0	0.392 3	0.409 4	0.428 9	0.452 2	0.467 0	0.485 9	0.505 5	0.522 5	0.610 7	0.678 0	0.736 7	0.778 1	0.816 8	0.844 6	0.869 2	0.887 3
8.30	0.369 6	0.395 5	0.412 8	0.432 8	0.456 4	0.471 2	0.490 1	0.510 3	0.527 4	0.615 5	0.682 3	0.740 0	0.780 8	0.819 3	0.846 5	0.870 8	0.888 7
8.40	0.372 3	0.398 6	0.416 3	0.436 6	0.460 4	0.475 5	0.494 6	0.515 1	0.532 3	0.620 0	0.686 4	0.742 9	0.783 4	0.821 6	0.848 2	0.872 2	0.889 9
8.50	0.375 2	0.401 7	0.419 9	0.440 4	0.464 5	0.479 6	0.498 8	0.519 8	0.537 5	0.624 6	0.690 6	0.745 7	0.786 0	0.823 7	0.849 9	0.873 5	0.891 0
8.60	0.378 2	0.405 0	0.423 7	0.444 3	0.468 2	0.483 9	0.503 5	0.524 4	0.543 0	0.528 7	0.694 3	0.748 3	0.788 7	0.825 6	0.851 8	0.874 9	0.892 2
8.70	0.381 1	0.408 5	0.427 2	0.448 3	0.472 2	0.488 1	0.508 1	0.529 2	0.547 8	0.632 7	0.698 2	0.750 8	0.791 2	0.827 3	0.853 4	0.876 0	0.893 3
8.80	0.383 9	0.411 9	0.431 0	0.452 1	0.476 4	0.492 4	0.512 6	0.534 2	0.552 8	0.636 5	0.702 2	0.753 4	0.793 5	0.829 3	0.855 1	0.877 4	0.894 3
8.90	0.387 0	0.415 2	0.434 6	0.455 8	0.480 4	0.496 7	0.517 2	0.539 2	0.557 6	0.640 3	0.706 0	0.755 8	0.795 9	0.830 8	0.856 6	0.878 6	0.895 3
9.00	0.390 2	0.418 7	0.438 3	0.459 6	0.484 4	0.501 2	0.521 9	0.543 8	0.562 0	0.643 9	0.709 6	0.758 1	0.798 3	0.832 7	0.858 1	0.879 9	0.896 2

续表

磁刚度/GV	轨道高度/km																
	200	300	400	500	600	700	800	900	1 000	1 500	2 000	2 500	3 000	3 500	4 000	4 500	5 000
9.10	0.393 4	0.422 0	0.442 0	0.463 4	0.488 4	0.505 6	0.526 5	0.548 4	0.566 4	0.647 6	0.712 8	0.760 5	0.800 5	0.831 4	0.859 4	0.880 8	0.897 1
9.20	0.396 5	0.425 5	0.445 6	0.467 2	0.492 4	0.510 0	0.531 1	0.552 9	0.570 8	0.651 1	0.715 5	0.763 1	0.802 7	0.833 0	0.860 7	0.881 9	0.898 0
9.30	0.399 4	0.429 0	0.449 2	0.471 1	0.496 7	0.514 5	0.535 4	0.557 0	0.575 1	0.654 6	0.718 1	0.765 4	0.804 9	0.537 6	0.862 0	0.882 8	0.898 8
9.40	0.402 7	0.432 2	0.452 7	0.475 0	0.500 5	0.519 1	0.539 9	0.561 2	0.579 1	0.657 9	0.720 8	0.767 7	0.807 0	0.839 2	0.863 2	0.883 8	0.899 6
9.50	0.406 0	0.435 7	0.456 2	0.479 0	0.505 0	0.523 5	0.544 1	0.565 5	0.583 1	0.661 5	0.723 3	0.769 8	0.809 1	0.840 7	0.864 3	0.884 9	0.900 6
9.60	0.409 1	0.439 1	0.460 0	0.482 6	0.509 3	0.527 6	0.548 4	0.569 5	0.586 8	0.664 7	0.725 6	0.771 9	0.810 7	0.842 2	0.865 6	0.885 7	0.901 4
9.70	0.412 1	0.442 3	0.463 6	0.486 6	0.513 4	0.531 9	0.552 1	0.573 3	0.590 5	0.667 9	0.728 1	0.774 1	0.812 3	0.843 6	0.866 6	0.886 7	0.902 1
9.80	0.415 3	0.445 5	0.467 5	0.490 8	0.517 3	0.535 7	0.556 1	0.577 1	0.594 1	0.671 4	0.730 3	0.776 3	0.813 9	0.844 8	0.867 6	0.887 4	0.902 7
9.90	0.418 4	0.449 0	0.471 1	0.495 1	0.521 3	0.539 6	0.560 1	0.580 4	0.597 7	0.674 8	0.732 4	0.778 4	0.815 4	0.846 2	0.868 8	0.888 2	0.903 3
10.00	0.421 5	0.452 4	0.474 9	0.498 9	0.525 3	0.543 4	0.563 9	0.584 0	0.600 9	0.678 2	0.734 5	0.780 4	0.817 0	0.847 3	0.869 7	0.888 9	0.903 8

表 4—7　倾角 90°，高度 200～5 000 km 地球圆轨道上各种磁刚度粒子的透过率

磁刚度/GV	轨道高度/km																
	200	300	400	500	600	700	800	900	1 000	1 500	2 000	2 500	3 000	3 500	4 000	4 500	5 000
0.00	0.000 0	0.000 0	0.000 0	0.000 0	0.000 0	0.000	0.000 0	0.000 0	0.000 0	0.000 0	0.000 0	0.000 0	0.000 0	0.000 0	0.000 0	0.000 0	0.000 0
0.10	0.103 4	0.109 5	0.113 2	0.115 4	0.122 2	0.124 3	0.129 1	0.131 3	0.131 7	0.148 9	0.162 4	0.172 7	0.178 9	0.192 1	0.191 3	0.202 3	0.208 7
0.20	0.127 0	0.134 8	0.140 1	0.142 9	0.150 3	0.152 6	0.157 3	0.161 9	0.163 2	0.182 7	0.198 5	0.212 7	0.221 1	0.235 3	0.238 2	0.249 4	0.257 5
0.30	0.144 0	0.152 3	0.157 8	0.162 1	0.170 8	0.172 6	0.178 7	0.182 2	0.183 9	0.208 9	0.224 8	0.240 8	0.250 4	0.266 1	0.271 0	0.282 1	0.291 4
0.40	0.157 0	0.166 1	0.172 0	0.177 0	0.186 6	0.188 9	0.194 7	0.199 9	0.201 0	0.227 2	0.245 1	0.263 1	0.273 0	0.289 6	0.295 5	0.307 9	0.317 8
0.50	0.168 3	0.177 8	0.184 7	0.189 5	0.199 2	0.203 0	0.208 8	0.214 2	0.215 4	0.243 4	0.262 0	0.280 9	0.291 9	0.309 6	0.316 7	0.329 3	0.340 0
0.60	0.178 3	0.188 8	0.195 5	0.201 2	0.210 4	0.214 8	0.221 5	0.226 9	0.228 5	0.256 9	0.276 7	0.296 9	0.308 5	0.327 3	0.334 7	0.347 9	0.358 8
0.70	0.186 7	0.197 9	0.204 3	0.211 0	0.221 1	0.245	0.231 3	0.237 8	0.239 8	0.269 1	0.289 6	0.311 2	0.323 0	0.342 6	0.350 9	0.364 0	0.376 0
0.80	0.194 5	0.205 7	0.213 3	0.219 3	0.230 3	0.234 1	0.241 0	0.247 1	0.249 1	0.280 6	0.301 7	0.324 1	0.336 3	0.358 5	0.365 2	0.379 2	0.391 4
0.90	0.201 6	0.213 5	0.220 8	0.227 6	0.238 2	0.242 3	0.249 8	0.256 4	0.258 7	0.290 6	0.312 4	0.335 6	0.348 1	0.369 3	0.378 8	0.393 0	0.405 5
1.00	0.208 3	0.220 5	0.228 0	0.235 1	0.246 4	0.250 6	0.257 9	0.264 7	0.266 8	0.299 9	0.322 3	0.346 1	0.359 4	0.381 0	0.391 1	0.406 0	0.419 0
1.10	0.214 4	0.226 9	0.234 9	0.242 2	0.253 3	0.257 6	0.265 6	0.272 4	0.287 47	0.309 0	0.331 5	0.355 9	0.369 9	0.391 9	0.402 9	0.418 1	0.432 2
1.20	0.220 1	0.233 2	0.241 2	0.248 6	0.260 4	0.264 9	0.272 8	0.279 8	0.282 1	0.316 9	0.340 3	0.365 3	0.379 6	0.402 4	0.414 0	0.429 7	0.444 8
1.30	0.225 7	0.238 9	0.247 0	0.255 0	0.266 6	0.271 1	0.279 3	0.286 6	0.289 2	0.324 7	0.348 7	0.374 1	0.389 0	0.412 5	0.412 7	0.440 7	0.457 1
1.40	0.230 8	0.244 3	0.252 9	0.260 7	0.272 7	0.277 5	0.285 6	0.293 2	0.295 8	0.331 9	0.356 6	0.382 5	0.398 0	0.422 0	0.435 1	0.451 4	0.468 6
1.50	0.235 7	0.249 7	0.258 2	0.266 3	0.278 2	0.283 2	0.291 8	0.299 1	0.302 1	0.339 0	0.364 2	0.390 3	0.406 7	0.431 2	0.445 3	0.461 9	0.479 8
1.60	0.240 3	0.254 3	0.263 3	0.271 5	0.283 9	0.289 1	0.297 6	0.305 2	0.307 9	0.345 6	0.371 2	0.398 2	0.415 1	0.440 2	0.455 0	0.471 6	0.490 3
1.70	0.244 9	0.259 2	0.268 4	0.276 6	0.289 0	0.294 1	0.302 9	0.310 9	0.313 8	0.351 9	0.378 3	0.405 5	0.423 2	0.449 0	0.464 5	0.481 1	0.500 4
1.80	0.249 0	0.263 8	0.272 8	0.281 4	0.294 0	0.299 4	0.308 5	0.316 3	0.319 5	0.358 2	0.384 8	0.412 9	0.431 0	0.457 3	0.473 1	0.490 2	0.509 9
1.90	0.253 2	0.267 9	0.277 3	0.286 2	0.299 0	0.304 5	0.313 3	0.321 4	0.324 9	0.364 4	0.391 4	0.420 0	0.438 8	0.466 7	0.481 9	0.498 8	0.519 2
2.00	0.257 1	0.272 4	0.281 6	0.290 7	0.303 3	0.309 1	0.318 3	0.326 5	0.330 0	0.370 1	0.397 6	0.426 7	0.446 3	0.473 4	0.490 1	0.507 4	0.527 9
2.10	0.261 0	0.276 3	0.286 0	0.295 1	0.308 0	0.313 6	0.323 0	0.331 6	0.335 2	0.375 7	0.403 8	0.433 6	0.453 6	0.480 9	0.497 9	0.515 5	0.536 3

续表

磁刚度/GV	轨道高度/km																
	200	300	400	500	600	700	800	900	1 000	1 500	2 000	2 500	3 000	3 500	4 000	4 500	5 000
2.20	0.264 7	0.280 2	0.289 9	0.299 5	0.312 4	0.318 2	0.327 8	0.336 1	0.340 2	0.381 6	0.409 7	0.440 0	0.460 7	0.488 4	0.505 5	0.523 2	0.544 7
2.30	0.268 5	0.284 0	0.294 0	0.303 6	0.316 6	0.322 7	0.332 2	0.341 1	0.344 9	0.386 7	0.415 7	0.446 6	0.467 5	0.495 3	0.512 9	0.531 0	0.553 0
2.40	0.271 9	0.287 9	0.297 7	0.307 4	0.320 6	0.326 7	0.336 5	0.345 7	0.349 6	0.392 2	0.421 4	0.452 6	0.474 2	0.502 0	0.519 9	0.538 5	0.561 2
2.50	0.275 4	0.291 5	0.301 5	0.311 4	0.324 8	0.331 0	0.340 9	0.349 9	0.354 1	0.397 5	0.427 2	0.458 6	0.480 6	0.508 5	0.526 9	0.546 3	0.569 4
2.60	0.278 6	0.294 9	0.305 1	0.315 4	0.328 7	0.335 0	0.345 0	0.354 4	0.358 9	0.402 2	0.432 6	0.464 5	0.486 7	0.514 8	0.533 4	0.553 5	0.577 7
2.70	0.281 9	0.298 4	0.308 9	0.319 1	0.332 3	0.339 1	0.349 3	0.358 8	0.363 1	0.407 4	0.438 1	0.470 0	0.492 5	0.521 1	0.540 2	0.561 5	0.586 0
2.80	0.285 1	0.301 8	0.312 3	0.322 7	0.336 4	0.343 2	0.353 4	0.362 9	0.367 5	0.412 3	0.443 2	0.475 7	0.498 3	0.527 1	0.546 9	0.568 9	0.595 0
2.90	0.588 3	0.305 3	0.315 8	0.326 3	0.340 1	0.347 0	0.357 1	0.366 8	0.371 8	0.416 8	0.448 4	0.480 8	0.503 8	0.533 2	0.553 6	0.577 1	0.604 5
3.00	0.291 8	0.308 5	0.319 1	0.329 9	0.343 6	0.350 4	0.361 0	0.371 4	0.376 1	0.421 9	0.453 3	0.486 1	0.509 3	0.538 9	0.560 2	0.584 9	0.615 1
3.10	0.294 4	0.311 6	0.322 7	0.333 3	0.347 5	0.354 5	0.365 3	0.375 1	0.380 0	0.426 2	0.458 1	0.491 2	0.514 6	0.544 7	0.567 0	0.593 7	0.627 1
3.20	0.297 3	0.314 8	0.325 8	0.337 0	0.350 9	0.358 2	0.368 9	0.378 9	0.384 3	0.430 7	0.463 0	0.496 2	0.520 0	0.550 7	0.574 0	0.602 9	0.639 8
3.30	0.300 3	0.318 0	0.329 1	0.340 2	0.354 5	0.361 7	0.372 6	0.383 1	0.388 5	0.435 0	0.467 5	0.500 8	0.525 1	0.556 4	0.581 0	0.613 3	0.652 8
3.40	0.303 2	0.321 0	0.332 4	0.343 6	0.357 8	0.365 2	0.376 4	0.387 0	0.392 1	0.439 0	0.472 1	0.505 7	0.530 4	0.562 7	0.588 2	0.624 8	0.665 1
3.50	0.306 0	0.324 1	0.335 5	0.346 8	0.361 2	0.368 9	0.380 0	0.390 4	0.395 7	0.443 2	0.476 3	0.510 3	0.535 6	0.568 7	0.596 4	0.636 9	0.677 2
3.60	0.308 9	0.327 0	0.338 6	0.350 2	0.365 0	0.372 5	0.383 5	0.393 8	0.399 9	0.447 5	0.480 7	0.514 9	0.540 7	0.575 0	0.605 0	0.648 6	0.689 5
3.70	0.311 6	0.330 1	0.341 7	0.353 5	0.367 9	0.375 6	0.387 0	0.397 9	0.403 6	0.451 3	0.484 7	0.519 7	0.546 1	0.581 4	0.614 6	0.660 0	0.702 6
3.80	0.314 3	0.332 9	0.344 7	0.356 6	0.370 9	0.378 8	0.390 6	0.401 3	0.407 1	0.454 8	0.488 8	0.524 2	0.551 5	0.588 5	0.625 0	0.671 1	0.715 4
3.90	0.316 9	0.335 7	0.347 7	0.359 5	0.374 4	0.382 2	0.393 9	0.404 6	0.410 3	0.458 5	0.492 9	0.528 7	0.556 6	0.595 9	0.635 3	0.682 2	0.726 8
4.00	0.319 9	0.338 6	0.350 6	0.362 7	0.377 5	0.385 7	0.307 2	0.407 3	0.413 9	0.462 5	0.496 8	0.533 4	0.562 2	0.603 9	0.645 3	0.694 0	0.736 6
4.10	0.322 4	0.341 6	0.353 6	0.365 5	0.380 5	0.388 8	0.400 3	0.411 3	0.417 6	0.466 2	0.500 8	0.537 9	0.567 8	0.612 8	0.655 3	0.705 8	0.745 2
4.20	0.325 1	0.344 1	0.356 4	0.368 6	0.383 6	0.391 6	0.403 4	0.414 6	0.420 7	0.469 4	0.504 7	0.542 5	0.574 0	0.622 6	0.665 0	0.716 3	0.754 4
4.30	0.327 5	0.346 6	0.359 0	0.371 4	0.386 6	0.394 5	0.406 6	0.417 9	0.423 7	0.472 8	0.508 6	0.547 1	0.580 7	0.631 8	0.674 8	0.725 4	0.762 8

续表

磁刚度/GV	轨道高度/km																
	200	300	400	500	600	700	800	900	1 000	1 500	2 000	2 500	3 000	3 500	4 000	4 500	5 000
4.40	0.329 9	0.349 2	0.361 7	0.374 4	0.389 3	0.397 8	0.409 9	0.420 7	0.427 0	0.476 2	0.512 6	0.551 8	0.587 7	0.640 8	0.685 4	0.734 3	0.770 8
4.50	0.332 5	0.352 1	0.364 6	0.377 1	0.392 2	0.400 8	0.412 8	0.423 7	0.430 2	0.479 7	0.516 6	0.556 7	0.595 3	0.649 6	0.695 5	0.742 5	0.777 7
4.60	0.335 1	0.354 7	0.367 3	0.379 8	0.395 1	0.403 6	0.415 4	0.426 8	0.433 4	0.483 4	0.520 6	0.561 7	0.603 9	0.658 3	0.705 3	0.750 2	0.784 9
4.70	0.337 5	0.356 9	0.369 7	0.382 4	0.397 8	0.406 3	0.418 3	0.429 9	0.436 4	0.486 6	0.524 6	0.567 0	0.611 9	0.666 9	0.714 0	0.757 3	0.791 8
4.80	0.339 7	0.359 3	0.372 1	0.385 1	0.400 5	0.409 0	0.421 3	0.432 8	0.439 3	0.489 7	0.528 7	0.572 8	0.619 9	0.675 3	0.722 3	0.764 3	0.798 3
4.90	0.341 9	0.361 7	0.374 6	0.387 7	0.403 0	0.411 7	0.424 1	0.435 6	0.442 3	0.493 0	0.532 7	0.578 8	0.627 8	0.685 0	0.729 6	0.770 5	0.804 2
5.00	0.344 1	0.364 1	0.377 4	0.390 3	0.405 7	0.414 6	0.427 0	0.438 4	0.445 2	0.496 3	0.537 2	0.585 1	0.635 2	0.693 9	0.736 7	0.776 9	0.809 7
5.10	0.346 4	0.366 6	0.379 7	0.392 6	0.408 3	0.417 2	0.429 6	0.441 3	0.448 2	0.500 0	0.541 3	0.591 9	0.643 0	0.701 6	0.743 5	0.783 3	0.814 2
5.20	0.348 7	0.368 8	0.382 1	0.395 0	0.410 9	0.419 6	0.432 1	0.444 0	0.451 1	0.503 3	0.545 9	0.599 1	0.650 6	0.709 1	0.749 9	0.789 2	0.818 6
5.30	0.350 9	0.371 0	0.384 3	0.397 5	0.413 4	0.422 2	0.434 8	0.446 7	0.454 0	0.506 7	0.550 7	0.605 8	0.658 9	0.716 4	0.755 9	0.795 0	0.822 4
5.40	0.353 0	0.373 2	0.386 6	0.400 0	0.415 9	0.424 8	0.437 5	0.449 6	0.456 9	0.510 2	0.555 8	0.612 6	0.667 3	0.723 4	0.761 7	0.799 9	0.826 4
5.50	0.355 1	0.375 4	0.388 6	0.402 4	0.418 1	0.427 4	0.440 1	0.452 3	0.459 8	0.513 5	0.561 0	0.619 3	0.675 4	0.729 6	0.767 4	0.804 8	0.830 4
5.60	0.357 1	0.377 5	0.391 2	0.404 8	0.420 6	0.429 7	0.442 7	0.455 1	0.462 5	0.517 0	0.566 6	0.625 8	0.683 1	0.735 1	0.773 0	0.809 3	0.834 3
5.70	0.359 0	0.379 5	0.393 6	0.407 0	0.423 0	0.432 5	0.445 5	0.457 7	0.465 5	0.520 9	0.572 6	0.632 4	0.690 0	0.740 2	0.778 6	0.813 2	0.838 2
5.80	0.361 1	0.381 8	0.395 8	0.409 2	0.425 4	0.435 0	0.447 9	0.460 4	0.468 5	0.524 7	0.578 7	0.639 0	0.695 4	0.745 9	0.783 8	0.816 9	0.841 8
5.90	0.363 1	0.383 9	0.397 7	0.411 4	0.427 9	0.737 4	0.450 4	0.463 3	0.471 3	0.528 4	0.584 6	0.645 9	0.702 4	0.750 6	0.788 6	0.820 2	0.845 9
6.00	0.365 0	0.385 9	0.399 8	0.413 8	0.430 6	0.439 7	0.453 1	0.465 9	0.474 2	0.532 6	0.590 6	0.653 1	0.708 2	0.755 7	0.792 9	0.823 8	0.849 5
6.10	0.367 0	0.387 8	0.402 0	0.416 1	0.432 7	0.442 3	0.455 7	0.468 8	0.477 2	0.536 9	0.596 1	0.660 0	0.713 7	0.760 9	0.796 7	0.827 2	0.852 8
6.20	0.369 0	0.390 0	0.404 1	0.418 4	0.435 1	0.444 8	0.458 3	0.471 7	0.480 2	0.541 3	0.601 9	0.666 5	0.719 1	0.765 9	0.800 3	0.830 4	0.856 1
6.30	0.370 9	0.392 0	0.406 2	0.420 9	0.437 3	0.447 1	0.461 0	0.474 5	0.483 3	0.545 9	0.607 7	0.673 0	0.724 0	0.770 8	0.803 5	0.833 4	0.858 7
6.40	0.372 6	0.394 0	0.408 5	0.423 1	0.439 8	0.449 8	0.463 6	0.477 3	0.486 4	0.550 9	0.613 4	0.678 9	0.728 8	0.775 4	0.807 0	0.836 6	0.860 9
6.50	0.374 5	0.396 0	0.410 7	0.525 2	0.442 1	0.452 2	0.466 4	0.480 1	0.489 6	0.556 0	0.619 4	0.684 3	0.733 6	0.779 5	0.810 1	0.839 7	0.863 0
6.60	0.376 4	0.398 1	0.412 9	0.427 4	0.444 6	0.454 8	0.469 0	0.483 3	0.492 9	0.561 1	0.625 0	0.689 8	0.737 9	0.783 2	0.813 2	0.842 8	0.865 4

续表

磁刚度/GV	轨道高度/km																
	200	300	400	500	600	700	800	900	1 000	1 500	2 000	2 500	3 000	3 500	4 000	4 500	5 000
6.70	0.378 3	0.400 2	0.414 9	0.429 6	0.447 1	0.457 5	0.471 7	0.486 2	0.496 3	0.566 0	0.631 2	0.694 7	0.742 2	0.786 7	0.816 0	0.846 0	0.867 7
6.80	0.380 3	0.402 0	0.416 9	0.431 9	0.449 7	0.460 0	0.474 6	0.489 3	0.500 0	0.570 9	0.637 5	0.699 7	0.746 8	0.790 2	0.819 1	0.848 6	0.869 8
6.90	0.382 1	0.404 2	0.419 1	0.434 3	0.452 1	0.462 5	0.477 4	0.492 5	0.503 6	0.575 7	0.643 2	0.704 2	0.751 3	0.793 6	0.821 8	0.850 9	0.871 8
7.00	0.384 0	0.406 2	0.421 2	0.436 7	0.454 5	0.465 3	0.480 5	0.495 9	0.507 2	0.580 5	0.648 8	0.708 6	0.755 7	0.796 4	0.824 8	0.853 2	0.874 0
7.10	0.386 0	0.408 2	0.423 4	0.439 2	0.457 0	0.468 1	0.483 5	0.499 5	0.511 2	0.585 1	0.653 9	0.712 9	0.759 8	0.799 1	0.827 6	0.855 1	0.875 9
7.20	0.387 7	0.410 2	0.425 5	0.441 5	0.459 6	0.471 0	0.486 8	0.502 9	0.515 6	0.590 2	0.659 2	0.716 9	0.763 8	0.801 7	0.830 5	0.857 1	0.877 6
7.30	0.389 6	0.412 1	0.427 6	0.443 9	0.462 2	0.474 1	0.490 0	0.506 7	0.519 9	0.595 1	0.664 2	0.720 8	0.767 4	0.804 2	0.833 3	0.859 2	0.879 2
7.40	0.391 4	0.414 2	0.430 1	0.446 3	0.464 9	0.477 2	0.493 4	0.510 7	0.524 0	0.600 0	0.668 9	0.724 6	0.770 7	0.806 7	0.836 0	0.861 1	0.880 9
7.50	0.393 3	0.416 3	0.432 4	0.448 7	0.467 8	0.480 5	0.497 0	0.514 9	0.528 2	0.605 0	0.673 5	0.728 4	0.773 6	0.809 2	0.838 5	0.863 0	0.882 3
7.60	0.395 3	0.418 4	0.434 6	0.451 1	0.470 8	0.483 8	0.500 6	0.518 9	0.532 3	0.610 4	0.677 7	0.732 2	0.776 4	0.811 6	0.840 7	0.864 8	0.883 7
7.70	0.397 1	0.420 6	0.436 9	0.453 9	0.473 9	0.487 2	0.504 5	0.522 6	0.536 4	0.615 4	0.681 7	0.736 1	0.778 9	0.814 0	0.842 7	0.866 5	0.885 0
7.80	0.399 1	0.422 7	0.439 3	0.456 6	0.477 1	0.490 7	0.508 2	0.526 7	0.540 5	0.620 3	0.685 5	0.740 1	0.781 3	0.816 6	0.844 5	0.868 4	0.886 3
7.90	0.401 1	0.425 1	0.441 9	0.459 4	0.480 3	0.494 4	0.511 9	0.530 7	0.544 5	0.625 0	0.689 1	0.743 9	0.783 7	0.818 8	0.846 4	0.870 1	0.887 5
8.00	0.403 1	0.427 3	0.444 5	0.462 5	0.483 5	0.498 0	0.515 7	0.534 5	0.548 5	0.629 4	0.692 5	0.747 3	0.786 3	0.821 0	0.848 2	0.871 5	0.888 8
8.10	0.405 2	0.429 7	0.447 2	0.465 5	0.486 9	0.501 6	0.519 4	0.538 4	0.552 6	0.633 6	0.696 0	0.750 2	0.788 5	0.823 6	0.850 0	0.873 0	0.889 8
8.20	0.407 3	0.432 1	0.449 8	0.468 7	0.490 3	0.505 2	0.523 1	0.542 1	0.556 7	0.637 9	0.699 6	0.753 1	0.790 9	0.826 1	0.851 5	0.874 2	0.891 0
8.30	0.409 4	0.434 6	0.452 6	0.471 8	0.493 7	0.508 9	0.526 8	0.546 0	0.561 0	0.641 9	0.703 2	0.755 7	0.793 3	0.828 4	0.853 1	0.875 5	0.892 2
8.40	0.411 6	0.437 0	0.455 6	0.475 0	0.497 2	0.512 3	0.530 4	0.549 8	0.565 1	0.646 1	0.706 7	0.758 4	0.795 4	0.830 2	0.854 7	0.876 7	0.893 2
8.50	0.413 9	0.439 7	0.458 8	0.478 2	0.500 6	0.515 8	0.534 1	0.553 8	0.569 5	0.649 7	0.710 1	0.760 6	0.797 8	0.831 8	0.856 1	0.877 9	0.894 1
8.60	0.416 1	0.442 2	0.461 9	0.481 5	0.503 8	0.519 4	0.537 8	0.557 8	0.574 0	0.653 1	0.713 4	0.762 8	0.799 8	0.833 3	0.857 7	0.879 0	0.895 1
8.70	0.418 3	0.445 1	0.464 8	0.484 5	0.507 3	0.522 9	0.541 5	0.562 0	0.578 0	0.656 8	0.716 6	0.765 1	0.801 8	0.535 0	0.859 2	0.880 1	0.896 1
8.80	0.420 8	0.448 0	0.467 9	0.487 8	0.510 6	0.526 5	0.545 2	0.566 1	0.582 3	0.660 0	0.720 0	0.767 1	0.803 8	0.836 6	0.860 6	0.881 2	0.897 1
8.90	0.423 4	0.450 9	0.471 0	0.491 0	0.514 0	0.530 1	0.549 0	0.570 1	0.586 3	0.663 3	0.723 3	0.769 2	0.806 0	0.838 1	0.861 8	0.882 5	0.897 8

续表

磁刚度/GV	轨道高度/km																
	200	300	400	500	600	700	800	900	1 000	1 500	2 000	2 500	3 000	3 500	4 000	4 500	5 000
9.00	0.426 1	0.453 6	0.473 9	0.494 1	0.517 2	0.534 0	0.553 2	0.574 2	0.590 1	0.666 3	0.726 3	0.771 1	0.808 0	0.839 5	0.863 0	0.883 3	0.898 6
9.10	0.428 5	0.456 5	0.477 0	0.497 4	0.520 5	0.537 3	0.557 2	0.578 1	0.593 8	0.669 0	0.729 0	0.773 2	0.809 9	0.841 0	0.864 2	0.884 3	0.899 3
9.20	0.431 2	0.459 3	0.480 1	0.500 4	0.524 2	0.541 1	0.561 1	0.581 8	0.597 6	0.672 0	0.731 4	0.775 1	0.811 8	0.242 4	0.865 3	0.885 2	0.900 2
9.30	0.433 7	0.462 2	0.483 0	0.503 6	0.527 5	0.545 1	0.564 7	0.585 3	0.601 1	0.674 8	0.733 6	0.777 1	0.813 7	0.843 7	0.866 4	0.886 0	0.900 9
9.40	0.436 4	0.464 9	0.485 9	0.506 9	0.531 0	0.548 9	0.568 2	0.588 9	0.604 6	0.677 9	0.735 8	0.779 1	0.815 5	0.845 1	0.867 4	0.886 8	0.901 6
9.50	0.439 1	0.467 9	0.488 8	0.510 2	0.534 7	0.552 6	0.571 9	0.592 3	0.607 9	0.680 7	0.737 9	0.781 0	0.817 2	0.846 4	0.868 4	0.887 6	0.902 5
9.60	0.441 7	0.470 7	0.491 9	0.513 4	0.538 3	0.556 3	0.575 4	0.595 7	0.611 0	0.683 6	0.740 0	0.782 9	0.818 7	0.847 7	0.869 4	0.888 5	0.903 2
9.70	0.444 3	0.473 3	0.494 9	0.516 7	0.541 8	0.559 6	0.578 8	0.598 9	0.614 0	0.686 6	0.742 1	0.784 7	0.820 1	0.848 9	0.870 5	0.889 2	0.903 9
9.80	0.446 9	0.476 2	0.498 1	0.520 4	0.545 0	0.562 8	0.582 0	0.602 0	0.617 2	0.689 4	0.743 9	0.786 4	0.821 4	0.850 0	0.871 3	0.889 9	0.904 3
9.90	0.449 5	0.478 9	0.501 1	0.523 8	0.548 3	0.566 1	0.585 4	0.605 0	0.620 1	0.692 1	0.745 6	0.788 1	0.822 7	0.851 0	0.872 2	0.890 5	0.904 8
10.00	0.452 0	0.481 8	0.504 5	0.526 8	0.551 6	0.569 5	0.588 5	0.608 0	0.623 1	0.695 2	0.747 4	0.789 9	0.824 0	0.852 2	0.873 1	0.891 2	0.905 2

图 4—32 中 3 条曲线从下至上分别为太阳宇宙线质子、He 离子及 O^+ 的磁刚度与能量的关系曲线。图 4—33 为在地磁场偶极近似下，东向、西向和垂直入射粒子截止刚度与地磁纬度的关系曲线。表 4—8 为太阳质子的垂直磁刚度和能量的对应关系。

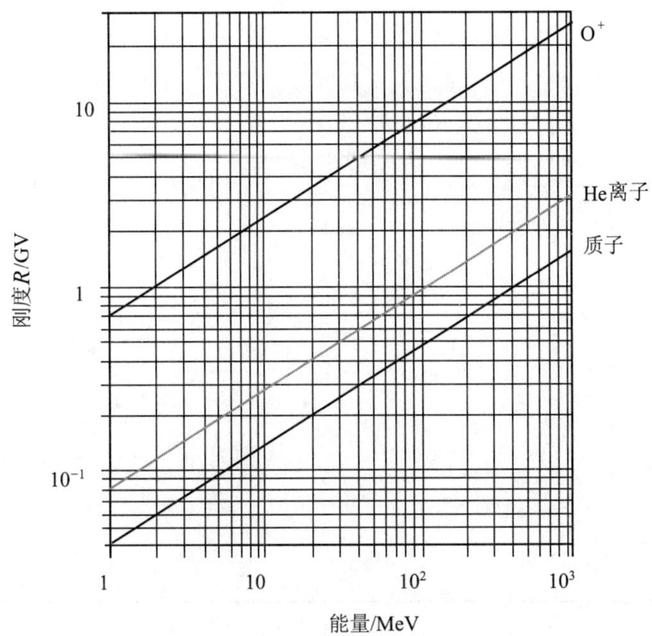

图 4—32　粒子的磁刚度与能量的关系曲线（Klecker，1996）

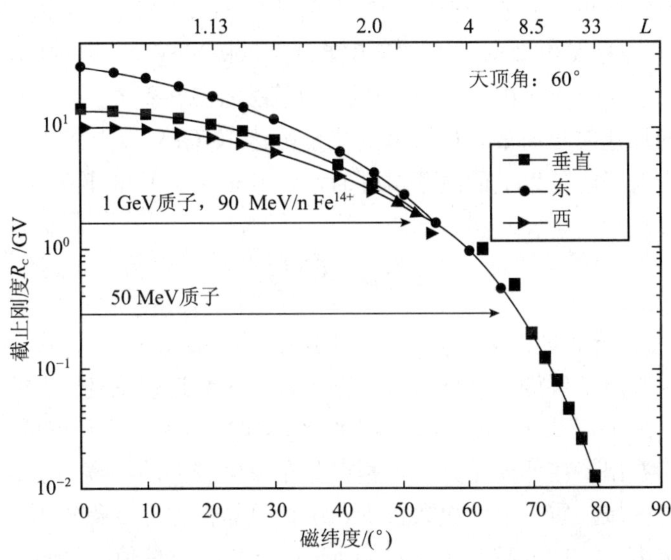

图 4—33　地磁场偶极近似下，东、西和垂直入射粒子截止刚度与地磁纬度的关系曲线

表4—8 太阳质子垂直入射时能量E与刚度R的关系

E/keV	E/MeV	R/GV
1	0.001	0.042
2	0.002	0.061
5	0.005	0.097
10	0.01	0.137
20	0.02	0.195
50	0.05	0.310
100	0.1	0.445
200	0.2	0.644
500	0.5	1.09
1 000	1.0	1.70
2 000	2.0	2.78
5 000	5.0	5.86
10 000	10.0	10.9
20 000	20.0	21.0

4.6.2 质子增强事件按粒子通量的分布

大多数太阳宇宙线事件的质子最大能量不超过50～100 MeV。这样的事件可以经常记录到，在太阳高年每月发生2～3次。质子能量>500 MeV的事件比较少见，每年发生2～3次。在太阳活动11 a周期内，极强烈的事件会发生1～2次。后者的特点是在耀斑发生时，呈现极高的加速粒子通量，粒子最高能量可达10 GeV以上。

定义具有给定粒子能量以上的质子事件时，可基于粒子通量建立事件次数的分布函数进行表征

$$\phi(I)=\frac{\mathrm{d}N(I)}{\mathrm{d}I} \tag{4-106}$$

式中 $\mathrm{d}N$——单向积分通量为I～（$I+\mathrm{d}I$）的质子事件的数目。

试验观测表明，太阳质子事件次数分布可以基于幂律函数近似描述，如图4－34所示。当$E_p>10$ MeV时，$\beta=1.37\pm0.03$；当$E_p>100$ MeV时，$\beta=1.47\pm0.06$，并具有较宽的最大通量范围。可以看出，在低通量区，与幂律分布发生较大的偏离，这与弱事件的漏算有关。在通量很大的区域，质子事件次数较少，统计可靠性也会变得很低。按照上述幂律关系，可以基于给定$E_p>10$ MeV和$E_p>100$ MeV质子的通量值，计算出很长时间内（如太阳活动期）太阳质子事件的平均次数。参考文献［12］通过对能量$E_p>10$ MeV的1 144次太阳质子事件的鉴别，将源于日轮上的X射线辐射和太阳宇宙线关联起来。

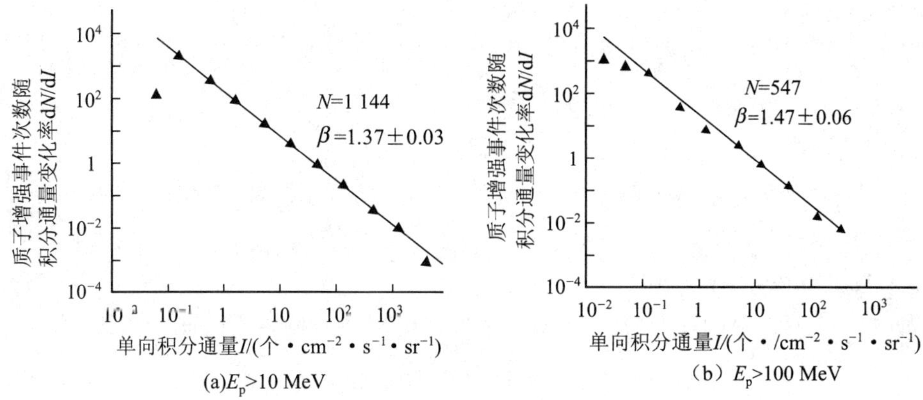

图 4－34　质子增强事件次数的分布

直线对应于幂律关系，根据 1975～2003 年的观测数据给出

4.6.3　质子事件与太阳活动

当从太阳某一活动区产生耀斑时，经常可以观测到一系列质子事件。看来活动区可产生不同程度的粒子加速本领是其固有的特性。其中，某些粒子可能被加速具有大于相对论性的能量，这已经被多次证明（见图 4－28）；其他的加速机制将粒子加速至数十 MeV。有的活动区具有极高的质子事件产额率，如 2000 年 10 月末至 11 月初曾发生 3 次地面事件和超过 10 次的质子增强事件。大的黑子群在强耀斑时有时会直接导致粒子加速，而有的活动区形成大的黑子群，却不伴生质子事件。

太阳质子事件出现的频次随太阳活动的增强而增加，并且在太阳活动极小期变小。计算表明，太阳质子事件的平均次数正比于活动区的 Wolf 数（见图 4－35）[15－18]。由此可得出，在给定时间 T 平均的太阳质子事件的次数〈n〉具有如下关系

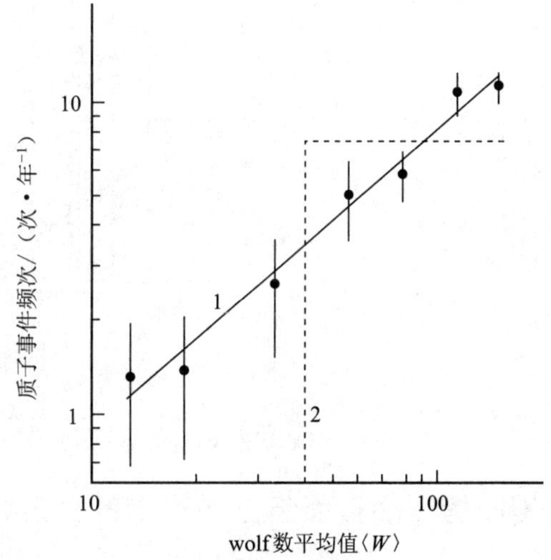

图 4－35　太阳质子事件频次与 12 个月 Wolf 数平均值的关系

・—事件注量 $F_{30}>10^6$ 质子・cm^{-2}时的试验数据；

—— —遵从式（4－107）[15]；---- —根据太阳宇宙线模型[16－18]给出的近似值

$$\langle n\rangle = C\int_0^T \nu(t)\,\mathrm{d}t = C\sum_i^n W_i \qquad (4-107)$$

式中　$\nu(t)$—— 太阳质子事件频次的时间函数；

W_i—— 给定时间 T 内，月平均的 Wolf 数。

式（4－107）中，参量 C 与太阳质子事件的累积通量阈值有关。对于累积通量 $F_{30}\geqslant10^6$ 质子·cm^{-2}的事件，$C=0.006\ 75$（与参考文献［19］的计算结果相一致）；对于 $F_{30}\geqslant10^5$ 质子·cm^{-2}时，$C=0.013\ 5$。

若取〈n〉＜8，则事件数目 n_i 发生的概率可由如下泊松公式计算

$$p(n_i,\langle n\rangle) = \frac{\exp(-\langle n\rangle)\langle n\rangle^{n_i}}{\langle n\rangle!} \qquad (4-108)$$

当〈n〉≥8，按正态分布计算

$$p(n_i,\langle n\rangle) = \frac{1}{\sigma\sqrt{2\pi}}\exp\left[-\frac{\langle n\rangle^2}{2\sigma^2}\right] \qquad (4-109)$$

式中，$\sigma=\sqrt{\langle n\rangle}$。

图4－36给出了质子事件峰通量与太阳活动的关系。可以看出，太阳质子事件虽然与太阳耀斑并非一一对应，但绝大多数质子事件源于耀斑。统计表明，太阳质子事件与太阳黑子类似，也有明显的11 a周期性。太阳质子事件具有偶发性，如在太阳活动高年1989年共发生20多次质子事件；而在低年附近，每年通常只发生2～4次，甚至只有1次（如1975年）。

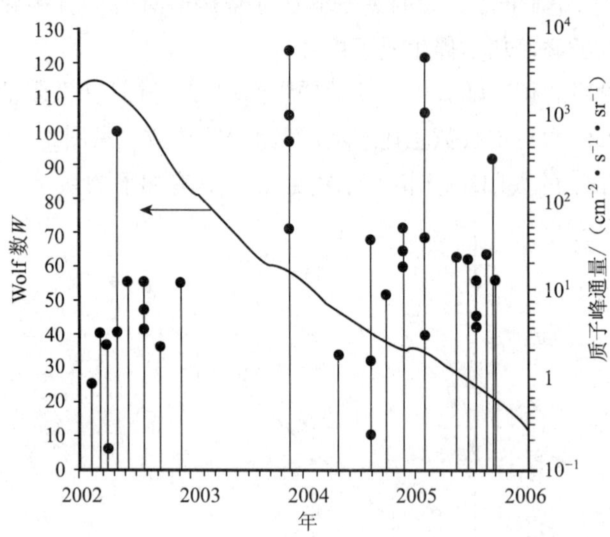

图4－36　太阳质子事件粒子峰通量与Wolf数的关系

4.6.4　太阳宇宙线与相应耀斑的日面经度和纬度的关系

太阳宇宙线在空间上的分布，与相应耀斑的日面经度（heliolongitude）和日面纬度（heliolatitude）之间存在一定的经验规律性。

在地球附近观测到的太阳宇宙线强度随时间变化。太阳宇宙线的强度达到最大值所需

时间、各向异性及事件发生的概率等都与相应太阳耀斑在日面上的经度有关，称为太阳宇宙线的东西效应（east－west effect）。西半球耀斑相应的太阳宇宙线强度上升较快，且有明显峰值；相反，东半球耀斑相应的事件强度上升较慢，变化较平缓，具有显著的东、西不对称性。尽管耀斑在日面东、西半球发生的概率相同，地球上测量到的宇宙线事件与西半球耀斑具有较大的关联系数（correlation coefficient）。在研究无确定函数关系的一些变量之间的相互联系时，一般用关联系数 ρ 来表征联系的密切程度。随机变量 x 和 y 间的关联系数 ρ 定义为：$\rho=\int(x-u)(y-v)f(x,y)\mathrm{d}x\mathrm{d}y/\sigma_x\sigma_y$，式中 u 和 v 分别为 x 和 y 的平均值，σ_x 和 σ_y 分别为 x 和 y 的标准偏差，$f(x, y)$ 为 x 和 y 的频率分布。ρ 一般介于－1 和＋1 之间。两变量完全无关时，$\rho=0$。若存在固定的线性关系，则 $\rho=\pm1$；若相关性很弱，则 ρ 近于零。当耀斑发生在太阳西半球时，地面记录到高能粒子通量具有较大的各向异性。这表明地面记录到的某些特征与太阳宇宙线源在太阳上的位置密切相关。这可能是由于高能粒子沿磁场线扩散要比横越磁场线容易得多所致。通常太阳西半球中部是粒子沿磁场线向地球传输最有利的位置。这与日面东半球相比，便于粒子较快地到达地球且峰值通量高。太阳宇宙线强度开始增大时具有明显的各向异性。

太阳耀斑绝大多数出现在活动区的黑子附近。黑子在日面上的位置是随太阳活动周期的相位发生变化的：活动周期伊始，黑子出现在纬度 $\varphi=\pm(35°\sim40°)$；随活动周期的发展，黑子出现的纬度逐渐降低。当接近太阳活动极大期时，黑子分布的纬度范围为 $\varphi=\pm15°$，而在周期结束时，黑子位于 $\varphi=\pm(5°\sim8°)$。因此，太阳耀斑或质子事件发生的位置也同黑子类似，在太阳活动周期内相对于太阳赤道发生变化，呈现蒙德尔（Maunder）蝴蝶特征。

作为太阳宇宙线源的耀斑发生位置，相对于太阳赤道在纬度方向上呈周期性变化，如图 4－37 所示。这意味着与耀斑一样，太阳宇宙线在 1 AU 处，将通过与太阳黄道面偏离 40°～50°的纬度区。

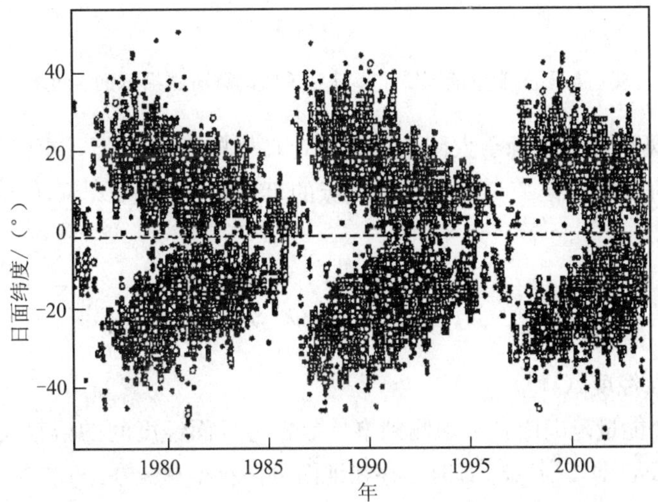

图 4－37　X 射线爆发（●）和质子事件（○）发生位置随日面纬度变化的蒙德尔蝴蝶图

太阳宇宙线的特性还和耀斑的强度及其在日面的经度有关。已知地面事件存在着与日面经度的相关性。对 $E_p>10$ MeV 的质子事件，也存在这种日面经度关系。在最东边的耀斑区，很少能测到太阳宇宙线。相反，对足够强的西向耀斑，测到太阳质子事件是一常态。极强的耀斑的位置，将向日面中心和东向扩展。例如，X17 级的耀斑（2005 年 9 月 7 日）就出现在日轮东边缘，并伴生强烈的太阳宇宙线（见图 4－20）。图 4－38 给出 3 种能量范围质子事件相关联的耀斑数（每 15°经度区间内的计算值）沿日面经度的分布。图中采用了经很好界定的 $E_p>10$ MeV 的质子事件、所有地面事件以及全部通量＞0.1 pfu 和 $E_p>100$ MeV的质子事件数据。

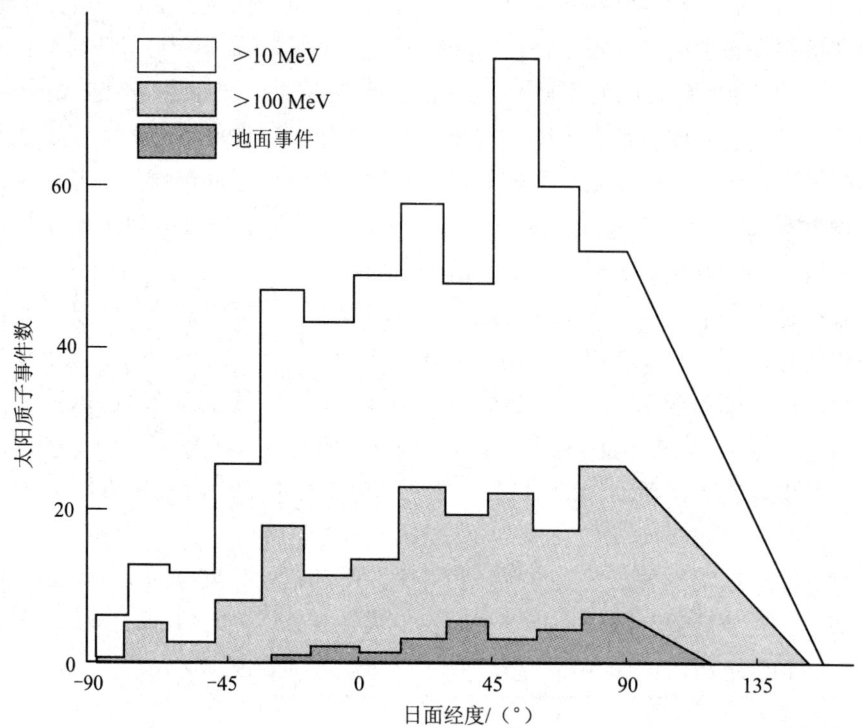

图 4－38　与不同能量范围质子事件相关联的耀斑数沿日面经度的分布[2]

最西边的耀斑事件大多源于太阳边缘。假定在极限经度 λ_u下，事件发生的次数 n（λ）从 90°W 的极大值（等于在 75°W～90°W 区域的事件数）降至 0，则可由 λ_u求出边缘事件源的数目 N，即

$$N=\int_{90^\circ}^{\lambda_u} n(\lambda)\mathrm{d}\lambda \tag{4-110}$$

式中　λ—— 日面经度[(°)]。

在太阳宇宙线整个能量范围内，可观测到事件数目与日面经度间的依赖关系。对地面事件，其极限经度为 30°E，即，当＞30°E 时不存在地面事件粒子源。在＞100 MeV 和＞10 MeV 能量区域，曾不止一次地观测到粒子源的极限经度已与 30°E 相偏离。以极限经度为界，东、西两侧耀斑源的数目明显不同。

大多数质子耀斑出现在 30°E～120°W 的区域（占地面事件的 97%；占 E_p>100 MeV 质子事件的 96%；占 E_p>10 MeV 质子事件的 94%）。在此经度区间内，$n(\lambda)$ 值的变化不大。对太阳宇宙线地面事件，这种特征表现得更加明显，而对 E_p>10 MeV 太阳宇宙线事件，$n(\lambda)$ 分布极大值有时位于 45°W～60°W，在宁静太阳风内，连接日一地的行星际磁场线，正是从此区域扩展出来。如果计及实际的太阳风速的范围，则磁场线可能从较宽的经度范围(25°W～75°W)延伸出来，并覆盖着太阳质子源更大的经度区间。当然，太阳质子也可能转移到相邻的经度区间，特别是从更偏西的经度转移至向地球传播最有利的开放磁场线上。

图 4－39 给出了耀斑爆发时质子事件的出现比率与事件源的日面经度关系。

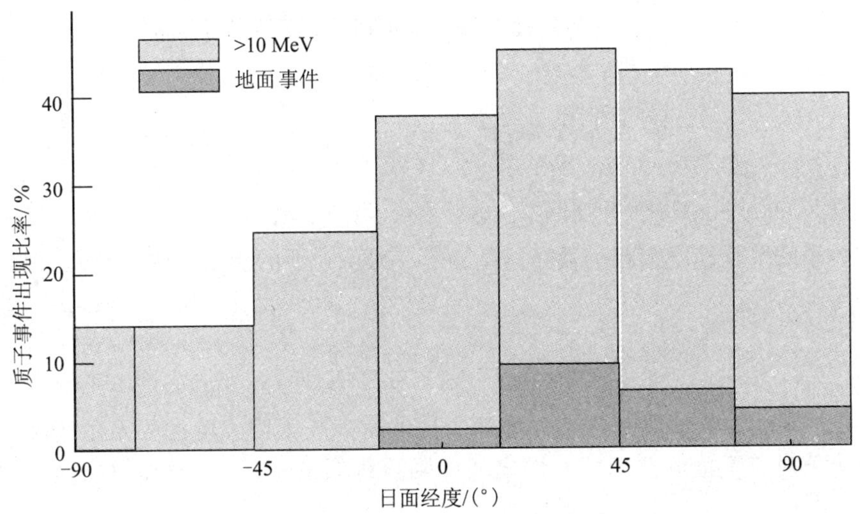

图 4－39　M8－X3 级 X 射线爆发时质子事件出现的比率与日面经度的关系[2]

4.6.5　太阳宇宙线随时间的演化

(1) 粒子增强的起始时间

从耀斑开始至粒子数目开始在地球上增加的时间间隔，称为延迟时间 (delay time) 或增强起始时间 (onset time)。它等于日冕传播的时间和粒子沿行星际磁场线从太阳传播到地球的时间之和。粒子增强起始时间实际上是指最快（能量最高）的粒子到达地面的时间（单位为 h），可以表示为

$$T_d = \frac{0.133D}{\beta} + 4\theta^2 \tag{4-111}$$

式中　D——沿阿氏螺线从太阳至地球的距离；

β——用光速归一化的质子速度；

θ——日冕传播角距离。

对每个不同能量（速度）的粒子反复计算，便可以得出 T_d 与能量关系的速度分散度。

对正常的太阳风速，能量为 30 MeV 质子的增强起始时间按太阳经度分布如图 4－40 所示[20]。图中的极小值对应于耀斑位于日一地之间阿氏螺线“足点”的日面经度 (57.2°W)。

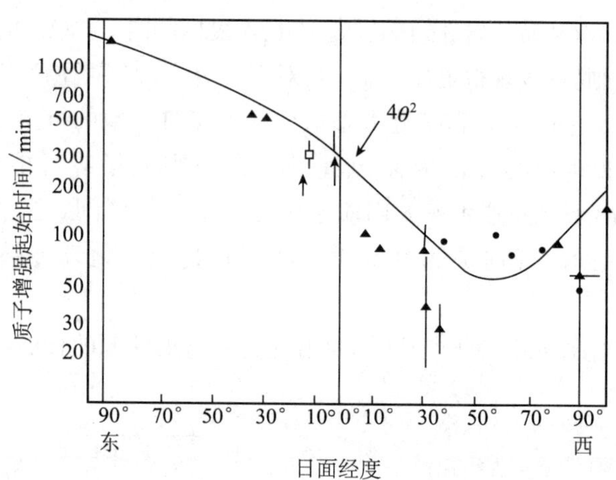

图 4－40　30 MeV 质子的增强起始时间 T_d 按太阳经度的分布

（2）粒子达到最大强度的时间

假定粒子的平均速度为粒子最高速度的$\frac{1}{2}$，可从粒子的能量算出达到最大强度的时间 T_m（单位为 h）为

$$T_m = 2.0 \times \frac{0.133D^2}{\beta} + 8\theta^2 \tag{4－112}$$

E_p＝20～80 MeV 的质子达到强度最大值的时间与太阳经度的关系示于图 4－41[21]。曲线的极小值对应于耀斑位于日－地之间的阿氏螺线的“足点”处。对于名义太阳风速 404 km · s^{-1}时，“足点”大约位于日面 57.2°W。

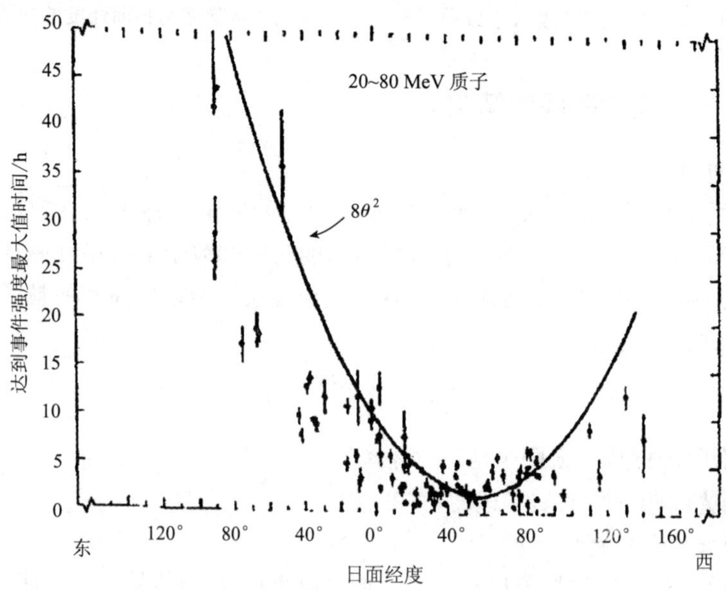

图 4－41　$E_p \approx$ 20～80 MeV 质子达到事件强度最大值的时间按太阳经度的分布

（3）太阳宇宙线出现的频次与耀斑的关联性

对太阳宇宙线出现频次的长期研究表明，可将≥（M4～M5）级 X 射线耀斑出现的频次作为太阳活动性的指标，频次决定着太阳质子的产额率。经计算，月平均耀斑（其 X 射线爆发强度从≥M1 至≥X3）的出现频次与太阳宇宙线事件之间的关联系数 ρ 表明，≥M5 级的耀斑的关联系数最大（ρ＝0.743），如图 4－42 所示。相应地，太阳宇宙线与月平均太阳相对黑子数 R_Z 之间的关联系数较小（ρ＝0.65），而与年平均的 R_Z 之间有较大的关联系数（≥M4 时，ρ＝0.933）。

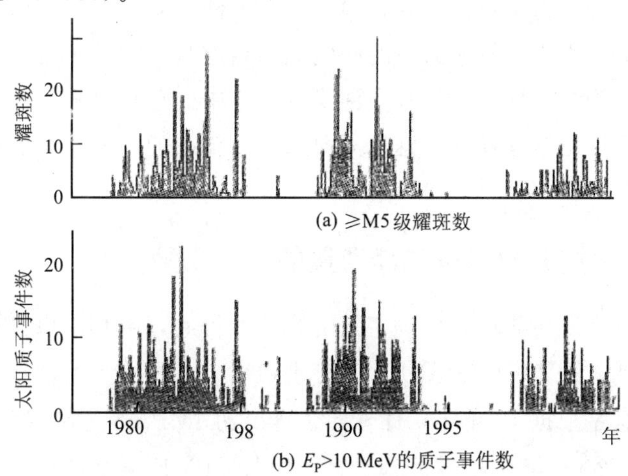

图 4－42　≥ M5 级耀斑数和 E_p＞10 MeV 的质子事件数的关联性

数据基于 1975～2003 年的逐月观测结果[2]

（4）耀斑强度与质子事件的概率

太阳质子事件与太阳耀斑密切相关。对不同级别的 X 射线爆发之后出现太阳质子事件概率的统计结果如图 4－43 所示。可以看出，C3 级 X 射线耀斑之后出现太阳质子事件的概率较小（＜0.4％）。从 X1 级耀斑开始，地面事件明显增多。不同级别的 X 射线耀斑都伴随着质子增强效应。

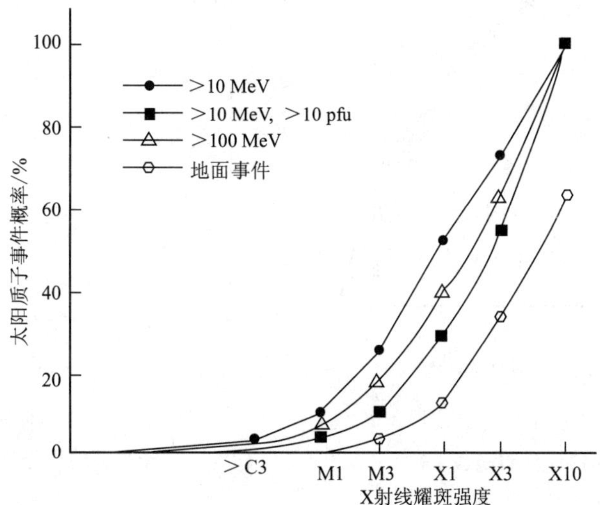

图 4－43　记录到的质子事件概率与 X 射线耀斑强度的关系（东经 20°以西）

4.7 太阳宇宙线能谱的计算

在计划空间飞行和设计航天器时，最重要的是应事先针对航天器拟通过的地球轨道以及行星际空间，计算高能粒子（如太阳宇宙线、银河宇宙线、地球辐射带等）的辐射注量、峰通量及事件最可能发生的时间和空间位置，以便及时作出预报。遗憾的是，人类目前尚不能对太阳宇宙线进行可靠的短期预报。尽管如此，基于已经了解的某些规律性，可以针对已知的太阳活动水平，判断某一时间间隔内给定数量的粒子流出现的概率和能谱分布，并基于大量的观测结果建立计算粒子注量（事件中的总粒子数）和峰通量的模式。本手册的第二卷将详细讨论这些模式，这里只对太阳宇宙线能量分布（能谱）的基本特征进行讨论[22－25]。

4.7.1 太阳宇宙线按累积通量和峰通量的分布函数

在太阳宇宙线事件发生之后，应确定其强度值。为此，可利用事件的累积通量或峰通量分布函数进行表征。图4－44和图4－45分别给出了太阳质子事件按累积通量和峰通量的积分分布函数。这是根据1974年6月～1986年9月IMP－8卫星（配备DOM测试仪），以及1986年10月～2005年5月GOES卫星（配备CPME测试仪）对 $E \geqslant 30$ MeV 质子事件的观测结果构建的。图中还给出了按照式（4－113）与式（4－114）给出的太阳宇宙线累积通量和峰通量的微分分布函数进行拟合的曲线（见图中的细实曲线）。

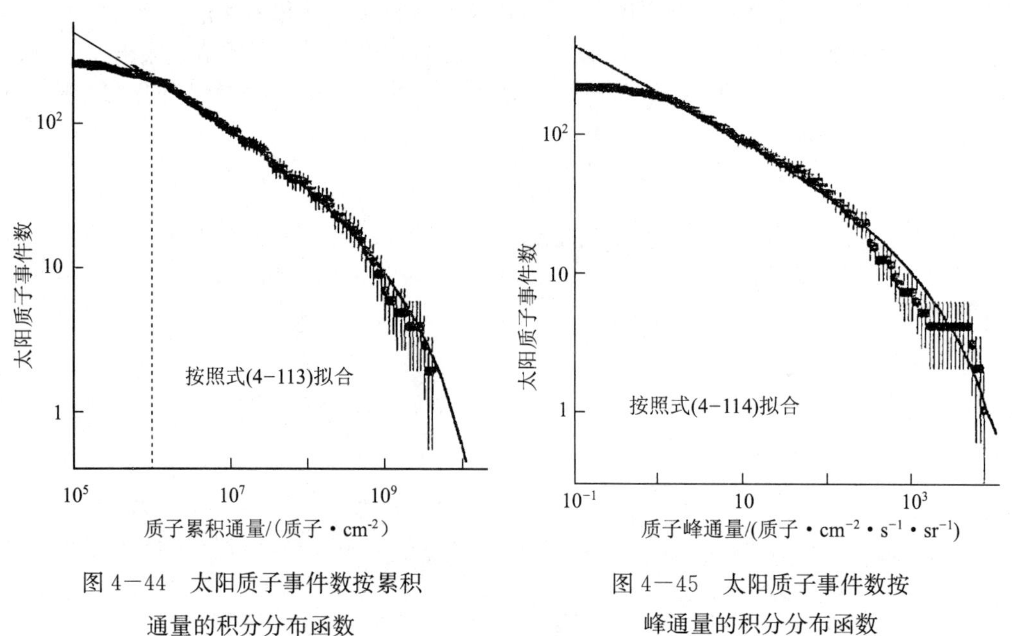

图4－44　太阳质子事件数按累积通量的积分分布函数

图4－45　太阳质子事件数按峰通量的积分分布函数

图4－44和图4－45中，太阳宇宙线事件数的选取是假定其平均值或100％都分别具

有 $F_{\geqslant 30} \geqslant 10^6\ \mathrm{cm^{-2}}$ 的累积通量和 $f_{\geqslant 30} \geqslant 1\ \mathrm{cm^{-2} \cdot s^{-1} \cdot sr^{-1}}$ 的峰通量。在低累积通量和低峰通量区，式（4－113）和式（4－114）的拟合曲线与试验结果相比偏高，这是由于记录到的事件选取的阈值效应，即认为分布函数的形式与太阳的活动无关引起的。图4－46给出了不同的月平均和活动期内总 Wolf 数条件下，太阳活动期质子事件按累积通量的积分分布函数（1984～2005年）。

图4－47为用事件记录期间月平均 Wolf 总数归一化的太阳质子事件按累积通量的积分分布函数（$\sum W_{总}=27\ 819$，$\sum W_{\geqslant 80}=20\ 189$，$\sum W_{<80}=7\ 630$ 和 $\sum W_{\leqslant 40}=3\ 018$）。在统计范围内，具有比较小的统计误差。可见，相对于不同太阳活动期的质子事件的分布函数保持统计不变性（statistical invariation）。所以，对任一太阳活动期，可以采用同样的分布函数。经进一步计算表明，在太阳活动周的不同相位，如太阳活动增强期、极大期和衰减期，统计不变性仍然得以保持。因此，对于年平均时 $W=150$ 和5年平均时 $W=30$，质子事件出现的概率是相等的。

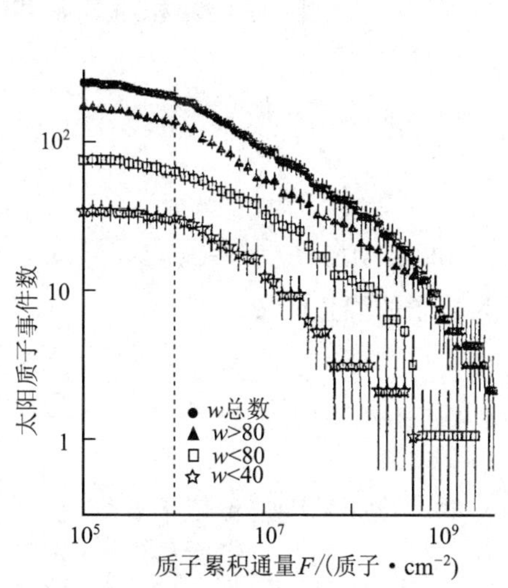

图4－46　在太阳活动期太阳宇宙线事件按质子累积通量的积分分布函数

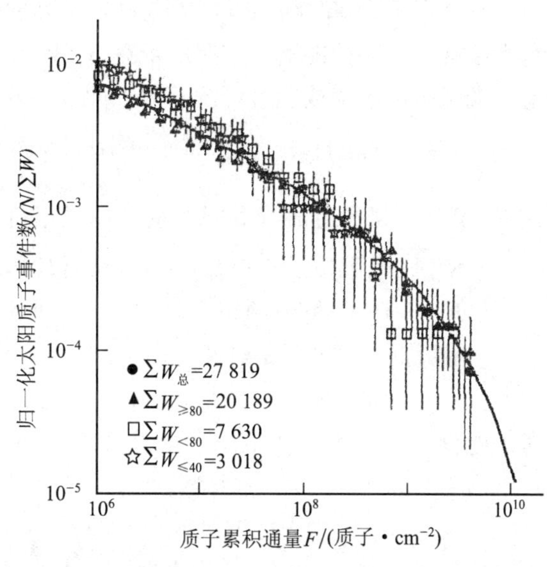

图4－47　用月平均 Wolf 总数归一化的太阳质子事件按质子累积通量的积分分布函数

上述情况表明，图4－44～图4－47给出的积分分布函数分别与下面的式（4－113）和式（4－114）给出的微分分布函数相对应。

当 $F_{30} \geqslant 10^5$ 质子 · $\mathrm{cm^{-2}}$ 时，太阳宇宙线累积通量的微分分布函数 $\mathrm{d}N/\mathrm{d}F_{30}$，具有如下指数函数形式

$$\frac{\mathrm{d}N}{\mathrm{d}F_{30}}=A\frac{F_{30}{}^{-1.32}}{\exp\left(\dfrac{F_{30}}{9\times 10^9}\right)} \tag{4-113}$$

式中　N——太阳质子事件数；

F_{30}——≥30 MeV 质子的累积通量；

因子 A——常数。

当 $f_{30}\geqslant 0.12$ 质子·cm^{-2}·s^{-1}·sr^{-1}时，dN/df_{30}按太阳宇宙线峰通量的微分分布函数如下

$$\frac{dN}{df_{30}}=B\frac{f_{30}{}^{-1.32}}{\exp\left(\frac{f_{30}}{8.7\times10^{3}}\right)} \tag{4-114}$$

式中 N——太阳质子事件数；

f_{30}——≥30 MeV 质子的峰通量；

B——常数。

对于随机的累积通量和峰通量的事件，分布函数的计算要通过产生的随机数进行计算（蒙特卡罗法），则式（4—113）和式（4—114）中的常数（A 和 B）已不复存在。

4.7.2 太阳宇宙线的粒子能谱

通过定义给定时间内事件的随机量及其随机值，可以求出太阳质子事件按累积通量 F 和峰通量 f 的特征能谱。按照尼米克（Nymmik）模型[24]，太阳质子的累积通量 F 和峰通量 f 的微分刚度谱或能谱可统一用下面的幂律函数式表述

$$\Phi(E)\mathrm{d}E=\Phi(R)\frac{\mathrm{d}R}{\mathrm{d}E}\mathrm{d}E=C\left(\frac{R}{239}\right)^{-\gamma}\frac{\mathrm{d}R}{\mathrm{d}E}\mathrm{d}E=\frac{C}{\beta}\left(\frac{R}{239}\right)^{-\gamma}\mathrm{d}E \tag{4-115}$$

式中 Φ——累积通量 F 和峰通量 f 的通用符号；

R——太阳质子的刚度，$R=\sqrt{E(E+2M_0c^2)}$和 $dR/dE=\sqrt{R^2+(M_0c^2)^2}/R=1/\beta$；

E——质子动能（MeV），$M_0c^2=939$ MeV 为质子的静止能量；

$\beta=v/c$——质子相对速度；

γ——谱指数。

对于能量为 $E=30$ MeV 的质子，$R=239$ MV。

当 $E\geqslant30$ MeV 时，谱指数 $\gamma=\gamma_0$；$E<30$ MeV 时，谱指数随能量依下式变化

$$\gamma=\gamma_0\left(\frac{E}{30}\right)^{\alpha} \tag{4-116}$$

式中 α——阻塞或截止指数（blocking index）。

基于 GOES 系列卫星所观测的能谱分析可以得出，谱指数 γ_0的对数分布具有以下形式（见图 4—48）

$$\Psi[\lg(\gamma_0)]=\frac{1}{\sqrt{2\pi}\sigma_\gamma}\exp\{-[\lg(\gamma_0)-\langle\lg(\gamma_0)\rangle]^2/2\sigma_\gamma^2\} \tag{4-117}$$

式中 $\langle\lg(\gamma_0)\rangle=0.77$ 或 $\langle\gamma_0\rangle=5.9$；$\sigma_\gamma=0.14$。

在 GOES 卫星上的观测结果表明，谱指数 γ_0的平均值与事件数无关，这与尼米克的结果明显不同。后者对卫星所有观测结果（主要是 IMP 系列）进行了综合分析，发现能谱指数与事件的质子累积通量之间存在着复杂的关系，如图 4—49 所示。尼米克认为，问题在于用不同的仪器测量质子通量时存在着系统误差。

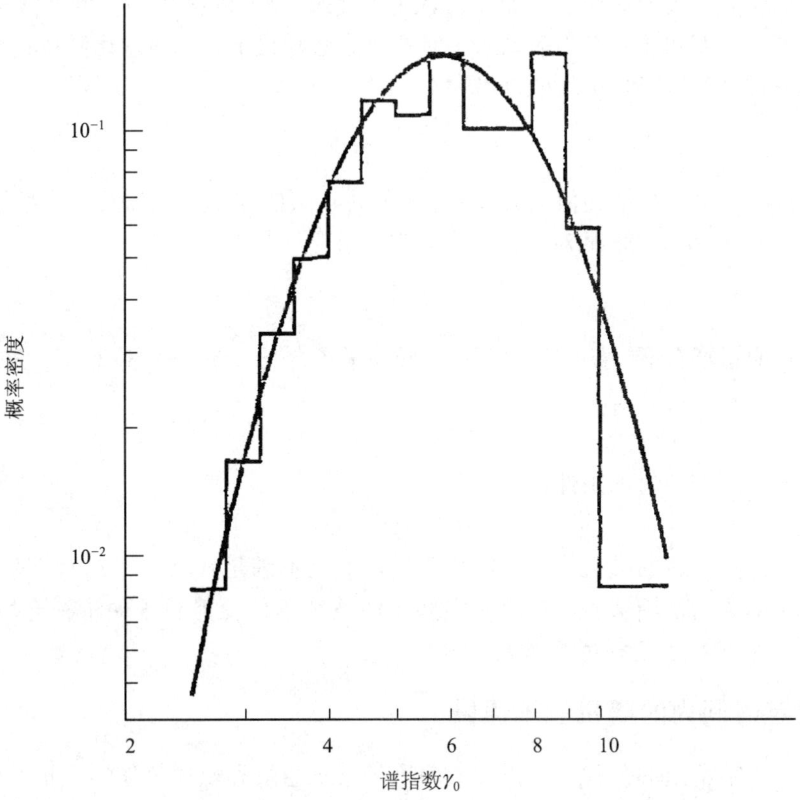

图4—48　太阳宇宙线事件概率按谱指数γ_0的分布（与式（4—117）相对应）

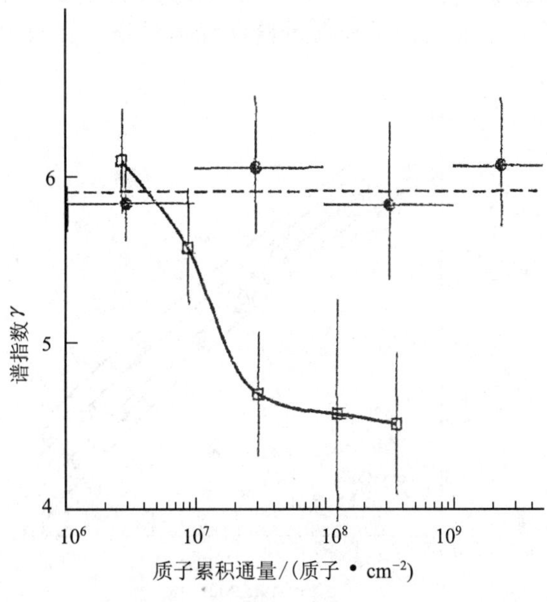

图4—49　谱指数γ按太阳质子累积通量的分布

●—基于卫星GOES的测量数据；□—Nymmik模型计算结果

谱指数平均值与太阳活动水平无关。因此通过式（4－117）所示的对数分布函数，可以求出任一事件强度和任一太阳活动水平时的谱指数随机值。一旦求出随机指数 γ_0，便可以由下式求得式（4－115）中的能谱参数 C

$$C = \frac{F_{30}(\gamma_0 - 1)}{239} \tag{4-118}$$

阻塞指数 α 也是围绕平均值〈α〉随机分布的，该值与 F_{30}、f_{30} 及谱指数 γ_0 有关。阻塞指数 α 可以由 $A=\alpha+1$ 值的对数分布来确定

$$\langle \lg A \rangle = \lg\left[1.16\Phi^{0.059}\left(\frac{\gamma_0}{5.84}\right)^{0.143}\right], \sigma_{\lg A} = 0.0777 \tag{4-119}$$

式中，在累积通量场合下，$\phi=F_{30}/10^6$；在峰通量场合下，$\phi=f_{30}/1.2$；$\sigma_{\lg A}$ 为标准均方偏差。随机值 α_i 由随机量 A_i 给定

$$\alpha_i = 10^{A_i - 1} \tag{4-120}$$

但是，对 α_i 值，还有一附加条件，即若

$$\alpha_i < 0.4\gamma_0^{0.4} - 1 \tag{4-121}$$

则略去该值，并建立新的随机值 α_i。依此反复，直至不满足式（4－121），即 $\alpha_i \geqslant 0$。α_i 值不能为负值，因为 α_i 是用来表征行星际空间中激波加速使低能粒子通量补充增加的参数，如可使 $E<1$ MeV 粒子通量持续增大。

4.7.3　给定时间内的随机粒子通量

通过 4.7.1 节给出的公式，可以对太阳质子累积通量和峰通量作出预报。但是，问题是在给定的时间内，太阳宇宙线事件出现的次数也是随机量。在给定的时间内，太阳质子的累积通量或峰通量会具有不同的值。尽管所得结果应在分布函数给出的范围内，但可能具有多解。所以，只能基于某些太阳宇宙线模式，对应不同累积通量或峰通量出现的概率作出计算，给出按能量分布的质子累积通量谱和峰通量谱，并与观测值进行比较，如图 4－50和图 4－51 所示。

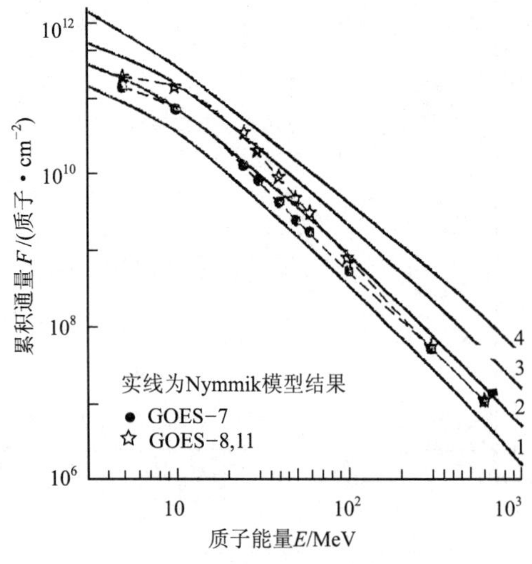

图 4－50　在第 22 和第 23 太阳活动周期卫星的测量数据与模型计算结果的比较

不同谱出现的概率为：1—0.9；2—0.5；3—0.1；4—0.001

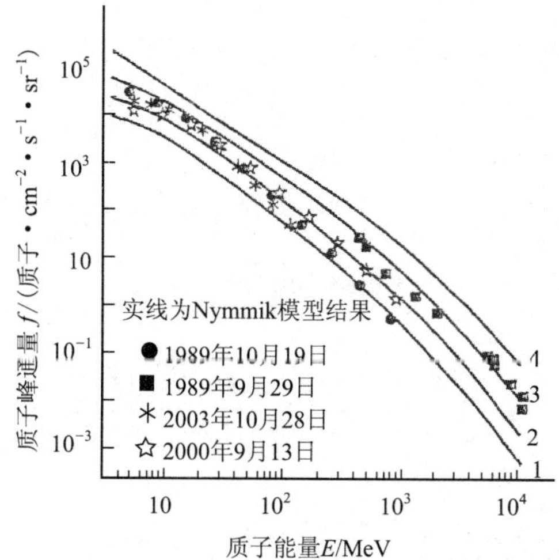

图 4—51　在第 22 和第 23 太阳活动周期卫星和中子监测器的测量数据与模型计算结果的比较

谱出现的概率：1— 0.9；2—0.5；3—0.1；4—0.001

图 4—52 为第 22 和第 23 太阳活动周期内，不同模型计算的太阳质子累积通量值与实测结果的比较。由图可见，JPL—91 模型及其按指数规律外推计算结果与图 4—50 给出的 Nymmik 模型相比偏差较大。

按照 Nymmik 模型，可以基于式（4—115）和式（4—116），利用表 4—9 ～表 4—14 计算预期累积通量 $F_{30} \geqslant 10^5$ 质子・cm^{-2}或峰通量 $f_{30} \geqslant 0.1$ 质子・cm^{-2}・ s^{-1}・ $s_r{}^{-1}$的能谱：基于式（4—107）可计算事件的平均频次 $\langle n \rangle$，并根据任务条件给定事件出现的概率 p。如果所需的参量值不在表中所列范围内，可采用内插法。

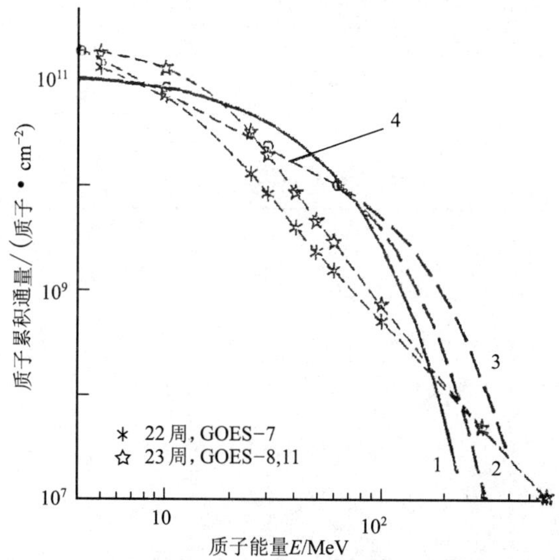

图 4—52　在第 22 和第 23 太阳活动周期内，不同模型计算与实测粒子累积通量的比较

曲线 1—King 模型计算；曲线 2—JPL91 模型按刚度谱指数关系外推；

曲线 3—JPL91 模型按能谱指数关系外推；曲线 4—JPL91 模型计算

表4—9　太阳质子微分累积通量谱谱系数 $C_{p,\langle n\rangle}$

$cm^{-2} \cdot MeV^{-1}$

⟨n⟩ /p	0.9	0.842	0.5	0.158	0.1	0.010
1	—	—	8.43×10^{3}	2.99×10^{5}	9.62×10^{5}	3.77×10^{7}
2	—	4.53×10^{3}	5.76×10^{4}	1.60×10^{6}	4.21×10^{6}	6.57×10^{7}
4	1.92×10^{4}	3.46×10^{4}	3.66×10^{5}	6.50×10^{6}	1.48×10^{7}	1.04×10^{8}
8	1.37×10^{5}	2.37×10^{5}	1.99×10^{6}	2.04×10^{7}	3.43×10^{7}	1.49×10^{8}
16	9.42×10^{5}	1.48×10^{6}	8.56×10^{6}	4.66×10^{7}	6.78×10^{7}	2.09×10^{8}
32	5.05×10^{6}	7.25×10^{6}	2.90×10^{7}	9.20×10^{8}	1.21×10^{8}	2.88×10^{8}
64	2.15×10^{7}	2.85×10^{7}	7.51×10^{7}	1.72×10^{8}	2.10×10^{8}	4.09×10^{8}
128	7.50×10^{7}	9.04×10^{7}	1.71×10^{8}	3.16×10^{8}	3.60×10^{8}	5.87×10^{8}
256	2.06×10^{8}	2.35×10^{8}	3.68×10^{8}	5.65×10^{8}	6.25×10^{8}	8.83×10^{8}

表4—10　太阳质子微分累积通量谱谱指数 $\gamma_{0p,\langle n\rangle}$

⟨n⟩ /p	0.9	0.842	0.5	0.158	0.1	0.010
1	—	—	6.24	5.29	5.29	4.98
2	—	8.01	5.47	5.22	5.16	4.92
4	5.92	5.68	5.31	5.14	5.12	4.86
8	5.45	5.40	5.23	5.11	5.02	4.76
16	5.31	5.27	5.15	5.02	4.92	4.68
32	5.21	5.19	5.09	4.97	4.92	4.61
64	5.14	5.13	5.04	4.93	4.87	4.59
128	5.12	5.09	4.99	4.88	4.81	4.57
256	5.05	5.04	4.97	4.85	4.80	4.61

表4—11　太阳质子微分累积通量谱阻塞指数 $\alpha_{\Psi,\langle n\rangle}$

⟨n⟩ /p	0.9	0.842	0.5	0.158	0.1	0.010
1	—	—	0.18	0.04	0.08	0.22
2	—	0.73	0.03	0.10	0.14	0.22
4	0.11	0.06	0.04	0.14	0.20	0.21
8	0.03	0.03	0.08	0.20	0.21	0.18
16	0.05	0.06	0.13	0.21	0.22	0.15
32	0.08	0.10	0.16	0.20	0.20	0.12
64	0.12	0.13	0.18	0.20	0.19	0.10
128	0.16	0.16	0.18	0.18	0.17	0.07
256	0.17	0.17	0.18	0.17	0.16	0.06

表 4—12　太阳质子峰通量微分谱谱系数 $C_{p,\langle n\rangle}$

$cm^{-2}\cdot s^{-1}\cdot sr^{-1}\cdot MeV^{-1}$

$\langle n\rangle$ /p	0.9	0.842	0.5	0.158	0.1	0.010
1	—	—	0.008 9	0.316	1.03	36.1
2	—	0.005 02	0.052 4	1.61	4.23	64.5
4	0.014 0	0.024 9	0.311	6.13	13.9	95.7
8	0.146	0.150	1.58	18.7	30.9	137
16	0.495	0.83	5.97	36.1	53.6	179
32	2.35	3.60	18.1	61.7	82.4	226
64	8.33	12.2	36.5	92.8	122	274
128	23.0	28.1	61.3	134	160	320
256	45.9	54.7	96.1	181	216	314

表 4—13　太阳质子峰通量微分谱谱指数 $\gamma_{0\Psi,\langle n\rangle}$

$\langle n\rangle$ /p	0.9	0.842	0.5	0.158	0.1	0.010
1	—	—	6.21	5.29	5.26	4.89
2	—	8.11	5.42	5.21	5.14	4.84
4	5.81	5.56	5.29	5.11	5.08	4.78
8	5.39	5.32	5.20	5.07	4.99	4.70
16	5.27	5.23	5.10	4.94	4.89	4.57
32	5.19	5.16	5.05	4.87	4.80	4.49
64	5.08	5.08	4.97	4.78	4.73	4.44
128	5.06	5.00	4.88	4.71	4.62	4.35
256	5.12	5.13	5.11	5.07	5.03	4.71

表 4—14　太阳质子峰通量微分谱阻塞指数 $\alpha_{0\Psi,\langle n\rangle}$

$\langle n\rangle$ /p	0.9	0.842	0.5	0.158	0.1	0.010
1	—	—	0.17	0.04	0.09	0.18
2	—	0.81	0.01	0.11	0.14	0.19
4	0.08	0.03	0.04	0.15	0.19	0.17
8	0.02	0.03	0.10	0.21	0.22	0.15
16	0.06	0.07	0.14	0.20	0.20	0.11
32	0.12	0.13	0.21	0.20	0.18	0.08
64	0.15	0.18	0.21	0.18	0.16	0.00
128	0.22	0.21	0.19	0.15	0.12	−0.03
256	0.28	0.30	0.27	0.24	0.21	−0.02

4.7.4 地球轨道外太阳宇宙线的粒子通量与日心距的关系

为了研究航天器在行星际空间飞行的辐照损伤效应，必须了解太阳宇宙线粒子通量在地球轨道外的变化规律，但至今对此问题尚未有明确的答案，不同的学者给出不同的结果。早期工作得出了太阳宇宙线质子累积通量与日心距 R 呈 $\propto R^{-2}$ 的关系；参考文献［26］比较了5次质子事件时 $E=10\sim20$ MeV 质子的累积通量和峰通量结果，得出质子峰通量随日心距依 $\propto R^{-3.3\pm0.4}$，累积通量依 $\propto R^{-2.1\pm0.3}$ 规律变化；斯马特（Smart）等人认为粒子通量符合 $\propto R^{-2.5\pm0.5}$ 关系。据最近的参考文献[27]报道，峰通量 $\propto R^{-2.7}$，而累积通量 $\propto R^{-3.75}$。应该指出，上述关系式均为平均结果，并且没有考虑粒子源和记录位置的相对关系。

4.8 行星际空间能量粒子分布的数学描述

太阳能量粒子在行星际空间的分布及其各种相关模型的建立，所涉及的物理基础主要是粒子在空间的扩散过程。已经提出了多种扩散模型，但都不是普适的，而且多数相当复杂，难与实测数据比较。已有的模型只在某些特定条件下，与实测结果相符合。文献［1］给出了行星际空间能量粒子分布的数学描述，所讨论的各模型也大体适用于银河宇宙线。

4.8.1 扩散传播模型

如果假定在某些散射中心之间存在着无规则的漂移过程，可建立太阳粒子传播的扩散方程，并给出粒子的各向同性角分布。这一过程的特征参量是平均自由程 λ，在最简单的场合下，可以将其简化为散射中心间的距离。如前所述，λ 值与扩散系数 D 单值相关，即 $D=\frac{1}{3}\lambda v$，其中 v 为粒子速度。

理论上，太阳能量粒子在行星际空间内传播，可能有几种散射机制：行星际磁场的非均匀性（涨落）；粒子在磁流体动力学波的介质中运动；粒子同等离子体振荡间相互作用所引起的某些非线性效应等。相关散射理论的发展程度不同，还无法基于实测数据揭示某一种机制所起到的作用到底有多大。至今研究得最为充分的是以行星际磁场非均匀性为散射中心的扩散机制。

在最简单的一维各向同性情况下，粒子的扩散过程与空间坐标 r 和时间 t 的关系如下

$$\frac{\mathrm{d}n}{\mathrm{d}t}-\nabla(D\nabla n)=F(r,t) \tag{4-122}$$

式中 n（r，t）——粒子密度；

F（r，t）——源函数；

D——扩散系数。

设在耀斑粒子抛射的瞬间和抛射点处，粒子数目为 N_0，则

$$F(r,t)=N_0\delta(r)\delta(t) \tag{4-123}$$

在无限大空间内，式（4—123）的解具有以下形式

$$n(r,t)=\left[\frac{N_0}{(4\pi Dt)^{\frac{3}{2}}}\right]\exp\left(\frac{-r^2}{4Dt}\right) \tag{4-124}$$

在确定的 r 值下，式（4－124）可以用来描述在空间给定点的粒子通量分布随时间的演化过程，并且可通过试验测量。在时刻 $t_{\max}$，扩散曲线呈现极大值。$t_{\max}$ 由扩散系数决定

$$t_{\max}=\frac{r^2}{6D} \tag{4-125}$$

在特定的行星际介质非均匀分布情况下，扩散系数 D 为常数。由检测到的粒子能谱可以看出，不同能量的粒子是按照能量由高到低的顺序先后到达探测器。粒子通量到达极值后的衰减具有幂函数的特性。

在粒子扩散传播的情况下，粒子的密度梯度和通量分别有如下关系式

$$G=\frac{1}{n}\cdot\frac{\mathrm{d}n}{\mathrm{d}r} \tag{4-126}$$

式中　G——距离 r 处的粒子密度梯度。

$$j=-D\cdot\frac{\mathrm{d}n}{\mathrm{d}r} \tag{4-127}$$

式中　j——由粒子密度梯度确定的扩散通量。

并且，粒子通量沿磁场方向呈现各向异性，其各向异性极大值随时间的变化如下

$$A=\frac{3r}{2vt}\propto\frac{1}{t} \tag{4-128}$$

在一维场合下，式（4－124）、式（4－125）和式（4－128）可以分别简化如下

$$n(r,t)=\left[\frac{1}{(4\pi Dt)^{\frac{1}{2}}}\right]\exp\left(\frac{-r^2}{4Dt}\right),\ t_{\max}=\frac{r^2}{2D},\ A=\frac{r}{2vt} \tag{4-129}$$

对能量 E_p 约等于 10 MeV 的质子，扩散系数为 $10^{21}\sim10^{22}\ \mathrm{cm^2\cdot s^{-1}}$。质子能量小于 10 MeV 时，很难遇到纯粹的“经典”扩散情况。粒子通量的衰减通常并不遵从幂函数规律，而是呈指数函数衰减。在长时间抛射的情况下，式（4－122）的解是式（4－124）和源函数的褶积，即

$$n(r,t)=\int_0^t F(\tau)n[r,(t-\tau)]\mathrm{d}\tau \tag{4-130}$$

由粒子的径向通量同源函数的褶积,可以得到如下各向异性 A 的表达式

$$A(r,t)=-\frac{\lambda}{3}\cdot\frac{\int_0^t F(\tau)\frac{\partial n[r,(t-\tau)]}{\partial r}\mathrm{d}\tau}{\int_0^t F(\tau)n[r,(t-\tau)]\mathrm{d}\tau} \tag{4-131}$$

为了更好地诠释试验所观测到的粒子通量分布,引入了以下几种改进型的扩散模型。

(1) 在有限空间的扩散

在求解散射问题时，引入一边界条件，亦即在距观测点足够近的地方，存在一吸收薄层（观测点距太阳约 2～3 AU，在有的文献中约≥10 AU），从而使粒子通量随时间呈指数函数衰减。吸收薄层可用边界替代，在边界以外，扩散系数 D 为无限大。

在下述两种场合下，沉降到边界表面上的粒子，对通量无任何贡献：在薄层处粒子被吸收；当 $D=\infty$ 时，粒子逃逸至无限远处。但是，从已发射的先驱者号和旅行者号（Voyager）系列空间探测器所作的多次观测表明，在距太阳 20 AU 的距离上，行星际空间内无任何存在扩散边界的迹象。

（2）扩散系数与距离的关系

由于作为粒子散射中心的行星际磁场不均匀性的分布，亦即行星际磁场的涨落谱随与太阳的距离发生变化，扩散系数应与距离有关。扩散系数 D 随距离的增大而平稳增加，导致粒子通量在达到极大值后，随时间呈指数函数衰减。

通常，D 与距离 r 间具有如下的关系

$$D(r)=D_0\left(\frac{r}{r_0}\right)^{\beta},0<\beta<2 \tag{4-132}$$

式中，通常取 $r_0=1$ AU，D_0 为 1 AU 处的扩散系数。在这种场合下，扩散方程的解具有如下的形式：

$$n(r,t)=\frac{N_0}{(2-\beta)^{\frac{(2\sigma+\beta)}{(2-\beta)}}}\cdot\frac{r_0^{\frac{\beta(\sigma+1)}{(2-\beta)}}}{\Gamma\left[\frac{(\sigma+1)}{(2-\beta)}\right]}\cdot\frac{1}{(D_0t)^{\frac{(\sigma+1)}{(2-\beta)}}}\exp\left[-\frac{r_0^{\beta}r^{2-\beta}}{D_0(2-\beta)^2}\cdot\frac{1}{t}\right] \tag{4-133}$$

式中 N_0——$t=0$ 时刻由粒子源向单位立体角发射的粒子数；

Γ——阶乘的延拓函数［通常写成 $\Gamma(x)$，当函数的变量为正整数时，函数值就是前一个整数的阶乘，即 $\Gamma(n+1)=n!$］；

σ——给定问题所涉及的空间维数的参数（$\sigma=0$ 为 1 维扩散；$\sigma=1$ 为 2 维扩散；$\sigma=2$ 为 3 维扩散）。

扩散系数与距离一般遵从幂律关系，通常只考虑粒子通量分布随时间的演化作为近似。此时，自由参量 β 的选择与行星际磁场非均匀性谱的指数有关，并可在很宽的范围内变化。已经发现，β 与在同一太阳质子事件中记录到的粒子能量有关。

（3）各向异性扩散

尽管在大多数场合下，可以基于某种扩散模型相当好地描述粒子通量随时间的变化，但试验上测出的各向异性因子远大于计算值。在这种情况下，如上所述，各向同性的扩散模型便不再适用。一般说来，粒子沿着调制磁场的磁力线和横越磁力线的传播条件明显不同。显然，横越磁力线的运动比沿着磁力线运动困难得多。因此，通常认为扩散系数与方向有关。为此，引入纵向（沿磁场方向）扩散系数 $D_{\parallel}$ 和横向（垂直于磁场方向）扩散系数 $D_{\perp}$，作为扩散张量元。由此，可将径向扩散系数通过下式表述

$$D_{\mathrm{r}}=D_{\parallel}\cos^2\phi+D_{\perp}\sin^2\phi \tag{4-134}$$

式中 ϕ——粒子矢量半径与平均行星际磁场磁力线间的夹角（对于给定的太阳风速 u）。

纵向和横向扩散系数与距离之间的关系不同，只有将 $D_{\parallel}$ 和 $D_{\perp}$ 分别表示成与 r 间呈某种依赖关系，才能够求出问题的解析解。为了合理地解释大部分观测结果，应假定 $D_{\perp}\ll D_{\parallel}$，故横向扩散通常可以忽略不计。

4.8.2　费克一普朗克方程及其数值解

迄今，假定太阳释放的粒子是在静止的介质中传播，但其实并非如此。能量粒子是同太阳低能等离子体一起运动的。对于能量大于几十 MeV 的粒子，其通量受太阳风的影响，即粒子对流的携出量较小。但是，对于低能粒子，太阳风对粒子的携出决定着粒子通量随时间演化以及传播各向异性的许多特性。特别是在太阳质子事件的衰减阶段，扩散通量已经很低，太阳风的影响不容忽视。粒子通量随时间的演化特性会发生变化，即衰减过程变得更加迅速，甚至在无扩散边界时也是如此。

在研究粒子的传播过程时，还必须计及绝热阻尼效应，即当粒子同速度为 u 的太阳风一起被携出并抛射至行星际空间时所产生的冷却效应。太阳释放的粒子在一膨胀着的介质（太阳风）中传播时，将导致绝热阻尼效应，并遵从下面的规律

$$\frac{\mathrm{d}E}{E\cdot\mathrm{d}t}=-\frac{\alpha}{3}\mathrm{div}\boldsymbol{u} \tag{4-135}$$

式中　t——时间；

E——粒子的动能；

$\boldsymbol{u}$——散射中心的运动速度，等于太阳风的速度。

当太阳风呈球面对称时，则有 $|\boldsymbol{u}|=u=$常量，方向为半径矢量方向。当 $\alpha=2$ 时，相应于非相对论性的情况，则方程（4－135）变为

$$\frac{\mathrm{d}E}{E\cdot\mathrm{d}t}=-\frac{4\boldsymbol{u}}{3r}$$

式中　r——观测点距太阳的距离。

当 r 固定时，有

$$E=E_0\exp\left(\frac{-t}{\tau}\right) \tag{4-136}$$

其中，$\tau=\dfrac{3r}{4u}$，称为时间参数。对于典型速度的太阳风，在太阳宁静期 $\tau\approx 75$ h。方程（4－136）中的 t 为粒子由太阳运动到观测点的时间。如果粒子以扩散的方式运动，并且在运动路径中发生多次散射，则粒子的运动时间要比直接运动通过该距离所耗费的时间多许多倍。

对于 $E_p\approx 1$ MeV 的质子，其通量在地球轨道上的演化达到极大值的时间大约平均为 10 h。这意味着，这些粒子由太阳向地球运动过程中，由于绝热冷却，其能量将近损失了 12%。对于 $E_p>10$ MeV 的质子和 $E_e>10$ keV 的电子而言，扩散时间均远远小于时间参数 τ，因此在大多数情况下，绝热损失可以忽略不计。粒子对流和绝热阻尼是扩散的附加效应，此时粒子运动方程为如下形式

$$\frac{\partial U}{\partial t}+\frac{\partial}{\partial x_i}(uU)-\frac{\partial}{\partial x_i}\left(D_{ij}\frac{\partial U}{\partial x_j}\right)-\frac{\partial}{\partial E}\left(U\frac{\partial E}{\partial t}\right)=0 \tag{4-137}$$

式中　$U=\dfrac{\partial n}{\partial E}$——粒子微分数密度。

式（4－137）称为费克一普朗克方程。方程左侧的第 2 项、第 3 项和第 4 项分别表示

对流、扩散和能量变化效应。该方程不存在解析形式的精确解。曾经有人尝试用无穷级数的数值计算方法获得了其近似解。

在以下各假设条件下，可对 1～10 MeV 质子通量随时间的演化与式（4－137）的解进行拟合。假定粒子沿径向发散的磁场运动，考虑有限空间内粒子的对流、能量变化和扩散的各向异性诸效应，扩散张量具有对角形式，并且与能量 E 无关。径向扩散系数 D_r 与 r 无关。注入谱在给定内边界上具有幂律的形式，即$\propto E^{-\gamma}$，至外边界的距离为自由参量，这样可在计算机上对无限级数求解。基于此模型可以对 1 AU 处质子通量随时间的演化过程进行描述（参见图 4－53）[28]，不仅在衰减阶段，而且在趋近极大值的上升阶段，都与观测结果符合得很好。从太阳至扩散边界的距离为 2.7 AU，这使得即使扩散系数为恒定值即 $D_r=2.5\times10^{20}$ cm^2 · s^{-1}时，也能对粒子通量的衰减进行很好的描述。但是如上所述，在如此近的距离上，不存在吸收边界。这意味着为了使粒子通量随时间呈指数衰减，边界附近的扩散不是固定的，而应随距离逐渐变化。

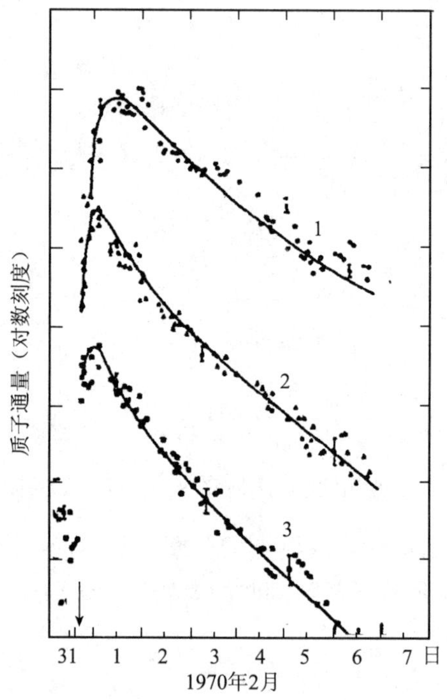

图 4－53　太阳质子通量的计算值（实线）与实测值（数据点）的比较

小箭头表示耀斑发生的时间；1—$E_p=1.17$ MeV，$D_r=3\times10^{20}$ · cm^2 · s^{-1}；2—$E_p=7\sim9$ MeV，$D_r=7\times10^{20}$ cm^2 · s^{-1}；3—$E_p=15\sim20$ MeV，$D_r=8\times10^{20}$ cm^2 · s^{-1}

粒子输运方程的数值方法（即克雷克－尼克松方法[29]）表明，引入扩散系数随距离呈幂律关系，且幂指数在较宽的范围变化时，所求出的解对是否存在外边界不敏感。该幂指数的数值可以用来评估粒子对流携出和绝热冷却效应对传播过程所产生的影响。在这种情况下，将会使耀斑发生后 1 AU 距离处粒子通量随时间演化的计算值与实测值吻合。

4.8.3 粒子输运的蒙特—卡罗方法

蒙特—卡罗方法或统计分析法是通过对每一个随机过程构建相应的未知参量，进而对各种问题进行求解的方法。通过对每一随机过程进行观测（即每一事件的单一显现），来确定这些参量值，从而算出其统计特性。处理粒子的随机漂移问题，是这种方法最成功的应用。它不仅可以在没有解析解，或即使无法解析地提出问题的情况下，对问题求解。这种方法的成功应用是与电子计算机的快速发展密切相关的，其求解精度由 $\frac{1}{\sqrt{N}}$ 值所决定（N 为总的事件数目）。

首先采用这种方法研究了粒子从太阳传播至 1 AU 处的过程。基于一维模型，认为散射只发生在行星际磁场的非均匀性上，而这种非均匀性是均匀地分布在传播距离上，在非均匀性之间粒子的运动遵从第一绝热不变量。磁场呈径向分布并以 $1/r^2$ 规律衰减；散射发生在 σ 角范围，并在平均自由程的距离上，投掷角的变化为 $\pi/2$。所谓投掷角是带电粒子运动方向与磁场方向间的夹角。若磁矩不变量成立，粒子初始所在点的磁场为 B_0，投掷角为 α_0，则粒子运动到磁场为 B 的点时，投掷角 α 由下式给定

$$\alpha=\sin^{-1}\left(\sqrt{\frac{B}{B_0}}\sin\alpha_0\right)$$

通过计算可获得在 1 AU 距离上，瞬态和长时抛射（以矩形函数形式）时粒子通量和各向异性随时间的演化数据。结果表明，对于 $r=0.1\sim0.3$ AU，计算结果与扩散模型符合良好，但对于 $r=1$ AU 则不然，且呈现明显的各向异性。在 $r=1$ AU 条件下，求得的各向异性因子远高于扩散模型下的相应值，亦即在此情况下已不能再用扩散传播的概念。由此可见，作为一种简单的处理方法，蒙特—卡罗方法可揭示粒子传播过程的某些特征。

伴随粒子输运理论的进一步发展，已应用蒙特—卡罗方法详细地剖析了费克—普朗克方程，即式（4—137）的求解过程，考虑了扩散（扩散系数 $D_r=D_0r^\beta$；$D_\perp=0$）、在3 AU 处存在边界、对流及能量绝热损失等效应。

基于蒙特—卡罗方法还可以研究由太阳发射的单能辐射谱线，以及在脉冲辐射时，其粒子运动平均能量的变化。粒子在与弥散分布的非均匀性磁结构发生碰撞时，将经受各向同性的散射，进而散射至随机的角度内。在非均匀性结构之间，粒子在径向发散的磁场内沿理论给定的轨道运动。基于这样的概念，粒子的输运过程如同用随机函数描述的初始运动一样。针对典型的参数值（$t_{\max}=10.4$ h，$D_0=1.33\times10^{21}$ cm$^2\cdot$s^{-1}）可以得到，粒子初始能量在不同距离上的损失为：20 h 后，损失 37%；40 h 后，损失 54%；60 h 后，损失 63%。

统计分析法可以详细地研究粒子传播的全过程，计算其各种不同的特性，特别是这种方法可以研究粒子的电荷平衡和各向异性的细节。例如，参考文献［30］曾研究了 1971 年 4 月 20 日发生的一次太阳质子事件，发现质子通量达到极大值后的衰减阶段呈现明显的各向异性。

通常，粒子向径向发散的磁场内注入。在经历平均自由程后，粒子将被无规则地散射至各个角度，或者呈各向同性，或者呈小投掷角散射，然后构建投掷角的分布、各向异性及球状分布的粒子通量。通过蒙特—卡罗方法对以下两种情况进行了计算并与实测数据作了比较：1）脉冲注入，扩散系数为 $D=D_0r^\beta$；2）长期注入，具有给定的通量分布形式（呈现极大值）和恒定的扩散系数。计算时忽略对流和绝热冷却效应。

第1种情况依实测结果进行了修正，得出粒子运动平均自由程为 $\lambda \approx 0.9$ AU。这表明并非是各向同性散射，而是小投掷角注入。针对长时间注入和恒定扩散系数（$D\approx10^{22}$ cm^2 • s^{-1}）的第2种情况，所得结果与观测数据吻合得很好（参见图4－54）。这里各向异性因子定义为 $A=j_1/j_0$，式中 j_0 和 j_1 为下面给出的粒子通量角分布表达式前两项的系数。

$$j = j_0 + j_1\cos(\theta - \alpha_1) + j_2\cos2(\theta - \alpha_2) \tag{4-138}$$

如果仅用式（4－138）的前两项来描述粒子通量的角分布，上述所采用的各向异性因子的定义与式 $\overline{A}=\dfrac{\bar{j}}{j}$ 等效（式中，$\bar{j}$ 和 j 分别为定向和全向通量）。这时如果 $j \geqslant 0$，$j_0 \geqslant j_1$，则总是 $A\leqslant1$。若将式（4－138）通过两项以上的表达式来描述粒子通量的实际角分布时，则有可能使 $j_1>j_0$ 及 $A>1$。图4－54所示的正是这种情况，但角分布拟合得并不好。当针对第2种情况进行拟合时，无论怎样选取参量值均无法同时描述粒子通量和各向异性随时间的演化。基于此，可以得出有关散射机制的如下结论：粒子散射主要为小角度散射；当投掷角接近于90°时，散射量并非为零，这可能与粒子在发散磁场内的准直效应有关。

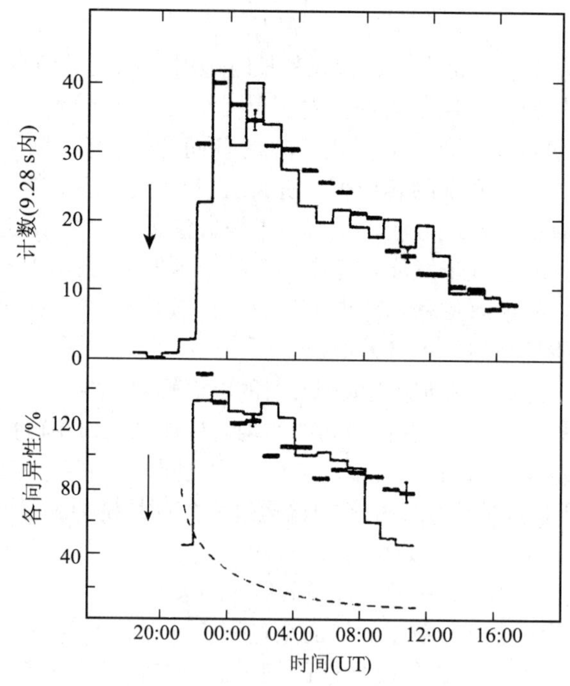

图4－54　1971年4月20日至21日 $E_p\approx 7.6\sim35$ MeV 的质子每小时平均的全向通量和通量的各向异性[30]

—— 1971年4月20日太阳质子事件的观测值；━蒙特－卡罗方法的计算值，设 $D \approx 2.1\times10^{22}$ cm^2 • s^{-1}，τ=7 h；

---- 基于脉冲抛射－扩散模型给出的各向异性

4.8.4　近似解析解

由于费克一普朗克方程的数值解，尤其是蒙特一卡罗方法比较复杂，并且不便于同实测数据相比较，人们一直在寻求具有足够精确度的近似解析方法。

粒子输运方程的近似解析求解是有益的尝试之一。粒子输运过程包含从瞬态抛射粒子源的径向球对称扩散、对流（具有恒定的太阳风速）以及粒子的绝热阻尼效应等；不考虑存在扩散边界，并且扩散系数与距离和能量均无关。这时输运方程具有简单的解析表达式

$$U(r,E,t)=\frac{F(E)}{(4\pi Dt)^{\frac{3}{2}}}\exp\left[-\frac{(r-u^{*}t)^{2}}{4Dt}\right] \tag{4-139}$$

式中　$F(E)$——与粒子能量相关的参量，微分能谱应具有幂函数形式，即$j(E)\infty E^{-\gamma}$；

E——粒子的动能；

参数 u^{*}——有效对流速度，一般情况下它与太阳风的速度有所不同。

计算时，假定 u^{*} 等于康普顿一格廷速度 u_{cg}的 2 倍，即

$$u^{*}=2u_{cg}，\ u_{cg}=\frac{2+\alpha\gamma}{3}u \tag{4-140}$$

在粒子通量衰减阶段，当时间 $t\gg t_{max}$时，式（4－139）的解将具有小参量 q 的精确度（$q=ru/D$，式中 r 为距日距离，D 为扩散系数）；在初始阶段（$t\ll t_{max}$），式（4－139）的解成为普通扩散方程的解；在 t_{max}附近，方程的解可以通过从 t_{max}两侧渐近近似拟合求得。上述表达式给定了太阳耀斑释放的粒子通量随时间的演化过程，其特征时间为$\frac{4D}{u^{*2}}=\frac{D}{u_{cg}^{2}}$。这一指数衰减规律是不考虑边界并计及对流和绝热冷却效应得到的。

上述的近似解与基于该方程的数值计算和蒙特一卡罗方法求得的精确解（即计及传播效应）符合得很好，并与太阳质子事件的整个过程吻合良好。该模型与太阳宇宙线高能粒子的观测结果（中子监测器）进行比较时，同样符合得很好。

图 4－55 给出了 1977 年 11 月 22 日太阳质子事件发生时，利用南极中子监测器测出的粒子通量和各向异性随时间的变化，以及基于上述模型的近似描述[31]。粒子的抛射按截断的高斯形式分布，即

$$G(t)=\frac{2}{T_{0}\sqrt{\pi}}\exp\left\{-\frac{t}{T_{0}}\right\}^{2},t>0 \tag{4-141}$$

式中　T_{0}——日冕抛射的的持续时间。

式（4－139）解的应用条件是 $q=\frac{ru}{D}<1$。在 1 AU 处，所对应的扩散系数的应为 $D\geqslant5\times10^{20}\ cm^{2}\cdot s^{-1}$。这并非是十分严格的限定，因为 D 值通常为（1～2）$\times10^{21}cm^{2}\cdot s^{-1}$。

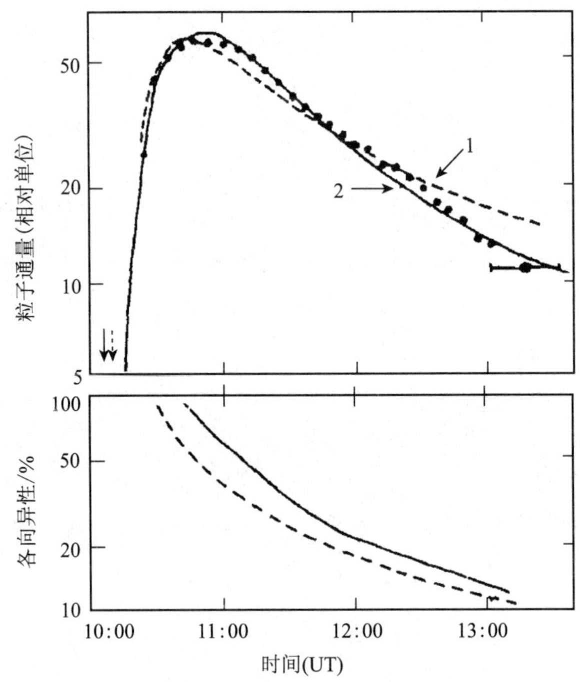

图 4—55　1977 年 11 月 22 日发生太阳质子事件时南极中子监测器记录的粒子通量（数据点）和各向异性随时间的变化

1—$D=1.2\times10^{22}$ $cm^2\cdot s^{-1}$，$T_0=0$ h；2—$D=3\times10^{22}$ $cm^2\cdot s^{-1}$，$T_0=0.5$ h

----粒子源瞬时抛射；——呈高斯分布抛射

4.8.5　计及行星际磁场聚焦作用的求解

通常认为，能量粒子在行星际磁场内会受到场的不均匀性作用而产生无规则散射。在质子能量可大至几十 MeV 的情况下，粒子的这种传播过程可基于扩散进行描述。实测得到的平均自由程 λ 约为0.2 AU，所对应的扩散系数约为 4×10^{21} $cm^2\cdot s^{-1}$。

对于较低能量的粒子，λ 值约为 1 AU。这意味着在 1 AU 的距离上，粒子的散射效应极其微弱，起主导作用的已不是扩散过程，而是发散的行星际调制磁场对粒子的绝热聚焦作用或称相干散射。如果磁场的径向分量随距离呈幂律形式衰减，即 $B\propto 1/r^n$（这意味着磁力线是发散的），则遵从前述的第一绝热不变量。由此可以得出，在所有 $n\geqslant1$ 的场合下，投掷角将随距离 r 的增大而变小。对于行星际磁场，$n=1.5\sim2$。

在计及绝热聚焦效应时，粒子从太阳向外传播过程中的关键参数是由下式给定的 L 值

$$L=-\left(\frac{1}{B}\cdot\frac{\mathrm{d}B}{\mathrm{d}r}\right)^{-1} \tag{4-142}$$

式中，L 具有长度量纲，可称为比例长度或聚焦长度。当 $B\propto 1/r^n$，参数 L 随距离增大，即 $L\propto r$。考虑到聚焦与散射的相对作用大小（亦即比值 L/λ 的大小），可以确定传播过程的特性。

下述动力学方程右边的第 1 项和第 2 项的比值，分别表征投掷角扩散和绝热聚焦效应的影响

$$\frac{\partial f}{\partial t}+\mu v\frac{\partial f}{\partial Z}=\frac{1}{2}\frac{\partial}{\partial\mu}\Phi\frac{\partial f}{\partial\mu}-\frac{v}{2L}(1-\mu^{2})\frac{\partial f}{\partial\mu} \tag{4-143}$$

式中　f（μ，t，Z）——粒子分布函数；

t——时间；

Z——磁力线方向的空间坐标；

μ——投掷角的余弦；

v——粒子运动速度。

Φ（μ）是粒子投掷角散射系数的函数，根据准线性散射理论，通常表述为如下的形式

$$\Phi(\mu)=A|\mu|^{q-1}(1-\mu^{2}) \tag{4-144}$$

式中　q——行星际磁场强度波动谱的指数。

在该模型中，方程（4－144）通常使用经验的粒子角度分布，此时参数 q 表征粒子通量各向异性的程度。

除了某些个别情况，从式（4－143）无法得出以解析形式表达的精确解。参考文献［32］获得了式（4－143）的近似解，将该近似解的分布函数 f 展开成算符特殊函数的级数 $Q_k(\mu)$。后者是式（4－143）的第 1 部分，只考虑散射或者同时考虑散射和聚焦效应，得到

$$f(\mu,Z,t)=\sum_{k}f_k(Z,t)Q_k(\mu) \tag{4-145}$$

计及散射效应并且只取展开式的前两项 f_0，f_1 和 $\partial f_1/\partial t$，分析散射模型可得到所谓“超相干”效应。这是由确定形式的行星际磁场的涨落谱（$q\simeq 2$）所造成的。这种模型的特点是：粒子通量随时间呈指数形式衰减，粒子的角分布呈现明显的各向异性，以及粒子流以 $v/2$ 作为集体速度进行相干运动。这意味着在形成粒子流后，在 $\pi/2$ 的角度上不存在散射作用，散射只发生在正面半球。这种模型与以速度 v 的无散射运动或者经验上引入的“准直对流”差异不大。

在自然界中很难观测到纯粹形式的粒子“相干脉冲”，通常总是伴随着“尾流”或与其他形式的传播相混合。

厄尔（Earl）等基于式（4－145）的散射和聚焦算符的特殊函数展开式的前 4 项，建立了“聚焦扩散”模型。通过计算机程序计算，可针对给定的距日距离并选取典型的行星际空间条件，预测太阳能量粒子传播过程的特征，如粒子通量和各向异性随时间的变化以及角分布的变化等。只计及散射和聚焦算符特殊函数展开级数的前两项，获得了较粗略的近似结果。

聚焦扩散方式是介于相干散射（$\lambda\approx 1$ AU）和扩散（λ 较小）传播模式之间的情况，并且与界面条件有关。这种聚焦扩散模式的特点是粒子通量以极大的速度增加到极大值，然后呈指数形式衰减，并且长时间保持较大的各向异性。图 4－56 给出了太阳神－2 号空

间探测器在距太阳 0.5 AU 的距离上，观测到的 1976 年 3 月 28 日太阳质子事件的实测数据，聚焦扩散模型与所获得的观测结果符合得很好[32－33]。耀斑发生在与空间探测器相关联磁力线在太阳东经 60°E 的足点附近。这时粒子发生极快的日冕传播，然后沿磁力线运动并发生弱散射。因此，观测到强烈的各向异性传播。

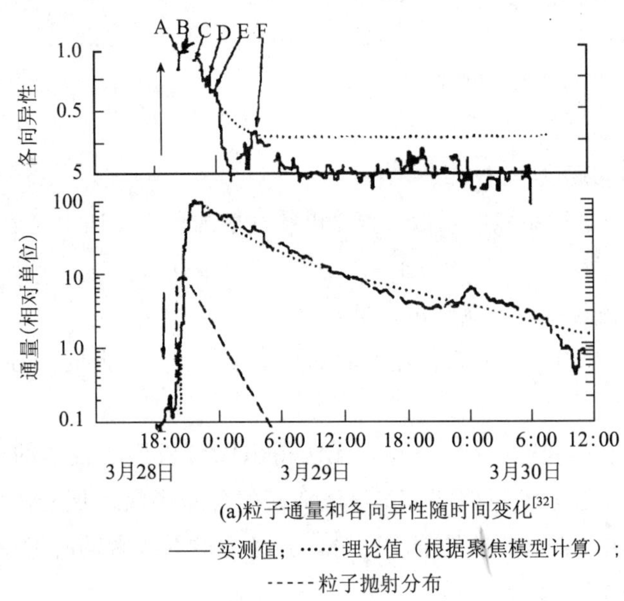

(a)粒子通量和各向异性随时间变化[32]

—— 实测值；······ 理论值（根据聚焦模型计算）；

----- 粒子抛射分布

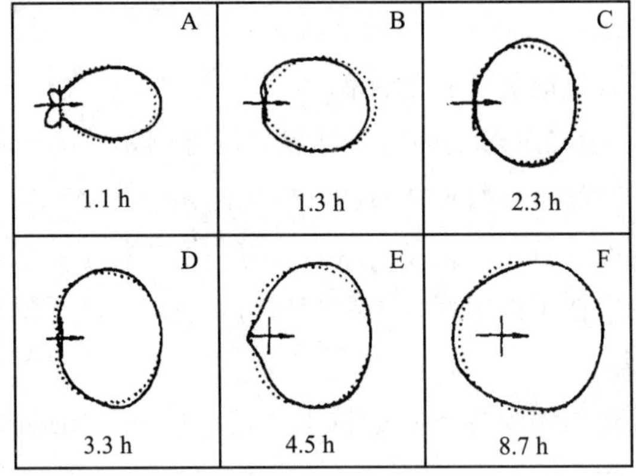

(b)粒子角分布[33]

—— 观测值 ······ 计算值

图 4－56 1976 年 3 月 28 日太阳质子事件中，粒子通量和各向异性随时间变化及粒子的角分布

行星际空间带电粒子传播理论模型的研究表明，如果已知行星际介质的状态，原则上便可以计算从太阳上的粒子源至观测点粒子输运过程的特性。但是，此过程的反过程却难于实现。从已知的太阳粒子输运过程的特性，目前还无法确定行星际空间的状态，其原因是行星际空间不同位置上粒子通量及其角分布随时间演化的实测数据尚不够充分。例如，对于给定能量的粒子通量随时间的演化，可以基于对粒子扩散系数和边界条件所作的不同

假设，进行足够精确的描述。但是，只有将其与能量粒子的角分布一起分析时，才能确定真实的传播模式。

就连确定平均自由程这样看起来简单的问题也常无法给出单值的解。基于散射理论求出的理论值 λ_{the} 和基于实测磁场不均匀性谱及实测粒子通量随时间演化得出的 λ_{exp} 之间差异很大，尤其对低能粒子更是如此，实测值总是高于理论值。这种理论值与实测值间的差异仍是当今充分理解粒子传播过程的难点所在。

太阳耀斑产生的太阳宇宙线是造成空间辐射效应的主要因素。至今，已经对太阳宇宙线产生和传播的许多方面有所了解，同时对地球附近带电能量粒子作了大量的统计观测。这样便有可能较可靠地预测太阳耀斑的辐射剂量，并且对其在一定的时间范围内可能造成的辐射损伤效应进行评估。尽管并非十分可靠，但仍能对太阳耀斑的辐射危害性作出预测。

太阳宇宙线物理是一个极其复杂的领域，至今尚有许多不甚了解的问题。例如，加速粒子的组分，太阳上加速粒子的约束时间和条件，以及粒子向行星际空间逃逸的可能性等。正如上面所指出的，虽然有关粒子在行星际空间传播的相关理论模型已被广泛引用，但实际上，这一问题远未得到解决。

对太阳宇宙线还必须进行深入细致的实验和理论研究。特别是，应该将其与耀斑发生时的 X 射线辐射和 γ 辐射结合起来进行研究。为了研究太阳粒子在行星际空间的传播和分布，重要的是必须在不同的空间区域、距太阳不同距离及在黄道面以外，同时记录粒子的相关信息，才有可能获得太阳宇宙线全面真实的数据。

参考文献

[1] Вернов С Н (Ред.). Модель космического пространства, Том I: Физические условия в космическом пространстве. Москва: Издателвство Московского Университета, 1983: 216－257.

[2] Белов А В, Курт В Г. Солнечные космические лучи. Модель Космоса, Восьмое издание, Том I: Физические условия в космическом пространстве, Под ред. М. И. Панасюка. Москва: Издателвство《КДУ》, 2007: 294－313; 402－416.

[3] 涂传诒，等．日地空间物理学（行星际与磁层）上册．北京：科学出版社，1988.

[4] Gombosi, T I. Physics of the space environment. Cambridge University Press, 1998: 3－29.

[5] Jursa A S. Handbook of geophysics and space environment. Air Force Geophysics Lab., 1985: 6－24.

[6] Reinhard R, Wibberenz G. Propagation of flare protons in the solar atmosphere. Solar Phys., 1974, 36: 473－494.

[7] Reinhard R, Roelof E C, Gold R E. Separation and analysis of temporal and spatial variations in the April 10, 1969, solar flare particle event. Space Res., 1979, 19: 399－402.

[8] Дорман Л И, Мирошниченко Л И. Солнечные космические лучей. М.: Наука, 1968.

[9] Gloeckler G. Composition of energetic particle populations in interplanetary space. Rev. Geophys. Space Phys., 1979, 17: 569－582.

[10] 都亨，叶宗海．低轨道航天器空间环境手册．北京：国防工业出版社，1996：340－344.

[11] 中国科学院空间科学与应用研究中心．宇航空间环境手册．北京：中国科学技术出版社，2000：182－188.

[12] Белов А В, Гарсия Г, и др. Космические Исследования, 2005, 43: 165－178.

[13] Cooke D. Geomagnetic－cutoff distribution functions for use in estimating detector response to neutrinos of atmospheric origin. Phys. Rev. Lett., 1983, 51: 320－323.

[14] 人造地球卫星环境手册编写组．人造地球卫星环境手册．北京：国防工业出版社，1971.

[15] Ныммик Р А. К вопросу о зависнмости частоты событий солнечных космических лучей от уровня солнечной активности. Космические Исследования, 1997, 35 (2): 213－215.

[16] Feynman J, Spitale G, Wang J. Interplanetary proton fluence model: JPL 1991. J. Geophys. Res., 1993, 98 (A8): 13281－13294.

[17] Xapsos M A, Summers G P, Shapiro P, Burke E A. New techniques for predicting solar proton fluences for radiation effects applications. IEEE Trans. Nucl. Sci., 1996, 43 (6): 2772－2777.

[18] Xapsos M A, Summers G P, Burke E A. Probability model for peak fluxes of solar proton events. IEEE Trans. Nucl. Sci., 1998, 45 (6): 2948－2953.

[19] Kurt V, Nymmik R A. The ＞30 MeV proton fluence size distribution of SEP events. Space Research, 1997, 35 (10): 598－609.

[20] Barouch E, Gros M, Masse P. The solar longitude dependence of proton event delay time. Solar Phys., 1971, 19: 483－493.

[21] Van Hollebeke M A I, Sung L S, McDonald F B. The variation of solar proton energy spectra and size distribution with heliolongitude. Solar Phys., 1975, 41: 189－223.

[22] Nymmik R A. Averaged energy spectra of peak flux and fluence values in solar cosmic ray events. Proc. 23rd ICRC, Calgary, 1993, 3: 29－32.

[23] Nymmik R A. Behavioural features of energy spectra of particle fluences and peak fluxes in solar cosmic rays. Proc. 24th ICRC, Roma, 1995, 4: 66—69.

[24] Nymmik R A. Probabilistic model for fluences and peak fluxes of solar energetic particles. Radiation Measurements, 1999, 30: 287—296.

[25] Mottl D A, Nymmik R A. Errors in the particle flux measurement data relevant to solar energetic particle spectra. Adv. Space Res., 2003, 32 (11): 2349—2353.

[26] Hamilton D C, Mason G, McDonald F B. The radial dependence of the peak flux and fluence in solar particle events. Proc. 21st ICRC, 1990, 5: 237—240.

[27] Lario D, Marsden R G, Sanderson T R, et al. Energetic proton observation at 1 and 5 AU, I: January—September 1997. J Geophys. Res., 2000, 105 (A8): 18251—18256.

[28] Lupton J E. Solar flare particle propagation: comparison of a new analytic solution with spacecraft measurements. J. Geophys. Res., 1973, 78: 1007—1018.

[29] Webb S, Quenby J J. Numerical studies of the transport of solar protons in interplanetary space. Planet. Space Sci., 1973, 21: 23—42.

[30] Palmer I D, Palmeira R A R, Allum F R. Monte Carlo model of the highly anisotropic solar proton event of 20 April 1971. Solar Phys., 1975, 40: 449—460.

[31] Owens A J. A new appoximate analytic solution for the interplanetary diffusion of solar cosmic rays. Proc. 16th Inter. Cosmic Ray Conf., Kyoto, 1979, 5: 264—269.

[32] Earl J A, Bieber J W. Theoretical prediction of fluxes during solar energetic particle event. Proc. 15th Inter. Cosmic Ray Conf., Plovdiv, 1977, 5: 172—177.

[33] Bieber J W, Earl J A, Green G, et al. Pitch angle scattering of solar energetic particles: new information from Helios. Proc. 16th Inter. Cosmic Ray Conf., Kyoto, 1979, 5: 246—251.

第 5 章　银河宇宙线和反常宇宙线

5.1　引言

银河宇宙线是源于银河及银河外的高能带电粒子流，并被加速至行星际空间。它几乎包含元素周期表上的所有元素，从质子（氢核）、α 粒子（氦核）直到铀等重元素的原子核。元素周期表中的前 28 种元素是银河宇宙线的主要成分，其中丰度最大的为质子（占 85%）和 α 粒子（占 12%）。银河宇宙线粒子被某些机制加速至极高能量（直至 10^{20} eV），它远高于地球上建造的加速器所能达到的最高能量。

银河宇宙线的通量，在日球之外基本上是各向同性的。在日球内的传播过程中，由于受到太阳和地磁场的调制作用，而呈现一定的各向异性。

入射至地球大气层外的宇宙辐射线被定义为原辐射（primary radiation），也称为初级辐射。宇宙线通过大气层传播时，遭遇组分气体原子核碰撞，产生次级辐射（secondary radiation）宇宙线。

银河宇宙线粒子具有极大的动能，将造成空间材料及航天器件、固体组件的永久损伤，从而受到航天工作者的高度关注。

5.2　银河宇宙线的成分

银河宇宙线是 1912 年被发现的，但是，经历了 30 余年后直到 1948 年人们才开始对宇宙线成分进行了分析。结果表明，在地球轨道上观测到的初级银河宇宙线中，质子约占 85%，氦核约占 12.5%，原子序数 $Z>2$ 的原子核约占 1.5%，电子约占 1%。它们的能量范围从数百 MeV 至大于 10^{20} eV。至少在 1 TeV（$=10^{12}$ eV）以下能区的质子，是银河宇宙线的主要成分；其他原子核所占的成分比例，随能量增加而增大。图 5－1 为银河宇宙线中各元素的相对丰度及其与太阳系元素的比较[1]。由图可见，除锂、铍、硼及从氯至锰元素外，银河宇宙线和太阳系元素的丰度大体上是相似的。

从图 5－1 可以看出，在银河宇宙线内，轻元素（$Z=3\sim5$）的含量比其在太阳系星球内的含量高几个数量级。此外，银河宇宙线的特点在于高比例重核（$Z\geqslant20$）元素的组分。这些重核元素所占成分的异常增加，对理解银河宇宙线的起源是极其重要的。

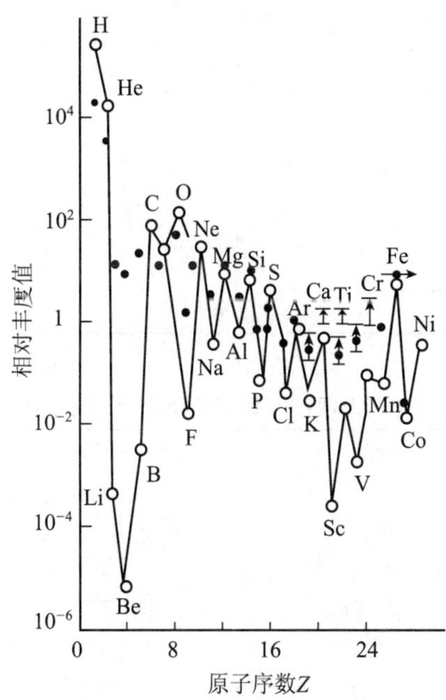

图5—1　银河宇宙线和太阳系元素的相对丰度比较

●—银河宇宙线；○—太阳系元素

银河宇宙线分布在极宽的能量范围，为 $10^9 \sim 10^{20}$ eV。当能量低于10 GeV/核子时，在地球附近测出的银河宇宙线强度与太阳活动水平有关，即随太阳磁活动周期相位而发生变化。在太阳活动极小期，银河宇宙线质子的各向同性通量为4 质子·cm^{-2}·s^{-1}左右，年累积通量为 1.3×10^8 质子·cm^{-2}；在活动极大期，银河宇宙线质子通量和年累积通量分别约为2 质子·cm^{-2}·s^{-1}和 7×10^7 质子·cm^{-2}。在更高能量范围，银河宇宙线通量不随时间而变化。一般认为，银河宇宙线截止于 $10^{17}\sim10^{18}$ eV能区，能量高于 10^{18} eV的粒子多半源于银河外星体。

比氦更重的原子核只占初级银河宇宙线的约1%，其积分通量约为25 粒子·m^{-2}·s^{-1}·sr^{-1}。$Z>2$ 的宇宙线粒子可以分成不同的带电粒子群：轻群（L）、中等群（M）、较重群（LH）和很重群（VH）。L群包含 $3\leqslant Z\leqslant5$；M群，$6\leqslant Z\leqslant8$；LH群，$9\leqslant Z\leqslant28$；VH群，$20\leqslant Z\leqslant28$。一般将从Mn（$Z=25$）至Ni（$Z=28$）的荷电粒子群，称为Fe群。表5—1列出银河宇宙线中具有不同电荷数的粒子种类[2]。

当银河宇宙线粒子从源区运动至地球附近时，会与星际介质产生作用而发生碎裂，这在“宇宙丰度”（universal abundance）意义上会导致，原宇宙辐射中重核带电粒子的贫化和轻核丰度的增强。能量>0.45 GeV/核子的粒子在地球上的相对丰度如表5—2所示[3]。

在宇宙线中元素N，Na，Al，S，Ar，Ca，Cr和Mn的丰度增强，是由于在星际空间内重核的碎裂引起的。元素Li，Be，B，F，Cl，K，Si，Ti和V的丰度，几乎都是由于较重的原子核在通过星际介质时碎裂所致。

表5—1　银河宇宙线不同电荷数粒子的通量（能量大于2.5 GeV/核子）

粒子种类	电荷数	通量/（$m^{-2}\cdot s^{-1}\cdot sr^{-1}$）
H	1	1 300 ± 50
He	2	88 ± 4
L群	3～5	1.6 ± 0.1
M群	6～9	5.0 ± 0.3
LH群	10～15	1.4 ± 0.1
MH群	16～19	0.14 ± 0.03
VH群	≥20	0.44 ± 0.05

表5—2　不同能量范围下银河宇宙线$Z\leqslant 28$各元素在地球上相对于氧的丰度

Z（原子序数）	原子核	E=100 ～ 300 MeV/核子	E>800 MeV/核子
1	H	11 500 ± 1 700	—
2	He	4 020 ± 575	—
3	Li	22 ± 4	16.7 ± 0.7
4	Be	11 ± 2	9.7 ± 0.5
5	B	30 ± 5	30.5 ± 0.9
6	C	115 ± 11	114 ± 2
7	N	25 ± 3	27.5 ± 0.9
8	O	100	100
9	F	2.1 ± 0.6	1.3 ± 0.2
10	Ne	15 ± 2	17.8 ± 0.7
11	Na	3.4 ± 0.8	2.9 ± 0.3
12	Mg	20 ± 2	20.6 ± 0.7
13	Al	3.9 ± 0.7	2.6 ± 0.3
14	Si	14± 2	13.6 ± 0.6
15	S	1.0 ± 0.2	0.45 ± 0.11
16	P	2.7 ± 0.3	3.5 ± 0.3
17	Cl	0.4 ± 0.2	0.56 ± 0.12
18	Ar	1.2 ± 0.3	1.3 ± 0.2
19	K	0.8 ± 0.5	1.2 ± 0.2
20	Ca	2.1 ± 0.5	2.6 ± 0.25
21	Sc	0.4 ± 0.2	0.4 ± 0.11
22	Ti	2.2 ± 0.6	1.4 ± 0.2
23	V	0.9 ± 0.5	0.5 ± 0.12
24	Cr	2.8 ± 1.8	1.07 ± 0.18
25	Mn	—	0.85 ± 0.16
26	Fe	12.9 ± 1.8	10.5 ± 0.5
27	Co	—	0.39 ± 0.10
28	Ni	—	0.44 ± 0.11

表 5－3 列出了在较低能区某些重核粒子的相对丰度（relative abundance）[4]。当能量较高如为 25～180 MeV/核子时，丰度比值（Ne＋Si）/（Fe＋Co＋Ni）＝5.8±1.9，而比值（17⩽ Z ⩽25）/（Fe＋Co＋Ni）＝2.1±0.7。这些重核粒子的通量为 10^{-4} m^{-2} · s^{-1} · sr^{-1} ·（MeV/核子）$^{-1}$量级。直至 1 GeV 能区，（Ne＋Si）/（Fe＋Co＋Ni）的比值实际上不发生变化。

表 5－3　较低能区银河宇宙线中某些重核粒子的相对丰度

原子核	能量/（MeV/核子）	与氧原子核的比例
B	11～24	0.24 ± 0.09
C	13～28	0.79 ± 0.18
N	13～29	0.20 ± 0.09
O	14～33	1
F	15～34	0.019 ± 0.019
Ne	16～37	0.18 ± 0.06
Na	16～38	0.057 ± 0.032
Mg	17～41	0.20 ± 0.06
Al	18～42	0.081 ± 0.037
Si	19～45	0.11 ± 0.04
P～V	21～49	0.095 ± 0.036
Cr～Ni	25～61	0.071 ± 0.026

在研究小于 10 MeV/核子的低能区原子核时意外发现，能量如此低的银河宇宙线甚至可以到达 1 AU 处。在此能区能谱的变化和硼原子核的存在表明，它们并非源于太阳，并且这些原子核的通量也不会经受明显的调制作用。近几年对银河宇宙线 Z⩾30 的重原子核进行了深入研究，并且观测到 Z⩾82 的原子核。

关于银河宇宙线同位素含量的数据还很有限。已发现在 E＝83～284 MeV/核子能量范围内，Fe 的同位素大体上为：^{54}Fe≈9％；^{55}Fe≈7％；^{56}Fe≈71％；^{57}Fe⩽8％和^{58}Fe⩽6％。氢的同位素氘的通量在能量 E≈10～100 MeV/核子下，约为 10^{-3}～10^{-2} m^{-2} · s^{-1} · sr^{-1} ·（MeV/核子）$^{-1}$；当 E⩾7.5 GeV/核子时，氘的通量⩽10 m^{-2} · s^{-1} · sr^{-1} ·（MeV/核子）$^{-1}$。对 Li，Be 和 B 同位素成分的测量结果，证实了这些元素存在其他起源的设想。

人们一直致力于在银河宇宙线中寻找反质子 p^-（antiproton）的研究，表 5－4 提供了一些初步结果。

表 5-4 银河宇宙线中反质子和质子的丰度比值 p^-/p[2]

能量 E	p^-/p
100～150 MeV	$\leqslant 3\times10^{-4}$
200～800 MeV	$<1\times10^{-3}$
1.7～5 GeV	0.24 ± 0.05
⩾1 000 GeV	$\leqslant 5\times10^{-2}$
>16 GeV	$\approx10^{-2}$

在银河宇宙线中电子通量约为质子的1%。虽然超新星爆炸也会产生大量电子，但在长距离传播过程中大部分已被吸收。银河宇宙线粒子的核外电子被充分剥离，处于完全电离态，这与太阳宇宙线粒子常处于部分电离态不同。

5.3 星际银河宇宙线能谱

图 5-2 给出了观测到的初级银河宇宙线微分能谱[5]。在 10^{11}～10^{20} eV 极高能量范围内，能谱可以由幂律函数加以描述。在 3×10^{15} eV 附近，曲线斜率发生稍许变化，其拐点称作膝（knee）点；而在 10^{19} eV 附近的拐点称为踝（ankle）点。银河宇宙线能谱的幂指数特征表明，其粒子能源具有非热学性质。

初级银河宇宙线的积分能谱如图 5-3 所示。在对数坐标下，当能量高于 1 GeV/核子时，粒子通量随能量增加呈线性下降。设能量大于 E 的粒子积分通量为 N，则有 $N(>E)=N_0\times E^{-\alpha}$关系。$\alpha$ 值与能量区间有关，在 1.5～2.2 间变化。

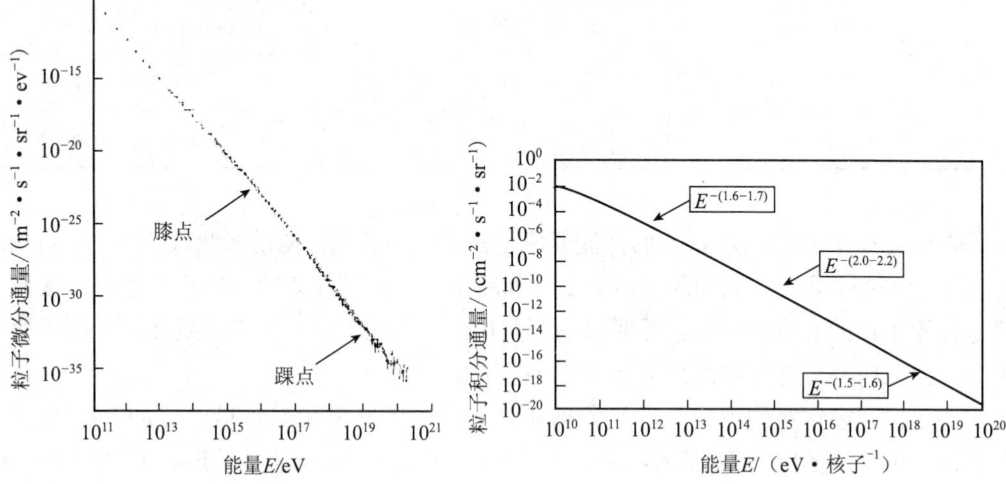

图 5-2 初级银河宇宙线的微分能谱　　图 5-3 初级银河宇宙线的积分能谱

超高能量银河宇宙线的有关信息是通过间接方法获得的。由于存在地球大气层，初级辐射粒子在其中产生强子级联（hadronic cascade），并由大量的二次粒子构成宽强子簇射（wide hadron showers，WHS）。通过交互作用和衰变产生的二次粒子与初级辐射粒子的方向相同，可能在很大的空间范围内被记录到，如图 5-4 所示[6]。

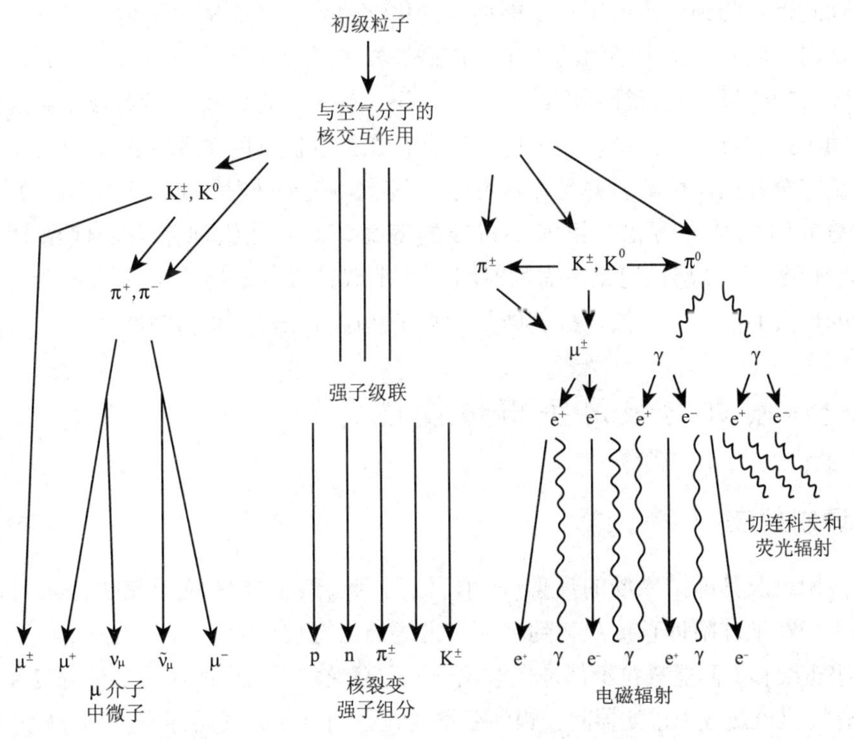

图 5－4　宽强子簇射示意图

根据地球大气层中宽强子簇射记录结果，银河宇宙线能量的最大值为 3×10^{20} eV，并且能量大于 10^{20} eV 的事件多于 10 次。能量如此高的粒子可能并非源于银河。

银河宇宙线的能量密度约为 1 eV · cm^{-3}，可与星际空间的气体动能及其湍流动能、银河星体的电磁辐射总能量密度以及银河磁场所包含的能量密度等大体相当。这意味着银河宇宙线在宇宙空间发生的各种物理过程中，能够起着足够大的能量平衡作用。

银河宇宙线通量的特点在于具有高度的各向同性。当 $E\leqslant10^{14}$ eV 时，其各向异性系数≤0.1%。当能量进一步增大，宇宙射线各向异性增强，并在 $E\geqslant10^{19}$ eV 时，增至百分之几十。但是，在超高能区（$10^{15}\sim10^{20}$ eV），观测到的各向异性统计增强通常并不明显。

有关银河宇宙线起源问题，是至今没有完全解决的热点课题，特别是超高能（$\geqslant 10^{15}$ eV）宇宙线的起源尚不清楚。一个比较成熟的银河宇宙线理论，应能解释一些基本特性：能谱的幂律形式，能量密度大小，初级宇宙线的组分，通量的弱各向异性，以及质子、电子、正电子和γ射线的通量在银河宇宙线强度随时间变化过程中基本为常量等。

早在 20 世纪 50 年代末有人基于能量考虑，认为银河宇宙线是源于银河系超新星爆炸产生的[7]。后来考虑了带电粒子在激波作用下的加速，对超新星爆炸能量作了修正，发展了定量理论并已就此达成共识，但该理论仍未被实验最终证实。这一理论可以描述能量高达 $10^{15}Z$ eV 银河宇宙线的幂律能谱（Z 为加速粒子的电荷数）。如果考虑在超新星演化早期阶段，由于宇宙线通量的不稳定性引起大的磁流体动力学湍动性，甚至可以描述粒子加速直至 $10^{17}Z$ eV 量级的能量。但是，为了解释粒子加速至 10^{20} eV 高能区，尚需要引入附加的作用机制。

在地球附近观测到的银河宇宙线能谱及其化学组分，是其从起源地（基本上位于银轮的中心区）向太阳系（位于银河的边缘）传播过程中经历变化后所形成的。银河中存在着规律的或随机的磁场，其特征强度约 3×10^{-6} Gs。银河宇宙线粒子沿着极度缠绕的轨迹传播，其运动规律可以基于扩散机制加以描述。存在扩散机制的主要根据是银河宇宙线粒子通量几乎是完全各向同性的，并且在银河宇宙线中，轻原子核（Li，Be，B）的数量是其在银河上分布量的数十万倍；银河宇宙线的寿命，即其在银河系内的停留时间，约为 3×10^{7} a，比沿直线穿越银河系所需的时间长4个数量级。银河宇宙线的寿命及其通量随粒子能量的增大而降低。当然，极高能量的粒子实际并未经历扩散过程。

5.4　地球附近的银河宇宙线能谱

5.4.1　调制效应

由于太阳风及其冻结磁场的反射作用，银河宇宙线低能区粒子无法进入日球内。所以，人们不能在地球附近直接观测到银河宇宙线的低能粒子。

银河宇宙线和太阳能量粒子都是带电粒子，会遭受磁场的反射作用。地磁场和其他行星的磁场将作为磁屏蔽或磁过滤器阻止银河宇宙线粒子向行星大气层穿透。具有较小能量的低刚度带电粒子通常将在磁场作用下发生偏转。图5—5给出不同能量的带电粒子能够穿透的地磁空间的磁壳层深度（L 值）[8]。当宇宙线粒子从地磁场的低纬度区入射时，只有具有高刚度（或高能量）的粒子才能穿透至近地轨道，而低能宇宙线粒子只能进入地球的高磁纬度区。粒子能够穿透地磁空间给定点的阈值刚度称为截止刚度。因此，在相同地球轨道高度条件下，在高磁纬区运行的航天器将比在低倾角轨道上遭受更多的宇宙线辐射。

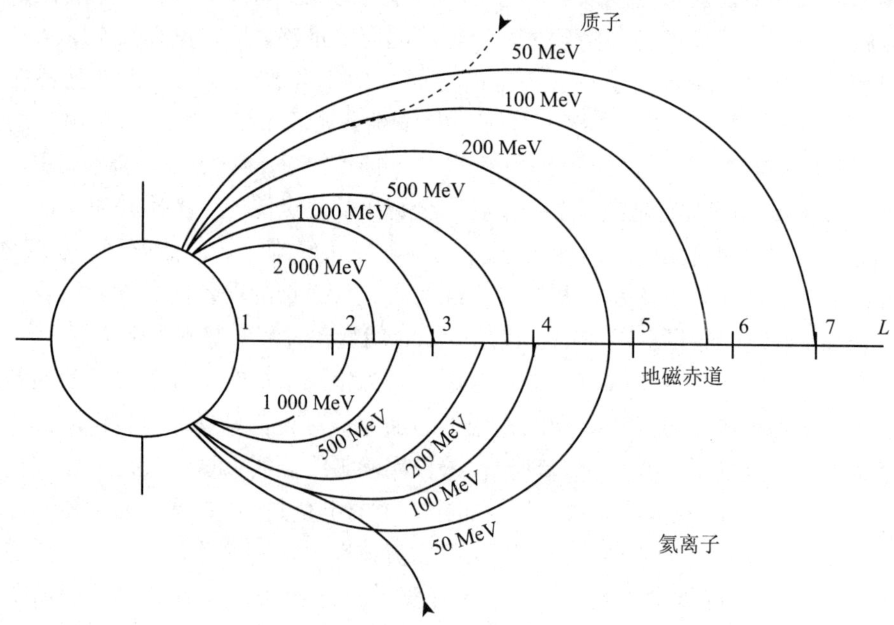

图5—5　带电粒子穿透至不同地磁壳层所需的阈值能量

随着银河宇宙线粒子能量的增大，日球调制效应（modulation effect）变弱，并导致低能粒子的通量随太阳活动周期而变化。这种变化与银河宇宙线同太阳风及冻结于其中的磁场的交互作用相关联，结果使得在地球附近测量的银河宇宙线能谱与星际介质内的能谱明显不同。图 5−6 为太阳活动周期不同相位的银河宇宙线粒子能谱[9]。可以看出，当能量 $E>10$ GeV/核子时，银河宇宙线强度（记为 I，以单向微分通量表征）在太阳活动不同相位间的差异不大。但是，当 $E<1$ GeV/核子时，其能谱强度在太阳活动高年和低年之间可以有数量级以上的差异。

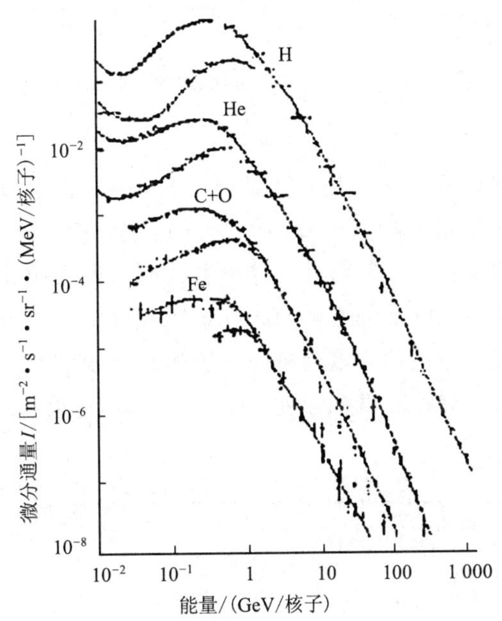

图 5−6　在太阳活动低年（上面的曲线）和高年（下面的曲线）地球附近测量的银河宇宙线不同元素能谱

银河宇宙线粒子能谱的变化，通常认为是由于太阳风磁场和银河宇宙线相互作用区的尺度，银河宇宙线粒子的散射系数（与太阳风磁场的涨落有关），以及太阳风及其磁场的速度变化引起的。在太阳极大年，太阳系内银河宇宙线强度降低；在太阳极小年，银河宇宙线强度出现极大值。

在讨论日球内发生的各种物理现象时，常涉及到由太阳活动 11 a 和 22 a 周期决定的数十年时间跨度，还涉及到太阳活动水平、活动区在光球中的位置以及活动生成物的磁场等一系列已经建立的规律性。调制区的边界可能位于约 100 AU 的距离上。

图 5−7 示出银河宇宙线强度（以单向微分通量表征）在太阳活动 11 a 周期内的调制效应[10]。银河宇宙线强度与太阳黑子数之间呈反相（antiphase）变化。实际上，太阳对银河宇宙线调制过程的作用是相当复杂的，并非只与太阳黑子数呈反关联。

银河宇宙线强度还有 27 d 循环周期的变化，在太阳活动周期的下降阶段最明显，这种变化被认为是与行星际磁场的结构变化有关。

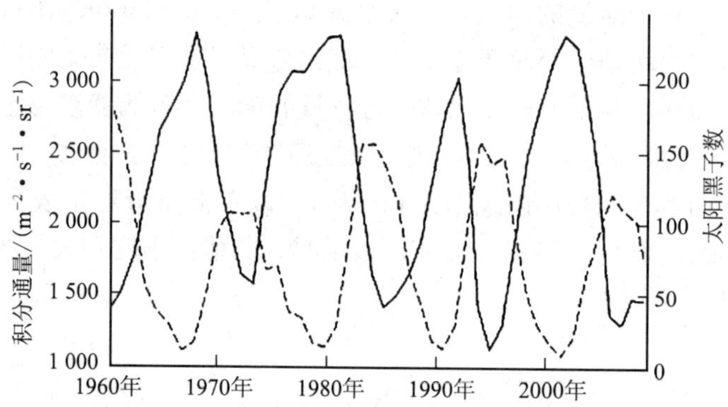

图 5－7　E>100 MeV 的银河宇宙线在大气层顶的强度随太阳活动周期的调制效应

——宇宙线强度（积分通量）；----太阳黑子数

银河宇宙线强度经常在数小时内发生急剧的下降（降至正常值的1/2～9/10），并可持续几天，这种效应称为福布希下降（Forbush decrease），如图 5－8 所示。大的福布希下降呈现很短的下降时间和很长的恢复时间，伴随着银河宇宙线通量有较大的各向异性，并且没有重现性。银河宇宙线强度下降通常与太阳耀斑和行星际激波结构变化有关。太阳耀斑激波与太阳风流间的交互作用，导致局域等离子体密度和磁场急剧增加。高磁场区域可阻尼宇宙线粒子向内扩散，导致宇宙线强度下降和各向异性增强。

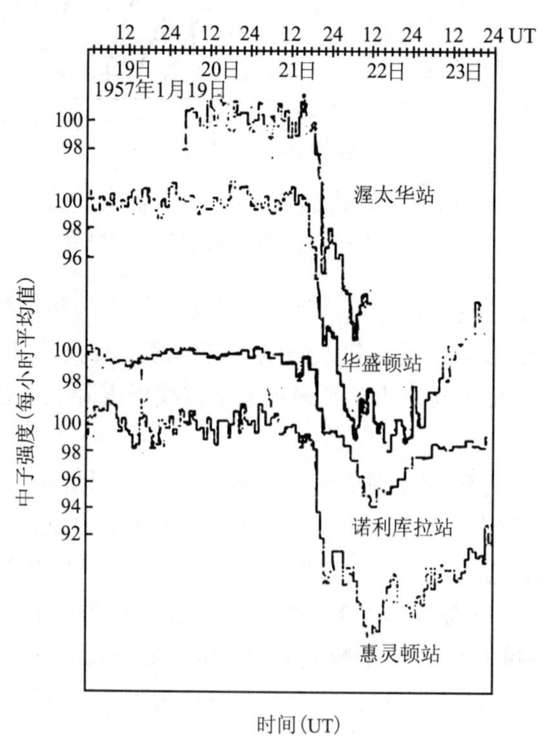

图 5－8　1957 年 1 月 19 日～23 日四个地面台站观测到的中子强度每小时平均值的变化

银河宇宙线在日球内传输的理论基础是 Parker 输运方程[11]

$$\frac{\partial f}{\partial t}=-\left(u+\langle V_D\rangle\right)\nabla f+\nabla(K\nabla f)+\frac{1}{3}(\nabla u)\frac{\partial f}{\mathrm{dln}R}+Q(E,r,t) \tag{5-1}$$

式中　$f(r,R,t)$——宇宙线分布函数；

R——刚度；

r，t——与太阳的距离和输运时间；

u——太阳风速；

$Q(E,r,t)$——源函数。

式（5—1）右边各项分别描述粒子对流、纵向和横向漂移、扩散、能量绝热变化以及粒子源函数。K 为张量，其对称分量描述扩散，而非对称分量描述粒子漂移。V_D 为粒子在日球磁场内的漂移速度。最近几年的重要进展是计及了沿垂直于磁场方向的扩散。

对式（5—1）可以求数值解，能够得到日球内调制参量值。但是，求解过程相当复杂，应计及各参量的时间、空间及能量的依赖关系。为此，提出了更加完善的调制模型，在 3D 空间上进行数值模拟计算，并与空间观测数据进行拟合。参考文献［12］基于粒子输运方程的近似解，构建了银河宇宙线质子微分通量 I_G 与太阳调制参量 M 的关系式

$$I_G(T,M)=9.9\times10^{8}\frac{T\left(T+2E_0\right)}{T+M}\frac{\left[T+M+780\exp\left(-2.5\times10^{-4}T\right)\right]^{-2.65}}{T+M+2E_0} \tag{5-2}$$

式中　T——质子动能；

E_0——质子静止能量。

参考文献［12］还分析了银河宇宙线能谱的空间观测数据，讨论了 29 次不同的观测结果。通过式（5—2）的计算结果与空间观测数据拟合，确定了最佳的太阳调制参量 M 值，如图 5—9 所示。

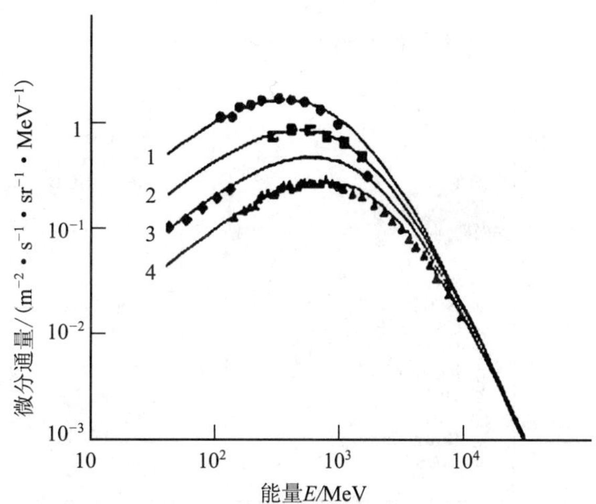

图 5—9　针对不同的太阳调制值 M，由式（5—2）计算的银河宇宙线微分能谱

曲线 1，2，3，4 分别对应于 M=390，600，820，1 080 MeV，并分别与 1965 年、1968 年、1980 年和 1989 年的空间观测结果相拟合

5.4.2　10^{11}～10^{17} eV 能量范围银河宇宙线能谱特征

当能量 $E > 10^{10}$ eV 时，日球磁场的调制效应小到可以忽略不计。作为一级近似，在 10^{11}～10^{17} eV能量区间，银河宇宙线所包含的每种元素粒子的能谱都遵从幂律关系，这一规律对银河宇宙线的所有粒子是普适的。当能量 E=3～4 PeV 时，能谱的幂指数近似在−2.7～−3.1 间变化，并且谱的拐点通常称为膝点。拐点的出现可能是由于粒子在银河系传播特性发生了变化，或者粒子的加速过程发生了改变。拐点的能量大小与粒子原子核的电荷数成正比。

图 5−10～图 5−12 分别给出 $E > 10$ GeV 区间质子、氦核和铁核的微分能谱，数据取自不同探测器的直接测量结果[13]。表 5−5 给出能量为 E=1 TeV/核子时各元素粒子（原子核）的微分通量和能谱指数。当能量高于 10^{15} eV 时，不再有直接测量的数据，这时只能通过上面提到的宽强子簇射方法，即基于间接测量数据，来研究银河宇宙线的行为。

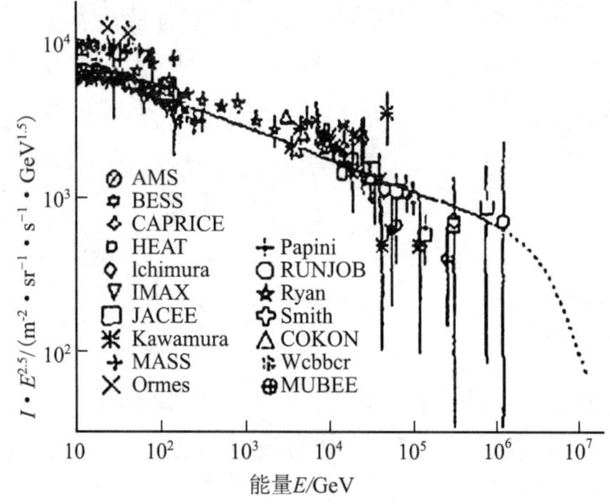

图 5−10　银河宇宙线质子微分能谱

I—微分通量；E—能量

各数据点为不同探测器实测结果

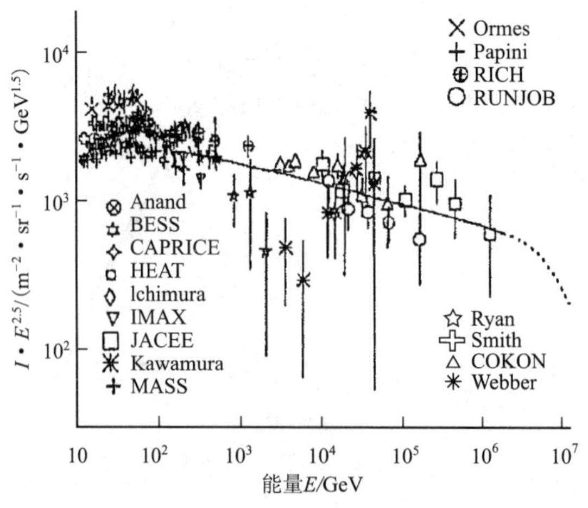

图 5−11　银河宇宙线 He 核微分能谱

I—微分通量；E—能量

各数据点为不同探测器实测结果

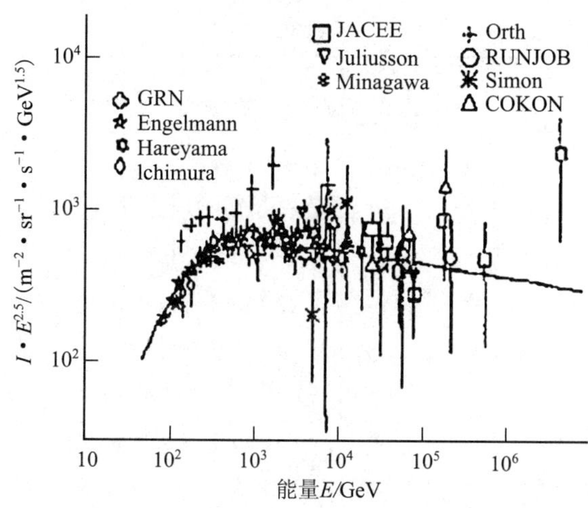

图 5—12 银河宇宙线 Fe 核微分能谱

I—微分通量；E—能量

各数据点为不同探测器实测结果

由于在 $E \approx 3\times10^{15}$ eV 能量下，银河宇宙线能谱上存在拐点的原因至今尚未完全清楚，故还无法进行模型计算。因此，只能建立描述单一原子核能谱的模型，其能量范围要包含拐点所在的能量。乌尔里希（Ulrich）等[14]给出一组原子核的实验能谱，表明存在拐点，并且拐点能量与电荷数 Z 成正比。霍兰德尔（Horandel）通过对直接测量的通量数据的分析，提出涉及拐点能量的能谱唯象学模型，可以描述已有的实验数据。该模型表明，电荷数为 Z 的粒子通量 I_Z 与能量 E 的关系可以用下式描述

$$I_Z(E)=I_{0Z}E^{\gamma_Z}\left[1+\left(\frac{E}{\hat{E}_Z}\right)^{\varepsilon_c}\right]^{\frac{(\gamma_c-\gamma_Z)}{\varepsilon_c}} \tag{5-3}$$

式中 I_{0Z}——E=1 TeV/核子时粒子的绝对通量，其值可由表 5—5 查得；

E——粒子能量；

$\hat{E}_Z$——拐点能量；

γ_z，γ_c，ε_c——谱指数。

在拐点能量 $\hat{E}_Z$ 以下，能谱呈通常的幂律形式，并且幂指数 γ_z 与 Z 有关，可由直接测量数据决定 γ_z 值。当 $E\gg\hat{E}_Z$ 时，能谱由指数 γ_c 决定，且 $|\gamma_c|>|\gamma_z|$。谱指数 ε_c 决定谱从一种形式向另一种形式转变的急剧程度。参量 $\hat{E}_Z$，γ_c 和 ε_c 由实测数据分析确定。

表 5—5 能量 E=1 TeV/核子的粒子绝对通量 I_{0z}（$m^{-2}\cdot s^{-1}\cdot sr^{-1}\cdot TeV^{-1}$）和谱指数 $-\gamma_z$

Z	粒子	I_{0z}	$-\gamma_z$	Z	粒子	I_{0z}	$-\gamma_z$	Z	粒子	I_{0z}	$-\gamma_z$
1	H	8.73×10^{-2}	2.71	32	Ge	4.02×10^{-6}	2.54	63	Eu	1.58×10^{-7}	2.27
2	He	5.71×10^{-2}	2.64	33	As	9.99×10^{-7}	2.54	64	G	6.99×10^{-7}	2.25
3	Li	2.08×10^{-3}	2.54	34	Se	2.11×10^{-6}	2.53	65	Tb	1.48×10^{-7}	2.24

续表

Z	粒子	I_{0z}	$-\gamma_z$	Z	粒子	I_{0z}	$-\gamma_z$	Z	粒子	I_{0z}	$-\gamma_z$
4	Be	4.74×10^{-4}	2.75	35	Br	1.34×10^{-6}	2.52	66	Dy	6.27×10^{-7}	2.23
5	B	8.95×10^{-4}	2.95	36	Kr	1.30×10^{-6}	2.51	67	H	8.36×10^{-8}	2.22
6	C	1.06×10^{-2}	2.66	37	Rb	6.93×10^{-7}	2.51	68	Er	3.52×10^{-7}	2.21
7	N	2.35×10^{-3}	2.72	38	Sr	2.11×10^{-6}	2.50	69	T	1.02×10^{-7}	2.20
8	O	1.57×10^{-2}	2.68	39	Y	7.82×10^{-7}	2.49	70	Yb	4.15×10^{-7}	2.19
9	F	3.28×10^{-4}	2.69	40	Zr	8.42×10^{-7}	2.48	71	Lu	1.72×10^{-7}	2.18
10	Ne	4.60×10^{-3}	2.64	41	Nb	5.05×10^{-7}	2.47	72	Hf	3.57×10^{-7}	2.17
11	Na	7.54×10^{-4}	2.66	42	Mo	7.79×10^{-7}	2.46	73	Ta	2.16×10^{-7}	2.16
12	Mg	8.01×10^{-3}	2.64	43	Tc	6.98×10^{-8}	2.46	74	W	4.16×10^{-7}	2.15
13	Al	1.15×10^{-3}	2.66	44	Ru	3.01×10^{-7}	2.45	75	Re	3.35×10^{-7}	2.13
14	Si	7.96×10^{-3}	2.75	45	Rh	3.77×10^{-7}	2.44	76	Os	6.42×10^{-7}	2.12
15	P	2.70×10^{-4}	2.69	46	Pd	5.10×10^{-7}	2.43	77	Ir	6.63×10^{-7}	2.11
16	S	2.29×10^{-3}	2.55	47	Ag	4.54×10^{-7}	2.42	78	Pt	1.03×10^{-6}	2.10
17	Cl	2.94×10^{-4}	2.68	48	Cd	6.30×10^{-7}	2.41	79	Au	7.70×10^{-7}	2.09
18	Ar	8.36×10^{-4}	2.64	49	In	1.61×10^{-7}	2.40	80	Hg	7.43×10^{-7}	2.08
19	K	5.36×10^{-4}	2.65	50	Sn	7.15×10^{-7}	2.39	81	Ti	4.28×10^{-7}	2.06
20	Ca	1.47×10^{-3}	2.70	51	Sb	2.03×10^{-7}	2.38	82	Pb	8.06×10^{-7}	2.05
21	Sc	3.04×10^{-4}	2.64	52	Te	9.10×10^{-7}	2.37	83	Bi	3.25×10^{-7}	2.04
22	Ti	1.14×10^{-3}	2.61	53	I	1.34×10^{-7}	2.37	84	Po	3.99×10^{-7}	2.03
23	V	6.31×10^{-4}	2.63	54	Xe	5.74×10^{-7}	2.36	85	At	4.08×10^{-8}	2.02
24	Cr	1.36×10^{-3}	2.67	55	Cs	2.79×10^{-7}	2.35	86	Rn	1.74×10^{-7}	2.00
25	Mn	1.35×10^{-3}	2.46	56	Ba	1.23×10^{-6}	2.34	87	Fr	1.78×10^{-8}	1.99
26	Fe	2.04×10^{-2}	2.59	57	La	1.23×10^{-7}	2.33	88	Ra	7.54×10^{-8}	1.98
27	Co	7.51×10^{-5}	2.72	58	Ce	5.10×10^{-7}	2.32	89	Ac	1.97×10^{-8}	1.97
28	Ni	9.96×10^{-4}	2.51	59	Pr	9.52×10^{-8}	2.31	90	Th	8.87×10^{-8}	1.96
29	Cu	2.18×10^{-5}	2.57	60	Nd	4.05×10^{-7}	2.30	91	Pa	1.71×10^{-8}	1.94
30	Zn	1.66×10^{-5}	2.56	61	Pm	8.30×10^{-8}	2.29	92	U	3.54×10^{-7}	1.93
31	Ga	2.75×10^{-6}	2.55	62	Sm	3.68×10^{-7}	2.28				

尽管已建立了上述的 I_{0Z}模型，在银河宇宙线所有粒子的全能谱上并未观测到这种依赖关系。而且将直接测量结果根据假定的能谱形式 I_Z（E）外推，反倒与基于间接测量的宽强子簇射方法分析得出的关系基本吻合。特别是，根据宽强子簇射方法的结果对银河宇宙线能谱进行归一化，拟合得更好，如图 5－13 所示[15]。由此可见，考虑到银河宇宙线含有的元素一直到铀，拐点出现在能量 $E\approx4\times10^{17}$ eV 处。所以，上述的唯象模型只能较好地描述一定能量范围内的银河宇宙线能谱；在更大的能量下，银河宇宙线可能有其他的源，并较可能是源于银河系外的。

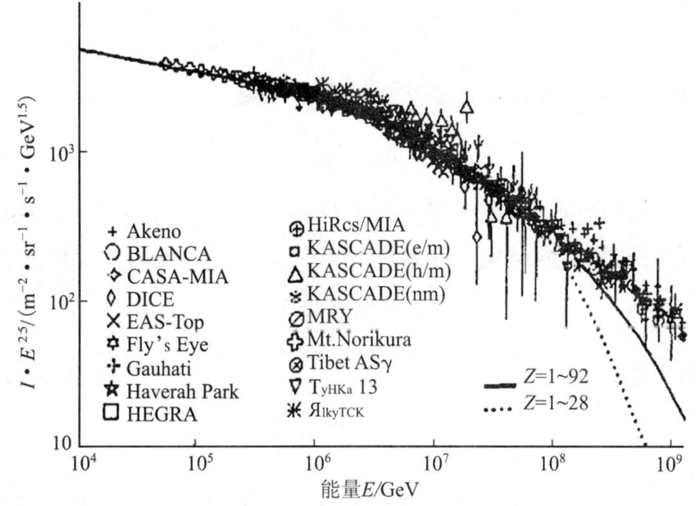

图 5－13　银河宇宙线所有粒子的微分能谱

I—微分通量；E—能量

各数据点为不同探测器实测结果，数据取自不同的宽强子簇射观测站

5.4.3　银河宇宙线的各向异性

银河宇宙线的基本特性之一是呈现各向异性。各向异性的测定，对揭示射线源在银河上的空间分布和相对论性粒子的运动特性是很重要的。同时，有关各向异性的信息，对于诠释银河宇宙线在 $E \approx 3\times10^{15}$ eV 处存在拐点的机理也具有意义。

银河宇宙线的各向异性起源于太阳系相对于总星系、星际气体及银河大尺度磁场本征运动的各向异性，所产生的各向异性为 $\delta \approx 3\times10^{-4}$ 量级。各向异性产生的另一原因是银河系上产生的宇宙线将溢出至总星系空间，但没有在附近的射线源（如脉冲星、超新星残留体）上产生明显的反向粒子流。

有关银河宇宙线各向异性的数据是通过地面测量获得的，只能反映能量 $\geqslant 5\times10^{11} \sim 10^{12}$ eV 的粒子行为。低能粒子的运动，将受太阳系磁场强烈影响发生畸变。

对银河宇宙线各向异性的研究，通常是基于其强度随恒星时（stellar time）t 的依赖关系，这种关系可以表示为如下的傅里叶级数

$$I(t) = A_0 + \sum_{n=1}^{\infty} A_n \sin(n\omega t + \phi_n) \tag{5-4}$$

式中　I—— 宇宙线通量(强度)；

A_0—— 各向同性分量；

ω——$2\pi/T$；

T—— 恒星一昼夜时间；

A_n—— 幅值；

ϕ_n—— 第 n 次谐波相位。

通常，只展开至 A_1 和 ϕ_1 就足够精确了。基于各向异性定义，即

$$\delta=\frac{I_{max}-I_{min}}{I_{max}+I_{min}} \tag{5-5}$$

并将式（5—4）展开，忽略2次和更高次谐波项，得到

$$\delta=\frac{A_1}{A_0} \tag{5-6}$$

根据各向异性计算所建立的扩散模型是有局限性的，因为各向异性在很大程度上只能决定于太阳系附近磁场的局域结构。在各向异性值 δ 和宇宙线密度梯度之间存在如下关系

$$\delta=\frac{3D}{c}\frac{\mathrm{grad}N}{N} \tag{5-7}$$

式中　D——扩散系数；

c——光速；

$\mathrm{grad}N$——宇宙线密度梯度。

由于宇宙线相对论性气体的磁化特性，使扩散具有张量特征，从而各向同性扩散模型已不再适用。

一次谐波幅值 A_1 和其相位 ϕ_1，可用于表征银河宇宙线在极大强度方向上的各向异性，所得测量结果示于图5—14[16]。基于可靠的数据，$(A_1/б)\geqslant 3$（这里 б 为均方误差）。由图可见，当 $E_0\leqslant 10^{15}$ eV时，幅值和相位的各向异性不随能量发生明显变化。

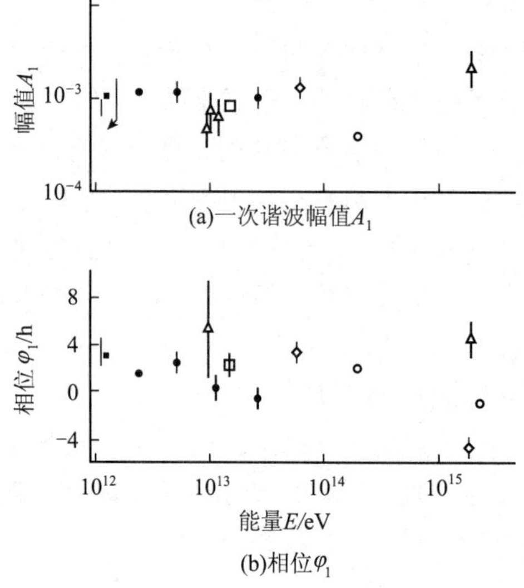

图5—14　银河宇宙线各向异性的测量结果

在 $E\geqslant 10^{15}$ eV的能量范围，各向异性数据具有一定的不确定性。尽管统计误差较大，只能界定各向异性的上限，仍然可能给出银河宇宙线各向异性的增长趋势及其变化方向。

当 $E\geqslant 10^{15}$ eV时，各向异性主要是由扩散作用导致银河宇宙线从银河溢出引起的，且扩散系数和能量之间具有 $D\propto E_0^{0.6}$ 关系。在如此高的能量下，粒子在银河系规则磁场内漂移，将对各向异性有明显贡献。计及粒子在银河总规则磁场内的漂移，各向异性 $\delta\propto|E_0|$。在 $E_0=10^{17}$ eV时，δ 值将达到约 10^{-2} 数量级。

5.4.4　能量高于 10^{17} eV 的银河宇宙线能谱特征

银河宇宙线可以 10^{17} eV 作为分界而划分为两类。这种划分基于以下两个原因：首先，能量 10^{17} eV 是粒子在银河不均匀性磁场内被俘获的上限能量，其特征尺度约为100 pc；其次，从实验的角度，基于宽强子簇射间接测量方法，可针对该能量的粒子求出在簇射过程中产生的总数，能够反映初级粒子的能量，并用某种分类参量对初级粒子能量进行分类。

已有许多有关 $E \geqslant 10^{17}$ eV 粒子的宽强子簇射法观测数据的报告。图 5－15 为 $E \geqslant 10^{17}$ eV 银河宇宙线的微分能谱[17]，取自 3 个不同观测站的观测结果。由图 5－15 可见，Якутск 小组的微分能谱数据明显高于 Hires 的结果，且能谱曲线平滑性较好。

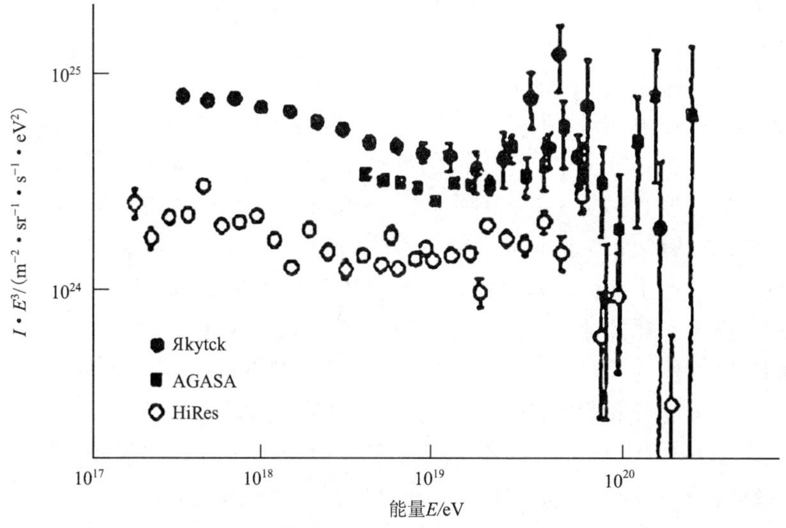

图 5－15　$E \geqslant 10^{17}$ eV 银河宇宙线的微分能谱

I—微分通量；E—能量

各数据点为不同探测器的实测结果

将所有观测站能谱数据进行综合分析，可以得出如下特征：当能量高于 $10^{17.7}$ eV 时，能谱扩展至 $E^{-3.3}$，然后在 $E=10^{18.5}$ eV 处被压缩至 $E^{-2.7}$（踝点）。针对踝点的最普遍的解释是当能量高于 $10^{18.5}$ eV 时，开始出现新的一类源于银河外的宇宙线，其强度已超过银河宇宙线。

上述看法也被各向异性的数据所证实：当能量接近 10^{17} eV 时，银河宇宙线开始偏离于各向同性，其 δ 值等于 $(1.52 \pm 0.44)\%$；当 $E \approx 10^{18}$ eV 时，宽强子簇射的角分布与银河中心相关联，$\delta \approx 4\%$；在更高的能量（$> 4 \times 10^{19}$ eV）下，各向异性消失。

有关银河宇宙线化学成分的信息，对于建立正确的宇宙线源模型具有重要意义。然而，已有的数据相当分散。有的观测到在 $10^{17} \sim 3 \times 10^{17}$ eV 能量范围内，重离子含量增加，引起在 3×10^{15} eV 附近出现拐点。在 $10^{18} \sim 10^{19}$ eV 能量范围内，高能粒子成分数据和宇宙线质子成分数据结果相一致。

当进入 $\geqslant 10^{20}$ eV 的极高能量区间，由于宇宙线与相对论性光量子的交互作用，导致能谱高能截止。至今已观测到 $E \approx 3 \times 10^{20}$ eV 的高能宇宙线事件。有一种观点认为，由于在超高能量下，可能导致洛伦兹不变性（Lorentz invariance）的破坏，从而使中性和带电 π 介子成为稳定粒子（当 $E \geqslant 10^{19}$ eV），并成为初级宇宙线的部分组分。

5.5 宇宙线在银河内的传播

5.5.1 星际介质的基本参量

银河星际介质的基本特征是处于非稳定状态下，具有大量的不同物理条件。星际气体的质量约等于 $5\times10^9 M_\odot$，并处于变化状态之中。超新星爆炸形成的炽热气体，其特性是密度 $n\approx3\times10^{-3}$ cm^{-3}，温度 $T\approx10^6$ K，占据银盘（galactic disc）的面积分数 $f\approx0.2\sim0.8$。此外，银河星际介质还具有热云团（$n\approx0.1$ cm^{-3}，$T\approx10^4$ K，$f\approx0.2\sim0.8$）、原子氢云团（$n\approx40$ cm^{-3}，$T\approx100$ K，$f\approx0.03$）和分子氢云团（$n\approx200$ cm^{-3}，$T\approx10$ K，$f\approx3\times10^{-3}$）。氢原子核的平均浓度在银盘内大约为 $1cm^{-3}$。银河星际气体大部分集中在银河的旋臂上，如同大多数幼星（young star）一样。它占据银河平面的宽度达数百 pc。氢原子云团和分子云团的总质量大体上相等（$\approx2\times10^9 M_\odot$）。来自银盘的热气体也会进入银晕（galactic halo），其含量约占气体总质量的百分之几；在银晕内氢原子核的浓度约为 0.01 cm^{-3}。

观测证实，银河星际介质发生明显的随机运动，最大尺度可达约 100 pc。与随机运动相关联的总能量密度约为 1 eV · cm^{-3}，与银河宇宙线能量密度是可比的。

超新星在银河内的分布是不均匀的。除个别的超新星外，大部分超新星以星团形式存在。最近的一次超新星爆炸引发巨大的热空泡（supperbubble），尺度高达 $10^2\sim10^3$ pc，释放的总能量约为 10^{54} erg。发生如此强烈过程的频度大约为 10^{-4} a^{-1}，空泡存在的时间可达10^7 a之久。预期超新星爆炸将会形成大量高能带电粒子并发生湍动溢出，成为宇宙线加速的一种可能机制。

显然，宇宙线在银河内的传播过程与磁场结构有关。规则磁场的磁力线分布于银河平面内，并沿其旋臂方向运动，其磁场强度约为（2～3）$\times10^{-6}$ Gs。银河磁场随机分量的特征尺度为 $L\approx100$ pc，其幅值高于规则磁场的幅值，可为 $(\langle\Delta B^2\rangle)^{\frac{1}{2}}/B_{reg}\approx1\sim3$。银河磁场的不均匀性结构目前尚不确切了解，估计其尺度处于 10^{12} cm～100 pc 之间。在银晕内也存在磁场，但文献中尚无其磁场强度的一致数据。

5.5.2 宇宙线在银河磁场内的扩散

如上所述，宇宙线并非是直线传播的，而是在银河磁场内扩散传播。实测的轻核和中等核粒子（能量>2.5 GeV/核子）的通量比值为 $N_L/N_M\approx0.3\pm0.05$，而在恒星内该比值约为 10^{-6}。因此，银河宇宙线是富轻原子核的，并且该值与粒子源无关。轻原子核的形成是较重原子核间交互作用的结果。为此，可以估计星际介质的面密度为 $\chi_g=5\sim10$ g · cm^{-2}。该值本应该和沿直线运动的银河物质的面密度（surface density）$\chi_{0g}=\rho R_G\approx0.01$ g · cm^{-2} 相一致，但两者的比值却约为 $\chi_g/\chi_{0g}\approx10^3$，这意味着必须考虑扩散作用的影响。当能量为数 GeV/核子量级时，宇宙线的寿命可以长达约 3×10^7年，随后衰减。

此外，由于太阳系位于银河的外缘，如果不发生扩散（或只有弱扩散），则来自银心的粒子通量将明显高于反方向的通量。但是，银河宇宙线通量各向异性的数据表明，直到能量$\leqslant 10^{14}$ eV，各向异性值仍然很小（$\delta < 10^{-3}$），从而为存在扩散提供了又一证据。

粒子在磁场内的扩散并非是标量，而具有张量特征。设 N_i（E，r，t）是 i 族原子核在能量为E、距离为 r（从银心算起）及 t 时刻的浓度，则 $N_i(E,r,t)$ 的扩散方程应满足

$$\frac{\partial N_i}{\partial t} - \nabla(\hat{D}_i \nabla N_i) + \frac{\partial [b_i(E) N_i]}{\partial E} - \frac{N_i}{T_i} + \frac{\sum_k N_k P_{ki}}{T_k} = Q(E,r,t) \qquad (5-8)$$

式中　$\hat{D}_i$—— 扩散张量；

$b_i(\overline{E})$—— 描述粒子能量连续损耗的量；

T_i, T_k——i 族和 k 族原子核发生非弹性相互作用时的寿命；

P_{ki}—— 具有给定平均核子数的 i 族原子核同 k 族原子核发生非弹性交互作用时的碎裂(fragmentation) 系数；

$Q(E,r,t)$—— 源函数。

讨论最简单的情况，即忽略核相互作用和粒子能量的连续损耗。对于超高能银河宇宙线，核相互作用总是可以忽略的。但是，在某些场合下，例如，估算 L 族原子核通量时，原子核间交互作用不能忽略。在此情况下，任一族原子核的稳态扩散方程具有以下形式

$$-\nabla_i D_{ij}(\boldsymbol{r}) \nabla_j N(r) = Q(\boldsymbol{r}) \qquad (5-9)$$

其扩散张量的 D_{ij} 分量，可由下式给定

$$D_{ij} = (D_{\parallel} - D_{\perp})\, b_i b_j + D_{\perp} \delta_{ij} + D_{\mathrm{A}} e_{ijn} b_n \qquad (5-10)$$

式中　$b_i = B_{0i}/B_0$——磁场单位矢量分量；

$D_{\parallel}$，$D_{\perp}$，D_{A}——平行、垂直和全方位扩散系数；

δ_{ij}——克罗内克符号（Kronecker symbol）；

e_{ijn}——绝对反对称张量，下脚标表示原子核族。

在银河的实际条件下，扩散系数 $D_{\perp}$ 和 D_{A}起着重要的作用。全方位扩散是指粒子在银河规则磁场内的漂移。在低能区（$\ll 3\times 10^{15}$ eV），即在银河宇宙线能谱上观测到拐点以下的能量范围内，通常发生全方位扩散时扩散系数 D_{A}由 $D_{\perp}$ 给定，即

$$D_{\mathrm{A}} = D_{\perp} \approx D_{\perp 0}\left(\frac{\mathrm{E}}{3}\right)^m,\ m = 0.1 \sim 0.2 \qquad (5-11)$$

式中，能量 E 的单位为 GeV；全方位扩散系数 D_{A}正比于粒子拉莫尔半径，即 $D_{\mathrm{A}} \propto E$。

扩散方程本征解的重要特点是：如果扩散系数是能量的函数，则银河宇宙线在地球附近的能谱 I（E）将不同于源处的能谱 Q（E），而存在 I（E）$\propto Q$（E）$/D$（E）关系。通过研究各向异性 δ 与能量的函数关系，可以获取有关扩散系数与能量关系的信息。

已有的在 $E \approx 10^{12} \sim 10^{15}$ eV 能量范围的各向异性数据（见图 5－14），很难与 D（或δ）值随能量依 $D \propto E^{(0.6\sim 0.7)}$变化的假设相符合。因此，需要从宇宙线在超新星膨胀云团激波前的加速模型［Q（E）$\propto E^{-2.0}$］，求出银河宇宙线能谱，并获取观测实验谱。这样，有可能降低粒子在银河传播加速过程中 D 随 E 增长速率的要求（如降至 $D \propto E^{0.3}$）。在 $E \leqslant 10^{11}$ eV/核子能区，$D \propto E^{(0.6\sim 0.7)}$型关系与 L/M 比值和能量的关系相一致。

5.5.3　宇宙线在银河规则磁场内漂移

在 $E \approx 3\times 10^{15}$ eV 处，对初次能谱的无规则性已观测了近 50 年，但至今有关存在拐点

的机理仍然没有最终解决。一种可能性是将拐点看成由于宇宙线在银河系扩散传播所引起的。由于扩散系数 D 与能量 E 之间存在某种依赖关系，从而使宇宙线能谱相对于源能谱发生了变化。如果假定 $E \leqslant 3 \times 10^{15}$ eV 时，D 与 E 弱相关，则 D（E）效应增强便有可能使能谱出现拐点。因为 D_A 值比例于粒子拉莫尔半径，会从某一能量开始使全方位扩散（漂移）起主导作用，导致传播方式发生变化，即呈较强的 D（E）依赖关系。在给定的扩散传播方式下，可以较好地呈现 $E \leqslant 3 \times 10^{15}$ eV 能区的初次能谱。在更高的能量下，扩散近似已不再适用，必须对带电粒子在银河磁场中的运动进行直接模拟计算。在较低的能量范围（$E \leqslant 10^{11}$ eV），可以采用均匀扩散传播模型，亦称漏盒（leaky box）模型，它是对扩散模型的简化。漏盒模型是银河宇宙线可以穿过银晕边界而进入行星际空间的模型。宇宙线由源产生后，在每次和边界碰撞时，以一定概率越过边界而逃逸到行星际空间。在此模型中，宇宙线密度在整个银河系是均匀的。在均匀模型中，扩散方程的第 2 项被 N_i（T）/$T_{CR}^{(hom)}$ 取代，式中参量 $T_{CR}^{(hom)}$ 为宇宙线离开银河的特征时间。这里假定，扩散过程进行得很快，宇宙线密度在银河内基本不变。基于均匀模型进行计算，可使扩散方程的求解过程简化，从而得到了广泛的应用。

5.5.4 分形扩散

近几年提出了一新的扩散传播机制[18]，即分形扩散（fractional diffusion）。基于这一机制，宇宙线在银河系的传播可以看成在分形介质内的扩散，而不是通常发生在具有连续参量介质内的扩散，从而传播速度将加快。该扩散机制的前提是在传播空间内存在着物质分布的不均匀性。相应地，磁场在银河内的分布也是不均匀的。这里所提及的不均匀性是源于宇宙线的随机运动。这类发生在不同尺度上的运动，促进了宇宙线在银河内传播方式研究的进展。特别是，基于不均匀性的分布具有分形特征，必然导致宇宙线明显不同于常规在均匀或准均匀介质中的扩散，而转变为在分形介质内的扩散，即所谓反常扩散。尽管这一扩散机制研究已取得很大进展，但并非意味着传统扩散机制的完全失效。

5.6 银河宇宙线的起源

至今尚没有形成在观测到的宇宙线全部能量范围内粒子源的完善理论。所建立的理论应能解释银河宇宙线的能量密度为何会达到约 10^{12} erg · cm^{-3} 的量级，并且银河宇宙线能谱呈幂律形式？为什么能谱形式在直到约 3×10^{15} eV 的能区并未发生明显的变化，而事实上所有粒子的微分能谱指数却已从 -2.7 变化至 -3.1。

5.6.1 超新星爆炸可能是银河宇宙线的主要起源

产生银河宇宙线的源要求具有极高的功率，即临界功率 P_{CR} 应达到 3×10^{40} erg · s^{-1} 量级。通常的银河星体并不能满足这一要求。但是，超新星爆炸能够产生如此大的功率。大约在 50 年前就有人提出了这一观点。如果爆炸释放大约 10^{51} erg 的能量，并在 30～100 年间能发生一次爆炸，则超新星爆炸所产生的功率可达到大约 10^{42} erg · s^{-1}。银河宇宙线产生所必需的功率只是这类爆炸功率的百分之几。

关于试验观测到的能谱形成机制问题，仍然是人们关注的课题。超新星爆炸的膨胀星云将传递巨大的磁化等离子体能量，从而诱发高能带电粒子，使其具有所要求的能量分布，这种能谱形成机制明显不同于热学过程。

5.6.2　激波加速的标准模型

银河宇宙线被加速至 10^{15} eV 甚至更高能量的最可能的机制是激波的作用。当星团发生爆炸时，抛射运动将在周边的星际介质内产生激波。在加速过程中所俘获的带电粒子进行扩散传播时，将多次穿越激波前。每两次相继的穿越，使粒子能量增加，并与已达到的能量成正比例（Fermi 机制），从而导致银河宇宙线粒子加速。随着穿越激波波前次数的增多，粒子离开加速区的概率增大，原因是粒子数量通常随能量增大呈幂指数下降。这种加速机制的能谱是刚性的，直到粒子加速到所能达到的最大能量 E_{max} 之前，能谱刚度 $\propto E^{-2}$。显然，这种结果与实测能谱（$\propto E^{-2.7}$）之间存在着差异。这意味着银河宇宙线粒子在从源处向日球空间传播过程中，发生了明显的软化。如果扩散系数 $D\propto E^{0.7}$，便可能发生这样的软化。但是，这将导致银河宇宙线在 $\leqslant 10^{14}$ eV 能量下，呈现极强烈的各向异性，又与实测数据相矛盾。因此，可假定扩散系数遵从 $D\propto E^{0.3}$ 规律，并应计及粒子在传播过程中的预加速。宇宙线对激波的反作用可视为是一种有效的预加速方式，能够使 E_{max} 提高几个数量级。质子对激波的反作用效应最明显，其他的重核粒子一般可当成少量杂质对待。这种调制作用可影响宇宙线能谱。

基于银河宇宙线粒子受激波加速的理论，可以很好地描述质子和重核粒子在能谱上呈现拐点处的能量。在一般情况下不能采用近似方法，在不计及宇宙线对激波的反作用时，必须采用自洽解（self－consistent solution）。但是，至今尚未能考虑到所有应该计及的因素。这反映在最近十几年来，可能达到的最大能量 E_{max} 的理论估算值一直在增大。E_{max} 可以依下式估算[19]，其单位为 eV

$$E_{max}=5\times10^{14}Z\left(\frac{E_{SN}}{10^{51}}\right)^{\frac{1}{2}}\left(\frac{M_{ej}}{1.4}\right)^{-\frac{1}{6}}\left(\frac{N_H}{3\times10^{-3}}\right)^{\frac{1}{3}}\frac{B_0}{3} \tag{5-12}$$

式中　Z——加速粒子电荷；

E_{SN}——爆发能量（erg）；

M_{ej}——抛射质量（$M_{\odot}$）；

N_H——氢原子密度（cm^{-3}）；

B_0——磁场强度（μGs）。

计算结果表明，计算能谱与实测能谱符合较好，如图 5－16 所示[20－21]。所给出的公式是基于假定博姆扩散（Bohm diffusion）机制适用，扩散系数为 $D_B=(1/3)R_L\cdot c$。式中，R_L 为粒子拉莫尔半径；c 为光速。

通常，传统近似计算的精确度并不太好，但基本上还处于与实测结果相符合的范围内。由于近似方法没有考虑宇宙线对激波的反作用，E_{max} 估值将降低几个数量级，加速时间将持续到约 10^4 a。近似计算的有效性（即可能产生能量 $E\approx E_{max}$ 的粒子的概率）随时间而降低。在大约 10^3 a 的时间内，粒子可被加速到最大能量。

加速粒子在激波前呈现通量的不稳定性，将导致出现强烈的磁流体动力学湍动性，并使加速粒子的最大能量增加。据估计，有可能将粒子加速至 $E_{max}\approx10^{17}Z$ eV。

目前基于已有的观测数据，还无法确定粒子的加速完全源于激波作用。特别是，对γ

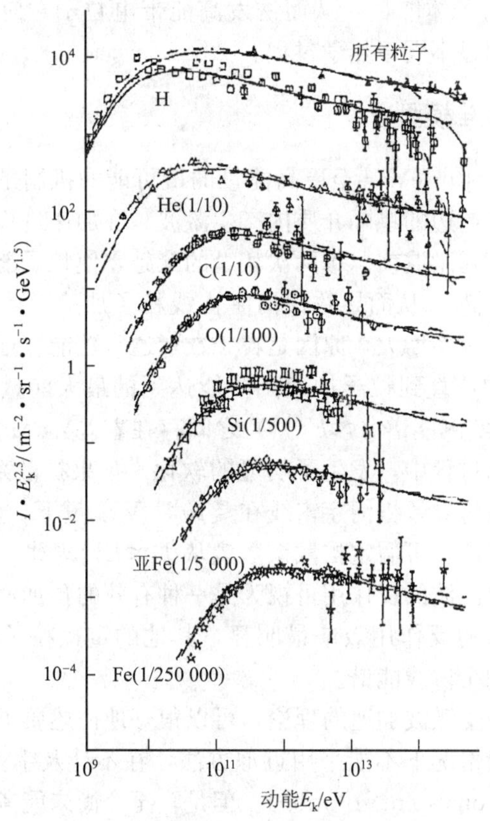

图 5－16　地球附近银河宇宙线强度与动能的关系

曲线－在不同银河介质假定特性下的计算结果；数据点－实测结果

I—微分通量；E_k—动能

各数据点为不同探测器实测结果

射线辐射数据的分析表明，高能（≈1 TeV）γ射线暴并非总是出现于超新星残留体附近；相反，γ射线的高能光量子既不存在于光学波段也不存在于X射线波段。因此，超新星爆炸很可能并非是银河宇宙线的唯一源。

超新星爆炸可能发生在O—B星协内。在这种情况下，超新星爆炸在时间和空间上将发生关联效应。星协（stellar population）由30颗左右恒星组成，是比星团稀疏得多的恒星集团，其中的恒星彼此都在不断地分离。它们可能源于同一地点，生于同一时代。O—B星协是由年轻星体组成。星协寿命约达10^7 a，星体数目达数千颗，爆炸频度约10^{-5}～10^{-6} a^{-1}。爆炸的结果会形成具有低密度的炽热巨大空泡，尺度可达数100 pc。其中，可产生尺度为数pc、幅值为数十μGs的随机磁场B。当能量$E \leqslant E_{max}$时，可以在单一的激波上实现粒子的加速；而在$E > E_{max}$时，加速作用可以在巨大空泡内的激波群和磁场上发生。超新星协内加速模型，可以定性地解释在10^{15}～10^{18} eV能量范围内的银河宇宙线能谱。能谱上拐点的出现，可以解释为由于加速方式的变化所致。

5.6.3　其他加速机制

超新星爆炸导致的粒子加速，不仅可以在外壳层膨胀过程中发生，也可以发生于星体残留体的演化过程。在此过程中能源是中子星的转动能，对于质量为 1.4 $M_{\odot}$，半径为 10^6 cm 的中子星，该能量可高达 2×10^{50} erg / $(T_{10})^2$，这里 T_{10} 为转动周期（单位为10 ms）。由于中子星表面的磁场强度可高达 10^{12} Gs，中子星势必强烈地将能量损耗在磁偶极辐射上。然而，由于中子星附近等离子体的本征频率远大于偶极场的转动频率，电磁波将不再传播，加速过程被激波所截止。相应地，最大能量约为（$10^{17}\sim10^{18}$）Z eV（Z 为粒子的电荷数），有效加速时间估计约为 10^3 a。

如果中子星通常为双星系，加速过程也可能是由于星际物质间的吸积（accretion）过程所引起，导致中子星表面溢出物质。所谓吸积是天体以其自身的引力吸引和积聚周围物质的过程。被吸积的物质在此过程中将获得很大的动能，并转化为 X 射线、γ射线等电磁辐射，故与高能现象密切相关。在这种场合下，万有引力导致宇宙线粒子的加速。

与此相关联，银河宇宙线粒子的能量可能高于 10^{20} eV，应研究粒子加速至如此高能量的可能机制。普图斯金（Ptuskin）认为这可能源于费米 I 型机制[22]，可在星系的碰撞过程中发生。宇宙线粒子费米加速机制是基于带电粒子在星际磁场中运动时，遇到星际介质冻结的较强磁场而被反射。当粒子与磁场运动方向相反时，可获得能量；运动方向相同时，粒子将损失能量。由于以前者为主导，粒子将不断获得能量而加速。这样的事件出现的频度大约5×10^8 a 一次，可能达到的最大能量估计为 $3\times10^{19} Z$ eV。星系核反应也将产生类似于激波的加速过程。在星际物质的吸积过程中，也会引起相似的加速机制，并可基于相应模型加以估算。基于γ射线暴的宇宙线起源模型，可以得到最大的能量估值。基于此模型，强中子星或黑洞将产生超相对论性激波，以达到 $\Gamma\approx10^3$ 的洛伦兹因子在周围空间传播。质子的能量可以加速至 Γ^2Mc^2（式中 Γ 为洛伦兹因子，M 为质量，c 为光速）。因此，强中子星每转动 1 个周期可使宇宙线能量增加 10^6 倍，在 2 个周期后可使能量高达 10^{21} eV。这些估计只是半定量的，尚必须对超高能银河宇宙线的强度和能谱的形状作出合理的解释。这是有待进一步研究的课题。

5.7　反常宇宙线

5.7.1　反常宇宙线的特征

反常宇宙线（anomalous cosmic ray）的概念，是在 1972～1973 年间提出的[23]。针对的是某些元素（如^{4}He,^{16}O 等）的宇宙线粒子通量在约 10 MeV/核子的能量下，具有局域通量极大值。该能量恰好处于太阳宇宙线和银河宇宙线特征能量之间。这种局域增强效应在太阳活动极小期更加明显著，如图 5－17 所示[24]。可见，与碳离子不同，氧离子通量在太阳活动极小期（1976～1977 年），在 E＝2～20 MeV/核子区间呈明显极大值。

由图 5－18 可见，在反常宇宙线中，主要组分为 He，N，O，Ne 等的离子通量在能量约 10 MeV/核子附近增强；而与银河宇宙线相比，其 C，Mg，Si 及 Fe 等的离子贫乏。这两类离子分别具有高和低的第一电离势。

普遍认为，反常宇宙线并非源于太阳，而且也不可能与日球或太阳系外银河空间单值关联。菲斯克（Fisk）等[25]认为，反常宇宙线是源于中性原子从局域星际介质（local in-

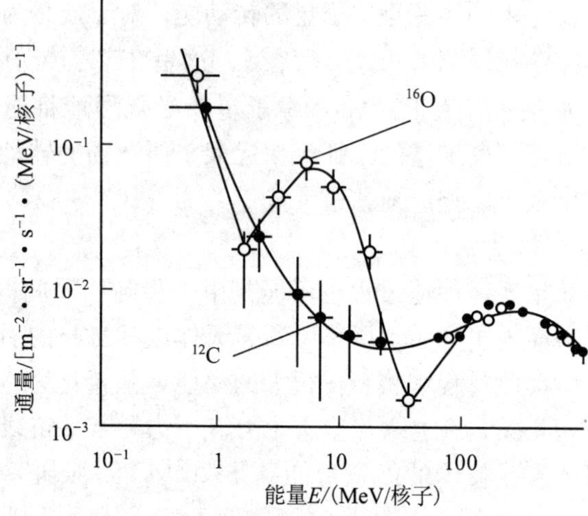

图 5－17　O 和 C 离子的反常宇宙线能谱

根据卫星先驱者 10 号、11 号观测数据

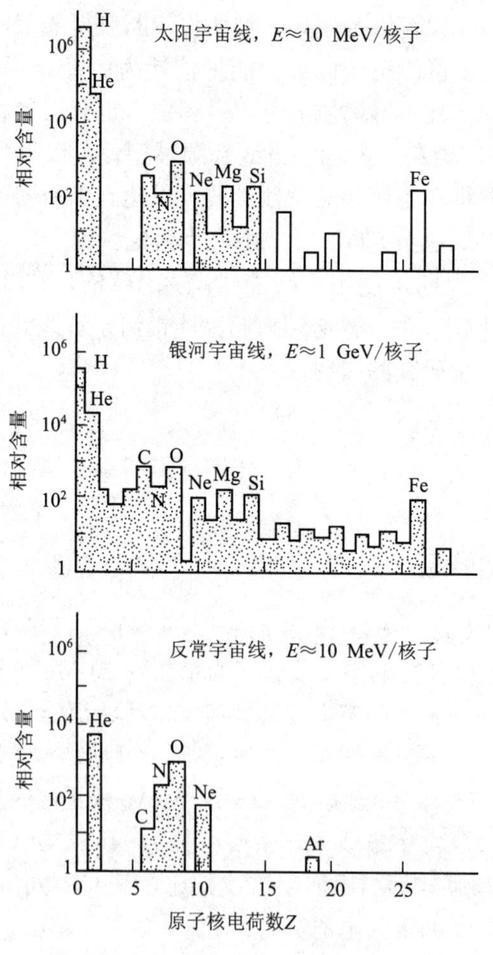

图 5－18　不同宇宙线基本成分的比较

terstellar medium）向日球的渗入。相关的中性原子在太阳紫外辐射作用下被电离，或者由太阳风离子再充电（recharge）。

与银河宇宙线不同，各原子的核外电荷来不及被完全剥离，电荷态为 $Q \leqslant 1^+$ 或 $\leqslant 2^+$。所形成的离子到达太阳周围时，其能量约为 4 MeV/核子，并被磁场所俘获，再向外运动至日球边界。在日球顶可被加速至约 10 MeV/核子，又重新返回到太阳附近。这一过程可以反复进行，如图 5－19 所示。

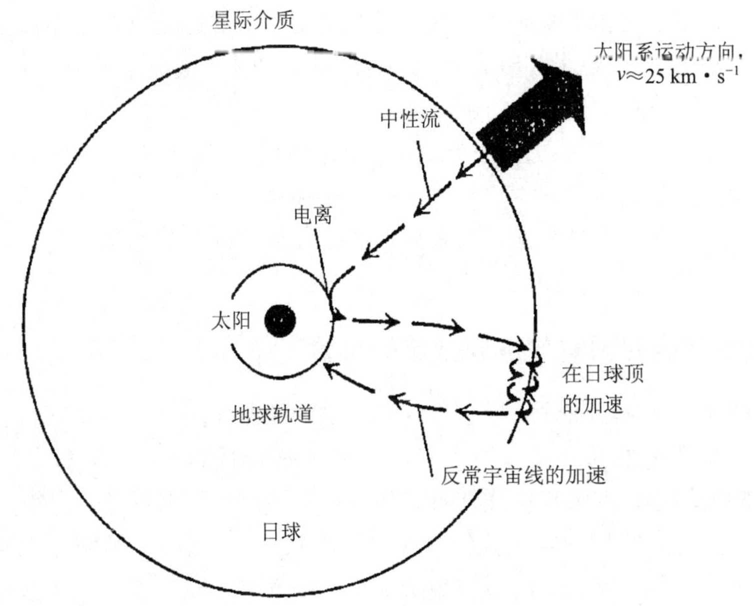

图 5－19　在日球内反常宇宙线形成示意[15]

5.7.2　反常宇宙线的起源及其在日球内的传播

反常宇宙线离子具有低电荷态（$Q=1^+$），是建立其起源模型的主要依据。低的 Q 值决定了反常宇宙线粒子的寿命 t_{max} 及其与源的距离。通过合理假定氢原子在星际介质中的密度（$n_H = 0.1$ cm^{-3}）、平均电荷态（$\langle Q \rangle = 1^+$）及离子速度 v，便可以估计出反常氢离子与源的距离 $d_{max} \approx 0.2$ pc 和寿命 $t_{max} = d_{max}/v \approx 4.6$ a[26]。当大于 d_{max} 值的距离时，氢原子将失去自己的轨道电子。因此，局域星际介质是反常宇宙线最可能的源。

在日球空腔内存在两类基本的低能粒子群，包括高度电离的太阳风等离子体和局域星际介质中性流。在太阳周围主要是等离子体，而在日球外层主要是中性流。局域星际介质的中性粒子以约 25 km · s^{-1}的速度穿越至日球内部，并随同日球相对于星际空间作圆周运动。具有高第一电离势（first ionization potential）的粒子，将穿越日球更深的内部。在太阳紫外线的作用下，这样的粒子会经受更有效的光致电离作用，以及被太阳风离子再充电，导致中性流转变为 $Q=1^+$ 的离子流。在形成离子后，又重新被冻结在太阳风中的磁场所俘获，形成质量加载效应（mass－loading effect）。这些离子绕磁力线转动，将使自己的速度达到太阳风速的 2 倍。默比乌斯（Möbius）等[27]首次观测到与约 1 keV He^+ 离子过剩有关的太阳风离子能谱反常效应。

5.7.3 粒子在日球边界的加速

最有效的粒子加速机制是在规则磁场内，沿平行和垂直激波方向的费米 I 型机制加速，即所谓压缩加速机制。对这种加速而言，激波的法线和磁场矢量间的夹角将决定着粒子在激波前被加速的能量极限。在激波附近的非规则磁场，将导致粒子多次穿过激波波前，从而大幅度地增加加速能量的上限值，即所谓压缩因子。相反，对倾斜的激波，其加速效率将降低。但基于费米 I 型加速机制，还无法使粒子加速至反常宇宙线能谱的特征能量（≈10 MeV/核子）。在粒子被激波有效加速之前，费米 I 型加速机制可将被磁场俘获的能量约 10 keV/核子的离子预加速约 100 倍。

为此，赞克（Zank）等[28]提出了俘获离子的两阶段加速模型：一部分粒子经受日球边界激波的反射，然后又重新回到边界处被进一步加速。当然，有关反常宇宙线粒子的加速机制还是有待进一步研究的问题，如日球边界激波的实际几何结构、粒子的注入及其预加速，以及边界激波距太阳的距离等。

5.7.4 反常宇宙线的调制和边界激波的位置

反常宇宙线正如银河宇宙线一样，也受到太阳的调制作用（见图 5－20）。但由于反常宇宙线基本上是单电荷的粒子，与银河宇宙线的相近能量粒子（GV 数量级的刚度）相比，所具有的刚度较小。反常宇宙线在日球内的扩散输运由扩散系数 D 决定，后者等于粒子相对于光子的相对速度与刚度平方的乘积，即 $D=\beta R^2$。因此，预期反常宇宙线比银河宇宙线具有更大的调制幅度，这已被实验所证实。反常宇宙线与银河宇宙线相比是研究星际介质更加灵敏的载体。图 5－21 表明，从 15～25 AU 的距离开始至外日球空间，反常宇宙线径向梯度所受的调制作用逐渐增强。两类宇宙线受太阳的调制作用存在一定差异。反常宇宙线中氧的调制效应更加明显。

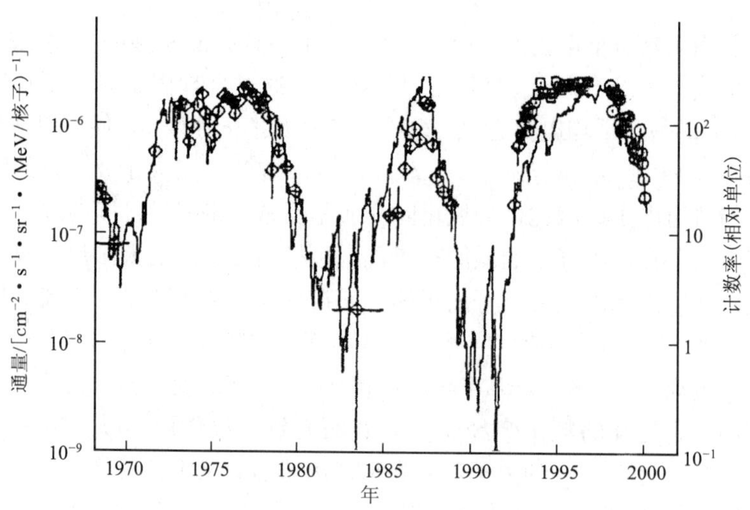

图 5－20 太阳调制对 $E=8\sim27$ MeV/核子的氧反常通量（数据点）的影响[15]

为便于比较，同时给出了 Climax 中子监测器的计数率（实线）

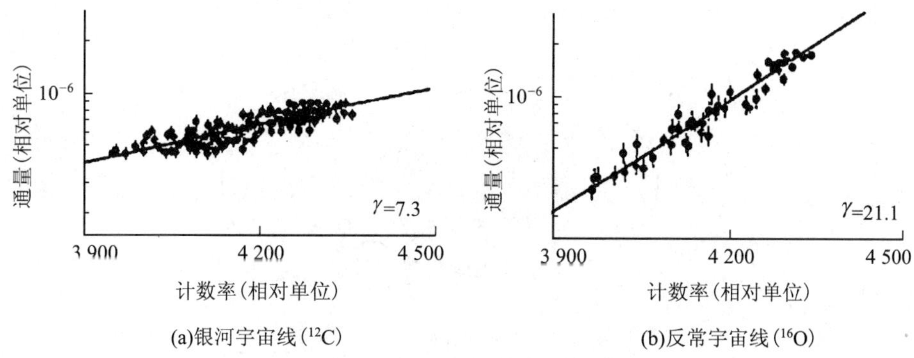

图5—21 能量为$E\approx10$ MeV/核子时银河宇宙线和反常宇宙线所受调制幅度的比较[15]

茹拉夫烈夫(Журавлев)等人[29]对太阳活动极小和极大期反常宇宙线粒子通量的大量观测结果进行了分析。他们发现，在太阳活动极小期，反常宇宙线粒子通量的径向梯度在15～20 AU附近发生变化。基于太阳活动极小和极大期间观测结果的比较，判断出调制区的边界大约位于90 AU处(见图5—22)。这与日球激波可穿越至>92 AU距离的观测结果基本一致[30]。

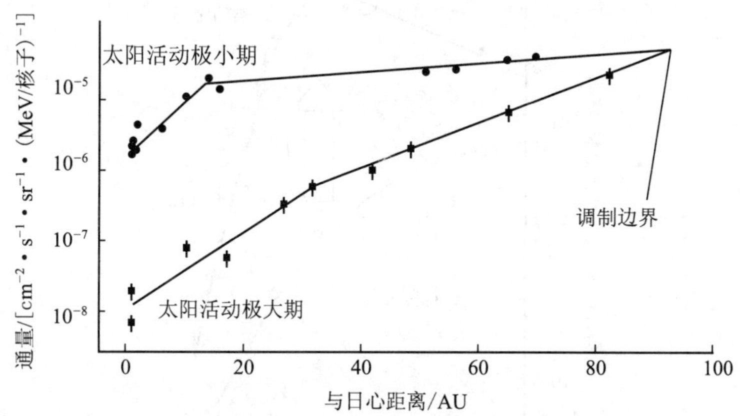

图5—22 基于空间观测数据得到的反常宇宙线氧通量的径向分布

1972～1999年卫星：Космос；WIND；PIONEER—10；VOYAGER—1，2

5.7.5 反常宇宙线粒子的地磁场俘获及其离子电荷态

1973～1974年对地球周围氧离子进行了空间测量[31]。结果表明，在约435 km轨道高度上，氧通量明显高于行星际空间的通量。首次发现存在低电荷态氧离子并测出了其与N，C和Ne的相对含量，得出^{16}O/^{12}C=4.7±1。

当反常宇宙线单电荷离子穿越至地磁场内部时，将失去自身的轨道电子(碰撞剥离)，在大约300 km高度上成为多电荷态，从而使其随后被俘获在地球辐射带的低L壳层上(见图5—23)[32]。

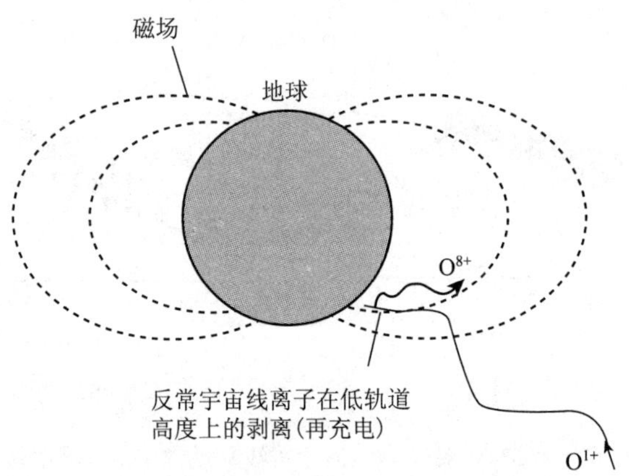

图 5－23　在地磁阱上粒子的俘获和累积模型

研究俘获粒子通量的投掷角分布时发现，在与地磁场磁力线夹角为 90°方向上通量呈现极大值。在极大值处，反常宇宙线粒子通量比在行星际空间高出数百倍（见图 5－24）。同时发现俘获粒子的寿命比其在行星际空间变短，并且在地磁场附近其能谱发生软化。

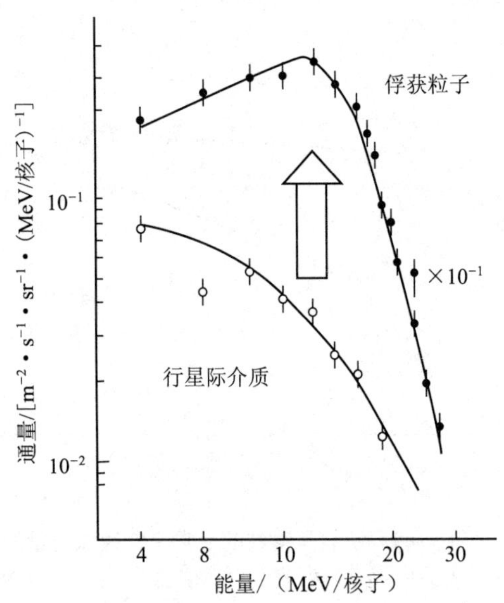

图 5－24　在 $L \approx 2.2$ 处俘获的氧离子通量与行星际空间氧离子通量的比较[15]

数据分别取自卫星 Космос 和 IMP－8 观测结果，在能谱的极大值处俘获氧通量比行星际空间高近 500 倍

5.7.6　低地球轨道高度上反常宇宙线和银河宇宙线的线性能量传递谱

为了评估反常宇宙线在内地磁场的俘获通量对辐射效应的影响，有必要针对不同轨道和卫星防护条件获取其能谱及线性能量传递（liner energy transfer，LET）谱的相关信息。图 5－25 给出了太阳异常和磁层粒子探险者卫星的观测数据及在不同地磁壳层参数下的计算结果[33]。

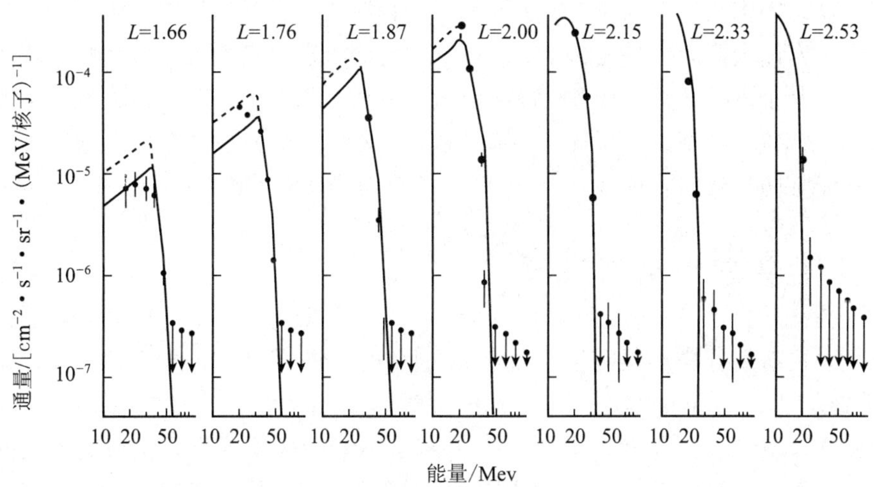

图 5－25　反常宇宙线的俘获氧离子能谱

1992 ～ 1994 年间卫星数据；实线和虚线为不同地磁截止刚度阈值下的计算值

图 5－26 给出了针对两种低地球轨道（450 km，51.6°和 476 km，28.4°）及两种不同防护厚度（分别为 1 mm 和 6.5 mm 的铝板）计算的线性能量传递谱。

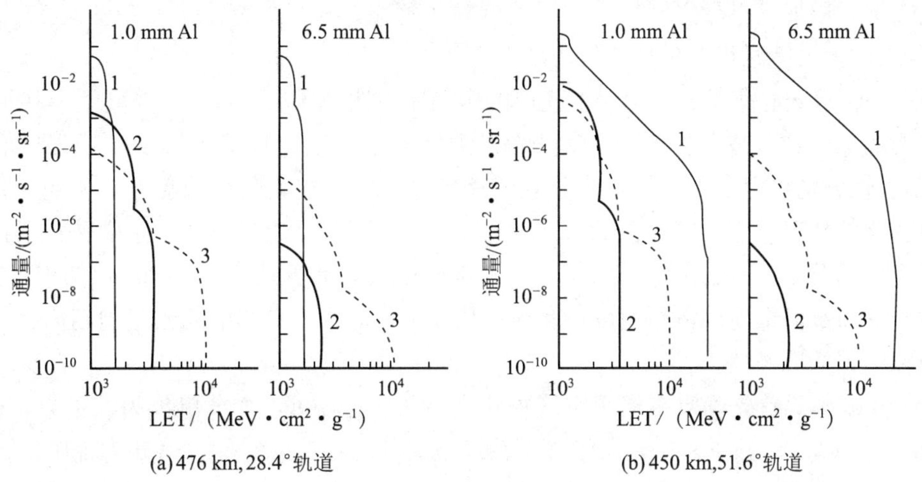

图 5－26　在太阳活动极小期银河宇宙线、辐射带俘获的反常宇宙线以及行星际反常宇宙线的线性能量传递谱[15]

防护层厚度分别为 1.0 mm 铝和 6.5 mm 铝；1—银河宇宙线；2—辐射带俘获的反常宇宙线；3—行星际反常宇宙线

比较图 5－26 三类不同宇宙线的线性能量传递谱可以看出，反常宇宙线可能是导致卫星电子器件单粒子效应的重要因素，需要采取必要的防护措施。在低高度、小倾角轨道条件下，反常宇宙线可能是造成单粒子事件产生的主要原因。这说明在一定的空间区域内，反常宇宙线积分通量会明显高于银河宇宙线；相反，在低高度、大倾角轨道条件下，银河宇宙线成为导致单粒子事件的主导因素。

因此，反常宇宙线应被视为一种重要的宇宙辐射线。其在外日球的密度为银河宇宙线的3倍；能量密度为银河宇宙线的1/3左右。它对深入理解高能天体物理学过程具有重要意义。虽然反常宇宙线通常不具有很高的能量和通量，一般不会引起明显的辐照损伤，但在较低倾角、低轨道高度上，却可能导致在轨航天器电子器件发生单粒子效应。这一效应易于发生在未加防护或弱防护（≤1 mm 铝）的航天器微电子器件中。

5.8 银河宇宙线模式

国际上，已有多种描述银河宇宙线通量的模式，如 CMEME－81 模式[34]、Badhwar 与 O’Neil 模式[35]、Davis 模式[36]、莫斯科大学 Nymmik 模式[37]和 CREME－96 模式[38]等。在 ISO 15390－2004 国际标准[39]中，采纳了 Nymmik 模式作为银河宇宙线的通用模式。该模式适用于地磁层外行星际空间中能量从 $5\sim10^5$ MeV 的银河宇宙线粒子，包括电子、质子及 $Z=2\sim92$ 的重核粒子。

下面简要介绍 Nymmik 模式的基本特征等内容。

5.8.1 银河宇宙线模式的基本特征

莫斯科大学 Nymmik 模式是基于近20年来多位科学家的研究成果建立的，可以定量地描述在地磁层外行星际空间银河宇宙线的粒子通量。该模式考虑了太阳活动11年周期和22年太阳大尺度磁场变化周期的调制作用。

Nymmik 模式收集了地球轨道上完整的银河宇宙线粒子通量数据，并建立了其与用12个月平均的黑子数（或 Wolf 数）表征的太阳活动水平以及日球大尺度磁场强度和方向（用太阳极性磁场加以鉴别）的依赖关系。该模式计及了在太阳活动水平发生变化时，粒子通量变化的延迟效应，以及在不同日球磁场方向下，粒子通量与粒子刚度和粒子扩散路径（时间）的关系。所给出的公式和计算参量可以用来计算从1954～2010年期间银河宇宙线粒子的通量。银河宇宙线通量长期预报精度主要取决于太阳活动预报周期内，对太阳黑子数目预报的准确性。

Nymmik 模式首先确定银河宇宙线粒子通量为 $F^{(i)}_{\overline{W},n}(E,t)$ ［单位为粒子数 · m^{-2} · s^{-1} · sr^{-1} · $(MeV/核子)^{-1}$］，用于表示在地磁层外的行星际空间、第 n 个太阳活动11 a 周期内，平均 Wolf 数为 $\overline{W}$ 的 i 类粒子通量。从近星际空间（near－interstellar space）银河宇宙线粒子通量 $F^{(i)}_0(E)$ 出发，可以得出

$$F^{(i)}_{\overline{W},n}(E,t)=\Psi_{\overline{W},n}(R,t)\,F^{(i)}_0(E) \tag{5-13}$$

式中，$\Psi_{\overline{W},n}(R,t)$ 为针对银河宇宙线所有各种粒子的统一的半经验调制函数，它与粒子的磁刚度 R、太阳活动水平以及太阳活动周期序数的奇、偶性有关。调制函数的形式取决于描述已有地球轨道上银河宇宙线粒子通量综合数据时，所要求的最大精确度。

同时，所采用的调制函数，还可以用来描述行星际空间电子通量的变化。这可以从已知的银河上电子能谱形式出发，根据射电天文数据，由下式计算

$$\gamma_e = 3.0 - 1.4\exp\left(\frac{-R}{R_e}\right) \tag{5-14}$$

式中　γ_e——电子能谱指数；

R——电子的磁刚度；

R_e——电子谱刚度，且 $R_e = 1$ GV。

5.8.2　近星际空间的粒子能谱和调制函数的基本形式

在近星际空间内，银河宇宙线所有粒子（除电子外）的能谱 $F_0^{(i)}(E)$ 与刚度谱 $\Phi_0^{(i)}(R)$ 之间存在如下关系

$$F_0^{(i)}(E)\mathrm{d}E = \Phi_0^{(i)}(R)\frac{\mathrm{d}R}{\mathrm{d}E}\mathrm{d}E = \frac{C^{(i)}\beta^{\alpha_i}}{R^{\gamma_i}}\frac{\mathrm{d}E}{\beta} \tag{5-15}$$

式中　$C^{(i)}$，α_i，γ_i——常量，在 Nymmik 模式的文档内可以查到；

β——用光速归一化的粒子速度。

式（5—15）给出的有关近星际空间粒子的通量公式与大多数研究结果相吻合。由式（5—15）可以得出，在相对论性能量（$\beta=1$）下，系数 $C^{(i)}$ 和能谱指数 γ_i 由实测数据单值给定。

为了描述任意太阳活动水平［以 $\overline{W}(\Delta T)$ 表征］下的粒子能谱，可在式（5—15）的基础上，计及粒子通量相对于太阳活动过程的时间延迟 ΔT 以及总日球磁场 δ 的强度和方向，并采用如下简单的调制函数表达式

$$\Psi_{\overline{W},n}(R,t) = \left\{\frac{R}{R + R_0[\overline{W}(\Delta T)]}\right\}^{\Delta\pm\delta} \tag{5-16}$$

式中　R——粒子的磁刚度；

t——时间；

$\overline{W}$——12 个月平均的太阳黑子数；

$R_0[\overline{W}(\Delta T)]$——调制势。

银河宇宙线粒子能谱计算时，考虑 3 种太阳活动状态：极大期，偶数序（+）极小期和奇数序（−）极小期。相应地，将有 3 类能谱。基于这些能谱，对质子、He 原子核和电子则共有 9 个方程。对于每类粒子（记为 i）的 3 个方程分别为

$$
\begin{aligned}
F_i^{\min-}(R) &= C^{(i)}\frac{\beta^{\alpha_i}}{R^{\gamma_i}}\left(\frac{R}{R_0^{\min}+R}\right)^{\Delta+q\delta} \\
F_i^{\min+}(R) &= C^{(i)}\frac{\beta^{\alpha_i}}{R^{\gamma_i}}\left(\frac{R}{R_0^{\min}+R}\right)^{\Delta-q\delta} \\
F_i^{\max}(R) &= C^{(i)}\frac{\beta^{\alpha_i}}{R^{\gamma_i}}\left(\frac{R}{R_0^{\max}+R}\right)^{\Delta}
\end{aligned} \tag{5-17}
$$

由式（5—17），可以足够精确地决定模式的如下基本参量：$R_0^{\max} = R_0^{\min} = 0.375$；$\alpha_{质子} = 2.85$；$\alpha_{\mathrm{He}} = 3.12$；$\Delta = 5.5$；$\delta = 1.13$。

图 5—27 给出了基于不同模式计算得到的质子在近星际空间的能谱[40—41]。图中还给出了地球轨道上质子通量的测量结果，以及 Nymmik 模式根据 1977 年、1987 年、1981 年和 1969 年的条件的计算结果（以虚线表示）。

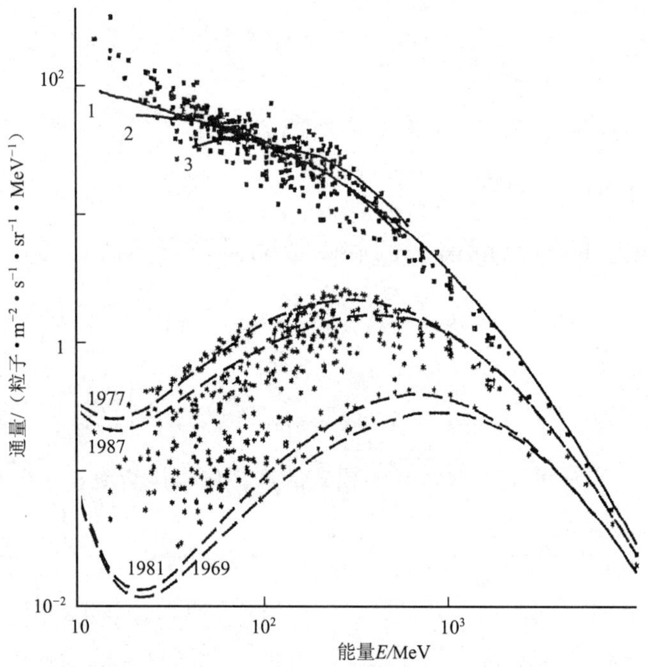

图 5－27　基于不同模式计算的质子在近星际空间的能谱（实线）

1－Nymmik 模式[37]；2－Garcia－Munoz 模式（1991 年）[40]；3－Webber 模式（1987 年）[41]

■，＊—近星际空间和地球轨道质子通量数据

对于重核粒子（$3 \leqslant Z \leqslant 96$）在近星际空间能谱的谱参量，可以基于式（5－13）和调制函数式（5－16），并依据地球轨道上所有的实测数据加以确定。由式（5－13）可得

$$F_0^{(i)}(R) = \frac{F_{\overline{W},n}(R,t)}{\Psi_{\overline{W}(\Delta T),n}(R,t)} \tag{5－18}$$

在此基础上，针对不同的实测结果求出一系列 $F_0{}^{(i)}(R)$ 数据，并采用最小二乘法求得式（5－15）的近似函数，由此便可求出近星际空间内 i 类原子核的谱参量。

通常实测的通量值并不只是一类粒子的通量，而是两类粒子的通量比，其中一类粒子（记为 i，如质子）的通量明显高于另一类粒子（记为 j，如 He，O，Si，Fe）。在这种情况下，可以采用最小二乘法，由下式求出在近星际空间内 j 类粒子的谱参量

$$\psi_{i,j} = \frac{C^{(i)}}{C^{(j)}} R^{(\gamma_j - \gamma_i)} \beta^{(\alpha_i - \alpha_j)} \tag{5－19}$$

5.8.3 调制函数的结构

在 Nymmik 模式中，调制函数的形式与传统的扩散－对流模型有明显不同。在能量 $E \leqslant 300$ MeV/核子的场合下，后者的解与粒子刚度呈指数函数关系，这与近星际空间粒子能谱的已有数据以及地球轨道粒子通量的实测数据均不相符合。在 Nymmik 模式中，调制函数 $\Psi_{\overline{W},n}(R, t)$ 是调制参量 R_0 的两个半经验函数的乘积。其中，一个函数用来描述与粒子电荷符号无关的调制效应，而另一个函数所描述的调制效应与粒子电荷符号有关。调制函数的表达式如下

$$\Psi_{\overline{W},n}(R,t)=\left(\frac{R}{R+R_0\{\overline{W}[t-\Delta T(R,n)]\}}\right)^{\Delta_i(R,t)} \tag{5.20}$$

$$\Delta_i(R,t)=5.5+1.13\frac{Z_i}{|Z_i|}M[W(t),n]\phi(Z,R,\beta) \tag{5-21}$$

式中　$M(W,n)$—— 太阳总极性磁场强度；

$\phi(Z,R,\beta)$—— 描述与粒子电荷符号有关的调制效应函数，其他符号的意义同前。

(1) 调制势

调制势（modulation potential）是用于描述与漂移电荷符号无关过程的参量，在弱调制函数中是唯一的自变量（见式5－16）。在Nymmik模式中，日球调制势是太阳活动总水平的函数，用太阳黑子数12个月平均值$\overline{W}$加以表征，即

$$R_0\{\overline{W}[t-\Delta T(n,R,t)]\}=0.375+3\times10^{-4}\{\overline{W}[t-\Delta T(n,R,t)]\}^{1.45} \tag{5-22}$$

将不同磁刚度粒子通量的变化与太阳黑子数变化相比较，可反映延迟效应随时间t的变化及其与粒子磁刚度R的关系，即$\Delta T\ [T-\Delta T(n,R,t)]$。其中，$\Delta T(n,R,t)$的单位为月，可由下式求得

$$\Delta T(n,R,t)=0.5\ [T_++T_-(R)]+0.5\ [T_+-T_-(R)]\cdot\tau(\overline{W}) \tag{5-23}$$

式（5－23）中的延迟幅值在偶数序活动周期（n）内，与太阳活动无关，即

$$T_+=15\ (\text{mo}) \tag{5-24a}$$

并且，在奇数序周期内，实际上与粒子刚度无关，即

$$T_-\ (R)\ =7.5R^{-0.45} \tag{5-24b}$$

这些数值均可在ISO－15390模式标准中查到。图5－28给出了延迟幅值T_+（R）和T_-（R）与粒子磁刚度关系的实测结果[42]。

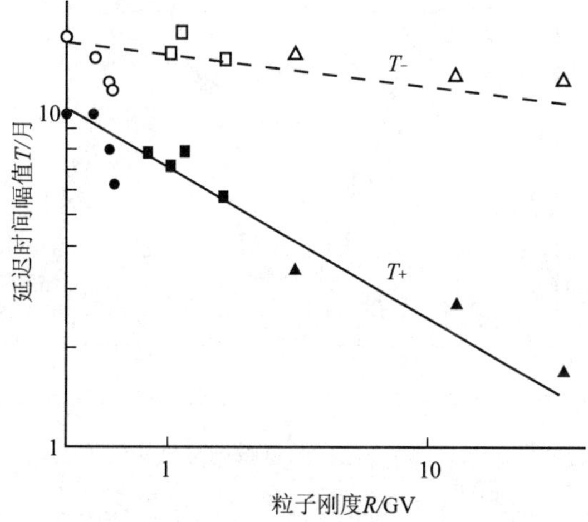

图5－28　银河宇宙线粒子通量变化的延迟时间幅值随粒子磁刚度的变化

T_-—偶数序周期内延迟幅值；T_+—奇数序周期内延迟幅值；

数据点：●，○—质子；□，■—He原子核；△，▲—中子监测器测量结果

式（5－23）中的延迟效应因子$\tau(\overline{W})$，可以表示成太阳黑子数的函数

$$\tau(\overline{W}) = (-1)^n \left[\frac{\overline{W}(t-\delta t) - W_n^{\min}}{W_n^{\max}}\right]^{0.2} \tag{5-25}$$

式中，$W_n^{\min}$ 和 $W_n^{\max}$ 分别为在第 n 次太阳活动周期内，太阳黑子的最小和最大数目；$\delta t=16$（mo）。

（2）与漂移电荷符号相关的调制效应

与漂移电荷符号相关的调制效应的大小，由调制函数的幂指数给定。这种调制效应与日球总磁场（太阳的极性磁场）强度 $M\left[\overline{W}(t),n\right]$ 和粒子在磁场内的漂移速度函数 $\phi(Z,R,\beta)$ 有关。日球总（有效）磁场与太阳黑子平均数目之间存在下式给定的函数关系

$$M[\overline{W}(t),n] = (-1)^{n-1} S\left\{1 - \left[\frac{\overline{W}(t) - W_n^{\max}}{W_n^{\max} - W_n^{\min}}\right]^{2.7}\right\} \tag{5-26}$$

式中　当 $t-t_n^{\pm} \geqslant 0$，$S=1$，否则，$S=-1$；$t_n^{\pm}$ 是在第 n 次太阳活动周期内，极性磁场发生变号的时刻。实际上，这反映了太阳极性磁场的时间相关性（见图 5－29）[43]。

粒子在日球磁场内的漂移速度函数具有下面的形式

$$\phi(Z,R,\beta) = \frac{R\beta}{R_0[t-\Delta T(R,n,t)]}\exp\left\{-\frac{R\beta}{R_0[t-\Delta T(R,n,t)]}\right\} \tag{5-27}$$

式中　Z——粒子的电荷数；

R——粒子的磁刚度；

β——粒子的相对速度（以光速归一化）。

太阳活动调制函数的幂指数由模式［见式（5－16）］计算结果，与粒子能谱实测数据的最佳拟合决定。

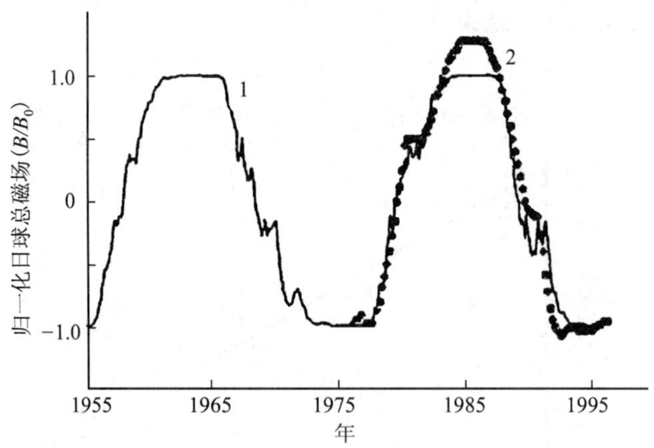

图 5－29　归一化日球总磁场与时间的关系

实线—Nymmik 模型；●—Hoeksema 数据

5.8.4　银河宇宙线在地球轨道外的粒子通量

基于上述的模型框架，可以估算银河宇宙线粒子在行星际空间黄道面上地球轨道外的通量。根据有关日球的假定尺度，可以借助上述公式算出银河宇宙线的粒子通量。计算行星际空间不同位置处银河宇宙线粒子通量时，需先由下式求出调制势的变化

$$R_0'(r,t)=R_0(t)\left(1-\frac{r}{r_0}\right) \tag{5-28}$$

式中 r——距太阳的距离（以 AU 为单位）；

r_0——调制区半径（$r_0\approx 90$ AU）；

t——时间。

正如太阳宇宙线一样，银河宇宙线同样受到地磁场的调制，存在地磁场截止刚度；宇宙线强度的分布也呈东西和南北不对称性以及经、纬度效应等地磁效应。银河宇宙线地磁截止谱的计算方法也与太阳宇宙线一样，这里不再讨论。

基于以上分析，卫星轨道上银河宇宙线粒子能谱的计算方法包括：

1）计算轨道上各点的位置坐标；

2）计算轨道上各点的地磁截止刚度；

3）根据地磁层外银河宇宙线模式，计算初始银河宇宙线的刚度谱与能谱；

4）根据卫星在轨飞行时间，确定卫星轨道上各种磁刚度的银河宇宙线粒子的透过率；

5）计算卫星轨道上的银河宇宙线粒子的刚度谱与能谱。

银河宇宙线的能谱很宽，能量从数十 MeV 到 10^{19} eV，能谱有大致相似的形式。在远离地球的行星际空间，银河宇宙线基本上是各向同性的，在太阳活动极小年宇宙线的强度约为 4 $cm^{-2}\cdot s^{-1}$。银河宇宙线的强度明显受太阳活动的调制。银河宇宙线强度同太阳黑子数之间存在着负相关，即在太阳活动极大年时，银河宇宙线强度有极小值；而在太阳活动极小年时，银河宇宙线强度有极大值。太阳调制幅值可用下面函数表示

$$M=A\sin\omega(t-t_0)+B \tag{5-29}$$

式中 M——太阳调制幅值；

$\omega=2\pi/10.9=0.576\ \text{rad}\cdot \text{a}^{-1}$；

$t_0=1\,950.6$。

A，B 可由观测数据确定。

目前国内外工程上采用的银河宇宙线统计模式主要是 CREME 模式。CREME 模式利用解析表达式描述银河宇宙线粒子的通量变化，适用能量范围为 10 MeV/核子到 10^5 MeV/核子。模式中的通量公式为

$$F(E,t)=A(E)\sin[\omega(t-t_0)]+B(E) \tag{5-30}$$

其中

$$A(E)=0.5[f_{\min}(E)-f_{\max}(E)]$$

$$B(E)=0.5[f_{\min}(E)+f_{\max}(E)]$$

式中，$f_{\min}$和 $f_{\max}$均为幂指数谱，可由下述公式表征

$$f(E)=10^m(E/E_0)^a$$

$$a=a_0\{1-\exp[-x_1(\lg E)^b]\}$$

$$m=C_1\exp[-x_2(\lg E)^2]-C_2$$

式中，a_0，E_0，b，x_1，x_2，C_1和 C_2均为常数。表 5－6 给出了氢、氦和铁在太阳活动高年和低年的上述常数值。原子序数≤28 的其他粒子的通量是以氦核为标准得出；原子序数更大，一直到 92 的其他重核粒子的通量可由铁核的通量求出。

表 5—6 银河宇宙线解析模式常数（CREME 模式）

粒子	太阳活动	a_0	E_0	b	x_1	x_2	C_1	C_2
H	低年	−2.20	117 750	2.685	0.117	0.80	6.52	4.00
	高年	−2.20	117 750	2.685	0.079	0.80	6.52	4.00
He	低年	−2.35	82 700	2.070	0.241	0.83	4.75	5.10
	高年	−2.35	82 700	2.070	0.180	0.83	4.75	5.10
Fe	低年	−2.14	117 500	2.640	0.140	0.65	6.63	7.69
	高年	−2.14	117 500	2.640	0.102	0.65	6.63	7.69

CREME模式还根据已有的卫星观测结果，考虑了氦、碳、氮、氧、氖、镁、硅、氩及铁的异常成分对能谱的影响。在CREME（1986）程序中，将行星际银河宇宙线环境分为4类：

1）$M=1$，（太阳活动极小年）银河宇宙线；

2）$M=2$，银河宇宙线＋全电离异常成分（最近的研究表明，该情况不可能发生）；

3）$M=3$，银河宇宙线＋最坏情形（90%置信度）太阳活动粒子的贡献；

4）$M=4$，银河宇宙线＋单电离异常成分。

5.8.5 银河宇宙线模式精确度

Nymmik模式所描述的$E \geqslant 10$ MeV/核子的银河宇宙线粒子通量随太阳活动参量的变化而发生变化，相对误差不超过15%，并小于CREME模式误差的1/3，如图5—30所示。对其他不同刚度和特性的粒子实测数据所作的分析表明，Nymmik模式计算结果差异一般不超过20%。

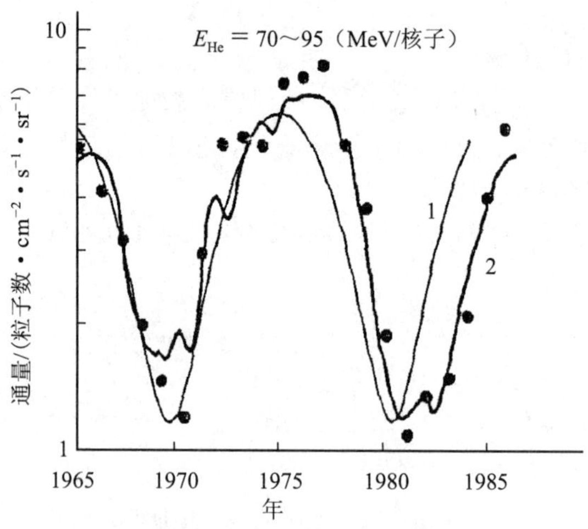

图 5—30 银河宇宙线He核通量随时间变化的实测数据（IMP—8）（●）和模式计算结果比较[15]

1—CREME；2—Nymmik

参考文献

[1] Simpson J A. The cosmic relation：reviewing the present and future. Proc. 25th ICRC，Durban，1997，8：4—23.

[2] Вернов С Н（Ред.）. Модель Космического Пространства（Модель Космоса—82），Том I：Физические Условия в Космическом пространстве. Москова：《ИМУ》，1983：65—78.

[3] Bisrwas S，Durgaprasad N. Skylab measurements of low energy cosmic rays. Spac. Sci. Rev.，1980，25（3）：285—327.

[4] Mogro—Campero A，Simpson J A. Origin and composition of heavy nuclei between 10 and 60 MeV per nucleon during interplanetary quiet times in 1968—1972. Astrophys. J.，1975，200：773—786.

[5] Cronin J W. Cosmic rays：the most energetic particles in the universe. Rev. Mod. Phys.，1999，71：165—172.

[6] Haungs A，Rebel H，Roth M. Energy spectrum and mass composition of high—energy cosmic rays. Rep. Prog. Phys.，2003，66：1145—1206.

[7] Гинзбург В Л，Сыроватский С И. Происхождение космических лучей. М：АН СССР，1963：384.

[8] Stassinopoulos E G，Raymond J P. The space radiation environment for electronics. Proc. IEEE，1988，76（11）：1423—1442

[9] Heber B. Galactic and anomalous cosmic rays in the heliospheres. Invited，Rapporteur，and Highlight Papers. Proc. 27 th ICRC，Hamburg，2001：118—135.

[10] Базилевская Г А，Махмутов В С，Свиржевская А К，и др. Долговременные измерения космических лучей в атмосфере земли. Изв. РАН，сер. Физ.，2005，69（6）：835—837.

[11] Parker E N. The passage of energetic charged particles through interplanetary space. Planet. Space Sci.，1965，13：9—49

[12] Bonino G，Castagnoli G C，Cane D，et al. Solar modulation of galactic cosmic ray spectra since the Maunder minimum. Proc. 27th ICRC，Hamburg，2001，9：3769—3772.

[13] Hörandel J R. On the knee in the energy spectrum of cosmic rays. Astropart. Phys.，2003，19：193—220.

[14] Ulrich H，Antony T，Apel W D，et al. Energy spectra of cosmic rays in the knee region. Nucl. Phys. B，2003，122：218—221.

[15] Калмыков Н Н，Куликов Г В，и др. Галактические космические лучи. Модель Космоса，Восьмое издание，Том I：Физические Условия в Космигеском Пространстве，Под ред. Панасюка М И. Москва：Издательство《КДУ》，2007：62—109；208—218.

[16] Ambrosio M. Search for the sidereal and solar diurnal modulations in the total MACRO muon data set. Phys. Rev. D，2003，67：42002.

[17] Glushkov A V，Egorova V P. Ivanov S P，et al. Energy spectrum of primary cosmic rays in the energy region of 1017—1020 eV by Yakutsk array data. Proc. 28th ICRC，Tsukuba，2003，1：389—392.

[18] Лагутин А А，Тюменцев А Г. Энергетические спектры космических лучей в галактической среде фрактального типа. Изв. РАН，сер. Физ.，2003，67（4）：439—442.

[19] Бережко Е Г，Ксенофонтов Л Т. Состав космических лучей，ускоренных в остатках сверхновых. ЖЭТФ，1999，116：737—759.

[20] Berezhko，E. G. Particle acceleration in supernova remnants. Inv. Rapp. Highlight Papers. Proc. 27th

ICRC，Hamburg，2001：226－233.

[21] Shibata T. Cosmic ray spectrum and composition：direct observation. Inv. Rapp. Highlight Papers. Proc. 24th ICRC，Rome，1995：713－736.

[22] Ptuskin V S. Cosmic ray propagation in the Galaxy. Inv. Rapp. Highlight Papers. Proc. 24th ICRC，Rome，1995：755－764.

[23] Garcia－Munoz M，Mason G M，Simpson J H. A new test for solar modulation theory：the 1972 May－July galactic cosmic ray proton and helium spectra. Astrophys. J. （Lett.），1973，182：L81－L84.

[24] Hovestadt D O，Valmer O，Gloeckler G，Fan C. Differential energy spectra of low－energy（<8. 5 MeV per nucleon）heavy cosmic rays during solar quiet times. Phys. Rev. Lett.，1973，31：650－667.

[25] Fisk L A，Kozlovsky B，Ramaty R. An interpretation of the observed oxygen and nitrogen enhancements in low－energy cosmic rays. Astrophys. J. （Lett.），1974，190：L35－L38.

[26] Adams J H，Leising L. Maximum distance to the acceleration site of the anomalous component of cosmic rays. Proc. 22nd Intern. Cosmic Ray Conf.，Dublin，1996，3：304.

[27] Möbius E，Hovestadt D，Klecker B，et al. Direct observations of He＋pick－up ions of interstellar origin in the solar wind. Nature，1985，318：426－429.

[28] Zank G O，Rice W K M，le Roux J A，et al. Acceleration and transport of energetic particles observed in the outer hiliosphere. Proc. ACE 2000 Symposium. Eds. Mewaldt R A，et al. 2000：317－324.

[29] Журавлев Д А，Кондратьева М А，Третьякова Ч А. Оценка расстояния до границы модуляции аномальных космических лучей. Космичекие Исследования，2005，51：567－569.

[30] Ness N，Burlaga L F，Acuna M H，et al. Termination shock and heliosheath studies at>92 AU：Voyager 1 magnetic field measurements. Nature，2005，430：48－56.

[31] Biswas S，Durgaprasad N，Mitra B. Anuradha and low energy cosmic rays. Space Sci. Rev.，1993，62：3－65.

[32] Blake J B，Friesen L M. A technique to determine the charge state of anomalous low energy cosmic rays. The charge state of anomalous cosmic rays. Proc. 15th ICRC，1977，2：341－346.

[33] Tylka A. LET spectrua of trapped anomalous cosmic rays in low－earth orbit. Proc. of the 23th Intern. Cosmic Ray Conf.，5，1993.

[34] Adams J H. Silberberg R，Tsao C H. Cosmic ray effects on microelectronics. Part I（CREME－1）：The near－earth particle environment. Naval Research Laboratory Memorandum Report 4506，1981.

[35] Badhwar G D，O'Neil P M. Galactic cosmic radiation model and its application. Adv. Space Res.，1996，17（2）：7－17.

[36] Davis A J，Mewalt R A，Binns W R，et al. The evolution of galactic cosmic ray element spectra from solar minimum to solar maximum. ACE Measurements，Proc. of ICRC，2001a：3971.

[37] Nymmik R A. Initial conditions for radiation analysis：Models of galactic cosmic rays and solar particle events. Adv. Spac. Res.，2006，38（6）：1182－1190.

[38] Tylka A J，Adams J H. Boberg P R，et al. CREME 96：A revision of the cosmic ray effects on microelectronics code. IEEE Trans. Nucl. Sci.，1997，44（6）：2150－2160.

[39] International Standard：ISO－15390，Space environment（natural and artificial）. Galactic cosmic ray model（First edition，01. 06. 2004）.

[40] Garcia－Munoz M，Pyle K R，Simpson J A. Solar modulation in the heliosphere：time and space variations of anomalous He and GCR. Proc. 21st ICRC，1991，6：194－197.

[41] Webber W R. The interstellar cosmic ray spectrum and energy density. Interplanetary cosmic ray gradients and a new estimate of the boundary of the heliosphere. Astron. Astrophys.，1987，179：277－284.

[42] Nymmik R A. Time lag of galactic cosmic ray modulation：conformity to general regularities and influence of particle energy spectra. Adv. Space Res.，2000，26 (11)：1875－1878.

[43] Hoeksema J T. Solar large scale magnetic fields. The Report on 31st Scientific Assembly of COSPAR，14－21 July，1996.

第6章　地磁层

6.1　引言

地球具有内禀磁偶极子（intrinsic magnetic dipole），形成了内禀地磁场（the terrestrial magnetic field）。太阳风是稀薄等离子体，平均速度为 400～500 km·s^{-1}，温度高达 1.0×10^{5} K 以上。当太阳风到达地球附近时，将与地磁场发生相互作用。由于等离子体具有很高的电导率，很难横穿磁力线，从而把地磁场屏蔽并包围起来，形成一个很长的腔体，腔体的最外层便是地磁层，或简称磁层（megnetosphere）。地磁层在向阳方向从电离层向外扩展 至 $10R_E$（R_E地球半径）以上；在背阳方向上可达数百 R_E的距离。地磁层的形状和大小由太阳风等离子体所施加的动压力和地球内禀磁场磁压力间的平衡所决定。磁层的边界受太阳风所调制。

在讨论地磁层时，面向太阳的一侧称为昼侧（dayside），而背向太阳的一侧称为夜侧（nightside），有时也分别称为晨侧（dawnside）和昏侧（duskside）。

地磁层是一重要的环境区域，其中涉及由高能带电俘获粒子构成的辐射带和被地磁场所左右的等离子体。在太阳风等离子体流通过磁鞘（magnetosheath）时，一部分能量和动量将转移给磁层，并作为发生在磁层内各种物理现象的驱动力。这些现象的上游环节正是太阳风和地磁层的相互作用。当太阳风从太阳大气向外吹出时，太阳风携带着太阳磁场，称为太阳风（日球）磁场或行星际磁场（IMF）。行星际磁场在太阳风和地磁场的相互作用中起着很重要的作用。

6.2　地磁场及其活动性

如上所述，地磁场存在于磁层所涉及的空间内。近地空间（大约距地球中心为 $6R_E$ 或距离地球表面以上约 40 000 km 的空间范围）的环境状态常由地磁场所左右。地磁场的变化敏感地反映近地空间环境的扰动，是近地空间环境状态的重要指标。大量的试验表明，当地磁场发生扰动时，地球辐射带粒子通量及其附近宇宙空间的银河宇宙线和太阳宇宙线，都相对于磁层宁静态发生重新分布。与地磁场活动息息相关的磁暴和亚磁暴对人类空间活动产生重要影响，甚至有时会导致灾难性的后果。空间磁场将在航天器上产生磁干扰力矩。它具有两面性：一方面会改变航天器的姿态；另外，也可以基于同样的原理，人为地利用其控制航天器的姿态。地磁场与在磁场中旋转的自旋卫星产生的感应电流发生作用，会导致卫星的消旋。

很久以前人类就意识到存在地磁场。我国古代四大发明之一的指南针就是基于磁针与地磁场的相互作用。但是直到 16 世纪末，吉伯特（Gibert）才提出地球本身是一个大致均匀磁化的磁体的概念。从此，地磁学发展成为一个重要的科学分支。开始人们曾设想地磁性会如固体永久磁铁一样，在不发生强的地质变化时，其强度应该是恒定的。但是，人们很快就发现地磁场在数年或数世纪的时间内发生缓慢的变化。近几十年来，地磁场的偶极子分量不断降低，其中心发生漂移（近 30 年大约向西移约 10°）。这种效应导致地球附近磁力线移动和低高度（<1 000 km）地球辐射带粒子通量的相应变化，特别是在南大西洋异常区俘获粒子流的急剧沉降。此外，还观测到地磁场的瞬态变化（地磁扰动和脉动），这表明地磁性是一种动态现象。

随着观测数据的不断积累，发现某些地磁现象与地质学相关联，而且大的地磁扰动呈全球性行为，并在黑子活动的 11 a 周期内与地磁现象间存在联系。例如，地磁周期扰动与太阳 27 d 周期转动以及磁暴和太阳耀斑之间密切相关。这些关联特别表现为地磁场与太阳等离子体连续流之间产生交互作用，导致地球表面以上电流系和磁场组态的突然反向。卫星观测扩展了人们对地球上空的了解，发现大陆架发生漂移，从而整个地磁场经受周期性反向。

对地磁场的研究包括两方面内容：一是地球内部磁场（稳态和慢变磁场）；二是磁层和电离层所引起的磁场（决定磁场的动力学行为）。本节主要讨论地磁场的基本特征及其活动性（地磁活动指数）。

6.2.1　基本地磁要素和常用坐标系

地磁场是一矢量场，任一点的磁场用其方向和幅值表征，即用三个独立分量描述，可以是两个方向角和幅值或三个相互垂直的分量。角度一般用度、分和秒加以标度。在广泛采用 MKS 制以前，磁场大小通常以奥特斯 O_e（磁场强度）或高斯 G_s（磁感应强度）表示。当场强较小时，常用γ为单位，1 γ＝10^{-5} O_e或 10^{-5} Gs；场强较大时在 MKS 制下为 T（特斯拉），1 T＝10^4 Gs。在描述地磁场时，常用 nT＝1 γ为单位。

图 6－1 示出地磁场通用的角度和分量。其标准术语为：矢量地磁场 F（vector geomagnetic field）的幅值 $\boldsymbol{F}$ 为总强度或总磁场；水平分量矢量 $\boldsymbol{H}$ 的幅值称为水平强度；垂直分量矢量 $\boldsymbol{Z}$ 的幅值称为垂直强度。磁场的北向、东向和向下分量分别表示为 $\boldsymbol{X}$，$\boldsymbol{Y}$，$\boldsymbol{Z}$，称为笛卡儿分量。$\boldsymbol{X}$ 和 $\boldsymbol{H}$ 间的夹角 D 称为磁偏角（declination），反映磁变化或指南针变化。$\boldsymbol{H}$ 和 $\boldsymbol{F}$ 间的夹角 I 称为磁倾角（inclination 或 dip）。$\boldsymbol{F}$，$\boldsymbol{H}$，$\boldsymbol{X}$，$\boldsymbol{Y}$，$\boldsymbol{Z}$，D 和 I 称为地磁要素（geomagnetic elements）。

最常用的 3 组要素为（$\boldsymbol{H}$，D，$\boldsymbol{Z}$）、（$\boldsymbol{F}$，I，D）及（$\boldsymbol{X}$，$\boldsymbol{Y}$，$\boldsymbol{Z}$）。图 6－1 中各个参量的箭头方向表示矢量和角度的正向，它们之间具有如下简单关系

$$F^2 = X^2 + Y^2 + Z^2 \tag{6－1}$$

$$H^2 = X^2 + Y^2 \tag{6－2}$$

$$Y = H\sin D \tag{6－3}$$

$$Z = H\tan I \tag{6－4}$$

有多种描述地磁现象的坐标系，其中最常用的有以下 5 种，如图 6－2 所示。

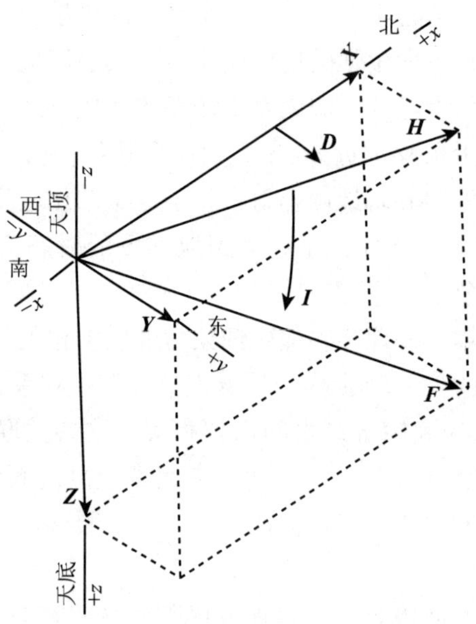

F—总磁场；***H***—水平分量；***X***—北向分量；
Y—东向分量；***Z***—垂直分量；*D*—磁偏角；*I*—磁倾角

图 6－1　地磁要素的定义及惯用符号

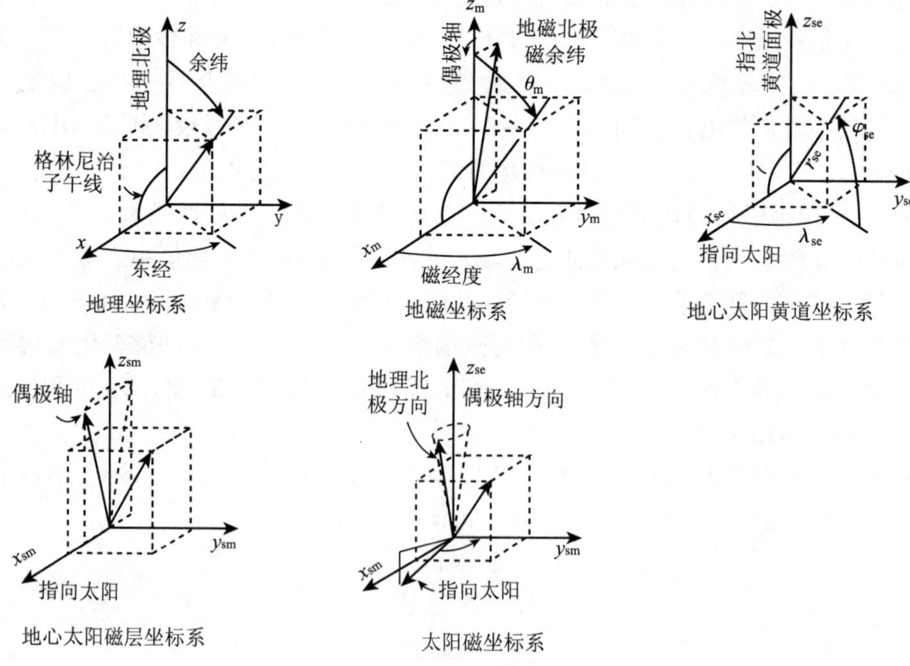

图 6－2　常用的 5 种地磁坐标系

（1）地理坐标系

地理坐标系（geographic coordinates）是一种相对于转动地球固定并沿转动轴取向的坐标系。最常用的球极坐标为 r，θ 和 λ，分别是地心距、余纬（由地理北极起算）及地理东经（从格林尼治子午线起算，东向为正，经度>180°为西经）。由 θ 值确定纬度，赤道纬度为 0°，南向和北向与赤道面夹角分别为南纬和北纬，北向为正，南向为负。

（2）地磁坐标系

地磁坐标系（geomagmetic coordinate system），也称偶极坐标系。它是相对于地球固定的球面极坐标系，以通过地心的偶极轴为极轴。极轴相对于地球自旋轴的夹角为 11.5°，在点（78.5°N，291.0°E）与地球表面相交，该点被定义为地磁北极。由于这一坐标系是以地磁场为基础的坐标系，地磁坐标系常特指偶极坐标系。地磁坐标系更适用于讨论带电粒子沿地磁力线传播等问题。

（3）地心太阳黄道坐标系

地心太阳黄道坐标系（geocentric solar－ecliptic coordinate）是一右手的笛卡儿直角坐标系，亦简称 GSE 坐标系。以地心为原点，其坐标分别为 X_{sc}，Y_{sc}和 Z_{sc}。X_{sc}指向太阳为正，Z_{sc}轴垂直于黄道面，Y_{sc}与它们构成右手坐标系。该坐标系在空间以地球的轨道周期缓慢旋转。在此坐标系内，磁场分量常分解成两个分量，一个处于黄道面内，另一个与黄道面相垂直。前者由其和 X_{sc}轴间的取向角 λ 确定（从北极观察逆时针为正）；总场的方向由 λ 和 θ 确定，θ 是场矢量与黄道面间的取向角（北向为正）。这一坐标系对分析行星际空间的探测数据十分方便，如用于分析非扰动的太阳风和行星际磁场的行为等。

（4）地心太阳磁层坐标系

地心太阳磁层坐标系（geocentric solar－magnetospheric coordimate），又简称 GSM 坐标系。它也是右手直角坐标系，坐标 X_{sm}，Y_{sm}和 Z_{sm}以地心为原点。X_{sm}指向太阳为正，Z_{sm}轴在 X_{sm}轴和地磁偶极轴所确定的平面内，Y_{sm}和 X_{sm}相垂直，并与 X_{sm}与 Z_{sm}构成右手坐标系。该坐标系不仅按地球的轨道周期转动，而且以一天为周期绕 X_{sm}轴前后摆动 23°。这一坐标系对地磁层遥远地区的数据分析是很有用的，可在很大程度上消除源于偶极轴圆锥曲线运动的时间相关的特征。作为一级近似，可以预期整个地磁层的主要特征正是以这种方式前后摆动。

（5）太阳磁坐标系

太阳磁坐标系（solar magnetic system of coordinates）是与 GSM 坐标系相关的坐标系。其中，Z_{mg}轴沿地磁偶极场轴取向，并在昏侧 Y_{mg} 轴垂直于日地连接线。该坐标系 X 轴并非总是朝向太阳，而是绕日地连接线呈 11.5°前后摆动。该坐标系与 GSM 坐标系的差异主要是绕 Y_{sm}轴转动。

除了上述严格的空间坐标系外，还有其他所谓的磁坐标系。通常，将坐标系选在粒子所在的表面上。这里，磁参量为常数，因为大多数粒子是由磁场控制的。这样的磁坐标系用于研究俘获于磁场的粒子运动将十分方便，使数据分析变得极为简化，例如（L，B）磁坐标系。它是准确处理辐射带观测数据的坐标系，B 为地磁场强度，以 nT 为单位；L 为 McIlwain 磁壳参量，以地球平均半径 R_E为单位（＝6 371.2 km）。在地磁场中心偶极子

近似下，L 值可以近似表示为

$$L=r\cos^{-2}\varphi \tag{6-5}$$

式中，r 和 φ 分别为磁场线上某点的地心距，以及该点的地心连线与地球表面交点的磁纬度。

最常见的 $B-L$ 坐标系如图 6—3 所示，其中等磁场强度 B 表面是同轴绕地球的椭圆面，而等磁壳参量 L 面是绕地球转动的偶极场磁力线所形成的同轴壳层。L 值由粒子在磁场中的运动方程进行定义。基于某种程度的近似，粒子运动遵从三个绝热不变量，从而 B 和 L 之间具有简单的关系。研究俘获粒子的行为时，这样的磁坐标系比地磁场坐标系更为方便。

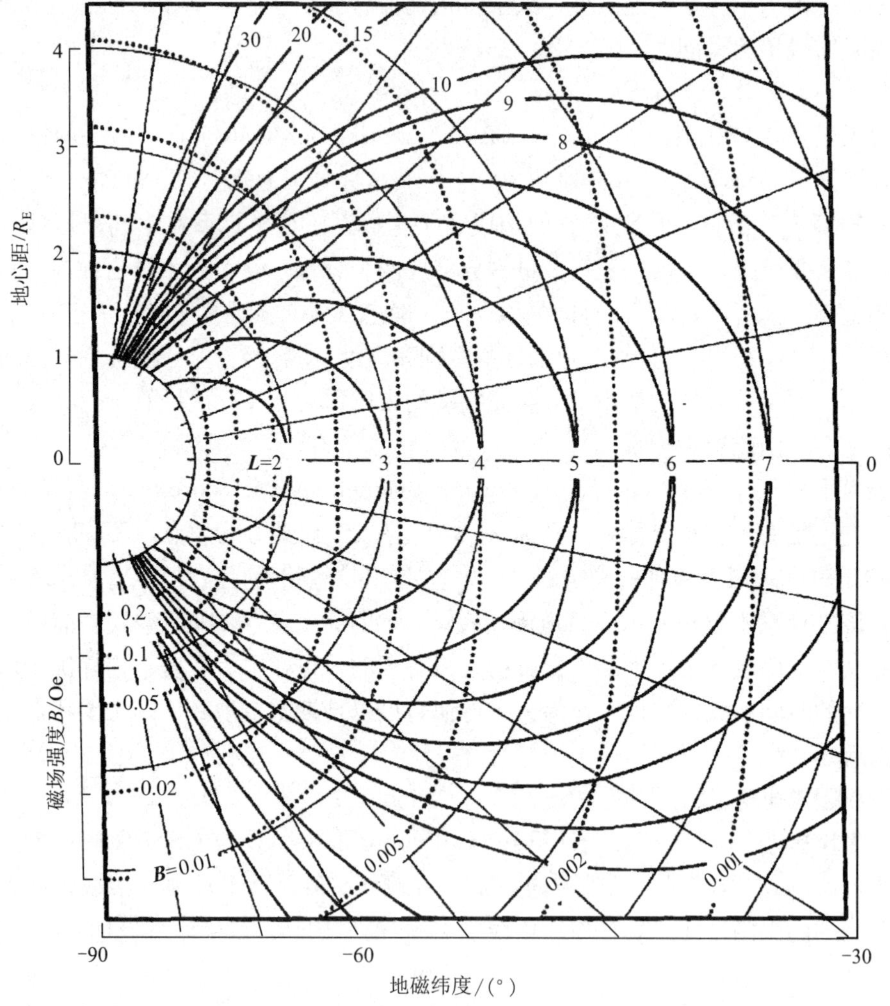

图 6—3　$B-L$ 坐标系

图上所示的曲线为磁子午面与等 B 值面和等 L 面的相交线

（在此标度的图上可忽略实际磁场与偶极子磁场间的差异）

6.2.2　地磁场的起源

在对磁场进行物理描述时，通常是基于能量平衡分析。静态磁场可用能量密度 $B^2/8\pi$ 表征，磁场的任何变化意味着将发生能量的传输。所以，理解磁场的起源就是确定其能源和产生此能量的物理机制。除了永久剩磁外，磁场只能由带电粒子的宏观运动，即电流产生。一般认为，地磁场由源于地球内部的内源场和源于地外电流体系的外源场组成。

内源场是源于地心熔化金属（铁、镍等）的对流运动，类似于一自激发电机（self－exciting dynamo）。这种流体运动随时间发生很缓慢的变化，导致感生主磁场的长期变化。液态金属核的涡旋运动产生大尺度的磁异常亦称全球性磁异常。地壳的磁化形成的永久剩磁也对内源地磁场产生贡献。剩磁在地壳内的复杂分布，导致地磁场小尺度的局域磁异常。

外源磁场主要是由地面以外的各种电流系产生的，包括电离层电流、磁层顶电流、磁尾中性片电流、环电流及进出电离层的场向电流等所产生的磁场。

6.2.3　主磁场及其长期变化

对地磁场的几何与时间描述是基于地面和空间的观测数据，构建地磁场在一定的几何（地球或空间位置）和时间（周期和频率响应）尺度上的分布。习惯上依频率对地磁场进行分类。

在地质年代的时间尺度上，地磁场会发生明显变化。但是，习惯上凡是变化周期约大于一年的称为稳态场，其余的称为变化场。稳态场主要源于地球内源，即由于地心的液态金属对流运动所引起。其磁场近似呈偶极子形态，在地面的强度为数 10^4 nT。偶极场中心与地心相近，其轴与地球转动轴倾角约 11.5°。90％的稳态地磁场为地心场；大约 10％的地磁场源于地壳剩余场，是非偶极场。地球主磁场的变化是极其缓慢的，称为长期变化（secular variation），其特征时间常数为数十至数千年。

如果地球处于完全的真空中，其偶极场将无限地向外扩张，并与太阳和行星的磁场相叠加交汇在一起，磁场强度将与地心距的 3 次方成反比而衰减。实际上，行星际空间充满着电离的太阳日冕气体（太阳风），即高导电率的高温等离子体。在太阳宁静期，地球附近的太阳风等离子体密度为数个离子每立方厘米，速度约 400 $km \cdot s^{-1}$。理论分析表明，行星际磁场将冻结在这样的等离子体内，从而使离子、电子和磁场将作为可压缩的流体介质一起运动。当这种携带行星际磁场的太阳风等离子体与地磁场相遇时，将发生交互作用，形成如图 6－4 所示的磁场线分布[1]，并将稳态主磁场约束于磁层空腔内。

地磁场基本上是偶极磁场，但是由于以下两个因素而使其复杂化：1）地磁轴并非沿地理轴取向；2）当高度大于 2 000 km 时，将受到太阳磁场的扰动。近地磁场的结构如图 6－5 所示。其特征是在低地理纬度区，磁场方向平行于地球表面（即呈水平取向）；在高地理纬度区，磁场方向垂直于地球表面（呈垂直取向）。磁场方向呈严格水平的位置，亦即相对于地球表面的倾角趋于零的地方，称为磁倾赤道（magnitic inclination equator）。相应地，磁场严格垂直于地球表面的两点，称为磁倾极点。在北半球为地磁北极（boreal pole，BP），而在南半球为地磁南极（austral pole，AP）。在地磁北极，磁场指向地球，磁性上是南极；在地磁南极，磁场离开地球，极性上是北极。地磁极点的位置是长期变化的。例如，1965 年两极的位置分别为 BP（1965）：（75.6°N，259°E）；AP（1965）：（66.3°S，141°E）。2000 年在轨测量发现，在此期间地磁南极移动至 AP（2000）：（64.7°S，138.1°E）。随后的观测表明，地磁北极发生明显的位移，即 BP（2001）：（81.3°

N，249.2°E)。磁倾赤道与地理赤道相当接近，但是，在南大西洋异常区（$\lambda \approx 293°E$）其偏差增加至 17.5°。这正是形成地球辐射带南大西洋异常区的原因。

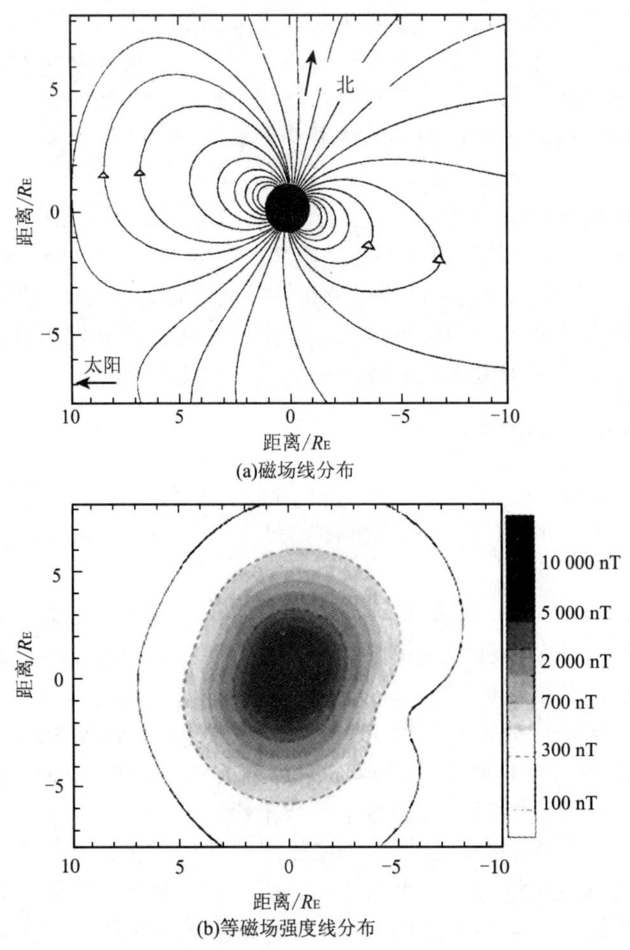

图 6－4　在中度磁活动性（AE＝250～400 nT）期间近地磁场分布

1989 年 12 月 6 日，11：00UT；根据（Tsyganenko）半经验模式作出，箭头表示朝向地理北方向，R_E为地球半径

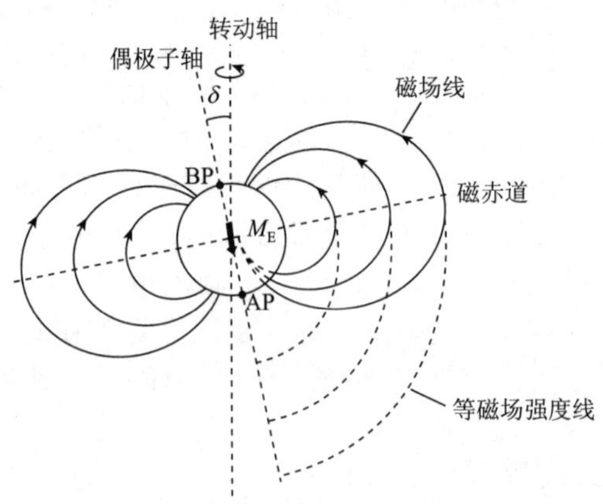

图 6－5　将地球磁场近似为地心偶极场

BP—地磁北极；AP—地磁南极；M_E—地磁矩

将偶极磁场与地磁场相拟合，所得结果与近地空间的实际磁场位形相当一致，如图6—5所示。设定 $M_E \approx 7.7\times10^{22}$ A • m²，$\delta\approx11.5°$，$\lambda_g^{BP}\approx290°$E（70°W）。其中，$M_E$为地磁偶极矩；$\delta$为偶极轴相对于地球转动轴的倾角；$\lambda_g^{BP}$为偶极轴与地球表面北交点的地理经度。将式（6—7）的 B_r 和 B_θ 相结合，可以给出地磁场的地心偶极（geocentric dipole）近似，如图 6—6 所示。

地磁场的北磁极位于地理北极以南 11.5°，即 78.3°N，69°W（格陵兰岛附近）；南磁极位于 78.3°S，—111°E（南极大陆附近）。偶极子磁位势由下式给出

$$\boldsymbol{V}=\frac{M\cdot \boldsymbol{r}}{r^3} \tag{6—6}$$

式中　$\boldsymbol{r}$——距磁场中心的位置矢量（m）；

M——磁偶极矩（T • m³）。

地磁偶极矩 M 约等于 8×10^{30} nT • cm³。在球坐标系（r，θ，λ）内，θ 从偶极子轴余纬度起算，偶极场由 $\boldsymbol{B}=-\nabla V$ 或下式给出

$$B_r=-\frac{2M}{r^3}\cos\theta$$

$$B_\theta=-\frac{M}{r^3}\sin\theta$$

$$B_\lambda=0 \tag{6—7}$$

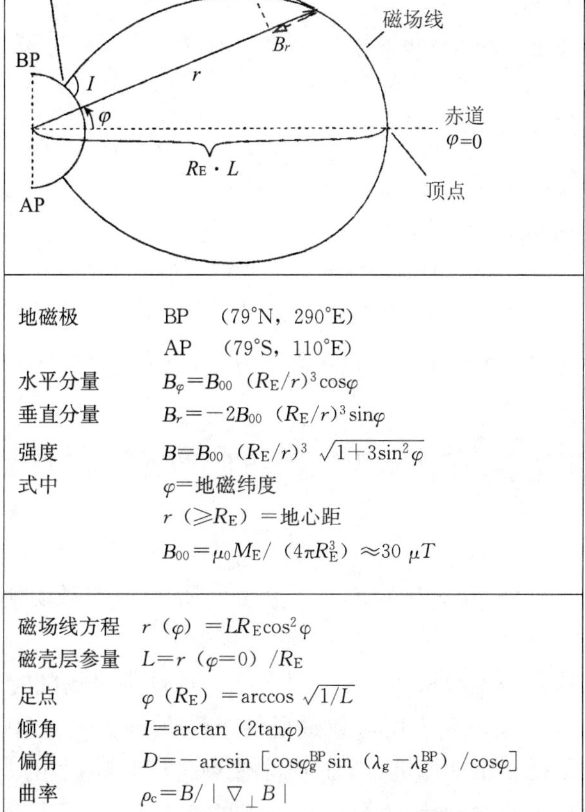

足点
B_φ
B
磁场线
B_r
BP
I
r
φ
赤道
$\varphi=0$
$R_E \cdot L$
顶点
AP
地磁极　BP（79°N，290°E）
AP（79°S，110°E）
水平分量　$B_\varphi=B_{00}\ (R_E/r)^3\cos\varphi$
垂直分量　$B_r=-2B_{00}\ (R_E/r)^3\sin\varphi$
强度　$B=B_{00}\ (R_E/r)^3\ \sqrt{1+3\sin^2\varphi}$
式中　φ=地磁纬度
$r\ (\geqslant R_E)$ =地心距
$B_{00}=\mu_0 M_E/\ (4\pi R_E^3)\approx 30\ \mu T$
磁场线方程　$r\ (\varphi)\ =LR_E\cos^2\varphi$
磁壳层参量　$L=r\ (\varphi=0)\ /R_E$
足点　$\varphi\ (R_E)\ =\arccos\sqrt{1/L}$
倾角　$I=\arctan\ (2\tan\varphi)$
偏角　$D=-\arcsin\ [\cos\varphi_g^{BP}\sin\ (\lambda_g-\lambda_g^{BP})\ /\cos\varphi]$
曲率　$\rho_c=B/\ |\nabla_\perp B|$

图 6—6　地磁场的地心偶极近似[1]

总场强可由下式计算

$$B=-\frac{M}{r^3}(3\cos^2\theta+1)^{1/2} \tag{6-8}$$

基于式（6－8）求出的磁场强度在地面赤道上约为 30 μT（0.3 Gs），在极区为 60 μT（0.6 Gs）。在无电场条件下，带电粒子将绕磁场线作回转运动。因此，在地磁场作用下，带电粒子只能沿磁场线运动。在任意一点，磁场线的斜率由下式给出

$$\frac{r\mathrm{d}\theta}{\mathrm{d}r}=\frac{B_\theta}{B_r}=\frac{1}{2}\tan\theta \tag{6-9}$$

对式（6－9）积分，得出

$$r=LR_{\mathrm{E}}\sin^2\theta \tag{6-10}$$

式中　R_{E}——地球半径；

　　　L——积分常量。

带电粒子在偶极场内将绕由一系列 L 值描述的磁场线作回转运动（$B-L$ 坐标系）。

源于地球内部的主磁场在地面和空间的强度分布，可以用磁位势梯度表示。主磁场磁位势可以用拟规格化缔合勒让德函数表示为

$$V=a\sum_{n=1}^{\infty}\sum_{m=0}^{n}\mathrm{P}_n^m(\cos\theta)\left(\frac{a}{r}\right)^{n+1}(g_n^m\cos m\lambda+h_n^m\sin m\lambda) \tag{6-11}$$

式中　V——磁场磁位势；

　　　a——参考地球半径(6 371.3 km)；

　　　r——地心距；

　　　θ——地理余纬；

　　　λ——地理东经；

　　　g_n^m, h_n^m——高斯系数；

　　　$\mathrm{P}_n^m(\cos\theta)$——$n$ 阶 m 次的拟规格化缔合勒让德函数。

该磁位势在北向、东向和垂直向下的梯度分别对应于相应方向上的磁场强度

$$X=\sum_{n=1}^{\infty}\sum_{m=0}^{n}\left(\frac{a}{r}\right)^{n+2}(g_n^m\cos m\lambda+h_n^m\sin m\lambda)\frac{\mathrm{dP}_n^m(\cos\theta)}{\mathrm{d}\theta} \tag{6-12}$$

$$Y=\sum_{n=1}^{\infty}\sum_{m=0}^{n}\left(\frac{a}{r}\right)^{n+2}(g_n^m\sin m\lambda-h_n^m\cos m\lambda)\frac{m}{\sin\theta}\mathrm{P}_n^m(\cos\theta) \tag{6-13}$$

$$Z=\sum_{n=1}^{\infty}\sum_{m=0}^{n}\left(\frac{a}{r}\right)^{n+2}(n+1)(g_n^m\cos m\lambda+h_n^m\sin m\lambda)\mathrm{P}_n^m(\cos\theta) \tag{6-14}$$

基于式(6－12)～式(6－14)可以确定地面以上几个 R_{E} 以内的磁场分布。$n=1$ 的项正是地心偶极场。

主磁场长期变化的实际观测和理论分析都表明，地球主磁场随时间发生缓慢变化，其时间尺度为年。古代地磁性研究表明，地磁场的极性在过去的 4 500 万年中已翻转过几次。主磁场的长期变化可利用计算机，通过数学模型与试验数据相拟合，获取有关主磁场要素的长期变化信息。图 6－7 所示为总地磁场 $\boldsymbol{F}$ 的长期变化[2]。

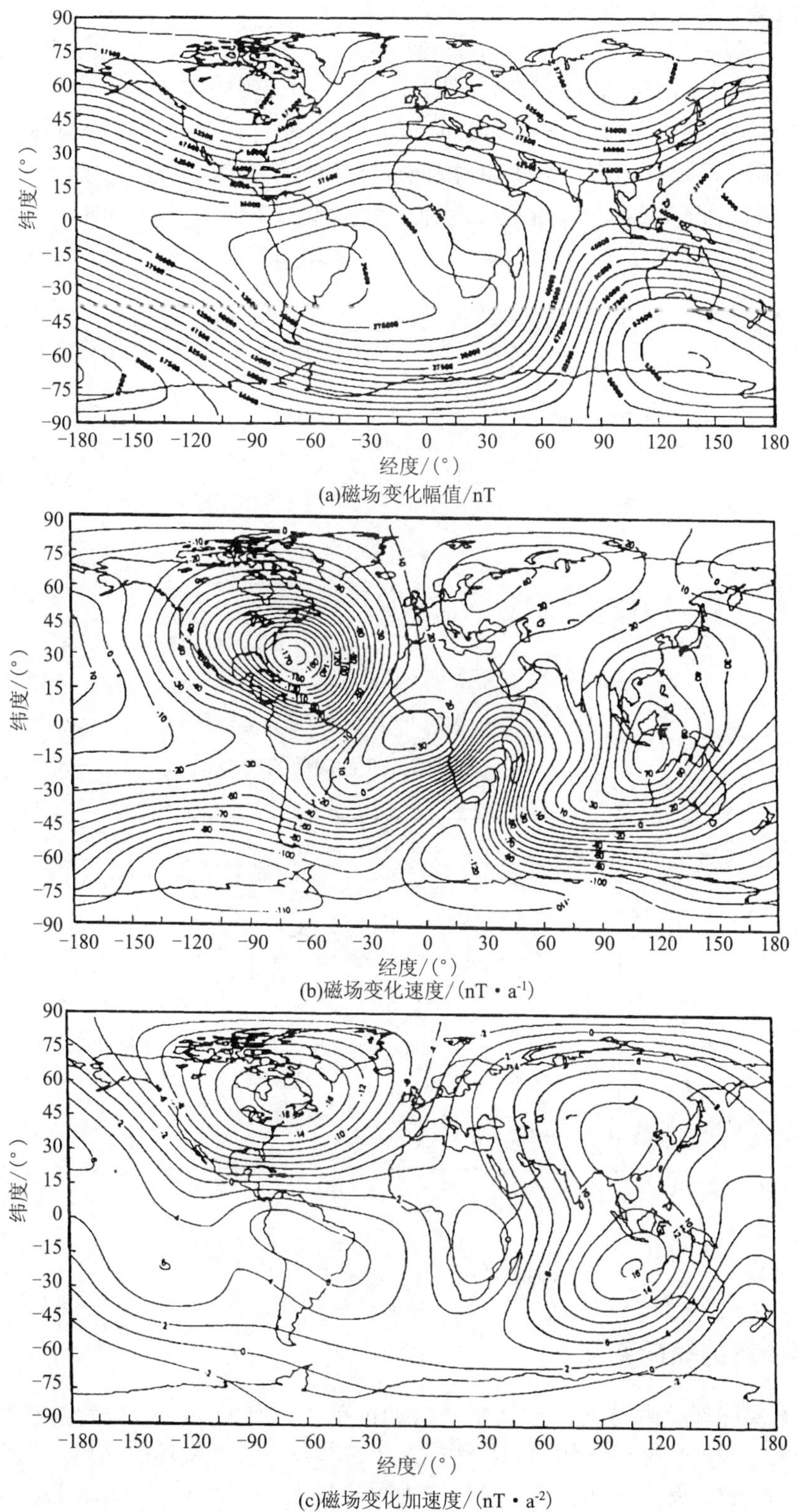

图 6—7　20 世纪 80 年代地球总地磁场的长期变化

近代地磁场长期变化的特征为：

1）偶极子磁场强度平均以每年0.05%的速率（在赤道上每年16 nT）降低；

2）偶极子的磁极沿纬圈以每年0.05°的经向速率向西漂移；

3）长期观测表明，主要的异常区域向西移动。数学分析也证实，大约60%的长期变化并非归结于偶极子弱化，而是源于非偶极子以平均每年0.2°的经向速率沿纬圈西移。

地球磁偶极矩和地球磁偶极子北极位置随时间的变化分别如图6—8和图6—9所示[3]。

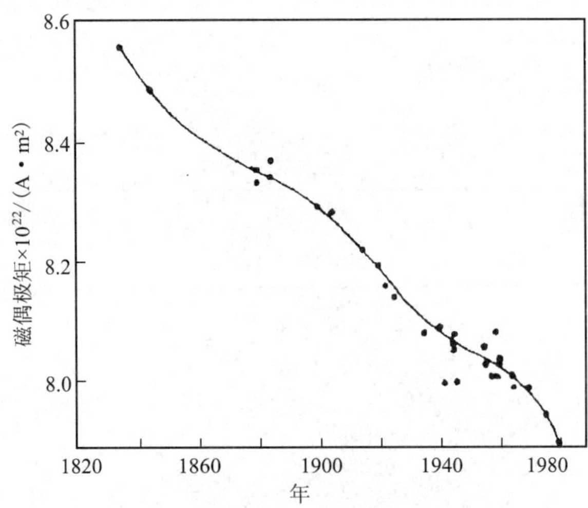

图6—8　地球磁偶极矩随时间的变化

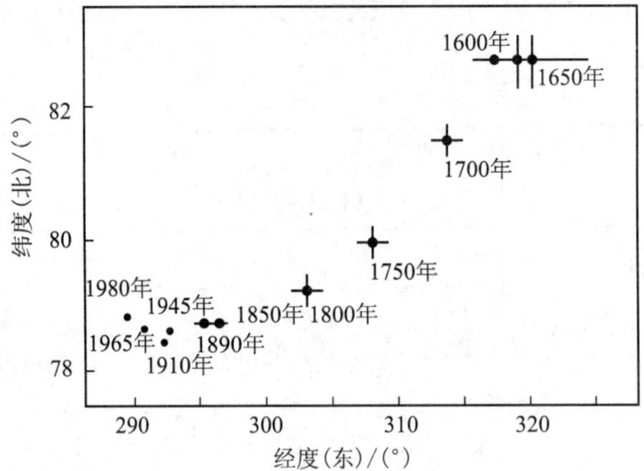

图6—9　地球磁偶极子北极位置随时间的变化

6.2.4　地磁场的短期变化

地球在行星际环境内转动并沿其轨道运动过程中，将感受重力与太阳照射的周期变化，并受到太阳风的压缩或其他调制作用。由于这些效应对地磁场的作用，将引起多种形式的短期磁场变化。基于时间特性，可以分为平静变化（quiet variation）和扰动变化。所谓平静变化是指缓慢和规律性的并非源于行星际扰动的变化，包括：太阳静日变化（Sq）磁场，其峰值在地表面大部分约为几十nT，主要是由于太阳电磁辐射感生的电离层电流产生的；太阴逐日变化（L 场），在地球表面处的典型幅值为几 nT，由日一月大气潮汐诱发的电离层电流所产生。扰动变化是非连续出现的磁场变化，持续时间长短不一，对航天器环境影响最大的是磁暴和亚磁暴。

地磁场的扰动变化有时并没有简单的周期性，其出现源于行星际环境的变化，简称为扰动磁场变化或地磁扰动，以 D 表示。从总磁场中减去稳态场和平静变化场之后，仍然保留着 D 场。周期较长的大扰动，其行为被认为是某种磁层事件，从而称为地磁层暴。除了某些扰动可以归结为上层大气的非规则运动外，人们普遍认为太阳是导致所有扰动效应的主导因素。除太阳耀斑低能质子导致的电离层电导率的增高事件（极盖吸收事件）和耀斑 X 射线发射引发的太阳耀斑效应外，都是由冻结着太阳磁场的太阳风将扰动传输至地球附近。

历史上，地磁扰动是通过地面观测进行研究的，可观测到地磁水平分量的变化，以便基于地球以上的电流系加以解释。特别是，需将只与世界时（UT）相关的分量和地方时（LT）相关的分量分离开来。前者称为磁暴分量，以 D_{st} 表示，定义为相对于极轴呈对称的分量；后者称为日变化扰动，以 DS 或 D_s 表示，是呈非对称性的分量。两种分量之和便为地磁扰动场，即 $D=D_{st}+\mathrm{DS}$。D_{st} 分量归结于在赤道以上几个 R_E 范围内环绕地球的环电流产生的，而 DS 分量归结于从环电流沉降下来的极地粒子形成的电离层电流所致。

与地磁扰动不同，地磁层扰动是源于太阳风与地磁场的交互作用。某些低水平的扰动，预期是由于地磁层周围太阳风等离子体流内的不稳定性产生湍流引起的。尽管太阳风本身在性质上是恒定的，但是一个或多个太阳风参量（如等离子体密度、速度或行星际磁场的强度或方向）突然变化时，可诱发大多数特征时间为数秒至数天的扰动现象。这种地磁层扰动现象可以在地面观测到。最大的磁层扰动称为磁层暴，相对应的地磁场扰动称为地磁暴。地磁层暴产生期间地磁场将发生很大的变化。在磁层内发生的许多复杂的动态过程是地磁场扰动的体现。

地磁暴（简称磁暴）是全球性强烈的地磁扰动，持续时间为十几到几十小时。地球表面的扰动幅度为几十至几百 nT，偶尔可高达 1 000 nT 以上。磁暴发生时往往伴生电离层扰动、极光及宇宙线暴。磁暴最典型地反映在地磁水平分量或环电流指数 D_{st} 的变化上，如图 6－10 所示[4]。磁暴是常见的地磁扰动现象，其出现的频率与太阳活动正关联。同时通过观测发现，在二分点（春分和秋分），磁暴出现的频率呈峰值；在二至点（夏至和冬至）呈谷值。有时，磁暴在太阳自转周期（27 d）后会重现。

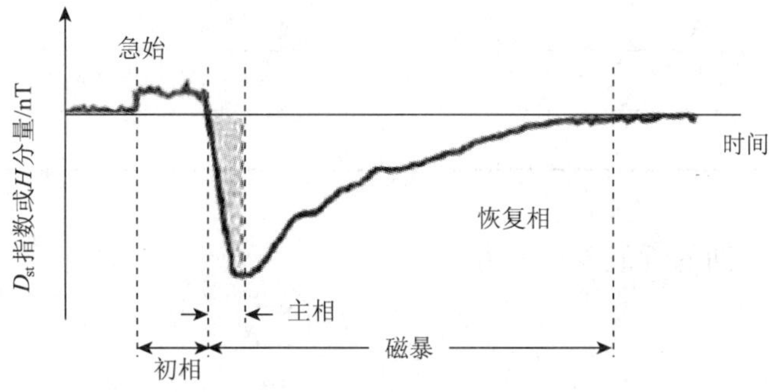

图 6－10　地磁暴期间磁场水平分量 H 或环电流指数 D_{st} 的变化

磁亚暴是高纬度区夜半侧和磁尾区的地磁场强烈扰动。亚暴若不冠以限定词等同于磁层亚暴。磁层亚暴是地磁亚暴在地磁层上的表现。

6.2.5　地磁脉动

地磁脉动是地磁场的短周期振荡，处于千分之几至数 Hz 频段，属甚低频（ULF）波；持续时间由几分钟至几小时，幅值由几 nT 至几十 nT；其物理本质是一种磁流体动力学波，源于地磁层和太阳风扰动。脉动频率上限取决于质子在地磁层内的回转频率，在地球表面对应于 3～5 Hz。振荡频率与沿磁场线分布的电子密度有关。

可以将多种类型的脉动分成两类，即规则的连续波型和不规则振荡型，分别用 Pc 和 Pi 表示。Pc 型脉动的持续时间为数小时，呈现准正弦波形及稳态形式，常出现在白天；Pi 型脉动呈现单独爆发形式，具有非稳态的谱，持续时间为数分钟，常出现在夜间。事实上，各类不规则脉动是地磁扰动和磁层亚暴发展的结果，扰动波发生在磁层内相当局域的区域。这类振荡的动力学谱的特征是具有相当宽的脉冲谱结构。稳态形式的 Pc 型脉动的形成特点是涉及磁层结构的大尺度变化。在大多数场合下，Pc2 至 Pc5 型稳态地磁脉动的产生与地磁场线共振扰动相关联，其共振频率随观测点所处的纬度变化。

地磁脉动发生时，经常可观测到同时发生的粒子沉降和 X 射线爆发，以及极地磁场强度、电场和粒子通量周期的变化。根据地磁脉动的频段和物理特性及形态，人为地将其分成如表 6－1 所示的几种类型[5]。

表 6－1　地磁脉动的分类

脉动类型	脉动周期/s
Pc1	0.2～5.0
Pc2	5～10
Pc3	10～45
Pc4	45～150
Pc5	150～600
Pc6	＞600
Pi1	1～40
Pi2	40～150
Pi3	＞150

计算地磁脉动周期的近似表达式为

$$T = \frac{2}{\eta}\int \frac{ds}{V_A(s)} \propto L^4\left(\sum_i n_i m_i\right)^{\frac{1}{2}} \tag{6－15}$$

式中，阿尔芬速度由 $V_A = B/(4\pi n_i m_i)^{\frac{1}{2}}$ 给定；积分是在共轭点之间进行；η 为谐波数；ds 为沿磁场线的长度元；n_i 和 m_i 分别为等离子体内 i 类粒子的密度和质量；L 为 McIlwain 壳层参量。更精确地计算本征周期的方法是基于低频磁流体动力学波在非均匀磁场（如偶极场）内的波动方程进行计算，但无通解，可查相关的表格和文献。

地磁脉动有几种可能的源，但很难将观测到的某种特定波和具体的源确定地联系起来。地磁层外的脉动波可能源于磁层顶边界的 Kelvin－Helmholtz（K－H）不稳定性和准平行波激发。在此处舷激波上游穿透至磁层内，可由于与磁层顶相遭遇的太阳风间断性导致突然脉动。磁层内的脉动波源包括磁亚暴、在磁层内等离子体分布的梯度或速度梯度、电离层电导率间断性以及非稳态大尺度对流等。许多日间的 Pc 脉动可能源于 K－H 不稳定性产生的表面波。这种表面波将逐渐在磁层内衰减，并与共振磁场线上的横向阿尔芬驻波相耦合。Pi 脉动主要在地球的夜间观测到，和磁层亚暴相关联。

电离层影响地磁层内长周期的低频（ULF）波，并调制地面上观测到的信号。由于皮德森（Pedersen）电流的焦耳热效应，导致波能量在电离层内损耗。并且，由于波的作用，大量的能量将沉积在高纬度电离层。电离层皮德森电流将被地面产生的磁场屏蔽，从而在地面观测到的信号是由于电离层内的霍尔电流产生的。

地磁脉动包含着有关其来源和传播区域的重要信息。相应地，可将地磁脉动的地面测量作为了解太阳风性质和地磁层环境状态的重要手段。地磁脉动的特性（如其发生速率、辐值和频率）与太阳风速度和行星际磁场强度及其分量大小的不同组合密切关联。最终有可能通过地磁脉动的地面测量监测太阳风的性质和地磁层等离子体密度等。各种类型地磁脉动有以下主要特点。

（1）Pc1 型地磁脉动

Pc1 脉动是一些规则的准正弦振荡，振荡周期大多为 0.2～5 s，具有特征的调制谱，并以分立的波包形式形成复杂的差拍（beat）图像。Pc1 脉动有时被称为珍珠型微脉动，持续时间 0.5 h 至数小时。其振幅极大值出现在当地时间的晨侧。在中等纬度上，Pc1 脉动振幅为 0.01～0.1 nT。振荡可以在很大的经度范围（至 120°）及沿纬线数百公里的距离上同时记录到。

Pc1 脉动是由磁层顶外侧回旋不稳定性激发的低频波沿地磁场的磁场线传播引起的。所形成的波包动力学谱是传播速度在两半球共轭反射点之间分散的结果，呈现一系列持续时间为 1～4 min 的分立点，具有增大 10％～20％的频率，其结构元的典型斜率为 0.1 Hz · min^{-1}。

Pc1 地磁脉动与地磁层内同步加速的波和粒子相互作用有关。在地球表面上的脉动特性由磁场线扰动状态、低频波从电离层共轭点的反射系数和通过电离层的透过率决定。

在磁暴恢复相，Pc1 脉动的特征是在急始磁暴出现 3～6 d 后发生。在磁暴恢复相，地磁层的环电流发生衰减，并在等离子体层内充满冷等离子体，使 Pc1 脉动的扰动条件得到松弛。此外，Pc1 脉动如果发生在当地时间的清晨，也经常在急始磁暴后观测到这类脉动。在这种情况下，波的产生与太阳风密度和动态压力的急剧增大有关。在少数情况下，Pc1 脉动也可能在磁暴急始之前数小时被观测到。

Pc1 脉动在中等纬度持续时间随季节发生变化，在冬季持续时间最长。Pc1 脉动在太阳活动极小年呈现特别明显的季节变化，而在极大年出现的次数通常较少，其原因至今不详，有可能与波通过夏季电离层的特性有关。

（2）Pi1 型不规则脉动

在 Pi1 脉动区观测到数种类型的脉动，其中最常见的有 3 类：Pi1B，Pi1C（见图 6—11）和 IPDP（见图 6—12）[6]。这类脉动称为短周期振荡，与磁层暴的发展有关。

Pi1B 脉动常在当地的晚间和夜间观测到，可以用来精确地确定亚暴的起始时间。在极区纬度上可以记录到 Pi1B 脉动的最大振幅。在磁图上这类脉动具有噪声爆发的形式，其频率大于 0.15 Hz，持续时间为 1～3 min。在磁层内的地球同步轨道上，呈现极光时看到的地磁扰动与 Pi1B 脉动类似，其高频段振荡频率大于质子的回旋频率，从而排除了它是由于质子回旋加速不稳定性产生的可能性。可以认为，Pi1B 脉动是源于电离层强纵向电流的不稳定性发展的结果。

Pi1C 脉动是不规则的窄带振荡，其主导振荡周期为 5～10 s（f=0.01～0.2 Hz）。图 6—11 示出这类脉动的动力学谱。脉动经常发生在极光带（auroral zone）赤道边界附近亚暴恢复相的晨侧，并伴随着周期性的弥散辉光。地磁层内的或直接来自太阳的高能带电粒子注入地球高层大气时所激发的绚丽多彩的发光现象称为极光。它通常出现在高磁纬区，是南北极光的总称。极光带是地球上极光在其天顶出现频率最高、宽度约为 4°的环形地带。在地磁层内没有观测到类似 Pi1C 的扰动。看来这类脉动发生在电离层高度上，源于电离层的纵向电流区。

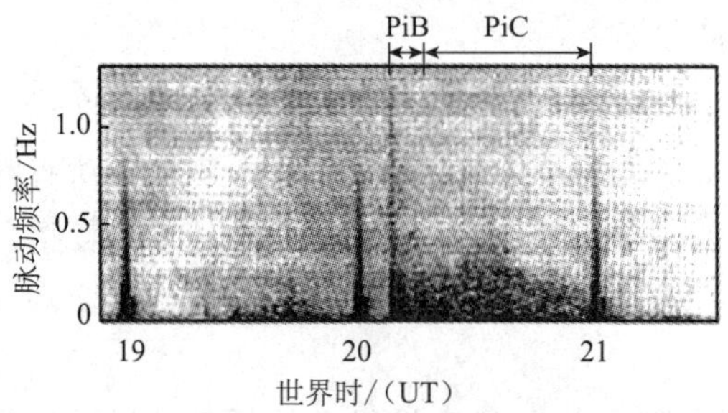

图 6—11　P i1B 和 P i1C 型地磁脉动的动力学谱实例

IPDP 脉动经常出现在地球表面的午后和昏侧。在磁图上这类脉动具有一系列分立的波包，类似于 Pc1 脉动，但具有递减的周期，其频率从约 0.2 Hz 增至 1～2 Hz（见图 6—12）。IPDP 脉动在共轭点上同时出现，可被交替地记录到。IPDP 脉动始于晚间，伴随着夜间的磁亚暴。IPDP 脉动与 Pc1 脉动一样，通常与地磁层内质子回旋共振的发展相关联。

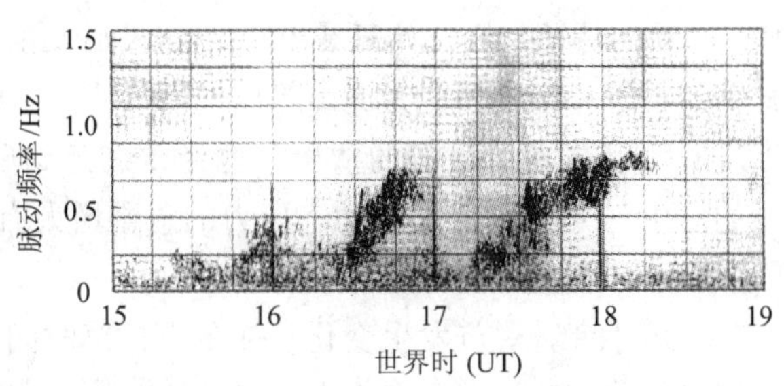

图 6—12　IPDP 地磁脉动的动力学谱实例

（3）Pi2 型地磁脉动

在磁图上 Pi2 地磁脉动的特征是在平静背景上发生一个或一系列振荡，或者与一个磁湾扰（magnetic bay）开始同时发生，呈衰减的振荡。振荡周期为 50～150 s（f=6～20 mHz），其持续时间 5～10 min。最常记录到的频段为 8～15 mHz。这种脉动可发生在任何区域，并覆盖 100°的纬度区域。磁湾扰是磁亚暴在中、低纬度表现的通称。它在中、低纬度的磁图上的形状像地图上的海湾，因此而得名。磁湾扰多在晚上和子夜出现，水平分量增加的称为正湾扰，降低的称为负湾扰。Pi2 脉动具有很短的持续期，如同孤立的波包群，常用于研究发生在极区纬度的过程，与磁层亚暴的间断相密切相关。此时 Pi2 脉动经常伴随着 PiB 和 ULF 极区噪声（其频率为 3～12 kHz）。Pi2 型地磁脉动振荡谱如图 6－13 所示[7]。观测站的地磁纬度示于每个图的右上角，可以看出随纬度的减小，脉动振幅下降。

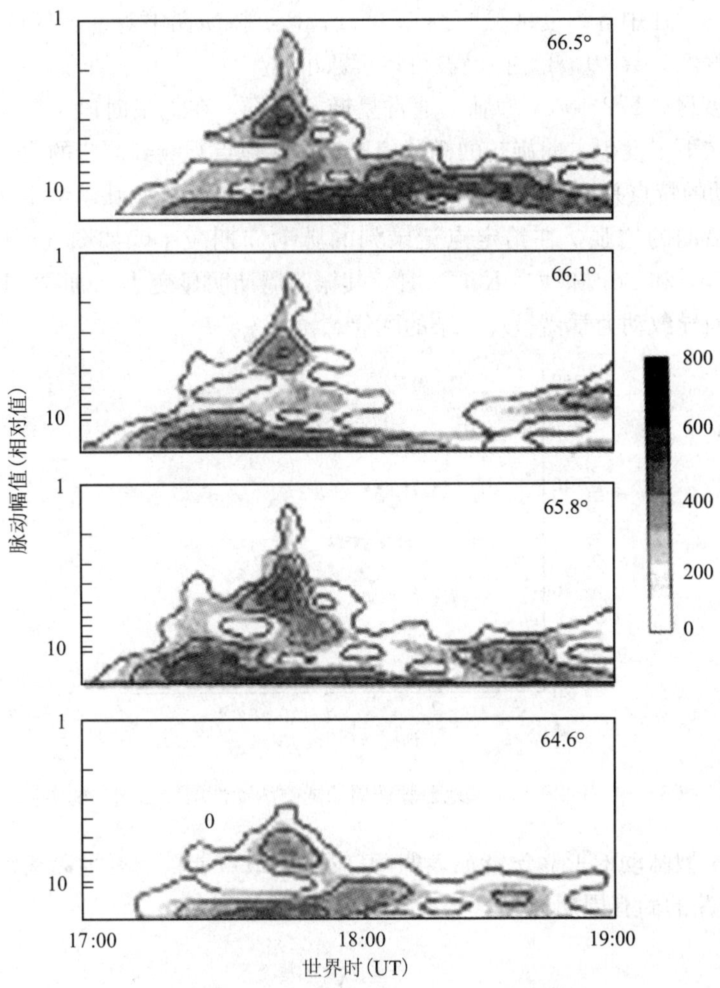

图 6－13　不同地磁纬度观测到的 Pi2 型地磁脉动谱实例

在亚暴间断相发展过程中，发生一系列的 Pi2 型脉动，每次脉动之间的平均时间间隔为 10～15 min。其最大振幅和频率出现在极区的夜间，振幅可达 10～20 nT，并在等离子体层顶投影区附近常出现振幅第 2 极大值。这可能是由于在等离子体层顶处产生的表面波引起的。

Pi2 脉动谱的结构也和地磁扰动程度有关。在弱地磁活动下，Pi2 脉动谱上常只能观测到一个极大值；随着扰动的增强，谱峰值数目增多，并且移向高频段。可见，Pi2 脉动在地面上的特性在很大程度上受脉动的生成及其传播过程的影响。

Pi2 脉动在中低纬度区是在水平面偏振，在南半球顺时针偏振，北半球反时针偏振。Pi2 脉动与地磁亚暴和极光的发生密切关联，几乎所有的亚暴和分立极光都伴生着 Pi2 型脉动。所以，已将 Pi2 脉动作为亚暴形成的标志。

（4）Pc2～Pc4 型规则脉动

Pc2～Pc4 型地磁脉动是最常见的振荡形式，可在地球表面上记录到其发生。在从赤道附近至极盖的广大区域上，其振幅随观测点纬度增加而增大。最常见的 Pc3 脉动的振荡周期为 20～30 s，在中等纬度区振幅约 0.1 nT；Pc4 脉动在中等纬度区的振幅为 1.0 nT 量级，在高纬度区为数 10 nT。振动波可持续数小时。

在中等纬度区，Pc2～Pc4 型脉动通常呈椭圆偏振。在上午时段主要发生左向旋转的椭圆偏振，而在下午发生右向旋转的椭圆偏振。在共轭点观测到同步的 Pc2～Pc4 型脉动。

Pc4 型脉动的特点是出现在磁宁静状态下，而 Pc2 和 Pc3 型脉动发生在较大的磁扰动态。随着地磁活动的增强，在给定点记录到的脉动周期减小，如图 6－14 所示。并且，Pc2 脉动当 $K_p>5$ 和 Pc4 脉动当 $K_p<2$ 时，其振荡周期明显变小。通常，Pc3 和 Pc4 脉动同时发生，从而导致动力学谱呈现复杂的图像。

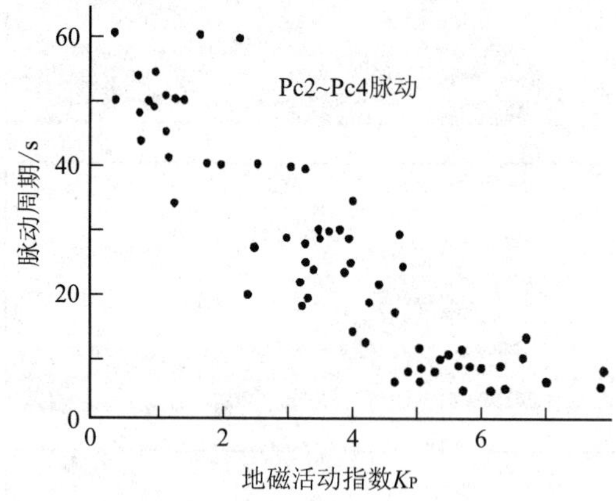

图 6－14　Pc2～Pc4 型地磁脉动周期随磁活动性增强而减小的实例

Pc2 ～ Pc4 型脉动的形貌学特征表明，其发生的最可能机制是地磁场线的阿尔芬波共振。地磁场线振荡的固有周期为

$$T = 2\int \frac{1}{V_A}\,\mathrm{d}s$$

式中　V_A—— 阿尔芬速度，$V_a = B(4\pi\rho)^{\frac{1}{2}}$；

B—— 地磁场强度；

ρ—— 沿磁场线的等离子体密度 。

如果所有地磁场线都无关振动，则观测到的地磁脉动在空间应连续地发生变化，如图6－15所示[8]。但是，在地磁层内磁场线是相互关联的，将进行整体振荡。阿尔芬波主要在其共振周期和外源波周期相等的区域内被扰动。

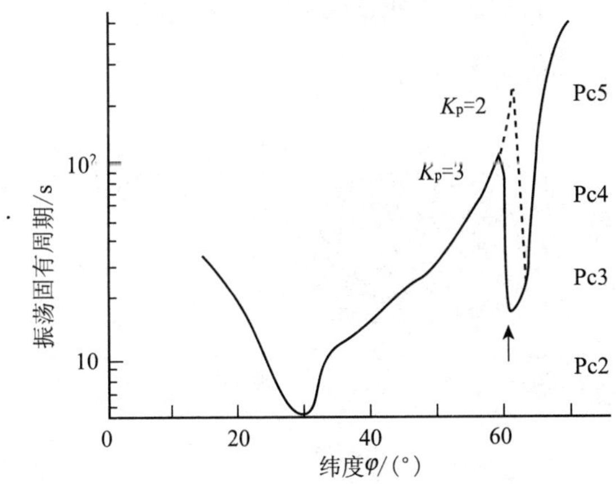

图 6－15　环形振荡固有周期与纬度关系的计算曲线
垂直箭头表示等离子体层顶的位置

Pc2～Pc4 型脉动主要源于激波波前的涡动区。在这里，当行星际磁场线沿螺线取向时，会在激波前沿反射质子流而引起上游波扰动。此时扰动波的频率 f 在 Pc3～Pc4 脉动波段下降，并且与行星际磁场强度 B 具有 $f \approx 6\ B$ 的简单关系（f 以 mHz 为单位，B 以 nT 为单位）。

通过卫星在磁层内观测到 Pc3～Pc4 脉动波段的地磁脉动呈规则变化，并且当卫星移向更高纬度时振荡周期增大。其中，磁扰动波占主导地位。在 $L=6 \sim 7$ 的地磁壳层上，即使在磁宁静期也可观测到阿尔芬波。

（5）Pc5 型地磁脉动

Pc5 脉动与其他类型脉动的主要差异在于具有大的周期（$T \approx 150 \sim 600$ s，$f \approx 1.5 \sim 6.0$ mHz）和大的振幅（上百 nT），故也称为巨脉动。Pc5 脉动持续时间为 10 min 至数小时，振荡呈正弦波，而且与亚暴的发展过程密切关联。在高纬度区，Pc5 脉动振幅通常为 40～200 nT；在强磁扰动下，可达 300～400 nT，甚至更高。在脉动谱上通常可以发现几个极大值。图 6－16 示出在极区纬度上记录的 Pc5 脉动动力学谱实例。可见，在振荡谱上除了主极大值外，还有两个较弱的峰，频率分别高于和低于主极大值的频率。

Pc5 脉动基本上是一种高纬度现象，主要发生在亚暴恢复相。通常这种类型的脉动发生在晨侧，并伴随着夜间磁层亚暴的发展。晨侧 Pc5 脉动幅值随夜间亚暴强度的增大而增大。在极光带观测到 Pc5 脉动振幅的极大值，并在当地磁活动性增强时移向较低的纬度。

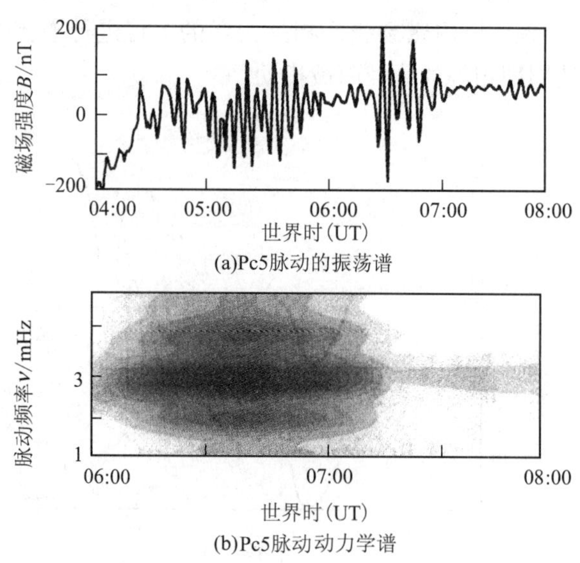

图 6－16　在极光带纬度内记录到的 Pc5 脉动

Pc5 脉动频率的日变化呈现两个极大值。主极大值出现在晨侧；第 2 个极大值弱些，出现在午后。Pc5 脉动偏振矢量的旋转方向在中午左右变向。脉动周期随纬度增加而增大，意味着波具有共振特性。在中等磁扰动性和约 70°纬度上，Pc5 脉动的主导频率约为 2 mHz；而在约 60°的纬度上，约为 3 mHz。在共轭点同时观测到 Pc5 脉动时，如果是在地磁场方向上观测，则水平波矢量的转动方向在南北两半球上相同。

目前普遍认为，在磁层内典型的晨侧和日间 Pc5 型脉动与 Pc2～Pc4 型脉动类似，是源于地磁场线的环形阿尔芬波共振。其振荡周期由磁场线长度决定，即随纬度而增大。大量观测表明，共振经常发生在一些稳定的分立频率（1.3 mHz，1.9 mHz，2.6 mHz 和 3.4 mHz）上。在每一个分立的波包内，整个纬度上的振荡谱可以保持相同，但各频率下最大波幅的出现对应于局域阿尔芬波共振频率。

Pc5 脉动在磁层赤道共振区的径向尺度为（0.1～0.3）R_E量级，在电离层高度上沿纬度的长度约为 50～150 km。在 Pc5 脉动的最大振幅区，偏振矢量的旋转方向和 X 分量波的相位发生变化。在地球表面上，共振最常在磁场的 X 和 Z 分量上出现，共振波 X 分量的振幅一般明显大于 Y 分量振幅。

通过卫星对地磁层的大量观测表明，Pc5 地磁脉动在 $L>7\sim8$ 的范围是典型现象，特别是在晨侧和午后。在晨侧地球同步轨道上，主要观测到环形振荡，呈现明显的方位角分量；而午后呈窄频带的极向振荡，径向和纵向分量具有最大的幅值。在地磁层内，Pc5 脉动经常伴随着以相同脉动周期从辐射带释放的高能粒子流。

Pc5 脉动的主要能源可能是由磁层顶上 Kelven－Helmholtz 不稳定性以及太阳风动力学压力脉冲或其涨落效应所提供。当磁声波向磁层深处传播时，将扰动 L 磁壳层上的环形振荡，在此处外源频率与地磁场线局域固有频率相等。脉动场的空间结构是外部作用和磁层共振响应叠加的结果。在磁暴发生时，可能在日间同时出现 Pc5 脉动的准单色扰动。这样的振荡可能是由从磁层和等离子体层顶边界反射的驻波引起的。Pc5 脉动的发生和亚暴的发展相关联，表明这种振荡扰动有可能是由于沿地磁场线的磁层电流和电离层电急流干涉作用的结果。

Pc5 脉动和从辐射带释放的脉冲粒子流同时出现，可证实存在发生低频振荡与粒子共振交互作用的可能性。在环电流急剧变化的边缘处，可由粒子漂移各向异性的不稳定性引起扰动。准单色性 Pc5 脉动将对磁暴恢复相产生扰动，其特点是在粒子动力学漂移不稳定性的作用下，处于非平衡分布态的热质子将缓慢地弛豫至热力学平衡态。

总之，在地面和磁层内观测到的地磁脉动呈多种类型，可以根据其频段、形态特征、纬度分布、空间一时间动力学特征以及形成机制进行分类。在地面记录到的地磁参量由波的扰动特性及其在磁层和电离层内的传播过程所决定。

在夜间发生的振荡具有脉动和不规则特征，并以单一的宽频带爆发形式被观测到，其出现的概率随地磁活动性增强而增大。实质上，各种不规则的 Pi 型脉动是亚暴在地磁层内的发展元，并且与亚暴发生时纵向电流的增强有关。在日间，脉动具有连续长时间（从几十分钟至数小时）的准单色性或相对窄的频带。Pc 型脉动的参量决定于磁层的大尺度结构和地磁扰动的全球性变化。长时性的 Pc 脉动大多发生在地磁层内，是由地磁场线的固有共振以及波和粒子间共振交互作用引起的。最有效的共振发生在固有频率和外源波频相等的磁壳层上。在日间极尖和极盖纬度上，地磁脉动的特征是呈噪声谱，可能发生在磁层边界和极尖窗口上的湍流边界。观测到的部分振荡可能是由于太阳风直接穿透的结果。

6.2.6　地磁活动指数

地磁观测台站提供的磁图和平均数据十分详尽。许多情况下，最有用的是地磁活动或某些特殊类型扰动的总水平以及所计算出的某些参量数值。下面简要介绍最常用的地磁活动指数。

6.2.6.1　总活动指数：K，K_s，K_p 和 K_m

（1）K 指数

K 指数的物理意义是作为标准磁图不规则变化的量度和表征，给定观测台站位置地磁扰动总水平的指标。具体而言，是描述单一地磁台站每 3 小时间隔内地磁扰动强度的指数，所以又称为三小时磁情指数。该指数共分 10 级，用 0，1，2，…，9 表示，数值越大表示地磁扰动程度越强。将每日分成 00～03，03～06，…，21～24 等 8 个时段。每个时段确定一个 K 指数值，其数值是与地磁要素（X，Y，D 或 H 等）在给定时段内，经过静日变化校正后的变化幅度相对应。每一地磁观测台站都通过选取 K 指数标度值消除纬度的影响。计及观测台站的位置，便可以对不同观测台站测出的 K 值进行比较。该指数主要反映极区的地磁活动性，越靠近极区的观测台站越灵敏。常用下标字母表示观测台站的名称，如 K_{FR} 指数的下标表示“Fredericksburg，Virginia”。K 指数标度值的选取首先是基于准对数关系规定每一级 K 值相应的地磁扰动幅值下限，再根据每个地磁观测台站的磁场水平分量 H 和磁偏角 D 变化幅度较大者确定 K 指数。K 值是 0～9 之间的整数，表6－2 列出 6 个有代表性的观测台站的标定值。可以看出，K 的定标大体上呈对数关系。

（2）K_p 指数（p 表示 planetary）

它是最常用的地磁指数，旨在作为全球性地磁活动平均水平的量度。K_p指数是全球三小时磁情指数或国际磁情指数，用于表征3小时内的全球地磁活动性。在全球位于地磁纬度48°～63°之间的区域选取了12个标准地磁观测台站，从它们的 K 指数求得 K_p 指数。为此，先用 K 指数值求出 K_s 指数，即标准化指数（s 表示 standardized）。由于 K_p 对某些极光带磁活动极为敏感，而对其他类型的扰动不太敏感，通过 K_s 指数可消除观测台站所在地的季节性特征行为。K_s 指数范围连续地从0.0～9.0变化，并将每个整数用符号－，0和＋表示。每相邻等级之差为$\frac{1}{3}$，即将各观测台站测得的10级 K 指数值转化为28级 K_s 标准化指数，K_s 分为 0_0，0_+，1_-，1_0，1_+，2_-，2_0，2_+，…，8_-，8_0，8_+，9_-，9_0。例如，$2_-=1\frac{1}{3}$，$2_0=2.0$，$2_+=2\frac{1}{3}$，…。不同季节和时段有不同的 K 与 K_s 转换关系。地磁标准观测台站每日各相应时段的 K_s 平均值定义为 K_p 指数。K_p 指数以数字表格和音符图（musical－note）的形式公布。为了处理数据方便，又将其纯数值化，即将指数值乘以10，并对下标为“－”的减去3，下标为“＋”的加上3。例如，1_-为7，1_0为10，1_+为13，依次类推。每天8个时段的 K_p 指数之和（即 $\sum K_p$），表示每一格林尼治日的地磁活动性。

（3）K_m 指数

K_m 指数是一种较新的指数（m 表示全球性，即 mondial），作为 K_p 指数的改进。它是从南北地面站求出的两个指数 K_s（南）和 K_n（北）的平均值（此处 s 表示 south，不要和标准化 K 指数 K_s 相混淆），其优点是可以更简单和更直接地进行数值换算，特别是使观测台站的地理分布更加合理。

表6－2　6个有代表性的观测台站 K 标度的定义

观测台站名称	地磁坐标		每一 K 值的幅值 R 下限/nT									
	纬度/（°）	经度/（°）	0	1	2	3	4	5	6	7	8	9
Godhavn	79.9	32.5	0	15	30	60	120	210	360	600	1 000	1 500
Sitka	60.0	275.3	0	10	20	40	80	140	240	400	660	1 000
Huancayo	－0.6	353.8	0	6	12	24	48	85	145	240	400	600
Fredericksburg	49.6	349.8	0	5	10	20	40	70	120	200	330	500
Tucson	40.4	312.2	0	4	8	16	30	50	85	140	230	350
Honolulu	21.1	266.5	0	3	6	12	24	40	70	120	200	300

注：R 为地磁扰动幅值，单位为 nT。

6.2.6.2　相关指数：a_p，A_p，a_k，a_m 和 a_a

因为上述3小时 K 类指数是由准对数标度加以定义的，不适于通过简单的平均求出每天的指数。为了转化成准线性标度，可基于表6－3从 K_p 指数求出 a_p 指数，并将日指数 A_p 定义为每日8个3小时 a_p 指数的平均值。A_p 指数也称为行星性日平均指数。

表 6—3　对应于给定 K_p 值的 a_p 指数值

K_p	0_0	0+	1−	1_0	1+	2−	2_0	2+	3−	3_0	3+	4−	4_0	4+
a_p	0	2	3	4	5	6	7	9	12	15	18	22	27	32
K_p	5−	5_0	5+	6−	6_0	6+	7−	7_0	7+	8−	8_0	8+	9−	9_0
a_p	39	49	56	67	80	94	111	132	154	179	207	236	300	400

同样地，可以从表 6—4 的 K 值求出单一观测台站的指数 a_k。在该表中 a_k 指数考虑了观测台站位置的修正，便于在各观测台站指数间进行比较。为了避免进行这类修正，这类指数有时乘以修正因子 f，$f=R_9/250$（式中，R_9 为 $K=9$ 时幅值 R 的下限值）。如此得出的指数以 nT 为单位加以表示。例如，在 Fredericksburg 站，若 $f=$（500 nT）/ 250＝2 nT 及 $R=27$ nT 时，$K=3$，并且 $a_k=15$（无量纲）或 $a_k=30$ nT。

a_m 指数是与 K_m 相关的指数（还有指数 a_n 和 a_s 分别与 K_n 和 K_s 相对应）。但是，a 类指数是直接从数据求出的，并伴有相应的 K 类指数，可避免从线性到对数关系以及相反换算的不便。a_m 指数是现在最常用的指数之一。

a_a 指数与 a_m 指数相似，但只需由位于地球相对两面的两个观测台站（如英格兰和澳大利亚）的观测结果求出。

表 6—4　对应于给定 K 值的 a_k 指数值

K	0	1	2	3	4	5	6	7	8	9
a_k	0	3	7	15	27	48	80	140	240	400

6.2.6.3　特征指数：C_p，C_i 和 C_9

C_p 指数是另一种描述全球性全日地磁扰动强度的分级指数，称为全日行星性磁情指数。它是以每天 8 个 a_p 之和（即 $\sum a_p$）为基础进行分级，将一个连续地从 0.0～2.5 变化的数列表示成一整数的 1/10，共分 26 级。基于表 6—5 从 a_p 指数的每日之和（8 个 3 小时 a_p 值之和）求出相应的 C_p 值。它恢复了由于 K_p 标度引入的准对数关系，并且将后者通过 a_p 标度而消除。这一标度的特点在于取代并等效于原来采用的指数 C_i，称为国际每日特性指数（一个从 1884 年一直沿用至今的指数）。C_p 是一个更可靠、更客观的指数，与 C_i 指数之差小于 0.2。C_i 指数是从每一格林尼治日求出的，作为从多个观测台站获取的 C 指数的算术平均值。每个观测台站的 C 指数称为每日磁特征指数，以 0，1 或 2 分别表征日地磁场宁静、中等或强扰动的 3 种情况。

表 6—5　从每日 a_p 值之和求出的 C_p 标度值

$\sum a_p<$	22	34	44	55	66	78	90	104	120	139	164	190	228
C_p	0.0	0.1	0.2	0.3	0.4	0.5	0.6	0.7	0.8	0.9	1.0	1.1	1.2
$\sum a_p<$	273	320	379	453	561	729	1 119	1 399	1 699	1 999	2 399	3 199	—
C_p	1.3	1.4	1.5	1.6	1.7	1.8	1.9	2.0	2.1	2.2	2.3	2.4	2.5

注：所列出的每个 C_p 间距值为此间隔内每日之和的上限值。

C_9 指数可以基于表 6－6 给出的 C_p 或 C_i 值求出，并用 0～9 的单一数字方便地表示，特别是适用于在图示上标注。

表 6－6　从 C_p 或 C_i 求 C_9 的标度

C_p	0.0	0.2	0.4	0.6	0.8	1.0	1.2	1.5	1.9	2.0
或 C_i	0.1	0.3	0.5	0.7	0.9	1.1	至 1.4	至 1.8		至 2.5
C_9	0	1	2	3	4	5	6	7	8	9

K_p，a_p 和 A_p 等指数的数值定期在专门刊物 S. T. D 上公布。1957～1996 年间的纯数字化的 K_p 和 A_p 可参见参考文献［9］。

6.2.6.4　极光电急流指数：AE，AU，AL 和 AO

极光电急流指数是极区磁亚暴强度的量度，通常包含反映极光带磁扰动程度的 4 个极光电急流指数（Auroral－Electrojet Indices），即 AU，AL，AE 和 AO。

AU 指数（auroral upper）与 AL 指数（auroral low），分别表示极光带的所有地磁观测台站的磁场水平分量 H 与宁静期平均水平分量的最大正偏差和最大负偏差，均以 1 分钟为时间间隔。只能在傍晚的极光带才能观测到正偏差，负偏差可以在早晨和夜间观测到。它们分别和沿极光带东向和西向流动的极光电急流有关。

AE 指数是 AU 指数和 AL 指数的差值，即 AE＝AU－AL，可整体上反映极光带的磁扰强度。AO 定义为 AU 和 AL 间的平均偏差，即 AO＝（AU＋AL）/2。

世界数据中心（WDC－C2）定期在"DATA BOOK"上公布 AE 极光电急流指数值。

6.2.6.5　环电流指数：D_{st}

D_{st} 是描述赤道环电流强度的指数，也是广泛用于表征低纬度地磁活动性每小时变化的指数。它是归一化的轴向对称扰动水平分量的幅值，即沿经度大体均匀分布的五个低纬观测台站地磁水平分量的时均值与相应宁静水平分量之差（以 nT 为单位），也是磁暴发生时磁层中环电流强度的量度。为了减少极光区电急流和赤道电急流的影响，不选取位于高纬和赤道的观测台站的数据。IGY 是这一指数的主要数据库。

每个月中，地磁场最宁静的 5 天称为磁静日，以 Q 表示。地磁指数早年以 C_i 为标准，现改用以下判据：8 个 K_p 指数之和，8 个 K_p 指数的平方和以及最大的 K_p 指数。每个月地磁扰动最强烈的 5 天称为磁扰日，其判据与磁静日相同。

地磁场是一种重要的空间环境因素。它对人类的影响具有两面性：一是地磁场的扰动（如磁暴和亚磁暴）对人类空间活动和地面活动带来不利的影响；另一方面，地磁场又是保护地球免受太阳电磁辐射和太阳风扰动等的一道屏障。为深入研究地磁扰动的影响，2008 年夏天美国国家航空航天局（NASA）发射了由 5 颗小卫星组成的忒弥斯卫星组。通过观测发现，地磁层出现了迄今为止最大的"裂缝"，使太阳风等离子体流能够穿透地球高层大气。科学家们意识到，地磁层已犹如一幢漏风的"老房子"，有时会让太阳猛烈爆发时产生的带电粒子趁虚而入，产生耀眼的极光，并对卫星和地面通信产生严重的干扰。计算表明，当地磁场和太阳磁场方向相同时，进入地磁场的太阳粒子可能是方向相反时的 20 倍，这说明研究地磁层裂缝的形成机理具有重要的理论和实际意义。

6.3　带电粒子在地磁场内的运动

前面已经对带电粒子在磁场内的运动进行过一般性分析。现针对地磁场的相关具体情况进行讨论，作为理解地磁层结构的背景知识。

描述单个粒子在地磁场的运动方程为

$$m\frac{\mathrm{d}\boldsymbol{v}}{\mathrm{d}t}=\boldsymbol{F}_{\mathrm{j}}+q\ (\boldsymbol{v}\times\boldsymbol{B}) \tag{6-16}$$

式中　m——粒子质量；

$\boldsymbol{v}$——粒子速度；

t——时间；

$\boldsymbol{F}_{\mathrm{j}}$——与速度无关的外力；

q——粒子电荷；

$\boldsymbol{B}$——磁场强度。

对所讨论的问题，主要考虑以下几种特殊情况的粒子运动[1]：

1）$\boldsymbol{F}_{\mathrm{j}\perp}=0$，$\boldsymbol{B}$ 均匀 →回旋；

2）$\boldsymbol{F}_{\mathrm{j}\perp}=0$，$\nabla B \parallel \boldsymbol{B}$ →反冲；

3）$\boldsymbol{F}_{\mathrm{j}\perp}=0$，$\nabla B\perp \boldsymbol{B}$ →漂移；

4）$\boldsymbol{F}_{\mathrm{j}\perp}\neq 0$，$\boldsymbol{B}$ 均匀 →漂移。

6.3.1　回旋运动

磁场使带电粒子沿其垂直运动方向加速，但速度幅值不变。在无其他外力时，则有

$$m\frac{\mathrm{d}\boldsymbol{v}_{\perp}}{\mathrm{d}t}=q\boldsymbol{v}_{\perp}\times\boldsymbol{B} \tag{6-17}$$

粒子绕磁场线作圆周运动，如图 6—17 所示。带正/负电荷的粒子，分别沿相反方向运动。

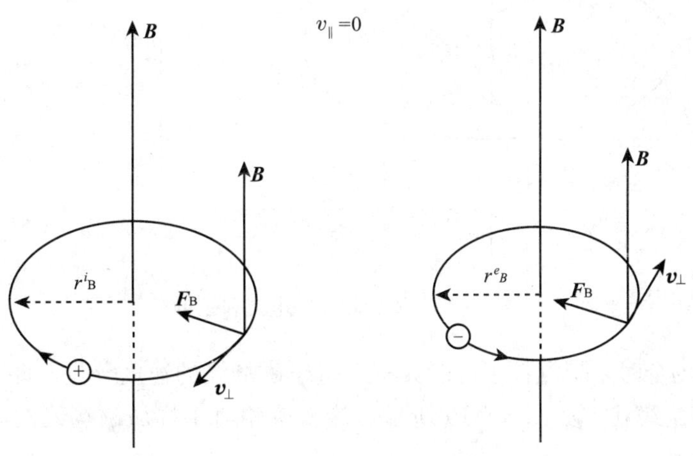

图 6—17　在均匀磁场内 $v_{\parallel}=0$ 时粒子的运动

粒子回旋半径或拉莫尔半径为

$$r_B=\frac{mv_\perp}{|q|B} \tag{6-18}$$

粒子轨道周期为

$$\tau_B=\frac{2\pi r_B}{v_\perp}=2\pi\frac{m}{|q|B} \tag{6-19}$$

相应地，回旋频率为

$$\omega_B=\frac{2\pi}{\tau_B}=\frac{|q|B}{m} \tag{6-20}$$

从上述公式可以看出，τ_B和ω_B与粒子速度（能量）无关。能量越大，粒子运动越快，但必须跨越更长的轨道路径（$r_B \propto v_\perp$）；粒子不能从其受磁场作用所作的强迫圆周运动中获得能量：电磁力总是垂直于速度。同时，还应注意到载流子（charge carrier）的回旋运动将产生电流环，从而产生磁偶极矩。

考虑一个如图 6－18 所示的平行于磁场线的参照面，当带电粒子绕磁场线运动时，每一回旋周期将通过参照面一次。与粒子运动相关的电流强度为 $I=\frac{|q|}{\tau_B}$。由此可以求出，回旋电荷产生的磁偶极矩的表达式为

$$M_g=AI\boldsymbol{r}_{cl}\times\boldsymbol{l}=-\frac{|q|r_B^2\pi}{\tau_B}\frac{\boldsymbol{B}}{B}=-\frac{mv_\perp^2}{2B^2}\boldsymbol{B}=-\frac{E_\perp\boldsymbol{B}}{B^2} \tag{6-21}$$

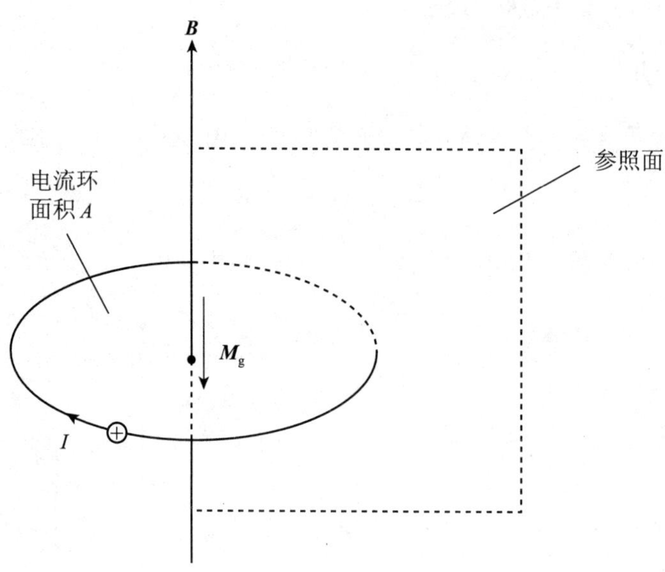

图 6－18　回旋粒子的电流和磁矩

扩展至 3D 场合时，带电粒子可能具有平行于磁场线的速度分量，即 $v_\parallel \neq 0$。粒子的运动轨迹成为螺旋线状，如图 6－19 所示。该轨迹相对于局域磁场线的倾角 α 称为投掷角，且有如下关系

$$v_\parallel=v\cos\alpha;\ v_\perp=v\sin\alpha \tag{6-22}$$

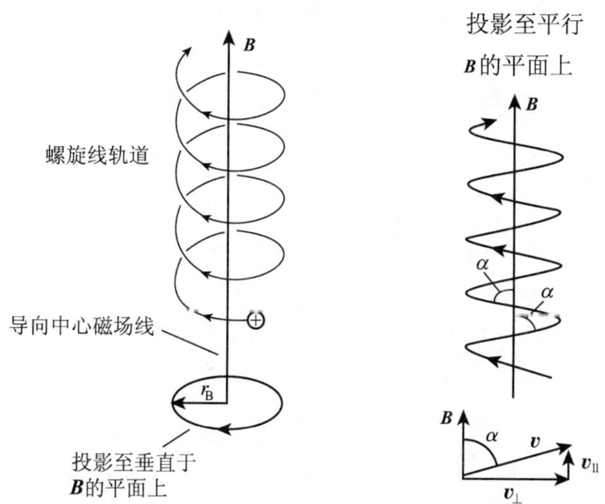

图 6—19　均匀磁场下 $v_{\parallel}\neq0$ 时粒子运动的轨迹

在螺旋运动中心的磁场线称为导向（中心）磁场线［guiding（center）field line］，用来描述回旋粒子导向中心的运动轨迹。

6.3.2　振荡（反冲）运动

考虑带电粒子在非均匀磁场的运动。磁场具有会聚（强度增加）和发散（强度减小）两种形式。如图 6—20 所示，粒子所通过的区域同时具有平行和垂直于导向中心磁场线的磁场分量以及相应的电磁力分量（$\boldsymbol{F}_z$和 $\boldsymbol{F}_r$）。在垂直于导向中心磁场线的电磁力分量 $\boldsymbol{F}_r$的作用下，粒子作回旋运动；而平行于导向中心磁场线的电磁力分量 $\boldsymbol{F}_z$，导致粒子沿导向中心磁场线发散方向加速运动，亦即回转粒子被从较高强度的磁场区域排挤出去。采用图 6—20 所示的圆柱坐标系有以下关系

$$F_z=|q|\boldsymbol{v}_{\varphi}B_r=-\frac{m\boldsymbol{v}_{\varphi}^2}{2}\frac{1}{B}\frac{\mathrm{d}B}{\mathrm{d}z} \tag{6—23}$$

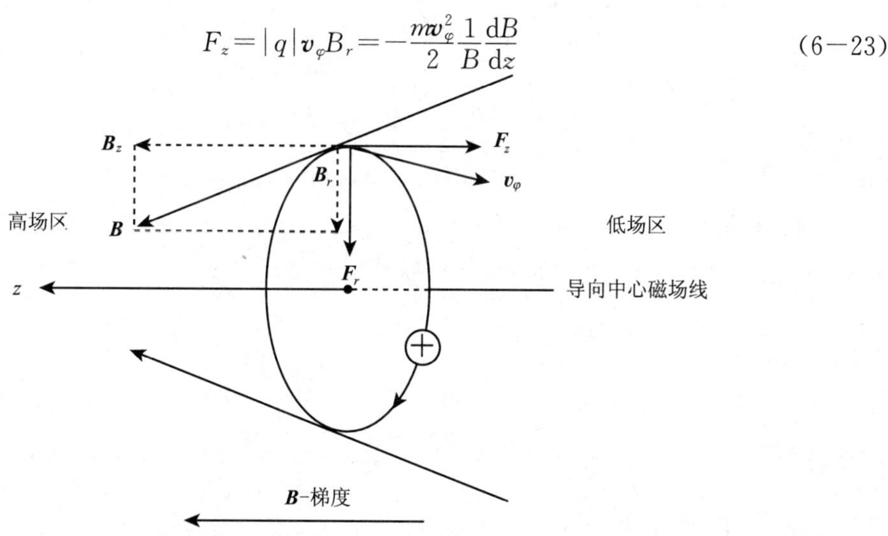

图 6—20　带电粒子在沿磁场线方向具有梯度的非均匀磁场下的运动

所以，磁场梯度力正比于粒子速度的垂直分量和磁场强度的平行梯度，而反比于磁场强度本身。

将上述图像应用于地球偶极磁场的情形，如图 6－21 所示。

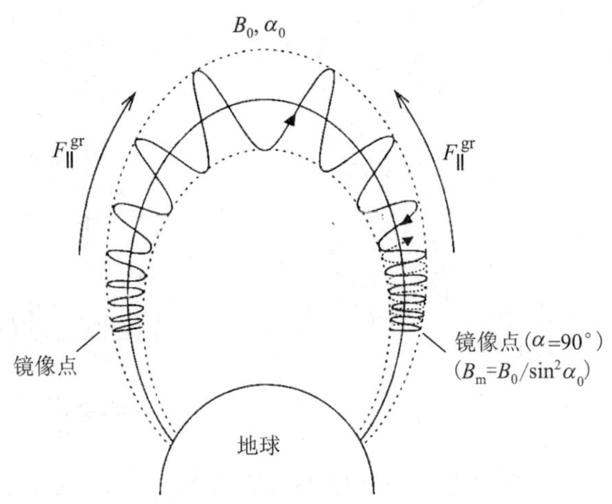

图 6－21　在地球偶极磁场下带电粒子的反冲运动

带电粒子沿螺线径迹顺着导向中心磁场线朝地球方向运动，磁梯度力使粒子连续减速，直到 $E_{\|}$ 全部耗尽，运动停止。在这一点其投掷角等于 90°，磁梯度力连续作用在粒子上，使粒子向导向中心磁场线顶点方向加速，并被反射至相反方向。粒子运动方向发生反向的轨迹点称为镜像点，相应的磁梯度力称作镜像力。投掷角随 $v_{\|}$ 的增大而变小，在顶点达到极小值 α（$\varphi=0$）$=\alpha_0$。当通过磁赤道面后，粒子又减速运动到相反磁半球的共轭镜像点，被反射到中心磁场线的顶点。粒子在两镜像点之间的往返运动，如同在磁瓶（magnetic bottle）内一样，被俘获在地球磁场内。

此类反冲或振荡周期的近似表达式为

$$\tau_0 = \frac{4LR_E}{v} s_1(\alpha_0) = \sqrt{8m} R_E s_1(\alpha_0) \frac{L}{\sqrt{E}} \tag{6－24}$$

式中

$$s_1(\alpha_0) \approx 1.3 - 0.56 \sin \alpha_0 \tag{6－25}$$

因此，在镜像点之间螺旋路径的长度为 $2LR_E$ 量级。反冲周期只与特定的赤道投掷角 α_0 弱相关[$0.74 \leqslant s_1(\alpha_0) < 1.3$]，并不敏感于镜像点的实际位置。设 $\alpha_0 = 30°$，可得以下关系

$$\begin{matrix} \alpha_0 = 30° \\ [s_1(30°) = 1] \end{matrix} \quad \begin{cases} \tau_0^p \simeq \dfrac{58L}{\sqrt{E}} \\ \tau_0^e \simeq \dfrac{1.4L}{\sqrt{E}} \end{cases} \tag{6－26}$$

式中　τ_0——反冲周期（s）；

E——粒子能量（keV）。

相反，镜像点的位置极敏感于赤道投掷角。经推导

$$\frac{\sin^2\alpha}{B}\frac{mv^2}{2}=\frac{E_{\perp}}{B}=M_g\approx J_1=\text{const} \tag{6-27}$$

即回旋运动磁矩 M_g 实际上是运动不变量。只要带电粒子不受外力的作用，即运动是“绝热”的，式（6－27）便成立（式中 J_1 为第一绝热不变量）。

6.3.3　漂移运动

（1）梯度漂移（$\boldsymbol{F}_{j\parallel}=0$，$\nabla B\perp\boldsymbol{B}$）

考虑粒子在非均匀且强度梯度垂直于磁场线的磁场下的运动，如图 6－22 所示，磁场梯度用磁场强度非连续性跃变表示。这导致粒子沿间断性（discontinuity）有效漂移，即粒子将垂直于磁场及其梯度发生漂移。这种梯度漂移（gradiet drift）运动速度可以表示为

$$\boldsymbol{u}_D^{gr}=\frac{mv_{\perp}^2}{2qB^3}\boldsymbol{B}\times\nabla_{\perp}B=\frac{E_{\perp}}{qB^3}\boldsymbol{B}\times\nabla_{\perp}B \tag{6-28}$$

式中　m——粒子质量；

$v_{\perp}$——速度垂直分量；

q——粒子电荷；

$\boldsymbol{B}$——磁场强度；

$E_{\perp}$——粒子能量垂直分量。

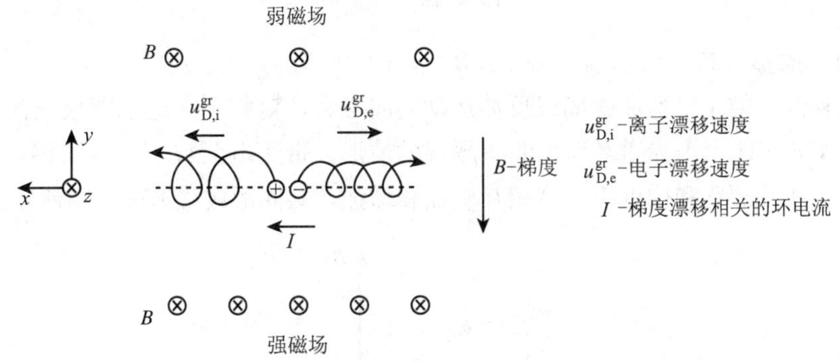

图 6－22　粒子在非均匀磁场下的运动

磁场梯度垂直于磁场方向。为简化，将梯度表示成磁场强度在虚线处的突变，并假定粒子的起始运动垂直于此间断性

粒子的漂移速度可表示为

$$u_D^{gr}\approx\frac{r_B}{2L_B}v_{\perp} \tag{6-29}$$

式中　r_B——拉莫尔半径；

$L_B\simeq B/|\nabla_{\perp}B|$——磁场强度发生显著变化的标识长度。

电子运动的圆周轨道远小于离子，但电子的回旋速度更大。电子和离子沿相反方向漂移，并沿离子漂移方向形成电流。在地磁偶极场中，带电粒子的梯度漂移如图 6－23 所示。垂直于地磁场线的最大梯度出现在赤道上，并朝地球取向。带正电荷粒子向西漂移，带负电荷粒子向东漂移。对于赤道投掷角 $\alpha_0=90°$，漂移速度为

$$\begin{matrix} \alpha_0 = 90^\circ \\ (\varphi = 0) \end{matrix} \quad \begin{cases} \boldsymbol{u}_D^{gr} = 3L^2E/|q|B_{00}R_E \\ \boldsymbol{u}_D^{gr} \approx 15.7L^2E \text{（便于实用）} \end{cases} \tag{6-30}$$

式中　$\boldsymbol{u}_D^{gr}$——漂移速度（$m \cdot s^{-1}$）；

E——粒子能量（keV）；

φ——地磁纬度；

B_{00}——地磁场线与赤道面交点处磁场强度。

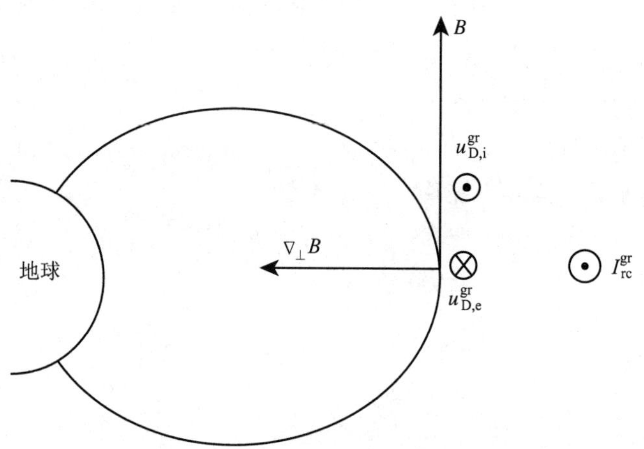

图 6－23　粒子在地磁偶极场中的梯度漂移

I_{rc}^{gr}—与梯度漂移相关的环电流

(2) 曲率漂移（$\boldsymbol{F}_{j\perp} = \boldsymbol{F}_c$，均匀磁场 $\boldsymbol{B}$）

曲率漂移源于粒子沿弯曲磁场线反冲运动的向心力，对粒子在地磁偶极场的驱动力有重要的贡献。图 6－24 示出赤道平面内曲率漂移的情形。带正电荷粒子向西漂移，带负电荷粒子向东漂移。曲率漂移和梯度漂移将相互叠加和增强，共同形成绕地球西向流动的环电流。

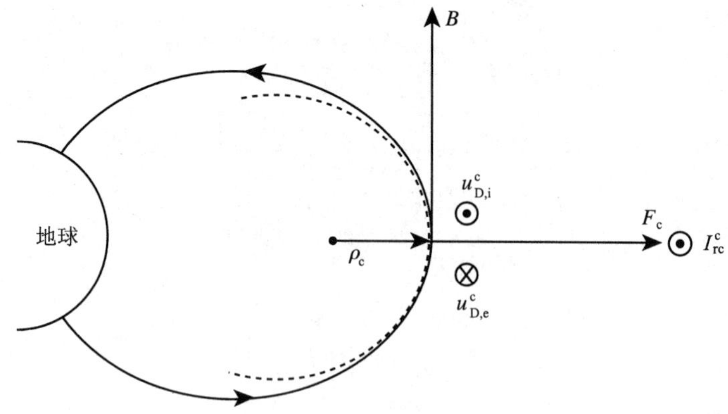

图 6－24　带电粒子在地球偶极磁场中的曲率漂移

$\boldsymbol{F}_c$—向心力；$\boldsymbol{u}_{D,i}^c$，$\boldsymbol{u}_{D,e}^c$—离子和电子的曲率漂移速度；I_{rc}^c—与曲率漂移相关的环电流

为确定粒子的曲率漂移速度，需求出离心力的大小。离心力可以写成以下的普适形式

$$\boldsymbol{F}_c = \hat{\boldsymbol{\rho}}_c m v_\parallel^2 / \rho_c \tag{6-31}$$

式中　$\hat{\boldsymbol{\rho}}_c$——沿曲率半径方向的单位矢量。

$\boldsymbol{F}_c$可具体表示成

$$\boldsymbol{F}_c = \hat{\boldsymbol{\rho}}_c m v_{\parallel}^2 \frac{|\nabla_{\perp} B|}{B} = -m v_{\parallel}^2 \frac{|\nabla_{\perp} B|}{B} \tag{6-32}$$

曲率漂移速度为

$$\boldsymbol{u}_D^c = \frac{\boldsymbol{F}_c \times \boldsymbol{B}}{qB^2} = \frac{m v_{\parallel}^2}{qB^3} \boldsymbol{B} \times \nabla_{\perp} B \tag{6-33}$$

(3) 总漂移

将曲率漂移和梯度漂移相叠加，可以求出总漂移。在地球偶极磁场下的总漂移速度为

$$\boldsymbol{u}_D = \boldsymbol{u}_D^{gr} + \boldsymbol{u}_D^c = \frac{m}{2qB^3}(v_{\perp}^2 + 2v_{\parallel}^2)\boldsymbol{B} \times \nabla_{\perp} B = \frac{E(1+\cos^2\alpha)}{qB^3} \boldsymbol{B} \times \nabla_{\perp} B \tag{6-34}$$

其总漂移周期为

$$\tau_D = 2\pi R_E L \langle u_D \rangle \approx \frac{2\pi}{3} R_E^2 |q| B_{00} \frac{1}{LE} \tag{6-35}$$

更实用的表达式为

$$\tau_D \approx 710/LE \tag{6-36}$$

式中，τ_D 的单位为 h；E 的单位为 keV。

6.4　地磁层的结构

地磁层是地磁场与太阳风交互作用形成的。在太阳风的冲击下，地磁场变成如图 6－25 (a) 所示的彗状结构；图 6.25 (b) 为地磁层结构三维示意[10]。

太阳风与地磁层的交界称为磁层顶（magnetopause），其形状由太阳风动压力与地磁场磁压力平衡条件确定，即

$$2mNV^2 = \frac{B^2}{2\mu_0} \tag{6-37}$$

式中　m——粒子质量；

V，N——太阳风速度和粒子数密度；

B——地磁场强度；

μ_0——真空磁导率。

地磁层占据了近地空间的绝大部分体积。在向阳面磁层顶受到太阳风的挤压，外形类似略微压扁的半球。在日地连线上，磁层顶离地心平均距离约为 (10～12) R_E（R_E为地球半径，约 6.4×10^3 km）。太阳风动压强增大时，磁层顶可收缩至地球同步轨道高度（地心距 ≈ 6.6R_E）以下。磁层顶在极区距地心为 15 R_E。在背阳面磁层类似为长圆柱形，称为磁尾（magnetic tail）。磁尾可延伸至数百至上千个 R_E之外的空间。在地球绕日轨道附近，太阳风是超声速的等离子体（$V \approx 10\ Ma$）。当它遭遇地磁层时形成间断面激波，称为舷激波或弓激波（bow shock wave）。舷激波阵面的厚度远小于太阳风粒子的平均自由程（约 10^8 km），故它是无碰撞的快激波。其结构复杂且无粒子－粒子相互作用，只有波－粒和波－波相互作用，导致粒子加速和发射电磁波。太阳风经舷激波阵面后，速度被减

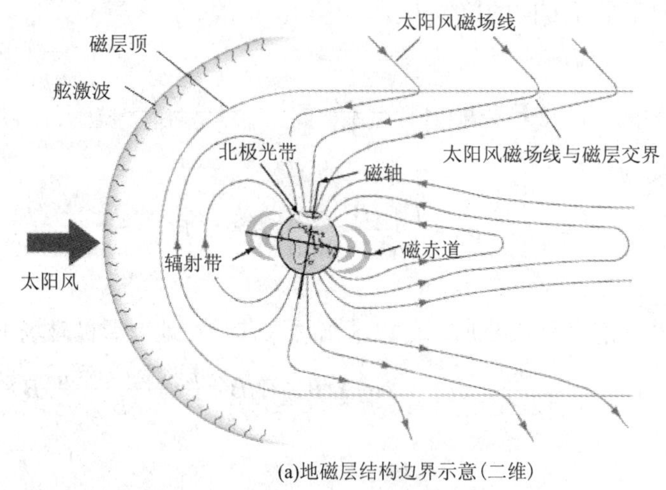

(a)地磁层结构边界示意(二维)

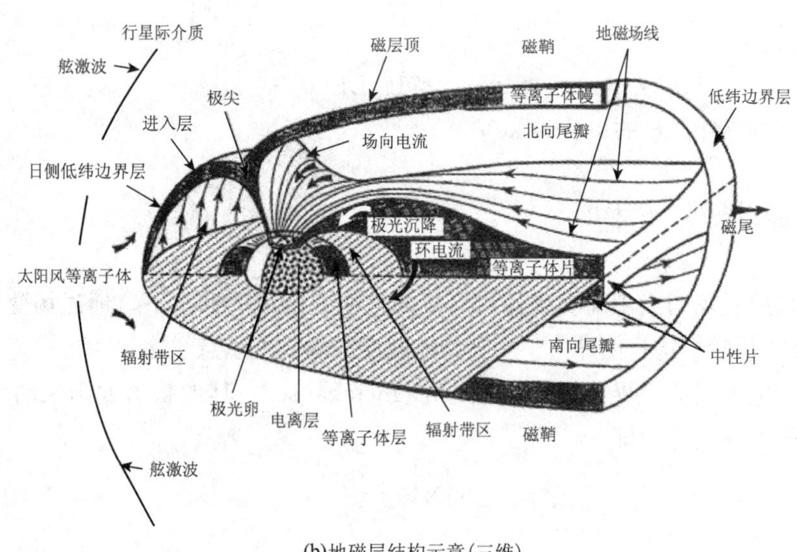

(b)地磁层结构示意(三维)

图6—25　地磁层结构[2]与近地空间等离子体分布

小成为亚声速的等离子体，形成由有序运动变化成无规运动的等离子体湍流区。它们绕地磁场流动，不断改变方向，形成位于磁层顶外侧的磁鞘。磁鞘等离子体源于被舷激波加热的太阳风，平均速度由激波上游的400 km • s^{-1}，减小至250 km • s^{-1}左右；其密度也伴随离开舷激波进入磁层顶而降低。由于行星际激波和其间断面可以穿越舷激波进入磁鞘，导致其中的等离子体和磁场总是处于涨落状态，从而导致各种等离子体波的激发。当磁鞘磁场存在南向分量时，磁层顶磁场线发生重联，太阳风将向磁层传输能量、动量、等离子体及磁通量，最终诱发磁暴和磁层亚暴等瞬态事件的发生。

日侧磁层顶和磁尾的交界处为极尖（cusp）。位于日侧磁层顶内侧很薄的边界层［约（0.5～1）R_E 厚，从向阳面中低纬区经晨、昏侧面延伸至磁尾］，称为低纬边界层。位于背阳面磁层顶内侧的高纬边界层称为等离子体幔（plasma mantle）。在等离子体幔与日侧低纬边界层磁场的会聚区，形成漏斗状磁层“窗口”，带电粒子可由此进入极尖区。这种“窗口”效应可适当向极尖区附近磁层顶内侧延伸，所形成的太阳风等离子体能够直接进入的边界薄层称为高纬边界层或进入层。

地磁层大体上可分为两大区域：能量和等离子体的输运区及存储区。前者包括低纬边界层、极尖区和高纬边界层；后者有等离子体片、环电流、辐射带和尾瓣等。

太阳风是带电粒子（等离子体）流。当其进入地磁层后，其中不同电荷和能量的粒子在磁层中沿不同轨道运动，形成多种电流系统。例如，形成磁层顶电流；在地心距为几个 R_E 的高空形成环绕地球流动的环电流和磁尾电流等。

磁场在很大程度上决定着磁层内大部分结构的状态。在地磁层内存在着固有的地球磁场。地磁层内磁场的形成还源于以下几种电流系：磁层顶电流（形成屏蔽磁场），磁尾电流，环电流以及场向电流。通过场向电流可使电离层和磁层内的电流耦合，共同构成闭合的三维电流体系。

等离子体层位于中、低纬度磁层底部，并与电离层相接，其地心距约为 $(5\sim6)R_E$。等离子体层的冷等离子体源于电离层。

卫星观测表明，在磁层内存在大范围的场向电流（10^6 A 量级），通过磁场线与极光卵相关联。这种场向电流可以分成两个区域：1 区位于极光卵的极地侧边界附近，晨侧向下流入电离层，昏侧向上流出；2 区位于极光卵的赤道侧边界，电流较小，但变化较大。1 区和 2 区的电流方向相反，相对于正午一子夜子午面呈反对称。当行星际磁场的 Z 分量呈北向时，会产生一附加的电流系，称为北向 B_z 行星际磁场电流，简称 NBZ 电流。曾在白天观测到极盖 NBZ 电流。这一电流系出现在行星际磁场的北向期间。流入（晨侧）和流出（昏侧）电流的相对值，由行星际磁场的方位角分量 B_y 决定。行星际磁场 B_y 分量使 NBZ 电流移向 B_y 方向，即在昏侧当 $B_y>0$ 时移向北半球；相反，NBZ 电流在晨侧移向南半球。B_y 的符号发生变化时，NBZ 电流向相反方向移动。随着正 B_y 值增大，向北（南）半球流入（流出）的电流增加。当 B_y 值为负值时，向北极盖方向流出的电流增大。

地球磁场决定着带电粒子在磁层内的运动。在磁层内各种结构的边界，作为一级近似，可以通过磁场线表征。为了区分磁场线，最方便的是利用磁场线的赤道地心距 L（单位为地球半径 R_E）和磁地方时。等离子体层位于 $L<5$ 的磁层区域。等离子体层，亦即由能量约为几十 eV 的冷等离子体充满的区域，可以看成是地球电离层的延伸。等离子体层顶，即等离子体层的边界，与磁层内电场的等位势的形状相关。磁层电场强度是磁层对流电场和共旋（corotation）电场叠加的结果。前者可近似地看成是赤道面内晨昏方向的均匀电场。低能带电粒子沿等位势电场运动。地球附近的共旋场将冷等离子体俘获，正如磁场形成势阱俘获能量粒子一样。在等离子体层范围外，等离子体密度急剧下降（降至约为原来的 1/10）。

太阳风等离子体向磁层内进入的过程，可以看成是一动力学过程。冷等离子体的分布对磁层内各种类型波的产生和传播具有极其重要的影响。图 6－26 给出了磁流体动力学（MHD）波的传播示意[11]。磁流体动力学波形成于激波阵面附近，可在具有较高动压的日冕抛射物质向磁层沉降的过程中形成。激波形成后，将导致高速粒子流向磁层内的挤压传播。与此同时，纵向阿尔芬波将携带着电离层的相关信息而扰动电离层电流系。在几何光学近似下，可以估算有关电离层信息进入位于不同地磁纬度的磁观测站的时间及其延迟效应。

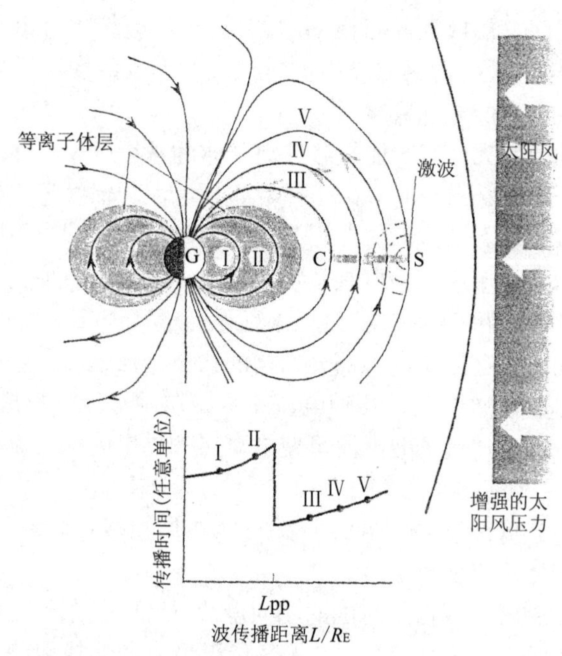

图 6－26　在日冕抛射物质向地磁层沉降过程中产生的磁流体动力学波的传播

在纬度 60°观测到电离层内电子密度急剧降低，这种现象与磁层顶的存在有关。在电离层高度上，电离度随纬度而急剧降低，称为间歇效应（intermittence effect）。在等离子体层内，等离子体处于流体静力学平衡态。在等离子体层的范围外，高高度上的低密度等离子体将沿磁场线逃逸。加勒特（Garrett）等人[12]对描述磁层和电离层内等离子体参量的定量模型进行了评述。

图 6－27 给出了高纬区等离子体密度的观测结果[13]，图中的数据，可以用下面的近似表达式拟合

$$n(r)=n_a\exp\left[\frac{-(r-r_0)}{h}\right]+n_b(r-1)^{-1.5} \qquad (6-38)$$

式中　n——等离子体数密度（cm^{-3}）；

n_a，n_b——等离子体密度按拟合给出的参量；

r，r_0，h——距离（R_E）；r 表示地心距。

式（6－38）中各参量的近似值为：$r_0=1.05$；$h=0.06$；$n_a=6\times10^4\ cm^{-3}$，$n_b=17\ cm^{-3}$。

在等离子体层并直至 $L\approx8\sim10$ 的距离上存在着带电粒子俘获区，称为地球辐射带。它是高能带电粒子的俘获区，主要成分为 1～100 MeV 的质子和 100 keV～10 MeV 的电子，它们分别主要分布在内、外辐射带。近来发现的反常宇宙线和第二质子带（见第 7 章）也在这一区域。随着地磁场线与赤道面交点的地心距逐渐增大，磁场线相应向高纬区会聚。从纬度约 66°以上，在高纬区上空出现极光的椭圆形区域称为极光卵。地面上在其天顶出现极光频率最高的环形地带称为极光带（纬度宽度约为 4°）。热等离子体粒子从磁尾等离子体片边界层向高纬区上空注入是形成极光带的原因之一。

等离子体片位于磁尾赤道面附近。在地磁宁静期，等离子体片主要由能量约 1 keV、密度约 1 cm^{-3}的质子和 0.5 keV 电子组成。其厚度约为 6 R_E。太阳风舷激波和磁层之间

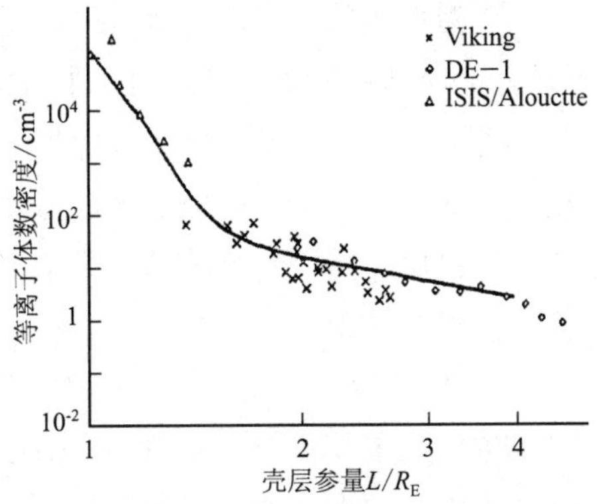

图 6−27　高纬区冷等离子体数密度沿高度的分布

数据点为观测站观测值；曲线是式（6−38）的计算值

的过渡层，最可能是等离子体片的质子源。在发生强磁暴时，源于电离层的离子比例将明显增大，其主要成分是一次电离的氧离子 O^+。等离子体层、辐射带和环电流区统称内磁层。在此区域内，地磁场接近于偶极子场。等离子体片属于外磁层和位于磁尾中心区，是磁尾热等离子体的主要存储区。磁层热等离子体的主要组分为质子和电子。磁扰动期，质子和电子的数密度和平均能量可达到 $n_{i,e} \approx 0.1 \sim 1.0\ \mathrm{cm^{-3}}$，$E_e \approx 1$ keV，$E_i \approx 5$ keV。

图 6−28 示出等离子体片热电子（100 eV～几 keV）在磁层赤道截面上的分布[14]。图上点的密集程度用于定性表示等离子体片热电子通量的分布。从图 6−28 可以看到等离子体片内边界线的走向。从此边界向内，热电子通量急剧下降。

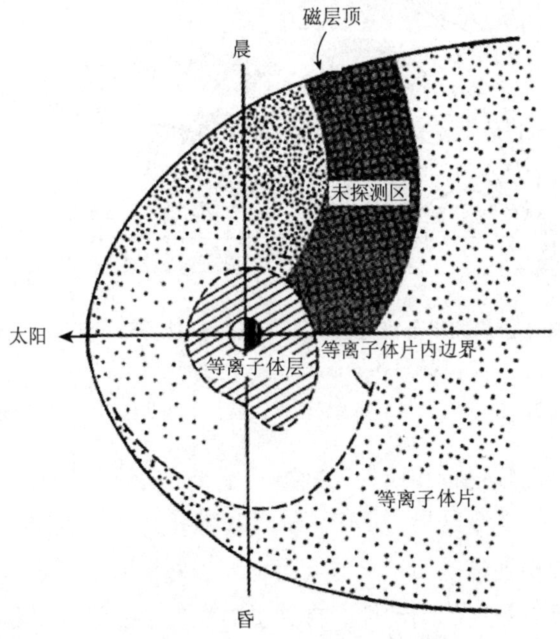

图6−28　等离子体片热电子在磁层赤道截面上的分布

来源于卫星 OGO 和 VELA 的观测数据

在静磁态下，等离子体片在赤道两侧的半厚度约为 $4R_E$，近地内边界距地心距离平均为 $10R_E$。磁扰动时内边界可进入地球同步轨道高度以内，半厚度减小至 $<1R_E$。等离子体片中心存在很强的中性片电流。等离子体片两侧至磁尾外边界之间区域称为尾瓣，是磁尾磁能的存储区。其中的磁场线是开放的，一端伸向极盖区，另一端通向太阳风。尾瓣和等离子体片的交界区为等离子体片边界层，是极其活跃的非稳态区。太阳风能量在磁层的存储、转化及释放是导致磁层扰动的重要因素。

图 6－29 示出位于磁层北半部的极尖区结构，在南半部也存在类似的极尖[15]。在正午一子夜子午面上，对应于沿子午线从午夜至中午方向，当磁场线沿地球表面从赤道迁移至高纬度区时，磁场线从位于子午面并与南、北半球相关联，急剧地转变为开放的形式向磁尾延伸。磁场的这种位形意味着地磁层在距地球的某一距离（$\approx 10\ R_E$）上，从日侧刚进入磁尾附近形成一磁场线发散的地区，即形成" 漏斗" 状结构。在磁层模型中可得到相似的磁场线形态，在此处形成中性点，磁场为零。由磁场线构成的漏斗（即极尖区），可以使过渡层等离子体沿磁场线穿入至磁层内。

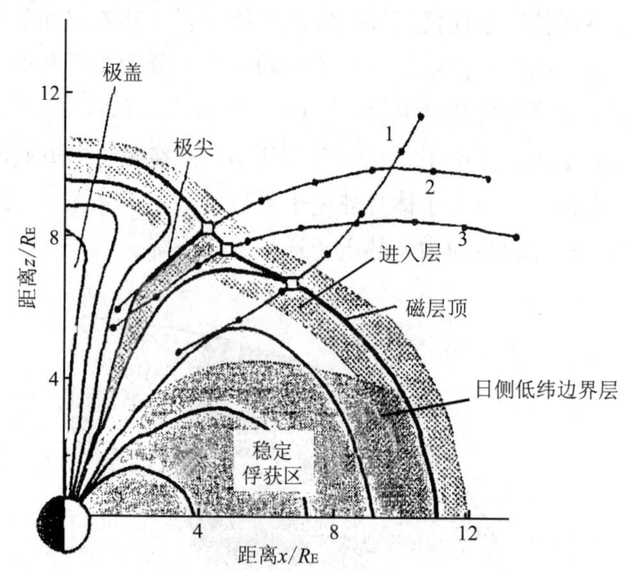

图 6－29　磁层北半部极尖区的子午截面和卫星 IMP－5 的飞行轨迹

横、纵坐标的单位均为地球半径（R_E）；1—1969 年 8 月 3 日；2—1969 年 7 月 4 日；3—1969 年 7 月 21 日；□表示卫星穿越磁层顶；黑点之间的距离为卫星 1 小时飞越的距离

图 6－30 给出了在外辐射带和极尖区的电子能谱[16]。数据是卫星 ISIS－1 和 IMP－5 在 $>5R_E$ 距离上飞行时的观测结果。IMP－5 卫星测量的是过渡层内的电子能谱。可以看出，极尖区能谱与过渡层能谱是相符合的，而不同于外辐射带能谱。

极尖区的特征是具有很高的湍动性。在磁层内发生亚磁暴和磁暴时，会导致极尖区位移、膨胀或收缩。极尖区的形态变化反映磁层总磁场的重构。

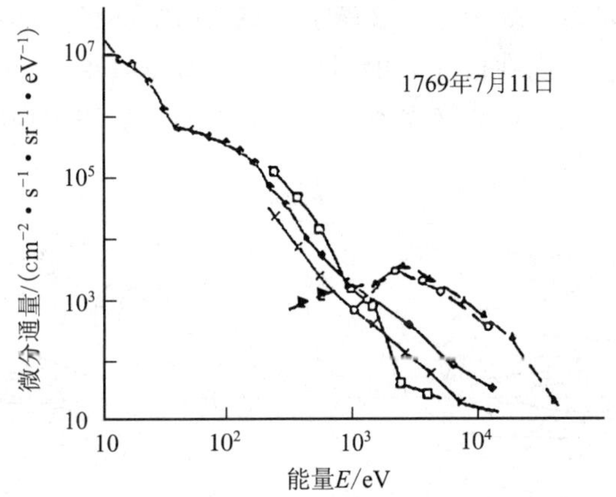

图 6－30　不同卫星观测的极尖区和外辐射带的电子能谱

IMP－5：×—极尖，5.9R_E；■—过渡层，11.2R_E；▲—外辐射带，7.3R_E；

ISIS－1：◆—极尖，1.4R_E；□—过渡层；○—外辐射带，1.4R_E

6.5　地磁层规则磁场

地球的外磁层磁场的基本特征是随时间的多变性。太阳风动压力和行星际磁场的演化与地磁层的动力学过程（亚磁暴和磁暴）相关联，并导致磁层规则磁场的变化。一个合理的地磁层模型，应该能正确地描述太阳风等离子体和地磁场相互作用最重要的特征。

基于各种观测数据的平均结果，已提出了多种描述地磁层规则磁场的模型[17－18]。Mead 模型是基于 IMP 卫星在地心距（4～17）R_E和中、低纬度上的观测结果提出的。这些观测对应于不同的地磁活动水平，分成四组数据：极平静，$K_P=0.0^+$；平静，$K_P<2$；扰动，$K_P\geqslant 2$；强扰动，$K_P\geqslant 3$。磁场从 17.4 nT 变化至 34.8 nT。

图 6－31 给出地磁层外源磁场强度 ΔB 的等值线，$\Delta B=|\Delta\boldsymbol{B}|=|\boldsymbol{B}-\boldsymbol{B}_{int}|$。在磁层内，磁场是地球内源场和磁层电流系产生的外源场贡献之和，即 $\boldsymbol{B}=\boldsymbol{B}_{int}+\Delta\boldsymbol{B}$。$\boldsymbol{B}_{int}$为内源磁场，近似等于地球偶极子磁场。

地磁层规则磁场模型除了考虑地球内电流产生的磁场外，还应该计及以下各种磁层磁场源的贡献，包括磁层顶电流（屏蔽内源磁场）、磁尾电流（中性片电流及其在磁尾磁层顶的闭合电流）、环电流、场向电流及其在电离层的闭合电流等产生的磁场。

此外，还有穿入磁层的行星际磁场。由于无碰撞等离子体的高导电性，在地球轨道附近，该磁场强度只约为非扰动行星际磁场的 1/10，平均约为≤1 nT。尽管该磁场的强度不大，却控制着地磁层内的能量交换和脉动效应，以及地磁层磁场的扰动强度。在南向的行星际磁场作用下，地磁层磁场的活动水平会明显增强。

沿着穿越极光卵的磁场线流动的场向电流产生的磁效应，已通过卫星在约 800 km 高度上明显地观测到。当卫星飞越极光带上空时，地磁场西向分量呈现明显的变化，从而证实存在垂直方向的电流，从电离层流入或流出。电流方向决定着这种变化的趋势。在地心距为（5～10）R_E范围内，卫星也观测到类似的效应。

图 6－32 给出包括纵向（即场向）电流在内的三维电流系。应该指出，纵向电流在磁

层内的闭合特征还未成定论。如图6－32所示，纵向电流在极光卵的赤道侧边界沿磁场线流动时，在赤道面上闭合，而在极光卵的极区侧边界沿磁场线通向遥远的磁尾或太阳风。这只是一种假想的结果。纵向电流在电离层上面的方向才是决定性的因素。

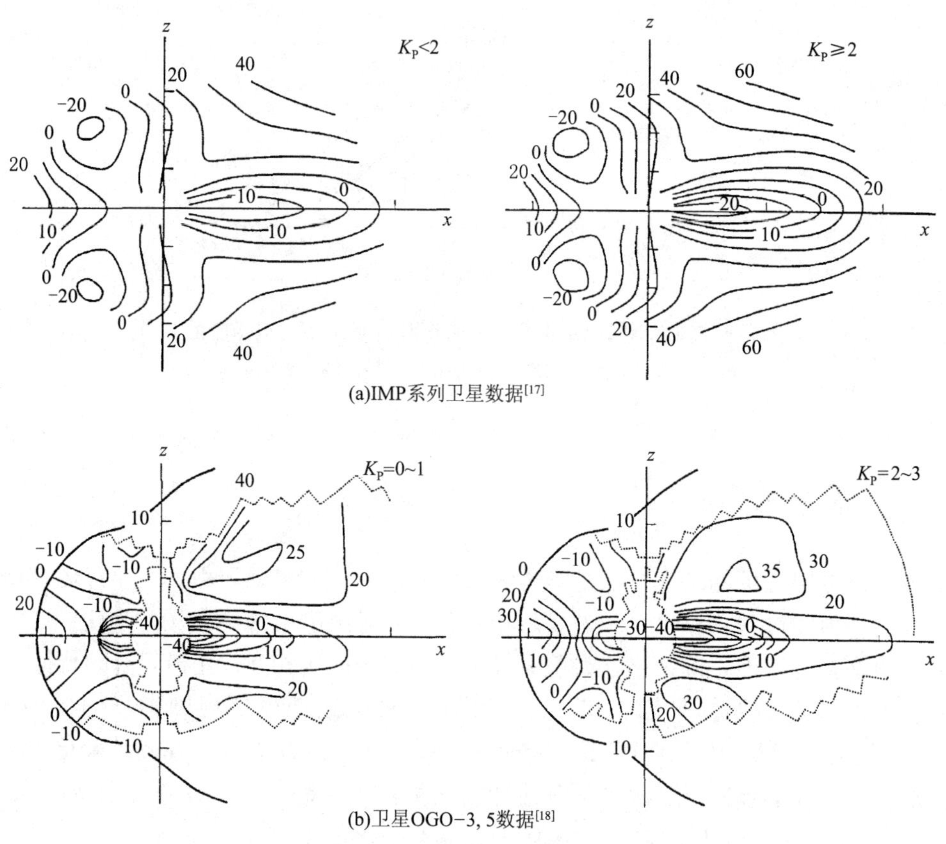

(a)IMP系列卫星数据[17]
(b)卫星OGO-3, 5数据[18]

图6－31　在正午－子夜子午面的 $\Delta\boldsymbol{B}$（nT）等值线分布

横、纵坐标单位均为地球半径 R_E

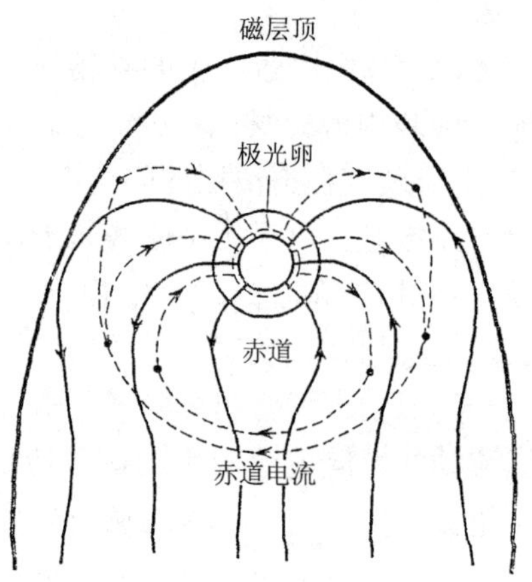

图6－32　地磁层内纵向或场向电流系的示意

虚线为沿极光带赤道边界的磁场线上的电流；实线为沿极光带极地边界磁场线的电流

图 6－33 给出了地磁层赤道面等磁场强度线分布。这是基于 Mead 和 Fairfield 模型计算，在 $\psi=0$ 时得到的 B＝常量的曲线，给出了在 10～100 nT 区间（间距为 10 nT）的 B 等值线。图 6－33 的右半部分对应于宁静态（$K_P<2$），而左半部对应于扰动态（$K_P\geqslant 2$）。在日侧，地磁层磁场增强；而在夜侧，磁层磁场降低。该模型针对地心距约为 $6R_E\leqslant r\leqslant 13R_E$ 的范围。在小地心距 r 条件下，观测到环电流内总磁场随着扰动水平增强而降低，通常这种变化幅度在夜侧和日侧相同。

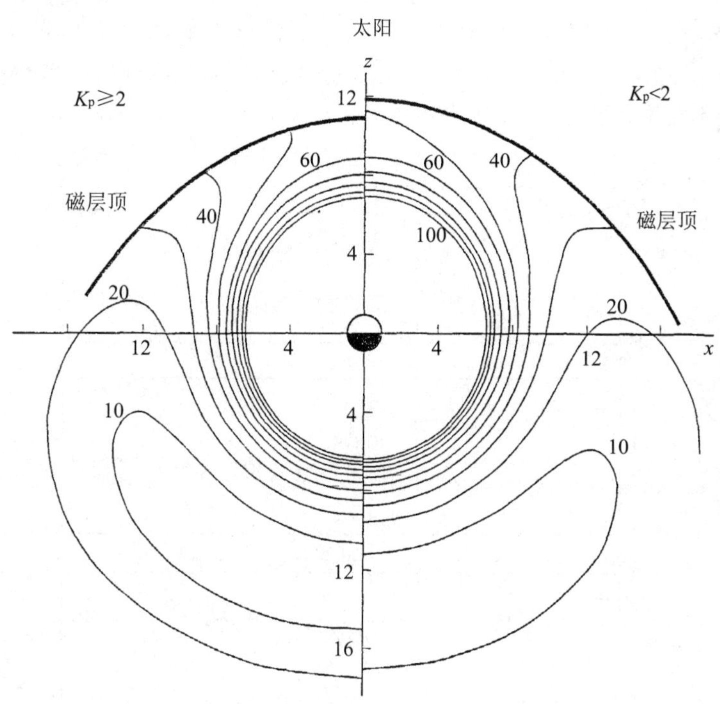

图 6－33　地磁层赤道磁场强度等值线（数值单位为 nT）
横、纵坐标单位均为地球半径 R_E

6.6　磁层亚暴、磁暴和粒子暴

6.6.1　磁层亚暴

磁层亚暴涉及能量输入、耦合和耗散，是近地球空间最重要的活动过程。在此期间伴随着磁层变形，等离子体对流、带电粒子加速、注入和沉降，以及多种波的形成等效应。它发生在行星际磁场南向期间，每次磁层亚暴可持续 2～3 h。

1978 年 Victoria 国际会议[19]形成的对磁层亚暴的定义是：磁层亚暴是始于地球夜晚侧的瞬态过程。在此过程中，源于太阳风－磁层耦合的很大一部分能量被释放并储存在极区电离层和磁层之中。这一过程的开始以子夜极区极光辉度的突增为标志，极光电急流最初增加，然后回复至亚暴产生前的基态水平。从第 1 次 P i2 脉动爆发到极光带范围达到最高纬度的这段时间称为膨胀相。子夜极区极光恢复到较低纬度的时间称为恢复相。磁层亚暴一般由直接驱动过程（即太阳风能量直接传输到极区电离层和环电流中）和装一卸载过程（能量先储存于磁尾一段时间，然后在膨胀相脉冲式地释放到极区电离层和环电流区）构成。

对磁层亚暴膨胀相已提出近地中性线、磁层一电离层耦合以及磁尾位形不稳定性等多种经典模型。我国科学家刘振兴等[20]对此作出了论述。濮祖荫等[21]对近磁尾位形不稳定性的研究，也取得了重要进展。

亚暴过程与一系列低频波（1～4 mH$_Z$）密切关联。膨胀相开始时，在地磁场偶极化过程中 B_Z分量的急剧增加并非单调变化。磁场 3 个分量均呈现周期振荡，且磁压扰动与离子压强的扰动呈反相位关系，如图 6－34 所示。这种振荡具有阿尔芬慢磁声波耦合特性，很可能是源于近磁尾位形的不稳定性[21-22]。

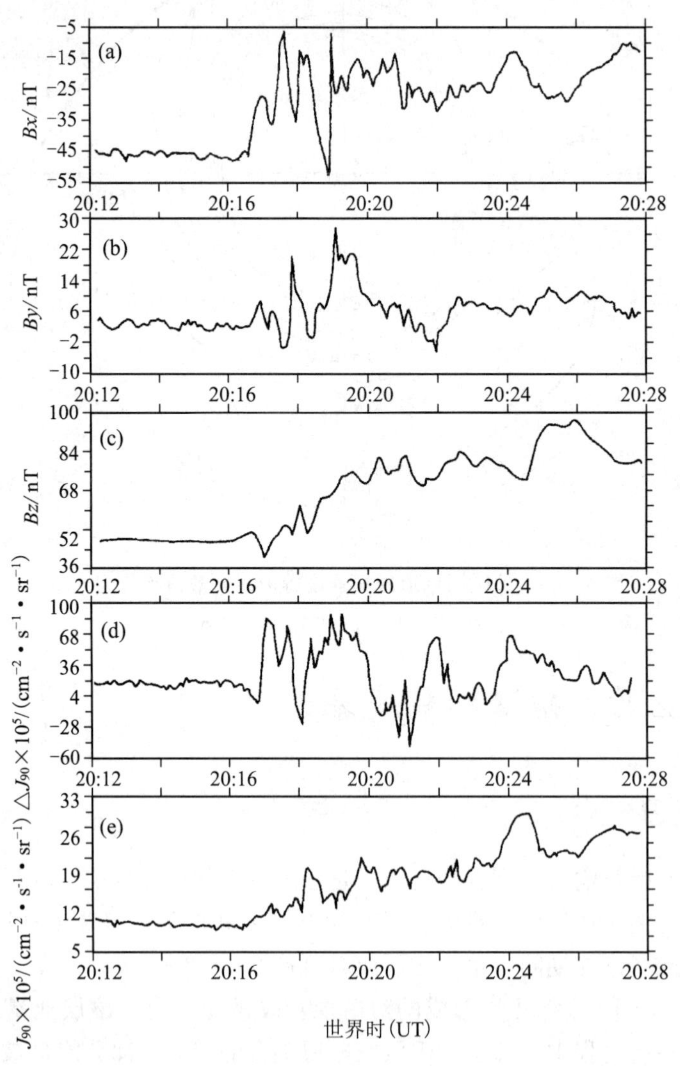

图 6－34　磁层亚暴偶极化过程的低频扰动

$B_{x,y,z}$—磁场各分量；J，ΔJ—离子微分通量及涨落

GEOS－2 卫星观测结果，1979 年 1 月 25 日

6.6.2　磁暴

磁暴是地磁层对太阳风动压力急剧增加的响应，其主要特征是地球磁场水平分量显著降低，然后又逐渐恢复；地磁层发生持续十几小时至几十小时的强扰动。磁暴主要与磁层和电离层内的强烈能量释放相关，受行星际磁场强度和方向控制。

基于设置在赤道附近四个地磁观测台测量的磁场水平分量数值（每小时平均值），与宁静态的时均值之差称为 D_{st} 指数（以 nT 为单位）。它是磁暴强度的表征。基于定义，D_{st} 指数表征全球磁场的可变性，包含着磁层电流系的贡献。磁暴的主要特征是由于带电粒子从磁尾的注入，导致环电流急剧增大。普遍认为，环电流是由分布在（2～7）R_E 范围内的能量 $E\approx 20\sim200$ keV 的离子（主要为 H^+ 和 O^+）及电子组成。D_{st} 指数是对环电流强度的量度。磁暴被定义为[23]：长时间的、足够强的行星际对流电场使磁层—电离层系统能量显著增加，导致环电流增强，从而使 D_{st} 指数大于一些特征值。一般认为，$D_{st}<-200$ nT为大磁暴，-200 nT$<D_{st}<-100$ nT 为强磁暴，-100 nT$<D_{st}<-50$ nT 为中等磁暴，-50 nT$<D_{st}<-30$ nT 为弱磁暴。磁暴发展过程通常分为初相、主相和恢复相 3 个阶段。磁暴开始后遍及全球各个经度上，地磁场 H（水平）分量增加，并在几个小时内基本不变，称为初相；然后，H 分量突然降低，在数小时内降至极小值，称为主相。此后，H 分量开始回升，在一周内升至初始值，称为恢复相。有的磁暴在初相开始时 H 分量或 D_{st} 指数就突然剧增，称为磁暴急始（sudden storm commencement，SSC）。D_{st} 其实并非只是环电流指数，还涉及磁层顶电流、中性片电流和固体地球内的感应电流。扣除这些电流影响的环电流指数表示为 D_{st}^*，它和环电流总能量 W 之间具有如下的线性关系

$$\frac{D_{st}^*}{B_s}\approx\frac{\Delta B}{B_s}=-\frac{2W}{3W_M} \qquad (6-39)$$

式中　B_s——地球表面赤道处的地磁场强度；

ΔB——环电流的总扰动磁场强度，即 $\Delta B=B_D+B_d$（B_D 为带电粒子漂移磁场，B_d 为磁偶极子在地球中心产生的磁场）。

当 $D_{st}^*=1$ nT 时，$W=4\times10^{13}$ J。

图 6—35 示出太阳风的典型动力学参量（太阳风速 u，等离子体密度 n 及行星际磁场 B_z 分量）和 D_{st} 指数变化。数据是基于 1979～1984 年 120 次磁暴数据的平均结果[24]。可以看出，在 D_{st}—时间曲线部分，不存在磁暴急始（SSC）效应。这意味着在加速太阳风同磁层相互作用的时刻与磁暴主相开始时间之间并不存在磁暴发展的调制机制。

格林斯潘（Greenspan）等人[25]对环电流动力学进行了充分的研究。基于 1984～1985 年 80 次磁暴的卫星观测数据得出，环电流粒子总能量与 D_{st} 指数密切相关，特别是在夜间。式（6—39）是近似的表达式，尚难于确定复杂的电流系中各电流对 D_{st} 的贡献，计算结果具有很大的分散性。这一方面是由于尚无计算 D_{st} 的统一方法；另一方面，在不同行星际介质条件下，与磁暴发展相关联的物理性质不同。行星际介质的多种物理状态决定着磁层电流系的复杂动力学过程，以及相应的磁场结构。可以预期，太阳风参量的变化，将导致磁暴发生期间地磁层磁场的非同步演化。对于强度适当（$D_{st\,min}\approx-$（100～200）nT）的磁暴，磁尾电流片对 D_{st} 的贡献与环电流的贡献相当。但是，对于 $D_{st\,min}<-200$ nT 的大磁暴，环电流是 D_{st} 变化的主导因素。

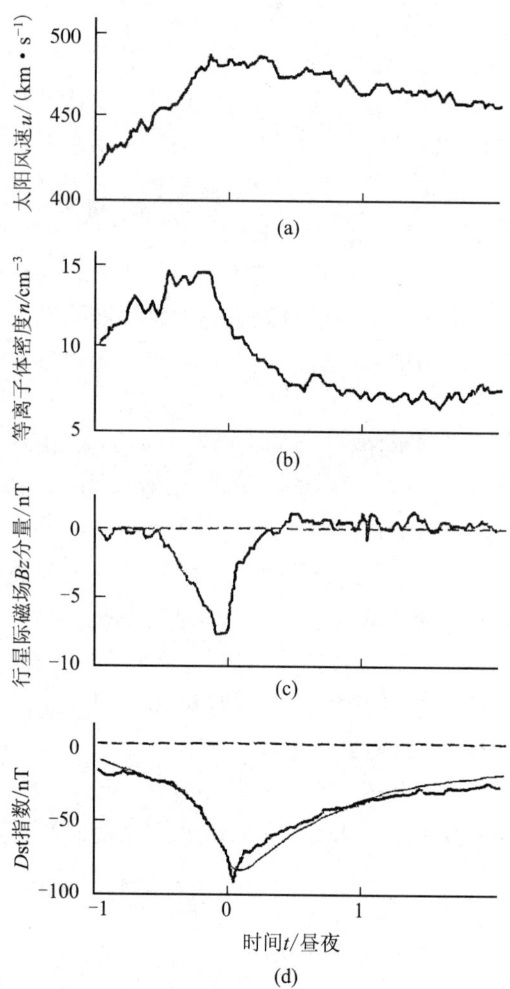

图 6—35　磁暴发生时行星际介质参量与 D_{st} 指数的变化

120 次磁暴数据平均结果和 D_{st} 变化

一般认为，太阳活动高年时磁暴主要源于太阳日冕物质抛射事件产生的高速流。其前方有激波，激波后有磁云。受太阳风高速流挤压，造成地磁场 H 分量明显增大，产生磁暴初相。随着太阳风向磁层输入能量的不断增加，环电流增大，产生磁暴主相。当行星际磁场恢复北向时，地磁场逐渐恢复到磁暴发生前水平。

表 6—7 给出不同类型磁暴的 D_{st} 指数、行星际磁场 B_z 值及持续时间 ΔT。

表 6—7　磁暴分类

磁暴类型	D_{st}/nT	B_z/nT	ΔT/h
大磁暴	<-200		
强磁暴	$-200<D_{st}<-100$	<-10	3
中等磁暴	$-100<D_{st}<-50$	<-5	2
弱磁暴	$-50<D_{st}<-30$	<-3	1

在太阳活动高年，可以看到如图 6－36 所示的行星际激波－磁云结构图，它与太阳日冕物质抛射相关联。磁云磁场较强，$B \geqslant 10 \sim 25$ nT，并伴有南－北方向的旋转。激波强度由太阳日冕物质抛射及在行星际空间内的运动速度决定。这种多变的激波－磁云结构，产生了不同形态的磁暴。在太阳活动衰减期，冕洞的行星际效应起主导作用。从冕洞喷发高速太阳风并伴生阿尔芬波，形成共旋作用区（CIR），如图 6－37 所示[26]。

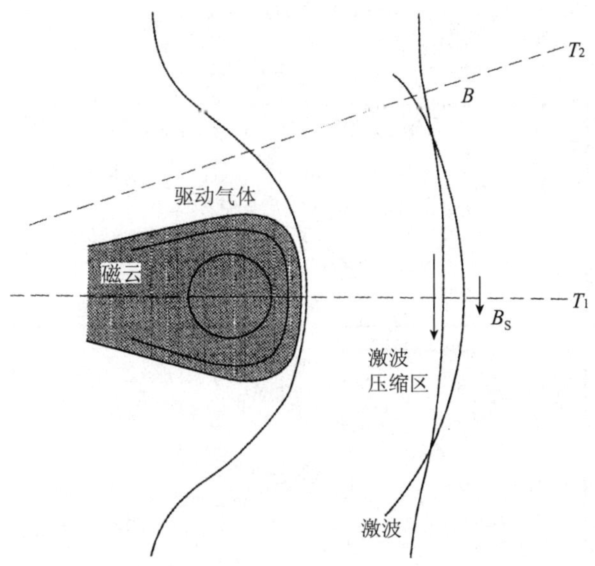

图 6－36　行星际激波－磁云结构

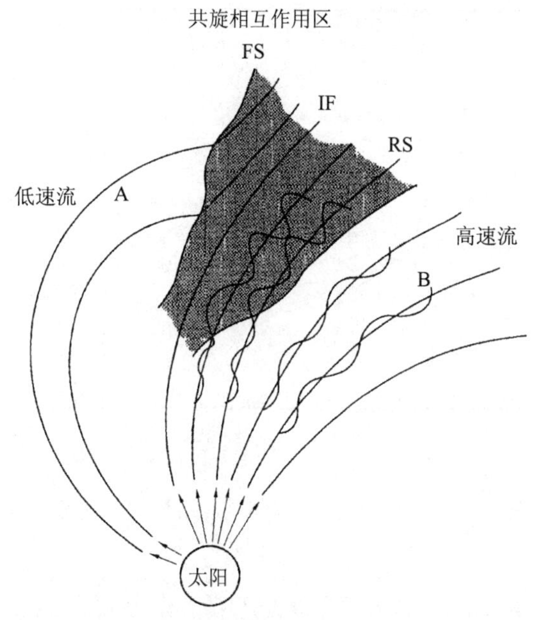

图 6－37　在太阳活动衰减期共旋相互作用区的形成

IF－太阳风高速流与低速流界面；FS－前向快激波；RS－后向快激波

观测表明，磁暴与环电流离子成分有很大关系[27−28]。磁暴主相期间环电流增大3～12倍，甚至更大。在磁暴发展过程中有大量带电粒子被注入到环电流，其组分主要为 O^+ 和 H^+。图 6−38 是卫星 CRRES 的一次磁暴观测结果。可见，磁暴发生前后，O^+ 从约占环电流能量密度的 20%增至 60%左右，这充分反映出环电流粒子在磁暴演化过程中的重要性。实际上，太阳风中 O^+ 的含量并不多，故环电流中 O^+ 组分只能源于地球电离层。并且，从 O^+ 数量的增加时序看，它们是从磁尾注入到内磁层的。O^+ 能量密度达到峰值的时间早于 $D_{st\ min}$ 出现的时间。

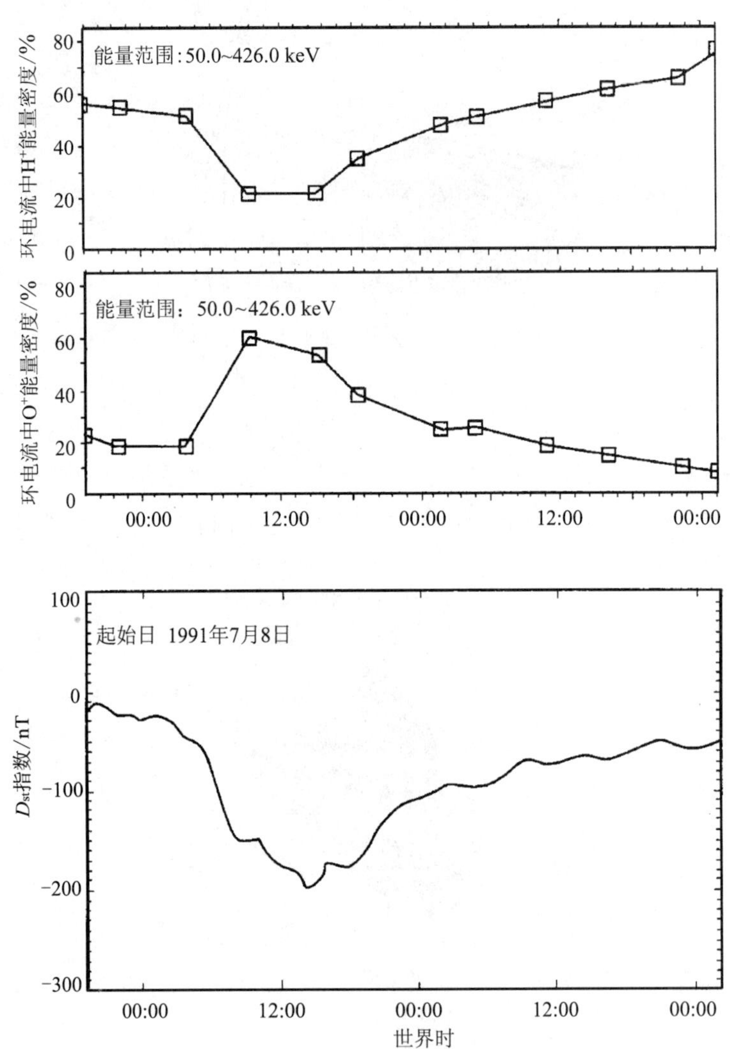

图 6−38 卫星 CRRES 的强磁暴观测结果（1991 年 7 月 8 日）

□—实测数据

环电流主要由能量为 20～200 keV 的离子组成，其在磁暴主相期间的位置为：$3<L<4$。磁层亚暴发生时，在磁场偶极化产生的感应电场和行星际磁场南向分量驱动的对流电场的共同作用下，离子被注入到环电流所在区域。对流电场是磁暴的主要诱因。

磁暴与亚暴的关系是一个复杂的问题。通过比较 D_{st} 和 AL 指数随时间变化的时序发现[29]，磁暴主相并非在亚暴膨胀相之后出现。此外，有大约 85%以上的 D_{st} 指数变化直接源于太阳风的变化。所以，磁暴和亚暴两者并无直接的因果关系。但是，磁暴中都含有亚暴；最强的亚暴通常发生在磁暴主相期。D_{st} 指数与 AL 指数之间存在关联性，并都要求行星际磁场有南向分量，表明两者之间存在某种内在联系。

6.6.3 粒子暴

粒了暴是地磁层内各类能量粒了急剧增强的事件，包括磁层亚暴高能粒了注入、电离层上行离子事件、辐射带高能离子突增和相对论性电子突增（高能电子暴）事件等。

高能电子暴是指辐射带中能量约 100 keV 至 MeV 的相对论性电子通量的急剧增强，通常出现在磁暴期间，成为磁层常见的危害极大的空间天气现象。由于这类电子具有很强的穿透力，能进入并积聚在卫星内部的介质材料中，形成数千伏电位差，导致放电脉冲，造成关键材料损伤、电子器件破坏、卫星报废等灾难性事故。这样的事故屡见不鲜，表 6－8 给出了 20 世纪 90 年代发生的几次损失巨大的事故。这类事件已引起人们的极大关注，成为当今的热点课题之一。

表 6－8　高能电子暴诱发的卫星深层充电事件

时间	卫星	危害情况
1991 年 3 月 23 日	美国环境卫星 GOES－7	寿命缩短 2～3 a
1991 年 3 月 25 日	美国地球同步卫星 Marecs－1	卫星完全报废
1994 年 1 月 20 日	加拿大通信卫星 Intelsat－K	动量转动系统受损，姿态控制系统失灵
	加拿大通信卫星 AniK E－1	电视、广播、电话、科学数据传输停止数天
1994 年 1 月 21 日	加拿大通信卫星 AniK E－2	动量转动系统受损，姿态控制系统失灵
1996 年 3 月 26 日	加拿大通信卫星 AniK E－1	动量转动系统受损，姿态控制系统失灵
1997 年 1 月 11 日	美国通信卫星 TELSTAR－401	卫星完全报废
1998 年 5 月 1 日	德国科学卫星 Equator－S	卫星完全报废
1998 年 5 月 19 日	美国通信卫星 GALAXY－4	卫星完全报废

高能电子暴分为突发型和延迟型两类。前者的特征是磁暴急始发生后，辐射带能量粒子突增几个数量级。并且，电子迅速穿入低 L 区，在槽区 $L=2.5$ 处附近立即形成一新的相对论性电子带。图 6－39 为卫星 CRRES 记录到的一次突发型电子暴[30]。这些电子在地球同步轨道高度区的寿命为数天至十几天；在槽区可存在更长时间。1 a 之后，仍能观测到所形成的相对论性电子带，这说明其寿命在 1～2 a 以上。

延迟型电子暴占高能电子暴的大多数。其特征是磁暴开始 1～3 d 后在 $4<L<6$ 的外辐射带范围内，MeV 电子通量逐步增强约 2 个数量级，维持数天乃至 1～2 个星期。

普遍认为，高能电子暴是源于磁层亚暴产生的中等能量电子（$E\approx10\sim100$ keV）的加速过程。参考文献［30］指出，突发型电子暴是由于行星际激波对中等能量电子的加速形成的。对滞后型电子暴，已提出循环加速、木星电子源和局地非绝热加速等机制，并可

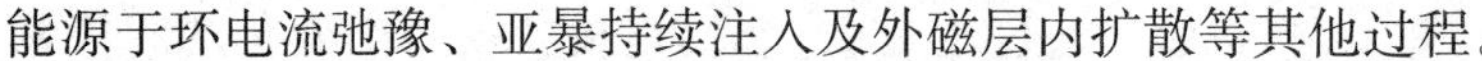

能源于环电流弛豫、亚暴持续注入及外磁层内扩散等其他过程。

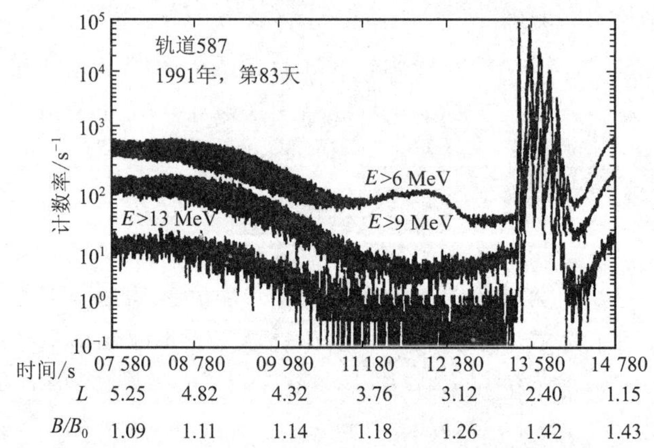

图 6－39　卫星 GRRES 观测到的一次突发型电子暴（1991 年 3 月 24 日）

6.7　磁层动力学模式

基于动力学过程，可以将地磁层内的扰动条件模式化，并由此计算出地磁场与行星际空间参量的关系，从而给出地磁层磁场在磁暴发展过程中的复杂动力学特征。

已有几种地磁层模式，例如，Tsyganenko 的 T96 模式[31]是基于地磁层数据库数据的最小均方差构建的。这一模式适用于 20 nT＞D_{st}＞－100 nT，0.5 nPa＜P_{sw}＜10 nPa 以及－10 nT＜B_z＜10 nT。这里，D_{st}为地磁指数，P_{sw}为太阳风流的动压力，B_z为行星际磁场南－北分量。T01 模式[32]是对 T96 模式的改进，保持了 T96 模式的基本特性，并扩展至更大的参量范围。

借助已有的理论模式，可以在特定的物理假设下，求出地磁层磁场。地磁层抛物面模式是在给定形状（抛物面变换）地磁层内，针对每一宽尺度电流系给出的拉普拉斯方程的解析解。在磁层顶，已知 $B_n=0$，抛物面模式的输入参量是地磁层电流系参量，用它们表征磁场的强度、尺度和位置。这些参量借助子模式由经验数据给出。该模式的特点是利用描述地磁层不同过程的不同模式，可以方便地进行参量变换。

抛物面模式方程所涉及的地磁层磁场源，包含：环电流，磁尾电流，磁层顶电流及区域 1 的纵向电流等[33]。决定磁层电流系磁场强度和位置的输入参量有：地磁偶极场的倾角、距磁层顶的距离、与磁尾电流片内边缘的距离、通过磁尾区的磁通量、环电流磁场以及纵向电流的最大强度。每当输入一组上述参量，就可以确定地磁层的瞬时状态。

从改进的地磁层模式可以求出每一磁层电流源的磁场。在 A2000 抛物面模式中，地磁层磁场是各电流源磁场之和

$$\boldsymbol{B}=\boldsymbol{B}_{\mathrm{d}}(\psi)+\boldsymbol{B}_{\mathrm{sd}}(\psi,R_1)+\boldsymbol{B}_{\mathrm{t}}(\psi,R_1,R_2,\Phi_\infty)+\boldsymbol{B}_{\mathrm{r}}(\psi,\boldsymbol{b}_{\mathrm{r}})+\boldsymbol{B}_{\mathrm{sr}}(\psi,R_1,b_{\mathrm{r}})+\boldsymbol{B}_{\mathrm{fac}}(I_\parallel) \tag{6-40}$$

式中　$\boldsymbol{B}_{\mathrm{d}}$——地磁偶极场；

$\boldsymbol{B}_{\mathrm{sd}}$——磁层顶电流磁场（屏蔽地磁偶极场）；

$\boldsymbol{B}_{\mathrm{r}}$——环电流磁场；

$\boldsymbol{B}_{\rm t}$——磁尾电流磁场；

$\boldsymbol{B}_{\rm sr}$——磁层顶电流磁场（屏蔽环电流磁场）；

$\boldsymbol{B}_{\rm fac}$——区域 1 纵向电流磁场。

该模式的输入参量为：地磁偶极场的倾角 ψ，距磁层顶日下点的距离 R_1，距磁尾前边缘的距离 R_2，通过磁尾区的磁通量 Φ_∞，环电流磁场 $b_{\rm r}$ 及区域 1 纵向电流最大强度 $I_\parallel$。这些参量可以通过观测数据加以确定，它们决定着每一时刻地磁层的瞬时状态。将这些状态序列连续起来可确定磁层的动力学过程。

几何学参量 R_1 和 R_2 可由太阳风和地磁层条件基于下式计算

$$R_1=\{10.22+1.29\tanh[0.184\ (B_z+8.14)]\}\ (nu^2)^{-1/6.6} \tag{6-41}$$

$$R_2=\frac{1}{\cos^2\varphi_n} \tag{6-42}$$

式中，R_1，R_2 的单位为 $R_{\rm E}$；n 的单位为 $\rm cm^{-3}$；u 单位为 $\rm km\cdot s^{-1}$；$\varphi_n=74.9°-8.6°\lg(-D_{\rm st})$，为子夜侧极光卵赤道边界的纬度。

通过磁尾区的磁通量 Φ_∞ 是由与地磁尾绝热演化模型相关的磁通量 Φ_0 和与磁层内亚磁暴发展相关的磁通量 $\Phi_{\rm s}$ 相加而成

$$\Phi_\infty=\Phi_0+\Phi_{\rm s} \tag{6-43}$$

式中，$\Phi_0=380$ MWb，$\Phi_{\rm s}$ 由下式给出

$$\Phi_{\rm s}=-\frac{AL}{7}\frac{\pi {R_1}^2}{2}\sqrt{\frac{2R_2}{R_1}+1} \tag{6-44}$$

为了计算环电流磁场 $b_{\rm r}$，可以采用下式

$$\frac{{\rm d}b_{\rm r}}{{\rm d}t}=F(E)-\frac{b_{\rm r}}{\tau} \tag{6-45}$$

这是假定环电流的发展过程是粒子注入的结果，可由 $F(E)$ 函数加以描述，而随后的耗散过程由 $b_{\rm r}/\tau$ 项加以描述。注入函数 $F(E)$ 由晨－昏取向的太阳风电场分量 E_y 给出

$$F(E)=\begin{cases} d(E_y-0.5),\ E_y>0.5\ \rm mV\cdot m^{-1} \\ 0,\ E_y<0.5\ \rm mV\cdot m^{-1} \end{cases} \tag{6-46}$$

式中　d——注入幅值系数（$|d|$ 为注入幅值），由与 $D_{\rm st}$ 的最佳拟合条件决定。

耗散时间（单位为 h）由下式给定

$$\tau=2.37\exp\left[\frac{9.74}{(4.78+E_y)}\right] \tag{6-47}$$

各子模式参数决定地磁层模式参量的变化，而子模式可以根据所讨论的问题加以改变。有时为了确切了解在给定的时间间隔上地磁层的动力学过程，可利用针对某一具体事件所建立的模式[34]。

6.8　磁尾电流在磁暴发展中的作用

长期以来，人们一直认为环电流是造成磁暴期间在低纬度观测站所观测到的磁场水平分量降低的唯一因素。但是近几年大量研究工作表明，除了磁层环电流外，磁尾电流也可能为 $D_{\rm st}$ 提供相当大的贡献。磁尾电流包括中性片电流及其在磁尾磁层顶的闭合电流。斯库格（Skoug）等[35]证实，磁尾电流造成 2001 年 3 月 31 日的磁暴过程中，对地磁场衰降

直至主相时达到 D_{st}＝－350 nT 起主导作用。阿列赫耶夫（Alexeev）[36]认为，磁暴产生时磁尾电流的贡献可与环电流相比拟。

实际上，在宁静期磁尾电流对地面磁场水平分量的贡献约为 15～20 nT。在磁暴期经常观测到磁尾电流的显著增强。在强扰动期，磁尾电流片的内边界移向地球，且磁层日下点的地心距变小。磁尾电流增强对地面磁场的强扰动与环电流的作用相当。

如上所述，人们无法确定磁层电流各分量对 D_{st} 的相对贡献，但可以基于改进的动力学模式加以计算。A2000 磁层抛物面模式可以用于分析磁暴发生时不同强度的地磁层磁场的动力学特征。图 6－40 示出 1998 年 9 月 24～26 日和 2003 年 11 月 20～22 日两次磁暴发生时行星际空间参量的变化，包括：行星际磁场的 B_z 分量［见图 6－40（a）和（b）］和太阳风动压力［见图 6－40（c）和（d）］。图中还给出了地磁活动指数 AE 和 D_{st} 的变化（见图 6－40（e）～（h））。两次磁暴都和太阳风压力突增以及行星际磁场转向南向有关。图 6－41 给出了这两次磁暴发生时地磁层模式的计算参量。

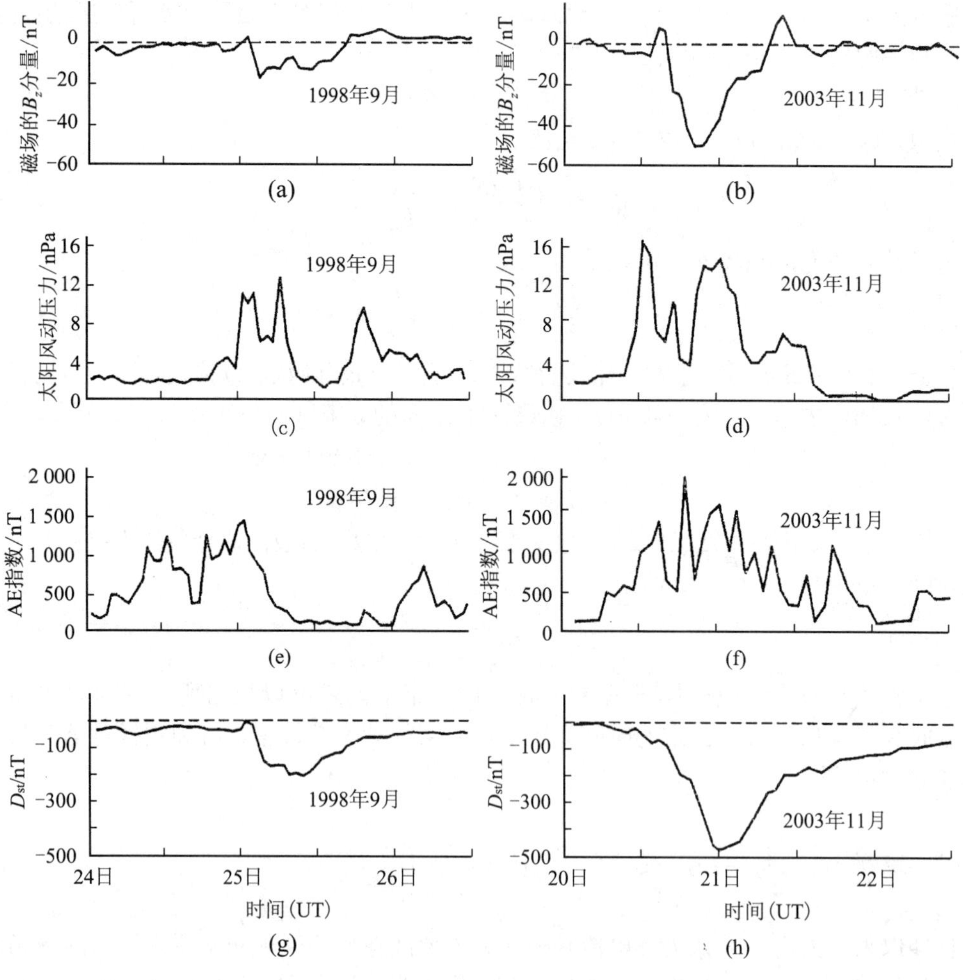

图 6－40　磁暴发生时行星际空间参量变化[16]

（a），（b）－B_z分量（行星际磁场）；（c），（d）－太阳风动压力；（e），（f）－AE 指数；（g），（h）－D_{st}指数

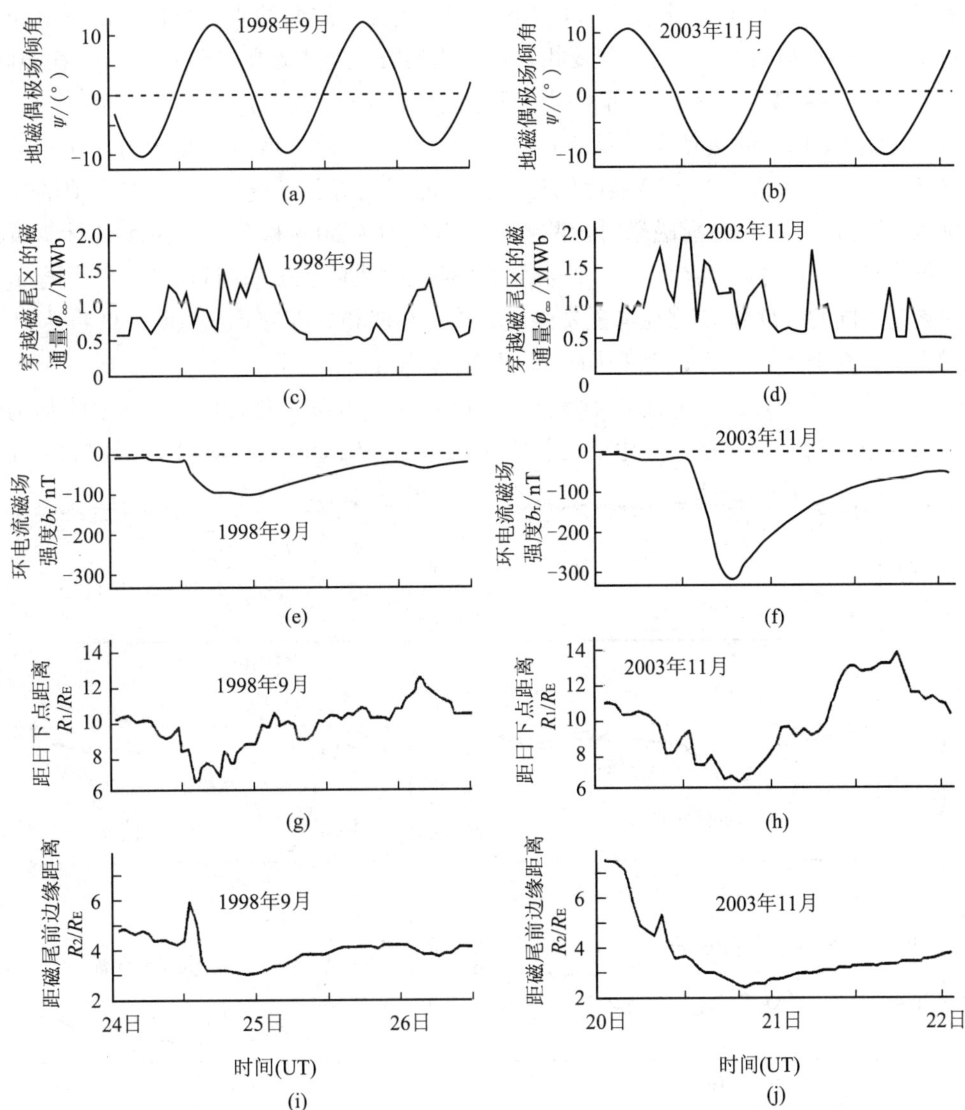

图 6—41　计算 1998 年 9 月和 2003 年 11 月两次磁暴发生时地磁层磁场模式输入参量[16]

(a)，(b) —地磁偶极场倾角 ψ；(c)，(d) —穿越磁尾区的磁通量 Φ_∞；

(e)，(f) —环电流磁场强度 b_r；(g)，(h) —距日下点距离 R_1；(i)，(j) —距磁尾前边缘距离 R_2

图 6—42 示出 1998 年 9 月 24～26 日（左图）和 2003 年 11 月 20～22 日（右图）两次磁暴发生时，D_{st}及其各分量 D_{cf}，D_r和 D_t的变化，见图 6—42（a）和（b）；实测 $D_{st,exp}$和模式 $D_{st,mod}$的比较，见图 6—42（c）和（d）；磁尾电流和环电流对 D_{st}的相对贡献，即 $D_t/D_{st}^* \equiv D_t/(D_{st}-D_{cf})$ 和 D_r/D_{st}^*，见图 6—42（e）～（h）。图中数据已从相应的磁场演化中扣除了宁静期的演化。可以明显看出，模式计算与观测的 D_{st}指数符合得很好。图 6—42中，D_r为环电流源对 D_{st}贡献的分量，D_t为磁尾电流源的贡献分量，D_{cf}为磁层环电流外的电流源贡献分量，即 $D_{cf}=D_{st}-D_{st}^*$。结果表明，磁层电流系的动力学模型可以对磁暴发展过程中，各电流源的行为进行正确的描述。在该两次磁暴发生过程中，磁尾电流

的发展早于环电流。在 1998 年 9 月 24～26 日的中等强度磁暴的主相阶段，磁尾电流和环电流对 D_{st} 的贡献是可比的；而在恢复相，环电流的贡献要比磁尾电流更大些。在 2003 年 11 月发生的强磁暴期间，情况有所不同，环电流对磁暴极大值的贡献起主导作用。

磁尾电流片对 D_{st} 的贡献在磁暴期间将发生变化。这种贡献与亚暴活动密切相关，并在亚暴始相达到极大值。在中等强度的磁暴中，磁尾电流和环电流对 D_{st} 极大值的最大贡献分别为 48%和 52%；在强磁暴时，两者的贡献分别为 30%和 70%。从上述计算可以看出，不同电流对 D_{st} 的贡献在不同时刻达到极大值。这表明在磁暴期间，影响不同电流系发展的因素是不同的。D_r 和 D_t 之比与磁暴强度有关：在弱和中等磁暴发生时，D_t 将达到与 D_r 可比的大小，甚至比 D_r 更大；对于强磁暴，D_r 的作用增强。在 $D_{st\,min} \approx -(100 \sim 200)$ nT 的中等磁暴发生过程中，磁尾电流磁场增强，可能在其已达到最大值时，而环电流却仍处于继续发展状态。对于强磁暴，环电流磁场大于磁尾电流磁场（其绝对值≤ 150 nT）。

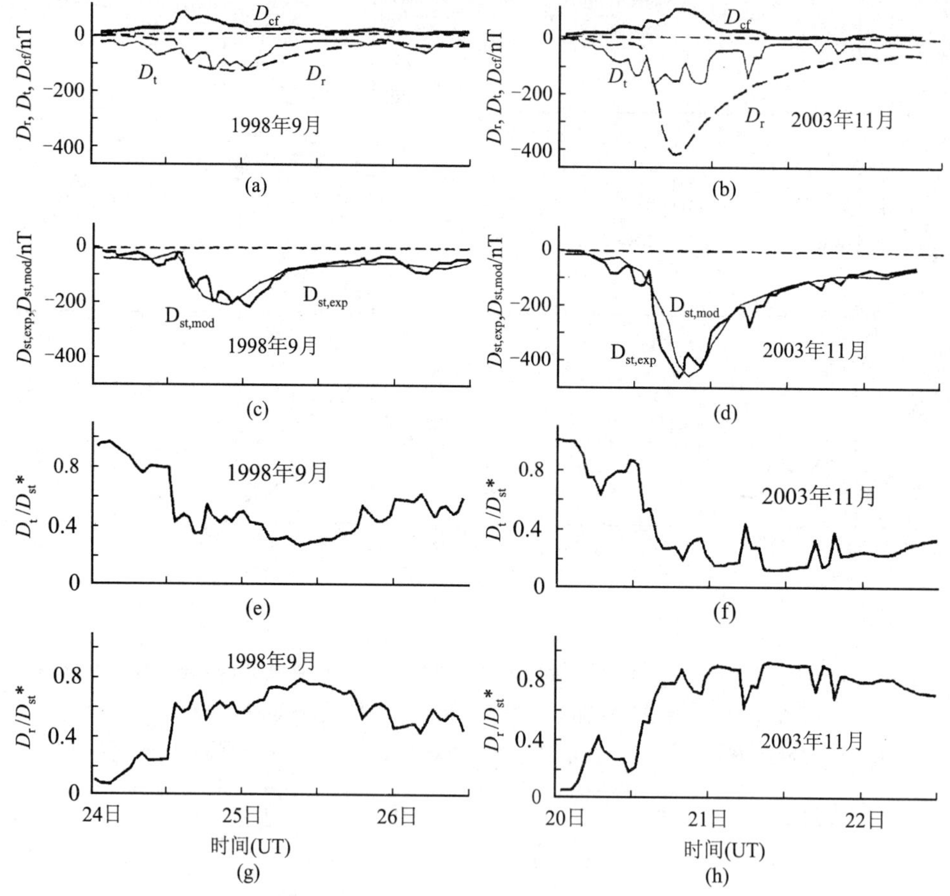

图 6－42　两次磁暴发生时各电流源对 D_{st} 指数的贡献比较[16]

上述事实与各电流系在空间的分布特性有关。磁尾磁场由穿越磁尾区的磁通量 Φ_∞ 给定，并等效于极盖区的磁通量

$$\Phi_\infty = 2B_0 \pi R_E^2 \sin^2 \varphi_{pc} \qquad (6-48)$$

式中　R_E——地球半径；

B_0——赤道处磁场；

φ_{pc}——极盖的角半径。

Φ_∞值与极盖尺度有关。当 $\varphi_{pc}=30°$时，$\Phi_\infty=2\ 500$ MWb。

存储在磁尾的能量耗散特征时间大约为 13 min，远短于质子在环电流内的寿命（几十小时）。两者之间的明显差异，可以解释为什么磁尾电流已经衰减而环电流还在继续发展。

通过对地面磁场的低纬度扰动所作的分析，可以理解磁暴过程中磁层磁场变化的复杂动力学行为。在磁暴发展过程中，不同的电流系呈现不同的动力学特征及持续和衰减时间。磁暴发生时磁层动力学可从整体上反映全球性电流系与太阳风参量以及磁层起源间的依赖关系。

6.9 地磁层的外部等离子体区域

地磁层内所有热等离子体区域，都是由太阳风能量维持的。太阳风粒子的分布和成分与磁层等离子体有本质上的差异。随着向地磁层深处的穿透，源于太阳风的粒子被加速，并按能量重新分布。热等离子体还包含大量来自电离层的离子。为了深入研究这种变化及其相关的物理过程，必须了解与地磁层相邻的太阳风区域和磁层最外部区域，以及内部与环电流和辐射带相接的等离子体片区域。

6.9.1 过渡层和从舷激波至太阳风流上游的区域

过渡层是指磁层顶和舷激波之间的过渡区域。激波是在太阳风作用下引发的超声速磁层环流，其中充满着强湍动的太阳风炽热等离子体（温度约为 $T\approx0.1\sim1$ keV）。在地磁出现扰动时，过渡层也富集磁层等离子体。

与过渡层相邻的是从舷激波至太阳风流上游的日球区域（行星际空间）。在该区域可以观测到能量从约 30 keV～2 MeV 的离子和电子流爆发，称为上游粒子事件（Upstream Particle Events，UPE）。在上游粒子事件发生过程中，可观测到源于太阳和电离层的离子。

在 E 为 50 keV～2 MeV 能量范围内，上游粒子事件离子能谱可以用幂律函数加以描述。根据卫星观测数据，在 $E/M_i\approx0.2\sim2.0$ MeV 能区，H，He，C，N，O，Ne，S 和 Fe 原子核能谱具有幂律形式。并且对于不同的粒子，具有相近的幂指数（$\gamma=4.5\pm0.3$）。对于 Fe 核能谱，当 $E>0.5$ MeV 时，具有一定的抹平效应。在低能区，$E/Q_i\approx10\sim200$ keV，上游粒子事件的粒子能谱被平滑化，可以用指数函数加以描述。在不同的上游粒子事件中，H，He 和 CNO 群离子具有相似的能谱［j（E/Q_i）或 j（E/M_i）］，如图6－43 所示[37]。Q_i和 M_i分别为用质子电荷和质量归一化的离子电荷和质量。

在磁尾等离子体层，观测到 $E=50\sim200$ keV 的离子和 $E>220$ keV 的电子具有较大通量。$E>30$ keV 的过渡层粒子和舷激波之上的粒子大部分可能源于地磁层，但对此说法尚未形成共识。

在过渡层太阳风离子按速度的分布，具有两段斜率不同的准麦克斯韦分布区，如图 6－44 所示[38]。在 $E/M_i\approx0.6\sim1.3$ keV 区，温度约为 $T/M_i\approx0.2$ keV；而在较高能量区，$T/M_i\approx0.8$ keV。

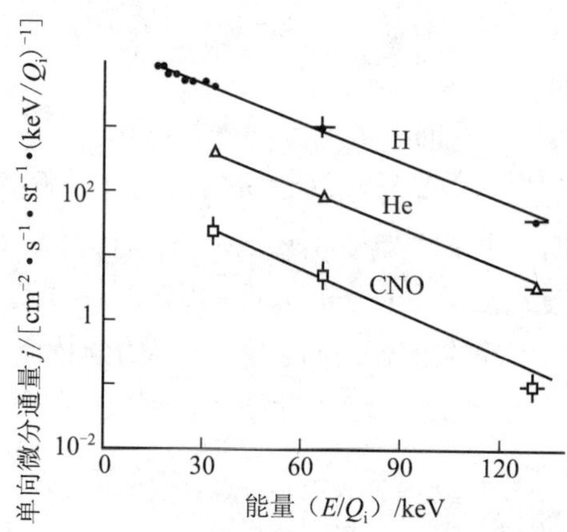

图 6－43　在 $E/Q_i \approx 20 \sim 130$ keV 能区，H，He 和 CNO 群离子的典型能谱

根据卫星 ISEE－1 在舷激波附近和上游粒子事件极大期的观测结果

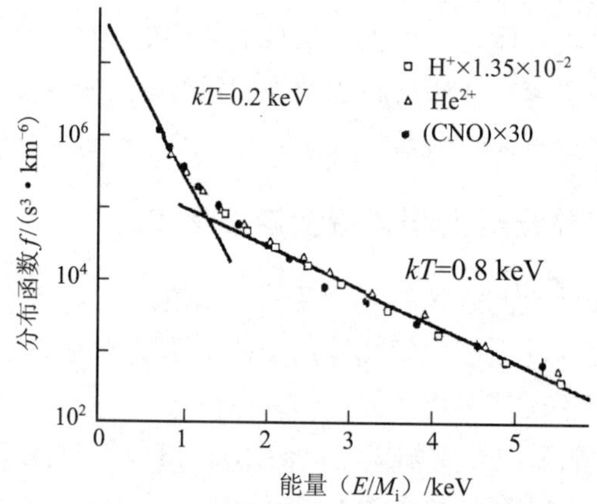

图 6－44　H，He 和 CNO 群离子在过渡层的分布函数

过渡层离子能谱受地磁场活动的调制，磁暴发生时离子能谱变硬（谱指数 γ 减小）；这种变化在晚间比早晨更加明显。

在磁层顶附近，离子通量和能谱呈现晨－昏不对称性。并且，在磁层顶两侧这种不对称性具有不同的能量相关性。在磁层内，这种不对称性随离子能量增大而变弱，当 $E>20$ keV 时消失；在过渡层晨－昏不对称性增强，并且其随离子能量的变化在晚间比清晨更加明显。在地磁层边界和过渡层所观测到的离子通量和能谱的晨－昏不对称性，以及其与离子能量的关系与磁层外缘区域热等离子体的对流模型相一致[39]。

6.9.2　磁尾等离子体片

等离子体片是充满热等离子体（平均质子能量可达几 keV）的区域，将磁尾分成南北两部分。它与磁尾邻接，厚约（2～4）R_E，宽约（20～30）R_E，磁场平均值 $B \approx 25\ nT$（在中性片 $B<5$ nT）。等离子体片的形状和尺度与太阳风方向及行星际磁场相对于地球偶极场的倾角有关。

在等离子体片远磁尾处（$r \approx 200R_E$），离子按能量（速度）的分布及成分如图 6－45

所示[40]。

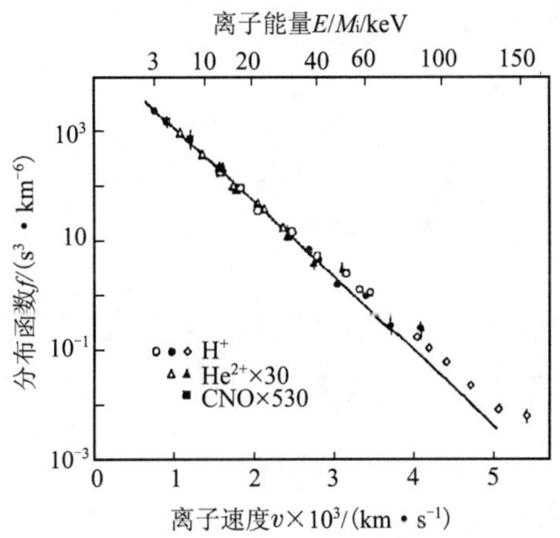

图 6－45　H，He 和 CNO 群离子（$Q_i \geqslant 3$）

在等离子体片远磁尾处（$r\approx200$）的分布函数（卫星 ISEE－3 数据）

上部的横坐标数字表示 E/M_i 值（keV）；直线为近似指数函数分布（v_0＝315 km·s⁻¹）

在等离子体片近地处（r＜20）的离子能谱与远处明显不同，特别是在出现磁扰动时更是如此。近地等离子体片的离子能谱呈指数函数（麦克斯韦分布），并在能谱上增添有一段长的幂指数尾巴，如图 6－46[41]和图 6－47[42]所示 。这样的能谱可以用通常的 k 幂指数函数（k－function）加以描述

$$j\propto E\left(1+\frac{E}{k\hat{T}}\right)^{-k-1} \tag{6-49}$$

式中　j——离子的微分通量；

$\hat{T}$——动力学温度。

当 $E=\hat{T}$ 时，能谱具有极大值。当 $E\gg k\hat{T}$时，能谱接近于幂律函数，其指数为 k；当 $E\ll\hat{T}$ 时，能谱接近于麦克斯韦分布，其温度为$\dfrac{k\hat{T}}{k+1}$。

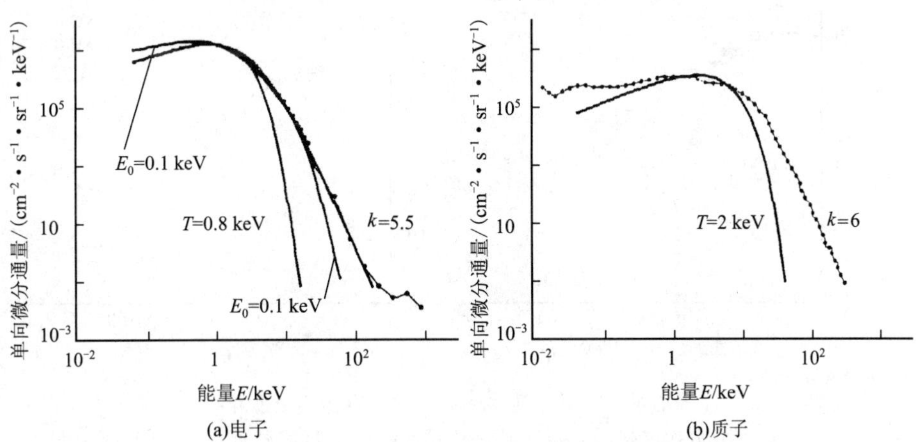

图 6－46　等离子体片近地处（$r\approx14$）电子和质子的典型能谱（卫星 ISEE－1 数据）

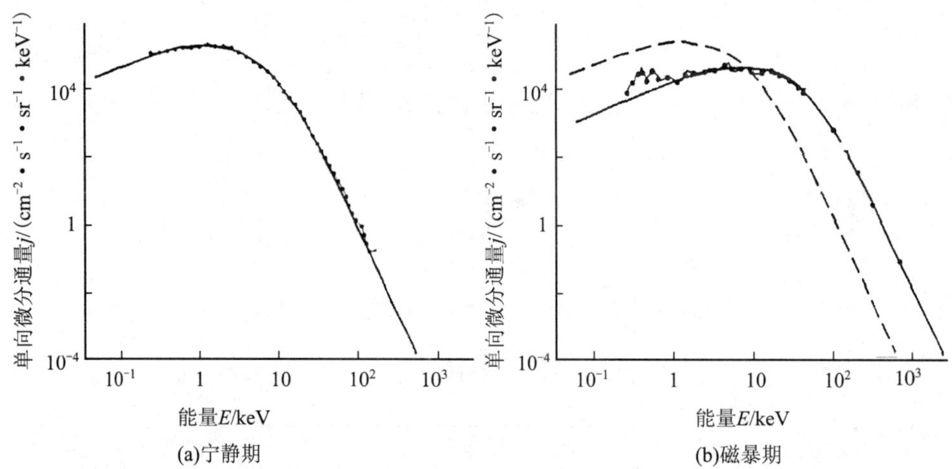

图 6－47　等离子体片近地处（$r \approx 14$）的质子能谱（卫星 ISEE－1 数据）

能谱近似于 k=5.5 的 k 指数函数分布；右图中的虚线表示左图的宁静期谱

在磁宁静期，近地等离子体片的成分主要由电子和质子组成；而在磁暴期，富含源于电离层的离子（O^+，He^+，N^+ 和 O^{2+} 等）。基于卫星 ISEE－1 的观测数据，在宁静期，O^+，He^{2+} 和 He^+ 离子（E=0.1～17 keV）在近地等离子体片的平均含量分别约为 2%～7%、0.3%～4.4%和<0.5%。其余主要为质子，而电子含量很少，甚至少于氧离子的贡献。在磁宁静期（$K_p=1_-$），等离子体片近地处的各主要离子按能量的分布示于图6－48。

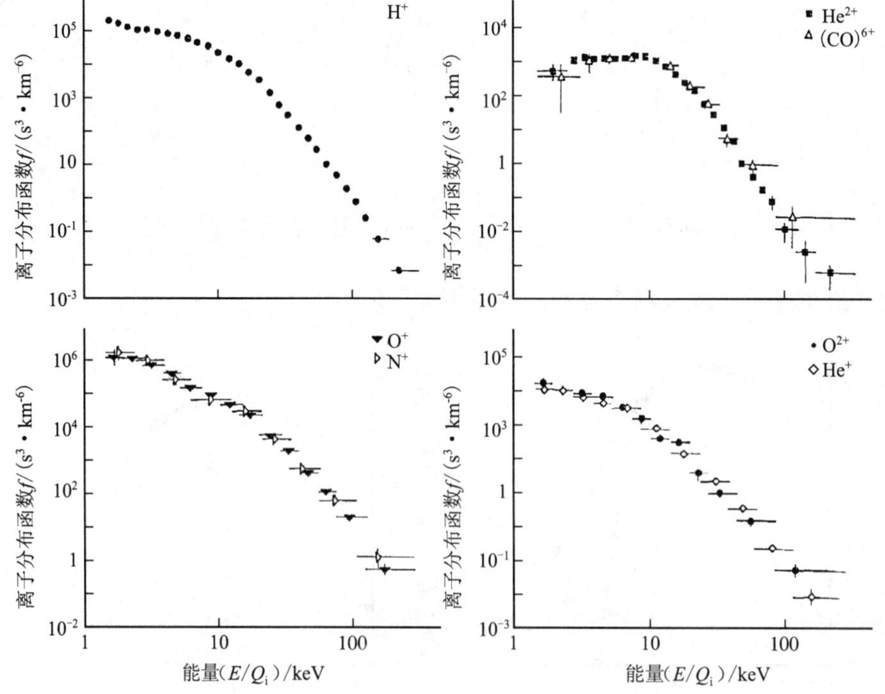

图 6－48　在等离子体片近地处［$r \approx$（8～9）R_E］，磁宁静期时主要离子成分按能量的分布（根据卫星 AMPTE/CCE 数据）[38]

分布函数值对（CO）$^{6+}$、N^+ 和 He^+ 分别乘以系数 15.9，4.9 和 0.4

由图 6－48 可见，源于太阳的 He^{2+} 和 $(CO)^{6+}$ 离子按 E/Q_i 分布的能谱是相似的。源于电离层的离子（O^+，He^+，N^+ 和 O^{2+}）也彼此具有能谱相似性，但与源于太阳离子的能谱不同。电离层离子的能谱无极大值，且具有更大的刚度。质子能谱居于太阳离子能谱与电离层离子能谱两者之间。

在磁暴发生期间，$E/Q_i \approx 1 \sim 20$ keV 的 O^+ 离子在等离子体片近地处的含量达到约 50%以上。图 6－49 示出等离子体片近地处各离子组分和太阳活动水平的关系[43]。

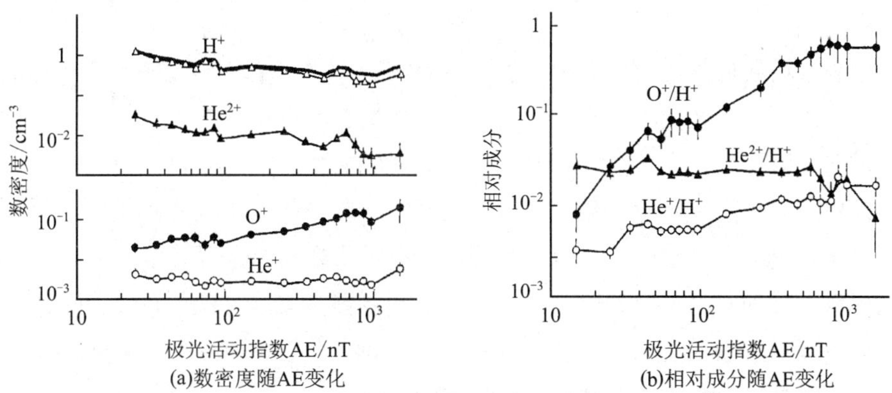

图 6－49　离子 H^+，He^{2+}，O^+ 和 He^+($E/Q_i \approx 0.1 \sim 17$ keV) 在等离子体片近地处（$r \approx 10 \sim 20$）的数密度和相对成分与极光活动指数 AE 的关系（卫星 ISEE－1 数据）

图（a）中的粗线表示离子密度之和

6.9.3　粒子在磁尾的加速

在磁尾，离子可通过随机机制加速至数 MeV 量级。粒子在稳态磁场中运动的绝热性，在以下条件下将被破坏

$$k=\left(\frac{R_c}{\rho_i}\right)^{\frac{1}{2}}<2.9 \tag{6－50}$$

式中　R_c——磁场线的最小曲率半径；

ρ_i——粒子最大回转半径。

计算机模拟结果表明，当 $1<k<3$ 时，赤道投掷角 $\alpha_0 \approx 90° \pm 60°$的离子的磁矩 μ 值变化不大；而对于 $\alpha_0<30°$的离子，μ 值明显增加，并导致产生离子束流。这种加速的效率越大，电流片内的 B_z 值越小。但是，在磁尾的准稳态模型内，离子的加速效率并不大，约为起始能量的百分之几十。

绝热性的时间判据为

$$\chi=\tau_i\frac{\dot{B}}{B}=2\pi\frac{M_i}{Q_i}\frac{\dot{B}}{B^2}\ll 1 \tag{6－51}$$

式中　τ_i——离子回转周期；

$\dot{B}\equiv\dfrac{\partial B}{\partial t}$；

M_i，Q_i——离子的归一化质量和电荷（相对于质子归一化）。

当偏离上述判据时，将随机导致离子加速。计算结果表明，$\chi>0.05$ 时，加速效率随参量 χ 的增大而增加。这种加速机制的效率与粒子投掷角密切相关。$\alpha_0\approx 90°$的离子加速只发生在亚暴开始，且粒子很快从加速区逃逸；离子具有中等 α_0 时，加速最有效。对于 $M_i>1$的离子（如源于电离层的 CNO 群离子），这种加速机制比质子更为有效。

在磁亚暴发生期间，磁尾电流片将产生撕裂模不稳定性（tearing mode instability），这是具有有限电阻的长电流片中的一种宏观电磁不稳定性。它由非均匀磁场所驱动，局限在电流片中心磁场接近于零的区域内，形成 X 中性点，并将磁能转化为等离子体的热能和动能。磁尾电流片的撕裂模不稳定性是触发亚磁暴的有效机制。在一定条件下，这种不稳定性将分成两个阶段表现：开始呈线性，然后转为非线性（爆发式）。相应地，粒子能谱从指数函数段过渡到具有幂律函数“尾巴”的形式。改进的磁尾电流片模型已计及了动力学混沌和磁尾内发生的其他效应，可以模拟撕裂模不稳定性等过程。

在磁尾电流片的动力学模型中，磁亚暴期离子的能量在 $r=10\sim15$ 处可以增加约 10^3 倍；而在磁重联形成的 X 中性点附近（$r>20$），可增大约 $10^3\sim10^5$ 倍。在中性电流片区域产生能量几 keV 至数 MeV 的离子束流（向地球运动）。

从上述分析可以看出，对外地磁层区域的冷、热等离子体粒子在空间一时间上的分布、起源、离子成分、加速机制及输运等，已有了相当的了解。但是，一个完善的可以解释全部规律及粒子相互作用的理论至今尚未建立。所有有关外地磁层区域的成分、结构和等离子体动力学的当代模型都包含着自由参量，并且其幅值大小都还只是近似的，尚有待于进行更深入的研究。

6.10 环电流

6.10.1 引言

磁层环电流（ring current）变化是导致地磁暴产生的基本机制。磁暴产生时地磁场在中、低纬度的水平分量将下降。在给定的纬度上，地磁场水平分量的下降值实际上与经度无关，只是在磁暴刚开始阶段与经度弱相关且很快消失。在地球表面赤道处，磁场水平分量下降的平均值仅有 0.1%～1%。在最强烈磁暴（数百年一次）产生时，赤道磁场下降 3%～6%。

基于安培定律，这种磁效应是对沿西向绕地球环流的闭合电流的响应。环电流的大小通常由低纬度磁场扰动的水平分量，即 D_{st}指数的大小来衡量。D_{st}值一般是取几个磁观测台一小时的平均值。基于目前的分类，$|D_{st}|<50$ nT 为弱磁暴；50～100 nT 为中强磁暴；>100 nT 为强磁暴。巨磁暴时，$|D_{st}|$ 可增加至 250～600 nT。

一般认为，环电流在粒子成分和产生机制上都与辐射带有原则上的差异。环电流是由能量 $E/Q_i\approx 10\sim250$ keV 的正离子组成，其能量范围为 10 keV$<E/Q_i<40\ L^{-3}$ MeV（Q_i

为离子电荷与质子电荷的比值；L 为磁壳层参数）。

根据卫星观测结果表明，在磁暴的主相期，环电流粒子通量增加 1～3 个数量级（与磁暴强度、观测点以及粒子能量和类型有关），而在恢复相会衰减至某一稳定水平。在磁暴期，环电流总能量的 80％将分摊到能量 $E/Q_i \approx$ 20～250 keV 的离子上。在弱和中等磁暴条件下，环电流能量密度径向分布呈极大值（$L \approx 3$～4）时，热等离子体压力的 80％～90％是由能量 $E/Q_i \approx$ 50～100 keV 的离子所提供的；在强磁暴条件下，该能量范围将移至 200～300 keV。电子对环电流热等离子体压力（能量密度）和磁效应的贡献相对较小：在弱和中等磁暴下不超过 25％，在强磁暴下，电子的贡献降至≤10％。在亚磁暴期间，热等离子体在 $L \approx 6$～7 处压力的最大变化源于 $E \approx$ 28～98 keV 的质子，而E＝16～214 keV 电子的贡献不超过 5％。

6.10.2　环电流粒子的组分、空间分布和能谱

环电流粒子分布的重要特征涉及其离子和电荷组分、能谱形状及投掷角分布。它们与观测点至地球的距离、磁地方时（MLT）、地磁活动水平和特征、太阳活动周相位、太阳活动强度、行星际磁场强度和取向等因素有关。

（1）环电流粒子的组分

卫星观测结果表明，与辐射带不同，磁宁静时环电流的粒子组分几乎完全源于太阳粒子（质子和电子）。然而，环电流在磁暴期出现 O，N 和其他元素离子的富集。这些离子都是分布于地球大气层和电离层外层，而几乎不存在于太阳风内。环电流的组分与 L 值及粒子能量有关，并在地磁扰动时发生强烈的变化。

在磁宁静期，环电流的离子组分主要是质子，这表明质子比其他离子能发生更快的电荷交换。在宁静期、位于 L＝5～7 处、能量 E/Q_i＝（10～315）keV 的 H^+，O^+，N^+，He^+，He^{2+}，O^{2+} 及（$C^{6+}+O^{6+}$）的分浓度（partial concentration）分别约为 80％、14％、3％、3％、0.5％、0.3％和 0.02％。在典型磁暴期，质子对环电流作出的贡献最大。在 max｜D_{st}｜≈50～160 nT 的磁暴主相期，环电流中心区（$L \approx 3$～5）的 H^+ 和（N，O）$^+$ 的平均分浓度分别约为 62％和 35％，平均能量密度所占的比率分别约为 69％和 27％。

但是，在极强的磁暴下，O^+ 离子在环电流能量密度中所占的比率可能接近或超过质子。已经发现，在 max｜D_{st}｜＞250 nT 的磁暴期，O^+ 可能在环电流能量密度中短时占主导地位。在 1991 年 3 月的一次巨磁暴极大期，O^+ 占 E＝50～426 keV 和位于 L＝5～6处离子能量密度的 66％，在环电流中起主导作用。O^+ 离子的能量密度与｜D_{st}｜密切关联。

在太阳活动极大期，磁宁静时 $E \approx$100～130 keV 的 O^+ 离子在地球同步轨道区的能量密度与质子的能量密度相近；而在磁暴或亚磁暴期，可能超过质子能量密度的数倍。在地球同步轨道，即使在不强的地磁扰动（max｜D_{st}｜＜30 nT）期，环电流的离子组分也会发生强烈的变化。在很宽的能量范围（从几十 keV 至数百 keV）内，环电流将发生 O^+ 和其他 M_i＞1、电荷 Q_i＝1～2 的源于电离层的离子富集效应。在有些亚磁暴时，这种效应对能量为数百 keV 的粒子最为显著。磁暴时 He^{2+}，C^{6+}，及 O^{6+} 等源于太阳的多电荷离子浓度增强不明显，并且增强效应随 L 值的变小而急剧衰减。

在地球同步轨道，环电流不同离子（$E/Q_i \approx$ 40～70 keV）的相对通量和能谱变化呈

现明显的非绝热成分，标志着离子组分发生变化。环电流离子通量的长时间（约 1 个月）变化与粒子质量密切相关，并且 CNO 群离子通量变化明显呈现出阈值特征（如图 6－50 所示）[44]。

基于不同卫星的同步测量结果表明，环电流在 $L>5$ 处发生了离子能谱的硬化效应，并且在磁暴期硬化一直延续至环电流的外边缘。这些结果证实，在环电流的形成过程中，绝热机制起到了重要作用。磁暴或亚磁暴期，环电流不同离子通量的演化特征和幅值的差异，主要由以下两个因素所决定：不同离子组分具有不同的起源和加速机制；离子的特征寿命与其质量和电荷密切相关。

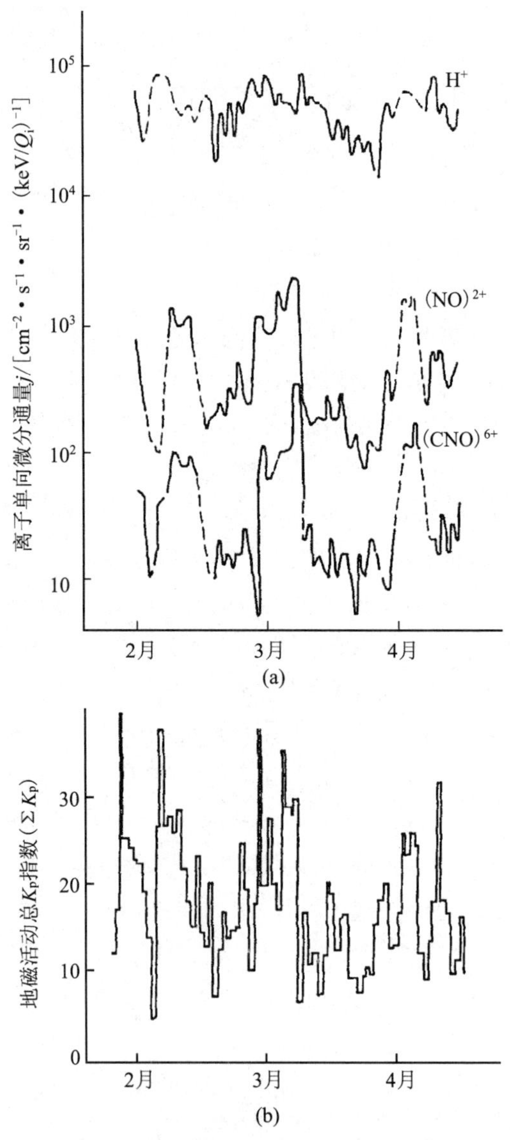

图 6－50　在地球同步轨道及 1985 年和地方时 12：00LT 条件下，E/Q_i分别为 62，54 和 59 keV 的 H^+，$(NO)^{2+}$ 及 $(CNO)^{6+}$ 离子通量随时间的变化

（b）图表示相应的地磁活动总（1 日）K_p 指数变化

图 6－51 给出了不同地磁壳层（$4<L<9.2$）条件下，$E=1\sim300$ keV 的氧离子通量随电荷的分布[45]。在此分布中，可以区分出电离层离子组分（$Q_i\approx1$）和太阳离子组分（$Q_i\approx6$）两者的贡献。可以看出，随着 L 的增大，源于太阳离子的影响相对增大。图中各峰值上的数字表示氧离子的 Q_i 值，虚线反映通量的背景水平，垂直线段表示统计误差大小。

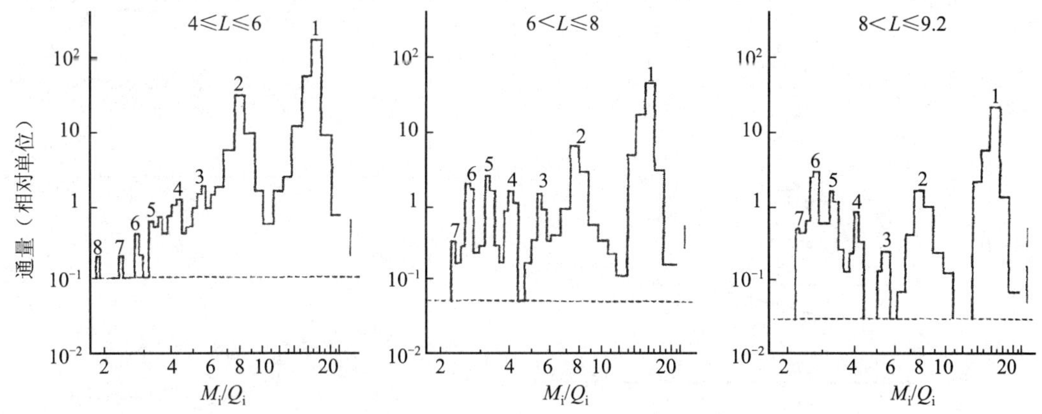

图 6－51　环电流氧离子通量按电荷的分布

$K_p\leqslant4$，$E=1\sim300$ keV；13：00LT；$4\leqslant L<9.2$

磁宁静期，在 $L>8.5$ 和 $E/Q_i\approx10\sim300$ keV 条件下，He^{2+} 离子通量超过 He^+ 离子通量。随着 L 值的降低，通量比率 He^+/He^{2+} 增大，并且在环电流峰区（$L\approx4\sim6$），He^+ 离子通量远大于 He^{2+}。

基于卫星观测数据结果，$E/Q_i\approx50\sim70$ keV 的 CNO 群离子（$Q_i=2\sim6$）的电荷分布，在地球同步轨道区呈现极复杂和多种形式的演化，这种演化与地磁活动的特征和水平有关，如图 6－52 所示[46]。此类离子的电荷分布，在亚磁暴期发生了急剧的变化。但是，由于环电流离子与外大气层原子的电荷交换（充电）过程很快，可使其电荷分布和能谱以远高于离子通量变化的速度恢复至平衡态。由图 6－52 可见，1985 年 8 月 12 日至 13 日期间发生了一次中等强度磁暴，图中各曲线上分数的"分子"和"分母"均与图（a）中标明的时间点相对应，即各曲线表征磁暴发生前后不同演化时间段内 CNO 群离子通量比率与离子电荷的关系。通过比较不同时间段内的变化曲线，可见磁暴期后具有较高电荷的 CNO 群离子通量增高。例如，图（b）中的"5/1"曲线的平均通量比率明显高于图（c）中的"1/2"曲线的平均通量比率。

（2）环电流粒子的空间分布

环电流主要离子组分的数密度（n）和能量密度（w）的径向分布，如图 6－53 所示。环电流粒子数密度径向分布的特点是在宁静期和磁暴期，分别在 $L=5.5\sim6.0$ 和 $L=2.5\sim5.0$ 处呈极大值。

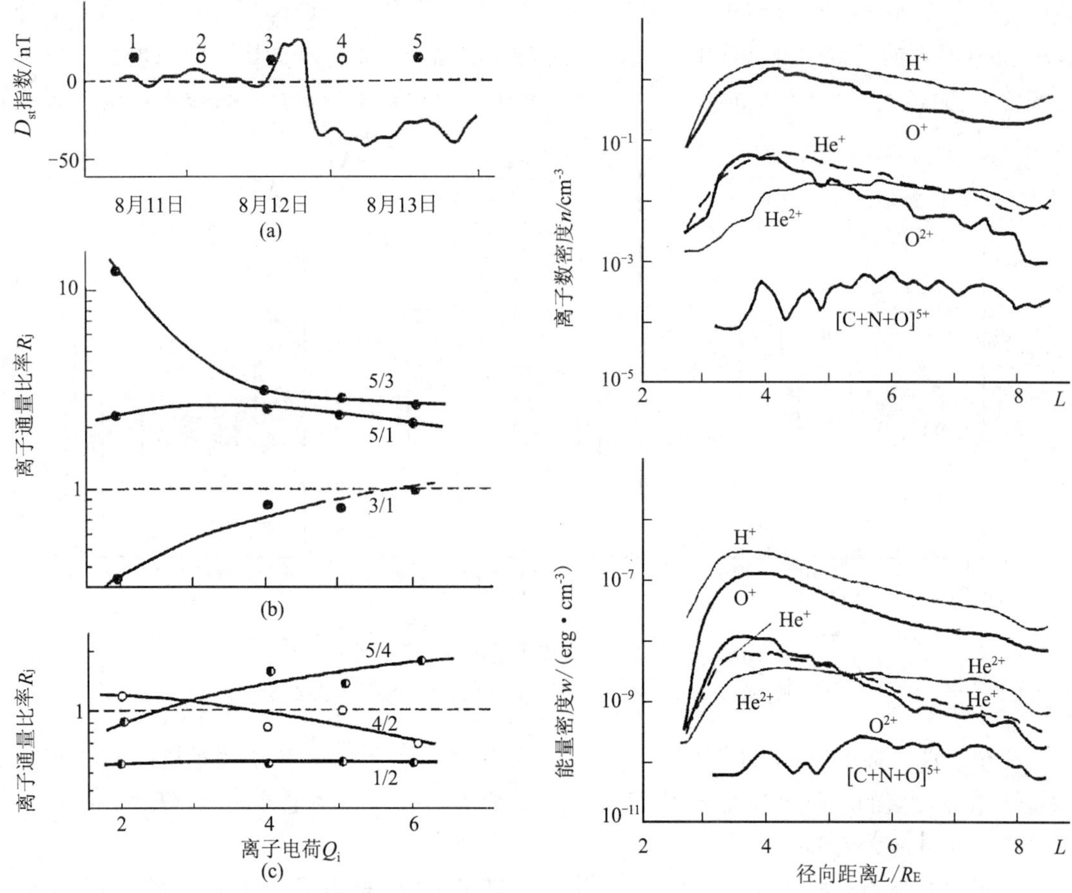

图 6－52 $E/Q_i \approx 50 \sim 70$ keV 的 CNO 群离子在地球同步轨道的通量比率 R_j 与 Q_i 的关系

（曲线上分数的分子、分母与 1985 年 8 月 12 日～13 日发生磁暴时 D_{st} 演化时间相对应；●—子夜间；○—子午间）

图 6－53 $E/Q_i \approx 5.2 \sim 315$ keV 的离子数密度（n）和能量密度（w）的径向分布[38]

数据取自 1984 年 9 月 5 日一次磁暴主相期（max｜D_{st}｜ $\approx$ 120 nT）的卫星观测结果

在单独发生亚磁暴期间，离子通量的增强只发生在环电流外缘地区（$L \approx 6 \sim 8$）。尽管粒子通量在此处可增大 5～10 倍，很快（1～2 h 内）又会恢复到稳态水平。环电流的快速恢复说明，在磁亚暴事件中粒子在足够短的时间内（子夜附近 2～3 h）注入，并随地方时而很快漂移。

在磁暴或亚磁暴期间，地球同步轨道子夜附近的热等离子体数密度从 0.4～2 cm^{-3}增加到2～5 cm^{-3}。在此区域 $M_i > 1$ 的离子密度极敏感于地磁场活动的水平和特征变化。在环电流紧靠磁尾的边界区域（$L \approx 6 \sim 7$），各种能量粒子几乎是同时被注入的；而在 $L < 5$ 处，高能和低能粒子的输运时间可以相差几个数量级。通常在磁暴期间，在地球同步轨道区，只有能量为几百 keV 的粒子具有稳定的和闭合的漂移轨迹；其他具有赤道投掷角 $\alpha_0 \approx 90°$的粒子，是沿开放或非稳定的轨迹漂移。

（3）环电流粒子的能谱和投掷角分布

环电流离子的典型能谱示于图 6－54[47]。在宁静期，环电流离子能谱在 $E/Q_i \approx 20\sim100$ keV范围内具有很深的极小值（坍塌）。在 $L\approx4$ 处，这种坍塌表现得最为显著。随着 L 值的增大，能谱极小值移向低能端并逐渐衰减。能谱极小值的位置主要由离子的电离损耗决定，并对不同的离子组分而不同。

在磁暴期间，环电流离子被注入到能量“槽”区（见图 6－55），部分或全部地充满。相应能量的离子通量在磁暴期增大最为明显，从而能谱的坍塌将消失[48]。

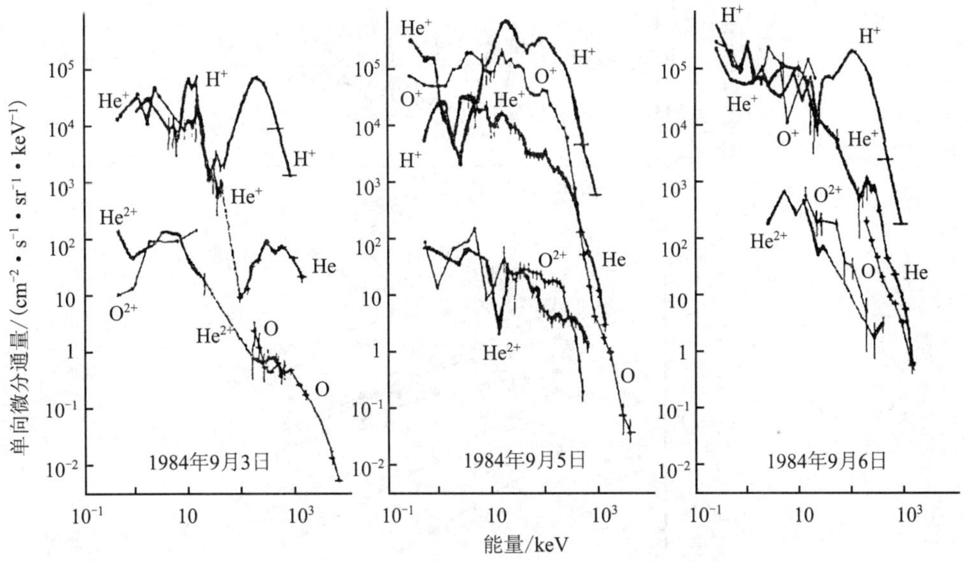

图 6－54　在磁暴前（1984 年 9 月 3 日）、主相（1984 年 9 月 5 日）和恢复相开始（1984 年 9 月 6 日），$L\approx4$（$B/B_0\approx1$）处的离子能谱

He^{2+} 和 O^{2+} 离子通量乘以系数 10^{-2}

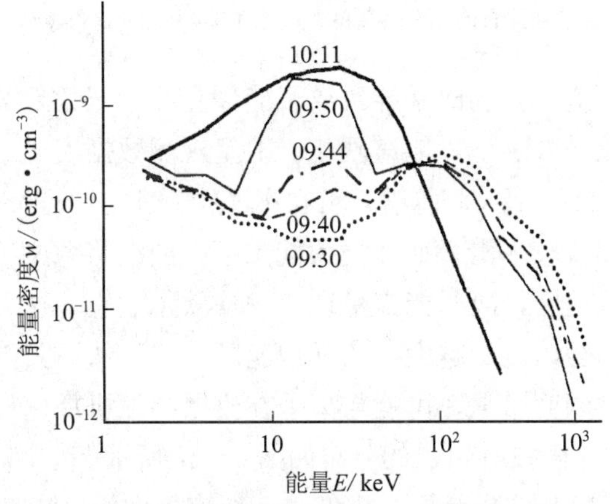

图 6－55　在 L=4～5 处离子的能量密度谱

数据取自 1972 年 2 月 24 日的一次典型磁暴前的宁静期（9：30UT）和主相（09：40～10：11UT）的卫星观测结果

在宁静期，地磁阱中粒子总能量的75%是由 $E \approx 100 \sim 400$ keV（辐射带）的质子所携带；而在磁活动期，90%的总能量由 $E/Q_i \approx 10 \sim 250$ keV（环电流）离子所携带。磁暴期环电流微分能量密度谱与 L 值有关，其极大值位于 $E/Q_i \approx 30 \sim 80$ keV 处。

在地球同步轨道区，正如环电流离子成分一样，其能谱即使在较小的地磁扰动下，也会发生强烈的变化。在地球同步轨道上，质子能谱在 $E \approx 60 \sim 120$ keV 范围内近似呈指数函数的形式，如图 6－56 所示。在典型的磁暴期，谱参量 E_0 通常增加至 2 倍。

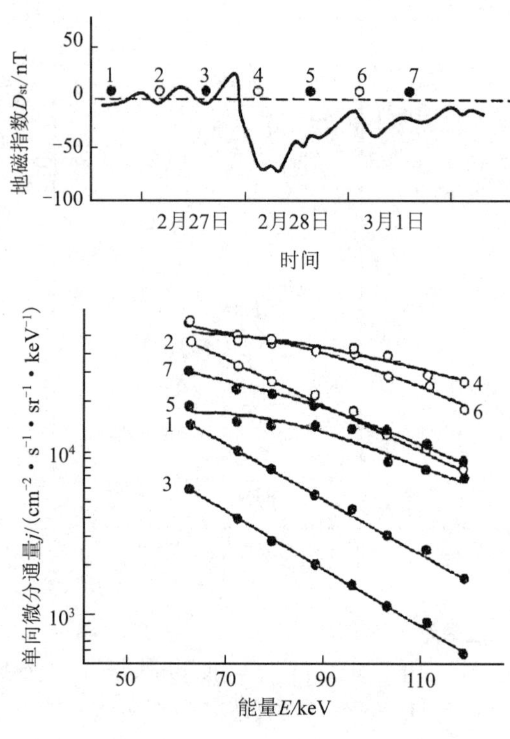

图 6－56　环电流质子能谱[46]

基于 1985 年 2 月 27～28 日的一次磁暴和宁静期的卫星观测数据；●和○分别表示子夜和子午测量结果

在地球同步轨道上，弱磁暴导致离子能谱在几十至数百 keV 的能量范围内软化；而在足够强的磁暴和亚暴影响下，能谱硬化。卫星观测数据表明，在地球同步轨道与 $K_p > 5$ 条件下，离子 H^+，He^{2+} 及 O^+ 能谱，可在 $E/Q_i \approx 41 \sim 133$ keV 能量范围形成“膝部”。$E/Q_i < 80$ keV时，曲线较平滑；而在更大能量下，曲线将急剧下降。

在地球同步轨道区，离子能谱呈现亚磁暴软化效应，这可以被解释为是由于磁场偶极化引起的。粒子的初始能量越大，离开加速区越快，从而其能量增加相对越少。与此相反的效应即离子能谱刚度增强，可能与离子在磁尾的随机加速机制相关联。

环电流离子通量随投掷角 α_0 的分布如图 6－57 所示[49]。可见，在环电流中区，通量分布具有“正常”的（“馒头”）形状，并在 $\alpha_0 = 90°$ 有极大值。随着粒子能量的增大，在给定的 L 值下，投掷角分布的各向异性增强。随着 L 值的增加，环电流中区投掷角分布的各向异性变弱，并在地球同步轨道区接近呈各向同性。

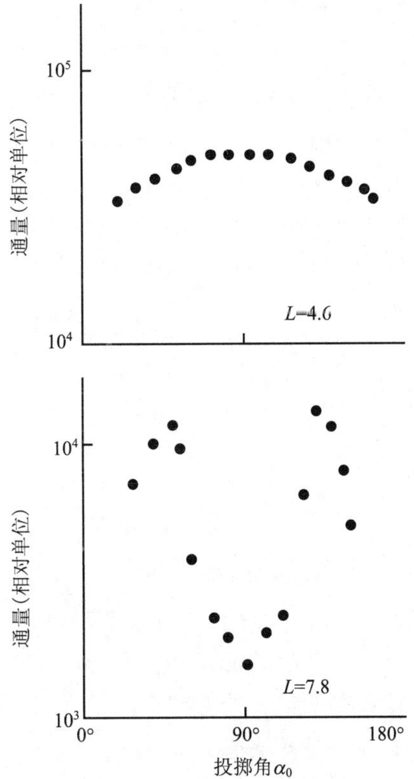

图 6—57　在环电流中区（$L=4.6$）和边缘区（$L=7.8$）离子通量的投掷角分布

6.10.3　环电流的形成和衰减机制

6.10.3.1　环电流粒子源

太阳和电离层热等离子体是形成磁暴环电流离子组分的主要粒子源，这已被环电流碳和氧离子的电荷分布所证实。横穿磁场的等离子体湍动性在 $h<1\times10^3$ km 高度，将电离层离子加速至数十或数百 eV。随后，通过静电场孤子（soliton）或横向电场的低频涨落作用，将离子加速至 $E/Q_i\approx$ 10～20 keV［在 $h\approx$（1～20）$\times10^3$ km 高度］。孤子亦称孤立波，用于描述形状恒定且在无限远处其增长或衰减不变，并与其他孤子交汇后保持原有形状的波，它们之间呈非线性效应。孤子沿磁场线迅速移动（振荡），形成局域磁阱；在此，电离层的 H^+，O^+ 和 He^+ 离子将被加速至 40 keV。这一机制可形成锥形投掷角分布，且其加速效率与粒子的电荷和质量有关。

随着太阳活动的增强，紫外线辐射增强，从而导致外大气层电离速度增大和电离层加热。这将使 O^+ 和其他 $M_i>1$ 的电离层离子易于进入磁层，并使其处于有利于被加速的条件下。计算机模拟结果表明，从太阳活动的极小期至极大期，在极光纬度区，热等离子体 O^+ 通量有超过数量级的增加。

在极光卵之上被加速至 $E/Q_i<$10～20 keV 的电离层离子沿磁场线运动，注入到地磁阱（形成极光带）以及磁尾等离子片靠近地球的区域，并在此与太阳等离子体相混合。在

磁亚暴间隔期间，电离层和太阳质子向近地等离子体片聚集，并被加速至很宽的能量范围（$E \approx 0.1 \sim 100$ keV），按能量重新分布，使能谱发生变形和平滑化。在磁暴或亚暴期间，等离子体片的粒子注入至地磁阱，并在此受到回旋加速。在从等离子体片注入地磁阱的过程中，大部分电子经受扩散和脉动极光引起的损耗而进入损失锥。与电子不同，大部分离子（约 90%）被俘陷于磁通管内和被吸入磁阱。

磁暴时环电流离子从近地等离子体片晨侧进入磁阱，其能量为 $E/Q_i < 17$ keV，并且主要源于太阳。在磁阱处环电流离子平均密度比 O^+/H^+ 降低约一个数量级，而 He^{2+}/H^+ 之比高于其他的等离子片区域。由此可以看出，源于太阳和电离层的离子对环电流总能量的相对贡献会发生很大变化。

试验结果表明，在磁宁静期，环电流离子总数主要是由质子所贡献；在地磁扰动期，通常质子仍然占环电流成分中的大部分。只有在巨磁暴的主相末期和恢复相的始期，O^+ 离子可能短时地成为环电流的主要成分。

在宁静期的环电流内，大部分（50%～70%）质子源于电离层；随着 L 值的变小，源于太阳的质子所占的比例下降。磁暴时环电流富集源于太阳的粒子，可使太阳质子达到近于 50%份额。在磁暴和亚磁暴期，环电流内 $Z>1$（主要为 O^+）的电离层离子供应增多。

与外磁层区域不同，在 $L=3 \sim 5$ 处，源于电离层的 He^+ 离子的影响大于质子。这说明等离子体层对这一区域环电流离子组分有重要影响。在等离子层顶区域发生的回旋共振，将使等离子层的 He^+ 离子得到明显加速。

当 AE<500 nT 时，源于太阳提供环电流离子的功效远低于电离层源（特别是在$L \approx 6.6$ 时）；在 AE>500 nT 时，电离层源的功效随 AE 增大而增大，并在高 AE 值时太阳源逐渐成为主导因素，如 1986 年 2 月巨磁暴主相期有>70%质子（$E \approx 1 \sim 315$ keV）从日球进入到达 $L=3 \sim 7$ 壳层。

从太阳活动的极小期至极大期，环电流中发生源于电离层的重离子富集，特别是 O^+ 离子。这时，源于电离层的质子在环电流总质子数中所占的比例变小。

6.10.3.2　粒子向环电流注入的机制

辐射带主要是在太阳风压力涨落作用下形成的，与此不同，环电流动力学则由全球电场所控制。影响磁暴主相动力学最重要的参量包括：太阳风速度 V_{sw} 和行星际磁场的南向分量 B_z 值。这些参量可反映外磁层区磁场的重构、太阳风等离子体（由 B_z 所控制）向磁层的穿透，以及全球电场强度 E_c（在赤道面其平均值为 $|E_c| = V_{sw} B_z$）的变化。

在亚磁暴主相期 E_c 急剧增大，并发生磁场的偶极化（近地磁尾区域内磁场线收缩）。在此期间，从等离子体片向地磁阱内注入大量的带电粒子，形成非对称的环电流。借助沿磁场方向流动的双克兰道夫电流（场向电流），可使非对称的环电流与电离层电流系关联起来，结果形成统一的磁层一电离层电流系和电场系，促使环电流在 1～3 h 内趋于对称化。

强磁暴具有持续时间较长的主相（长于 20 h）；或者，强磁暴分两个阶段发生，即从第 1 个磁暴的恢复相开始，随后的磁暴便已爆发。在邻近的两段时间内，若出现较大的行星际磁场南向分量时，便可能发展为两阶段磁暴。这时，注入时间会增长，导致环电流向更深处地磁阱穿越。为了使环电流在第 2 阶段明显增强，必要条件是确保磁暴第 1 阶段有利于热等离子体向外磁阱区聚集和向等离子体片近地处的聚集。这种聚集将导致热等离子体电离层源的激活，或者在地磁层边界处使等离子体数密度增大至 20～30 cm^{-3}以上（“冻结”磁场呈南向）。

6.10.4　环电流磁场

根据环电流磁场计算结果和卫星观测数据可以得出，在赤道面附近，磁暴期磁阱磁场的弱化在 $L\approx2.5\sim3.5$ 处最大，在此处环电流能量密度呈极大值。并且，在环电流的内边缘和地球表面之间的区域，磁场与 L 值无关；而在 $L\approx6\sim7$ 处（环电流外边缘），磁场略有增强。

在具有典型内边缘宽度（$\Delta L\approx0.1L_{max}$）的磁暴环电流呈能量密度极大值处，等离子体压力 P_p与磁场压力 P_m之比具有以下表达式

$$\frac{P_p}{P_m}=\frac{1.3}{L_{max}} \tag{6-52}$$

在磁暴期，环电流能量密度径向分布极大值的位置 L_{max}可以根据下面的经验公式估算[50]

$$|D_{st}|_{max}=2.75\times10^4L_{max}^{-4} \tag{6-53}$$

如前所述，除了环电流，还有其他的磁层电流对 D_{st}有贡献。在对偶极磁阱取线性近似条件下，对称环电流对 D_{st}的贡献（在宁静期和磁暴恢复相）与环电流所有粒子总动能的贡献之间具有以下的关系

$$D_{st}^{*}=-4\times10^{-30}W(t) \tag{6-54}$$

式中　D_{st}^{*}——对称环电流对 D_{st}的贡献值（nT）；

$W(t)$——环电流所有粒子的总动能（keV）。

计及环电流磁场能量（非线性叠加），D_{st}^{*}增加约 10%～15%。这一关系式计及了与粒子磁漂移相关的电流和与环电流径向梯度相关的抗磁性电流（在环电流外边缘，西向；在内边缘，东向）。例如，对于 $\max|D_{st}|<2\,000$ nT 的磁暴，可通过该式计算。

根据实测结果，在中等磁暴（$\max|D_{st}|<100$ nT）的恢复相，$D_{st}^{*}/D_{st}\approx0.7\sim0.9$。格林斯潘等人基于卫星对 80 次不同强度磁暴的观测结果所作的分析得出，在环电流粒子总能量与磁暴能量密度呈极大值时的 D_{st}之间存在密切关联。

近 20 多年来，有关环电流的研究，特别是对其离子成分的研究，已获得大量的实测结果。对环电流的时－空分布及动力学的许多特征已进行了大量令人信服的定量描述，并详细研究了环电流在磁暴恢复相的衰减过程。然而，对有关磁活动期环电流的形成机制和不同粒子源的离子加速与输运过程的细节尚缺乏足够的认识。在磁扰动期，环电流呈现局域化并发生位形的急剧变化，这个问题有待于在不同轨道及多个卫星上进行观测研究，并应对环电流动力学进行详细的数学模拟。

6.11　航天器的表面充放电效应

6.11.1　概述

航天器表面充放电是空间等离子体环境所导致的重要效应[51−52]。运行在地球同步轨道

(GEO) 的卫星常遭受异常大的充电效应的作用，其相对于周围等离子体可具有－1～－10 kV 数量级的负电位。这将造成强烈的电磁干扰（EMI），导致星载电子设备（如各类电子元器件和太阳能电池阵等）发生灾难性的故障；触发器和开关电路等逻辑电路会发出错误的遥控指令，导致卫星控制系统出现误动作。航天器表面的弧光放电（arc discharge）可能引起光敏半导体电路的失效等。

航天器表面充放电效应通常发生在春分、秋分时节和当地时间 22 时～07 时的时段。这种现象被认为是由于在亚磁暴期，热等离子体从磁尾注入引起的。阳光照射的航天器（向阳）表面，由于光电子发射可充电至正电位；在航天器的阴影或背阳表面，一般充电至负电位。特别是在地磁层的夜间一侧发生地磁暴期间，航天器甚至可充电至－20 kV 的高电位。

航天器电位是指整个航天器结构相对于周围等离子体的电位值。当航天器和周围等离子体间的电流流动处于平衡时，流入航天器表面和从表面流出的总电流 J_T 为零；此时所达到的电位被定义为航天器的电位。

表 6－9 列出了充分绝缘和具有良导体表面的航天器，在不同空间区域的平均电位值[53]。在等离子体鞘内，电子和离子的平均能量分别为 1 keV 和 6 keV，数密度约为 1 cm^{-3}，电子德拜长度约为 240 m。在等离子体层内，等离子体能量约为 1 eV，数密度为 10^1～10^3 cm^{-3}，德拜长度为 2.5～0.25 m。可见，这两个区域之间的差异很大。由表 6－9 可见，在夜间位于 L＝5～15 的地磁层区域内的航天器充电效应最令人担心。相比之下，在等离子体层、电离层和日球内，航天器的电位可保持在几十伏以下，充电效应并不显著。

表 6－9　近地空间不同等离子体环境下航天器表面极端充电电位

空间区域	航天器被食或处于阴影区时绝缘表面电位/V	向阳面航天器导电表面电位/V
等离子体层（<5R_E）	－2	＋2
昼间磁层［（5～10）R_E］	－5～－100	＋10
夜间磁层［（5～15）R_E］	－20 000①	＋30②
昼间磁鞘［（10～15）R_E］	－200	＋5
太阳风	－20	＋10②

①地磁暴期；

②稀薄等离子体（在平均状态下，航天器电位约为该值的 1/3～1/2）。

6.11.2　航天器表面充电的物理机制

当光子（阳光）照射航天器的金属表面时，将从表面发射光电子。发射光电子的能量近似呈麦克斯韦分布，平均能量约为 1.5 eV。光电子发射的数量与表面材料有关：阳光垂直照射不锈钢表面时，光电子电流密度约为 20 $\mu A \cdot m^{-2}$；照射氧化铝表面时，该值约为 40 $\mu A \cdot m^{-2}$。

当航天器运行至地球阴影区即发生航天器食时，阳光照射不到航天器表面。此时无光电子发射，航天器充电至负电位。设从周围等离子体流入航天器表面的离子和电子电流密度分别为 J_i 和 J_e，电子和离子与航天器表面撞击而产生的二次电流密度分别为 J_{se} 和 J_{si}，阳光照射航天器表面发射的光电子电流密度为 J_{ph}，则流入航天器表面的总电流密度为

$$J_T = J_i + J_{si} + J_{ph} + J_{se} - J_e \tag{6-55}$$

假定周围等离子体的能量呈麦克斯韦分布，且电子温度、平均热速度和密度分别为 T_e、V_e 及 N_0。当航天器电位 $\phi<0$ 时，入射至航天器表面的电子密度 N 可表达为

$$N = N_0 \exp\left(\frac{e\phi}{kT_e}\right) \tag{6-56}$$

基于电子电流密度关系式，在航天器周围等离子体环境中电子电流密度为 $J_{e0}=eN_0V_e$。当 $\phi=0$ 时，则流入航天器表面的电子电流密度为

$$J_e = eNV_e = J_{e0}\exp\left(\frac{e\phi}{kT_e}\right) \tag{6-57}$$

当 $\phi>0$，所有从周围等离子体流入的电子都被表面吸收，故 $J_e=J_{e0}$。

对于正离子，当航天器电位 $\phi>0$，则有

$$J_i = J_{i0}\exp\left(\frac{-e\phi}{kT_i}\right) = J_{i0}\exp\left(-\frac{e\phi}{W_i}\right) \tag{6-58}$$

当 $\phi<0$，所有流入的离子都被表面吸收，故 $J_i=J_{i0}$。从表面发射的二次电子数量可等效于流入的正离子数量，故当 $\phi>0$ 时，则有

$$J_{se} = J_{se0}\exp\left(\frac{-e\phi}{W_{se}}\right),\ J_{si} = J_{si0}\exp\left(\frac{-e\phi}{W_{si}}\right) \tag{6-59}$$

式中 W_{se}，W_{si}——流入的电子和离子所产生的二次电子的等效温度（eV）。

对于 $\phi<0$，$J_{se}=J_{se0}$，且 $J_{si}=J_{si0}$。电子和离子流入所产生的二次电子密度与航天器表面结构材料有关。

当 $\phi>0$ 时，从表面发射的光电子电流密度为

$$J_{ph} = J_{ph0}\exp\left(\frac{-e\phi}{W_{ph}}\right)\cos\alpha \tag{6-60}$$

式中 α——光线与航天器表面法线间的夹角；

W_{ph}——光电子的等效温度（eV）。

当 $\phi<0$ 且 $|\alpha|<\pi/2$ 时，$J_{ph}=J_{ph0}\cos\alpha$。光线照射不到航天器表面时，$J_{ph}=0$。

当运行在地球同步轨道的航天器进入地球阴影时，航天器电位为负（$\phi<0$），故不存在光电子和二次电子电流。假定环境等离子体只由电子和质子组成，且 $T_e=T_i$，在此情况下，$J_p=J_{p0}$，且 $J_e=J_{e0}\exp\left(\frac{e\phi}{W_e}\right)$，式中，$W_e=kT_e$。电子和质子间热速度之比为 $V_e/V_p=\sqrt{1\,836}$，则 $J_{e0}=\sqrt{1\,836}J_{p0}$。在 $\phi<0$ 的情况下，$J_p=J_{p0}=J_e$，则

$$\frac{J_{p0}}{J_{e0}} = \exp\left(\frac{e\phi}{kT_e}\right)$$

$$e\phi = -\left(\frac{kT_e\ln 1\,836}{2}\right) = -3.76kT_e \tag{6-61}$$

这意味着当航天器处于地球的阴影区，表面会产生负电位且正比于周围等离子体的电子温度（$T_e = T_i$）。因此，当航天器被源于磁尾等离子体鞘的热等离子体所环绕时，其充电电位的幅值正比于等离子体的电子温度。

6.11.3 航天器表面充电的机制

航天器金属表面对入射太阳辐射的基本响应是发射光电子。图 6—58（a）所示为具有导电表面的航天器充电模式。整个航天器处于正等电位态。在航天器的背阳侧，只有正离子电流和电子电流从周围等离子体流入航天器表面。箭头的宽度表示每一类电流分量的幅值。在向阳侧发射的总光电子电流（用向外指向的涂黑箭头表示），远大于从周围等离子体流入的电子电流（用向内指向的未涂黑箭头表示）扣除流入的正离子电流（用指向内的（+）箭头表示）的电流值。所以，一部分电子电流将回流至表面。整体上，航天器充电至正电位。正如表 6—9 所列，充电电位的幅值由光电子的平均能量所决定，大小为几伏量级。

图 6—58（a）下面的曲线表明，在向阳侧存在一浅势阱，是对反向光电子云空间充电的响应。在背阳侧，从周围等离子体流入表面的电子电流大于流入的正离子电流，从而导致负的瞬态充电。但是，因为航天器表面具有高的电导率，负充电电荷将与航天器向阳侧的正电荷相中和。

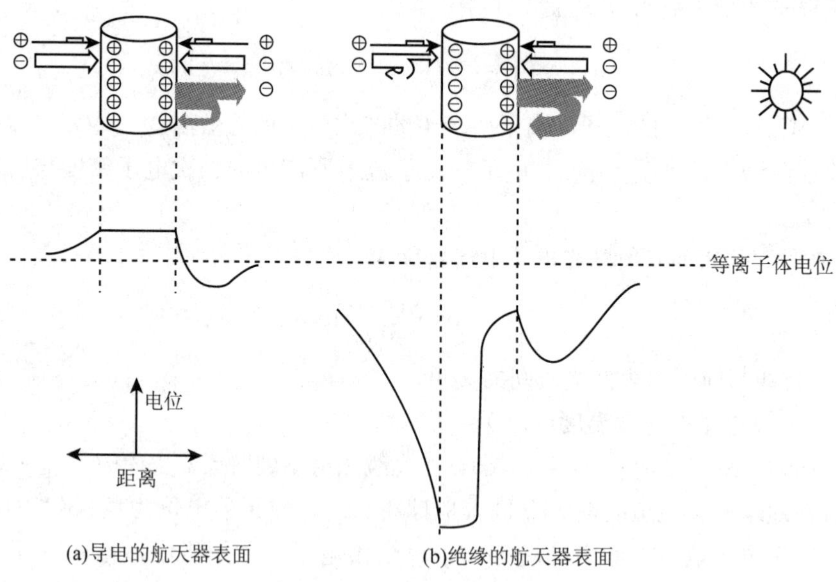

图 6—58　航天器的充电模式

图 6—58（b）所示为阳光照射到由介质材料构成的航天器表面时的充电模式。正如图 6—58（a）所示，从航天器表面发射的光电子电流远大于从周围等离子体流入的电子电流。流入和流出表面的电流在图 6—58（a）和（b）之间并无明显的差异。但是，由于图（b）中航天器表面为绝缘体，在航天器背阳侧从周围等离子体流入表面的电子电流的负电

荷不会与向阳侧的正电荷相中和，电荷无法在绝缘表面的阴影区与向阳面之间发生迁移，故航天器的背阳侧仍呈负电位。该电位值取决于周围等离子体的平均动能。在电离层和等离子体层，航天器表面充电电位一般不超过－2 V。在等离子体鞘内，电子平均动能为 1 keV，航天器表面充电电位可高达－3 keV。

图 6－58（b）下方的曲线图表示具有绝缘表面的航天器周围的电位分布。从周围等离子体流入表面的电子会受到背阳侧负电荷的排斥作用，故在背阳侧表面的电子密度降低。在背阳侧形成的离子鞘处于深度的负电位。在航天器背阳侧和向阳侧之间表面的附近，航天器电位急剧增大。但是，因为向阳侧表面是充正电荷的，一部分从表面发射的光电子又返回到表面，并在向阳侧表面附近形成一层电子云，建立一负势阱，从而使航天器即使在向阳侧电位也不为正。

6.11.4 航天器食充电、绝对充电及不等量充电

当一个天体被另一天体遮挡，或一个不发光天体进入另一天体的影锥时，完全或部分地从观测视野消失的现象称为食或蚀。一个航天器（或卫星）进入天体的影锥，从观测视野中消失的现象称为航天器食。当航天器进入地球的阴影区，会看不到太阳。运行在低地球轨道的航天器每运行一圈将有近一半时间处于地球阴影中，而在太阳同步轨道上运行的航天器不会进入地球阴影区。处于赤道上空地球静止轨道的卫星，每年春分、秋分前后各有 45 d 发生卫星食，而在二分点这两天卫星食的时间最长，各约 72 min。在发生航天器食期间，航天器的太阳能电池无法正常工作。

运行在夜间地磁层的航天器处于被食态，表面光电子发射将终止，航天器充电至负电位，这种现象称为航天器食充电（eclipse charging）。若航天器全部表面或金属表面相对于环境等离子体充电至相同电位，称为绝对充电（absolute charging）；而航天器表面为不同介质材料时，各部分表面的充电电位不同，称为不等量充电（differential charging）。由于电子和离子的流入而导致的二次电子发射与表面材料有关，处于阴影区的航天器将在不同绝缘材料之间形成电位差，并可能引起弧光放电。如果航天器是处于自旋状态，出现上述不等量充电的概率会降低。

当航天器的一部分暴露在阳光照射之下时易导致光照介质表面呈正电位，而相邻的非光照介质表面充电至负电位，形成不等量充电。地球静止轨道卫星的测量结果表明，航天器充电至－1 kV 以下的概率为 40%；充电至－10 kV 电位以下的概率为 1%～2%。在地球静止轨道上，于当地时间 00 至 06 时充电至－10 kV 电位以下的概率约为 6%～12%。大多数放电效应导致的电磁干扰发生在航天器充电至－10 kV 以下电位时。航天器食常发生在春、秋两分点附近，并且此时航天器电位总为负值。

图 6－59 示出在地球同步轨道上，ATS－5 卫星发生 21 次食充电事件和 ATS－6 发生 4 次充电事件时，充电电位与周围电子温度关系的统计规律[54]。可见，随着环境等离子体电子温度的升高，充电效应加剧。引起航天器充电的电子温度下限为 1.5～2.0 keV。

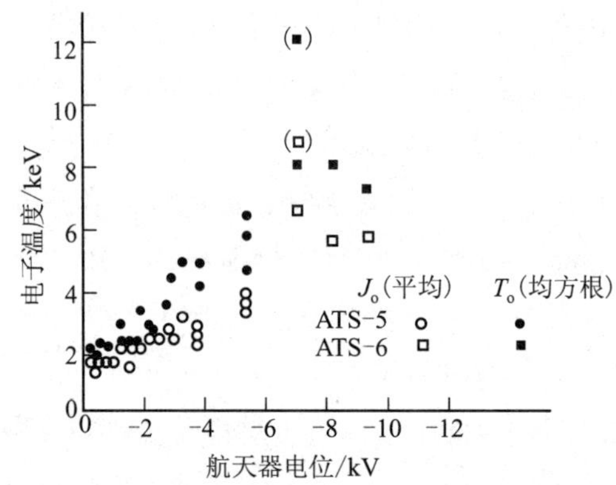

图 6—59　卫星 ATS—5 和 ATS—6 在地球同步轨道上被食时充电电位和等离子体电子温度间的统计关系

6.11.5　低地球轨道上未加偏压的物体

考虑一置于低地球轨道等离子体内的未加偏压的导体。当在轨运动的物体（速度为 v_0）置于非等量的离子和电子通量环境下，势必产生净的充电效应，如图 6—60 所示。

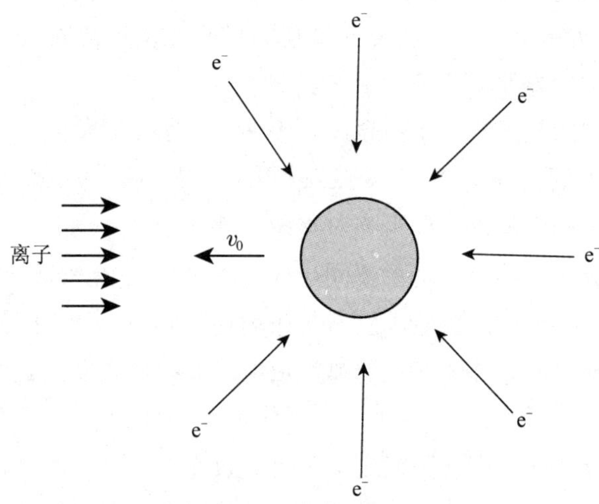

图 6—60　在低地球轨道运动的物体电流收集示意

从表 6—10 可以看出，在低地球轨道条件下，离子的热速度小于航天器的轨道速度；但是后者低于电子的热速度。因此，离子只能撞击面对速度矢量方向的物体表面，且离子电流由下式给出

$$I_i = en_0 v_0 A_i \tag{6—62}$$

式中　A_i——航天器收集离子的面积（m^2），与航天器的取向有关。

与此不同，电子可达到航天器的整个面积，故电子电流为

$$I_e=\frac{1}{4}en_0\exp\left(\frac{e\phi}{kT_e}\right)v_{e,th}A_e \tag{6-63}$$

式中，A_e为航天器收集电子的表面积（m^2）；因子定为$\frac{1}{4}$是由于德拜鞘的一半实际上已在鞘层之外，而另一半具有朝收集物体取向为 $\cos\theta$ 的平均分量。航天器将充负电荷，直至其电位大到足以排斥电子并达到电流平衡为止，这时称物体充电至浮电位（floating potential），其值为

$$\phi_{fl}=\frac{kT_e}{e}\ln\left(\frac{4v_0A_i}{v_{e,th}A_e}\right) \tag{6-64}$$

在低地球轨道，ϕ_{fl}具有−1 V 量级的典型值。航天器的浮电位是指航天器电学接地的导电表面相对于等离子体的电位。导电物体将充电至整体电位平衡，而介质充电至局域电位平衡。介质表面（例如，太阳能电池阵覆盖层或热控涂层表面）可能充电至不同的电位，取决于表面电导率和下面将讨论的其他各种因素。在低地球轨道，不同介质表面的充电电位差一般为 1 V 的量级。

表 6—10　320 km 高度上电离层等离子体特性

参量	符号	数值
高度/km	h	320
电子/离子密度/cm^{-3}	$n_{e,i}$	1×10^5
电子/离子温度/K	$T_{e,i}$	约 1 000
德拜长度/cm	λ_D	<1
电子热速度/（$km\cdot s^{-1}$）	$v_{e,th}$	约 200
离子热速度/（$km\cdot s^{-1}$）	$v_{i,th}$	1.1
轨道速度/（$km\cdot s^{-1}$）	v_0	7.7
电子等离子体频率/MHz	$f_{p,e}$	9
电子回旋半径/cm	$R_{L,e}$	25
离子回旋半径/m	$R_{L,i}$	5

6.11.6　低地球轨道上加偏压的物体

考虑等离子体与偏置在不同电位下物体表面的相互作用，一个重要的实例为太阳电池阵。如图 6—61 所示，太阳帆板（solar panel）由许多单独的太阳电池构成，各电池之间通过很薄的金属互联片连接起来。典型的电池尺寸为 2 cm×4 cm，采用透明的玻璃盖片层加以防护，相邻电池之间用（2～40）mil×30 mil，厚度为 1 mil（1 mil$=\frac{1}{1\ 000}$ in$=25.4\ \mu$m）的金属片相互连接。所以，典型的太阳帆板大约有 0.2%的表面积为裸露导体。大量的电池串联起来，构成太阳电池串（string of cell），为卫星电源系统提供所需的电压。随着电池串数量的增加，产生的电流将增大。在电池串内每个金属互联片相对于航天器的“电接

地”偏置至略为不同的电位。因此，太阳电池阵不同部位将以不同方式从环境等离子体收集电流。为了理解在有无偏压场合下的差异，考虑一个前端面对等离子体的太阳电池阵，其金属互联片可以收集全部离子电流（如图6－61所示）的实例。这种状态对应于轨道向阳侧的情况。太阳电池阵电位相对于等离子体的分布，应使其收集的离子电流和电子电流在数量上相等，从而使其处于静电平衡状态。

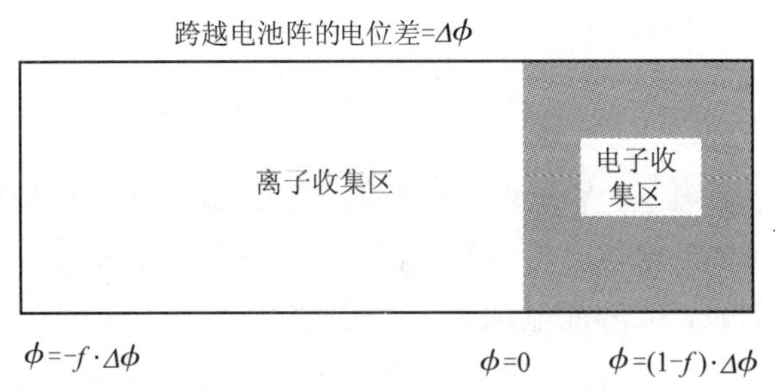

图6－61　太阳电池阵的电流收集

多种因素会使太阳电池阵电流收集问题的严格求解变得相当复杂。通过适当的简化处理，可理解其基本物理过程。因为离子具有较大的质量，相对于电子而言，离子是不易运动的。作为一级近似，可以认为离子将被相对于离子撞击能 ϕ_i 呈较负偏置电位的航天器各部位所收集。相反，太阳电池阵具有相对于 ϕ_i 呈较正电位的部位不再收集离子，而是将入射离子反射掉。类似地，太阳电池阵相对于电子撞击能 ϕ_e 偏压至较正电位的任何部位将收集电子电流。离子和电子的电流密度分别由下式给定

$$J_i = en_0 v_{i,th} \frac{f\Delta\phi - \phi_i}{\Delta\phi}$$

$$J_e = en_0 v_{e,th} \frac{(1-f)\ \Delta\phi - \phi_e}{\Delta\phi} \tag{6-65}$$

式中　f——太阳电池阵相对于等离子体负偏压的面积分数；

$v_{i,th}$，$v_{e,th}$——离子和电子的热速度；

$\Delta\phi$——太阳电池阵电位差（电压）。

当 f 值接近于1时，J_e 和 J_i 可视为大体上相等。因为电子电流的收集相对容易，大多数太阳电池阵宜呈负偏置电位，以便使 J_e 和 J_i 保持平衡。

6.11.7　航天器接地方式的选择

大多数航天器无法被简单地视为未加偏压的物体或单一的太阳电池阵，而可以看成两者的结合体。接地航天器的浮电位取决于航天器导电表面与太阳电池阵相连接的方式，基本上有三种接地方式。一是将航天器与太阳电池阵的负端相连，浮电位相对于等离子体为负，称为负接地（negative ground）；二是将航天器与太阳电池阵的正端相连，使其相对于等离子体处于正悬浮，称为正接地（positive ground）；三是完全不接地的称为悬浮接地（floating ground），此时太阳电池阵和航天器相互独立地悬浮着。

当航天器负接地时，航天器结构将收集离子电流，结果造成太阳电池阵电位相对于周

围等离子体向较正方向漂移。太阳电池阵电位发生较小的正漂移，将使所收集的电子电流有较大的增加。因此，尽管航天器结构可能很大，在许多情况下，仍然会使大部分太阳电池阵和航天器结构的电位明显低于环境等离子体的电位。实际的电压值决定于航天器结构和太阳电池阵的相对收集面积。

如果航天器正接地，航天器结构将对电子收集有所贡献，这会导致太阳电池阵向负电位方向漂移，以便收集更多的离子。最终使太阳电池阵收集离子的有效面积增大，从而使航天器悬浮电位仍然接近于等离子体电位。这是由于电子的撞击能只有0.2 eV，而离子撞击能却高达5.0 eV。

最后一种接地方式即悬浮接地，对航天器结构或太阳电池阵的浮电位皆无影响，航天器结构保持偏压在等离子体电位以下几伏的状态。图6—62示出上述3种接地方式之间浮电位的差异。在发生航天器食期间，太阳电池阵的电位差消失，这3种接地方式等效。

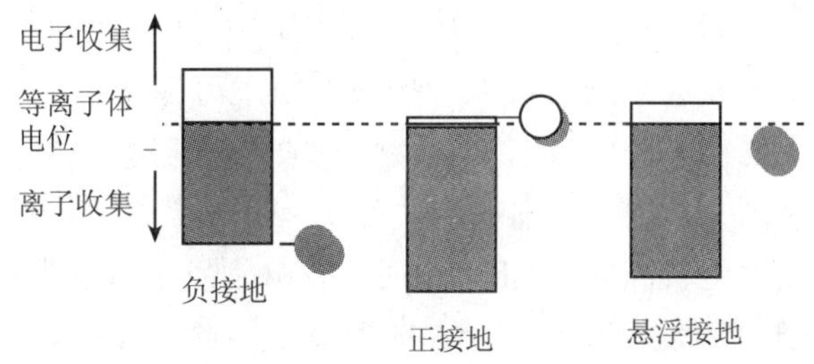

图6—62　三种电学接地方式的浮电位差异

从科学观测的角度，应优先选择正接地或悬浮接地方式，有利于减小航天器结构的浮电位。例如，一个携带等离子体诊断仪的航天器，显然希望尽可能对环境等离子体造成较小的扰动。为此，宜将航天器偏压至接近于等离子体的电位。负接地的航天器可能引起溅射效应或等离子体诊断学上的某些问题，使离子在到达测量仪器之前被加速甚至会出现弧光放电现象。但是，出于电源系统设计上的考虑，采用负接地通常较为方便，可允许电流通过标准的PNP晶体管。如果采取正接地，则要求用PNP晶体管取代NPN晶体管或者引入附加的绝缘技术。为了采取具有正接地的NPN逻辑电路，必须引入附加的绝缘技术，以便允许电流通过不同的电子元件。显然，这将使设计复杂化并增加系统的质量。实际上，大多数空间飞行并非执行科学测量任务，可不关注航天器浮电位的绝对值，负接地是可以接受的方式。在优先选择正接地的场合，需将太阳电池的金属互联片涂敷绝缘层，以阻止太阳电池阵收集电流，从而使浮电位接近环境等离子体的电位。

一般情况下要避免采用悬浮接地。因为没有公共的“地”，使得电源系统的故障监测变得困难。不过，悬浮接地可使弧光放电造成供电故障的可能性降至最低。俄罗斯的和平号空间站以及美国的某些行星际航天器选择了悬浮接地方式。

6.11.8 其他影响充电效应的因素

上述有关航天器表面充电现象的讨论忽略了某些复杂影响因素，而在进行较为精确严格的表面充电效应分析时，还需考虑以下因素。

（1）二次电流

上述分析中只考虑了源于环境等离子体本身的充电电流。流入航天器的热电流密度在数量级上等于 en_0v_0。基于表6－10的等离子体参量，可以求出该电流密度约为 1.2 mA · m^{-2}。

当材料被具有足够高能量的光子照射时，会导致光电子发射。在所有材料中氧化铝的光电子电流密度饱和值最高，为 42 μA · m^{-2}。作为一级近似，在低地球轨道上的光电子电流可以忽略不计。但是，在地球同步轨道环境条件下，光电子电流却可能成为主导的因素。

当具有足够大动能的离子或中性粒子撞击航天器表面材料时，会使材料表面的电子释放出来，导致二次电子发射。在低地球轨道等离子体环境中，撞击能为 5 eV 的质子撞击铝材料表面时，二次电子发射率约为 0.01，即每个质子可诱发 0.01 个二次电子。这表明，在低地球轨道条件下，二次电子发射率较低。在地球同步轨道，热等离子体中的质子具有较高的撞击能，所产生的二次电子发射较为显著。

如果航天器材料充电至较高的负/正电位时，将分别发生入射电子/离子的背散射。对于负电位，背散射电子通量大约为入射通量的 20%。因此，在低地球轨道作为一级近似，背散射可以忽略不计；但在较高轨道下，背散射是必须考虑的。

更精确的航天器充电分析必须计及各个电流项，甚至应该考虑微流星体和轨道碎片撞击产生的等离子体影响。各项二次电流的净效应是使太阳电池阵具有更正的浮电位。对于在低地球轨道负接地的航天器，最恶劣情况的分析可以忽略二次电流效应。

（2）感生电位

从洛伦兹力定律（式3－7）可以得出，导体中的电子横穿磁场线运动时，将感受向下的作用力，如图6－63所示。与电子相比，导体中的离子可视为基本不动。电子对电磁力 $v\times B$ 的响应是向下偏转，从而引起电荷分离并产生电场。电荷分离过程可一直持续到感生电场产生的作用力等于电磁力 $\boldsymbol{v}\times\boldsymbol{B}$ 为止，即

$$\boldsymbol{E}=\boldsymbol{v}\times\boldsymbol{B} \tag{6-66}$$

在相距为 l 两点上的感生电位差为

$$\Delta\phi=(\boldsymbol{v}\times\boldsymbol{B})\cdot l \tag{6-67}$$

在地球附近，$\Delta\phi$ 值约为 0.3 V · m^{-1}。对于尺寸较小的航天器，感生电位通常可以忽略。但是，对于大尺度的航天器（如空间站），在求解总收集电流时必须考虑感生电位。

因为荷电粒子被约束沿磁场线方向运动，沿磁场的电流收集会与横穿磁场线时有所不同。电子在低地球轨道的回旋半径为 5 cm，小于大多数航天器的尺寸。所以，大多数电子电流的收集沿平行于磁场 B 的方向。离子的回旋半径约为 5 m，大于大多数航天器尺寸，故磁场取向对离子电流收集的影响不大。

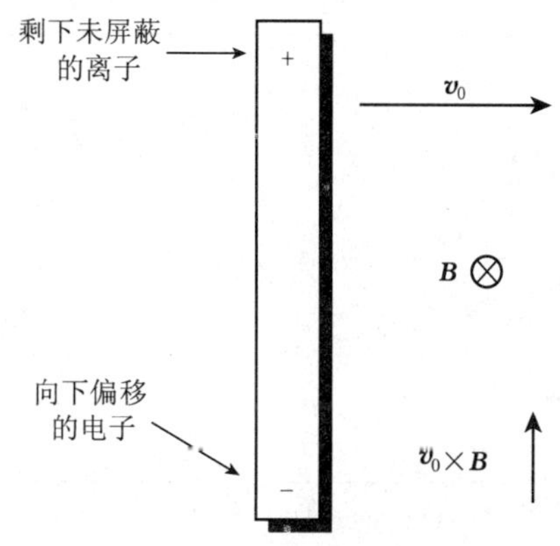

图 6－63　洛伦兹力 $v\times B$ 使电子向下偏移

(3) 等离子体在航天器前端和尾流区分布的非对称性

等离子体在航天器尾流区（wake）的填充类似于它移向真空区的膨胀过程（如图 6－64 所示）[55]。由于电子具有较高的迁移率，热电子将首先进入并填充到尾流区。由于电子数量多于离子的数量，会使该区域很快形成负电位，并对较慢（冷）的电子产生排斥作用。所以，尾流区的特征是具有较低的等离子体密度和较高的等离子体温度。尾流区被定义为马赫锥（Mach cone），其边界由航天器轨道速度和离子声速所决定（等离子体的离子声速为中性气体声波速度），如图 6－65 所示。在轨原位观测表明，航天飞机的轨道尾流区与马赫锥边界相一致（见图 6－66）[56]。在外层空间飞行的航天器或进行空间行走的航天员可能沉浸在尾流等离子体内，所遭遇的高能等离子体会导致严重的充电问题。

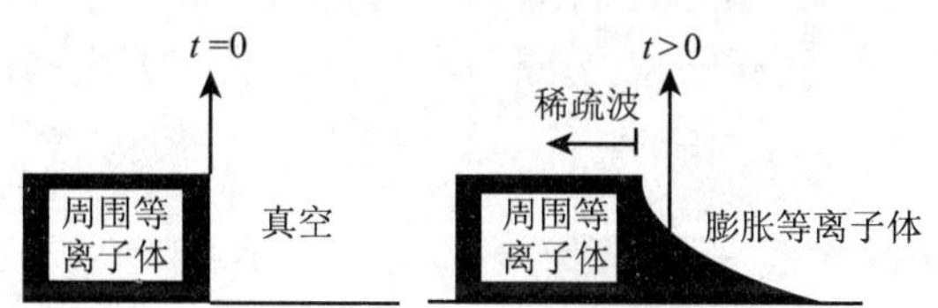

图 6－64　等离子体向真空的膨胀

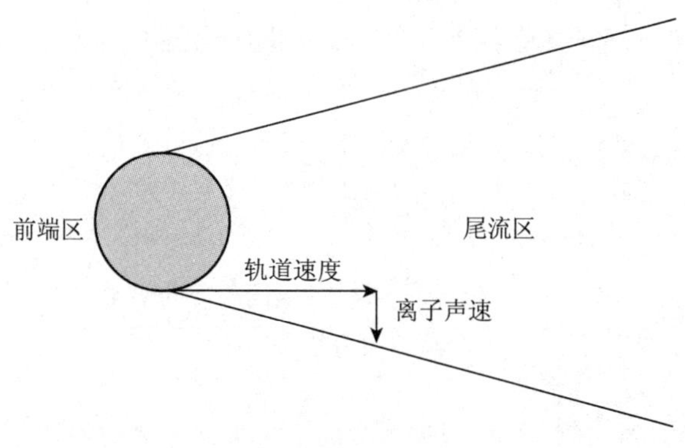

图 6－65　由马赫锥定义的航天器尾流区

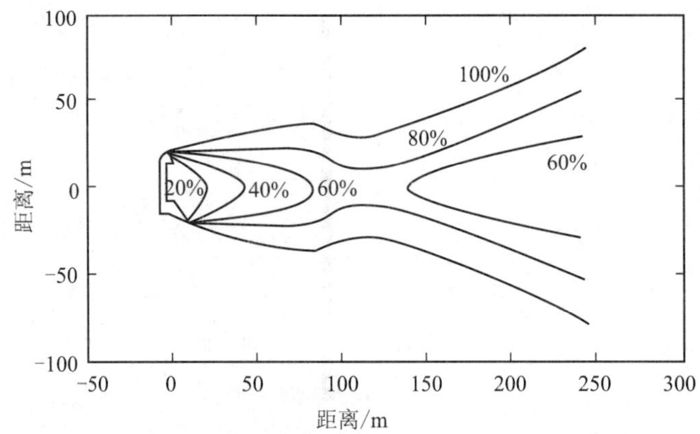

图 6－66　航天飞机尾流区内等离子体密度的降低

百分比数值为尾流区等离子体与周围等离子体密度之比

(4) 离子聚焦和电流收集突增

一个局域化的负电位，例如太阳电池阵的金属互联片或微流星体及空间碎片撞击产生的针孔，可能从大得多的截面积上吸收电子，这种效应称为离子聚焦（ion focusing）。其后果是较小的负偏压表面上的电流收集对总电流的贡献远大于基于小横截面计算的预期值。有效收集面积是涉及表面几何学、电位和等离子体特性等多种参数的复杂函数。有时针孔可能使电流收集增大一个数量级。

通过观测发现，当太阳电池阵相对于环境等离子体呈正偏压时，一旦偏压大于某一阈值，太阳电池阵将突然从周围等离子体吸取大量的电流，这种现象称为电流收集突增（snapover）。此时，入射的高能电子撞击周围介质层，势必感生二次电子发射，并被太阳电池阵所收集。在电离层等离子体条件下，这种阈电位为＋300 V数量级。

6.11.9　地球同步轨道等离子体环境

高轨道环境下的等离子体密度远低于低地球轨道的相应值。针对地球同步轨道航天器表面充电效应进行分析时，必须考虑二次电子的贡献。表 6－11 列出了美国国家航空航天局提供的地球同步轨道环境等离子体参量[57]。因为地球同步轨道的等离子体密度较低，常态下航天器周围的电流密度为 10 nA · m^{-2}量级。因此，在地球同步轨道下二次电子电流可能起主导作用，航天器将稍呈正浮电位。但是，地球同步轨道附近的航天器可能遭遇与地磁暴相关的等离子体环境。地磁暴事件可能导致航天器表面充电至－2 000 V的高浮电位。

表 6－11　地球同步轨道等离子体的名义状态

参量	电子	离子
数密度/cm^{-3}	1	1
电流密度/（nA · cm^{-2}）	0.1	3.9
能量密度/（eV · cm^{-3}）	3 000	11 100

续表

参量	电子	离子
能量通量/（$eV \cdot cm^{-2} \cdot s^{-1} \cdot sr^{-1}$）	2×10^{12}	2.6×10^{11}
粒子群 1		
温度/keV	0.4	0.45
数密度/cm^{-3}	0.7	0.6
粒子群 2		
温度/keV	8.2	19.0
数密度/cm^{-3}	0.25	0.4
平均温度/keV	2.4	10.0

太阳和地球都具有内禀磁场，其强度随距离的增大而下降。地磁层顶绕地球流动并朝夜间侧空间拖曳，如图 6—67 所示。太阳磁场发生周期性涨落，导致地磁场线被压缩，称为地磁暴。等离子体被约束绕磁场线作回旋运动并遵守能量和动量守恒。当地磁场线在地球夜间受到压缩时，等离子体被推向地球表面方向（如 6—68 所示）。当等离子体靠近地球时，在地磁场作用下，电子和离子将向不同方向绕地球旋转。在地方时的午夜和清晨 6 时之间，航天器轨道将存在大量的能量电子，即航天器所遭遇的等离子体具有较高的能量，如表 6—12 所示。在此时段，地磁暴电子并不伴随数量相等的地磁暴离子，并且离子具有较大的质量而无法跟踪上电子，会使航天器充电至相当高的负电位。运行于午后 6 时至午夜时段的航天器，因为周围电子很容易中和地磁暴的离子流，将不会遭受严重的充电效应。所以，在发生地磁暴期间，运行在午夜至清晨 6 时时段内的航天器易发生显著的充电效应。航天器在轨异常事件的分析表明，在当地午夜至清晨 6 时时段内充电效应最为严重，这与热等离子体通量异常增大相一致。

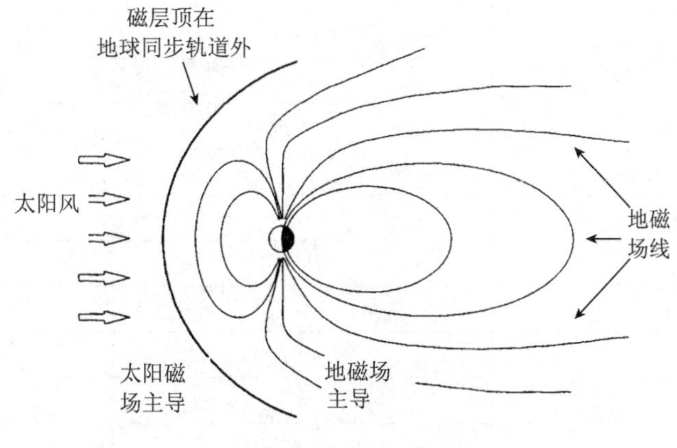

图 6—67　名义地磁场状态

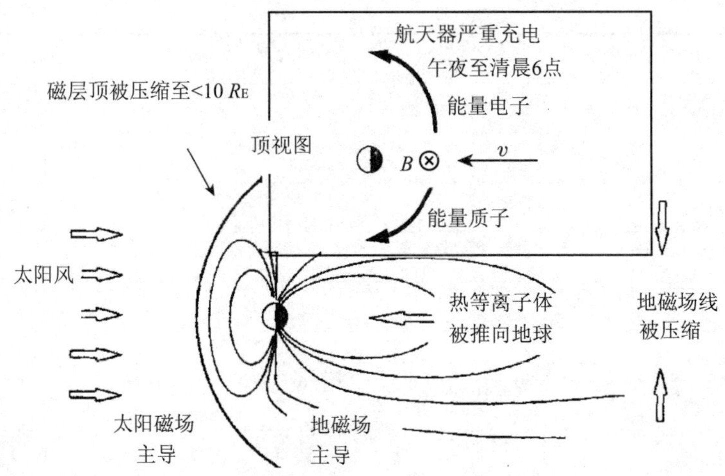

图 6—68　地磁暴的发生与航天器异常充电的关联

表 6—12　发生地磁暴期间地球同步轨道等离子体状态

参量	电子	离子
数密度/cm^{-3}	1.70	1.85
电流密度/（$nA \cdot cm^{-2}$）	0.333	0.040
能量密度/（$eV \cdot cm^{-3}$）	2.10×10^{4}	2.21×10^{4}
能量通量/（$eV \cdot cm^{-2} \cdot s^{-1} \cdot sr^{-1}$）	1.61×10^{13}	1.78×10^{13}
粒子群 1		
温度/keV		
平行	0.50	0.27
垂直	0.50	0.30
数密度/cm^{-3}		
平行	0.60	0.92
垂直	0.50	1.00
粒子群 2		
温度/keV		
平行	21.7	26.7
垂直	25.4	26.9
数密度/cm^{-3}		
平行	1.07	0.85
垂直	3.40	1.45
平均温度/keV	9.68	14.03

6.11.10　极区等离子体环境

通常情况下，在低地球轨道高度的冷等离子体不会诱发显著的充电效应。但是，能量粒子会沿磁场线沉降，可能导致运行在低高度极区轨道的航天器遭遇比高轨道更为稠密的等离子体环境。原位观测证实，极区电子可加速至 1～100 keV（见表 6－13），该能量等离子体被约束在极区附近的环形区域内。在该区域，磁场线进入较低的高度。航天器在轨运行过程中，只是周期性地通过这一区域。所以，发生在极区的充电效应一般只持续很短的时间。

表 6－13　极区等离子体环境参量

参量	数值
充电等离子体能量/keV	1～100
充电等离子体密度/m^{-3}	10^6～10^7
充电电流密度/（$mA \cdot m^{-2}$）	100
背景等离子体密度/m^{-3}	10^8～10^9
横穿扰动区的时间/min	＜1

6.11.11　静电放电效应

如上所述，在进行航天器充电分析时，除了针对所执行的科学测量飞行任务测出航天器充电产生偏置电压外，很少关注充电电位本身的绝对值。绝对电位可对航天器产生较大的曳引力，或者使离子加速撞击航天器表面，从而增大溅射率。通常，这些效应对航天器运行不产生较大的影响。最令人担心的是在不同电位区域之间的静电放电现象（electostatic discharge，ESD）。静电放电是指通过直接接触或静电场感生导致不同电位的物体之间进行静电荷转移的现象。

在 MIL－HDBK－263 手册中定义了几种类型的静电放电，包括二次热击穿、金属化熔化（metalization melt）、体击穿、电介质击穿、气体弧光放电和表面击穿。前 3 种放电类型是能量相关机制，而后三种是电压相关机制。航天器充电可在其表面感生很大的电位差，最可能发生电介质击穿和气体弧光放电。

（1）电介质击穿

施加于电介质的电位差大于其固有击穿特性时，会导致击穿。击穿过程始于预击穿态的出现。当感生的电场强度达到 10^5 $V \cdot cm^{-1}$数量级时，将会在介电材料内观测到小的快速电流脉冲。因此，为了避免这类击穿效应，可增大电介质材料的厚度，以便将感生的电场强度抑制在约 10^4 $V \cdot cm^{-1}$以下。通过电介质的电位差大到足以形成气体通道时，预击穿将会触发真正的击穿过程。当能量大到使材料气化时，可使材料表面挥发而导致污染效应。如果发生多次的电介质击穿事件，会使表面材料性质如 α_s/ε 发生显著恶化。在器件层次上，即使一次电介质击穿事件也可能会导致航天器永久性的损伤。

（2）气体弧光放电

空间上相互接近表面间的电位差可以通过与周围大气形成的电流路径而建立电位平衡。如果周围大气经光辐照而充分电离，这种放电过程有时称为电晕放电（corona discharge）。它是在非均匀电场下的不完全弧光放电，太阳电池阵最容易发生这种放电，原因是相邻的电介质覆盖片和导电金属互联片靠得很近。在实验室对太阳电池阵进行检测时，经常观察到互联片间或电介质覆盖片边角附近出现弧光放电。在这些部位不等量充电最为显著。发生弧光放电的概率与等离子体特性和太阳电池阵几何结构有关。检测结果表明，起弧阈值电压在－150～－500 V 之间。弧光放电事件伴随着电磁干扰，使其对敏感电子器件产生干扰或导致器件表面物理烧蚀，甚至可使电子器件受到实质性损伤。

尽管弧光放电过程尚未得到很好的表征，但可以认为起弧是由于等离子体、导体和电介质三者的界面处产生电击穿失控（run away）的结果。当中性分子被电介质覆盖片吸收并被电离时，可在金属互联片上发生弧光放电，直至内电场感生飞弧放电。基于这一机制的数值模拟表明，存在－150 V 量级的起弧阈值电压。这一机制也可以解释航天器进入轨道后出气率明显增大及起弧率增大的事实。

（3）能量释放和污染气体离子的再吸附

各类弧光放电都将产生能量脉冲并可能导致航天器器件出现故障，其能量的释放与通常的电容器放电有所不同。弧光放电释放的能量为

$$E=\frac{1}{2}C\ (\Delta\phi)^2 \tag{6-68}$$

式中 C——电容（F）；

$\Delta\phi$——两表面间的电位差（V）。

平板电容器的 C 值为

$$C=\varepsilon\frac{A}{d} \tag{6-69}$$

式中 ε——介质的介电常数（$F\cdot m^{-1}$）；

A——表面积（m^2）；

d——平板间距（m）。

毫焦耳量级甚至更低的放电能量就会造成某些器件的损伤。即使放电不会导致起弧点的物理损伤，所产生的电磁干扰也会沿系统传播，从而引起航天器电源或电子学子系统器件的逻辑翻转事件。

污染气体离子的再吸附是空间等离子体环境条件下需要关注的效应。航天器出气释放的少量中性气体将在数个德拜长度内被太阳辐射的紫外线电离。如果航天器被充负电，所产生的污染气体正离子可能被再吸附到敏感器件表面上。在地球同步轨道上德拜长度较大，这一过程导致的污染可能占航天器总污染效应较大的比例。预期在低地球轨道不会存在这一问题。

6.11.12 航天器异常充电和弧光放电的关联及放电故障对策

基于 ATS－5 和 ATS－6 地球同步轨道卫星被地球所食时的观测结果，航天器表面负

电位 ϕ（单位为 V）和地磁活动指数 K_p 存在如下统计关系

$$\phi=-610K_p-150 \tag{6-70}$$

式（6－70）表明，当 K_p 增大时，航天器表面将充电至较高的负电位。例如，地球同步轨道卫星在地磁暴期可被来自磁尾的热等离子体所环绕，而产生很高的负电位。该式还表明，即使在地磁宁静期（$K_p=0$），当地球静止轨道卫星被地球所食时，航天器表面也将充电至负电位。

由于电容和电感间的耦合作用，具有不同电学特性的航天器结构或不同材料表面间会产生弧光放电。航天器的弧光放电与航天器食无关。即使在航天器的向阳侧发生光电子发射期间，弧光放电也会出现。由于弧光放电辐射的电磁脉冲噪声和航天器表面感生的强电流涨落的干扰，将出现航天器弧光放电导致的故障。弧光放电还会引起指令信息的混乱和逻辑电路的误操作，从而使电子设备、光学部件和控制系统发生故障。弧光放电可在高能粒子探测器上产生浮电位，从而造成探测能谱失真，并由于电位相对航天器分布对称性的变差，而使静电场探测器出现故障。

抑制弧光放电可采取两种对策：一是在航天器外表面涂敷导电漆，使其尽可能迅速地恢复到等电位状态，并使充电的航天器快速地消除电荷；二是在卫星（如 GEOS，ISEE 等）上采用全导电的外表面，包括在太阳帆板玻璃盖片上镀导电的氧化铟锡（ITO）、绝热毡采用金属镀层及用导电漆抑制光电子电流的产生。采取上述措施，可将航天器相对于周围等离子体的电位限制在几伏以内，并防止出现大的负电位和发生不等量充电效应，避免由于弧光放电而引起的各种故障。

在 ATS－6 卫星上曾采用中和器（neutralizer），使航天器上的充电电荷人为地释放。这是一种主动控制措施。试验表明，通过羽流模式（plume mode）运行的中和器可在高压下引发小电流等离子体放电，将被食的航天器电位从－3.25 kV 降至－1.5 kV。此外，当中和器在点模式（spot mode）下运行，并在低压态引发大电流等离子体放电，可使航天器电位降至零，从而使航天器和周围等离子体处于等电位。实践证明，大电流、低电压放电对具有绝缘外表面的在轨运行航天器的电位控制是有效的。

参 考 文 献

［1］ Prölss G W. Physics of the earth's space environment. Springer，2004：211－246.

［2］ Knecht D J，Shuman B M. Handbook of geophysics and the space environment，ed. Jursa A S. Air Force Geophysics Laboratary（USA），1985：4－18.

［3］ Jacobs J A. Geomagnetism Vol. 3. London：Academic Press，1989.

［4］ Bothmer V，Daglis I A. Space weather－physics and effects. Springer－Praxis Publishing，Chichester，U K，2007：42－47.

［5］ Jacobs J A，Kato Y，Matsushita S，et al. Classification of geomagnetic micropulsations. J. Geophys. Res.，1964，69：180－181.

［6］ Kangas J，Guglielmi A，Pokhotelov O. Morphology and physics of short－period magnetic pulsations. Space Sci. Rev.，1998，83：435－512.

［7］ Клейменова Н Г. Геомагнитные пульсации. Модель Космоса，Восьмое Издание，ToM I，Под ред. М. И. Панасюка. Москова：Издательство《КДУ》，2007：611－626.

［8］ Нишида А. Геомагнитный диагноз магнитосферы. М.：Мир，1980：299.

［9］ 中国科学院空间科学与应用研究中心．宇航空间环境手册．北京：中国科学技术出版社，2000：260－285.

［10］ Silverman E M. Space environmental effects on spacecraft：LEO materials selection guide. NASA Contractor Report 4661，1995，1－37.

［11］ Chi P J，Russel C T. Travel－time magnetoseismology：magnetospheric sounding by timing the tremors in space. Geophys. Res. Lett.，2005，32，L18108.

［12］ Garrett H B. Review of quantitative models of the 0 to 100 keV near Earth plasma. Rev. Geophys. and Space Phys.，1979，17：397－417.

［13］ Stasiewicz K，et al. Small scale alfvenic structure in the aurora. Space Sci. Rev.，2000，92：423－533.

［14］ Vasyliunas V M. Low－energy electrons on the day side of the magnetosphere. J. Geophys. Res.，1968，73：7519－7523.

［15］ Meng G I，Anderson K A. Characteristic of the magnetopause energetic electron layer. J. Geophys. Res.，1975，80：4237－ 4243.

［16］ Алексеев И И，Калегаев В В. Магнитосфера земли. Модель Космоса，Восьмое Издание，Том I，Под редакцией Панасюка М И. Москва：Издательство：《КДУ》，2007：417－455.

［17］ Mead G D，Fiarfield O H. A quantitative magnetospheric model derived from spacecraft magnetometer data. J. Geophys. Res.，1975，80：523－534.

［18］ Sugiura M，Ledley B G，Skillman T L，et al. Magnetosphere field distortions observed by OGO－3 and －5. J. Geophys. Res.，1971，76：7552－7565.

［19］ Rostoker G，Akasofu S I，Foster J，et al. Magnetospheric substorms － definition and signatures. J. Geophys. Res.，1980，85：1663.

［20］ 刘振兴，等．太空物理学．哈尔滨：哈尔滨工业大学出版社，2005：146－162.

［21］ 濮祖荫，洪明华，王宪民，等．亚暴膨胀相近磁尾位形不稳定性模型Ⅰ：近磁尾位形不稳定性．地球物理学报，1996，39：441－451.

［22］ Pu Z Y，Korth A，Chen Z X，et al. MHD drift instabiltiy near the inner edge of the NECS and its application to substorm onset. J. Geophys. Res. , 1997, 102: 14397—14406.

[23] Gonzalez W D, Joselyn J A, Kamide Y, et al. What is a geomagnetic storm? J. Geophys. Res. , 1994, 99: 5771—5792.

[24] Maltsev Y P, Arykov A A, Belova E G, et al. Magnetic flux redistribution in the storm time magnetosphere. J. Geophys. Res. , 1996, 101: 7697—7707.

[25] Greenspan M E, Hamilton D E. A test of Dessler—Parker— Sckopke relation during magnetic storms. J. Geophys. Res. , 2000, 105: 5419—5430.

[26] Smith E J, Wolfe J W. Observation of interaction regions and corotating shocks between one and five AU: Pioneers 10 and 11. Geophys. Res. Lett. , 1976, 3: 137—140.

[27] Daglis I A. The role of magnetosphere—ionosphere coupling in magnetic storms dynamics. In: Megnetic Storm, Geophys. Monogr. Ser. 98, Eds. Tsurutani B T, et al. Washington D C: AGU, 1997, 107.

[28] 付绥燕，濮祖荫，宗秋刚，等．大磁暴中离子成分的变化及其与磁暴演化的关系．地球物理学报，2000: 43.

[29] McPherron R L. The role of substorms in the generation of magnetic storms. In: Magnetic Storm. Geophys. Monogr. Ser. 98. Eds. Tsurutani B T, et al. Washington D C: AGU, 1997, 131.

[30] Li X, Roth I, Temerin M, et al. Simulation of the prompt energization and transport of radiation particles during the March 23, 1991 SSC. Geophys Res. Lett. , 1993, 20: 2423— 2426.

[31] Tsyganenko N A. Modeling the earth's magnetospheric magnetic field confined within a realistic magnetopause. J. Geophys. Res. , 1995, 100 (A4): 5599—5612.

[32] Tsyganenko N A. A model of the near magnetosphere with a dawn—dust asymmetry: 1. Mathematical structure. J. Geophys. Res. , 2002a, 107, 10. 1029/2001 JA000219.

[33] Alexeev I I, Kalegaev V V, Belenkaya E S, et al. The model description of magnetospheric magnetic field in the course of magnetic storm on January 9—12, 1997. J. Geophys. Res. , 2001, 106: 25683—25694.

[34] Ganushkina N Yu, Pulkkinen T I, Kubyshkina M V, et al. Modelling the ring current magnetic field during storms. J. Geophys. Res. , 2002, 107, 10. 1029/2001 JA900101.

[35] Skoug R M, et al. Tail dominated storm main phase: 31 March 2001. J. Geophys. Res. , 2003, 108, 10. 1029/2002 JA009705.

[36] Alexeev I I, Belenkaya E S. Kalegaev V V, et al. Magnetic storms and magnetotail currents. J. Geophys. Res. , 1996, 101: 7737—7747.

[37] Ipavich F M, Scholer M, Gloeckler G. Temporal development of composition, spectra, and anisotropies during upstream particles events. J. Geophys. Res. , 1981, 86: 11153—11160.

[38] Gloeckler G, Hamilton D C. AMPTE ion composition results. Phys. Scripta, 1987, 18: 73—84.

[39] Paschalidis N P, Sarris E T, Krimigis S M, et al. Energetic ion distrubutions on both sides of the Earth's magnetopause. J. Geophys. Res. , 1994, 99: 8687—8703.

[40] Gloeckler G, Scholer M, Ipavich F M, et al. Abundances and spectra of suprathermal H+, He++ and heavy ions in a fast moving plasma (plasmoid) in the distant geotail. Geophys. Res. Lett. , 1984, 11: 603—606.

[41] Christon S P, Mitchell D G, Williams D J, et al. Energy spectra of plasma sheet ions and electrons from ~ 50eV/e to ~ 1MeV during plasma temperature transitions. J. Geophys. Res. , 1988, 93: 2562—2572.

[42] Criston S P, Williams D J, Mitchell D G, et al. Spectral characteristics of plasma sheet ion and elec-

tron populations during disturbed geomagnetic conditions. J. Geophys. Res. , 1991, 96: 1—22.

[43] Lennartsson W, Shelley E G. Survey of 0. 1 to 16—keV/e plasma sheet ion composition. J. Geophys. Res. , 1986, 91: 3061—3076.

[44] Ковтюх А С, Панасюк М И, Власова Н А, Сосновец Э Н. Сравнительный анализ долговременных вариаций многокомпонентного ионного кольцевого тока по данным геостационарного ИСЗ《Горизонт》. Космич. Исслед. , 1990, 28: 743—749.

[45] Kremser G, Studemann W, Wilken B, et al. Charge state distribution of oxygen and carbon in the energy range from 1 to 300keV/e observed with AMPTE/CCE in the magnetosphere. Geophys. Res. Lett. , 1985, 12: 847—850.

[46] Власова Н А, Ковтюх А С, Панасюк М И, и др. Ионный кольцевой ток во время магнитных возмущений по наблюдениям на геостационарной орбите. 2. Вариации энергетических и зарядовых спектров ионов во время умеренных бурь. Космич. Исслед. , 1988, 26: 746—752.

[47] Krimigis S M, Gloeckler G, McEntire R W, et al. Magnetic storm of September 4, 1984: A synthesis of ring current spectra and energy densities measured with AMPTE/CCE. Geophys. Res. Lett. , 1985, 12: 329—332.

[48] Fritz T A, Smith P H, Williams D J, et al. Initial observations of magnetospheric boundaries by Explorer 45 (S3) . In: Correlated Interplanetary and Magnetospheric Observations, ed. Page D E. Dordrecht—Holland: D. Reidel, 1974: 485—506.

[49] Sibeck D G, McEntire R W, Lui A T Y, et al. A statistical study of ion pitch—angle distributions. In: Magnetotail Physics, ed. Lui A T Y. Baltimore: John Hopkins Universtiy Press, 1987: 225—230.

[50] Tverskaya L V. The latitude position dependence of the relativistic electron maximum as a function of Dst. Adv. Space Res. , 1996, 18 (8): 135—138.

[51] Tribble A C. The space environment. New Jersey: Princeton university press, 2003: 116—146.

[52] Ondoh T, Marubashi K, eds. Science of space environment. Tokyo: Ohmsha Ltd. , 2000: 181—187.

[53] Grad R, Knott K, Pedersen A. Space charging effects. Space Sci. Rev. , 1983, 34: 289—304.

[54] Garrett H B. The charging of spacecraft surfaces. Rev. Geophys. Space Phys. , 1981, 19: 577—616.

[55] Samir U, Wright K H Jr, Stone N H. The expansion of a plasma into a vacuum: basic phenomena and applications to space plasma physics. Rev. Geophys. Space Phys. , 1983, 21 (7): 1631—1646.

[56] Tribble A C, Pickett J S, D'Angelo N, et. al. Plasma density, temperature, and turbulence in the wake of the shuttle orbiter. Planet. Space Sci. , 1989, 37 (8): 1001—1010.

[57] Purvis C K, Garrett H B, et. al. NASA Technical paper 2361, 1984.

第 7 章　地球辐射带

7.1　引言

太阳风与地磁场的相互作用，导致在太阳风内出现空腔，即形成所谓地磁层。偶极结构的地球磁场其作用恰似一个磁瓶，在此空间内存在一有限的区域，使得能量粒子的运动受到地磁场的约束。这个区域称为地球辐射带（Earth radiation belts），也称范艾伦（Van Allen）辐射带，如图 7－1 所示[1]。在地球辐射带存在着大量的被地磁场俘获的高能带电粒子，其电子能量至数 MeV，质子能量高达数百 MeV。它包括两个环形地带，分别称为内辐射带和外辐射带。内辐射带距地面较近，在赤道面上空的高度范围约为 600～10 000 km，中心位置高度约为 3 000～5 000 km（与粒子能量有关）。内辐射带的纬度范围约为±40°，其主要成分为质子和电子，以及少量的离子。

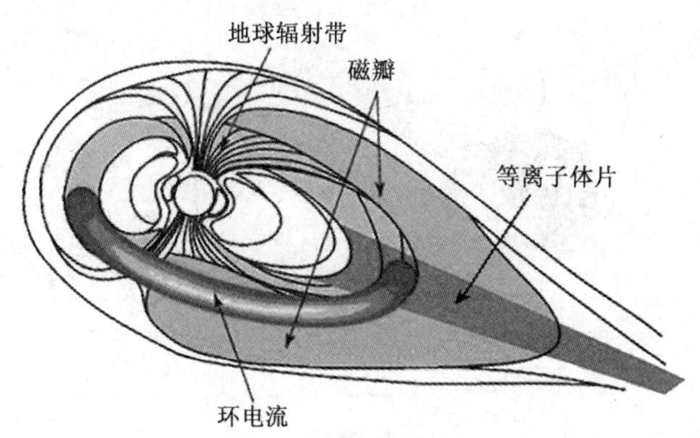

图 7－1　地球辐射带、磁瓣及等离子体片

内辐射带下边界高度随地磁场强度而变，在弱场区可低至 200 km，而在强场区可超过 1 000 km。外辐射带的分布范围较大，在赤道面其高度范围约为 10 000～60 000 km，中心位置约为 20 000～25 000 km，纬度约为±（50°～75°），其主要成分为电子。内辐射带的质子能谱受太阳活动影响较小；而外辐射带受太阳活动和地磁扰动的影响很大。

太阳宇宙线绝大部分是太阳耀斑爆发的产物，对航天器的损伤作用是断续性的。地球辐射带粒子受到地磁场的约束，长期沿着以地磁偶极场为中心的对称环形面（漂移壳层）漂移。在数千 km 高度轨道上，地球辐射带质子寿命可达若干年以上，对航天器造成持续性损伤，所以了解辐射带能量粒子的特性具有重要的实际意义。

7.2　地球辐射带的结构

图 7－2 为在地磁层内记录到的高能粒子在正午－子夜子午线平面内的分布示意[2]。

被俘获在地球偶极磁场的带电粒子根据其能量不同（由高至低），分别分布在辐射带、环电流及等离子体层。内地磁层各类粒子的特性如表 7—1 所示[3]。

地球辐射带粒子最大通量的位置取决于粒子类型和磁层的状态。内辐射带质子能量的下边界约为 1 MeV，电子能量的下边界约为 50 keV。图 7—3（a）为能量分别大于 4 MeV 和 50 MeV 的辐射带质子最大全向通量空间分布的横截面实例。对于 4 MeV 质子，在磁赤道上的最大通量位于 $L \approx 1.8$（≈5 000 km 高度）；对于 50 MeV 质子，其最大通量位置下降至约 3 000 km 高度。对于 4 MeV 和 50 MeV 质子的最大赤道通量分别为 $10^{10}\ m^{-2} \cdot s^{-1}$ 和 $10^{8}\ m^{-2} \cdot s^{-1}$。能量 $E_e > 1.6$ MeV 的电子最大通量出现在 $L=3$ 和 $L=4$ 之间。

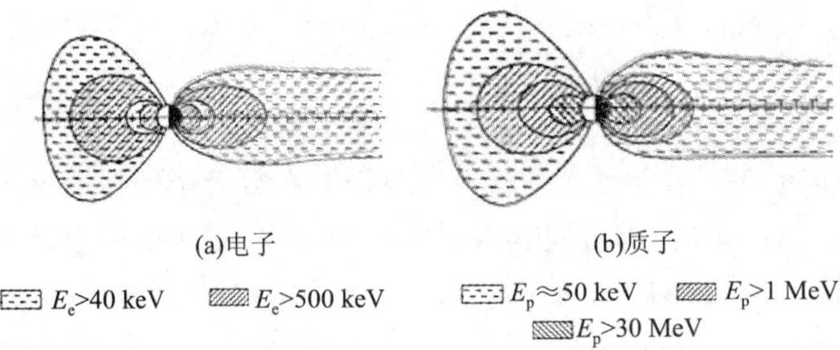

图 7—2　高能粒子在地磁层的分布（正午—子夜子午面）

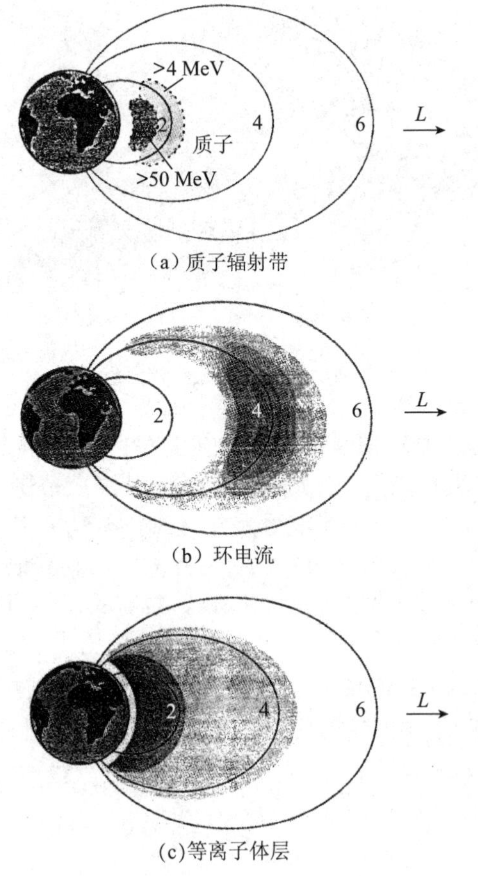

图 7—3　内地磁层粒子种群的空间分布

表 7—1　内地磁层各类粒子的特性

参量		粒子种类		
		辐射带	环电流	等离子体层
能量	离子	1～100 MeV	1～200 keV	<1 eV (≈5 000 K)
	电子	50 keV～10 MeV	<10 keV	
L 壳层		$1.2<L\leqslant2.5$	$3<L\leqslant6$	$1.2<L\leqslant5$
磁场线足点		低、中纬度	中、高纬度	低、中纬度
粒子密度/通量		H^+ (50 MeV) $<10^8\ m^{-2}\cdot s^{-1}$	$\leqslant10^6\ m^{-3}$	$>10^8\ m^{-3}$
组分		H^+，e^-	H^+，O^+，He^+，e^-	H^+，e^-
粒子运动		回旋 反冲 漂移	回旋 反冲 漂移	绕磁场线回旋 随地球共转
β^* 参量		$\ll1$	<1	$\ll1$
源区			等离子体片，电离层	电离层
形成过程		宇宙线反照中子衰变	粒子输运和加速	电荷交换和输运
损失区		上大气层	行星际空间，上大气层	电离层，磁层
损失过程		减速，投掷角扩散至损失锥	电荷交换，投掷角扩散至损失锥	输运，电荷交换，对流
重要性		辐射损伤	磁场扰动	存储电离层等离子体

注：$\beta^*=\dfrac{P+P_d}{P_B}\approx\dfrac{E_K^*}{E_m^*}$，用于表征动能密度和磁能密度的相对比率；$P$、$P_d$和 P_B分别表示热力学压力、动力学压力和磁压力，分别为等离子体粒子热运动、等离子体流和磁场能量密度的度量。

辐射带在地磁层中的分布如图 7—4 所示[4]。图中示出了磁场线。地磁层按俘获本领的不同分成几个区域。俘获电子和质子的辐射带分别如图 7—5 和图 7—6 所示。

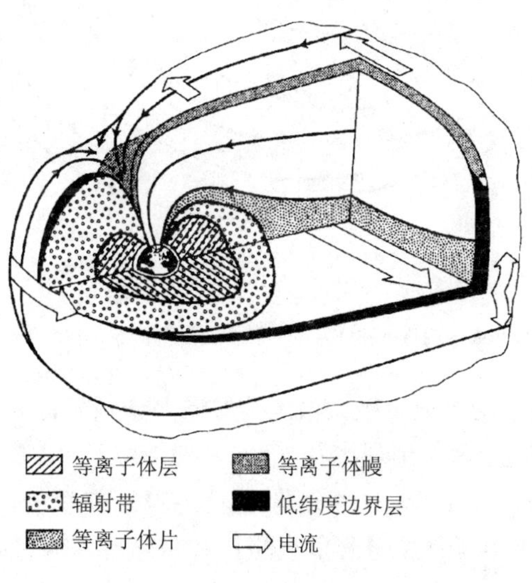

图 7—4　地球周围的磁层和辐射带

太阳位于图的左侧

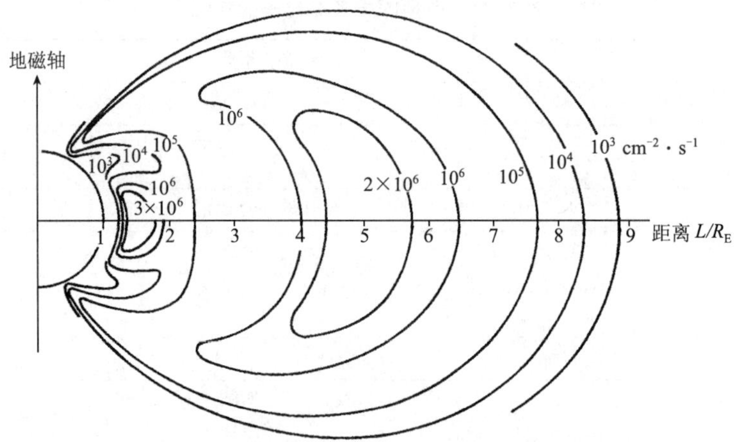

图 7—5　俘获电子的辐射带

标出了地磁轴平面内能量 E_e>1 MeV 电子通量等值线，地球半径为 6 371 km

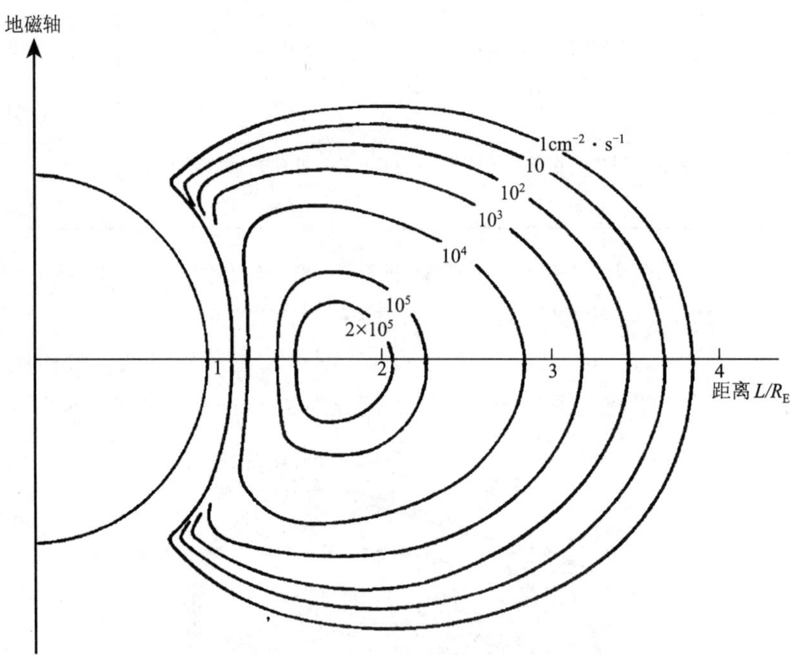

图 7—6　俘获质子的辐射带

标出了地磁轴平面内能量 E_p>10 MeV 质子通量等值线，地球半径为 6 371 km

俘获电子的辐射带出现两个通量极大值区，习惯上分别简称为内带（inner zone）和外带（outer zone）。内带扩展至约 2.4 个地球半径（R_E），外带位于（2.8～12）R_E区间。在（2.5～2.8）R_E之间的间隙称为槽区（slot）。这种分类只是反映电子在辐射带内的分布不均匀性。当受到扰动时，两带将连成一片并无严格分界的区域。外带包围着内带，其通量等值线向地球扩展。在极尖处具有较高的通量，称为极角（polar horn）。电子环境包含能量至 7 MeV 的电子，大部分能量电子出现在外带；而质子能量扩展至数百 MeV，主要出现在低纬度区。

俘获质子环境并不呈现内、外带，也无极角，其通量随距地心距离增大而下降，并随能量发生单调变化。质子辐射带的外边界约为 $3.8R_E$。

在南大西洋上空，内辐射带延伸至较低高度，形成异常区。一般情况下，磁倾赤道（magnetic dip equator）和地理赤道相当接近，但在南大西洋异常区（south Atlantic anomaly，其中心在 45°W，30°S 附近），两者偏差至−17.5°，导致在此地区内辐射带接近于地球表面，下边界低至 200 km。在低纬度区的辐射带内地磁场呈弱异常或负异常，从而使其中粒子通量成百倍地增加，如图 7—7 所示[5]。由图 7—7 可见，在轨道其他地区的质子通量值远低于 10 $cm^{-2}\cdot s^{-1}$；而在异常区质子通量从 10 增大至 10^3 $cm^{-2}\cdot s^{-1}$。图 7—7（a）给出了在 600 km 高度上质子通量与经纬度的关系，示出了哈勃望远镜的运行轨道（倾角约 28°，高度在 500～600 km 间变化）。图 7—7（b）给出了在经度 35°W 上质子通量与高度和纬度的关系曲线，还示出空间望远镜所跨越的高度范围。相反，在东南亚地区地磁发生强异常或正异常的高度在 1 000 km 以上。当航天器飞越南大西洋异常区时，很容易受到辐射损伤，导致电子元器件和其他部件发生故障。在进行航天器轨道选择和防护结构设计时应充分考虑这一因素。

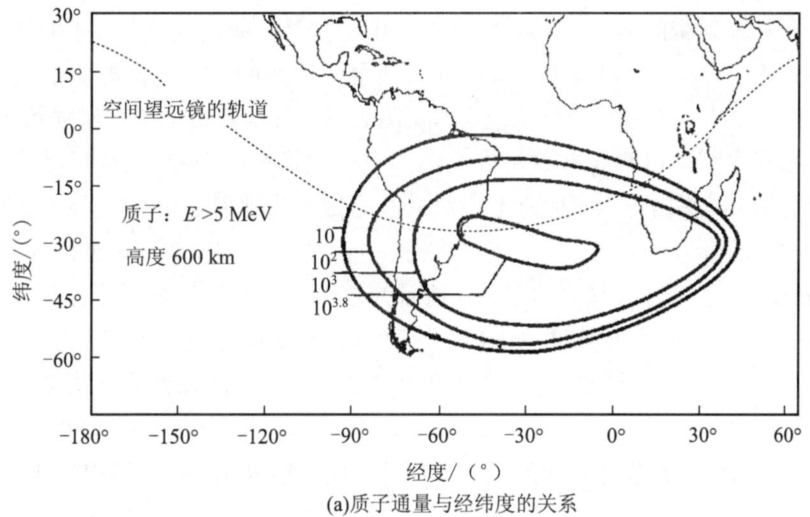

(a)质子通量与经纬度的关系

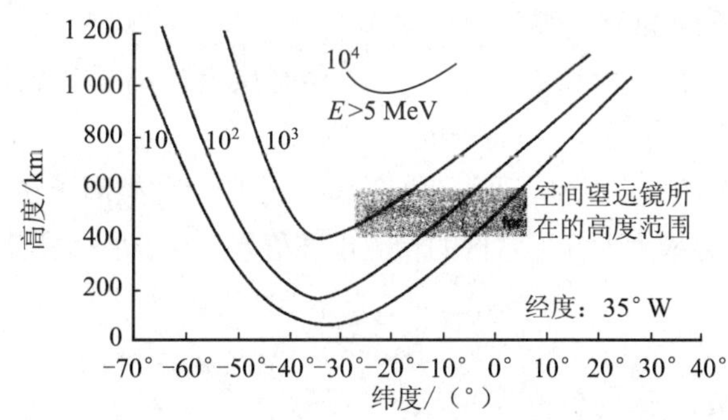

(b)质子通量与高度和纬度的关系

图 7—7　地球内辐射带的南大西洋异常区

曲线表示>5 MeV 质子通量等值线，单位为质子数 · $cm^{-2}\cdot s^{-1}$

7.3 辐射带粒子源和动力学过程

7.3.1 辐射带粒子源

辐射带的结构和动力学决定于粒子源、粒子损耗和粒子在地磁场内输运的相互作用。辐射带具有以下多种粒子源及加速机制。

宇宙线反照中子是 $Ep>30$ MeV 俘获质子的源。但是，其强度尚不足以形成质子辐射带。通常认为，可能存在以下多种粒子源与加速机制：在地磁层受到太阳风作用被挤压时，磁层顶发生位移而使来自行星际介质的粒子被俘获[6]；在非稳态电场作用下，发生扩散的带电粒子在磁层内转移和加速[7]；在准周期磁场扰动作用下，粒子发生共振加速[8]；在磁尾的磁场线回缩发生偶极化过程中，粒子被注入到俘获辐射区[9]；在亚磁暴非稳态电场作用下，粒子可被加速至具有数百 keV 的能量[10]。

环电流是外辐射带的另一起源。环电流是由于磁暴开始时所发展的巨大电场形成的，其峰值出现在 $L=4$ 附近，对应于外辐射带峰值电子通量的位置。环电流电子能量范围为数十 keV 至 100 keV，并且其数密度较大。观测表明，外辐射带电子的增强始于低能组分。从波一粒子相互作用可以解释在磁暴恢复期内电子能量增至 MeV 量级。近几年，又基于波一粒子相互作用，提出将电子加速至相对论性能量的几种可能机制[11−12]。地磁场较大的双极突发脉冲（幅值约 200 nT 左右）引起粒子的重新分布，是一种可能的注入方式[13]。

能量较低的质子可能有其他的起源：能量为数十至数百 keV 的质子俘获在闭合漂移壳层的边界（$L\approx 7\sim 8$），并且进一步扩散导致第三不变量守恒的破坏。在 $L\approx 7\sim 8$ 处的质子源于太阳宇宙线或太阳风。它们在激波处被加速，也可能在亚磁暴扰动下被加速。库兹涅佐夫（Kuznetsov）等[14]认为，在 $L=6.6$ 处的质子通量（基于卫星 GOES 测量数据）与太阳宇宙线通量有关，其速度和太阳风风速相等。质子通量 J_p 与太阳宇宙线通量 J_{cr} 和太阳风速 V 间的最佳关联形式为：$J_p=AV^{2.5}J_{cr}{}^{0.47}$，其关联系数 r（J_p，V^n，$J_{cr}{}^k$）$=0.72$。

离子辐射带具有不同的粒子源。

1）离子如同质子一样，俘获在闭合的外漂移壳层上。离子最大通量出现在磁赤道面上，可以基于质子辐射带的理论进行分析。

2）宇宙线异常组分的单电荷离子可以贯穿至地磁层内。此类离子在外大气层 200～300 km 高度上被剥离，并俘获在南大西洋异常区的相应投掷角上。离子最小能量 E_i 由下式给出

$$E_i=\frac{14.3^2\times 10^6}{2.938L^4A^2} \qquad (7-1)$$

式中，A 表示原子序数；E_i 的单位为 MeV/核子。

式（7—1）表示的能量所对应的拉莫尔半径与磁场线曲率半径的临界比值为 $\chi_{cr}=0.75$。在氧离子填充整个壳层后，$\chi_{cr}=0.75/8=0.094$。氧离子被俘获的最大能量为 $E_{max}=1.37E_i$。

能量处于 18～25 MeV 的氧离子辐射带位于 $L\approx 2.2$ 处。在此辐射带内还观测到 C，

N，Ne 和 Ar 离子等。在 $L<1.4$ 处，还存在"第二"序列的离子辐射带。它是由于内辐射带的能量质子与残余大气层内的氧原子相互作用形成的。

高能量粒子辐射带的特点相当稳定，意味着粒子源和其损失过程具有时间不变性。其显著特点是位于内磁层深处，并只存在高能粒子。辐射带高能粒子组分最可能的起源是来自宇宙线反照中子的衰变过程（Cosmic Ray Albedo Neutron Decay，CRAND），如图7－8所示[15]。

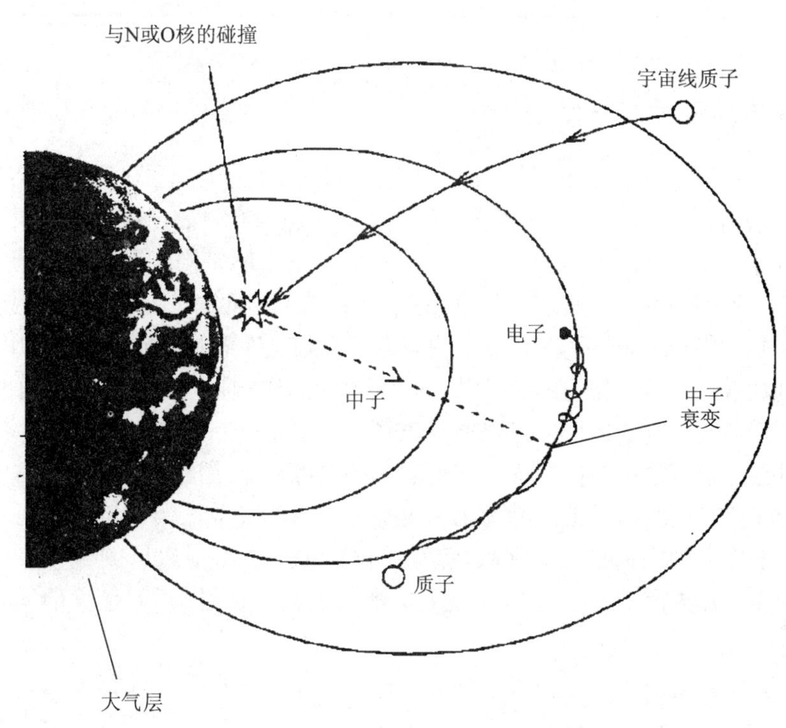

图 7－8　辐射带粒子的一种可能起源

源于银河宇宙线的高能粒子（其能量高于 10^9 eV）与稠密大气层中的气体分子原子核发生碰撞时，可产生低能二次辐射并释放出部分核能（一个 5 GeV 的质子产生大约 7 个自由中子）。所产生的中子将向磁层方向扩散，并在辐射带内衰变，即

$$n \rightarrow p + e + \bar{\nu} \quad (\bar{\nu} = \text{反中微子})$$

式中，作为衰变产物的质子和电子的能量为 20～50 MeV，被俘获在局地磁场内。在大气层进行人工核爆炸试验也会产生辐射带粒子。

辐射带粒子一旦形成，将具有较长的寿命，原因在于它们具有很小的相互作用截面。例如，一个 20 MeV 的质子，在 2 000 km 高度上，将在辐射带内停留 1 a。如第 6 章所述，带电粒子在内磁层作合成运动，包括绕局域地磁场线的回旋、反冲振荡以及绕地球的方位角漂移。粒子的漂移周期与粒子的能量和地心距离（磁壳层参量 L）相关。表 7－2 列出了与这些运动相关的时间常数。辐射带粒子最有效的损失过程是通过与大气层的中性和电离气体粒子的碰撞，导致其连续减速，并最终被散射至损失锥内。

表 7—2 内磁层内质子和电子回旋、振荡（反冲）和漂移周期

粒子类型		质子			电子（相对于质子的倍增因子）
能量		0.6 eV	20 keV	20 MeV	—
L		3	4	1.3	—
周期	τ_B（回旋）	0.1 s	0.1 s	5 ms	5.4×10^{-4}
	τ_o（振荡）	2 h	1 min	0.5 s	2.3×10^{-2}
	τ_D（漂移）	45 a	9 h	2 min	1

7.3.2 辐射带粒子损耗与填充

对于辐射带的质子和离子，主要发生的是电离损耗。在上大气层，原子和离子会在电离和扰动过程中损耗自己的能量。对于电子，库仑散射是更为有效的损耗机制，决定着电子在 $L<1.5$ 处的寿命。在大范围距离上电子发生损耗的基本机制是同步回旋的不稳定性。由于波的不稳定性，使得扰动强度急剧增强，从而导致电子从内辐射带跃迁至外辐射带（两带之间为槽区）。在这种场合下，等离子体层顶附近的甚低频电磁辐射起着重要的作用。

在磁暴的主相，观测到粒子的急剧损耗。能量质子的通量随着磁暴时间的增长而降低。由于磁场的衰减，质子运动的绝热性被破坏。能量电子在磁暴发展过程中的快速损耗涉及复杂的问题。原因之一是在磁层被压缩时，闭合漂移壳层的尺度变小。由于同波之间发生纵向共振，相对论性电子被急剧抛出。这类波动发生在等离子体层顶附近，是由环电流的同步回旋不稳定性引起的[16]。在磁暴发展过程中，由于地磁层的重构，也可能导致粒子的加速跃迁。在赤道上空飞行的卫星上，观测到粒子通量与 D_{st} 呈反向演化，这与计算结果符合得很好[17]。

辐射带经验模式是粒子通量模式。在太阳活动的不同水平下，计算出给定能量 E 和磁坐标（L，B 或 L，B/B_E）时粒子的微分通量和积分通量。这里 B_E 为赤道处的磁场强度。常用的静态模式为 AE—8 和 AP—8，分别为辐射带电子和质子的模式[18—19]。对某些特定的空间区域（如南大西洋异常区）和时间范围（如磁暴发生期），应对模式作相应的修正。

粒子填充辐射带可有两种模式：缓慢、连续地向辐射带填充粒子和快速地脉冲式注入粒子。连续、缓慢填充辐射带的高能粒子源于如下两种机制。

1）在能量>30 MeV 的质子带和 $L<2\sim3$ 的电子带，粒子是来自宇宙射线的反照中子衰变。对内辐射带质子通量的计算表明，粒子源于反照中子。这是基于测量高能中子的能谱和通量与 $L<1.8$ 处的实测数据符合得很好得出的结论。能量 $E_e>500$ keV 的电子在 $L<3$处的通量计算表明，其粒子源也是反照中子衰变，计算结果与实测值相符合。在计算中假定电子的通量由同步回旋运动的不稳定性限定。

2）在径向扩散过程中，粒子从磁层的外部区域向内部运动。有关这种扩散过程的模型已经建立。设想粒子的扩散是发生在地磁场的突然脉冲扰动过程中，在进行地磁观测时可经常观察到这类脉冲事件。粒子扩散也可以发生在磁层亚暴期间。磁层亚暴过程导致电子向小 L 值（$L<2$）磁壳层快速扩散。能量 $E_e>1.6$ MeV 的电子在径向扩散过程中通量的变化如图 7—9 所示[20]。在扩散过程中，辐射带的前沿移动速度为

$$v=3.3\times10^{-7}L^{9}\ (R_E\cdot\text{昼夜}^{-1})\tag{7-2}$$

图 7—10 示出能量从 0.15 MeV 至 5 MeV 的电子径向扩散速度与 L 值的关系。图中 r_0 为磁场线的赤道面地心距。

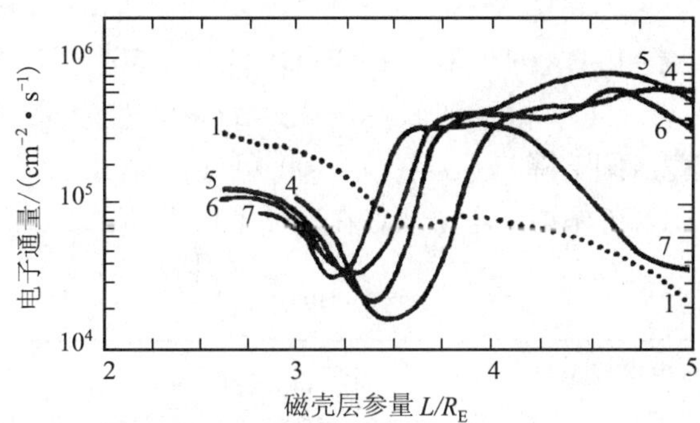

图 7—9　径向扩散引起的 E_e>1.6 MeV 电子通量分布的变化
曲线上的数字表示连续绕地球的圈数

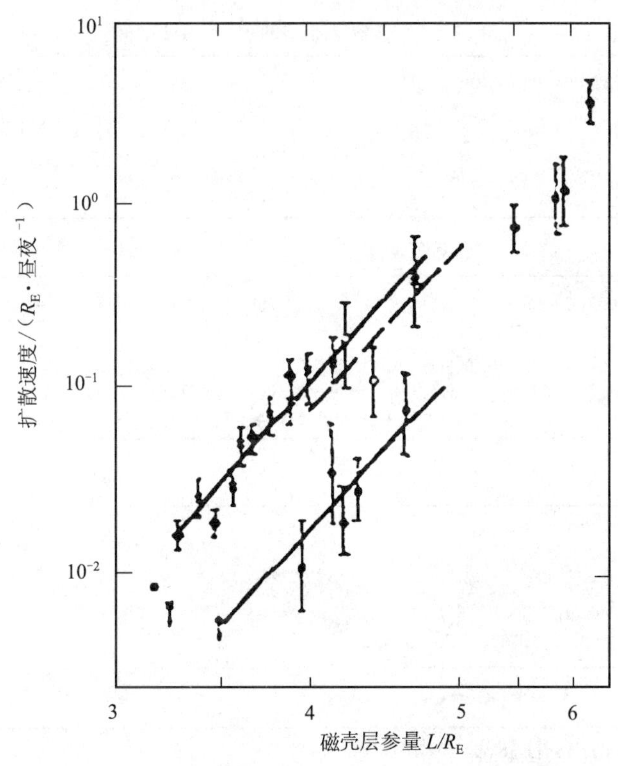

图 7—10　$E_e\approx$ 0.15～5.0 MeV 电子的径向扩散速度与 L 值的关系上面的两条直线表示前沿移动速度，下面的直线表示辐射带极大值移动速度

在粒子径向扩散过程中形成了能量 E_p<30 MeV 的质子辐射带和外电子辐射带。各种能量粒子的通量极大值在某一 L 磁壳层形成时，粒子从辐射带外边界扩散到该 L 壳层的时间，近似地等于这些粒子的寿命。地球辐射带粒子通量的快速增加发生在电离层爆发期间，而这种爆发过程与地磁层内电场的大范围增强有关。

如上所述，外辐射带电子通量的时间和空间变化比内辐射带更加显著，特别是当地磁暴出现时，外辐射带电子通量发生明显的变化。对地球同步轨道 MeV 量级电子的测量表明，伴随磁暴的开始，电子通量呈急剧下降。持续 1～2 d 后，在恢复相通量值开始增大，并一直升至高于磁暴前的水平。图 7－11 为 Akebono 卫星对外辐射带电子通量测量结果的实例[21]。数据取自 3 个能量通道。在 1993 年 11 月 3 日 23：00（UT）观测到磁暴开始发生；在 24：00（UT）后磁暴达到峰值（$L=4$），记录到 $D_{st}\approx-120$ nT。从图 7－11 可见，当磁暴开始时，外辐射带电子通量在较宽区间下降，并且在 02：00（UT）时刻＞2.5 MeV 的能量区间上实际上无电子通量。这表明，外辐射带电子通量在磁暴主相明显衰减，而在恢复相增加。

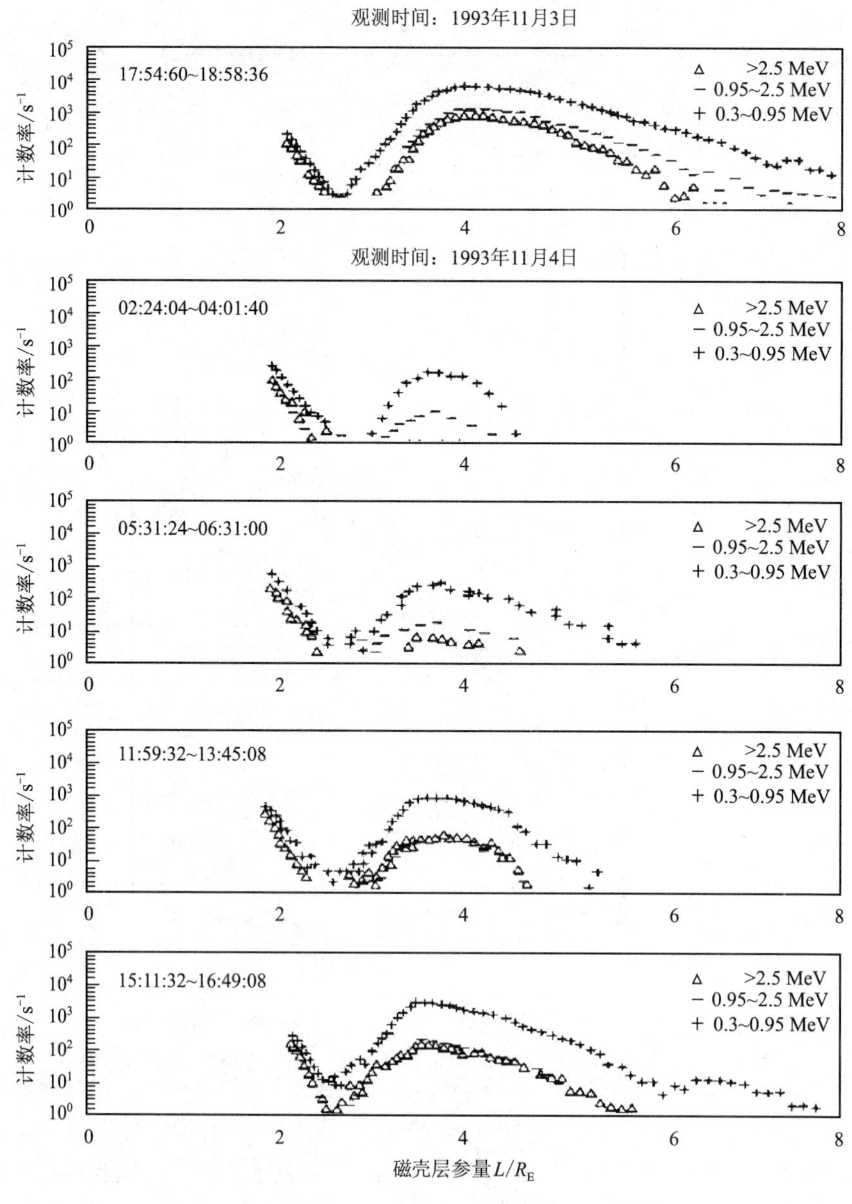

图 7－11　外辐射带俘获电子通量在地磁暴期间的变化

磁层粒子可能有以下 3 种加速机制。第一，在强越尾电场作用下，由磁层的尾部向地磁层深处注入能量粒子。此时，能量越大的电子，生成于越远的漂移壳层。能量 $E_e>$ 40 keV的电子在 $L\approx4$ 壳层出现；能量$>$100 keV 的电子在 $L\approx7.5$ 壳层出现。加速粒子的漂移轨道在强电场的作用下成为开放态，只有当粒子能量弱化时漂移轨道才成为闭合态。

第二，辐射带粒子在较弱且随时间变化的电场作用下，将发生重新分布。这时粒子的漂移轨道保持闭合形式。但是，观测到粒子快速地扩散至粒子绕地球转动周期 τ_3 等于电场作用周期的 L 壳层上。因为 $\tau_3\approx1/(E\cdot L)$，则高能粒子在低 L 值壳层的通量将提升至与低能粒子的通量成为可比的。

第三，在磁层亚暴时，远磁尾等离子体片产生磁重联，所释放的磁能导致粒子径向扩散过程加剧。磁重联时形成的中性电流片撕裂后，形成高速等离子体粒子流向地球方向。

另外，还可能在投掷角扩散过程中产生电子加速。在投掷角扩散过程中，电子获得的平均能量为

$$\Delta E=\frac{B^2}{8\pi n}=\frac{2.5\times10^9}{L^6 n} \tag{7-3}$$

式中，n 表示投掷角扩散时的电子数密度；E 的单位为 eV。在投掷角扩散过程中，有些电子可能因散射进入损失锥，导致电子数密度降低而使 ΔE 增加。

由式（7—3）可以看出，电子在等离子体层外发生散射（即 n 减小）时，其能量可能显著增大。

7.4 质子和离子辐射带

7.4.1 稳态辐射带

图 7—12 所示的地磁赤道平面上不同能量质子通量的径向分布，是根据 *AP*—8 *MIN* 模式计算结果给出的。该模式是基于 20 世纪 70 年代卫星测试结果建立的。质子辐射带的特征是谱刚度随 L 值的减小而增大。当纬度增大时，粒子通量将下降。图 7—13 示出不同能量的质子，在赤道面和纬度 $\varphi=30°$（$B/B_0=3$）及 $\varphi=44°$（$B/B_0=10$）的通量随 L 的变化。粒子通量与磁场强度 B 之间具有 $J=J_0(B/B_0)^{-n}$的关系（B_0 为磁赤道上的磁场强度；J_0 为赤道面上的粒子通量；n 为粒子通量变化的高度指数）。可以看出，对于能量 $E_p\approx$ 0.5～20 MeV 的质子，该式是普适的，n 值处于 1.8～2 之间。

所谓全向积分通量（omnidirectional integral flux）是在整个空间方向和给定能量范围内，对单向微分通量通过能量和立体角积分求出的通量值，其单位为粒子数 · $cm^{-2}\cdot s^{-1}$。

辐射带的结构取决于粒子扩散特性和损耗机制。在磁扩散情况下（因急剧磁脉冲作用），扩散系数 D 与 L^{10}成比例；而在电扩散情况下，D 比例于 L^6。通过与质子辐射带的实测结构相比较，可以确定辐射带的扩散类型。计及电离损耗和大距离范围的大气层密度（$\approx$1 000 cm^{-3}）时，始于地磁层边界的磁扩散机制与观测结果相吻合[22]。质子通量极大值所处的位置与能量满足 $L_{max}(P)\propto E^{\frac{-3}{16}}$ 的关系（式中，P 表示质子）；同时，对具有原子序数 A 和电荷 Z 的离子，则有

$$L_{max}(i)=(A^{0.5}Z^2)L_{max}(P) \tag{7-4}$$

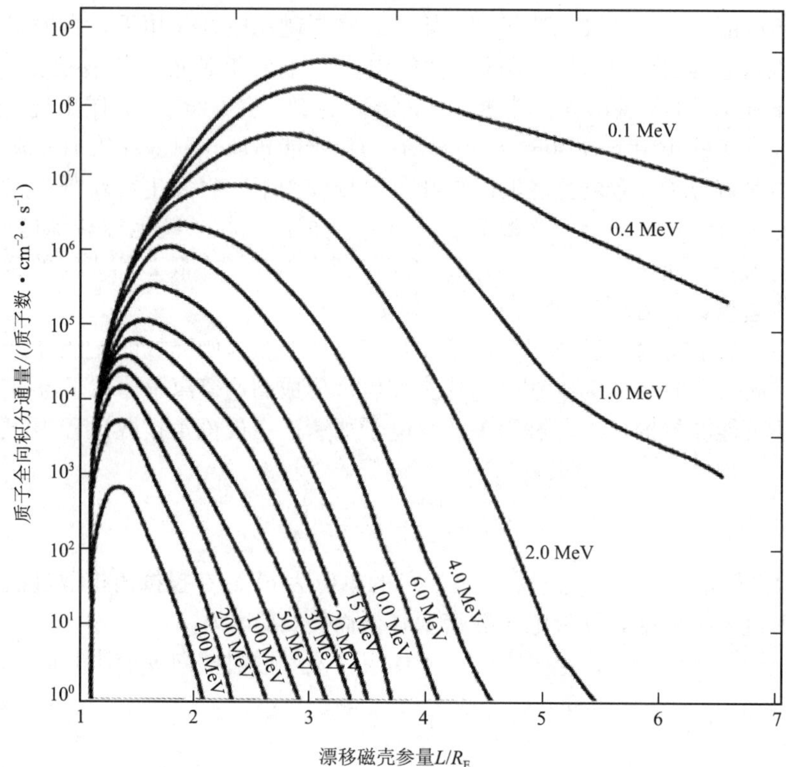

图 7－12　能量在 0.1 ～ 400 MeV 之间的质子全向积分通量在磁赤道面上的径向分布

基于 AP－8 MIN 模式

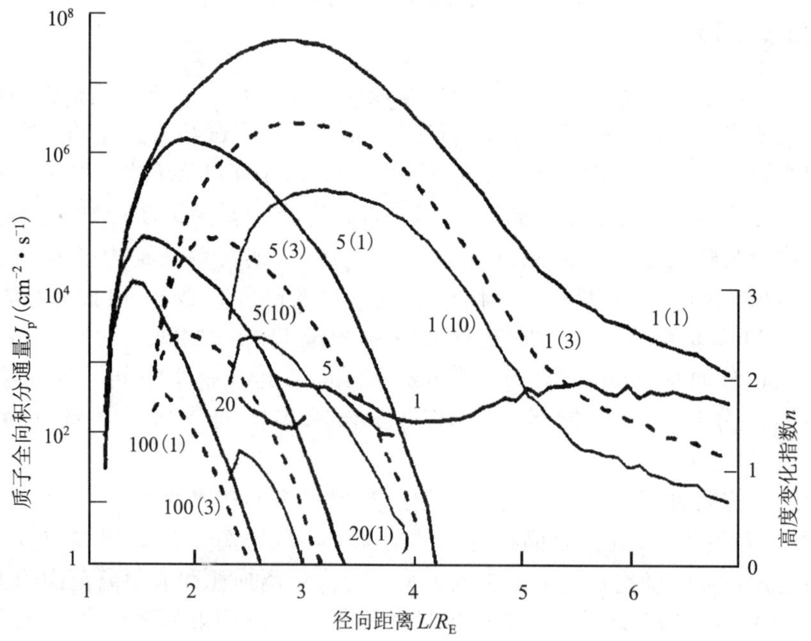

图 7－13　能量 $E_p>1$，5，20 和 100 MeV（括号外数字）的质子全向积分通量沿 L 的分布与 $B/B_0=1$，3 和 10（括号内数字）的关系[2]

右边纵坐标表示相对于 $E_p>1$，5，20 MeV 的质子通量的高度变化指数 n

理论预期的 α 粒子辐射带的结构与试验结果相一致[23]。基于对质子、α 粒子、碳和氧离子的大量数据所作的分析表明，磁扩散对这些粒子的通量在空间和能量上的分布起着主导作用。

图 7—14 给出了基于 AP—8 模式计算的辐射带质子、氦、碳和氧离子通量极大值与能量的关系及其与各卫星测量结果的比较[24]。直线 I～IV 是对质子与各类离子给出的计算结果（C 和 O 离子的平均电荷态分别为 5^+ 和 6^+）。可见几种离子均处于较窄的能量范围内，所得试验结果与磁扩散机制预期基本相符。在较宽的能量范围（$E_p \approx 0.3$～30 MeV）内，磁扩散机制也能对质子辐射带的结构给予很好的描述。对于 $E_p \geqslant 30$ MeV的质子所产生的偏离，可能是由于其源于宇宙线反照中子的衰变所致；在低能区的偏离表明必须计及过量电荷，也许还应该考虑电扩散效应。在 0.1～0.3 MeV 能量范围内，大量的测量数据与 AP—8 模式相偏离。此能区已属于环电流的粒子能量范围。

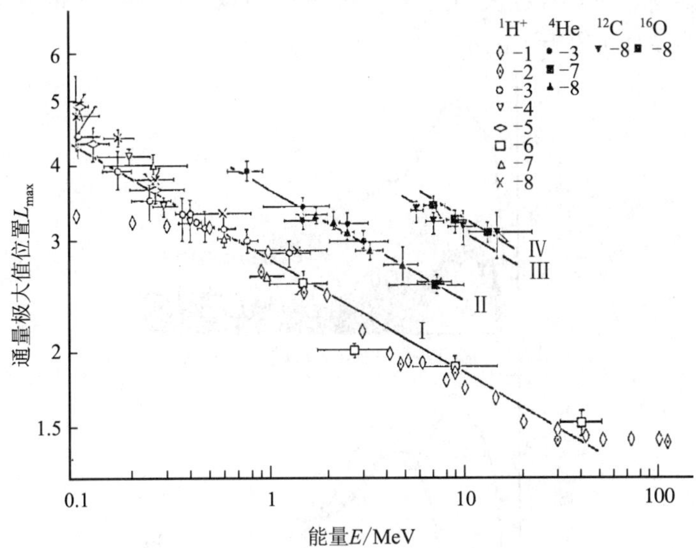

图 7—14　辐射带质子（I）、He（II）、C（III）和 O（IV）离子通量极大值位置与能量关系的计算和卫星观测结果

1—AP—8 模式；2—《Электрон 1—4》；3—EXPLORER—45；4—《Молния—1》（1970）；5—《Молния—1》（1974）；6—《Молния—2》（1974）；7—《Молния—2》（1975）；8—ISEE—1

7.4.2 在磁暴期辐射带的变化

在磁暴期，辐射带质子经历绝热变化，并与 D_{st} 变化相关联。在强磁暴时，能量约数十 MeV 量级的质子发生非绝热变化。磁暴发生时，环电流区域内磁场变弱，导致粒子俘获的条件也发生了变化。相应地，质子俘获的边界 L^* 位置按式（7—5）移向更低的磁壳层

$$L^* = \frac{6.95}{E^{0.25}}\left(1 - \frac{3.64 \times 10^{-2} D_{st}{}^{0.5}}{E^{0.375}}\right) \tag{7—5}$$

当 $D_{st}(L^*)^3/30\,040 < 1.7$ 时，式（7—5）成立。

在太阳耀斑出现期间，记录到耀斑产生的 α 粒子直接被俘获在内 L 壳层（$L=3$～4）

上[25]。在强磁暴时，内磁层还观测到刚度更大的离子通量升高的现象。

1991 年 3 月 24 日 CREES 卫星观测到 $L \approx 2.5$ 处出现能量为数十 MeV 的质子和电子新的强辐射带。在地磁场发生磁暴急始（其幅值约 200 nT）时，通常在 1 min 后就在 $L \approx 2.8$ 处形成数十 MeV 的新质子带，它等效于稳态的 $E_e > 15$ MeV 的内电子带（在 $L \approx 1.5$ 处呈极大值）。

图 7－15 给出了 1991 年 3 月 24 日磁暴所形成的 $E_p = 20 \sim 80$ MeV 的质子辐射带和 $E_e > 15$ MeV 的电子辐射带[26]。可以看出，$E_e > 15$ MeV 的电子通量比宁静期几乎高 3 个数量级；$E_p = 20 \sim 80$ MeV 的质子通量高 2 个数量级。新的电子和质子辐射带在形成 6 个月后，移向低 L 值。通过进一步记录表明，至少到 1993 年才达到辐射带通量的平均值[27]。粒子的"突击"注入效应可以基于磁暴急始后电场和磁场漂移的理论框架加以解释，并假定在给定场合下，存在大幅值（≈200 nT）的双极脉冲：正的脉冲持续时间约为 10 s，负的脉冲持续时间约为 1 min。

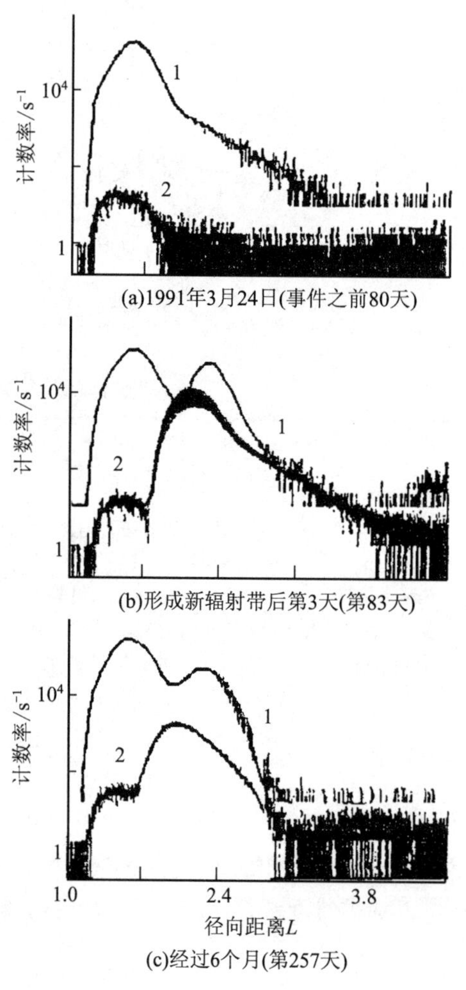

图 7－15　$E_p = 20 \sim 80$ MeV 质子（1）和 $E_e > 15$ MeV 电子（2）辐射带的径向分布（卫星 CREES 观测数据）

7.5　电子辐射带

7.5.1　稳态电子辐射带

图 7－16 所示为根据 AE－8 MIN 模式计算的赤道面上电子辐射带的结构（$B/B_0=3$）。可以看出，与质子辐射带不同，电子辐射带可以分成内、外 2 个带。在外辐射带，电子通量变化指数（$n=0.46$），远小于质子通量变化指数（$n=2$）。在内辐射带，电子通量变化指数 n 将增大。

$E_e\approx 1$ MeV 的电子内辐射带通量极大值位于 $L_{max}\approx 1.5$；外辐射带通量极大值位于 $L_{max}\approx 4.5$。质子辐射带相对于不同类型的磁扰动是比较稳定的；而与质子辐射带不同，电子辐射带甚至在较弱的地磁扰动下，也会发生显著的变化。

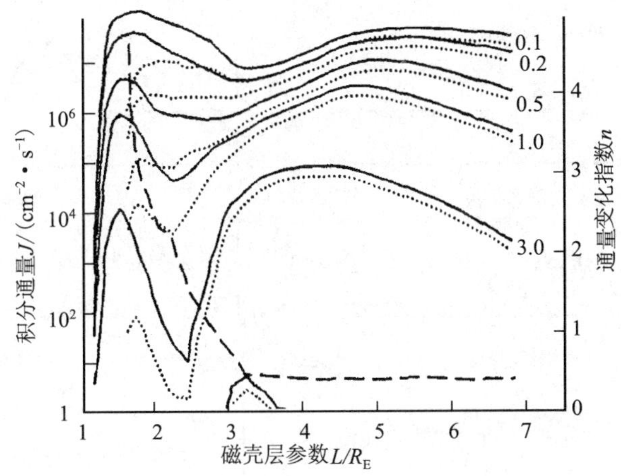

图 7－16　不同能量电子在赤道（实线）和 $B/B_0=3$（点线）处的积分通量径向分布[2]

曲线的数字表示能量（MeV），虚线表示电子通量变化指数 n 的径向分布

7.5.2　电子通量在外电子辐射带周围地区的变化

通过地球同步轨道卫星，对能量电子的特性进行了大量探测。弗里德尔（Friedel）等人[28]对此探测结果进行了综合分析，得出的重要结论是在地球同步轨道上，电子通量与太阳风速度之间存在关联。在太阳活动的低年这种关联效应最明显[29]。电子通量的明显变化一般出现在磁暴的恢复阶段，但与磁暴的强度无关[30]。

有人试图从理论或试验上查明，在行星际空间和地磁层内是哪些因素决定地球同步轨道上相对论性电子的通量。例如，参考文献[31－32]基于大量数据，总结出了一些统计规律。图 7－17 给出了两次不同强度的磁暴（2000 年 1 月 22 日：$D_{st}=-97$ nT；2001 年 11 月 24 日：$D_{st}=-221$ nT）发生后，$E_e>2$ MeV 电子通量的变化[33]。图中，B_z 为行星际磁场 z 方向分量；n 和 v 分别为太阳风密度和速度。地磁活动指数包括：AU，AL 和 AE（极光电急流指数）及 D_{st}（环电流指数）。

由图7—17可以看出，当2000年1月22日中等强度磁暴期过后，在不大的太阳风速（约400 km·s^{-1}）下，电子通量明显增大（至10^3 cm^{-2}·s^{-1}·sr^{-1}左右）；相反，在2001年11月24日强磁暴之后，在较大的太阳风速下，通量下降，甚至随后也未达到磁暴前的水平（约10^2 cm^{-2}·s^{-1}·sr^{-1}）。电子通量发生增大的决定性因素是在2000年1月磁暴恢复相中，存在较强的亚暴活动，但在2001年11月24日不存在这样的亚暴活动。特韦尔斯卡亚（Tverskaya）等[31,33]基于统计数据得出结论，为了在地球同步轨道上出现$E_e>$2 MeV的电子通量高于10^4 cm^{-2}·s^{-1}·sr^{-1}，必须在亚暴恢复相中具有高的太阳风速和强的亚暴活动。奥布赖恩（O'Brien）等[32]指出，在磁暴恢复相，电子通量与Pc5型脉动地磁活动之间存在强关联。在80%的概率下，Pc5型脉动在磁暴极大值出现24 h（甚至更久）后具有很高的强度，并观测到电子通量的增强。

在地球同步轨道上，电子通量经历的2～4 h的准周期变化，称为锯齿状演化（saw—tooth variations）。这种演化与太阳风压力变化、行星际磁场B_z分量重新取向，以及在B_z长时间南向取向时，发生准周期的亚磁暴事件有关[33,34]。

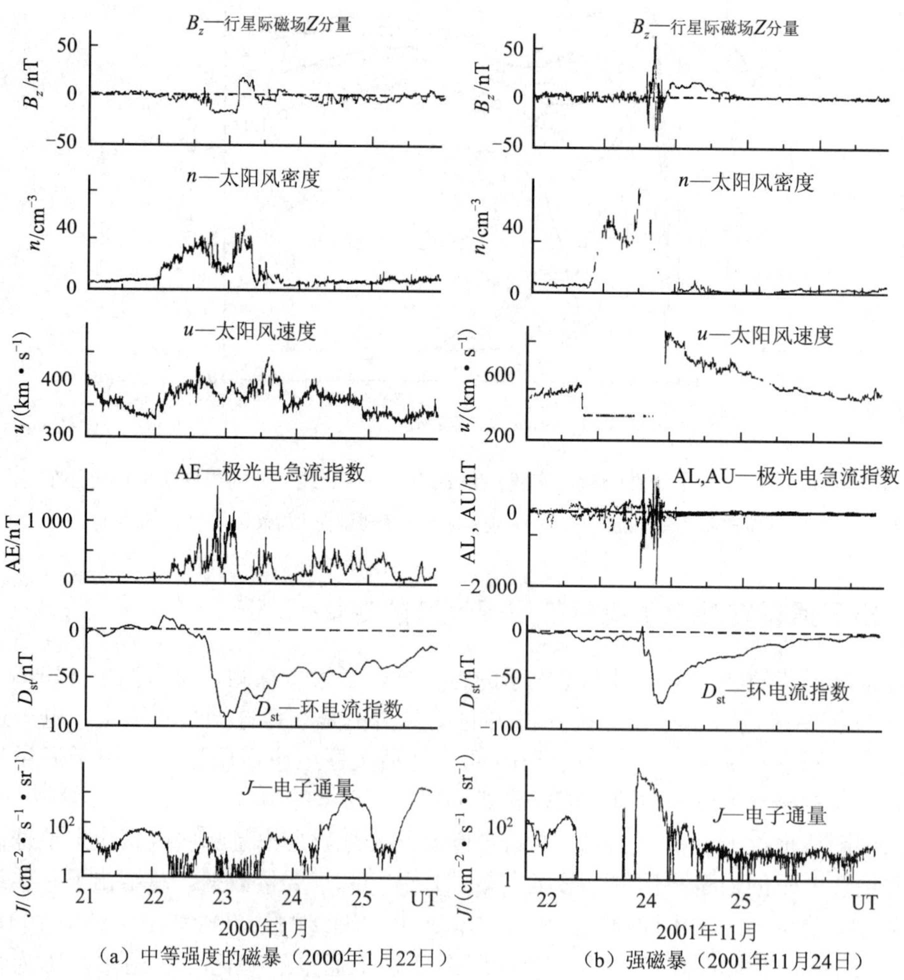

（a）中等强度的磁暴（2000年1月22日）　（b）强磁暴（2001年11月24日）

图7—17　磁暴期行星际空间参数、地磁活动指数及$E_e>$2 MeV电子通量随时间的变化

7.5.3 外辐射带相对论性电子的扩散波

磁暴发生期间，在远距离的 L 壳层形成的电子带会向地磁层深处扩散移动。磁暴发生后，较长时间地保持着不太强的地磁活动性，从而可以观测到相对论性电子的径向扩散波（diffusion wave）。图 7—18 给出了磁暴后 $E_e > 5$ MeV 电子扩散波的粒子通量分布变化，其 $D_{st} = -84$ nT。可见，在磁暴后 2 天（第 169 天），形成了辐射带，其通量最大值位于 $L \approx 4.5$。分析不同通量值时波前的运动，可以得出其运动速度与 L 的关系为：$V_f =$（2.7±1.2）$\times 10^{-7} L^{-(9.25 \pm 0.4)} R_E$/昼夜，其中 $3.2 < L < 3.7$。这种依赖关系与理论预期的 $V_f = 1.5 \times 10^{-7} L^{-9} R_E$/昼夜基本一致。这一关系式是普适的，尽管式中的系数值可能在较大的范围内发生变化。电子扩散波传播的最有利条件是在有规律的磁暴发生后的太阳活动极小期，并且外电子辐射带内的通量呈现 27 日周期变化[35—36]。

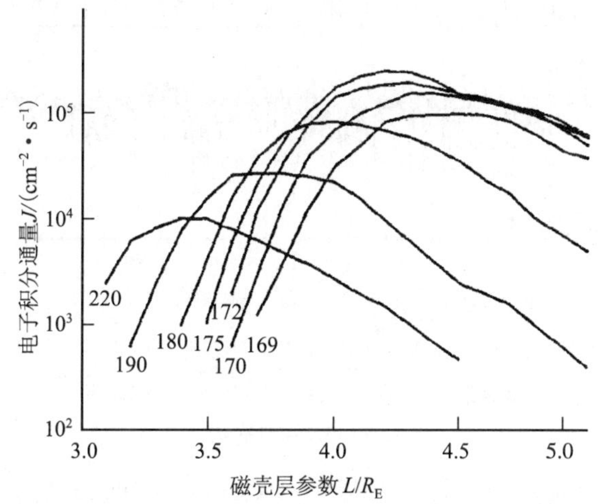

图 7—18 1965 年 6 月 16 日磁暴（第 167 天）后 $E_e > 5$ MeV 电子扩散波通量分布的变化

根据探险者 26 号卫星数据；图中数字为卫星在轨探测天数

7.5.4 外辐射带电子通量的季节性变化

卫星探测数据表明，外辐射带的电子通量也发生季节性变化[35,37]。图 7—19 给出了卫星飞越辐射带时记录的相对论性电子累积通量随时间的变化。卫星的圆轨道高度为20 000 km，倾角约为 65°。该图还给出了地磁场活动指数 $\sum K_p$ 和 D_{st} 值（1994～1996 年间）。粗线为微分累积通量平滑化的结果，采用的是具有钟形权重函数（有效平滑长度约为 2 个月）的随机平均方法进行平滑化。图 7—19 提供的数据充分地证明电子微分累积通量随季节变化。电子通量在春季和秋季达到极大值，而在冬季和夏季处于极小值。

外辐射带电子累积通量的季节性变化是和地磁扰动随季节的变化有关。在电子累积通量平滑值和地磁活动指数 $\sum K_p$ 间的关联系数为 0.7。

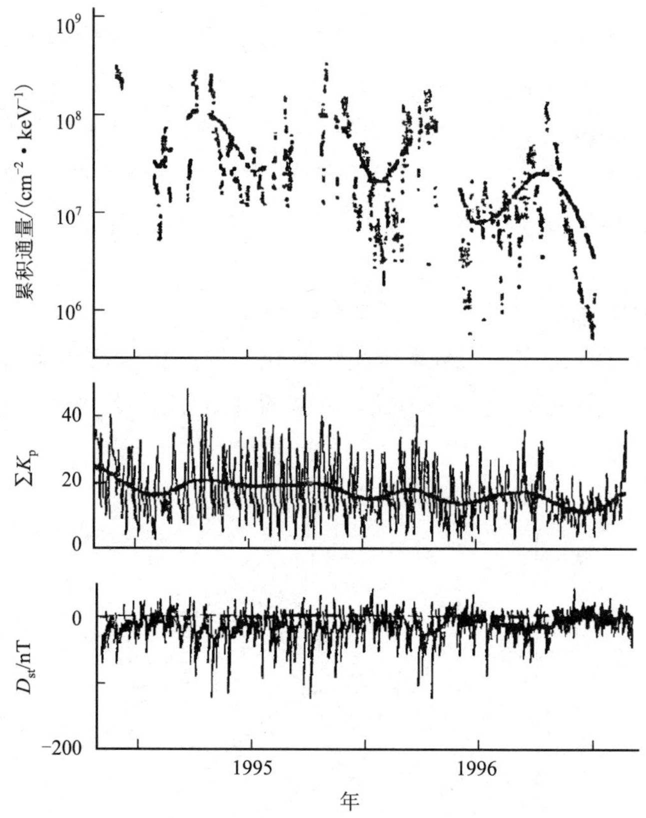

图 7—19　在 1994 年 6 月～1996 年 7 月期间 GLONASS 卫星跨越辐射带飞行时，$E_e \approx 0.8 \sim 1.2$ MeV 电子累积通量随时间的变化

图中还给出了地磁活动指数（$\sum K_p$ 和 D_{st} 值）的变化；粗线为累积通量和 K_p 指数的平滑值

7.5.5　外辐射带电子通量极大值与太阳活动周期的关系

对第 19 太阳活动周期的测量数据分析表明，外辐射带电子通量极大值的位置 L_{max} 和内外带间的槽区，在从太阳活动极大期向极小期渡越过程中，将向更大的 L 值移动[38]。

图 7—20 给出了 1958～1983 年 L_{max} 随时间的演化过程[39]。该图还示出发生 D_{st} 变化幅值>100 nT的磁暴时，D_{st} 月平均值和太阳黑子数 R_Z 随时间的变化。由图 7—20 可见，L_{max} 和太阳活动无直接关联，但磁暴对 L_{max} 位置有明显的影响。多年连续的卫星观测结果表明，L_{max} 与 R_Z 之间的关联系数等于－0.2；有时，L_{max} 与 D_{st} 平均值的关联系数等于－0.7。

将 1978～1983 年期间每月的 L_{max} 连续观测结果与 D_{st} 进行比较，发现磁暴总是出现在太阳活动极大期前后，并且，相应的 L_{max} 向小 L 值移动。

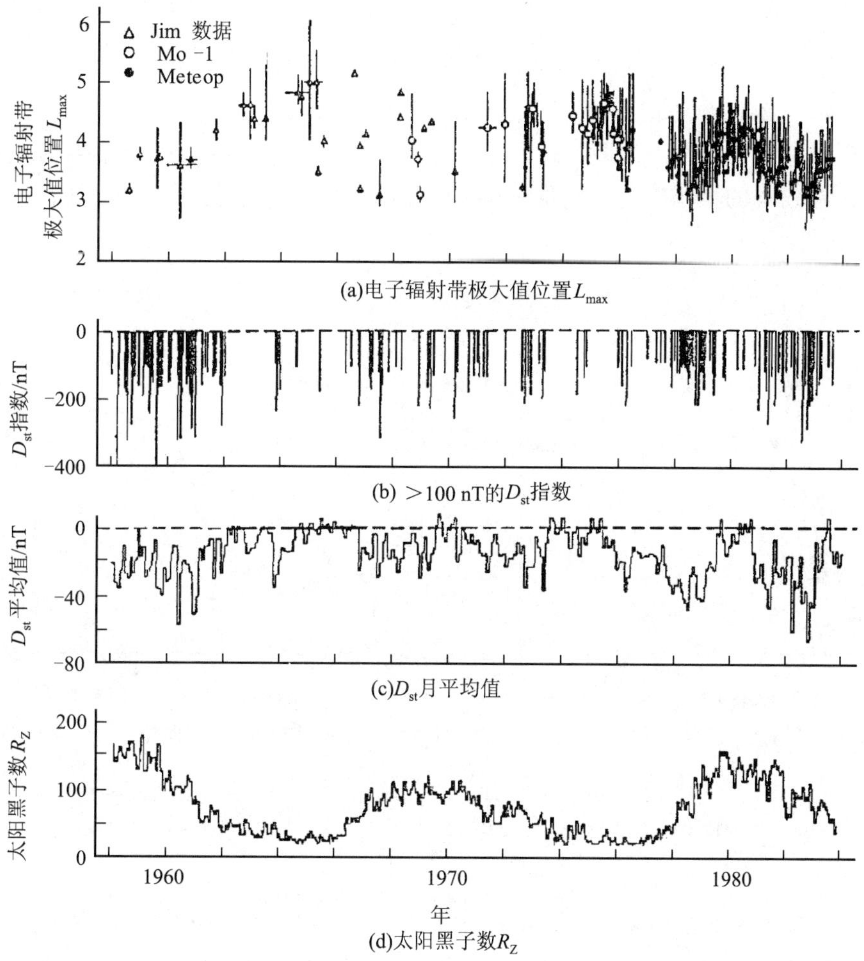

(a)电子辐射带极大值位置L_{max}

(b) >100 nT的D_{st}指数

(c)D_{st}月平均值

(d)太阳黑子数R_Z

图 7—20　1958～1983 年期间 L_{max}、D_{st}（>100 nT）、月平均 D_{st} 及 R_Z 随时间的演化

7.5.6　强磁暴期的电子辐射带

地磁层和地球辐射带的结构取决于地磁层与太阳风的相互作用。在太阳耀斑活动期间，有可能发生日冕物质抛射，其特点是具有很高的速度（至 2 000 km・s^{-1}）、高的粒子密度（数十粒子・cm^{-3}）和较强的磁场（数十 nT）。当日冕物质抛射进入地球大气层时，地磁层尺度将急剧收缩，闭合的漂移壳层（辐射带）的区域将变小，夜间等离子层将靠近地球（其中的电流将增大），地磁尾内的磁场强度也将增大。并且，位于外漂移壳层的辐射带粒子将从地磁层被抛射出去。当日冕物质抛射的磁场方向不同（平行或反平行于地磁场）时，这些过程的发展会有所不同。在其他条件相同时，行星际磁场 B_z 分量反向会使诱发 D_{st} 变化的电流强度更大。作为实例，下面讨论在两次强磁暴（1991 年 3 月 24 日和 2001 年 11 月 6 日）期间，外辐射带的动力学过程。

1991 年 3 月 24 日的磁暴是由 3 月 22 日太阳耀斑诱发的日冕物质抛射引起的。在强磁

暴急始（≈200 nT）发生时，超相对论性电子形成“激波”辐射带（shock belt）。该辐射带在随后的强磁暴（$|D_{st}|=300$ nT）期间发生演化，并注入新的“磁暴”辐射带。图 7—21给出了 1991 年 3 月 24 日强磁暴急始（SC）发生时，出现 $E_e>8$ MeV 电子辐射带的动力学过程[40]。在 D_{st}图上标出了卫星飞过的时间和辐射带电子通量极大值的位置 L_{max}，分别如箭头和×所示。在 3 月 24 日约 05：00UT 时，$E_e>8$ MeV 电子辐射带出现峰值，$L_{max}\approx2.8$。在磁暴的主相期，辐射带移至 $L\approx 2.3$。上述演化过程是不可逆的。

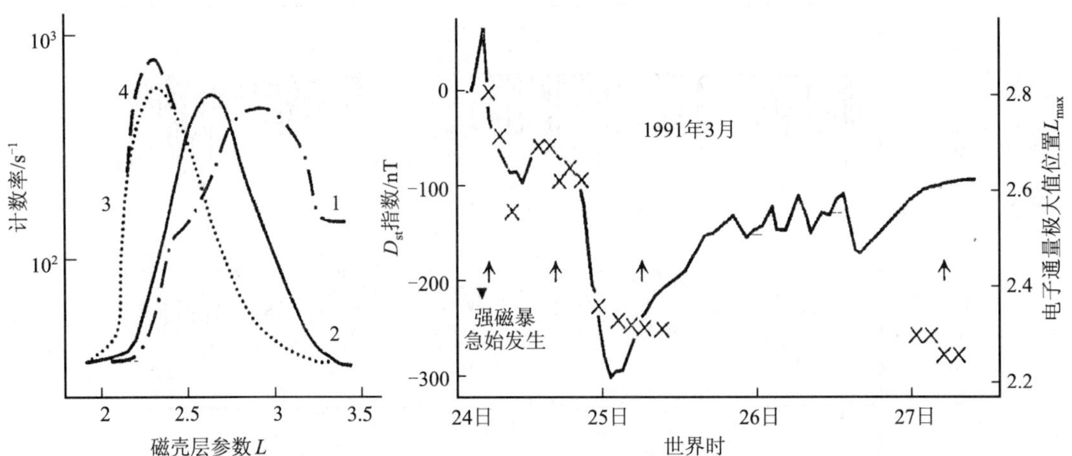

(a)$E_e>8$ MeV电子通量在不同时刻随L值的分布　(b)D_{st}（实践）和$E_e>8$ MeV电子通量极大值位置（x）随时间的变化

图 7—21　1991 年 3 月 24 日强磁暴发生后电子辐射带的演化过程

1—1991 年 3 月 24 日 05：22；2—1991 年 3 月 24 日 16：07；3—1991 年 3 月 25 日 05：36；4—1991 年 3 月 27 日 04：25

图 7—22 为 3 个时间段不同能量的电子通量径向分布，分别是：（a）1991 年 3 月 24 日（磁暴急始前）、（b）1991 年 3 月 25 日（磁暴恢复期始相）和（c）1991 年 3 月 27 日（磁暴极大期之后 2 天）。从图 7—22（a）可以明显看到在两个电子带之间有一槽区。由探测器记录的 $E_e>8$ MeV 电子通量是处于背景水平。随后在图 7—22（b）的 $L\approx 2.3$ 处，出现了由磁暴急始期注入的电子峰通量，并且在 $L\approx 3$ 处出现了由于磁暴注入形成的新的电子带极大值。CREES 卫星的数据表明，磁暴后 $E_e\approx 2$ MeV 的电子带在 $L=3.1$ 处呈极大值。在更高能量的电子带上出现延迟效应，并且在 1～3 MeV 能量范围内，外辐射带电子能谱出现极大值。

2001 年 11 月 6 日的磁暴是由 11 月 4 日耀斑诱发的日冕物质抛射引起的。图 7—23 给出 2001 年 11 月 5～7 日表征地磁层状态参数的变化[41]。其中图 7—23（a）给出基于模式计算的磁层顶迎风点的位置 X（0）和卫星观测得到的 $E_e=0.3\sim0.6$ MeV 电子穿透的 L 边界（夜间）。后者基本上是等离子体层的边界。有时可以观测到电子穿透边界 L 值的急剧增大，这可能是地磁尾内磁场发生了偶极化所致。图 7—23（b）给出行星际磁场的 B_z 分量和太阳风动态压力的变化，它们决定着地磁层和磁扰动的尺度。图 7—23（c）中 H_{sym}是对 D_{st}演化的分钟模拟参数（minute analog），AE 为极光活动指数。

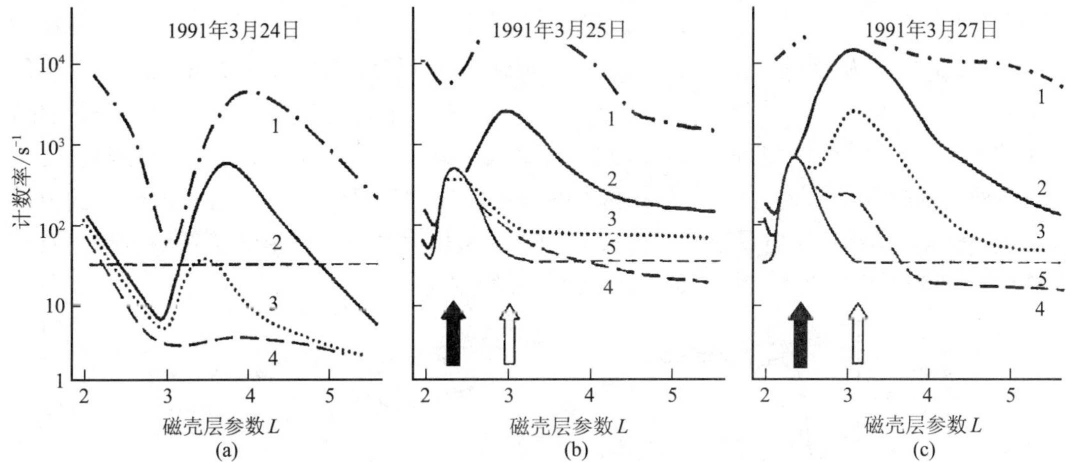

图 7—22　1991 年 3 月 24 日磁暴后在南半球相同磁场强度下，三个时段不同能量的电子通量

黑箭头表示磁暴急始（“激波”注入）时形成的辐射带极大值位置；白箭头表示

随后的电子暴（“磁暴”注入）形成的辐射带极大值；图中各曲线相应的电子能量为：

1—E_e>0.17 MeV；2—E_e>0.7 MeV；3—E_e>1.5 MeV；4—E_e>3.0 MeV；5—E_e>8 MeV

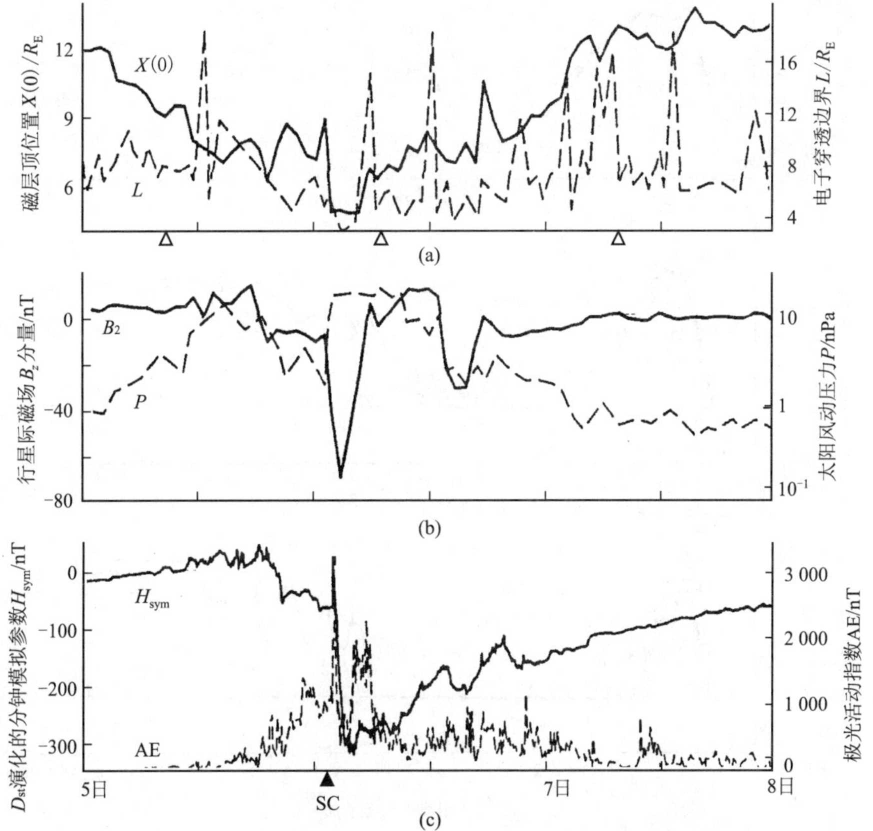

图 7—23　2001 年 11 月 5～7 日地磁层状态参数演化

▲—磁暴急始；△—卫星经过外辐射带的时间

在2001年11月6日01时52分观测到磁暴急始。几分钟后，磁暴主相开始，并持续半小时。此时，地磁层的尺度最小，$X(0)\approx 4R_E$。当行星际磁场 B_z 分量增大，而太阳风动压力 P 值保持不变时，$X(0)\approx 6R_E$。并且，大约在5小时内参数 H_{sym} 未发生明显变化，即这时所测量的是新辐射带的状态（见图7－24虚线）。可见，在 L 值较大的外辐射带区域，各种能量的电子通量与11月5日测出的通量相比均明显降低；而在 L 值较小的内层区域（$L\approx 3$），却出现了电子通量的极大值。这说明从第2天开始形成了新辐射带。对具有更高能量的电子，可在更大高度上观测到相似的注入图像。

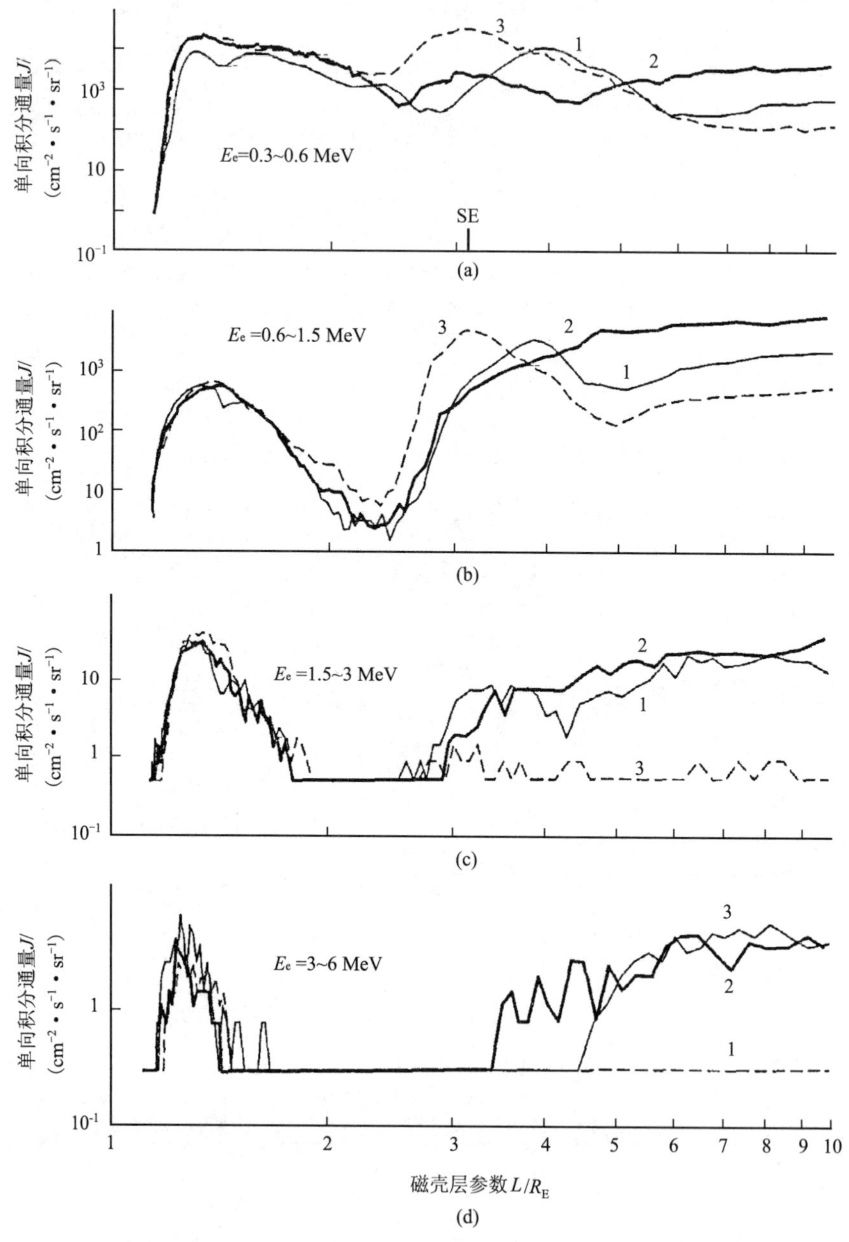

图7－24　2001年11月6日磁暴发生前后不同能量电子通量的变化

1—磁暴发生前（11月5日）；2—主相极大值（11月6日）；3—磁暴后第2天（11月7日）

7.5.7　相对论性电子通量极大值位置与磁暴强度的关系

威廉斯（Williams）等人[42]首先研究了在磁暴发生时，注入的相对论性电子辐射带通量极大值位置 L_{max} 与由 D_{st} 演化幅值决定的磁暴强度的关系（图 7－25）。当磁暴强度 $|D_{st}|=30\sim140$ nT 时，曾得到线性的 L_{max} 与 $|D_{st}|$ 的依赖关系。在更宽的磁暴强度（直至 $|D_{st}|_{max}\approx400$ nT）范围，存在以下的非线性关系

$$|D_{st}|_{max}=\frac{2.75\times10^4}{L_{max}^4} \tag{7-6}$$

图 7－25 是基于已知磁暴强度幅值得到的 L_{max} 与 $|D_{st}|_{max}$ 的关系曲线，其中包括历史上最强的磁暴（1989 年 3 月 13 日～14 日）的数据。可见，在不同高度飞行的卫星观测数据均与式（7－6）吻合良好。

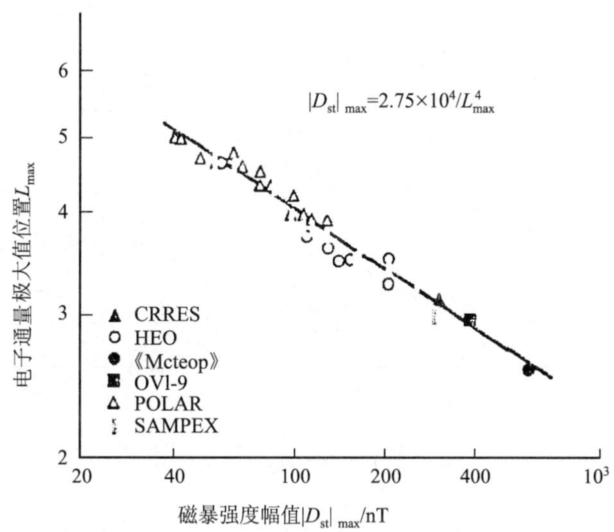

图 7－25　磁暴期注入的相对论性电子辐射带极大值位置 L_{max} 与磁暴强度幅值 $|D_{st}|_{max}$ 的关系
图中直线满足式（7－6），数据点取自各卫星观测结果

基于式（7－6），可以确定许多等离子体结构的特征位置：俘获辐射的边界、环电流等离子体的压力极大值位置、极光卵赤道侧椭圆边界、西向电子流中心位置以及太阳宇宙线的穿透边界等。因此，这种 L_{max} 与 $|D_{st}|$ 的依赖关系可以作为空间环境预报的依据。

磁暴期相对论性电子的加速机制是尚未取得共识的问题。能量为数十 keV 至100 keV 的电子（所谓籽电子，the seed－electron）容易被非稳态磁暴电场加速。高能电子将在磁场偶极化过程中被加速。由于电子注入到被环电流所弱化的磁场内，在磁暴恢复相电子会经历进一步加速。近几年提出了某些基于波－粒子相互作用的相对论性电子加速机制[11－12]。但是，为了将电子加速至相对论性能量，其中大多数加速机制，要经历数小时甚至数天的时间。试验表明，电子若加速至如此高的能量，即使发生在外辐射带中心，也需约 1 h 的时间[43－44]。

7.6 地球辐射带低高度的能量粒子通量

图7—26的数据取自卫星KOPOHAC－И在$L<8$轨道上从北向南飞行的观测结果。在南、北半球，均可在外辐射带（$L\approx4\sim5$）和内辐射带的外边缘（$L\approx2.1\sim2.3$），看到两个电子通量峰；在南半球$L\approx1.3$和$L\approx1.6$处，还观测到两个附加的通量峰。质子通量在赤道、中等L值处及外辐射带的外边界附近呈现峰值。通过对其他轨道获得的数据分析得出，质子通量在赤道及$L\approx3.5\sim4.5$处明显增大。

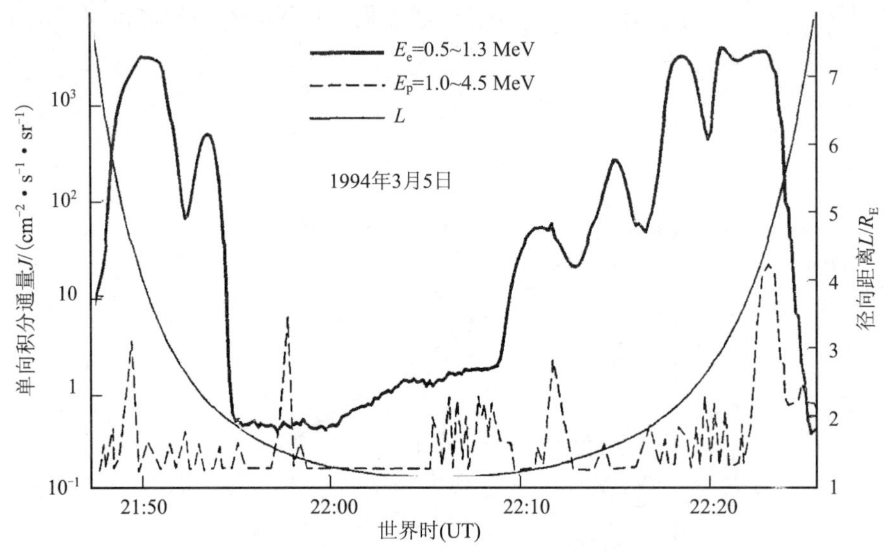

图7—26　在$L<8$轨道上卫星从北向南运动时电子和质子通量变化

电子通量在约500 km高度上的分布示于图7—27[45]。在该图上，可以明显地分辨出准俘获电子区。在北半球－70°～＋50°的经度区域和$L\approx2.1$及1.6处，实际上不存在电子通量。这是与南大西洋异常区共轭的区域，即东南亚正磁异常区。

基于南大西洋异常区与其在卫星飞行高度上共轭点处的磁场差异，可以得出电子在$L\approx2.1$和$L\approx1.6$处磁场线半反冲运动散射角小于4～6°。在$L\approx2.1$和1.3磁壳层，可在任一世界时记录到电子通量峰，但在$L\approx1.6$处只能在10：00～24：00（UT）记录到电子通量峰（见图7—28）。

在与南大西洋异常区相共轭的北半球外辐射带区域，镜像点有时下降至50 km以下，或者接近于地球表面，可记录到明显的能量电子通量。这很可能与镜像点之间反冲运动粒子的散射有关。在一系列试验中，曾在$L<2$的磁壳层记录到准俘获电子。纳戈塔（Nagata）等[46]曾指出，在$L\approx1.6$处存在电子通量峰。

在赤道区记录到$E_p\approx70$ keV和$E_p\approx1\sim4.5$ MeV的质子[45,47]。图7—29给出了质子通量在赤道附近的分布。在$L<1.1$处曾记录到寿命短于绕地球一周漂移周期的质子，认为它们是源于辐射带（$L\approx2.5\sim4$）的质子。这些质子将俘获外逸层（exosphere）

的电子，已不能被地磁场所俘获。它们一部分到达赤道区约 200 km 高度的地球大气层，从而从辐射带逸出；如果它们具有约 90°的投掷角，将被地磁场所俘获。在 3＜L＜4 和 L＞4 两个区域上，观测到准俘获质子。前者是由于质子在电子同步回旋辐射上的寄生散射（parasitic scattering）引起的，而对于质子在 L＞4 处的倾出机制目前尚不清楚。

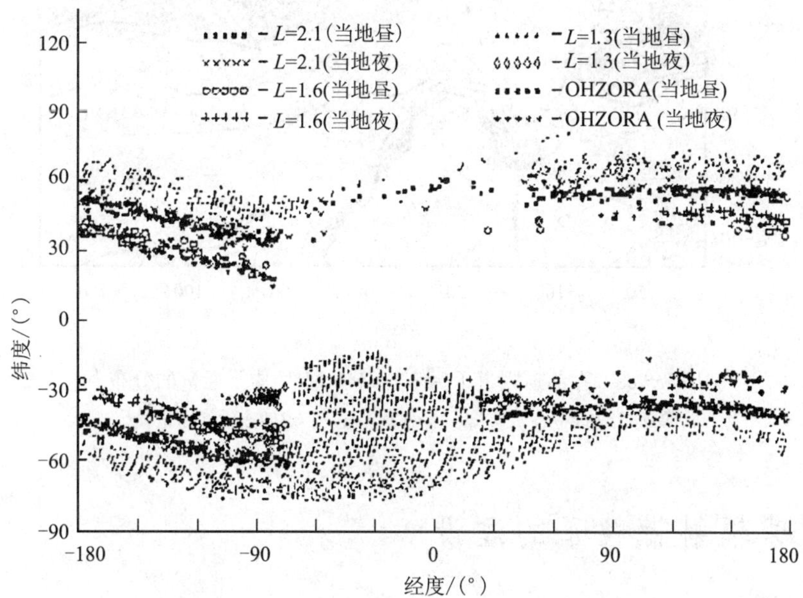

图 7－27　约 500 km 高度上电子通量分布

OHZORA 卫星的观测数据对应于 $L\approx1.6$；其他为 KORONAS－I 卫星的观测数据

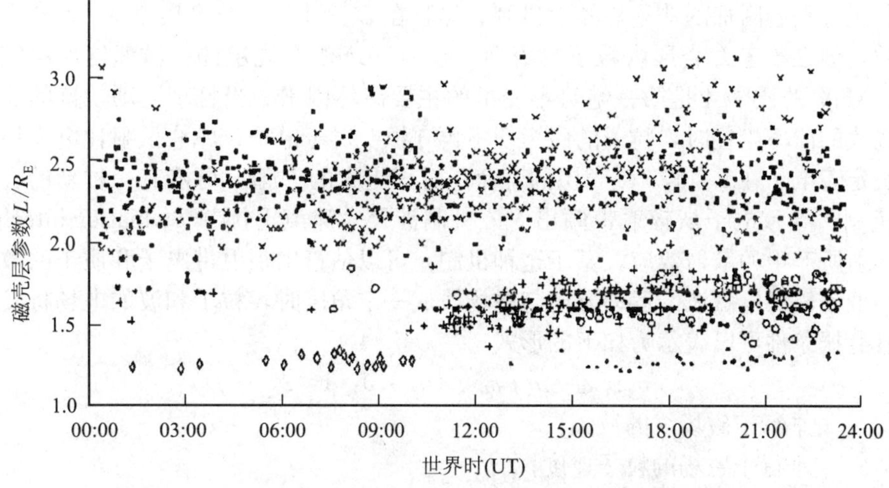

图 7－28　在不同 L 磁壳层电子通量峰的分布

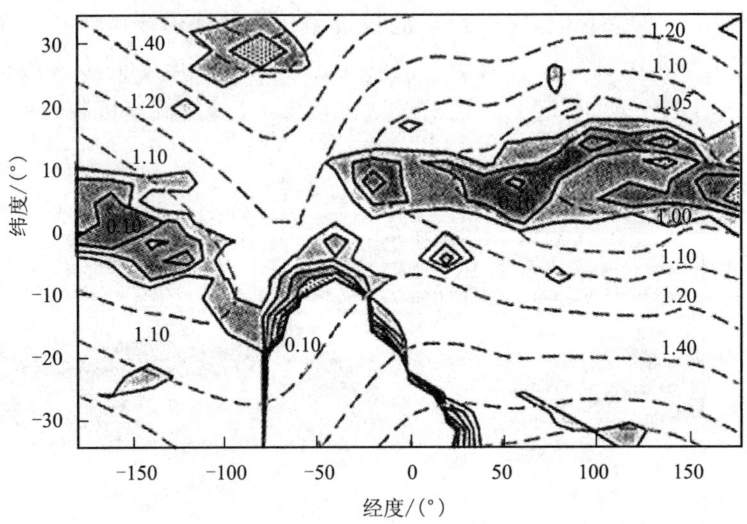

图 7－29　在赤道附近 $E_p=1 \sim 4.5$ MeV 质子通量的分布

等通量线间隔为 0.05 $cm^{-2} \cdot s^{-1} \cdot sr^{-1}$；虚线表示等通量线

7.7　地球辐射带粒子的湮没

辐射带粒子通量的分布特征，可反映出粒子湮没（annihilation）和注入间的动态平衡。各种类型粒子的湮没机制是不同的。对于质子和 α 粒子，主要的湮没机制（特别是在 $L \leqslant 4$ 处）是由于电离损耗而导致粒子能量降低。当粒子与残余大气间发生相互作用时，可导致电离损耗，使粒子的能量降低。在 $L>4$ 处，观测到 $E_p \geqslant 1$ MeV 质子强烈地倾出，这意味着还存在着附加的非绝热湮没机制。尽管在 $L \geqslant 4$ 处，非绝热湮没机制比电离损耗更为有效，但在给定 L 壳层内粒子的寿命，仅由其跨越 L 壳层的扩散速度所决定。只有 $E_p \geqslant 100$ MeV 的质子才是第一绝热不变量的主要破坏因素。当粒子运动轨迹的曲率半径接近磁场线的曲率半径时，粒子的磁矩便不再守恒。对于电子，库仑散射比电离损耗更为有效，决定着电子在 $L<1.5$ 磁壳层的寿命。对于更大的 L 值，可能有一种新的、更有效的湮没机制，导致电子从辐射带倾出。该机制涉及“啸声干扰”（whistler interference）型低频辐射所产生的散射效应。基于这种机制，可以估算出辐射带电子和质子的散射共振频率。当低频辐射电磁波的运动方向与磁场线成一定角度时，粒子和波的电场将发生相互作用，其共振条件可以表示为如下的形式

$$k_{\parallel} v_{\parallel} - \omega = m \cdot \omega_{e.p} \quad (m = 0, 1, 2, \cdots) \tag{7-7}$$

式中　$k_{\parallel}$——平行于磁场线的波矢；

$v_{\parallel}$——平行于磁场的粒子速度；

ω——波的圆频率；

$\omega_{e.p} = \dfrac{eB}{m_{e.p} c}$——电子和质子的回旋频率；

c——光速；

m——波的共振态参数，包括：$m=0$ 为对应于 $v_{\parallel}$ 等于波的相速度时的共振态，$m=1$ 对应于基频的同步回旋共振；以及 $m=2$，3，…对应于倍频同步回旋共振。

对于与电子发生相互作用的电磁波（$\omega_e>\omega$），ω 和 k 间具有以下的关系式

$$\omega=\omega_e\frac{c^2k^2\cos\chi}{\omega_0{}^2+c^2k^2} \tag{7-8}$$

对于与质子发生相互作用的波（$\omega<\omega_p$），则有

$$\omega=kV_A \tag{7-9}$$

式中　$\omega_0=\sqrt{\dfrac{4\pi e^2n}{m_e}}$——等离子体的电子频率；

χ——波矢和磁场线之间的夹角；

$V_A=\dfrac{B}{\sqrt{4\pi n\cdot m_p}}$——阿尔芬速度；

n——冷等离子体粒子数密度。

假定，粒子和电磁波的相互作用发生在赤道区。当 $\omega\ll\omega_e$ 时，可与电子发生相互作用的波由式（7—8）得到。

切连科夫共振（Cherenkov resonance）

$$\omega=\frac{\omega_0{}^2}{\omega_e}\left(\frac{v_{\parallel}}{c}\right)^2 \tag{7-10}$$

同步回旋共振

$$\omega=\frac{\omega_e}{\omega_0{}^2}m^2\left(\frac{c}{v_{\parallel}}\right)^2 \tag{7-11}$$

更确切的分析指出，当 $\omega\leqslant\omega_e$，对同步回旋共振有

$$\omega=\frac{\omega_e{}^3}{\omega_e{}^2+\omega_0{}^2\left(\frac{v_{\parallel}}{c}\right)^2} \tag{7-12}$$

比较式（7—10）和式（7—11）得出，辐射带中的电子（即亚相对论性粒子）实际上只能是上述两种共振形式的一种。

在等离子体层内只可能发生电磁波和电子的同步回旋共振。在等离子体层之外，只有在 $L\geqslant5$ 磁壳层同步回旋共振才是有效的，$L\leqslant5$ 时有可能发生切连科夫共振。看来，后一种共振态对 $L\leqslant4\sim4.5$ 辐射带的动力学过程起重要作用。在同步回旋共振过程中，粒子散射实际上不改变粒子的能量；而在切连科夫共振过程中，电子的能量可发生显著的变化。

图 7—30 给出地磁层不同能量电子散射的共振频率与 L 值的关系，考虑了地球一侧处于晨间和晚间时等离子体层边界的影响。在计算中假定，地球一侧的晨间等离子体层顶位于 $L\approx3.2$；晚间的等离子体层顶位于 $L\approx5.5$。在等离子体层内部，冷等离子体的数密度依 $n=10^5L^{-4}\ \mathrm{cm}^{-3}$ 的规律变化；在等离子体层外部，$n=1\ \mathrm{cm}^{-3}$。图 7—30 对地球晚间一侧的计算是假定等离子体层内，冷等离子体的数密度 $n=10^3\ \mathrm{cm}^{-3}$。从图7—30可以明显地看出各种共振态所处的区域。

电子除了与电磁波相互作用而发生散射外，当 $v_{ph}\approx v_{\parallel}$（$v_{ph}$ 为波的相速度）时，还会与静电波相互作用而被散射。上述的切连科夫相互作用和电子与静电波的相互作用，除了导致按投掷角扩散外，还会按能量发生扩散。

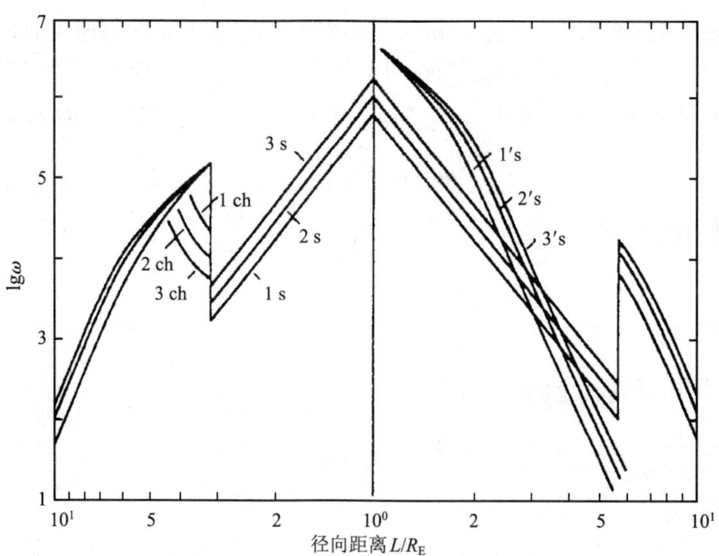

图 7—30　不同能量电子散射时共振频率 ω 和 L 值的依赖关系[20]

左图表示地球一侧处于晨间；右图表示地球一侧处于晚间；

图中 s 表示同步回旋共振；ch 表示切连科夫共振

1—500 keV；2—250 keV；3—100 keV

对于质子，共振频率可由下式给出

$$\omega=\frac{\omega_p}{\left(\frac{v_p}{V_A-1}\right)} \tag{7-13}$$

式中　ω_p——质子的回旋频率；

v_p——质子速度；

V_A——阿尔芬速度。

引起辐射带电子散射的电磁辐射，可以源于不同的机制。首先，当某些能量的粒子呈现非稳态分布时，产生该能量粒子的电磁辐射；其次，当出现寄生共振时，将产生低能粒子或其他种类粒子的电磁辐射。特别是在磁暴期，穿透至地磁层深处并形成环电流的等离子体，可在很宽的频率范围内产生电磁振荡以及静电振荡，从而湮没地球辐射带电子。

磁宁静期电子通量 N 在 L 壳层上随时间的变化，可以近似地表示为

$$N\propto\exp\left(\frac{-t}{\tau}\right) \tag{7-14}$$

式中　τ——电子寿命；

t——时间。

图 7—31 示出电子寿命与 L 值间的依赖关系。在某些临界通量 N_c 下，一昼夜间粒子的通量可降至原来的 1/2。当粒子通量接近于 N_c 时，$E_e>40$ keV 和 $E_e>300$ keV 的电子寿命急剧缩短，通量的降低不再遵从指数关系，而是依幂律形式变化，即 $N=N_c/t$。当电子通量达到 $N\approx N_c/0.69\tau$ 时，通量的衰减规律又从幂律关系渡越至指数关系。当电子的通量增加时，电子寿命缩短，这和同步回旋不稳定性的发展及在特定的同步回旋辐射时电子的散射有关。在这种场合下，电离层对辐射带起着某种稳定作用，这是因为当电子的同步辐射频率接近低频辐射范围时，电子同步回旋辐射将被吸收。通过在不同地方时进行试验，

观测到辐射带电子的倾出。在一系列卫星上进行了低频无线电混杂波（0.1～10 kHz，即甚低频—极低频）辐射测试。在低于 3 000 km 的高度上，在地球日间观测到很强的甚低频—极低频辐射（其平均功率比夜间高一个数量级）。在赤道面上，日间和夜间的甚低频辐射功率之差明显减小。在地球日间辐射带电子倾出明显高于夜间。

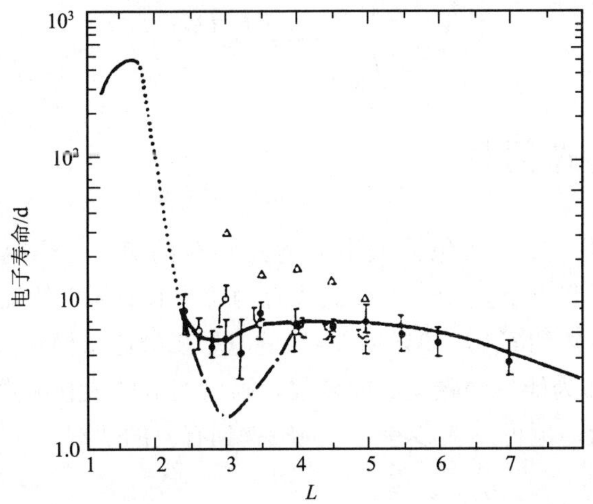

图 7—31　E_e>300 keV 和 E_e>1.2 MeV 的电子寿命与磁壳层参数 L 值的关系[20]

点划线表示电子寿命可能降低；实线表示 E_e>300 keV 电子寿命；虚线表示尚缺少实验数据；数据点对应的电子能量为：△—>1.2 MeV；○—>300 keV（电子—26 卫星观测数据）；●—>300 keV（1963 年）

在等离子体层的外部存在足够强的静电辐射，可能成为引起电子散射的原因。卫星测量到 L<5 处地球日间 0.07～20 kHz 频率范围的甚低频辐射谱。图 7—32 给出了在电磁辐射场内，不同能量电子的投掷角扩散系数与 L 值的依赖关系，它与实际测量的不同能量电子的寿命定性相符合。

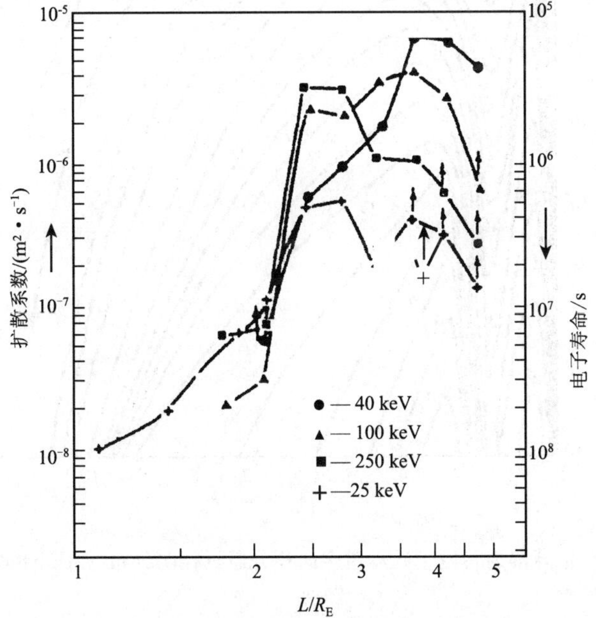

图 7—32　卫星上观测到的电磁辐射场内，不同能量电子的投掷角扩散系数与 L 值的关系[20]

在地磁层发生亚暴后不久（≤3 h），观测到外辐射带电子和质子的通量很快下降。辐射带电子和 $E_p>1$ MeV 质子的倾出，被解释为是由于它们与环电流等离子体的电磁辐射发生相互作用所致（如上所述）。高能质子（$E_p\geqslant30$ MeV）的湮没与 D_{st} 变化幅值增强时绝热条件遭到破坏有关。在这种情况下，高能质子带的边界移向下式所给定的 L 值

$$L=\frac{6.7}{E^{\frac{1}{4}}}-\frac{0.056|D_{st}|}{E} \tag{7-15}$$

7.8 辐射带模式问题

电子辐射带的 AE－8 模式包括太阳活动高年时的 AE－8MAX 和低年时的 AE－8MIN 模式。在磁宁静状态下，AE－8 模式可针对 $L=1.2\sim11$ 的辐射带，给出能量分别为 $E_e\approx0.04\sim4.5$ MeV 和 $E_e\approx0.04\sim7$ MeV 的电子积分通量模式。其基本表述形式是将电子的全向积分通量作为能量和磁坐标的函数，画出相应的表格和曲线，如图 7－16，图 7－33 和图 7－34 所示，也可以从参考文献[48]查到有关的数据。

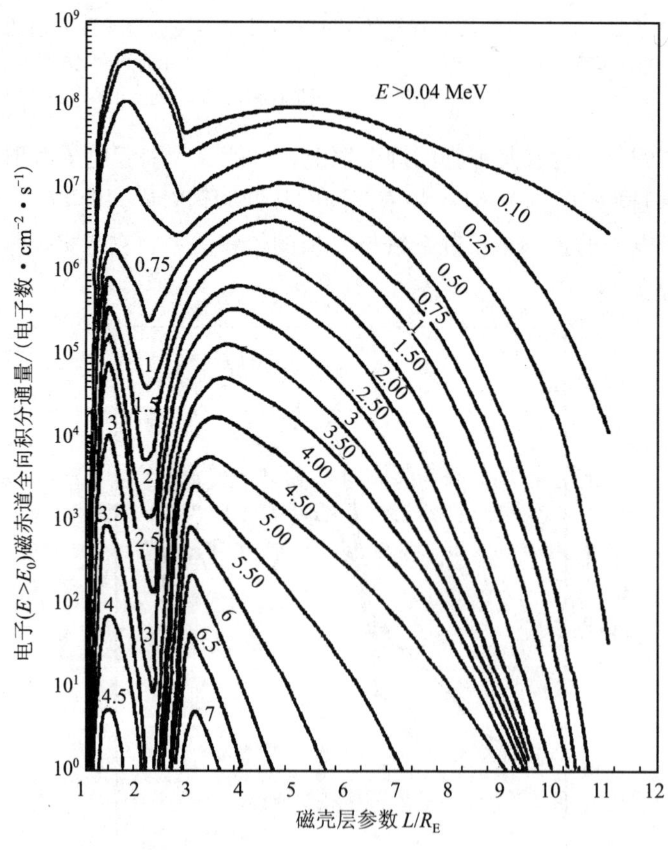

图 7－33 地球辐射带电子磁赤道全向积分通量径向分布（AE－8MAX）[18]

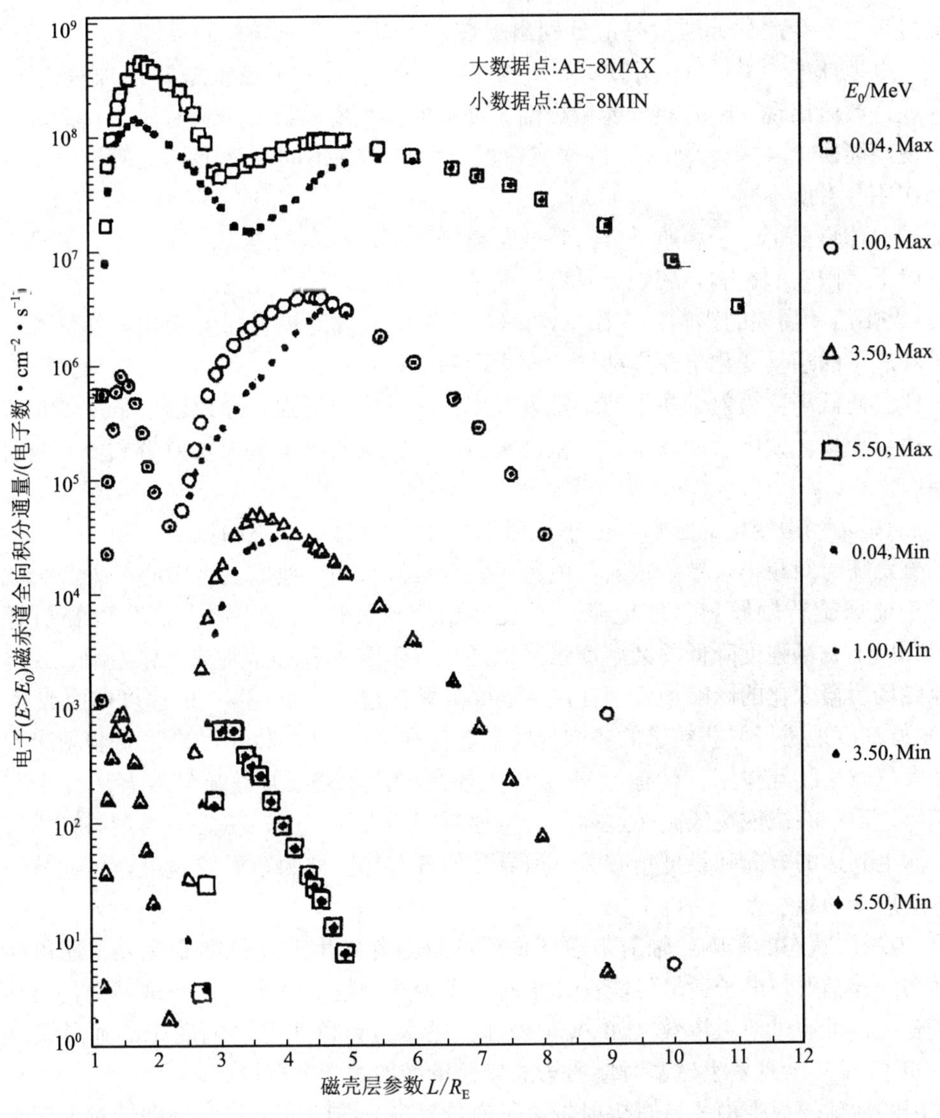

图 7－34　AE－8MAX 和 AE－8MIN 模式给出的电子通量径向分布比较[18]

地球辐射带质子通量模式包括 1970 年太阳活动高年态的 AP－8MAX 和 1964 年低年态的 AP－8MIN 两部分，均为磁宁静条件下和 L＝1.15～6.6 及 E_p＝0.1～400 MeV 范围内的质子通量模式。其表述形式是将质子的全向积分通量 J_p 作为能量和磁坐标的函数，作出相应的曲线和数表，如图 7－12 所示。

地球辐射带的主要成分为电子和质子，还有少量 Fe 以下的重核离子。电子的能量范围为 40 keV～10 MeV，质子的能量范围为 100 keV～几百 MeV。辐射带粒子的通量与能量高低有关，呈现较宽的能谱特征。一般情况下，随粒子能量升高，通量下降。图 7－33 和图 7－12 分别为地球辐射带电子和质子在地磁赤道的能谱分布。可见，在相同能量条件下，电子的通量分布呈现双极值特征，而质子的通量分布只呈现单极值。这表明，地球辐射带电子分布分成内带和外带，之间出现的低电子通量区域称为槽区或过渡区。内辐射带和外辐射带电子全向积分通量峰值分别出现在 $L=1.5\sim2.0$ 和 $3.0\sim5.0$ 处。L 为地磁壳层参数，以地球平均半径（6 371.2 km）为单位。辐射带质子通量随 L 增加呈连续变化，无槽区或过渡区出现。随着质子能量提高，通量的极大值向低 L 方向移动，使距地面较近空间出现高能质子（≥10 MeV）的聚集区域。因此，在不同高度上，辐射带电子和质子所起的作用会有所不同。

上述地球辐射带电子和质子分布特征是对一般平均状态的表述。实际上，其分布特征还会受以下诸因素的影响，表现出具有明显的动态特征。

1）太阳活动周期的影响：太阳活动 11 a 周期所呈现的辐射强度变化会使低高度辐射带电子和质子的通量变化出现周期性。同太阳活动低年相比，太阳高年时地球大气层膨胀加剧。这会使低高度辐射带质子与中性大气层的相互作用增强，导致辐射带质子损失与辐射带下边界上移。太阳活动高年时，银河宇宙线强度减弱也是造成辐射带质子通量有所减小的原因之一。

2）地磁场缓慢变化的影响：由于地磁偶极中心相对于地心约以 2.5 $km \cdot a^{-1}$ 的速度漂移，磁矩随时间减小，导致辐射带内边界向内缓慢移动。地磁偶极中心与地心分离及磁轴相对于地球旋转轴倾斜，使地磁场强度在给定低高度区域下降。低高度辐射环境在 1 000 km以下磁场强度降低的区域增强。该区域位于巴西东南部上空，称为南大西洋异常区。地磁场缓慢变化的影响还表现在南大西洋异常区以 0.3 $km \cdot a^{-1}$ 的速度向西漂移。

3）低高度地磁场俘获粒子的各向异性：通常在 2 000 km 以下的高度，辐射带粒子会同中性大气发生相互作用。具有 1 MeV 以上能量的质子绕磁场线旋转半径大体上与大气高度相当。质子在绕磁场线旋转过程中会遭遇不同的大气密度，使质子通量与在垂直磁场矢量平面上到达的方向和投掷角有关，所导致的各向异性称为东－西效应，可使从不同方位到达的质子通量相差 3 倍以上。

4）地磁层状态的影响：辐射带粒子通量的分布除发生上述长期变化外，还可能出现短时扰动。外辐射带电子通量可能在几小时内发生几个数量级的变化，这种变化与地磁活动水平有关，可通过地磁指数（如 A_p）表征。磁暴也可以明显影响质子的通量及其空间分布，如 1991 年 3 月发生磁暴时使质子的峰通量增加约 1 个数量级。

常用的地球辐射带模式是对辐射带粒子通量静态分布的描述，可分别针对太阳活动高年与低年进行计算。在异常区给定能量（E）和地磁坐标（L，B）条件下，粒子的积分通量和微分通量需加以修正。至今，国际上比较通用的地球辐射带模式是 AE－8 和 AP－8 模式，分别为电子和质子的静态能谱模式。所依据的数据主要来自 20 世纪 60 年代早期至 70 年代中期的 20 多颗卫星的探测结果。这两个模式能够较充分地覆盖地球辐射带区域，并对电子和质子都有较宽的能量范围。尽管相当部分数据是通过外推得到的，AE－8 和 AP－8 模式仍是国际上用于解决工程问题的基本依据。

（1）AE－8 模式

地球辐射带涉及内带（$1.2<L<2.4$）、过渡区（$2.4<L<3.0$）及外带（$3.0<L<11$）三部分，难于通过统一的解析模式加以表述。参考文献［18］对 AE－8 模式所涉及的相关内容进行了综合论述。AE－8 模式是在 AE－4，AE－5 和 AE－6 等版本的基础上，进一步结合 Azur，OV3－3，OV1－19，ATS－5，ATS－6 等卫星探测数据所建立

的。AE－8模式是迄今对电子辐射带在空间和能谱范围上覆盖程度最广的模式。

外电子辐射带的全向积分通量是能量（E）、磁场参数（b）、磁壳层参数（L）、地方时参数（φ）及历元参数（T）的函数，即

$$J_{oz}(>E,b,L,\varphi,T)=N_T(>E,L)\cdot\Phi(>E,L,\varphi)\cdot G(b,L) \tag{7-16}$$

式中　$b=B/B_0$，B_0——磁场线与地磁赤道面交点磁场强度（$B_0=0.311\,653/L^3$）；

B——磁场线上各点的磁场强度；

$N_T(>E,L)$——地磁赤道积分能谱；

$\Phi(>E,L,\varphi)$——地方时变化影响因子；

$G(b,L)$——电子通量沿磁场线分布因子。

式（7－16）中各项函数均具有复杂的解析表达式。

内电子辐射带受地方时变化的影响较小，可不考虑Φ（$>E$，L，φ）函数的影响。内电子辐射带的积分能谱可由下式表述

$$J_{iz}(>E,\alpha_0,L,T)=aX^2\left(\frac{E}{X}+1\right)\exp\left(-\frac{E}{X}\right) \tag{7-17}$$

式中　α_0——磁赤道投掷角；

a，X——α_0，L和T参数的函数，即$a(\alpha_0$，L，$T)$和$X(\alpha_0$，L，$T)$均具有复杂的解析函数形式。

鉴于AE－8模式的解析形式比较复杂，通常以数值函数形式表达，以便进行计算处理。

（2）AP－8模式

AP－8模式是在AP－1，AP－5和AP－6及AP－7版本的基础上，进一步结合OV3和Azur等卫星探测数据所建立的。以前的模式是应用幂函数或指数函数形式表述地球辐射带质子能谱。实际上，简单的函数关系难以完全拟合辐射带质子在0.1～400 MeV范围内的能谱。AP－8模式的解析函数形式取为6个系数的2个指数关系项之和，即

$$j=A_1\mathrm{e}^{A_2E^{A_3}}+B_1\mathrm{e}^{B_2E^{B_3}} \tag{7-18}$$

式中　j——辐射带质子微分通量；

E——质子能量；

A_1，A_2，A_3，B_1，B_2，B_3——系数。

辐射带质子积分能谱可在式（7－18）的基础上，利用通用的最小均方曲线拟合方法求得。

AP－8模式描述磁宁静条件下地球辐射带质子的全向积分通量与地磁坐标的关系，包括太阳活动高年的AP－8MAX模式和低年的AP－8MIN模式两部分。所涉及的辐射带质子的能量（E）范围为0.1～400 MeV。AP－8模式的主要表述形式为列线图。列线图易于对全向积分通量与B和L的关系通过插值法求值，应用比较方便。AP－8模式的解析函数形式仅是对不同条件下的数据处理进行比较的辅助方式。AP－8模式不仅在L=6.6范围内有效，也可以通过外推达到L=11时使通量为零。

此外，根据近年来卫星的观测结果，还建立了一些新的地球辐射带模式，将在本手册第2卷中讨论。

参考文献

[1] Lilensten J, Bornarel J. Space Weather, Environment and Societies. Springer, 2006: 70—79.

[2] Кузнецов С Н, Тверская Л В. Радиационные пояса. Модепъ Космоса, Восьмое Издание (Том I), Под ред. Панасюка М И. Москва: Издательство《КДУ》, 2007: 518—546.

[3] Prölss G W. Physics of the earth 's space environment. Springer, 2004: 241—246.

[4] ECSS for space standardization: space environment, ECSS—E—10—04A, 2000.

[5] Crabb R L. Solar cell radiation damage. Radiation Physics and Chemistry, 1994, 43: 93—103.

[6] Тверской Б А. Захват быстрых частиц из межпланетного пространства. Изв. АН СССР, Сер. Физ., 1964, 28: 2099—2103.

[7] Parker E N. Geomagnetic fluctuations and the form of the outer zone of the Van Allen radiation belt. J. Geophys. Res., 1960, 65 (10): 3117—3126.

[8] Cladis J B. Acceleration of geomagnetically trapped electrons by variations of ionospheric currents. J. Geophys. Res., 1966, 71: 5019—5025.

[9] Tverskoy B A. Main mechanisms in the formation of the Earth's radiation belts. Rev. Geophys., 1969, 7 (1/2): 219—221.

[10] Li X, Baker D N, Temerin M, et al. Simulation of dispersionless injections and drift echoes of energetic electrons associated with substorms. Geophys. Res. Lett., 1998, 25: 3759—3762.

[11] Summer D, Ma C Y. A model for generating relativistic electrons in the Earth's inner magnetosphere based on gyroresonant wave—particle interactions. J. Geophys. Res., 2000, 105 (A2): 2625—2639.

[12] Бахарева М Ф. Нестационарное статистическое ускорение релятивистских частиц и его роль во время геомагнитных бурь. Геомагнетизм и Аэрономия, 2003, 43 (6): 737—744.

[13] Blake J B, Gussenhoven M S, Mullen E G, et al. Identification of an unexpected radiation hazard. IEEE Trans. Nucl. Sci., 1992, 39: 1761—1764.

[14] Кузнецов С Н, Юшков Б Ю. О границе неадиабатического движения заряженных частиц в поле магнитного диполя. Физика Плазмы, 2002, 28 (4): 375—383.

[15] Hess W N. The radiation belt and magnetosphere. Waltham: Blaisdell Publishing Company, 1968.

[16] Thorne R M, Kannel C F. Relativistic electron precipitation during magnetic storm main phase. J. Geophys. Res., 1971, 76: 4456—4468.

[17] Mcllwain C E. Processes acting upon outer zone electrons, radiation belts: model and standards. Geophysical Monograph, 1996: 15—26.

[18] Vette J I. The AE—8 trapped electron model environment. National Space Science Data Center, NSSDC/WDC—A—R&S, Report 91—24, NASA—GSFC, 1991.

[19] Sawyer D M, Vette J I. AP — 8 trapped proton environment for solar maximum and solar minimum. NSSDC/WDC—A—R&S 76—06, NASA—GSFC TMS—72605, 1976.

[20] Вернов С Н (Ред.). Модель Космического Пространства (Модель Космоса — 82), Том I: Физические Условия в Космическом пространстве. Москова: 《ИМУ》, 1983: 365—413.

[21] Obara T, et al. Main—phase creation of "seed" electrons in the outer radiation belt. Earth Planets Space. 2000, 52: 41—47.

[22] Тверской Б А. Основы теоретической космофизики. М.: Едиториал УРСС, 2004: 376.

[23] Fritz T A, Spjeldvik W N. Steady—state observations of geomagnetically trapped energetic heavy ions and their implications for theory. Planet. Space Sci., 1981, 29 (11): 1169—1193.

[24] Panasyuk M I. The ion radiation belts: experiments and models. In: Effect of space weather on technology infrastructure, Ed. Daglis, I A. Kluwer Academic Publishers, 2004: 65—90.

[25] Van Allen J A, Radall B A. Evidence for direct durable capture of 1—to 8—Mev solar alpha particles onto geomagnetically trapped orbits. J. Geophys. Res., 1971, 76: 1830—1836.

[26] Li X, Hudson M K, Blake J B, et al. Observation and simulation of the rapid formation of a new electron radiation belt during March 24, 1991 SSC. Workshop on the Earth's trapped particle environment. AIP Conf. Proc., Ed. Reeves G D, 1996, 383: 109—118.

[27] Klecker B. Energetic particles enviroment in near Earth's orbit. Adv. Spac. Res., 1996, 17 (2): 7—17.

[28] Friedel R H W, Reeves G D, Obara T. Relativistic electron dynamics in the inner magnetosphere: a review. Journal of Atomspheric and Solar—Terrestrial Phys., 2002, 64: 265—282.

[29] Kuznetsov S N, Myagkova I N, Yushkov B Yu. Relationship of energetic particle fluxes at geostationary orbit with solar wind parameters and cosmic ray fluxes. Proc. Space Radiation Environment Workshop (Farmborough, UK, 1999), Eds. Rodgers D, et al., 2002, 12: 1—4.

[30] Reeves G D. Relativistic electrons and magnetic storms: 1992—1995. Geophys. Rev. Lett., 1998, 25: 1817—1822.

[31] Tverskaya L V, Ivanova T A, Pavlov N N, et al. Storm—time formation of a relativistic electron belt and some relevant phenomena in other magnetosphere plasma domains. Adv. Space Res., 2005, 36 (12): 2392—2400.

[32] O'Brien T P, McPherron R L, Sornette D, et al. Which magnetic storms produce relativistic electrons at geosynchronous orbit? J. Geophys. Res., 2001, 106 (A8): 15533—15544.

[33] Tverskaya L V, Krasotkin S A. Global long—period oscillations of the magnetosphere and the related phenomena in the radiation belts. Proc. SOLSPA: The solar cycle and space weather euroconference, Vico Equence, Italy, 24—29 September, 2001 (ESA SP—477, February 2002).

[34] Huang C S, Reeves G D, Bordovsky J E, et al. Periodic magnetospheric substorms and their relationship with solar wind variations. J. Geophys. Res., 2003, 108 (A6): 1255—1266.

[35] Иванова Т А, Павлов Н Н, Рейзман С Я, и др. Динамика внешнего радиационного пояса релятивистских электронов в минимуме солнечной активности. Геомагнетизм и Аэрономия, 2000, 40 (1): 13—18.

[36] Williams D J. A 27—day periodicity in outer zone trapped electron intensities. J. Geophys. Res., 1966, 71: 1815—1826.

[37] Baker D N, Kanekal S G, Palkkinen N I, Blake J B. Equinoctial and solstitial averages of magnetospheric relativistic electrons: A strong semiannual modulation. Geophys. Res. Lett., 1999, 26: 3193—3196.

[38] Vernov S N, Gorchakov E V, Kuznetsov S N, et al. Particle fluxes in the outer geomagnetic field. Rev. of Geophys., 1969, 7 (1/2): 257—280.

[39] Tverskaya L V. Dynamics of energetic electrons in the radiation belts: model and standards. Geophysical Monograph 97, AGU, 1996, 183—187.

[40] Tverskaya L V, Ginzburg E A, et al. Injection of relativistic electrons during the giant SSC and the greatest magnetic storm of the space era. Adv. Space Res., 2003b, 31 (4): 1033—1038.

[41] Кузнецов С Н, Мягкова И Н, Юшков Б Ю, и др. Динамика внешнего радиационного пояса во

время сильных магнитных бурь по данным КОРОНАС－Ф. Доклад на международной конференции КОРОНАС－Ф：《Три года наблюдений активности солнца，2001－2004 гг.》，31 января－5 февраля 2005 г.

[42] Williams D J，Arans I F，Lanzerotti L T. Observations of trapped electrons at low and high altitudes. J. Geophys. Res.，1968，73：5673－5684.

[43] Тверская Л В. Диагностика магнитосферных процессов по данным о релятивистских электронах радиационных поясов. Геомагнетизм и Аэрономия，1998，38 (5)：22－32.

[44] Li X，Baker D N，Temerin M，et al. Rapid enhancements of relativistic electrons deep in the magnetosphere during the May 15，1997 magnetic storm. J. Geophys. Res.，1999，104 (A3)：4467－4476.

[45] Bashkirov V F，Denisov Yu I，Gotselyk Yu V，et al. Trapped and quasitrapped radiation observed by CORONAS－1 satellite. Radiation Measurements，1999：537－548.

[46] Nagata K，Kohno T，Murakami H，et al. Electron (0.19－3.2 MeV) and proton (0.58－35 MeV) precipitation observed by OHZORA satellite at low latitude zones L＝1.6－1.8. Planet. Space Sci.，1988，36：591－606.

[47] Бутенко В Д，и др. Потоки протонов с Ep ＞ 70кэВ в приэкваторнальной области на малых высотах. Космические исследование，1975，13 (4)：508－512.

[48] 中国科学院空间科学与应用研究中心．宇航空间环境手册．北京：中国科学技术出版社，2000：138－182.

第 8 章　地球大气层

8.1　概述

作为人类赖以栖息的环境——地球大气，是由地球引力场所束缚而包裹着固体地球和水圈的气体层，处于宇宙空间和地球之间的过渡区域，也是航空、航天飞行器和高新武器飞行轨道的空间环境。

长期以来，地球大气层与空间太空的“边界”究竟距地球海平面有多高，科学家对此说法不一。曾有人认为，航天员在距海平面 88 km 时就已进入太空。按美国科学家冯·卡尔曼的说法，“太空界面”距海平面约 100 km。这一界定标准已获得国际航空联合会认同，其根据是在此高度上大气已稀薄到无法获得空气动力学意义上的升力。也有人认为，飞行器到达距海平面 2 100 万千米高度时，才标志着已进入“太空”，因为在这里所受到的地球吸力才与其他力相互抵消。

最近，加拿大科学家借助“热离子成像仪”，追踪分析地球大气层与太空中带电粒子流的行为，较精确地测定了大气层“边界”距海平面为 118 km。美国国家航空航天局尚未认定“太空界限标准”，但确定此界限有助于进一步揭示空间天气与全球气候变化之间的关系。

根据气体的状态参数、组成分布及重要的物理过程等，可将地球大气分成不同的层次。按照大气粒子的电离状态，将大气分为中性层和电离层；按照大气组分，分为均质层、非均质层；按照动力学过程，分为湍流层、扩散层及逃逸层。特别是，依大气温度随高度的分布，将地球大气分成对流层、平流层、中间层和热层等；有时，又将对流层、平流层、中间层与热层分别简称为低、中及高层大气。图 8－1 示出地球大气温度、压力和质量密度等随高度的分布[1]。各大气层次呈现不同的温度垂直变化率，吸收不同波段的太阳电磁辐射，并具有特定的物理性质。

长期以来，人们将地球低层大气纳入气象学范畴进行研究。随着空间技术（火箭、卫星等）的发展，使得对地球高层大气这一最重要的层次的研究成为可能，从而使地球大气的研究步入新的阶段。

地球大气在地球表面附近的主要成分为氮气、氧气、氩和二氧化碳等，占干空气总质量的 99.997%，其分子量和体积分数如表 8－1 所示。大气质量主要集中在大气低层，而 100 km 以上的大气只占大气总质量的 10^{-6} 倍。与地球大小相比，大气层很薄。大气总质量约为（5.136±0.007）$\times10^{18}$ kg，约为地球总质量的 10^{-5}。

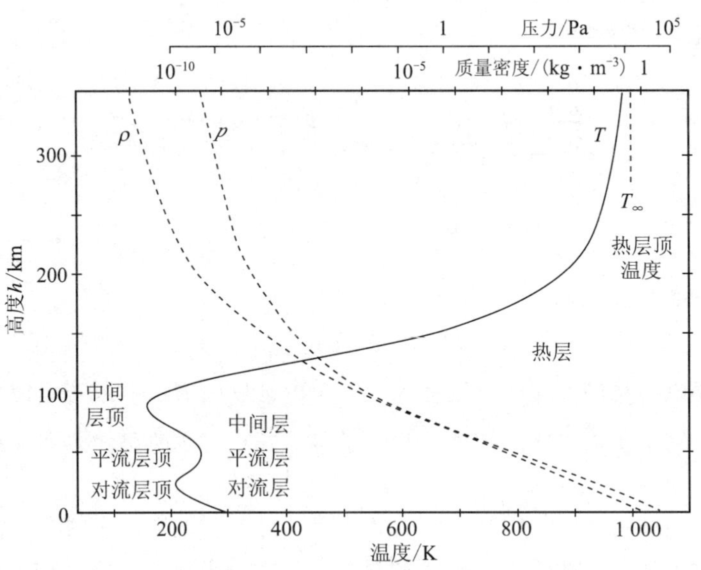

图 8－1　地球大气的温度、压力和质量密度随高度的分布

表 8－1　地球附近大气的主要成分

气体	分子量	体积分数×10^{-6}
N_2	28.02	780 900
O_2	32.00	209 500
Ar	39.94	9 300
CO_2	44.10	300
CO	28.01	0.1
CH_4	16.05	1.52
N_2O	44.02	0.5
H_2O	18.02	10^4～10^3

在 100 km 高度以下，由于湍流和对流作用，大气各种组分得到充分的混合，组分比例基本上不随高度发生变化，平均分子量大体保持常数，这层大气称为均质层（homosphere）。在 100 km 高度以上，湍流和对流弱化，扩散作用增强。由于扩散分离作用，轻的组分上升，重的组分下降，各组分的相对比例和平均分子量都随高度发生变化，该层大气称为非均质层（heterosphere）。

中层大气最重要的组成元素是臭氧（O_3），它是强吸收太阳紫外辐射的唯一组分，能使地球上的生物免受紫外辐射损伤。人类所以能在地球上安居乐业世代生存，除了地球上具有适当的温度、水分、空气和土壤等条件外，还在于存在着天然屏障——磁场和臭氧层，这可谓是人类在地球能够生存的“得天独厚”的条件。正因为如此，人类更应该对大气环境倍加关爱。如何保持臭氧层的稳定（其密度极大值约位于 20～25 km 的高度），防止人类活动对全球环境的破坏，已成为当今人们关注的重大问题。

但是，随着人类工业化的高速发展和空间活动的日益加剧，大量的废气被排放并进入到中高层大气，对其物理和化学过程产生灾难性的影响。南极臭氧洞的出现，理应引起人们的高度关注。地球大气从形成至今已发生了显著的变化。地球大气化学成分的变化，可能与气候变化密切关联，这个问题已引起世界各国科学家的关注。近几十年来，人们观测到大气中CO_2含量增加，这种变化可能与人类工业活动的增加有关。CO_2含量的增加将影响大气的热平衡：一方面会导致低层大气加热，其原因是对地面和大气层气体的红外辐射吸收增强所致；另一方面，它又导致高层大气冷却，这种冷却效应与进入宇宙空间的红外辐射通量增加有关。全球气候模式指出，CO_2含量增加1倍时，地球表面空气的温度升高1.5～4.5 K。因此，CO_2含量将对所有气候特征参量，如水汽含量、反照率和云量等产生显著的影响。对观测数据所作的分析表明，近几十年来，地表温度在不断升高。

由于航天器和超声速飞机的飞行活动加剧（其推进剂燃烧，释放大量的氮氧化物），以及强烈的核爆炸（20世纪50～60年代曾多次进行空中核爆炸），都会使催化化学反应增强，对臭氧层产生强烈的扰动。另一个问题是工业活动排出的氯化物（氟利昂），会在催化化学反应循环中导致臭氧层的破坏。正是由于人们对这种危害性的关注，才促进了禁止利用氟利昂并寻求其替代物质的国际公约的签订。

日地关系是太空物理学研究中最富挑战性的热点课题。中高层大气与人类生存环境密切相关，又极易受到太阳活动的影响[2]。通过长时期（大于3个太阳活动周期）的对太阳在不同波段电磁辐射通量的观测，人们对太阳活动对地球大气的影响及其演化有了更深刻的理解。已经发现，紫外辐射强度的变化可反映大气层内臭氧的形成和破坏。在太阳活动期，140～155 nm波段的紫外辐射强度变化达百分之几十左右。随着波长的增大，太阳紫外辐射强度变化的幅度将下降。由于太阳绕轴自旋转，紫外辐射呈明显的27 d周期振荡。在太阳耀斑和地磁层扰动期间，有大量的能量粒子流沉降至大气层。太阳活动对地球大气和气候的影响，最终将通过最靠近对流层的大气层表现出来。地球上的洪水、干旱、地震、风暴等异常天气，都和空间环境因素有某种关系。热层大气是低地球轨道卫星活动的场所，其密度随太阳活动的变化将导致卫星的轨道寿命发生变化。在250 km高度以上的热层大气中，原子氧体积百分数高达80%以上，可对航天器表面造成严重的剥蚀，是进行航天器寿命预估时必须考虑的因素。平流层和中层顶区是影响航天器发射和回收的重要区域，它对航天器的发射、航天员的安全以及回落点的精度都有重要的影响。

随着观测方法的不断改进和数据的大量积累，特别是计算机技术的飞速发展，使得人类对地球大气层的结构、组分、所发生的各种生化、物化过程以及日地关联的机制有了进一步的认识。总有一天人们有可能对“空间天气”（space weather）的变化作出及时准确的预报。

8.2　地球大气层的结构

8.2.1　地球大气分层

根据大气的状态参数及其发生的重要物理过程，可对地球大气进行分层[1-4]。最常见的分层方法是基于温度随高度的变化，如图 8－1 所示。其特征是在温度－高度轮廓线上呈现 3 个极大值和 2 个极小值，在极大值和极小值之间温度升高或降低。由此，可将地球大气分成以下各层。

（1）对流层

对流层（troposphere）始于地球表面，并垂直向上延伸至对流层顶（tropospause）。这一区域的特点是温度随高度的增加而降低。对流层维系着地球上人类和生物的生命，很多气象现象也都活跃地发生在这一层。对流层的上边界称作对流层顶，在此边界处温度达到极小值。对流层顶的温度垂直梯度很小，温度基本上保持恒定。对流层顶的高度随季节和地球地理纬度的变化而变化，在高纬度区约为 10 km，在赤道地区约为 17 km。在中纬度区对流层顶的温度为－50～－55 ℃。

如第 2 章所述，超过 90％的太阳电磁辐射总量来自可见光和红外辐射。这些辐射没有经受高层大气的显著吸收而到达对流层和地球表面。当其能量被地球大气的水蒸气和二氧化碳吸收后，便成为对流层的热源。对流层的大气温度随高度的增加，以大约 6.5 $K \cdot km^{-1}$的速率降低。这一温度降低的原因主要是由于大气对流时上升气流的绝热膨胀引起的，也和在云层的形成和沉降过程中水蒸气潜热的吸收和释放相关联。

地球陆地和水面间的热交换及不同地区间接收的太阳电磁辐射的差异，驱动着全球环流的热输运，成为影响对流层温度的另一机制。可见，多种因素间复杂的相互作用控制着对流层的能量平衡。

对流层的基本特点是层内大气发生强烈的对流运动，且温度随高度的增加而降低。

（2）平流层

紧接着对流层顶的上一层大气称为平流层（stratosphere）。其温度随高度增加而上升，并在大约 50 km 高度的平流层顶（stratopause）处达到约－3 ℃的极大值，其平均温度约为 273 K。

在此高度下大气状态稳定，不利于对流的发生。温度的升高主要是由于微量气体臭氧（O_3）对波长约 242 nm 的太阳紫外辐射吸收引起的剧烈加热。臭氧层位于 20～40 km 的高度。在此高度分子氧（O_2）吸收波长 200～242 nm 的紫外辐射，产生了原子氧（O）。分子氧和原子氧化合形成臭氧，并形成臭氧层。

平流层的主要特征是温度随高度的增高而升高，大气只发生水平运动而无明显的垂直运动。

（3）中间层

从 50 km 高度的平流层顶开始，由于臭氧浓度急剧减小，紫外辐射吸收加热逐渐变得不太重要；微量二氧化碳气体的红外辐射冷却效应更加有效。因此，温度又开始以大约 3.5 $K \cdot km^{-1}$的速率降低，并且在 80～90 km 高度上达到其绝对极小值。这一温度垂直下降的区域及其上边界分别称作中间层（mesosphere）和中间层顶（mesopause）。中间层的温度主要由分子氧的紫外辐射吸收加热和二氧化碳辐射冷却间建立的热平衡所决定，对流层内大气波产生的能量与微量组分间化学反应生成热向中间层的传递和吸收也起着附加的作用。

在平流层顶温度约为 160 K，极端状态下也可以观测到低于 120 K 的低温。

（4）热层

在中间层顶以上，温度随高度增高而急剧增高的区域称为热层（thermosphere）。由于大气中氧分子和氧原子直接吸收波长<242 nm 的紫外辐射而加热，同时又缺少有效的冷却机制，可使温度维持在较高的水平。在 120 km 以上，温度呈指数升高，并大约在 400 km 以上达到比较恒定的极限值。该极限值称为热层顶温度或逃逸层温度（exosphere temperature），通常表示为 T_∞。热层顶高度大致在 400～700 km 之间变化。大约在 170 km 高度以下，波长 130～170 nm 的紫外辐射引起分子氧的光离解，成为一种热源。在 170 km 高度以上，波长小于 100 nm 的极紫外辐射（EUV）将 N_2、O_2 和 O 电离，成为附加的热源。T_∞ 约为 1 000 K，但可在 650～2 500 K 间变化。

热层的基本特征是温度随高度增加而升高，且组分因扩散发生分离。从地面至约 80 km高度，由于大气层内发生湍动，使各大气组分发生充分混合。所以，在此区域大气组分基本保持恒定。大气密度随高度而降低，由于各粒子之间的碰撞概率下降，使得分子和原子间的混合过程更加有效。在大约 100 km 高度附近，湍流和碰撞这两种效应变得大体上相当。随后当高度大于 120 km 时，源于粒子碰撞的扩散效应决定着大气的组分和温度分布。在该区域内，各气体组分的分布处于流体静力学平衡。各组分按高度的分布称为扩散平衡分布（diffusive equilibrium distribution）。

第 i 种组分在扩散平衡分布下的浓度由下式给定

$$n_i(z) = \frac{n_i(z_0)T(z_0)}{T(z)}\exp\left\{-\int_{z_0}^{z}\frac{\mathrm{d}z}{H_i(z)}\right\} \tag{8-1}$$

式中　$H_i(z) = kT(z)/m_i g(z)$——第 i 种大气组分的标高；

m_i——第 i 种组分的粒子质量；

$g(z)$——与高度 z 相关的重力加速度。

从式（8-1）可以看出，重气体组分的密度（浓度）随高度增大而急剧降低，而轻气体组分密度下降得较慢。正因为如此，在热层内大气的组分随高度而变化。热层随着高度的增加所观测到的主要气体组分依次为 N_2、O、He 和 H（如图 8-3 所示）。在地面上 He 为稀有气体，原子氧和原子氢存在于高层大气。

热层的温度沿高度的分布由热传导所控制。在热层的顶部，温度达到恒定值的原因是由于随着大气组分浓度的降低，热导率增加得很快。在高度 z（km）下，热层的温度由下式给定

$$T = T_\infty - (T_\infty - T_{120})\exp[-s(z-120)] \tag{8-2}$$

式中　T_∞——热层顶温度；

T_{120}——在 z=120 km 高度的温度；

s——与 T_∞ 有关的常数，取值为 0.02～0.03。

对于 200～600 km 这一高度范围，应特别引起关注。在此区域发生向逃逸层的过渡，

并且电离气体密度达到极大值。温度 $T \approx T_\infty$，质量平均值 $\overline{m} \approx m_0$（原子质量），是该区域很好的近似。典型的 $T_\infty = 1\ 000$ K，重力加速度 $\overline{g}$（200～600 km）$\approx 8.8\ \mathrm{m \cdot s^{-2}}$，故原子氧的标高 $H_0 \approx kT_\infty / m_0 \overline{g} \approx 60$ km，这意味着每升高 60 km，原子氧密度降低 $1/e \approx 0.37$ 倍。

如第2章所述，作为热层热源的太阳紫外辐射强度，在太阳 11 a 活动周期内会发生变化。相应地，热层温度也随太阳活动周期发生改变。地球大气的紫外辐射吸收与太阳辐射的入射角有关，故热层温度也随地球纬度和昼夜交替而发生变化。

此外，图8—1还给出了地球大气压力和质量密度的垂直分布。这两个状态参数均随高度升高而下降，其下降速率显然由温度所决定。在约 100 km 高度，大气压力和质量密度约为地球表面相应值的 10^{-6}。

地球大气的碰撞频率和平均自由程随高度的变化，如图8—2所示。比较在 500 km 高度上的碰撞频率和平均自由程与地面上的相应值，可以看出它们随高度增加分别从 $10^{10}\ \mathrm{s^{-1}}$ 下降至 $10^{-2}\ \mathrm{s^{-1}}$ 和从 0.1 μm 增至 100 km。

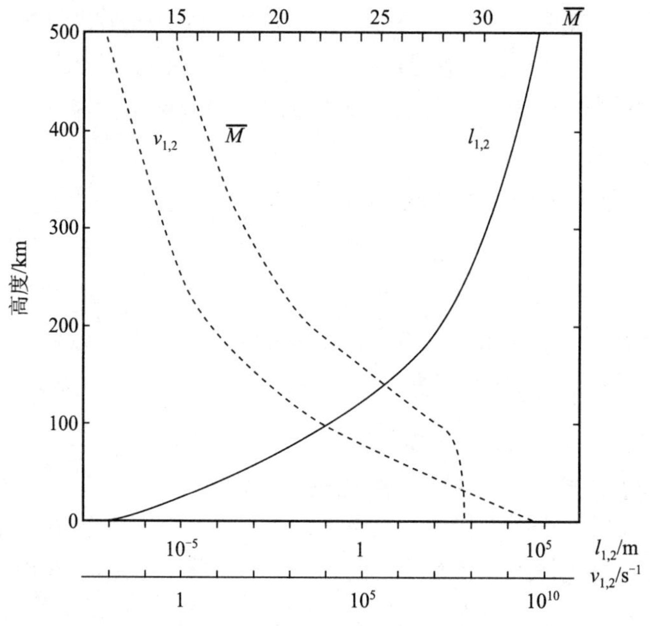

图8—2　地球大气内碰撞频率（$\nu_{1,2}$）、平均自由程（$l_{1,2}$）和平均质量数（$\overline{M}$）随高度的变化

大气层的另一分层方法是基于平均质量数 $\overline{M}$（mean mass number）（相对原子量）随高度的变化，如图8—2所示。$\overline{M}$ 在 100 km 以下基本为常数，在此高度以上开始随高度升高而下降。显然，在 100 km 以下，大气进行了充分的混合，所有组分基本上保持它们在地面的丰度。这一区域称为均质层，其上边界称作均质层顶（homopause）。但是，重力使质量大的气体组分迅速下沉，而质量小的组分逐渐上浮。在 100 km 以上重力分层效应变得十分明显，大气从而转为非均质层，如图8—3和图8—4所示。

在 180 km 高度以下，分子氮（N_2）占主要成分；在 180～700 km 高度之间，原子氧

(O) 是主要组分；在 700～1 700 km 的高度范围，氦（He）居主要地位；在更高的空间范围，原子氢（H）占多数。可见，在 100～1 700 km 的高度范围，大气的混合比发生了明显的变化。这一区域称为非均质层，其上边界可采用约 1 000 K 的热层温度。在此以上称为氢层（hydrogenshere）或地冕（geocorona）层。

除了温度外，气体组分耦合、垂直输运、重力耦合及等离子体分布等物理特征也可用作大气分层的判据，如图 8—5 所示。

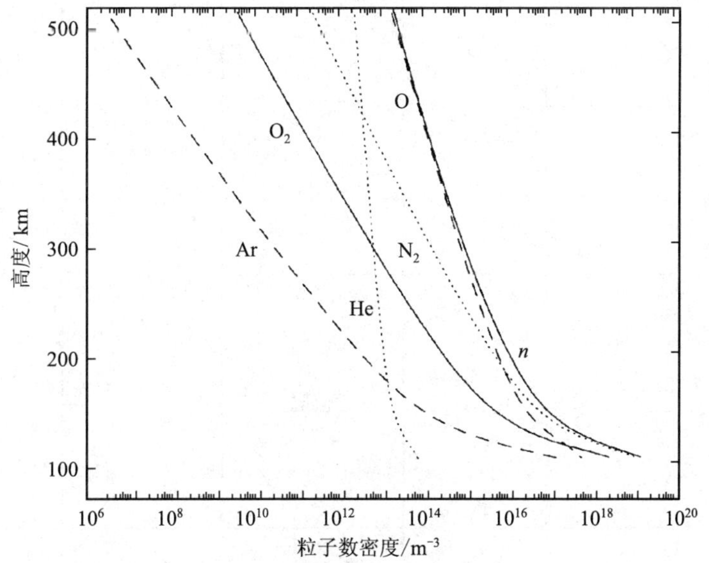

图 8—3　在 100～500 km 高度区间的非均质层内大气组分随高度的分布

热层顶温度为 1 000 K；n 为总粒子数密度

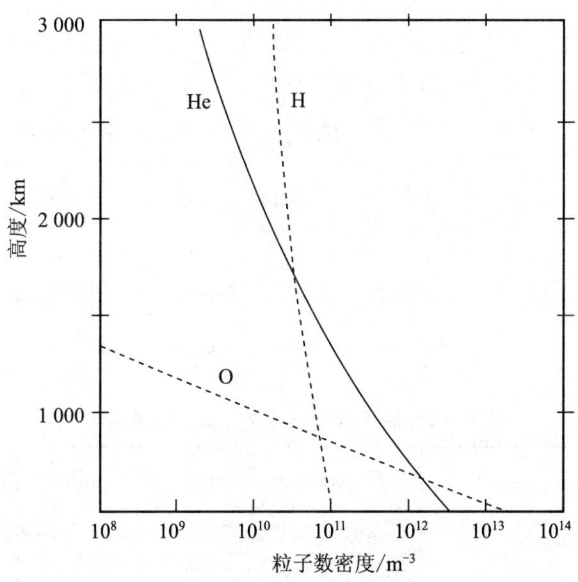

图 8—4　在 500～3 000 km 高度区间的非均质层内气体组分的垂直分布

热层顶温度 $T_\infty \approx 1\ 000$ K

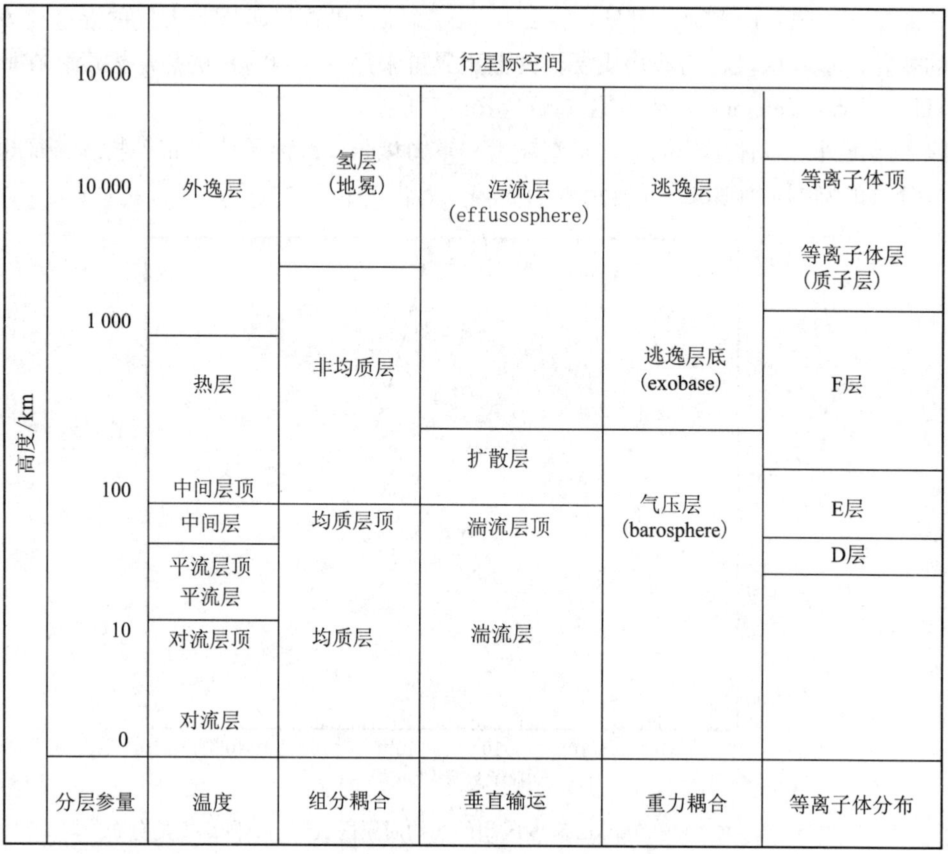

高度/km	温度	组分耦合	垂直输运	重力耦合	等离子体分布
10 000	行星际空间				
10 000	外逸层	氢层（地冕）	泻流层（effusosphere）	逃逸层	等离子体顶 等离子体层（质子层）
1 000	热层	非均质层		逃逸层底（exobase）	F层
			扩散层		
100	中间层顶			气压层（barosphere）	
	中间层	均质层顶	湍流层顶		E层
	平流层顶 平流层				D层
10	对流层顶	均质层	湍流层		
0	对流层				
分层参量	温度	组分耦合	垂直输运	重力耦合	等离子体分布

图 8—5　地球大气分层方法综合对比

表 8—2 为根据观测结果建立的地球大气层模式[5]。

大气层的重要特性是其温度随高度的变化率。在绝热条件（$Q=0$）下，将流体静力学方程和能量方程联立，可以求出所谓干绝热温度梯度（dry adiabatic gradient），由下式表示

$$G_a=\frac{\mathrm{d}T}{\mathrm{d}z}=\frac{g}{C_p}\approx 10 \tag{8—3}$$

实际的温度梯度可由于过程的非绝热性，如太阳辐射的吸收和水汽凝结效应，而有别于干绝热温度梯度。

表 8—2　基于观测数据的地球大气层模式

z/km	(Φ/g_0) /km	T/K	P/mbar	N/cm^{-3}	$\langle\mu\rangle$	H/km	g/ (cm · s^{-2})
0	0	288	1.013×10^3	2.547×10^{19}	28.96	8.434	980.7
5	4.996	256	5.405×10^2	1.531×10^{19}	28.96	7.496	979.1
10	9.98	223	2.650×10^2	8.598×10^{18}	28.96	6.555	977.6

续表

z/km	(Φ/g_0) /km	T/K	P/mbar	N/cm^{-3}	⟨μ⟩	H/km	g/ (cm·s^{-2})
15	14.97	217	1.211×10^{2}	4.049×10^{18}	28.96	6.372	976.1
20	19.94	217	5.529×10^{1}	1.849×10^{18}	28.96	6.382	974.5
25	24.90	222	5.549×10^{1}	8.334×10^{17}	28.96	6.536	973.0
30	29.86	227	1.197×10^{1}	3.828×10^{17}	28.96	6.693	971.5
35	34.81	237	5.746×10^{0}	1.760×10^{17}	28.96	7.000	970.0
40	39.75	250	2.871×10^{0}	8.308×10^{16}	28.96	7.421	968.4
45	44.68	264	1.491×10^{0}	4.088×10^{16}	28.96	7.842	966.9
50	49.61	271	7.978×10^{-1}	2.135×10^{16}	28.96	8.047	965.4
55	54.53	261	4.253×10^{-1}	1.181×10^{16}	28.96	7.766	963.9
60	59.44	247	2.196×10^{-1}	6.439×10^{15}	28.96	7.368	962.4
65	63.34	233	1.093×10^{-1}	3.393×10^{15}	28.96	6.969	960.9
70	69.24	220	5.221×10^{-2}	1.722×10^{15}	28.96	6.570	959.4
75	74.13	208	2.388×10^{-2}	8.300×10^{14}	28.96	6.245	957.9
80	79.00	198	1.052×10^{-2}	3.838×10^{14}	28.96	5.962	956.4
85	83.89	189	4.457×10^{-3}	1.709×10^{14}	28.96	5.678	955.0
86	84.85	187	3.734×10^{-3}	1.447×10^{14}	28.95	5.621	954.7
90	88.74	187	1.836×10^{-3}	7.12×10^{13}	28.91	5.64	953
95	93.60	189	7.597×10^{-4}	2.92×10^{13}	28.73	5.73	952

注：z 为高度；Φ/g_0为地球重力势或位势高度（geopotential height）；T 为温度；P 为压力；N 为密度；⟨μ⟩ 为平均分子量；H 为标高；g 为重力加速度。

实际的温度梯度 G 与干绝热温度梯度 G_a 之差，即 $G-G_a$，可表征空气粒子从初始位置向高层移动的趋势。当 $G=G_a$ 时，空气体积元将绝热地从一个位置移动到另一位置，并停留在新的位置上（随机稳定态），原因在于其温度等于周围介质的温度。当 $G<G_a$ 时，空气体积元将偏离稳定态，力图回到初始位置（稳定平衡态）。在大气中间层，实际的温度梯度较大（如图 8－1 所示），这种变化可能引起非稳定性（$G>G_a$）。

8.2.2　地球大气模式

基于对大量观测数据的统计分析和理论计算，已建立了多种地球大气模式。通过公式、方程、图表和计算程序等形式，供用户使用。已有的地球大气模式主要涉及表征地球大气全球平均状态随高度变化的标准大气，以及描述大气随季节、纬度、昼夜、太阳活动和地磁扰动而变化的参考大气。

被广泛使用并得到国际承认的是美国标准大气－1976[6-7]模式。标准大气模式是一种理想大气的温度、压力和密度的垂直分布模型，大体反映一年期间中纬度的情况，具有相对的稳定性。它表征的是从海平面到1 000 km高度的理想大气在45°N、静态和中等太阳活动条件下的平均状态。

美国标准大气—1976模式是基于以下假定建立的：

1）假定空气是干燥的，并在86 km高度以下充分混合，平均分子量M_0为常数（从80～86 km，M_0平滑减小到28.9522 kg·kmol^{-1}，再向上要计及扩散分离效应，通过流体静力学平衡方程进行计算）；

2）假定温度随高度的分布由几段函数构成。

在海平面的重要参数为：$T=288.15$ K；$P=1\ 013.25$ hPa；$\rho=1.225$ kg·m^{-3}，$g=9.806\ 65$ m·s^{-2}，$M_0=28.964\ 4$ kg·kmol^{-1}。如果将大气视为干燥的理想气体，其在86 km以下状态方程为

$$P=\frac{\rho R^* T}{M_0} \tag{8-4}$$

式中 P——压力；

R^*——普适气体常量；

ρ——密度；

M_0——平均分子量；

T——温度。

基于总数密度N和阿氏常数N_A，可将状态方程改写为

$$P=\frac{NR^* T}{N_A} \tag{8-5}$$

如果令P_i表示第i种气体的分压，且式（8－5）中的P为各种气体分压之和，则分压为

$$P_i=n_i kT \tag{8-6}$$

式中 n_i——i种气体的数密度；

k——玻耳兹曼常量。

在大气充分混合的高度范围内，假定气体处于静流体力学平衡态并呈水平层状分布，则压力和几何高度间满足

$$\mathrm{d}P=-g\rho\mathrm{d}z \tag{8-7}$$

式中 g——与高度相关的重力加速度。

将式（8－4）和式（8－7）联立，消去ρ，则得到另一流体静力学方程，可作为低纬区大气压力计算的基础

$$\mathrm{d}\ln P=\frac{\mathrm{d}P}{P}=\frac{-gM_0}{R^* T}\mathrm{d}z \tag{8-8}$$

在86 km高度以上，由于扩散和各类大气的垂直输运，大气的流体静力学平衡逐渐破

坏，应采用计及粒子扩散分离的方程。大气数密度的垂直分布可以表示为

$$n_i v_i + D_i \left[\frac{\mathrm{d}n_i}{\mathrm{d}z} + \frac{n_i(1+\alpha_i)}{T} \frac{\mathrm{d}T}{\mathrm{d}z} + \frac{g n_i M_i}{R^* T} \right] + K \left(\frac{\mathrm{d}n_i}{\mathrm{d}z} + \frac{n_i}{T} \frac{\mathrm{d}T}{\mathrm{d}z} + \frac{g n_i M}{R^* T} \right) = 0 \qquad (8-9)$$

式中　n_i，v_i，D_i，α_i，M_i——i 种气体的数密度、垂直输运速度、与高度相关的分子扩散系数、热扩散系数和分子量；

K——与高度相关的涡流扩散系数；

M——i 种气体的分子量。

此外，其他各种重要参量的计算公式分别如下所示。

重力加速度随高度的变化

$$g = g_0 \left(\frac{r_0}{r_0 + z} \right)^2 \qquad (8-10)$$

位势高度

$$H = \frac{1}{g_0} \int_0^z g \mathrm{d}z \qquad (8-11)$$

粒子平均速度

$$V = \left(\frac{8R^* T}{\pi M} \right)^{\frac{1}{2}} \qquad (8-12)$$

平均碰撞频率

$$\nu = 4\sigma^2 N_\mathrm{A} P \left(\frac{\pi}{MR^* T} \right)^{\frac{1}{2}} \qquad (8-13)$$

式中　σ——有效碰撞距离，$\sigma = 3.65 \times 10^{-10}$ m。

平均自由程

$$L = \frac{V}{\nu} \qquad (8-14)$$

式中　V——粒子平均速度。

在 130 km 高度，$L < 10$ m；在 175 km 高度，$L \geqslant 100$ m。

平均分子量

$$M = \frac{\sum (n_i M_i)}{\sum n_i} \qquad (8-15)$$

声速

$$c_\mathrm{s} = \left(\frac{\gamma R^* T}{M} \right)^{\frac{1}{2}} \qquad (8-16)$$

式中　γ——空气的等压比热和等容比热之比值，取值 1.4。

动力黏度

$$\mu = \frac{\beta T^{\frac{3}{2}}}{T + S} \qquad (8-17)$$

式中　常量 $\beta = 1.458 \times 10^{-6}\ \mathrm{kg}^{-1} \cdot \mathrm{m}^{-1} \cdot \mathrm{K}^{-\frac{1}{2}}$；

S——Sutherland 常量，等于 110.4 K。

运动黏度

$$\eta=\frac{\mu}{\rho} \tag{8-18}$$

热传导系数

$$k_t=\frac{2.650\ 19\times10^{-3}T^{3/2}}{T+245.4\times10^{-(12/T)}} \tag{8-19}$$

美国标准大气的温度垂直分布如图 8－6 所示。

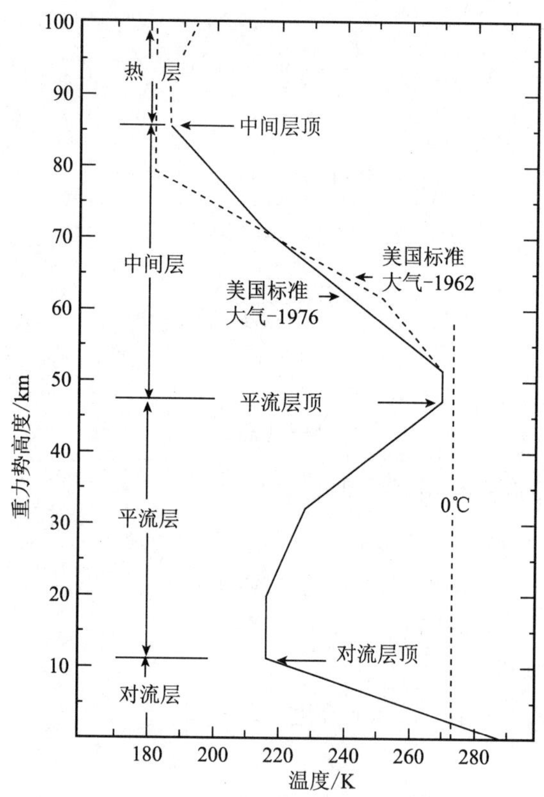

图 8－6　美国标准大气－1976（实线）和美国标准大气－1962（虚线）的温度垂直分布

此外，基于世界各国科学家多年来的努力，还提出了国际参考大气模式（CIRA 1986），该模式分成热层、中层和微量元素 3 部分[8－10]。我国也制定了相应的大气模式[4]。

8.2.3　地球大气的流体动力学描述

地球大气层的环流和温度分布状态是基于牛顿运动定律，以及能量和质量守恒定律加以描述。以矢量表征并与转动地球相关联的大气运动方程，可以写成如下形式

$$\frac{\mathrm{d}\boldsymbol{V}}{\mathrm{d}t}+\frac{1}{\rho}\nabla P+2\boldsymbol{\Omega}\times\boldsymbol{V}=g+\boldsymbol{F} \tag{8-20}$$

式中　$\boldsymbol{V}$——大气的体速度矢量；

P——大气压力；

ρ——大气单位体积质量；

$\boldsymbol{\Omega}$——地球转动角速度［由科里奥利力（Coriolis force）速度决定］；

g——自由落体重力加速度；

$\boldsymbol{F}$——粘滞性引起的摩擦力；

t——时间。

地球大气层能量守恒方程（热力学第一定律）具有以下形式

$$C_p\frac{\mathrm{d}T}{\mathrm{d}t}-\frac{1}{\rho}\frac{\mathrm{d}P}{\mathrm{d}t}=Q \tag{8-21}$$

式中，Q 为单位质量大气的总加热速率（计及辐射效应或相变热）；T 表示温度。在平流层和中间层，Q 值基本上由 O_3 对太阳紫外辐射吸收加热与 O_3、碳氧化物和水汽的红外辐射冷却之差决定。因此，Q 值与这些气体组分含量的分布有关。

地球大气层质量守恒（连续性）是第 3 个基本方程，可以表示为

$$\frac{\mathrm{d}\rho}{\mathrm{d}t}+\rho\Delta V=0 \tag{8-22}$$

在式（8－20）～式（8－22）中，对时间的全导数可以描述为

$$\frac{\mathrm{d}}{\mathrm{d}t}=\frac{\partial}{\partial t}+V\nabla \tag{8-23}$$

为了方程组的闭合，还应当附加一个状态方程，即

$$P=\rho RT \tag{8-24}$$

在对全球大气过程进行描述时，宜采用与地球自转相关联的球坐标系。在此坐标系内，运动方程（经某种简化）具有以下形式

$$\frac{\mathrm{d}u}{\mathrm{d}t}-\frac{uv\tan\varphi}{a}+\frac{uw}{a}=-\frac{1}{\rho a\cos\varphi}\frac{\partial P}{\partial\lambda}+2\Omega v\sin\varphi-2\Omega w\cos\varphi+F_\lambda \tag{8-25}$$

$$\frac{\mathrm{d}v}{\mathrm{d}t}+\frac{u^2\tan\varphi}{a}+\frac{vw}{a}=-\frac{1}{\rho a}\frac{\partial P}{\partial\varphi}+2\Omega u\sin\varphi+F_\varphi \tag{8-26}$$

$$\frac{\mathrm{d}w}{\mathrm{d}t}-\frac{u^2+v^2}{a}=-\frac{1}{\rho a}\frac{\partial P}{\partial z}-g+2\Omega u\cos\varphi+F_z \tag{8-27}$$

式中　u，v，w——风速度的 3 个分量；

a——地球半径；

φ——纬度；

λ——经度；

z——地面以上高度。

如果式（8－27）只保留起支配作用的各项（流体静力学近似），该式将明显简化为

$$0=-\frac{1}{\rho a}\frac{\partial P}{\partial z}-g \tag{8-28}$$

由式（8－28）和状态方程（8－24），可以得到

$$\frac{\mathrm{d}P}{P}=-\frac{\mathrm{d}z}{H} \tag{8-29}$$

式中　H——均质大气高度（约 7 km 量级），且

$$H=\frac{RT}{g}=\frac{kT}{mg} \tag{8-30}$$

式中 m——大气分子质量；

k——玻耳兹曼常量。

当 H 随高度弱变化时，由式（8-29）可以简单地求出大气压力和大气分子数密度与高度的关系

$$P(z) \approx P_0\exp\left(-\frac{z-z_0}{H}\right) \tag{8-31}$$

$$n(z) \approx n_0\exp\left(-\frac{z-z_0}{H}\right) \tag{8-32}$$

应该指出，描述大气过程的非线性全微分方程组相当复杂。由于其明显的非线性及大气密度随高度的急剧降低，必须采用特定的数值积分方法。给定的方程组对解决某些问题如天气预报、气象过程的描述和预报及其变化等是至关重要的。

8.3 地球大气环流、波动和潮汐

8.3.1 大气环流（风）

由于臭氧和原子氧对太阳紫外辐射吸收时加热的不均性，以及臭氧、碳氧化物（二氧化碳、一氧化碳等）和水汽向周围空间的红外辐射（与二氧化碳、水和臭氧分子的振动弛豫有关），导致平流层和中间层内大气环流相对于转动地球产生运动。总的辐射热流量的分布呈现明显的季节性变化特征，分别在夏季极区和冬季极区具有极大的加热和冷却速率，如图8-7所示。

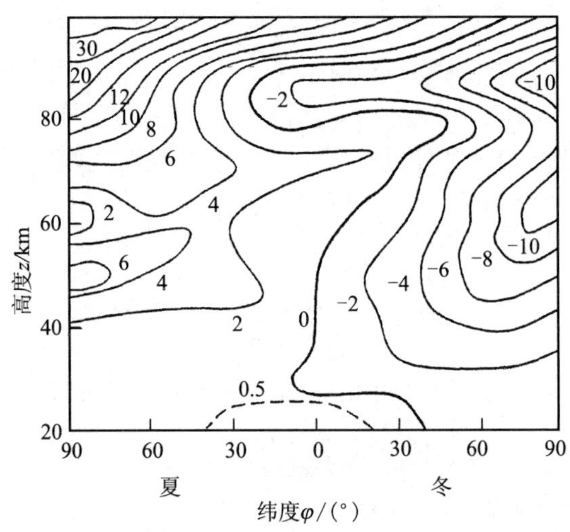

图8-7 冬夏季极区热流量（℃·昼夜$^{-1}$）的纬度分布

加热不均匀性引起沿中央子午线（center maridian）的环流，其特点是在夏季极区向

上运动，并在上层高度沿子午线向冬半球方向漂移，以及在冬季极区附近向下运动。

作用于该子午环流运动上的科氏力引起中间区域的流动。在夏半球向西流动，而在冬半球向东流动。科里奥利力（Coriolis force）为转动坐标系中一种惯性力，是大尺度大气动力学不可忽略的因素。它等于 $2\rho\omega$（$\sin\varphi$）$v\times\boldsymbol{k}$，其中 ρ 为大气密度，ω 为地球自转角速度，φ 为纬度，v 为水平运动速度，$\boldsymbol{k}$ 为垂直方向单位矢量。北半球科氏力指向运动方向的右侧，南半球指向左侧。这些区域流的速度可以近似地用如下热风表达式加以描述，并与中间区域温度场相平衡[11]

$$u=-\frac{1}{f}\left(\frac{\partial\Phi}{\partial y}\right)_{\mathrm{p}} \tag{8-33}$$

$$v=-\frac{1}{f}\left(\frac{\partial\Phi}{\partial x}\right)_{\mathrm{p}} \tag{8-34}$$

$$\frac{\partial\Phi}{\partial P}=-\frac{RT}{P} \tag{8-35}$$

式中　$f=2\Omega\sin\theta$——科里奥利参量；

Φ——地球重力势，即

$$\Phi=\int_0^z g\mathrm{d}z$$

分层液体或气体的流体动力学方程，除了二次方守恒量（能量）外，还应附加一线性的不变性势涡（potential vortex）。对于非线性方程，它具有如下的形式

$$q=\frac{1}{\rho}[\mathrm{grad}S\ (\mathrm{rot}V+2\Omega)] \tag{8-36}$$

式中　S——熵；

V——风的全速度。

图 8-8 给出了夏至和冬至（二至点）期间的中间区域风场的纬度一高度截面图。在平流层和中间层的大部分区域，夏半球和冬半球风的方向相反，显然，在两半球中间区域的赤道附近风应该是相对较弱的。在赤道区存在半年和全年的区域风振荡效应。此外，对后者还观测到非规则周期的极强的中间区域风振荡，其周期平均为 26 mo（“准两年周期振荡”）。在 30～22 km 高度之间的区域，通常具有恒定的 20 m · s^{-1} 的振荡幅值；在该区域以下，振荡急剧衰减。

由此可见，由于地球大气各层具有不同的温度，从而形成压力梯度并导致大气形成宏观的环流，即风。不同大气层中风的特点具有明显的差异。在中低层大气中，大尺度空气运动是水平气压梯度力与科氏力平衡的结果，并被称为地转风（geostrophic winds），风向与压力梯度垂直。风的水平分量比垂直分量大两个数量级，并随季节和纬度而变化。高层大气的风主要是由气压梯度力与摩擦力（包括离子曳力）共同作用引起的，风向与压力梯度平行，风速和风向主要呈日夜变化，水平风速比垂直风速大一个数量级左右。

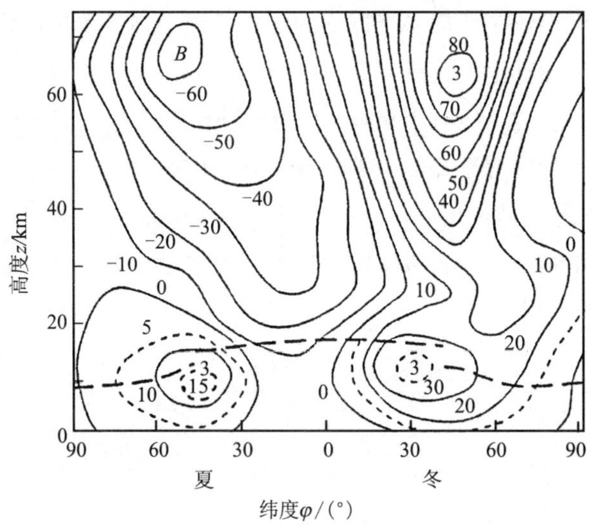

图8—8　在夏至和冬至期间区域风速（单位 m·s⁻¹）的纬度分布

8.3.2　地球大气的波动、振荡和潮汐

8.3.2.1　大气波

大气层可以看成是覆盖在转动球体上的一层具有弹性的薄膜，在大气层出现的波动大约可在半小时内衰减掉。这种被看成是薄膜的大气层是一复杂的振动系统，可由于多种原因而具有弹性。此外，由于大气粒子经受各种不同性质的力的作用，即使在理想化的假定下，这种介质也不会具有简单的结构。一方面是受到与大气可压缩性相关的弹性力；另一方面是受到大气沿高度方向的不均匀性而引起的浮力，产生分层或多层次化。在垂直方向上大气粒子可发生碰撞，如果其状态发生绝热变化，则局域大气密度将发生改变，并与周围介质具有不同的密度值（分层）。由于阿基米德力和重力之差，将迫使大气粒子或者偏离其初始位置，或者恢复到初始状态，结果导致绕平衡位置发生振荡。在第1种情况下，所产生的分层化是不稳定的，而第2种情况是稳定平衡态。

当大气呈小尺度运动时，并不呈现回转力。在这种情况下，可以认为大气的平均状态是静止的。此时，可以分解出周期为5～10 min的波，并与浮力相关联。这类波称为短重力波，弹性力对于它不起重要作用。相反，对于大尺度的大气运动，例如环流旋风，浮力没有显著的影响，而重力起决定性作用。

显然，声波或压缩波可在可压缩介质内产生。这类波的纵向振动周期不超过300 s，而横向振动速度约为300 $m \cdot s^{-1}$。除了爆发过程引起的声波，一般声波的幅值不大，约为0.1 mbar量级。

由此可见，上述不同性质的作用力，可导致大气呈现不同结构和尺度的运动。在强爆发情况下，将产生很强的激波，可基于这种激波研究某一种类型的波运动。例如，在研究声波时，可忽略地球转动和重力；而在研究重力波时，忽略大气的可压缩性等。气象学上最感兴趣的是惯性－回转波（与天气预报密切相关），以及在研究局域现象时的重力波。

8.3.2.2　行星波

行星波对长期天气预报具有重要意义。大气的回转稳定性是引起大尺度波运动的物理基础。在大气随地球转动过程中出现任一扰动，所引发的大尺度波动称为行星波。首先，在天气图上可观察到这种类型的波扰动，并且其运动速度为

$$C=U-\frac{\beta\lambda^2}{4\pi^2} \tag{8-37}$$

式中　U——西向输运区域风速度；

λ——波长；

$\beta=\partial\frac{(2\Omega_z)}{\partial y}=2\Omega\frac{\cos\varphi^*}{a}$——罗斯巴参量；

a——地球半径。

由式（8－37）可以求出，驻波（$C=0$）的波长约为几千 km。波长决定大气大尺度稳态扰动参量的“作用中心”，如西伯利西反气旋和冰岛极小值等。驻波和行波叠加，可以决定大气层每一时刻的大气压力场形貌图，并可作为大气预报的依据。

在准地转（quasi－geostrophic）近似下，通过用于描述势涡守恒的方程，可以研究线性近似下行星波的垂直结构。行星波是从对流层传播至大气上层的。在扰动情况下的风流函数为

$$\phi'=\phi(z)\exp\left[i(kx+ly-kCt)+\frac{z}{2H}\right] \tag{8-38}$$

式中　k，l——空间波数；

C——波的相速度。

在从波源至自由区域内，势涡守恒方程可用下式描述

$$\frac{f^2}{N^2}\left(\frac{\partial^2}{\partial z^2}-\frac{1}{4H^2}\right)\phi+\left[\frac{1}{U-C}\frac{\partial q}{\partial y}-(k^2+l^2)\right]\phi=0 \tag{8-39}$$

式中　U——区域风速；

N——浮力频率；

$\partial q/\partial y$——中间区域准自转风势涡沿子午线方向的梯度。

N^2 可表示为

$$N^2=\frac{R}{H}\left(\frac{\partial T_0}{\partial z}+\frac{R}{C_p}\frac{T_0}{H}\right) \tag{8-40}$$

当 U＝常数时，式（8－39）可以简化为

$$\frac{\partial^2\phi}{\partial z^2}+n^2\phi=0 \tag{8-41}$$

其中

$$n^2=\frac{N^2}{f^2}\left[\frac{\beta}{U-C}-(k^2+l^2)\right]-\frac{1}{4H^2} \tag{8-42}$$

n^2 值可以看为折射率的平方。取决于该值符号的不同，波扰动将沿垂直方向传播（$n^2>0$）或呈指数衰减（$n^2<0$，即截止）。对于驻波（$C=0$），沿垂直方向传播的条件为

$$0<U<\beta\frac{(k^2+l^2)+f^2}{4N^2H^2}=U_c \tag{8-43}$$

式中　U_c——行星尺度扰动波的临界速度。

由式（8－41）可以看出，驻波的传播只能在西向风速小于临界值的情况下发生。与此条件相关联，在夏季半球（这里区域风在平流层和中间层呈东向），所有的行星波都将被局限在对流层内。在冬季半球，观察到强烈的西向风，除了极大尺度的波，所有的波都将受到抑制。由此看来，只能在秋春两季（这时发生较弱的西向风），才能有较大波数的

波从对流层上传到平流层和中间层。

8.3.2.3 大气潮汐

地球大气对太阳辐射吸收随纬度、经度和地方时变化激发的全球尺度波动称为大气潮汐。大气潮汐是低层大气和高层大气、电离层动力学耦合的重要过程。基于线性理论框架，可以对大气潮汐振动进行相当精确的描述，至少在 60 km 以下高度如此。

大气潮汐是由于平流层和中间层的臭氧及低大气层的水汽，对太阳紫外辐射的吸收引起辐射加热扰动而形成的。在大气层内除了观察到昼夜潮汐外，还存在半日潮汐。在某些高度上，后者的振动幅值大于昼夜潮汐。半日潮汐振荡的形成是源于昼夜交替时太阳产生的热扰动。它无法用单一的昼夜谐波加以描述，而包含着更高阶的谐波分量。例如，涉及源于臭氧层对太阳辐射的半日谐波，其幅值约为相应的昼夜扰动分量的 1/3。半日潮汐首先是由于水汽对太阳辐射吸收导致对流层加热引起的。半日潮汐模式的特征是具有很大的垂直波长，可在深层扰动相位呈现。所以，臭氧层的加热能够有效地扰动半日潮汐。与此不同，昼夜潮汐的特征是具有短垂直波模式，导致波相位随高度发生快速移动，从而由于干涉效应导致臭氧层内扰动的自抑制。在大气潮汐的总环流模式中，应包含地球大气层的全球性因素。图 8－9（a）和（b）分别表示半日潮汐和昼夜潮汐时区域风速幅值的空间分布，数据是基于 3D 计算的结果[12]。

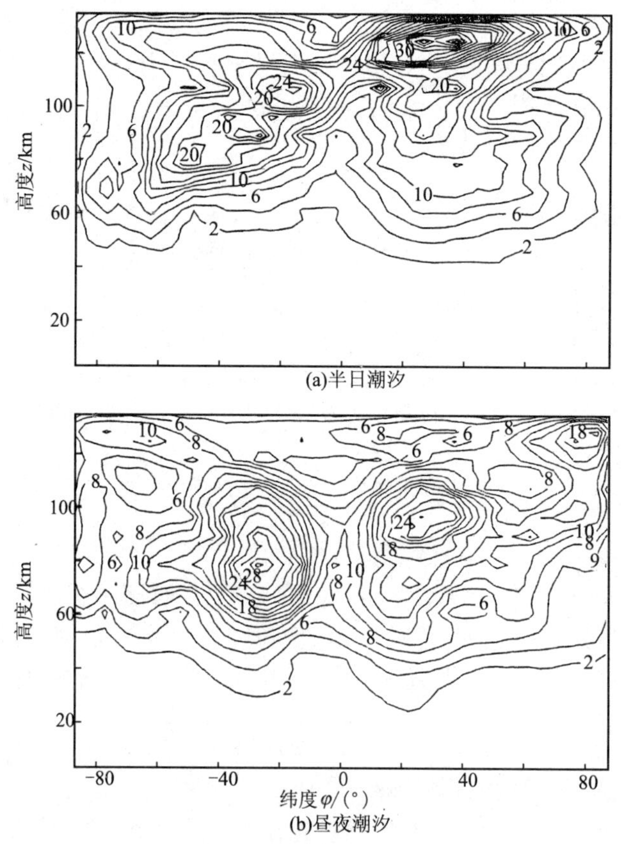

图 8－9 基于总环流模式计算得到的潮汐区域风速的幅值分布

区域风速以 m · s^{-1} 为单位

8.3.2.4　*重力波*

重力波是中高层大气中的一种重要的动力学过程[13]。重力波的能量和动量从波源区的传播，导致大气不同层区之间的相互耦合，成为中间层和低热层大气能量和动量的重要来源。在低大气层，这类波的幅值不大；随着高度增加，重力波因大气密度的降低而急剧增强。线性潮汐理论可以揭示波导的存在，它与温度分层分布有关，并且重力波的能量将在波导内被俘获。与此同时，波的幅值随高度增加，导致对大气的非线性扰动。已有大量观测数据可用于研究重力波的空间分布和时间分布，表明在理论和观测结果是相当符合的。重力波的产生可源于以下诸过程因素：在大气处于稳定的分层状态下，地貌结构是形成下风波的源；锋面天气系统（在锋面上波的形成机制）；湍动性；非稳定性；重力波各模态间的非线性相互作用等。地转仪可以用来研究重力波作用下大气运动趋于地转平衡的过程。

由于大气密度随高度增加呈指数降低，导致重力波幅值增大，并在某一高度上，因波的扰动作用使温度升高。当温度梯度高于其绝热值时，波呈非稳定态并被截止。对此非线性过程进行参量化（parametrization）表明，当高于波的截止值时，将引起足够强的湍动扩散，抑制波的幅值随高度增加而进一步增大。湍动扩散参量和波动阻力表达式与差值（$U-C$）强关联，即

$$K_{\text{tur}}=\frac{k\ (U-C)^4}{2HN^3} \tag{8-44}$$

$$\nabla F=\frac{k\ (U-C)^3}{2HN} \tag{8-45}$$

式中　U——区域风速；
C——波的相速度；
H——大气层高度；
N——浮力频率。

由式（8－44）可以看出，取决于（$U-C$）值的符号，区域风可以发生正向或反向加速。式（8－44）和式（8－45）还可以计及波的阻力和湍动扩散参量随季节的变化。重力波通过大气的传播与区域风的分布有关，而区域风随季节发生强烈的变化。当波的相速度等于区域风速（临界水平）时，重力波将被吸收。因此，波动阻力也应该随季节发生变化，并使湍动扩散也发生相应的变化，最终导致波动的截止。

8.3.2.5　*赤道振荡*

在很窄的赤道区，可构建波速沿经线分量的空间结构方程。当给定的边界条件与简谐振动方程相符合时，只有当方程的系数满足以下条件时，方程才存在解

$$\varepsilon^{-1.2}\left(\varepsilon\sigma^2-\frac{\varepsilon}{\sigma}-s^2\right)=2n+1$$

$$\varepsilon=\frac{(2\Omega a)^2}{gh} \tag{8-46}$$

式中　σ——波的频率；
h——划分常数；
ε——波的离散度；
s——与 T_{∞} 有关的常数；
n——折射率；

Ω——地球转动角速度；

a——地球半径；

g——与高度相关的重力加速度。

离散关系式（8－46）包含着惯性－回转波东向和西向移动的重力模。如果假定沿经线方向速度 $V=0$，还会有一附加解，即赤道开尔文波（Kelvin waves）。这类波的离散关系式为

$$\varepsilon=\frac{s^2}{\sigma^2} \tag{8-47}$$

赤道模是“赤道截止”模式，沿赤道附近很窄的区域传播。观测表明，在赤道上方平流层波的传播周期为4～5 d，呈西向运动，可以解释为重力波的位移。同时还观测到其他类型的波扰动，其周期为10～20 d，对应于开尔文波的东向运动。

在平流层观测到周期为20～40 mo、平均为26 mo的强区域风，称为“准两年振荡”（Quasi－Biennial Oscillation，QBO）。现代观点认为这种现象是源于赤道模与中间区域风的交互作用（发生在“临界水平”上）及其幅值抑制。这些过程导致中间区域气流运动的传递，从而引起周期性地通过东向风区和不同符号波扰动的交替“接通”。整个过程大约需要26 mo，与观测结果一致。

8.3.2.6　平流层变暖

由于波和处于临界高度的中间区域风流间的相互作用，引发平流层变暖现象（stratospheric warming）。这一偶发现象出现在晚冬和春天，其表现是平流层温度快速升高，并伴随着中间层大气的变冷。在对行星波和中间区域大气环流进行数值模拟计算时，首次发现了平流层变暖现象。平流层温度可升高约30 K，并引起区域风转向。模型计算结果与观测数据相当吻合，但目前对这一现象尚无法进行预报。

8.4　高层大气物理学

8.4.1　大气成分

在100 km高度以下的地球大气是由多种组分构成的，其中含量较大的有氮气（N_2）、氧气（O_2）和较少量的氩。表8－3示出地球大气主要组分的含量和分子量。

中、低层大气的分子氮是相当稳定的组分。与此不同，氧分子的光离解过程导致原子氧和大气臭氧的出现。臭氧层的变化推动着科学工作者对数以百计的大气微量组分的研究，探讨这些微量组分对臭氧平衡的影响等，已发现数百种光化学反应。大气长寿命组分的光致离解，可导致大量微量组分的形成。它们在大气中的含量决定着臭氧和其他组分的含量。例如，可发生如下反应

$$\begin{aligned}
O_2+h\nu &\rightarrow O+O\\
H_2O+h\nu &\rightarrow H+OH\\
CH_4+h\nu &\rightarrow CH_2+H_2\\
N_2O+h\nu &\rightarrow N_2+O\ (^1D)\\
CCl_4+h\nu &\rightarrow CCl_3+Cl\\
CFCl_3+h\nu &\rightarrow CFCl_2+Cl
\end{aligned} \tag{8-48}$$

$$CF_2Cl_2 + h\nu \rightarrow CF_2Cl + Cl$$

大气组分与原子氧间的多种氧化反应，可形成活化的根，如 NO，ClO 和 OH 等。它们将在以下的催化反应中，有效地破坏臭氧

$$\begin{array}{c} OH + O_3 \rightarrow HO_2 + O_2 \\ \underline{HO_2 + O_3 \rightarrow OH + 2O_2} \\ 2O_3 \rightarrow 3O_2 \\ NO + O_3 \rightarrow NO_2 + O_2 \\ \underline{NO_2 + O \rightarrow NO + O_2} \\ O + O_3 \rightarrow 2O_2 \\ Cl + O_3 \rightarrow ClO + O_2 \\ \underline{ClO + O_3 \rightarrow Cl + 2O_2} \\ 2O_3 \rightarrow 3O_2 \end{array} \tag{8-49}$$

应该强调，大气的组分主要是源于自然界。作为例外，卤族碳氯化物 $CFCl_3$ 和 CF_2Cl_2（氟利昂）是人工合成的气体，可作为冰箱、空调等的工质。氟利昂在光致离解后，使平流层原子氯的含量增多，从而导致臭氧层破坏。所以，世界上许多国家已签订了禁止使用这类物质的国际议定书，并且正在寻找新的替代物质。

表 8－3 地球大气主要气体组分[3]

气体组分	体积分数	分子量
N_2	0.78	28
O_2	0.21	32
Ar	9.34×10^{-3}	40
CO_2	3.14×10^{-4}	44
Ne	1.82×10^{-5}	20.2
He	5.24×10^{-6}	4
CH_4	2×10^{-6}	16
Kr	1.14×10^{-6}	83.8
H_2	5×10^{-7}	2
O_3	4×10^{-7}	48
N_2O	2.7×10^{-7}	44
CO	2×10^{-7}	28
Xe	8.7×10^{-8}	131.3
NH_3	4×10^{-9}	17
SO_2	1×10^{-9}	64
NO_2	1×10^{-9}	46
NO	5×10^{-10}	30
CCl_4	1.2×10^{-10}	154
H_2S	5×10^{-11}	34
HBr，BrO	约 1×10^{-11}	81；96

注：干大气层总厚度 $\xi=8.9\times10^5$ atm · cm；或者，柱密度 $N=2.15\times10^{25}$ 分子 · cm^{-2}。

图8—10给出了基于一维光化学模型计算得到的低、中层大气中，H，N及Cl的某些组成物含量的垂直分布[14]。由于中大气层含有氮和氢的氧化物，在进行光化学模拟时，必须考虑高能粒子（质子和电子）的影响。

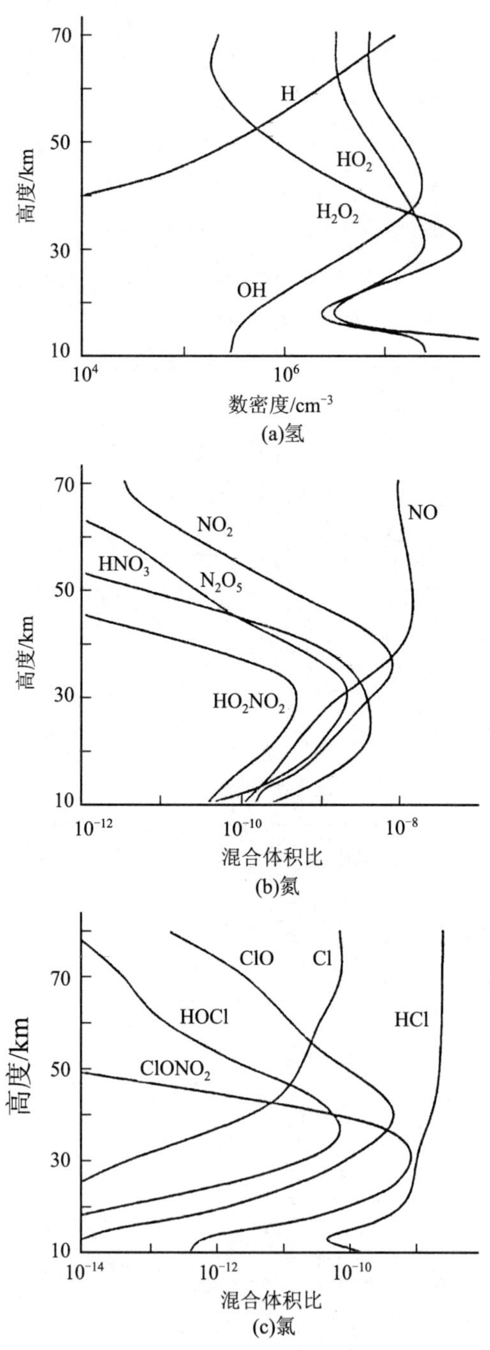

图8—10　日平均的氢、氮和氯的组成物含量垂直分布

图 8－11（a）给出臭氧数密度在不同纬度的垂直分布（基于不同纬度上的测量结果）；图 8－10（b）为臭氧和原子氧在中间层的数密度垂直分布；图 8－11（c）是根据观测结果得出的不同纬度上臭氧总含量在 1 a 间的变化。

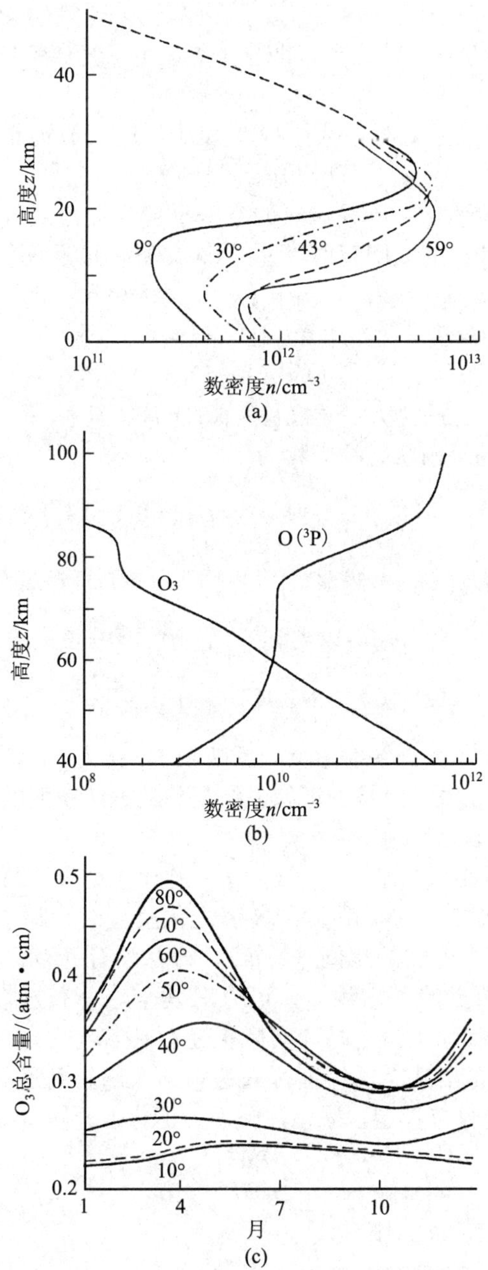

图 8－11　臭氧密度在不同纬度的垂直分布（a），臭氧和原子氧在中间层密度的垂直分布（b）及不同纬度上臭氧总含量在 1 a 间的变化（c）[3]

8.4.2 大气臭氧

早在20世纪初期人们发现，太阳光谱截止于紫外波段。这种效应是由于臭氧对紫外辐射吸收引起的。对大气层的大量观测证实了这一假设。查普曼（Chapman）等人[15]提出了臭氧形成的物理图像。基于这一图像，在平流层臭氧的形成是大气与波长 $\lambda <$ 242 nm的太阳紫外辐射交互作用的结果，即分子氧发生了光离解反应

$$(J_{O_2})\ O_2 + h\nu \rightarrow O + O \tag{8-50}$$

若存在第3种分子（用M表示）时，O与 O_2 间发生反应而形成分子 O_3

$$(k_2)\ O + O_2 + M \rightarrow O_3 + M \tag{8-51}$$

式（8－51）是在对流层和平流层形成臭氧的唯一反应。通过式（8－51）形成的 O_3，首先吸收 λ＝240～320 nm波段的太阳辐射，并导致 O_2 和O的还原

$$(J_{O_3})\ O_3 + h\nu \rightarrow O_2 + O \tag{8-52}$$

同时，O_3 还可能与O发生反应，生成2个 O_2

$$(k_4)\ O_3 + O \rightarrow O_2 + O_2 \tag{8-53}$$

在上述各反应式中，J_{O_2} 和 J_{O_3} 分别表示分子氧和臭氧的光离解速率；k_2 和 k_4 为化学反应速度常数。

用于表征 O_3 和O之间平衡状态的方程为

$$\frac{d[O_3]}{dt} = k_2[O][O_2][M] - J_{O_3}[O_2] - k_4[O_3][O] \tag{8-54}$$

$$\frac{d[O]}{dt} = 2J_{O_2}[O_2] - k_2[O][O_2][M] + J_{O_3}[O_3] - k_4[O_3][O] \tag{8-55}$$

假定，O_3 和O处于光化学平衡态，可以得到 O_3 平衡浓度的表达式

$$[O_3]^2_{equil} = \left[\frac{k_2}{k_4}[M][O][O_2]\frac{J_{O_2}}{J_{O_3}}\right] \tag{8-56}$$

从式（8－56）可以看出，若太阳辐射通量（反映在 J_{O_2} 和 J_{O_3} 中）与波长无关，则 O_3 的含量应与太阳活动周期相位无关。但是，正如卫星观测数据所表明的，O_3 含量随着太阳11 a活动周期发生相应的（弱的）调制。

将 O_3 的垂直分布测量结果与基于式（8－56）的计算结果进行比较，表明计算所给出的 O_3 在平流层的密度值较高。这是由于在求解光化反应时，除了包含H，N及Cl组分外，O_3 在催化反应中还具有附加的尾间（sink），却并没有计及。所以，计算给出较高的 O_3 含量。随着对 O_3 观测数据的不断积累，可以对其全球分布进行描述。计算结果表明，O_3 的总含量随着纬度增加而增大。但是，实际上还存在着与上述查普曼理论相反的情况，即光化反应产物的最大含量出现在低纬度区（这里的太阳辐射通量较大）。为了解决这一矛盾可采用2D和3D数值计算模型，来描述化学上活化混合物的空间输运

$$\frac{\partial\mu}{\partial t} + u\frac{\partial\mu}{a\cos\theta\partial\lambda} + v\frac{\partial\mu}{a\partial\theta} + w\frac{\partial\mu}{\partial z} = P_{AD} - L\mu \tag{8-57}$$

式中 μ——任一化学组分的混合比；

λ——经度；

θ——余纬度；

$z = H\ln(P_0/P)$——高度（H 为均匀大气高度，P 为压力，P_0 为1 013 mbar）；

a——地球半径；

P_{AD}——光化源参量；

L——光化尾间参量；

u，v，w——在经度 λ，余纬度 θ 及 z 方向上的速度分量。

全球数值模式的研究给出了理论计算和实验观测之间相当一致的结果。

关于臭氧层问题仍存在着两大悬念，成为人类所面临的必须解决的环境问题：1）在南极春季（9～10 月间）出现“南极臭氧洞”（Antarctic ozone hole），见图 8－12；2）臭氧的全球性含量降低，见图 8－13。基于臭氧的光化学理论框架，可以对这两种效应进行解释。由于氟利昂含量的增长，引起大气内氯密度的增大。在平流层通过与游离氯原子间的离解作用，导致 O_3 的破坏。根据当代的主流观点，这种现象是源于人为活动的后果。通过禁止利用氟利昂国际公约的签订和履行，人们期待着有一天（估计到 2070 年）臭氧层能得以恢复。在南极上空春季出现的臭氧洞，是与在该地区的平流层云处于低温状态密切相关。在平流层云的表面发生异质反应，导致氮气组分的分解和减少，从而增强了氯组分（ClO）对 O_3 的破坏作用。在太阳升起之后，这些反应被“接通”，导致臭氧破坏的加速。随着太阳离开地水平高度的增加，大气被逐渐加热，可导致平流层云的消散，从而产生“臭氧洞”。根据对南极上空臭氧异常的观测，发现每年 9～10 月间存在着规律性的年际变化。表 8－4 示出臭氧垂直分布的经验模式。

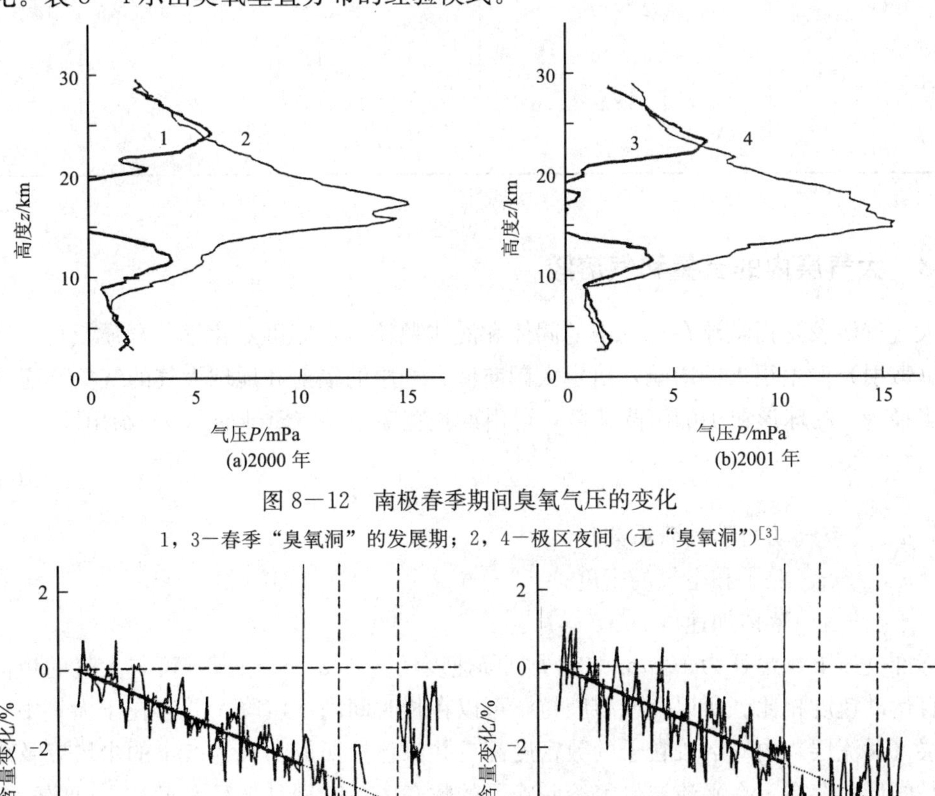

图 8－12　南极春季期间臭氧气压的变化

1，3－春季“臭氧洞”的发展期；2，4－极区夜间（无“臭氧洞”）[3]

O3含量变化/%

至1991年5月斜率:-2.00%/10年

至1991年5月斜率:-1.97%/10年

年

(a)卫星探测　　(b)地面观测

图 8－13　基于卫星和地面观测的臭氧含量的全球性降低[3]

表 8—4 臭氧垂直分布经验模式

高度 z/km	柱密度［O_3］/cm^{-2}	局域厚度 $\Delta\xi=10^5$（［O_3］/N_0）/（atm·cm·km^{-1}）	相对体积含量（［O_3］/N）
2	6.8×10^{11}	2.5×10^{-3}	3.2×10^{-8}
6	5.7×10^{11}	2.1×10^{-3}	4.2×10^{-8}
10	1.3×10^{12}	4.2×10^{-3}	1.3×10^{-7}
15	2.65×10^{12}	9.9×10^{-3}	6.5×10^{-7}
20	4.77×10^{12}	1.77×10^{-2}	2.6×10^{-6}
25	4.28×10^{12}	1.59×10^{-2}	5.1×10^{-6}
30	2.52×10^{12}	9.38×10^{-3}	6.5×10^{-6}
35	1.4×10^{12}	5.21×10^{-3}	7.9×10^{-6}
40	6.07×10^{11}	2.26×10^{-3}	7.3×10^{-6}
45	2.22×10^{11}	8.26×10^{-4}	5.4×10^{-6}
50	6.64×10^{10}	2.47×10^{-4}	3.1×10^{-6}
60	7.33×10^{9}	2.73×10^{-5}	1.1×10^{-6}
70	5.4×10^{8}	2.0×10^{-6}	3.1×10^{-7}

8.4.3 大气层内的云量和气溶胶

大气气溶胶是指悬浮在空气中的固体和液体颗粒。它们可对化学（异质反应）和辐射过程（散射）产生很大的影响，决定太阳向低大气层的辐射和地球大气的气象特征。

半径为 r 的球形粒子的沉降速度，可由斯托克斯定律（Stokes law）给出

$$v=2g\ (\rho_p-\rho_a)\ \frac{r^2}{9\mu} \tag{8-58}$$

式中 μ——空气动力学黏滞系数；

ρ_p，ρ_a——粒子和空气的密度；

g——自由落体加速度。

标准气压下，半径为 10 μm 的粒子沉降速度约为 1.3 cm·s^{-1}，可与大气的稳流和湍流垂直运动速度相比。所以，气溶胶粒子可以在长时间内不沉降，并存在于大气中。在低大气层（对流层）内气溶胶粒子的数密度高，并以自然形成和人为产生的尘埃以及水滴和小冰晶的形式存在。在平流层，气溶胶粒子的数密度，特别是半径大于 1 μm 的较大粒子，通常是比较低的。然而，在火山强烈喷发时，将向平流层喷发大量的火山气体和灰烬粒子，并可在平流层停留数年之久。

现在已知具有不同组分、起源和分布的几类平流层气溶胶：背景气溶胶、流星尘埃、银色云以及珠母云。后者通常又称为极区平流层云（基于现代的观点，可在南极春季异常后形成）。背景气溶胶粒子是硫酸液滴。平流层硫酸盐气溶胶集中在 22～24 km 高度，可

将入射至地球的太阳辐射散射至宇宙空间，从而影响全球的辐射平衡。在火山喷发时，所喷发的大量尘埃粒子将导致低大气层的冷却。有证据表明，气溶胶的含量与空间环流因素有关。图 8－14 示出不同尺寸气溶胶粒子的垂直分布。

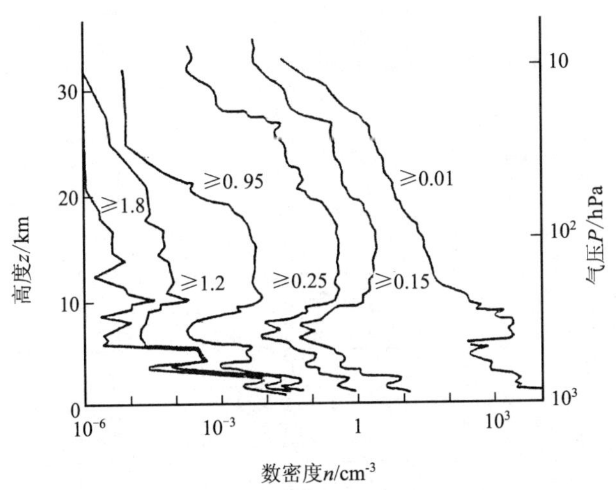

图 8－14　不同尺寸 r（μm）气溶胶粒子的数密度沿高度分布（观测结果）[3]

每天约有数十吨行星际流星体物质落入高层大气。流星体粒子的平均质量约为 10 μg，相应于半径为 100 μm。大多数流星体粒子以 14 km · s^{-1}的速度进入大气层。火箭和测云激光雷达（Lidar）的观测结果表明，在 50～90 km 高度范围，半径大于 0.02 μm 的粒子数密度达到每 m^3数百个粒子。

银色云可在黄昏（太阳西下地平线）时，在北纬 45°和南纬 50°以及 75～90 km 高度上被观测到。通常认为银色云是由于水的冰粒构成，粒子的数密度大约为每 cm^3数个。

对珠母云或极区平流层云已进行了较充分的研究。在南北极的冬季，太阳在波长1 μm 上的辐射显著弱化。这可能和在低大气层内存在温度较低的区域有关。极区平流层云形成于 14～24 km 的高度范围，源于温度低于 200 K 时水汽在背景气溶胶粒子上的凝结。所形成的粒子主要有两类：第 1 类是由热力学稳定的 $HNO_3 \cdot 3H_2O$ 组成，可能已结成冰状物质；第 2 类粒子是由沉积在第 1 类粒子上的水汽，在低温下结成冰粒子。卫星观测表明，这类极区平流云在南极出现的概率比北极高近 10～100 倍。此外，发现极区平流云在南极出现在 16～18 km 高度，而在北极出现在 20～22 km 的高度范围。气象卫星观测发现，在可见光波段地球表面在很大程度上被云层所覆盖。表 8－5 列出了云量随季节的变化（正纬度对应于北半球，负纬度对应于南半球）。

云对太阳辐射和大气层的温度分布有很大的影响，从而决定着地球上的天气和气象。云的生成是水汽在大气内凝结和升华的结果，并与大气湿度和温度随高度分别增大和降低有关。云通常绕某一地区垂直运动。随着该区域的水平尺度和物理过程的不同，云将形成各种不同的形态和内部结构，如呈现堆积状、波浪状和层状等千姿百态。

表 8—5　云量平均值随季节的变化[3]

纬度/(°)	海洋				大陆				半球			
	12～2 月	3～5 月	6～8 月	9～11 月	12～2 月	3～5 月	6～8 月	9～11 月	12～2 月	3～5 月	6～8 月	9～11 月
85	26	26	44	43	—	—	—	—	26	27	53	43
80	32	33	57	49	22	24	42	33	30	31	54	46
75	37	38	59	53	28	29	46	38	35	35	56	50
70	44	45	61	59	32	37	56	50	38	41	58	54
65	56	56	66	67	41	46	61	57	44	48	62	58
60	60	60	66	69	46	54	62	61	52	57	64	64
55	70	70	70	73	48	56	60	60	58	62	64	66
50	76	75	73	75	49	54	55	53	60	63	62	62
45	74	72	66	70	48	51	47	45	60	62	56	56
40	70	67	60	65	44	48	39	36	59	59	57	52
35	68	64	56	61	43	45	35	33	57	56	47	49
30	68	64	59	60	34	36	32	28	51	51	46	45
25	59	56	55	53	25	29	36	27	47	46	48	44
20	52	49	57	52	22	25	38	27	44	44	52	45
15	49	47	57	54	24	31	55	40	43	43	57	50
10	51	63	62	31	50	63	51	47	45	51	63	60
5	60	58	64	63	49	64	66	62	68	59	64	63
0	57	53	56	55	64	65	62	64	59	57	58	57
−5	59	54	56	58	68	64	35	59	61	56	54	58
−10	61	54	56	58	69	58	35	57	62	55	52	58
−15	61	56	60	61	65	49	31	48	62	55	53	58
−20	62	59	63	63	55	43	32	43	60	55	55	58
−25	62	62	66	67	48	41	37	41	58	56	58	60
−30	63	67	70	71	41	40	39	41	58	60	62	63
−35	67	71	71	72	46	48	52	48	65	68	69	69
−40	71	75	74	75	49	51	59	51	70	74	74	75
−45	75	77	76	78	64	66	69	66	74	77	76	77
−50	77	79	78	80	69	66	68	67	77	79	77	79
−55	78	80	78	81	76	75	73	75	78	80	78	81
−60	79	81	79	82	—	—	—	—	79	81	79	82
−65	74	77	74	76	—	—	—	—	74	77	74	76
−70	69	73	68	71	32	29	32	28	53	54	52	52
−75	56	57	49	52	26	27	26	25	32	33	30	30
−80	—	—	—	—	19	20	16	17	19	20	16	17
−85	—	—	—	—	12	12	9	9	12	12	9	9

注：覆盖率以%表示。

由此可见，云的生成是通过水汽凝结过程而导致液滴的形成，这可以发生在均匀的水汽内（均质凝结），也可以发生在凝结核上（液滴被冻结）。前者要求强烈的过饱和，这在自然界实际上很难实现；后者必须存在凝结核或粒子，在核表面上发生凝结，不需要强烈的过饱和。凝结核包括非溶解性粒子（例如，尘埃、烟尘和微有机物等）、可溶解性粒子（冰晶等）以及离子等。凝结核的数密度随高度增加而急剧减小（例如，高度每升高5 km，数密度以 10^3 数量级减少），导致凝结和云生成的概率降低。研究表明[16]，银河宇宙线与大气作用产生离子是引起凝结和云形成过程的初始机制。

总之，气溶胶是漂浮在大气中的固体小颗粒或小液滴，主要源于植物、土壤灰尘、海浪、火山爆发和微流星体，其构成元素主要是氯、硫、钾、硅、钙和钛等。对流层的气溶胶能够被雨水带回地面。然而，由于其在空中存在的时间较长，对辐射平衡和动力学过程产生显著影响。气溶胶粒子是形成平流层云的凝结核，对臭氧层形成和发展有重要作用。平流层气溶胶主要源于火山爆发的尘埃和二氧化硫，并在平流层形成硫酸液滴，其浓度有明显的年际变化。

8.5　大气层对外界扰动的响应

太阳辐射是地球的主要能源。地球大气热力学参数变化的主要诱因是源于太阳的变化。太阳不断地发生着激烈的变化，如爆发耀斑、谱斑及日冕物质抛射，还有黑子呈现周期变化，27 d 自转，电磁辐射以及高能粒子流等。地球本身的运动（自转和公转）也会对其周围环境产生扰动。作为对这些外界扰动的响应，地球大气也发生着相应的变化或振荡，如 11 a，22 a 周期变化，27 d 变化，年周期和半年周期以及周日变化等。此外，还有太阳耀斑、粒子抛射和地磁暴引发的短期变化，各种波（重力波、声重波、行星波、潮汐波）产生的扰动，准两年和随季节、纬度的变化，以及火山爆发、厄尔尼诺南方涛动、温室效应等自然的和人为的因素引起的大气变化。这些扰动和大气高度有很大的关系。在中低大气层（≤110 km），主要表现为季节、纬度变化和行星波引起的变化，还有平流层增温（温度突然上升）；在 110 km 以上的高层大气中，主要表现为对太阳活动周期的响应和日夜变化，以及磁暴诱发的短时变化等。

（1）27 d 变化

由于太阳活动形态学（morphology）的原因，造成太阳紫外辐射呈 27 d 周期性变化。尽管近紫外、远紫外和 X 射线只占太阳电磁辐射总能量的较小部分（$<\frac{1}{10}$），却可能在太阳活动期发生数量级的变化。太阳短波辐射被吸收后，将使高层大气状态发生变化。高能粒子可穿透高层大气，引起中低层大气的变化。

如第 1 章所述，日轮活动中心通常在特定的“活动经度”上形成。在可见光波段，活动中心与色球和日冕内的扰动区域相关联；同时，色球谱斑在黑子出现之前先出现，并晚于黑子消失。这些活动中心在个别情况下，可以存在 8～10 个太阳自转周期，而色球的非均匀性（米粒组织）甚至可以存在更长时间。

单个的黑子和成群黑子构成的活动中心，具有沿确定的经度范围分布的趋势，这样的经度范围称为活动经度区。通常有 2～3 个活动经度区，可存在 1～2 个太阳活动周期并沿经度发生移动。因此，存在由活动经度区所确定的太阳活动周期，大约为 27 d 或 27 d 的整数倍。相应地，地球大气也发生 27 d 的振荡变化。

通过对流层大气过程的 27 d 变化规律研究证实，作为对太阳 27 d 活动周期的响应，地球大气层物理过程也存在相应的 27 d 周期变化，如温度异常、大气环流基本形式的重复性、南极进入和气流位置的重复性等。此外，还观察到臭氧总含量和区域环流具有近似 27 d 周期性。基于大气潮汐理论，还得出地球大气对太阳强迫扰动发生周期约 27 d 的共振响应。通过卫星对紫外辐射通量的测量发现，中大气层的温度分布和臭氧含量存在对太阳27 d周期扰动的响应。基于 2D 光化学模型，曾对中大气层温度和臭氧对紫外辐射变化的响应进行了计算。所得结果表明，在平流层臭氧含量变化的计算值与观测值符合良好。但是，温度对紫外辐射响应的观测值（在 $\lambda=205$ nm 紫外辐射变化 1%时，温度变化 0.1 K）为模型计算值的 2 倍。进一步通过 2D 行星波（具有 27 d 周期振荡）模型计算表明，地球大气的空间结构存在对太阳紫外辐射周期扰动的响应。当大气处于共振状态附近时，温度的波动幅值与观测结果相接近。

（2）11 a 变化

对气象参量与太阳活动 11 a 周期间关系的统计研究已有很长的历史。研究发现，在赤道区降水量和太阳黑子数目之间存在关联。在太阳活动极大年，中纬地区明显缺雨，如图 8－15 所示[17]。对地面压力随时间变化的分析表明，大多数情况下，太阳黑子数增加时趋于提高冬季大陆上空的气压，而在夏季是促进海洋上空气压的升高。

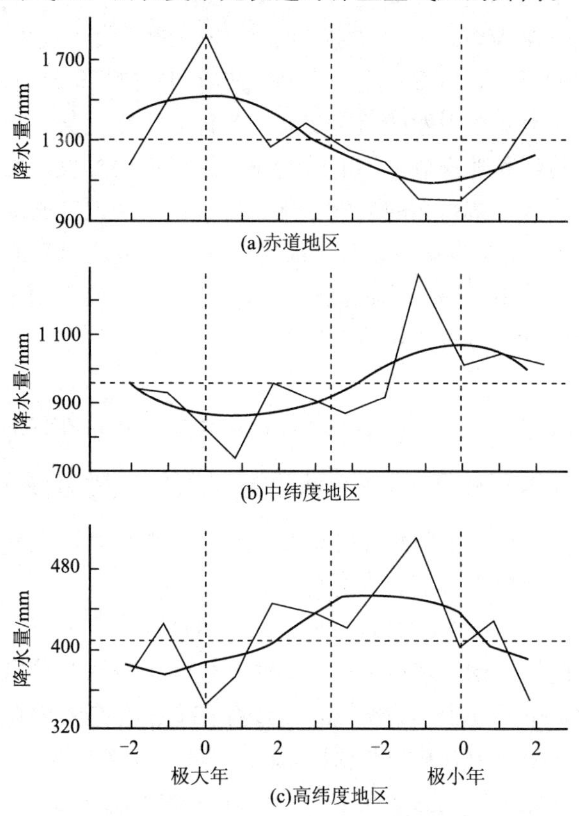

图 8－15　1860～1917 年太阳黑子数极大年和极小年期间不同纬度地区的降水量

粗线为细线的平滑线

基于 2D 光化学反应模型，研究了中间层大气成分和温度的变化[18]。图 8－16（a）给出太阳紫外辐射 11 a 周期变化所引起的一氧化氮浓度相对变化。可见，在高纬区，中间层一氧化氮浓度的相对变化随高度而明显加强。图 8－16（b）和（c）分别表示臭氧相对浓度和温度的相应变化。在中间层臭氧浓度的负变化是水汽光离解的增强导致氢氧根浓度增大而引起的，而在其他区域臭氧含量增加。

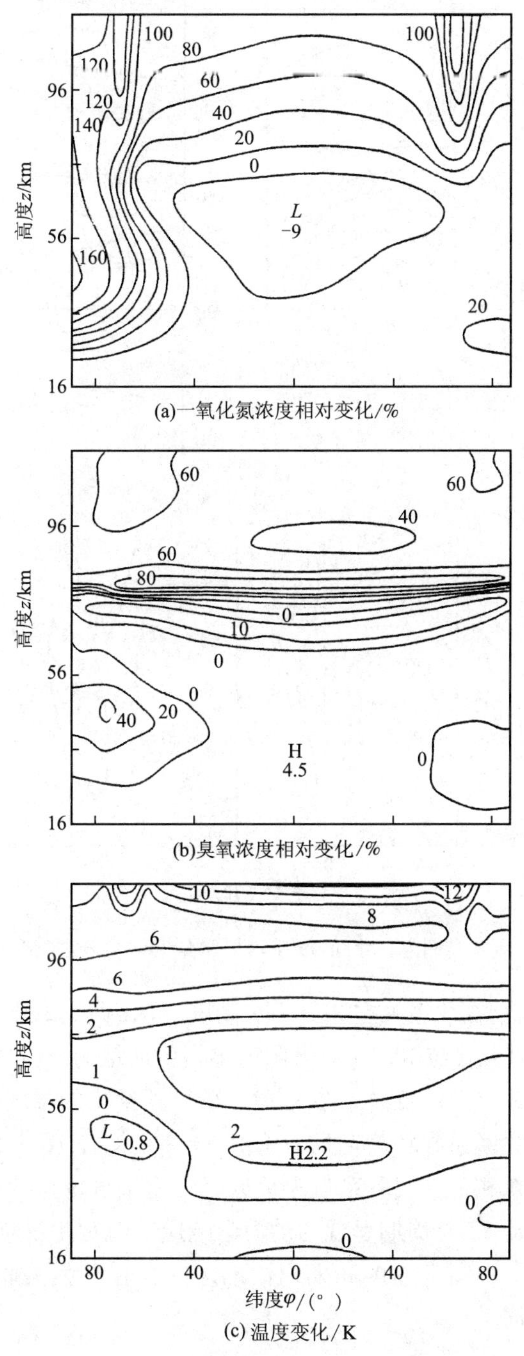

图 8－16　太阳紫外辐射 11 a 周期引起的地球中间层大气变化

图 8－17 为 2D 光化学反应模型计算结果。可以看出，在太阳活动极小年和极大年之间，臭氧含量随纬度发生变化。最大的变化发生在春季两半球的高纬区。图 8－18 示出太阳活动周期内，北纬 60°平流层微量气体组分含量变化的高度分布。

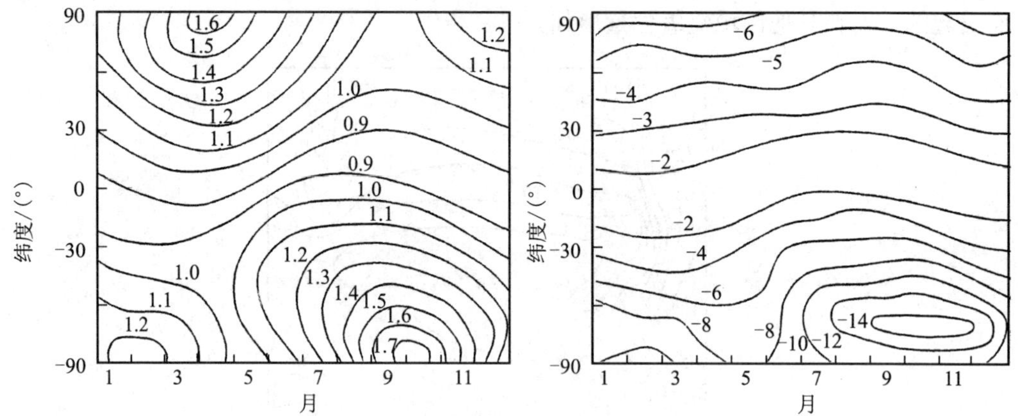

图 8－17 基于 2D 光化学模型计算的太阳活动极大年和极小年之间臭氧总含量变化（%）的纬度分布（左）和全年变化趋势（右）

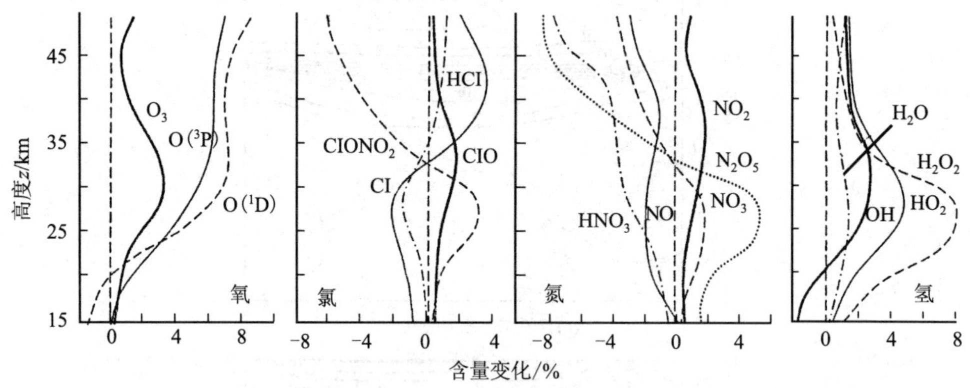

图 8－18 在太阳活动周期内，北纬 60°平流层微量气体组分含量变化（%，计算值）

图 8－19[19]（a）表示在北极上空 30 mbar 高度上，1 月、2 月大气温度平均值随时间的变化（1956～1989 年），并与 10.7 cm 太阳射电辐射通量的相应变化进行了比较。可见，两者之间的关联系数较低（r=0.13）。图 8－19（b）所给出的温度变化只对应于赤道区域风的西向相位。这时的关联系数较高，且为正值（r=0.73）。图 8－19（c）所示的温度变化对应于赤道区域风的东相位，关联系数为负值（r=－0.44）。尽管已有模型计算得出了地球大气参数对太阳活动 11 年周期呈现的动力学响应，但对此效应的物理机制尚不明确。

此外，曾有人指出，在雷电强度和太阳活动之间存在着强关联（关联系数 r=0.8），但尚未得到其他学者认同。

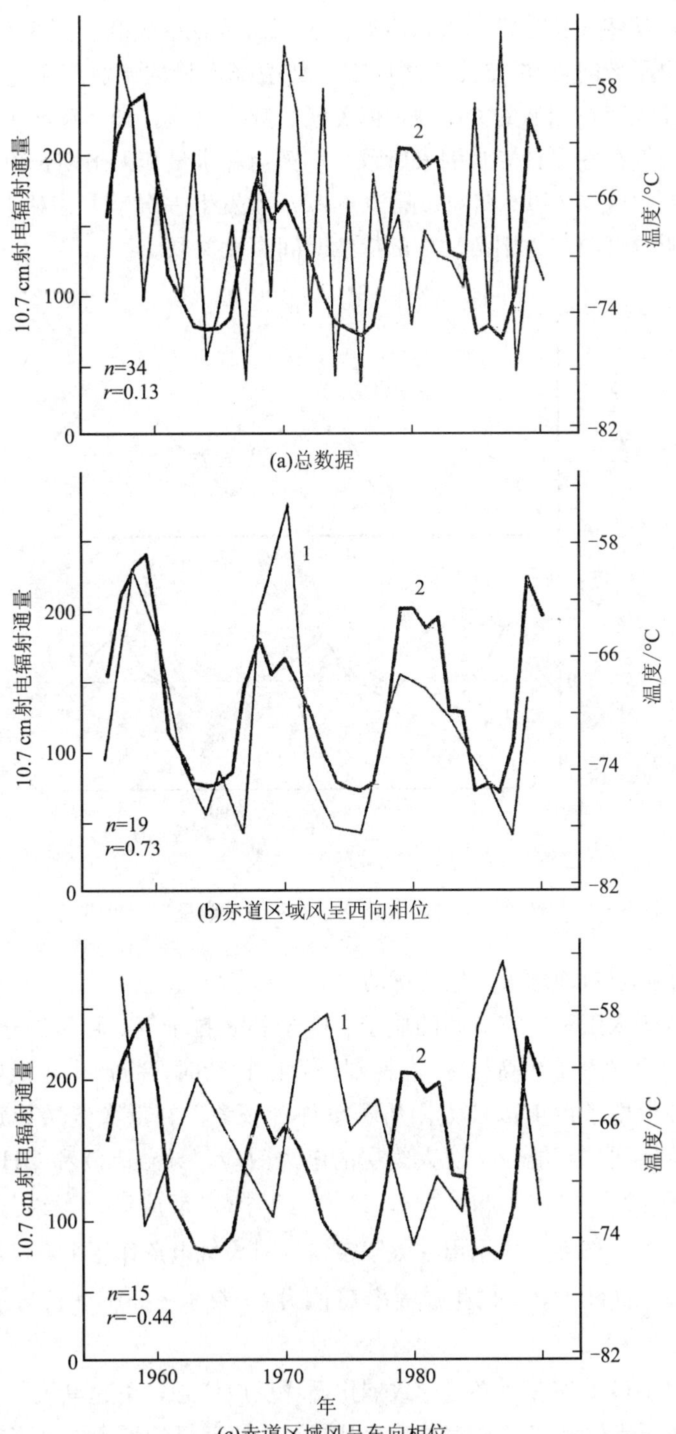

图 8—19　在北极上空 30 mbar 高度上，
1月、2月温度平均值与射电辐射通量变化对应关系（1956～1989 年）
1—10.7 cm 太阳射电辐射通量；2—温度

（3）22 a 变化

有证据表明，某些气象参量与太阳活动存在 22 a 周期的关联。图 8－20 示出巴西的年总降水量与太阳黑子数间存在 22 a 关联周期，其中降水量的调制度可达年平均降水量的35％。在澳大利亚也存在相似的关联性，但关联系数为负值，即呈反相关联。这可能是由于对具体地区的天气存在多种影响因素所致。旱灾与降水量和无雨期长短也存在 22 a 周期性。例如美国大湖地区在 150 a 期间每隔 20～22 a 就发生一次旱灾。对北半球1860～1990年的气温分析表明，气温与太阳活动期的持续时间高度关联。

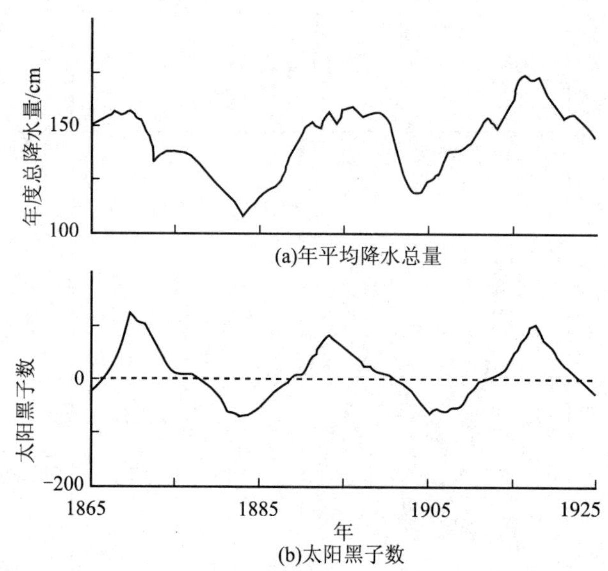

图 8－20　巴西年平均降水总量随太阳黑子数呈 22 a 周期变化

（4）太阳粒子抛射对地球大气层的扰动

如上所述，源于太阳和宇宙空间的质子、电子和 α 粒子等，可以穿透至地球大气层，并导致电离过程发生（主要在高纬区）。特别是太阳扰动时，将产生大量的带电粒子，并引发极光、相对论性电子抛射以及太阳质子事件等现象。在低大气层导致电离过程的因素，主要是银河宇宙线。高能粒子对大气层的电离效应，导致 NO 和 OH 的进一步生成。这时，每一对离子（N^+，N^+）和（H^+，H^+）经与 O^+ 反应后，大约分别生成 1.25 个 NO 和 2 个 OH 根[20]。图 8－21 示出在太阳宇宙线对大气电离作用下 NO 和 OH 生成效率随高度的变化。图中曲线 1 和 3 的生成效率 Q 值为 10^3粒子 · cm^{-3} · s^{-1}；曲线 2 和 4 的 Q 值为 10^5粒子 · cm^{-3} · s^{-1}

大气中 OH 和 NO 的增多，必然导致催化循环反应增强，引起臭氧分子进一步遭到破坏，从而在太阳质子事件和相对论性电子抛射期间，使臭氧的平衡浓度降低。图 8－22 给出了 1972 年 8 月卫星记录到的强质子事件发生后，在不同纬度上臭氧含量的变化[21]。由图 8－22 可见，最强烈的变化发生在北半球的高纬区。这一效应可以持续很长时间。臭氧含量降低的长期效应是由于耀斑形成后，在中大气层 NO 生成物可以保持很长时间的缘故。因此，基于这种机制可通过数值模拟定量地研究大气组分（首先是臭氧）对注入大气层的粒子通量扰动的响应，并与观测结果相比较。

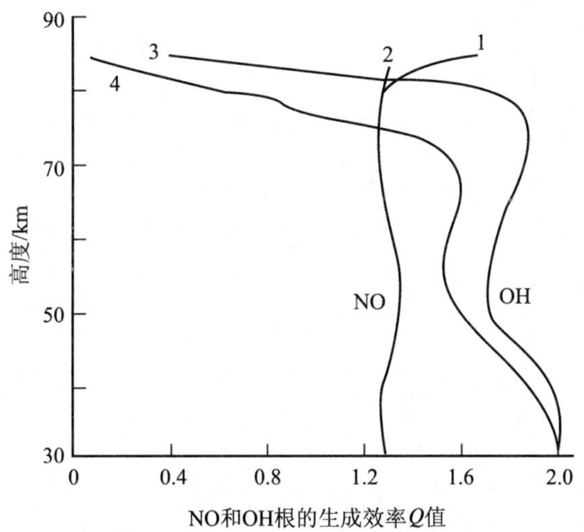

图 8－21　在太阳宇宙线对大气电离作用下，NO 和 OH 生成效率随高度的变化

Q（粒子 • cm^{-3} • s^{-1}）值：曲线 1，3－10^3；曲线 2，4－10^5

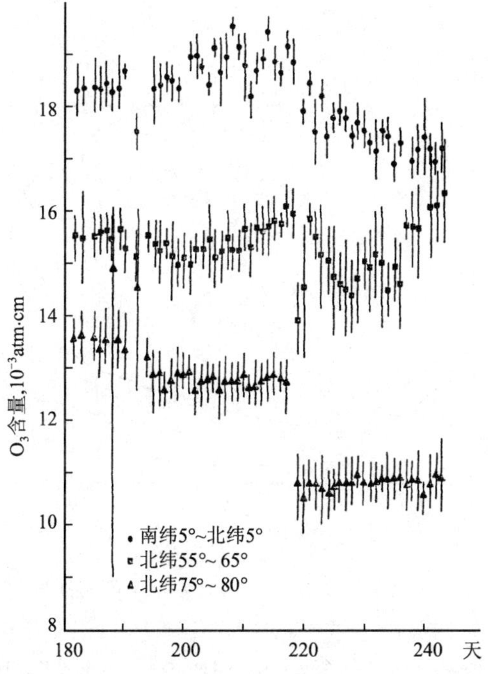

图 8－22　1972 年 8 月质子事件发生后不同纬度上臭氧含量的变化

在 1989 年 10 月和 2000 年 7 月曾发生强质子事件[22]。经对相应的臭氧含量、温度、一氧化氮含量以及大气电场强度变化的测量，发现 1989 年 10 月 19 日太阳宇宙线质子通

量增加了几个数量级（图8—23）。图8—24给出1989年10月发生太阳质子事件时大气电离速率的计算值（1）与1972年8月4日发生太阳质子事件（2，3），以及太阳活动极大期和极小期银河宇宙线（4，5）引起的电离速率的比较。

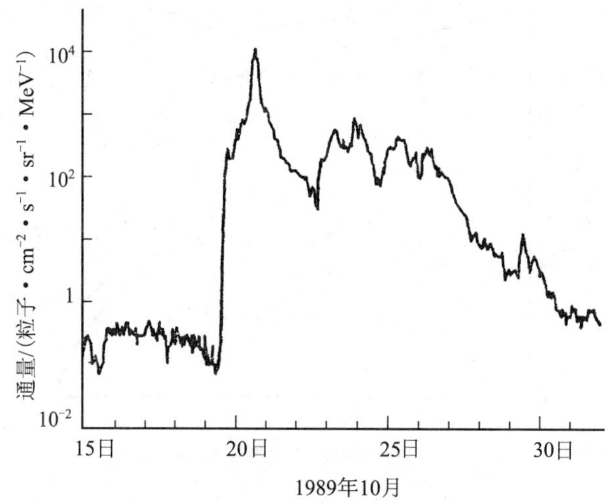

图8—23　1989年10月发生太阳质子事件期间能量为4.2～8.7 MeV的质子通量的变化

卫星GEOS—7观测结果

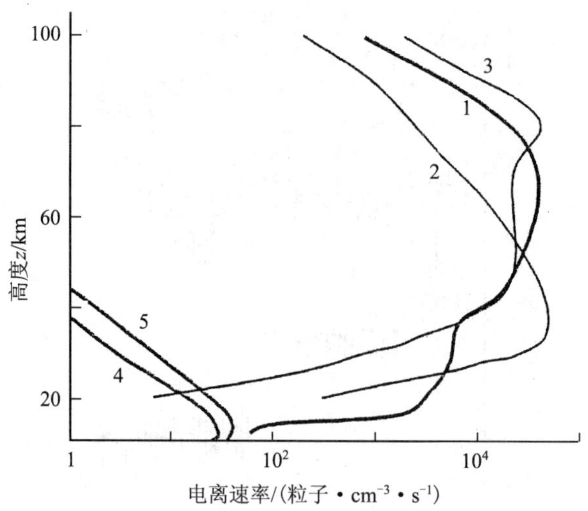

图8—24　1989年10月与1972年8月发生质子事件与太阳极大和极小年银河宇宙线引起的大气电离速率变化的比较

1—1989年10月20日质子事件；2—1972年8月4日质子事件（白天）；3—1972年8月4日质子事件（夜间）；4—太阳活动极大年银河宇宙线；5—太阳活动极小年银河宇宙线

图8—25（a）示出1989年10月19日太阳质子事件发生前后，在南半球高纬区正离子密度的垂直分布，表明离子密度显著增大。当时离子密度已超过仪器的测量阈值（如虚

线所示），故无法获取 50 km 以上数据。

图 8－25（b）给出 1989 年 10 月 23 日卫星观测的 NO 数密度在 40～90 km 高度区间的垂直分布，以及在非扰动状态下的相应值。可见，NO 含量发生了数量级上的增加，在 50 km 高度上高达 2×10^{9} 粒子 · cm^{-3}。

NO 含量的增加应导致 1989 年 10 月 20 日和 23 日在 35～55 km 高度上 O_3 含量的降低。图 8－26 示出 O_3 数密度相对于平均值偏离。可以看出，太阳质子事件后，随着大气内 NO 含量的增加，O_3 含量发生了改变。

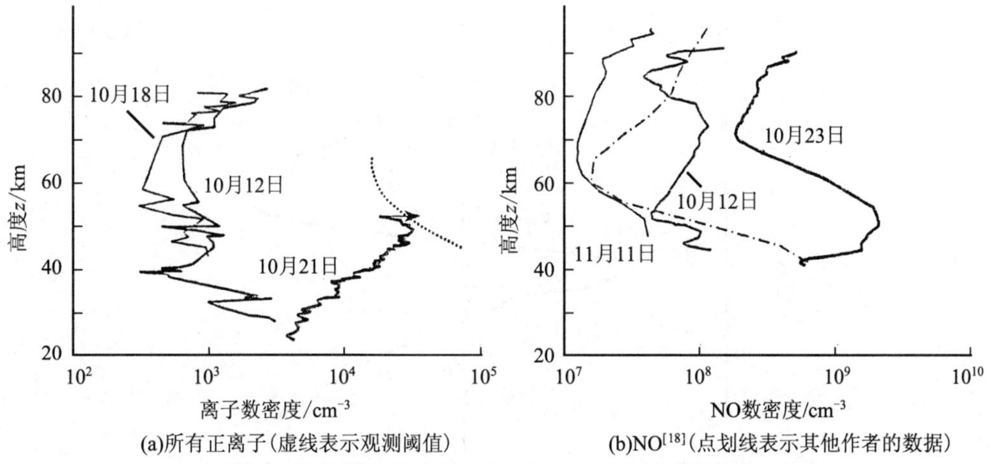

(a)所有正离子（虚线表示观测阈值）　(b)NO[18]（点划线表示其他作者的数据）

图 8－25　1989 年 10 月 19 日太阳质子事件发生前后，南半球高纬区离子密度的垂直变化

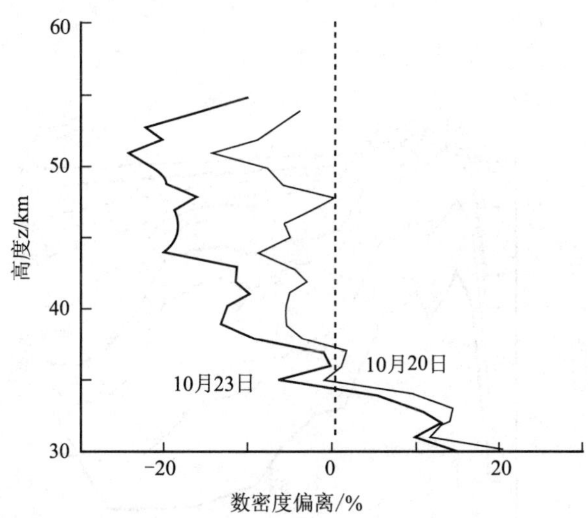

图 8－26　1989 年 10 月 20 和 23 日 O_3 含量（%）相对于平均值的偏离

图 8－27 给出了电场强度在太阳质子事件发生前后出现变化的观测结果。从图 8－27 可以看出，电场垂直分量的大小和符号都发生了显著变化。从垂直电场分量 E_z 和离子密度

n_i的变化，可以估算大气层内电流密度垂直分量 j_z的大小。结果表明，发生太阳质子事件期间，在 60 km 高度的中大气层，j_z与非扰动状态时相比提高了近 100 倍。

参考文献［23］对 1989 年 10 月质子事件发生后，D电离层内电子数密度和臭氧含量对太阳扰动的响应进行了光化学过程数值模拟。计算是针对北纬 70°进行的，表明在 65 km高度附近，NO含量增加几乎 30 倍；在某些更高的高度上，OH 含量增加近 10 倍。在70～75 km高度范围内，臭氧几乎被完全破坏。图 8－28 给出电子数密度的计算结果。可见，在太阳质子事件发生后，由于D层的电离速率增大，电子数密度提高了几个数量级。

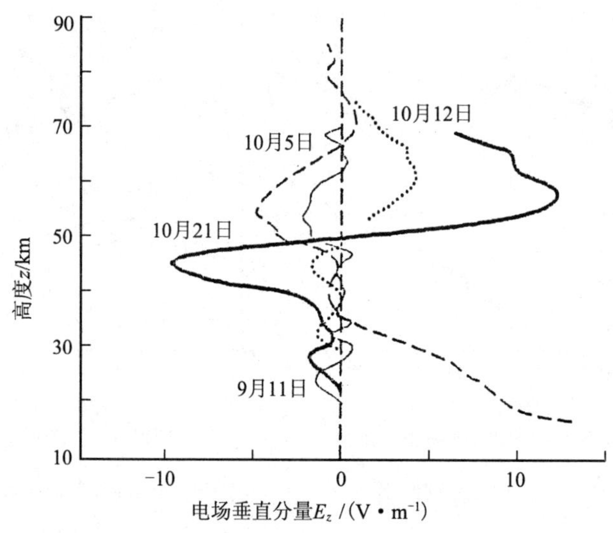

图8－27　1989 年 10 月 19 日发生太阳质子事件前后电场垂直分量 E_z的变化

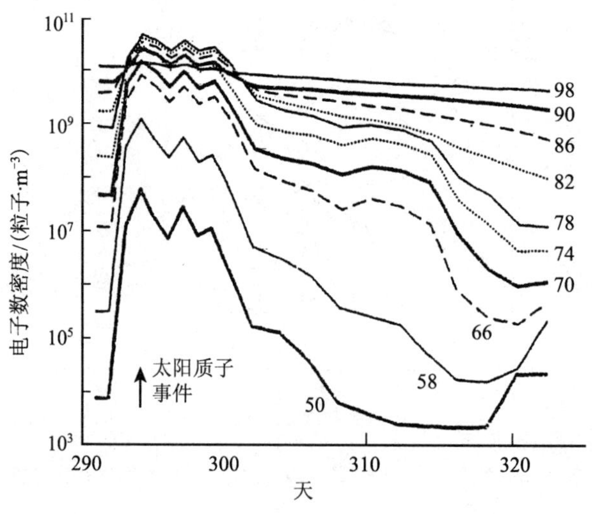

图 8－28　太阳质子事件（1989 年 10 月 19 日）发生后不同高度电子数密度的计算结果

曲线上的数字表示高度（km）

在 2000 年 7 月 14 日发生强质子事件期间，记录到地球大气臭氧层的变化。通过光化学数值模拟计算臭氧和其他微量气体对扰动的响应，表明此次事件对高纬大气层臭氧造成很大的影响。图 8—29 给出卫星 UARS 观测到的北半球高纬区臭氧含量的变化[24]。可见，质子事件发生后，大气中间层和上平流层臭氧含量发生了显著变化。

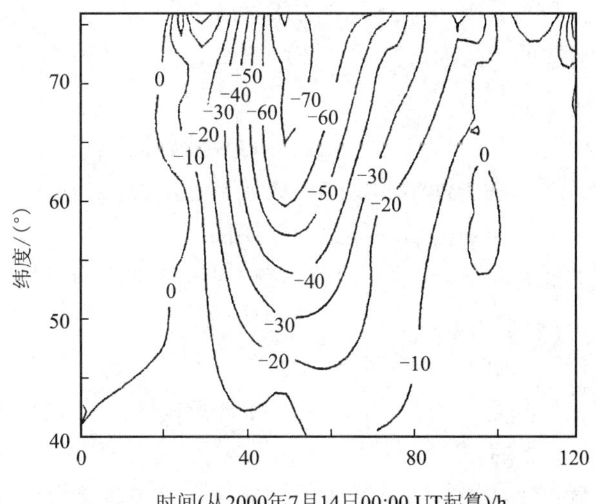

图 8—29　在发生太阳质子事件期间（2000 年 7 月 14 日）北半球高纬区臭氧含量的变化（%）

质子事件发生后，臭氧含量的变化必然导致所涉及区域大气热量状况的变化，以及大气环流的变动。为了研究中层大气对 2000 年 7 月 14 日发生的太阳质子事件的动力学响应，曾基于 3D 光化学模型和中间层及低热层大气的总环流模型进行了数值计算。为了计算高纬大气层的电离度，利用了卫星 GOES—10 的观测数据。图 8—30 示出了此次质子事件发生后，针对北纬 70°计算的由太阳质子事件诱发的电离度变化。由图 8—30 可见，电离效应急剧增强的时间不超过两昼夜，其电离度极大值位于中间层。

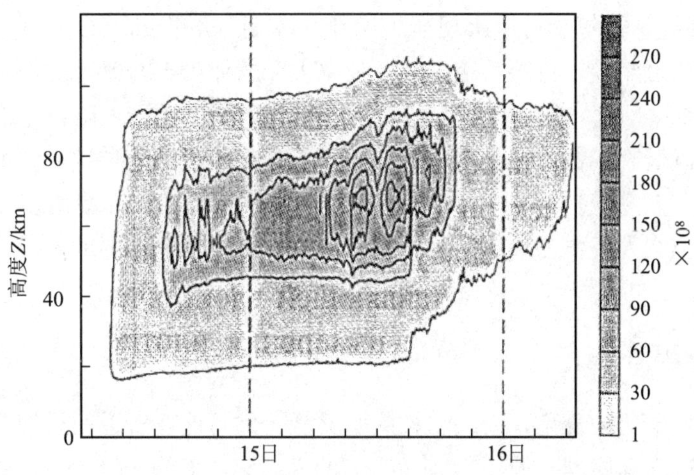

图 8—30　针对北纬 70°计算的 2000 年 7 月 14 日由质子事件诱发的电离度（每 m^3 的离子对数目）变化[12]

已有计算表明，在北极的大气中间层，对臭氧的破坏达70%～80%，与观测结果相一致。基于3D光化学模型的计算表明，在南北极区上空，臭氧含量的时一空分布变化不大。采用总大气环流模式，可以研究发生太阳质子事件期间大气温度场和风场的变化。结果表明，发生太阳耀斑后，在南极夜间，臭氧的变化并未引起温度的改变，可能是由于没有太阳辐射（如紫外辐射）所致。此外，还发现在80 km以下高度，臭氧呈现贫化。这是由于NO和OH的增多所引起的，从而导致大气层的冷却。在较低的热层大气中，臭氧含量不发生变化。

太阳质子事件可引起大气温度分布变化，导致环流状态改变，并形成热风。区域风的纬度分布发生相应的调制。在中间层和低热层区域风速的绝对值减小，反映出温度梯度的变化。这是由于耀斑过后，臭氧的破坏导致中间层的冷却；而由于重力波通量的增大，导致热层的加热。有趣的是，尽管臭氧的变化区域位于高纬区，而风场的扰动却可以穿越至低纬区。3D模型计算结果表明，在北纬70°区域风速度在耀斑过后，随时间而变化。

通过光化学模型计算，可以给出银河宇宙线扰动引起的对流层化学组分的变化。与非扰动态相比，大约变化百分之几。在对流层，NO含量发生百分之几的变化，而在平流层和中间层只会引起1%量级的相应变化。

太阳宇宙线对大气气凝胶含量也产生影响，质子事件可导致气凝胶含量的增加[25]。

8.6 地球气候及其变化

气候可以定义为数十年间“海洋一陆地一大气”系发生的各种状态的统计系综（statistical ensemble)，还可以细分为如低温层、生物圈等许多重要的气候体系单元。研究气候体系的基本方法是分析观测和数学模拟的时间序列。当代的数学模型计及到气候体系各个单元间的相互作用。

以往的地球资料表明，在很长的时间尺度上气候发生了变迁。特别是在过去的50万年间，差不多每隔10万年交替地出现冰川期和间冰期（interglacial period)。最近一次冰川极大期发生在两万年前，冰层覆盖了整个加拿大和欧亚大部分地区。海洋结冰期间，海平面大约比现在低80 m。最近一千年气候发生的最显著变化是在1300～1800年，出现了小冰川期。从那以后，气候开始变暖，最近100年暖化过程加速。这一情况引起了全世界的关注。这种所谓温室效应可能是由人类自己的活动（如工业排放增多、森林面积锐减等）所导致的，至少人类活动加剧了这种效应。本节选取几个重要的制约气候变化的因素进行简单的讨论。

8.6.1 天文学因素

基于气候长期演化的理论，天气的长周期反复变化与地球轨道的长期变动有关。经光谱测定给出的温度时间序列与周期为21 000 a的进动和周期为41 000 a的地球轨道倾角的变化密切相关，而且与轨道偏心率的变化半偏值密切相关（周期为100 000 a)。地球轨道偏心率的变化可视为如同调制器一样，其进动的变化周期将首先影响给定纬度上日照量的变化。因为偏心率的变化是本征效应，“地球—大气层”系统必然将对其变化产生非线性的响应。对于给定的纬度，在任一偏心率下，日照量的年变化实际上为常量。对于“地球—大气层”体系的非线性响应，可以根据黑体辐射本领与温度的关系（斯忒藩—玻耳兹曼定律）加以研究。为了确定与倾角、偏心率和地球轨道近地点纬度变化相关联的地球表面平均温度的变化，进行了相应的计算。算出了 500 000 年前至今和 100 000 年前纬度为 40°～70°地区的温度随时间的变化，发现最大的温度偏差（1°量级）发生在具有较大偏心率的轨道和当近地点经度从 135°（最热期）变化至 270°（最冷期）的情况下。冰川期相应于具有最大偏心率轨道。在此期间，黄道倾角的变化是地面温度长期演化的重要影响因素。从地面反照率的时间演化也可以同样得出如下的结论：地球轨道参量和地球转动轴倾斜程度的变化是导致气候变化的重要因素。

8.6.2　地球物理学因素

影响气候变化的第 2 类因素是作为太阳行星之一的地球本身的性质：如地球的大小、质量、转动速度、固有的重力场和磁场、内部热源以及决定其与大气相互作用的表面性质。

地球的质量和半径在很大程度上决定了地球的重力场。地球的固有转动对重力场的贡献≤0.35%，而在极区为零。重力场使地球的气体外壳层或大气层得以长期保持，并且在很大程度上决定了大气的成分。在较小的星体质量下，大气层将可能不复存在，如月球，尽管月球与地球处于和太阳基本相同的距离上。

地球的质量最终决定了地面形貌、内部热源强度以及火山爆发等特性。深度钻探测量表明，地心的温度随深度以 30 ℃ · km^{-1} 的速率升高（地热梯度）。地球每年总热量损耗约为 10^{28} erg，大约为太阳每年辐射至地球上热能的 0.02%。尽管这一能量来源对地球表面温度不起很大的作用，但其影响在过去或许更显著些。

地球绕轴转动的速度决定了许多气象因素在 1 天内的变化。太阳热流的变化对大气环流产生决定性作用。如果地球的自转速度很小，或其周期变得与其绕太阳的公转周期是可比的，则在白天半球的加热和夜间半球的冷却之间引起显著的热反差；相反，当转动速度增大时，主要在极区和赤道区域之间建立热反差，并导致形成子午大气环流（力图消除热反差）。在科氏力的作用下，引起大气环流向中纬低大气层的西向输运。地球表面的不均匀性是另一重要的影响因素。在低纬度区的地球表面，信风环流具有很大的转动线速度，从地球表面向大气层发生脉冲输运。在中纬度区，正相反从大气层向地面输运。这些气流长时间叠加的结果，导致在整个地球上输运趋于平衡。同样，在地面所接收到的太阳辐射热量和热量释放之间也最后趋于平衡。大气从地表面获取的大部分能量与反照率、热容及热导率有关。海洋表面具有很小（0.05～0.1）的反照率，所吸收的太阳能量远高于陆地（反照率 0.1～0.3），特别是远高于雪和冰（反照率 0.7～0.9）的吸收量。由于海洋具有很大的热容和热导率，使其存储大量的热量，然后又释放热量使大气层加热。这样一来，由于海洋不停地运动，成为太阳辐射能量的巨大储能器，并为大气提供长久的热能源。

8.6.3 气象学因素

大气的质量和组分是主要的气象学天气构成因素。大气质量决定着其机械惯性和热惰性。如果地球上无大气层，则正如月球一样，气候将处于辐射平衡态。这时对气候影响最重要的是热力学活化微量气体的含量，其中首先是水汽的含量。大气的水汽含量约为0.23%，并有资料证明，最近几十年来，其含量缓慢增加。水汽几乎吸收4～8 μm和12～40 μm波段（大约占总辐射能的62%）地面辐射的全部能量。水汽将凝结在大气中已有的粒子上，形成云和雾，并释放大量的热。水汽也对温室效应有很大的影响，决定着大气对太阳电磁辐射的透过率和吸收地面热辐射的能力。在这两种情况下，其浓度与温度之间分别存在正、负关联。另外，辐射活化大气组分还有二氧化碳。它对温室效应具有重要的贡献，所吸收并辐射$\lambda=14\sim16$ μm长波段能量大约占地面辐射总能量的10%。目前大气中二氧化碳含量约为0.03%（体积比）。同以往相比，二氧化碳含量发生了明显的增加，并对气候产生影响。海洋是碳氧化物的巨大存储器，其二氧化碳含量为大气的50倍以上，比生物圈高20倍。其他的温室气体还有一氧化二氮、甲烷等，其含量增加也对大气热平衡产生重要的影响。气候模式的计算表明，这些温室气体含量增加1倍，将使全球平均温度升高约2.4 ℃；并且，在极区的温升比在回归带更显著。相应地，平流层温度将下降。

8.6.4 当代气候的变迁

从1750年有气象学记录以来，地球总的气候变化趋势是大气温度一直在增加。20世纪的一百年间增加约0.6 ℃。对北半球大气监测数据的分析表明，20世纪的温度升高幅度是近一千年以来最高的，并且升高速率也在增加。碳氧化物的气体浓度在持续增高，其增高速率达到近20 000年来的最高程度。目前甲烷和碳氧化物的浓度是最近一千年来最高的。

人类活动引起的气候变化呈南北极不对称性：气候变化使北极变暖，南极变冷。在北极，气候变暖导致海冰融化；在南极，气候变冷导致风力增强，从而使温度降低。在北极地区，人类活动产生的二氧化碳导致气候变暖，加上自然气候变化，形成了“北极风暴”，导致2007年大量海冰消失。这一趋势还将持续下去。在南极洲，臭氧洞的形成给已经复杂的天气形势增添了新的不稳定因素。平流层臭氧枯竭引起的大气压力变化导致南太平洋上西风增强，从而使南极洲许多地区免受全球变暖的影响。但南极半岛是个例外，在那里气候变暖十分明显。

20世纪，非极区的冰面缩小，海洋海平面升高0.1～0.2 m。图8－31给出的观测结果证实，在地球大气层内温室气体（二氧化碳、一氧化二氮、甲烷）的含量正在不断增加。

全球气候变暖最能反映出人类活动对自然环境造成的破坏。图8－32示出在计及人为活动影响后基于气候模式的地面空气温度计算结果，与观测数据符合很好。

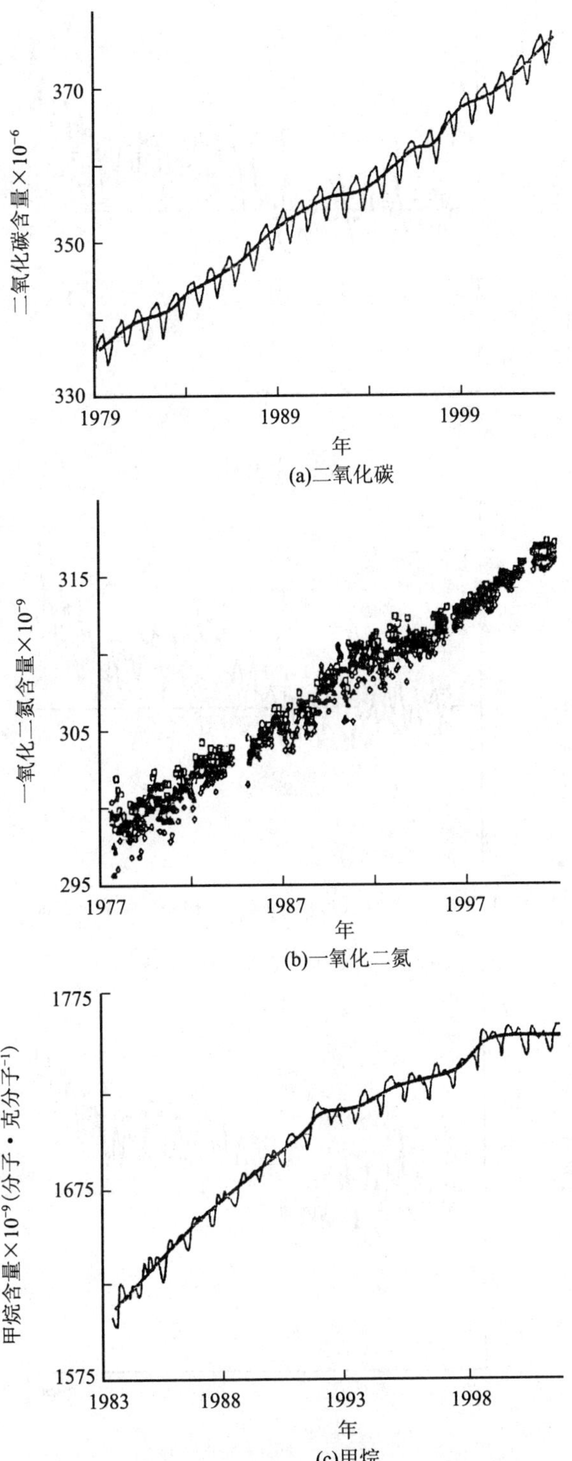

(a)二氧化碳

(b)一氧化二氮

(c)甲烷

图 8—31　大气中二氧化碳、一氧化二氮和甲烷含量的变化（地面观测数据）[3]

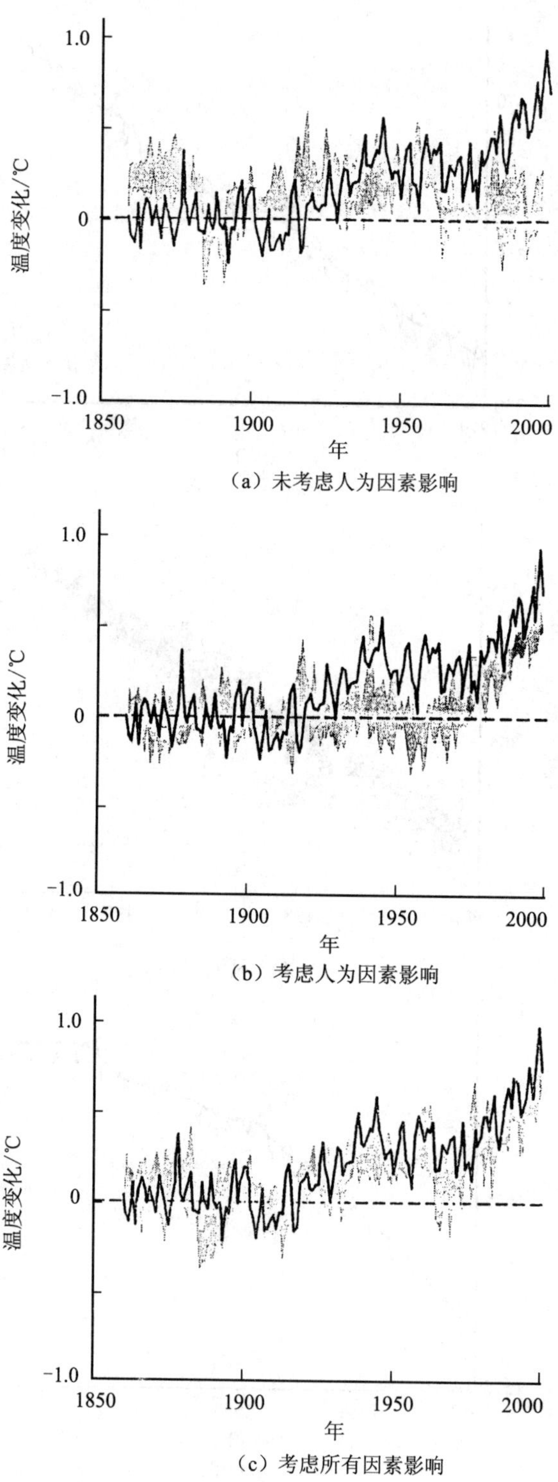

图8—32　地面空气温度变化计算（灰色区）与观测结果（实线）的比较[3]

图 8—33 给出了作为臭氧的破坏者，同时本身也是温室气体的氟利昂的含量在京都议定书签订之后，停止增加（CF_2Cl_2）或不断下降（$CFCl_3$）的情况。不过，由于这些气体在低大气层的寿命很长，它们还将在平流层停留足够长的时间。

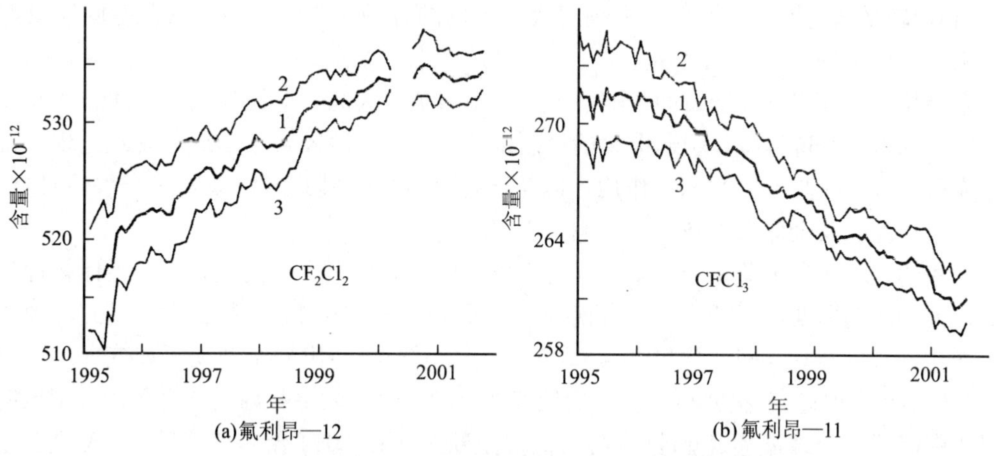

图 8—33　限制排放量后氟利昂在大气内含量的变化[3]

1—全球；2—北半球；3—南半球[1]

无论是太阳对地球大气的影响，还是地球大气对外部扰动因素的响应，都涉及到极其复杂的辐射、光化学及动力学过程的相互作用，以及中高层大气与上、下层的耦合作用。图 8—34 是上述复杂过程的示意图。

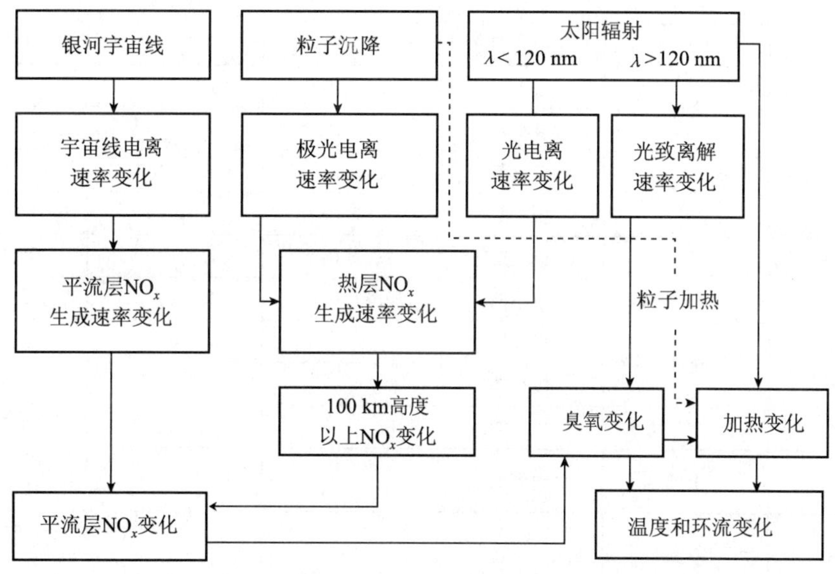

图 8—34　地球大气中的辐射、光化学和动力学过程的相互作用

在中大气层受到强扰动时，空间因素如何影响其中的光化学和热力学过程等问题还未

取得共识，包括沉降的能量多少以及对臭氧含量的影响等。表 8—6 列出了在平流层和中间层内的活化 N 源[26]。可以看出，在此高度上宇宙线粒子的贡献与其他活化 N 源大体相当。能量粒子不仅可以诱发大气层内的物理过程，还可以使氮氧化物和氢氧化物含量增加。这些气体正是臭氧的破坏剂，从而改变纬度温度梯度。后者导致大尺度的空气运动（风）和地转平衡的恢复。因此，在描述大气层内的各种过程时，必须计及空间能量粒子的作用。

高能粒子对气溶胶和云量的影响，至今尚不清楚。为此，应该建立宇宙线粒子在通过大气层受到阻尼的过程中，引起电离的机制以及液滴和气溶胶粒子形成的物理过程。特别是，应研究宇宙线与云层的相互作用，以及通过全球数值模式给出太阳质子事件对臭氧、大气热量状况以及全球大气环流的影响。

上述的全球变暖现象是当今学术界的主流观点，但并未取得完全共识。天体物理学家认为，太阳活动周期与地球气候大规模变迁呈关联效应。伴随着太阳辐射能量到达地球表面的变化（过去 200 年间变化幅度为 0.15%～0.25%），会出现全球变暖或变冷。在过去的 7 500 年间出现过 18 次寒冷期。最近俄罗斯科学家哈·阿卜杜薩马托夫预测太阳风能量通量正在降低，全球温暖化趋势不再，他甚至断言，在 2014 年将步入第 19 次“小冰川期”。早在 2008 年，美国国家航空航天局和欧洲空间局的某些科学家也作出相似的预测。总之，全球变暖及其与人类活动间的关系，仍然是一个有待深入研究的重大课题。

表 8—6 平流层和中间层活化 N 源

活化 N 源	影响范围	活化源相位	平流层/（分子·a^{-1}）	中间层/（分子·a^{-1}）	平流层+中间层/（分子·a^{-1}）
N_2O+O（^1D）	全球	中等期	4.5×10^{34}	5.3×10^{32}	4.5×10^{34}
	$\varphi>50°$	中等期	1.3×10^{33}	7.6×10^{30}	1.4×10^{33}
银河宇宙线	全球	极大期	1.1×10^{33}	1.2×10^{31}	2.7×10^{33}
		极小期	3.7×10^{33}	1.6×10^{31}	3.7×10^{33}
	$\varphi>50°$	极大期	1.1×10^{33}	4.7×10^{30}	1.1×10^{33}
		极小期	1.6×10^{33}	7.0×10^{30}	1.6×10^{33}
相对论性电子抛射	全球	极大期	2.7×10^{31}	1.4×10^{34}	1.4×10^{34}
		极小期	2.7×10^{30}	1.4×10^{33}	1.4×10^{33}
来自热层通量	全球	极大期		1.5×10^{34}	1.5×10^{34}
		极小期		3.7×10^{33}	3.7×10^{33}
流星体	全球	中等期		6.3×10^{32}	6.3×10^{32}
雷电	全球	中等期	1.6×10^{36}（对流层）		
核爆炸	全球	1962 年极大年	2.2×10^{34}		
太阳质子事件	全球	1972 年极大年	2.5×10^{33}	3.9×10^{33}	6.4×10^{33}

8.7　原子氧及其他中性气体环境

8.7.1　概述

原子氧（Atomic Oxygen，AO）是重要的空间环境因素之一[27-29]。根据航天器飞行高度的不同，可以将其轨道分为：低地球轨道（Low Earth Orbit，LEO），距地面高度约为 200～700 km，甚至可扩展至 1 000 km；中地球轨道（Mid Earth Orbit，MEO），距地面高度约 1 000～35 800 km；地球同步轨道（Geosynchronous Orbit，GEO），距地面高度约35 800 km；行星际飞行轨道。原子氧是低地球轨道大气环境的主要组分。在 180～650 km 的高度上，原子氧的数密度和撞击能量已大到足以使航天器的太阳电池帆板、热控涂层和其他器件的长时间在轨运行受到严重的威胁。

在人类进行航天活动的早期，航天科技工作者主要关注高真空、低温、微重力、太阳电磁辐射、高能粒子辐射（辐射带、太阳宇宙线和银河宇宙线）、太阳风和磁场（行星际磁场和地磁场）、微流星体和空间碎片等空间环境因素的影响，而对原子氧的影响缺乏应有的重视。

1974 年，在 AE－C 卫星周围意外观测到明亮的辉光，源于一氧化氮和原子氧在航天器表面的相互作用。20 世纪 80 年代，人们对原子氧效应开始了深入研究。1995 年，美国国家航空航天局在一份报告中曾指出，由于材料的性质不同，原子氧环境的影响有时很危险，有时捉摸不定甚至有益。在不同轨道运行的航天器受各种空间环境因素影响的程度见表 8－7。可见，中性原子（主要是原子氧）是对低地球轨道航天器影响程度最大的环境因素（影响因子达 9～7）。

表 8－7　各种环境因素对不同运行轨道航天器的影响因子

环境因素	低地球轨道	中地球轨道	地球同步轨道
太阳辐射	4	4	4
重力场	3	3	0
地磁场	3	3	0
范艾伦辐射带	0～5	8～5	1
太阳能量粒子	0～4	3	5
银河宇宙射线	0～4	3	5
空间碎片	7	3～0	3
微流星体	3	3	3
电离层	3	1	0
热等离子体	0～3	0	5
中性气体	9～7	3～0	0

注：影响因子为 0，表示该因素可不考虑；而接近 10 会导致航天器灾难性后果。

通过 30 余年的深入研究，人们对原子氧效应已经有了较充分的认识。在原子氧的作用下，可导致聚合物材料和碳膜的质量损失（厚度变薄），金属材料生成氧化膜，有机结构材料表面形貌发生显著变化，热控涂层老化变质，光学元件受到污染，以及导致金属导线和导电涂层的性能退化等。因此，应该对原子氧效应给予必要的关注。

8.7.2 原子氧的形成和环境描述

原子氧是在低地球轨道环境下，由于分子氧（O_2）吸收短波长的紫外辐射而光致离解（photo dissociation）形成的，其反应式为

$$O_2 + h\nu \rightarrow O + O$$

短波长的（<240 nm）紫外辐射具有足够的能量，能够断开分子氧的键合（键合能为 5.12 eV）。离解形成的原子氧在空间环境下至少可能有两个归宿，一是在第 3 种元素存在时，与氧分子反应生成臭氧，即实现三体反应

$$O + O_2 + M \rightarrow O_3 + M$$

或者与臭氧发生反应，生成 2 个氧分子

$$O + O_3 \rightarrow O_2 + O_2$$

但是，低地球轨道环境处于高真空状态，总气压约为 $10^{-8} \sim 10^{-5}$ Pa，环境大气组分主要有氮气、氧气、氩、氦、氢和原子氧，相应的粒子总数密度约为 $10^5 \sim 10^{10}$ cm^{-3}，粒子平均自由程足够长（$\approx 10^8$ m）。两个游离的原子氧再复合成一个氧分子，必需有第 3 种粒子参与，以带走复合时释放的能量。在低总气压（高真空）状态下，原子氧与第 3 种粒子发生碰撞的概率（截面）很小。所以，难以形成臭氧或发生复合，致使在 180～650 km的高度上原子氧是丰度最大的组分（如图 8－3 所示）。

尽管可以形成原子氧的激发态，但其存在的寿命相当短。原子氧主要呈 3P 基态，其数量取决于分子氧的密度和太阳紫外辐射的通量。当地球从太阳升起转动至中午的过程中，地球大气受太阳的加热，导致给定高度上大气的原子氧数密度逐渐增大。由于大气与地球的共旋转效应，太阳加热导致地球大气膨胀而朝外扩展，从而使原子氧密度峰值出现在下午 3 时，而不是在正中午。结果造成背向太阳的表面（如太阳电池阵的背面）接收到的原子氧注量比朝向太阳的表面高 25%。

太阳活动可引起照射到低地球轨道大气的紫外辐射发生变化，导致原子氧的产额率发生很大的变化。在太阳活动的极大年和极小年之间，原子氧的数密度可能发生高达 500 倍的变化。这种变化取决于大气高度，如图 8－35 所示。由于太阳活动的不确定性，尚无法准确地预测原子氧的通量。基于 MSIS－86 大气模式的计算结果表明，原子氧的年平均累积通量变化与太阳活动 11 年周期相对应，如图 8－36 所示。

此外，原子氧的数密度还受到地磁场、季节和昼夜等因素的影响。在其他存在氧气的行星大气环境中也可能存在原子氧。当航天器以 7.7 km · s 的速度在低地球轨道运行时，原子氧撞击航天器表面的能量约为 4～5 eV。相应地，原子氧通量在 200 km 高度时约为

10^{15} atom · cm^{-2} · s^{-1}）；在 600 km 高度约为 10^{12} atom · cm^{-2} · s^{-1}）。如果航天器是在零倾角轨道运行，且其表面法线平行于运行方向时，原子氧的平均撞击角将垂直于航天器表面。大多数航天器的运行轨道倾斜于地球赤道面，从而引起原子氧对表面的平均撞击角绕轨道呈正弦变化，导致原子氧的撞击速度取决于航天器轨道速度矢量和大气共旋速度矢量的叠加。此外，原子氧还具有热速度，该速度与在低地球轨道热层大气（典型的温度约 1 000 K）的麦克斯韦一玻耳兹曼速度分布相关联。麦克斯韦一玻耳兹曼分布的高速尾巴有可能使某些原子氧赶上低地球轨道航天器的后缘，从而呈现较小的通量值。该通量比正面撞击时原子氧通量小几个数量级。如果将上述这 3 个矢量分量叠加起来，并在典型的 400 km 高度、倾角 28.5°的轨道上进行平均，所获得的原子氧通量角分布如图 8—37所示。

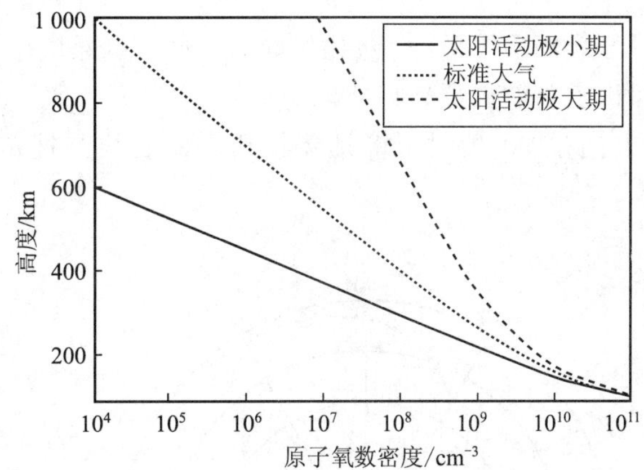

图 8—35　在太阳活动极小期、正常期（标准大气）和极大期原子氧数密度与高度的关系

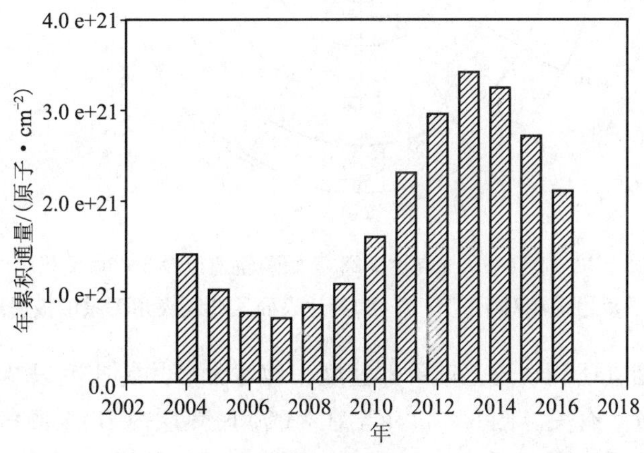

图 8—36　太阳活动周期内各年的原子氧累积通量

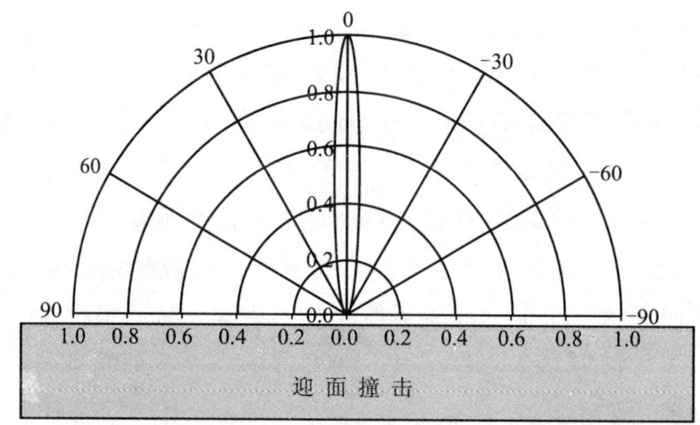

图 8－37　在 400 km 高度、28.5°倾角轨道以及 1 000 K 的大气热层内原子氧通量相对于撞击方向的角分布

图 8－37 所示的是当表面法线平行于撞击方向时，原子氧通量在水平面的分布与入射角的关系。原子氧也可以沿与航天器轨道方向呈＞90°的角度入射。如图 8－38 所示，当表面法线相对于撞击方向呈 90°角时，将只接收到表面法线与撞击方向平行时通量的约 4%。

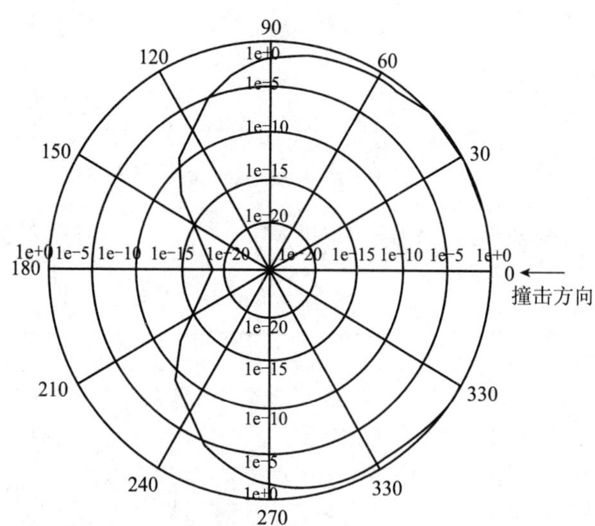

图 8－38　在 400 km 高度、28.5°倾角轨道以及 1 000 K 热层内原子氧通量相对于撞击方向和到达表面法线间夹角关系的极射图

原子氧的撞击能量还和轨道上航天器速度、地球大气共旋速度以及原子氧热速度（即合成速度的 3 个分量）有关。图 8－39 示出在 1 000 K 热层内 28.5°倾角圆形轨道的原子氧能量分布与高度的关系。可以看出，对于 400 km 高度的轨道，平均撞击能量为（4.5±1）eV。随着高度的增大，撞击能量下降。对于高度椭圆化的轨道，近地点撞击能可能远高于圆形低地球轨道。对于这类椭圆轨道，在近地点附近由于高度较低也将呈现较大的原子氧通量。

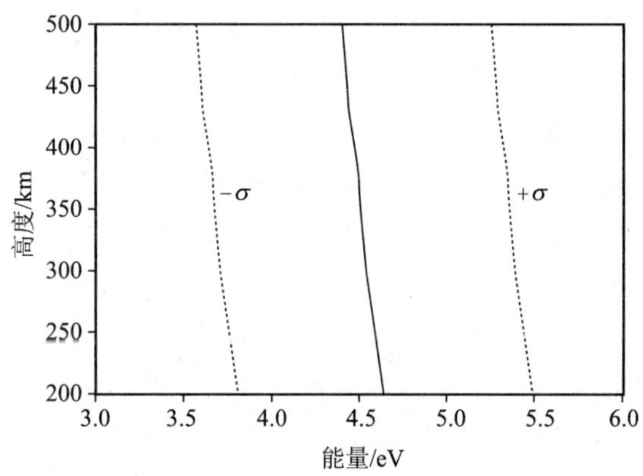

图 8—39　在 1 000 K 热层内倾角 28.5°圆形轨道的原子氧能量分布与高度的关系

$+\sigma$ 和 $-\sigma$ 分别为分布的正、负偏差

8.7.3　原子氧效应

如上所述，由于航天器以很高的速度在轨运动，导致原子氧在其表面产生较大的撞击能量，并在低地球轨道呈现较大的通量。原子氧处于激发态，具有很强的氧化能力。有些在分子氧条件下并不发生明显氧化的材料（如聚合物类材料），在原子氧作用下可直接发生化学反应。当具有强氧化性、大通量和高能量的原子氧与航天器表面作用时，会导致表面材料剥蚀和性能退化。典型的实例是大多数聚合物及其复合材料，在原子氧作用下质量和厚度都会损失，表面形貌也会发生很大的变化。

通常，金属及其氧化物的剥蚀率相对较小，而大部分聚合物的剥蚀率较大，可达 10^{-24} $cm^3 \cdot atom^{-1}$ 量级。对于长寿命航天器表面使用的聚合物薄膜（厚度数百 μm），如直接暴露于原子氧中，可能被完全剥蚀掉。表面光滑的聚合物暴露在注量为 10^{20} cm^{-2} 的原子氧环境中，其表面将被剥蚀呈灯芯绒状，如图 8—40 所示。

聚合物基复合材料在原子氧作用下，先是树脂基体被剥蚀，从而将纤维暴露出来。经 4 年多空间暴露后，其质量损失率可高达 39.5 $g \cdot m^{-2}$；并且，由于纤维的剥蚀或脆断、脱落，导致复合材料的性能严重退化。

热控涂层是保证航天器在设定的温度下工作的重要温控手段。常用的二次表面反射镜、白漆和黑漆涂层暴露在原子氧环境下，将发生剥蚀、氧化及热—光性能的退化，最终丧失其热控能力。

原子氧对导电涂层和电绝缘材料也会产生严重影响，导致充放电效应增强。在热等离子体（<几十 keV）中，由于电子热速度远高于离子速度，导致航天器表面常带负电。高能电子（>几百 keV）能够穿入并聚集在航天器介质材料内部，导致产生体充电效应，其电场强度可达数千甚至上万 $V \cdot mm^{-1}$，从而发生电晕、短路或电介质击穿，甚至造成电子器件及集成电路的损坏。由于材料类型、光照条件及等离子体作用的不同，会形成不等量带电，以致在航天器相邻表面间形成电压。严重时也会发生放电。为解决航天器表面充放电问题，常采用导电涂层（如铟锡氧化物）。这些涂层在空间环境作用下发生脆裂时，原子氧会穿过裂缝而造成涂层剥蚀或脱落，从而导致产生更加严重的充放电效应。

金属银具有高电导率，常用于太阳电池的互连片。但银在原子氧环境下会严重氧化，造成电阻增大，导致太阳电池阵输出功率下降，甚至使太阳电池阵的完整性遭到破坏。

原子氧剥蚀产物释放大量的挥发性气体，会在光学器件表面及其他航天器表面上造成污染，致使热控涂层及太阳帆板等的物理性能退化。某些金属镀层如银（Ag）和锇（Os），将在原子氧作用下发生严重退化，或以易挥发性氧化物形式被剥蚀。航天器表面材料的选择应满足热学/光学性能等要求，同时尽可能薄些，以便减小发射质量。如果原子氧剥蚀导致表面材料质量损失及热学/光学性能退化，则有可能产生严重的后果。

设原子氧通量作用时间为 dt，则材料在表面积 dA 上的质量损失 dm 可以用下式表述

$$dm=\rho R_E \Phi dA dt \tag{8-59}$$

式中 ρ——材料密度（$g \cdot cm^{-3}$）；

Φ——原子氧通量（$cm^{-2} \cdot s^{-1}$），在数值上等于原子氧数密度和航天器轨道速度的乘积；

R_E——由试验确定的比例常数（$cm^3 \cdot atom^{-1}$），称作反应效率（reaction efficiency）。

基于材料厚度的变化率 dx/dt，式（8－59）可以改写为

$$\frac{dx}{dt}=R_E \cdot \Phi \tag{8-60}$$

对在低地球轨道长期飞行的航天器，原子氧剥蚀是最令人担心的问题之一。表8－8列出各种材料在原子氧暴露环境下的表面反应效率。经原子氧剥蚀后，环氧树脂基复合材料的表面形貌如图8－40所示。

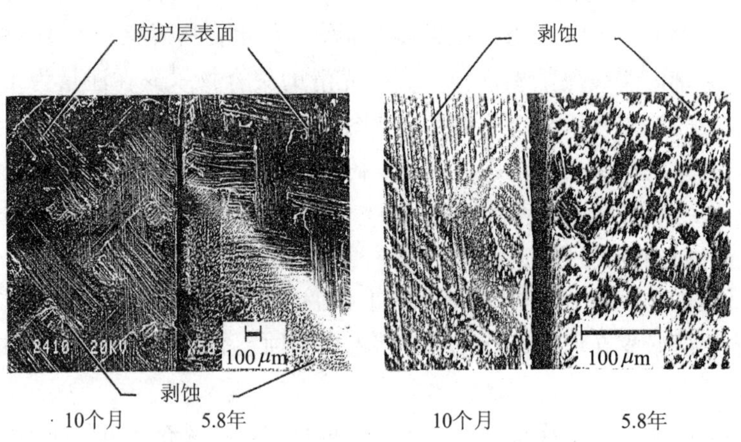

图8－40 934/T300环氧复合材料经原子氧剥蚀后的表面形貌

（P. Young，NASA Langley Research Center）

Kapton薄膜是航天器上常用的聚合物薄膜。由于其对原子氧剥蚀极为敏感，必须加以防护。常用的防护方法是采用三氧化二铝或二氧化硅涂层，也可以通过混入少量聚四氟

乙烯（PTFE）加以防护（表 8—9）。后者的质量损失为未加防护的 Kapton 薄膜的 0.2%。原子氧防护涂层一般很薄，以便保持材料的热学/光学性能。地面试验表明，原子氧防护涂层的存在并不明显改变 Kapton 薄膜在 0.33 μm 和 2.2 μm 波段的光学性能。

表 8—8　原子氧的反应效率

材 料	反应效率$\times 10^{-24}$/（$cm^3 \cdot atom^{-1}$）	
	范 围	最 佳 值
铝	—	0.00
碳	0.9～1.7	—
环氧树脂	1.7～2.5	—
含氟聚合物		
—FEP Kapton	—	0.03
— Kapton F	—	<0.05
—Teflon FEP	—	<0.05
—Teflon	0.03～0.50	—
金	—	0.0
In—Sn 氧化物	—	0.002
Mylar（聚酯树脂）	1.5～3.9	—
漆		
—S13GLO	—	0.0
—YB71	—	0.0
—Z276	—	0.85
—Z302	—	4.50
—Z306	—	0.85
—Z853	—	0.75
聚酰亚胺		
—Kapton	1.4～2.5	—
—Kapton H	—	3.04
硅树脂		
—RTV560	—	0.443
—RTV670	—	0.0
银	—	10.5
Tedlar		
—清洁	1.3～3.2	—
—白色	0.05～0.6	—

表 8—9　Kapton 薄膜的质量损失率

保护镀层	镀层厚度/nm	质量损失/mg	每个入射原子氧引起的质量损失率/（$g \cdot atom^{-1}$）
无	0	5 020±9.9	4.3×10^{-24}
氧化铝	70	567±5.2	4.8×10^{-25}
二氧化硅	65	5.9±5.2	5.0×10^{-27}
96%二氧化硅+4%聚四氟乙烯	65	10.3±5.2	8.8×10^{-27}

8.7.4 其他中性大气

从空间环境因素的角度，中性大气中除最重要的原子氧外，还有氮、氦、氧、氩、氢和水汽等中性气体。在对流层和平流层，地球大气的主要组分为氮；在约 650 km 以上高度的外逸层，主要为氦。在低地球轨道，中性大气具有足够高的密度，可在与以 8 km·s^{-1}速度运动的航天器发生碰撞时，产生空气动力学曳力和物理溅射。因此，这些中性大气也是应该考虑的环境因素。

（1）空间动力学曳力

在物体与质量密度 ρ 和相对速度为 v 的中性气流碰撞时，传递到物体的动量为

$$\Delta p = p_i + p_r \tag{8-61}$$

式中 p_i——物体的动量；

p_r——物体对气流的反冲动量。

因为初始动量通常是已知的，式（8－61）可以写成

$$\Delta p = p_i(1 + p_r/p_i) = p_r[1 + f(\theta)] \tag{8-62}$$

式中 θ——入射角，即气流速度矢量相对于物体表面法线的夹角。

在 Δt 时间内，撞击横截面积为 A 的物体的气流总质量为

$$m = \rho A v \Delta t \tag{8-63}$$

并且，物体感受到的曳力为

$$\mathrm{d}F = \Delta p/\Delta t = \rho v^2[1 + f(\theta)]\mathrm{d}A \tag{8-64}$$

式中 $\mathrm{d}A$——表面元。

通过变换，可将式（8－64）改写为

$$\mathrm{d}F = \frac{1}{2}\rho v^2 C_d \mathrm{d}A \tag{8-65}$$

$$C_d = 2[1 + f(\theta)] \tag{8-66}$$

式中 C_d——无量纲曳引系数。

由于单个气体粒子碰撞具有不确定性，很难从理论上预测函数 $f(\theta)$。一个气体粒子可能从表面弹性散射或粘附在表面上。决定气体粒子与物体表面相互作用的因素包括表面材料、表面温度以及入射气体粒子特性等。所以，需要通过试验测量 C_d值，如图 8－41 所示。

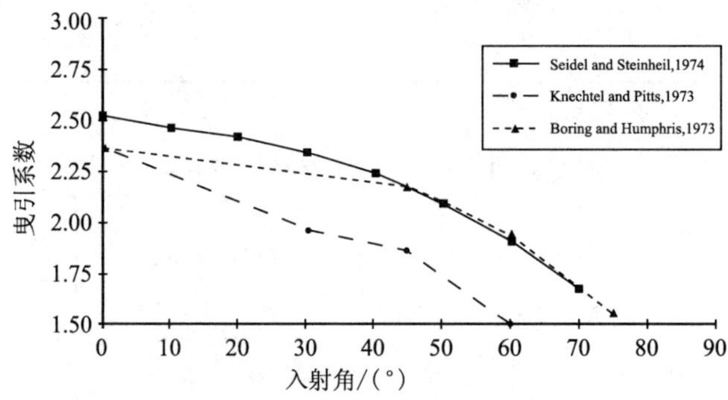

图 8－41 试验测定的平板试样的 C_d值（AIAA，1985）

图中三条曲线为不同测试结果

沿整个表面对式（8－65）积分，可以求出气流作用于物体上的总曳引力

$$F=\frac{1}{2}\rho v^2\oint C_d \mathrm{d}A \tag{8-67}$$

式（8－67）普适于各种形状的物体，包括锥体、平面和球体等。经计算可得

$$F=\frac{1}{2}\rho v^2 C_d A \tag{8-68}$$

式中，A 为垂直于气流的物体表面积；C_d在 1.9～2.6 间变化，典型值为 2.2，可作为表征入射气流在碰撞表面上累积效应的参量。曳力导致航天器轨道不断地缓慢下降，即出现轨道衰变。

（2）物理溅射

当中性气体分子撞击到航天器表面时，会产生一定的撞击能量，如表 8－10 所示。如果靶材表面原子间的键合能小于撞击能量，便可能在每次撞击时，导致表面材料原子间的键合被断开，这个过程称为物理溅射。

表 8－10　中性气体对低地球轨道航天器表面的撞击能

轨道高度/km	航天器速度/（km・s^{-1}）	中性气体的比能量/（eV・粒子$^{-1}$）					
		H	He	O	N_2	O_2	Ar
200	7.8	0.3	1.3	5.0	8.8	10.1	12.6
400	7.7	0.3	1.2	4.9	8.6	9.8	12.2
600	7.6	0.3	1.2	4.7	8.3	9.5	11.8
800	7.4	0.3	1.1	4.5	7.9	9.0	11.2

为了发生溅射，撞击能必须大于物体表面原子与其周围原子的键合能。所以，溅射过程可由阈值能量 E_{th}加以表征

$$E_{th}=8U\left(\frac{m_t}{m_i}\right)^{-\frac{1}{3}}，m_t/m_i<3$$

$$E_{th}=U[\gamma\ (1-\gamma)]，m_t/m_i>3 \tag{8-69}$$

$$\gamma=\frac{4m_t m_i}{(m_t+m_i)^2} \tag{8-70}$$

式中　U——物体表面原子间的键合能；

m_i——入射气体粒子质量；

m_t——靶原子质量。

表 8－11 列出了撞击气体对不同材料的溅射能量阈值[30]。通常，大多数材料的溅射能量阈值都大于平均碰撞能。

表 8－11　撞击气体对不同材料的溅射能量阈值

材料	撞击气体的溅射能量阈值 /eV					
	O	O_2	N_2	Ar	He	H
Ag	12	14	13	17	25	83
Al	23	29	27	31	14	28
Au	19	15	15	15	53	192

续表

材料	撞击气体的溅射能量阈值/eV					
	O	O_2	N_2	Ar	He	H
C	65	82	79	88	40	36
Cu	15	22	21	24	20	60
Fe	20	28	27	31	23	66
Ni	20	29	27	31	24	72
Si	31	39	37	42	18	40

在麦克斯韦－玻耳兹曼速度分布曲线上存在高能尾巴，从而某些中性气体粒子可能以高于阈值的能量与航天器发生碰撞。尽管很少发生这种情况，不过航天器表面充电可显著提高电离气体粒子的碰撞能。在航天器严重充电状态下，带电的气体粒子撞击可能导致表面材料的溅射。撞击的气体分子与表面材料溅射分子数目的比值称为溅射产额。在较低的能量条件下，溅射产额可以用下面的半经验公式表示

$$Y(E)=Q\left(\frac{E}{E_{\text{th}}}\right)^{0.25}\left(1-\frac{E_{\text{th}}}{E}\right)^{3.5} \tag{8-71}$$

式中 $Y(E)$——入射气体粒子的溅射产额；

Q——归一化因子；

E——入射气体粒子的撞击能。

参量 Y（E）、E_{th}和Q均与撞击气体粒子和靶材的性质有关。材料的溅射产额和撞击能呈正相关。表8－12列出了在100 eV撞击能条件下不同气体粒子对材料的溅射产额[30]。

多种中性气体粒子撞击时，从材料表面溅射出的粒子总通量 ϕ_s 由下式给定

$$\phi_s=\sum_i\int_{E_{\text{th}}}^{\infty}Y_i(E)\,\phi_i(E)\,\mathrm{d}E \tag{8-72}$$

式中 ϕ_i（E）——i 种气体粒子在能量 E 和 $\mathrm{d}E$ 间的入射通量；

ϕ_s——从材料表面溅射出的总粒子通量，即对各类气体粒子所引起的材料表面粒子溅射通量求和。

如果航天器无充电效应，则大多数材料的溅射速率可以忽略不计。只是对长期在轨飞行的情况下，如寿命长达30年的空间站，溅射效应才成为可能影响材料寿命的重要因素。

表8－12 在100 eV撞击能条件下不同气体粒子对各种材料的溅射产额

靶材	溅射产额/（原子·粒子$^{-1}$）					
	O	O_2	N_2	Ar	He	H
Ag	0.265	0.498	0.438	0.610	0.030	—
Al	0.026	0.076	0.060	0.110	0.020	0.010
Au	0.154	0.266	0.244	0.310	—	—
C	—	—	—	—	0.008	0.008
Cu	0.385	0.530	0.499	0.600	0.053	—
Fe	0.069	0.153	0.129	0.200	0.028	—
Ni	0.120	0.247	0.239	0.270	0.029	—
Si	0.029	0.054	0.046	0.070	0.023	0.002

8.7.5 太空航天器辉光现象

在许多航天器的外表面附近，都观察到发射辉光的现象。一般航天器都装备有光学仪器，有可能被这类辉光所干扰。辉光产生的机理尚不完全清楚，但无疑与中性大气的影响密切相关。所产生辉光的亮度 B（单位为瑞利）是高度 h（单位为 km）的函数，两者近似地具有如下的关系

$$\lg B = 7 - 0.0129\,h \tag{8-73}$$

1 瑞利（Rayleigh）＝（$\frac{1}{4}\pi$）$\times 10^{10}$ 光量子 · m^{-2} · s^{-1} · sr^{-1}。发射辉光的特点与航天器的尺度和几何结构相关。通常，辉光的亮度朝红光方向增强，峰值出现在约 680 nm 波长处。不同材料所产生辉光强度不同，其中黑色化学釉料和 Z302 漆产生的辉光最亮，而聚乙烯产生的辉光亮度较小。不同航天器的辉光形态不尽相同。辉光的主要效应是对航天器光学仪器远距离灵敏观测产生不利影响。经验表明，航天器外表面所选用的材料通常对辉光并不敏感，但这些对辉光不敏感的材料却对原子氧剥蚀敏感，反之亦然。因此，辉光效应使航天器外表材料的选择变得较为复杂。

8.8 真空环境

8.8.1 概述

在 100 km 高度上，大气压力已降低至地球海平面压力的 10^{-6} 以下。即使航天器从运载火箭上释放以前，其周围的大气压力相对于地球表面也可视为类真空状态。

设计运行在真空状态下的航天器时，对其结构和热控涂层材料的选择要有特定要求。材料暴露在极低的大气压强下，将通过出气过程（outgassing）而发生质量损失。挥发性物质可能重新吸附到航天器表面或释放至周围大气而逃逸。在空间环境下，放出的气体可沉积污染敏感表面，如热控表面、太阳电池阵或光学器件，从而改变它们的热学或光学性能。当航天器飞行在 350 km 以上的高度且速度高达 8 km · s^{-1} 时，为保证飞行任务的成功，使其表面保持高清洁度至关重要。对在真空环境下运行的航天器而言，另一个挑战是热控技术。在无大气压力条件下，对流传热将不起作用，航天器只能通过传导或辐射进行自身的冷却。传导可以在航天器的不同部件之间进行，而航天器和周围环境之间主要通过辐射方式换热。

航天器将基于下式从太阳吸收热量 Q（W）

$$Q_{in} = \alpha_s A_n S \tag{8-74}$$

式中 α_s——材料的太阳吸收比（absorptance）；

A_n——垂直于太阳能流方向的表面积（m^2）；

S——航天器轨道上单位面积太阳能通量（W · m^{-2}），其平均值在 1AU 处为 1 366.1 W · m^{-2}。

航天器将按照下面的关系式向周围环境辐射热量

$$Q_{out} = \varepsilon A_{tot}\,\sigma T^4 \tag{8-75}$$

式中 ε——材料的发射率（emittance）；

A_{tot}——航天器总表面积（m^2）；

σ——玻耳兹曼常数（$W \cdot m^{-2} \cdot K^{-4}$）。

在一级近似下，假定航天器的温度远高于周围空间环境，则除太阳外，其他热源向航天器的辐射可忽略。在此限定条件下，航天器的平衡温度近似为

$$T_{s/c}=\left(\frac{\alpha_s}{\varepsilon}\right)^{1/4}\left(\frac{SA_n}{\sigma A_{tot}}\right)^{1/4} \tag{8-76}$$

图 8－42 示出在各行星轨道上球状黑体（$\alpha_s/\varepsilon=1$）的温度。

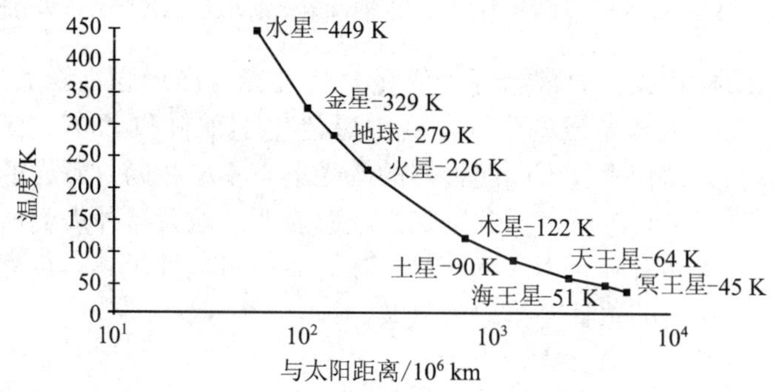

图 8－42　在行星轨道上球状黑体温度[29]

由航天器产生的多余热量需通过某种措施加以耗散，最常用的方法是设置热辐射器。为了减小航天器的质量和体积，辐射器表面应选用低 α_s 和高 ε 值的材料。如果辐射器保持其热学/光学性能，即 α_s/ε 比值不变，航天器在其服役寿命期间将得以处于热平衡态。对于给定的材料，其太阳吸收比可通过太阳光谱的积分给出，即

$$\alpha_s=\frac{\int \alpha_s(\lambda)\ S(\lambda)\mathrm{d}\lambda}{\int S(\lambda)\mathrm{d}\lambda} \tag{8-77}$$

式中　$\alpha_s(\lambda)$—— 材料吸收比与波长的函数,称为材料的光谱吸收比；

$S(\lambda)$—— 太阳输出与波长的函数,称为太阳光谱辐照度；

λ—— 波长。

$\alpha_s(\lambda)$ 由实验确定,$S(\lambda)$ 可由太阳辐射输出谱(作为 5 760 K 的黑体辐射) 求得。表 8－13 为常用航天器材料的 α_s 和 ε 值[31]。

表 8－13　常用航天器材料的太阳吸收比和发射率

材料	α_s	ε	α_s/ε
铝（Al）	0.10	0.05	2.000
黑漆	0.97	0.89	1.090
FEP－2 mil	0.06	0.68	0.088
FEP－5 mil	0.11	0.80	0.138
石英玻璃	0.08	0.81	0.099
金（Au）	0.21	0.03	7.000

续表

材料	α_s	ε	α_s/ε
Grafoil	0.66	0.34	1.941
Kapton（聚酰亚胺）	0.48	0.81	0.593
Kapton（镀膜）	0.40	0.71	0.563
Kapton，Au 膜	0.53	0.42	1.262
OSR（镀膜）	0..09	0.76	0.118

8.8.2　真空环境效应

大多数在轨飞行的航天器会发生热控系统功能的退化，这与热控涂层的太阳吸收比变化有关，如图 8—43 所示。当氧化锌白漆涂层的 α_s值从设计初始值 0.08 增加至 0.2 时，辐射器将失效。许多环境效应如太阳紫外辐射、弧光放电、微流星体和碎片撞击以及溅射、污染等，都可能导致热控涂层太阳吸收比的退化。其中，紫外辐射和污染效应所产生的影响与真空环境有关。通过选取适当的材料和航天器结构，可使 α_s的变化明显变小。

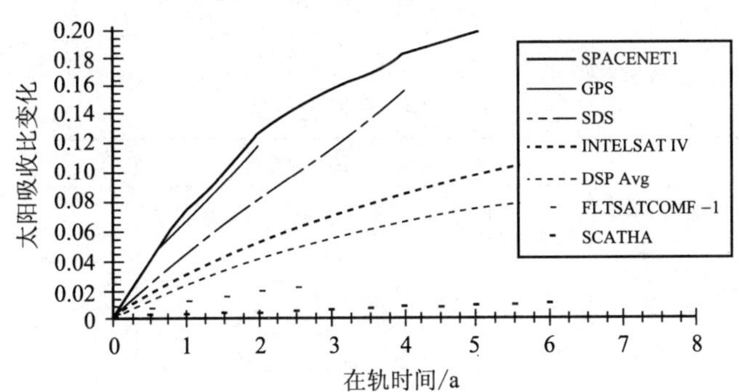

图 8—43　不同航天器在轨服役时氧化锌白漆涂层太阳吸收比的变化

Donald F. Gluck，The Aerospace Corporation

（1）真空紫外辐射效应

大约只有 21%的太阳电磁辐射能量可以穿过地球大气层到达地球表面。31%的太阳辐射能量被反射至空间，29%被散射至地球，19%以热能形式被大气层吸收。波长<0.3 μm 的紫外辐射，几乎全部被地球大气臭氧层所吸收，如图 8—44 所示。但是，在轨飞行的航天器将暴露在太阳紫外辐射总能量的作用之下。单个光子的能量与波长或频率遵从如下关系

$$E=h\nu=hc/\lambda \tag{8—78}$$

式中　h——普朗克常数；

c——光速。

正如表 8—14 所列，单个真空紫外辐射光子的能量足以打断多种有机物的化学键，结

果会使许多有机材料在经历太阳紫外辐射暴露后，其性能发生很大变化。通常，可以将材料分成两类：空间稳定材料和非空间稳定材料。顾名思义，空间稳定的材料在轨道环境下暴露时，基本上不发生性能退化；非空间稳定材料则易于在空间环境因素的影响下发生性能退化。航天器在轨飞行时，很难将紫外辐射损伤与其他损伤机制加以区分。实验室测试证实，在通常航天器在轨服役寿命期内，许多材料的 α_s 值将经历 0.01 量级或更大的变化。在许多场合下，这种退化可以通过选择空间稳定材料加以避免。

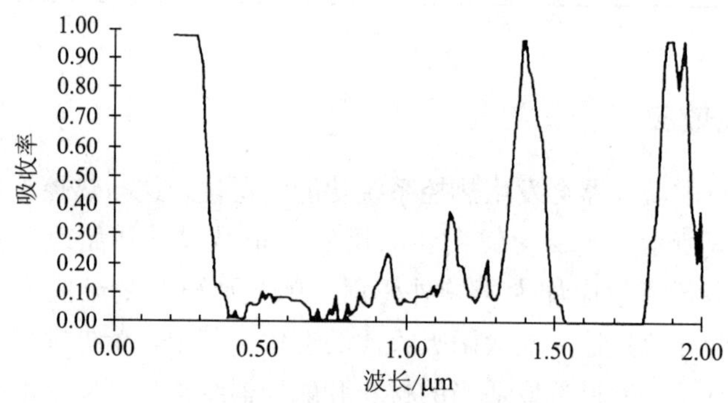

图 8－44　太阳电磁辐射的大气吸收谱

表 8－14　化学键键能

化学键		在 25 ℃下的键能/		波长/
		（kcal · mole^{-1}）	eV	μm
C－C	单键	80	3.47	0.36
C－N	单键	73	3.17	0.39
C－O	单键	86	3.73	0.33
C－S	单键	65	2.82	0.44
N－N	单键	39	1.69	0.73
O－O	单键	35	1.52	0.82
Si－Si	单键	53	2.30	0.54
S－S	单键	58	2.52	0.49
C=C	双键	145	6.29	0.20
C=N	双键	147	6.38	0.19
C=O	双键	176	7.64	0.16
C≡C	三键	198	8.59	0.14
C≡N	三键	213	9.24	0.13
C≡O	三键	179	7.77	0.16

在空间环境中材料性能发生变化的一个实例是用于航天飞机舱段的β布衬层（Beta-cloth）性能的变化。β布衬层由玻璃纤维纺织品制成。在制造过程中将玻璃纤维浸渍在

FEP Teflon 和聚硅氧烷（polysiloxane）的乳胶内。经过在轨飞行一周后，一般会发现 β 布衬层发生明显的黑化。这种黑化效应已被实验室检测所证实，如图 8—45 所示。这很可能是由于紫外辐射在玻璃纤维内产生的色心所致。色心通常形成于材料内氧原子在紫外光照射下离位而留下的空位处。黑化是发生在聚硅氧烷组分的粗糙部分。当返回地面并暴露在大气内，氧原子又回到原来的位置，从而色心缓慢消失，如图 8—46 所示。此时 β 布衬层的太阳吸收比又恢复到其原来的水平。

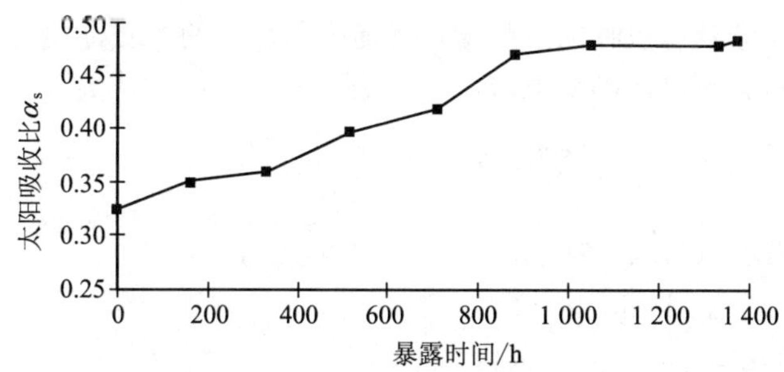

图 8—45　紫外辐射导致 β 布衬层的太阳吸收比发生变化[29]

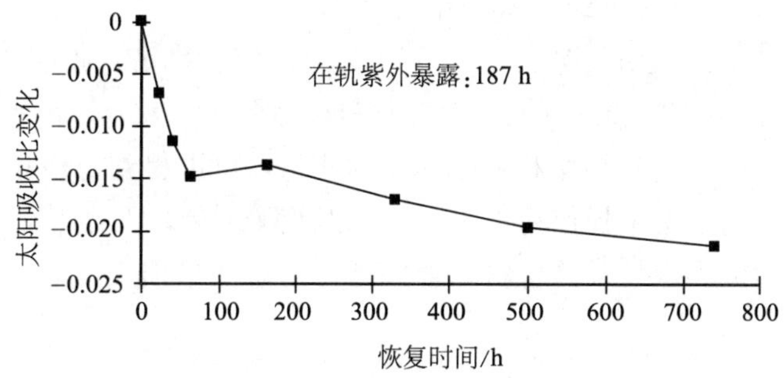

图 8—46　紫外辐照后 β 布衬层太阳吸收比在大气中的恢复[29]

（2）分子污染效应

如上所述，航天器某些外表材料的性能退化是由于太阳紫外辐射所致。但大多数情况下，航天器表面材料性能退化与污染效应相关联。尽管航天器安装在运载火箭上时表面是清洁的，但在发射或者在轨运行过程中，可能受到材料出气过程的污染。除了纯度极高的材料，一般材料都含有一定量的挥发性组分，存在于材料表面或弥散分布于材料体内。这些挥发性物质可能源于不适当的催（固）化剂/树脂比例，或者不适当的固化工艺等。在高真空环境下，一旦材料表面的电吸附作用得以消除，出气分子将脱离材料表面沿弹道轨迹逃逸，并无规地撞击其他表面。沉积污染的元过程一般每次只涉及一个气体分子，故称为分子污染（molecular contamination）。如果出气分子沉积到热控涂层或敏感光学器件的表面上，将引起严重的退化效应。

实验数据表明，材料的真空出气过程随时间可呈指数律、幂律变化，或与时间无关。这取决于出气过程的机制，涉及脱附、扩散和分解。脱附是由物理或化学作用而吸附的表面分子的释放过程。扩散源于热运动的均匀化过程。当具有足够的热能时，材料内部的气体分子可扩散至表面并蒸发到周围的局域环境内。分解涉及化学反应过程，是使化合物分解成两个或更多的单质。经分解所形成的单质分子可通过脱附或扩散而出气。上述的每一个过程都取决于多种因素，如激活能（表面分子键合能大小的量度）和温度（热量或动能大小的量度）。从表8—15可以看出，每一过程都由特定的激活能范围所左右，并遵从不同的时间依赖关系。脱附和扩散过程对能量的要求较低，成为出气过程的主要机制。一般脱附有利于从材料表面清除污染层，通常只涉及很小的总质量损失；而扩散机制能够导致有机材料分子逸出，涉及有机物的总质量，可能引起较大的总质量损失。

由扩散引起的材料质量损失速率可以表示为

$$\frac{\mathrm{d}m}{\mathrm{d}t}=\frac{q_0\exp\left(-E_a/RT\right)}{\sqrt{t}} \tag{8-79}$$

式中 q_0——由实验求出的反应常数；

E_a——激活能（$\mathrm{kcal\cdot mole^{-1}}$）；

R——气体常数（$\mathrm{kcal\cdot K\cdot mole^{-1}}$）；

T——温度（K）。

通过对式（8—79）积分，可以求得在时间 t_1 和 t_2 之间的出气质量为

$$\Delta m=2q_0\exp^{-E_a/RT}\left(t_2^{1/2}-t_1^{1/2}\right) \tag{8-80}$$

材料的出气量取决于材料的出气特性，其中包括反应常数 q_0。通过 ASTM E595 测试方法，可以确定材料出气特性。此测试方法是将材料样品在温度125 ℃下保持24 h，且环境气体压力低于 7×10^{-3} Pa。比较初始和最终样品的质量，可以得到总质量损失（TML,%）。在出气测试过程中，将收集平板保持在25 ℃，以便测量收集到的挥发性可凝结物质的质量（CVCM,%）。对大多数航天器材料的合格指标为总质量损失≤1%和挥发性可凝结物质质量≤0.1%。

表8—15 不同出气机制的特征

机制	激活能/（$\mathrm{kcal\cdot mole^{-1}}$）	时间相关性
脱附	1～10	$t^{-1}\sim t^{-2}$
扩散	5～15	$t^{-\frac{1}{2}}$
分解	20～80	n/a

材料真空出气测试的第3个参量为水蒸气回收量（WVR）。测量时，将试验后材料样品置于相对湿度为50%的环境内，并在23 ℃下保持24小时。所测得的质量增加定义为水蒸气回收量。几种典型的航天器材料的出气参量和激活能列于表8—16。典型的出气污染物的质量密度为1 $\mathrm{g\cdot cm^{-3}}$数量级。

试验数据证实，如果出气分子撞击物体表面，在大多数情况下并非发生弹性散射，而是附着在表面上并建立热平衡。污染分子的表面吸附遵从量子力学的随机概率，直到其达到足够高的能量时，便可克服表面的电吸引力而脱附。污染分子在表面上的停留时间与表

面温度有关，可近似地表示为

$$\tau(T)=\tau_0\exp(E_a/RT) \tag{8-81}$$

式中，$\tau_0\approx 10^{-13}$ s 是气体分子在表面上的典型振荡周期。如图 8—47 所示，大多数出气污染物分子，除了在低温表面上，都具有很短的停留时间。例如，激活能约为 17 kcal · mole^{-1}的水，在 100 K 表面上的停留时间为 10^{24} s；而在 300 K 表面上的停留时间只有 0.25 s。

表 8—16　航天器典型材料的出气参数[29]

材料	激活能/（kcal · mole^{-1}）	总质量损失/%	挥发性可凝结物质质量/%
胶粘剂：			
Ablebond 36—02	16.2	0.19	0.00
RTV 566	*n*/a	0.10	0.02
Scotchweld 2216	11.3	1.25	0.08
Solithane 113/300	12.6	0.66	0.04
Trabond BB—2116	7.96	1.01	0.05
涂覆材料：			
Epon 815/V 140	31.2	1.07	0.10
膜/箔材料：			
Kapton H	*n*/a	0.77	0.02
漆/漆膜/涂漆材料：			
Cat—a—lac 463—3—8	12.4	2.14	0.03
Chemglaze Z—306	17.2	1.12	0.05
S13GLO	*n*/a	0.54	0.10
Z—93	*n*/a	2.54	0.00
ZOT	*n*/a	2.48	0.00

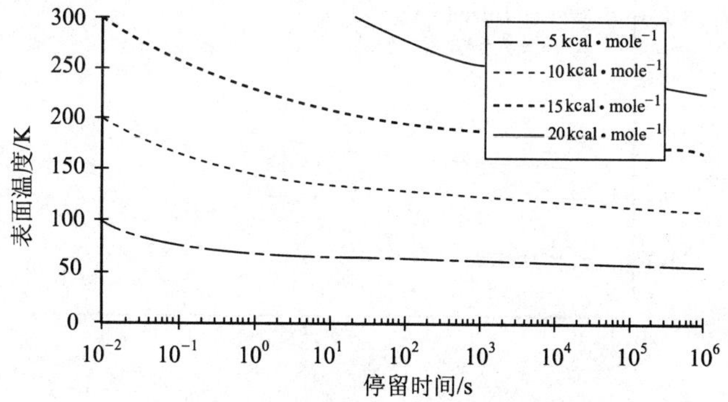

图 8—47　污染气体分子的停留时间与材料表面温度的关系

图中各曲线对应于不同的激活能[29]

如果污染物分子的到达速率大于其离开速率，就会在表面上形成污染层。污染物分子的积累速率可以近似地表示为

$$X(t,T)=\gamma(T)\Phi(t,T) \tag{8-82}$$

式中 $\gamma(T)$ ——黏附系数，即“持续”吸附到表面上的入射分子所占的分数；

Φ——污染物分子到达速率（$\mu m \cdot s^{-1}$）。

对最坏情况或污染物分子在冷却表面的预期停留时间很长时，可以假定 $\gamma=1$。ASTM E595 测试结果表明，黏附系数 γ 在室温表面为 0.1。

在某种轨道条件下，航天器表面由于周围的等离子体环境有可能形成负电位充电。如果在航天器附近区域，出气污染分子被电离，将被合成电场再吸引到航天器表面上。这种现象在高轨道（地球同步轨道）上更令人担心。在地球同步轨道，等离子体屏蔽距离（德拜长度）大，处于米或数十米量级；而在低地球轨道，等离子体屏蔽距离只有 1 cm 量级。在低地球轨道条件下，污染分子有较大的可能性在其被电离前，克服电吸附而逃逸。再吸附很可能在污染物分子流受到太阳照射而航天器带负电位的情况下发生。

在材料表面上存在薄的污染层将改变其太阳吸收比，并遵从如下的关系式

$$\alpha_s(x)=\frac{\int\{1-\rho(\lambda)\exp[-2\alpha_c(\lambda)x]\}S(\lambda)\mathrm{d}\lambda}{\int S(\lambda)\mathrm{d}\lambda} \tag{8-83}$$

式中 $\alpha_s(x)$—— 材料污染表面太阳吸收比；

$\alpha_c(\lambda)$—— 单位厚度污染膜的光谱吸收率（μm^{-1}）；

x—— 污染膜厚度（μm）；

$S(\lambda)$—— 太阳光谱辐照度；

$\rho(\lambda)$—— 非污染表面的光谱反射率。

同红外区辐照相比，在紫外区辐照时，分子污染引起材料表面的太阳吸收比变化较大。污染层增加材料表面的太阳吸收比，从而提高表面的平衡温度，如图 8－48 所示。

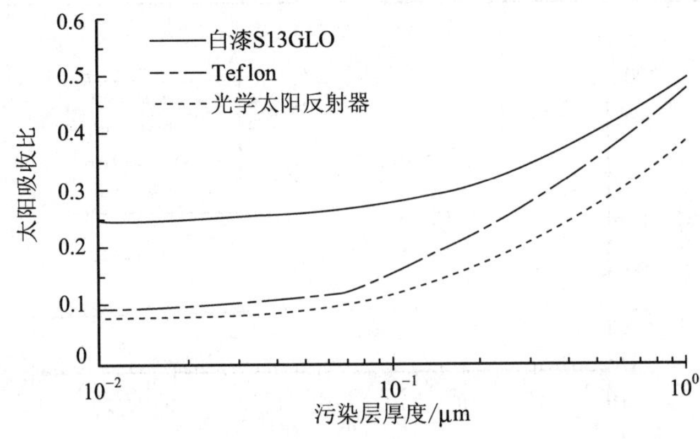

图8－48 不同材料的太阳吸收比与污染层厚度的关系曲线[29]

历史上，某些航天器在寿命末期，α_s 值增大至 0.3～0.4。光学太阳反射器（OSR）服

役开始时典型的 α_s 值为 0.08，可容许 α_s 值有较大的退化余地。但是，对通常的热控涂层材料而言，需适当增大热辐射器的辐射面积，以提供足够的补偿 α_s 增高导致热损耗增大的能力。通过防污染措施降低 α_s 值，将有利于减小航天器的尺度、质量和成本。随着人们对分子污染问题的深入了解，通过选取合适的材料并合理设计航天器结构，有可能将热辐射器在寿命末期的 α_s 值降到 0.2 以下。

除了上述热控表面的污染问题之外，分子污染还可能在光学器件和太阳电池阵表面发生。如果在透镜、反射镜面或焦面上形成污染膜，可由于对来自观测目标的光线吸收而使探测器的信噪比降低。污染膜对紫外波段光的吸收尤为敏感。如果污染膜太厚，将使紫外传感器无法正常工作。对于红外传感器，由于采用低温冷却表面，可以通过加热使污染物蒸发。但为使焦面得以保持，加热次数应有一定限制。

污染膜将使太阳电池输出功率退化并遵从下面的关系式

$$DF(x)=\frac{\int S(\lambda)I_S(\lambda)\exp[-\alpha_c(\lambda)x]\mathrm{d}\lambda}{\int S(\lambda)I_S(\lambda)\mathrm{d}\lambda} \tag{8-84}$$

式中　$DF(x)$—— 污染后对污染前太阳电池输出功率的相对变化，称为退化因子；

$S(\lambda)$—— 太阳光谱辐照度；

$I_S(\lambda)$—— 污染前太阳电池将某波长光能转化为电功率的效率。

太阳电池输出功率与污染膜厚度的关系，如图 8－49 所示。大体上，1 μm 厚污染膜可使太阳电池的输出功率下降 2%。

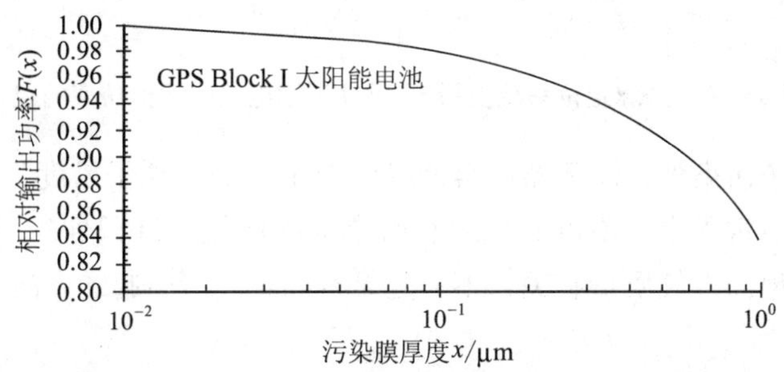

图 8－49　太阳电池的相对输出功率与污染膜厚度的关系曲线[29]

在太阳照射下太阳电池阵典型温度约为 60 ℃，有必要检测相应的黏附系数。一般假定室温表面的黏附系数为 0.1，这与在 25 ℃下进行 ASTM E595 测试得到的结果相一致。较热的表面通常不大可能受到分子污染，原因是污染物分子的停留时间较短。气体分子在 25 ℃表面上的停留时间约一年，而在 60 ℃表面仅约 2.5 d。因此，可以认为太阳电池阵的黏附系数远低于 0.1（有可能小几个数量级）。曾有人认为，温度约 60 ℃的太阳电池阵表面不会遭受污染。但是大量的试验结果表明，受太阳照射的表面反而更易于受到污染（见第 8.8.3 节）。

8.8.3 协同效应

在不同空间环境效应之间，有可能发生协同交互作用（synergistic interaction）。这可能使总的退化效应大于单因素环境效应的简单叠加，即所谓协同增强效应。一个明显的实例是太阳紫外辐射和分子污染效应之间发生交互作用。航天器在轨飞行时，太阳照射下的太阳电池阵的温度较高，曾设想由于大多数污染物分子停留时间短，而不会形成分子污染。然而，实验室的测试结果证明，太阳紫外辐射可能使污染物分子易于在材料表面凝聚，而无紫外辐照时材料表面仍然是清洁的。很可能这是由于紫外辐射引发了聚合过程（polymerization），从而使污染物分子与表面材料发生键合，即光化学沉积。现在普遍认为，正是这种光化学沉积过程导致了如全球定位系统卫星太阳电池阵输出功率的加速退化（见图8—50[32]）。因此，即使是较高温度的表面，如果暴露于太阳光照射之下，仍然可能形成污染层沉积。

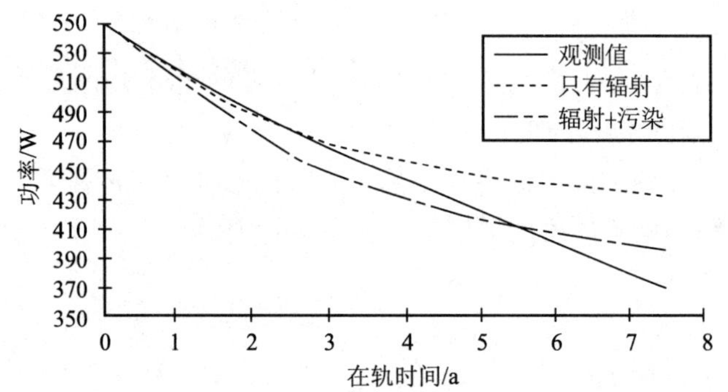

图8—50 全球定位系统卫星Block I太阳电池阵输出功率的退化

除了上述的分子污染外，航天器还会遭受微粒子污染，粒子尺度为μm量级。在航天器制造以及火箭发射过程中，不可避免地有微小的固体粒子沉积到航天器暴露的表面上。微粒子污染一般与地面空气质量有关，不一定是空间环境所引起的，故不作详细讨论。

参 考 文 献

[1] Prölss G W. Physics of the earth's space enviroment，Springer，2004：27—31.

[2] 刘振兴，等．太空物理学．哈尔滨：哈尔滨工业大学出版社，2005：240—264.

[3] Криволуцкий А А，Куницын В Е. Атмосфера земли. Модель Космоса，под редакцией М. И. Панасюка. Восьмое издание，том I：физические условия в космическом пространстве. Москва：Издательство《КДУ》，2007：668—726.

[4] 中国科学院空间科学与应用研究中心．宇航空间环境手册．北京：中国科学技术出版社，2000：1—10.

[5] Чемберлен Дж. Теория планетных атмосфер. М.：Мир，1981.

[6] U. S. Standard Atomsphere 1976，U. S. Government Printing Office，Washington/DC，1976.

[7] Champion K S W，et al. Chapter 14：standard and reference atmospheres. In：Handbook of geophysics and the space environment，ed. Jusa A S，1985：14—1.

[8] Ress D. COSPAR International Reference Atmosphere，1986 Part Ⅰ：Thermosphere. Adv. Space Res.，1988，8 (5—6)：476—501.

[9] Ress D，Barnett J，Labitzke K. COSPAR International Reference Atmosphere，1986 Part Ⅱ：Middle atmosphere models. Adv. Space Res.，1990，10 (12)：11—59.

[10] Keating G M. COSPAR International Reference Atmosphere，1986 Part Ⅲ：Trace constituent reference models. Adv. Space Res.，1990，18，No. 9—10.

[11] Холтон Дж Р. Динамическая метеорология стратосферы и мезосферы. Л.：Гидрометеоиздат，1979.

[12] Krivolutsky A A，Klyuchnikova A V，Zakharov G R，et al. Dynamical response of the middle atmosphere to solar proton event of July 2000：three — dimensional model simulation. Adv. Space Res.，2006，37：1602—1613.

[13] Госсард Э，Хук У. Волны в атмосфере. М.：Мир，1978.

[14] Брасье Г，Саломон С. Аэрономия средней атмосферы. Л.：Гидрометеоиздат，1987.

[15] Chapman S. A theory of upper atmospheric ozone. Mem. R. Meteorol. Soc.，1930，3：103—125.

[16] Tinsley B A. Influence of solar wind on the global electric circuit，and inferred effects on cloud microphysics，temperature，and dynamics in the troposphere. Space Sci. Rev.，2000，94：231—258.

[17] Clayton H H. World weather. New York：MacMillan，1923.

[18] Dyominov I G，Zadorozhny A M. Contribution of solar UV radiation to the observed ozone variation during 21st and 22nd solar cycles. Adv. Space Res.，2001，27 (12)：1949—1954.

[19] Labitzke K. Sunspots，the QBO and stratospheric temperature in the north polar region. Geophys. Res. Lett.，1987，14：135—137.

[20] Solomon S，Crutzen P. Analysis of the August 1972 solar proton event including chlorine chemistry. J. Geophys. Res.，1981，86：1140—1151.

[21] Heath D F，Kruger A J，Crutzen P J. Solar proton envent：Influence on stratospheric ozone. Science，1977，197：886.

[22] Zadorozhny A M，Kiktenko V N，Kokin G A，et al. Middle atomsphere response to the solar proton envents of October 1989 using the results of rocket measurements. J. Geophys. Res. 1994，99：21059—21069.

[23] Krivolutsky A A，Ondraskova A，Lastovichka J. Photochemical response of neutral and ionized middle atomsphere composition to the strong solar proton event of October 1989. Adv. Space Res.，

2001，27：1975—1981.

［24］ Krivolutsky A A，Kuminov A A，Vyushkova T Yu. Ionization of the atmosphere caused by solar protons and its influence on ozonosphere of the Earth during 1994—2003. J. Atmos. and Solar—Terr. Phys.，2005，67：105—117.

［25］ Vanhellemount F，Fussen D，Bingen C. Cosmic rays and stratospheric aerosols：Evidence for a connection. Geoghys. Res. Lett.，2002，29（10）：1—4.

［26］ Криволуцкий А А，Кирюшов Б М. Вклад незональных особенностей поля озона в возбуждение атмосферных резонансных мод. Известия РАН ФАО，1995，31（1）：151—156.

［27］ Banks B A，Mirtich M J，Rutledge S K，Swec D. Sputtered coatings for protection of spacecraft polymers. NASA TM—83706（April 1984）.

［28］ 沈志刚，赵小虎，王鑫. 原子氧效应及其地面模拟试验. 北京：国防工业出版社，2006：1—20.

［29］ Tribble A C. The space environment. Princeton New Jersey：Princeton University Press，2003：30—59；92—97.

［30］ Laher R R，Megill L R. Ablation of materials in the low Earth orbital environment. Planet. Space Sci.，1988，36（12）：1497—1508.

［31］ Hall D F，Fote A A. αs/εH measurements of thermal control coatings on the P78—2（SCATHA）spacecraft. In：Heat Transfer and Thermal Coatrol，ed. Crosbie A L. Progress in Aeronautics and Astronautics，1981，78：467—486.

［32］ Tribble A C，Haffner J W. Estimates of photochemically deposited contaminiation on the GPS satellites. J. Spacecraft，1991，28（2）：222—228.

第 9 章　地球大气电离层

9.1　引言

地面上约 60～1 000 km 高度范围内，在太阳电磁辐射、宇宙线和磁层沉降粒子等因素的作用下，使得地球高层大气的部分原子和分子电离而形成电离层（ionosphere）。其上部是处于完全电离态的地磁层。电离层主要含有大量的自由电子和离子，还有相当稠密的中性气体组分。地球大气的电离组分受到太阳紫外线、X 射线和高能粒子辐射时获得能量，在与大气粒子频繁碰撞过程中，将部分能量传递给中性气体组分。由于此高度上气体稀薄、热容较小，导致中性气体组分的温度急剧升高，形成大气热层（thermosphere）。电离层和热层之间的强烈耦合作用，对电离层动力学产生显著影响。电离层与磁层之间也会发生强耦合作用。电离层向磁层不断提供电离组分，而磁层的能量带电粒子将沿磁场线沉降到电离层。地磁层与太阳风相互作用形成的大尺度电场，可沿着高电导率的地磁场线传递至高纬度电离层，而电离层的扰动变化，又反过来对地磁层产生某种调制作用。电离层以下是中、低层大气层（对流层、平流层和中间层）。在中、低大气层中发生的环流等物理过程也会影响电离层下界面的边界条件。

根据电子数密度（或温度）随高度的变化，通常将电离层分成 3 层：D 层、E 层和 F（F_1和 F_2）层。D 层位于 60～90 km 高度区域，电子数密度 n_e小于 10^3 cm^{-3}，在夜间由于电子大量消失，故可认为夜间 D 层不复存在；E 层位于 90～140 km 高度的区域，$n_e \approx 10^3 \sim 10^5$ cm^{-3}，电子数密度峰值 n_{emax}约在 110～120 km，在夜间 n_e下降至 5×10^3 cm^{-3}；F 层位于 140～1 000 km 高度区域。在白天，F 层可分为 F_1和 F_2层。位于 F_2之下的 F_1层在夜间消失。F_1层通常在 140～200 km 的高度范围，$n_e \approx 10^4 \sim 10^5$ cm^{-3}。F_2层高度从 200 km延伸至 1 000 km，其最大电子数密度 n_{emax}可达 10^6 cm^{-3}，并位于大约 300 km 高度处。上述分层只是反映电离层的大致状况。实际上不同地点上空的电离层状态，如高度范围和电子数密度，因太阳照射条件的不同，将随纬度、季节和地方时的变化而演变。地球大气在不同高度上形成的电离度极大值，由太阳电磁辐射能谱分布、各组分的原子和分子数密度随高度的变化以及它们的电离能态分布所决定。

地球大气层结构及电离层随电子数密度按高度变化的分层结构，分别如图 9－1 和图 9－2所示[1]。

太阳辐射是形成电离层的能源。电离层将受到太阳活动（特别是耀斑）、太阳风和日冕物质抛射等的强烈影响。电离层是日地空间的一个重要的局域环节，与其上、下层密切耦合在一起。电离层也是地球大气的一个极重要的层次，与人类的活动和空间环境具有密切的关系。

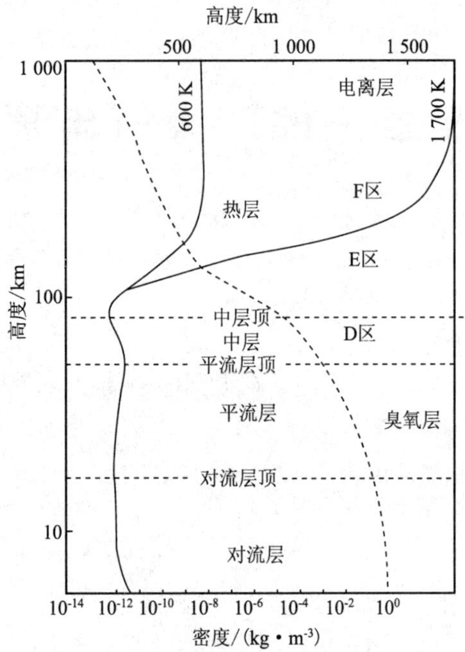

图 9-1　地球大气层结构示意

虚线表示密度变化曲线

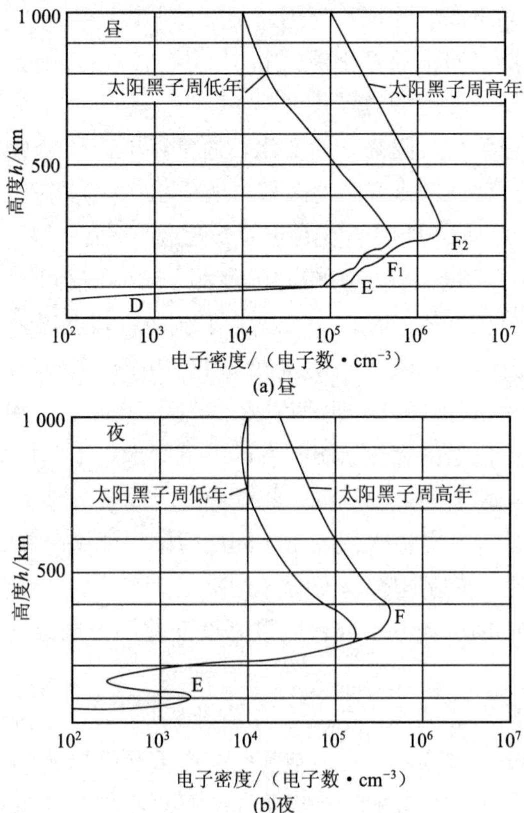

图 9-2　地球大气层电子数密度随高度、地方时及太阳活动周期的变化

电离层等离子体频率正好覆盖着人类通信活动的中、长和短波段。电离层的扰动和小尺度不规则结构引起的闪烁效应（scintillation effect），导致信号幅度的随机涨落，称为幅度闪烁。它将导致信号涨落，信道的信噪比下降，误码率上升，严重时甚至使卫星通信中断。这种现象在夜间和极区尤为频繁和显著。

电离层电子密度的变化，导致卫星信号出现附加相位，使通信卫星系统误码率增大；同时，还会产生无线电信号的极化，即法拉第旋转效应，造成极光闪烁和极化损耗。这是通信系统设计和通信向移动化、小型化、大容量、高速率和多媒体化方向发展时，所必须考虑的问题。

在航天科技时代，电离层和热层是人类空间活动的重要环境。绝大多数的应用卫星，如资源遥感卫星、气象卫星和航天飞机等，都在这一空间高度活动。太阳强爆发诱导的电离层与热层大气密度的剧烈变化，可以使卫星寿命大为缩短。

电离层天气对卫星导航定位有重要影响。导航信号穿过电离层所引起的误差是主要的误差源之一。电离层快速变化会引起卫星轨道衰变（orbital decay），严重时能使卫星导航系统暂时失效。

9.2　电离层的形成和结构特征

9.2.1　电离层的形成

为了理解电离层的形成及其变化规律，首先应了解在该区域内中性气体的行为。电离层是由等离子体形成的，后者是通过中性气体吸收太阳的电离辐射能量而产生，并通过碰撞和其他反应过程又可转化为中性气体。即使在最大等离子体密度的高度上，其数密度仅为 10^{12} 粒子 · m^{-3}，而在相同的高度上，中性气体的数密度可高达 10^{15} 粒子 · m^{-3} 量级。因此，中性气体的组分和运动，对电离层的光化反应和粒子间相互碰撞有着重要影响，从而可在很大程度上对电离层的结构起着主导作用。

中性大气由于吸收太阳电磁辐射而被加热。大气加热时所吸收的能量取决于所在区域的高度和气体的组分。在 175 km 高度以下，波长 130～175 nm 的 Shumann－Runge 连续谱作为主要的热源，导致氧分子的离解反应；在 170～300 km 区域，极紫外辐射（$\lambda \leqslant$ 102.5 nm）通过对大气原子和分子组分的电离，成为主要的热源。波长 $\lambda \leqslant 102.5$ nm 的光子实际上大部分被氮分子、氧分子和氧原子的光致电离所吸收；余下的能量消耗在电离过程和离子的激发上，成为光电子的动能。离子复合反应以及离子和分子间的碰撞也是热源。通过相互间的碰撞过程，光电子将周围的电子气和中性气体组分加热。

冷却主要源于二氧化碳和氧原子的红外辐射。但是，在电离层高度，这种红外辐射的冷却效应与太阳紫外和极紫外吸收加热效应相比是较弱的，从而导致中性气体温度的净升高。所以，这一区域称作热层。这一高度区域具有双重特征：作为热层，强调的是其中中性气体温度的重要性；作为电离层，所关注的是给定高度上电离气体的密度。

等离子体一旦形成，将通过重力、压力梯度力、电磁力以及与中性原子的碰撞效应而发生输运。计及这些过程的连续性方程是理解电离层形成和电离层各种变化的基础，如季节变化、赤道异常、地磁扰动引起电离层暴、耀斑感生电离增强及不规则结构等。

电离层等离子体由相等数目的离子和电子组成。在讨论等离子体的密度时，可基于下面的离子连续性方程

$$\frac{\partial n_i}{\partial t}+\nabla\cdot(n_i v_{\mathrm{i}})=P_{\mathrm{i}}-L_{\mathrm{i}} \tag{9-1}$$

式中 n_i——第 i 类离子的数密度，在F层 O^+，NO^+，O_2^+ 和 N_2^+ 是主要的离子组分；

v_{i}——离子速度；

P_{i}，L_{i}——分别表示离子的生成和损失速率，其值主要取决于太阳电离辐射能量和离子复合反应。

式（9－1）描述的是离子进入和离开单位体积的数目增减以及在该体积内离子产生和损失的数量。

图9－2示出在不同地方时和太阳活动期电子数密度随高度的变化。在昼间、中纬度区和低太阳活动期，电子峰值密度位于240 km高度，其值约为 5×10^{11} 粒子·m^{-3}。该区域电离层的厚度约为120 km，柱密度约为数倍的 10^{17} 粒子·m^{-2}。这一区域电离层的参量可发生剧烈的升降，其昼间典型值为

极大电子密度： $n_{\mathrm{m}}\approx(1\sim30)\times10^{11}\ \mathrm{m}^{-3}$；

极大值高度： $h_{\mathrm{m}}\approx220\sim400$ km；

层厚： $\approx100\sim400$ km；

柱密度（column density） $N_{\mathrm{e}}\approx1\sim10\times10^{17}\ \mathrm{m}^{-2}$；

在大约90 km高度以上，正离子数密度之和约等于电子数密度，即

$$h\geqslant 90\ \mathrm{km},\quad n_i=\sum_j n_j\approx n_{\mathrm{e}}$$

这是由于负离子的数量较少，可以认为在90 km以上正离子总密度 n_{i} 等于电子密度 n_{e}。电离层离子组分垂直分布如图9－3所示[2]。可见，在低电离层，分子离子 O_2^+ 和 NO^+ 占主导；在极大值区和上电离层主要为 O^+；在更高层已无较高的 He^+ 密度，其主要离子从 O^+ 转变为 H^+。基于上述的离子组分，可以将电离层分为表9－1所示的各层次，并将F层细分为 F_1 和 F_2 层。表9－1给出的高度只是一些典型值。从 O^+ 为主过渡到以 H^+ 为主发生在600～2 000 km高度之间。

表9－1 电离层按组分的分层

层次	子层次	所处高度/km	主要组分
电离层	D层	$h\leqslant90$	$H_3O^+\cdot(H_2O)_n$，NO_3^-
	E层	$90\leqslant h\leqslant170$	O_2^+，NO^+
	F层	$170\leqslant h\leqslant1\ 000$	O^+
等离子体层		$h\geqslant1\ 000$	H^+

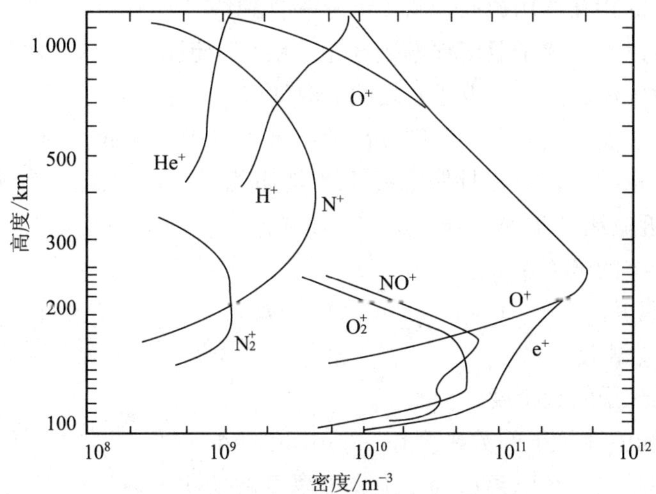

图 9－3　在昼间、中纬度区和低太阳活动期电离层组分的垂直分布

从图 9－2 和图 9－3 可以看出，在电离层电子和离子只涉及微量气体组分，而高层大气呈弱电离态（$n/n_n \ll 1$，式中，n_n为中性气体密度）。在电离层顶（约 1 000 km 高度）附近，电子和中性气体的密度之比约为 10^{-2}；在电子峰值密度处，约为 10^{-3}；在电离层底部（约 100 km 高度），约为 10^{-8}。

午间电离层离子和电子的温度随高度的分布，如图 9－4 所示。为比较，图中还示出相应的中性气体温度的垂直变化。可见，电子组分只是在低电离层与中性气体处于热平衡态。从 150 km 高度开始，这两种组分已开始退耦合（decoupling），电子温度发生显著增高。与中性气体不同，电离层电子温度并不趋于恒定的极限值，而是随高度增加急剧增高。这意味着在其上部的等离子体层一定存在某种热源，以维持一种向下的热流。

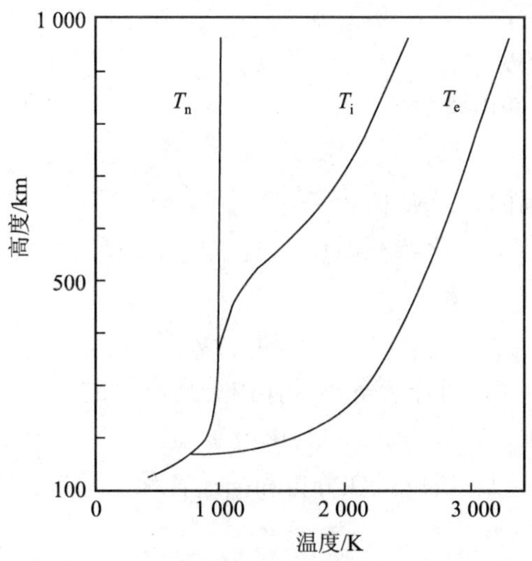

图 9－4　在正午、中纬度区和低太阳活动期，中性气体温度（T_n）、离子温度（T_i）及电子温度（T_e）随高度的分布

由于具有很大的相互作用截面，离子组分一直到约 350 km 的高度与中性气体处于热平衡态。在此高度以上，离子温度逐渐趋于电子温度，但始终未能达到电子温度的大小。这 3 种组分（中性气体、离子及电子）之间的温度差，导致产生了从电子到离子、从离子到中性气体的连续热流。实际上，温度较高的离子和电子气体成为约 250 km 以上中性气体的热源。但应注意的是，只在日照情况下才是如此。在夜间温度急剧降低，使得大约 500 km 高度以下近似地呈 $T_e \approx T_i \approx T_n$。

电离层等离子体的电离度 η 定义为

$$\eta = n_e / (n_e + n_n) \tag{9-2}$$

式中　n_e——电子数密度；

n_n——中性粒子的数密度。

表 9－2 列出电子和中性粒子的数密度在 60～1 000 km 高度范围的日间值[3]。可以看出，电离度与高度密切相关。在电离层高度上，电离度的变化可高达近 15 个数量级。由于夜间不存在导致电离的主要能源——太阳紫外辐射，电离度发生更大的变化。

表 9－2　电离层电子和中性粒子的典型日间密度值

z/km	60	100	150	200	300	400	500	700	1 000
n_e/cm^{-3}	1×10^{1}	1×10^{4}	1×10^{5}	1×10^{5}	1×10^{6}	1×10^{6}	4×10^{5}	1×10^{5}	3×10^{4}
n_n/cm^{-3}	7×10^{15}	9×10^{12}	7×10^{10}	8×10^{9}	7×10^{8}	5×10^{7}	2×10^{7}	3×10^{6}	3×10^{5}
η	1×10^{-16}	1×10^{-9}	1×10^{-6}	1×10^{-5}	1×10^{-3}	2×10^{-2}	2×10^{-2}	3×10^{-2}	1×10^{-1}

在等离子体内，分离正、负电荷的时间尺度为等离子体振荡周期，即

$$\tau_\omega = \sqrt{\frac{m_e \varepsilon_0}{n_e e^2}} \tag{9-3}$$

式中　m_e——电子的质量；

n_e——电子的数密度；

ε_0——自由空间的介电常数；

e——电子电荷。

在 100～500 km 高度范围内，τ_ω 从 10^{-5} 变化至 10^{-7} s。

在等离子体内，其参量变化特征时间 t_0 与空间不均匀性尺度 l_0，总是分别满足如下条件

$$l_0 \gg r_D \text{和} t_0 \gg \tau_w \tag{9-4}$$

式中　r_D——德拜屏蔽半径，可作为等离子体内分离电荷的空间尺度。

如前所述，$r_D = (kT\varepsilon_0 / n_e e^2)^{1/2}$，式中 T 为由电子温度（T_e）和离子温度（T_i）决定的参数，即 $T = T_e T_i / (T_e + T_i)$。所以，在分析和描述各种物理过程时，可以采用电离层等离子体的准中性条件，即

$$n_e = \sum_j n_j \tag{9-5}$$

式中　n_j——j 类离子数密度，式（9－5）的右侧项是所有各类离子数密度的总和。

电离层等离子体满足气体的理想性条件，即

$$n_e r_D^3 \gg 1 \tag{9-6}$$

同时也满足稀薄性条件，即

$$n_e^{-3} \gg d \tag{9-7}$$

式中　d——气体粒子的平均直径。

当同时满足式（9—6）和式（9—7）时，则意味着电离层等离子体满足连续介质条件。

由于电离层等离子体处于地磁场内，电子和离子应分别具有如下回旋频率

$$\Omega_e = eB/m_e \text{和} \Omega_i = eB/m_i \tag{9-8}$$

式中　B——地磁场的磁感应强度。

电子和离子的典型回旋频率和磁化率（$\beta_e = \Omega_e/\nu_e$；$\beta_i = \Omega_i/\nu_i$）示于表 9—3（ν_e 和 ν_i 分别为电子和离子的有效碰撞频率）。可以看出，当高度≤150 km 时，电离层等离子体部分磁化（$\beta_e \gg 1$，$\beta_i < 1$）；而在 150 km 高度以上，是完全磁化的（$\beta_e \gg 1$，$\beta_i \gg 1$）。

表 9—3　电子和离子的有效碰撞频率、回旋频率和磁化率

z/km	ν_{ei}/s^{-1}	ν_{en}/s^{-1}	ν_{in}/s^{-1}	Ω_e/s^{-1}	Ω_i/s^{-1}	β_e	β_i
100	840	48 000	730	10^7	180	2×10^2	0.25
120	580	6 200	680	10^7	190	1.5×10^3	0.3
150	480	910	60	10^7	250	1.1×10^4	4.2
200	440	150	6	10^7	300	6×10^4	50
250	650	47	2	10^7	350	2×10^5	175
300	810	18	0.7	10^7	350	6×10^5	500
400	590	3.5	0.2	10^7	350	3×10^7	1 700
500	300	0.9	0.05	10^7	350	1×10^8	7 000

如上所述，电离层是由被太阳紫外辐射电离的气体组成的。查普曼[4]奠定了描述电离层形成理论的基础，也是当今许多计算模型的依据。按照该理论框架，太阳辐射光吸收产生热能流（比释热速率）的表达式具有以下的形式

$$q_T(z) = \sum \int F_\lambda(\lambda, z) \alpha_i Q_i(\lambda) n_i(z) \mathrm{d}\lambda \tag{9-9}$$

式中　$F_\lambda(\lambda, z)$——在高度 z 上的辐射谱密度(光子 · cm^{-2} · s^{-1} · nm^{-1})；

n_i——i 类粒子在高度 z 上的密度；

$Q_i(\lambda)$——有效吸收截面；

α_i——热能量(以吸收能量为单位)。

对于给定的波长，在高度 z 上的辐射密度谱，可以通过大气上边界的谱密度 F_λ（λ，∞）和光学厚度（optical thickness）τ（λ，z）加以表示

$$F_\lambda(\lambda, z) = F_\lambda(\lambda, \infty) \exp[-\tau(\lambda, z)]$$

$$\tau(\lambda, z) = \sec\chi \sum_i Q_i(\lambda) \int_z^\infty n_i(z') \mathrm{d}z' \tag{9-10}$$

式中　χ——太阳天顶角。

对于波长为 λ_0 的单色辐射和单一组分的大气，式（9—9）可以改写为如下的指数形式

$$q_T(z) = F_\lambda(\lambda_0, \infty) n(z_0) \alpha Q \exp[-z/H - n(z_0) \sec\chi Q H e^{-z/H}] \tag{9-11}$$

式中　z_0——起始高度；

H——标高。

显然，由于随高度的降低，加热速率和辐射吸收率同时增大，必将在某一高度上呈现 q 值的极大值。将式（9－11）微分，可以求出 q_{max} 的高度

$$z_m = H \ln[n(z_0) Q H \sec\chi] \tag{9-12}$$

计及式（9－12）得到离子生成速率

$$q(z) = q_m \exp[1 - (z - z_m)/H - e^{-(z-z_m)/H}] \tag{9-13}$$

式中

$$q_m \equiv q(z_m) = \frac{1}{eH} F(\lambda_0) \alpha \cos\chi \tag{9-14}$$

省略 q_T 热能流关系式中的指数，由式（9－13）可以得到离子生成速率的表达式 $q(z)$，它类似于式（9－9），但具有不同的（替代 α）量纲比例常量 $\theta=1/w$（式中，w 为单个电子光电离所耗损的能量）。相应地，q（m）改写为

$$q_m \equiv q(z_m) = \frac{1}{ewH} F_\lambda(\lambda_0, \infty) \cos\chi \tag{9-15}$$

这样一来，离子生成速率 $q(z)$ 和比释热速率 $q_T(z)$，可以用一普适的函数，即查普曼函数式（9－13）加以描述。

图 9－5 给出约化电离速率 $q(z)/q_m$ 与约化高度 $y=(z-z_m)/H$ 的关系曲线随太阳天顶角的变化。

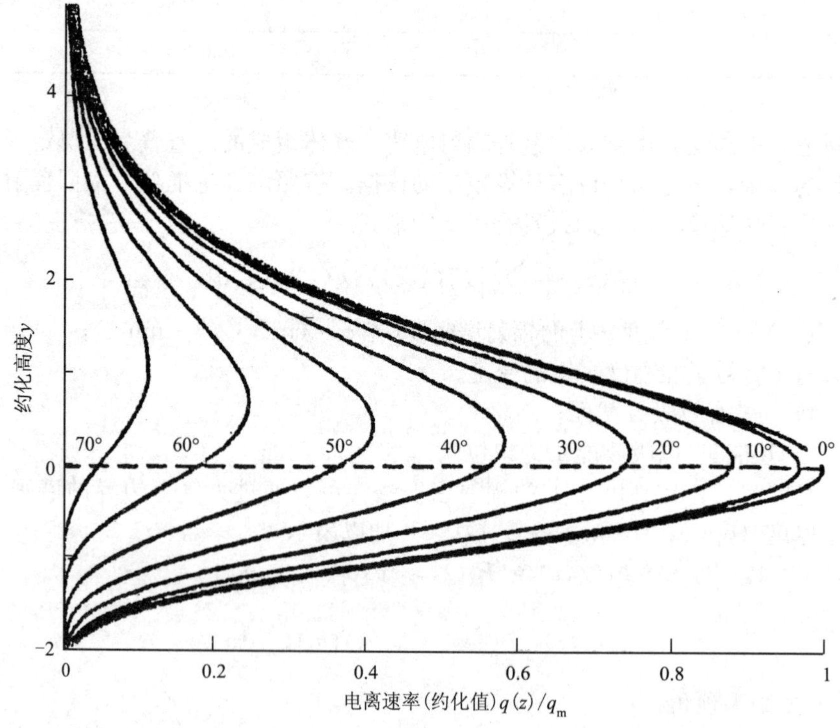

图 9－5　不同天顶角下，电离速率（约化值）随约化高度 y 的变化[3]

对地球大气组分的光致电离能阈值和吸收截面的分析表明，太阳电磁辐射能够在 100 km 以上高度引起氮、氧分子和氧原子的电离。在 100 km 高度以下软 X 射线（$\lambda=1\sim10$ nm）对 E 区电离产生贡献，而硬 X 射线（$\lambda<1$ nm）对 D 区电离有贡献。太阳辐射的大部分能量由氢谱线 Ly－α（121.6 nm）、Ly－β（102.6 nm）、CIII（97.7 nm）以及远紫外区的其他太阳发射谱线提供。表 9－4 示出某些原子和分子的电离能阈值。

表 9－4　某些原子或分子的电离能阈值 E_{thr}[3]

组分	E_{thr}/eV	组分	E_{thr}/eV	组分	E_{thr}/eV	组分	E_{thr}/eV
Na	241.2	NO	134.0	H_2O	98.5	O	91.0
Al	207.1	CH_3	126.0	O_3	96.9	CO_2	89.9
Ca	202.8	NH_3	122.1	N_2O	96.1	CO	88.5
Mg	162.2	CH	111.7	CH_4	95.4	N	85.2
Si	152.1	O_2	102.8	OH	94.0	N_2	79.6
C	110.0	SO_2	100.8	H	91.1	Ar	78.7

Ly－α 谱线上的辐射通量随太阳活动周期发生变化，其强度从太阳活动极小期的（2.5～3.0）$\times10^{11}$ 光子 · cm^{-2} · s^{-1}，变化至极大期的（4.0～6.0）$\times10^{11}$ 光子 · cm^{-2} · s^{-1}。基于对 Lα 谱线强度 $q_{L\alpha}$ 和表征太阳活动水平的 10.7 cm 太阳辐射通量（radiation flux）间关系的研究，得到下面的表达式

$$q_{L\alpha}=2.91\times10^{11}\times[1+0.20\times(F_{10.7}-65)/100] \tag{9-16}$$

式中　$q_{L\alpha}$——氢 Ly－α 谱线辐射的释能速率；

$F_{10.7}$——波长 10.7 cm 谱线的辐射通量（10^{-22} W · m^{-2} · Hz^{-1}）。

除了太阳紫外线吸收外，外大气层还可能由于其他机制产生加热效应，如化学反应、带电粒子导致的能量吸收、磁流体波、电子流引起的焦耳加热以及大气重力波的能量耗散等。

(1) D 层

D 层电子密度 n_e 随高度发生急剧变化，并伴有较大的地方时变化：当地午后呈极大值，子夜呈极小值。最大的日变化发生在 70～90 km 高度处。正午电子数密度的典型值为 $10^2\sim10^3$ cm^{-3}。此外，电子密度还随季节发生明显变化，以夏季密度最大。

D 层主要是在太阳电磁辐射作用下形成的。该层的特点是存在弱电离等离子体和高密度中性粒子，电子易于附着和脱落，以及呈现复杂的与离子电荷交换作用等。电离辐射涉及高能（$>10^9$ eV）带电粒子辐射、太阳 X 射线（<0.1 nm）辐射、强的太阳 Ly－α 谱线（121.6 nm）和极紫外线（<111.8 nm）辐射。太阳的可见光和近紫外辐射提供了使弱关联的电子与正离子脱离所必需的能量，成为形成电子的次要的源。在 D 层存在 NO。D 层电子密度与太阳天顶角和 NO 的浓度有关。由于 NO 能够被 Lα 辐射所强烈电离，其通量也和分子氧的浓度相关，分子氧可将大部分紫外辐射吸收。与此同时，在氧的吸收谱上存在着弱吸收区。大量的 Lα 辐射穿透至 D 层，使 NO 成为重要的离子源。D 层在太阳辐射作用下，直接形成的离子有 O_2^+，N_2^+ 和 NO^+。

对离子的质谱分析表明，在 D 层存在金属离子和水合物离子。在 80 km 高度以下，主要为重的离子水合物 $H^+(H_2O)_n$。从离子水合物向分子离子渡越的高度通常在70～90

km，与季节和纬度有关。表征离子水合（hydration）程度的 n 值和地球物理条件（特别是温度）以及大气中水蒸气的含量有关。分布最广的离子通常是 n 值为 2～4 的水合物离子。但是，在较低温度下，在大气层中间层顶也会存在 n 值达 8～9 的离子。在高纬度的冷中间层顶附近甚至观测到很重的离子水合物 $H^+(H_2O)_{20}$，很可能这些离子水合物对形成银色云层起着重要的作用。图 9－6 给出基于模型计算的离子水合物浓度沿高度的分布。图 9－7 为在 D 层正离子形成的化学流程[5]。

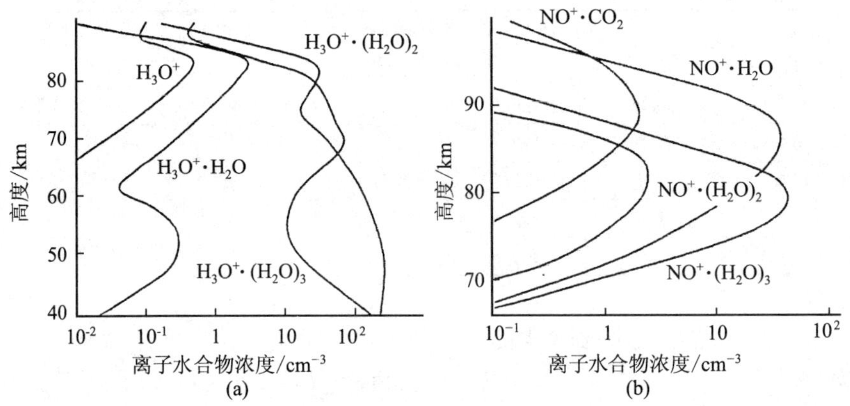

图 9－6　基于模型计算的某些离子水合物浓度沿高度的分布

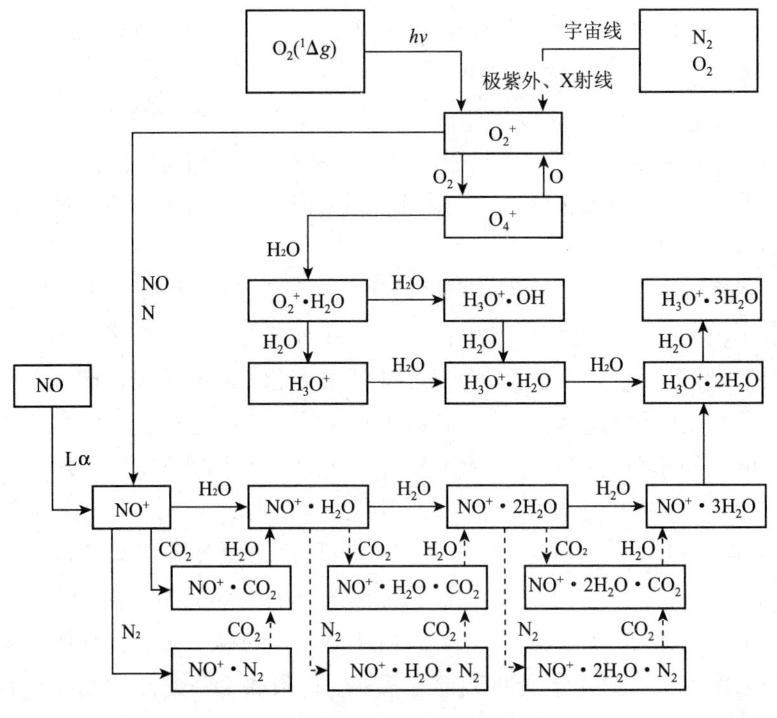

图 9－7　在 D 层正离子形成的化学流程示意

在中纬度区观测到处于气相的金属离子，可能源于微流星（micrometeor）的坠落烧蚀（ablation），其结果是形成大量的镁、铁等金属离子。这些组分存在于 85～100 km 高度，形成单独的一层。表 9－5 示出金属离子所参与的反应。

表 9－5　金属离子 X^+ 参与的化学反应

反应①	金属
$X^+ + O_3 \rightarrow XO^+ + O_2$	Al，Fe，Mg，Si，Ti，Sc
$X^+ + O_2 + M \rightarrow XO^+ + O_2$	Al，Fe，Mg，Na，Si，Ti，Sc
$XO_2^+ + O \rightarrow XO^+ + O_2$	Al，Fe，Mg，Na，Si，Ti，Sc
$XO^+ + O \rightarrow X^+ + O_2$	Al，Fe，Mg，Na，Si，
$X + O \rightarrow XO^+ + e$	Ti，Sc
$X^+ + O_2 \rightarrow XO^+ + O$	Ti，Sc
$X + NO^+ \rightarrow X^+ + NO$	Al，Fe，Mg，Na，Si，Ti，Sc
$O_2^+ + X \rightarrow X^+ + O_2$	Al，Fe，Mg，Na，Si，Ti，Sc
$X + h\upsilon \rightarrow X^+ + e$	Al，Fe，Mg，Na，Si，Ti，Sc
$XO + h\upsilon \rightarrow XO^+ + e$	Al，Fe，Mg，Na，Si，Ti，Sc
$XO + NO^+ \rightarrow XO^+ + NO$	Fe，Mg，Na，Si，Ti，Sc
$O_2^+ + XO \rightarrow XO^+ + O_2$	Al，Fe，Mg，Na，Si，Ti，Sc
$XO^+ + e \rightarrow X + O$	Al，Fe，Mg，Na，Si，
$XO^+ + e \rightarrow XO + h\upsilon$	Ti，Sc

①X 表示上述任一金属。

通过对电离层的观测，并基于对无线电传播的分析可以得出，在 65～70 km 高度以下的白天和在 75～80 km 高度的夜间，电子的数密度较小。但是，由电中性条件和正离子存在的记录得出，应该存在一定的负离子数密度。实验室研究结果认为，基于图 9－8 所示的化学反应，将导致负离子的形成。反应链始于分子氧周围的附着电子，即

$$e + O_2 + M \rightarrow O_2^- + M \tag{9-17}$$

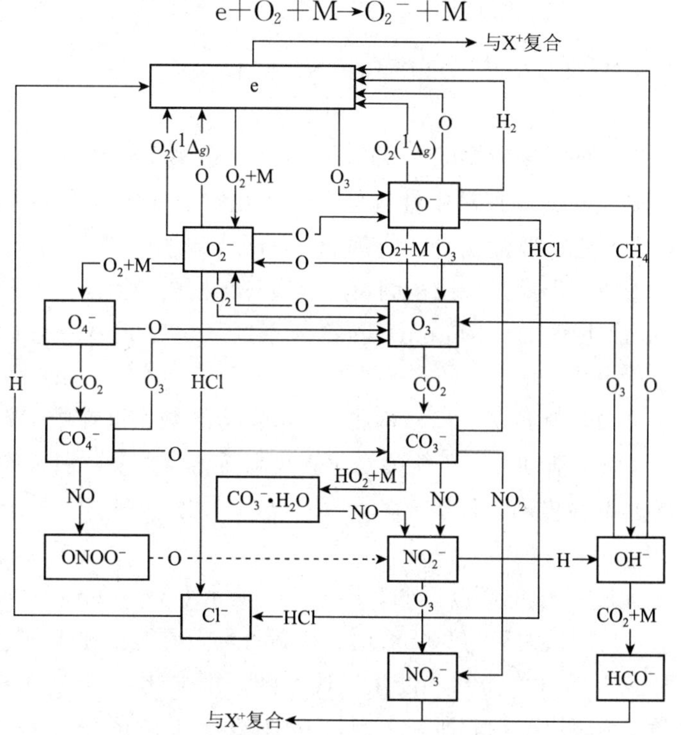

图 9－8　负离子形成的化学反应示意图[3]

X^+—金属离子；M—第 3 种分子

该反应的速率取决于大气密度。在某一高度以下，自由电子几乎完全消失。图 9－8 示出负离子形成的化学反应，图 9－9（a）和（b）分别给出了观测和模型计算得出的负离子数密度随高度的分布。

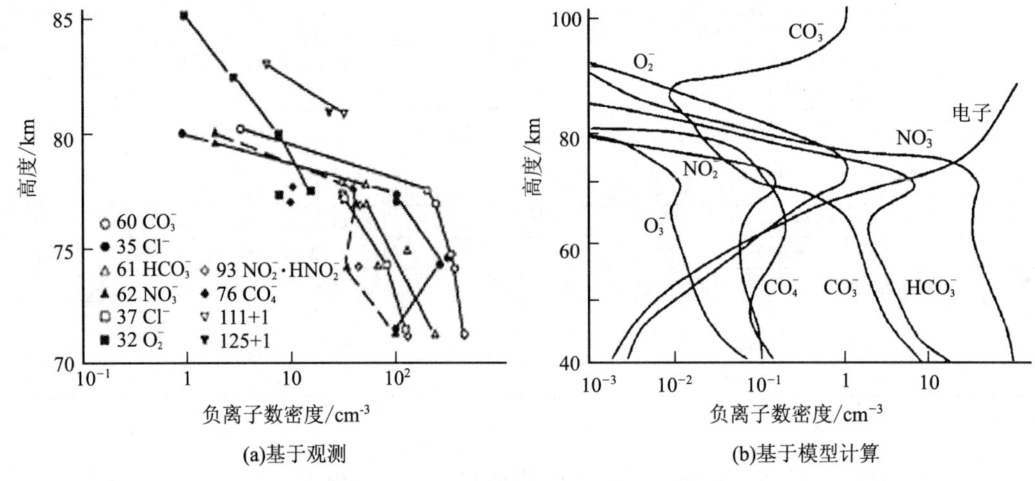

图 9－9　负离子数密度随高度的分布

（2）E 层

在 E 层主要是由分子组分的电离过程所主导，而电子和离子的损失由如下离解－复合过程所决定

$$NO^{+}+e \rightarrow N^{*}+O^{*}$$

$$O_2^{+}+e \rightarrow O^{*}+O^{*} \qquad (9-18)$$

式中，N^* 和 O^* 分别为处于激发态的 N 和 O 的原子。负离子和离子－离子复合过程是不存在的。在 E 层，光致电离过程对中性气体分子更加重要，所形成的主要离子为 N_2^+ 和 O_2^+，而 O^+ 和 NO^+ 不是重要的组分。金属离子的重要作用，在于导致偶现 E_s 层（sporadic E－layer）的形成。E_s 层是一层由高密度金属离子构成的薄层。太阳的氢 Ly－β 谱线（λ＝102.6 nm）、极紫外线（λ＜100 nm）和软 X 射线（λ＜1 nm），是 E 层重要的电离辐射源。

E 层由正常 E 层和偶现 E 层（E_s）构成。前者的电子数密度在中午附近出现高峰，夏季呈极大值，并随太阳的活动发生正相关变化。太阳活动极大期，白天同一地点的电子峰值数密度 n_{emax} 可增大 10%左右。E 层 $n_{emax} \approx 10^5\ cm^{-3}$，出现在约 110 km 高度。夜间 $n_e \approx (1\sim4) \times 10^3\ cm^{-3}$。

E 层存在于 90～150 km 的高度区间。图 9－10 所示为 O，O_2 和 N_2 的电离截面与极紫外辐射波长的关系。当波长大于约 90 nm 时，极紫外辐射不能使原子氧电离，原子氧也不会吸收极紫外辐射。N_2^+，O^+ 和 O_2^+ 的生成速率随高度变化，其生成速率极大值出现在 100～110 km 高度，如图 9－11 所示[6]。图中还给出了总的电子生成速率曲线（见曲线 e^-）。

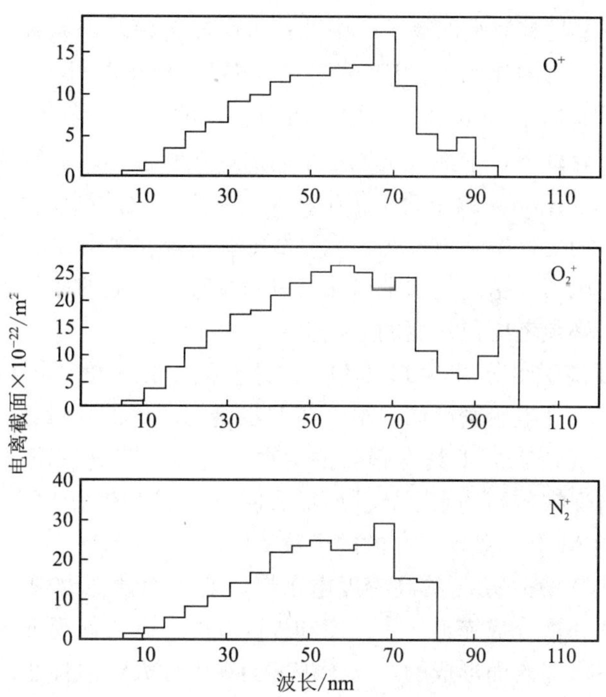

图 9—10　不同波长的极紫外辐射下 O，O_2 和 N_2 的电离截面（EUVAC 模式）

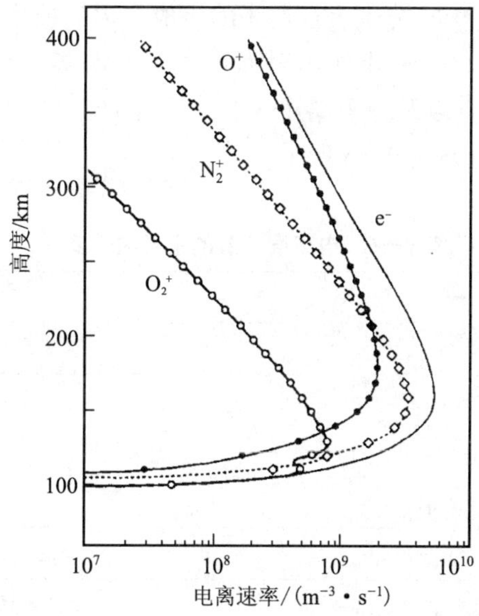

图 9—11　$N_2{}^+$，O^+ 和 $O_2{}^+$ 电离速率随高度的变化

在 E 层观测到电子数密度呈现日变化，并且与太阳天顶角有关。所涉及的主要电离组分为 $O_2{}^+$，$N_2{}^+$ 和 O^+。在离子的生成和损失之间达到光化学平衡时，NO^+ 和 $O_2{}^+$ 成为主

要的离子组分。

E层的主要特征是具有较高的离子－中性粒子碰撞频率。当具有东向流动的中性大气风时，离子将经受风的东向作用力（**F**）和磁场（**B**）的相互作用，导致 **F**×**B** 漂移。在中纬度区，离子漂移具有向上的分量。同样，西向流动的中性大气风产生一向下漂移的分量。在给定的高度边界以下，中性大气风是东向的，在此边界以上是西向的，亦即在边界上呈现风切变（wind shear）。离子趋于集中在风向发生变化的高度上。风切变是指风矢量在与风速垂直方向上的变化率，单位为 s^{-1}。大气垂直运动速率比水平风小很多，故水平风切变更重要。水平风切变指的是水平风在与风向垂直方向上的变化率。在设计和发射垂直上升的航天器时，必须考虑风切变的影响。

正常E层的主要离子组分为 NO^+ 和 $O_2{}^+$。这些离子数密度的增加被离子复合速率的增大所抵消，无法建立高电子密度区。尽管在E层金属离子的含量很少，却具有较低的复合反应系数，这意味着金属离子具有很长的寿命。所以，当金属离子富集在较窄的区域时，离子的数密度将保持较高的水平，从而形成偶现E层。在东亚区域经常观测到其临界频率（f_0E_s）高于20 MHz，呈现很高的电子数密度。

偶现E层（E_s 层）是一层薄的高密度电子层，非规律性地出现。E_s 层的形成及其形貌差异与纬度有关，并被分成赤道、中纬度和极区3类。因为偶现E层是在风切变作用下金属离子被吸引到一薄层内而形成的，离子扩散会在中性大气风停止后引起 E_s 层的消失。所以，E_s 层是不稳定的。此外，大的电子密度梯度也会驱动该区域各种等离子体出现不稳定性。因此，E_s 层并非是规律出现的均匀结构，而是偶现的小尺度结构。

（3）F层离子反应

式（9－1）右端项 P_i 和 L_i 分别表征离子的生成和损失速率。在F层中涉及的离子反应有：中性气体粒子吸收太阳极紫外辐射而电离，初次离子和中性粒子发生重排碰撞（rearrangement collisions），以及分子离子与自由电子产生离解复合（dissociative recombination），其中重要的反应如表9－6所示。

表9－6　电离层F层的主要离子反应

反应	类型
$O+h\nu \longrightarrow O^+ + e$	光致电离
$N_2+h\nu \longrightarrow N_2^+ + e$	光致电离
$O_2+h\nu \longrightarrow O_2^+ + e$	光致电离
$O^+ + N_2 \xrightarrow{k_1} NO^+ + N$	重排碰撞
$O^+ + O_2 \xrightarrow{k_2} O_2^+ + O$	重排碰撞
$N_2^+ + O \xrightarrow{k_3} NO^+ + N$	重排碰撞
$NO^+ + e \xrightarrow{\alpha_1} N+O$	离解复合导致离子损失
$O_2^+ + e \xrightarrow{\alpha_2} O+O$	离解复合导致离子损失
$N_2^+ + e \xrightarrow{\alpha_3} N+N$	离解复合导致离子损失

注：k 和 α 为反应系数。

① 极紫外辐射电离

第 i 类离子在高度 h 的电离速率由 $q_i=\phi N_i\sigma_{ii}$ 给定，式中，ϕ 和 N_i 分别为在高度 h 下的极紫外辐射通量和中性粒子数密度，σ_{ii} 为电离截面。实际上，ϕ 和 σ_{ii} 随波长 λ 而变化。在确定电离速率时，为方便可将电离过程按波段分成几个不同的阶段，并将每个波段各参量的平均值代入下面的求和方程，便可以求出电离速率

$$q_i = N_i \sum_{\lambda} \phi^{(\lambda)} \sigma_{ii}^{(\lambda)} \tag{9-19}$$

② 光学深度

由于大气的吸收，达到给定高度 h 的太阳辐射通量 $\phi^{(\lambda)}$ 小于地球大气外的通量 $\phi_{\infty}^{(\lambda)}$。大气对太阳辐射的吸收量由吸收截面和 O，$N_2$ 及 O_2 的大气密度决定。中性气体密度的垂直变化，可以近似地由 $N=N_0\exp(-h/H)$ 给定，式中 H 称为标高。这表明，每当高度增加 H，气体密度将下降至初始值的 1/e。假定 j 类气体的密度为 N_j，标高为 H_j，吸收截面为 σ_{aj}，且太阳天顶角为 χ（图 9—12），则可得

$$\Phi^{(\lambda)} = \Phi_{\infty}^{(\lambda)} \exp\left[-\tau^{(\lambda)}\right] \tag{9-20}$$

$$\tau^{(\lambda)} = \sum_j \sigma_{aj}^{(\lambda)} \int_h^{\infty} N_j \sec\chi \mathrm{d}h \approx \sec\chi \sum_j \sigma_{aj}^{(\lambda)} N_j H_j \tag{9-21}$$

式中，$\tau^{(\lambda)}$ 称为光学深度（optical depth），随天顶角 χ 增加而增加。当太阳位于天顶（$\sec\chi=1$）时，$\tau^{(\lambda)}$ 取最小值。所以，光学深度是引起电离层昼夜变化的主要参量。

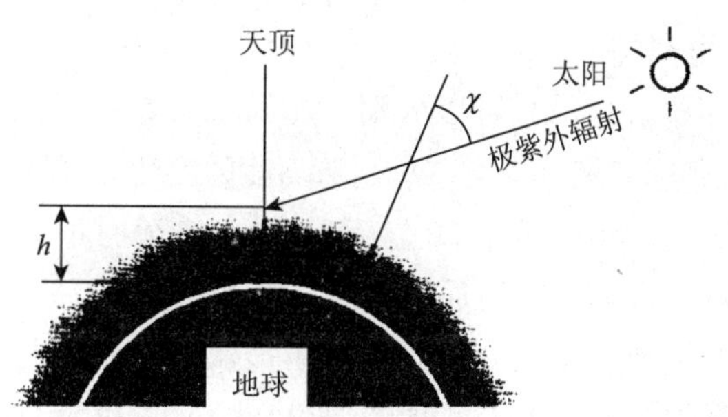

图 9—12　太阳天顶角

基于式（9—19）～式（9—21），可以求出单一的电离气体组分在给定极紫外波长情况下的电离速率

$$q=\Phi_{\infty}\sigma_i N_0 \exp\left[-\frac{h}{H}-\sec\chi\sigma_a H N_0 e^{-h/H}\right] \tag{9-22}$$

随着高度增加，大气密度下降，电离速率变小；而高度较低时由于大气吸收，极紫外辐射通量降低，电离速率也变小。所以，在某一高度 h_m 下，电离速率 q 具有极大值，则

$$h_m = H\ln(\sigma_a H N_0) \tag{9-23}$$

用标高 H 归一化的高度为

$$z=\frac{h-h_m}{H} \tag{9-24}$$

若将 q_m 作为 $z=0$ 和 $\sec\chi=1$ 条件下的电离速率，式（9—22）将变为

$$\frac{q}{q_m} = \mathrm{Ch}(\chi, z) = \exp[1 - z - \sec\chi\, e^{-z}] \tag{9-25}$$

图 9－13 为不同天顶角下的 $\mathrm{Ch}(\chi, z)$ 变化。

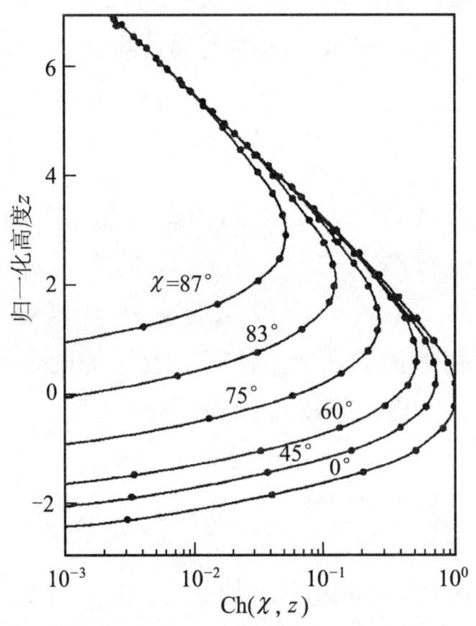

图 9－13　$\mathrm{Ch}(\chi, z)$ 随天顶角的变化[6]

③ 单一离子组分的电离速率

利用式（9－19）～式（9－21）可以分别计算 O^+，N_2^+ 和 O_2^+ 的电离速率（q_{O^+}、$q_{N_2^+}$ 和 $q_{O_2^+}$）。每类离子的电离速率及其总合（q_e）随高度的变化如图 9－11 所示。该图基于东京上空（35°N 和 140°E）、太阳极大期（$F_{10.7}=200$）和春分时正午作出。中性大气密度是根据 MSIS－86 模式计算，极紫外辐射通量和电离截面基于 EUVAC 模式求得。可见，在 200 km 高度以下，N_2^+ 的电离速率较高。但是，在实际的电离层内，N_2^+ 所占百分比极低。在低高度电离层内，气体分子离子组分主要为 NO^+ 和 O_2^+。这种单一离子组分的电离速率和实际的离子组分之间的较大差异，正是离子化学过程复杂性的体现。

④ 分子离子的光化反应平衡

假定在表 9－6 所列的离子反应中，离子的生成和损失很快达到平衡态。设电子的数密度为

$$n_e = n(O^+) + n(NO^+) + n(N_2^+)$$

并定义 $\beta_1 = k_1 N(N_2), \beta_2 = k_2 N(O_2), \beta_3 = k_3 N(O)$，则有

$$n(NO^+) = \frac{\beta_1 n(O^+)}{\alpha_1 n_e} + \frac{\beta_3 q_{N_2^+}}{\alpha_1 n_e(\beta_3 + \alpha_3 n_e)} \tag{9-26}$$

$$n(N_2^+) = \frac{q_{N_2^+}}{\beta_3 + \alpha_3 n_e} \tag{9-27}$$

$$n(O_2^+) = \frac{q_{O_2^+} + \beta_2 n(O^+)}{\alpha_2 n_e} \tag{9-28}$$

式中　$N(N_2)$，$N(O_2)$，$N(O)$——相应中性粒子的数密度；

n——离子的数密度；

k_1，k_2，k_3，α_1，α_2，α_3——表 9—6 中相应的光化反应系数。

中性大气和电子的数密度均随高度显著变化，并且光化反应系数是温度的函数。表 9—7 给出 F 层典型的电离层参量值（在太阳活动极大期和东京上空）。

表 9—7　F 电离层参量

高度、地方时	300 km；12：00，LT	160 km；12：00，LT	160 km；00：00，LT
电子密度 n_e/m^{-3}	2×10^{12}	3×10^{11}	2×10^{9}
电子温度 T_e/K	1 500	1 000	800
离子温度 T_i/K	1 200	900	800
$\alpha_1 n_e$/s^{-1}	2.2×10^{-1}	4.5×10^{-2}	3.6×10^{-4}
$\alpha_2 n_e$/s^{-1}	2.0×10^{-1}	3.3×10^{-2}	2.4×10^{-4}
$\alpha_3 n_e$/s^{-1}	1.3×10^{-1}	2.5×10^{-2}	1.9×10^{-4}
β_1/s^{-1}	1.7×10^{-4}	1.0×10^{-2}	1.0×10^{-2}
β_2/s^{-1}	1.4×10^{-4}	1.7×10^{-2}	1.8×10^{-2}
β_3/s^{-1}	1.0×10^{-1}	1.3	1.4

从表 9—7 可以看出，在白天与 160 km 高度附近，$\beta_3 \gg \alpha_3 n_e$。在图 9—11 上可查得相应的电离速率为 $q_{N_2^+} \approx 3\times10^9\ m^{-3}\cdot s^{-1}$，所以，$n$（$N_2^+$）$\approx 2\times10^9 m^{-3} \ll n_e$。因此，尽管 N_2^+ 的电离速率明显高于其他离子，但它在低高度电离层实际上并不存在，已被 NO^+ 所取代。

⑤ 电子损失速率

从表 9—7 可见，白天在 300 km 高度上，$\alpha_1 n_e \gg \beta_1$，$\alpha_2 n_e \gg \beta_2$，$\alpha_3 n_e \approx \beta_3$。参照图 9—11 和式（9—26）和式（9—28），n（NO^+）和 n（$O_2{}^+$）都远小于 n（O^+）。这表明，N（N_2）和 $N(O_2)$ 是处于低密度态。所以，与分子离子的快速复合相比，O^+ 的损失速率慢得多，成为主导离子组分。在 $n_e = n$（O^+）的情况下，电子损失速率为

$$L_e = \beta_1 n(O^+) + \beta_2 n(O^+) = \beta n_e \tag{9—29}$$

式中，$\beta = \beta_1 + \beta_2$。式（9—29）表明，电子损失速率和电子数密度成正比。这类电子损失称为附着型损失。

相反，在夜间、低 F 层（h=160 km；00：00，LT）条件下，$N(N_2)$ 和 $N(O_2)$ 处于高密度态。从表 9—7 可见，$\beta_1 \gg \alpha_1 n_e$，$\beta_2 \gg \alpha_2 n_e$。因此，若没有新的离子生成，可从式(9—26)和式(9—28)得出，$n(NO^+)$ 和 $n(O_2{}^+)$ 都远大于 $n(O^+)$。这说明，O^+ 离子很快转化为分子离子，导致 NO^+ 和 $O_2{}^+$ 成为主导离子。在此情况下，电子损失速率为

$$L_e = \frac{\beta_1 + \beta_2}{\dfrac{\beta_1}{\alpha_1} + \dfrac{\beta_2}{\alpha_2}} n_e^2 = \alpha_{eff} n_e^2 \tag{9—30}$$

式中　α_{eff}——有效复合系数。

此时，电子损失速率正比于电子数密度的平方，这类电子损失称为复合型损失。

⑥ O^+的光化反应平衡

假定O^+的生成和损失处于光化反应平衡态，则 $P_i - L_i = q_{o^+} - \beta n_e = 0$，且电子数密度为

$$n_e = \frac{q_{O^+}}{\beta} \tag{9-31}$$

图 9—14 为基于式（9—31）计算得出的东京上空（12：00，LT）的电子数密度，以及由国际参考电离层模式给出的相应值。可见，在电离层下边界建立起光化反应平衡态。电子数密度随高度连续增加，因为 q_{O^+} 正比于 $N(O)$，β 正比于 $N(N_2)$ 和 $N(O_2)$。但是，在实际的电离层内，一旦到达最大电子数密度的高度后，电子数密度又开始下降，如图中IRI模式曲线所描述。在较大的高度下，离子生成和损失变得不大重要，而根据式（9—1）左端第2项，粒子的输运变得更重要。事实上，必须考虑电子和离子的运动，如 $E \times B$ 漂移和双极扩散，才能较好地描述电子数密度沿高度分布出现峰值这一事实。

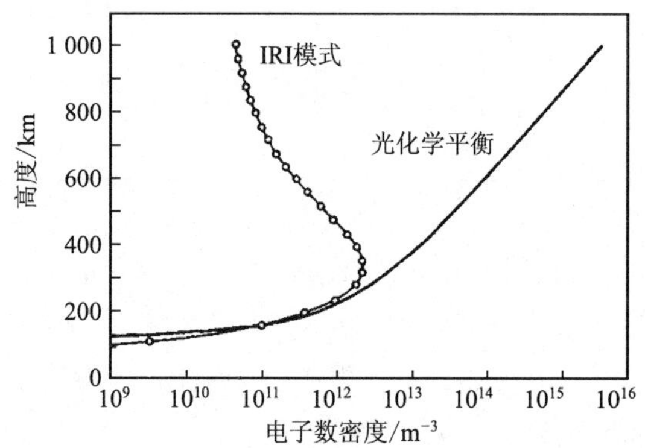

图 9—14 基于光化反应平衡预期的电子数密度随高度的分布[6]

（太阳极大期；东京、春分；12：00，LT）

（4）F_2层

E层的异常电离形态呈多样化，与太阳辐射无直接关系。E_s层在不同纬度上有明显不同的特征：在低纬区主要出现在白天，在中纬区主要出现在夏季，而在极区多出现在夜间[7]。

F_1层的特征是大气原子（主要是原子氧）伴随着离子而形成；而电子消失的基本过程是如上所述的气体分子离子与电子的离解复合反应。F_1层在130～210 km高度上，其 $n_{emax} \approx 2 \times 10^5\ cm^{-3}$，遵从查普曼模式。

与F_1层不同，F_2层是在电离层的最高处。白天时，$n_{emax} \approx 10^6\ cm^{-3}$；夜间约为 $5 \times 10^5\ cm^{-3}$，不符合查普曼模式。其原因在于除了太阳辐射作用外，还遭受风、扩散、漂移等作用的影响。

在200 km高度以下与宁静的日间条件下，所有的带电粒子组分都处于光化反应平衡态。但在250 km以上的高度，情况却有所不同。在这样的高度上，离子的化学复合速率与它们在中性气体内的扩散速度是可比的，从而输运（扩散）机制开始影响离子和电子的

数密度值。随着高度的增加，扩散成为主要的物理机制。在 F_2层，O^+ 离子是主要组分，但在约 1 000 km 的高度上，大部分是 H^+ 离子。

如果在 F_1层最大电子密度依 $n_e \propto (\cos\chi)^{1/2}$ 的规律变化，由于太阳辐射的作用，显然会呈昼夜变化。在 F_2层并不存在这样简单的依赖关系，如在冬季最大电子密度远高于夏季。产生这种差异的重要原因之一是电子的可动性（mobility）比离子约高 100 倍。更重要的是，即使电子相对于正离子发生较小的位移，便会导致电场形成，从而阻碍电子摆脱正离子而独立地进行扩散运动。最终只好进行所谓的双极扩散（ambipolar diffusion），即电子与离子一起发生扩散。其扩散系数约为电子单独扩散的 1/50，或为单个离子扩散的 2 倍。并且，此过程受到磁场的强烈影响。

假定，$v_i = v_e = v_p$，且 $v_n = 0$，则双极扩散时等离子体的扩散速度可以表示成

$$v_p = -D_a\left[\frac{1}{n_e}\frac{dn_e}{dh} + \frac{1}{2H_i}\right] \tag{9-32}$$

式中　v_i，v_e，v_p——离子、电子及等离子体的扩散速度；

　　v_n——中性粒子的扩散速度。

$T_p = (T_i + T_e)/2$；$H_i = kT_i/m_i g$。D_a为双极扩散系数，其值为

$$D_a = (2kT_p)/m_i v_p \tag{9-33}$$

如果考虑到存在地磁场，双极扩散主要沿地磁场方向进行，扩散系数应乘以 $\sin^2 I$（I 为磁倾角）。计及双极扩散，对相应的连续性方程求解，求出的 n_e值与观测结果相符合。

在 F_2层的电子数密度经受昼夜变化，这和热层风密切相关。日间由于热层膨胀，导致产生强烈的空气流从太阳照射的半球，经过极盖进入照射不到的半球。由于地磁场线相对于电离层发生倾斜，除了在高纬度区外，扰动气流的风速具有沿 $\boldsymbol{B}$ 方向的分量，将迫使大气粒子沿 $\boldsymbol{B}$ 方向运动。这时，朝极区方向的风分量，在日间将迫使电离层带电粒子向下运动，其损耗系数很大。因此，在 F_2层电子最大数密度将下降。电离层的主要特征是能够反射短波段无线电信号，被反射的最高频率取决于电子数密度在电离层的分布。当无线电信号的频率大于电子数密度最大值处的等离子体频率时，无线电波将穿透电离层，该频率称为临界频率（f_c）或穿越频率。F_2层的临界频率用 f_0F_2表示。f_0F_2（Hz）和 n_{max}（m^{-3}）之间的关系为：$f_0F_2 \approx 8.98 \times \sqrt{n_{max}}$。所以，$f_0F_2$可作为最大电子数密度 n_{max}的度量。图 9-15 给出了 f_0F_2值的昼夜变化和由于大气风系统引起的电离层内漂移速度分量的变化。

潮汐运动对大气等离子体的重新分布起着重要作用。在电离层观测到的潮汐效应是由于漂移运动（$\boldsymbol{E}\times\boldsymbol{B}$）和带电粒子被中性潮汐风带走等相关运动共同作用的复杂的结果。

（5）质子层（protonosphere）

随着高度的增加，氦和原子氢逐渐成为中性大气层的主要成分。这两种气体将被太阳辐射所电离，并可在同中性粒子的反应过程中被复合

$$\begin{gathered} He^+ + N_2 \rightarrow He + N + N^+ \\ H^+ + O(^3P) \rightarrow H(^2S) + O^+(^4S) \end{gathered} \tag{9-34}$$

由于 H^+ 的质量远小于 O^+ 的质量，且氢的电离与复合反应速率几乎相等，从而导致对 H^+ 和 O^+ 形成扩散势垒。这意味着 H^+ 离子可向下迁移，并在其下行过程中与 O（^3P）

发生反应而被 O^+ 所替代。这种离子交换速率在 1 000 km 高度附近达到化学平衡。此外，由于电荷分离引起的电场，将使较轻的离子易于“浮起”到较重的离子之上。因此，在约 1 000 km 以下区域内，具有较高的 O^+ 数密度和较少的 H^+ 含量；在约 1 000 km 以上，情况相反。在 H^+ 占主导成分的区域，形成质子层。图 9－16 示出计算得到的 O^+ 和 H^+ 数密度沿高度的分布。

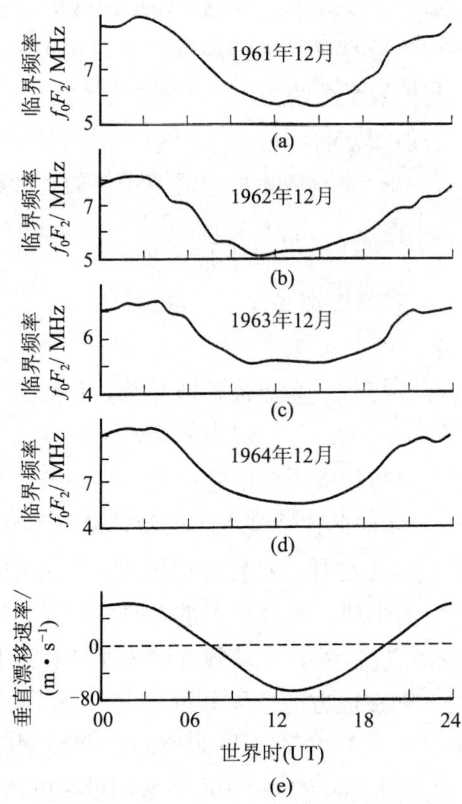

图 9－15　临界频率 f_0F_2值［（a）～（d）］和大气风系统引起的电离层漂移速率（e）的昼夜变化[3]

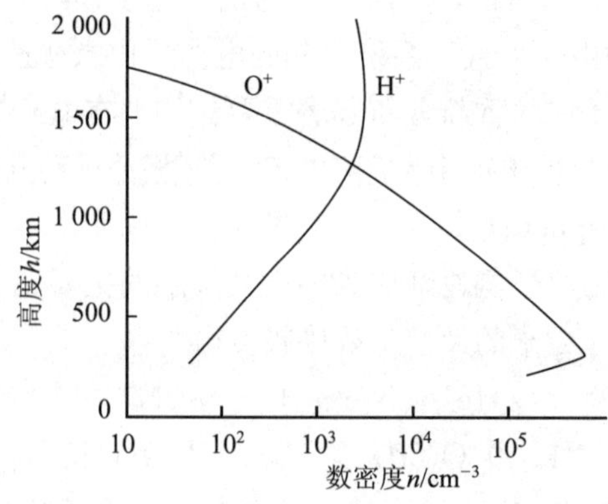

图 9－16　质子层附近 O^+ 和 H^+ 的数密度沿高度分布[3]

（6）国际参考电离层模式

基于大量的观测结果建立了国际参考电离层模式（International Reference Ionosphere, IRI）。图 9—17 给出了国际参考电离层模式计算的两个例子，分别对应于太阳极大期的昼间（12：00，LT）和夜间（00：00，LT）。在这两种情况下，位于电子密度（≈总离子浓度）极大值的高度，均以 O^+ 为主要离子组分。在更高的高度区间，O^+ 和 H^+ 的组分比从大于 1 变为小于 1，H^+ 成为主要组分。发生转变的高度随地方时而变，白天的高度大于夜里的高度。白天的 F 电离层分成 F_1 和 F_2 两个层次，各具有明显的特征。在夜间 F_1 层消失，并在 E 层和 F 层之间形成一个槽区。F_1 层的离子组分主要为分子离子（NO^+ 和 O_2^+）。

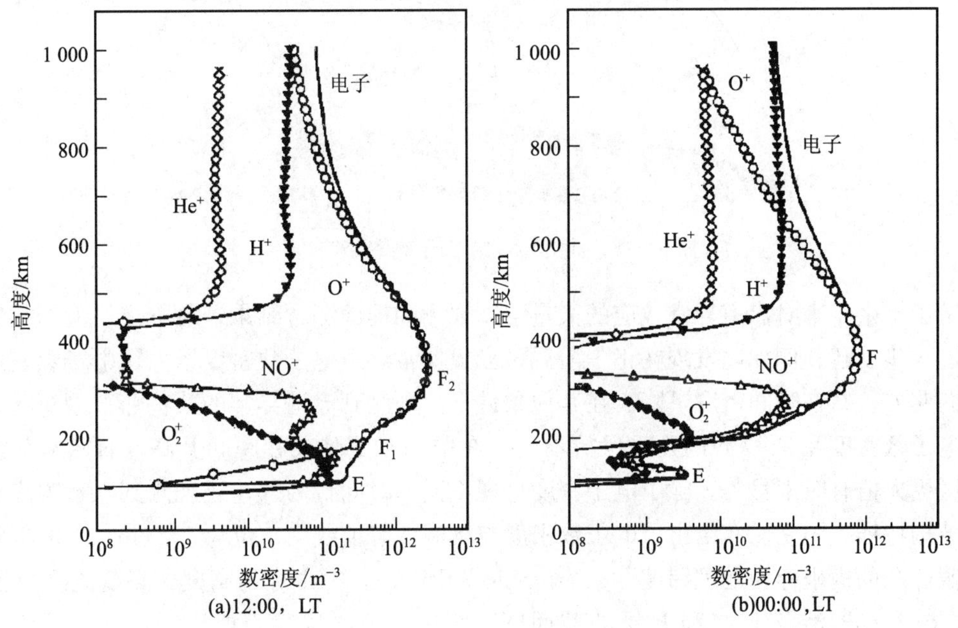

图 9—17　电离层离子密度的垂直分布（IRI 模式）

9.2.2　电离层的结构特征

根据简单的电离层理论，电离速率与天顶角 χ 呈单调相关。大气层气体处于均匀分布时，在给定的高度上，电子数密度在纬度和经度上应该呈较简单的分布，并在赤道上具有极大值。但是，电子数密度实际的分布状态，具有一系列全球性结构特征。在相应的电场和磁场作用下，电离层等离子体发生重新分布。

电离层纬度分布的基本特征是呈现赤道异常（equator anomaly）。在地磁赤道两侧附近区域，沿地磁纬度从 10°至 20°区域内白天形成电离度极大（或峰）值。这种现象便是知名的赤道或地磁异常，也叫阿普顿（Appleton）异常。它是阿普顿在 1946 年最早观测到的。这一异常与所谓的喷泉效应（fountain effect）相关联。

在地磁赤道附近，地磁场几乎与地球表面相平行，电场的东一西分量引起带电粒子沿其横向环形方向漂移。实际上，等离子体从电离度极大值的赤道区域流出，进入高纬度区域，如图 9—18 所示。所引起的喷泉效应是指等离子体上升至赤道区以上，然后，逐渐转向至北半球的北方和南半球的南方，从而导致其与地磁赤道两侧磁场线倾角的增大。赤道异常预报是涉及无线电通信及无线电导航和定位的重要信息，对各种地面技术系统产生显著的影响。因此，对赤道异常动力学形成原因及其发展过程的研究，是当代地球物理学的热点和基础课题。

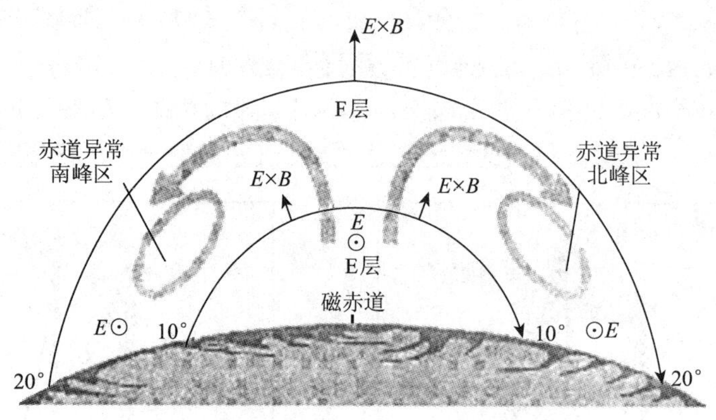

图 9—18　赤道异常的形成（喷泉效应）[3]

基于十余年来对赤道异常效应的大量空间观测和地面测量结果，对电离层的结构特征有了进一步了解。例如，发现在正午前后，赤道异常导致电子数密度增大，电子数密度极值移向北方，并在晚间密度下降。在其他条件下，观测到赤道异常的某些非典型行为，例如，电子数密度在 5～7 h 内几乎保持不变，在中午时下降或在晚间升高（日落后效应），且密度极大值有时南移等。除了电子密度呈现不同的时间行为外，还观测到一系列赤道异常的结构特征。图 9—19 给出了电子数密度二维截面等值线（单位为 10^6 cm^{-3}）的典型实例。截面图的横坐标为地理纬度（geographic latitude），纵坐标为高度，高度范围为 90～1 000 km，亦即涉及 E 层和 F 层的截面图。图中，地磁场线用虚线表示。该图所示为 1994 年 9 月 3 日（a）和 10 月 7 日（b）两天对应于地方时为 14：20LT 和 15：40LT 的情况，以及 1994 年 9 月 14 日等离子体通量的分布（c）。

从图 9—19 可以看出，赤道异常具有以下的结构特征[8−10]：沿地磁场方向形成赤道异常核；在赤道异常区的赤道侧边缘和极区侧边缘之间具有显著的不对称性；在纬度 10°～31°范围内，电离层存在厚度交替“胀—缩”特征区；在赤道异常核区域，发生电离层下边缘的“挤压”和“沉降”，亦即等离子体流从 F 层穿透至纬度 25°～28°区域的下层，并在通过约 28°～31°的赤道异常核后，形成“收缩”区。

通过卫星射电地貌分析（Radiotopography，RT），不仅可以获取电子数密度的 2D 截面［见图 9—19（a）和（b）］，还可以给出等离子体通量的分布截面。图 9—19（c）给出了所求得的等离子体通量（等于等离子体密度与速度的乘积）截面的实例，很好地说明了喷泉效应[11]。

F 层电子数密度呈明显的纬度变化，存在赤道异常“双驼峰”效应，且 n_e 的纬度变化可高达 2 个数量级以上。F 层峰以上，n_e 随高度变化比在峰下区要慢，直至 5 000 km 高度 n_e 仍为 10^3 cm^{-3} 左右。最令人感兴趣的是 F 层存在中纬度槽，在槽区 n_e 显着降低。槽区具有不同的形状、宽度和深度，并在很大的范围内变化，沿纬度方向延伸。

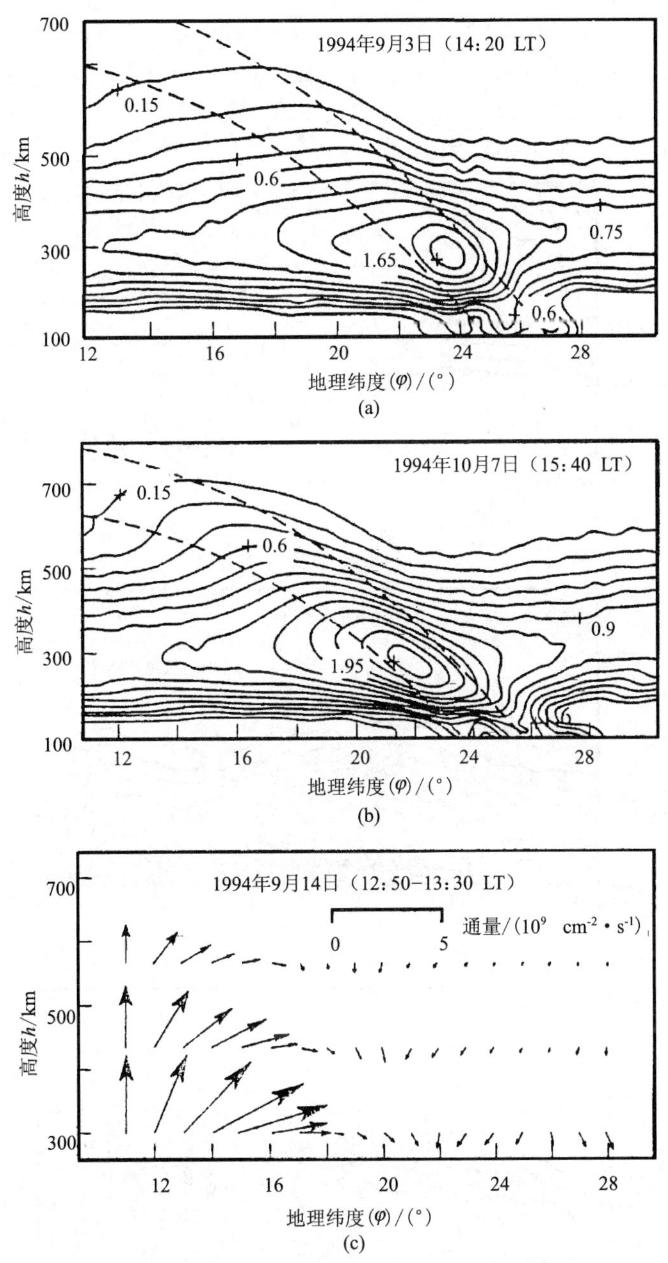

图 9－19　电离层电子密度等值线（a），（b）和等离子体通量（c）截面图（沿马尼拉－上海迹线）

图中数字表示电子数密度，单位为 $10^6\ \mathrm{cm}^{-3}$

上述的卫星射电地貌分析截面图是在宁静的地球物理条件下获得的。这时，电离层基本上具有准均匀的结构。但是，在发生磁扰动和磁暴期间，由于各种物理状态的急剧变化和扰动，将使电离层结构变得复杂和多变。图 9－20 给出强磁暴时电离层的卫星射电地貌分析截面图。图 9－20（a）为 1993 年 11 月 4 日，在 00：45 世界时的电离层卫星射电地貌分析截面图[12]。可见，电离层呈现出相当复杂和奇异结构。在地理纬度 44°（约 56°地磁纬度）区域出现槽区，并且在大约 47°纬度和 200～300 km 高度范围内，呈现高电子数密度电离区。这可能与低能粒子的增多有关。图 9－20（b）和（c）表示在 2003 年 10～11 月发生一次强地磁暴时的卫星射电地貌分析截面图[13]。可见，由于各种波动结构的发展，在很窄的槽内形成了极其复杂的结构［见图 9－20（b）］，并观测到具有极高电离度及扩展至足够高范围内的复杂多变的结构［见图 9－20（c）］。

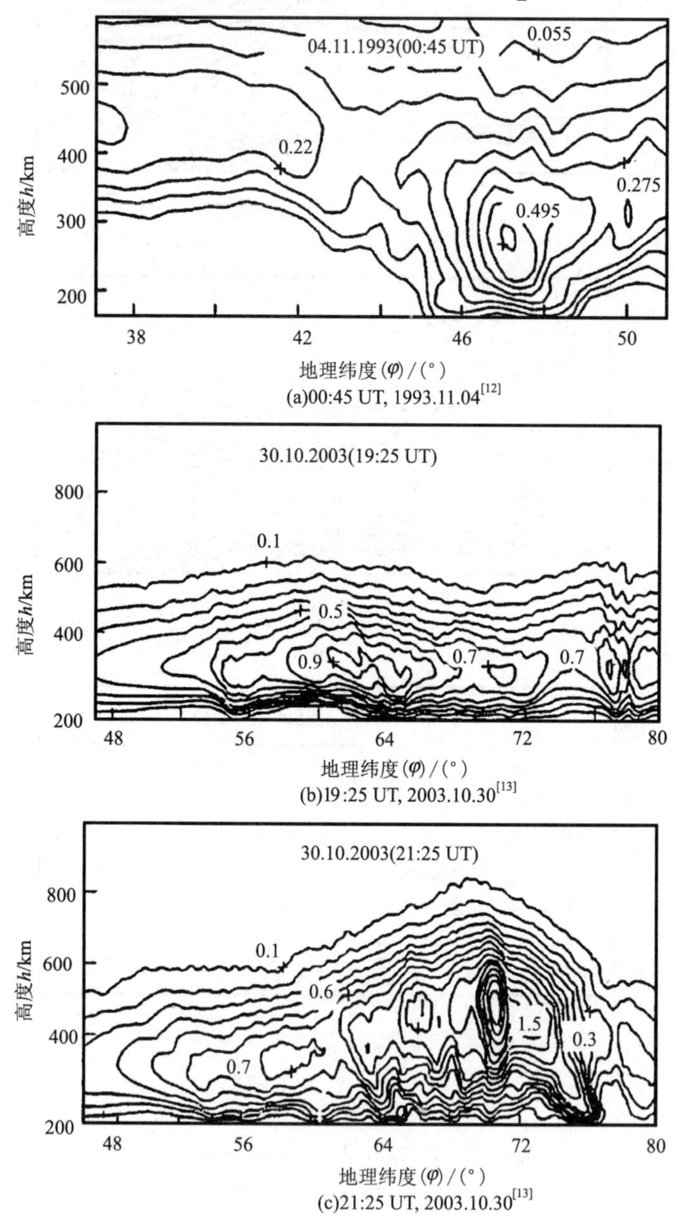

(a)00:45 UT, 1993.11.04[12]

(b)19:25 UT, 2003.10.30[13]

(c)21:25 UT, 2003.10.30[13]

图 9－20　磁暴期电离层的卫星射电地貌分析截面图

（图中数字表示电子数密度，单位为 $10^6\ cm^{-3}$）

电离层除了存在上述的各种规则结构外，还发现一些非规则的小尺度结构。在 F 层常见的非均匀、非规则结构是扩展 F 层（spread F）。扩展 F 层是基于观测形态命名的，频高图上相应于 F 层高度范围的回波扫描迹线不是一条线，而是弥散的区域。这反映出电离层在这一高度上存在某种精细结构。它与在 E 层存在的另一种非规则结构（分散 E 层）有所不同。在低纬度区域，扩展 F 层的异常区域在夏季出现率高于冬季；扩展 F 层经常上升至 F_2峰高度以上，并形成沿磁场线延伸至电子密度稀薄的区域（n_e值降低 2～3 个数量级），被称为电离层泡（bubble）。一般认为，偶现 E 层的形成与 E 层中性风切变有关，而扩展 F 层可能源于电子密度梯度力与重力间的失衡。这两类不规则结构本质上都是源于梯度漂移的不稳定性。

9.3　电离层规则参量的演化

电离辐射谱或中性粒子密度和成分的变化，将对电离层的特性产生影响。这些变化有时是有规律的，有时是随机（或偶发）的。基于变化的时间尺度，可以对电离层的规律性变化进行分类，主要体现在昼夜、季节和太阳活动周期上的演化。

9.3.1　昼夜演化

晚间当太阳落在地平线以下时，主要的电离源消失，只剩下较弱的宇宙线电离源。光致离解（photodissociation）过程已不存在，光化学反应也开始消失。在 D 层，电子由于附着（adhesion）过程而消失。其他电离层的电子在夜间仍然能够保留，是由于碰撞引起电子脱落和其他相关联的脱落过程以及 Ly－α 谱线的弱辐射通量作用所致。Ly－α 辐射在阳光照射不到的半球上，被日冕氢所散射，并使 NO 电离。

夜间，在 E 层的电子密度由于电子－离子的复合而急剧降低。与此同时，在夜间还存在两类电子源：电磁辐射（首先是 Ly－α 和 Ly－β 散射光）和低能电子辐照（能量为 1～10 keV）。在这种情况下，电子数密度可达到 10^3～10^4 cm^{-3}，取决于地磁状态。

在 F_1层不仅光致电离（photoionization）的影响不复存在，而且形成中性原子的光化学作用（photochemical action）也已终止。在这种情况下，电子数密度可达 10^3～10^4 cm^{-3}，这也取决于地磁状态。在晨昏时间，电子密度与高度有关。在 F_1层高度上，电子的消失比 D 层要晚。由于较高的温度和较低的数密度，电子在 F 层的消失速率较慢。在 F_2层，电子在夜间并不消失（见图 9－21）。日落之后，电子数密度降低，然后缓慢变化。在夜间，可能存在来自高层（质子层）的能流。

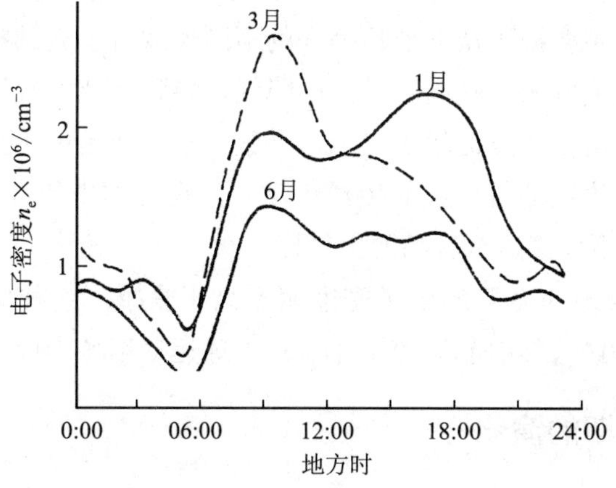

图 9－21　F_2 层电子数密度 n_e的平均昼夜变化

（图中 3 条曲线分别对应于 1 月、3 月和 6 月）[3]

9.3.2 季节演化

电离层参量随季节发生变化是由于两种因素造成的：一是太阳的天顶角为季节的函数；二是外大气层的温度和密度随季节发生变化。观测表明，在D层冬季出现无线电波异常吸收。这种冬季异常吸收效应与电子数密度的增加有关。实验与模型计算都表明，冬季异常的主要原因是由于大量的NO从热层输运到中间层，导致大气层动力学状态发生变化。计算结果表明，D层的电离度在冬季比夏季要高得多。即使在正常的状态下，也会由于冬季NO的密度高于夏季而导致电离度升高。图9—22给出了与夏季相比，无线电波在冬季的吸收增强效应，其中纵坐标表示吸收幅值，单位为分贝（dB）。它是表征放大或衰减程度的单位，定义为：dB数=10 lg(输出功率/输入功率)。

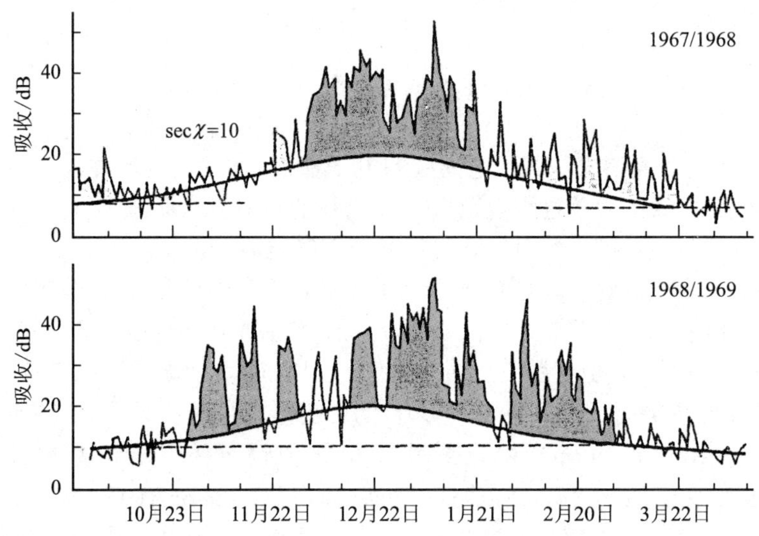

图9—22 冬季（实线）与夏季（虚线）相比D层对无线电波的吸收增强[3]

在大气中间层高度上，NO含量增大的可能原因是由于湍流交换增强引起的。存在于中大气层的湍流交换，主要源于从低层传播来的不同尺度行星波的扰动。这些波的幅度随高度升高而增大。因为大气密度随高度升高而降低，导致在低大气层高度上大尺度湍动作用的增强。因此，冬季电子密度的增大（冬季异常）很可能是由于来自热层的NO湍流的增强。这种湍流源于对流层的行星波的传播运动，而在夏季由于纬圈环流（zonal circulation）的变向，行星波不会穿透至较高的大气层。

F_2层的季节效应表现为冬季的电子密度明显高于夏季。这种效应很可能与大气沉降和地磁效应有关。地磁场可能引起等离子体从夏半球运动至冬半球。

9.3.3 太阳活动周期的演化

已知，太阳活动以11年周期发生变化。这种周期性演化过程对太阳能谱的短波段辐射造成特别强烈的扰动。X射线的辐射通量将发生几个数量级的变化。紫外辐射通量的变化，导致中性大气温度、离子温度和电子温度发生相应的调制。

综上所述，处于准平衡态的电离层，将受到光化学、热力学、动力学及电磁学等过程的共同作用。在电离层不同高度上，地磁场对电子和离子产生不同的调制作用。而且，电子和离子对电场和中性组分运动的响应特性又很不相同，从而造成电离层的各种参量将随昼夜、季节以及太阳活动周期相位发生相应的变化。

9.4　电离层扰动

9.4.1　电离层电磁辐射扰动

在太阳活动周期内，随着太阳活动水平的增强，电磁辐射通量将随之增大。尽管太阳辐射的积分通量（太阳常数）变化很小（0.1%），在短波段却会发生较大的变化。太阳电磁辐射通量变化最显著的是发生在太阳能谱的 X 射线波段。一般认为，X 射线是由太阳表面很亮的区域（谱斑）辐射形成的。太阳表面积被谱斑所占据的比率，随太阳黑子数目的增多而增大。通常将在谱斑处产生的强烈喷射，称为太阳耀斑。观测表明，耀斑对电离层产生扰动。空间测量记录到在耀斑爆发期间，短波电磁辐射增强。图 9－23 示出 0.63～2.0 nm波段的太阳能谱在一次耀斑爆发前后的变化。

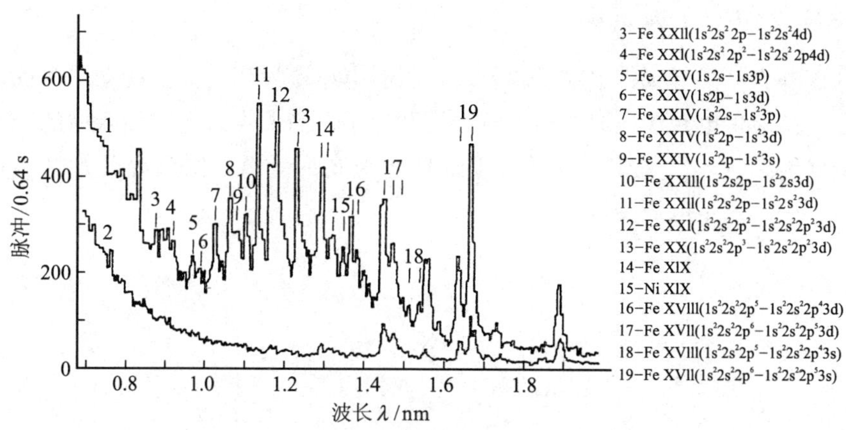

图 9－23　1967 年 3 月 22 日发生太阳耀斑期间（1）和发生前一天（2）太阳（X 射线波段）能谱的比较[3]

电磁辐射脉冲引起电离层扰动时，导致无线电信号传播异常。具有脉冲特征的扰动呈现无规行为，称为突发电离层扰动（Sudden Ionospheric Disturbances，SID）。在许多情况下，突发电离层扰动将导致无线电传播的多种异常效应。

1）短波衰减（SWF）：在 500 kHz 以上波段，导致信号吸收或衰减。强耀斑可能引起骤然衰减（break out），甚至导致整个短波无线电通信的中断。突发短波衰减的英文缩写为 SSWF。

2）突发大气干扰增强（SEA）：突发大气干扰增强是一种低频（10～500 kHz）电磁

现象。电离度的增大，导致 D 层对低频辐射反射能力的增强，即天然的无线电辐射（天电干扰）强度增强。

3）突发宇宙无线电噪声吸收（SCNA）：在耀斑作用下，源于地球外的高频信号出现弱化（主要是引起 D 层吸收）。

4）突发相位异常（SPA）：除了信号幅值变化外，还观测到低频无线电波相位发生变化。引起突发相位异常的原因与突发大气干扰增强相似，是由于 D 层电子密度的增大，引起低频信号的反射能力降低。这种反射能力的下降导致波的传播路径发生变化，从而导致接收信号的相移。

5）突发频移（SFD）：该效应出现在高频（≈ 20 MHz）波段。在 E 层和 F 层电离度的增大，导致无线电波折射率发生变化，从而引起相位路径的改变。同时，引起频率变化，且频率变化正比于电离度的变化速率。所以，电离层内各种效应的脉冲特性越强烈，则突发频移现象越明显。

由此可见，电离层存在多种突发性扰动，主要源于太阳活动的爆发。强耀斑爆发诱发电磁辐射的短时急剧增强，在大约 8 min 后到达地球，而引起大气电离效应增强。这将导致 D 层的电离度在 X 射线波段发生几个数量级的剧增，从而造成数分钟至几十分钟的短波信号突然衰减，甚至使短波通信中断。太阳耀斑爆发还会引起超长波相位突移。F 层电离增强造成的相位路径变化及相应的频移效应，甚至会影响跨极区的短波传播。

9.4.2 电离层微粒子流扰动

当高纬度外大气层受到带电粒子辐射时，引起电离层发生强烈的扰动。例如，在极盖区产生极光。高能带电粒子还会扰动大气原子和分子。当发生碰撞时，入射的带电粒子可释放出部分自能，将大气原子或分子扰动加速至更高的能量，引起离解、电离和激发效应。在此过程中，发生电荷交换

$$\begin{gathered} X+e \rightarrow X^{*}+e \\ X_2+e \rightarrow X+X^{*}+e \\ X_2+e \rightarrow X_2^{+*}+2e \\ X_2+e \rightarrow X+X^{+*}+2e \\ X+Y^{+} \rightarrow X^{+}+Y^{*} \end{gathered} \tag{9-35}$$

正离子和电子或负离子结合变为中性粒子的过程称为复合（recombination）。在电离层中发生的复合过程有多种形式，包括：正离子捕获电子，多余的电离能使形成的中性粒子激发并发射光子，该过程称为辐射复合；气体分子离子捕获电子后离解为 2 个中性粒子的过程称为离解复合；正离子与负离子相互中和，产生两个中性粒子的过程称为离子一离子复合。热离子和电子或负离子的辐射复合，将引起离解，离解产物的总动能可激发一种或几种反应产物生成

$$\begin{gathered} X^{+}+e \rightarrow X^{*} \\ X_2^{+}+e \rightarrow X^{*}+X^{**} \\ X_2^{+}+Y_2^{-} \rightarrow X_2^{*}+Y_2^{*} \end{gathered} \tag{9-36}$$

伴随着碰撞时的能量交换，气体粒子可激发至亚稳态。在外大气层，粒子之间碰撞的时间远短于受激粒子的辐射寿命。由于处于亚稳态的粒子辐射寿命较长，这类辐射研究很难在地面进行，最好在外大气层进行。

入射的微粒子流将能量传递给大气，引起带电粒子与大气组分的相互作用。实际上，这一过程与大气组分的种类无关，可将大气层看成是单一组分的气体加以研究。其性质随高度的变化满足流体静力学平衡。在高度 z 上，带电粒子的电离速率如下式所示

$$q(z) = \rho(z)\iint\left(\frac{\mathrm{d}E}{\mathrm{d}x}\right)\frac{1}{W}\frac{\mathrm{d}I}{\mathrm{d}E}\mathrm{d}E\mathrm{d}\Omega \tag{9-37}$$

式中　W——形成一个离子对所需要的平均能量（$W \approx 35$ eV）；

$\mathrm{d}I/\mathrm{d}E$——带电粒子微分通量（$\mathrm{cm^{-2} \cdot s^{-1} \cdot eV^{-1} \cdot sr^{-1}}$）；

ρ（z）——大气在高度 z 上的质量密度；

$\mathrm{d}E/\mathrm{d}x$——带电粒子能量损耗（大气阻止本领）（$\mathrm{cm^2 \cdot eV \cdot g^{-1}}$）。

在极区（磁纬度> 75°）磁场线是开放的，宇宙线粒子很容易穿入大气层。穿透深度取决于入射粒子的质量和能量。图 9－24 为不同种类入射粒子在极区大气层内的穿透深度与能量的关系。该图还同时给出了韧致 X 射线的穿透深度。韧致 X 射线是由于高能粒子通过大气层而产生的。在极光带（$70° < \varphi < 75°$），低能粒子（主要是能量为 1～10 keV 的电子）可从地磁层等离子体片穿透至大气层。这些粒子引发光学现象，如极光。但是，它们不会深入到 100 km 以下的高度。

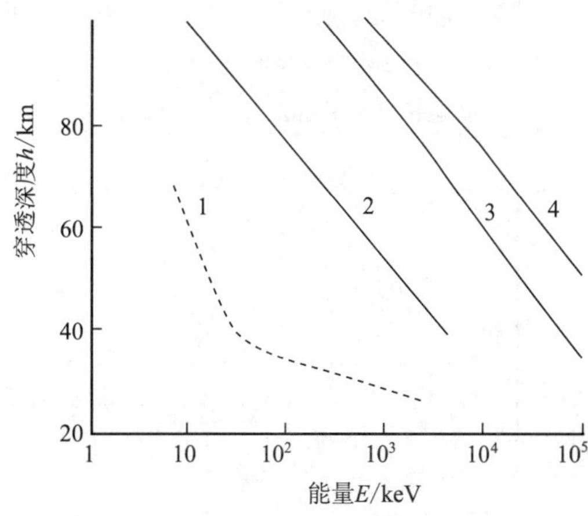

图 9－24　不同种类粒子在极区大气层的穿透深度与能量的关系[3]

1－韧致 X 射线；2－电子；3－质子；4－α 粒子

在极光带（$\varphi < 75°$），辐射带粒子可被加速至数 MeV 的能量，并穿透至平流层。在高纬度区经常可以观测到能量大于 100 keV 的电子流（这种在高纬度电离层观测到的电子从辐射带抛射现象，与亚极光辐射带内的地磁暴有关）。这种电子抛射现象，通常称为相对论性电子抛射。图 9－25 给出了与此种抛射相关的电离速率的估值（年平均值），同时还给出了韧致辐射（X 射线）效应的影响（如虚线所示）[14]。

在极光带离子的生成极为重要，该区域约占地球表面的 7%左右。在发生强太阳耀斑期

间，高能粒子被加速（主要是 10～300 MeV 的质子）。这些粒子引起高纬度区（主要是极盖区）电离层 D 区的强烈电离。这种现象可以持续数天，并在极盖区伴随着无线电波的强吸收（极盖吸收）。这时，电离速率可以从通常的 10 $cm^{-3}\cdot s^{-1}$增加至 $10^4\sim10^5$ $cm^{-3}\cdot s^{-1}$。图 9－26示出某些与极盖吸收相关的太阳质子事件导致电离速率的高度分布[15]。可见，在高纬度区，太阳质子事件可导致电离速率提高几个数量级，如 8.5 节所述。在 D 层，离子（O^+）和中性气体组分（N_2，H_2）发生相互作用，导致 NO 和 OH 的生成。在带电粒子通过轫致辐射损失能量的过程中，每一对离子（N^+，N^+）和（H^+，H^+）经与 O^+ 反应后，大约形成 1 个 NO 分子和 2 个 OH 粒子。在催化反应过程中，它们将破坏臭氧。臭氧的破坏导致纬度温度等值线的变化，从而引起大气环流的变迁。

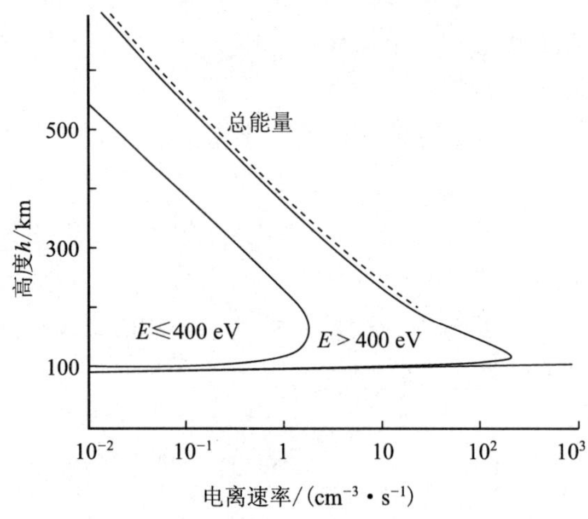

图 9－25　不同能量电子在高纬区大气层产生的电离速率

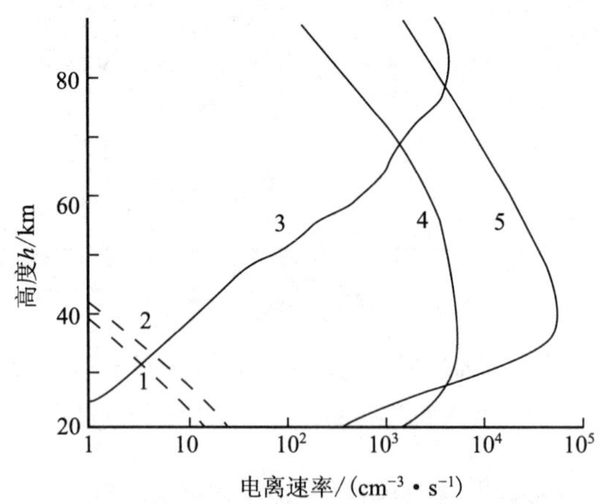

图 9－26　太阳质子事件对极区电离速率的影响

1—太阳活动极大期；2—极小期；3—1982 年 7 月；4—1959 年 7 月；5—1972 年 8 月

当太阳无耀斑爆发时，地球大气中间层、平流层和对流层的主要电离源是银河宇宙线，其含有 83％的质子和 12％的 α 粒子。越靠近地球，银河宇宙线粒子越趋于沿地磁场线运动，并在地磁极区穿透至大气层。这是能观测到宇宙线通量子午梯度的根本原因。在太阳高活动期，沉降至大气层的宇宙线的强度，由于太阳风的调制作用而降低。于是，在 90 km 以上的大气层，电离主要是由太阳紫外和 X 射线辐射引起的。在 60～90 km 高度范围内，电离主要由 Ly－α 谱线辐射所引起，而紫外线和硬 X 射线的电离作用是次要的。图 9－27 给出了不同电离源在非扰动条件下，所产生的电离速率与高度的关系。

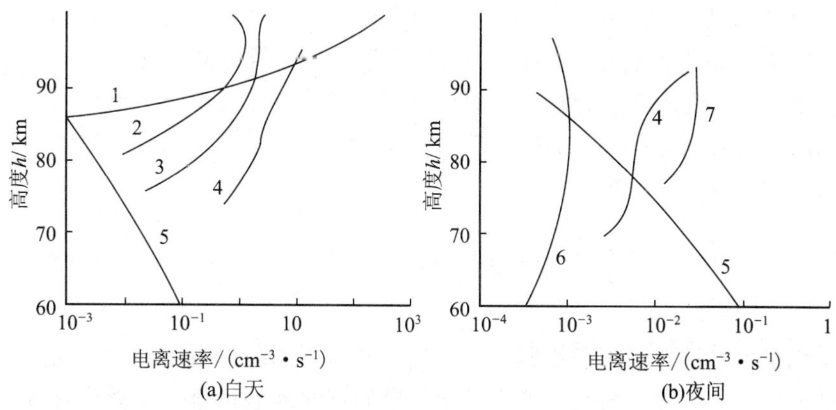

图 9－27　不同电离源引起的大气电离速率与高度的关系

1－Ly－β、紫外线和软 X 射线；2－λ＝0.2～0.8 nm 的辐射；3－电离 $O_2(^1\Delta g)$ 的紫外线；4－Ly－α；5－宇宙线；6－X 射线源 SCO RX－1；7－高能粒子

如上所述，太阳的突然扰动将显著改变地球大气的电离速率和电离层的形态学状态 (morphology)。表 9－8 列出了太阳宁静和扰动条件下，不同电离源穿透至地球大气中层 (10～100 km) 的能量通量估值[16]。

表 9－8　中层大气内的电离源

电离源	特性	能量通量/（$erg \cdot cm^{-2} \cdot s^{-1}$）
定常态：		
银河宇宙线		10^{-3}～10^{-2}
宇宙 X 射线	λ＝0.1～1.0 nm	4×10^{-9}
太阳 X 射线	λ ＜1 nm	10^{-3}～10^{-1}
（弱活动期）	（λ＝1～10 nm）	（10^{-1}～1）
太阳 Ly－α 线	线状辐射线	6
	地冕散射线	6×10^{-3}～6×10^{-2}
地磁层电子	极光带	10^{-1}～1
	中纬度	10^{-4}～10^{-3}
偶发态：		
太阳质子事件（极盖吸收）		10^{-3}～1①
太阳 X 射线	λ＜1 nm	＜ 3
（太阳耀斑）	（λ＝1～10 nm）	（＜ 35）
宇宙 X 射线（SCOX－1 源）	λ＝1～10 nm	4×10^{-7}
地磁层电子	极光带	1 ～10^{-3}
	中纬度	10^{-3}～10^{-2}

①1972 年 8 月 2 日，能量通量达 50 $erg \cdot cm^{-2} \cdot s^{-1}$。

9.4.3　电离层暴

在太阳强活动期，爆发日珥之后 2～4 d 内，地磁场因受扰动而发生磁暴。伴随磁暴的发生和发展，首先高纬电离层受到强烈扰动，从而导致发生中、低纬度电离层暴。其表现为 F 层电子密度先增加，持续数小时后开始衰减，并通常在持续 2～3 d 后逐渐恢复。在发生电离层暴期间，F 层的 n_{emax} 或临界频率降低，高频段短波会穿透电离层而不再被反射。并且，F 层受到强烈扰动，不再呈现正常形态，使无线电波的信道条件和适用频率的选择发生困难。至今尚未建立完善的、获得共识的有关电离层暴产生的机制，一般认为应与环流、磁层和电离层电流体系的扰动有关。了解电离层暴发生机理对研究地磁层、电离层和热层间的耦合效应具有重要意义。

9.5　电离层的气象学效应

随着电离层信息资料的不断积累，为了描述电离层的多变性，应对其气象学特性（温度、大气环流等）进行深入研究。低大气层和电离层之间的耦合，可能通过大气潮汐和重力波实现。在电离层高度上重力波的耗散，可作为附加能源引起电离层的加热，从而导致等离子体介质的湍动、热流量变化以及发生脉动。电离层的非稳态特征（首先是其低层 D 区），在很大程度上与对流层的天气过程相关联，导致所谓的“气象控制”，其中也包含大气层参量的季节性变化对电离层的影响等。

图 9－28 给出了频率为 2 614 kHz 的无线电波在太阳天顶角 78.5°条件下，吸收的平均值与季节的关系[17]。从图中可以看出，无线电波吸收呈现冬季异常，并发生在所有的纬度区域（除赤道区和亚赤道区外）。最显著的冬季异常出现在中纬度区。

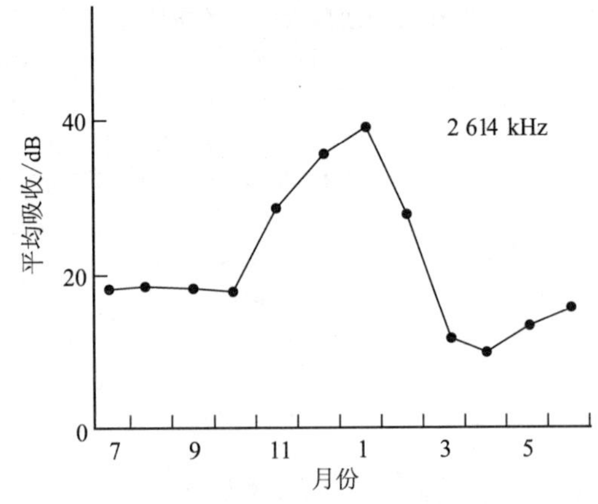

图 9－28　在太阳天顶角 78.5°条件下频率 2 641 kHz 无线电波的平均吸收随季节的变化

图 9－29 给出了在 D 层不同高度和平流层顶高度上，空间观测的低纬度区电子密度变化的对比。从该图可以看出，在 60～65 km 高度范围，两组数据具有相似的时间变化特

征；随着高度增加，这种同步变化特征变弱，并在 80～85 km 高度上不复存在。图9－30揭示出近地大气压力和 F_2层的月平均临界频率（f_0F_2）同步变化的特性。

应该指出，有关电离层和低大气层特性的对比数据，目前还相当分散。这涉及到强烈的非线性过程，对结果的诠释还很困难。但是，这方面研究工作的推进对数值模型的发展和了解中性大气与电离层等离子体间的相互作用是十分重要的。

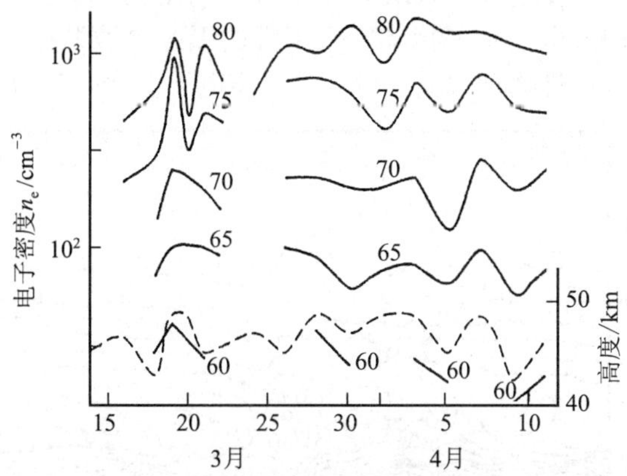

图9－29　在 D 层不同高度（实线）和平流层顶高度（虚线）上电子密度变化的对照[16]

实线上的数字表示高度（km）

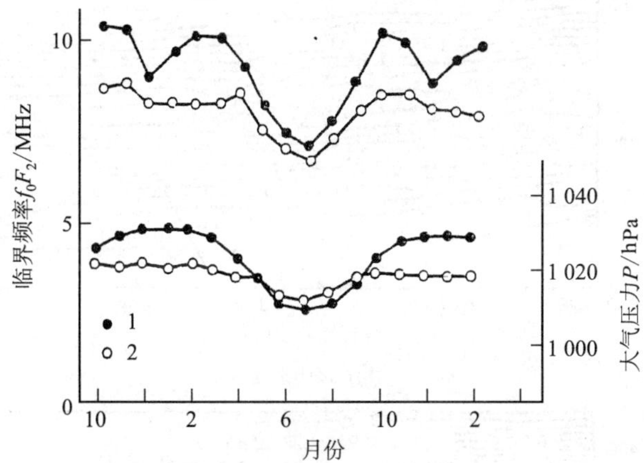

图 9－30　F_2层月平均的最大临界频率 f_0F_2和月平均的近地大气压力变化对比

1—莫斯科；2—托木斯克

9.6　人为活动对电离层的扰动

各种形式的人为活动对电离层的扰动客观存在，如：发射火箭可形成长寿命（4 ～8 h）的高度弥散的微小颗粒构成的云团，从火箭轨道一直散布至 1 000 km 的距离上，直至中、高大气层；电离层和地磁层经受声波－重力波（声重波）的扰动，还受到各种波段的电磁波的影响；核爆炸、卫星发射以及超声速飞机飞行都会产生波的扰动。在工业区的上空，可以观测到由极低频波段的电力输送线产生的谐波辐射；甚低频和高频波段的无线电通信及导航强发射器所发射的无线电波，将使电离层加热并改变其固有的参量。在这种情况下，观测到波一粒子相互作用、电子从辐射带倾出、电磁啸声波的参量耦合、频移、触发辐射以及啸声谱宽化等现象。

由图 9－31（a）可以看出，由火箭发射引起的电离层准波动结构在卫星射电地貌分析截面图上，呈现极其复杂的 2D 扰动结构。在大尺度扰动（约 200～400 km）上，存在某些较小的结构（约 50～70 km）。这些准波动结构的“波前”倾角也发生了变化。分析表明，火箭发射导致产生声重波及相应的电子密度扰动。采用强的无线电波源可对电离层进行人工模拟。已发现由于加热诱发的非线性物理效应，可导致产生电子密度的非均匀性（出现于 F 层）。

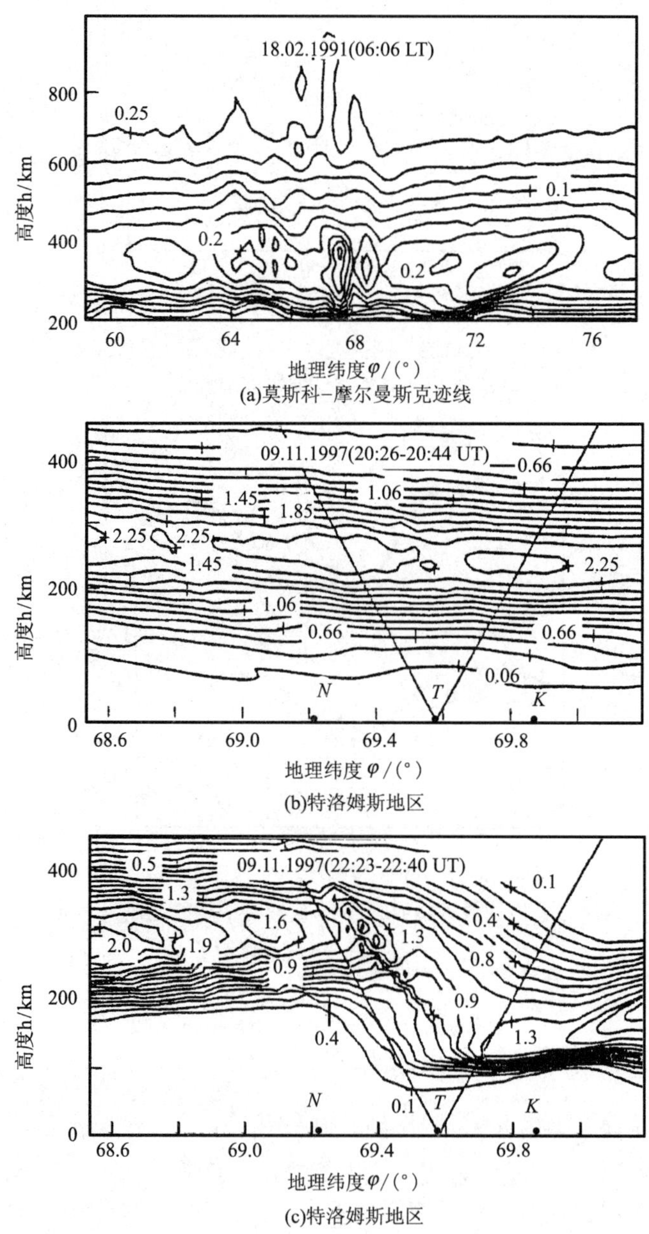

(a)莫斯科-摩尔曼斯克迹线

(b)特洛姆斯地区

(c)特洛姆斯地区

图 9－31　人为活动扰动电离层的射电地貌分析截面图举例[3]

图中数字表示电子密度值，单位为 $10^5\ cm^{-3}$

图 9—31（b）给出了采用卫星射电地貌分析反演再现方法得到的电离层截面图，对应的时间间隔为 20：26～20：44，UT（处于不同的加热扰动时段之间）。可见，在这一时间间隔内，电离层已恢复到初始非扰态。

图 9—31（c）表示在给定的加热扰动时段（22：18～22：23，UT）期间，卫星飞行阶段（22：23～22：40，UT）的电离层重构截面图。可以看出，在这段时间电离层结构明显不同于非扰动态。在水平分布的 F 层的南区，电子密度极大值 $n_{emax}\approx 2\times 10^5\ cm^{-3}$；在北区电子密度降至 $1.6\times 10^5\ cm^{-3}$。在最大加热锥范围内，看到清晰的 F 层倾斜，以及沿着近磁场方向延伸的结构。在此期间电离层的临界频率接近于加热波的频率。因此，可以认为，观测到的结构是由加热引起的效应形成的。

9.7　无线电波在电离层的传播

如上所述，对电离层的研究，主要是通过无线电波的传播特性得出有关其结构的信息。电磁波在电离层的传播条件，可由麦克斯韦方程组给定。该方程组可以描述电场强度（$\boldsymbol{E}$）、磁场强度（$\boldsymbol{H}$）、电位移（$\boldsymbol{D}$）（electric displacement）及磁感强度（$\boldsymbol{B}$）与电荷的函数关系

$$\nabla \boldsymbol{D}=\rho,\ \nabla \boldsymbol{B}=0$$

$$\nabla\times\boldsymbol{E}=-\frac{\partial \boldsymbol{B}}{\partial t},\ \nabla\times\boldsymbol{H}=\boldsymbol{J}+\frac{\partial \boldsymbol{D}}{\partial t} \tag{9-38}$$

$$\boldsymbol{D}=\varepsilon_0\boldsymbol{E}+\boldsymbol{P},\ \boldsymbol{B}=\mu_0\boldsymbol{H}$$

式中　$\boldsymbol{P}$——介质极化矢量；

ρ——电荷密度；

ε_0——真空介电常数，$\varepsilon_0=8.854\ 2\times 10^{-12}\ F\cdot m^{-1}$；

μ_0——真空磁导率，$\mu_0=4\pi\times 10^{-7}\ H\cdot m^{-1}$。

电子在电场和磁场内的运动方程为

$$m_e\frac{d\boldsymbol{V}}{dt}=-e(\boldsymbol{E}+\boldsymbol{V}\times\boldsymbol{B})-m_e\nu_{en}\boldsymbol{V} \tag{9-39}$$

式中　m_e，$\boldsymbol{V}$，e——电子的质量、速度和电荷；

ν_{en}——电子与中性粒子的碰撞频率。

假定 $\boldsymbol{E}$ 矢量是平面横向波、幅值为 E_0、频率为 ω 及波数 $k=2\pi\lambda$（λ 为介质中波长），则无线电波在电离层内的折射系数可以由阿普顿表达式给定

$$n^2=1-\frac{X}{1-iZ-Y_T/2\ (1-X-iZ)\ \pm\ [Y_T^4/4\ (1-X-iZ)^2+Y_L^2]^{1/2}} \tag{9-40}$$

式中，$X=n_e e^2/\varepsilon_0 m_e\omega^2$；$Y_L=eB_L/m_e\omega$ 和 $Y_T=eB_T/m_e\omega$，分别用于描述地磁场纵向（L）和横向（T）分量的影响；$Z=\nu_{en}/\omega$ 为无量纲参量，计及电子与中性粒子碰撞的影响。式（9—40）表明，折射系数是一复数，且与波频率相比，碰撞频率不能忽略。折射系数的实部描述介质的折射和反射性质，而虚部描述介质的吸收行为。由式（9—40）还可以得出，当 Y_L 和 Y_T 不等于零，相应于具有两个 n^2 值，这意味着磁场分量形成了介质的各向异性。这时，每一频率的波存在两种传播模式，即具有常规的和非常规的波分量。如果忽略碰撞

效应和磁场的影响（标量近似），式（9－40）具有如下简化的形式

$$n^2=1-\frac{n_e e^2}{\varepsilon_0 m_e \omega^2} \tag{10-41}$$

在D层，碰撞效应是不能忽略的。这表明，无线电波将沿着具有低折射系数的介质传播，并逐渐衰减。通过对无线电波幅值在1～10 MHz波段（对应于E层和F层）变化的研究，可以测出波在D层的吸收，从而获得电子密度变化的重要信息。

综上所述，通常基于电子数密度极大值，将电离层分成D，E，F_1和F_2层。它们具有不同的电离、扰动、离解、复合以及在大气层气体内输运等特定过程。F_1层经常（几乎总是在夜间）消失，这时F_2层被简单地称为F层。F层的电子数密度主要是源于波长14～80 nm的太阳辐射引起O和N_2的电离过程。其电子数密度的最大值位于大约250～300 km的高度上（F_1层的最大值位于160～180 km高度）。E层位于90～130 km高度上，由$\lambda<$ 14 nm的X射线和80～102.7 nm的极紫外辐射导致电离（102.7 nm是O_2电离阈值波长）形成。$\lambda>$ 102.7 nm的辐射不会导致大气主要气体组分的电离，对于离子的生成不会起很大作用。唯一例外的是：强的Ly－α线的波长尽管为121.6 nm，但由于上层大气的弱吸收，可以深入到较低的大气层内，对D层的形成起着一定的作用（D层位于90 km以下）。D层形成的其他辐射源还有：$\lambda<1$ nm的短波X射线辐射，可将NO电离；$\lambda\approx$102.7～111.8 nm的极紫外辐射，导致处于亚稳态的受激氧分子$O_2(^1\Delta g)$电离。

在恒定的外辐射源作用下，规则的非扰动电离层可以基于简单的函数关系加以描述。但是，当出现强烈的外在扰动因素（太阳辐射、太阳风和宇宙线等）时，将导致电离层内出现复杂的非稳态过程。并且，由于等离子体与地球磁场和电场以及行星际磁场的交互作用，可在电离层诱发一系列特殊的结构（电离槽、赤道异常及极光结构等），其动力学过程由上述的各种场和外界辐射等的复杂交互作用所决定。在人为活动的影响下，电离层问题将会变得更加复杂。

为了确切地描述等离子体在赤道附近区域的动力学过程，需要有关地球电场沿高度的时－空分布信息。高纬电离槽是由电离层－地磁场交互作用引起的。因此，为了定量描述电离层的状态和电子数密度的分布，需要有关外在因素如太阳电磁辐射、太阳风、宇宙线以及地球磁场和电场的详细数据。但是，由于测量数据记录精度和测量区域的局限性，上述信息至今还很不充分。

尽管如此，电离层是近地空间的重要层次，对无线电通信和导航等当代技术应用都具有决定性的作用。所以，有待于对外在扰动因素高度敏感的电离层物理状态进行深入的试验和理论研究。

近年来，针对复杂而多变的电离层已提出了多种模式，其中包括基于观测结果统计分析提出的经验模式；基于求解描述高层大气与日－地其他区域相互作用的方程组，提出的物理（或数学）模式；基于求解正交函数的解析模式，并根据当代电离层测量数据实时调解的自适应模式等，其中既有具体层区的电离层模式，也有具体地域上空的电离层模式。目前通用的国际参考电离层模式为IRI－2007模式[18]。为了对电离层的空间天气作出准确的预报，尚有待于对电离层认识的深化和观测数据的进一步积累。

参考文献

[1] 都亨，叶宗海．低轨道航天器空间环境手册．北京：国防工业出版社，1996：98－106.

[2] Prölss G W. Physics of the earth's space environment. Springer，2004：160－163.

[3] Криволуцкий А А，Куницын В Е. Ионосфера земли. Модель Космоса，Под редакцией Панасюка М И. Восьмое Издание，Том I：физицеские условия в космическом прастранстве. Москва：Издательство《КДУ》，2007：744－780.

[4] Chapman S. The absorption and dissociation or ionizing effect of monochromatic radiation in an atmosphere on a rotating Earth. Proc. Phys. Soc.，1931，43：26－45，483－501.

[5] Брасье Г，Соломон С. Аэрономия средней атмосферы. Л，：Гидрометеоиздат，1987.

[6] Ondoh T，Marubashi K. Science of space environment. Tokyo：Ohmsha Press，2001：77－83.

[7] 中国科学院空间科学与应用研究中心．宇航空间环境手册．北京：中国科学技术出版社，2000：116－121.

[8] Andreeva E S，Franke S J，Yeh K C，Kunitsyn V E. Some features of the equatorial anomaly revealed by ionospheric tomography. Geophys. Res. Lett.，2000，27（16）：2465－2468.

[9] Yeh K C，Franke S J，Andreeva E S，Kunitsyn V E. An investigation of motions of the equatorial anomaly crest. Geophys. Res. Lett.，2001，28；4517－4520.

[10] Franke S J，Yeh K C，Andreeva E S，Kunitsyn V E. A study of the equatorial anomaly ionosphere using tomographic images. Radio Sci.，2003，38（1）：1011－1020.

[11] Kunitsyn V E，Tereshchenko E. Ionospheric Tomography. Springer－Verlag，2003.

[12] Foster J，Kunitsyn V E，Tereshehenko E，et al. Russian－American tomography experiment. International J. Imaging Systems and Technology，1994，5（2）：148－159.

[13] Панасюк М И，Кузнецов С Н，и др. Магнитные бури в октябре 2003 года. Коллаборация《Солнечные экстремальные события 2003 года（СЭС－2003）》. Космические иследования，2004，42（5）：509－554.

[14] Уиттен Р，Поппов И. Основы аэрономии. Л.：Гидрометеоиздат，1977.

[15] Solomon S，Reid G C，Rush D W，Thomas R J. Mesospheric ozone depletion during the solar proton event of July 13，1982 Part II. Comparison between theory and measurements. Geophys. Res. Lett.，1983，10：257－260.

[16] Rosenberg T J，Lanzerotti L J. Direct energy inputs to the middle atmosphere. In：Middle atmosphere electrodynamics（NASA CP－2090），ed. Maynard N C，1979：43－70.

[17] Данилов А Д，Казимировский Э С，Вергасова Г В，Хачикян Г Я. Метеорологические эффекты в ионосфере. Л.：Гидрометеоиздат，1987.

[18] Bilitza D，Reinish B. International Reference Ionosphere 2007. Adv. Space Res.，2008，42（4）：599－609.

第 10 章　微流星体与空间碎片

10.1　引言

空间环境中存在着大量的中性固态物质，即所谓的流星体和空间碎片。流星体基于质量的大小分为流星体和微流星体（micrometeoroid，MM）。数量上较多的微流星体源于宇宙各星系，是宇宙空间中天然存在的微小尺度的天体物质，或者更确切地说是在星际空间高速运行着的固体颗粒。微流星体按其运动轨道的空间分布状态可分为偶现微流星体和流星雨两类。前者粒子轨道随机分布，而后者粒子轨道统一分布。

空间碎片或轨道碎片（orbital debris，OD）是指宇宙空间中除正在服役的航天器以外的人造物体，即分布在环绕地球轨道上并已丧失功能的空间物体。空间碎片俗称为“空间垃圾”，包括报废的空间装置、失效载荷、火箭残骸、绝热防护层材料、分离装置，以及因碰撞、风化产生的碎屑物质，还包括因发射失败、卫星相撞或由于某种原因而人为击毁的航天器等。

随着人类空间活动的增多，空间碎片的数量不断增加，这将使某些空间区域可能拥挤到不能再利用的程度。空间碎片和流星体对航天器撞击所造成的灾难性事件已屡见不鲜，成为航天器设计和运行必须考虑的重要空间环境因素。空间碎片数量的急剧增多，导致太空环境日益恶化，最终将在外层空间形成高密度的碎片层。到那时，人类将作茧自缚，被永久地禁锢于地球“摇篮”中。为此，空间碎片应引起高度关注，人类应采取一切必要的措施，防止这种悲剧的发生。

空间碎片与运行的航天器发生碰撞造成航天器的损伤程度，取决于空间碎片的大小、质量及其与航天器间的相对速度。通常直径为微米级的空间碎片会造成航天器表面损伤；毫米级的碎片会损伤卫星结构；厘米级的碎片会造成严重破坏。在低地球轨道上碎片与航天器发生碰撞的平均速度约为 9.1 km·s^{-1}，最大速度超过 14 km·s^{-1}。几厘米大小的碎片与航天器撞击时，其撞击能相当于以 130 km·h^{-1}疾驶的小汽车的撞击能。毫米级撞击粒子不仅能破坏航天器的太阳电池或光学仪器，甚至能穿透在空间行走的航天员的航天服。

10.2　微流星体和空间碎片的起源

微流星体是在太阳系内高速运行的固态颗粒，源于小行星和彗星。在太阳引力场作用下，它们绕太阳沿椭圆轨道运行，其线速度约为 11～72 km·s^{-1}，平均速度为 20 km·s^{-1}，平均密度为 0.5 g·cm^{-3}

在太阳系火星轨道和木星轨道之间，有一小行星带，其中有大量的小天体沿着各自的轨道绕太阳公转。由于引力摄动效应，它们的轨道不断变化，时而由于碰撞、脱轨等而坠落于地球大气层。高速运动的小星体与大气层摩擦生热、发光，形成流星。在秋季宁静的夜空，时常可以看到壮美的流星从天际划过，并落入地面成为陨石。流星体相互碰撞后一部分升华为气体，大部分成为碎片、尘埃，并在太阳系空间绕日运动，成为微流星体的起源。

微流星体可分为流星体群和背景流星体。所谓流星体群是由密集于其母体轨道附近、分布不均匀的小流星体组成的。每个流星体群中的微流星体的运动速度和方向大致相同。当它们与地球相遇时，由于透视效应，同一流星体群的微流星体仿佛是从同一个辐射点辐射出来的。

在太阳系内，与地球相交的微流星体群有 500 余个，较有名的有 18 个。最受人们关注的是天龙座和狮子座微流星体群。微流星体群的最大通量可达 $10^{-7}\ m^{-2}\cdot s^{-1}$，通常为 $2\times10^{-11}\ m^{-2}\cdot s^{-1}$。

微流星体群以外的微流星体称为背景流星体。其轨道具有随机性，而通量较稳定。质量大于 10^{-6} g 的背景微流星体通量在近地空间约为（4.7～6.0）$\times10^{-8}\ m^{-2}\cdot s^{-1}$；质量大于 10^{-12} g 的背景微流星体通量约为 $2.3\times10^{-5}\sim3.0\times10^{-12}\ m^{-2}\cdot s^{-1}$。

彗星是形成微流星体群的主要来源，它具有扁长的绕日轨道。当彗星从远日点到达近日点附近时，由于太阳辐射压力和温度的急剧变化，终将解体而形成微流星体。解体崩溃的彗星碎片与地球相遇时便形成微流星雨。所以，微流星体大部分源于彗星。

空间碎片源于完成任务后被遗弃在空间的运载火箭和航天器，包括发射时送入轨道的物体，如末级运载火箭、有效载荷和航天器机动飞行时的排放物，以及各种脱落物和破碎物、泄露物质、发射失败遗留物等。这些废弃物体的尺度和质量都可以在很大的范围内变化。

由于各国的航天水平及活动频度不同，所产生的空间碎片数量差异也很大。据 2000 年的统计数据，俄罗斯产生的空间碎片约占 48%，美国占 45%，其他国家占 7%；在地面监测跟踪的 8 972 块大碎片中我国占总数的 4%（351 块）。

航天器爆炸或碎片碰撞后产生的碎片是空间碎片的主要成分（45%）；其次是失效的有效载荷（21%）、废弃物（12%）及其他原因形成的碎片（10%）等，空间碎片的总质量达 3 000 吨以上（1996 年统计数据）。空间碎片质量占所有在轨飞行物体总质量的 99%以上。直径为 1～10 cm 的空间碎片数量是可跟踪物体的 3～9 倍，其平均密度为 $2.8\ g\cdot cm^{-3}$，相对于地球的平均速度为 $10\ km\cdot s^{-1}$。

10.3　微流星体和空间碎片的成分

微流星体又分为石质流星体和铁质微流星体两类。石质微流星体占绝大多数，与铁质流星体之比约为 9∶1。铁质流星体的组成 90%左右为铁，其他为镍、钴及锰等。石质流星体除铁和锰外，还含有大量的硅、氧等元素。铁质流星体的平均密度为 $8\ g\cdot cm^{-3}$，石质流星体密度为 $0.05\sim3\ g\cdot cm^{-3}$。光谱分析表明，微流星体内还含有 Ca，Mg，Na，Cr，

C以及CH，NH，CO，OH等。源于彗星的微流星体质地疏松，有的为冰状物，有的为尘埃的混合物。

根据在轨长期暴露装置（LDEF）的测量结果，大多数空间碎片都含有铝碎片以及铝氧化物、锌氧化物及钛氧化物等；还有航天员产生的废物，其中含有磷、钠和钾等。有的空间碎片中还含有源于不锈钢的铁、镍、铬以及源于电子材料的铜、银等元素。

10.4 微流星体和空间碎片的分布特征

空间碎片或微流星体在空间的分布与粒子的质量或尺寸、轨道高度及探测时间等多种因素密切相关，其分布的随机性和数据分散度均较大，难于用简单的函数关系描述。国外参照现有空间探测数据，建立了一些描述微流星体和空间碎片环境的工程模式（M/OD环境工程模式），以数学的方法描述微流星体和空间碎片的分布、运动和物理特征（如尺寸、质量及密度等）。这些模式可用于空间碎片和微流星体撞击风险和损害的评估、天基和地基探测率预测、在轨航天器规避和碎片减缓措施有效性的长期分析等。所有M/OD环境工程模式都以近地空间轨道上天然微流星体和人工碎片的实测数据为基础，并随时补充数据进行更新。

微流星体在空间的分布是不均匀的，许多微流星体密集于其母体轨道附近，形成微流星体群。当地球绕太阳公转穿过微流星体群的轨道时，地球及围绕地球运行的航天器将遭受众多的微流星体撞击。由于地球引力作用，地球附近的微流星体通量大于远离地球空间的通量；同时，航天器在轨运行过程中，还会受到某些大物体的遮蔽作用，从而使航天器附近的微流星体通量减小。微流星体群和流星体的不规则空间分布，造成其通量随时间变化。

绝大多数微流星体的运动，都具有绕太阳的闭合运动轨道。在地球附近，微流星体的绕日圆轨道速度约为30 $km \cdot s^{-1}$，抛物线轨道速度约为42 $km \cdot s^{-1}$，故微流星体与地球的相对速度上限约为72 $km \cdot s^{-1}$。由于受到地球引力势作用，进入近地空间的物体与地球的相对速度不小于11 $km \cdot s^{-1}$，因此微流星体与地球的相对速度为11～72 $km \cdot s^{-1}$，平均速度约为20 $km \cdot s^{-1}$。

太阳系中的流星体涉及大量的固体，其直径从零点几微米至数十千米。流星体尺度或质量在如此大的范围内变化，需要用多种手段进行观测。对于质量大于10^{-5} g的流星体，通常采用地面光学和无线电探测技术，研究流星体进入大气层时伴生的发光和电离现象。基于这些方法可获得可靠的统计数据，能够从地球大气层边缘外推至近地空间（约1 AU）。对于质量小于10^{-15} g的微流星体，可利用航天器进行探测，以便给出行星际空间不同区域的信息。由于流星体的特点是空间分布密度低，而且用于观测的传感器面积较小，所得到的测量数据的统计可靠性较低。为此，应进行综合性的持续观测。

99%左右的流星体沿椭圆形轨道运动，其运动方向与太阳和环绕太阳的所有行星的旋转方向一致。大质量的流星体如果脱离原有轨道，就会成为太阳系的小星体。它们在1 AU处相对于太阳中心的速度小于42 $km \cdot s^{-1}$。位于1 AU处环绕太阳运行的质量≥10 g的流星体，其化学成分和陨石相似。

流星体的化学成分与它们至太阳的距离有关，太阳辐射加热可使大多数易挥发物质被蒸发掉。一般认为，在太阳附近，钠、镁等元素已挥发掉。在太阳系的外部区域，太阳的加热作用变弱，温度较低，故流星体主要成分为氨、碳化物和其他成分的冰状物。

微流星体在空间通常聚集成群，并沿轨道方向排布。人们常以流星雨的名称命名微流星体群。流星雨是由微流星体群进入地球大气层形成亮迹的视在位置命名。如上所述，微流星体群的粒子都在同样的轨道上运行，在地面上看到的亮迹仿佛是从苍穹背景上某一点辐射出来的。天文学家则以流星雨辐射点所在星座名称或附近的恒星来命名流星雨。表10—1列出主要流星雨的参量，包括出现的时间和在地球上的视在位置等[1]。

没有计入流星体群的微流星体称为背景微流星体或偶现微流星体。偶现微流星体按其质量的分布规律为

$$N=km^{-s} \tag{10-1}$$

式中　N——给定质量范围内粒子的积分通量（$m^{-2}\cdot s^{-1}$）；

m——对应于粒子质量积分边界的质量；

s——表征曲线 $\lg N=f(\lg m)$ 斜率的质量指数。

依据式（10—1）可以得出，微流星体的数量（N）和质量（m）呈反相关系，即质量越大，微流星体数目越少，由参量 s 值所决定。对于所有的偶现流星体（从大流星体至微米量级的尘埃）以及不同的空间区域，参量 s 都是不同的，约在0.6～1.3间变化。

表10—1　主要的微流星体群参量

微流星体群或流星雨名称	与地球交会期	与地球交会极大日	辐射点位置 赤经/时分		辐射点位置 赤纬/(°)	对地速度/(km·s^{-1})	备注
像限仪座	1月1日～1月5日	1月4日	15	28	N50	43	暗小体积多
天琴座（4月）	4月19日～4月24日	4月22日	18	08	N32	47	
宝瓶座（η）	5月1日～5月8日	5月5日	22	24	0	64	
白羊座	5月29日～6月17日	6月8日	02	56	N23	39	白天流星雨
英仙座（ξ）	6月1日～6月15日	6月9日	04	04	N23	29	白天流星雨
天琴座（6月）	6月10日～6月21日	6月16日	18	32	N35		
蛇夫座	6月17日～6月26日	6月20日	17	20	S20		
金牛座（β）	6月23日～7月7日	6月30日	05	44	N19	31	白天流星雨
摩羯座	7月10日～8月5日	7月25日	21	00	S15		
宝瓶座（δ）	7月15日～8月15日	7月25日	22 22	36 36	S17 0	41	双辐射点
南鱼座	7月15日～8月20日	7月30日	22	40	S30		
摩羯座（α）	7月15日～8月25日	8月1日	20	36	S10		
宝瓶座（τ）	7月15日～8月25日	8月5日	22 22	30 04	S15 S6		双辐射点
英仙座	7月25日～8月18日	8月12日	03	04	N58	60	
天鹅座	8月18日～8月22日	8月20日	19	20	N55		

续表

微流星体群或流星雨名称	与地球交会期	与地球交会极大日	辐射点位置			对地速度/（km · s^{-1}）	备注
			赤经/时分		赤纬/(°)		
猎户座	10 月 16 日～10 月 27 日	10 月 21 日	06	24	N15	66	
天龙座	～10 月 10 日	10 月 10 日	17	40	N54	24	
金牛座	10 月 10 日～12 月 5 日	11 月 1 日	03 03	28 36	N14 N21	30	双辐射点
狮子座	11 月 14 日～11 月 20 日	11 月 17 日	10	08	N22	72	
仙女座	11 月 15 日～12 月 6 日	11 月 20 日	00	52	N55	20	
凤凰座	～12 月 5 日	12 月 5 日	01	00	S55		
双子座	12 月 7 日～ 12 月 15 日	12 月 13 日	07	28	N32	36	
小熊座	12 月 17 日～ 12 月 24 日	12 月 22 日	14	28	N78	36	

每一种流星体群内的质量分布以及不同流星体群的空间分布都明显不同，如图10－1所示[2]。表 10－2 和表 10－3 列出了不同空间区域的微流星体观测数据。图 10－2 给出了偶现微流星体在近地空间、近月空间和行星际空间（距日约为 0.8～1.2 AU）的通量－质量分布。由该图可见，在近月空间微流星体通量与在行星际空间无显著差异，而近地空间的微流星体通量相对较高。图 10－3 示出在近月空间质量 $m<10^{-12}$ g 的微流星体粒子通量在 1967 年～1970 年随时间的变化。微流星体粒子通量在 1 个数量级内变化，其幅值与每年微流星体群的作用强度有关。

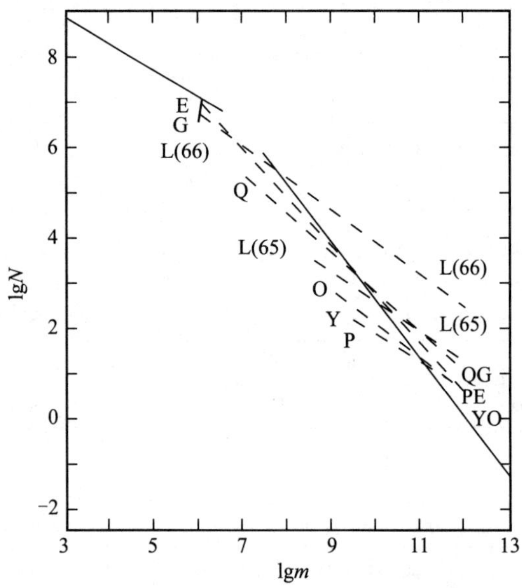

图 10－1　几种主要微流星体群的粒子积分通量随质量的分布

L—狮子座流星雨；Q—扇座流星群；G—双子座流星群；P—英仙座流星群；

E—η 水族座流星群；Y—天琴座流星群；O—猎户座流星群

N—在每 m^3 内微流星体粒子数目；m—粒子质量（g）；括号内的数字表示年代

表 10—2　近月空间和行星际空间微流星体观测数据

航天器	空间区域	探测器类型	极限记录质量/g	粒子通量/ $(m^2 \cdot s \cdot 2\pi \cdot sr)^{-1}$
月球—19 号	近月空间	发光型	8×10^{-11}	1.5×10^{-5}
	近月空间	电容型	3×10^{-10}	3.8×10^{-6}
	近月空间	压电型	3×10^{-7}	4.4×10^{-7}
月球—22 号	近月空间	电容型	2×10^{-11}	7×10^{-5}
				4.9×10^{-4}（流星雨）
月球轨道飞行器	近月空间	压力传感器	1.39×10^{-9}	1.9×10^{-6}
月球探测器—35	近月空间	传声器	5.12×10^{-12}	2×10^{-4}
	近月空间	电容＋传声器	10^{-10}	7.4×10^{-6}
轨道地球物理观测台—3	近月空间	飞行时间探测器（以第 1 张胶片估算）	2×10^{-13}	$(2\sim5)\times10^{-3}$
火星—7 号	行星际空间	发光型	3×10^{-11}	1.45×10^{-5}
水手—2 号	行星际空间	传声器	10^{-10}	6×10^{-6}
水手—4 号	行星际空间	传声器	5×10^{-12}	7.3×10^{-5}
先驱者—8 号和 9 号	行星际空间	等离子体型	3×10^{-13}	1.45×10^{-5}
			5×10^{-13}	2×10^{-4}

表 10—3　近地空间微流星体观测数据

航天器	距地高度/km	探测器类型	极限记录质量/g	积分通量/［粒子・ $m^{-2}\cdot s^{-1}\cdot(2\pi\cdot sr)^{-1}$］
宇宙号—470	195 ～ 272	发光型	8×10^{-12}	4×10^{-3}
		电容型	3.5×10^{-12}	5.1×10^{-3}
宇宙号—502	206 ～ 284	发光型	7×10^{-12}	2.3×10^{-3}
宇宙号—541	242 ～ 371	发光型	10^{-11}	3×10^{-4}
		电容型	3.5×10^{-12}	5×10^{-4}
Intercosmos—6	203 ～ 256	电容型	3×10^{-10}	5×10^{-5}
礼炮—1	259 ～ 282	电容型	1.7×10^{-9}	10^{-4}
		电容型	—	2×10^{-5}
		压电型	4×10^{-9}	2×10^{-5}
飞马星座—1	553 ～ 733	电容型	3.6×10^{-9}	2×10^{-6}
			1.3×10^{-7}	6.3×10^{-7}
			10^{-6}	3.6×10^{-8}
飞马星座—2	505～749	电容型	3.6×10^{-9}	3.2×10^{-6}
			1.3×10^{-7}	2.5×10^{-7}
			10^{-6}	7×10^{-8}

续表

航天器	距地高度/km	探测器类型	极限记录质量/g	积分通量/［粒子·$m^{-2}·s^{-1}·(2\pi·sr)^{-1}$］
飞马星座-3	524 ～ 536	电容型	1.3×10^{-9}	3.6×10^{-6}
			10^{-8}	3.0×10^{-7}
			1.6×10^{-7}	5.2×10^{-8}
探险者-16	731 ～ 1 099	压力传感器	1.3×10^{-9}	5.6×10^{-6}
			10^{-8}	2.9×10^{-6}
			1.6×10^{-7}	1.4×10^{-6}
探险者-23	464 ～ 980	压力传感器	1.8×10^{-9}	5.4×10^{-6}
			1.45×10^{-8}	2.7×10^{-6}
轨道地球物理观测台-2	415 ～1 507	等离子体型	10^{-12}	3×10^{-2}
轨道地球物理观测台-4	408 ～ 880	等离子体型	10^{-12}	6×10^{-3}

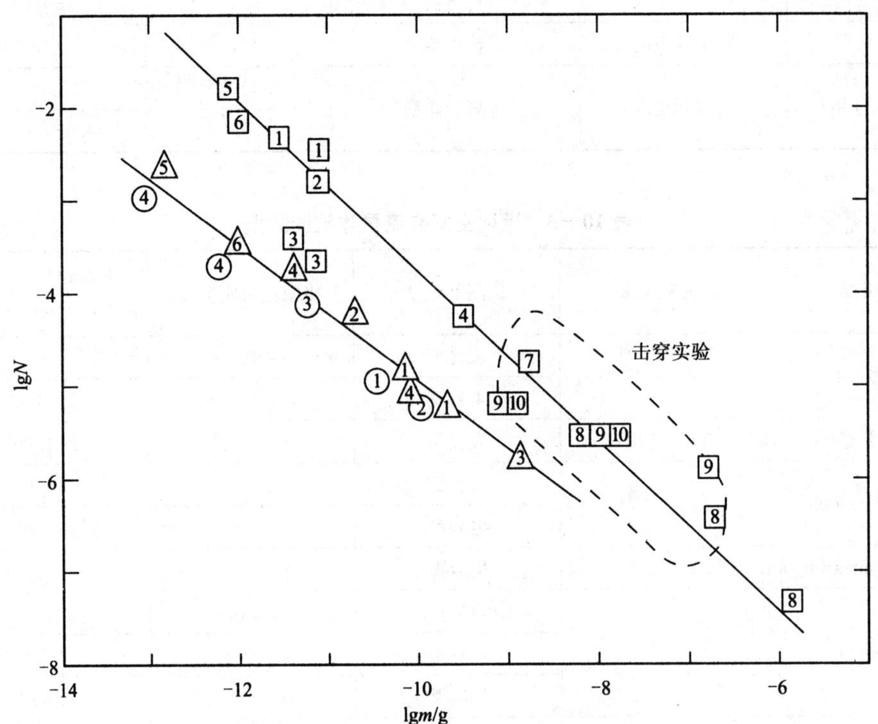

图 10-2 偶现微流星体通量按质量的分布

［N—粒子通量，$m^{-2}·s^{-1}·(2\pi·sr)^{-1}$；$m$—粒子质量，g］

□—近地空间：1—宇宙神-470；2—宇宙神-502；3—宇宙神-541；

4—Intercosmos-6；5—OGO-2；6—OGO-4；

7—礼炮；8—天马座-1，天马座-3；9—勘探者-16；10—勘探者-23；

△—近月空间：1—Lunar-19；2—Lunar-22；3—月球轨道；4—月球探险者-35；5—OGO-3；6—OGO-2；

O—行星际空间：1—火星探测器-7；2—水手-2；3—水手-4；4—先驱者-8号，先驱者-9号

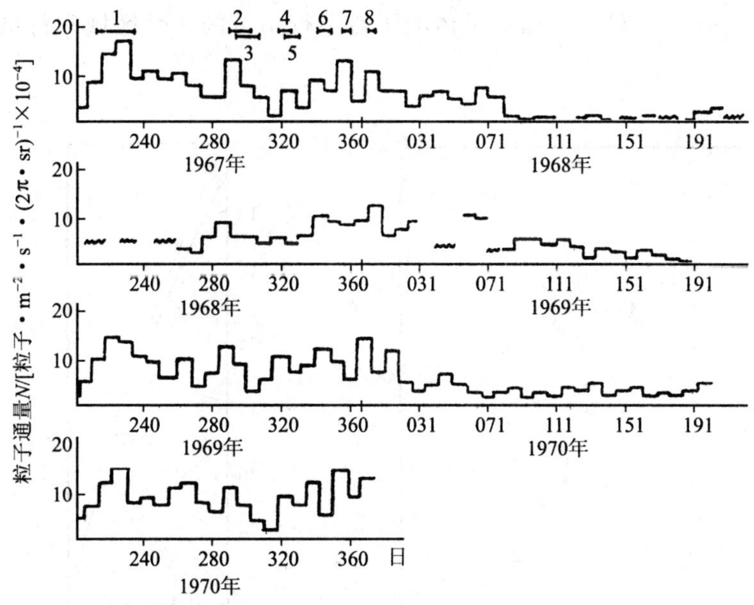

图 10－3　在 1967～1970 年期间，近月空间微流星体（质量＜10^{-12} g）的通量随时间的变化

～—数据空缺

据先驱者－10 号航天探测器上击穿型传感器的探测结果表明，当与太阳的距离 R 从 1 AU 增加至 5 AU 时，质量 $m \approx 10^{-9}$ g 粒子的通量以 $\propto R^{-1}$ 的规律而下降。图 10－4 基于先驱者－10 号上厚度为 25 μm 和先驱者－11 号上厚度为 50 μm 的不锈钢击穿传感器测得的数据，给出了行星际空间和木星周围的微流星体粒子通量与距太阳距离变化的关系。

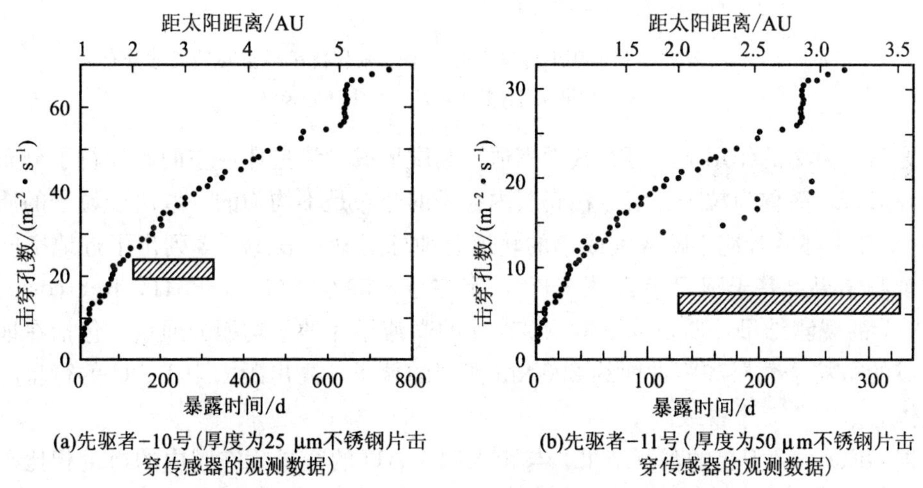

图 10－4　行星际和近木星空间的微流星体通量探测数据

图中▨为小行星带

在小行星带对较大尺寸（35 μm～15 cm）的流星体进行了观测。结果表明，在小行

星带尺寸小于 0.15 cm 的微流星体通量，实际上与行星际空间没有差异。图 10－5 给出了距日距离 1.0～3.5 AU 处，微流星体粒子在小行星带的 3 个区域和行星际空间的尺寸分布。

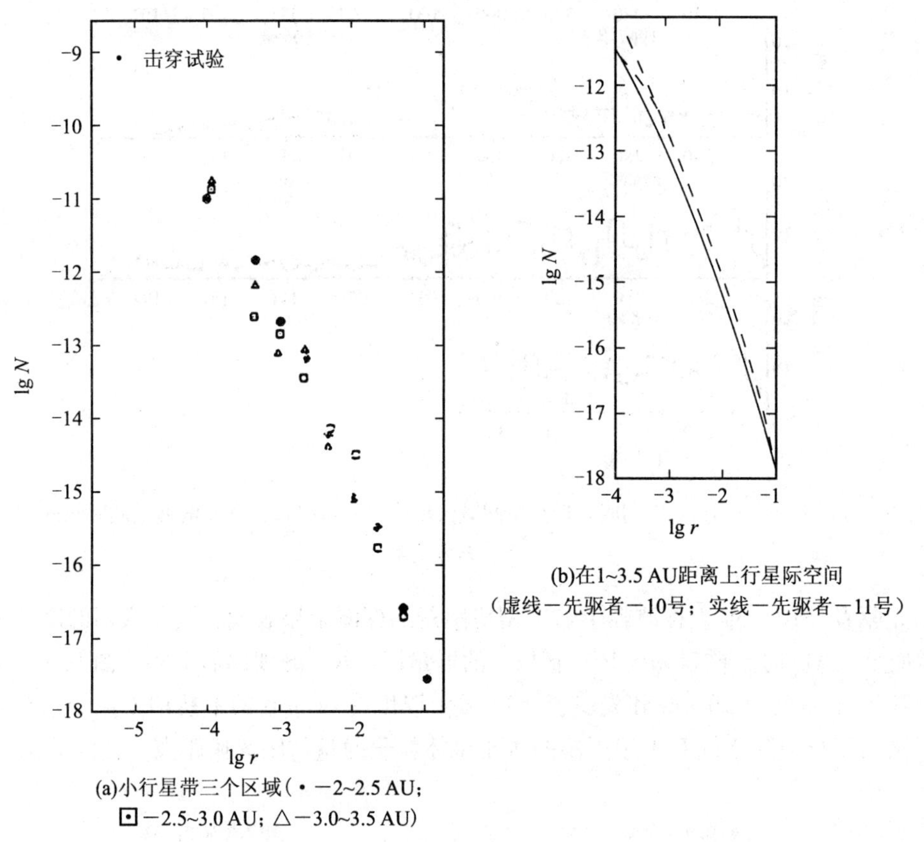

(a)小行星带三个区域（• －2~2.5 AU；⊡－2.5~3.0 AU；△－3.0~3.5 AU）

(b)在1~3.5 AU距离上行星际空间（虚线－先驱者－10号；实线－先驱者－11号）

图 10－5　微流星体粒子在小行星带的三个区域和行星际空间的尺寸分布

N—在每 m^3 内微流星体粒子数目；r—粒子半径（m）

在地球引力场的作用下，可在其周围适当高度形成微流星体或空间碎片粒子分布比较密集的环形带，简称为粒子壳层。在壳层内粒子的分布是不均匀的（取决于粒子的质量分布），每个粒子都沿着地心距或大或小的轨道绕地球运动。表 10－3 列出了近地空间微流星体的观测结果。基于卫星宇宙号－470，宇宙号－502，宇宙号－541，Intercosmos－6 和礼炮－1 的观测结果，质量 $m \geqslant 3\times10^{-12}$ g 的微流星体的平均积分通量，包括在地球附近已形成的微粒子壳层和距地面约 200 km 偶现的粒子，高出距太阳 1 AU 的行星际空间微流星体通量的 1.5 个量级。

根据 GEOS－2 卫星的观测结果，与距太阳 1 AU 的行星际空间内的通量相比，距地面（2～6）$\times10^4$ km 处，质量为 $m \geqslant 10^{-12}$ g 的微流星体粒子总通量要高出 2 个数量级；在距地面（6～24）$\times10^4$ km 高度，质量为 $m \geqslant 10^{-12}$ g 的微流星体粒子总通量要高出 3 倍。地球附近微流星体壳层中的粒子具有卫星轨道速度，偶现微流星体粒子相对日心的运动速度$\leqslant$42 km·s^{-1}。

假定微流星体粒子的质量密度为 1 g • cm^{-3}，轨道速度为 10 km • s^{-1}量级，所携带的动能与粒子直径的关系如图 10－6 所示[3]。

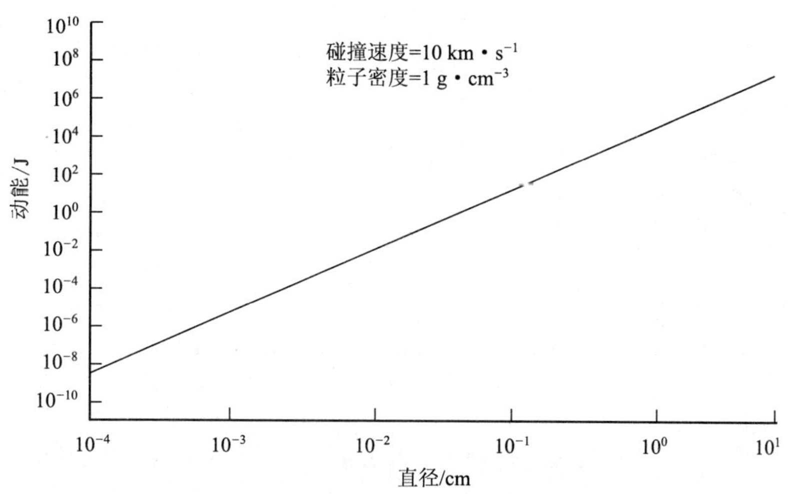

图 10－6　微流星体的动能与粒子直径的关系曲线

大量的观测结果表明，材料被微流星体粒子击穿的厚度 t（cm）可由下式给出

$$t \approx m_p^{\alpha/3} \rho_t^{\beta/3} v_\perp^{\gamma/3} \tag{10-2}$$

式中　m_p——入射粒子的质量（g）；

ρ_t——靶材料的密度（g • cm^{-3}）；

$v_\perp$——垂直于靶面的碰撞速度分量（km • s^{-1}）。

式中各常数为：$\alpha \approx 1$，$\beta \approx 0.5$，$\gamma \approx 2$。基于长期暴露装置（LDEF）的观测数据，微流星体粒子的击穿厚度可近似表示为

$$t = K_1 m_p^{0.352} \rho_t^{1/6} v_\perp^{0.875} \tag{10-3}$$

式中　K_1——材料常数。

长期暴露装置观测结果表明，对于铝靶材，$K_1 = 0.72$。当撞击粒子不能穿透靶材时，将在表面形成陷坑（crater）。陷坑的深度 P（cm）可以近似地表示为

$$P = 0.42 m_p^{0.352} \rho_t^{1/6} v_\perp^{2/3} \tag{10-4}$$

陷坑深度和穿透厚度与撞击粒子尺寸的关系如图 10－7 所示。撞击粒子可以改变撞击点附近撞击面积 3～4 倍范围靶材的表面性质。微流星体和轨道碎片撞击主要是导致物理损伤，如靶材表面材料烧蚀、热学/光学性能的变化及等离子云团的抛射等。所释放的等离子云团可能反过来污染敏感表面，或者造成电磁干扰。尽管这种微粒子撞击引起的电磁干扰信号很微弱，但仍可以被灵敏的探测仪器检测出。安装在旅行者号航天器上的电场探测器曾监测到与尘埃粒子撞击天线相关的电磁干扰信号。在进行载人飞行时，航天员所在机舱突然减压是令人十分担心的问题。即使撞击粒子在空间站上产生一个针孔大小的孔洞，也需要几乎一天的时间来重新进行密封。一个铅笔直径大小的小孔约需机组人员耗费

一小时进行定位和修复。表10－4列出了基于击穿型传感器测得的表征近地空间微流星体击穿作用的相关数据[4]。

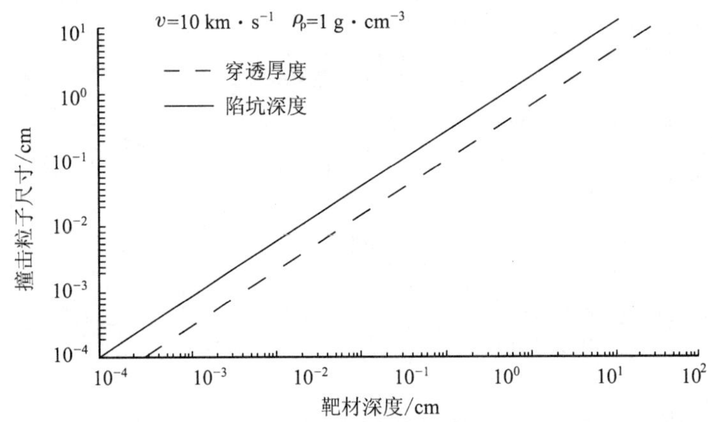

图10－7 陷坑深度和穿透厚度与撞击粒子尺寸的关系曲线（铝靶材）

表10－4 近地空间微流星体粒子的击穿作用数据

航天器	靶材击穿厚度/μm	击穿等效铝厚度/μm	击穿次数	入射粒子通量/($m^{-2}\cdot s^{-1}$)	粒子质量阈值/g
探险者－16号	铍－铜，25	58	44	5.2×10^{-6}	7.7×10^{-9}
	铍－铜，25	118	11	2.7×10^{-6}	2.9×10^{-8}
探险者－23号	钢，25	65	50	6.4×10^{-6}	7.7×10^{-9}
	钢，51	130	74	3.6×10^{-6}	2.9×10^{-8}
飞马座－1号	铝，38	38	1 772	3.28×10^{-6}	3.4×10^{-8}
飞马座－2号	铝，226	226	62	3.47×10^{-7}	2.3×10^{-7}
飞马座－3号	铝，406	406	431	8.8×10^{-8}	9.6×10^{-7}

月球表面不存在大气层，微流星体是以初始速度与月球表面碰撞。碰撞导致月球表面的岩石层发生碎裂，所产生的碎裂岩石粒子以弹道轨迹坠落于月球表面，并形成月球尘埃云团。从月球深处溅射出的粒子质量为入射微流星体粒子质量的许多倍。其中，只有大约1%的粒子以大于2.4 km · s^{-1}的速度坠落于月球表面。阿波罗－17号月球探测器对月球表面的探测表明，在月球近日点和远日点存在大量异常粒子。近日点异常粒子的数量超出正常粒子近100倍；远日点约超出20倍。据推测，这种现象是由于月球表面带电尘埃粒子漂移的结果。坠落于月球表面的偶现微流星体通量，实际上与距太阳0.8～1.2 AU处的行星际空间的通量相同。多颗卫星的观测数据证实了这一点。

空间碎片的分布虽不像微流星体那样有固定的轨道，但也有一定的规律性。据估计，在距地面2 000 km的高度（低地球轨道）内约有3 000 t以上的人造在轨物体，它们大多分布在高倾角轨道，平均相对速度为10 km · s^{-1}。直径大于10 cm的人造在轨物体称为大碎片，可由常规仪器探测和编目；直径在1～10 cm的人造在轨物体为中尺度碎片，一般很难追踪和分类，却很容易导致灾难性事件；再小的称为小碎片，数量很多，一般由航天器采样探测。2 000 km 以下低地球轨道是空间碎片密集区，如图 10－8 所示[5]。

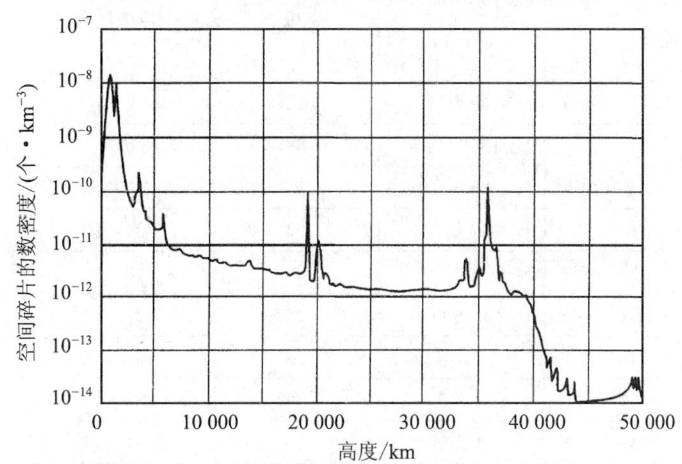

图 10－8　空间碎片的数密度随高度的分布

低地球轨道区域是航天器爆炸的多发区，因此也是空间碎片的重要起源区。这一区域不断经历着碎片的消失和碰撞导致数量增加的动态变化过程。由图 10－8 可见，地球同步轨道是空间碎片的另一密集区，大约有几百亿个大小介于 0.1～1 cm 和十余万个 1～10 cm 的碎片。由航天器设计和运行故障而产生的空间碎片多集中在此区域。

20 世纪末，地面可有效跟踪的空间碎片（>10 cm），在低地球轨道（低于 550 km）约有 5 747 块，中轨道区有 134 块，地球同步轨道区有 601 块。在 300～2 000 km 之间的区域是空间碎片密集程度最大的区域。空间碎片数密度在 800 km 和 1 400 km 高度上呈现峰值，最大数密度为 1×10^{-8} km^{-3}；在 18 000 km 和地球同步轨道高度上也有较多的空间碎片，数密度达 1×10^{-10} km^{-3}。在地球同步轨道以外，空间碎片数密度急剧下降[6]。

10.5　微流星体和轨道碎片环境

10.5.1　微流星体

(1) 微流星体

太阳系中一些主要流星雨的轨道和参量是已知的，航天器与它们的碰撞可以预报，而和偶现流星体的碰撞是随机的。如前所述，宇宙空间流星体的尺度在几十分之一微米至几十千米间变化，并主要集中在 100～400 km 高度范围内；而在 10^3～10^6 km 高度范围内，流星体数量急剧减少（降低 1～5 个数量级）。流星体数量与质量呈指数关系下降。所以，航天器主要是遭受偶现微流星体的碰撞，其中又主要为石质微流星体。在评估碰撞效应时，应考虑微流星体相对于航天器的速度。保守地，可以将平均速度选取为 40 $km\cdot s^{-1}$。流星体的典型参量如表 10－5 所示[7]。

表 10—5　流星体的参量

流星体等级	质量/g	半径/μm	速度/ (km·s^{-1})	碰撞概率/ [次·(m^2·s)$^{-1}$]	每天落到地球上的数量
0	25.0	49 200	28	5.27×10^{-14}	……………
1	9.95	36 200	28	1.324×10^{-13}	……………
2	3.96	26 600	28	3.33×10^{-13}	……………
3	1.58	19 600	28	8.34×10^{-13}	……………
4	0.628	14 400	28	2.10×10^{-12}	……………
5	0.250	10 600	28	5.27×10^{-12}	2×10^{8}
6	9.95×10^{-2}	7 800	28	1.324×10^{-11}	5.84×10^{8}
7	3.95×10^{-2}	5 740	28	3.33×10^{-11}	1.47×10^{9}
8	1.58×10^{-2}	4 220	27	8.34×10^{-11}	3.69×10^{9}
9	6.28×10^{-3}	3 110	26	2.10×10^{-10}	9.26×10^{9}
10	2.50×10^{-3}	2 290	25	5.27×10^{-10}	2.33×10^{10}
11	9.95×10^{-4}	1 680	24	1.324×10^{-9}	5.84×10^{10}
12	3.96×10^{-4}	1 240	23	3.33×10^{-9}	1.47×10^{11}
13	1.58×10^{-4}	910	22	8.34×10^{-9}	3.69×10^{11}
14	6.28×10^{-5}	669	21	2.10×10^{-8}	9.26×10^{11}
15	2.50×10^{-5}	492	20	5.27×10^{-8}	2.33×10^{12}
16	9.95×10^{-6}	362	19	1.324×10^{-7}	5.84×10^{12}
17	3.96×10^{-6}	266	18	3.33×10^{-7}	1.47×10^{13}
18	1.58×10^{-6}	196	17	8.34×10^{-7}	3.69×10^{13}
19	6.28×10^{-7}	144	16	2.10×10^{-6}	9.26×10^{13}
20	2.50×10^{-7}	106	15	5.27×10^{-6}	2.33×10^{14}
21	9.95×10^{-8}	78.0	15	1.324×10^{-5}	5.84×10^{14}
22	3.96×10^{-8}	57.4	15	3.33×10^{-5}	1.47×10^{15}
23	1.58×10^{-8}	39.8①	15	8.34×10^{-5}	3.69×10^{15}
24	6.28×10^{-9}	25.1①	15	2.10×10^{-4}	9.26×10^{15}
25	2.50×10^{-9}	15.8①	15	5.27×10^{-4}	2.33×10^{16}
26	9.95×10^{-10}	10.0①	15	1.324×10^{-3}	5.84×10^{16}
27	3.96×10^{-10}	6.30	15	3.33×10^{-3}	1.47×10^{17}
28	1.58×10^{-10}	3.98	15	8.34×10^{-3}	3.69×10^{17}
29	9.28×10^{-11}	2.51	15	2.10×10^{-2}	9.26×10^{17}
30	2.50×10^{-11}	1.58	15	5.27×10^{-2}	2.33×10^{18}
31	9.95×10^{-12}	1.00	15	1.324×10^{-1}	5.84×10^{18}

①表示流星体的密度大于 0.05 g·cm^{-3}；除此之外，其他流星体的半径以密度 0.05 g·cm^{-3} 估算。

（2）微流星体环境

较大的微流星体可用地面雷达观测。并且，通过在轨超高速撞击表面暴露试验，可以研究微流星体的粒子尺度和通量分布。微流星体通量并非是恒定的，在1年当中会发生变化，如发生流星雨事件（meteor shower）。当地球轨道与彗星解体时留下的尘埃云相交时会发生流星雨事件。1993年，美国曾为了规避流星雨而推迟一天发射飞船。行星际微流星体的背景通量 F_{MM}（$m^{-2}\cdot a^{-1}$）可以由下式给出

$$F_{MM}=3.156\times10^{7}\ [A^{-4.38}+B+C] \tag{10-5}$$

式中，$A=15+2.2\times10^{3}m^{0.306}$；$B=1.3\times10^{-9}\ (m+10^{11}m^{2}+10^{27}m^{4})^{-0.306}$；$C=1.3\times10^{-16}\ (m+10^{6}m^{2})^{-0.85}$；$m$ 是微流星体粒子的质量（g）。如图10－9所示，航天器与质量较大的微流星体撞击的机会很少，但长期飞行时与小质量微流星体相撞却必然会发生。如果微流星体的平均速度为17 $km\cdot s^{-1}$，则相应的平均碰撞速度为19 $km\cdot s^{-1}$。当微流星体的速度为11.1～16.3 $km\cdot s^{-1}$时，归一化速度分布函数值近似为0.112；当速度为16.3～55 $km\cdot s^{-1}$时，分布函数为（3.328×10^{5}）$v^{-5.34}$；速度为55～72.2 $km\cdot s^{-1}$时，分布函数值为1.695×10^{-4}。速度分布函数的单位为粒子数·（$km\cdot s^{-1}$）$^{-1}$。推荐的微流星体质量密度为：质量$<10^{-6}$ g时，密度为2 $g\cdot cm^{-3}$；质量为10^{-6}～0.01 g时，密度为1 $g\cdot cm^{-3}$；质量>0.01 g时，密度为0.5 $g\cdot cm^{-3}$。

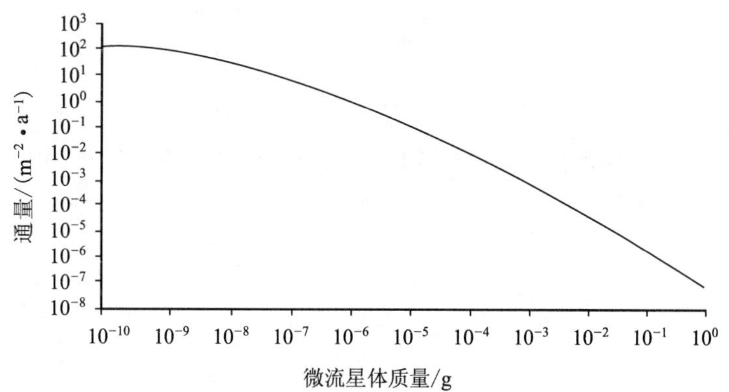

图10－9　行星际微流星体通量与质量的关系

地球重力场的作用使微流星体粒子朝地球聚集，这将使地球轨道上微流星体粒子通量增加。计及这种重力聚集效应，应将行星际微流星体粒子通量乘以如下因子

$$F_{grav}=1+\frac{R_E+100}{R_E+h} \tag{10-6}$$

式中　h——航天器轨道高度（km）。

式（10－6）假定通过距地球表面100 km以内的任何粒子都将落入大气层。这和假定空间起始于100 km的高度相一致。地球将阻挡从地球方向入射到航天器的任何微流星体（图10－10）。计及地球的屏蔽效应，应扣除地球对航天器屏蔽锥立体角内的微流星体通量。地球屏蔽因子由下述表达式给定

$$F_{\text{shied}}=\frac{1+\cos\eta}{2}$$

$$\eta=\sin^{-1}\left[\frac{R_E+100}{R_E+h}\right] \tag{10-7}$$

式中　R_E——地球半径（km）；

h——轨道高度（km）；

η——地球屏蔽锥截面半顶角。

式 10－7 假定通过距地球表面 100 km 以内的任何粒子都将落入大气层，这和假定空间起始于 100 km 的高度相一致。

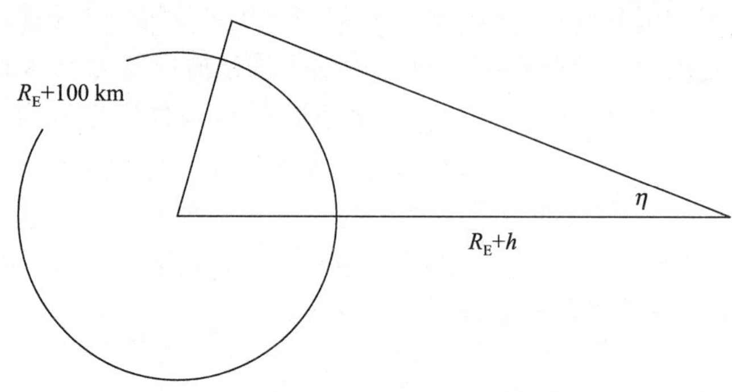

图 10－10　地球屏蔽锥几何关系示意图

鉴于微流星体分布特征，预期大多数粒子对航天器的撞击发生在航天器的面向空间的表面上，而航天器面向地球的表面或侧表面的粒子通量将显著降低。航天器的面向地球表面或尾部表面的通量将降至 1/10。航天器侧面或顶面的通量下降因子为

$$F_{\text{dir}}=\frac{1.8+3\sqrt{1-\left(\frac{R_E+100}{R_E+h}\right)^2}}{4} \tag{10-8}$$

式中　R_E——地球半径（km）；

h——轨道高度（km）。

对于航天器表面上任一给定点的微流星体粒子通量应是式（10－5）、式（10－6）、式（10－7）和 式（10－8）的乘积。

10.5.2　轨道碎片环境

顾名思义，人为造成的轨道碎片出现在地球周围的轨道附近，其速度为 8 km · s^{-1}量级。因此，轨道碎片撞击航天器的速度要小于微流星体，并且碰撞将主要发生在对顶面。与微流星体不同，轨道碎片通量受太阳活动周期（通过空气动力学曳力）的影响。更重要的是如果比较相同尺度粒子的通量，在某些常用的轨道上，轨道碎片通量通常大于微流星体。截至 1987 年，可能约有 20 000 块大于 4 cm 的轨道碎片绕地球运动。大多数轨道碎片尺寸<1 cm，但是只有大于 10 cm 的碎片能够被跟踪观测到（图 10－11）。当时，这样尺

度的碎片大约有 7 000 余块。轨道碎片的总质量随着航天器数量增加以大约每年 230 块的速率持续增加。目前轨道碎片已增至 15 000 块以上。

轨道碎片的来源包括退役航天器、助推火箭、航天器爆炸或解体的产物、碰撞产物、固体火箭燃料颗粒以及卫星表面剥蚀颗粒等。在超高速碰撞时从航天器表面脱落的材料，均可能变为轨道碎片。如表 10－6 所列，1 kg 铝可以形成数十万个直径 1 mm 的颗粒。即使小质量物体也能形成数量可观的轨道碎片。

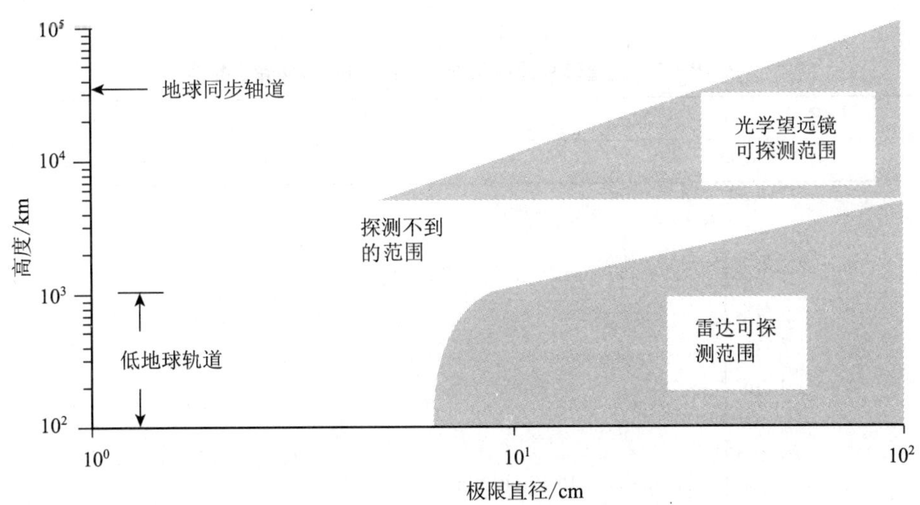

图 10－11　轨道物体可探测到的尺寸范围

表 10－6　每千克铝可形成直径为 d (cm) 的颗粒的数目

颗粒直径 d/cm	0.1	0.2	0.5	1.0
直径为 d 的颗粒数/每千克铝	707 617	88 452	5 661	707

虽然轨道碎片环境尚无明确的定义，并且小尺寸轨道碎片（<1 cm）在 700 km 以上高空的数目实际上尚不清楚，但是，轨道碎片通量（以粒子数 · m^{-2} · a^{-1} 为单位）可以近似地表示为[8]

$$F_{OD} = H(d)\phi(h,S)\psi(i)[F_1(d)g_1(t) + F_2(d)g_2(t)] \tag{10-9}$$

式中

$$H(d) = [10^{\exp(-\frac{\lg d - 0.78}{0.637})^2}]^{1/2}$$

$$\phi(h,S) = \frac{\phi_1(h,S)}{\phi_1(h,S)+1}$$

$$\phi_1(h,S) = 10^{(\frac{h}{200}-\frac{S}{140}-1.5)}$$

$$F_1(d) = (1.22\times 10^{-5})d^{-2.5}$$

$$F_2(d) = (8.1\times 10^{10})(d+700)^{-6}$$

$$g_1(t) = (1+q)^{(t-1\,988)}$$

$$g_2(t) = 1 + p(t-1\,988)$$

上述各式中，d 为粒子直径（cm），h 为轨道高度（km）；S 或 $S(F_{10.7})$ 为按13个月平滑化的太阳射电辐射通量；i 为轨道倾角（度）；t 为所涉及的历元（$t<2\,011$）；$p\approx0.05$，是假定的碰撞物体增长率；$q\approx0.02$ 是碎片增长率的估计值；$\psi(i)$ 是描述通量与倾角关系的函数，其值如表10—7所列。图10—12和图10—13分别示出1995年在典型的低地球轨道上轨道碎片和微流星体的通量。

表10—7　轨道碎片通量函数 $\psi(i)$ 与轨道倾角 i 关系

i/(°)	28.5	30	40	50	60	70	80	90	100	120
$\psi(i)$	0.91	0.92	0.96	1.02	1.09	1.26	1.71	1.37	1.78	1.18

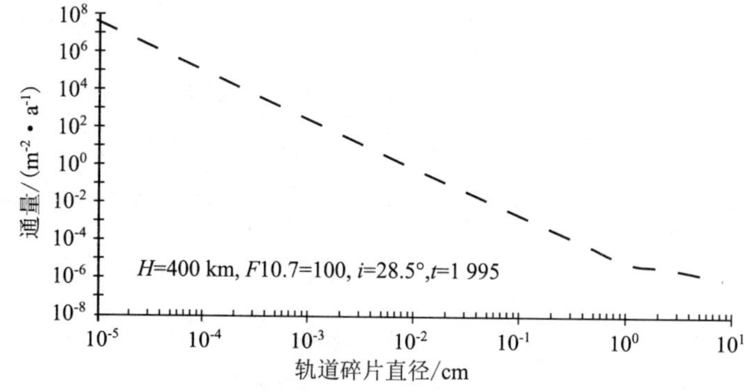

图10—12　典型低地球轨道上碎片通量与轨道碎片直径的关系[3]

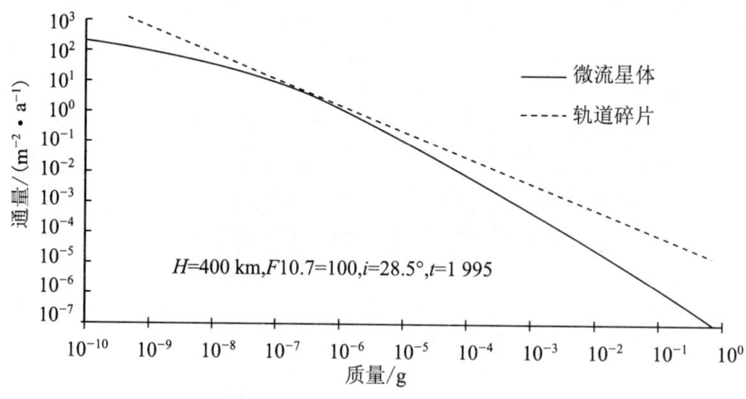

图10—13　典型低地球轨道上碎片和微流星体通量与质量的关系[3]

基于不同的应用目的，常用的卫星轨道主要有以下几种。

1）极轨道：轨道平面与赤道面夹角为90°，卫星经过南北两极上空过程中几乎可以观测到地球的每一区域。地球在卫星下方转动，卫星绕地球一周约90分钟。

2）太阳同步轨道：轨道平面与太阳保持恒定角度。卫星可在700～800 km高度上，每天在相同时间通过地球相同的区域。由于地球绕太阳公转，卫星轨道漂移约1（°）·d^{-1}。

3）地球同步轨道：距地球表面的高度为35 790 km。卫星以与地球自转速度相同的速度绕地球运动（转一周时间为23 h56 min4.09 s）。在此轨道运行时，几乎可以观测到地球半球的全部，用于大尺度现象（如风暴、气旋）观测和通信卫星。这类轨道的缺点是观测地球的分辨率较低。

4）低地球轨道：通常高度在1 000 km以下，且倾角较低（<60°），可以覆盖的地球面积与地球同步轨道相比较小，但具有较高的分辨率。

直径小于0.62 cm的轨道碎片质量密度约为4 g·cm^{-3}；碎片直径大于0.62 cm时，质量密度约为$2.8\times d^{-0.74}$ g·cm^{-3}，d为碎片直径（cm）。如上所述，在一定轨道高度上，轨道碎片通量大于微流星体通量（图10－13）。由于空气动力学曳力有助于清洁低轨道高度上的碎片环境，碎片通量在300～1 000 km高度之间随高度大体呈对数增加，而在1 000～2 000 km高度上基本保持常数。

轨道碎片与航天器的碰撞概率可以通过统计学方法进行估算。在时间T（a）内，通量为F的轨道碎片与表面积A（m^2）的碰撞次数N可由下式给出

$$N=\int_t^{t+T}FA\,\mathrm{d}t \tag{10-10}$$

而n次碰撞的概率为

$$\mathrm{P}_n=\frac{N^n}{n!}\mathrm{e}^{-N} \tag{10-11}$$

为了估算质量大于某一特定值的轨道碎片与航天器的碰撞次数，可以从式10－10中扣除质量较小的粒子通量。

（1）碎片数量

从1957年前苏联首次发射Sputnik I卫星以来，人类已进行了超过3 750次的空间发射活动，导致23 000余块可见的空间物体，至今大约仍有9 000余块碎片在轨飞行。在编目的轨道上包括运行航天器的飞行物体数目只占约6%，而50%为退役的卫星及相关的物体（如附件、透镜盖等）；其余源于自1961年以来记录到的129个在轨失事航天器。这些事件产生尺寸大于1 cm的轨道碎片数目为70 000～120 000。统计结果表明，大多数轨道碎片遗留在地球表面以上2 000 km高度以内。在此空间范围内，碎片数随高度发生显著变化，碎片主要集中在800 km，1 000 km和1 500 km高度附近。航天器必须加以防护以避免与轨道碎片发生碰撞，必要时应提前采取规避措施。

（2）空间碎片探测

空间碎片的地面观测分为两类：雷达观测，用于低地球轨道碎片的监测；光学测试，用于高地球轨道碎片的监测。空间碎片发出的光学观测信号强度反比于距离或高度的平方，即$I_{\mathrm{opt}}\propto 1/r^2$；对雷达观测信号强度则为$I_{\mathrm{rad}}\propto 1/r^4$。雷达观测需要有大功率电源，较难用于高轨道碎片观测。中等尺度的光学望远镜对高轨道碎片观测比雷达更为适合。雷达适用于低地球轨道碎片的观测，其优点是能全天候和昼夜运行。

10.6 微流星体和空间碎片的效应

10.6.1 微流星体和空间碎片的异同

在分析微流星体和空间碎片对航天器造成的危害时，应对两者之间的异同作必要的讨论。两者都是中性的固态物体，而且都遵从体积或质量越小而数量越多的规律。但两者又有许多的不同点，如表10－8所示。

表10－8 微流星体与空间碎片的差异

	微流星体	空间碎片
起源	天然形成	人为生成
组分	以铁质、石质物质为主	以航天器壳体、载荷材料为主
轨道	绕日轨道	绕地轨道
速度/（$km \cdot s^{-1}$）	11 ～ 72	＜8
平均碰撞速度/（$km \cdot s^{-1}$）	约20	约10
位置效应	行星体引力会聚与星体屏蔽	与轨道区域密切相关
时间变化	无递增趋势	逐年递增
倾角效应	无	有
太阳活动	基本无关	相关

高速粒子对航天器碰撞所造成的危害，主要取决于彼此之间的相对速度。这一点对于微流星体和空间碎片而言是共性。特别是，尽管微流星体的质量很小，却由于其相对速度很大，具有很高动能。高速粒子与航天器碰撞时，极短时间内在很小的碰撞点上释放出来的能量，可因碰撞速度不同产生不同的后果。当相对速度 $v<2\ km \cdot s^{-1}$时，一般处于弹性碰撞范围，碰撞粒子产生变形，但仍能恢复，保持完整形态；当 $v\approx 2\sim 7\ km \cdot s^{-1}$时，粒子将成为碎片；$v\approx 7\sim 11\ km \cdot s^{-1}$时，粒子将呈熔化状态。速度超过$11\ km \cdot s^{-1}$时，碰撞粒子及被碰撞物体皆可能被汽化，汽化的靶物质会形成羽状等离子体流，并可能进入航天器而造成电路短路。

10.6.2 微流星体和空间碎片对航天器的损伤

质量小于10^{-7} g，直径小于100 μm的微流星体的主要危害是对航天器表面材料产生砂蚀效应，使航天器光学表面、太阳电池及辐射器表面的性能严重下降。更大或更重的微流星体有可能造成航天器机械损伤，如表面剥落或穿孔，或导致各种机电故障等。当产生微流星体的母体彗星回归时，将使微流星体数目剧增，产生所谓的微流星体暴，可对航天器造成灾难性的损伤。

航天器受较小碎片撞击的可能性较大。在低地球轨道上，碎片直径每减小一个数量级，碰撞概率增大100倍以上。计算表明，在空间碎片最密集的轨道空间，典型航天器（横截面积约10 m^2）在10年使用寿命内与大尺度碎片撞击的概率约为0.1%；与1～

10 cm碎片撞击的概率约为 1%。航天器与 1～10 mm 的碎片每年至少碰撞一次（概率 100%），与小于 1 mm 碎片的撞击会更加频繁。

微流星体和空间碎片与航天器的撞击可能造成如下的损伤：航天器表面穿孔，使加压舱、推进剂舱及散热器破裂、漏气或液体泄露；表面性能劣化，如光学镜头因砂蚀而无法成像，热控表面因撞击而使其热学/光学性能退化，导致航天器热控失效；等离子体云效应，如高能碎片撞击导致航天器表面局域汽化，汽化物质在失重条件下会像羽毛一样在表面附近漂浮游荡，甚至进入航天器内部造成供电失常等故障；大的空间碎片可由于动量传递，使航大器姿态或轨道改变；空间碎片的撞击可使航天器表面强度降低，并由于应力集中而导致裂纹出现，可能造成航天器爆炸或结构失稳等。

航天器舱壁由于撞击而破裂的概率除了与流星体或碎片动能有关外，也与舱壁材料的性质和厚度有关。统计表明，对厚为 1 mm 的铝舱壁，每平方米表面几十年内才会有一次导致破裂的碰撞；而 0.1 mm 厚的铝舱壁，每年可有 1 000 次造成破裂的碰撞。设微流星体的有效动能等于穿透航天器舱壁所需的能量，可得

$$\frac{1}{2}m_0 v_0{}^2 = k\pi R^2 h \tag{10-12}$$

式中　m_0——微流星体质量；

v_0——微流星体与航天器碰撞的相对速度；

R——穿孔半径；

h——舱壁厚度；

k——系数。

式（10—12）经简化可得

$$h = k_1 m_0 \left(\frac{v_0}{R}\right)^2 \tag{10-13}$$

式中　k_1——与航天器材料和微流星体的质量及密度有关的综合系数，一般由大量的模拟试验得出。

在航天器舱壁厚度击穿值（h_c）和微流星体直径（d_0）之间存在以下关系

$$\frac{h_c}{d_0} = 2.28\left(\frac{\rho_0}{\rho_i}\right)^{2/3}\left(\frac{v_0}{a}\right)^{2/3} \tag{10-14}$$

式中　ρ_0——微流星体质量密度；

ρ_i——航天器材料的质量密度；

a——航天器材料内的声速。

穿孔直径可以从下面的经验公式求出

$$D = \left[1 + 3.2\left(\frac{\rho_0}{\rho_i}\cdot\frac{v_0}{a}\right)^{1/5}\left(\frac{h}{d_0}\right)^{2/3}\right]d_0 \tag{10-15}$$

式中　D——穿孔直径。

当微流星体的速度为 10～100 km · s^{-1}时，航天器不会被微流星体击穿的舱壁厚度 h_c 可用下列经验公式求出

$$h_c \geqslant 1.25\times 10^{-3}\sqrt{\left(\frac{E}{\mathrm{HB}}\right)}\cos\alpha \tag{10-16}$$

式中　E——微流星体的碰撞动能；

HB——航天器舱壁材料布氏硬度；

α——航天器表面法向和微流星体碰撞速度矢量之间的夹角。

低地球轨道航天器在轨运行期间，撞击航天器的微流星体数目服从泊松分布。在时间 τ 内，n 个微流星体撞击到投影面积为 S_M 的航天器上的概率为

$$P_n = \frac{(\nu\tau S_M)^n}{n!}\exp(-\nu\tau S_M) \qquad (10-17)$$

式中　τ——时间（s）；

S_M——航天器平均投影面积（m^2）；

n——与航天器碰撞的微流星体数目；

ν——质量 m_0 的微流星体在单位时间内与 1 m^2 面积航天器相撞击的平均频率。

撞击频率 ν 可由下式求出

$$\nu = {m_0}^{-1.11} \times 10^{-12} \qquad (10-18)$$

微流星体和空间碎片对航天器造成的损伤可分为以下几类：部分穿透或表面损伤；穿孔；局域变形、裂痕或表面剥落；次生破坏和灾难性破坏。表 10－9 列出了航天器各分系统受微流星体和空间碎片碰撞可能引起的故障类型。

表 10－9　微流星体和空间碎片与航天器碰撞可能引起的故障

可能发生的故障	分系统					
	压力舱	舱体	天线	舷窗	电子元件	特殊表面
灾难性破坏	☆	☆		☆		
剥落分离	☆	☆	☆		☆	
次生破坏			☆		☆	
泄漏（leakage）	☆	☆	☆			
激波脉冲（shock pulse）	☆			☆	☆	
汽化闪燃（vaporific flash）	☆					
爆燃（deflagration）		☆				
变形（deformation）			☆		☆	
径向强度降低（reduced radial strength）	☆	☆	☆	☆		
流体污染（fluid contamination）		☆	☆			
热绝缘层损坏（thermal insulation damage）	☆	☆				
模糊不清（obscuration）				☆		
侵蚀（erosion）				☆	☆	☆

天然微流星体与人工碎片通量按颗粒直径分布的曲线如图 10－14（a）所示。航天器的轨道在空间分布不均匀。人类空间活动的发展导致常用轨道上碎片数量以超过 10％的年增长率增加，见图 10－14（b）。航天器在这样的空间环境下飞行，会有很大的风险性。

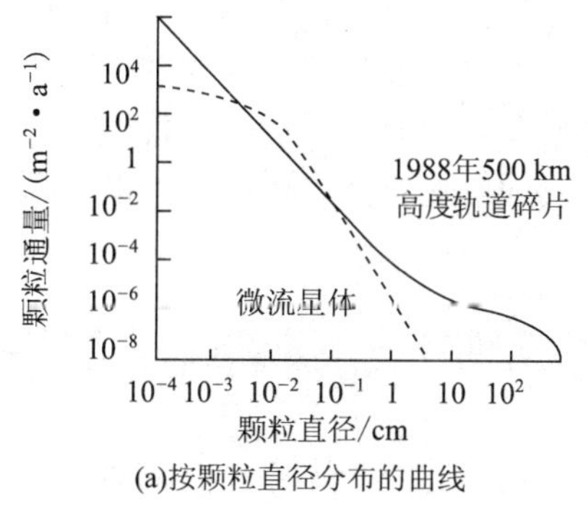

(a)按颗粒直径分布的曲线

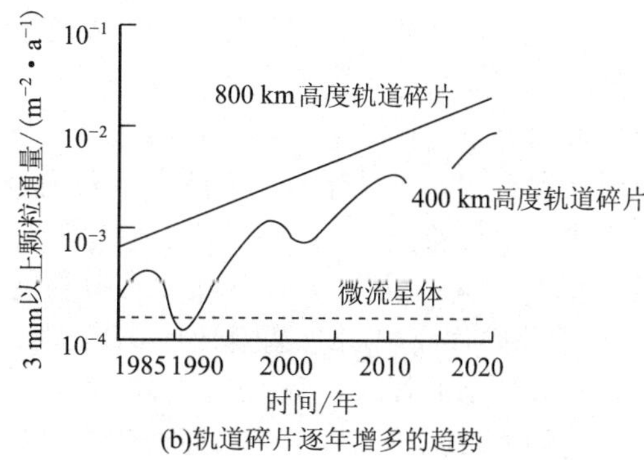

(b)轨道碎片逐年增多的趋势

图 10－14　天然微流星体与人工碎片通量的变化[7]

10.7　微流星体和空间碎片的防护对策

微流星体和空间碎片效应的对策分为主动防护和被动防护两类。前者是主动进行空间环境治理，清除或减少已有流星体或碎片，特别是在未来航天活动中应尽可能避免人为碎片的产生。被动防护是指设法使航天器在轨运行时尽可能避免与轨道碎片和流星体相碰撞，这要求在航天器结构、轨道及发射时间等方面进行选择。

对微流星体一般只能采取被动防护措施。在航天器结构设计上尽可能采用高强度材料，采取防护屏蔽和多层承力结构，选取不易形成应力集中、不易剥蚀、耐冲击的材料，并根据式（10－14）将舱壁设计成不易被击穿的厚度（h_c）。航天器的发射时间应与微流星体暴的时间错开。

中等尺度以上的轨道碎片，由于其动量较大，与航天器的任何碰撞都将产生灾难性事故。唯一的防护措施是对它们进行有效的观测，获得其准确的轨道数据，从而实施有效的规避。大尺度空间碎片数量不多，碰撞概率小，可由地基望远镜和雷达观测。对于较小些的碎片需采取空间探测技术，在获取空间碎片的轨道参数后，建立空间碎片的动态数据库，以便实施航天器的规避。数据库需对编目碎片的数据不断更新，便于用户查询。

航天器的不同部位抵御微流星体和空间碎片撞击的能力不同，各个部位因受损产生的影响也不同。空间碎片相对于航天器是各向异性的，在前进方向上空间碎片的通量一般比较大，应尽可能将关键性的或易损坏的部位朝后放置，以减小损坏和影响的程度。这是通常航天器尾部朝前飞行的原因所在。

对 1 mm 以下的空间碎片一般不宜用地基设备探测，而采用天基直接探测或回收样品分析。探测器有多种类型，如光压式、声压式及压电式等，以及 MOS 和等离子体传感器。通过高能粒子的放电脉冲或传感器表面产生等离子体，可获取高能粒子碰撞事件及空间碎片运动的速度、方向等信息。近几年来为减少空间碎片的数量，净化地球轨道环境，通常采用以下几种方法。

1）通过钝化处理，减少空间碎片产生。在航天器发射时应尽量减少进入轨道的物体。据统计，空间碎片中大约有 12％是在正常发射时进入轨道的各种紧固件、喷嘴盖和镜头盖等。在进行航天器发射时，应对这些零件加以固定。避免航天器发生爆炸是减少空间碎片的重要措施。爆炸尤其是运载火箭剩余推进剂引起的爆炸，所产生的碎片约占空间碎片的36%。所以，在运载火箭完成任务后，要将剩余推进剂耗尽；应尽量避免人为有目的的爆炸和推进系统失误等导致的空间碎片，并减少航天器表面材料（如漆料）的脱落；应采取措施使低轨道航天器结束工作后，再入大气层。后一种情况要求有足够的预留推进剂，并要求航天器有变轨飞行能力。为此，可利用金属线绳切割地磁场线产生阻力，使航天器尽快再次进入大气层。

2）设立“垃圾轨道”，用于集中存放报废的航天器。

3）消除碎片或利用地基激光炮击毁大碎片。这是减小空间碎片危害性的有效方法，但要求具有较高的技术，费用也很高。

空间碎片对在轨飞行卫星的撞击产生灾难性事故，已不再是小概率事件，而是屡见不鲜的事情。随着人类空间活动的不断增多，轨道碎片防护已成为必须关注的重要问题。除采取上述各项措施外，又提出建立星上预警系统，即设法在碎片撞击航天器之前，封闭危险区域或使航天器规避，避免撞击。这要求有足够灵敏的空间碎片探测装置，如可见或红外辐射扫描仪，及时探测出可能导致灾难性碰撞的碎片，并有足够长的预警时间向航天员发出警报，使他们能够进入具有外加防护的内舱去躲避或实施规避运行，以避免撞击。据报道，国际空间站上的俄罗斯和美国航天员都曾经成功地实施了措施，躲避太空垃圾。对于小尺度空间碎片，目前普遍采用遮蔽防护。对于大型航天器可采用双壁结构。美国国家航空航天局的工程技术人员采用蜂窝铝、高强度纤维或先进陶瓷材料作为附加内质层进行防护。对于可编目跟踪的轨道碎片，可通过航天器变轨进行规避。

保护空间环境越来越成为人类共同关注和共同承担的重大任务。人们正在呼吁尽早签订相应的国际协定，减少新的轨道碎片产生，杜绝在轨爆炸等事件的发生。

10.8 风险评估与轨道碎片的再入

10.8.1 风险评估

航天器设计时需进行风险评估，这有助于确定需要屏蔽的部位，优化防护设计，特别是对关键部件加强屏蔽保护。风险评估对于大型的通信卫星系统设计尤为重要。表10−10是低地球轨道卫星受碎片碰撞的频度。对于地球同步轨道，情况较为复杂，尺寸小于1 m的空间碎片的数目尚不清楚，而且没有清除机制。据估算，运行卫星与编目的轨道碎片相撞击的年平均概率约为10^{-5}。

表10−10　截面积为10 m² 的卫星受两次碎片撞击间的平均时间

a

圆轨道高度/km	碎片尺寸0.1～1.0 cm	碎片尺寸1～10 cm	碎片尺寸>10 cm
500	10～100	3 500～7 000	150 000
1 000	3～30	700～1 400	20 000
1 500	7～70	1 000～2 000	30 000

还有一种令人担心的风险是空间物体的再入（reentry）问题。过去 40 余年记录到 16 000次编目空间物体的再入，但对人类没有发生显著的伤害。这可归功于广阔的海洋表面和陆地上许多人烟稀少地区的作用。过去几年，大约每周有一次截面积超过 1 m^2的物体进入地球大气层。再入产生的风险涉及机械撞击、化学污染和放射性污染。现在编目的空间碎片大约有 12%是正在服役航天器的废弃物（紧固件、喷嘴盖和栓件等），应采取措施减少这些物体的脱落。大于 5 cm 的空间碎片约有 85%是源于前级火箭的碎片。1996 年，法国的 CERISE 航天器受到碎片撞击并部分损坏，很可能是爆炸产生的前级火箭碎片所致。

在 900 km 高度上曾发现有大量的钠一钾金属液滴，源于卫星上核反应堆的冷却剂，是从俄罗斯海洋监测卫星上泄漏的。估计大约有 70 000 颗液体滴状物，其直径在 0.5～5.5 mm之间，被置于 2 900 km 高度的雷达监测到。目前在 2 400～3 100 km 高度区间仍有40 000颗此类液体滴状物。

据估计，在地球周围的空间，共有超过 350 000 个尺寸在 1 mm 以上的物体。一个大约 5 mm 的颗粒物便可能直接穿透至卫星舱内。

10.8.2　轨道碎片的再入

轨道碎片在地球轨道上的存留时间，一般是轨道越高则停留时间越长。在 600 km 高度以下，碎片将在几年内回落至地球大气层；在 800 km 轨道高度，碎片在轨时间可达数十年；在 1 000 km 以上高度，碎片可绕地球连续回转 100 年以上。

至今尚未确认由再入空间碎片导致的航天器严重损伤事件。大多数空间碎片由于再入时的剧烈高温而无法存留下来。近 40 年来，平均每天约有一块在编轨道碎片返回地球。1979 年 6 月 12 日，天空实验室（70 t）坠毁到地球，大量的金属碎片散落到澳大利亚西部的沙漠地区。曾观测到飞越日本富士山上空的和平号（Mir）空间站碎片。和平号空间站在轨服役 15 年之后，于 2001 年 3 月 23 日在俄罗斯地面站控制下点燃末级火箭，使空间站偏离原轨道而解体于地球大气层，并最后坠落在大海之中。其再入速度为6 400 km · h^{-1}，末级火箭在非洲上空 170 km 的高度爆炸。和平号空间站质量约 135 t。

一个令人震惊的事件是俄罗斯卫星 KOSMOS－954 的坠毁，它以核反应堆作为雷达电源。反应堆再入至加拿大北部的沙漠地区，大约 124 000 m^2的地区受到污染。苏联火星 96 探测器上带有 270 g 放射性钚，1996 年 3 月坠毁在南美洲以西 1 300 km 的太平洋。

目前已有多种降低空间碎片危害风险的措施，如进行超高速测试、改进屏蔽技术以及开发新材料等，并建立了多种空间碎片预测模式。

10.9　俄罗斯/美国卫星对撞引起的思考

航天科学家早就发出警告，地球周围的运行轨道将变得越来越拥挤，总有一天会发生卫星相撞事件。这一预言不幸竟被言中：一颗美国铱星公司的商用通信卫星和一颗俄罗斯的报废通信卫星在太空发生碰撞。时间是在美国东部时间 2009 年 2 月 10 日 11 时 55 分（北京时间 11 日零时 55 分），地点是在西伯利亚上空约 790 km 处。这是人类有史以来首次发生两颗体形类似的卫星碰撞事件。相撞的俄罗斯卫星是一颗军用通信卫星，重约 1 t，长约 1.7 m，1993 年 6 月发射，服役 3 年后，已于 10 余年前退役，并脱离轨道进入休眠状态。美国铱星公司的卫星重约 560 kg，已服役 12 年。碰撞后美国太空监测网发现大量来自这两个卫星的碎片，大约有 600 片，并在西伯利亚地区上空形成两个巨大的碎片云，即云状碎片群。

据资料显示，这两颗卫星的运行轨道几乎是垂直的，相撞时也几乎成直角，而并非是迎头对撞。因此，目前很难说清“谁先撞到谁”。随后不久俄罗斯航天科学家宣称，撞击只是发生在侧面，碰撞后卫星偏离原来轨道而运行，并没有产生大量碎片。

无疑，两颗卫星在空间相撞是一小概率事件。从 1957 年苏联第 1 颗人造卫星进入太空以来，人类向太空发射了近 6 000 颗卫星，目前在轨服役的约 3 000 余颗。基于离地面的距离不同，可以将卫星大体上分成两类：一类分布在距地球赤道近 4 万千米的地球静止轨道上。这种轨道只有一条，只能运行大约 250 颗卫星，并已星满为患，基本上是一颗卫星报废后，才能补上另一颗卫星。更多的卫星是分布在距地面 200～2 000 km 的轨道上。因为所涉及的空间相对较大，各卫星轨道的倾角又不尽相同，有很多选择轨道参数的可能性。即便如此，仍然发生了史无前例的卫星相撞事件。这充分暴露了至今尚没有国际公约约束轨道空间所存在的隐患。

令人感到费解的是，尽管卫星本身没有自动规避功能，但美国有一套地面监控系统，专门监控近地空间轨道卫星的运行，如能提前发现就可以避免相撞。不幸的是如此大的卫星间相撞事件未能预报。

关于这次相撞事件产生的碎片对国际空间站和众多的低地球轨道卫星的威胁，目前各国科学家都在评估中。由于国际空间站位于 350 km 高度轨道，而卫星相撞发生在近 800 km高度的空间，看来碎片不会威胁到国际空间站的安全。但是在碰撞发生地点附近，环绕着众多的气象卫星、资源卫星、环境监测卫星、海洋卫星以及太阳同步轨道卫星等，应引起足够的重视，密切监视和防止可能诱发的卫星连环撞击事件。

相撞造成的碎片正以每小时 1.75 万英里的超高速飞行，每一小块碎片都携带着极大的能量，并可能被推到更高或更低的轨道。这次相撞的两颗卫星质量都很大，卫星的速度又很快，一块 10 g 的卫星碎片破坏力相当于同等质量石块的 13 万倍。

废弃卫星的寿命可长达近百年，在可控情况下，如果是高轨道卫星，可通过变轨转移到无用轨道；如果是低轨道大型航天器，可采用人为方式让其坠落到“航天器坟场”，即南太平洋专门“埋葬”航天器残骸的区域。小型的航天器一般可在坠入大气层时烧蚀损毁。如何安全处理报废的航天器是急需研究的课题。

1957 年，苏联第 1 颗卫星升入太空时，太空共有 1.7 万块太空垃圾。到了 2008 年 4 月，美国科学家宣布，宇宙中太空垃圾数量已剧增至 1.5 亿块。目前可监测碎片已达 16 000块。在太空惊现俄美卫星对撞之后的 2 月 12 日，欧洲空间局公布了一张被卫星和各类物体密密麻麻包裹着的地球照片（见图 10－15）。人类空间活动的开展才仅仅经过了 50 余年，空间的拥挤程度却已到了令人触目惊心的地步。这次撞击事件给人类敲响了警钟，催人反思。现在是到了制定完善的太空游戏规则，规范太空活动，并建立更具有权威性的国际太空监督执行机构的时候了。否则，人类将因无序的空间活动而作茧自缚，最终将扼杀人类开展空间活动的美好愿望。图 10—15 告诉我们这绝非耸人听闻。

美国国家航空航天局公布的报告指出，2009 年地球周边的空间垃圾比 2008 年增加将近 20%。大约有 1.5 万块空间碎片分布在地球轨道上。其中独联体国家制造的空间碎片大约 5 653 块，美国和中国分别产生 4 812 块和 3 144 块。分布在轨道上的人造空间碎片总数从 2008 年的 12 581 块增至 2009 年的 15 090 块。若不采取必要措施抑制这种增长趋势，人类探索空间的美好目标将最终难以实现。

图 10—15　欧洲空间局绘制的近 1.2 万块围绕地球运行的各类物体

转引自第 185 期《环球时报》，2009 年 2 月 13 日

参 考 文 献

[1] 中国科学院空间科学与应用研究中心．宇航空间环境手册．北京：中国科学技术出版社，2000：454－460.

[2] Вернов С Н (Ред.)．Модель космического пространства，том I：физические условия в космическом прастранстве. Москва：Издателъство Московского Университета，1983：54－64.

[3] Tribble A C. The space environment，Princeton New Jersey：Princeton University Press，2003：199－210.

[4] Hoffman H I，Fechtig H，Grun E，Kissel I. Temporal fluctuations and anisotropy of the micrometeoroid flux in the Earth－Moon system measured by HEOS 2. Planet. Space Sci.，1975，23 (6)：985－991.

[5] 刘振兴，等．太空物理学．哈尔滨：哈尔滨工业大学出版社，2005：310－312.

[6] Committee on Space Debris. Orbital debris：a technical assessment. Washington D. C.：National Academy Press，1995.

[7] 黄本诚．空间环境工程学．北京：中国宇航出版社，1993.

[8] Kessler D J，Reynolds R C，Anz－Meador P. NASA－TM－100471，Johnson Space Center，1989.

第 11 章 月球和太阳系行星周围的环境状态

11.1 引言

太阳系是一个庞大的天体系统，既有所谓的八大行星，还有数以万计的小行星。八大行星绕日公转是太阳系的基本特征。太阳是太阳系的主体，拥有太阳系总质量的 99.8%左右。木星为第二，占太阳之外质量的约 70%。依与太阳平均距离从近至远为序，八大行星依次为：水星、金星、地球、火星、木星、土星、天王星及海王星。前面已经提到冥王星有些另类，其公转轨道并不满足 Titius－Bode 经验规律，它原先可能是海王星的一颗卫星，因引力扰动而脱离海王星的束缚成为一颗行星。由于历史原因，有时仍称太阳系有九大行星。其实太阳系只有真正意义上的八大行星，其主要参数如表 11－1 所示。

表 11－1 太阳及其八大行星的主要参数

名称	轨道半长轴/AU	轨道偏心率	轨道面与地球轨道平面的交角/（°）	公转周期	自转周期/d	自转轴与公转轨道平面法向交角/（°）	质量（以地球质量为单位）	半径（以地球半径为单位）
太阳	—	—	—	—	≈ 30	—	3.3×10^5	109
水星	0.387 1	0.205 6	7.004	87.969 天	58.6	0.0	0.055 3	0.38
金星	0.723 3	0.006 8	3.394	224.701 天	243.0	177.4	0.814 9	0.95
地球	1.000 0	0.016 7	0.000	365.256 天	0.997	23.4	1.000	1.00
火星	1.523 7	0.093 4	1.850	686.980 天	1.026	25.2	0.107 4	0.53
木星	5.202 8	0.048 3	1.308	11.862 年	0.41	3.1	317.94	11.19
土星	9.538 8	0.056 0	2.488	29.458 年	0.43	26.7	95.18	9.26
天王星	19.191 4	0.046 1	0.774	84.01 年	0.65	97.9	14.53	4.01
海王星	30.061 1	0.009 7	1.774	164.79 年	0.67	29.6	17.14	3.88
冥王星①	39.529 4	0.248 2	17.148	248.54 年	6.387	122.5	0.002 2	0.18

①冥王星不具备太阳行星的基本属性，已被从九大行星中除名，但是由于历史习惯，有时还称九大行星。

太阳是一颗恒星，在它周围诞生了行星世界。我国古代就把水星、金星、火星、木星和土星称为“五行”。太阳周围的一定范围内有个所谓的“生态圈”，即生命得以诞生和繁衍的地方。一般认为，只有地球和火星才可能是太阳系生态圈的行星。

行星世界具有共面性、近圆性和同向性。按地球的轨道划分行星，将地球轨道以内的水星和金星叫内行星，其余的叫外行星；按行星的质量、体积、结构和化学组分，将水星、金星、地球和火星称为类地行星，其余的称为类木行星。行星世界是人类在宇宙空间的地外近邻。随着空间技术的发展和人类空间活动的不断增长，行星世界可能成为人类未来的家园。太阳系行星周围的物理状态是人类航天活动的最重要的空间环境。

在太阳大家族中，还有不应忽略的小行星，它们的特点是数量众多。从地球上看，亮于21星等的小行星约有50万颗之多，分布范围广。绝大多数小行星在火星和木星轨道间绕太阳运动，即形成一小行星带。还有一些“脱离群体”的小行星称为近地小行星，尽管其数量不多，但一直受到天文学家的关注。人们担心如果它们撞击到地球将给人类带来毁灭性灾难，有人认为曾经统治地球长达1.5亿年之久的恐龙，约在6 500万年前突然灭绝，正是小行星撞击地球的后果。观测小行星的运行和预防近地小行星对地球的破坏性撞击，具有重要的现实意义。如何预报与规避近地小行星及其相关流星体的运动，是重要的空间环境问题。

月球是和人类关系最为密切的地球卫星，也是人类到达过的唯一的天然卫星。太阳系八大行星有众多的卫星。探索太空是人类长久以来的梦想，而探测月球则是人类走向太空的第一步，人类将它作为观测火星等的中间站。

图11—1给出了人类在过去20余年向太阳系行星和月球发射航天器数目的相对分布[1]，从中可以看出人类在太阳系空间活动的基本情况。美国和俄罗斯都曾经对金星进行过探测，尤其对火星的探测取得了宝贵的成果。早期通过向太阳系的小星体和彗星发射探测器，获取了有关太阳系空间性质的许多信息。

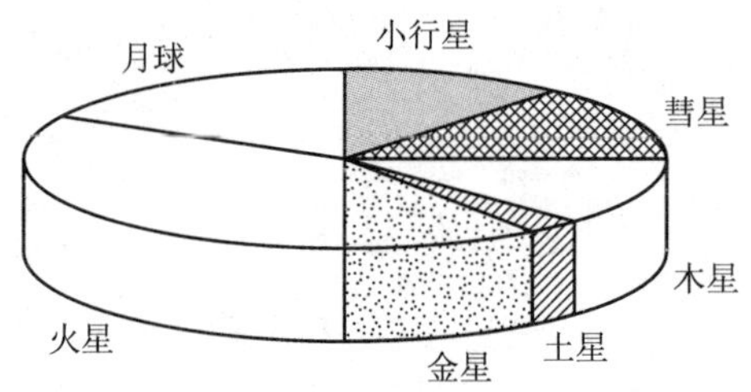

图11—1 过去20余年人类向太阳系各星体发射航天器数量的相对分布

1972年首次发射的旨在研究木星的空间探测器是先驱者—10号。在其发射10周年之后，已达到设计寿命而被废弃于太阳系的空间范围外，成为第1个横穿银河系的人造天体。目前在接近日球边界飞行的航天器是旅行者号系列，成为人类深空探测的标志。

11.2 月球

11.2.1 概述

在太阳系中，月球离地球最近，是人类所看到的亮度仅次于太阳的天体。月球是神话、诗歌中讴歌赞美的永恒主角，并成为人类所向往的探索目标。

月球是地球唯一的天然卫星，而地球又是太阳系的一颗行星。地球绕太阳公转，月球又绕地球公转，从而地球和月球构成一独特的行星系——地月系，并以其公共质心绕太阳运动。地球和月球有确定的自转周期，在日、地和月之间存在着特定的相互关系，并伴生着月相、日食、月食和潮汐等天体现象。月球自转周期正好等于它绕地球公转的周期，并且其自转和绕地球公转都是沿逆时针方向进行。所以，在地球上只能看到月球的一面（称为正面），而月球另一表面总是背向地球（称为背面）。在人类对月球的探测活动中，苏联的 Luna 计划（1958 年至 1976 年）成功地拍摄到月球背面的照片，第一次揭开了月球背面的神秘面纱。1969 年，美国发射的阿波罗 11 号首次实现载人登月，进一步了解到月球的真实面目，成为具有里程碑意义的事件。数十年来，通过先后发射百余颗月球探测器（其中较成功的 50 余颗）以及飞越月球卫星和绕月卫星等途径使人类对月球有了较多的认识。

月球近似为一圆球体，南北稍扁，极半径比赤道半径约短 500 m。其平均直径为 3 476 km，约为地球直径的 27%，体积约为地球的 1/49。月球质量约为 7.352×10^{22} kg，大致为地球质量的 1/81.3。月球的表面积约为 3.8×10^{7} km^2，只有地球表面积的 1/14，约为地球陆地面积的 4 倍。月球的平均密度为 3.34 $g\cdot cm^{-3}$，远低于地球的相应值（5.52 $g\cdot cm^{-3}$）。月球的表面引力约为地球的 1/6，为弱重力环境。月球绕地球以椭圆形轨道运动，其远地点距地球约 406 700 km，近地点距地球约为 356 400 km。

月球表面处于高真空状态，其气压约为地球大气压的 10^{-14}。月球不存在真正意义上的大气层，也没有全球性偶极磁场，只有岩石中还有极弱的剩磁，其磁化强度为 10 nT 量级，这意味着月球可能曾经存在过较弱的全球性磁场。但是，伴随着月球内部构造的演化，磁场经历了从全球性偶极场至多极化，最后大约在 31 亿年前消失的过程。

月球表面地貌存在月海（其实为无水的盆地）、高地和撞击坑等形态。月球表面上覆盖着一层结构松散、成分复杂，由岩石碎屑、粉末组成的月壤。月海月壤的平均厚度为 4～5 m，高地月壤平均厚度为 10～15 m。月壤中富含地球稀有元素 ^{3}He 等。无明显迹象表明月球表面存在水体，但不排除极区存在水冰的可能性。

根据对月震波、月球电导率、磁场及质量瘤（mascon）等的研究，将月球内部结构大致分为月表层（0～2 km），上、下月壳，上、下月幔（65～1 000 km）及月核（>1 000 km）等层。表层为月壤层，由斜长岩、月海及非月海玄武岩等的角砾、碎块及粉尘组成。月壳厚度各处不尽相同，正面较薄（平均厚度约为 50 km），背面较厚（平均厚度约为 75 km），且上、下月壳的组成也不相同。上、下月壳以深度 25 km 为界。月核在月球的中心区，半径约 350 km，可能由铁—镍—硫及榴辉岩组成。月核密度只比月壳高约 5%，温度为1 000～1 500 ℃。月幔为月体的中间层，厚度约为 1 400 km，大致与上地幔的组成相似（主要为橄榄岩、辉石岩、榴辉岩等）。上、下月幔以深度 250 km 为界。

月球向阳区和背阳区温度分别约为 120 ℃和−150 ℃；最高和最低温度分别为 130 ℃和−180 ℃，最大温差高达 300 ℃以上。月球的年龄约 45 亿年。月球的“地质时钟”在 31 亿年之前已停摆，这与地球正处于“壮年”期相比，月球如今已成为寂静、“僵死”的天体。大撞击分裂说是月球形成的主流观点。该学说认为，地球早期受到一颗火星大小的天体撞击，轨道中的碎片聚集形成了月球。大约在 40 亿年前，月球曾遭受过小天体的剧烈撞击，形成广泛分布的月海盆地，称为雨海事件。月海之下存在质量瘤，即重力异常的高密度物质聚集的部位，并多位于月球正面。

月球的基本物理参数如表 11—2 所示[2]。

月球内部能量已近枯竭，表面热流仅为 2 μW · cm^{-2}。月震释放的能量小于 10^6 J · h^{-1}，其年释放能量约为地震的 $1/10^8$。

一般将月球当成一刚体来研究月球的运动规律，并将其分为质心运动（即轨道运动）和绕质心转动（自转）两部分。地球与月球间的相互吸引力构成地月系。月球赤道与月球轨道面间的夹角为 6°41′；月球轨道与黄道间的夹角平均值为 5°9′，并在一定范围内变化。月球沿其轨道绕地球运动的平均速度为 1.02 km · s^{-1}，绕地球转动一周历时 27 d7 h43 min11.47 s。这一时间称为恒星月（sidereal month）。它是以恒星定标的，即月球连续两次到达某颗恒星附近同一点的时间间隔。

11—2　月球基本物理参数

平均密度/（g · cm^{-3}）	3.34
平均半径/km	1 737.5
惯性力矩（I/MR^2）	0.395
平均地月距离/km	384 402
赤道上的重力加速度/（cm · s^{-2}）	162
中心压力/GPa	4.2
地震释放能/（J · a^{-1}）	2×10^{10}
表面热流/（μW · cm^{-2}）	2.9
赤道上的逃逸速度/（km · s^{-1}）	2.38
质量/g	7.353×10^{25}
绕地方球运转的平均速度/（km · s^{-1}）	1.02
表面反照率/%	6.7
从太阳获取的能量/（J · cm^{-2} · min^{-1}）	8.37

由于地球的自转，月球每天从东方升起至西方落下。月球也同地球一样有昼夜之分。月球自转一周历时一个恒星月，月球上一天的时间对应于地球上的一个月。月球各处白天和黑夜的持续时间分别相当于地球的 14 d。月球运动的轨道参数如表 11—3 所示。

表 11—3　月球运动的轨道参数

半长轴/km	384 400
近地点距离/km	363 300
远地点距离/km	405 500
公转周期/d	27.322
朔望周期/d	29.53

续表

平均轨道速度/（km · s^{-1}）	1.023
轨道倾斜/（°）	5.145
轨道偏心率	0.054 9
恒星旋转周期/h	655.728
赤道倾斜/（°）	6.68
离开地球的速度/（cm · a^{-1}）	3.8
白道和黄道的夹角	约 5°8′43″
月球自转周期	27 d7 h43 min11.5 s
赤道与轨道面夹角	6°41′

月球本身并不发光，皎洁明亮的月光源于月球对太阳的反射。日、地、月三者的相对位置随月球绕地球的运动不断变化，造成月球呈圆缺不同形状，即月相的更迭。月相变化一周的持续时间约为 29 d12 h44 min2.78 s，稍长于恒星月，称为朔望月（synodic month）。

在阳光照射下，月球和地球在背阳方向形成尾锥（阴影）区。当月影扫过地球，便产生日食；而月球进入地球的阴影区就造成月食。前者发生在朔日（农历初一），后者出现在望日（农历十五或十六）。

地球与月球间的引力（万有引力）与它们之间距离的平方成反比。地球不同地点所受的月球引力不同，从而形成海水的潮汐效应。海水每天两起两落，其周期为 12 h25 min，第二天涨潮时间比前一天约推迟 50 min，恰好为月球上每天推迟的时间。潮汐的摩擦正在使地球自转减慢，同时影响着地月系的演化过程。

11.2.2　月球重力场结构

月球和行星的重力势通常以球谐函数展开式表示。它可以描述行星或月球重力场的所有特性，其中包括与质量局域集中相关的重力异常。重力势球谐函数的级数形式为

$$U=\frac{GM}{r}\left[1+\sum_{n=2}\left(\frac{a}{r}\right)^{n}\sum_{k=0}(C_{nk}\cos k\lambda+S_{nk}\sin k\lambda)P_{nk}(\sin\varphi)\right] \tag{11-1}$$

式中 M——星体质量；

a——星体赤道半径；

r，φ，λ——质点的球坐标（通常 φ，λ 分别表示纬度和经度，r 为空间该点的半径矢量）；

P_{nk}——勒让德汇合函数（当 $k>0$）；

P_n——勒让德多项式（当 $k=0$）；

$J_n=C_{n0}$——位势展开式区域谐波系数；

C_{nk}，S_{nk}——位势展开式田谐函数（tesseral harmonic）系数（例如，当 $n=k$，称为位势展开式扇形谐波系数）；

G——引力常量，(6.672 8 ± 0.001 6) $\times 10^{-23}\ km^3 \cdot s^{-2} \cdot g^{-1}$。

区域、扇形和田谐函数系数的物理意义为：J_0决定星体表面重力加速度的平均值；$J_2 = C_{20}$，表示星体的扁度；C_{11}和S_{11}表征星体的椭圆度；C_{22}和S_{22}决定赤道椭圆度；J_3为表示南北半球对称性的量值；J_4和J_6决定质量在星体内部和星体表面附近不均匀性的量值。

表面重力场的空间结构通常用等势面加以描述。在此表面的每一点，重力势U值保持恒定值。在重力和质量均匀分布的情况下，其等势面呈球形对称，并且位势值只和空间该点的距离（即r值）有关。由于在月球星体内质量的真实分布并非是均匀的，质量的局域过剩或不足将导致在异常点周围的封闭等势面系统调制重力场的畸变。

月球重力加速度约为地球的 1/6，月球表面赤道上的重力加速度为 1.62 $m \cdot s^{-2}$。月球的逃逸速度只有 2.38 $km \cdot s^{-1}$，约为地球上的 1/5。月球重力场呈非均匀分布。在月海盆地处存在重力异常。

研究月球重力场的基本方法是分析绕月卫星的轨道重力扰动。由第 1 颗月球卫星 LUNAR—10 运动轨道的测量结果，求出月球重力场展开式可由 11 个系数表征。进一步研究不仅可以确定月球内质量分布的总的不对称性，而且可以分辨出质量分布的局域集中，即质量瘤的位置。它们大多位于月球可见半球的环形月海区域表层。基于月球探测者探测器的观测结果（1998～1999 年，其表面分辨率小于 30 km），可将月球重力场展开成 100 次的谐波。除了发现一些新的质量瘤外，还分辨出一些至今无法解释的重力异常。通过所建立的重力场展开式可以估算月球液态金属核的尺度，其半径大约在 250～430 km 之间，并且其质量不超过月球总质量的 4%[3]。

尽管已有百余个航天器曾到访过月球，包括 6 名航天员，但有关月球内部结构这一重要信息至今仍未被完全揭示。

美国国家航空航天局于 2011 年 9 月 7 号发射了圣杯号姐妹探测器，旨在通过探测月球重力场的变化，了解月球的内部结构及其变化。其测量原理是：当其中一个探测器飞越高或低重力异常区时，它与另一个航天器间的相对位置将发生变化，从而据此可以构建月球的重力图。基于探测数据和电脑建模，可判定月核是处于固态还是液态，亦或液固态并存，并确认月球内所含元素。

11.2.3 月球磁场

基于轨道磁测量及在月球表面直接进行的磁测量结果都表明，当今的月球没有全球性偶极磁场。但是通过对返回地球的月球岩石样品剩磁的研究，发现在 32 亿年前形成的月球岩石曾具有全球性偶极磁场，而后来消失了。与此同时，在月球表面不同区域曾记录到区域性磁异常。月面可见半球月海区的磁场强度在 0.1 nT 至数个 nT 间波动。一般为 nT 量级，比地球磁场强度低 5 个数量级。在月球的背面观测到显著的磁异常，在某些场合下磁场强度可高达 300 nT 以上。强场区（>100 nT）一般位于月球背面高地。

月表磁场起源于月球本身的剩磁，也源于月球以外的磁源（例如，地球和太阳）。月球本身的固有磁场相对稳定；外源磁场随月球环地球运动而变化。月表最低磁场强度区主要分布在月海区，源于月海在撞击过程中的退磁作用。

了解月球的古磁学，对认识月球的形成和演化过程很有帮助。月球基本上无磁场，而地球存在全球性偶极磁场；火星现在无全球性偶极磁场，但在某些地区存在磁场异常，即有多极弱磁场。星体之间的磁场状态的差异，体现了它们处于不同的演化状态。星体磁场一般将经历偶极磁场—多极磁场—无磁场的演化过程。星体质量越小，内部固化越早，磁场消失越快。

前面曾谈到地球全球性偶极场可能与液态地核密切关联。基于发电机原理，地球内核带电流体的流动可形成强度为 50 μT 数量级的全球性磁场。但是，基于月球探测者探测器的观测结果，月表磁场一般为 5～20 nT，最大为 100 nT 量级，可见当代月球已无液态核及相关联的全球性磁场。基于这一看法，可以推测月球磁场及月球所处状态的演化阶段。大约在 39 亿年前，由于月球的分异过程，表面冷凝为固体，但内部仍为液态金属，所以具有全球性磁场。到 31 亿年前分异过程大体结束，月核已固化，全球性磁场消失。

美国国家航空航天局采用最新技术重新审视了 40 年前获取的月震数据，得出一项令人惊讶的结果：月球拥有一个固态、富铁的内月核，半径约 241.4 km，其外层包裹着一层液态的铁质层，厚度约为 330 km。但与地球不同，月核的最外层还有一层半熔融状态的过渡层，厚度约 483 km。这一结果将使人们对月球结构及磁场成因作出新的认识。

11.2.4　月球大气层——外逸层

由于月球的重力很小，实际上不存在恒定的气体补充机制，可将月球看成是无大气层的星体。多种研究表明，月球大气密度比地球小 14 个数量级，表明月球大气极其稀薄。在夜晚，月球大气数密度约为 2×10^5 分子 · cm^{-3}；白天则降至 10^4 分子 · cm^{-3}。远距离和直接测量结果表明，月球周围空间内气体粒子主要由氢、氦、氖和氩的原子及离子组成。其中氖和氢主要来自太阳风；大约 10%的氦来自月球本身的重核放射性衰变，大部分也源于太阳风；氩主要为 ^{40}Ar，是通过月球上 ^{40}K 放射性衰变形成的。表 11－4 为月球白天最高温度（400 K）时不同气体组分的相关参量。

应当指出，月球的抛物线速度（parabolic velocity）为 2.38 km · s^{-1}。表 11－4 给出的耗散时间是计及了热学过程算出的。但是，对于比氢和氦重的元素，光致电离过程将导致离子耗散强度的明显增大。在太阳极紫外辐射作用下，月球附近的中性分子和原子将获得电荷，并被行星际磁场所俘获，从而被加速并穿透月球大气沿磁力线运动。

月球大气层是外逸大气层，其下边界直接位于月球表面。

表 11－4　月球大气层不同组分的基本参数

元素	^{1}H	^{2}H	^{4}He	^{20}Ne	^{36}Ar	^{40}Ar
热速度 v/（km · s^{-1}）	2.76	1.95	1.38	0.62	0.46	0.44
标高 H/km	2 040	1 020	510	120	57	51
耗散时间 t	1 h	1 h	2 h	1 年	4 百万年	1.3 亿年

11.2.5　月球的地形与地貌

月球表面由月海、高地和撞击坑构成。月海是月表地势较低的大型盆地，充满着大面积暗色的月海玄武岩，即通常用肉眼可见的月面暗黑色斑状区域。实际上月海是无水而广阔的平原，约占月球表面积的 17%。全月面有 20 余个月海，绝大多数位于月球朝向地球的一面（即月球正面），占半球面积的一半；背面只有 3 个月海，占半球面积的 2.5%。月球上最大的月海为风暴洋，面积约为 500 万平方千米，其次为雨海、静海、澄海和丰富海等。月海大多具有圆形封闭的特点，四周为山脉所包围。月球背面还有一些直径 500 km 左右的圆形凹地，形似月海，但未被熔岩物质充填，称为类月海。有时把月球上大的圆形凹地称为盆地或月盆，很小的月海称为湖，月海内的岭形隆起称为海岭。月海比月球高地低很多，有时相差数千米。

月球上主要月海的直径如表 11—5 所示，其分布如图 11—2 所示。

表 11—5　月球上主要的月海及其直径[2]

名称	直径或最长边/km	名称	直径或最长边/km
月海带（包括风暴洋、雨海、澄海、静海、云海、湿海）	2 850	酒海	333
		南海	603
风暴洋（包括邻近的海）	1 740	湿海	389
雨海	1 123	知海	376
静海	873	史密斯海	373
雨海的中央部分	900	汽海	245
雨海的北环	810	浪海	243
澄海	707	界海	420
丰富海	909	洪堡德海	273
云海	715	泡海	139
危海	418		

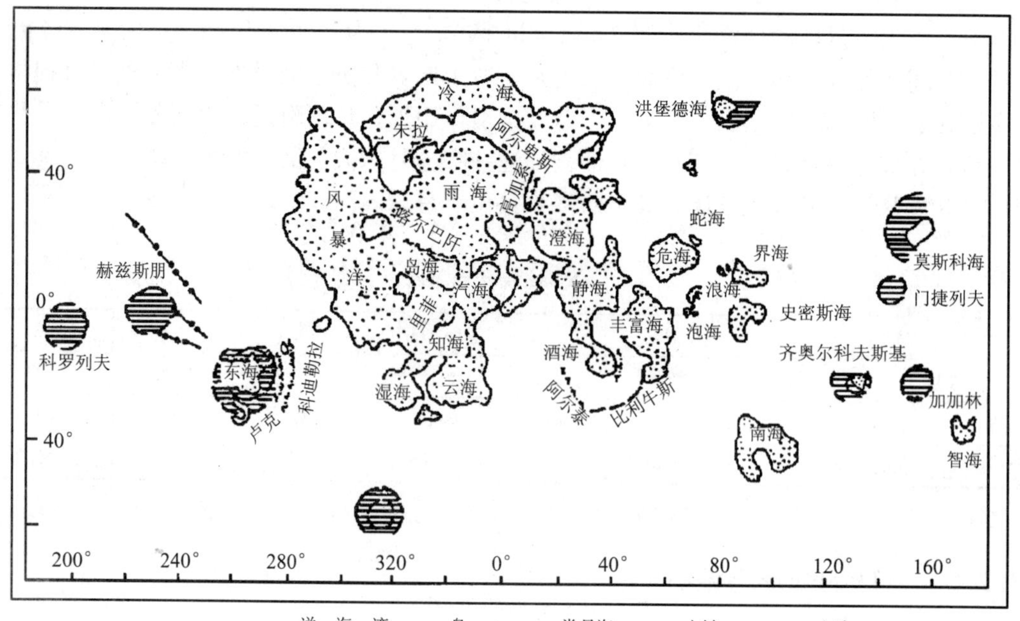

图 11—2　月球上各种地貌类型分布图[2]

高地是表面高于月海的地区，占月球表面面积的 83%。在月球正面，高地面积约和月海相同；在背面，月球高地占大部分，一般高出月海水准 2～3 km。月球表面的山峰带称为山脉，其高度可达 7～8 km，多以地球上的山脉命名。

撞击坑包括撞击坑环形山、辐射状地带及其隆起结构，由布满月面的圆形凹坑组成。大多数环形坑被环形山包围，高度约 300～7 000 m。撞击坑的直径变化范围较大，小的只有数十厘米，大的在 1 km 以上。月球上有 30 余个直径大于 300 km 的环形盆地，实际上属于特大型撞击坑。

月球上 99%的地形是在约 30 亿年前形成的，70%是在 40 亿年前形成的。相比之下，地球上 80%的陆地表面是在近 200 万年内才形成的。

月海平原相对平坦，最大坡度约 17°，大部分在 0°～10°之间；高地最大坡度约 34°，大部分在 0°～23°之间。撞击坑内侧坡度平均约 35°，外侧仅为 5°左右，再向外则与平原相接。因此，软着陆舱和月球车应选择在月海平原或大型撞击坑的外侧着陆，月球车的爬坡能力应大于 25°。

关于月表的粗糙度，据勘测者 3 号探测器在着陆区每 100 m^2 月表面积的统计数据表明，高度大于 6 cm 的石块数为 100 块；大于 25 cm 的石块数为 3～4 块；大于 50 cm 的为 0.6 块。在阿波罗 11 号着陆区，每 100 m^2 月表面积上直径大于 1 m 的撞击坑有 100 个；大于 3 m 的有 0.4 个；大于 50 m 的有 0.1 个。因此，月球车最好能爬过高度为 25 cm 的石块，越过深 2～3 m 的撞击坑。同时，考虑到陨石撞击和月貌分布的无规则性，月球车的设计应具有自主导航能力。

11.2.6　月球化学组成和矿物

在月球上具有地球的所有元素。但是，由于月球的演化阶段与地球差异很大，曾认为月球无类似地球的铁质月核。月球几乎无水，也无大气（层），没有像地球那样有大气和水体参与的化学和物理风化作用，故月球上的化学元素的组成和分布特征与地球相去甚远。按地球化学元素分类，月球物质包括亲铁、亲铜、亲石和亲气元素，如表 11－6 所列[2]。与太阳星云平均化学成分相比较，月岩富含难熔亲石元素，其质量占月球质量的 65%，并且贫化亲铁、亲铜和挥发性元素。

表 11－6　月球物质的亲铁、亲铜、亲石和亲气元素

亲铁元素	亲铜元素	亲石元素	亲气元素
Fe，Co，Ni，Ru	S，Se，Te	Li，Na，K，Rb	He，Ne，Ar
Rh，Pd，Os，Ir	Ag，Cd，Hg	Ce，Be，Mg，Ca	Kr，Xe，H
Pr，Cu，Au，W	Tl，Pb，Bi	Sr，Ba，B，Al	N，C
Re，Ge，As，Sb	In，Mo	Sc，Y，La，Lu	
Sn，Cs，Bi		Si，Ti，Zr，Hf	
		Th，P，V，Nb，Ta，Mn，O	
		Cr，U，Ga，F，Cl，Br，I	

基于元素在月球中的相对丰度、分布特征和载体性质，可将月球元素分为主量元素、不相容痕量元素、无规律性微量元素、亲铁元素、挥发性元素和太阳风注入元素等。有的元素是跨类别的（见表11—7）。

表11—7　月球物质的六类元素

主量元素	不相容痕量元素	无规律性微量元素	亲铁元素	挥发性元素	太阳风注入元素
O，Si，Mg	Li，Be，B	P，Sc，V	Fe，Co，Ni	F，S，Cl，Cu	H，He，C
Ca，Fe，Na	K，Rb，Y	Cr，Mn，Ga	Ge，Mo，Ru	Zn，As，Se	N，Ne，Ar
Ti，Al	Zr，Nb，Sn	Sr	Rh，Pd，Sb	Br，Ag，Cd	Kr，Xe
	Cs，Ba，REE		W，Re，Os	In，Te，I	
	Hf，Ta，U		Ir，Pt，Au	Hg，Tl，Pb	
	Th			Bi	

主量元素是构成月球的主体。其丰度从大至小为O，Si，Al，Mg，Fe，Ca，Ti和Na。月壳相对富含Si和Al，而贫化Fe和Mg。月球中O占60at%，Si占16at%～17at%，其次为Al（高地处占10 at%）。主量元素大多存在于复杂硅酸盐和氧化物矿石内。

不相容痕量元素是指不能大量进入常见矿物晶体的元素。当熔融带结晶时，这类元素仍然保留在液相中。某些元素如Cu，Zn和Ag等在通常条件下并非为气体，但在月球样品和陨石中很不稳定，易于挥发，故称为挥发性元素。对这类元素的研究有助于理解月球的起源。

在月球中，生物成因物质（H，C和N）和惰性气体（He，Ne，Ar，Kr和Xe）主要源于太阳风而不是陨石，故称为太阳风注入元素。

月球比地球富含难熔元素Ca，Al，U，Th和稀土元素，且月球的挥发性元素的丰度比地球少。这支持月球是由地球分裂形成的观点。从地球分裂出去的初始地幔，势必丢失大量挥发性物质并导致难熔元素的富集。通过对月球矿物质的分析研究，可以了解岩石形成时的物理状态，包括温度、压力、冷却速度以及气相物质的氧逸度等参量，这也是研究月面物质光谱特征的重要途径，对未来开发月球矿物资源具有重要意义。由于矿物质的晶体结构可反映其成因机制，对月球矿物质的研究也有助于了解月球的形成和演化过程。

除几种矿物外，在月球上发现的矿物在地球上均存在。基于矿物在岩石中的含量分类，月球的矿物可以分为主要矿物、次要矿物和副矿物；根据化学成分可以分为硅酸盐、氧化物、硫化物、天然金属（Fe）或合金以及磷酸盐矿物。

硅酸盐矿物如辉石、斜长石和橄榄石广泛分布于月壳和月幔岩石之中。这些矿物和其他一些矿物及玻璃共同构成了不同类型的月海玄武岩和高地岩石物质。辉石是大多数月岩中的主要矿物，其成分变化较大。月岩中大多数长石矿物属于斜长石系。橄榄石也在月岩中分布广泛。月球上还存在静海石、三斜铁辉石、锆石和钾长石等硅酸盐矿物。这些矿物中有的是地球上未曾发现的矿物，如静海石及三斜铁辉石等。

月球上存在大量的氧化物矿物，具有开发利用价值。其中，包括二氧化硅、钛铁矿、尖晶石、铬铁矿一钛铁晶石系列矿物、金红石（TiO_2）、斜锆石（ZrO_2）和钛锆铁矿等。

与地球相比，月球表面富含硫物质，一般以硫化物而不是硫酸盐的形式存在。

由于月球是存在于充分还原状态下，其矿物中常含天然金属。如含钴的镍一铁金属、铁金属和镍一铁金属等。

月岩和月壤中还富含磷酸盐，其中的五氧化二磷（P_2O_5）质量分数约为 0.5%。

11.2.7　月球岩石和陨石

月球是物质成分不均一的星体，由具有不同类型、形成年代及形成方式的各类岩石构成。已采集到的月球样品提供了大量有关月球岩石的重要信息。由于形成和演化过程不同，月岩与地球岩石相比，具有明显的特性。研究月岩的特性及其演化，对了解月球的成因及演化具有重要意义。

基于成因和矿物组成，月球岩石被分成月海玄武岩、高地岩石和角砾岩。在采集到的月球样品中还发现有一类特殊的岩石，即克里普岩，因富含元素钾（K）、稀土（REE）和磷（P）而命名为 KREEP 岩。

月海玄武岩充填于月海洼地，同位素年龄大多在 31～39 亿年，由月球内部富铁和贫斜长石的区域部分熔融形成，而不是月壳原始分异的产物。

克里普岩是由富斜长石的岩石部分熔融产生的，富含钾（K）、磷（P）、稀土元素、铀（U）及钍（Th）。

高地岩石为月球上保存下来最古老的台地单元，为岩浆分异结晶的产物，主要岩石类型有斜长石岩和富镁的结晶套岩。角砾岩是由陨石、小行星撞击形成的熔岩，主要由下覆岩石及玻璃质组成。

陨石的母体通常为小行星或彗星。它们为太阳星云凝聚的产物，是未被吸积的行星或卫星的残留物。吸积（accretion）是天体以其自身的引力吸引和积聚周围物质的过程。月球由于没有大气层和磁场，其表面经常遭受小行星或彗星的直接撞击，撞击所产生的物质向空间溅射。当溅射物的飞溅速度大于月球的逃逸速度（$2.38\ km \cdot s^{-1}$）时，便会进入行星际空间。当溅射物的轨道与地球相遇时，溅射物将高速穿过地球大气层，其中未被烧蚀的残留物会降落至地球表面成为月球陨石。根据其化学成分、结构和同位素组成并与采集的月球样品相比对，便可以对月球陨石进行鉴别。现已查明月球陨石大约有 60 块，涉及 33 次月球撞击事件。月球陨石是对月球撞击事件的记录，可提供很多有价值的信息。

11.2.8　月壤及其氦—3 资源

月球表面覆盖着一层主要由细颗粒粉末状物质构成的月壤。在月海区月壤平均厚度为 4～5 m，高地区月壤平均厚度约 10～20 m。

广义的月壤（lunar regolith）是指覆盖在月球基岩上的所有月表风化物质，甚至包括直径数米的岩石。狭义的月壤是基于月球样品的颗粒大小进行分类：直径≥1 cm 的称为月岩（lunar rocks）；直径<1 cm 的颗粒是狭义的月壤（lunar soil）；直径<1 mm 的颗粒称为月尘（lunar dust）。

月壤是月球岩石风化的产物。通过对月壤的研究可以了解太阳系的早期演化，月表辐射，太阳系行星去气历史，太阳风性质，太阳表层成分，陨石和流星体对月球的撞击，以及月壳的组成、分布和演化等重要信息。月壤是在不存在氧气、水、风和生命活动的条件下，通过陨石和流星体撞击、宇宙线和太阳风的持续作用以及剧烈的昼夜温差变化共同作用形成的。

月壤富含稀有气体、钛铁矿、克里普岩和超微细金属铁等资源，未来将具有重要的开采价值。月壤物质主要源于下覆基岩及其附近地区，其中50%以上的组成物质源于采样点为中心、半径为3 km的区域内。

流星体和微流星体的撞击在月壤形成过程中起着主导作用，其撞击月表的平均质量通量为（2.4～2.9）$\times 10^{-9}$ g·cm^{-2}·a^{-1}，与月球间的相对速度平均为20 km·s^{-1}。通过此类撞击，产生粉碎、汽化、分馏、团聚及陨石物质的混入，改变月壤的物理性质和化学组成，并通过纵向翻腾和横向溅射，使月壤充分混合。

月壤的形成经历了十分漫长的过程，大体上分为两个阶段。第1阶段是当基岩裸露或月壤层较薄时，撞击粒子可穿透月壤层，粉碎基岩，导致月壤层厚度快速增加；第2阶段是当月壤层厚度增加至1 m或数米时，撞击粒子难于穿透月壤层和破坏基岩，月壤层厚度增加缓慢。

月壤的组成相当复杂，其基本颗粒包括矿物、碎屑、玻璃、粘合集块岩及陨石碎片等，有起源于月壤和基岩之分。月壤的平均矿物组成主要包括长石、橄榄石、辉石和不透明矿物等。

月壤的物理性质包含颗粒分布、密度、孔隙度、电磁性质及力学性质（压缩性和抗剪强度）等。深入研究月壤的物理性质，对载人登月、航天员在月球上行走和月球车设计等十分重要。月壤粒度分布很广，大部分颗粒直径在30 μm～1 mm之间。中值粒径为40～130 μm，平均为70 μm。有10%～20%颗粒的粒径小于20 μm，极易于漂浮和附着，会污染航天服、光学镜头，并导致探测器的充放电等。月壤是登月时必须认真对待的月球表面环境因素。

表11－8给出了阿波罗号飞船和月球号探测器登月点附近月壤的粒度参数，可作为登月时月表操作和机械设计及地面模拟的依据[4]。

表11－8 月壤粒度参数

	平均粒径		粒径标准偏差 σ_1	有效粒径 M_e/μm	不均一性 $K=M_z/M_e$
	M_z/μm	$\lg M_z$			
月球16号	85	−1.071	0.623	30.3	2.81
月球20号	77	−1.113	0.816	13.2	5.83
阿波罗11号	98	−1.008	0.620	35.4	2.77
阿波罗12号	118	−0.928	0.586	47.4	2.49
阿波罗14号	138	−0.860	0.677	40.9	3.38
阿波罗15号	61	−1.215	0.536	28.4	2.15
阿波罗16号	153	−0.815	0.885	19.2	7.97
阿波罗17号	79	−1.102	0.747	17.9	4.41

月壤颗粒形态多变，有球状的也有针状的，甚至有棱角状的，并且后两种形态更为常见。漂浮着的月壤颗粒可以穿入航天服、探测器，给登月活动造成很大的麻烦。月壤的质量密度随深度增加而增大，可采用双曲线及幂律关系式加以表征

$$\rho=1.92\frac{z+12.2}{z+18} \qquad \text{(双曲线关系)}$$

$$\rho=1.39z^{0.056} \qquad \text{(幂律关系)}$$

式中 ρ——月壤质量密度（$g\cdot cm^{-3}$）；

z——取样点所在的月壤深度（cm）。

阿波罗号飞船的取样结果表明，月壤质量密度大约为 1.5～2.0 $g\cdot cm^{-3}$。

天然状态下月壤的孔隙比（即孔隙体积与颗粒体积之比）称为天然孔隙比，可用于评价月壤的致密程度。孔隙比小于 0.6 时，称为密实的低压缩性月壤；大于 1.0 时为疏松的高压缩性月壤。月壤的孔隙比大约为 0.67～2.37。

月壤中孔隙所占的体积与月壤总体积之比称为孔隙率。月壤的平均孔隙率为 44%～52%。月壤的抗压缩性能由压缩系数、压缩模量等参量表征，并取决于孔隙比。表征月壤颗粒间抗相互滑动能力的参量称为抗剪性，由月壤的内摩擦角和内聚力决定。

月表物质的电导率是月尘带电漂浮防护、月表电磁测深及资源选矿所需的重要参量。月表物质主要由硅酸盐类物质组成，是典型的低电导物质。月壤的电导率随温度的变化呈指数关系，还受太阳辐射的影响。月表物质受可见光和紫外辐照电导率剧增，同时由于月球物质的低电导率和低损耗，导致月球晨昏线两侧的两个半球有足够的电位差，引起月壤颗粒带电漂浮高度达 10 m 量级。这会导致光散射，使月表突然变亮。月球火成岩的高频介电常数在室温下约为 7～14，一般高于地球上同类干燥岩石。

月壤的介电常数与其密度和组分有关。月壤极低的电导率和介电损耗导致月球物质对电磁波几乎是透明的。无线电波可穿透厚度达 10 m 左右的月壤。电磁波从月球表面某点传播到另一点无须两点相互可视，电磁波可穿过障碍物传播。月壤物质极易带电，并可长时间保持带电，从而在月球上日出和日落时强烈的光电效应使月壤颗粒漂浮并移动，附着在仪器表面，干扰其正常运行。

月壤遭受微流星体撞击和各类高能带电粒子的持续辐照，将产生空间风化或熟化（maturation）效应，从而使其成分和性能发生变化，包括：太阳风注入使月壤的氢、氦、碳、氮和稀有气体含量增加，以及陨石元素（铱，金）含量增高；粒径变小，形成各种团聚体；单质铁含量增加及月壤光谱特征发生变化等。一般采用平均粒径、Is/FeO 比值、太阳风气体浓度及粘合集块岩含量等指标表征月壤的成熟度。

如上所述，月球几乎无大气层和全球性磁场，从而使太阳能量粒子、宇宙线和太阳风可长驱直入到月表。月壤颗粒俘获了大量太阳风及太阳系外宇宙线粒子，记录了有关太阳组成和历史、宇宙线起源、流星体撞击及月球起源与演化等海量信息。这对于研究地球气候、大气和生命演化也有重要意义。

太阳风离子穿透月壤深度不足 1 μm，并注入 H、C 和 N 等气体；太阳耀斑粒子可穿透月壤至数厘米，并发生核反应和形成核径迹；银河宇宙线轻核粒子（质子和 α 粒子）可

穿透至月壤深处，发生级联反应，形成数量较多的二次粒子（分布于周围数米范围内）。

在月球的资源中，月壤富含的稀有气体^{3}He 最受到关注，未来将具有重要的开发价值。地球上的化石能源如煤、石油和天然气已逐渐贫化，并趋于枯竭。为解决人类长久的能源供应问题，人们寄希望于可再生能源如太阳能和风能等，以及核能的开发利用。与核裂变能和基于氘—氚（D—T）反应的可控热核聚变能相比，D—^{3}He 热核聚变能具有独特的优越性，特别是它具有低 1～2 个数量级的中子产额率。D—^{3}He 反应生成 P（14.7 MeV）和 α 粒子（3.7 MeV），并伴生 D—D 反应。它具有高效率、低中子产额、低辐照损伤、长寿命和高安全性等优点，有人认为，这对解决人类长期能源问题具有重要战略意义。但地球上^{3}He 的储藏量很低。地球大气层中^{3}He 的体积比约为 5.24×10^{-6}；^{3}He/^{4}He 同位素比约为 1.4×10^{-6}（原子比）。整个地球大气层中共含有 4×10^6 kg 的^{3}He。火山气、深海气井中含有相对较高的^{3}He，但由于难于开采或含量有限也无法成为现实的 D—^{3}He 热核反应能源燃料。

太阳风中的 He 通量为 6×10^{10} $m^{-2}\cdot s^{-1}$，^{3}He/^{4}He 原子比高达 480×10^{-6}。据估计，可约有（240～600）$\times10^6$吨的^{3}He，以太阳风的形式注入到月球表面；在 5～10 m 深的月壤内估计蕴藏着 10^6吨量级的^{3}He 资源。

有分析表明，从月球上开采月壤，通过太阳能微波加热收集月壤中的稀有气体，利用月球昼夜温差大和气压低的特点就地分离^{3}He/^{4}He 和液化^{3}He，再用航天飞机将液态^{3}He 运回地球，作为 D—^{3}He 聚变堆的燃料，在经济上是可行的，并更加安全、清洁和可靠。但上述观点并未取得共识。

11.2.9 月球表面的流星体通量

由于月球实际上不存在大气层，即使小的流星体粒子入射至月表，也会引起表层的强烈侵蚀。入射至月球表面粒子撞击速度的计算值为 13～18 $km\cdot s^{-1}$。

对月球表面岩石的研究揭示了过去数亿年间撞击粒子的平均通量。月球表面入射粒子的通量可按如下经验公式估算[5]

$$\lg Nt=-14.597-1.2131\lg m\quad(10^{-6}\ g<m<10^{6}\ g)$$

$$\lg Nt=-14.566-1.5841\lg m-0.063(\lg m)^2\quad(10^{-12}\ g<m<10^{-6}\ g)\qquad(11-2)$$

式中 Nt——质量为 m 粒子的通量（粒子数 $\cdot m^{-2}\cdot s^{-1}$）；

m——粒子质量（g）。

已有研究结果表明，入射到月球表面上的质量为 10^{-16} g（微流星体）至 10^{18} g（大流星体和小行星）的总质量通量为 4×10^{-16} $g\cdot cm^{-2}\cdot s^{-1}$。不同尺度粒子的通量遵从 $N=aD^b$ 的关系式，式中 N 是直径为 D 的粒子在单位面积和单位时间沉降的数目。沉降粒子通量按质量 m 的分布也具有类似的关系式：$N=cm^d$。实际观测的分布规律表明，幂指数 b 和 d 为负值。图 11—3 为月球周围流星体通量按质量分布的观测数据。曲线 1 和数据点 2 分别表示地面观测和在 1 AU 距离上各卫星观测结果。数据涉及微流星体粒子的质量范围约为 10^{-17}～10^0 g。

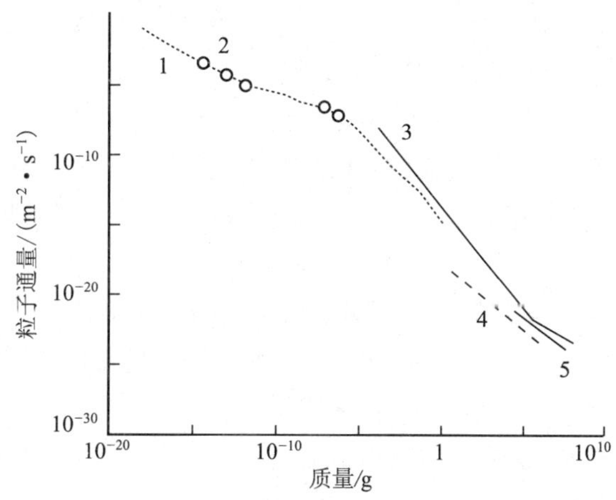

图 11—3　入射至月球表面的流星体粒子通量按质量的分布[1]

曲线 1 和数据点 2—观测数据；曲线 3—基于月壤样品计算；
曲线 4 和 5—基于月表被动地震试验估算结果

图 11—3 中曲线 3 为根据从月球表面取回的月壤样品被流星体侵蚀程度求出的流星体通量按质量的分布。从被动地震（passive seism）试验结果（阿波罗探月计划的月表试验），可以估算出撞击月球表面的流星体通量，其分布如曲线 4 所示。所估算的通量是地面观测期望值的 1/1 000～1/10。基于被动地震试验求出质量为 10^3～10^5 g 的粒子通量分布如曲线 5 所示[6]。

根据入射到月球表面上的流星体通量值，可以认为在月球周围空间存在着恒定的弥散物质，亦即月球固有的外逸层气溶胶组分。在明亮的月空下所做的观测证实了这一假定。月表面的直接观测数据表明，在约 25 $km\cdot s^{-1}$的入射速度下，质量大于 10^{-13} g 的微粒子通量等于 2×10^{-8}粒子 · $cm^{-2}\cdot s^{-1}$。该试验还记录到在 8 个朔望月期间，于当地日出和日落时刻附近微粒子浓度呈现增高效应。在日出之前数小时至 40 小时和日出之后 30 小时内，微粒子记录率增加近 100 倍。这表明微粒子主要来自太阳方向，粒子沿月面水平输运。该输运机制可归结于月尘粒子所携带的静电荷与太阳辐射作用下产生于月表的静电场间的相互作用。

11.2.10　月球附近的电离辐射

由于月球既不存在偶极性的全球磁场，又无真正意义上的大气层，所以月球表面的辐射特征明显不同于地球表面所观测到的现象。月球表面的辐射特性更加多种多样，而且与月球表面覆盖物间的交互作用也更为复杂化。由于太阳风离子的能量较低，只能穿透月球上层物质很薄的一层（$\leqslant$1 μm）。根据月球附近太阳风粒子通量估算，在 40 余亿年的时间内，到达月球的粒子总量等效于 10 m 厚的月球表面层。月球附近太阳风通量一般取值为 1×10^8～8×10^8 粒子 · $cm^{-2}\cdot s^{-1}$。太阳风的大部分粒子最终都被遗弃在月球表面。可以认为，太阳风实际上是月壤化学元素组分如氢、碳、氮和其他元素的来源。

出现强太阳耀斑之后，能量 $E\approx0.5\sim1.0$ MeV 的电子在 10 min～10 h 到达月球附近。能量为 20～80 MeV 的太阳质子，沿行星际磁场线运动，并在数小时至 10 小时的时间内出现在月球周围。太阳宇宙线的大部分粒子只能穿透月球表面物质数厘米的深度。在其最上层，这些粒子可能引起核反应，并留下级联反应的痕迹。厚度大约为100 $g\cdot cm^{-2}$ 的一层通常就足以阻断二次粒子的透入。从月球采集到的许多月球岩石样品，仍然很好地保存着太阳宇宙线粒子的痕迹。由此可以估算出大约 1 000 万年前太阳风的通量，并揭示月球岩石的年龄。

银河宇宙线的重核粒子通常只能穿透至 10 cm 的月岩深度。尽管如此，这些高能重核粒子可能在月球物质内引起核反应，并诱发连锁现象，最后衰减在厚度为数 $g\cdot cm^{-2}$ 的层内。相反，银河宇宙线组分中的轻核粒子，通常为质子和 α 粒子，可以穿透至月壤深处，并诱发二次粒子的级联反应，传播至周围的数米之内。次生粒子的数目通常为初级粒子数目的数倍。例如，初级银河宇宙线粒子通量为 2 粒子 $\cdot cm^{-2}\cdot s^{-1}$时，可以诱发通量为 13 中子 $\cdot cm^{-2}\cdot s^{-1}$的中子流。伴随着银河宇宙线粒子对月球覆盖层物质的轰击，将引起γ光量子和中子的“逸出”，从而产生月球辐射流，其能谱可以反映出靶物质的化学成分。这一现象为远距离测量月岩化学元素如钍、钛、铁、镁和钾等含量的技术提供了理论基础。因此，可以借助于仪器进行这些元素含量的空间测量。

月球上太阳电磁辐射的平均能量密度为 1 360 $W\cdot m^{-2}$。从太阳风粒子至太阳宇宙线和银河宇宙线粒子的能量通常跨越 8 个数量级。由于辐射粒子的能量和组成的不同，与月球物质及登月探测设备的相互作用也不同。太阳质子事件可能导致月球车表面、结构整体性及电子器件损坏，也可能导致光学材料电离和光学设备瘫痪。银河宇宙线的高能粒子辐射易于引起电子器件产生单粒子效应。

在太阳紫外辐射作用下，月球大气被电离，在距月面不高的（白天，5～10 km）高度上形成等离子体。尽管对月球是否存在全球性电离层尚有争议，但很可能在某些局域地区存在低密度的并与月相、剩磁、太阳风条件和月壤特性有关的电离层。

11.2.11 月球的反射和固有辐射

月球的反射特性不仅是月球的重要环境特征，也是确定月球探测器中某些科学仪器（如紫外传感器、干涉成像光谱仪）重要指标的依据。月球辐射包括反射（太阳辐射在可见和近红外波段的月面反射）以及月球的固有辐射。后者主要位于远红外波段。图 11－4 的曲线 1 表示太阳辐射在 X 射线至红外波段的光谱能量通量分布，谱能量通量以 $erg\cdot cm^{-2}\cdot s^{-1}\cdot\mu m^{-1}$为单位。

图 11－4 中曲线 2 是太阳辐射受月面反射时，考虑到光谱几何反照率的影响，所得到的太阳能谱能量分布的变化。基于反照率的变化可以解释在紫外区辐射值的急剧下降以及在红外区谱的较缓慢的变化。从地球上观测月球，平均反照率低于 0.09，亦即只有 9％的太阳光被月面反射。月面某一区域的反射能力与该处的化学和矿物学组成、物质颗粒大小以及物质的密度有关。通常，撞击坑辐射线是月球上最亮的特征线，高地比月海地区更亮些。

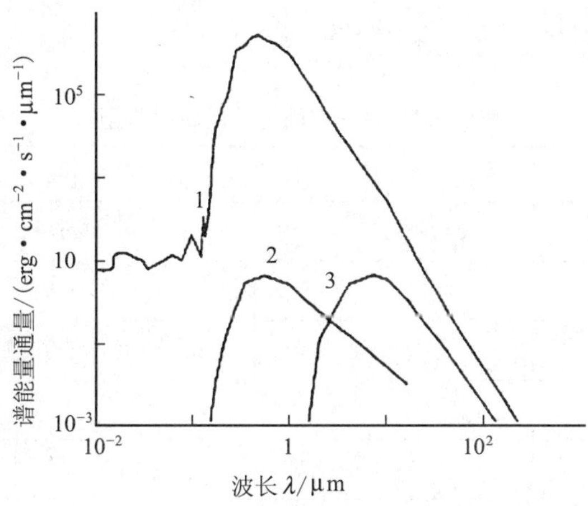

图 11－4　不同辐射的谱能量通量分布

1—太阳辐射；2—太阳辐射月面反射；3—月球固有辐射

月球表面层的低反射能力导致 90%以上的太阳辐射在月球上转化为热量。所以，月球在红外波段，特别是在射电波段呈现固有热辐射。月球的固有辐射可以按 T=400 K 的黑体进行计算，得到相应的曲线（对应于向阳半球的日下点）。相应的计算曲线如图 11－4 的曲线 3 所示。月球表面的发射率可近似取为 1。

月球的最大反射能量通量值出现在 $\lambda \approx 0.6\ \mu\text{m}$ 处，而太阳光谱能量分布的极大值位于 $\lambda=0.47\ \mu\text{m}$ 附近。由此可以得出，太阳光被月球表面反射将得到红色的色调。月球固有辐射的极大值位于 $\lambda=7\ \mu\text{m}$ 的区域。在月相变换或发生月食期间，通过测量月轮背阳部分的热辐射可估算月表覆盖物质的热惯性。月壤处的热惯性约比地球山区岩石低两个数量级。根据这一特征可以判断月表物质的破碎程度。在高真空条件下，岩石发生强烈的碎化会使热惯性降低。

图 11－4 所示的曲线 3 可持续至无线电波段。但是，由于在射电波段月球的固有辐射水平低，难于进行详细研究。通过射电亮温度测量结果所包含的某些信息，可以确定月球表层以下几个波长深度上的温度状况。这种射电测量结果表明，在大约 1 m 左右的深度上，月球物质的温度没有发生明显的变化。这一结论得到阿波罗计划的分区域月壤钻孔试验的进一步证实。

11.2.12　月球环境及其影响

月球是地球的天然卫星，月球环境与地球环境有诸多相似性。本节重点阐明月球环境的某些特点。月球环境的影响涉及地月、近月和月表环境，将直接对月球探测器和月球车的结构、材料、行走速度、越障能力、温控、导航和运行寿命产生影响。

太阳系的电磁辐射主要源于太阳。月球上太阳电磁辐射的平均能量密度约为 1 360 $\text{W} \cdot \text{m}^{-2}$。粒子辐射环境包括质子、电子和重离子，其与月球的相互作用与粒子的能量及通量有关，穿透月表的深度在几厘米至几米之间。近月和月表探测器应进行相应的防护，以降低太阳风、太阳宇宙线及银河宇宙线所产生的辐射损伤程度。表11－9给出了上述3种辐射的能量、通量及月表穿透深度[7]。

表11－9　月球空间主要的辐射类型

辐射类型	太阳风	太阳宇宙射线	银河宇宙射线
核子能量	约0.3～3 $keV \cdot n^{-1}$	约1～>100 $MeV \cdot n^{-1}$	约0.1～>10 $GeV \cdot n^{-1}$
电子能量	约1～100 eV	<0.1～1 MeV	约0.1～5 GeV
质子通量/（$cm^{-2} \cdot s^{-1}$）	约3×10^8	约0～10^6	2～4
粒子比			
电子/质子	约1	约1	约0.02
质子/α粒子	约22	约60	约7
L（$3\leqslant Z\leqslant5$）/α粒子	不确定	<0.000 1	约0.015
M（$6\leqslant Z\leqslant9$）/α粒子	约0.03	约0.03	约0.06
LH（$10\leqslant Z\leqslant14$）/α粒子	约0.005	约0.009	约0.014
MH（$15\leqslant Z\leqslant19$）/α粒子	约0.000 5	约0.000 6	约0.002
VH（$20\leqslant Z\leqslant29$）/α粒子	约0.001 2	约0.001 4	约0.004
VVH（$30\leqslant Z$）/α粒子	不确定	不确定	约3×10^{-6}
月表穿透深度			
质子和α粒子	<微米级	厘米级	米级
更重的离子	<微米级	毫米级	厘米级

月球和地球的空间辐射环境基本相近。一方面，月球无大气层和地磁场，降低了对太阳辐射和能量粒子的吸收和屏蔽；另一方面，月球不存在辐射带，也无磁暴和亚磁暴的扰动，并且月球和地球距太阳的距离大体相同。所以，空间辐射环境对月球和地球的影响程度大体相当。月球表面环境特征主要在于存在月壤和昼夜温度的剧变。太阳风是月球大气和月表几种不稳定元素如碳、氢、氦和氮的主要来源，也可以产生溅射而导致月表侵蚀。太阳风等离子体在月影区产生等离子体空腔，其中等离子体密度降至零，并且其磁场强度比未受扰的行星际磁场强度（平均值约7 nT）高。这表明太阳风与月球的相互作用不同于与地球的相互作用。

太阳风是对月球软着陆器影响最大的空间影响因素。太阳耀斑辐射的高能粒子可能损坏月球车表面、结构的整体性及电子元器件，并可能导致光学器件发生故障。银河宇宙线的通量不大，但能量很高，可能导致电子元器件出现灾难性故障。

表11－10给出了基于1989年10月爆发的太阳质子事件计算得出的近月空间太阳耀斑质子累积通量谱。

表 11－10　近月空间太阳耀斑质子累积通量谱[2]

能量/MeV	质子通量/cm^{-2}	能量/MeV	质子通量/cm^{-2}	能量/MeV	质子通量/cm^{-2}
1.0	1.04E+11	36.0	3.23E+09	100.0	4.69E+08
2.0	7.50E+10	38.0	2.95E+09	110.0	3.81E+08
3.0	5.85E+10	40.0	2.70E+09	120.0	3.11E+08
4.0	4.74E+10	42.0	2.48E+09	130.0	2.55E+08
5.0	3.94E+10	44.0	2.28E+09	140.0	2.11E+08
6.0	3.34E+10	46.0	2.10E+09	150.0	1.75E+08
7.0	2.88E+10	48.0	1.94E+09	160.0	1.47E+08
8.0	2.50E+10	50.0	1.79E+09	170.0	1.23E+08
9.0	2.19E+10	52.0	1.66E+09	180.0	1.03E+08
10.0	1.94e+10	54.0	1.54E+09	190.0	8.78E+07
11.0	1.75E+10	56.0	1.42E+09	200.0	7.45E+07
12.0	1.59E+10	58.0	1.33E+09	210.0	6.31E+07
13.0	1.46E+10	60.0	1.24E+09	220.0	5.42E+07
14.0	1.33E+10	62.0	1.16E+09	230.0	4.58E+07
15.0	1.22E+10	64.0	1.10E+09	240.0	3.98E+07
16.0	1.13E+10	66.0	1.05E+09	250.0	3.38E+07
17.0	1.04E+10	68.0	9.95E+08	260.0	2.95E+07
18.0	9.63E+09	70.0	9.46E+08	270.0	2.51E+07
19.0	8.91E+09	72.0	8.98E+08	280.0	2.20E+07
20.0	8.30E+09	74.0	8.57E+08	290.0	1.90E+07
21.0	7.72E+09	76.0	8.15E+08	300.0	1.64E+07
22.0	7.19E+09	78.0	7.75E+08	310.0	1.44E+07
23.0	6.72E+09	80.0	7.41E+08	320.0	1.23E+07
24.0	6.28E+09	82.0	7.07E+08	330.0	1.09E+07
25.0	5.88E+09	84.0	6.73E+08	340.0	9.48E+06
26.0	5.51E+09	86.0	6.43E+08	350.0	8.17E+06
27.0	5.18E+09	88.0	6.15E+08	360.0	7.26E+06
28.0	4.86E+09	90.0	5.87E+08	370.0	6.34E+06
29.0	4.57E+09	92.0	5.60E+08	380.0	5.47E+06
30.0	4.33E+09	94.0	5.37E+08	390.0	4.88E+06
32.0	3.90E+09	96.0	5.15E+08	400.0	4.29E+06
34.0	3.54E+09	98.0	4.92E+08	—	—

表 11－11 给出了近月空间宇宙线的线性能量传递谱，由此可以估算单粒子事件出现的概率。

表 11－11　近月空间宇宙线的线性能量传递（LET）谱[2]

线性能量传递/（MeV·g^{-1}·cm^{-2}）	积分通量/（m^{-2}·sr^{-1}·s^{-1}）	
	银河宇宙射线	银河宇宙射线和太阳宇宙射线
1.210 5E+03	1.301 0E+00	3.036 0E+04
1.082 9E+03	1.472 7E+00	3.513 0E+04
9.687 8E+02	1.660 1E+00	4.039 6E+04
8.666 7E+02	1.877 9E+00	4.643 7E+04
7.753 2E+02	2.081 5E+00	5.289 9E+04
6.936 0E+02	2.374 6E+00	6.011 0E+04
6.204 9E+02	2.676 2E+00	6.838 3E+04
5.550 9E+02	3.030 4E+00	7.780 9E+04
4.965 8E+02	3.436 8E+00	1.229 3E+05
4.442 4E+02	3.977 7E+00	1.749 2E+05
3.974 1E+02	4.559 2E+00	2.362 0E+05
3.555 3E+02	5.424 3E+00	3.107 0E+05
3.180 5E+02	6.220 9E+00	4.157 5E+05
2.845 3E+02	7.028 6E+00	5.464 4E+05
2.545 4E+02	8.322 3E+00	7.214 0E+05
2.277 1E+02	9.083 4E+00	9.412 2E+05
2.037 1E+02	1.005 0E+01	1.244 4E+06
1.822 4E+02	1.131 9E+01	1.613 8E+06
1.630 3E+02	1.267 6E+01	2.112 6E+06
1.458 4E+02	1.410 5E+01	2.721 1E+06
1.304 7E+02	1.589 5E+01	3.541 3E+06
1.167 2E+02	1.884 2E+01	4.494 0E+06
1.044 2E+02	2.161 4E+01	5.794 4E+06
9.341 1E+01	2.305 3E+01	7.873 0E+06
8.356 5E+01	2.520 4E+01	9.733 2E+06
7.475 7E+01	2.684 7E+01	1.156 1E+07
6.687 7E+01	2.947 8E+01	1.455 5E+07
5.982 8E+01	3.272 0E+01	1.823 5E+07
5.352 2E+01	3.391 2E+01	2.254 2E+07
4.788 1E+01	3.539 4E+01	2.748 4E+07
4.283 4E+01	3.769 8E+01	3.343 2E+07
3.831 9E+01	3.942 7E+01	4.075 6E+07
3.428 0E+01	4.160 4E+01	4.867 4E+07
3.066 7E+01	4.445 7E+01	5.811 5E+07

续表

线性能量传递/（MeV · g^{-1} · cm^{-2}）	积分通量/（m^{-2} · sr^{-1} · s^{-1}）	
	银河宇宙射线	银河宇宙射线和太阳宇宙射线
2.743 5E+01	4.832 8E+01	6.779 7E+07
2.454 3E+01	5.271 0E+01	7.955 7E+07
2.195 6E+01	5.798 7E+01	9.051 5E+07
1.964 2E+01	6.540 8E+01	1.019 2E+08
1.757 1E+01	7.462 3E+01	1.134 1E+08
1.571 9E+01	8.581 3E+01	1.248 3E+08
1.406 2E+01	9.945 4E+01	1.364 8E+08
1.258 0E+01	1.161 0E+02	1.456 1E+08
1.125 4E+01	1.380 9E+02	1.555 1E+08
1.006 8E+01	1.629 7E+02	1.636 8E+08
9.006 8E+00	1.947 8E+02	1.713 8E+08
8.057 5E+00	2.371 6E+02	1.778 4E+08
7.208 2E+00	3.217 6E+02	1.834 5E+08
6.448 4E+00	3.783 1E+02	1.881 5E+08
5.768 7E+00	3.894 6E+02	1.916 5E+08
5.160 7E+00	4.061 3E+02	1.945 6E+08
4.616 7E+00	4.279 4E+02	1.965 8E+08
4.130 1E+00	4.652 6E+02	1.979 3E+08
3.694 8E+00	5.125 8E+02	1.985 8E+08
3.305 3E+00	5.813 8E+02	1.988 9E+08
2.956 9E+00	6.844 4E+02	1.990 5E+08
2.645 3E+00	8.279 0E+02	1.991 1E+08
2.366 5E+00	1.040 8E+03	1.991 3E+08
2.117 0E+00	1.368 0E+03	1.991 4E+08
1.893 9E+00	1.897 0E+03	1.991 5E+08
1.694 3E+00	3.552 7E+03	1.991 5E+08

月球大气在太阳紫外辐射作用下发生光致电离，并在月表白天距月面 5～10 km 高度上形成等离子体，称为月球电离层（lunar ionoshere），或称月球等离子体云（lunar plasma cloud）。由于其数密度很小，并不构成具有真正意义上的全球性电离层。当月球处于太阳风中，非边缘光照区近月空间很有可能存在电离层。电离层等离子体的数密度约为 100～1 000 电子 · cm^{-3}，随月相、当地月球剩磁、太阳风状态及局地月壤特性等变化。

月球的大气极其稀薄。月球夜间，宁静大气密度约为 2×10^5 分子 · cm^{-3}，白天降至 10^4 分子 · cm^{-3}，约为地球大气的 10^{-14} 量级。月表大气组分主要为氖、氢、氦和氩。

流星体是自然存在且穿过空间的固态物体。直径小于 1 mm 的流星体称为微流星体。

流星体坠落到行星表面上时称为陨石。月表平均年累计流星体数量可依式（11－2）估算。流星体撞击月面的速度约为13～18 $km \cdot s^{-1}$。

月球的带电粒子辐射、大气和流星体等环境，以及地形地貌、月壤月尘、月表温度和月震等因素，对月球探测器、软着陆器和月球车的设计、选材、运行特性及寿命都有显著影响，应给予足够的关注。

月球周围无辐射带，能量粒子辐射主要源于太阳质子事件。能量大于10 MeV的质子年累积通量≥2×10^9 质子·cm^{-2}。能量高达10^3 MeV且一次事件累积通量达10^{10}质子·cm^{-2}的特大质子事件，可使卫星吸收剂量高达数百拉德，必须采取相应的防护措施。

月球处于高真空环境，几乎无大气，无热传导，而且伴生明显的材料出气过程。月球昼夜之间温度剧烈变化，其极端温度可达150 ℃及－180 ℃。在月球车设计选材时，应考虑这些苛刻的环境条件。在高真空和温度剧变条件下，润滑剂、热控涂层等材料性能将发生显著变化；月球车的运动部件将发生无介质阻尼振动效应。

质量为10^{-6} g的流星体可在月球上形成直径为500 μm的撞击坑；质量为1 g的流星体可形成厘米量级深度的撞击坑，具有相当大的危险性。这样的陨石在月球上能够击中航天员的概率很小，每年约$1/10^6$～$1/10^8$。

月球表面地形的坡度对月球车爬坡能力有直接影响。月球车在月表的高山、悬崖及撞击坑内侧（坡度一般>30°）难于行进。撞击坑外侧的坡度一般小于25°；高地的平均坡度小于30°；月海地势平坦，最大坡度约17°。通常，月球车的设计爬坡能力应为25°～30°。月球车一般采用六轮独立驱动系统，前后各有两个轮子具有独立的发动机，这样的月球车可在原地转动360°，并便于越障和爬坡。

月球上存在悬崖、陡坡及大块岩石，月球车难以逾越。月球车设计时除需考虑有地面遥控导航能力外，还应具有自主规避障碍的本领。地月间相距约4×10^5 km，往返通信延迟近3 s，难于实施实时遥控，需和自主导航相结合。月球岩石一般小于25 cm，月球车应设计具有翻越25 cm高度的能力。

基于月壤的力学性能，月球车的车轮和行走速度设计应满足月壤的承受力。月球车的行走速度一般很慢（1～5 $cm \cdot min^{-1}$），且通常走走停停。

月球着陆器和月球车着陆、行走时扬起的月尘，将污染探测器的运动部件，如轴承、齿轮等，造成机械零件的过度磨损。月尘还带有静电荷，易于附着表面并影响仪器的性能。所以，月尘环境是必须考虑的问题。一般探测器在月球着陆之前应关闭发动机，并在仪器外层设置防尘装置。

为适应月表温度的剧烈变化（约300 ℃温差波动），应对月球车实施温控。在夜晚－180 ℃的极端低温下，太阳电池已无法正常工作。为保证月球车度过月球寒冷的夜晚，必须采用备用电源，如原子能电池等。月球车持续过夜，将延长其运行寿命。

流星体撞击事件产生的冲击力及其次生效应会诱发月震。月球具有很小的弹性波传播损耗，故月震波可传播至很远的距离，其半衰期约为10余分钟。月震的次生效应是导致撞击坑壁上的月壤和岩石滑落，航天器在月球的着陆点应选择在具有较大的自然安息角的地方。

11.2.13　我国的月球探测

航天科学的先驱者齐奥尔科夫斯基说过："地球是人类的摇篮，但人类不会永远躺在这个摇篮里，而会不断地探索新的天体和空间"。月球将是人类飞出地球探索遥远太空的首发站。2007 年 10 月 24 日 18 时 05 分，中国第 1 颗探月卫星嫦娥一号发射升空，成功踏上奔月之路，揭开了我国月球探测和深空探测工程的序幕，中国航天事业的历史谱写了新的篇章。

深空探测从月球起步，世界各国无一例外均是如此。尽管月球究竟算不算深空，天文学界还存有争议。深空探测是当代航天活动的热点。国际上深空探测活动主要集中在月球探测（如果以距地球 2×10^{6} km 以上作为深空的判据，月球还不能称为深空）、火星探测和寻找地外生命三个方面。深空探测对了解太阳系的起源、演变历史和现状，进一步认识地球环境的形成和演变，探索生命的起源和进化，以及积极开发和利用空间资源具有重要意义。月球作为地球的天然卫星，是离地球最近的天体，可为人类飞出地球摇篮的第一站，也是进一步深空探测的转运站。建立月球基地已成为世界各国开展深空探测的必由之路。

至今，人类已进行过 126 次探月活动，其中 63 次以失败告终，大多因火箭故障而失败。1959 年 1 月 2 日，苏联发射的月球 1 号探测器，使人类首次靠近了月球；1959 年 9 月 26 日，苏联成功发射的月球 2 号探测器，是首个落在月球上的人造物体。一个月后，苏联发射的月球 3 号探测器，首次向地球发回约 70％月背面的图片。1964 年 7 月，美国发射了徘徊者 7 号硬着陆月球探测器，人类首次获取了月面特写镜头。1969 年 7 月 16 日至 24 日，三名美国航天员乘坐阿波罗 11 号飞船在月面静海着陆，人类的足迹首次印在月球松软的月壤上，成就了"月球上的一小步，人类文明的一大步"。

我国首次月球探测具有深远意义。以月球探测为起步的深空探测工程，将集当代高精尖技术成果之大成，被公认是一个国家技术水平和综合实力的重要标志。探测月球是中国从第 1 颗人造地球卫星，到载人航天技术取得重大突破，50 余年来科技不断进步及经济高速发展的必然结果，是我国综合国力的崭新亮相。实施月球探测将有力地带动许多基础工业和国防工业关键技术的高速发展，如光学通信和高速数据处理等，其真正价值往往远高于工程本身。从科学研究和人类活动的长远未来考虑，月球上富有的矿产如钛、铁，月表的太阳能，月壤中富含的氦－3，将成为人类长远的矿产资源和清洁能源（受控热核反应）的燃料。

国际上无人月球探测过程一般都经历了从月球近旁飞过探测、撞击月球探测、绕月探测、月球表面软着陆和采样自动返回等阶段。我国首次探月就直接步入绕月探测，跨越了前两个阶段，具有很大的难度。嫦娥绕月计划体现了一系列中国特色，创造了我国航天史上的多项第一。

嫦娥一号卫星奔月先后经历了借力飞天、绕地而行、奔月之路和嫦娥绕月几个阶段。在奔月之路阶段，实施了第 3 次近地点加速，卫星的速度从第一宇宙速度（7.91 $km\cdot s^{-1}$）加速至第二宇宙速度（11.2 $km\cdot s^{-1}$），进入远地点高度为 38 万千米的奔月轨道，开始向月球飞行。经历长途跋涉后，月球出现在嫦娥一号面前，经过制动和被月球捕获，成为真正意义上的月球卫星。最终嫦娥一号沿着周期127 min、高度200 km的环月轨道飞行。嫦娥一号在完成预定目标后，于2009年3月1日精确落于月球丰富海，成功实施人为撞击月球表面，获得了月球内层土壤和氦—3资源的分布特征。

作为我国探月工程的第一步，嫦娥一号实现了四项重大科学目标。一是获取月球表面的三维影像，利用CCD相机结合激光高度计，获取月球表面三维影像，精细划分月球表面的基本结构和地貌单元，初步编制月球3D地形图、地质图和构造纲要图，划分月球断裂和环形影像纲要图，作为月面软着陆的参考。二是分析月球表面有用元素含量和物质种类的分布特征。通过γ射线谱仪、X射线谱仪和干涉成像光谱仪，分析月球表面有用元素的含量和分布，特别是估计作为未来能源资源的氦－3的储存量，为研究月球形成和演化历史、起源提供直接和有效证据，为未来开发和利用月球资源提供依据。至今，美国已探测了5种月球物质，日本计划探测10种，而嫦娥一号可探测14种月球物质。三是探测月壤特性，利用微波辐射计探测月壤厚度及其分布，分析其成熟度与月表年龄的关系，估计月球表面某些物质（如氦－3）的储存量。四是探测地月空间环境，涉及4万至40万千米内的地月空间。利用太阳高能粒子探测器和太阳风低能离子探测器，探测太阳宇宙线粒子和太阳风等离子体，研究太阳风和月球的相互作用，深入认识空间物理现象对地球空间和月球空间的影响。

2010年10月1日18时59分57秒嫦娥二号探月卫星成功发射，揭开了中国探月二期工程的序幕。起飞约25 min后，火箭将卫星送入近地点200 km，远地点约380 000 km的地月转移轨道。这种直接地月转移发射技术的突破，使嫦娥二号奔月时间比嫦娥一号缩短了7余天。经3次近月制动，卫星进入距月球100 km的圆轨道。在比嫦娥一号轨道低100 km的高度上，嫦娥二号通过搭载的激光高度计（用于月表3D成像）、CCD立体相机（用于分辨率小于10 m的月表3D成像）、X射线和γ射线谱仪（用于月表物质成分探测）、微波探测器（用于月壤探测，采用4个波段可穿透月壤）、太阳高能粒子和太阳风离子探测器（用于探测地月空间环境，并肩负太阳活动高年的探测使命）7种有效载荷，实现了探测地月与近月空间环境、获取月表3D影像，为后续着陆区优选提供依据以及探测月球物质成分和月壤特性等四大科学目标。

在轨工作期间，嫦娥二号卫星还降至距月球15 km高度，对嫦娥三号备选着陆区虹湾（位于月球43°N，31°W，南北长约100 km，东西长约300 km的地区）进行了高精度拍摄。图像的成功传回，成为嫦娥二号飞行任务圆满完成的重要标志。嫦娥二号在圆满完成了各项使命之后，于2011年6月9日脱离原来的运行轨道，奔向150万千米的深空，并定位在日一地空间的第二拉格朗日点（L_2）（见图12－11）。该处的引力和以共同角速度旋转的离心力恰好平衡，卫星将消耗最少的能量，获取遥远深空的有关信息。

在嫦娥二号发射之前，人类共进行了126次探月活动（美国57次，苏联/俄罗斯64次，日本2次，欧洲空间局、中国和印度各1次），其中成功与失败均为63次。嫦娥二号的成功，使中国的探月成功率达到100%，并使人类的探月尝试成功率过半。

中国探月工程制定了三步走的战略计划：一期为“绕”，二期为“落”，将在2017年左右开展的三期工程为“回”。在 2010～2015 年，实施探月二期工程，进行 2～3 次月球软着陆巡视勘察，为建立月球基地收集资料。第三期工程，将发射月球软着陆器，采集月壤和岩石样品并返回地球。每前进一步都面临着许多新的困难。用孙家栋院士的话说，“实现载人登月的一个前提是，必须同时具备载人航天能力和月球探测能力。从载人航天到载人登月是复杂的系统工程，需要克服许多技术难题。我国如果要派航天员登月，还需要克服一系列技术难关，包括航天员出舱，飞船对接，大推力火箭研制，从月面返回以及在月球上生存等，这些都不是短期内能够解决的技术难题。”但是，我国既然已经迈出了深空探测的第一步，就会有第二步，第三步……。

作为 2009 年度国际十大科技成就之首项，美国的月球探测器发现了月球存在水的证据。并且，近日美国科学家报道，通过对 40 年前阿波罗号飞船带回的月岩样品的研究发现，月球内部的含水量要比原先估计高 100 倍。水来自大约 45 亿年前月球形成初期的热岩浆。如果把月球内部所有的水取出，放在假想平滑的月球表面，水深大概会有 1 m。这无疑将成为人类探索月球的新的巨大动力。

11.3　水星

11.3.1　概述

水星是最靠近太阳的行星，这也是人类研究水星的基本兴趣所在。基于目前的认识，这颗行星具有最大的金属核（相对于行星总质量）。水星是唯一的相对较小的行星体却具有相当强的磁场，也是具有磁层而无电离层的行星。在水星上可以观测到一般卫星和彗星附近气层的形成过程，以及行星与其卫星同时形成的起伏结构的地貌。在太阳系八大行星中，水星的轨道偏心率最大（0.205 64）。水星最靠近太阳，因此具有极高的温度。

水星的大小为地球的 1/3，质量约为地球的 1/20，密度为 5.44 $g \cdot cm^{-3}$（略小于地球）。水星上基本无大气层，大气压约为 2×10^{-9} mbar，主要成分为氦、氢、氩和氖。水星表面布满着撞击坑，表面层由低铁硅酸盐组成。水星发生过分异过程，形成硅酸盐壳层（幔）及富铁的核。水星的硅酸盐幔厚约 500～600 km，铁核约为水星直径（4 878 km）的 75%～85%。水星的地质历史分为吸积、分异、撞击壳层压缩以及盆地和平原形成等过程。

通过与其相靠近的水手号探测器（Mariner－10，1974～1975 年）和地面无线电定位观测，取得了有关水星基本物理状态的数据。水星表面的细节难以利用地面光学望远镜进行观测。

11.3.2　水星重力场结构的可能特征

为了获取有关水星内部结构的可靠信息，只能基于水星表面重力测量结果并与探测器轨道参量的无线电测量结果相结合，确定式（11－1）重力位势谐波展开式的系数 J_2 和 C_{22}。为了求得这些特征数据及水星重力场的结构特征，需要通过数值模拟构建水星的结构模型。

由于水星在高温形成，在其分异冷却（differential cooling）的早期阶段，可以合理地假定存在较大的液态金属内核。为了解释水星具有较大的物质平均密度，早期曾假定，铁应该占有整个水星质量的60％～70％。根据现在对水星磁场的观测结果，得出水星的大部分尺度是处于熔融状态的铁一镍内核。根据新的观测数据建立的水星内部结构模型，得出铁一镍内核的半径约为水星半径的3/4，其外面为由硅酸盐组成的水星幔。

图11－5为基于该模型计算的水星物质密度和压力沿深度的分布。基于表层与心部冷却速度的差异以及不同组分的熔点、密度不同，可假定水星目前是处于完全的分异态，即具有非均相的分层结构[8]。所谓分异作用（differentiation）是指行星内部物质调整并形成壳层结构的过程。熔融体在冷却过程中产生重力分异和结晶分异，在行星内产生具有不同化学组分和矿物组分的同心壳层结构。一颗行星的分异作用进行得越完全，它的物质成分分布越不均匀。由图11－5可以看出，在约600 km深度，水星出现从硅酸盐地幔向金属内核的过渡。在此深度以下，压力随深度增加的函数关系也发生了变化。

计算得出的$I/(MR)^2$值与金属核析出模型相一致（有别于铁在水星体内的均匀分布）。式中，I为轴向转动惯量；M和R分别为水星的质量和半径。计算得出$I/(MR)^2=0.34$。

在地球上进行的无线电定位观测表明，水星星体内质量分布呈现全球性的不均匀性。这一事实很有可能解释水星绕轴自转和绕太阳公转的某些异常现象。在行星赤道区附近存在两个高地，分别位于西经10°和190°处。从其他的计算结果也得出，在水星的局部区域存在重力异常，类似于月球上的质量瘤。

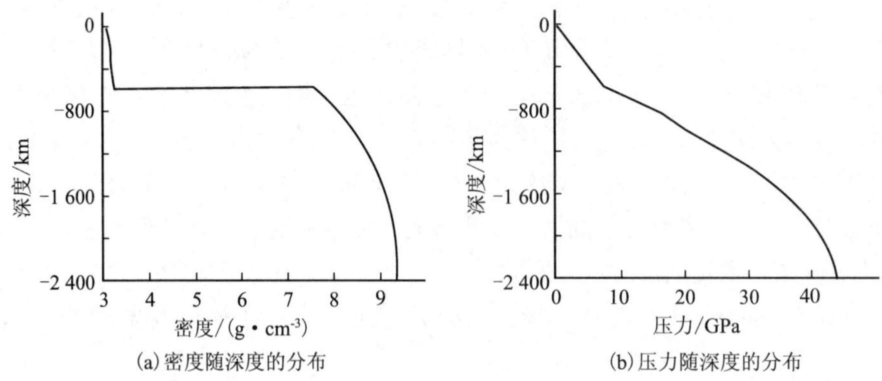

图11－5　基于水星分异密度模型得出的密度和压力随深度的分布[1]

11.3.3 水星磁场

曾通过水手10号探测器研究和观测水星的磁场，表明水星的最低磁场强度约为20 nT。在距中心1.14倍水星半径的磁层处，记录到最大磁感应强度为402 nT。水星磁场具有偶极特征，其磁轴接近于水星的转动轴（偶极场相对于轨道面法线的倾角约12°）。

基于不同的水星磁场起源模型，有助于了解水星内部的性质。水星磁场的形成应基于当代发电机过程的假定。为了解释这一现象，假定水星内核存在足够量的硫，其大部分仍然处于未冷却和非凝固的状态[9]。还有人认为，水星在被拉长的轨道上运动过程中，内核与水星幔的过渡层面向太阳一侧涨潮而被强烈加热，从而使内核大部分处于熔融态[10]。

11.3.4　水星大气层和磁层

水星周围有很稀薄的大气层。当水星大气层的压力为 10^{-12} bar（1 bar-10^5 Pa）时，组成气体的原子相互间基本上不发生碰撞，但与水星表面却会碰撞。如果该大气层是均匀的，或许可以称为外逸层。但是，其中原子的速度分布却可能接近麦克斯韦分布。水星的大气层具有的不均匀性，很可能是由于组分具有不同的起源所致。在水星大气内除了氢和氦外，含有相当多的钠和钾。在水星表面以上，钠蒸气和钾蒸气的浓度分别为 1.2×10^4 cm^{-3}和 1.4×10^3 cm^{-3}。氢和氦的主要起源来自太阳风。钠、钾和氧可能源于水星表面或沉降于水星表面上的流星体，这些气体组分可以通过表面岩石物质的蒸发和流星体的撞击一破碎过程加以不断地补充。

大气密度小，使水星大气呈现很大的扩展度。根据观测，在向日侧水星边缘，氦组分从水星表面延伸至 3 000～4 000 km 的空间。在背阳方向上，含钠的尾巴从水星表面一直延伸至约 40 000 km 的距离上。由于没有稠密的大气，导致水星表面温度在昼夜之间发生很大的变化，从水星日下点的 700 K 降至夜半球赤道区的 100 K。

与具有磁场的其他行星相比，水星的磁层具有独特现象。太阳风等离子体环绕着水星，形成流线形的磁层，在背阳方向上拖着很长的尾巴。在水星轨道高度上太阳风通量很高，而水星磁矩很小，导致激波前沿接近水星表面。因此，水星磁层的绝对尺度一般很小。这对于辐射带而言，将难于形成俘获点。水星平均半径大约为 2 439.7 km，在转动轴方向上的磁层尺度约为水星半径的 6 倍，而在背阳方向上约为 10～15 个水星平均半径。

由于水星没有电离层，当太阳风达到一定的压力值时，可穿透至磁层内部，并与水星表面直接发生相互作用。与此相关联，可假定水星的磁层特点与地球完全不同，即对太阳风呈完全透漏的状态。由于水星更靠近太阳，其光电子发射强度有可能比周围空间的相应值要提高 10 倍以上，从而导致在轨飞行器和水星表面呈现异常的静电现象[11]。

11.3.5　水星附近的流星体通量

水星表面发生的风化侵蚀过程，包括微流星体对覆盖物质的侵蚀过程，与月球表面上发生的过程十分相似。只是由于水星在太阳系的位置与月球不同，导致其变化过程在定量关系上有些差异。水星由于更接近太阳，会有更大的微流星体粒子通量入射到它的表面上。计算表明，微流星体撞击水星表面的通量比月面高 5.5 倍。每一次撞击过程中，蒸发（汽化）的物质质量比月球多达约 20 倍以上。远距离探测的结果表明，水星表面层土壤的基本结构实际上类似于月壤结构。不同之处很可能是其分布函数具有更大的平滑度、细颗粒占有更大的体积分数。水星土壤中二次粒子的含量大约占 80%。

11.4　金星

11.4.1　概述

金星是最靠近地球的一颗大行星。金星的尺度和质量实际上与地球相差无几。为此，学术研究的兴趣是了解金星表面的物理状态与地球之间的差异，以及其大气层结构和参量。由于金星周围覆盖着稠密的云层，反射率约达 75%，是天体内仅次于月球的最明亮的星体。在地面可以观测到金星相位和视轮角直径的变化。在下合点，即金星位于地球与太阳之间时，可观察到金星具有最大的视直径，这时金星的夜半球朝向地球（类似于月球的朔月相）。在上合点（金星日半球朝向地球），金星几乎恰好位于太阳之后。

1961～1994 年间空间探测器长期观测和地面射电天文学的研究结果表明，离太阳较近的金星具有一系列独特的特性，其中较重要的是它具有巨大的气体云层，具有反常的温度分布以及特殊的转动轴参量。

金星质量为 4.97×10^{27} g，赤道半径 6 200 km，平均密度 5.25 g·cm^{-3}，逃逸速度 10.3 km·s^{-1}，表面重力加速度 8.6 m·s^{-2}，表面温度（743±8）K，云顶温度约 253 K，与太阳的平均距离为 0.723 332 AU（108.2×10^{6} km），轨道周期为 224.701 d，会合周期为 583.92 天，轨道偏心率 0.006 8，轨道倾角 3°.39′，自转周期 243.09 d（逆向），赤道面与轨道面交角为 3°，平均轨道速度为 35.03 km·s^{-1}，反照率为 0.76，最大视角距为 18°。金星表面极为平坦，但也存在山脉、峡谷、撞击坑和火山。

11.4.2　金星重力场

从金星形状参量 J_2 的给定值可以看出，其扁率比地球形状的扁率小几个数量级。基于探测器（金星－9 号和金星－10 号）的轨迹测量结果得出的扁率，求得 $J_2=(4.0\pm1.5)\times10^{-6}$。根据 Pioneer Venus 探测器观测结果，得到 $J_2=(5.87\pm0.35)\times10^{-6}$。从这些数据可以看出，金星是太阳系内最不均衡的星体，说明在它过去的转动过程中，由于潮汐摩擦的作用而发生慢化。

金星的表面重力势具有式（11－1）球谐波展开式的形式。金星表面的大部分包括 120 阶次谐波，并且在赤道带附近包含 180 阶次谐波。从金星重力场详图看出，存在大约十余处巨大的重力异常，主要与高地区域或山体形成有关。

表 11－12 给出了金星表面重力场异常的平均值[12]，基于金星上某些巨型形成体的计算值得出。金星的经度（0～360°）是按金星轨道运动的方向计算。在地球此方向是东向，与地球的转动方向（从东向西）一致；但是，对于金星，实际上为西向，因为它是向反方向（从西向东）转动。尽管如此，至今形式上仍然取金星的经度读数是从东向起算，而太阳是从西方升起。

基于金星重力场的数据可以得出，金星地壳厚度为 20～50 km（大部分为 30 km），壳层的体积约为金星总体积的 1%～2%。

表 11—12　金星表面巨型形成体重力场异常值

形成体	经度/(°)，东经	纬度/(°)，北纬	异常，mGal①
β区	282.8	25.3	254
麦克斯韦山	3.3	65.2	239
马特山	194.6	0.5	358
古拉山	359.1	21.9	158

①Gal 为 Galileo 的缩写，简称伽，是重力加速度单位（10^{-2} m·s^{-2}）；mGal 为毫伽。

11.4.3　金星大气

金星周围有一层稠密的被加热至高温的气体云层。在金星平均半径（6 051.5 km）的高度上，温度高达 737 K。此时，大气层内的温度梯度为 8.06 K·km^{-1}。在金星表面，大气层的平均压力约为 95.0 bar，相应的气体密度为 66.47 kg·m^{-3}。大气成分主要为二氧化碳，体积分数为 0.965 ± 0.008；其他的成分为氮气，其体积分数为 0.035 ± 0.008。除此之外，其他大气组分的体积分数小于 0.001，分别为：二氧化硫（0.02%）、氩（0.007%）、氖（0.001%）和水（0.01%）。金星大气的温度和压力沿高度的分布如图 11—6 所示[13—14]。

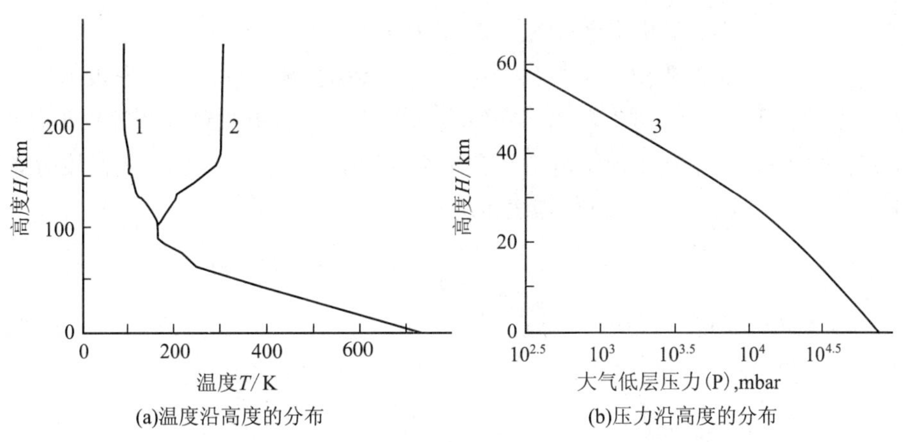

图 11—6　金星大气的温度和压力沿高度的分布

曲线 1 和 2—温度沿高度的分布[13]；1—夜半球（低温层），高于 100 km；2—日间（热层）；曲线 3—金星大气低层压力沿高度的分布[14]

金星低温层和热层间的温度反差，将引起强烈的水平输运，亦即在金星大气层内产生强烈的风，其速度可达 100～200 km·s^{-1}。在 160～100 km 高度，金星大气层在不同模式中均称为中间层。当降至约 65 km 的高度，属于平流层。低于此高度为金星大气的对流层。金星大气的特征是有稠密的云层和霭（或雾）。云上霭的下边界位于约 30 km 的高度，云上霭的上边界达到 90 km 的高度。这样，主要的稠密云层位于 45～50 km 至 70 km 的高度。云层由硫酸粒子组成，其平均粒度不大于 10^{-2} mm，故又称“硫酸云”。云层在紫外线照射下形成金星紫外斑纹。与地球大气层的气溶膠的形成类似，金星云层的形成是由于在太阳紫外线的作用下，二氧化硫和水之间发生了反应所致。波长短于 200 nm 的辐射，可以穿透到高度约 60 km 处。由于对流作用，二氧化硫和水分子上升至稠密大气的上边界，并发生上述化学反应。

风速远大于金星表面自转速度的东西向大气环流称为西向超自转（westward superrotation）。金星上一个纬向气团只需四个地球日就环绕金星一圈，而金星的自转周期却为 243 个地球日，故称超自转。由于金星的风系是由自东向西的全球大气环流所支配，故又称西向超自转。在云顶高度环流速度达 100 m·s^{-1}（即 360 km·h^{-1}），方向与地球上的环流方向相反。

11.4.4　金星电离层

日间金星电离层是 1967 年由水手 5 号探测器基于射电食（radioeclipse）首次观测到的，目前的数据是基于 1974 年至 1992 年间各种探测器的观测结果。金星电离层的离子密度主要取决于太阳活动的水平。在约 140 km 高度上，白天的最大离子密度记录值约大于 5×10^5 cm^{-3}。但是，在大约 500 km 高度上，离子密度的分布轮廓快速截止，并且呈现电离层顶，即构成将太阳风和电离层等离子体分割开来的边界。金星夜间电离层一直延伸至更大的高度（数千千米），但其电子数密度的峰值低于 10^4 cm^{-3}。金星附近的测量结果表明，夜间电离层的电子浓度降低与从金星日间迁移过来的离子相关。金星电离层的化学组分主要为 O^+，O_2^+，CO_2^+和质量数约为 29 的离子簇（$NO^+ + CO^+ + N_2^+$）。

图 11－7（a）为太阳活动低年，在 150～450 km 高度范围内总离子密度（O^+，H^+和 O_2^+）沿高度的分布[15－17]。可以看出，在给定的条件下，离子的总数密度较小。在 140～150 km的高度范围，离子数密度的峰值呈数量级的增加。电离层的温度随高度分布的测量值如图11－7（b)所示[18]，可以近似地表示为

$$\lg T_e = 3.471 - \frac{1\,921.9}{(H-98.078)^2} + 8.525\,7H \qquad (11-3)$$

式中　T_e——温度（K）；

H——高度（km）。

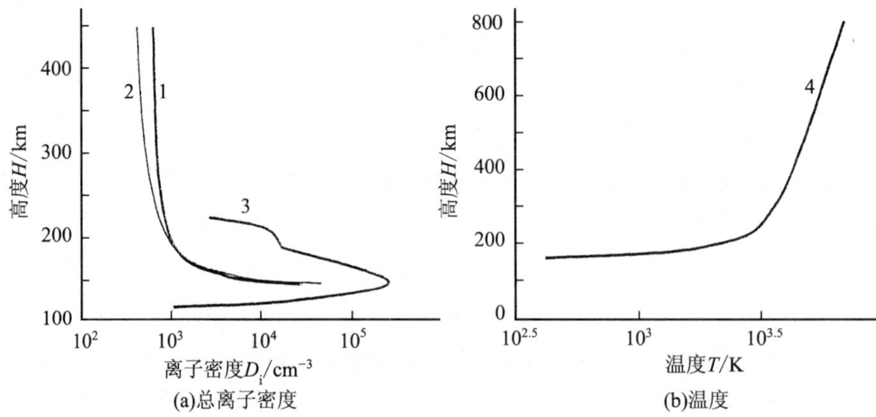

图 11－7　日间金星电离层的总离子密度和温度随高度的分布

1—离子密度测量值[15]；2—离子密度解析模拟值[16]；3—离子密度射电食观测值[17]；

4—温度按高度的分布（观测数据）[18]

11.4.5 金星的温室效应

金星除了具有异常稠密的大气层，还具有独特的温度分布。在金星建立能量平衡过程中，温室效应起着决定性的作用。温室效应至今已成为具有不可逆特征的现象，是不同尺度的动力学过程综合作用的结果，涉及从金星环流至湍动输运等过程。建立金星气温状态模式就是计算太阳辐射入射通量和大气红外辐射逸出通量之和沿高度的分布。参量求解结果表明，实际上金星云层在红外波段是完全不透光的，从而导致在低大气层的云下层呈现热辐射积累，即产生温室效应。在此过程中，辐射和动力学热交换相互作用起着重要的作用。

尽管与二氧化碳相比，金星大气中二氧化硫和水的含量并不多，但是由于这些气体的存在，可能促进温室效应的发展。除了影响大气二氧化碳主吸收带外，还会影响辐射热交换。其中，水汽在非透明介质的形成中起着更大的作用。湿二氧化碳气体辐射热交换（在1.5～1 000 μm 波段）的计算结果与卫星观测数据相符。这表明，金星的高纬度大气与中、低纬度大气相比，水汽含量明显贫化。这些数据表明，不可逆的温室效应和稠密二氧化碳大气的形成发生在同一物理过程之中。当然，也不排除以下的可能性：在太阳系行星形成的初始阶段，金星可能具有较适中的气候，可以使碳酸盐－硅酸盐循环和“湿”温室效应得以持续进行。

金星快车探测器的观测结果表明，金星的特点比人们以往认为的更接近于地球，它甚至存在理论上不可能出现的闪电现象。从尺度、质量、距离和化学组分上看，金星与地球最为接近。然而，地球是生命的庇护所，金星却如同地狱一般。金星表面是遍布岩石的沙漠，温度高得足以使低熔点金属熔化，漫布于空气中的硫酸气体会令人感到窒息。

欧洲空间局2005年发射的金星快车探测器获得了不少以往鲜为人知的信息。如上所述，金星的大气与地球不同，它更像地球上的烟雾，本来是不会出现闪电现象的，但探测器却明确无误地获得了“啸声信号”。这种瞬间出现的低频电磁波，一般认为与放电效应有关。科学家们认为这首次证明了金星存在频繁的闪电现象。其闪电频度约为每秒钟出现50次闪电，大约为地球上的1/2。

闪电对地球大气成分的调制起着重要的作用，可改变大气的化学组分，形成臭氧和氮氧化物。类似地，闪电同样会对金星大气产生影响，在金星大气模式中应予以考虑。最新的观测结果表明，金星可能仍有火山活动迹象。

金星快车探测器还发现在两极地区存在巨大的云带，类似于地球南北半球冬季出现的涡旋。金星涡旋的面积更大、能量更高。科学家们还推测，在金星形成的早期，可能也存在类似于地球上的海洋，后来随着环境的变迁和恶化，金星灼热的土表已无法存住水。新的发现表明，金星可能流失了大量的水。金星没有磁场，阳光可能将水分解为氢和氧，并将从金星逃逸到太空中。从其逃逸速度上推测，金星流失的水量可能至少与地球海洋中的水量一样多。人类应不断告诫自己，不要使地球成为第2颗金星。

11.5 火星

11.5.1 概述

尽管火星具有较小的尺度（赤道半径约 3 398 km，扁率 0.005 9）和质量（6.421×10^{26} g），它却是一颗与地球最相似的行星。在某些方面可以将火星看作是地球简化的模型。火星转动轴与火星轨道面的倾斜角为 25.19°，接近于地球的相应值（23.44°）。火星与太阳的平均距离为 1.523 691 AU（2.28×10^{8} km）。火星的轨道偏心率为 0.093 4，轨道倾角 1°85′；公转周期 686.98 天；会合周期 779.94 天；平均轨道速度 24.13 km·s^{-1}；逃逸速度 5.0 km·s^{-1}；自转周期 24.622 9 h；表面重力加速度为 3.72 m·s^{-2}。火星内部结构分为核、幔和壳。其中火星核可能主要由铁组成。火星表面有撞击坑、火山和峡谷等地形，两极有冰冠。火星有稀薄的大气，主要成分为二氧化碳和氮气，大气中有少量云。火星有两个卫星，均与火星同步自转。正如在地球上一样，这是引起季节变化和极圈地带异常特性形成的基本原因。火星表面的颜色显示出其覆盖岩石的风化作用，并相应地意味着水在行星矿物学演化过程中的可能作用。当代研究结果表明，实际上在火星形成的早期，表面上曾经存在过液态水。因此，一直存在着这样的问题：是否在火星上曾存在过或仍然存在着某种发展阶段的、某种形式的有机生物体。这一期待成为人类探索火星的驱动力。

美国国家航空航天局 2006 年 8 月 6 日宣布，1996 年发射的环火星探测器，在不同时间拍摄火星表面同一地点的照片上，发现新出现的冲积物。这意味着火星表面目前有可能存在液态水。

在火星内部呈现着明显的强火山和地质结构活动的迹象。通过对火星的深入研究，可以解决许多有关地球演化历史至今尚未了解的问题。近几十年来，与太阳系其他星体相比，火星占有极重要的位置，不管是实施的空间研究计划还是获得信息的数量上，火星都是其他行星所不及的。

11.5.2 火星的重力场和内部结构

早在 19 世纪通过对火星天然卫星运动轨迹的观测，曾求出有关火星重力扁率的数值。这一数值的当代参量值为 $J_2=1\ 960.454\times10^{-6}$[19]。基于水手 4 号探测器的多普勒观测求出的 GM（$=42\ 828.3\pm0.1$ km^3·s^{-2}）值[20]，便可以求得该 J_2 值。在平均半径 $R=(3\ 389.92\pm0.04)$ km 的火星表面附近，自由落体加速度为 $g=3.72$ m·s^{-2}[21]。火星物质的平均密度为（3 933.5 ± 0.4）kg·m^{-3}。这表明密度相对于球心分布不均匀性的无量纲转动惯量为 0.364 2～0.367 8[22]。根据最近的估算，该值为 0.364 9 ± 0.001 7[23]。基于火星内部结构的现代模型，无量纲惯性系数值为 0.366 2。火星外壳的平均厚度为 50 km，核本身的半径为 1 662 km。基于此模型，所谓的铁数为 Fe/（Fe+Mg）=0.22；在内核含有的硫的质量百分数为 14%，氢的克分子浓度为 50%。内核的质量占火星总质量的 19.6%。在火星内核和幔边界处的压力高达 20.8 GPa。基于所述的火星模型，铁在火星内的质量比为 25.6%，铁/硅的相对含量为 1.55。根据估算，火星幔的厚度大约几百千米，由（Mg，Fe)$_2$SiO$_4$盐和氧化铁（FeO）构成。所列出的数据已由最近的模型所证实。由此可以得出，火星幔的下边界大约位于深度 1 800 km 处，内核半径在 1 500～1 600 km 之间。分析重力势展开式的一次谐波可以得出，火星的球体几何中心相对于质心向坐标为南纬 62.0° ±3.7°和东经 272.3° ± 3.0°的表面点的方向位移（2.50±0.07）km。现今火星的重力势展开式［式（11－1)］，已包含 90 阶次谐波。全球性重力分析图像表明，巨大的表面重力异常伴随着某些相应的地貌形态，如高山和火山的形成。火星外壳厚度呈现高度的不均匀性，局域的厚度可在 5～100 km 间变化。例如，火星北半球外壳厚度约为 32 km，而南半球约为 58 km。

11.5.3　火星的磁场和电离层

火星磁场强度大约只有地球磁场的 10^{-4}。火星磁场的偶极矩通常小于 10^{12} T · m^{-3}。综合目前所有数据可以得出：火星内核实际上是处于固态，可排除基于经典的行星发电机理论形成磁场的机制。当然这并不排除在火星很久以前曾存在过较强磁场的可能性。根据火星陨石剩磁研究，在大约 13 亿年前古地磁场强度估计为 250～1 000 nT。这意味着在 13 亿年前，火星的内核是处于发电机机制起作用的时期。那时整个火星应处于地质活动期，据估计可以产生磁矩为 10^{13} T · m^{-3}的磁场，当时火星陨石层的剩磁可能远大于现在的值。火星的全球性磁场可能在 1.8 亿年以前存在。

基于低高度（约 110 km）探测器观测数据，发现了平均磁感应强度 400 nT 的磁场，可分解成许多单独的磁异常区。在不同的异常区磁场的取向相反。因此，可假设火星早期存在的磁场曾发生多次的取向变化。例如，在南纬 4°和东经 37°的坐标点周围区域存在显著的磁异常；一个磁异常群分布在北纬 40°和东经 210°坐标点周围的区域内，因此，有人认为重力场的异常群是与全球性火山过程相关的磁场重新取向引起的。在时间上，这一过程发生在大约 44 亿年以前。有迹象表明，与磁场重新取向相关的磁异常区的出现，是由于流星体撞击导致火星形成巨大盆地所致。

在火星弱磁场下，太阳风等离子体直接穿透至火星大气层内，建立起与通常较强磁场时不同的火星电离层环境。在轨飞行射电食观测和各种探测器绕火星轨道飞行观测表明，典型的电离层等离子体峰值数密度约为 2×10^5粒子 · cm^{-3}，出现在火星表面以上 135 km 高度附近。这一峰值密度对应的主要组分是 O_2^+。此外，在火星电离层内还存在 CO_2^+，O^+，NO^+和 H^+。图 11－8（a）和（b）示出火星电离层的总的特征[17,24-25]。在水手 6 号和水手 7 号探测器飞行过程中，根据紫外光谱仪的数据，观测到电离层的主要组分为 O_2^+，并认为是通过离子—分子反应将原始的 CO_2^+和 O^+转化为 O_2^+，即

$$CO_2^+ + O \rightarrow O_2^+ + CO$$
$$O^+ + CO_2 \rightarrow O_2^+ + CO \tag{11-4}$$

海盗 1 号和海盗 2 号探测器的观测结果证实，当存在 CO_2^+和 O^+时，O_2^+的数密度增大。在稍高于 280 km 高度时，O_2^+的数密度变得与 O^+的数密度可比。

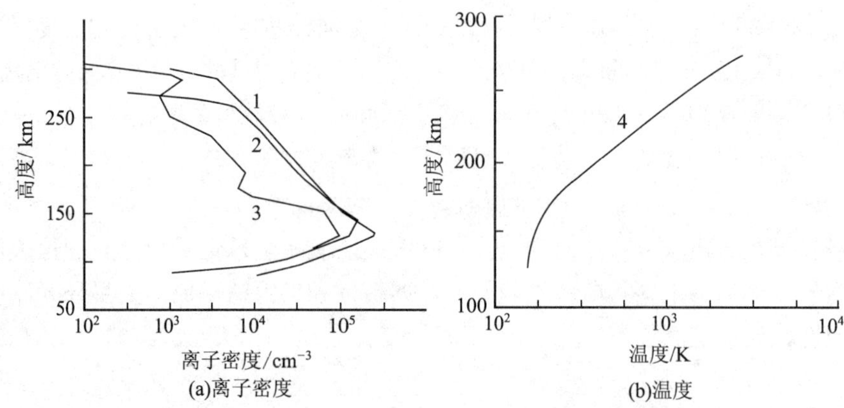

图 11—8 火星电离层的离子密度和温度沿高度的分布

1，2—探测器分别在 55°和 47°太阳天顶角下的射电食观测结果[17]；

3，4—由海盗 1 号和海盗 2 号探测器观测结果得出的离子密度和温度沿高度分布[24—25]

11.5.4 火星大气层

火星大气层在质量和空间范围上均不很大，可以作为类地球型大气层的直观模型，其中可发生多种形式的动力学过程。火星的大气动力学和气候过程，首先由火星的运动特性及其转动轴在空间的取向所决定。由于火星的转动轴取向相对于轨道平面呈 25.19°的倾斜，会使火星大气层经受明显的气候季节变化。其轨道偏心率显著大于地球和金星，约为 0.093 4。火星年具有 668.56 天（火星日）或 686.94 天（地球日）。因此，在精确划分季节变化时，会出现两分点的不等值。例如，在北半球春夏秋冬的持续时间分别为 194，178，143 和 154 火星日。在夏天，南半球的气温最高，因为这时火星处于离太阳最近的距离上。这一季节比在北半球的夏天短 24 个火星日。

主要由冻结的碳氧化物附加少量的水冰构成的大气成分，是火星极冠区大气动力学和气候变化的强催化剂。在极冠区的冷凝和升华期，火星大气层总质量变化 25%，导致气压在一年之间变化 30%。通过搭载在火星快车探测器上的傅里叶谱仪的远距离观测结果表明，在南半球的夏末，当大气含有 0.05%的尘埃污染物和附加 9 $\mu g \cdot g^{-1}$（质量比）的水冰时，在极冠区固体碳氧化物粒子的有效尺寸可以达到 5 mm。在极冠区边界处，观测到随着水冰数量的增加，粒子尺寸减小。通过勇气号和机遇号火星车在火星表面进行直接观测，表明总有一定量的气溶胶微粒存在于火星大气的悬浮物中。漫游者号探测器观测表明，当日轮图像接近于火星地平线时，可观测到昏暗的天空。这说明由于存在尘埃，近火星表层大气的光学密度接近于 1。

火星上发生全球性的气候现象是尘暴（Martian dust storm），周期性地覆盖于整个火星表面。尘暴的落差将引起气旋和反气旋，并伴随着速度为每秒数十米的风。这种大气的质量迁移，加重了从一个半球至另一半球方向的强的季节性气流（其相应的变化时间为 1 年）。结果有大量的尘埃质量被升扬至约 50 km 高度的大气层内，引起大气透明度和温度沿高度分布的变化。火星尘暴分为地区性和全球性两类。每年约发生 100 次地区性尘暴。

全球性尘暴常在一个地区开始，并迅速扩展，数天内即席卷全球，一般持续数周。大尘暴期间，整个火星呈火一黄色。火星尘暴可能是强烈的全球性潮汐风与尘暴策源地的地形风相耦合，使大气底层尘埃扬起并进入盛行的高速西风带所致。在太阳系中，这种全球性的尘暴是火星所独有的自然现象。

图 11—9 给出火星“标准”大气示意图[26]，对应于全球均匀条件下的平均值。以高度读数为零作为火星表面，在此处，大气压力为 6.1 mbar，对应于水相图的三相点（273 K）的位置。考虑到火星地貌的起伏，表面处大气压力的变化约在 1～12 mbar 的范围内（从火山最高峰顶至地质构造断层最低深处）。在低大气层上层，压力可降低 0.1 mbar；在中层的上边界，气压不大于 0.000 1 mbar。在发生全球性尘暴期间，大气压力随高度发生变化。火星表面温度的昼夜和季节性波动很大。在中纬度区，昼夜温度波动可达50 ℃。在赤道区温度随高度的变化明显不同于高纬度区。温度随季节的演变也与纬度密切相关。在南极区的冬季温度可以低于－125 ℃。这时温度已处于二氧化碳气体的相变温度（148 K）以下，CO_2 成为干冰。在赤道附近夏季的最高温度稍高于 0 ℃。在发生尘暴期间，温度随高度发生强烈的变化（图 11—9）。

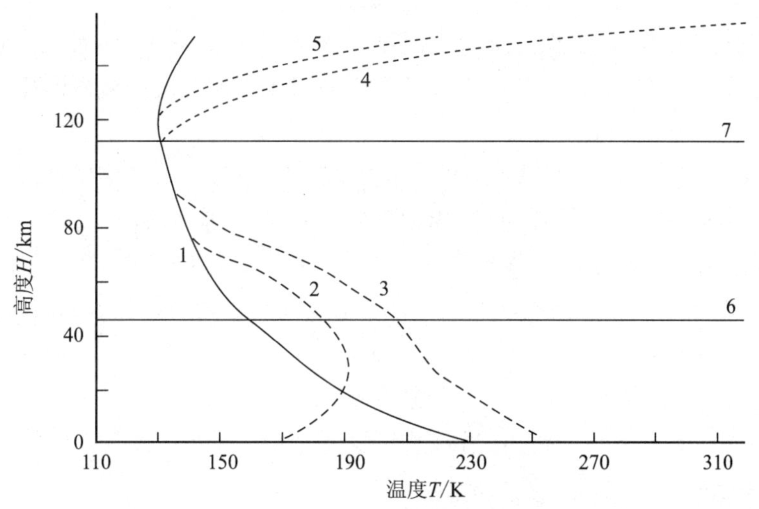

图 11—9　不同条件下火星大气温度沿高度的分布

1—在相对透明的大气条件下；2，3—在发生全球性尘暴期间；4—计及太阳 11 年活动周期的温度变化；

5—由于火星低大气层尘埃的加热效应引起上大气层温度分布的变化；

6—低大气层和中层边界；7—中层和上大气层间边界（热层）

火星大气层的基本化学组分为二氧化碳。火星低大气层的成分为：CO_2 占 95.32%，N_2 占 2.7%，^{40}Ar 占 1.6%，O_2 占 0.13%，CO 占 0.07%，H_2O 占 0.03%，以及少量的惰性气体（氖、氪及氙，2.5～0.08 $\mu g \cdot g^{-1}$）。在火星大气内水汽的总含量极低，等效于 1～2 km^3冰。但是，最近几年获得的证据表明，火星在大范围内存在着永久性冻土层，含有大量化学上与水有关的储存水。据卫星观测数据，在赤道南北两侧 55°～65°的纬度带区域内，在厚度为 20～50 $g \cdot cm^{-2}$的比较干燥的土壤层以下，分布着饱和约 35%～50%冰的岩石。在火星上永久性冻土层的面积约占 15%。

火星云层主要由水滴或冰粒组成。这类稀薄而无明确边缘的水冰云分为以下4类。

1）对流云：由白天与火星表面邻近的空气因表面传导加热而上升并膨胀冷却所形成。强烈的对流云出现在5～8 km的高度，多发生在赤道地区的中午时段。

2）波形云：由火星大气强西风吹过高地障碍物所形成。

3）山形云：源于大气沿高地斜坡向上运动。

4）“晨雾”：由低洼地区霜冻表面受阳光照射而在上空形成。此外，还有由二氧化碳冷凝形成的“干冰云”。

火星风系有：

1）中纬度冬季风系，盛行偏西风、高空气流迁移扰动和风暴，表面风速为10～20 $m \cdot s^{-1}$，在高空可达100 $m \cdot s^{-1}$；

2）赤道夏季风系，源于日照和局域地形相互作用的影响，无迁移性扰动。

火星上也有大气潮汐，且比地球更强烈。北半球夏季潮汐风速达5～10 $m \cdot s^{-1}$，随高度增加而增大。

在火星上观测到大范围的冻土层以及大量的地貌学和地质形态学上的证据表明，很久以前火星表面曾存在过液态水，早期火星气候发生过急剧的变化。在火星形成后开始的20%时间内（36亿年前），出现过火星变暖期，水温可能曾达到277 K。地质学上这一时期虽然足够短（如大约10^4 a），却已出现了现代的河床、冰冻层的缓慢溶化，以及建立全球性流体静力学平衡等特征[27]。

火星有2颗卫星。火卫一为其内卫星，轨道半径为9 380 km，轨道周期7 h39 min14 s，轨道偏心率0.018，轨道倾角1°，自转周期与轨道周期相等（同步自转），形状呈土豆状的椭球体，质量为9.6×10^{18} g，平均密度为1.9 $g \cdot cm^{-3}$，目视几何反照率$\alpha=0.06$。火卫一表面覆盖着一层尘粒，并有大量微流星体撞击坑，最大的直径8 km；还有沟纹和小环形山。火卫二为火星外卫星，轨道半径23 500 km，轨道周期1.262 44 d，轨道偏心率0.002，轨道倾角2°，形状是三轴半径分别为11 km，12 km，15 km的椭球体，质量为2×10^{18} g，平均密度2.1 $g \cdot cm^{-3}$，目视几何反照率$\alpha=0.06$。火卫二自转周期与轨道周期相同（同步自转），表面有许多小撞击坑。

11.5.5 火星表面、土壤和冰冠

火星表面很少有风蚀痕迹，大部分表面仍保持着清晰的熔岩流、皱折的山脊及轮廓分明的火山喷出物遗迹。

火星表面具有复杂的多种地质形态。南北半球呈明显的不对称性。南半球地形比水准面高1～3 km，地壳较古老，大撞击坑多，几近“饱和”程度，并常被很多“河床”截断，同时还有一些略年轻的坑间平原。北半球地形低于水准面，地壳相对年轻，有一些火山，其周围具有火山熔岩流特征。中纬至高纬区平原上有多种成形的和被剥蚀的平地、悬崖及形状不规则的方山。这些复杂多变的地貌反映出火山温度变化的影响。火星表面撞击坑面积较大，并伴有撞击形成的平原。两半球的交界面大致与赤道面倾斜30°，其表面结构也较为复杂。

火星大部分表面覆盖着风成沉积岩层。极区有阶梯状层纹沉积层和随季节变化的冰冠，冰冠周围为沙丘地。赤道附近的“塔西斯区”是火星表面集中的最大隆起区，其西面有最大的奥林匹斯盾形火山，其东面为火星上最大的峡谷系，名为“水手谷”。火星上最大的圆形盆地结构是位于南半球的海腊斯盆地。

火星土壤为火星表面的细颗粒物质。颗粒度小于 0.1 mm，呈黄棕色，可能为镁铁质火成岩经风化作用的产物，富含铁、镁、钙及硫，而贫乏钾、硅和铝。土壤内含 1wt%的水和 3wt%～7wt%的磁性物质。火星土壤细粒与地球砂粒不同。

火星两极地区覆盖着水冰和干冰（CO_2固体）层，其面积冬季较大而夏季较小，并在残余冰冠附近的大气中出现大量的水汽。

11.5.6 火星探测的新进展

2006 年 12 月 6 日美国国家航空航天局火星探测项目首席科学家迈克尔·迈耶宣布：环火星勘测者在火星表面发现数以千计的沟壑或陨石坑。从地质学的角度判断，有些沟壑或陨石坑形成的时间并不很长，其中有液态水沿坑壁向下流动的痕迹。

对比不同时期拍摄的照片发现，火星南半球分别位于塞壬地区和半人马高地的两处沟壑发生了变化。同拍摄于 1999 年的照片相比较，在 2004 年拍摄的照片上，两处沟壑内出现了新的浅亮色的冲积物，绵延数百米。这些冲积物的形状与水流冲积物的形态相似，在坡壁下端有类似于手指状的分支，在受到小的阻挡时很容易发生变向。相关研究报告发表在 2006 年 6 月的美国《科学》杂志上。遗憾的是美国国家航空航天局的控制中心已于 2006 年 11 月与环火星勘探器失去了联系。这些发现还不能作为火星表面有液态水的直接证据，有人认为也可能是风沙运动的产物。但发现者宁愿相信“这是迄今为止能够证明火星表面仍然偶尔有水流动的证据”。

2008 年 5 月 26 日北京时间 7 时，美国凤凰号探测器成功着陆于距地球 2.7 亿千米的火星上。这标志着凤凰号探测器经过 10 个月飞行，跋涉 6.8 亿千米后，成功登陆火星北极。两小时后凤凰号探测器传回了火星照片。着陆点附近的地面与地球北极地区被冰雪覆盖的地面十分相似。5 月 31 日，凤凰号发回一批清晰图像显示，在火星粗糙地面上，有一光滑而平整区域，直径约 90 cm，看起来很像由冰构成。据推测，该区域地表浅层可能有水。进一步的探测数据表明，火星早在 31 亿年前水已变为酸和盐水形成的死海，不可能存在生命。美国科学家于 6 月 26 日，根据凤凰号的机械臂在火星表面以下 2.5 cm 深处采集到的土壤分析结果，显示火星北极土壤的 pH 值在 8～9 之间，呈碱性，并在其中检测出钠、镁和钾等元素以及氯化物。凤凰号项目科学家赛缪尔·库纳夫依据酸碱度指标认为，此次分析的土壤与地球上一些人家后院中的土壤类似，“也许很适合用来种植芦笋等作物”。美国国家航空航天局科学家 2008 年 7 月 31 日透露，有证据证明火星上存在水。这一结论是在凤凰号火星探测器所携带仪器于 7 月 30 日通过加热机械臂获取的样品并进行分析后作出的。凤凰号探测器观测到逐渐消失的大块水冰，这是火星水首次“被触摸，被品尝”，但是否有生命存在尚待研究。研究人员希望通过凤凰号挖掘火星土壤样品，探寻可能存在的冰层，并分析土壤中是否存在有机物，进而判断火星现在或过去的环境是否适宜生命存在。该项目组拟研究两个重要课题：一是火星上的水冰在过去长时间内是否大量融化，从而能支持生物存在；二是火星上是否存在含碳的化学物质或其他可能构筑生命的“原材料”物质。目前，各国深空探测大多按照“先月球、后火星”的步骤开展。寻找火星上现在或过去可能存在的生命或支持生命的环境，无论对于人类了解地球生命和太阳系的演化，还是对于未来火星探测乃至载人登陆都具有十分重要的价值。

1962年苏联发射火星一号探测器，揭开了人类利用现代手段探测火星的序幕。之后40余年来不断发现的火星上生命迹象，增加了人们的期待。如果真的能发现生命迹象，将对人类探索太空事业具有划时代的意义。但也有不同的声音，有人担心火星上如果真的发现了生命迹象，对人类并非是喜讯，说不定意味着地球将面临被毁灭的命运。发现的生命越高级，就越令人不安。因为这表明可能存在着一个阻止人类发展的机制。但是人类的好奇心还是战胜了恐惧，对火星的探测不断前行。几十年来，人类共实施了30多次火星探测，其中2/3以失败告终。2003年以来，各国又掀起了新的火星探测热潮，主要的目标是实现登陆火星。火星与地球有诸多相似处：火星地表有火山、峡谷及沙漠，并有季节轮替与运转周期。如上所述，火星的一年是687 d，一天是24 h37 min35 s。

火星是一个红色星体，呈橙红色，甚至悬浮于大气层中的尘埃都是橙红色的。火星干燥而寒冷，放眼望去就是矿物的世界。现在有人提出了“外星环境地球化”这一新概念，旨在通过加热或人为增强火星温室效应唤醒这个冰冻星球，即提升火星表面的大气温度，以释放在冰帽和土壤中富含的二氧化碳气体。这可通过生产温室气体、操控流星体撞击火星或者在火星轨道上安装反光镜反射太阳光等实现。一旦温室效应开始起作用，二氧化碳气体可使火星大气温度升至冰点以上，火星将出现降雨和河流；人类可将细菌、藻类和苔藓等植入火星，使火星长出被子植物和森林，逐渐形成适合人类生存的环境。这也许需要数百年乃至数万年。这种使火星恢复生命力的努力是否可能，是否必要，是否有益，有着截然不同的观点。一方面是“保护地球免受外星生命侵犯”和“防止地球生命被破坏”的呼声此起彼伏。另一方面也有人规划将人类向火星移民，甚至推测2084年将定居火星，声称如果人类失去移民火星的机会，那将是悲剧性的错误。

美国国家航空航天局科学家发表在2009年2月6日《科学》杂志上的一篇文章称，发现火星地表以下正在发生某种变化，导致向大气层有规律地排放大量甲烷（CH_4）气体。从排放的模式来看，这类气体应该是火星干涸地表以下生物活动的产物。这是迄今为止发现火星上可能存在或一度存在生命最有说服力的迹象。但是，这一发现并不意味着火星就一定存在生命，因为地表以下的地质或化学变化也能产生甲烷气体。有关科学家探测了火星在两个夏季释放的甲烷气体柱。火星的大块地下冰层在夏季有可能融化释放出气体。

在地球上，除了生物排放，最常见的方式是在火山爆发时，甲烷与岩石、岩浆和大量热能一起喷发出来，并伴生大量二氧化硫的释放。但在火星上没有发现大量二氧化硫，因此不认为火山爆发是火星上甲烷的源。地球大气层中的甲烷气体大多是由生物体内的细菌制造的。即使人们最终发现火星甲烷是源于非生物过程，也会有利于改变人们对火星状态的认识。科学家们曾认为，火星的地质活动已经沉寂，不大可能出现能够产生大量甲烷气体的化学反应。

自从2003年美国国家航空航天局和欧空局先后探测到火星有存在甲烷的可能性后，科学家们一直在致力于证实这一点。有关火星存在甲烷的最新报道证实了此前的发现。甲烷在火星大气层中存留的时间并不长，因为主要由二氧化碳构成的火星大气层会比地球大气层更快地将甲烷分解。这意味着所探测到的甲烷是从火星地表以下释放出来的，并且有可能在地下已存储了很长时间。甲烷气体是在火星上一些相互距离达数百英里的热点区域探测到的，其中某些地区有液态水覆盖的迹象。同时，还探测到了需要长期有水才能形成的矿物储藏。

在火星上探测到甲烷的同时，研究人员还发现，在地球地表以下很深的地方，有一些以前不为人知的“极端微生物”群体。它们的生存环境在很长时间里都被认为不可能有生物存在。在南非某金矿地表以下深处发现一种微生物，其生存完全不依靠从阳光中吸收能量的“光合作用”，所需要的能量源于附近岩石的放射性衰变，称为“辐解”过程。美国国家航空航天局的科学家认为同样的生命形式也许有可能在火星地表下的冰层下面“永久存活”，因为在那里水也是呈液态的，辐解作用可以提供必要的能量，且二氧化碳可以提供碳。如果在悬崖、火山口和峡谷季节性地出现孔洞和裂缝使这些地下深处区域与大气层相连通，积聚在那里的气体就有可能释放到大气层中。科学家们设想：如果在某个甲烷释放点的裂缝里放置一台探测器，就有可能探测到某种生命形式。

通过数年来对美国勇气号火星车发回的火星岩石数据进行的分析，美、德科学家最近确认，火星上一处裸露的被命名为“科曼奇”岩层中有大约 16%～34%的碳酸镁铁矿物质。这表明该岩层是在相当温暖、湿润并且富含二氧化碳的大气条件下形成的，即火星曾经是生物的“宜居”地。上述观点的论文发表于 2010 年 6 月 3 日的《科学》杂志，引起广泛关注。

11.6　木星

11.6.1　概述

木星是太阳系最大的一颗行星，其直径是地球的 11.2 倍，质量是地球的 318 倍。木星主要由氢组成，其辐射能量大于从太阳获得的能量。木星与其卫星一起可以看成是太阳系的缩影。因为它的两颗最大的卫星甚至大于某些行星（如水星、冥王星），且已发现木星的卫星多达 63 颗。

通过美国先驱者 10 号和 11 号、旅行者 1 号和 2 号及伽利略号探测器对近木星及其卫星 8 年多的观测，并借助地面和空间望远镜观测，已经获得了大量有关木星的信息。木星与太阳的平均距离为 5.228 AU（7.78×10^{8} km），轨道偏心率 0.048 5，轨道倾角 1.3°，平均轨道速度 13.06 $km\cdot s^{-1}$，轨道周期 11.862 23 a，会合周期 398.88 d，赤道半径71 900 km，质量 1.899×10^{30} g，平均密度 1.314 $g\cdot cm^{-3}$，赤道表面加速度22.88 $m\cdot s^{-2}$，逃逸速度 59.5 $km\cdot s^{-1}$。木星呈较差自转，赤道自转周期 9.841 h，两极自转周期9 h55 min，赤道面与轨道面交角 3.08°。木星内部可能有致密核，由岩石和冰组成，占其总质量的 4%。内核外面是金属氢的中间层或称木幔（在 300 万大气压以上，分子氢转变为金属态），外层是液态分子氢和氦，并逐渐过渡为气体氢和氦的大气。木星释放的能量为吸收能量的 1.5～2.0 倍，这表明木星有内热源，可能源于 46 亿年来气体收缩时所形成的引力势。木星核的温度介于 20 000～30 000 K 之间。木星的大气层和磁层很大，且有数十颗卫星和一个环系。

11.6.2　木星重力场

木星的重力势具有式（11－1）的球谐展开式形式，其展开式的系数列于表 11－18。

其中较大的J_2值表明木星具有很大的扁率，是由于其快速转动所引起的。J_3值较小，原因在于木星的南北半球实际上具有不对称性。与此同时，从J_4和J_6值可以看出，木星的质量在其内部和表层存在分布的不均匀性。无量纲转动惯量（I/MR^2）也具有相似的物理意义，可表征行星内部结构的信息。木星的无量纲转动惯量等于0.254。

木星赤道的重力比在地球表面大2.6倍，木星的赤道半径（71 400 km）比极区大7%，正如前面所述，这是由于木星的快速转动引起的。

11.6.3 木星大气层和内部结构

木星主要是由氢和氦构成的，其体积含量分别约为89%氢和11%氦，相应的质量百分数分别约为80%和20%。在木星大气层内还有少量的甲烷（CH_4）、氨（NH_3）、水汽和较复杂的碳氢化合物、硫化物以及磷化物。木星由氢一氦气体构成大气层，占据着很大的空间范围。在所谓木星“表面”以上约1 000 km的空间高度上，覆盖着云层；而在“表面”层，气态物质逐渐地转变为气一液态。对空间探测器在木星重力场内运动的分析表明，这类表面是处于液态的。木星的整个视觉表面是稠密的云层，由黄褐色、红色和浅蓝色的多种条带构成。木星云层上层的主要组分为氨，其中也有甲烷和更复杂的碳氢化合物。木星视觉表面的积分反射光谱处于可见和近红外区，具有甲烷吸收带主导的巨行星几何反照率与波长的关系，如图11－10所示[28]。反照率是不发光天体（行星、卫星和小卫星）对照射光的反射本领。天文学上常用下面两个反照率概念：

1）几何反照率（geometeic albedo）是在相位角为0°时，天体圆面的平均亮度与理想反射面亮度之比；

2）球面反照率是天体对照射总光通量所反射的比率，反照率与反射面性质和入射波长有关。

近几年由空间探测器所拍摄的照片表明，木星大气的云层总是在红色、桔黄色、黄色、褐色和淡蓝色之间变化。涡流条带相互俘获、收缩或膨胀。图11－11示出区域风流相对于木星内层的速度与纬度的关系曲线[29]。

大红斑（great red spot）是位于南回归带的尺度变化的椭圆状生成体，其尺度为（15 000×30 000）km^2，被挤压在向西快速运动的暗赤道带和逆时针转动的南温带之间。从赤道至北、南纬40°的纬圈内，形成暗带和亮区的稠密云层具有不同的北向和南向转向周期。在北纬18°，转向周期为9 h56 min，而在北纬23°为9 h49 min。这些暗带和亮区分别为大气层向下和向上运动的气流。平行于赤道的大气流是受作用于加热气流的科氏力影响而形成的，加热气流从快速转动的木星的深处上升至表面。赤道北部亮区内北向气流由于科氏力向东偏转，而南向气流向西偏转。亮区域的视觉表面位于暗带以上20 km高度。在暗带和亮区的界面处，可以观察到强的湍流。向上和向下运动的气流速度可达100～150 $m \cdot s^{-1}$。有趣的是木星大气“曳引”的气流是乙炔和乙烷，而这些气体在木星大气中的含量并不多。通过伽利略探测器搭载的光偏振仪获取的云层彩色映像分析，可反映出云层的特性和结构。云层在暗带和亮区的高度是不同的。亮区和大红斑表征着大气层中的上升气流。分布在其中的云层越高，其温度比相邻暗带区的温度越低。基于当代的观点，木星最亮的区域即大红斑是木星大气中长寿命的自由涡旋，可在6天（地球日）内绕木星一周。

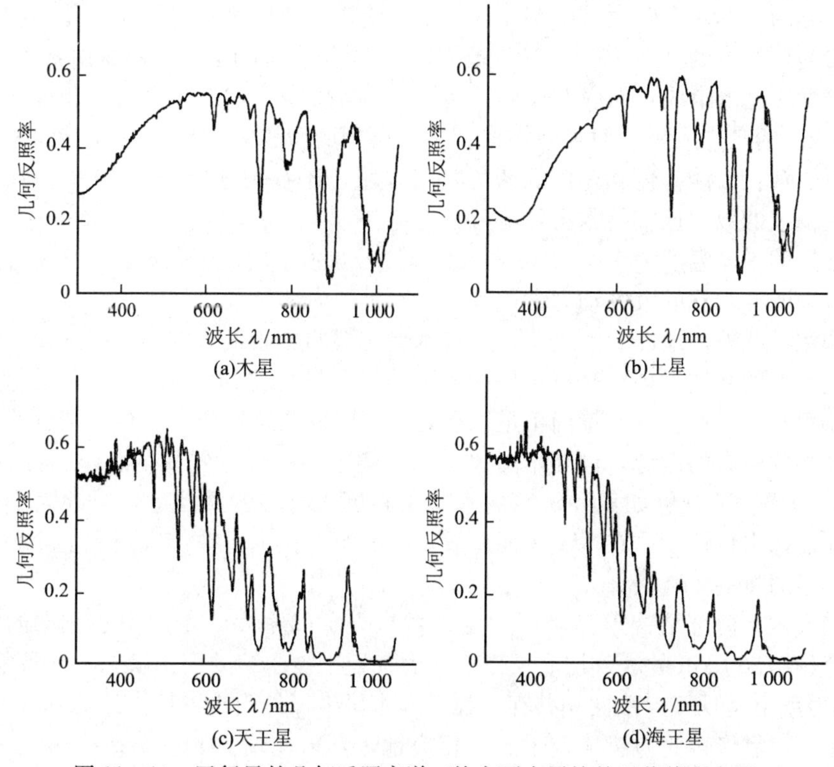

图 11－10　巨行星的几何反照率谱（均主要由甲烷的吸收线所主导）

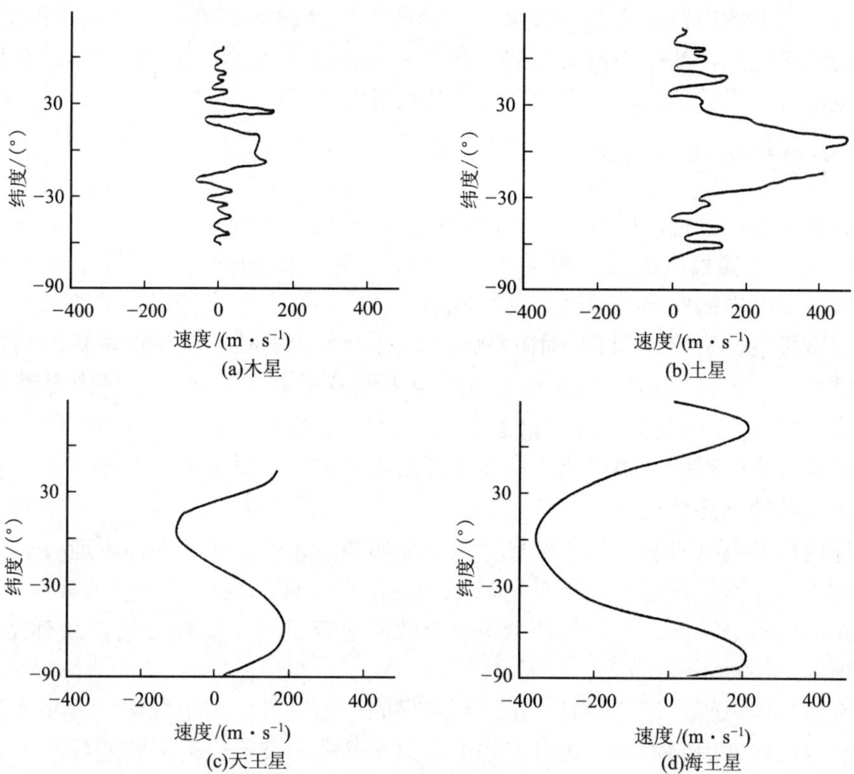

图 11－11　东向区域风相对于各巨行星内层的速度与纬度的关系曲线

带状区域的色调多表明大气中存在氨、聚硫化物和磷化物，尽管这些化合物在木星大气中的含量是极稀少的（在 $10^{-4}\sim10^{-7}$ 范围内）。木星云层的上层可能是由氨晶体组成的，中层由 NH_4SH 晶体组成，而底部存在冰晶体。在高纬度区，云层由褐色和淡蓝色的直径约为 1 000 km 的斑连成一片的区域构成。从拍摄到的覆盖云层照片可以看到云层呈现银灰色、橙色、黄色、淡蓝色和蓝色的密集带状区域，还看到直径大于 10 000 km 的白斑。根据紫外光谱仪的数据证实，木星具有氢和氦冕。

木星云层的平均温度为 130 K（约－143 ℃）。在木星的极区和赤道区之间并无显著的温度差。这证明在木星的大气动力学过程中，木星的内部热量比从太阳获取的能量发挥着更重要的作用。此外，地面观测表明，来自木星内部的热通量大约为来自太阳的 2 倍。通过探测器更精确的观测发现，来自木星和太阳的热通量之比约为 1.9。问题是木星内部的能量来自哪里？木星的物理参量尚不足以在其中心引发热核反应。一种可能性是尽管在木星内不存在如此巨大的能源，但在木星尺度的距离上可能发生物质的化学扩散（chemical diffusion）。较重物质（例如氦和氖）向木星中心沉入与轻物质浮起，引起大量热量的释放。流星体流撞击也可能是在木星表面释放热能的源。在木星单位表面积上流星体通量大约为地球附近通量的 170 倍。

基于当代木星内部结构模型可以假定，木星壳层的密度随着向中心方向的深入而增大。在厚度约 1 500 km 的大气层底层以下，大气处于被压缩的稠密状态，导致氢在 7 000 km 左右的厚度上呈现气－液两相共存。在 0.9 木星半径处附近，压力约为 0.7 Mbar 与温度为 6 200 ℃，氢将转变为液体分子态。相应地，其密度增大到 0.7 g · cm^{-3}。在约 0.8 木星半径处，氢转变为液体金属态。该层除了含有氢和氦外，还可能含有少量的重元素。直径为 25 000 km 的内核，主要含有金属－硅酸盐，包含水、氨和甲烷，并被氦所环绕。根据木星的绝热模式，其中心温度为 22 000 K，压力约为 70 Mbar；对于非绝热模式，其中心的温度将有所降低，而压力将增大。土星也可能具有类似的结构。

11.6.4　木星的磁场和磁层

木星具有比地球更强的磁场。在云层高度上，其偶极场分量通常为 4～5 Gs（地球上约为 0.35 Gs）。在磁极区磁感强度为 11～14 Gs。磁偶极场轴与木星转动轴夹角为 11°，与地球相同，而磁极的取向与地球相反。在距木星中心约 3 个半径以内的距离上，平方和四方分量（磁极数分别为 4 和 8）对磁场强度具有很大的贡献，从而使磁场的结构更加复杂化。通常假定，木星磁场的起源与电导层距表面较近有关。基于木星内部结构计算表明，在其半径的 0.91 高度上，即“液态”表面以下，压力和温度可达到足以使自由电子从物质中释放出来的程度。很可能，从此处开始木星磁场得以形成。看来木星内核的结构明显不同于地球的内部结构。

在地球内部发电机机制工作的区域，位于金属核分布的区域，亦即距地心 0.25～0.30 半径的距离上。在木星内部，电子导电层呈现更高的表面（约 0.8 半径的高度）。木星磁场具有复杂的多磁极结构，其中每两个极（南北）对应于一个偶极分量，具有比地球大 5 倍的剩余磁场。

几乎在发现地球辐射带的同时，记录到木星的分米波段的射电辐射。后来认识到这种辐射的非热特征，并引起木星是否具有辐射带以及其分米波段辐射起源的疑问。早在 1964 年有人指出，射电辐射源于远大于木星直径的空间，对称分布在距木星中心约 177 000 km

的两个区域上。由于木星存在很强的磁场，可形成广阔的磁层和类似于地球的辐射带，且磁层和辐射带的尺度比地球大许多倍。当先驱者 10 号探测器进入距木星 1 AU 的空间时，记录到来自木星辐射带的能量为 3～30 MeV 的电子，具有与木星转动相关的 10 h 周期性。图 11－12 给出了在近木星空间测量到的 3～6 MeV 电子的计数率。当探测器接近木星时，计数率峰值强度逐渐增大，并在木星磁层内达到极大值。可见，木星磁层向行星际空间释放了大量的高能电子。在地球轨道附近至日心距离 11 AU 的空间都可测到木星电子，其能量可达 30 MeV。

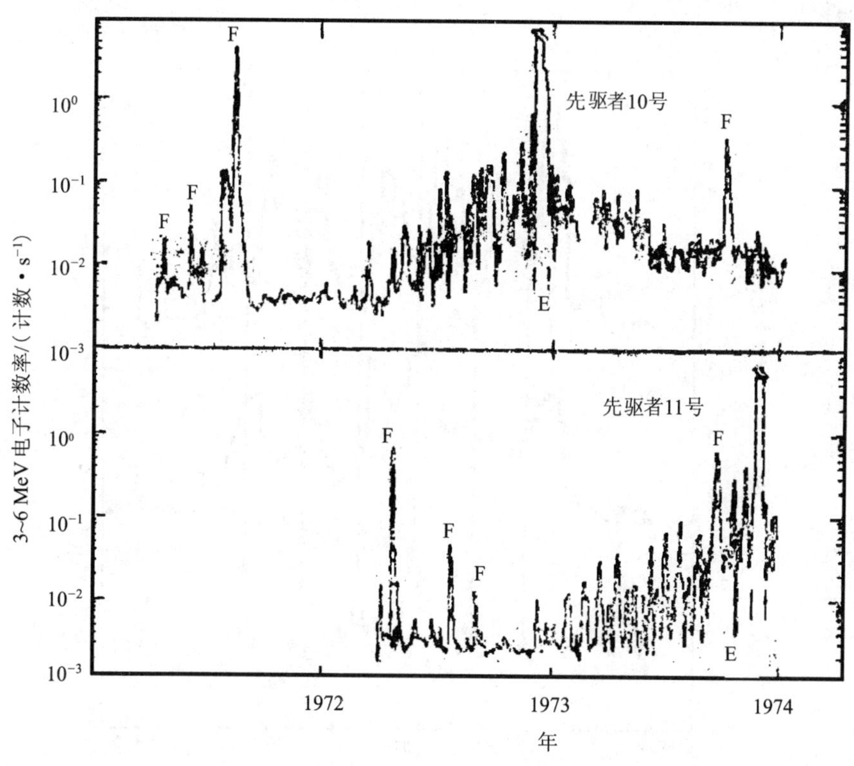

图 11－12　近木星空间 3－6 MeV 电子计数率的日平均值

标明 F 的峰值是由于太阳耀斑引起的，标明 E 的时间表示飞船在磁层中

图 11－13 示出先驱者 11 号探测器在距木星 0.2 AU 空间范围测量的电子计数率随时间的变化。6～30 MeV 电子的计数率变化周期为 10 h，而 3～6 MeV 电子的计数率具有较长的变化周期。

太阳风流过木星时与木星磁场相互作用形成的空腔区称为木星磁层。其外形与地磁层相似，但扩展范围更大。在磁层内，磁场起控制作用。木星磁层内主要有两个区域：

1）内磁层；

2）磁尾（向背太阳方向延伸）和电流片区（磁尾赤道附近厚度约 2 个木星半径的电流区域）。

木星磁层顶在向阳侧的平均位置约在离木星中心 60 个木星半径的地方，并随太阳风发生较大变化。离木星中心 10 个木星半径以内的磁层区域称为内磁层，其磁场分布近似为偶极场，偶极矩为 $M_J \approx B_J \cdot R_J^3$（$B_J$＝4.0 Gs；$R_J$ 为木星半径）。

木星辐射带可分质子带和电子带。大于 30 MeV 质子的最大通量约为 6×10^6 质子·$cm^{-2}\cdot s^{-1}$，位于 $L\approx3.4$（以木星半径为单位）处；大于 3 MeV 电子的最大通量约为 2.5×10^8 电子·$cm^{-2}\cdot s^{-1}$，位于 $L\approx6$ 处。木星内磁层的俘获粒子主要靠从外辐射带向内的扩散来提供和维持。高能质子主要依靠磁层内部的加速；高能电子通过同步辐射失去能量并改变投掷角分布，从而不断地被木星附近的卫星所吸收。只有当木星和地球通过行星际磁场线发生磁关联（大约每 13 个月发生这种关联）时，才能在地球上记录到木星电子的峰值通量。

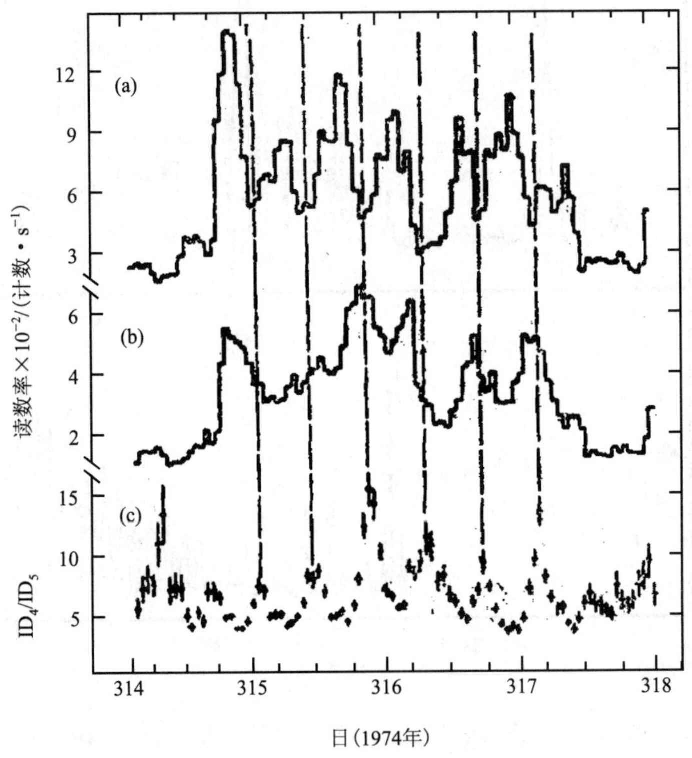

图 11－13　先驱者 11 号测量的电子计数率每小时的平均结果

（a）6～30 MeV 电子计数率（ID_5）；（b）3～6 MeV 电子的计数率（ID_4）；（c）两计数率比（ID_4/ID_5）。竖直虚线示出 ID_4/ID_5 取最大值的时刻，两虚线之间的时间间隔为 10 h

实际上，木星辐射带是带电粒子的巨大的天然加速器。带电粒子开始由木星最近的卫星，特别是木卫一(IO) 驱动。木卫一在距木星中心 442 000 km 的轨道上运动，其中可观测到活火山活动。木星磁层带电粒子流动力学模拟表明，粒子流的速度可以超过 1 km·s^{-1}。木星磁层的总尺度很大，其拖曳的尾部甚至在土星轨道的范围内都可以观察到。木星电离层内的电子密度沿高度的分布（先驱者 10 号探测器的观测结果）如图 11－14 所示[30－33]。

离木星中心（2.8～6.0）R_J 区域存在等离子体层（R_J 为木星半径）。其中质子数密度较高，约为 50～100 个·cm^{-3}，特征能量约为 100 eV。等离子体层边界称为等离子体层顶。木卫一的粒子通量管恰好位于此边界，对木星的等离子体层有显著的调制作用。

木星等离子体片是木星外磁层的重要组成部分，在磁尾中从离木星中心 15 个木星半径延伸至几百个木星半径，厚度约为 2 个木星半径。在 $r=20\ R_j$ 处，质子数密度约为 1 个 · cm^{-3}，能量约为 1 keV 量级。等离子体片的离子组分主要是氢、氧和硫，主要源于木星和木卫一的电离层。

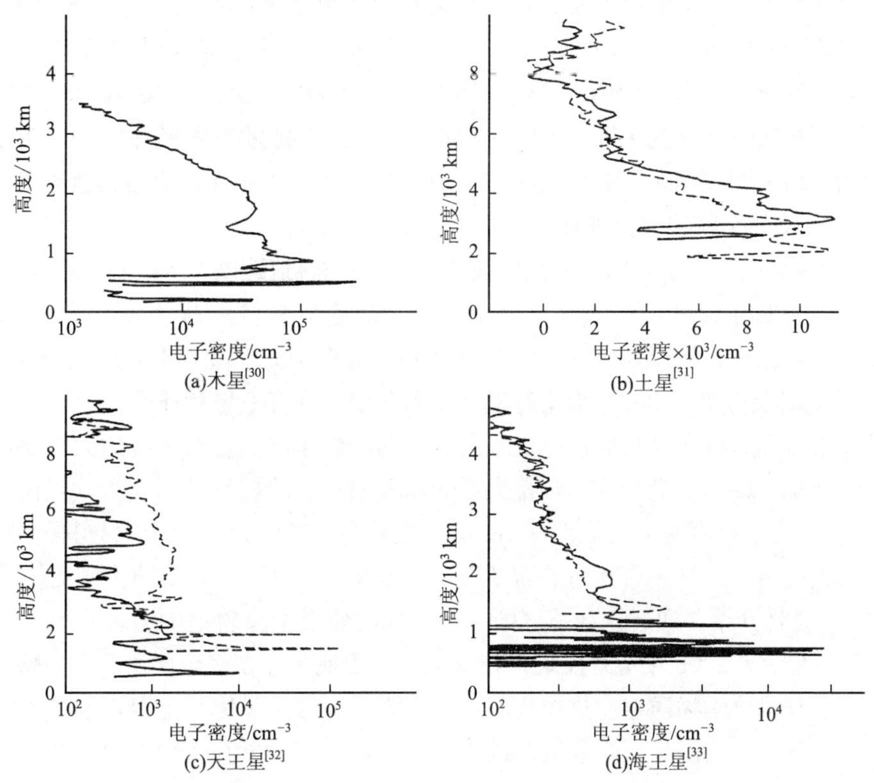

图 11－14　木星、土星、天王星和海王星电离层内电子密度沿高度的分布

基于先驱者 10 号探测器的观测数据：——早晨；----晚上

11.6.5　木星环和木星天然卫星系统

木星和土星周围的环和天然卫星系统引起了人们极大的兴趣。分布于木星附近的亮环是由微小尺度的粒子组成的稠密区域，宽度大约 5 200 km，厚度约 30 km，被称为主环。主环外边界位于距木星中心 128 000 km 的距离上。木星两颗最近的小卫星梅筞星（Metis）和木卫十四（Adrastea）通过此处（后者的轨道距木星比前者远 1 000 km）。在更远处，环的更稀薄的部分还有木卫五（Amalthea）和西比（Thebe）两颗卫星。木星环可能是由特征尺度为几微米的粒子组成，具有很强的散射光的能力。

通过最近若干年的深入研究，已发现木星卫星总共达 63 颗。其相关参量可参见表 11－16 和表 11－17。

11.7 土星

11.7.1 概述

土星是在太阳系行星中尺度排在第2位的行星，也是太阳系由内向外的第6颗行星，与太阳的平均距离约为9.538 81 AU（1.42×10^9 km）。土星具有较大并在许多方面仍然令人费解的环系统。土星质量为5.686×10^{29} g，是地球质量的95.18倍，但其平均密度（0.7 g·cm^{-3}）只是地球的1/8，甚至小于水。土星沿着接近于圆形的轨道，在比木星大2倍以上的距离绕太阳转动，公转一周经时29.5地球年。土星赤道面与其轨道面的倾角为27°，故土星的特征会随季节比地球发生更大的变化。

土星轨道偏心率为0.055 6，轨道倾角2°49′，平均轨道速度9.64 km·s^{-1}，会合周期378.09 d。赤道半径为60 000 km，扁率0.1（赤道半径较两极大9.6%），逃逸速度35.6 km·s^{-1}，赤道自转周期10.233 h，两极自转周期10.633 h，有效温度160 K，反照率0.50，最亮时星等级为0.2。土星有大气层和磁层，且有卫星和环系。

土星在诸多方面与木星相似。它也是高速转动的椭球，覆盖着很厚的大气层，主要是由液态的氢和氦组成。土星释放的热量大约为从太阳获取的能量的2.5倍。现在已知土星有56颗卫星，其中最大的为土卫六（Titan），直径为5 150 km。土卫六与其他卫星相比，具有最大的大气层。土星还有4颗直径大于1 000 km的卫星，其余的大多为小星体。自2004年6月30日开始，通过卡西尼（Cassini）探测器沿土星轨道的运动对土星及其卫星和环系进行了研究。2008年7月发现，在土卫六南极地区存在一个比北美安大略湖还大许多的湖泊，且有机化学物质遍布这个面积比月亮大1.5倍的星体。土卫六湖泊里的液体不是水，而是甲烷。美国国家航空航天局的报告指出，土卫六上有生命迹象，并以甲烷为基础。这预示着宇宙中还存在除水基生命以外的另一种生命形式。

11.7.2 土星重力场

土星重力势展开式（式11−1）的系数$C_{20}(J_2)$，C_{22}，J_3，J_4和J_6值列于表11−18。由该表可以看出，土星的J_2系数值在太阳系中最大，表明土星具有很大的扁率。这是由于其快速转动所引起的（土星的椭圆度约为0.097 96）。表征土星内部结构的转动惯量等于0.210。J_3值并非由行星的细节所决定。基于现在的测量精度可以认为，在土星上不存在南北半球的不对称性。土星的系数J_4和J_6也是太阳系中最大的，意味着在土星内部和表面附近的质量分布是高度不均匀的。在赤道（1 bar压力处）处的重力加速度等于10.44 m·s^{-2}，与地球的重力加速度相近。基于重力场的特性可以得出，土星的内部结构与木星的内部结构相似。

11.7.3 土星大气层

类似于木星，快速转动的土星（其转动周期在赤道区为10.2 h，而在极区约为11 h以上），主要由液态氢和氦构成并覆盖着厚的大气层，在大气层观测到数量不多的甲烷、氨和其他的碳氢化合物以及硫化物。在土星整个视觉表面的几何反照率与光谱波长的关系曲线上，呈现甲烷吸收带（见图 11－10）。云层上边界的赤道半径约为 60 270 km，而相应的极区半径要短数百千米。土星大气内含有 94%的氢和 6%的氦（体积比），而在木星大气中氦的体积比约为 11%。如果认为这两颗行星的初始成分相同，则这种差异意味着在土星上有大量的氦被"湮没"。土星云层下边界的温度约为－143 ℃。基于先驱者 11 号探测器的红外辐射测量结果得出，土星的平均温度为－170 ℃，证实土星的辐射热为从太阳获取能量的 2.5 倍。所涉及的额外热量可能源于物质重力扩散释放的热量。但是，一部分热量也可能是土星演化初期储存的剩余热量。太阳辐射至土星的能量通量为到达地球的能量通量的 1/91。

正如木星一样，土星也具有由带状结构和区域结构构成的体系，但并不像木星那样清晰。由于土星大气云层的温度低，使氨气冻结，形成稠密的雾或霭层，并呈现带状和区域结构。与木星不同，土星的带状区域达到很高的纬度（78°）。根据观测，土星南半球风的纬度分布与北半球风呈镜像分布。尺度如同地球的庞大椭圆形生成物，分布在距土星北极不远的地方，被称为大褐斑（类似于木星的大红斑，即大气涡旋）。在土星上还观测到一些尺度较小的褐斑。这种自由涡旋（飓风），由于比在木星内具有更高的风流速度，将很快衰减并转化为带状结构。在赤道区，区域风速可达到 400～500 $m \cdot s^{-1}$，而在纬度 30°区域为 100 $m \cdot s^{-1}$（见图 11－11）。

已有理论模型指出，木星的气－液大气层可延伸至 10 000～15 000 km 的深度，而在土星上大气层可扩展至更大的范围，达到 0.55 个土星半径的深度。并且，土星大气逐渐转变为液氢和液氦的混合物。大约在土星的 0.5 个半径处，液态分子氢转变为液态金属氢（具有少量的氦）；而在距土星中心 0.2 个半径的深度上，有较薄的过渡层将液态氢层与金属核分开。按照绝热模型，土星中心的温度和压力可分别达 11 000 K 和 42 Mbar；基于非绝热模型，则分别达 9 000 K 和 46 Mbar。

11.7.4　土星的磁场和磁层

探测器在轨飞行记录到的土星磁场比地球磁场强而比木星磁场弱，且土星磁场具有独特的性质。基于行星磁场形成的发电机理论，激励行星磁场的必要条件是行星转动轴与偶极磁轴间应具有适当的夹角，如 10°～12°。这与地球、水星和木星的情况相符合，但是，土星的偶极场轴与转动轴相重合。这表明，土星磁场应比木星出现在更深的区域。正如木星一样，土星磁场也是和地球磁场反方向的。土星的磁感应强度在赤道上的视觉云层高度稍大于 0.2 Gs（在地球表面上为 0.35 Gs）。但是由于行星体积上的原因，土星的磁矩远大于地球。

土星的磁层具有对称的形式，并且其空间范围界于地球磁层和木星磁层之间。由于土星距太阳比地球远 10 余倍，并且其尺度比地球约大 10 倍，故其磁层的体积远大于地磁层。土星辐射带具有合乎规则的形状，并且在其中可观测到空腔，带电粒子在那里被土星卫星或环所吸收。在环附近，带电粒子的密度小到微不足道。在土星卫星的后面，拖着由中性的和电离的分子以及原子气体组成的尾巴，在轨道上形成一巨大的环面。这种环面的来源之一是土星的最大卫星土卫六（Titan）的上大气层。土星的五颗冰卫星土卫一（Mimas）、恩克拉多斯（Enceladus）、土卫三（Tethys）、土卫四（Dione）和土卫五（Rhea）位于内磁层的范围内，在3～9个土星半径距离上。

土星具有稠密的电离层，由电子及N^+，O^+和$O_2{}^+$等组成，土星环及其附近的卫星有时被沉没在电离层内。在电离层内的电子密度分布如图11－14所示。观测结果表明，土星磁层的射电辐射周期等于土星的转动周期，即等于10 h45 min45 s（±36 s）。

所有巨行星都具有环，但土星为什么有如此大的环，以及它是何时形成的，至今尚不清楚。有关土星卫星的参量可参见表11－16～表11－17。

11.8　天王星

11.8.1　概述

天王星位于距太阳19.2 AU的距离上，亦即为土星距太阳的2倍远处，其尺度是太阳系第3位的巨行星，按质量位居第4位。天王星轨道速度为6.8 km·s^{-1}，绕太阳公转一周为84.05年。天王星按其磁层射电辐射测出的自转周期为17 h14.4 min。通常在大多数行星（除了天王星和金星外）上，轨道面和赤道面的夹角较小（例如，地球为23.5°），而在天王星上该夹角为97.8°。因此，天王星的“北”极（在转动方向意义上）朝向黄道的南半球，并在行星学意义上通常称为“南”（从20世纪末至21世纪初转向太阳）。由于天王星的转动轴接近于轨道平面，天王星的昼和夜对于“夏”和“冬”季无明显差别。在地球上仅在高纬区呈现特有的极昼和极夜现象，而在天王星上几乎在整个表面上都可观测到。与其他的巨行星不同，天王星只有内热源。在天王星内氢和氦的含量比值与木星大体相同。天王星的磁场极其反常，它不是偶极型的。天王星被11个环所环绕，并在其中观测到27颗卫星。有关天王星及其卫星的详细情况可见表11－14至表11－18。

11.8.2　天王星的重力势

在天王星的视觉大气层边界上，自由落体加速度（在压力$P=1$ bar处）约为8.87 m·s^{-2}，与地球上相近。天王星的质量（8.66×10^{28} g）小于土星质量的1/6，约为木星的1/20。由式（11－1）的重力势展开式中的系数J_2的测量值可求出，尽管天王星的转动周期只比地球小28%，其转动引起的扁度大约为地球的3倍多。系数J_3，J_6，C_{22}和S_{22}小到测不出来，而表征天王星内部结构不均匀性的系数J_4为木星的1/20左右。由此可以得出，天王星具有显著的南北半球不对称性，且有较大的赤道椭圆率。天王星的转动惯量为0.23，小于木星，但大于土星。上述数据与平均密度达到1.3 g·cm^{-3}（接近于木星）表明，天王星可能具有重的和密实的内核。

11.8.3　天王星大气层和内部结构

假设只有太阳照射到天王星表面，计算的平衡温度约为60 K，而直接测出的有效温度为 59.1 K，这意味着天王星具有大量的内热耗损。由于在红外波段的强吸收，天王星光谱具有深绿色。在天王星整个视觉面上，几何反照率与波长的关系曲线呈现甲烷吸收带（见图 11－10），尽管甲烷在天王星大气中含量很少（2.3%）。天王星大气的基本组分是氢和氦，但在可见波段光谱上并不呈现氢和氦的谱线。天王星大气层内氢和氦的体积比大体上与木星相同。根据探测器拍摄的照片，在天王星大气层内观测到涡旋、大气急流和斑区。它们的数量很少，特别是由于云层上平流层霭是由冷凝的乙烷、乙炔和二乙炔组成，很难得到发展。在大气的深层记录到甲烷云。在高纬区发现速度达 200 m·s^{-1}的东向环流，而在赤道区存在速度约为 100 m·s^{-1}的西向环流。1994 年基于所获得的天王星在厘米波段射电辐射的数据证实，大气层深处（在对流层 5～50 bar 的压力范围内）的状态与 20 世纪 80 年代相比，呈现出明显的季节变化。这种季节变化表现在天王星南极附近区域内，射电亮度显著增强，且天王星总是朝向太阳方向。与此同时，天王星大气层在较低纬度（小于 45°）区域内，仍处于对射电波段不透明的状态。所观测到的这些变化表明，天王星南半球呈现大尺度物质环流的急剧增强是由于太阳辐射加热引起的。

基于观测数据构建的天王星结构模型，可以认为：在铁质－石质内核的上面，即约 0.3 个天王星半径处（中心温度达 7 000 K，压力约 6 Mbar），存在由分子氢和氦以及饱和溶解的离子（H_3O^+，$NH_4{}^+$，OH^-等）构成的液体海洋；在 0.7 个天王星半径以上，压力约为 0.2 Mbar，温度为 2 500 K，逐渐转变为由轻气体（氢和氦）构成的稠密大气，并含有甲烷及由甲烷、氨和水组成的冰粒子杂质。

11.8.4　天王星磁场和磁层

探测器的观测结果表明，天王星磁感应强度（0.23 Gs）小于木星，大于土星，接近于地球。天王星辐射带的强度与地球辐射带相类似。天王星的磁场具有显现的偶极分量，其与行星转动轴的倾角为 59°，并且在 8 000 km 处从其中心向夜间北半球（在观测年代）移动。显然，天王星磁场是非偶极场，有别于地球、木星和土星磁场。天王星磁场具有四极和八极分量，明显比木星磁场的相应值大。在某些初始模型中一般假定，天王星磁场产生于热水海洋深处（直至 10 000 km），其中饱和溶解着各种离子并有湍流（产生导电性）。但是，这样的模型不能再现天王星磁场的非偶极特性（正如海王星一样）。支持这一模型的事实是磁场产生在薄的导电对流层，该对流层位于稠密的稳态外壳层之内。

由磁层射电辐射所确定的天王星转动周期为 17 h14.4 min。天王星电离层内电子密度随高度的分布如图 11－14 所示。

11.9　海王星

11.9.1　概述

海王星位于距太阳比地球远 30 倍的距离上，其轨道周期为 164.5 年。它的质量为地球的17倍，半径为地球的3.9倍，平均密度约为1.7 g·cm^{-3}。这表明与其他巨行星相比，海王星内部含有较大比例的较重化合物和元素。在海王星视觉表面高度上，自由落体加速度比地球大14%。海王星的轨道特性是具有很小的偏心率（0.01），几乎与金星相同。赤道与轨道平面的倾角为29°，从而可能呈现季节变化。转动周期（对应于与海王星内部结构相关的磁场转动）为16.11 h。海王星轨道与黄道的倾角较小，约为1.8°。

海王星大气层主要由氢和氦构成，早期估计，氦的体积百分比大约为15%～25%。海王星距太阳比木星和土星远数倍多，但海王星与木星和土星相似，释放的能量大于从太阳获取的能量。正如天王星一样，海王星也具有非偶极特性的磁场。现在已知海王星有13颗卫星，详见表11－16～表11－17。

11.9.2 海王星的重力场

在海王星大气层1 bar压力处的自由落体加速度为11.2 m·s^{-2}，大于天王星甚至土星（见表11－14）。对于海王星只测定了重力势展开式的系数J_2（扁率特征值）和J_4（取决于行星内部结构的不均匀性），如表11－18所示。尽管海王星的质量约比天王星大18%，其J_2和J_4值却与天王星相近，而转动周期短7%。海王星的椭圆度（0.017 08）为天王星的1/1.3。

11.9.3 海王星的大气层和内部结构

在彩色照片上海王星视觉表面是深色的稠密云层，具有不甚清晰的带状亮条、白斑和暗斑，并处于不断变化中。其强烈的涡旋称为“大暗斑”，尺度如同地球，并依逆时针方向转动。“大暗斑”在尺度和位置上类似于木星中的“大红斑”，即也位于南半球并具有相似的纬度和经度。海王星大气的运动速度很快，且独特的性质是大气相对于东向转动的行星向西转动。但是，海王星转动的赤道速度可高达2.7 km·s^{-1}，而在极区附近其速度远大于在赤道处的速度。已查明，海王星上大气层温度是太阳系中最低的，而其风速最大。很可能正是由于低的温度，导致大气气体的黏度减小并使海王星快速转动。在海王星的南极周围，观察到云雾状的极冠。所有这些现象表明，海王星上经历着强烈的天气过程。大气环流特性证实，海王星上能量是从星体内部释放的。

海王星大气基本上是由氢气和占15%～25%的氦组成的。大气层高度可达3 000～5 000 km，其底部的压力约为200 kbar。这种状态条件不足以像木星那样，使氢气转变为液态。很可能海王星大气的底部是处于水的海洋中，并饱和溶解着各种离子，从而使其具有导电性，并导致磁场的存在。如果这种设想是正确的，则预期海王星具有太阳系最大的水的海洋。还可以设想，在海王星内部地幔内，水、甲烷和氨的混合可能形成固态的冰或气－液态，即使在2 000～5 000 K的高温区都会如此。计算表明，冰幔的质量占整个海王星的70%，其余部分为水。大约25%的海王星质量可能分布在冰幔里面的内核，它可能由硅、镁和铁的氧化物等构成。此外，还有硫化物以及在整个行星形成期落至海王星的陨石物质等。海王星的内部结构很可能决定着它的热辐射特性。地面研究表明，海王星的辐射热大于它从太阳获得的能量。观测表明，其辐射热通量为从太阳沉降至海王星上的能量通量的 2.7 倍。海王星的有效辐射温度约为 59.3 K，甚至高于天王星（59.1 K）。

11.10　行星及其卫星的基本数据

表 11—13（1）　太阳系行星轨道要素[1]

行星	距太阳平均距离/		恒星转动周期/		会合周期/d	平均角运动/[（°）·d^{-1}]
	AU	10^6 km	回归年②	d		
水星	0.387 10	57.9	0.240 85	87.969	115.85	4.092 356
金星	0.723 33	108.2	0.615 21	224.70	583.93	1.602 136
地球③	1.000 01	149.6	1.000 04	365.26	—	0.985 593
火星	1.523 63	227.9	1.880 78	686.94	779.91	0.524 062
木星	5.204 41	778.6	11.867 7	4 334.6	398.87	0.083 052 8
土星	9.583 78	1 433.7	29.666 1	10 835.3	378.09	0.033 224 7
天王星	19.187 22	2 870.4	84.048	30 697.8	369.66	0.011 727 2
海王星	30.020 90	4 491.1	164.491	60 079.0	367.49	0.005 992 11
冥王星	39.231 07	5 868.9	245.73	89 751.9	366.72	0.004 011 06

表 11—13（2）　太阳系行星轨道要素[1]

行星	轨道面倾角 i/（°）	轨道偏心度 e	升交点经度 Ω/（°）	近地点经度 ω/（°）	在初始年代的平均值 L/（°）	平均轨道运动速度/（km·s^{-1}）
水星	7.005	0.205 64	48.330	77.460	348.922 6	47.9
金星	3.395	0.006 76	76.678	131.709	63.582 5	35.0
地球	0.000 2	0.016 72	173.7	102.834	110.556 0	29.8
火星	1.850	0.093 44	49.561	335.997	192.229 1	24.1
木星	1.304	0.048 90	100.508	15.389	65.541 9	13.1
土星	2.486	0.056 89	113.630	91.097	62.685 2	9.6
天王星	0.772	0.046 34	73.924	169.016	317.880 6	6.8
海王星	1.769	0.011 29	131.791	51.589	307.412 4	5.4
冥王星	17.165	0.244 48	110.249	223.654	240.431 1	4.8

①2001 年初的日心密切行星轨道要素（密切轨道是假想的轨道，相当于飞行体从某一时刻开始，在没有其他摄动力作用下，围绕中心天体运动所具有的轨道。它与实际的摄动轨道相切，在切点具有相同的速度），JD=2 451 920.5，相当于 J2000.0 时代相似的黄道和二分点；

②回归年等于 365.242 190 天；

③地球数据是相对于地—月系的质心。

表 11－14（1）　太阳系行星的物理特性[1]

行星	质量①/		平均赤道半径②/		扁率③	平均密度/
	10^{24} kg	⊕＝1	km	⊕＝1	$(R_e-R_p)/R_e$	$(g\cdot cm^{-3})$
水星	0.330 22	0.055 274	2 439.7	0.382 5	0	5.43
金星	4.869 0	0.815 005	6 051.8	0.948 8	0	5.24
地球	5.974 2	1.000 000	6 378.14	1.000 0	0.003 354	5.515
(月球)	0.073 483	0.012 300	1 737.4	0.272 4	0.001 7	3.34
火星	0.641 91	0.107 45	3 397	0.532 6	0.006 476	3.94
木星	1 898.8	317.83	71 492	11.209	0.064 874	1.33
土星	568.50	95.159	60 268	9.449 1	0.097 962	0.70
天王星	86.625	14.500	25 559	4.007 3	0.022 927	1.3
海王星	102.78	17.204	24 764	3.882 6	0.017 081	1.7
冥王星	0.015	0.002 5	1 151	0.180 7	0	2

表 11－14（2）　太阳系行星的物理特性[1]

行星	绕轴转动周期④/d	赤道与轨道的倾角/(°)	转动极坐标/(°)		几何反照率	最大亮度⑤	最大角直径/(″)
			α	δ			
水星	58.646 2	0.01	281.0	61.5	0.106	－2.2	1
金星	－243.018 5	177.36	272.8	67.2	0.65	－4.7	60
地球	0.997 269 63	23.44	0.0	0.0	0.367	—	—
(月球)	27.321 661	6.7	≈ 270	≈ 67	0.12	－12.7	1 864
火星	1.025 956 75	25.19	317.7	52.9	0.150	－2.0	18
木星	0.413 54	3.13	268.1	64.5	0.52	－2.7	47
土星	0.444 01	26.73	40.6	83.5	0.47	＋0.7	20
天王星	－0.718 33	97.77	257.3	－15.2	0.51	＋5.5	3.9
海王星	0.671 25	28.32	299.4	43.0	0.41	＋7.8	2.3
冥王星	－6.387 2	122.54	313.0	9.1	0.3	＋15.1	0.08

表 11－14（3）　太阳系行星的物理特性[1]

行星	转动惯量 I/MR^2	重力加速度⑥⊕＝1	在表面上的临界速度⑦/ $(km\cdot s^{-1})$	温度/K		大气层
				有效温度	表面温度	
水星	0.324	0.38	4.2	435	90 ～ 690	实际上无
金星	0.333	0.90	10.4	228	735	二氧化碳、氮
地球	0.330	1.0	11.2	247	190 ～325	氮、氧
(月球)	0.395	0.17	2.4	275	40 ～ 395	实际上无

续表

行星	转动惯量 I/MR^2	重力加速度⑥⊕=1	在表面上的临界速度⑦/（$km \cdot s^{-1}$）	温度/K		大气层
				有效温度	表面温度	
火星	0.377	0.38	5.0	216	150 ～ 260	二氧化碳、氮
木星	0.20	2.53	59.5	134		氢、氦
土星	0.22	1.06	35.5	97		氢、氦
天王星	0.23	0.90	21.3	59		氢、氦
海王星	0.26	1.14	23.5	59		氢、氦
冥王星	0.39	0.08	1.3	32	30 ～ 60	Ar，Ne，CH_4

①质量包括大气层，但不包含卫星；

②巨行星半径由大气压为 1 bar 的高度给定；

③R_e 和 R_p 分别为行星的赤道和极区半径；

④恒星绕轴转动的参量表示 2001 年 1 月 1 日零时的数据（对于木星和土星表示在与磁场转动相关联的系统 III 内的转动周期，周期正负号表示转动方向）；

⑤亮度和角直径由地面观测值给定，外行星（火星一冥王星）亮度表示对置星的平均值；

⑥表面重力加速度等于 GM/R_e^2；

⑦计算临界（第二宇宙）速度时不考虑大气阻力。

表 11－15　行星上太阳照射条件和太阳昼夜的持续时间[1]

行星	与太阳距离/AU	太阳角直径	太阳照射			太阳昼夜/d
			相对于地球	光照度（1 000 lx）	太阳视觉值	
水星	0.387	1°22′39″	6.68	901	−28.8	175.942 1
金星	0.723	44′15″	1.91	258	−27.4	116.749 0
地球	1.000	31′59″	1.00	135	−26.7	1.000 0
火星	1.524	20′59″	0.431	58.2	−25.8	1.027 5
木星	5.204	6′09″	0.037 0	4.98	−23.1	0.413 58
土星	9.584	3′20″	0.011 0	1.48	−21.8	0.444 03
天王星	19.187	1′40″	0.002 7	0.366	−20.3	0.718 35
海王星	30.021	1′04″	0.001 1	0.148	−19.3	0.671 26
冥王星	39.231	49″	0.000 6	0.088	−18.7	6.387 66

在以下的表格中，括号内表示轨道要素的年代和拉普拉斯平面；在“轨道周期”一栏内，负号表示沿相反的方向转动，亦即沿顺时针方向；在“转动周期”一栏内：S 表示轨道周期和昼夜一致；C 表示转动具有不规则性。

表 11－16 行星的卫星：平均运动参量[1]

编号	名称		轨道大半轴×10³/km	轨道周期/d	轨道偏心/（°）	轨道相对拉普拉斯平面的倾角/（°）	拉普拉斯平面相对赤道面的倾角/（°）	转动周期/d
	俄文	拉丁文						
地球卫星（历元 2000.0；黄道）								
	Луна	Luna/Moon	384.4	27.321 66	0.055 4	5.16	—	S
火星卫星（历元 1950.0；拉普拉斯平面）								
I	Фобос	Phobos	9.38	0.318 910	0.015 1	1.08	0.05	S
II	Деймос	Deimos	23.46	1.262 441	0.000 2	1.79	0.90	S
木星卫星（历元 1997.0；拉普拉斯平面）								
XVI	Метида	Metis	128	0.295	0.001 2	0.02	0.00	S
XV	Адрастея	Adrastea	129	0.298	0.001 8	0.05	0.00	S
V	Амальтея	Amalthea	181	0.498	0.003 1	0.39	0.00	S
XIV	Теба	Thebe	222	0.675	0.017 7	1.07	0.00	S
I	Ио	Io	422	1.769	0.004 1	0.04	0.00	S
II	Европа	Europe	671	3.551	0.009 4	0.47	0.02	S
III	Ганимед	Ganymede	1 070	7.155	0.001 1	0.17	0.07	S
IV	Каллисто	Callisto	1 883	16.69	0.007 4	0.19	0.35	S
（历元 2000.0；拉普拉斯平面）								
XIII	Леда	Leda	11 165	240.92	0.163 6	27.46	2.79	
VI	Гималия	Himalia	11 461	250.56	0.162 3	27.50	4.27	0.40
X	Лиситея	Lysithea	11 717	259.20	0.112 4	28.30	2.95	
VII	Элара	Elara	11 741	259.64	0.217 4	26.63	4.28	0.5
		S/2000 J11	12 555	287.0	0.248	28.30		
XII	Ананке	Ananke	21 276	−629.77	0.243 5	148.89	4.89	0.35
XI	Карме	Carme	23 404	−734.17	0.253 3	164.91	2.90	0.433
VIII	Пасифе	Pasiphae	23 624	−743.63	0.409 0	151.43	3.84	
IX	Синопе	Sinope	23 939	−758.90	0.249 5	158.11	3.21	0.548
（历元 2002.3；拉普拉斯平面）								
XVII	Каллирое	Callirrhoe	24 103	−758.77	0.282 8	147.16	2.85	
XVIII	Фемисто	Themisto	7 284	130.02	0.242 6	43.26	2.92	
XXIV	Иокасте	Iocaste	21 061	−631.60	0.216 0	149.43	3.19	
XXII	Гарпалик	Harpalyke	20 858	−623.31	0.226 8	148.64	3.22	
XXVII	Праксидеки	Praxidike	20 907	−625.38	0.230 8	148.97	3.06	
XX	Тайгете	Taygete	23 280	−732.41	0.252 5	165.27	3.09	
XXI	Халдене	Chaldene	23 100	−723.70	0.251 9	165.19	3.12	
XXIII	Калике	Kalyke	23 566	−742.03	0.246 5	165.16	3.12	

续表

编号	名称		轨道大半轴×10^3/km	轨道周期/d	轨道偏心/(°)	轨道相对拉普拉斯平面的倾角/(°)	拉普拉斯平面相对赤道面的倾角/(°)	转动周期/d
	俄文	拉丁文						
XIX	Мегаклите	Megaclite	23 493	−752.88	0.419 7	152.77	3.12	
XXVI	Исоное	Isonoe	23 155	−726.25	0.247 1	165.27	3.14	
XXV	Эриноме	Erinome	23 196	−728.51	0.266 5	164.93	3.11	
XXVIII	Автоное	Autonoe	24 046	−760.95	0.316 8	152.42	3.14	
XXIX	Тионе	Thyone	20 939	−627.21	0.228 6	148.51	3.26	
XXX	Герминне	Hermippe	21 131	−633.90	0.209 6	150.73	3.20	
XXXI	Этне	Aitne	23 229	−730.18	0.264 3	165.09	3.13	
XXXII	Эвридоме	Eurydome	22 865	−717.33	0.275 9	150.27	3.07	
XXXIII	Эванте	Euanthe	20 797	−620.49	0.232 1	148.91	3.09	
XXXIV	Эвпорие	Euporie	19 304	−550.74	0.143 2	145.77	3.06	
XXXV	Ортозие	Orthosie	20 720	−622.56	0.280 8	145.92	3.23	
XXXVI	Спонде	Sponde	23 487	−748.34	0.312 1	151.00	3.07	
XXXVII	Кале	Kale	23 217	−729.47	0.259 9	165.00	3.15	
XXXVIII	Пазите	Pasithee	23 004	−719.44	0.267 5	165.14	3.09	
XLIII	Архе	Arche	22 931	−723.90	0.258 8	165.00	2.22	
（历元 2003.4；黄道面；时间编号）								
XLVII	Эвкеладе	Eukelade	23 661	−746.39	0.272 1	165.48	—	S/2003 J1
		S/2003 J2	29 541	−979.99	0.225 5	160.64	—	
		S/2003 J3	20 221	−583.88	0.197 0	147.55	—	
		S/2003 J4	23 930	−755.24	0.361 8	149.58	—	
		S/2003 J5	23 495	−738.73	0.247 8	165.25	—	
XLV	Гелике	Helike	21 263	−634.77	0.155 8	154.77	—	S/2003 J6
XLI	Аойде	Aoede	23 981	−761.50	0.432 2	158.26	—	S/2003 J7
XXXIX	Гегемоне	Hegemone	23 947	−739.60	0.327 6	155.21	—	S/2003 J8
		S/2003 J9	23 384	−733.29	0.263 2	165.08	—	
		S/2003 J10	23 042	−716.25	0.429 5	165.08	—	
XLIV	Каллихоре	Kallichore	24 043	−764.74	0.264 0	165.50	—	S/2003 J11
		S/2003 J12	15 912	−489.52	0.605 6	151.91	—	

续表

编号	名称		轨道大半轴×10³/km	轨道周期/d	轨道偏心/（°）	轨道相对拉普拉斯平面的倾角/（°）	拉普拉斯平面相对赤道面的倾角/（°）	转动周期/d
	俄文	拉丁文						
XLVIII	Киллене	Cyllene	24 349	−751.91	0.318 9	149.26	—	S/2003 J3
		S/2003 J4	23 614	−779.23	0.343 9	144.51	—	
		S/2003 J5	22 627	−689.77	0.191 6	146.51	—	
		S/2003 J6	20 963	−616.36	0.224 5	148.53	—	
		S/2003 J7	23 001	−714.47	0.237 9	164.92	—	
		S/2003 J8	20 514	−596.59	0.014 8	146.06	—	
		S/2003 J9	23 533	−740.42	0.255 7	165.16	—	
XLVI	Карно	Carpo	16 989	456.10	0.429 7	51.40	—	S/2003 J20
XL	Мнеме	Mneme	21 069	−620.04	0.227 3	148.64	—	S/2003 J21
XLII	Тельксиное	Thelxinoe	21 162	−628.09	0.220 6	151.42	—	S/2003 J22
		S/2003 J23	23 563	−732.44	0.271 4	146.31	—	
土星卫星（历元 1981.5；拉普拉斯平面）								
XVIII	Пан	Pan	133.6	0.575	0.000	0.000	0.000	
XV	Атлапт	Atlas	137.7	0.602	0.000	0.000	0.000	
XVI	Промстей	Prometheus	139.4	0.613	0.002	0.000	0.000	
XVII	Пандора	Pandora	141.7	0.629	0.004	0.000	0.000	
XI	Энимстей	Epimetheus	151.4	0.694	0.021	0.34	0.02	S
X	Янус	Janus	151.5	0.695	0.007	0.14	0.02	S
XIII	Телесто	Telesto	294.7	1.888	0.001	1.16	0.02	
XIV	Калинпст	Calypso	294.7	1.888	0.001	1.47	0.02	
XII	Елена	Helene	377.4	2.737	0.000	0.21	0.02	
（历元 1999.0；拉普拉斯平面）								
I	Мимас	Mimas	185.6	0.942	0.020 6	1.57	0.01	S
II	Энделад	Enceladus	238.1	1.370	0.000 1	0.01	0.00	S
III	Тефия	Tethys	294.7	1.888	0.000 1	0.17	0.03	S
IV	Деона	Dione	377.4	2.737	0.000 2	0.00	0.01	S
V	Рея	Rhea	527.1	4.518	0.000 9	0.33	0.03	S
VI	Титан	Titan	1221.9	15.95	0.028 8	1.63	1.94	S
VII	Гиперион	Hyperion	1 464.1	21.28	0.017 5	0.57	0.50	C
VIII	Япет	Iapetus	3 560.8	79.33	0.028 4	7.57	14.84	S
IX	Феба	Phoebe	12 944.3	−548.21	0.164 4	174.75	26.18	0.4

续表

编号	名称		轨道大半轴×10³/km	轨道周期/d	轨道偏心/(°)	轨道相对拉普拉斯平面的倾角/(°)	拉普拉斯平面相对赤道面的倾角/(°)	转动周期/d
	俄文	拉丁文						
（历元 2000.2；黄道）								
XIX	Имир	Ymir	23 130	−1 315.33	0.333 9	173.10	—	
XX	Палиак	Paaliaq	15 198	686.94	0.363 2	45.08	—	
XXI	Тарвос	Tarvos	18 239	926.13	0.536 5	33.50	—	
XXII	Иджирак	Ijiraq	11 442	451.47	0.321 5	46.73	—	
XXIII	Суттунг	Suttung	19 465	−1 016.51	0.114 0	175.81	—	
XXIV	Кивиок	Kiviuq	11 365	449.22	0.333 6	46.15	—	
XXV	Мундилфари	Mundifari	18 722	−951.56	0.207 8	167.48	—	
XXVI	Альбиорикс	Albiorix	16 394	783.47	0.479 1	33.98	—	
XXVII	Скади	Skadi	15 641	−728.18	0.269 0	152.62	—	
XXVIII	Эррипо	Erriapo	17 604	871.25	0.474 0	34.47	—	
XXIX	Сиариак	Siarnaq	18 195	895.55	0.296 2	45.54	—	
XXX	Трюм	Thryma	20 219	−1 091.76	0.485 2	175.82	—	
（历元 2003.4；黄道）								
XXXI	Нарви	Narvi	18 719	−956.19	0.352 2	134.59	—	
（近似值；时间编号）								
XXXII	Метона	Methone	194.0	1.01				S/2004 S1
XXXIII	Паллена	Pallene	211.0	1.14				S/2004 S2
XXXIV	Полидевк	Polydeuces	377.4	2.74				S/2004 S5
土星新卫星，2005 年申请发现的（Jewitt，Sheppard，2005）								
		S/2005 S1	136.5	0.594	0.0	0.0		
		S/2004 S7	19 800	−1 103	0.580	165.1		
		S/2004 S8	22 200	−1 355	0.213	168.0		
		S/2004 S9	19 800	−1 077	0.235	157.6		
		S/2004 S10	19 350	−1 026	0.241	167.0		
		S/2004 S11	16 950	822	0.336	41.0		
		S/2004 S12	19 650	−1 048	0.401	164.0		
		S/2004 S13	18 450	−906	0.273	167.4		
		S/2004 S14	19 950	−1 081	0.292	162.7		
		S/2004 S15	18 750	−1 008	0.180	156.9		

续表

编号	名称		轨道大半轴×10³/km	轨道周期/d	轨道偏心/（°）	轨道相对拉普拉斯平面的. 倾角/（°）	拉普拉斯平面相对赤道面的倾角/（°）	转动周期/d
	俄文	拉丁文						
		S/2004 S16	22 200	−1 271	0. 135	163. 0		
		S/2004 S17	18 600	−986	0. 259	166. 6		
		S/2004 S18	19 650	−1 052	0. 795	147. 4		
天王星卫星（历元 1980. 0；赤道面）								
V	Миранда	Miranda	129. 9	1. 413	0. 001 3	4. 34	—	S
I	Ариэль	Ariel	190. 9	2. 520	0. 001 2	0. 04	—	S
II	Умбриэль	Umbriel	266. 0	4. 144	0. 003 9	0. 13	—	S
III	Титания	Titania	436. 3	8. 706	0. 001 1	0. 08	—	S
IV	Оберон	Oberon	583. 5	13. 46	0. 001 4	0. 07	—	S
历元 1986. 1；赤道面								
VI	Корделия	Cordelia	49. 8	0. 335	0. 000 3	0. 09	—	
VII	Офелия	Ophelia	53. 8	0. 376	0. 009 9	0. 10	—	
VIII	Бианка	Bianca	59. 2	0. 435	0. 000 9	0. 19	—	
IX	Крессда	Cressida	61. 8	0. 464	0. 000 4	0. 01	—	
X	дездемона	Desdemona	62. 7	0. 474	0. 000 1	0. 11	—	
XI	Джульетта	Juliet	64. 4	0. 493	0. 000 7	0. 07	—	
XII	Порция	Portia	66. 1	0. 513	0. 000 1	0. 06	—	
XIII	Розалинда	Rosalind	69. 9	0. 558	0. 000 1	0. 28	—	
XIV	Белинда	Belinda	75. 3	0. 624	0. 000 1	0. 03	—	
		S/1986U10	76. 4	0. 638	0. 000	0. 000		
XV	Пак	Puck	86. 0	0. 762	0. 000 1	0. 32	—	
（历元 2004. 5；拉普拉斯平面）								
XVI	Калибан	Caliban	7 231	−579. 73	0. 159	140. 88	98. 72	
XX	Стефано	Stephano	8 004	−677. 36	0. 229	144. 11	97. 92	
XXI	Тринкуло	Trinculo	8 504	−749. 24	0. 220	167. 05	97. 79	
XVII	Сикоракса	Sycorax	12 179	−1 288. 30	0. 522	159. 40	97. 62	
XVIII	Просперо	Prospero	16 256	−1 978. 29	0. 445	151. 97	97. 75	
XIX	Сетебос	Setebos	17 418	−2 225. 21	0. 591	158. 20	97. 76	
		S/2001 U2	20 901	−2 887. 21	0. 368	169. 84	97. 78	
		S/2001 U3	4 276	−266. 56	0. 146	145. 22	98. 52	
		S/2003 U1	97. 7	0. 923				
		S/2003 U2	74. 8	0. 618				
		S/2003 U3	14 345	1 687. 01	0. 661	56. 63	98. 28	

续表

编号	名称		轨道大半轴×10³/km	轨道周期/d	轨道偏心/（°）	轨道相对拉普拉斯平面的倾角/（°）	拉普拉斯平面相对赤道面的倾角/（°）	转动周期/d
	俄文	拉丁文						
海王星卫星（历元 1989.6；拉普拉斯平面）								
III	Наяда	Naiad	48.23	0.294	0.000 4	4.75	0.01	
IV	Таласса	Thalassa	50.08	0.311	0.000 2	0.21	0.01	
V	Деспина	Despina	52.53	0.335	0.000 2	0.06	0.01	
VI	ГАЛАТЕЯ	Galatea	61.95	0.429	0.000 0	0.06	0.02	
VII	лариcса	Larissa	73.55	0.555	0.001 4	0.21	0.05	
VIII	ПРОТЕЙ	Proteus	117.65	1.122	0.000 5	0.03	0.55	S
I	Тритон	Triton	354.8	−5.877	0.000 0	156.83	0.51	S
II	Нереида	Nereid	5 513.4	360.14	0.751 2	7.23	30.21	
（历元 2003.4；黄道）								
		S/2002 N1	15 728	−1 879.71	0.571 1	134.10	—	
		S/2002 N2	22 422	2 914.07	0.293 1	48.51	—	
		S/2002 N3	23 571	3 167.85	0.423 7	34.74	—	
		S/2003 N1	46 695	−9 115.91	0.449 9	137.39	—	
		S/2002 N4	48 387	−9 373.99	0.494 5	132.59	—	
冥王星卫星（历元 1986.5；ICRF，地球赤道面，2000.0）								
	Харон	Charon	19.41	−6.387	0.000 2	99.09	—	S
S/2005P1	Гидра	Hydra	65	−38				
S/2005P2	Нике	Nix	50	−26				

各行星的卫星都分布在一系列增长的大半轴轨道上。对于非正规形状的卫星，表 11−17 除了给出平均直径外，还列出其最大和最小尺度；并列出了卫星的亮度及其与行星中心的最大角距离。

表 11−17　行星的卫星：物理参量[1]

编号	名称	轨道大半轴×10³/km	直径/km	质量×10²⁰/kg	密度/（g·cm⁻³）	亮度/m_v	距行星角距离/（°）
地球卫星							
	Luna/Moon	384.4	3 475	735	3.34	−12.7	—
火星卫星							
I	Phobos	9.38	26×18	0.000 107	1.87	11.6	25″
II	Deimos	23.46	15×10	0.000 022	2.25	12.7	1′02″

续表

编号	名称	轨道大半轴×10³/km	直径/km	质量×10²⁰/kg	密度/(g·cm⁻³)	亮度/m_v	距行星角距离/(°)
木星卫星							
XVI	Metis	128	43	0.001	3.0	17.5	42″
XV	Adrastea	129	16×26	0.000 07	3.0	18.7	42″
V	Amalthea	181	262×134	0.021	0.85	14.1	59″
XIV	Thebe	222	110×90	0.015	3.0	16.0	1′13″
I	Io	422	3 643	893	3.53	5.0	2′18″
II	Europe	671	3 122	480	3.04	5.3	3′40″
III	Ganymede	1 070	5 262	1 482	1.94	4.6	5′51″
IV	Callisto	1 883	4 821	1 076	1.83	5.7	10′18″
XVIII	Фемисто	7 284	8	0.000 007	2.6	21.0	39′49″
XIII	Leda	11 165	20	0.000 1	2.6	20.2	1°01′02″
VI	Himalia	11 461	170	0.067	2.6	14.8	1°02′39″
X	Lysithea	11 717	36	0.000 6	2.6	18.2	1°04′34″
VII	Elara	11 741	83	0.008 7	2.6	16.6	1°04′11″
	S/2000 J11	125 55	4	0.000 001	2.6	22.4	1°08′38″
	S/2000 J12	15 912	1	0.000 000 02	2.6	23.9	1°26′59″
XLVI	Карпо	16 989	3	0.000 000 4	2.6	23.0	1°32′53″
XXXIV	Эвпорие	19 304	2	0.000 000 1	2.6	23.1	1°45′32″
	S/2003 J3	20 221	2	0.000 000 1	2.6	23.4	1°50′33″
	S/2003 J18	20 514	2	0.000 000 1	2.6	23.4	1°52′09″
XXXV	Ортозие	20 720	2	0.000 000 1	2.6	23.1	1°53′16″
XXXIII	Эванте	20 797	3	0.000 000 4	2.6	22.8	1°53′42″
XXII	Гарпалике	20 858	4	0.000 001	2.6	22.2	1°54′02″
XXVII	Праксидике	20 907	7	0.000 004	2.6	21.2	1°54′18″
XXIX	Тионе	20 939	4	0.000 001	2.6	22.3	1°54′28″
	S/2003 J16	20 963	2	0.000 000 1	2.6	23.3	1°54′36″
XXIV	Иокасте	21 061	5	0.000 002	2.6	21.8	1°55′08″
XL	Мнеме	21 069	2	0.000 000 1	2.6	23.3	1°55′11″
XXX	Гермиппе	21 131	4	0.000 001	2.6	22.1	1°55′31″
XLII	Тельксиное	21 162	2	0.000 000 1	2.6	23.5	1°55′41″
XLV	Гелике	21 263	4	0.000 001	2.6	22.6	1°56′15″
XII	Ананке	21 276	28	0.000 3	2.6	18.9	1°56′19″
	S/2003 J15	22 627	2	0.000 000 1	2.6	23.5	2°03′42″
XXXII	Эвридоме	22 865	3	0.000 000 4	2.6	22.7	2°05′00″

续表

编号	名称	轨道大半轴×10^3/km	直径/km	质量×10^{20}/kg	密度/(g·cm^{-3})	亮度/m_v	距行星角距离/(°)
XLIII	Архее	22 931	3	0.000 000 4	2.6	22.8	2°05′22″
	S/2003 J17	23 001	2	0.000 000 1	2.6	23.4	2°05′45″
XXXVIII	Пазите	23 004	2	0.000 000 1	2.6	23.2	2°05′46″
	S/2003 J10	23 042	2	0.000 000 1	2.6	23.6	2°05′58″
XXI	Халдене	23 100	4	0.000 000 7	2.6	22.5	2°06′17″
XXVI	Исоное	23 155	4	0.000 000 7	2.6	22.5	2°06′35″
XXV	Эриноме	23 196	3	0.000 000 4	2.6	22.8	2°06′49″
XXXVII	Кале	23 217	2	0.000 000 1	2.6	23.0	2°06′56″
XXXI	Этне	23 229	3	0.000 000 4	2.6	22.7	2°06′59″
XX	Тайгете	23 280	5	0.000 002	2.6	21.9	2°07′16″
	S/2003 J9	23 384	1	0.000 000 02	2.6	23.7	2°07′50″
XI	Карме	23 404	46	0.001 3	2.6	18.0	2°07′57″
XXXVI	Спондее	23 487	2	0.000 000 1	2.6	23.0	2°08′24″
XIX	Мегаклите	23 493	5	0.000 002	2.6	21.7	2°08′26″
	S/2003 J1	23 495	4	0.000 001	2.6	22.4	2°08′27″
	S/2003 J19	23 533	2	0.000 000 1	2.6	23.7	2°08′39″
	S/2003 J23	23 563	1	0.000 000 02	2.6	23.6	2°08′49″
XXIII	Калике	23 566	5	0.000 002	2.6	21.8	2°08′50″
	S/2003 J14	23 614	2	0.000 000 1	2.6	16.7	2°09′06″
VIII	Пасифе	23 624	58	0.003	2.6	17.0	2°09′09″
XLVII	Эвкеладе	23 661	4	0.000 001	2.6	22.6	2°09′21″
	S/2003 J4	23 930	2	0.000 000 1	2.6	23.0	2°10′49″
IX	Синопе	23 939	38	0.000 8	2.6	18.3	2°10′52″
XXXIX	Гегемоне	23 947	3	0.000 000 4	2.6	22.8	2°10′55″
XLI	Аойде	23 981	4	0.000 001	2.6	22.5	2°11′06″
XLIV	Каллихоре	24 043	2	0.000 000 1	2.6	23.7	2°11′26″
XXVIII	Автоное	24 046	4	0.000 001	2.6	22.0	2°11′27″
XVII	Каллирое	24 103	9	0.000 009	2.6	20.8	2°11′46″
XLVIII	Киллене	24 349	2	0.000 000 1	2.6	16.2	2°13′07″
	S/2003 J2	29 541	2	0.000 000 1	2.6	16.6	2°41′30″
土星卫星							
XVIII	Тан	133.6	20	0.000 03	0.6	19.4	22″
XV	Атлант	137.7	39×27	0.000 1	0.6	19.0	22″
XVI	Прометей	139.4	148×68	0.003	0.6	15.8	23″

续表

编号	名称	轨道大半轴×10^3/km	直径/km	质量×10^{20}/kg	密度/(g·cm^{-3})	亮度/m_v	距行星角距离/(°)
XVII	Пандора	141.7	110×62	0.002	0.6	16.4	23″
XI	Эпиметей	151.4	138×110	0.005	0.6	15.6	24″
X	Янус	151.5	194×154	0.02	0.7	14.4	24″
I	Мимас	185.6	397	0.38	1.2	12.9	30″
XXXII	Метона	194.0	3				31″
XXXIII	Паллена	211.0	4				34″
II	Энцелад	238.1	500	1.04	1.6	11.7	38″
III	Тефия	294.7	1 060	6.18	1.0	10.2	48″
XIII	Телесто	294.7	30×15	0.000 07	1.0	18.5	48″
XIV	Калипсо	294.7	19	0.000 04	1.0	18.7	48″
IV	Диона	377.4	1 120	11.0	1.5	10.4	1′01″
XII	Елена	377.4	36×30	0.000 3	1.5	18.4	1′01″
XXXIV	Полидевк	377.4	5				1′01″
V	Рея	527.1	1 530	23.2	1.2	9.7	1′25″
VI	Тиган	1 221.9	5 150	1 346.5	1.9	8.3	3′17″
VII	Гиперион	1 464.1	360×226	0.11	1.1	14.4	3′59″
VIII	Япет	3 560.8	1 440	19.5	1.3	11.1	9′35″
XXIV	Кивиок	11 365	14	0.000 03	2.3	22.0R	30′35″
XXII	Иджирак	11 442	10	0.000 01	2.3	22.6R	30′47″
IX	Феба	12 944	220	0.07	1.3	16.5	34′50″
XX	Палиак	15 198	19	0.000 08	2.3	21.3R	40′54″
XXVII	Скади	15 641	6	0.000 003	2.3	23.6R	42′05″
XXVI	Альбиорикс	16 394	26	0.000 2	2.3	20.5R	44′07″
XXVIII	Эррипо	17 604	9	0.000 008	2.3	23.0R	47′22″
XXIX	Сиарнак	18 195	32	0.000 4	2.3	20.1R	48′57″
XXI	Тарвос	18 239	13	0.000 03	2.3	22.1R	49′05″
XXXI	Нарви	18 719	7	0.000 003	2.3	24.0	50′22″
XXV	Мундилфари	18 722	6	0.000 002	2.3	23.8R	50′23″
XXIII	Суттунг	19 465	6	0.000 002	2.3	23.9R	52′22″
XXX	Трюм	20 219	6	0.000 002	2.3	23.9R	54′24″
XIX	Имир	23 130	16	0.000 05	2.3	21.7R	1°02′14″
2005 年申请发现的土星新卫星（Jewitt，Sheppard，2005）							
	S/2005 S1	133.5	7				
	S/2004 S7	19 800	6			24.5*R*	

续表

编号	名称	轨道大半轴×10³/km	直径/km	质量×10²⁰/kg	密度/(g·cm⁻³)	亮度/m_v	距行星角距离/(°)
	S/2004 S8	22 200	6			24.6R	
	S/2004 S9	19 800	5			24.7R	
	S/2004 S10	19 350	6			24.4R	
	S/2004 S11	16 950	6			24.1R	
	S/2004 S12	19 650	5			24.8R	
	S/2004 S13	18 450	6			24.5R	
	S/2004 S14	19 950	6			24.4R	
	S/2004 S15	18 750	6		120	24.2R	
	S/2004 S16	22 200	4			25.0R	
	S/2004 S17	18 600	4			25.2	
	S/2004 S18	19 650	7			23.8	
天王星卫星							
VI	Корделия	49.8	40	0.000 4	1.3	23.6	4″
VII	Офелия	53.8	43	0.000 5	1.3	23.3	4″
VIII	Бианка	59.2	51	0.000 9	1.3	22.5	4″
IX	Крессида	61.8	80	0.003	1.3	21.6	5″
X	Дездемона	62.7	64	0.002	1.3	22.0	5″
XI	Джульетта	64.4	94	0.006	1.3	21.1	5″
XII	Порция	66.1	135	0.017	1.3	20.4	5″
XIII	Розалинда	69.9	72	0.003	1.3	21.8	5″
	S/2003 U2	74.8	24	0.000 07	1.3	24	5″
XIV	Белинда	75.3	80	0.004	1.3	21.5	6″
	S/1986 U10	76.4	20			24.0R	
XV	Пак	86.0	162	0.03	1.3	19.8	7″
	S/2003 U1	97.7	32	0.000 2	1.3	23	7″
V	Миранда	129.9	472	0.66	1.2	15.8	10″
I	Ариэль	190.9	1 158	13.5	1.7	13.7	14″
II	Умбриэль	266.0	1 170	11.7	1.4	14.5	20″
III	Титания	436.3	1 578	35.2	1.7	13.5	32″
IV	Оберон	583.5	1 523	30.1	1.6	13.7	43″
	S/2001 U3	4 276	12	0.000 01	1.5	25.0 R	5′14″
XVI	Калибан	7 231	98	0.007	1.5	22.4	8′51″
XX	Стефано	8 004	20	0.000 06	1.5	24.1	9′48″
	Тринкуло	8 571	10	0.000 007	1.5	25.4 R	10′24″

续表

编号	名称	轨道大半轴 $\times10^3$/km	直径/km	质量 $\times10^{20}$/kg	密度/ $(g\cdot cm^{-3})$	亮度/ m_v	距行星角距离/ (°)
XVII	Сикоракса	12 179	190	0.054	1.5	20.8	14′54″
	S/2003 U3	14 345	11	0.000 01	1.5	25.2 *R*	17′34″
XVIII	Просперо	16 256	30	0.000 2	1.5	23.2	19′54″
XIX	Сетебос	17 418	30	0.000 2	1.5	23.3	21′19″
	S/2001 U2	20 901	12	0.000 01	1.5	25.1 *R*	25′35″
海王星卫星							
III	Наяда	48.23	96×52	0.002		24.7	2″
IV	Таласса	50.08	108×52	0.004		23.8	2″
V	Десина	52.53	180×128	0.02		22.6	2″
VI	Галатея	61.95	204×144	0.04		22.3	3″
VII	Ларисса	73.55	216×168	0.05		22.0	3″
VIII	Протей	117.65	440×404	0.5		20.3	6″
I	Тритон	354.8	2 707	214	2.1	13.5	17″
II	Нереида	5 513.4	340	0.3	1.0	18.7	4′21″
	S/2002 N1	15 728	60	0.001		24.5	12′25″
	S/2002 N2	22 422	50	0.001		25.5	17′41″
	S/2002 N3	23 571	50	0.001		25.5	18′36″
	S/2003 N1	46 695	30	0.000 2		25.5	36′51″
	S/2002 N4	48 387	60	0.001		24.6	38′11″
冥王星卫星							
	Харон	19.41	1 200	18	2.1	16.8	0.9″
S/2005 P1	Гидра	65	100	—	—		
S/2005 P2	Никс	50	100	—	—		

表 11−18　行星重力场[1]

行星	*GM* 行星/ $(km^3\cdot s^{-2})$	*GM* 系/ $(km^3\cdot s^{-2})$	$J_2\cdot10^6$	$J_3\cdot10^6$	$J_4\cdot10^6$	$J_6\cdot10^6$	$C_{22}\cdot10^6$	$S_{22}\cdot10^6$
水星	22 032.08	—	0.205 6	58.646 2	47.87	—	—	—
金星	324 858.60	—	0.006 8	−243.018 7	35.02	—	—	—
地球	398 600.44	403 503.24	1 082.628	−2.538	−1.593	0.502	1.574 4	−0.903 8
火星	42 828.314	—	1 960	36	−32	—	−55	31
木星	126 686 537	126 712 762.8	14 735.0± 0.4	0.2 ± 2.0	588.8 ± 3.5	27.8± 12.5	−0.03± 0.06	−0.04± 0.05
土星	37 931 200	37 940 629.764	16 292 ± 7	—	−931± 32	91 ± 32	0.7± 1	−0.2 ± 1
天王星	5 793 939.3	5 794 548.6	3 343.46± 0.12	—	−28.85 ± 0.16	—	—	—
海王星	6 835 107	6 836 534.9	3 410± 9	—	−35± 10	—	—	—
冥王星	826.1	955.5				—	—	—

参考文献

[1] Бусарев В В，Шевченко В В，Сурдин В Г. Физические условия вблизи луны и планет солнечной системы. Модель Космоса，Восьмое Издание，том I：физические условия в космическом пространстве，Под ред. Панасюка М И. Москва：Издательство《КДУ》，2007：794—861.

[2] 欧阳自远．月球科学概论．北京：中国宇航出版社，2005：13—193.

[3] Шевченко В В.《Лунар проспектор》погиб，проблемы остались. Земля и вселенная，2001，1：23—33.

[4] Gromov V V. Physical and mechanical properties of lunar and planetary soils. Earth，Moon and planets，1999，80：51—72.

[5] Eckart P. The Lunar Base Handbook. McGraw—Hill Higher Education，1999：140—149.

[6] Duennenbier T，Dorman J，Lammlein D，et al. Meteoroid flux from long period lunar seismic data. Lunar Science VI，Houston，LPI. 1975：217—219.

[7] Heiken G H，Vaniman D T，French B M. Lunar Sourcebook，A User′s Guide to Moon. Cambrige University Press，1991.

[8] Robert W，Siegfried R W，Solomon S C. Mercury：Internal structure and thermal evolution. Icarus，1974，23：192—205.

[9] Schubert G，Ross M N，et al. Mercury's thermal history and the generation of its magnetic field. In：Mercury，eds. Vilas F，et al. Tucson：The Univ. Arizona Press，1988：429—460.

[10] Balogh A. Magnetic field and plasma environments at Mercury. Proc. 31st Scientific Assembly of COSPAR，1996：48.

[11] Grard R，Laakso H. The charged particle environment of Mercury and related electric phenomena. In：Mercury：space environment，surface，and interior. Chicago，No. 8025，2001.

[12] Sjogren W L，Banerdt W B，Chodas P W，et al. The Venus gravity field and other geodetic parameters. In：Venus II，eds. Bouger S W，et al. Tucson：The Univ. Arizona Press，1997：1125—1126.

[13] Fox J L，Bougher S W. Structure，luminosity and dynamics of the Venus thermosphere. Space Sci. Rev.，1991，55：357—389.

[14] Avduevsky V S，Marov M Ya，Kulikov Yu N，et al. Structure and parameters of the Venus atmosphere according to venera probe data. In：Venus，eds. Hunten D M，et al. Tucson：The Univ. Arizona Press，1983：280—298.

[15] Spenner K，Knudsen W C，Lotze W. Superathermal electron fluxes in the Venus hightside ionosphere at moderate and high solar activity. J. Geophys. Res.，1995，101：4557—4564.

[16] Theis R G，Brace L H. Solar cycle variations of electron density and temperature in the Venusian nightside ionosphere. Geophys. Res. Lett.，1993，20（23）：2719—2722.

[17] Kliore A J，Gain D L，Fieldbo G，et al. The atmosphere of Mars from Mariner—9 radio occultation measurements. Icarus，1972，17：484—518.

[18] Miller K L，Knudsen W C，Spenner K，et al. Solar zenith angle dependence of ionospheric ion and electron temperatures and densities on Venus. J. Geophys. Res.，1980，85：7759—7764.

[19] Balmino G，Moynot G，Vales N. Gravity field model of Mars in spherical harmonics up to degree and order eighteen. J. Geophys. Res.，1982，87：9735—9746.

[20] Null G W. A solution for the mass and dynamical oblateness of Mars using Mariner Ⅳ Doppler

data. Bull. Amer. Astron. Soc. , 1969, 1: 356.

[21] Esposito P B, Banerdt W B, Lindal G F, et al. Gravity and topography. In: Mars, eds. Kieffer H H, et al. Tucson & London: The Univ. Arizona Press, 1992: 209—248.

[22] Folkner W M, Yoder C F, Luan D N, et al. Interior structure and seasonal mass redistribution of Mars from radio tracking of Mars Pathfinder. Science, 1997, 278: 1749—1752.

[23] Khan A, Mosegaard K, Lognonne P, et al. A look at the interior of Mars. Lunar and Planetary Science XXXV, Houston, LPI. No. 1631, 2004.

[24] Hanson W B, Mantas G P. Viking electron temperature measurements: Evidence for a magnetic field in the Martian ionosphere. J. Geophys. Res. , 1988, 93: 7538—7544.

[25] Luhmann J G, Russell C T, Scraft F L, et al. Characteristics of the Mars like limit of the Venus—solar wind interaction. J. Geophys. Res. , 1987, 92: 8455—8457.

[26] Zurek R W. Introduction to the Mars atmosphere. In: Mars, eds. Kieffer H H, et al. Tucson and London: The Univ. Arizona Press, 1992: 99—117.

[27] Head J W, Mustard J F. Geological evidence for climate change on Mars. Lunar and Planetary Science XXXV. Houston, LPI. No. 1889, 2004.

[28] Karkoschka E. Spectrophotometry of the Jovian planets and Titan at 300 to 1000 nm wavelength: The methane spectrum. Icarus, 1994, 111: 174—192.

[29] Ingersoll A P. Atmospheres of the giant planets. In: The new solar system, eds. Beatty J K, et al. Cambridge Univ. Press and Sky Publishing Corp. , 1999: 201—220.

[30] Atreya S K, Donahue T M. Model ionospheres of Jupiter. In: Jupiter, ed. Gehrels T. Tucson: Univ. Arizona Press, 1976: 304—318.

[31] Kliore A J, Patel I R, Lindal G F, et al. Structure of the ionosphere and atmosphere of Saturn from Pioneer 11, Saturn radio occultation. J. Geophys. Res. , 1980, 85: 5857—5870.

[32] Lindal G F, Lyons J R, Sweetnam D N, et al. The atmosphere of Uranus: Results of radio occultation measurements with Voyager 2. J. Geophys. Res. , 1987, 92: 14987—15001.

[33] Lindal G F. The atmosphere of Neptune: An analysis of radio occultation data acquired with Voyager 2. Astron. J. , 1992, 103: 967—982.

第 12 章　空间环境监测和空间天气预报

12.1　概述

从 1957 年第 1 颗人造卫星成功升空算起，人类步入所谓“航天时代”已经 50 余年。在这期间，人类的空间活动不断增多，到达的空间领域不断扩大。与卫星相关的科学技术在现代生活中越来越发挥着重要的作用。但是人们在享受着卫星通信、资源探测、天气预报和全球导航定位等科学成果的同时，却不得不面对这样的事实：恶劣的空间环境可能使人类的健康受到伤害，也常给空间活动带来某些灾难性的后果。高能粒子辐射通量的异常增大，可能引起卫星控制系统的失灵，甚至使卫星报废；大气密度的突变会导致低地球轨道卫星的失效等。在发生空间灾难事件的同时，有时地面设备也难以幸免于难。1989 年 3 月 9 日发生严重的日冕物质抛射事件，导致 3 月 13 日出现巨大地磁暴，在几秒钟内便造成加拿大魁北克省电网系统彻底瘫痪，电力损失 19 400 MW，中断供电 9 个多小时，经济损失数十亿美元，严重影响了 600 万人的正常生活，这样的惨痛教训令人刻骨铭心。如何设法避免或减轻空间恶劣环境的影响，已被提到空间时代的重要议事日程上，其中一条主要途径就是设法对空间天气（space weather）进行监测和预报[1-6]。

美国国家空间天气计划署（US National Space Weather Programme）将空间天气定义如下：“空间天气是指在太阳上和太阳风、磁层、电离层以及热层内，可能影响天基和地基技术系统的性能和可靠性，并可能给人类的生命或健康造成危害的空间环境状态。”

与只限于地球大气层物理状态的传统天气概念不同，空间天气涉及近地空间（near—earth space)，即地球周围的大气层外空间，一般指绕地球沿椭圆轨道运行的飞行体的活动范围，其中包括变化着的等离子体（太阳风)、磁场、电磁辐射、荷电载能粒子等空间环境。在最恶劣的情况下，如大型耀斑爆发、日冕物质抛射以及地磁暴发生时，将造成航天器运行、通信和导航系统故障，以及导致电力、电网瘫痪等灾难，从而给国民经济带来巨大损失。空间环境因素大部分（但并非全部）由太阳驱动。所以，一般可定义为：所谓空间天气是指在空间环境中可能影响航天器或地基技术系统的随时间而变化的状态。

根据地面和空间探测数据及理论分析，对未来空间环境参数进行综合估算并对其变化趋势作出判断的过程称为空间天气预报。有关空间天气的研究，不仅具有明显的学术意义，还具有重要的经济、军事和社会意义。通过合理的系统设计或提供有效的预测（prediction）和警报（warning)，可减轻或避免空间天气事件给航天器和人类造成损伤。近几年空间天气预报活动正逐渐成为各国之间乃至国际间的共同行为，建立了相应的研究管理机构。空间天气是通过世界范围的地基和空间观测网进行监测，两者相辅相成。空间监测可以获得包含紫外和 X 射线波段的整个电磁辐射谱；地基监测计及了大气层和地磁扰动的影响。

太阳是影响空间天气效应的主导因素和策动者。太阳可辐射全波段的连续光谱，太阳光波能在 8 min 内到达地球表面，并产生称作太阳风的连续粒子流。在为期 11 a 的太阳活动周期内，太阳辐射和太阳风都受到调制。太阳能量驱动着地球附近的温度、降水、大气环流、海洋潮汐和云雨的变化；太阳短波段辐射（紫外线、X 射线）触发地球高层大气的多种光化学反应；太阳活动调制着大气臭氧层的密度等。

卡林顿（R. C. Carrington）早在 1859 年 9 月 1 日首先观测到源于太阳黑子群的白光耀斑，并随后在夜间和较低的地理纬度观测到强烈的极光，记录到大的地磁扰动。这是人类首次意识到太阳上发生的变化可能直接影响地球周围的环境，即所谓的日地关系（sun－earth connection）。

地球置于太阳电磁辐射和粒子辐射（如太阳风）之中。地球附近空间环境的基本特征主要由太阳光和粒子辐射的能谱决定。太阳稳定的光辐射和粒子辐射决定了地球附近空间环境的定常状态，而太阳活动导致地球附近空间环境的扰动态，并诱发各种地球物理效应。作为近地空间环境对太阳辐射的响应，形成了磁层的彗形结构、辐射带和电离层，以及低层大气的分层结构。

整个日地空间的物理过程十分复杂，涉及太阳物理、大气物理及等离子体物理等多个学科。美国国家航空航天局制定了日地关系的研究规划，旨在增进对太阳变化以及其如何传递至行星际空间等的了解，例如了解太阳上的爆发事件如耀斑和日冕物质抛射对地球空间天气和气候的影响。作为一项长期规划项目，美国国家航空航天局计划载人飞行到月球甚至火星建造空间天气观测站，以便使空间天气预报更加准确。通过开发计算机辅助的日冕物质抛射软件包（称为 CACTUS），可以基于 SOHO/LASCO 卫星作出的扫描图，自动跟踪记录危险的日冕物质抛射事件。

太阳活动对航天器可能产生显著的影响，如航天器表面和内部的充放电效应及单粒子翻转事件等，还应该考虑到太阳电磁辐射和能量粒子辐照对人体的伤害。空间天气效应对高空/高纬度飞行也产生不利影响。宇宙线将穿透到低大气层并使人类的航天活动面临辐射剂量问题。空间天气的其他影响涉及无线电波传播、星上一地面通信、全球星基导航系统以及电力输送系统等。太阳电磁辐射的变化可能是引起地球气候变迁的原因之一。

在低地球轨道上，航天器外部暴露的材料将遭受许多环境因素的不利影响，如原子氧暴露、紫外辐射、热循环、微流星体与空间碎片撞击等。当今空间碎片的数量已明显超过流星体。已有报道，宇宙飞船曾遭受大量微流星体/空间碎片的撞击；卫星尤里西斯（Ulysses）在流星雨高峰期失效；金星先驱者号探测器（Pioneer Venus）的几个指令存储元件在高能宇宙线增强期间发生异常；全球定位系统卫星的太阳电池阵发生光化学沉积污染等。

空间天气与大气天气（atmospheric weather）具有某些相似性，但两者之间也有一些重要的差异。大气气象过程是局域性的，能够较准确地进行局域天气预报。空间天气是在行星尺度上的全球性行为。空间天气事件还发生在较宽的时间尺度上。地磁层对于源于太阳扰动的响应，只发生在几分钟内；全球性的地磁场重组发生在数十分钟内。在地球辐射带内能量粒子通量的增强和衰减发生在数天、数月甚至更长的时间尺度上。

空间天气预报依赖于太阳风内几个孤立测量点的输入数据和地面与空间的观测结果，只能给出全球性的基本特征而无法给出局域细节。为了对灾害性的空间天气活动作出成功的预报，必须基于全球尺度上的数据，需要天基和地基观测结果的相互补充。

当今空间天气预报最重要的服务对象是航天器的工程和运行及 RF 通信部门。航天器发射时需要对空间天气状态有正确的了解。航天器的再入取决于大气曳引状态。国际空间站在轨运行需要空间天气预报的相关信息。其他用户包括远距离通信的操作人员、全球定位导航系统的用户和电力工业等。商用航空公司也应该关注机组人员和旅客所接收的空间辐射剂量的大小。

空间天气的长期变化称为空间气候（space climate）。过去的一千年曾出现过几次太阳活动衰退期，如 Spörer 极小期、Maunder 极小期和 Dalton 极小期等。在太阳活动衰退期间全球性气候冷于常年，并在地球物理状态上留下痕迹。

12.2　空间辐射环境的扰动

12.2.1　空间辐射环境预报必要性

空间辐射环境中的银河宇宙线（GCR）、地球辐射带粒子和太阳能量粒子（SEP），都随着时间和所处空间区域的不同而发生很大的变化。为了有效地利用空间环境，分析空间辐射环境状态随时间和空间的变化十分重要。

卫星广播电视和自动导航系统已经是当代人类日常生活不可缺少的一部分。通过卫星收集天气信息和进行远距离通信，已与人们日常生活息息相关。载人空间活动研究计划已经实施，如在国际空间站上试验研究微重力效应及空间环境对生物和材料的影响等，在新材料制备、生物育种和制药工业等方面取得了丰硕的成果。重返月球和飞向火星的载人飞行计划正在实施当中。

空间飞行的航天器（载人与不载人），将经历与地球周围显著不同的空间环境。在空间能量粒子的作用下，航天器所携带的半导体元器件和仪器设备将出现一系列问题。已有报道，能量粒子将引起介质材料产生深层充放电效应，并可使空间设备损伤和太阳电池阵功率降低，导致航天器功能失效或服务寿命缩短。研究微电子器件辐射加固和降低辐射损伤的对策，已成为航天工程的重要课题。与此同时，由于载人空间活动的需要，也有必要深入研究辐射损伤效应。1972 年 8 月和 1989 年 10 月发生太阳质子事件期间，所抛射的质子注量可使航天员舱外活动（EVA）时所接收到的辐射剂量达到有致命危险的程度。即使航天员进入航天器舱内，如无适当的屏蔽，所接收的辐射剂量也可能超过航天员允许接收剂量的标准。图 12—1 示出各种情况下允许的辐射剂量的标准值及其与估算剂量的比较。

尽管人们一直担心空间辐射会对人体产生不利影响，但是从美国和俄罗斯等国的载人空间活动来看，并未发生直接因空间天气造成意外人身事故。这也许是由于至今所从事的空间活动时间还比较短，同时对轨道和日程都作了很好的设计和安排。但是，未来随着人类空间活动范围的不断扩大，航天员将长期活动在完全不同的空间环境中。所以，必须建立如图 12－2 所示的空间天气预报系统，以便通过空间和地面装置对空间环境进行监视。这样的预报系统将能提供即时播报及预报，要求配备熟悉空间环境的监测人员。

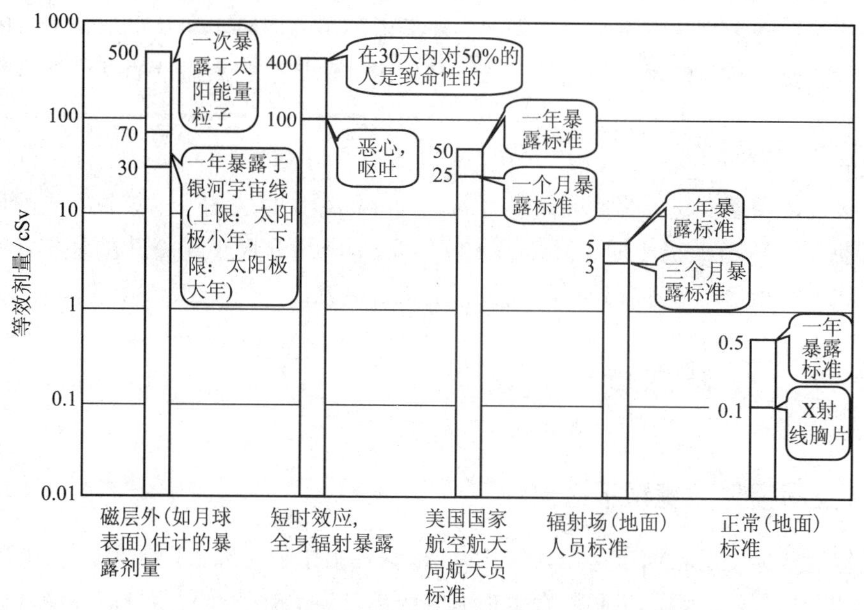

图 12－1　不同情况下允许的辐射剂量与估算剂量

（纵坐标为等效剂量，采用对数坐标，单位：cSv）[1]

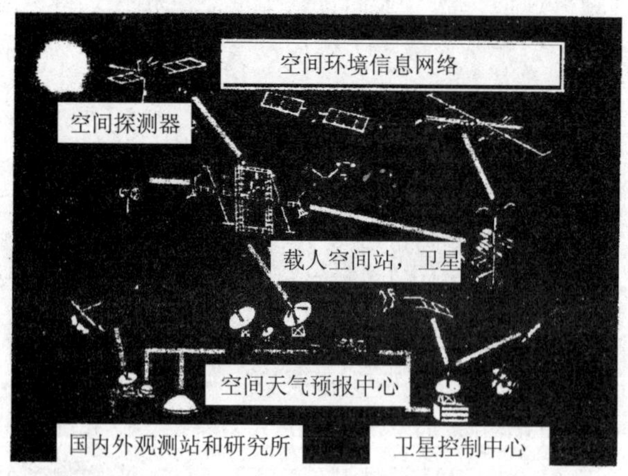

图 12－2　空间天气预报体系概念图[1]

12.2.2　空间辐射环境概述

即使生活在地球上，人们也会连续地暴露在天然的辐射作用下。以日本为例，年等效辐射剂量大约为 1 mSv，如果换算为医用 X 射线透视，相当于拍 3～10 次胸片的吸收剂量。此外，人们还暴露在二次宇宙线的辐射下。二次宇宙线主要源于银河宇宙线和地球大气原子核间的碰撞。暴露在这种辐射下的年等效剂量约为 0.36 mSv，粒子通量约为 1 $cm^{-2}\cdot min^{-1}$。通常，生活在地球上的人们意识不到空间辐射环境的影响。这是因为人类生活在大气底层，受到有效屏蔽厚度约为 1 $kg\cdot cm^{-2}$（等效于 90 cm 厚的铅板）的屏蔽。地球大气一直扩展至很高的高度，即使在离地面 500 km 的高度上，也并非完全处于真空。在此高度上存在极稀薄的（密度约 10^2 cm^{-3}）等离子体、各种电磁波（太阳紫外线和 X 射线等）以及其他粒子。

在地球大气层外，银河宇宙线是准恒定的辐射源。它对各类元器件和人体均会造成很大的威胁。空间环境中的银河宇宙线通量在太阳活动 11 年周期中发生变化，并且不时地受到太阳耀斑和爆发日冕物质抛射的影响。

地磁层位于电离层之上，并作为太阳风所携带的等离子体的磁势垒。彗形的磁层从地球向阳侧的 $10R_E$ 扩展到背阳面的数百 R_E 的距离上。偶极地磁场正常形态的畸变，导致在南大西洋地区上空辐射带高度的降低，这种现象称为南大西洋磁异常（SAA）或巴西异常。银河宇宙线和辐射带等作用将叠加到空间环境的恒定辐射源上；太阳爆发诱发的大尺度日冕物质抛射和太阳耀斑，会引起大量带电能量粒子即所谓太阳能量粒子向行星际空间注入。

运行在地球大气层外的国际空间站和其他航天器，将连续地暴露在上述苛刻的空间环境状态下。下面主要基于 1989 年以来的认识，扼要讨论上述三类空间辐射因素（银河宇宙线、辐射带和太阳能量粒子）对空间辐射环境和空间天气的影响，同时考虑从卫星和地面观测获得的信息，以确保空间活动具有较高的安全水平和效费比（cost－effectiveness）。为此，必须不断增进对空间辐射环境的认识，并基于新的数据及时升级环境模式。尽管本书已对上述三类能量粒子辐射进行过讨论，这里有必要再针对与空间天气密切相关的问题进行简要分析。

12.2.3　银河宇宙线

银河宇宙线是由银河系内太阳系外的超新星爆炸产生的，以能量粒子的形式加速至行星际空间，亦称为原（初级）宇宙线。当其与地球高层大气原子核碰撞时，产生的粒子辐射称为二次宇宙线。后者到达地面时可以大约 10 粒子 · s^{-1} 的通量穿透人体，等效剂量约为 0.36 mSv。银河宇宙线的组分为质子、氦离子（He^+）和重离子，它们的百分比分别为 87∶12∶1。尽管重离子的百分比很小，但对生物系统将产生很大的伤害。

在日球内，银河宇宙线受到行星际磁场的调制，其辐射强度随太阳 11 年活动周期发生变化。例如，通过地面中子堆测量发现，刚度大于 2.99 GV 的银河宇宙线粒子的通量变化最大约为 20%（图 12－3）。在较低的能量下，银河宇宙线通量的变化要更大些。

为了计算银河宇宙线粒子通量，考虑到太阳活动周期的影响，开发了 CREME 等模式；为了研究银河宇宙线对生物系统的影响，开发了基于其能谱的计算模式，可用于估算等效剂量的大小。银河宇宙线粒子穿透至地球附近，需要大于临界能量，如图 5－5 所示。

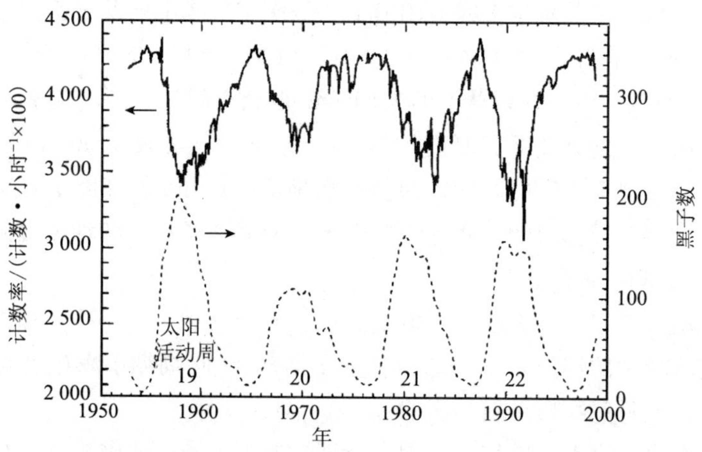

图 12－3　银河宇宙线强度与太阳活动水平呈反相变化

美国计划在21世纪实现载人火星登陆。在飞往火星的征途上，航天员和设备要经受至今从未体验过的长时间银河宇宙线的暴露。具体暴露时间取决于地球和火星之间的相对位置。假设在火星表面停留20 d，最短的旅途所需时间为500 d；如果在火星上停留470 d，整个飞行时间约为1 000 d。面对不断延伸的空间活动的前景，美国等正在开发更准确的行星际空间辐射剂量的计算模式。例如，在新的CREME程序中，对已有的银河宇宙线模式作了改进。基于地磁层外银河宇宙线粒子辐射的计算表明，在载人火星飞船的顶部设置2 g·cm^{-2}厚的铝屏蔽，可对人体骨髓细胞产生0.7 Sv·a^{-1}等效辐射剂量的暴露；在飞船顶部和底部进行等效铝（10 g·cm^{2}）屏蔽时，将对舱内机组人员造成0.6 Sv·a^{-1}的等效辐射剂量。美国国家辐射保护和测量委员会（NCRP）对航天员所推荐的现行等效辐射剂量限定值为0.5 Sv·a^{-1}。该值是地面相关领域工作人员最大允许值的10倍。所以，为了防止银河宇宙线辐射损伤，并使其辐射剂量处于允许值以下，载人火星飞船需要采用至少10 cm厚的铝板进行屏蔽，这成为导致航天器设计效费比降低的一个重要因素。在未来的实际载人火星飞行中，除了应充分考虑太阳能量粒子辐射效应并采取适当屏蔽外，还应该密切监测辐射环境和进行即时空间天气预报，以便保证长距离空间飞行时机组人员安全。

12.2.4　地球辐射带

地球辐射带与银河宇宙线一样，也是一种自然辐射环境因素。但是与银河宇宙线不同，会由于航天器在辐射带的位置和所处的状态不同，使其受到地磁层和太阳活动的不同影响，亦即航天器所经受的辐射剂量将发生很大的变化。基于大量观测，现已建立了地球辐射带的平均模式。美国CRRES卫星的观测结果表明，地球辐射带的状态随时间和空间发生很大的变化，计及这种变化建立了新的模式。能量粒子通量在外辐射带（L＝3～6）的变化更加显著。航天器需装备原位辐射测量仪器，以确保在轨设备的安全，并且应对卫星观测和收集到的数据加以处理，这对开发普适的辐射带模式和开展相关科学研究都是有益的。

基于 CRRES 卫星的观测结果，针对带电粒子对半导体器件及相关系统的辐射效应进行了评估。该卫星的近地点为 350 km，远地点为 33 500 km，倾角 18°。卫星通过地球辐射带不足 10 h，其椭圆轨道全部为辐射带所覆盖。在第 22 太阳活动极大期（1990 年 7 月至 1991 年 10 月），该卫星在轨运行了 14 个月，对电子（1～10 MeV）和质子（1～100 MeV）的辐射吸收剂量及投掷角分布进行了详细的观测。CRRES 卫星携带有研究辐射对半导体元件影响的系统，收集了大量有关空间辐射与单粒子翻转事件关系的数据。

基于 CRRES 卫星下传的观测数据，建立了新的地球辐射带模式，包括：描述质子状态的 CRRESPRO 模式，描述电子状态的 CRRESELE 模式及计算辐射吸收剂量的 CRRESRAD 模式，得到的数据覆盖了辐射带的扰动态和宁静态。在 1991 年 3 月以前，空间环境处于宁静期，在地磁层或辐射带内未观测到很大的变化。但是 1991 年 3 月 24 日以后，观测到二次辐射带（second radiation belt）的形成，并且伴随着强烈的太阳活动，经常观测到磁层扰动和太阳能量粒子辐射现象。针对这些明显不同的状态，分别建立了太阳极大期（CRRESPRO－AV）、宁静期（CRRESPRO－Q）和扰动期（CRRESPRO－D）的质子平均态模式，并将这些新模式与常规的 AP－8（MAX）模式进行了比较。在 CRRESELE 模式中，根据地磁扰动引起的能量电子分布的差异，将地磁指数（A_P）连续 15 d 的平均值分成 6 个等级，可以对地磁扰动下的辐射带电子分布进行较详细的计算。

图 12－4 是不同模式下辐射带质子分布的比较[7]。该图给出了能量为 55 MeV 的质子基于 AP－8（MAX），CRRES－Q 和 CRRES－D 模式的分布。在宁静期，CRRESPRO 模式在 L＝1.5 处可给出比 AP－8 模式更大的质子通量值。CRRES－D 模式在 L＝2.5 处考虑地磁扰动导致出现二次辐射带，给出比 AP－8 模式高得多的通量值。在质子辐射带的极大值区，质子通量的差异会直接影响单粒子翻转事件。在二次辐射带的影响下质子通量比原来的值大了 3 倍，会对航天器的设计造成显著的影响。

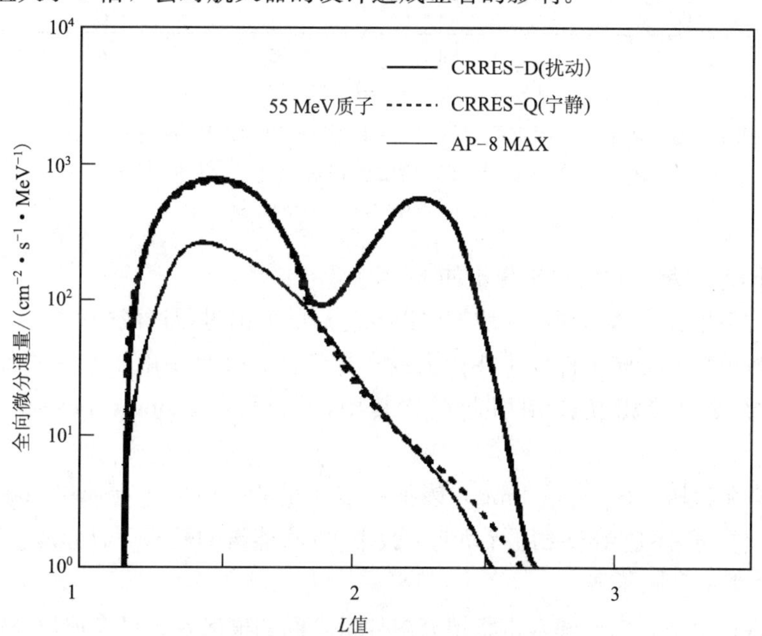

图 12－4　基于美国国家航空航天局的 CRRES－D，CRRES－Q 和 AP－8（MAX）模式计算的辐射带质子分布的比较

图12－5示出不同模式下0.95 MeV电子分布的比较。这些模式包括AE－8（MAX）、CRRES－AV和CRRES－WORST。CRRES－WORST模式用于计算高A_P值时磁壳层L值对应的全向微分通量（最恶劣的状态）。CRRES－WORST模式给出比AE－8（MAX）模式高出许多的通量值。因此，用AE－8（MAX）模式来确定深层介质充电的概率可能多数情况下被低估。

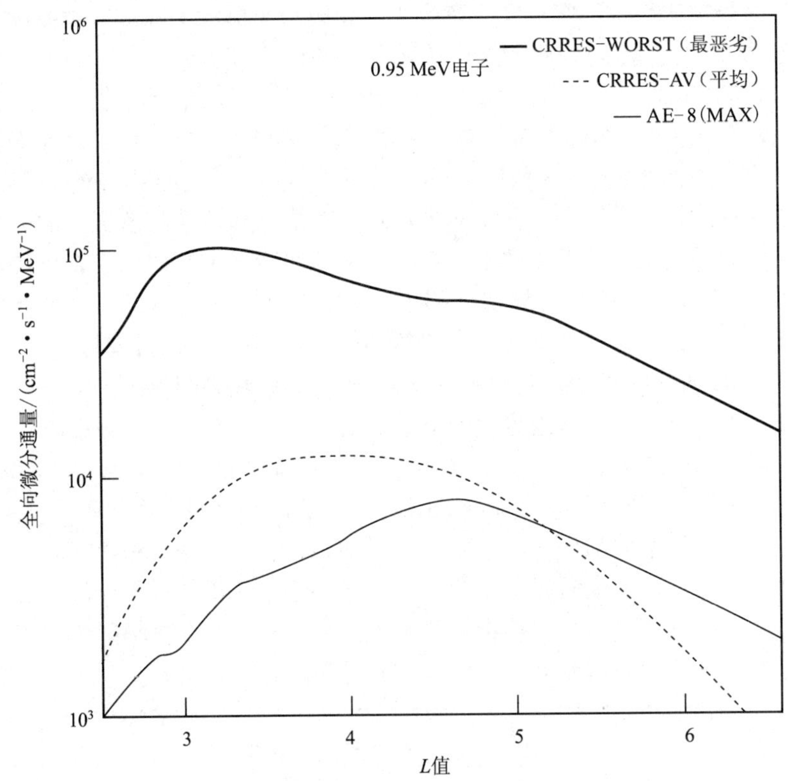

图12－5　基于美国国家航空航天局CRRES－WORST，CRRES－AV和AE－8（MAX）模式，给出的辐射带电子分布的比较

横坐标以地球半径R_E为单位

基于CRRES卫星的观测可以得出如下结论。

1）大多数卫星异常是由深层介质充电以及随后的放电过程造成的。

2）大多数单粒子翻转事件发生在南大西洋异常区，并且是由于高能质子及其与航天器屏蔽的直接或间接相互作用引起的。其中，源质子（source protons）能量大于50 MeV。

3）施特默尔极限（Störmer limit）表征一定能量的带电粒子在偶极磁场中能够穿透的阈值深度。它一般不适用于磁层扰动期。数十MeV能量的质子可以穿透直至$L=2$的地球附近区域。

4）在异常情况下，二次辐射带将填充内外带之间的槽区，并可在那里停留数月之久。

5）通常所用的美国国家航空航天局辐射带模式可能高估或低估实际的粒子全向微分通量值，取决于航天器轨道。

通过对 CRRES 卫星观测数据的分析，有利于澄清能量粒子在辐射带内的时间和空间变化特点。CRRES 卫星观测已证实，二次辐射带并非是由于太阳能量粒子直接注入到正常辐射带内形成的，并且与日冕物质抛射或类似的扰动现象的规模无关。通过对二次辐射带的观测与各种观测数据的重新分析，将有助于对其物理机制的更好理解。

12.2.5　太阳能量粒子事件

高能粒子被高速日冕物质抛射或大型太阳耀斑所加速，称为太阳能量粒子事件。这种现象也称为太阳质子事件或太阳粒子事件，均简称为 SPE。在西方刊物中，太阳宇宙线术语现已不大常用，而常简称为 SEP，以区别于银河宇宙线。

在正常的地球同步轨道区，能量>10 MeV 的质子通量，处于地球轨道卫星在轨测量设备的噪声水平（大约 0.2 粒子 · cm^{-2} · s^{-1} · sr^{-1}）以下。基于美国国家海洋和大气总局对太阳能量粒子事件的定义，它是发生在地球同步轨道区的事件，持续时间超过 15 分钟，并且能量大于 10 MeV 的质子通量高于 10 pfu（pfu 为质子通量单位，1 pfu＝1 粒子 · cm^{-2} · s^{-1} · sr^{-1}）。图 4－27 示出在第 19～22 太阳活动周期间出现太阳能量粒子事件的次数。

在典型的太阳能量粒子事件期间，粒子通量的变化如图 12－6 所示。事件开始时在太阳附近粒子受到初始的加速作用。从该点至粒子到达地球同步轨道区（在此处其数量增大）的传播时间为 20～90 min；也有某些太阳能量粒子事件的粒子偶然地沿慢行星际激波传播，在 2～4 d 到达地球附近。图 12－6 为 1989 年秋观测到的一次典型的太阳能量粒子事件。

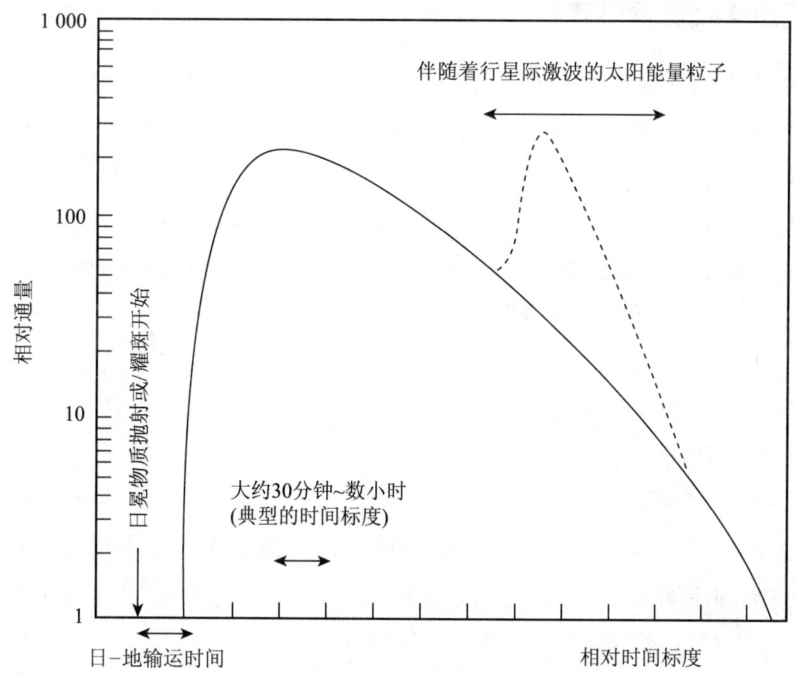

图 12－6　典型太阳能量粒子事件发生期间粒子通量的变化[1]

时间坐标是相对值，总时间为几天；通量坐标也取相对值

早期认为太阳能量粒子是源于太阳耀斑，最近又认为日冕物质抛射是更强的源。两者爆发前都在太阳附近的磁场内建立较大的应力，而事件的触发正是由于在磁应力场下出现磁能的突然释放引起的。伴随着磁场的太阳等离子体以超声速向行星际空间运动，各种高密度和高速运动粒子在脉冲前沿形成激波，并且在激波前沿附近被加速的粒子变成高能粒子而馈入太阳能量粒子事件当中。

尽管一直试图对太阳能量粒子事件作出评估，但是对异常大事件进行预报仍然是尚未解决的问题，也是未来空间环境利用必需解决的课题。异常大事件（AL 事件）发生时，可能对从事空间活动的航天员造成伤害。例如，1989 年夏秋之间发生大的太阳能量粒子事件时，在地磁层外从事舱外活动的航天员的皮肤曾遭受到 2 000 cSv 以上的辐射暴露。预报最终的目的是应能预报日冕物质抛射和太阳耀斑的发生。为了达到此目的，应该开发能连续监测太阳能量粒子事件，并能预测太阳能量粒子的强度、发生时间以及受太阳能量粒子影响区域的软件程序。

12.3 航天器轨道辐射环境特点

空间辐射环境与当代人类活动的关系越来越密切。在空间辐射环境中，各种扰动都会产生影响。航天器在不同的空间环境区域，所受到的辐射影响有所不同。下面简要说明不同轨道条件下空间辐射环境效应的特点。

12.3.1 低地球轨道辐射环境

地磁场在南大西洋异常区的畸变分布，使人们对该区域给予更多的关注。在此区域辐射带下降至接近于地球表面附近。为了防止航天器的电子设备产生单粒子事件（如单粒子翻转事件），必须采取相应的防护措施。图 12－7 示出在南大西洋异常区形成辐射带质子畸变分布的典型状态[8]。地磁偶极子与地心的偏移引起粒子在辐射带内分布的畸变，导致在 500 km 高度、能量＞50 MeV 的质子通量（如等值线的数字所示）增强。太阳活动也会引起地磁扰动，使能量粒子注入至近地区域。通常这是一种短期现象。轨道倾角越大（如约 50°以上）时，航天器飞越南大西洋异常区的路径越长，载人空间活动受到伤害的可能性越大。在高纬度下，银河宇宙线效应已不能再被忽略。在 11 a 太阳活动期内，应对太阳极大年前 2.5 a 和随后的 4.5 a（总共 7 a）期间出现太阳能量粒子事件的危险性给予特别的关注，如图 12－8 所示。太阳能量粒子事件可持续数小时至数天，其间航天器遭受辐射暴露损伤的可能性很大，尤其是在高纬度区更是如此。例如，1989 年发生太阳能量粒子事件时，在低倾角（约 30°）轨道飞行的哥伦比亚（Columbia）号航天飞机是安全的，然而，和平号空间站的轨道倾角约为 50°，机组人员必须进入屏蔽室内躲避。

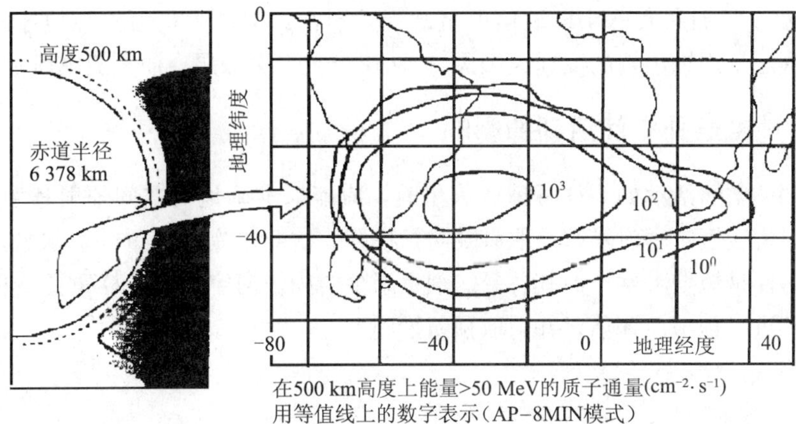

图 12—7　南大西洋异常区辐射带质子畸变分布的典型状态

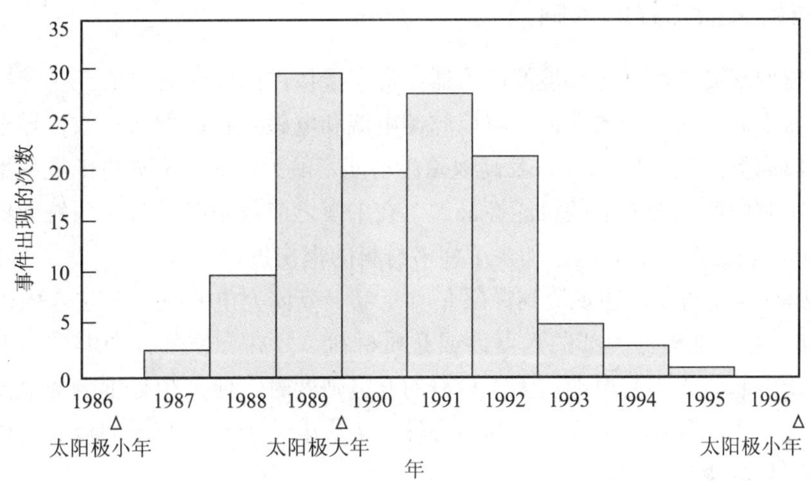

图 12—8　太阳能量粒子事件在第 22 个太阳活动周期各年内出现的次数[1]

12.3.2　地球同步转移轨道辐射环境

由于航天器在地球同步转移轨道连续地通过辐射带，对辐射暴露必须采取有效的防护措施。在高高度下，存在银河宇宙线（大体上为恒定辐射源）和太阳质子事件（持续时间数小时至数天的暂态事件）的能量粒子注入。而且，如上所述，地磁扰动可对辐射带产生较长时间的影响，例如形成的二次辐射带将持续几小时至几个月。所以，只针对宁静期地球辐射带设计的防护措施是不够的。

12.3.3　地球同步轨道辐射环境

运行于地球同步轨道的航天器，需要针对银河宇宙线和太阳能量粒子采取相应的防护措施。太阳活动会引起地磁扰动，所导致的能量粒子通量的增加可持续数天或更久。这种现象在太阳活动的衰减相更常见，如在太阳风周期变化和日冕物质抛射出现时尤为明显。例如，1994年1月加拿大ANIK通信卫星遭受的损伤，被认为是由于在地球同步轨道能量电子增强（源于周期出现的高速太阳风），从而导致卫星深层介质充放电所致。

12.3.4 对地磁层外空间活动的影响

进行长期的空间活动如飞往月球或火星时，应能够准确地对空间辐射环境进行预报，并针对银河宇宙线恒定辐射暴露采取有效防护措施。这要求实时测量辐射水平。此外，尽管太阳粒子事件是短期事件，但其总暴露剂量至少会同银河宇宙线一样重要，也应该针对太阳粒子事件进行预报、评估，并采取预防措施。

12.4 空间粒子辐射环境影响

12.4.1 对航天器工程的影响

对于穿越低密度等离子体环境的航天器，等离子体内的电子有可能产生静电充放电效应。在航天器表面层所沉积的电荷，将以脉冲电流和电磁发射的形式释放，导致航天器发生故障。在较高的高度（$L>6.6$）及高地磁活动期，航天器表面充放电的概率增大，并且从午夜到黎明时段产生充放电的可能性最大。在午夜之前数小时曾观测到航天器表面充电达1 kV以上。表面充放电效应常加快了许多材料的损伤过程。

20世纪90年代初期，还观测到深层介质充电（或体充电）现象。这是由于高能电子（>数百 keV）穿透航天器内部的元器件或介质材料，并在介质部件如电缆和半导体衬底内储存电荷所引起的。当充电电压大于材料的介电强度时，便产生异常大的电流脉冲。曾采用多种措施防止这种现象的发生，如精心设计集成电路板和电缆间的接头，增加有效屏蔽，以及使用导电漆等。

除了发生航天器充电效应外，还有辐射总剂量效应。这是由于能量粒子被元器件长期吸收、积累而导致的性能退化。例如，太阳电池阵由于受到辐照将导致输出功率降低，可以通过采用抗辐射材料和合理的屏蔽设计来进行防护。异常高能量的粒子有时造成太阳电池阵输出功率的快速退化，需要采取冗余设计。

集成电路的发展趋势是器件越来越小，集成度越来越高，性能越来越好，而工作电流越来越小，于是便更容易出现单粒子效应。因此，如何采取有效措施来增强抗辐射能力十分必要，即所谓辐射加固（radiation hardening），如果单粒子事件对器件造成的损伤是暂态的并可恢复，称为软错误（soft error）；如果错误无法纠正，称为栓锁（latchup）。若栓锁不能通过重启电源或其他方式而恢复，将在器件上产生较大的电流而使器件烧毁。为了降低单粒子事件的危害，一方面可以从器件本身入手，减少出现单粒子事件的概率；另一方面，如果此效应一旦出现，应设法降低它对其他电路或器件的影响。为了增强集成电路的抗辐射能力，可通过开发新型材料，降低能量粒子的不利影响；改进集成电路结构和加工工艺，优化硬件和软件设计，以使单粒子事件发生时，不会触发错误的输出操作。

在任何情况下，发展抗辐射器件都应该顾及器件的成本，并应通过适当的辐射环境模式进行辐射风险评估，以便从航天器设计和成本角度进行综合考虑。这些都是当今极为重要的研究课题。

12.4.2　对人体和其他生物系统的影响

自从早期的空间活动如双子星座计划（Gemini program）实施以来，人们就担心空间辐射对人体的影响是否与地面的情况有所不同。美国空间环境服务中心和空军第 55 天气中队（55th WX）合作，提供空间天气信息。在航天飞机在轨飞行期间，美国空间环境服务中心和约翰逊空间中心（JSC）的空间辐射分析小组（SRAG）每天 24 小时地进行信息交换。美国空间环境服务中心通过空间辐射分析小组或直接向航天飞机飞行控制中心发布大扰动事件的警报，或发出停止一切舱外活动的指令。俄罗斯建立了生物医学问题研究所，其主要研究领域是失重和空间辐射环境效应。

关于空间辐射暴露问题，除了研究辐射对地面生物系统的影响，还应关注以下问题。

1）针对高原子序数的高能粒子及高线性能量传递条件，研究空间辐射的相对生物学效率（Relative Biological Effectiveness，RBE）。特别是，应该在产生约 0.5 $Sv \cdot a^{-1}$的连续低辐射剂量条件下，研究空间辐射的相对生物学效率。相对生物学效率是比较不同种类射线产生生物学效应的指标。通常以 250 keV 的 X 射线所产生的生物学效应为标准，或者以 γ 射线（^{60}Co）辐射效应作为标准，其值为

$$RBE=\frac{\text{标准射线（X，}\gamma\text{）产生某效应的剂量}}{\text{待比射线产生同一效应的剂量}}$$

2）通过地面中子辐照动物试验观测低剂量率效应的研究发现，在给定的总辐射剂量下，动物长时间在低剂量率暴露比在较高剂量率暴露较短时间时，具有更大患癌症的可能性。空间最常见的是恒定性低剂量率辐射暴露。这种效应的机制有待于进行深入研究。

3）研究空间辐射与微重力对生物体作用的综合效应。

4）研究高线性能量传递粒子引起癌症和其他生物学效应的机制。

从事载人航天活动的各个国家已在地面利用粒子加速器从事辐射对生物影响的研究，以便对空间生物医学（space biomedical science）问题有深入的理解。在载人航天活动中已进行的辐射暴露剂量率测量有：阿波罗 14 号飞船在登月飞行通过地球辐射带时，辐射剂量率测量值为 12.7 $\mu Gy \cdot d^{-1}$；亚特兰蒂斯号航天飞机抵达南大西洋上空 510 km 高度时，辐射剂量率的测量值为 10.8 $\mu Gy \cdot d^{-1}$；IML—2 号航天器的轨道倾角为 28.5°，采用实时辐射监测器件（RRMD）所测得的测量值为 6.7 $\mu Gy \cdot d^{-1}$（54.8 $\mu Sv \cdot d^{-1}$）。1996 年和平号空间站（倾角 51.6°）用实时辐射监测器件测量的结果表明，LET>3.5 $keV \cdot \mu m^{-1}$粒子的辐射等效剂量率为 39.3 $\mu Gy \cdot d^{-1}$（293 $\mu Sv \cdot d^{-1}$）；LET>0.2 $keV \cdot \mu m^{-1}$粒子辐射的等效剂量率为 329 $\mu Gy \cdot d^{-1}$（608 $\mu Sv \cdot d^{-1}$）。在低地球轨道条件下，总辐射剂量率随轨道高度和倾角的增加而增大。

12.5　空间粒子辐射对地球大气的影响

大多数情况下，地面辐射源于土壤、建筑物、空气和食品。空间辐射对地面辐射只贡

献1/3左右。在地面上受到的银河宇宙线辐射随太阳活动变化量约为10%，其辐射剂量相当小，对人类的地面生活无直接影响。但是，银河宇宙线和太阳能量粒子对地球大气将产生影响，并且这种影响将间接地影响人类的生活。

能量处于MeV～GeV范围的银河宇宙线粒子可入射至地球周围，其强度将随地球大气的涡旋区指数（vorticity area index，VAI）而变化。涡旋区指数表征在500 hPa压力高度下低压槽的强度。例如，在太阳活动导致银河宇宙线的福布希下降（Forbush decreases）期间，大气涡旋区指数值较小。所发生的过程涉及：高能粒子入射至地球大气，并将后者电离；形成的大气电场促进了云层内冰晶的形成，这可导致过冷大气层潜热的释放，从而引起低大气压力区的增强。

基于天气测量仪（weather soode）所收集到的观测数据，研究了太阳粒子事件与对流层温度变化的关系。在200 hPa压力高度下，随着能量粒子的入射，将引起温度的下降，并且这种趋势在准两年振荡（QBO）期为负值（即东风）时最为显著。对在南极簇射站所收集到的雷达探测数据的分析表明，在对流层和低平流层之间的温度经历1 ℃的逆增，对应于太阳粒子事件的出现。在大多数情况下，在对流层内温度下降，而在平流层内温度按比例上升。但也有相反的趋势，这取决于南向振荡指数（Southern Oscillation Index，SOI）的相位和准两年振荡期相位。空间辐射可对对流层和平流层内的天气产生影响，但其机理尚未完全搞清楚。地球大气是与空间环境相关联的，空间能量粒子可入射到平流层较高的区域，特别是在极区。可以预期，在这些区域的大气所受影响较大。对历史资料的分析表明，太阳活动的长期变化与世界范围的海洋表面平均温度及平均气温是相关联的。但是，太阳辐射能量的变化与空间环境中能量粒子的变化是如何发生关联的还有待于进一步研究。

12.6 非空间粒子辐射效应

除了从太阳发射宽波段的电磁波外，等离子体的组分（质子和电子）也随太阳风连续地流向行星际空间。在太阳表面可观测到太阳耀斑、纤维暗条消失和日冕物质抛射，以及太阳风连续地以超声速的速度从冕洞流出并向地球运动。这些太阳活动事件间歇地在行星际空间产生大的扰动，并可在磁层和电离层内产生复杂的扰动。航天器在轨运行时，其星载设备不可避免地要遭受这些扰动的作用，从而产生如下不利影响或故障。

（1）太阳电磁波产生的故障

当太阳电磁波掺入朝地球发射信号的卫星天线时，会产生噪声并施加到信号上，从而引起卫星同地面间通信的受扰。在太阳活动的高年，太阳无线电波噪声的强度大幅度增加，并在低于100 MHz的频率下，其强度可增大100倍以上，这种效应称为噪声暴(noise storm)。伴随太阳耀斑的紫外线和X射线辐射会加速航天器外表材料的退化。

（2）电离层扰动对通信和导航的影响

当伴随着磁场的行星际等离子体流和从冕洞发射的高速太阳风到达地磁层时，将产生地磁暴和电离层暴，从而引起电离层电子密度的快速变化，并在无线电波段内产生短期的涨落，这种效应称为闪烁。它将使全球定位系统信号及卫星与地面之间的其他通信信号在传播过程中受到干扰。

(3) 对卫星高度的影响

当地磁性被用于卫星高度的控制时，地磁扰动将可能引起控制的误调。大的地磁暴导致需对卫星高度频繁调整，从而使火箭推进剂过度消耗，导致航天器服役寿命缩短。

(4) 对卫星曳引的影响

在太阳活动高年，太阳紫外辐射强度增加，导致地球大气高层的加热和膨胀。随着卫星轨道区大气密度的增加，将使卫星的摩擦曳引力增大，这会导致卫星高度逐渐降低。卫星曳引力变化的短期效应是为了保持卫星的高度，需额外消耗火箭推进剂；其长期效应是使卫星的服役寿命缩短。

除了上述与太阳耀斑及扰动相关的效应外，空间环境还存在一些与太阳事件无关而对航天器运行有影响的下列因素。

1) 卫星食 (satellite eclipse)。

一年期间将发生几次由于地球或月球引起的卫星食。在卫星食期间，太阳光无法照射到太阳电池阵，导致航天器难以维持适当的电源供应。有时在卫星食期间也会发生由热等离子体导致的卫星表面充放电效应，从而引起严重的卫星故障。

2) 原子氧引起的损伤。

在低地球轨道 (≤700 km) 运行的航天器将遭受原子氧暴露引起的表面材料剥蚀，并导致材料热学或光学性能的退化，甚至影响航天器的机械完整性。此外，航天器还会受到空间碎片撞击造成损伤等。

12.7　空间天气的预报

太阳活动是日一地空间的主要扰动源。为了获取空间环境的真实图像，首先需要对太阳活动进行精确的观测或监视。通常认为，太阳耀斑和日冕物质抛射的物理机制是建立在太阳大气磁场内应力状态的变化上。但是，磁应力是如何储存和释放的，还是正在研究中的太阳物理问题。目前研究尚主要集中在对太阳表面磁场结构和等离子体运动的观测上。未来应开发星载观测仪器，以便对太阳天气进行全天候的观测。此外，还应发展能直接监测行星际空间环境并置于日一地之间的观测系统。当太阳风等离子体扰动朝地球方向推进时，可通过建造的具有探测器的有效早期报警系统进行预警。若将报警系统置于日地系的不同拉格朗日点，则位于这些点的报警系统将向航天器和有人操作的空间设备尽可能早地发出警报。图 12-9 示出上述空间天气监测系统的概念图，它是未来开展空间活动不可或缺的。

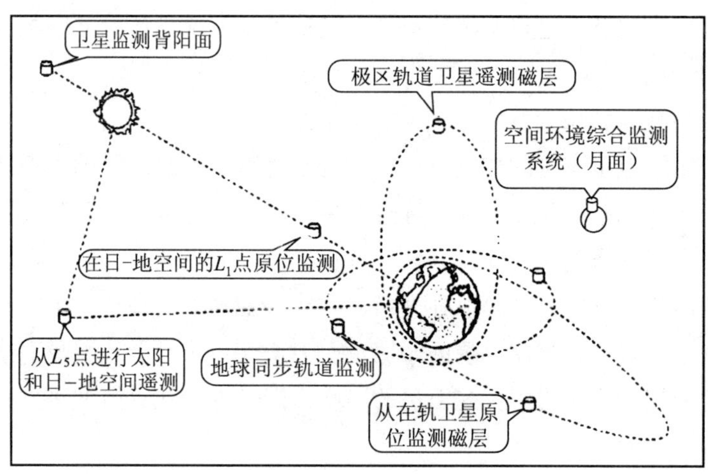

图12—9　空间天气监测系统概念图[1]

12.7.1　太阳活动预报

太阳活动引起电磁辐射、高能粒子和等离子体（太阳风）的增强或扰动时，会对空间活动产生很大的影响，因此太阳活动预报具有十分重要的意义。在太阳活动中，对空间天气影响最大的是太阳耀斑（含质子事件）和日冕物质抛射。所以，太阳活动预报主要是对太阳耀斑和日冕物质抛射的预报。

太阳活动预报有时分为提前数小时的警报、提前几天的短期预报、提前半个月至几个月的中期预报，以及提前一年以上的长期预报。这种分类只是人为的，并无严格的意义。还有人将一年以内的称为短期预报，一年以上的称为长期预报。

警报和短期预报实质上是有关太阳耀斑预报。现阶段只能以太阳耀斑与其他活动现象的关联效应的统计规律作为短期预报的依据。对于长期预报，一般是基于太阳黑子相对数年均值表征太阳活动的年平均水平而进行趋势预报。由于目前对耀斑的物理机理尚未完全弄清，很难对太阳在哪些区域与什么时间出现耀斑和日冕物质抛射作出可信的中期预报。

太阳耀斑预报实际上是提前几天的太阳活动预报，主要是根据耀斑与其他活动现象的关联规律给出发生耀斑的概率。例如，一个活动区当天发生耀斑的概率为

$$P=2.6aKf(i) \tag{12—1}$$

式中　a——黑子面积；

K，$f(i)$——与黑子群磁场位形和黑子面积变化率有关的参量。

活动区磁场梯度是一重要的参量。表12—1列出美国国家海洋和大气总局的空间环境服务中心用于作为太阳耀斑短期预报（提前1～3 d）判据的活动参量。

表 12—1　美国国家海洋和大气总局空间环境服务中心用于耀斑短期预报的活动参量[3]

主要活动参量	次要活动参量
1. 活动区的磁场位形	1）射电辐射背景通量上升（耀斑前预加热）
1）在老的磁场附近出现新磁场，从而新老磁场相互作用	2）X 射线发射背景通量上升
2）两个以上活动区因发展或运动而相互合并	3）光学日冕辐射增强（绿线和黄线）
3）双极群为反极性（与 Hale 极性规律相反）	4）发生其他光学现象，如日浪、日喷及冕雨等
4）纵向磁场中性线的数目和扭曲程度	
5）黑子群的极大磁场强度	
2. 其他方面	
1）H_α 谱斑强度、结构和大小	
2）黑子群的 Zürich 类别和面积	
3）活动区相对于活动经度的位置	
4）活动区发展或衰减的形式和速度	
5）过去几天（尤其是过去 24 h）的耀斑活动	

操作人员根据表 12—1 所列的各种活动参量，考虑当天太阳上每一活动区发生 C、M 和 X 级耀斑的概率，然后按概率法则对日面各活动区进行综合分析，给出发生各级耀斑的总概率。一般每 24 小时发布一次新预报。

还有以耀斑的物理过程为依据的物理预报方法，如以活动区无力磁场的无力因子或磁场储存的自由能作为活动区是否发生耀斑的依据。电流和磁场平行时，电磁体积力（亦即 Lorentz 力）为零，即（$\nabla\times B$）$\times B=\alpha$（r）$B=0$。这种磁场结构称为无力磁场（force—free magnetic field）。系数 α（r）为空间位置 r 的函数，称为无力因子。

日本通讯研究所（CRL）基于太阳观测和从世界其他单位收集到的地面和卫星数据，进行综合分析，并实时确定太阳表面当时的活动状态及变化趋势。基于这些结果预报下一个 24 h 的太阳活动区变化。预报包括以下步骤：根据在地球同步轨道测试的软 X 射线（0.1～0.8 nm）的最大强度值，将太阳耀斑进行分级；确定某一给定大小的耀斑出现的概率是否大于 50%。这表明可基于是否发生给定级别的耀斑概率，在两天期间内进行耀斑的预报。X 射线强度的实时数据是由美国 GOES 卫星在地球同步轨道上测出的。

12.7.2　银河宇宙线预报

银河宇宙线是随太阳活动逐渐发生变化的。所以，可以基于太阳活动 11 a 周期的模式，计算银河宇宙线的辐射水平。例如，计算结果表明在 2007 年的太阳活动极小期，在月球表面未经屏蔽时，人体骨髓细胞将经受大约 0.7 $\mathrm{Sv\cdot a^{-1}}$ 的辐射剂量暴露。

12.7.3　地球辐射带状态和地磁暴预报

如果将地球辐射带的带电粒子看成是处于平均状态，可应用 AP—8 和 AE—8 的

MAX模式及MIN模式，分别计算太阳活动极大期和极小期卫星轨道上的总辐射暴露剂量。根据CRRES卫星对辐射带的观测数据，同时考虑到辐射带内粒子的动力学状态，建立了相应的模式。但是，通过CRRES卫星观测给出的模式仍然是不够充分的。例如，有关触发二次辐射带的机制，还有许多未知的因素。通常利用位于拉格朗日点的卫星取得的有关地磁暴的观测数据，还无法真实地进行预报。触发地磁暴的行星际激波并非是形成二次辐射带的必要条件。旨在确定地磁暴和亚暴之间的关联，以及能量粒子在地磁层内分布的研究，仍是当前的热点课题。为了预报辐射带的状态，并建立能量粒子在内外辐射带的动力学过程，尚需要进行进一步的大量观测和模式化。

地磁活动源于太阳风诱发的扰动和行星际磁场结构特征的变化，而这些变化又是由日冕结构决定的。地磁暴出现在耀斑等扰动的2～4 d后，扰动始于太阳表面。不仅是扰动本身的实时状态，太阳风的状态也是很重要的。地磁暴事件的历史过程也应作为重要的分析依据。扰动形成的根源可以追溯到来自冕洞的太阳风流和与之相伴随的共旋交互作用区(corotating interaction region，CIR)。共旋是指在呈轴对称和旋转的、具有磁场的星体周围等离子体的旋转或日冕物质抛射，以及源于太阳表面的太阳耀斑。针对共旋交互作用区可以考查前两个太阳转动周内发生在相同点的扰动，即基于相应的27 d太阳转动期间的地磁指数（K_P或其他指数），或者从地面和卫星观测数据对冕洞状态的分析，对地磁暴作出预报。同上述通过太阳耀斑相关观测数据预报地磁暴类似，该种预报方法也可着眼于日冕物质抛射事件，基于前4～5 d太阳表面数据分析，进行地磁暴的预报。为了进行地磁暴预报，需要通过地面站和卫星连续观测太阳耀斑事件、色球暗条爆发、日冕物质抛射的发生以及在L_1点太阳风状态，收集相关数据并进行综合分析。在预测24 h内将发生的地磁暴概率时，应同时预报地磁指数值。

A_P指数是空间天气预报广泛采用的指数，它表征一天内太阳对地磁场扰动的平均水平。地磁活动指数也存在11 a周期，其极小值出现在用黑子数表征的太阳极大年之前。地磁指数的极大值出现在太阳活动周的下降期，其极大值与下一周太阳黑子数峰值成正比。地磁活动指数还呈27 d、半年等周期变化特征。地磁指数变化的长期预报则依赖于对太阳活动的预报。

正如地面大气天气预报一样，统计方法在地磁活动预报中仍然被广泛采用。神经网络方法的引入，丰富了对地磁参数的分析、处理和预报方法。常用的神经网络方法是所谓BP神经网络。

发生地磁暴的先决条件是太阳风携带有足够大的能量，这取决于太阳风速度和行星际磁场是否具有有利于能量注入地磁层的位形，主要是行星际磁场南向分量的大小。太阳风速度越大，行星际磁场南向分量越大，地磁活动越剧烈。

12.7.4　太阳能量粒子辐射预报

美国国家海洋和大气总局空间环境服务中心及美国空军第55天气中队联合进行太阳

能量粒子事件的预报。空间环境服务中心所采用的预报方法是基于物理定律和 25 a 以上经验数据建立的 PROTON 计算机程序。

输入 PROTON 程序的实时数据包括：X 射线强度，用于计算加速粒子的数目；H_α耀斑的爆发点，用于预测粒子到达时间；射电爆发数据，用于确定加速粒子是否能穿透太阳大气并注入行星际空间；地磁指数，用于确定背景太阳风的状态（高速太阳风常常引起地磁指数的增大）。该程序可以确定太阳粒子事件出现的概率，能量＞10 MeV 质子的最大通量值，太阳粒子事件的起始时间和出现极大值的时间，以及可能因太阳粒子事件而提前的地磁暴起始时间。基于这些信息，可具体分析日冕和行星际空间的状态，以及确定所预报的太阳粒子事件是否伴有激波的形成。目前正在运行的预报系统还不足以提供足够的信息，帮助航天员及时采取规避措施。为了提高预报的精度，需要更多地对日冕物质抛射与激波的形成和传播，以及伴随这些事件的加速粒子进行观测和分析，还需要对硬 X 射线强度和其他类型电磁波强度的变化进行深入研究，以便为构建更精确的预报计算方法打下基础。为此，已建立了激波在行星际空间传播的物理基础。但是，将这些信息输入到实际的预报系统时，所遇到的问题不仅涉及形成激波的日冕物质抛射的速度和尺度，也应将周围太阳风等离子体的信息体现在模式内。未来预测太阳粒子事件的关键是开发 3D 的 MHD 模拟码，其中包含有关激波前沿形态和周围太阳风的参量。当日冕物质抛射向地球推进时，应对日冕物质抛射的精确图像及太阳风速进行原位观测。

触发太阳粒子事件的日冕物质抛射和太阳耀斑，是由于在太阳表面磁场内存在较大应力而诱发的。磁应力可以通过矢量磁场测量加以定量化。观测表明，在耀斑发生的始相，水平磁场会发生变化。但是，目前观测方法尚无法探测到如此小的磁场变化。未来随着测量技术的发展，有可能能精确地监测太阳磁场，这将有利于促进对太阳活动区内磁场瓦解机制的认识，从而更准确地预测日冕物质抛射和太阳耀斑的形成时间。

因为太阳粒子事件可对地球同步轨道卫星及载人航天器产生直接影响，已将太阳能量粒子事件和太阳耀斑分别进行预报。通过监测＞10 MeV 的能量粒子在地球同步轨道的通量大小，可预报太阳能量粒子事件是否会出现。

太阳能量粒子源于太阳表面，可在 1 h 至几天之间到达地球附近区域。对太阳能量粒子事件的预报是通过对太阳表面和地球附近太阳能量粒子状态的昼夜连续观测，特别是通过对Ⅱ型射电爆发数据的分析进行的。后者可表明激波在太阳附近形成过程。太阳表面活动类型及发生太阳能量粒子事件的性质，能否基于粒子速度和强度参量作出预报，都还是有待研究的课题。通过 GOES 卫星等的在轨监测设备对地球同步轨道能量粒子进行测量，可以即时给出轨道粒子能量及其分布等状态的特征。

上述的预报是通过对从空间环境所收集的各种数据的分析作出的。为了进行更真实和定量的预报，必须进行有效的观测，并建立描述空间环境的动力学模型。通过国际性合作，开展并行研究，将有利于对空间天气作出及时准确的预报。

图 12－10 是太阳事件的预报过程示意图。

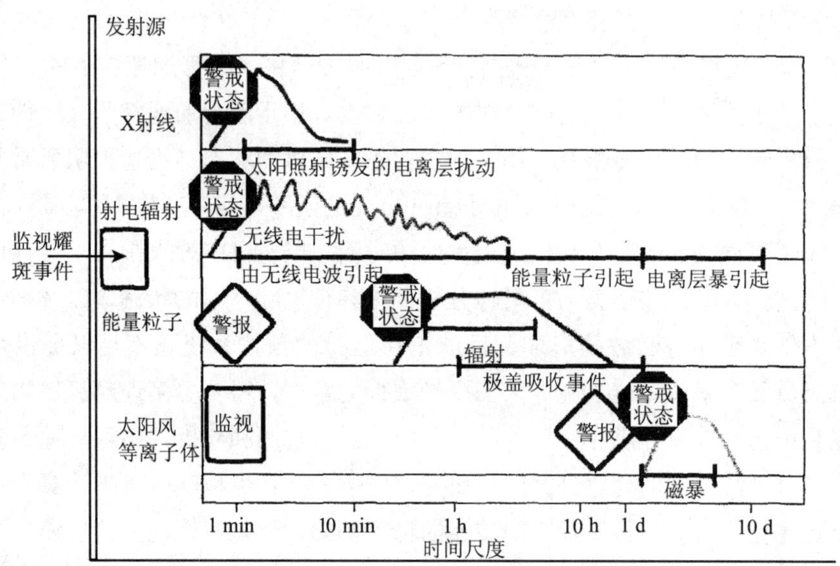

图 12—10　太阳事件的时间尺度及序列

太阳事件发生 8 min 所对应的时间定义为 0

12.8　空间粒子辐射环境的观测

如上所述，为了能及时准确地预报空间粒子辐射环境的状态，需要对太阳粒子事件及地球辐射带内发生的变化作出准确的观测。为此，必须建立空间环境监视系统。

为了全面地监视空间环境中的扰动，实时地观测地球周围的能量粒子状态以及对地球周围的扰动作出预报，应该选定监测点。所选定的监测点应覆盖日一地之间的区域并尽量靠近太阳，如 SOHO、ACE 卫星被定点在日地引力平衡点，即拉格朗日点附近。

12.8.1　地磁层的监测

在地磁层扰动过程中，应对辐射带内及其附近的能量粒子发生的变化以及太阳粒子事件进行监测。监测应包括极区和高倾角轨道，并宜采用 3D 能量等离子体成像，适时测量地磁层内粒子的状态，利用不同高度圆形轨道和地球同步轨道卫星进行连续原位监测。

12.8.2　太阳和行星际空间监测

近地空间环境的各种变化是由于太阳附近的扰动引起的，扰动通过行星际空间向地球传播。如果能监测行星际空间的状态，便有可能精确地预报发生在地球附近的扰动。日一地系的拉格朗日点是有效的监测点（如图 12—11 所示）。在两个围绕共同质心旋转的天体引力场中，有五个特定点，称为拉格朗日点。在这些点上，引力和以共同的角速度转动的离心力正好相等。在月一地系、日一木系和日一地系等都有 5 个拉格朗日点。卫星定位于这些点的优点是有利于其保持轨道位置，只需要消耗较少的推进剂。

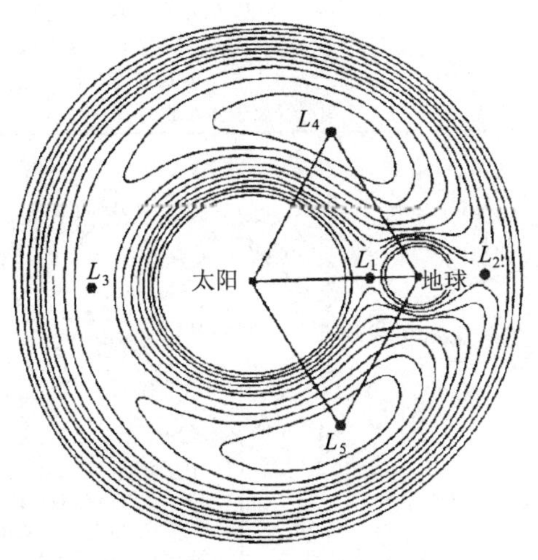

图 12－11　日一地体系的拉格朗日点

在这样的拉格朗日点系中，从点 L_1 进行观测，可使扰动如行星际激波到达地磁层之前约 1 h 便被观测到。所以，可以很好地对即将出现的地磁暴进行短期预报。1996 年美国发射的定位于 L_1 点的监视太阳风的 WIND 飞行器和美日合作研制的 ACE 卫星（定位于 L_5 点），可以使共旋相互作用区引起的周期性磁扰动在到达地球附近之前 4～5 d 便被预测到。在 L_1 点进行观测，可以从侧向观测到向地球推进的日冕物质抛射，适用于遥感探测。

随着人类空间活动的不断发展，增强对空间环境内各种扰动的了解变得十分重要，必须建立能够适应未来载人航天飞行任务（如登陆火星）的空间天气预报系统。空间环境信息是指从日一地空间和地球附近，将来还可能扩展至火星所获取和收集的信息，这是人类空间活动所必需的信息。地磁层内的状态在夜晚和白昼之间相差很大。若要建立 24 h 连续进行地面监视的系统，必须通过国际合作来获取、收集和传播各地的观测信息。为此，国际空间环境服务中心（ISES）建立了如图 12－12 所示的信息网。采用已有的 TELEX 码（亦称 ISES 或 URSIGRAM 码），各国之间可以交流信息，发展中国家也可以参与其中。最近由于国际互联网和其他新型系统的快速发展，从地面和卫星观测所获取的时间序列数据和图像化数据，可通过各研究机构向外公布，并且大部分实时进行，每日以公报形式对公众发布。信息传输方式包括互联网、电话线、传真机或邮政服务系统，以即时广播或预报形式向公众发布有关太阳耀斑、日冕物质抛射、地磁暴和太阳粒子事件等方面的信息。

国际空间环境服务系统由位于10个国家不同地区的预报中心(RWC)组成。地基和在轨观测的空间环境数据，通过预报中心进行交换并发布。基于数据分析，发布即时的、预报的和经过编辑的天气发展趋势信息，包括：

与太阳相关的信息	(基于无线电、光学观测和X射线强度等)
与太阳风相关的信息	(太阳风等离子体参数，银河宇宙线强度等)
与磁层/电离层相关的信息	(能量粒子环境、地磁状态、极区状态和电离层等离子体参数)

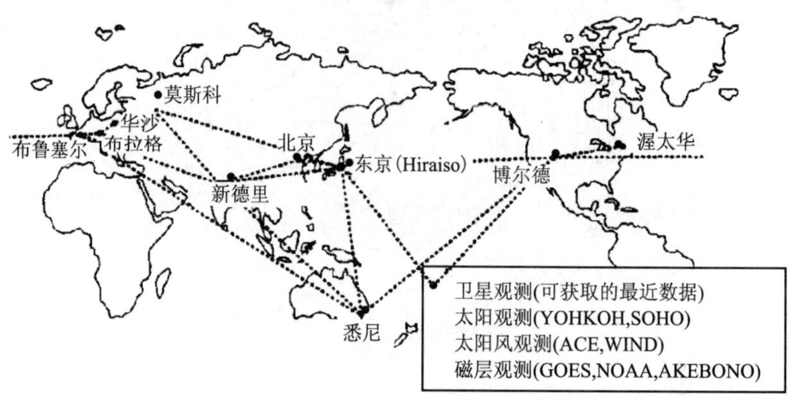

图 12－12　国际空间环境信息网络[1]

12.9　空间天气分级和预报信息源

12.9.1　空间天气分级

为将空间天气信息有效地向大众公布，对空间天气进行分级是必要的。为此，美国国家海洋和大气总局提出了空间天气的分级标准。图 12－13 示出太阳触发的各种扰动事件及其响应的延迟时间。

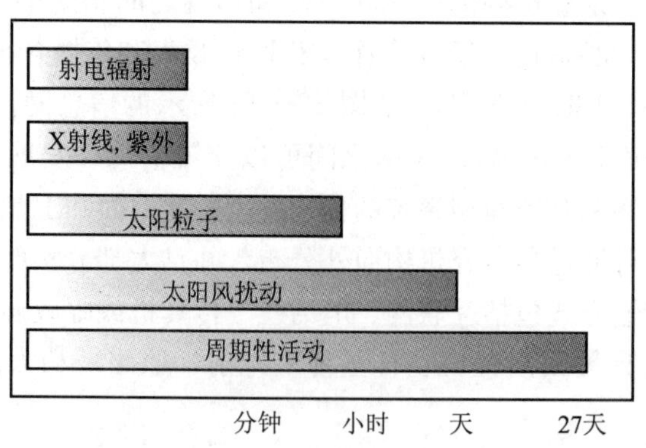

图 12－13　太阳耀斑或日冕物质抛射出现后主要扰动到达地球附近的延迟时间或在地球周围建立扰动的起始时间[2]

美国国家海洋和大气总局的空间天气分级，涉及以下 3 类环境扰动：地磁暴、太阳辐射暴和无线电衰减或黑障（radio blackouts）。

12.9.1.1　地磁暴分级

地磁暴被分成 G1～G5 5 级，其中 G5 为最强烈的地磁暴效应[2]。

（1）G1 级

G1 级地磁暴是较弱的地磁扰动，对电力系统的影响不大，电网可能发生某些涨落；对航天器的影响可以忽略。但是，即使这样低的扰动水平对迁徙动物也有影响。发生 G1 级地磁暴时，在高纬度区通常可以观察到极光。预期每个周期（对应于约 900 d）平均约出现 1 700 次扰动事件。K_p 值约为 5。

（2）G2 级

G2 级地磁暴为中等强度的地磁扰动。在其扰动期间，某些电力系统可能发生损坏，如高纬度区电力系统可能引发电压报警。长期的地磁暴可能引起变压器损坏。航天器运行的导向系统需要通过地面控制进行调整。预期由于曳引效应引起轨道变化，可能对全自动运行的卫星产生影响。地面远距离通信时，高频（HF）无线电传播在较高纬度区可能出现衰减。在纽约和爱达华等较低纬度区域（地磁纬度已降至 55°），也可以观察到极光。G2 级地磁暴的 K_p 约为 6。平均每周期（对应于约 360 d）约出现 600 次扰动事件。

（3）G3 级

G3 级地磁暴为较强的地磁扰动。在其影响下，要对电力系统电压进行校准，并可能触发某些保护器件上的报警系统。航天器表面可能发生充放电效应。由于地球大气在地磁暴事件过程中膨胀，低地球轨道上卫星的曳引力将增大，从而对航天器导航系统可能需要修正。间歇性进行卫星导航和低频无线电导航的系统也可能出现问题，且高频无线电波传播可能中断。即使地磁纬度降低至 50°，也可能观察到极光。K_p 值约为 7。预期每周期（对应于 130 d）出现 200 次扰动事件。

（4）G4 级

G4 级地磁暴是剧烈的地磁暴。地面电力系统可能出现广布的电压控制问题，并且某些保护系统将误动作使其与电网断开。表面充放电和卫星跟踪问题明显增多。卫星导航信号可能衰降数小时，并且低频导航可能中断。地磁纬度降低至 45°仍可观察到极光。K_p 指数为 8，平均每周期出现约 100 次磁暴事件（对应于 60 d）。

（5）G5 级

G5 级地磁暴是极其剧烈的地磁暴。地面电力系统可能出现广布的电压控制和保护系统问题，变压器可能发生故障，某些电网系统可能崩溃或中断。由于大面积的表面充电以及出现导航和卫星跟踪等问题，使航天器运行受到影响。在地磁活动期，管路电流可能达到数百安培。高频无线电波传播在许多地区可能中断 1～2 d；卫星导航信号可能退化数天，低频无线电波导航可能中断数小时。地磁纬度降低至 40°（意大利和南得克萨斯州）仍能观察到极光。K_p 值约为 9，并预期每周期（对应于约 4 d）发生 4 次扰动事件。

12.9.1.2　太阳辐射暴分级

太阳辐射暴（solar radiation storms）也分成五级，即（S1～S5）[2]。这种太阳活动可以用 5 min 平均能量≥10 MeV 的离子通量（以 $s^{-1} \cdot sr^{-1} \cdot cm^{-2}$ 为单位）加以量化表征。

S1 级是较弱的太阳辐射暴事件。它对生物系统和卫星运动无影响；对舱外活动的航天员也无伤害；在极区可能对高频无线电波传播有一定的影响。离子通量约为 10 $s^{-1} \cdot sr^{-1} \cdot cm^{-2}$。每一太阳活动周期大约出现 50 次事件。

S2 级是中等的太阳辐射暴事件。它对生物无影响。卫星在轨飞行偶尔可能出现单粒子翻转事件。对通过极区的高频无线电波传播产生较小的影响，但对在极盖区的导航可能影响较大。离子通量约为 100 $s^{-1} \cdot sr^{-1} \cdot cm^{-2}$。预期每一太阳活动周约出现 25 次事件。

S3 级是强的太阳辐射暴事件。建议在此辐射强度下，航天员应避免到舱外活动。在高纬度区，商用喷气式飞机内的旅客和机组人员可能接收到低水平的辐射暴露（约等效于 1 次 X 射线胸透量）。卫星运行会受到一定的影响，可能出现多次太阳粒子事件；引发成像系统噪声和太阳电池帆板效率的少许降低。地面通信可能发生高频无线电波通过极区传播的衰减和导航定位的误差。离子通量约为 10^3 $s^{-1} \cdot sr^{-1} \cdot cm^{-2}$，可能在每一太阳活动周期内出现大约 10 次这样的事件。

S4 级是剧烈的太阳辐射暴事件。它对进行舱外活动的航天员不可避免地将造成辐射伤害，应对航天员发出报警。在高纬度区飞行的商用喷气式飞机的乘客和机组人员，可能遭受较高剂量的辐射暴露（等效于约 10 次 X 射线胸透量）。卫星可能发生微电子存储器件问题和成像系统噪声；星体跟踪系统（star－tracker）可能出现定向错误；太阳电池帆板效率可能退化；可能发生通过极区的高频无线电通信的中断，在数天时间内发生导航误差的增大。离子通量约为 10^4 $s^{-1} \cdot sr^{-1} \cdot cm^{-2}$。每个周期内大约发生 3 次这样的事件。

S5 级是极剧烈的太阳辐射暴事件。它对舱外活动的航天员不可避免地造成严重的辐射损伤；对飞行在高纬度区的商用喷气式飞机的乘客和机组人员，可能造成很高的辐射暴露剂量（约等效于 100 次 X 射线胸透量）。而且，可能引起卫星运行中断，微电子存储器件受损引起失控，成像数据出现严重的噪声，星体跟踪系统无法定位，太阳电池帆板出现永久性故障；发生通过极区的高频无线电通信的中断；定位信号误差过大，使导航定位极其困难。离子通量为 10^5 $s^{-1} \cdot sr^{-1} \cdot cm^{-2}$。幸运的是这样的事件在每个太阳活动周期内出现的次数还不到一次。

12.9.1.3 无线电信号黑障的分级

无线电信号黑障分成 R1～R5 共 5 级，基于 GOES 卫星测量的 X 射线峰值亮度或能量通量进行分级。测量在 0.1～0.8 nm 波段进行，X 射线的峰值能量通量以 $W \cdot m^{-2}$ 为单位。

R1 级是较弱的扰动。高频无线电通信在地球受阳光照射一侧的信号未发生明显衰减，但无线电通信可能偶而中断。对于导航卫星必须考虑到低频导航信号可能出现的暂时衰减。相应的太阳耀斑级别为 M1，X 射线峰值能量通量为 10^{-5} $W \cdot m^{-2}$。每一周期（950 d）内平均可能发生 2 000 次扰动。

R2 级是中等的扰动。在地球受阳光照射的一侧，高频无线电通信信号发生少量衰减，且无线电通信可能中断数十分钟。低频导航信号可能衰减数十分钟。相应的太阳耀斑事件属 M5 级，X 射线峰值能量通量可达 5×10^{-5} $W \cdot m^{-2}$。每 300 d 周期内平均发生 350 次事件。

R3 级为较强的扰动。在很广的区域上发生高频无线电通信信号衰减，并可能在地球受阳光照射的一侧发生约 1 h 的无线电中断。由于低频导航信号的退化大约 1 h，将对导航造成严重后果。耀斑的级别为 X1 级，X 射线的峰值能量通量为 10^{-4} W · m^{-2}。每 140 d 周期内可能发生 175 次事件。

R4 级是剧烈的扰动。在地球受阳光照射的一侧，很可能发生高频无线电通信信号衰减 1～2 d，并且预期在此期间高频无线电通信将中断。低频导航信号中断，引起导航系统在1～2 h 内定位误差增大。在地球受阳光照射一侧，卫星导航可能发生较小的失灵。耀斑属 X10 级，X 射线峰值能量通量为 10^{-3} W · m^{-2}。每 8 天周期内预期可能发生 8 次事件。

R5 级是极剧烈的扰动事件。在地球受阳光照射一侧可能发生高频无线电通信信号完全衰减数小时，导致在这一时段与海员和飞行员失去高频无线电通信联系。一般航海飞行系统采用低频导航信号，在地球受阳光照射一侧可中断数小时，引起定位失灵。卫星系统定位误差增大，在地球受阳光照射一侧可能持续数小时，甚至可扩展至夜间。相关的耀斑分级为 X20，X 射线峰值能量通量为 2×10^{-3} W · m^{-2}。每周期事件出现次数少于 1 次。

上述空间天气分类，使得人们能够比较容易地估计地磁暴及太阳辐射暴对卫星和远距离通信系统的影响，这对于载人航天飞行（如国际空间站）是极其重要的。

12.9.2　主要的空间天气信息源

目前国际上主要有 3 个空间天气信息源：

1）美国国家海洋和大气总局空间环境服务中心（Boulder，CO，USA）；

2）日地空间信息发布中心（Solar－Terrestrial Dispatch；Lethbridge 大学，Srirling，Alberta，Canada）；

3）澳大利亚空间预报中心（Haymarket，NSW，Australia）。

此外，还有许多观测站向上述单位提供空间天气的相关数据。

如上所述，太阳上的扰动事件如太阳耀斑、日冕物质抛射和太阳风等都与地球的磁场和大气系统相耦合；太阳的高能粒子事件，可能导致卫星的损伤或故障。所以，对太阳活动及空间天气的预报变得越来越重要。

在有关日震学的 1. 8 节中，曾涉及如何通过太阳本征振荡模式分析来研究发生在太阳内部的物理过程，可用于研究太阳活动区周围及其下层的结构状态。从卫星 SOHO 和 GONG 取得的有关太阳局域地区日震学的数据极为重要，将有助于改进太阳活动事件的预报。基于物理学的神经网络法，可将流场用于预测太阳耀斑和空间天气。这对于将太阳局域地区日震学数据引入空间天气预报模式中将十分必要。

在第 23 太阳活动周期的下降期，发生四次极强的耀斑活动。这在以前的第 21 和第 22 活动周（只发生 1 次事件）均未观测到，但与第 20 活动周期相类似。据预测，始于 2006 年的第 24 太阳活动周的峰通量将可能比第 23 周期的值高 30％～50％。这一预测是基于曾对第 16～23 周期的峰值通量作出很好预测的通量传输发电机模式作出的。可以相信，随着空间科学研究的不断深入及空间环境监测技术的发展，空间天气预报的水平必将会有较大提高，能够为人类生存和科学技术发展作出更大贡献。

参 考 文 献

[1] Ondoh T，Marubashi K. Science of space environment. Tokyo：Ohmsha Ltd.，2000：191－227.

[2] Hanslmeier A. The sun and space weather. Springer，2007：235－243.

[3] 林元章．太阳物理导论．北京：科学出版社，2000：574－583.

[4] 刘振兴，等．太空物理学．哈尔滨：哈尔滨工业大学出版社，2005：319－362.

[5] Lilensten J，Bornarel J. Space weather，environment and societies. Springer，2006：121－131.

[6] Bothmer V，Daglis I A. Space weather－physics and effects. Springer，2007：403－425.

[7] Gussenhoven M S，Mullen E G，Brautigan D H. Improved understanding of the Earth's radiation belts from the CRRES satellite. IEEE Trans. Nucl. Sci.，1996，43 (2)：353－368.

[8] Daly E J. The radiation belts. Radiat. Phys. Chem.，1994，43 (1/2)：1－17.

后　记

《空间材料手册》论述的主题是空间环境与航天器所用材料及器件相互作用产生的效应与机理、航天器性能退化预测以及相关的基本数据。空间环境是导致航天器所用材料及器件损伤和性能退化的前提条件，对其进行论述是奠定《空间材料手册》的基础。因此，将《空间环境物理状态》作为手册第1卷。

《空间环境物理状态》基于国内外已出版和发表的有关空间环境的专著和相关资料，以太阳系环境为重点，按照太阳、地球、月球、火星等顺序，分别论述太阳及各行星环境的特点、变化规律、物理本质以及相关数据等内容。

在本卷编写过程中，得到了中国科学院空间科学与应用研究中心都亨研究员的大力帮助，他除了提供许多资料外，还对本卷的编写内容和应用对象等提出了宝贵意见。中国航天科技集团公司五院总装与环境工程部童靖宇研究员和美国哈佛大学陈国新博士对相关内容提出了宝贵意见。在此，表示衷心感谢。

由于受学科领域和编者水平所限，本卷中的错误及不足之处在所难免，敬请读者批评指正。

编　者

2012年4月

图1－1　太阳系的八大行星示意图

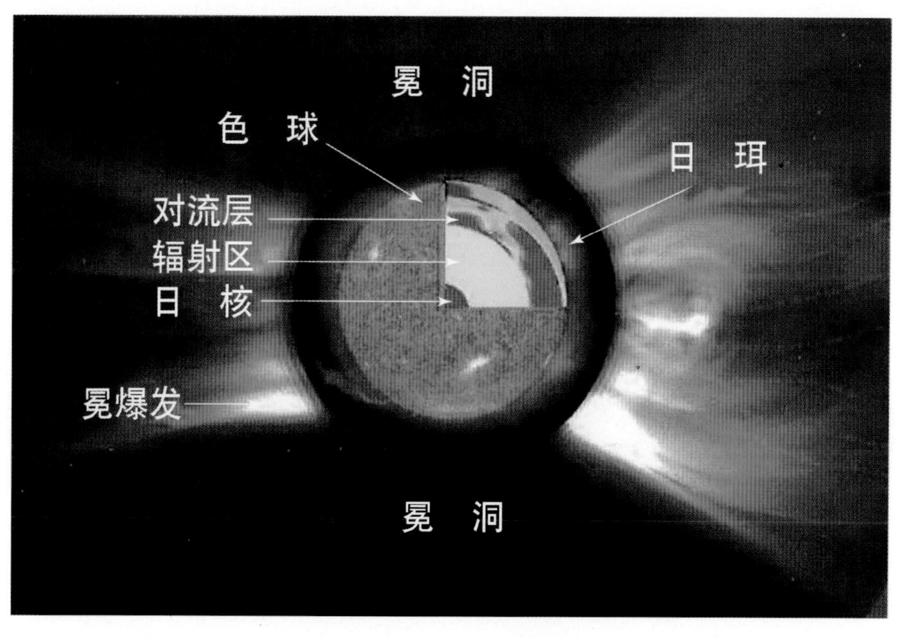

(a)太阳的分层结构(SOHO观测)
图1－3　太阳结构示意图

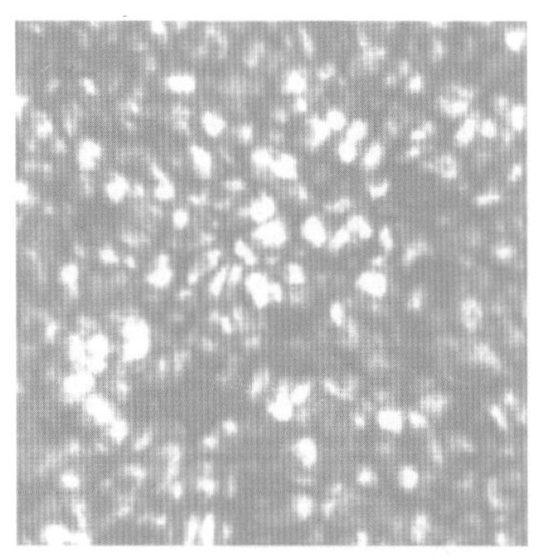

图1－10　光球米粒组织[4]

照片边长约24 000 km

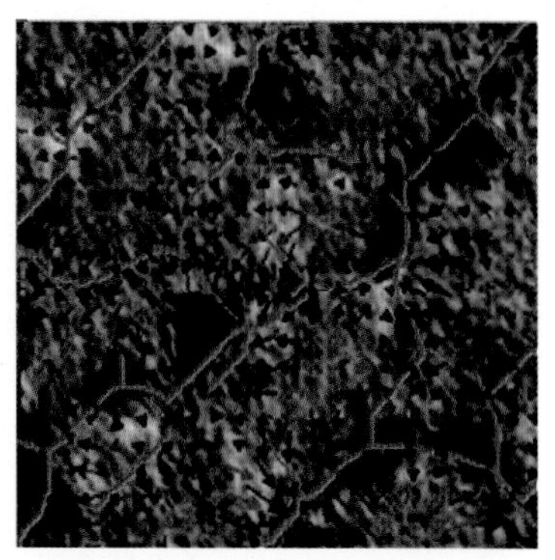

图1－11　超米粒网状组织[4]

照片边长约120 000 km；箭头表示上升流动方向

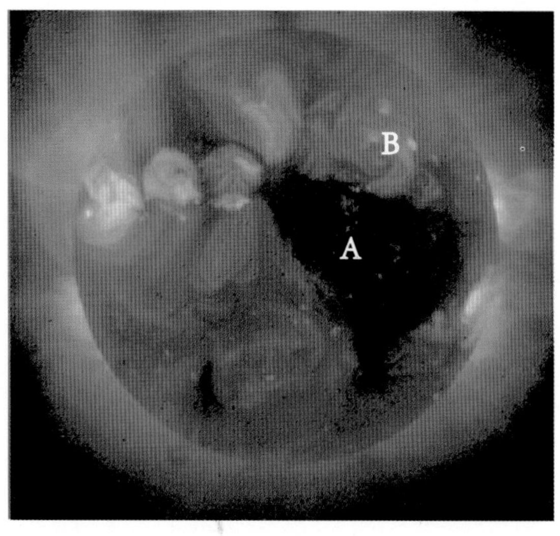

图1－16　冕洞照片[4]

A区－冕洞；B区－冕环

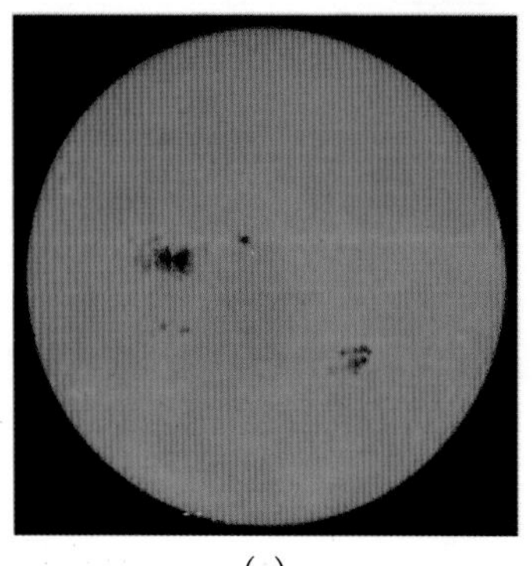

(a)

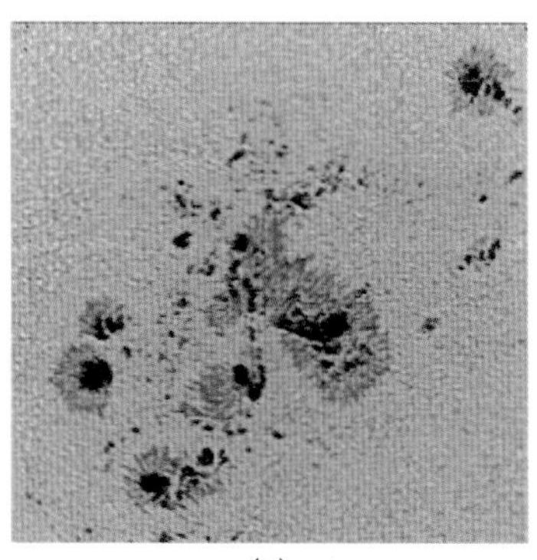

(b)

图1－21　黑子群和耀斑区(a) 及具有半影的黑子(b)[4]

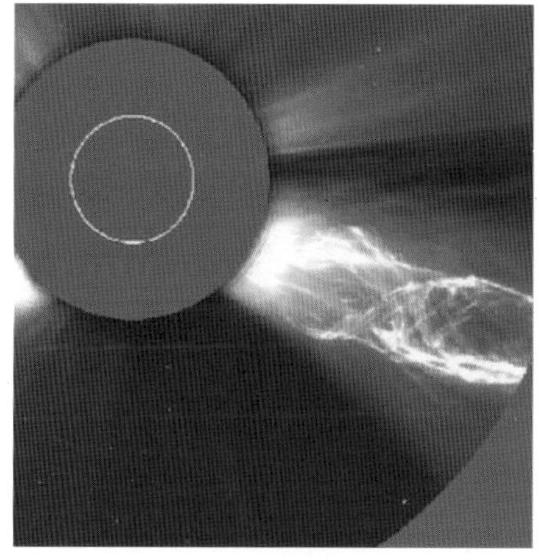

(b)爆发日珥
图1－24　日珥形貌

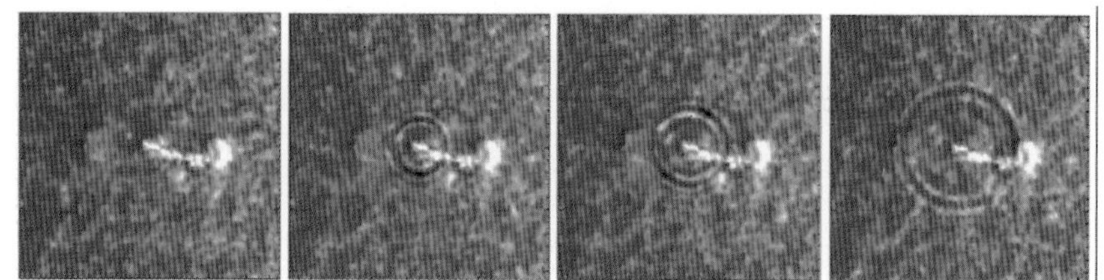

图1－25　太阳耀斑爆发时拍摄的照片
1996年7月9日SOHO/MDI观测

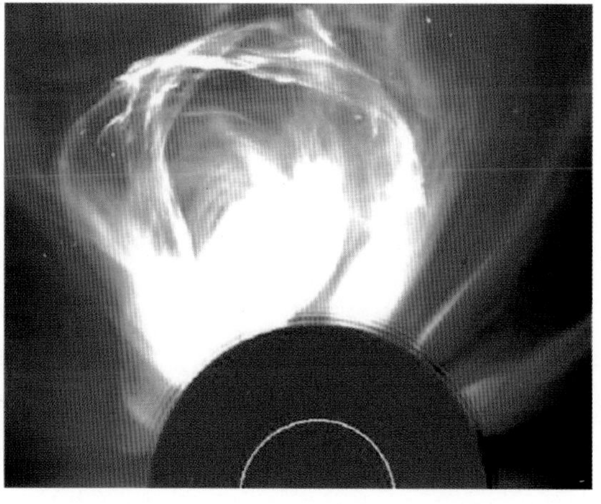

图1－30　日冕物质抛射(SOHO观测)

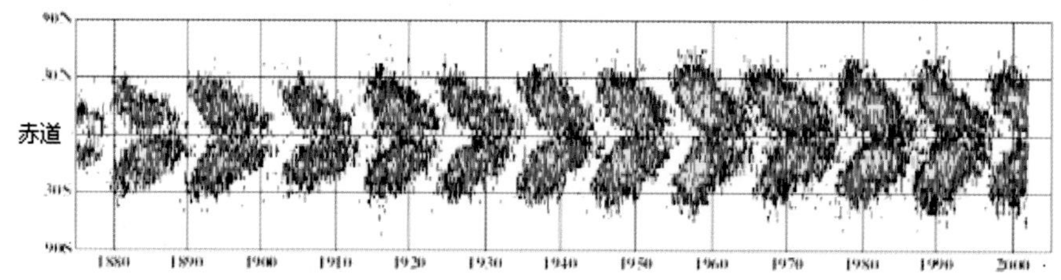

图1－35　太阳黑子出现的纬度随活动周相位变化的Maunder蝴蝶图

黑子面积与所在纬度区面积之比：■> 0.0%　■> 0.1%　□> 1.0%

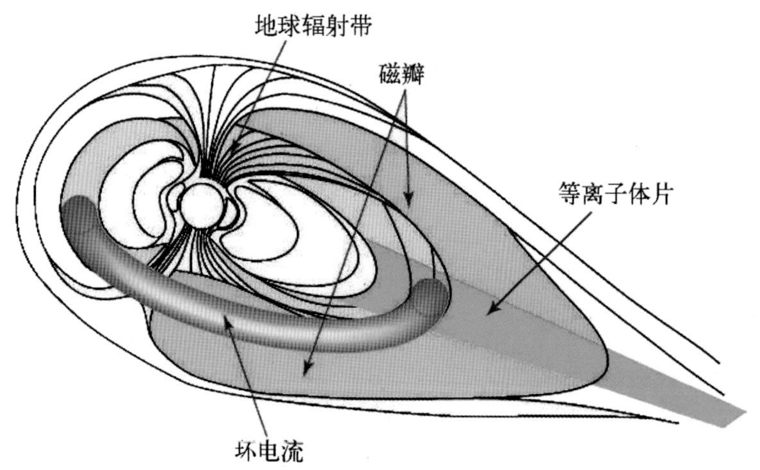

图7－1　地球辐射带、磁瓣及等离子体片

图10－15　欧洲空间局绘制的近1.2万块围绕地球运行的各类物体

转引自第185期《环球时报》，2009年2月13日